MBA MPA MPAcc MEM 管理类联考

逻辑 历年真题全解

题型分类版

解析册

杨涵 主编

北京理工大学出版社

目录

第一篇　形式逻辑

题型 1　对当关系 …………………………………………………………… 002
题型 2　变形推理 …………………………………………………………… 006
题型 3　否定等值 …………………………………………………………… 007
题型 4　矛盾推理 …………………………………………………………… 010
题型 5　等价推理 …………………………………………………………… 014
题型 6　截取推理 …………………………………………………………… 027
题型 7　传递推理 …………………………………………………………… 037
题型 8　两难推理 …………………………………………………………… 048
题型 9　补全推理 …………………………………………………………… 049
题型 10　反驳推理 ………………………………………………………… 056

第二篇　综合推理

题型 11　真话假话 ………………………………………………………… 060
题型 12　顺藤摸瓜 ………………………………………………………… 075
题型 13　假设反证 ………………………………………………………… 094
题型 14　数字题型 ………………………………………………………… 110

第三篇　论证逻辑

题型 15　削弱题型 ………………………………………………………… 130
题型 16　支持题型 ………………………………………………………… 189

题型 17	评价题型	214
题型 18	假设题型	219
题型 19	解释题型	245
题型 20	相似题型	262
题型 21	概括题型	270
题型 22	归纳题型	283
题型 23	焦点题型	313

第一篇
形式逻辑

题型 1 对当关系

题 1 ✎ 答案为 B 项。

题干并未交代上述人员来自哪个市场、是否来购买东西或是否为检查人员，因此，A、C、D、E 四项都过于绝对。而 B 项提及"可能"，符合题干情况。

题 2 ✎ 答案为 C 项。

题干仅第一句话和最后一句话带有形式逻辑结构词，将其与选项匹配后发现，由题干第一句话，可推知 C 项。其余选项均为过度推理。注意，B 项说的是"体重超重"，而不是题干的"体重增加"。

题 3 ✎ 答案为 E 项。

题干调查结论可转化为：有的个体商贩没有偷税、逃税行为。E 项与其相符。

题 4 ✎ 答案为 C 项。

根据补充条件"小陈的发现为真"，可将题干条件转化为：∃人→¬赞同。C 项与其相符。

题 5 ✎ 答案为 E 项。

根据补充条件"以上不是事实"，可将题干条件转化为：∃人→¬赞同。E 项相对最好。

> **高能提示**
>
> 对于 B 项，虽然"多数""少数"可以推出"有的"（如题 2 所示），但"有的"无法推出"大多数""少部分"。因此，本题 B 项无法推知。
>
> 对于 E 项，虽然"不赞同"未必等同于"反对"，有可能还存在未发表意见的人，所以，E 项并非完美答案，但在五个选项中，E 项相对最好，所以只能默认本题不存在未发表意见的人。

题 6 ✎ 答案为 C 项。

根据老师的意思，可将班长的话提炼为：考试（不难）；∃同→¬70 分以上。

A 项，根据**定性思维**（"有的"为真，无法推出"多数""少数"）[①]，因此 A 项真假不知，排除 A 项。

B 项，前半句话可提炼为：∃同→70 分以上，与"∃同→¬70 分以上"是下反对关系，故真假不知，根据**定性思维（任意支不为真，则联言命题无法为真）**可知，B 项必然无法为真，因此无须验证后半句话，排除 B 项。

C 项，可提炼为：70 分算及格→（∃同→¬及格）⇔70 分算及格→（∃同→¬70 分以上）。由题干可知，C 项后件为真，根据条件命题恒真式可知，条件命题后件为真，则整个条件命题为真，因此 C 项必然为真。

根据**效用思维（已知答案，其余不看）**，本处可无须验证 D 项和 E 项。

[①] 定性思维是一种条件反射——当已经掌握考点的推导过程后，可跳过烦琐的解题步骤，直接得出对应结论。定性思维有很多，在《MBA MPA MPAcc MEM 管理类联考逻辑 27 讲》（以下简称《管综逻辑 27 讲》）《经济类联考综合能力逻辑通关宝典》（以下简称《经综逻辑通关宝典》）中有详细讲解，考虑到篇幅限制，所以，本书定性思维仅做列示。

> **效用思维**
>
> 本题运用了**效用思维（已知答案，其余不看）**。
> **效用思维**是一种条件反射——当有多条解题路径时，大脑不会逐个方法尝试，而是快速反应出效用最大（最省时和最省脑力）的路径。
> **已知答案，其余不看**是指，在必然性推理试题中，找到符合项后，便可直接作为答案，无须比较其他选项的强弱。
> 注意，后续综合推理也具有该性质，但论证逻辑是或然性推理，不可使用此方法。

为了减少疑惑，D 项和 E 项也稍做分析，但小伙伴们要明白，这样非常不应试。
D 项，"考试太难"与老师的意思违背，因此必然为假。
E 项，"考试太容易"属于过度推理，因此真假不知。

题7 答案为 E 项。

题干条件可提炼为：∀哺→胎。
题目要求寻找能驳斥题干的选项，因此，根据**效用思维（优先验证）**，可优先寻找其矛盾命题，即 ∃哺→¬胎。
E 项，可提炼为：鸭（哺∧¬胎），其等价于，∃哺→¬胎。
B 项虽然也提到"∃哺→¬胎"，但"可能"拉低了其驳斥力度。

> **效用思维**
>
> 本题运用了**效用思维（优先验证）**。
> 优先验证有多种理解，本处指的是，当题目要求选择必然为假的选项时，优先验证与题干矛盾的命题。
> 按照常规思路，应该把选项与题干逐一匹配，但这个方法在选项比较复杂的时候，会严重拖慢速度并损耗脑力。而采用优先验证，则有可能帮助我们节约时间。当然，有些试题优先验证后，未必能找到答案，此时再去验证其他选项即可。不过，小伙伴们可别觉得不是必然最快就不去培养这种思维了，毕竟，在概率上，这个方法还是很有效的。

题8 答案为 A 项。

题干条件可转化为：你可能随时愚弄某些人。
复选项 I，可转化为：你可能随时愚弄张三和李四。根据性质命题的推出关系，特称为真无法推出单称为真，因此复选项 I 真假不知，排除 C 项和 E 项。
复选项 II 中的"想愚弄人"，题干并未提及，因此真假不知，排除 B 项和 D 项。
根据**效用思维（每步匹配）**，可不用验证其余复选项。

> **效用思维**
>
> 本题运用了**效用思维（每步匹配）**。
> 每步匹配有多种理解，本处指的是，遇到复选项试题时，每判断一个复选项后，就与选项匹配。毕竟，解题的目的是得出答案，而不是把试题推完。而且逻辑科目是考单选题，排除四个选项后，剩余的必然是答案。

为了减少疑惑，其余复选项也稍做分析，但小伙伴们要明白，这样非常不应试。

复选项Ⅲ，可转化为：你可能随时愚弄某些人。与题干完全一致，因此必然为真。

复选项Ⅳ，可转化为：你必然不能随时愚弄人。与题干"可以随时"矛盾，因此必然为假。

复选项Ⅴ，为事实命题，题干为模态命题，无法推理，因此真假不知。

题9 答案为 D 项。

注意本题的相反陷阱，寻找的是"不能确定真假"的选项。题干条件可提炼为：∃（获）。

复选项Ⅰ，可提炼为：∀中→获。与题干条件是推出关系，因此真假不知，排除 B 项和 C 项。

复选项Ⅱ，可提炼为：∀中→¬获。与题干条件是上反对关系，因此必然为假，排除 E 项。

剩余选项中均无复选项Ⅲ，根据**效用思维（每步匹配）**，可不用验证该项。

复选项Ⅳ，可提炼为：∃中→¬获。与题干条件是下反对关系，因此真假不知，排除 A 项。

为了减少疑惑，复选项Ⅲ也稍做分析，但小伙伴们要明白，这样非常不应试。

复选项Ⅲ，可提炼为：∃中→获。与题干条件是推出关系，因此必然为真。

题10 答案为 A 项。

注意本题的相反陷阱，寻找的是"不能确定真假"的选项。题干条件可提炼为：∃工→超。

复选项Ⅰ，可提炼为：∀工→超。与题干条件是推出关系，因此无法判断真假，排除 D 项。

复选项Ⅱ，可提炼为：∃工→¬超。与题干条件是下反对关系，因此无法判断真假，排除 C 项和 E 项。

复选项Ⅲ，可提炼为：∀工→¬超。与题干条件是矛盾关系，因此必然为假，排除 B 项。

题11 答案为 B 项。

注意本题的相反陷阱，寻找的是"可确定为假"的选项。题干条件可提炼为：∀三→搜。

复选项Ⅰ，可提炼为：∀三→¬搜。与题干条件是上反对关系，因此必然为假，排除 C 项。

复选项Ⅱ，可提炼为：∃三→搜。与题干条件是推出关系，因此必然为真，排除 A 项和 E 项。

剩余 B 项和 D 项中均有复选项Ⅲ，根据**效用思维（每步匹配）**，可不用验证该项。

复选项Ⅳ，可提炼为：犯（搜），从而可得，∃!三→搜。与题干条件是推出关系，因此必然为真，排除 D 项。

复选项Ⅳ存在**细节陷阱**[①]：题干给出"没有发现犯罪嫌疑人的踪迹"，就是在诱导小伙伴们脑补"既然没有发现这个嫌疑人，那么他躲藏的三星级饭店肯定是没被搜查过的"，从而误选 D 项。但实际上，完全有可能是搜查的人能力不行，搜查了但没发现。

为了减少疑惑，复选项Ⅲ也稍做分析，但小伙伴们要明白，这样非常不应试。

复选项Ⅲ，可提炼为：∃三→¬搜。与题干是矛盾关系，因此必然为假。

题12 答案为 D 项。

注意本题的相反陷阱，题干"第二个断定为假"，寻找的是"不能确定真假"的选项。题干可提炼为：∃北→¬面；¬（∀南→¬面）⇔∃南→面。

复选项Ⅰ，第一个断定可提炼为：∀北→面。与题干第一个断定是矛盾关系，必然为假，根据**定性思维（任意支不为真，则联言命题无法为真）**，可知复选项Ⅰ必然为假，因此排除 A 项和 E 项。

复选项Ⅱ，第一个断定可提炼为：∃北→面。与题干第一个断定是下反对关系，真假不知。第二个断定可提炼为：∃南→¬面。与题干第二个断定构成下反对关系，真假不知。复选项Ⅱ真假不知，因此排除 C 项。

[①] 形式逻辑有四大陷阱，分别是干扰陷阱、细节陷阱、相反陷阱和理解陷阱，具体特征及应对策略可参阅《管综逻辑27讲》《经综逻辑通关宝典》。

复选项Ⅲ，第一个断定可提炼为：∀北→¬面。与题干第一个断定是推出关系，真假不知。第二个断定可提炼为：∀南→面。与题干第二个断定是推出关系，真假不知。复选项Ⅲ真假不知。

>>>>>>>>>>>>>>>>>>>>>>>>>>>>>>>>>> 管综真题警戒线① >>>>>>>>>>>>>>>>>>>>>>>>>>>>>>>>>>

题13 答案为 D 项。

题干存在**干扰陷阱（无用条件）**，但五个选项均包含"有些藏书家"，根据**效用思维（优先验证）**，可优先定位题干前两句话。这两句话可分别提炼为：∃家→读；∃家→以后读。

A 项，可提炼为：∃家→¬读。与第一句话是下反对关系，所以真假不知，排除 A 项。

B 项和 C 项中的"读遍""喜欢"均没有出现在上述两句话当中，所以真假不知，排除 B 项和 C 项。

D 项，可提炼为：∃家→¬立即读。可由题干第二句话推出，所以必然为真。

根据**效用思维（已知答案，其余不看）**，可不用验证 E 项，但为减少疑惑，E 项也稍做分析。

E 项，"当作友人"没有出现在上述两句话当中，所以真假不知，排除 E 项。

> 📝 **效用思维**
>
> 本题运用了**效用思维（优先验证）**。
>
> 优先验证有多种理解，这里运用的是，当所解试题有无法联立的条件时，若大多选项反复提及某条件，则优先验证该条件。这是因为，优先验证该条件能检验较多选项。

题14 答案为 D 项。

注意本题的相反陷阱，寻找的是"不可能"的选项，即"必然为假"的选项。

题干存在**干扰陷阱（无用信息）**，条件（2）前半句话有形式逻辑结构词，将其提炼后可得：∀法→5。

题目要求寻找必然为假的选项，因此，根据**效用思维（优先验证）**，可优先寻找其矛盾命题，即，∃法→¬5。

D 项可提炼为：∃法→6，其等价于，∃法→¬5。

根据**效用思维（已知答案，其余不看）**，可不用验证其余选项。

题15 答案为 D 项。

题干存在**干扰陷阱（论证外衣）**，浏览题干和选项，发现均有性质命题结构词。故先以形式逻辑的思路解题。

题干唯一带有结构词的条件是"每个凡夫俗子一生之中都将面临许多问题"，可提炼为：∀凡→问。

题目要求寻找必然为假的选项，因此，根据**效用思维（优先验证）**，可优先寻找其矛盾命题，即∃凡→¬问，D 项与其相符。

根据**效用思维（已知答案，其余不看）**，可不用验证其余选项。为减少疑惑，此处特做分析，但小伙伴们要明白，这样非常不应试。

A 项，题干并未提及方法与技巧的"重要性"，所以真假不知。

B 项，题干并非针对"凡夫俗子"，所以真假不知。

C 项，题干并非针对"华尔街分析大师"，所以真假不知。

---

① 本警戒线是提示伙伴们，此处往下均为管综真题。其命题规律是当下趋势，所以，MBA 真题应该第一次就分类研究，而管综早年真题建议在做完套卷后，再分类研究，如此便不会破坏套卷做题的体验感。具体的套卷、分类学习方法，可参考本书"学习指南"部分。

E 项，题干并未提及方法与技巧是否"需要掌握"，所以真假不知。

题 16 答案为 E 项。

注意本题的相反陷阱，寻找的是"不一定为真"，即"可能为假"的选项。题干陈老师的话可提炼为：∃同→¬准，可变为，∃人→¬准。

复选项Ⅰ，可提炼为：∃人→¬准。与陈老师的话完全一致，因此必然为真，排除 D 项。

复选项Ⅱ，可提炼为：∃人→准。与陈老师的话是下反对关系，因此真假不知，排除 B 项。

复选项Ⅲ，可提炼为：∃人→准。与陈老师的话是下反对关系，因此真假不知，排除 A 项。

复选项Ⅳ，可提炼为：∀人→¬准。与陈老师的话是推出关系，因此真假不知，排除 C 项。

题 17 答案为 B 项。

注意本题的相反陷阱，寻找的是"一定为假"的选项。题干陈述可提炼为：∃患→¬接。

复选项Ⅰ可提炼为：∃患→接。与题干陈述是下反对关系，因此真假不知，排除 A 项和 D 项。

复选项Ⅱ可提炼为：∀患→接。与题干陈述是矛盾关系，因此必然为假，排除 C 项。

复选项Ⅲ可提炼为：严重症状（¬接）。与题干陈述是推出关系，因此真假不知，排除 E 项。

> **高能提示**
>
> 题干给出的是"建议易出现严重症状的患者用药"，而不是"易出现严重症状的患者必须用药"，这是细节陷阱。不过，如果小伙伴们只关注带有结构词的条件，那么就不会陷入这个陷阱。

题型 2 变形推理

题 1 答案为 A 项。

题干条件可提炼为：∀免→获。取逆否后可得，∀¬获→¬免。

题 2 答案为 C 项。

题干条件可提炼为：∃老→∀养；∃老→∀休。

分别改写后可得，∀养→∃老；∀休→∃老。

又因为，社区活动只有养生型和休闲型，故可得，∀活→∃老。

题 3 答案为 C 项。

注意本题的相反陷阱，寻找的是"各项都可能为真，除了"，即"必然为假"的选项。题干条件可提炼为：∀想→真；∃真→¬说。

题目要求寻找必然为假的选项，因此，根据效用思维（**优先验证**），可优先寻找其矛盾命题，即∃想→假；∀真→说。C 项是其前半句话的互换命题。

>>>>>>>>>>>>>>>>>>>>>>>>>> 管综真题警戒线 <<<<<<<<<<<<<<<<<<<<<<<<<<

题 4 答案为 E 项。

经观察，选项均为"商人"在前、"奸商"在后的结构，故题干条件必然要换位。题干条件可提炼为：

并非（∀¬奸→¬商）。逆否后可得，并非（∀商→奸）。其等价于，∃商→¬奸。

题5 / 答案为E项。

题干所给条件均为"有的"，根据**定性思维**（**"有的"与"有的"无法联立**），可排除必然需要两个条件联立才能得到的选项——A、B、D三项。

C项，含有"每个"与"结盟"，必然定位题干最后一个条件，但题干最后一个条件带有"否定"，即使经过主动改被动的改写，也无法得出肯定结构，因此真假不知，排除C项。

根据**效用思维（已知答案，其余不看）**，可不用验证E项。为减少疑惑，此处特做分析，但小伙伴们要明白，这样非常不应试。

E项，含有"每个"与"建交"，必然定位题干第三个条件，题干第三个条件经过主动改被动的改写后可得，每个国家都有国家希望与之建交。

> **高能提示**
>
> 本题很多小伙伴们喜欢逐个选项详细验证，甚至会画关系图。但考场上时间有限，是没有那么多精力和脑力去分析的。所以，应试性解题策略就是，通过定性思维先过滤前四个选项（哪怕不敢100%确定，也应当跳过，因为这里要想验证不选它们的具体原因，必然要举反例，相当费时！），然后发现E项确实为真，直接勾选答案即可。假如此时E项还是无法确定，再去验证其他选项。这才是考试所需要的解题策略——用粗线条的特征先过滤一遍，如果没有答案，再看具体细节，绝不要在某一个点上纠结太多！这就是大局观！
>
> 小伙伴们一定要记住！联考是57道题的综合考试，考的是以顾全大局为前提的条件反射，而不是考验你单个试题的解析能力！

题型 ❸ 否定等值

题1 / 答案为A项。

题干条件可转化为：持续干旱可能不出现。A项与其完全一致。

题2 / 答案为E项。

题干条件可转化为：必然有的错误不能避免。E项与其完全一致。

题3 / 答案为E项。

题干为"错误决策"，而A项和C项为"正确决策"，从而排除A项和C项。

题干后半句话为"有的错误决策"，而B项和D项为"所有的错误决策"，根据**定性思维**（**"有的"为真，无法推出"所有"为真**），从而排除B项和D项。

根据**效用思维（已知答案，其余不看）**，可不用验证E项。为减少疑惑，此处特做分析，但小伙伴们要明白，这样非常不应试。

根据否定等值规则中的"不"字转移法，可将题干转化为：所有错误决策必然要付出代价，但有的错误决策不一定造成严重后果。E项与其完全一致。

题4 / 答案为C项。

题干条件可转化为：人都必然会犯错误，可能有的人不会犯严重错误。C项与其完全一致。

> **高能提示**
>
> 本题 A 项前半句话可由题干前半句话推知，而后半句话与题干后半句话等价，因此 A 项也"一定为真"。所以，题目改为"以下哪项最接近上述含义"更为妥当，此时，C 项与题干完全一致，A 项仅可由题干推知，从而 C 项相对更好。

题5　答案为 A 项。

题干条件可转化为：不可能一把钥匙能打开所有的锁。根据否定等值规则中的"不"字转移法，可将题干进一步转化为：必然所有钥匙都有打不开的锁。A 项与其完全一致。

题6　答案为 E 项。

题干否定词在最后一句话，利用"不"字转移法，该条件可按如下方式转化为：

没有竞选者能（具备李女士的所有优点）⇔没（有的竞选者能具备李女士的所有优点）⇔所有竞选者不能（具备李女士的所有优点）⇔所有竞选者都（李女士的有的优点不具备）。调整语序后，E 项与其相符。

题7　答案为 D 项。

题干前半句话可转化为：可能有的经济发展不会导致生态恶化。从而，可排除 A、B、E 三项。

再利用"不"字转移法，题干第二个条件可转化为：必然所有不阻碍经济发展的不是生态恶化。将其中的全称命题逆否后，可得"必然所有生态恶化都阻碍经济发展"。D 项与其相符。

> **高能提示**
>
> 注意，"不阻碍经济发展"是完整的主语，其中"不"字不参与转化。

题8　答案为 C 项。

注意本题的相反陷阱，寻找的是"不可能为真"，即"必然为假"的选项。根据题干条件，可构造如下情况。

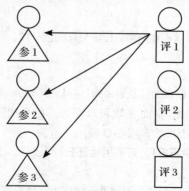

上图"←"表示箭头后的评委给箭头前的参赛选手投了优秀票。

图中情况为，评委1给所有参赛选手投了优秀票，评委2和评委3没有给任何参赛选手投票，因此复选项Ⅰ和复选项Ⅱ均可能为真，排除 A、B、D、E 四项。

将题干条件取非，根据否定等值规则中的"不"字转移法，可得出复选项Ⅲ。因此，复选项Ⅲ必然为假。

如果学习过《管综逻辑 27 讲》《经综逻辑通关宝典》要点 3，可知主语和宾语都有结构词的规律，则可用如下解题方法：

题干条件可提炼为：∀参→∃评。

复选项 I 可提炼为：∃评→∀参。其是题干条件的改写命题，但"∀→∃"的结构是无法改写的，因此真假不知，排除 A 项和 E 项。

复选项 II 可提炼为：∃评→∀¬参，与题干无联系，因此真假不知，排除 B 项和 D 项。

根据**效用思维（已知答案，其余不看）**，可不用验证复选项 III。为减少疑惑，此处特做分析，但小伙伴们要明白，这样非常不应试。

复选项 III 可提炼为：∃参→∀¬评。其是题干条件的矛盾命题，因此必然为假。

题9 答案为 C 项。

注意本题的相反陷阱，寻找的是"不可能为真"，即"必然为假"的选项。题干条件可提炼为：∃球迷→∀球队。

因为题干条件的矛盾命题必然为假，所以根据**效用思维（优先验证）**，可利用"不"字转移法，取其矛盾得：∀球迷→¬∃球队。

C 项可提炼为：∀球迷→¬∃！球队。

C 项与题干条件的矛盾命题是推出关系，且方向为：C 项"∃球迷→¬∃！球队"可推出题干条件的矛盾命题"∀球迷→¬∃球队"，所以 C 项必然为假。

题10 答案为 E 项。

注意本题的相反陷阱，寻找的是"必定是假"的选项。题干存在**干扰陷阱（无用条件）**，但仅题干最后一个条件带有否定词，根据**效用思维（优先验证）**，可优先验证该条件。

题干条件取矛盾可得：可能在所有的时刻欺骗所有的人。

选项中，D 项和 E 项带有否定词，也可优先验证。

利用"不"字转移法，D 项可转化为：所有时刻有的人可能受骗。

D 项与题干条件的矛盾命题是推出关系，且方向为：题干条件的矛盾命题"可能在所有的时刻欺骗所有的人"可推出 D 项"所有时刻有的人可能受骗"，所以 D 项真假不知，排除 D 项。

利用"不"字转移法，E 项可转化为：所有时刻所有人必然受骗。

E 项与题干条件的矛盾命题是推出关系，且方向为：E 项"所有时刻所有人必然受骗"可推出题干条件的矛盾命题"可能在所有的时刻欺骗所有的人"，所以 E 项必然为假。

效用思维

本题运用了**效用思维（优先验证）**。

优先验证有多种理解，这里是指，当所解试题有较多性质或模态命题结构词时，优先验证在命题开头带有否定词的命题。这是因为，真题一般会从前往后进行"不"字转移。

>>>>>>>>>>>>>>>>>>>>>>>>>>>>>>>> 管综真题警戒线 >>>>>>>>>>>>>>>>>>>>>>>>>>>>>>>>

题11 答案为 C 项。

题干条件可转化为：必然有的应聘者不能被录用。C 项与其完全一致。

题 12 ✎ **答案为 E 项。**

题干存在**干扰陷阱（无用条件）**，但五个选项均包含"弟子与师的比较"，根据**效用思维（优先验证）**，可优先定位题干中间两句话。这两句话可分别提炼为：弟子可能如师；师可能不贤于弟子。E 项与第二句话完全一致。

题型 4 矛盾推理

题 1 ✎ **答案为 B 项。**

马医生的结论可提炼为：参∨蜂蜜。

复选项 I，可提炼为：蜂蜜∧柠檬，因为有"蜂蜜"而无"参"，所以无法反驳马医生，排除 A、D、E 三项。

复选项 II，可提炼为：¬参∧¬蜂蜜，可直接反驳马医生，排除 C 项。

根据**效用思维（已知答案，其余不看）**可不用验证复选项 III。为减少疑惑，此处特做分析，但小伙伴们要明白，这样非常不应试。

复选项 III，所提为"洪医生"，与题干"马医生"无关。

> ✎ **高能提示**
>
> 本题也可采用直接找矛盾的思路。因为要选能"削弱"题干的选项，可直接取题干矛盾，从而可知，（¬参∧¬蜂蜜）∨（参∧蜂蜜），从而可知，仅复选项 II 符合。

题 2 ✎ **答案为 D 项。**

题干乌克兰观察人士的评论可提炼为：并非（承认∧赦免→解决）。

要求寻找题干能反驳的选项，根据**效用思维（优先验证）**，可优先寻找其矛盾命题，即"承认∧赦免→解决"。D 项与其相符。

题 3 ✎ **答案为 A 项。**

题干为结构简单的条件命题，可提炼为：¬雾→飞。根据**定性思维（条件命题的矛盾式）**，能使其不成立的内容只有一个，即"¬雾∧¬飞"。仅复选项 I 与其相符。

题 4 ✎ **答案为 A 项。**

题干为结构简单的条件命题，可提炼为：¬雨→音。根据**定性思维（条件命题的矛盾式）**，能使其不成立的内容只有一个，即"¬雨∧¬音"。仅复选项 I 与其相符。

题 5 ✎ **答案为 A 项。**

题干为结构简单的条件命题，可提炼为：¬雨→足。根据**定性思维（条件命题的矛盾式）**，能使其不成立的内容只有一个，即"¬雨∧¬足"。仅复选项 I 与其相符。

题 6 ✎ **答案为 B 项。**

注意本题的相反陷阱，寻找的是"不可能为真"，即"必然为假"的选项。题干为结构简单的条件命题，可提炼为：日→富。根据**定性思维（条件命题的矛盾式）**，与其冲突的内容只有一个，即"日∧¬富"。仅复选项Ⅱ与其相符。

题7 答案为 D 项。

注意本题的相反陷阱，寻找的是"对上述看法的质疑，除了"，即"不能质疑"的选项。题干为结构简单的条件命题，可提炼为：有利润→素质好。根据**定性思维（条件命题的矛盾式）**，能使其不成立的内容只有一个，即"有利润∧¬素质好"。A、B、C、E 四项均与其相符，而 D 项可提炼为：¬有利润∧¬素质好。D 项与其不符。

题8 答案为 B 项。

主持人的断定为结构简单的条件命题，可提炼为：A→4。根据**定性思维（条件命题的矛盾式）**，要想推翻该断定，必须使得其矛盾命题"A∧¬4"成立。

第一张卡片一面为"A"，其反面有可能为"¬4"，所以有推翻主持人断定的可能，所以排除 D 项和 E 项。

第二张卡片一面为"4"，根据条件命题恒真式"条件命题后件为真，整个命题恒真"，该卡片已经使得主持人断定为真，所以排除 A 项。

第三张卡片一面为"B"，根据条件命题恒真式"条件命题前件为假，整个命题恒真"，该卡片已经使得主持人断定为真，所以排除 C 项。

根据**效用思维（已知答案，其余不看）**，可不用验证第四张卡片。为减少疑惑，此处特做分析，但小伙伴们要明白，这样非常不应试。

第四张卡片一面为"7"，相当于"¬4"，而其反面有可能为"A"，所以有推翻主持人断定的可能。

题9 答案为 C 项。

题干"否则"之后是单独的否定，根据**效用思维（优先验证）**，可优先使用否后推前的方式，从而题干条件可提炼为：免→前三∧两推。

题干为复杂的条件命题，根据**定性思维（条件命题的矛盾式）**，可做如下快速判断：

第一步，寻找联言命题，发现三个复选项均为联言命题。

第二步，"免"相对简单，可优先验证。其为条件命题前件，所以正确答案要涉及且肯定"免"。复选项Ⅰ并不符合，所以排除 A、B、D 三项。

第三步，再抓"前三∧两推"。其为条件命题后件，所以正确答案要涉及且否定"前三∧两推"，所以复选项Ⅱ和复选项Ⅲ符合。

✎ **效用思维**

本题运用了**效用思维（优先验证）**。

优先验证有多种理解，这里指的是，对于"除非 A 否则 B"式，当题干 A、B 中仅一者为否定时，则优先采用否定它的提炼方式。

例如本题，前半段为"前三∧两推"，后半段为"¬免"，故采用"否后推前"得到，免→前三∧两推。

往往真题最后的答案是前、后件都没有任何否定词，这是因为，一方面，比较好看；另一方面，不用再逆否，所以是转化的最后一步。

因此考试时，可优先采用此方法验证。当然，如果发现没有否定时，可转化后重新验证。

题10 答案为 C 项。

注意本题的相反陷阱，寻找的是"不可能为真"，即"必然为假"的选项。题干为复杂的条件命题，根据**定性思维（条件命题的矛盾式）**，可做如下快速判断：

第一步，先寻找联言命题，发现五个选项均为联言命题。

第二步，"青睐和追逐"相对简单，可优先验证。其为条件命题前件，所以正确答案要涉及且肯定"青睐和追逐"，所以排除 A、D、E 三项。

第三步，再抓"出色且优异"，其为条件命题后件，所以正确答案要涉及且否定"出色且优异"，所以排除 B 项。

题 11 答案为 A 项。

注意本题的相反陷阱，寻找的是"不可能是世界级选手"，即"必然不是世界级选手"的选项。题干"除非"之前是单独的否定，根据**效用思维（优先验证）**，从而题干条件可提炼为：有时跑步少于两小时→元旦∨星期天∨重病。

题干为复杂的条件命题，根据**定性思维（条件命题的矛盾式）**，可做如下快速判断：

第一步，寻找联言命题，发现五个选项均为联言命题。

第二步，"有时跑步少于两小时"相对简单，可优先验证。其为条件命题前件，所以正确答案要涉及且肯定"有时跑步少于两小时"，所以排除 B 项和 E 项。

第三步，再抓"元旦∨星期天∨重病"。其为条件命题后件，所以正确答案要涉及且否定"元旦∨星期天∨重病"，而 C 项的"脚伤痊愈"并未排除其他疾病，D 项的"星期三"并未排除元旦，所以排除 C 项和 D 项。

根据**效用思维（已知答案，其余不看）**，可不用验证 A 项。为减少疑惑，此处特做分析，但小伙伴们要明白，这样非常不应试。

A 项所提"连续三天"必有一天是"¬元旦∧¬星期天"，因此，这三天中必有一天是"有时跑步少于两小时∧（¬元旦∧¬星期天∧¬重病）"。

>>>>>>>>>>>>>>>>>>>>>>>>> 管综真题警戒线 >>>>>>>>>>>>>>>>>>>>>>>>>

题 12 答案为 B 项。

因为王刚没有接受任何一条建议，因此，题干三条建议均为假。

条件（1）可提炼为：沙→¬石。其矛盾命题为：沙∧石。因此排除 C、D、E 三项。

条件（2）可提炼为：石∨中。其矛盾命题为：石↔中。因此排除 A 项。

✎ **效用思维**

本题运用了**效用思维（每步匹配）**。

每步匹配有多种理解，这里是指，当遇到多个条件但可逐一判断的试题时，每判断出一个条件，就去做选项匹配（此点与复选项的每步匹配类似）。

题 13 答案为 B 项。

所要验证的话可提炼为：偶数∨花卉。

第二、第三和第六张卡片是不需要翻动的，因为其正面所印分别为"6""菊""8"，不论它们反面所印是什么，都不会违背"偶数∨花卉"，所以排除 C、D、E 三项。

而剩余三张卡片都是需要翻动的，例如，第一张卡片正面所印为"虎"，相当于"¬花卉"，如果其反面为奇数，则会违背"偶数∨花卉"。第四和第五张卡片同理。

题 14 答案为 B 项。

陈先生孩子的话可提炼为：经历∧¬彩虹。

题目要求寻找题干能反驳的选项，因此，根据**效用思维（优先验证）**，可优先寻找其矛盾命题，即"¬（经历∧¬彩虹）⇔经历→彩虹"。B 项与其相符。

题 15 答案为 A 项。

总经理的论述为结构简单的条件命题，可提炼为：青睐→流行。根据**定性思维（条件命题的矛盾式）**，能使其不成立的内容只有一个，即"青睐∧¬流行"。A 项与其相符。

题 16 答案为 A 项。

题干存在**干扰陷阱（论证外衣）**，浏览题干和选项，发现均有条件命题结构词。故先以形式逻辑的思路解题。题干观点为简单的条件命题，可提炼为：完美→解体。根据**定性思维（条件命题的矛盾式）**，能使其不成立的内容只有一个，即"完美∧¬解体"。A 项与其相符。

题 17 答案为 D 项。

题干存在**干扰陷阱（论证外衣）**，浏览题干和选项，发现均有条件命题结构词。故先以形式逻辑的思路解题。题干唯一带有结构词的条件是"有想象力才能进行创造性劳动"，为结构简单的条件命题，可提炼为：创→想。根据**定性思维（条件命题的矛盾式）**，能使其不成立的内容只有一个，即"创∧¬想"。D 项与其相符。

> 📝 **高能提示**
>
> 题 15 和题 17 还可以直接定位答案，因为五个选项中仅一个选项为联言命题，所以其必为答案。

题 18 答案为 A 项。

题干存在**干扰陷阱（无用条件）**，但五个选项均包含"成功"，根据**效用思维（优先验证）**，可优先定位题干第二句话。这句话为复杂的条件命题，根据**定性思维（条件命题的矛盾式）**，可做如下快速判断：
先寻找联言命题，发现只有 A 项为联言命题，可直接选择 A 项。

题 19 答案为 D 项。

题干存在**干扰陷阱（论证外衣）**，浏览题干和选项，发现均有条件命题结构词。故先以形式逻辑的思路解题。小明的观点是复杂的条件命题，根据**定性思维（条件命题的矛盾式）**，可做如下快速判断：
第一步，先寻找联言命题，据此排除 A、C、E 三项。
第二步，"可确定差距"相对简单，可优先验证。其为条件命题后件，所以正确答案要涉及且否定"可确定差距"，所以排除 B 项。

题 20 答案为 C 项。

注意本题的相反陷阱，寻找的是"不可能为真"，即"必然为假"的选项。题干为复杂的条件命题，根据**定性思维（条件命题的矛盾式）**，可做如下快速判断：
第一步，先寻找联言命题，发现五个选项均为联言命题。

第二步，"读懂这篇文章"相对简单，可优先验证。其为条件命题前件，所以正确答案要涉及且肯定"读懂这篇文章"，所以排除 A、B、D 三项。

第三步，再抓"造诣且背景"。其为条件命题后件，所以正确答案要涉及且否定"造诣且背景"，所以排除 E 项。

题 21 答案为 C 项。

注意本题的相反陷阱，寻找的是"不可能为真"，即"必然为假"的选项。

主教练的陈述为复杂的条件命题，根据**定性思维（条件命题的矛盾式）**，可做如下快速判断：

第一步，先寻找联言命题，发现五个选项均为联言命题。

第二步，"出线"相对简单，可优先验证。其为条件命题前件，所以正确答案要涉及且肯定"出线"，所以排除 A、D、E 三项。

第三步，再抓"一场获胜且另一场平局"。其为条件命题后件，所以正确答案要涉及且否定"一场获胜且另一场平局"，所以排除 B 项。

根据**效用思维（已知答案，其余不看）**，可不用验证 C 项。为减少疑惑，此处特做分析，但小伙伴们要明白，这样非常不应试。

C 项中存在**细节陷阱**，"两场比赛都分出了胜负"相当于不存在"打成平局"的比赛，因此否定了主教练所陈述的条件命题的后件。

题 22 答案为 E 项。

经理承诺为复杂的条件命题，根据**定性思维（条件命题的矛盾式）**，可做如下快速判断：

第一步，先寻找联言命题，发现五个选项均为联言命题。

第二步，"争取到这个项目"相对简单，可优先验证。其为条件命题前件，所以正确答案要涉及且肯定"争取到这个项目"，所以排除 A 项和 B 项。

第三步，再抓"笔记本电脑或提成"。其为条件命题后件，所以正确答案要涉及且否定"笔记本电脑或提成"，所以排除 C 项和 D 项。

根据**效用思维（已知答案，其余不看）**，可不用验证 E 项。为减少疑惑，此处特做分析，但小伙伴们要明白，这样非常不应试。

E 项中存在**细节陷阱**，"台式电脑"并不等同于"笔记本电脑"，因此否定了题干条件命题的后件。

题型 5 等价推理

题 1 答案为 A 项。

题干条件可提炼为：¬（研发∨销售）。其等价于，¬研发∧¬销售。A 项与其相符。

题 2 答案为 A 项。

题干条件可提炼为：不可能（平等∧允许）。其等价于，必然（¬平等∨¬允许）。A 项与其相符。

本题也可根据**定性思维（否定可能得必然）**，排除 C、D、E 三项；再根据**定性思维（否定联言得选言）**，排除 B 项。

题 3 答案为 B 项。

董事长的意思可提炼为：¬（王∨孙）。其等价于，¬王∧¬孙。B 项与其相符。

题4 答案为 A 项。

董事长的意思可提炼为：¬（¬王∨¬孙）。其等价于，王∧孙。A 项与其相符。

题5 答案为 D 项。

题干条件可提炼为：不可能（¬宏达∧¬亚鹏）。其等价于，必然（宏达∨亚鹏）。D 项与其相符。

题6 答案为 E 项。

题干条件可提炼为：¬（鱼∧熊掌）。其等价于，¬鱼∨¬熊掌⇔鱼→¬熊掌。E 项与其相符。

> **高能提示**
>
> 本题也可以用条件命题的矛盾式直接解题："鱼∧熊掌"的矛盾命题为"鱼→¬熊掌"。此方法在后续题7至题15中均可使用。

题7 答案为 D 项。

题干条件可提炼为：¬（英∧法）。其等价于，¬英∨¬法⇔英→¬法。D 项与其相符。

题8 答案为 E 项。

题干条件可提炼为：¬（成功∧节俭）。其等价于，¬成功∨¬节俭⇔节俭→¬成功。E 项与其相符。

题9 答案为 E 项。

题干条件可提炼为：¬（∀产→检∧¬伪劣）。

复选项Ⅰ，根据**定性思维（否定联言得选言）**，其真假不知，排除 A 项和 D 项。

复选项Ⅱ，¬（∀产→检∧¬伪劣）⇔∃产→¬检∨伪劣，因此其必然为真，排除 C 项。

复选项Ⅲ，∃产→¬检∨伪劣⇔（∀产→检）→伪劣，因此其必然为真，排除 B 项。

题10 答案为 D 项。

题干条件可提炼为：¬（∀奖→尿∧¬兴奋）。

复选项Ⅰ，¬（∀奖→尿∧¬兴奋）⇔∃奖→¬尿∨兴奋，因此其必然为真，排除 B、C、E 三项。

剩余选项中均无复选项Ⅱ，根据**效用思维（每步匹配）**，可不用验证该项。

复选项Ⅲ，∃奖→¬尿∨兴奋⇔（∀奖→尿）→兴奋，因此其必然为真，排除 A 项。

题11 答案为 D 项。

董事长的意思可提炼为：¬（李∧孙）。其等价于，¬李∨¬孙⇔李→¬孙。D 项与其相符。

题12 答案为 C 项。

有很多小伙伴读不懂题目，其完全可以转化为"如果数学家的上述怀疑成立，那么以下哪项必须成立？"，即"题干怀疑为真，能推出以下哪项为真？"

数学家所怀疑的内容可提炼为：¬（可以作∧仅1条）。

复选项Ⅰ，可提炼为：¬可以作。根据**定性思维（否定联言得选言）**，因此其真假不知，排除 A、D、E 三项。

复选项Ⅱ，可提炼为：¬仅1条。根据**定性思维（否定联言得选言）**，因此其真假不知，排除 B 项。

根据**效用思维（已知答案，其余不看）**，可不用验证复选项Ⅲ。为减少疑惑，此处特做分析，但小伙伴们要明白，这样非常不应试。

复选项Ⅲ，¬（可以作∧仅1条）⇔¬可以作∨作多条⇔¬作多条→¬可以作，复选项Ⅲ与其相符。

注意，复选项Ⅲ中存在**细节陷阱**——复选项Ⅲ前件为"不能作多条"，后件又提及"无法只作一条"，所以完全可以将复选项Ⅲ后件替换为"¬可以作"。

题13 答案为E项。

董事长的意思可提炼为：¬[（环∨宏）∧¬清]。

根据**定性思维（否定联言得选言）**，因此排除A、B、C三项。

又因为，¬[（环∨宏）∧¬清]⇔¬（环∨宏）∨清⇔环∨宏→清。E项与其相符。

题14 答案为B项。

董事长的意思可提炼为：李→¬孙。其等价于，¬李∨¬孙⇔¬（李∧孙）。B项与其相符。

题15 答案为D项。

注意本题的相反陷阱，寻找的是"不可能推出"，即"必然无法推出"的选项。

老许的提议可提炼为：化∨生。

题干并未得出"哪种农药更优秀"的结论，因此D项与题干含义不符。而A、C、E三项可由老许提议推出，B项为老许提议的同义表达。

题16 答案为B项。

注意本题的相反陷阱，题目要求的是"可以推出题干"的选项。

题干只有一句话，且为结构简单的条件命题，其可提炼为：1999年以后→调制解调器。根据**定性思维（条件命题的等价）**，可直接寻找符合题意的选项，而B项可推出题干。

题17 答案为B项。

注意本题的相反陷阱，题目要求的是"可以推出题干"的选项。

题干只有一句话，且为结构简单的条件命题，其可提炼为：教师→学过心理学。根据**定性思维（条件命题的等价）**，可直接寻找符合题意的选项，而B项可推出题干。

题18 答案为B项。

题干只有一句话，且为结构简单的条件命题，其可提炼为：进→结。根据**定性思维（条件命题的等价）**，可直接寻找符合题意的选项，而B项与其相符。

题19 答案为E项。

注意本题的相反陷阱，寻找的是"上述结论可以从以下哪项中推出"，即选项推出题干。

题干只有一句话，且为某部分简单的条件命题，根据**定性思维（条件命题的等价）**，可做如下逐一匹配：

第一步，寻找条件命题，B项和D项为单称性质命题，无法转为条件命题，排除B项和D项。

第二步，"西"相对简单，可优先验证。其为条件命题后件，必然只能为"→西"或"¬西→"，因此排除A项和C项。

根据**效用思维（已知答案，其余不看）**，可不用验证E项。为减少疑惑，此处特做分析，但小伙伴们要明白，这样非常不应试。

E 项可提炼为：¬何→（4→西）。而题干条件可提炼为：¬何→（4∧奖→西）。既然 E 项断定，除了何东辉以外，整个 4 班都来自西部，那么题干所言，除了何东辉外，属于 4 班的奖学金获得者，当然也来自西部。如果学过《管综逻辑 27 讲》第 9 讲或《经综逻辑通关宝典》第 9 章中关于嵌套结构的相关知识，也可直接用公式判断出，E 项可以推出题干。

题 20 答案为 E 项。

题干存在**干扰陷阱（无用条件）**，但大多数选项包含"从花农那里购得低于正常价格的花""以低于市场价格卖花而获利"，根据**效用思维（优先验证）**，可优先定位题干第一句话。其为复杂的条件命题，根据**定性思维（条件命题的等价）**，可做如下逐一匹配：

A 项，其前件、后件均针对题干第一句话，但"购得低价"以肯定形式在前件，因此必然无法与题干第一句话等价，无须看后件内容，直接排除 A 项。

B 项，其前件、后件均针对题干第一句话，但"低而获利"以否定形式在前件，因此必然无法与题干第一句话等价，无须看后件内容，直接排除 B 项。

C 项，为联言命题，而题干均为条件命题，必然无法得出，排除 C 项。

D 项，虽为条件命题，但未提及题干第一句话的内容，根据**效用思维（不完全验证）**，可先跳过此项。

E 项，其前、后件均针对题干第一句话，且与题干相符。

--- 📝 效用思维 ---

本题运用了**效用思维（不完全验证）**。

不完全验证，是指当前代入验证的内容需较多思考过程，而其他可验证内容相对简单时，可先跳过当前内容。若在其他内容中验证出答案，则无须再验证当前内容。

此效用思维在第二篇综合推理中的运用会更加广泛。

根据**效用思维（已知答案，其余不看）**，可不用验证 D 项。为减少疑惑，此处特做分析，但小伙伴们要明白，这样非常不应试。

D 项针对题干最后一句话，但"销售量"以肯定形式在条件命题后件，必然与题意不符。

--- 📝 高能提示 ---

本题的条件其实可以串联成线，在考试中看到这个特征，首先应该思考"截取推理"中的知识点，但本题是由两道题构成的题组中的一道，下一道题才会用到相关知识点，而本题仅用到"等价推理"中的知识点。

题 21 答案为 B 项。

儿子的回答只有一句话，且为结构简单的条件命题，其可提炼为：¬翻译→¬外语。根据**定性思维（条件命题的等价）**，可直接寻找符合题意的选项，而 B 项为其逆否命题。

题 22 答案为 B 项。

题干存在**干扰陷阱（无用信息）**，但只有最后一句话有形式逻辑结构词，且为结构简单的条件命题，其可提炼为：¬盲从→提高。根据**定性思维（条件命题的等价）**，可直接寻找符合题意的选项，而 B 项为其逆否命题。

题23 答案为 B 项。

题干条件可提炼为：威达→垃圾桶。

复选项 I，为特称性质命题，无法转为条件命题，因此真假不知，排除 A、C、D、E 四项。

根据效用思维（已知答案，其余不看），可不用验证复选项 II 和复选项 III。为减少疑惑，此处特做分析，但小伙伴们要明白，这样非常不应试。

复选项 II，可提炼为：¬垃圾桶→¬威达。其是题干的逆否命题。

复选项 III，"威达"以肯定形式放在后件，因此无须看前件内容，直接排除复选项 III。

题24 答案为 B 项。

题干条件可提炼为：（∃国→过）→走出。

复选项 I，"走出"以肯定形式放在前件，因此无须看后件内容，直接排除 A 项和 C 项。

复选项 II，可提炼为：¬走出→（∃国→¬过）。而且，（∃国→过）→走出⇔¬走出→（∀国→¬过）。既然"¬走出"能推出"所有国家都无法平稳度过"，当然就能证明，"¬走出"能推出"部分国家无法平稳度过"。因此，题干条件可以推出复选项 II。如果学过《管综逻辑 27 讲》第 9 讲或《经综逻辑通关宝典》第 9 章中关于嵌套结构的相关知识，也可直接用公式判断出，题干可以推出复选项 II，所以排除 E 项。相比于 D 项，B 项要更加准确，因此排除 D 项。

题25 答案为 D 项。

题干存在**干扰陷阱（无用条件）**，但仅前两句话有形式逻辑结构词，且这两句还无法联立，加上选项无明显重复，可做如下逐一匹配：

A 项，"唯一标准"为充要条件，与题干所有条件均不一致，所以真假不知，排除 A 项。

B 项和 C 项，未提及上述两句话的内容，根据**效用思维（不完全验证）**，可先跳过这两个选项。

D 项，其前、后件均针对题干第一句话，且与题干相符。

根据效用思维（已知答案，其余不看），可不用验证其余选项。为减少疑惑，此处特做分析，但小伙伴们要明白，这样非常不应试。

B 项和 C 项，所提"大多数"题干均未提及。

E 项，针对题干第一句话，但本项弄反了充分条件与必要条件的关系。

题26 答案为 A 项。

李思同意张珊的观点（¬所指）后，便直接由"¬意义"得出了"废止"的结论。

因此，李思默认了"¬所指"可推出"¬意义"，即¬所指→¬意义⇔意义→所指。而此点便是李思认为张珊的断定所蕴含的意思，A 项与其相符。

> **✏ 高能提示**
>
> 注意，题目寻找的是"李思认为张珊的断定所蕴含的意思"，而不是"李思的意思"，因此虽然 C 项可由李思的断定得出，但也不可以选择。

题27 答案为 E 项。

题干只有一句话，且为前件简单的条件命题，根据**定性思维（条件命题的等价）**，可做如下逐一匹配：

第一步，寻找条件命题，但选项均为条件命题。

第二步，"赵"相对简单，可优先验证。其为条件命题前件，必然只能为"赵→"或"→¬赵"，因此排除A、B、C、D四项。

题28 答案为B项。

题干只有一句话，且为后件简单的条件命题，根据**定性思维（条件命题的等价）**，可做如下逐一匹配：

第一步，寻找条件命题，但选项均为条件命题。

第二步，"办成"相对简单，可优先验证。其为条件命题后件，必然只能为"→办成"或"¬办成→"，因此排除C、D、E三项。

第三步，再抓"勇气∧智慧"。其为条件命题前件，必然只能为"勇气∧智慧→"或"→¬（勇气∧智慧）"，而A项后件为联言命题，根据**定性思维（否定联言得选言）**，排除A项。

题29 答案为B项。

题干只有一句话，且为前件简单的条件命题，根据**定性思维（条件命题的等价）**，可做如下逐一匹配：

第一步，寻找条件命题，但选项均为条件命题。

第二步，"郑"相对简单，可优先验证。其为条件命题前件，必然只能为"郑→"或"→¬郑"，因此排除A、D、E三项。

第三步，再抓"吴∧李∧赵"。其为条件命题后件，必然只能为"→吴∧李∧赵"或"¬（吴∧李∧赵）→"，因此排除C项。

根据**效用思维（已知答案，其余不看）**，可不用验证B项。为减少疑惑，此处特做分析，但小伙伴们要明白，这样非常不应试。

B项，可提炼为：¬赵→¬郑。其等价于，郑→赵。既然"郑"能推出"吴∧李∧赵"，而"吴∧李∧赵"本来就能推出"赵"，从而就能证明，"郑"能推出"赵"。因此，由题干条件可以推出B项。如果学过《管综逻辑27讲》第9讲或《经综逻辑通关宝典》第9章中关于嵌套结构的相关知识，也可直接用公式判断出，由题干可以推出B项。

题30 答案为B项。

题干只有一句话，且为前件简单的条件命题，根据**定性思维（条件命题的等价）**，可做如下逐一匹配：

第一步，寻找条件命题，但选项均为条件命题。

第二步，"李"相对简单，可优先验证。其为条件命题前件，必然只能为"李→"或"→¬李"，因此排除A、D、E三项。

第三步，再抓"孙∧王∧张"。其为条件命题后件，必然只能为"→孙∧王∧张"或"¬（孙∧王∧张）→"，因此排除C项。

根据**效用思维（已知答案，其余不看）**，可不用验证B项。为减少疑惑，此处特做分析，但小伙伴们要明白，这样非常不应试。

B项，可提炼为：¬张→¬李。其等价于，李→张。既然"李"能推出"孙∧王∧张"，而"孙∧王∧张"本来就能推出"张"，从而就能证明，"李"能推出"张"。因此，由题干条件可以推出B项。如果学过《管综逻辑27讲》第9讲或《经综逻辑通关宝典》第9章中关于嵌套结构的相关知识，也可直接用公式判断出，由题干可以推出B项。

题31 答案为D项。

题干只有一句话，且为前件简单的条件命题，根据**定性思维（条件命题的等价）**，可做如下逐一匹配：

第一步，寻找条件命题，但选项均为条件命题。

第二步，"公"相对简单，可优先验证。其为条件命题前件，必然只能为"公→"或"→¬公"，因此排除 A、C、E 三项。

第三步，再抓"法∧贫"。其为条件命题后件，必然只能为"→法∧贫"或"¬（法∧贫）→"，因此排除 B 项。

根据**效用思维（已知答案，其余不看）**，可不用验证 D 项。为减少疑惑，此处特做分析，但小伙伴们要明白，这样非常不应试。

D 项，可提炼为：¬贫∧¬法→¬公。其等价于，公→贫∨法。既然"公"能推出"贫∧法"，而"贫∧法"本来就可以推出"贫∨法"，从而就能证明，"公"能推出"贫∨法"。因此，由题干条件可以推出 D 项。如果学过《管综逻辑 27 讲》第 9 讲或《经综逻辑通关宝典》第 9 章中关于嵌套结构的相关知识，也可直接用公式判断出，由题干可以推出 D 项。

题32 答案为 C 项。

题干只有一句话，且为前件简单的条件命题，根据**定性思维（条件命题的等价）**，可做如下逐一匹配：

第一步，寻找条件命题，因此排除 D 项。

第二步，"合"相对简单，可优先验证。其为条件命题前件，必然只能为"合→"或"→¬合"，因此排除 B 项和 E 项。

第三步，再抓"义∧竞"。而 A 项所提为"每个人都能上大学"，因此排除 A 项。

根据**效用思维（已知答案，其余不看）**，可不用验证 C 项。为减少疑惑，此处特做分析，但小伙伴们要明白，这样非常不应试。

C 项，可提炼为：¬义→¬合。其等价于，合→义。既然"合"能推出"义∧竞"，而"义∧竞"本来就可以推出"义"，从而就能证明，"合"能推出"义"。因此，由题干条件可以推出 C 项。如果学过《管综逻辑 27 讲》第 9 讲或《经综逻辑通关宝典》第 9 章中关于嵌套结构的相关知识，也可直接用公式判断出，由题干可以推出 C 项。

题33 答案为 C 项。

科学家们的警告只有一句话，且为后件简单的条件命题，根据**定性思维（条件命题的等价）**，可做如下逐一匹配：

第一步，寻找条件命题，因此排除 A 项和 E 项。

第二步，"¬通行"相对简单，可优先验证。其为条件命题后件，必然只能为"→¬通行"或"通行→"，因此排除 B 项和 D 项。

题34 答案为 D 项。

题干条件可提炼为：¬雾→飞。

复选项 I，"飞"以肯定形式放在前件，因此无须看后件内容，直接排除 A 项和 E 项。

复选项 II，可提炼为：¬飞→雾。其是题干条件的逆否命题，排除 C 项。

复选项 III，可提炼为：¬雾→飞。其与题干条件一致，排除 B 项。

题35 答案为 A 项。

注意本题的相反陷阱，寻找的是"都符合题意，除了"，即"不符合题意"的选项。题干断定可提炼为：畅→质∧诚。

A 项，"畅"以否定形式放在前件，因此无须看后件内容，其必然不符合题干含义。

根据效用思维（已知答案，其余不看），可不用验证其余选项。为减少疑惑，此处特做分析，但小伙伴们要明白，这样非常不应试。

B、C、D 三项通过"考点⑬条件命题的含义"①可知，其与题干完全一致。

此处重点阐述 E 项，根据"考点⑬的必要条件的本质含义——必要条件，没了不行，有了未必就行"可知，肯定题干作为必要条件的"质∧诚"，未必能得出作为充分条件的"畅"，故 E 项不符合题意。

题36 答案为 A 项。

注意本题的相反陷阱，寻找的是"都与题干相同，除了"，即"不同于题干"的选项。题干条件可提炼为：教条→束缚。其中"除非"结构的提炼依旧用到了**效用思维（优先验证）**。

A 项，"教条"以否定形式放在前件，因此无须看后件内容，其必然不同于题干含义。

根据效用思维（已知答案，其余不看），可不用验证其余选项。为减少疑惑，此处特做分析，但小伙伴们要明白，这样非常不应试。

根据"考点⑬条件命题的含义"或"考点⑭条件命题的逆否式"可知，B、C、D、E 四项均与题干完全一致。

题37 答案为 C 项。

注意本题的相反陷阱，寻找的是"都符合题干，除了"，即"不符合题干"的选项。题干断定可提炼为：发→稳。

A 项和 B 项，均可提炼为：发→稳。与题干条件一致，因此排除 A 项和 B 项。

C 项，可提炼为：¬（稳∧¬发）。根据"考点⑮条件命题的矛盾式"，其等价于，稳→发，因此与题干条件不一致。

根据效用思维（已知答案，其余不看），可不用验证其余选项。为减少疑惑，此处特做分析，但小伙伴们要明白，这样非常不应试。

D 项，可提炼为：稳∨¬发。根据"考点⑯条件命题的恒真式"，其等价于，发→稳，与题干条件一致。

E 项，可提炼为：¬（发∧¬稳）。根据"考点⑮条件命题的矛盾式"，其等价于，发→稳，与题干条件一致。

题38 答案为 A 项。

注意本题的相反陷阱，寻找的是"都符合题干，除了"，即"不符合题干"的选项。题干断定可提炼为：发→调。

A 项，可提炼为：调→发。其与题干条件不一致。

根据效用思维（已知答案，其余不看），可不用验证其余选项。为减少疑惑，此处特做分析，但小伙伴们要明白，这样非常不应试。

B 项和 D 项，均可提炼为：发→调。其与题干条件一致。

C 项，可提炼为：¬调→¬发。其为题干条件的逆否命题。

E 项，可提炼为：调∨¬发。根据"考点⑯条件命题的恒真式"，其等价于，发→调，与题干条件一致。

题39 答案为 A 项。

注意本题的相反陷阱，寻找的是"都符合题干，除了"，即"不符合题干"的选项。题干断定可提炼为：¬节→¬尽。

A 项，"节"以肯定形式放在前件，因此无须看后件内容，必然与题意不符。

---

① 本书中所有与考点相关的内容均引自《管综逻辑27讲》《经综逻辑通关宝典》。

根据**效用思维（已知答案，其余不看）**，可不用验证其余选项。为减少疑惑，此处特做分析，但小伙伴们要明白，这样非常不应试。

B、C、D 三项通过"考点⑬条件命题的含义"或"考点⑮条件命题的矛盾式"可知，均与题干完全一致。此处，"尽职地为社会服务""称职的国家干部"均为"尽职地为百姓当家理财"的同义替换。

题40 答案为 E 项。

注意本题的相反陷阱，寻找的是"除哪项外，都表达了原意"，即"没有表达原意"的选项。题干条件可提炼为：¬拼搏→¬突破。

A、B、C 三项，可提炼为：突破→拼搏。其为题干的逆否命题，排除 A、B、C 三项。

D 项，可提炼为：¬（突破∧¬拼搏）。根据"考点⑮条件命题的矛盾式"，其等价于，突破→拼搏，排除 D 项。

根据**效用思维（已知答案，其余不看）**，可不用验证 E 项。为减少疑惑，此处特做分析，但小伙伴们要明白，这样非常不应试。

E 项，"拼搏"以肯定形式放在前件，因此无须看后件内容，必然与题意不符。

题41 答案为 E 项。

注意本题的相反陷阱，寻找的是"都表达了原意，除了"，即"没表达原意"的选项。题干条件可提炼为：¬体能∨¬训练→¬突破。

A、B、C 三项，均可提炼为：突破→体能∧训练。其为题干逆否命题，排除 A、B、C 三项。

D 项，可提炼为：¬体能∧训练→¬突破。因为"¬体能∧训练"本来就可推出"¬体能∨¬训练"，加上题干所给条件，便可推出 D 项，因此排除 D 项。

根据**效用思维（已知答案，其余不看）**，可不用验证 E 项。为减少疑惑，此处特做分析，但小伙伴们要明白，这样非常不应试。

E 项，"突破"以肯定形式放在后件，因此无须看前件内容，必然与题意不符。

题42 答案为 E 项。

注意本题的相反陷阱，寻找的是"都符合题意，除了"，即"不符合题意"的选项。题干断定可提炼为：¬人→¬出。

A 项，可提炼为：成→人。"成"虽与"出"不是同一词汇，但是否可以同义替换尚未可知，因此根据**效用思维（不完全验证）**，可先跳过此项，验证其余选项。

B 项，可提炼为：出→人。其为题干的逆否命题，排除 B 项。

C 项，可提炼为：¬（出∧¬人）。根据"考点⑮条件命题的矛盾式"，其等价于，出→人，即题干的逆否命题，排除 C 项。

D 项，可提炼为：出→人。其为题干的逆否命题，排除 D 项。

E 项，"出"以肯定形式放在后件，因此无须看前件内容，必然与题意不符。

》》》》》》》》》》》》》 管综真题警戒线 》》》》》》》》》》》》》

题43 答案为 D 项。

题干存在**干扰陷阱（无用条件）**，但选项大多涉及"规章""规范性文件"，根据**效用思维（优先验证）**，可优先定位题干第一句话。这句话可提炼为：两个《通知》（章∨范）。根据"考点⑯条件命题的恒真式"，其等价于，两个《通知》(¬范→¬章)，D项与其相符。而C项忽略了题干两个《通知》是互相独立的，因此，两者完全可以都是规范性文件。

题44 答案为C项。

题干前两句话为结构简单的条件命题，其可提炼为：¬知→¬为；¬闻→¬言。根据**定性思维（条件命题的等价）**，可直接寻找符合题意的选项，而C项为其逆否命题。

> **高能提示**
>
> "若A除非B"与"A除非B"不同，后者本质上省略了"否则"，完整内容为"（否则）A除非B"，因此前者提炼式为，A→B；后者提炼式为，¬A→B。其实"除非"的结构和变形有很多，如果单纯依靠记忆，很容易出现问题，因此建议小伙伴们采用紧抓本质的方式理解。
>
> 具体"除非"的提炼可见《管综逻辑27讲》《经综逻辑通关宝典》中，考点⑬条件命题的含义。

题45 答案为D项。

题干只有一个条件，且为某部分简单的条件命题，根据**定性思维（条件命题的等价）**，可做如下逐一匹配：

第一步，寻找条件命题，但五个选项都是条件命题。

第二步，"出"相对简单，可优先验证。其为除非引导的内容，必然能为"→出"或"¬出→"，因此排除A项和B项。

第二步，抓"¬（绩效∧奖励）"。若其在条件命题后件，根据**定性思维（否定联言得选言）**，必然是带有否定的选言命题，因此排除C项和E项。

题46 答案为C项。

题干为复杂的条件命题，根据**定性思维（条件命题的等价）**，可做如下逐一匹配：

第一步，寻找条件命题，但五个选项都是条件命题。

第二步，抓"不可能（实心∧纯金）"。其为除非引导的内容，必然只能为"→必然（¬实心∨¬纯金）"或"可能（实心∧纯金）→"，因此排除A、B、D、E四项。

> **高能提示**
>
> 根据"考点⑧否定等值规则"，部分命题的模态词，即使位置移动也不会改变其含义，本处"实心的'大力神'杯不可能是纯金制成的"可变为"'大力神'杯不可能是实心且由纯金制成的"，因此这部分可提炼为"不可能（实心∧纯金）"。
>
> 排除A项是因为，其在条件命题后件，是"可能"联言命题，必然无法由题干得出。

题47 答案为E项。

题干存在**干扰陷阱（无用信息）**，但只有最后一句话有形式逻辑结构词，且为某部分简单的条件命题，根据**定性思维（条件命题的等价）**，可做如下逐一匹配：

第一步，寻找条件命题，A、B、C三项为单称性质命题，无法转为条件命题，因此排除A、B、C三项。

第二步，"歌"相对简单，可优先验证。其为"否则"引导的内容，必然为"→歌"或"¬歌→"，因此排除D项。

> **📝 高能提示**
>
> 题干最后一句话提炼为：¬雨∧¬风→歌。E 项"¬风→歌"结合补充条件"¬雨"，相当于，在不下雨时，如果不刮风，那么蟋蟀就会唱歌，与题干最后一句话等价。

题 48 答案为 E 项。

本题存在**干扰陷阱（无用条件）**，但多数选项包含"二月初北京有雨雪天气"，根据**效用思维（优先验证）**，可优先定位条件（3）。其为复杂的条件命题，可做如下逐一匹配：

A 项和 C 项，其中没有"预报雨雪"，根据**效用思维（不完全验证）**，可先跳过。

B 项和 D 项，针对条件（3），但存在**细节陷阱**，题干为"预报雨雪"，而这两项为"雨雪"，因此必然不一致，排除 B 项和 D 项。

E 项，针对条件（3），其可提炼为：张∧李∧王（¬飞）→预报雨雪。既然"张∧李∧王（¬飞）"本来就可以推出"王（¬飞）"，而条件（3）中"王（¬飞）"能推出"预报雨雪"，从而就能证明，"张∧李∧王（¬飞）"能推出"预报雨雪"。如果学过《管综逻辑 27 讲》第 9 讲或《经综逻辑通关宝典》第 9 章中关于嵌套结构的相关知识，也可直接用公式判断出，由题干可以推出 E 项。

题 49 答案为 D 项。

题干存在**干扰陷阱（无用条件）**。题干有两句话带有形式逻辑结构词，这两句话还无法联立，加上选项无明显重复，可做如下逐一匹配：

A 项，其前件、后件均针对题干第一个条件，但"录入"以肯定形式放在后件，因此必然无法由题干得出，无须看前件内容，直接排除 A 项。

B 项，"倾听群众异议"等，题干并未提及，排除 B 项。

C 项，"减少可能性"等，题干并未提及，排除 C 项。

D 项，其前件、后件均针对题干第一个条件，且与其相符。

题 50 答案为 B 项。

题干存在**干扰陷阱（无用条件）**。题干有两句话带有形式逻辑结构词，但这两句话无法联立，加上选项无明显重复，可做如下逐一匹配：

A 项，其前件针对题干第一个条件，而后件针对第二个条件，但两者无法联立，因此必然无法由题干得出，排除 A 项。

B 项，其前件、后件均针对题干第二个条件，且与其相符。

根据**效用思维（已知答案，其余不看）**，可不用验证其余选项。为减少疑惑，此处特做分析，但小伙伴们要明白，这样非常不应试。

C 项，其前件、后件均针对题干第二个条件，但"选择职业"以否定形式放在前件，因此必然无法由题干得出，无须看后件内容。

D 项，其前件针对题干第一个条件，而后件针对第二个条件，但两者无法联立，因此必然无法由题干得出。

E 项，其前件针对题干第二个条件，而后件针对第一个条件，但两者无法联立，因此必然无法由题干得出。

> **高能提示**
>
> 在考场中，发现本题的 B 项与题干第二个条件一致后，确实需要进行细节比较，但此时，也可根据效用思维（不完全验证）跳过 B 项，快速排除 C、D、E 三项，直接选择 B 项。

题 51 　答案为 C 项。

题干董事长的意思只有一句话，且为结构简单的条件命题，其可提炼为：¬自信→输。根据**定性思维（条件命题的等价）**，可直接寻找符合题意的选项，而 C 项为其逆否命题。

题 52 　答案为 E 项。

张教授的观点只有一句话，且为后件简单的条件命题，根据**定性思维（条件命题的等价）**，可做如下逐一匹配：

第一步，寻找条件命题，但五个选项都是条件命题。

第二步，"良"相对简单，可优先验证。其为条件命题后件，必然只能为"→良"或"¬良→"，因此排除 A、B、C、D 四项。

根据**效用思维（已知答案，其余不看）**可不用验证 E 项。为减少疑惑，此处特做分析，但小伙伴们要明白，这样非常不应试。

E 项，可提炼为：¬良→损他∨¬满足。其为张教授观点的逆否命题。

题 53 　答案为 E 项。

题干信息烦琐，结构词不明显，加上选项无明显重复，可做如下逐一匹配：

A 项和 D 项，"与吾生乎同时"题干并未提及，排除 A 项和 D 项。

B 项，针对题干最后一句话，但本项弄反了充分条件与必要条件的关系，排除 B 项。

C 项，针对题干最后一句话，但"皆为吾师"题干并未提及，排除 C 项。

根据**效用思维（已知答案，其余不看）**，可不用验证 E 项。为减少疑惑，此处特做分析，但小伙伴们要明白，这样非常不应试。

E 项，可提炼为：解→师。其为题干第二句话的逆否命题。

题 54 　答案为 A 项。

题干存在**干扰陷阱（无用条件）**。题干的两句话带有形式逻辑结构词，但这两句话无法联立，加上选项无明显重复，可做如下逐一匹配：

A 项，可提炼为：¬聚→¬成。其等价于：成→聚。题干第二个条件，可提炼为：成→战∧对∧聚，既然"成"可以推出"战∧对∧聚"，那么就可以证明，"成"也能推出"聚"。如果学过《管综逻辑27讲》第 9 讲或《经综逻辑通关宝典》第 9 章中关于嵌套结构的相关知识，也可直接用公式判断。

根据**效用思维（已知答案，其余不看）**，可不用验证其余选项。为减少疑惑，此处特做分析，但小伙伴们要明白，这样非常不应试。

B 项，其前件、后件均针对题干第二个条件，但"成"以肯定形式放在后件，因此必然无法由该条件得出。

C 项，其前件、后件均针对题干第一个条件，但"活"以肯定形式放在后件，因此必然无法由该条件得出。

D 项，其前件针对题干第二个条件，而后件针对第一个条件，但两者无法联立，因此必然无法由题干得出。

题55 答案为 D 项。

题干存在**干扰陷阱（无用条件）**。题干有两句话带有形式逻辑结构词，但这两句话无法联立，加上选项无明显重复，可做如下逐一匹配：

A、B、C 三项，均为性质命题，但题干并无性质命题。注意，题干第一句话仅断定了"人民"这个集合概念的性质，而非断定了每个"人民"的性质，因此排除 A、B、C 三项。

D 项，可提炼为：¬变→¬离。针对题干第二句话，为其逆否命题。

根据**效用思维（已知答案，其余不看）**，可不用验证 E 项。为减少疑惑，此处特做分析，但小伙伴们要明白，这样非常不应试。

E 项，针对题干最后一句话，但"传"以肯定形式放在后件，必然无法由题干得出。

题56 答案为 D 项。

题干存在**干扰陷阱（无用条件）**。题干第三、四句话带有形式逻辑结构词，但无法联立，加上选项无明显重复，可做如下逐一匹配：

A 项，并非条件命题，必然不针对题干第三、四句话，根据**效用思维（不完全验证）**，可先跳过 A 项。

B 项，其前件、后件均针对题干第四句话，但"疫苗"以肯定形式放在前件，必然无法由该条件得出，无须看后件内容，直接排除 B 项。

C 项，针对题干第二句话，根据**效用思维（不完全验证）**，可先跳过 C 项。

D 项，可提炼为：¬死→消。针对题干第三句话，为其逆否命题。

题57 答案为 C 项。

题干存在**干扰陷阱（无用条件）**。题干有多句话带有形式逻辑结构词，但无法联立，加上选项无明显重复，可做如下逐一匹配：

A 项，其前件针对题干第三个条件，而后件针对第五个条件，但两者无法联立，因此必然无法由题干得出，排除 A 项。

B 项，其前件、后件均针对题干第二个条件，但"倒"以否定形式放在前件，必然无法由该条件得出，无须看后件内容，直接排除 B 项。

C 项，可提炼为：¬吞→加。针对题干第四个条件，为其逆否命题。

根据**效用思维（已知答案，其余不看）**，可不用验证其余选项。为减少疑惑，此处特做分析，但小伙伴们要明白，这样非常不应试。

D 项，将题干第四个条件的后件做了拆分，不符合其含义。

E 项，其前件针对题干第五个条件，而后件针对第四个条件，但两者无法联立，因此必然无法由题干得出。

题58 答案为 C 项。

题干存在**干扰陷阱（无用条件）**。题干第二、第三和第四句话带有形式逻辑结构词，但无法联立，加上选项无明显重复，可做如下逐一匹配：

A 项，将第三句话的一部分做了拆分，不符合其含义，排除 A 项。

B 项，并非条件命题，根据**效用思维（不完全验证）**，可先跳过 B 项。

C 项，可提炼为：¬从→¬科。其等价于，科→从。针对题干第三句话，兼∨科→从∧说，既然"科"可以推出"兼∨科"，"兼∨科"又可以推出"从∧说"，而"从∧说"还可以推出"从"，那么就能证明"科"可以推出"从"。如果学过《管综逻辑27讲》第9讲或《经综逻辑通关宝典》第9章中关于嵌套结构的相关知识，也可直接用公式判断。

根据**效用思维（已知答案，其余不看）**，可不用验证其余选项。为减少疑惑，此处特做分析，但小伙伴们要明白，这样非常不应试。

D项，其前件针对题干第一句话，而后件针对第四句话，但两者无法联立，因此必然无法由题干得出。

E项，其前件针对题干第四句话，而后件针对第二句话，但两者无法联立，因此必然无法由题干得出。

题型 ❻ 截取推理

题1 ✎ 答案为B项。

题干条件串联可得：∃教→迷→¬改→¬预。将该链条首尾截取可得，∃教→¬预，B项与其相符。

> ✎ 效用思维
>
> 本题运用了**效用思维（优先验证）**。优先验证有多种理解，这里是指：
> 当题干部分条件可串联、部分条件不可串联时，优先验证可串联的条件。
> 当题干条件可串联且寻找必然为真的选项时，优先验证首尾截取的命题。
> 当题干条件可串联且寻找必然为假的选项时，优先验证首尾截取的矛盾命题。
> 当然，如果验证后发现没有答案，再将条件或选项逐一匹配。

题2 ✎ 答案为B项。

题干条件串联可得：犯→制→¬看→¬尊→¬舒。将该链条首尾截取可得，犯→¬舒，B项与其相符。

题3 ✎ 答案为A项。

题干条件串联可得：心→自→受→¬追。将该链条首尾截取可得，心→¬追，A项与其相符。

题4 ✎ 答案为E项。

题干条件串联可得：合理→辩护成为解释→正当理由成为原因。将该链条首尾截取可得，合理→正当理由成为原因，E项与其相符。

题5 ✎ 答案为B项。

题干条件串联可得：效→表→¬问。将该链条首尾截取可得，效→¬问。其逆否命题为，问→¬效，B项与其相符。

题6 ✎ 答案为A项。

题干条件串联可得：经→工→污→¬环。将该链条首尾截取可得，经→¬环，根据"考点⑯条件命题的恒真式"，其等价于，¬经∨¬环，A项与其相符。

题7 ✎ 答案为C项。

本题存在**干扰陷阱（无用条件）**，但根据**定性思维（条件串联时，先找有的，紧抓后件，肯前否后）**，可避免陷阱，快速得出链条：∃缺→>20→报。将该链条首尾截取可得，∃缺→报，C项与其相符。

题8 答案为 A 项。

注意，这里川菜的特色为麻、辣、香，是指所有川菜都有这个特色。

题干条件可串得链条：∀林→川→麻、辣、香。本题存在**干扰陷阱（无用条件）**，题干其他内容无法与其串联，根据**效用思维（优先验证）**，无须考虑其他内容。将该链条首尾截取可得，∀林→麻、辣、香，A 项与其相符。

题9 答案为 D 项。

注意，蝴蝶是昆虫，是指所有蝴蝶都是昆虫。

题干条件可串得链条：∃鲜→蝴→昆。题干其他内容无法与其串联，根据**效用思维（优先验证）**，无须考虑其他内容。将该链条首尾截取可得，∃鲜→昆，根据"考点③性质命题的换位性质"可知，D 项与其是互换关系。

题10 答案为 C 项。

注意，本题存在**细节陷阱**，题干第二句话中，"在这种情况下"是指"面包成本增加的情况"，后续又提到"来弥补面包销售利润的下降"，因此，第二句话相当于表达了"成增→利降"。

综上，题干条件可串得链条：面涨→成增→利降→收减。将该链条首尾截取可得，面涨→收减，C 项与其相符。

题11 答案为 D 项。

"基本""保障""基石"均为必要条件的表达，题干条件可串得链条：约束→道德→信仰。而题干最后两句话无法与其串联，根据**效用思维（优先验证）**，无须考虑该项。将该链条首尾截取可得，约束→信仰，D 项与其相符。

对于 A 项，题干中道德是"基本保障"，而非本项中的"基石"。

题12 答案为 B 项。

根据**定性思维（条件串联时，先找有的，紧抓后件，肯前否后）**，可快速得出两条链条：∃独→自→缺；∃¬独→自→缺。将该链条首尾截取可得：∃独→缺；∃¬独→缺，根据"考点③性质命题的换位性质"可知，B 项与"∃¬独→缺"是互换关系。

题13 答案为 B 项。

题干条件可串得链条：稳→公→¬风→¬效。而题干第一句话无法与其串联，根据**效用思维（优先验证）**，无须考虑该项。将该链条首尾截取可得，稳→¬效，根据"考点⑯条件命题的恒真式"，其等价于，¬稳∨¬效，B 项与其相符。

题14 答案为 C 项。

注意，本题存在**细节陷阱**，题干第一句话前件为二氧化碳"超量"产生，而后续两句话分别为"生产"二氧化碳、产生了"大量"的二氧化碳气体。因此，只有让后两者同时发生，才能匹配前者。

综上，题干条件可串得链条：¬绿∧燃→二氧化碳→温。将该链条首尾截取可得：¬绿∧燃→温。C 项可提炼为：¬绿→（燃→温）⇔ ¬绿∧燃→温。两者相符。

题15 答案为 C 项。

题干条件可串得链条：赢→尊→美∧内。而题干第二句话无法与其串联，根据**效用思维（优先验证）**，无须考虑该项。将该链条首尾截取可得，赢→美∧内。

既然"赢"可以推出"美∧内"，而"美∧内"可推出"美"，也可推出"内"，这就证明了"赢→美"与"赢→内"成立。如果学过《管综逻辑27讲》第9讲或《经综逻辑通关宝典》第9章中关于嵌套结构的相关知识，也可直接用公式判断。

C项确实符合上述内容，而B项"加强"程度过深，此处改为"具有"才符合题意。

题16 答案为E项。

题干条件可串得链条：交∧迪→保→¬二。而题干最后一句话无法与其串联，根据**效用思维（优先验证）**，无须考虑该项。将该链条首尾截取可得：交∧迪→¬二。其等价于，二→¬交∨¬迪，根据"考点⑫选言命题的传递"可知，二∧交→¬迪。E项与其相符。

题17 答案为B项。

题干条件可串得链条：你∧我→她→能跳舞→市中心。而题干最后一句话无法与其串联，根据**效用思维（优先验证）**，无须考虑该项。将该链条首尾截取可得，你∧我→市中心，B项为其逆否命题。

题18 答案为D项。

题干条件可串得链条：新→边→二。将该链条首尾截取可得，新→二。其矛盾命题为：新∧¬二。D项与其相符。

> 📝 **高能提示**
>
> 题干和选项的每一句话都在针对"哺乳动物"，因此提炼时可不考虑本部分。

题19 答案为D项。

题干存在**干扰陷阱（论证外衣）**，浏览题干和选项，发现均有性质或条件命题结构词，故先以形式逻辑的思路解题。

题干条件可串得链条：健壮→钙质→奶制品。将该链条首尾截取可得，健壮→奶制品。其矛盾命题为：健壮∧¬奶制品。D项与其相符。

> 📝 **高能提示**
>
> 题干和选项的每一句话都在针对"呼伦贝尔大草原的牧民"，因此提炼时可不考虑本部分。

题20 答案为C项。

注意本题的相反陷阱，寻找的是"不可能为真"，即"必然为假"的选项。

结合补充条件，题干条件可串得链条：获→低→大→权。将该链条首尾截取可得，获→权。其矛盾命题为：获∧¬权。C项与其相符。

题21 答案为A项。

注意本题的相反陷阱，寻找的是"必定是假"的选项。

结合补充条件，题干条件可串得链条：∀教→人→¬财→¬四。将该链条首尾截取可得，∀教→¬四。其矛盾命题为：∃教→四。根据"考点③性质命题的换位性质"可知，A项与其是互换关系。

题 22 答案为 B 项。

注意本题的相反陷阱，寻找的是"不可能为真"，即"必然为假"的选项。

结合补充条件，题干条件可串得链条：∀教→足→¬改→¬预。将该链条首尾截取可得，∀教→¬预。其矛盾命题为：∃教→预。根据"考点③性质命题的换位性质"可知，B 项与其是互换关系。

题 23 答案为 D 项。

题干条件可串得链条：占→高→资∧人。将该链条首尾截取可得，占→资∧人。其矛盾命题为：占∧¬（资∧人）。D 项可推出此矛盾命题为真，即削弱了题干断定。

> 📖 高能提示
>
> 本题也可运用定性思维（条件命题的矛盾式）解题，先寻找肯定的"占"，排除 B、C、E 三项，再寻找否定后件的内容，从而排除 A 项。

题 24 答案为 E 项。

注意本题的相反陷阱，寻找的是"不可能为真"，即"必然为假"的选项。

题干条件可串得链条：∀朋→¬（绿∧咖）→¬张。将该链条首尾截取可得，∀朋→¬张。其矛盾命题为：∃朋→张。E 项与其相符。

题 25 答案为 D 项。

注意本题的相反陷阱，寻找的是"可以，除了"，即"不可以"的选项。

题干条件可串得链条：玫瑰→（苍兰∨海棠）→¬秋菊→¬牡丹。将该链条首尾截取可得，玫瑰→¬牡丹。其矛盾命题分别为：玫瑰∧牡丹。D 项与其相符。

题 26 答案为 E 项。

注意本题的相反陷阱，寻找的是"不可能为真"，即"必然为假"的选项。

题干存在**干扰陷阱（无用条件）**，但根据**定性思维（条件串联时，先找有的，紧抓后件，肯前否后）**，可快速得出三条链条：∃健→桥→围；∃桥→健→¬武；∃围→武→¬健。将该链条首位截取可得：∃健→围；∃桥→¬武；∃围→¬健。矛盾命题分别为：∀健→¬围；∀桥→武；∀围→健。E 项符合第三个矛盾命题。

题 27 答案为 B 项。

注意本题的相反陷阱，寻找的是"不可能为真"，即"必然为假"的选项。

题干存在**干扰陷阱（无用条件）**，但根据**定性思维（条件串联时，先找有的，紧抓后件，肯前否后）**，可快速得出两条链条：∃社→捐→善；∃个→捐→善。将该链条首尾截取可得，∃社→善；∃个→善。其矛盾命题分别为：∀社→¬善；∀个→¬善。B 项与后者相符。

题 28 答案为 D 项。

注意本题的相反陷阱，寻找的是"不可能符合"，即"必然不符合"的选项。

观察选项发现，五个选项均为单称性质命题，而单称性质命题是无法反驳特称性质命题的。因此，串联题干时，可忽略题干中两个特称性质命题，从而题干剩余条件可串得链条：∀安→暂→就→¬业。但将该链条首尾截取后，无法找到对应的矛盾命题，所以本题需将选项逐一匹配。

A 项，可提炼为，∃!就→¬业，可通过"∀就→¬业"推出，因此必然为真，排除 A 项。
B 项，可提炼为，∃!就→¬暂，与"∀暂→就"的互换构成上反对关系，因此真假不知，排除 B 项。
C 项，可提炼为，∃!暂→¬安，与"∀安→暂"的互换构成上反对关系，因此真假不知，排除 C 项。
D 项，可提炼为，∃!暂→业，与"∀暂→¬业"构成上反对关系，因此必然为假。
根据**效用思维（已知答案，其余不看）**，可不用验证其余选项。为减少疑惑，此处特做分析，但小伙伴们要明白，这样非常不应试。
E 项，所提"门卫"，必然涉及题干两个特称性质命题，因此真假不知。

> ✏️ 高能提示
>
> 本题通过观察选项来排除题干条件，可与题 28、题 55 做对比分析。

题 29 答案为 A 项。

观察选项发现，五个选项均为单称性质命题，而单称性质命题是无法反驳特称性质命题的。因此，串联题干时，可忽略题干中两个特称性质命题，从而题干剩余条件结合补充条件，可串得链条：∀桥→围→武∨健。将该链条首尾截取可得，∀桥→武∨健，其矛盾命题为：∃桥→¬武∧¬健。A 项与其相符。

题 30 答案为 C 项。

题干条件可串得链条，∃教→人→¬财→¬四。
复选项Ⅰ，可提炼为，∃教→四，与"∃教→¬四"构成下反对关系，因此真假不知，排除 A 项和 B 项。
复选项Ⅱ，可提炼为，∃教→¬财，可从题干链条中截得，因此必然为真，排除 E 项。
复选项Ⅲ，可提炼为，∀四→¬人，是"∀人→¬四"的逆否，因此必然为真，排除 D 项。

题 31 答案为 C 项。

题干条件可串得链条：∃丰→小→¬大→¬年。
复选项Ⅰ，可提炼为，∃年→丰，与"∃丰→¬年"的逆否构成下反对关系，因此真假不知，排除 B、D、E 三项。
剩余选项中，均有复选项Ⅱ，因此可跳过该项。
复选项Ⅲ，可提炼为，∀年→¬小，是"∀小→¬年"的逆否，因此必然为真，排除 A 项。

题 32 答案为 B 项。

题干条件可串得链条：∀¬理→广→付→发。
复选项Ⅰ，可提炼为，∀¬理→付，可从题干链条中截得，因此必然为真，排除 C 项和 D 项。
复选项Ⅱ，可提炼为，∀¬发→理，是"∀¬理→发"的逆否，因此必然为真，排除 A 项。
复选项Ⅲ，可提炼为，∀发→¬理，是"∀¬理→发"的互换，因此真假不知，排除 E 项。

题 33 答案为 C 项。

题干条件可串得链条：畅→可→触→深。
复选项Ⅰ，可提炼为，畅→深，可从题干链条中截得，因此必然为真，排除 B 项。
复选项Ⅱ，可提炼为，¬触→¬畅，是"畅→触"的逆否，因此必然为真，排除 A 项和 D 项。
复选项Ⅲ，可提炼为，¬可→¬深，是"可→深"互换后的逆否，因此真假不知，排除 E 项。

题 34 答案为 D 项。

题干条件可串得链条：占→质∧包→技→资。

复选项 I，可提炼为，占→技，可从题干链条中截得，因此必然为真，排除 B 项和 C 项。

复选项 II，可提炼为，¬资∧质→¬包。由"¬资∧质"可知"¬资""质"分别为真，由题干链条结合"¬资"，可传递出"¬质∨¬包"为真，再结合"质"为真可知"¬包"必然为真，排除 A 项。

复选项 III，可提炼为，质∧包→占，是"占→质∧包"的互换，因此真假不知，排除 E 项。

题 35 答案为 C 项。

题干条件可串得链条：商→机→长→¬染→¬污。

复选项 I，可提炼为，手→¬商，是"商→机"的逆否，因此必然为真，排除 B 项。

复选项 II，可提炼为，短→手，是"机→长"的逆否，因此必然为真，排除 A 项和 D 项。

复选项 III，可提炼为，¬染→¬污，其后件并非是题干中的"避免了由染色工艺流程带来的环境污染"，因此真假不知，排除 E 项。

注意，本题存在**细节陷阱**，手纺其实就是非机纺，因为做东西要么是手工，要么是机器，不存在第三种情况，所以手纺与机纺就是矛盾关系。

题 36 答案为 A 项。

题干最后一个条件可转化为：>1 000 万∨<600 万。题干条件可串得链条：激励→>600 万→>1 000 万→>800 万→优秀。

复选项 I，可提炼为，激励→优秀，可从题干链条中截得，因此必然为真，排除 B 项和 C 项。

复选项 II，可提炼为，优秀→激励，是"激励→优秀"的互换，因此真假不知，排除 E 项。

复选项 III，所涉"职员数量"，题干并未提及，因此排除 D 项。

题 37 答案为 D 项。

本题存在理解陷阱，这里的"动物"是区别于"人"的概念，因此，题干隐含着一个条件：∀动物→¬人。综合上述条件，题干可串得链条：∃意志力→动物→¬人→¬思考。

复选项 I，可提炼为，∃意志力→¬思考，可从题干链条中截得，因此排除 B 项和 C 项。

复选项 II，可提炼为，∀动物→¬思考，可从题干链条中截得，因此排除 A 项。

复选项 III，可提炼为，∃思考→¬意志力，是"∃意志力→¬思考"的逆否，因此真假不知，排除 E 项。

注意，题干中计算机是"接近于思考"，而非"思考"。

题 38 答案为 A 项。

注意本题的相反陷阱，寻找的是"都能推出，除了"，即"无法推出"的选项。

题干条件可串得链条：∃优→诺→贵→信。

A 项，可提炼为，∃信→¬优，与"∃优→信"的互换构成下反对关系，因此真假不知。

根据效用思维（已知答案，其余不看），可不用验证其余选项。为减少疑惑，此处特做分析，但小伙伴们要明白，这样非常不应试。

B 项，可提炼为，∃优→信，可从题干链条中截得，因此必然为真。

C 项，可提炼为，∀诺→信，可从题干链条中截得，因此必然为真。

D 项，可提炼为，∃贵→优，是"∃优→贵"的互换，因此必然为真。

E 项，可提炼为，∀¬信→¬贵，是"∀贵→信"的逆否命题，因此必然为真。

题39 答案为B项。

注意本题的相反陷阱，寻找的是"都能推出，除了"，即"无法推出"的选项。

题干条件可串得链条：∃好→诺→贵→青。

A项，可提炼为，∃好→青，可从题干链条中截得，因此必然为真，排除A项。

B项，可提炼为，∃青→¬好，与"∃好→青"的互换构成下反对关系，因此真假不知。

根据**效用思维（已知答案，其余不看）**，可不用验证其余选项。为减少疑惑，此处特做分析，但小伙伴们要明白，这样非常不应试。

C项，可提炼为，∀诺→青，可从题干链条中截得，因此必然为真。

D项，可提炼为，∃贵→好，是"∃好→贵"的互换，因此必然为真。

E项，可提炼为，∀¬青→¬贵，是"∀贵→青"的逆否，因此必然为真。

题40 答案为C项。

注意本题的相反陷阱，寻找的是"除了哪项，其余断定必定是真的"，即"可能为假"的选项。

根据**定性思维（条件串联时，先找有的，紧抓后件，肯前否后）**，可快速得出两条链条：∃门→安→暂→就→¬业；∃门→业→¬就→¬暂→¬安。

A项，可提炼为，∀安→就，可从题干链条中截得，因此必然为真，排除A项。

B项，可提炼为，∀业→¬暂，可从题干链条中截得，因此必然为真，排除B项。

C项，可提炼为，∃安→业，与"∀安→¬业"构成矛盾关系，因此必然为假。

根据**效用思维（已知答案，其余不看）**，可不用验证其余选项。为减少疑惑，此处特做分析，但小伙伴们要明白，这样非常不应试。

D项，可提炼为，∃门→¬就，可从题干链条中截得，因此必然为真。

E项，可提炼为，∃门→就，可从题干链条中截得，因此必然为真。

题41 答案为B项。

注意本题的相反陷阱，寻找的是"都符合题干意思，除了"，即"不符合题干意思"的选项。题干条件可串得链条：贡→实→教。

A项，可提炼为，贡→教，可从题干链条中截得，因此必然为真，排除A项。

B项，可提炼为，教→贡，是"贡→教"的互换，因此真假不知。

根据**效用思维（已知答案，其余不看）**，可不用验证其余选项。为减少疑惑，此处特做分析，但小伙伴们要明白，这样非常不应试。

C项，可提炼为，实→教，可从题干链条中截得，因此必然为真。

D项，可提炼为，¬（贡∧¬教），根据"考点⑮条件命题的矛盾式"，其等价于，贡→教，可从题干链条中截得，因此必然为真。

E项，可提炼为，¬贡∨教，根据"考点⑯条件命题的恒真式"，其等价于，贡→教，可从题干链条中截得，因此必然为真。

>>>>>>>>>>>>>>>>>>>>>>>>>>>>>>>>>>>>> 管综真题警戒线 <<<<<<<<<<<<<<<<<<<<<<<<<<<<<<<<<<<<

题42 答案为E项。

题干条件可串得链条：保障→实行→建立。将该链条首尾截取可得，保障→建立，E项为其逆否命题。

题43 答案为C项。

题干条件可串得链条：参加→获邀→通过。将该链条首尾截取可得，参加→通过，C项为其逆否命题。

题44 答案为 A 项。

题干条件可串得链条：信→理→尊→自。将该链条首尾截取可得，信→自，A 项为其逆否命题。

> **高能提示**
>
> 小伙伴们如果遇到乍一看难以理解的语句，那么其大概率是条件命题，可以先用"考点⑬条件命题的含义"中的"含义本质"进行提炼，如果还是难以提炼，那么按照"如果……那么……"的句式去对应，就能慢慢提炼出来。正如题 44 中的四个条件，以及题 44 中的最后一句话。

题45 答案为 B 项。

本题存在**干扰陷阱（无用信息）**，题干仅最后一句话带有形式逻辑结构词，由此可串得链条：低→过→¬顺。将该链条首尾截取可得，低→¬顺，B 项是其逆否命题。

题46 答案为 D 项。

本题存在**干扰陷阱（无用条件）**，但根据**定性思维（条件串联时，先找有的，紧抓后件，肯前否后）**，可避免落入陷阱，快速得出链条：∃网→核→¬受。将该链条首尾截取可得，∃网→¬受，D 项与其相符。

题47 答案为 D 项。

本题存在**干扰陷阱（无用条件）**，但根据**定性思维（条件串联时，先找有的，紧抓后件，肯前否后）**，可避免落入陷阱，快速得出链条：∀一般→¬免费→自谋。将该链条首尾截取可得，∀一般→自谋，D 项与其相符。

另外，请小伙伴们注意，题干并未说明只招收免费师范生和一般师范生。

题48 答案为 D 项。

题干条件可串得如下链条：优→管→¬解；正→得→¬半。将该链条首尾截取可得，优→¬解，正→¬半，D 项与"优→¬解"相符。

> **高能提示**
>
> 观察本题选项，会发现五个选项均带有"职务"，根据效用思维（优先验证），也可以直接验证"优→管→¬解"的首尾截取内容。

题49 答案为 C 项。

题干条件可串得链条：底→信→学。将该链条首尾截取可得，底→学，C 项与其相符。

> **高能提示**
>
> 本题的 A 项是强干扰项，不选它的原因在于"是因为"这三个字上。A 项在本质上是因果关系，但题干描述的仅是条件关系，这两者的本质并不相同，因果关系描述的是事物的机理，而条件关系描述的是充分性或必要性。
>
> 例如，吸烟有 50% 的可能性导致肺癌，此句具有因果关系但并不具有条件关系，因为吸烟并不能 100% 带来肺癌，所以其不是患肺癌的充分条件；
>
> 再如，如果天黑，那么睡觉，此句具有条件关系，但未必具有因果关系，因为睡觉的原因可能是犯困。
>
> 因此，无法由题干推出 A 项。不过，如果小伙伴们按照上述定性思维的解法，便会直接找出答案，从而不会被 A 项的内容所干扰。

第一篇　形式逻辑

题50　答案为A项。
　　题干条件可串得链条：丙→甲→查杀所有→丙（防一号）。本题存在**干扰陷阱（无用条件）**，条件（2）无法与其串联，根据**效用思维（优先验证）**，无须考虑条件（2）。将该链条首尾截取可得，丙→丙（防一号），A项与其相符。注意，条件中的"查杀所有"，包括了"查杀一号病毒"。

题51　答案为D项。
　　根据**定性思维（条件串联时，先找有的，紧抓后件，肯前否后）**，可快速得出链条：∃最→¬民→¬重。此时会遗留题干第一个条件，但将上述链条首尾截取后，便可与题干第一个条件联立，从而可得，∃¬重→最→重∨高，将该链条首尾截取后可得，∃¬重→高，D项与其相符。

> **高能提示**
> 本题题干的处理方式要比之前的真题多一次截取的步骤，小伙伴们还可将本题与题56做对比分析。

题52　答案为C项。
　　题干条件可提炼如下：
　　（1）∀优→清晰∧翔实；
　　（2）∀经→鲜明∧准确；
　　（3）∀［（翔实∧¬鲜明）∨（准确∧¬清晰）］→¬优。
　　条件（3）的逆否命题为：∀优→（¬翔实∨鲜明）∧（¬准确∨清晰）。将其与条件（1）结合可得，∀优→鲜明∧（¬准确∨清晰），进而可知，∀优→鲜明，C项与其相符。

> **高能提示**
> 本题也可采用选项排除的方法解题：
> A项和D项是在描述"经典论文"与"逻辑清晰"的关系，但题干并无描述此关系的条件；
> B项是在描述"论据翔实"与"主题鲜明"的关系，但题干也无描述此关系的条件；
> E项描述的是"经典论文"的充分条件，但题干只给了"经典论文"的必要条件。

题53　答案为E项。
　　注意本题的相反陷阱，寻找的是"一定为假"的选项。题干条件可串得链条：∀结果→原因→认识→规律。将该链条首尾截取可得，∀结果→规律。其矛盾命题为：∃结果→¬规律。E项与其相符。

题54　答案为B项。
　　题干存在**干扰陷阱（论证外衣）**，浏览题干和选项，发现均有性质命题结构词，故以形式逻辑的思路解题。题干条件可串得链条：出色→提拔→碌碌无为。本题存在**干扰陷阱（无用条件）**，第一个条件无法与其串联，根据**效用思维（优先验证）**，无须考虑其他内容。将该链条首尾截取可得，出色→碌碌无为。其矛盾命题为：出色∧¬碌碌无为。B项与其相符。

题55　答案为C项。
　　注意本题的相反陷阱，寻找的是"哪项不可能的"，即"必然为假"的选项。
　　本题存在**干扰陷阱（无用条件）**，但根据**定性思维（条件串联时，先找有的，紧抓后件，肯前否后）**，可避免落入陷阱，快速得出链条：∀值得→创新→¬模仿。将该链条首尾截取可得，∀值得→¬模仿。其矛盾命题为：∃值得→模仿。C 项与其相符。

另外，本题存在**细节陷阱**，题干最后一句话为"应该受到惩罚"，而 E 项为"受到了惩罚"，两者主题词并不一致。所以，E 项并非题干最后一句话的矛盾命题。

题 56 答案为 D 项。

注意本题的相反陷阱，寻找的是"不一致"的选项。题干条件（2）和（3）可串得链条：P∨Q（男∨女）→P∨Q（故）→P∨Q（¬导）。本题存在**干扰陷阱（无用条件）**，第一个条件无法与其串联，根据**效用思维（优先验证）**，无须考虑其他内容。将该链条首尾截取可得，P∨Q（男∨女）→P∨Q（¬导）。其矛盾命题为：[P∨Q（男∨女）]∧[P∨Q（导）]。D 项与其相符。

题 57 答案为 A 项。

注意本题的相反陷阱，寻找的是"不可能存在"，即"必然不存在"的选项。

观察选项发现，五个选项均为单称性质命题，而单称性质命题是无法反驳特称性质命题的，因此，串联题干时，可忽略题干中的特称性质命题，从而题干剩余条件可串得链条：∀护→廉→北→¬南→¬别→¬东。将该链条首尾截取可得，∀护→¬东。其矛盾命题为：∃护→东。A 项可推出此矛盾命题。

题 58 答案为 D 项。

注意本题的相反陷阱，寻找的是"哪项是不可能的"，即"必然为假"的选项。题干条件可串得的链条，如下图所示：

考　试：　院试　　乡试　　会试　　殿试
考中者：　生员 ← 举人 ← 贡士 ← 进士
　　　　　　　　　　↑　　　↑　　　↑
第一名：　　　　　解元　　会元　　状元

通过首尾截取后，无法找到对应的矛盾命题，所以本题需要将选项逐一匹配。

A 项，可提炼为，¬解元∧¬会元，但图中并未构建两者联系，因此真假不知，排除 A 项。
B 项，可提炼为，举人∧¬进士，图中两者关系为"进士→举人"，因此可能为真，排除 B 项。
C 项，可提炼为，状元∧（生员∧举人），图中三者关系为"状元→举人→生员"，因此必然为真，排除 C 项。
D 项，可提炼为，会元∧¬举人，图中两者关系为"会元→举人"，因此必然为假。
E 项，可提炼为，可能（状元∧会元∧解元），图中并未构建三者联系，因此"状元∧会元∧解元"真假不知。

题 59 答案为 E 项。

根据**定性思维（条件串联时，先找有的，紧抓后件，肯前否后）**，可快速将后续三个条件串得链条：∃优→家→术→¬谦。将该链条首尾截取后，便可与题干第一个条件联立，从而可得：∃¬谦→优→思。再次首尾截取后可得，∃¬谦→思。其矛盾命题为：∀¬谦→¬思。E 项为其逆否命题。

> **高能提示**
>
> 本题通过观察选项，会发现有四个选项均包含"谦逊的智者""善于思考的人"（而 A 项**必然不选，因为其与题干最后一个条件构成下反对关系，所以肯定无法反驳题干**），因此，根据**效用思维（优先验证）**，也应当首先构建此两者的联系。
>
> 本题还有另外一种构建关系的方法，即将第一个和第四个条件、第二个和第三个条件分别联立，从而可得两条链条：∃家→优→思；∀家→术→¬谦。将上述链条分别首尾截取可得：∃家→思；∀家→¬谦。从而可以再次串得链条：∃思→家→¬谦。再次截取后取矛盾，一样可以得到 E 项。
>
> 无论是上述哪种方法，本题构建关系的过程相对复杂，需要截取两次，串联两次才可实现。此思路与题 50 非常相似，小伙伴们可做对比分析。

题 60 答案为 B 项。

注意本题的相反陷阱，寻找的是"不能得出"的选项。

题干条件可串得链条：∃¬适→参→强→少。

A 项，可提炼为，∃¬适→少，可从题干链条中截得，因此必然为真，排除 A 项。

B 项，可提炼为，∀少→参，是"∀参→少"的互换，因此真假不知。

根据**效用思维（已知答案，其余不看）**，可不用验证其余选项。为减少疑惑，此处特做分析，但小伙伴们要明白，这样非常不应试。

C 项，可提炼为，∃少→¬适，是"∃¬适→少"的互换，因此必然为真。

D 项，可提炼为，∃强→¬适，是"∃¬适→强"的互换，因此必然为真。

E 项，可提炼为，∀参→少，可从题干链条中截得，因此必然为真。

题型 7 传递推理

题 1 答案为 C 项。

题干可用确定条件为：林（六）。根据**效用思维（关注特殊）**，应优先关注。

题干可传递条件为：林（¬五）→休假日。

因为林（六），从而经上述条件可传递出"休假日"，C 项与其相符。

效用思维

本题运用了**效用思维（关注特殊）**。

关注特殊是指，当试题中出现特殊的选项、要素或情况时，可优先验证。

特殊有多种理解，本题型中是指，当题干或题目中给出确定条件（尤其是和全称性质命题、选言命题或条件命题同时出现时），优先从该确定条件解题。

高能提示

本题型也自带以下**定性思维**：

肯定相容选言命题一支，无法得出确定性结论（尤其无法得出另一支的真假情况）。

否定性质命题或条件命题前件，无法得出确定性结论（尤其无法得出后件的真假情况）。

肯定性质命题或条件命题后件，无法得出确定性结论（尤其无法得出前件的真假情况）。

题 2 答案为 B 项。

题干可用确定条件为：大田（"海待"）。根据**效用思维（关注特殊）**，应优先关注。

题干可传递条件为：实学∧社交∧定位→"海待"。

因为大田（"海待"），从而经上述条件可传递出，大田（¬实学∨¬社交∨¬定位），B 项与其相符。

题 3 答案为 E 项。

可用确定条件为：¬（董朋∧董面∧说席）。根据**效用思维（关注特殊）**，应优先关注。

将题干可传递条件串联为：∀董朋→明→¬董面∨¬说山。

因为¬（董朋），从而经上述链条可传递出，¬（¬董面∨¬说山）。

又因为施（董面），从而可传递出，飞（¬说山），再结合飞（说席），从而席（¬山），E 项与其相符。

题 4 ✎　答案为 E 项。

题干可用确定条件为：格斯特（¬好评喜∧诗）。根据**效用思维（关注特殊）**，应优先关注。

题干可传递条件为：∀（格∧诗）→好评喜。

因为格斯特（¬好评喜），从而经上述条件可传递出，格斯特（¬格∨¬诗）。

又因为格斯特（诗），从而可传递出，格斯特（¬格），E 项与其相符。

题 5 ✎　答案为 C 项。

本题存在**细节陷阱**，"A 仅次于 B"相当于 A 只比 B 差，其他都没有 A 好，所以，A 是第二，B 是第一。题干可用确定条件为：红（第一）∧演（第二）。根据**效用思维（关注特殊）**，应优先关注。

题干可传递条件为：大多数学生（欣赏∧意识）→¬[红（第一）∧演（第二）]。

因为红（第一）∧演（第二），从而经上述条件可传递出，并非大多数学生（欣赏∧意识），从而可推出复选项Ⅲ，但复选项Ⅱ真假不知，因此排除 A、B、E 三项。

复选项Ⅰ，表明"大多数学生都购买了"，但学生购买占比情况未知，因此排除 D 项。

题 6 ✎　答案为 B 项。

题干可用确定条件为：H（白）。根据**效用思维（关注特殊）**，应优先关注。

题干可传递条件为：(1) ∀爱→黑；(2) ∀北→白；(3) ¬白∨¬黑。

因为 H（白），从而经条件 (3) 可传递出，H（¬黑）；再经条件 (1) 可传递出，H（¬爱），B 项与其相符。

题 7 ✎　答案为 B 项。

题干可用确定条件为：李明（晚）。根据**效用思维（关注特殊）**，应优先关注。

题干可传递条件为：(1) ∀赵→白；(2) ∀李→晚；(3) ¬白∨¬晚。

因为李明（晚），从而经条件 (3) 可传递出，李明（¬白）；再经条件 (1) 可传递出，李明（¬赵），B 项与其相符。

题 8 ✎　答案为 B 项。

题干可用确定条件为：¬称。根据**效用思维（关注特殊）**，应优先关注。

题干可传递条件为：(1) 加→¬称；(2) ¬撤→称；(3) ¬团→¬称。

因为"¬称"，从而经条件 (2) 可传递出"撤"，B 项符合题意。

题 9 ✎　答案为 D 项。

题干可用确定条件为：放。根据**效用思维（关注特殊）**，应优先关注。

题干可传递条件为：(1) 风→放；(2) ¬晴→¬放；(3) 暖→放。

因为"放"，从而经条件 (2) 可传递出"晴"，因此复选项Ⅱ必然为真，排除 A 项和 C 项。

又因为"放"肯定了条件 (1) 和条件 (3) 的后件，根据**定性思维（肯定条件命题后件，无法得出确定性结论）**，所以无法利用条件 (1) 和条件 (3) 传递，因此复选项Ⅰ和复选项Ⅲ真假不知，排除 B、E 两项。

题 10 ✎　答案为 B 项。

题干可用确定条件为：¬氯。根据**效用思维（关注特殊）**，应优先关注。

题干可传递条件为：(1) 微→氯；(2) 浴→氯；(3) 排→¬气。

因为"¬氯"，从而经条件 (1) 和条件 (2) 可传递出，¬微∧¬浴，因此复选项Ⅱ必然为真，排除 A 项和 C 项。

又因为"¬氯"不代表没有释放其他气体，所以无法利用条件 (3) 传递，所以无法得知其是否为排烟机清洁剂，因此复选项Ⅰ和复选项Ⅲ真假不知，排除 D 项和 E 项。

题 11 答案为 C 项。

题干可用确定条件为：宏∧防。根据**效用思维（关注特殊）**，应优先关注。

题干可传递条件为：(1) ∀宏→驾；(2) 安∧防→乘。

因为"宏"，从而经条件 (1) 可传递出"驾"，因此复选项Ⅲ必然为真，排除 A、B、D 三项。

又因为只有"防"无法肯定"安∧防"，所以无法利用条件 (2) 传递，因此复选项Ⅰ和复选项Ⅱ真假不知，排除 E 项。

题 12 答案为 A 项。

题干可用确定条件为：¬盈。根据**效用思维（关注特殊）**，应优先关注。

题干可传递条件为：(1) 销→盈；(2) 销→引∨改。

因为"¬盈"，从而经条件 (1) 可传递出"¬销"，因此复选项Ⅰ必然为真，排除 B、C、E 三项。

又因为"¬销"否定了条件 (2) 的前件，根据**定性思维（否定条件命题前件，无法得出确定性结论）**，所以无法利用条件 (2) 传递，因此复选项Ⅱ和复选项Ⅲ真假不知，排除 D 项。

题 13 答案为 A 项。

题干可用确定条件为：李∧二。根据**效用思维（关注特殊）**，应先关注。

题干可传递条件为：(1) 交∧迪→保；(2) 二→¬保；(3) 李→交。

条件 (1) 和条件 (2) 可构成链条：交∧迪→保→¬二。

因为"二"，从而经上述链条可传递出"¬交∨¬迪"。又因为"李"，从而经条件 (3) 可传递出"交"。综上，可传递出"¬迪"，A 项与其相符。

题 14 答案为 A 项。

题干可用确定条件为：捷运（大通∧货轮）。根据**效用思维（关注特殊）**，应优先关注。题干可传递条件为：(1) ∀蓝星∧货轮→>100 米；(2) ∀蓝星∧客轮→<100 米；(3) ∀金星→>1990 年∧<100 米；(4) ∀大通→（金星∨蓝星）∧<100 米。

因为"捷运（大通）"，从而经条件 (4) 可传递出，捷运 [（金星∨蓝星）∧<100 米]；从而由"捷运（<100 米）"经条件 (1) 可传递出，捷运（¬蓝星∨¬货轮）。

又因为"捷运（货轮）"，从而可传递出，捷运（¬蓝星）；再经"捷运（金星∨蓝星）"，从而可传递出，捷运（金星）；再经条件 (3) 可传递出，捷运（>1990 年∧<100 米），A 项与其相符。

题 15 答案为 C 项。

题干存在**干扰陷阱（无用条件）**，根据**定性思维（否定性质命题前件、肯定性质命题后件，均无法得出确定性结论）**，无须验证王伟和张明。

题干可用确定条件为：李（学∧事）。根据**效用思维（关注特殊）**，应优先关注。

将题干可传递条件串联为：∀事→迷→¬软∨¬学。

因为李（事），从而经上述链条可传递出，李（¬软∨¬学）。

又因为李（学），从而可传递出，李（¬软），C项与其相符。

题 16 答案为 E 项。

注意本题的相反陷阱，寻找的是"不能断定真假"的选项。

可用确定条件为：林园（有的住户发现）、静园（免费领取）。根据**效用思维（关注特殊）**，应优先关注。

题干可传递条件为：免费领取→有的住户发现。

因为"林园（有的住户发现）"与"林园（有的住户没发现）"构成下反对关系，所以复选项 I 真假不知，排除 B、C 和 D 项。

因为林园（有的住户发现）肯定了上述条件的后件，根据**定性思维（肯定条件命题后件，无法得出确定性结论）**，所以无法利用上述条件传递，因此复选项 II 真假不知，排除 A 项。

题 17 答案为 D 项。

题干可用确定条件为：张（经验）。根据**效用思维（关注特殊）**，应优先关注。

题干可传递条件为：¬ 经验→¬ 参加。

因为张（经验）否定了上述条件的前件，根据**定性思维（否定条件命题前件，无法得出确定性结论）**，所以无法利用上述条件传递，因此张是否参加无法得知，从而 D 项符合题意。

题 18 答案为 E 项。

题干可用确定条件为：漠（¬鲈）。根据**效用思维（关注特殊）**，应优先关注。

题干可传递条件为：鲈→鲦∧浮。

因为漠（¬鲈）否定了上述条件的前件，根据**定性思维（否定条件命题前件，无法得出确定性结论）**，所以无法利用上述条件传递，因此"鲦∧浮"的情况无法得知，从而复选项 I、复选项 II 和复选项 III 均不知真假，仅 E 项符合题意。

题 19 答案为 E 项。

题干可用确定条件为：黄（三千米以上∧¬参加）。根据**效用思维（关注特殊）**，应优先关注。

题干可传递条件为：参加→ 50 岁以下∧三千米以上∧¬ 高血压∧¬ 心脏病。

因为黄（三千米以上∧¬参加）否定了上述条件的前件，根据**定性思维（否定条件命题前件，无法得出确定性结论）**，所以无法利用上述条件传递，因此老黄的年龄、疾病等情况无法得知，从而复选项 I、复选项 II 和复选项 III 均不知真假，仅 E 项符合题意。

题 20 答案为 C 项。

题干条件可串得链条：大李 / 小王：¬ 知道对方→¬ 同意→¬ 调动。

首先，本题存在理解陷阱，题干隐含确定条件——因为大李和小王都在等对方确定的消息，所以，最初他们都不知道对方是否调动。

其次，问询共有三种情况：

情况 1，同时问询双方。此时，双方都"不知道"对方是否调动，从而经上述条件可传递出双方都"不同意"调动。

情况 2，先问询其中一方，并把这种情况告知另一方，再问询后者。此时，前者"不知道"对方是否调动，从而经上述条件可传递出前者"不同意"调动；但是，后者"知道"对方是否调动，从而根据**定性思维（否定条件命题前件，无法推出确定性结论）**，便无法知晓他是否同意调动，即有可能调动，也有可能不调动。

情况 3，先问询其中一方，但不把这种情况告知另一方，直接问询后者。此时，双方都"不知道"对方是否调动，从而经上述条件可传递出双方都"不同意"调动。

最后，汇总上述三种情况，一共能得出两种结果：双方都"不同意"；一方"同意"但另一方"不同意"。C 项与此相符。

题 21 答案为 C 项。

题干条件可提炼为：儿子→爸爸∨妈妈∨保姆。

题干无确定条件，因此无法往下传递，可做如下逐一匹配：

A 项和 B 项，前件均为"儿子"，从而经上述链条可传递出"爸爸∨妈妈∨保姆"，无法得出具体情况，排除 A 项和 B 项。

C 项，根据题干条件可知，儿子在家必然爸爸或妈妈在家，因此本项后件必然为真。

题 22 答案为 E 项。

题干可用确定条件为：王（¬花）。根据**效用思维（关注特殊）**，应优先关注。

题干可传递条件为：红∨花∨绿。

因为王（¬花），从而经上述条件可传递出，王（红∨绿），其等价于，王（¬绿）→王（红），因此复选项Ⅰ与其不符，复选项Ⅱ与其相符，排除 C 项和 D 项。

因为由当前信息无法往下传递，因此做如下逐一匹配：

复选项Ⅲ，其所给条件为"¬红"，从而经上述链条可传递出"花∨绿"，符合其结论，因此排除 A 项。

复选项Ⅳ，其所给条件为"¬绿"，从而经上述链条可传递出"红∨花"，不符合其结论，因此排除 B 项。

题 23 答案为 D 项。

题干可用确定条件为：张∧李∧王（校）。根据**效用思维（关注特殊）**，应优先关注。

将题干可传递条件串联为：∀校→大→¬一。

因为张∧李∧王（校），从而经上述链条可传递出，张∧李∧王（¬一），因此复选项Ⅰ必然为真，排除 B 项和 C 项。

因为由当前信息无法往下传递，因此做如下逐一匹配：

复选项Ⅱ，可提炼为，∀校→¬一，可从题干链条中截得，因此必然为真，排除 A 项。

复选项Ⅲ，可提炼为，∃大→¬校，是"∀校→大"矛盾命题的逆否，因此真假不知，排除 E 项。

题 24 答案为 B 项。

题干可用确定条件为：三（跌）。根据**效用思维（关注特殊）**，应优先关注。

题干可传递条件为：(1) 一（升）；(2) 二（不跌）→ 一（升 >5%）；(3) 二（升）→三（升）。

因为三（跌），从而经条件（3）可传递出，二（¬升），因此排除 A、C、E 三项。

因为"不升"并非等于"不跌"，因此无法利用条件（2）传递，从而可做如下逐一匹配：

B 项，可提炼为，一（升 7%）∧二（跌 3%），并不违背任何题意，因此可能为真，但是由于选择的是"最可能"为真的选项，而非"可能"为真的选项，因此还需验证 D 项。

D 项，可提炼为，¬（升5%）∧二（平），从而违背条件（2），因此必然为假，排除 D 项。

题25 答案为 C 项。

题干条件可提炼为：（1）甲∨乙；（2）毒∨乐。

因为题干无确定条件，从而无法往下传递，因此可做如下逐一匹配：

复选项 I，其所给条件为，¬（甲∧毒），根据**定性思维（否定联言得选言）**，其没有确定条件，从而难以和题干条件结合并传递，因此其结论真假不知，排除 A、D、E 三项。

复选项 II，其所给条件为，甲∧毒，从而可知"毒"必然为真，根据**定性思维（肯定相容选言命题一支，无法得出确定性结论）**，因此其毒药是否不为乐果真假不知，排除 B 项。

根据**效用思维（已知答案，其余不看）**，可不用验证复选项III。为减少疑惑，此处特做分析，但小伙伴们要明白，这样非常不应试。

复选项III，其所给条件为，¬甲∧¬毒，结合题干条件可知，乙∧乐。

题26 答案为 B 项。

题干条件可提炼为：（1）英∨日；（2）旧∨东；（3）林∨胡。

因为题干无确定条件，从而无法往下传递，因此可做如下逐一匹配：

复选项 I，其所给条件为，¬（林∧英∧旧），根据**定性思维（否定联言得选言）**，可得其没有确定条件，从而难以和题干条件结合并传递，因此其结论真假不知，排除 A 项和 E 项。

复选项 II，其所给条件为，林∧英∧东，从而经条件（1）（2）和（3）可传递出，¬胡∧¬日∧¬旧，，因此其结论必然为真，排除 C 项。

复选项III，其所给条件为，东∧¬（林∧英），根据**定性思维（否定联言得选言）**，从而无法得知具体是谁以及是用哪种语言翻译的，因此其结论真假不知，排除 D 项。

题27 答案为 E 项。

题干可传递条件为：（1）清∧白→盐；（2）尾→¬盐；（3）王→白。

条件（1）和（2）可构成链条：清∧白→盐→¬尾。题干无确定条件，因此无法往下传递，可做如下逐一匹配：

A 项，本项前件为"尾"，从而经上述链条可传递出"¬（清∧白）"，根据**定性思维（否定联言得选言）**，因此其后件真假不知，排除 A 项。

B 项，本项前件为"王"，从而经条件（3）可传递出"白"，但无法知晓"清"的情况，排除 B 项。

C 项，题干并未单独构建"白"和"尾"的关系，因此真假不知，排除 C 项。

D 项，题干无法直接推出"¬盐"，因此真假不知，排除 D 项。

根据**效用思维（已知答案，其余不看）**，可不用验证 E 项。为减少疑惑，此处特做分析，但小伙伴们要明白，这样非常不应试。

E 项，本项前件可得出"尾"，从而经上述链条可传递出"¬清∨¬白"。本项前件还可得出"王"，从而经条件（3）可传递出"白"。综上，可传递出"¬清"，本项后件与其相符。

题28 答案为 E 项。

题干可传递条件为：（1）太阳∧零下→皮夹克；（2）下雨∧零上→雨衣。题干无确定条件，因此无法往下传递，可做如下逐一匹配：

A 项，特称性质命题，但题干无法往下传递，因此真假不知，排除 A 项。

B 项，本项前件为"皮夹克∧¬下雨"，根据**定性思维（否定条件命题前件、肯定条件命题后件，均无法得出确定性结论）**，因此无法利用条件（1）或条件（2）往后传递，排除 B 项。

C 项，本项前件为"零下∧¬皮夹克"，从而由"¬皮夹克"经条件（1）可传递出，¬太阳∨¬零下；结合"零下"，可知"¬太阳"真，因此本项后件"下雨"与此不符，排除 C 项。

D 项，本项前件为"零上∧雨衣"，根据**定性思维（否定条件命题前件、肯定条件命题后件，均无法得出确定性结论）**，因此无法利用条件（1）或条件（2）往后传递，排除 D 项。

E 项，本项前件为"零上∧¬雨衣"，从而由"¬雨衣"经条件（2）可传递出，¬下雨∨¬零上；结合"零上"，可知"¬下雨"真，因此本项后件与其相符。

题29 答案为 D 项。

题干可用确定条件为：2013 年研究人员。根据**效用思维（关注特殊）**，应优先关注。

题干可传递条件为：(1) ∀2013 年研究人员→（副高∧引进）∨（北户∧应博）；(2) ∀应博→公寓；(3) ∀引进→小区。

由 2013 年研究人员，经条件（1）可传递出，（副高∧引进）∨（北户∧应博）。之后无法往下传递，从而可做如下逐一匹配：

A 项，本项前件为"公寓"，肯定条件（2）后件，根据**定性思维（肯定性质命题后件，无法得出确定性结论）**，因此无法往下传递，排除 A 项。

B 项，前件不确定是否为"应博"，因此无法与题干条件联立，排除 B 项。

C 项，本项前件为"小区"，肯定条件（3）后件，根据**定性思维（肯定性质命题后件，无法得出确定性结论）**，因此无法往下传递，排除 C 项。

D 项，本项前件为"¬应博"，从而经"（副高∧引进）∨（北户∧应博）"可传递出"副高∧引进"，从而经条件（3）可传递出"小区"，因此本项后件与其相符。

题30 答案为 E 项。

题干可用确定条件为：失事。根据**效用思维（关注特殊）**，应优先关注。

题干可传递条件为：¬意外→（遵守∧检验→¬失事）。因为上述条件的后件真假不知，因此无法确定条件传递，从而可做如下逐一匹配：

A 项，由本项前件"¬意外"，从而经上述条件可传递出，"遵守∧检验→¬失事"为真；结合"失事"，可知"¬（遵守∧检验）"真，根据**定性思维（否定联言得选言）**，因此本项后件真假不知，排除 A 项。

B 项，本项前件为"意外"，根据**定性思维（否定条件命题前件，无法得出确定性结论）**，因此无法往后传递，排除 B 项。

C 项，本项前件为"¬遵守∧¬检验"，结合"失事"，从而题干后件为真，因此无法判断"意外"是否发生，排除 C 项。

D 项，由本项前件"¬意外"，从而经上述条件可传递出，"遵守∧检验→¬失事"为真；结合"失事"，可知"¬（遵守∧检验）"真，其等价于，遵守→¬检验，因此本项后件与此不符，排除 D 项。

根据**效用思维（已知答案，其余不看）**，可不用验证 E 项。为减少疑惑，此处特做分析，但小伙伴们要明白，这样非常不应试。

E 项，由本项前件"¬意外"，从而经上述条件可传递出，"遵守∧检验→¬失事"为真；结合"失事"，可知"¬（遵守∧检验）"真，其等价于，检验→¬遵守，本项后件与其相符。

题 31 答案为 B 项。

题干条件可提炼为：

P：∀高→>60。

Q：自（≤20）。

R：我（高）→双。

S：今（5月18日）。

题干可用确定条件为：Q。根据**效用思维（关注特殊）**，应优先关注。

因为自（≤20），从而经 P 可传递出，自行车（¬高），因此复选项 I 必然为真，排除 E 项。

复选项 II，S 所言仅肯定了 R 的后件，根据**定性思维（肯定条件命题后件，无法得出确定性结论）**，所以无法利用上述条件传递，因此无法知晓"我的汽车"是否能上高速，排除 A 项和 C 项。

复选项 III，"我（>60）"仅肯定了 P 的后件，根据**定性思维（肯定条件命题后件，无法得出确定性结论）**，所以无法利用上述条件传递，因此也无法知晓当日是否为双日，排除 D 项。

>>>>>>>>>>>>>>>>>>>>>>>>>>>>>> 管综真题警戒线 >>>>>>>>>>>>>>>>>>>>>>>>>>>>>>

题 32 答案为 E 项。

由于小白否定了"两人都采访到"和"两人都没采访到"，从而可传递出"陈∨王"，E 项与其相符。

题 33 答案为 C 项。

题干可用确定条件为：¬约定。根据**效用思维（关注特殊）**，应优先关注。

将题干可传递条件串联为：开车回家→¬电影院→拜访→约定。

因为"¬约定"，从而经上述条件可传递出，¬开车回家，C 项与其相符。

题 34 答案为 D 项。

题干可用确定条件为：良。根据**效用思维（关注特殊）**，应优先关注。

将题干可传递条件串联为：阿∨对→¬良。

因为"良"，从而经上述条件可传递出"¬阿∧¬对"，D 项与其相符。

题 35 答案为 E 项。

题干可用确定条件为：¬聘请∧逃避。根据**效用思维（关注特殊）**，应优先关注。

题干可传递条件为：（1）承担→¬逃避；（2）¬责任→聘请。

因为"¬聘请∧逃避"，从而经上述条件可传递出，¬承担∧责任，E 项与其相符。

题 36 答案为 B 项。

题干可用确定条件为：初∧通张∧认王。根据**效用思维（关注特殊）**，应优先关注。

将题干可传递条件串联为：∀初→¬博→¬通张∨¬认哲。

因为"初"，从而经上述链条可传递出"¬通张∨¬认哲"；又因为"通张"，从而可传递出"¬认哲"，从而可得，王（¬哲），B 项与其相符。

题 37 答案为 E 项。

题干可用确定条件为：天麻。根据**效用思维（关注特殊）**，应优先关注。

将题干可传递条件串联为：天麻→¬人参→甲∨¬丙→乙∨丁。

因为"天麻"，从而经上述条件可传递出"乙∨丁"，E项与其相符。

题38 答案为C项。

题干可用确定条件为：¬乙。根据**效用思维（关注特殊）**，应优先关注。

本题四个条件相对独立，因此可运用**效用思维（每步匹配）**。

因为"¬乙"，从而经条件（1）可传递出"¬甲"；也可经条件（3）传递出"丙"，综上，排除A、B、D三项。又因为"丙"，从而经条件（4）可传递出"丁"，因此C项符合，排除E项。

题39 答案为D项。

题干可用确定条件为：溪（同），洞（德）。根据**效用思维（关注特殊）**，应优先关注。

将题干可传递条件串联为：∀同→德→德国∧德语。

因为溪（同），从而经上述链条可传递出，溪（德国∧德语），D项与其相符。

题40 答案为E项。

注意本题的相反陷阱，寻找的是"除了哪项，均可得出"，即"无法得出"的选项。题干可用确定条件为：抽烟。根据**效用思维（关注特殊）**，应优先关注。

因为"抽烟"，从而经乙的话可传递出，乙认为（¬自己∧¬他人），因此B项符合题意，排除B项；因为甲同意了乙的话，从而甲认为（¬自己∧¬他人），因此C项和D项符合题意，排除C项和D项；从而经甲的话可传递出甲认为（¬医德∧¬找），因此A项符合题意，排除A项；而题干并未告知乙是否同意甲的话，因此E项真假不知。

题41 答案为C项。

题干可用确定条件为：账号∧拒绝。根据**效用思维（关注特殊）**，应优先关注。

将题干可传递条件串联为：账户∧密码∧域↔允许。

因为"拒绝"，从而经上述链条可传递出"¬账户∨¬密码∨¬域"；又因为"账号"，从而可传递出"¬密码∨¬域"，其等价于，域→¬密码，C项与其相符。

题42 答案为A项。

题干可用确定条件为：张（¬高）。根据**效用思维（关注特殊）**，应优先关注。

因为"张（¬高）"，从而经题干第一个条件可传递出"张（¬物∨¬报）"，其等价于，张（报→¬物），A项与其相符。

题43 答案为B项。

题干可用确定条件为：丙（日）。根据**效用思维（关注特殊）**，应优先关注。

因为"丙（日）"，经条件（2）可传递出"甲（¬一）"；从而经条件（3）可传递出"己（四）∧庚（五）"；再经条件（4）可传递出"乙（¬二）"；最后经条件（1）传递出"乙（六）"，B项与其相符。

题44 答案为D项。

根据"考点⑪德摩根定律"可知，本处"不爱好苏轼和辛弃疾的词"中的"和"相当于"或"，从而其为确定条件"李（¬苏轼∧¬辛弃疾）"。另外，本题还有确定条件"李（¬李白）"。根据**效用思维（关注特殊）**，应优先关注。

因为李（¬苏轼∧¬辛弃疾），从而经条件（1）和条件（3）可传递出，李（¬王维∧¬杜甫）；又因为李（¬李白），从而经题干所给范围可传递出，李（刘）；再经条件（2）可传递出，李（岳），D项与其相符。

题45 答案为E项。

注意本题的相反陷阱，寻找的是"不可能的"，即"必然为假"的选项。题干可用确定条件为：银。根据**效用思维（关注特殊）**，应优先关注。

因为"银"，经条件（3）可传递出"¬枣"；从而经条件（1）可传递出椿；再经条件（2）可传递出"栋∧¬雪"；综上，经题干所给范围可传递出"桃"，E项与其违背。

题46 答案为B项。

题干可用确定条件为：¬特。根据**效用思维（关注特殊）**，应优先关注。

因为"¬特"，经条件（2）可传递出"¬稀∧¬名"；经条件（1）可传递出"¬完∧¬真"；从而经题干所给范围可传递出"精"，B项与其相符。

题47 答案为B项。

题干存在**干扰陷阱（无用条件）**，根据**定性思维（否定条件命题后件，无法得出确定性结论）**，无须验证张辉。题干可用确定条件为：王（¬良）。根据**效用思维（关注特殊）**，应优先关注。

将题干可传递条件串联为：上→通→良。

因为王（¬良），从而经上述链条可传递出，王（¬上），B项与其相符。

题48 答案为A项。

题干可用确定条件为：宣传（副）∧信访（副）。根据**效用思维（关注特殊）**，应优先关注。

因为宣传（副）∧信访（副），从而经条件（4）可传递出，王（下），A项与其相符。

题49 答案为C项。

题干可用确定条件为：国债（≥1/6）。根据**效用思维（关注特殊）**，应优先关注。

因为国债（≥1/6），从而经条件（2）可传递出，股票（≥1/3），从而可推出C项。

题50 答案为C项。

题干可用确定条件为：（兰菊）。根据**效用思维（关注特殊）**，应优先关注。

因为（兰菊），从而经条件（3）可传递出，菊（¬中），C项与其相符。

题51 答案为D项。

题干可用确定条件为：兰（北）。根据**效用思维（关注特殊）**，应优先关注。

因为兰（北），经条件（2）可传递出，竹（南）；从而经条件（1）可传递出，松∧菊（¬东）；从而经题干所给范围可传递出，梅（东），D项与其相符。

题52 答案为D项。

注意本题的相反陷阱，寻找的是"一定为假"的选项。题干可用确定条件为：庚（四）。根据**效用思维（关注特殊）**，应优先关注。

因为庚（四），经条件（3）可传递出，甲（一）；从而经条件（2）可传递出，丙（三）∧戊（五），D项与其违背。

题53 答案为 E 项。

注意本题的相反陷阱，寻找的是"不可能的"，即"必然为假"的选项。

条件（1）和条件（2）可推出确定条件，结合条件（3）和条件（4）可以关注到雨水（春）。根据**效用思维（关注特殊）**，应优先关注。

因为雨水（春），从而经条件（4）可传递出，霜降（秋）；从而经条件（3）可传递出，清明（春），E 项与其违背。

> **高能提示**
> 注意，每个季节仅在选项中列两个节气，因此"清明没有在某选项中出现"并不意味着"该选项认为清明不在春季"。

题54 答案为 C 项。

注意本题的相反陷阱，寻找的是"最可能与上述信息不一致"的选项。题干可用确定条件为：一（¬拥）。根据**效用思维（关注特殊）**，应优先关注。

因为一（¬拥），从而经条件（1）和条件（3）可分别传递出小张（3+4）、小李（4+3+1），因此小张比小李先到达，C 项与其违背。

题55 答案为 D 项。

题干可用确定条件为：周波（¬化学）。根据**效用思维（关注特殊）**，应优先关注。

题干可传递条件为：物理∨化学。

因为周波（¬化学），从而经上述链条可传递出，周波（物理），因此复选项Ⅰ必然为真，排除 B 项和 E 项。

由当前信息无法往下传递，因此可做如下逐一匹配：

复选项Ⅱ，因为题干所给为王涛（物理），根据**定性思维（肯定选言命题一支，无法得出确定结论）**，因此复选项Ⅱ真假不知，排除 C 项。

复选项Ⅲ，可提炼为，¬物理→化学，与题干条件等价，因此必然为真，排除 A 项。

根据**效用思维（已知答案，其余不看）**，可不用验证复选项Ⅳ。为减少疑惑，此处特做分析，但小伙伴们要明白，这样非常不应试。

复选项Ⅳ，题干并未告知"人数"或"占比"，因此真假不知。

题56 答案为 B 项。

题干可用确定条件为：赵（¬项历史），陈（¬所有乡收支）。根据**效用思维（关注特殊）**，应优先关注。

题干可传递条件为：(1) ∀M 社会→有些乡收支；(2) ∀N 历史→所有乡历史。

因为陈（¬所有乡收支），从而经条件（1）可传递出，陈（¬M 社会），但五个选项中均无此点。

因为由当前信息，无法往下传递，因此可做如下逐一匹配：

因为题干无法进行任何传递，即无法得出其他确定性结论，因此排除 A、C、D、E 四项。

根据**效用思维（已知答案，其余不看）**，可不用验证 B 项。为减少疑惑，此处特做分析，但小伙伴们要明白，这样非常不应试。

B 项，由本项前件内容赵（N 历史），从而经上述条件可传递出，赵（所有乡历史）；结合赵（¬项历史），可知项（¬乡），本项后件与其相符。

题57 答案为 C 项。

题干可用确定条件为：综（年）。根据**效用思维（关注特殊）**，应优先关注。

题干可传递条件为：年→都合格。

因为综（年），从而经上述链条可传递出，综（都合格），因此复选项Ⅲ必然为假，排除 B、D、E 三项。

因为由当前信息无法往下传递，因此可做如下逐一匹配：

由于剩余选项中都有复选项Ⅰ和复选项Ⅱ，根据**效用思维（每步匹配）**，只需验证复选项Ⅳ。

复选项Ⅳ，可提炼为，财（¬年）。题干所给财务部的条件为：财（有的合格），无法进行传递，因此复选项Ⅳ可能为真，排除 A 项。

题型 8 两难推理

题1 答案为 B 项。

条件（3）和条件（4）串联可得：人→首→白。首尾截取可得，人→白。

条件（2）可提炼为，¬白∨人，其等价于，人→¬白。

综上，便构成了两难推理模型Ⅱ，从而可得，¬人。

再根据题干条件"人参或者党参至少有一种"可传递出"党参"，从而经条件（1）可传递出"白术"，B 项与其相符。

题2 答案为 A 项。

甲的话可提炼为，¬李→¬王，其等价于，王→李。

乙的话可提炼为，¬王→李。

综上，便构成了两难推理模型Ⅲ，由此可得"李"，从而经丙的话可传递出"¬王"，A 项与其相符。

题3 答案为 A 项。

题干第一和第二句话串联可得：张（北大）→孙（北大）→李（清华）。首尾截取可得，张（北大）→李（清华）。

题干第三句话可提炼为：张（¬北大）→李（清华）。

综上，便构成了两难推理模型Ⅲ，从而可得，李（清华），A 项与其相符。

题4 答案为 C 项。

条件（1）和条件（3）结合可得，¬乙，从而经条件（4）可传递出，甲∨丙，其等价于，¬甲→丙。

条件（2）可提炼为：甲→丙。

综上，便构成了两难推理模型Ⅲ，从而可得"丙"，C 项与其相符。

题5 答案为 A 项。

注意本题的相反陷阱，寻找的是"一定为假"的选项。

题干条件可提炼为：（1）潮湿→仙人掌；（2）寒冷→¬柑橘；（3）大部分地区（仙人掌∨柑橘）。

题干前两个条件经逆否可得：仙人掌→¬潮湿；柑橘→¬寒冷。

由此便与条件（3）构成了两难推理模型Ⅳ，从而可得，大部分地区（¬潮湿∨¬寒冷），A 项与其违背。

>>>>>>>>>>>>>>>>>>>>>>>>> 管综真题警戒线 >>>>>>>>>>>>>>>>>>>>>>>>>

题6 答案为 D 项。

李明的话可提炼为：A 涨→B 涨。

王兵的话可提炼为：¬A 涨∨¬B 涨。其等价于，A 涨→¬B 涨。

综上，便构成了两难推理模型Ⅱ，从而可得"¬A 涨"，从而经马云的话可传递出"¬B 涨"，D 项与其相符。

题7 答案为 A 项。

实验二可提炼为：¬Y∨¬Z。其等价于，Z→¬Y。实验三可提炼为：¬Z→¬Y。

综上，便构成了两难推理模型Ⅲ，从而可得"¬Y"，从而经实验一可传递出"X"，A 项与其相符。

另外，本题并未说明该粒子不可以是两重身份，因此完全可以既是 X 粒子又是 Z 粒子，因此 E 项真假不知。

题8 答案为 C 项。

题干条件可提炼为：(1) 甲∨乙；(2) 甲→经济；(3) 乙→军事。

综上，便构成了两难推理模型Ⅳ，从而可得，经济∨军事，C 项与其相符。

题9 答案为 C 项。

注意本题的相反陷阱，寻找的是"一定为假"的选项。题干条件可提炼为：

学者一：大灭→西灭。

学者二：北灭→¬巴灭。

学者三：北灭∨¬西灭。

学者一的话可等价于，¬西灭→¬大灭。

综上，便构成了两难推理模型Ⅳ，从而可得，¬巴灭∨¬大灭，C 项与其矛盾。

题型 ❾ 补全推理

题1 答案为 C 项。

题干条件可提炼为：

已给前提：∃理→留。

已给结论：∃留→白。

题干条件可转化为：

已给前提：∃留→理。

已给结论：∃留→白。

其构成性质命题截取的逆向考查，如下所示。

已给前提：∃留→理

已给结论：∃留→白

从而补充"∀理→白"便可得到上述结论。

> **高能提示**
>
> 本题型除了上述解法外，还可采用选项逐一代入的方式，但这种解法的解题速度较慢。

题2 ✏ 答案为 E 项。

题干条件可提炼为：

已给前提：∃经济→数学。

已给结论：∃数学→企业。

题干条件可转化为：

已给前提：∃数学→经济。

已给结论：∃数学→企业。

其构成性质命题截取的逆向考查，如下所示。

已给前提：∃数学→经济

已给结论：∃数学→企业

从而补充"∀经济→企业"便可得到上述结论。

题3 ✏ 答案为 C 项。

题干条件可提炼为：

已给前提：∃管→MBA。

已给结论：∃工→MBA。

题干条件可转化为：

已给前提：∃MBA→管。

已给结论：∃MBA→工。

其构成性质命题截取的逆向考查，如下所示。

已给前提：∃MBA→管

已给结论：∃MBA→工

从而补充"∀管→工"便可得到上述结论。

题4 ✏ 答案为 A 项。

题干条件可提炼为：

已给前提：∃高→海。

已给结论：∃海→水。

题干条件可转化为：

已给前提：∃海→高。

已给结论：∃海→水。

其构成性质命题截取的逆向考查，如下所示。

已给前提：∃海→高

已给结论：∃海→水

从而补充"∀高→水"便可得到上述结论。

题5 答案为 D 项。

题干条件可提炼为：

已给前提：∀骑→回。

已给结论：∃郊→¬骑。

题干条件可转化为：

已给前提：∀¬回→¬骑。

已给结论：∃郊→¬骑。

其构成性质命题截取的逆向考查，如下所示。

已给前提： ∀¬回→¬骑

已给结论： ∃郊→¬骑

从而补充"∃郊→¬回"便可得到上述结论。

题6 答案为 B 项。

题干条件可提炼为：

已给前提1：∀福→得。

已给前提2：∀福→解。

已给结论：∀¬解→¬得。

由于已给前提2可与已给结论构建模型，从而题干条件可转化为：

已给前提2：∀福→解。

已给结论：∀得→解。

其构成性质命题截取的逆向考查，如下所示。

已给前提2：∀福→解

已给结构 ：∀得→解

从而补充"∀得→福"便可得到上述结论。

题7 答案为 B 项。

题干条件可提炼为：

已给前提：张→围→¬军→国。

已给结论：张→中。

其构成条件命题截取的逆向考查，如下所示。

已给前提：张→围→¬军→国

已给结论：张→中

从而补充"国→中"便可得到上述结论，A 项与 B 项均可推出此点。又因为题目要求为"可能是上述论证的假设"，A 项断定范围过大，并不必要，所以 B 项相对更好。

题8 答案为 A 项。

题干条件可提炼为：

已给前提：¬黑哨→取消∨追究。

已给结论：¬取消→黑哨。

题干条件可转化为：

已给前提：¬黑哨→取消∨追究。

已给结论：¬黑哨→取消。

其构成条件命题截取的逆向考查，如下所示。

已给前提：|¬黑哨|→取消∨追究

已给结论：|¬黑哨|→取消

从而补充"取消∨追究→取消"便可得到上述结论，但并无符合的选项。

不过，要补充命题的前件、后件均有"取消"，因此补充"追究→取消"，该补充命题便会成立，此时，A 项符合要求。

题 9 答案为 D 项。

题干条件可提炼为：

已给前提：骗子∧贪念→被骗。

已给结论：¬被骗→¬贪念。

题干条件可转化为：

已给前提：骗子∧贪念→被骗。

已给结论：贪念→被骗。

其构成条件命题截取的逆向考查，如下所示。

已给前提：骗子∧贪念→|被骗|

已给结论：   贪念→|被骗|

从而补充"贪念→骗子∧贪念"便可得到上述结论。但并无符合的选项。

不过，要补充命题的前件、后件均有"贪念"，因此若后件中"骗子"本身为真，则该补充命题便会成立，此时，D 项符合要求。

题 10 答案为 A 项。

题干条件可提炼为：

已给前提 1：赢家∨输家。

已给前提 2：勇者∨懦弱。

已给前提 3：∀赢家→勇者。

已给结论：∀输家→懦弱。

由于前提 1 和前提 2 均可与已给结论构建联系，从而题干条件可转化为：

已给前提 1：∀输家→¬赢家。

已给前提 2：∀¬勇者→懦弱。

已给前提 3：∀赢家→勇者。

已给结论：∀输家→懦弱。

所以，只要构建"∀¬赢家→¬勇者"，便可由前提 1 和前提 2 推出结论，A 项为其逆否命题。

题11 答案为 D 项。

题干可传递条件为：¬如→生。

已给结论：张（生）。

根据条件命题传递的逆向考查，再补充"张（¬如）"，便可得到结论。

题12 答案为 C 项。

题干可传递条件为：李（清华）∨孙（¬北大）。

所需结论：李（清华）。

根据选言命题传递的逆向考查，再补充"孙（北大）"，便可得到结论，C 项可推出此点。

题13 答案为 E 项。

将题干可传递条件串联为：∀物→见→¬神。

已给结论：精（¬物）。

根据性质命题传递的逆向考查，再补充"精（神）"，便可得到结论。

本题 A 项和 E 项代入后都能得到结论，但因为所选是"最可能的假设"，而 E 项用到了所有前提，故相对更好。

题14 答案为 A 项。

题干可传递条件为：甲∨¬乙→丙。所需结论：乙。

根据条件命题传递的逆向考查，再补充"¬丙"便可得到结论。

题15 答案为 D 项。

题干可传递条件为：¬甲∧¬乙→丙。所需结论：甲。

根据条件命题的逆向传递，再补充"¬丙"，便可得到"甲∨乙"；根据选言命题的逆向传递，再补充"¬乙"便可得到结论。综上，D 项与其相符。

题16 答案为 A 项。

题干可传递条件为：品∧学→奖。所需结论：李（¬学）。

根据条件命题的逆向传递，再补充"李（¬奖）"，便可得到"李（¬品∨¬学）"；根据选言命题的逆向传递，再补充"李（品）"便可得到结论。综上，A 项与其相符。

题17 答案为 B 项。

将题干可传递条件串联为：¬故∧¬劫→击→发→公。所需结论：劫。

根据条件命题的逆向传递，补充"¬公"，便可得到"故∨劫"；根据选言命题的逆向传递，再补充"¬故"，则可得到结论。综上，B 项与其相符。

题18 答案为 C 项。

题干可用确定条件为：¬休假日。根据**效用思维（关注特殊）**，应优先关注。

题干可传递条件为：肖（¬五）→休假日。

已给结论：肖（周一∧周二∧周三∧周四）。

因为"¬休假日"，从而经上述条件可传递出"肖（五）"。又因为肖周五在志愿者协会，其余四天肖群都在大平保险公司上班，根据选言命题的逆向传递，再补充"肖（¬周六∧¬周日）"，便可得到结论。

题 19 答案为 E 项。

题干条件可提炼为：

P：∀高→ >60。

Q：自（≤ 20）。

R：我（高）→双。

S：今（5 月 18 日）。

补充条件：∀低→高。

所需结论：我（可能≤ 60）。

将题干可传递条件串联为：∀低→高→ >60；我（低）→我（高）→双。

根据条件命题的逆向传递，再补充"¬ 双"，便由第二个链条可得到结论，E 项与其相符。

>>>>>>>>>>>>>>>>>>>>>>>>>>>>>> 管综真题警戒线 >>>>>>>>>>>>>>>>>>>>>>>>>>>>>>

题 20 答案为 C 项。

题干可传递条件为：(1) ¬ 缺陷→（一般→实用∧审美）；(2) 摩顿（实用∧¬ 审美）。

所需结论：摩顿（缺陷）。

根据条件命题的逆向传递，再补充"摩顿 [一般∧¬（实用∧审美）]"，便可得到结论；结合条件 (2) 可知，再补充"摩顿（一般）"即可。

题 21 答案为 A 项。

题干条件可提炼为：

已给前提 1：∀秘书→中文。

已给前提 2：李艺（中文）。

已给结论：李艺（秘书）。

题干中的前提 2 无法经前提 1 传递，但根据性质命题的逆向传递，再补充"∀中文→秘书"，便可得到结论。

题 22 答案为 D 项。

题干条件可提炼为：

已给前提 1：∀工作→证书。

已给前提 2：小朱（证书）。

已给结论：小朱（工作）。

题干中的前提 2 无法经前提 1 传递，但根据条件命题的逆向传递，再补充"证书→工作"，便可得到结论。

题 23 答案为 B 项。

题干只有一句话，且为结构简单的条件命题，其可提炼为：结→干。根据**定性思维（条件命题的等价）**，可直接寻找符合题意的选项，而 B 项与其相符。

E 项存在**细节陷阱**，其后件"单身"与"结婚"并非矛盾关系，还有可能是"恋爱"。

题 24 答案为 A 项。

题干只有一句话，且为后件简单的条件命题，根据**定性思维（条件命题的等价）**，可做如下逐一匹配：

第一步，寻找条件命题，C 项为特称性质命题，因此无法转为条件命题，排除 C 项。

第二步，"教师"相对简单，可优先验证。其为条件命题后件，答案若为条件命题，必然只能为"→教师"或"¬教师→"，因此排除 B、D、E 三项。

题 25／ 答案为 E 项。

题干存在**干扰陷阱（论证外衣）**，浏览题干和选项，发现均有条件命题结构词，故先以形式逻辑的思路解题。

题干唯一带有结构词的条件是最后一句话，且为结构简单的条件命题，其可提炼为：考试→英语。根据**定性思维（条件命题的等价）**，可直接寻找符合题意的选项，而 E 项为其逆否命题。

题 26／ 答案为 D 项。

题干条件可提炼为：

已给前提 1：¬奋斗→¬功。

已给前提 2：李阳（奋斗）。

已给结论：李阳（成功）。

题干中的前提 2 无法经前提 1 传递，但根据条件命题的逆向传递，再补充"奋斗→成功"，便可得到结论，而 D 项可提炼为，奋斗↔成功，可推出此点。

题 27／ 答案为 A 项。

题干条件可提炼为：

已给前提：∃通→个。

已给结论：∃通→¬外。

其构成性质命题逆向截取的情况 3，如下所示。

已给前提：∃通 →个

已给结论：∃通 →¬外

从而补充"∀个→¬外"便可得到上述结论。

题 28／ 答案为 C 项。

题干条件可提炼为：

已给前提：∀女→高于男。

已给结论：∀新→低于女。

题干条件可转化为：

已给前提：∀女→高于男。

已给结论：∀女→高于新。

其构成性质命题逆向截取的情况 1，如下所示。

已给前提：∀女 →高于男

已给结论：∀女 →高于新

从而补充"∀高于男→高于新"便可得到上述结论。

注意，这里并非"∀男→新"，而是"∀高于男→高于新"，若画数轴可得下图：

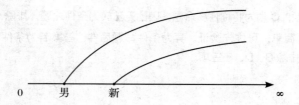

因此不选 A 项。

题 29 答案为 C 项。

题干可传递条件为：

（2）赵（《诗经》∨唐诗∨宋词）。

（3）李（《诗经》∨唐诗）。

所需结论：赵（宋词）。

根据选言命题的逆向传递，再补充"赵（¬《诗经》∧¬唐诗）"，便可得到结论；根据条件（3）可知，"李"必然要占据这两门中的一门，因此，让"庄"占据"《诗经》""唐诗"中的一门，便可得到结论。综上，C 项与其相符。

题型 ⑩ 反驳推理

题 1 答案为 A 项。

题干条件可提炼为：

已给前提：∃低→绿。

已给结论：∀低→高。

取结论矛盾可得：∃低→¬高。

其构成性质命题逆向截取的情况 3，如下所示。

已给前提：∃低 →绿

结论矛盾：∃低 →¬高

从而补充"∀绿→¬高"便可得到上述结论。

题 2 答案为 E 项。

题干条件可提炼为：

已给前提：∀小→¬法。

已给结论：∀西→¬法。

取结论矛盾后，题干条件可转化为：

已给前提：∀法→¬小。

结论矛盾：∃法→西。

其不与任何性质命题逆向截取的情况相符，从而思路转换为，寻找补全的矛盾。

原结论与前提可构成性质命题逆向截取的情况 2，如下所示。

已给前提：∀小→¬法

已给结论：∀西→¬法

从而补充"∀西→小"便可得到上述结论，E项与其违背。

>>>>>>>>>>>>>>>>>>>>>>>>>> 管综真题警戒线 <<<<<<<<<<<<<<<<<<<<<<<<<<

题3 答案为E项。

题干条件可提炼为：

已给前提：∃阔→常。

已给结论：∀阔→¬寒。

取结论矛盾后，题干条件可转化为：

已给前提：∃阔→常。

结论矛盾：∃阔→寒。

其构成性质命题逆向截取的情况3，如下所示。

已给前提：∃阔→常。

结论矛盾：∃阔→寒。

从而补充"∀常→寒"便可得到上述结论。

题4 答案为A项。

题干条件可提炼为：

已给前提：现（¬解）。

已给结论：现（错）。

取结论矛盾后，题干条件可转化为：

已给前提：现（¬解）。

结论矛盾：现（¬错）。

从而补充"现（¬解）→现（¬错）"便可得到上述结论，A项为其逆否命题。

题5 答案为B项。

题干条件可提炼为：

已给前提：粮（稳）→菜（稳）→油（稳）。

已给结论：粮（稳）∧肉（涨）。

取结论矛盾可得：粮（稳）→肉（¬涨）。

其构成条件命题逆向截取的情况1，如下所示。

已给前提：粮（稳）→菜（稳）→油（稳）。

结论矛盾：粮（稳）→肉（¬涨）。

从而补充"油（稳）→肉（¬涨）"便可得到结论，B项与其相符。

第二篇

综合推理

题型 11 真话假话

题 1 答案为 A 项。

题干条件可提炼为：

甲：¬甲。

乙：丁。

丙：乙。

丁：¬丁。

其中，乙与丁的话是矛盾关系，必然 1 真 1 假，而题干限定条件为 1 真 3 假，从而可做如下减法：

　1 真 3 假
－1 真 1 假
─────────
　0 真 2 假

所以，甲和丙的话必然为假话，进而可知，甲做了好事。

题 2 答案为 B 项。

题干条件可提炼为：

赵：¬赵。

钱：李。

孙：钱。

李：¬李。

其中，钱与李的话是矛盾关系，必然 1 真 1 假，而题干限定条件为 1 真 3 假，从而可做如下减法：

　1 真 3 假
－1 真 1 假
─────────
　0 真 2 假

所以，赵和孙的话必然为假话，进而可知，赵捐了款。

题 3 答案为 B 项。

题干条件可提炼为：

周：¬周。

吴：王。

郑：吴。

王：¬王。

其中，吴与王的话是矛盾关系，必然 1 真 1 假，而题干限定条件为 1 真 3 假，从而可做如下减法：

　1 真 3 假
－1 真 1 假
─────────
　0 真 2 假

所以，周和郑的话必然为假话，进而可知，周捐了款。

题 4 答案为 A 项。

题干条件可提炼为:

甲: 丙。

乙: 甲∨乙∨丁。

丙: ¬丙。

丁: ¬甲∧¬乙∧¬丙∧¬丁。

其中,甲和丙的话是矛盾关系,必然 1 真 1 假,而题干限定条件为 1 真 3 假,从而可做如下减法:

　　1 真 3 假
　－1 真 1 假
　―――――――
　　0 真 2 假

所以,乙和丁的话必然为假话,进而可知,丙作案。

题 5 答案为 D 项。

题干条件可提炼为:

甲: 必然红 (¬一)。

乙: 可能红 (一)。

丙: 蓝 (一) →黄 (三)。

丁: 蓝 (一)。

其中,甲和乙的话是矛盾关系,必然 1 真 1 假,而题干限定条件为 3 真 1 假,从而可做如下减法:

　　3 真 1 假
　－1 真 1 假
　―――――――
　　2 真 0 假

所以,丙和丁的话必然为真话,进而可知,蓝队第一、黄队第三。

题 6 答案为 B 项。

题干条件可提炼为:

(1) ∃甲→参;(2) ∀甲→¬参;(3) 蔡 (¬参)。

其中,条件 (1) 与条件 (2) 是矛盾关系,必然 1 真 1 假,而题干限定条件为 1 真 2 假,从而可做如下减法:

　　1 真 2 假
　－1 真 1 假
　―――――――
　　0 真 1 假

所以,条件 (3) 必然为假,进而可知,蔡明参加了夏令营,条件 (1) 为真。

题 7 答案为 E 项。

题干条件可提炼为:

甲: ∀同→申。

乙: 班 (申) →学 (¬申)。

丙：班（申）。

丁：∃同→¬申。

其中，甲与丁的话是矛盾关系，必然1真1假，而题干限定条件为3真1假，从而可做如下减法：

　　3真1假

－　1真1假

―――――

　　2真0假

所以，乙和丙的话必然为真话，进而可知，班（申）∧学（¬申）。

题8 / 答案为A项。

题干条件可提炼为：

甲：∀同→团。

乙：丁（¬团）。

丙：∃同→¬团。

丁：乙（¬团）。

其中，甲和丙的话是矛盾关系，必然1真1假，而题干限定条件为3真1假，从而，可做如下减法：

　　3真1假

－　1真1假

―――――

　　2真0假

所以，乙和丁的话必然为真话，进而可知，丙的话为真话，甲的话为假话。

题9 / 答案为D项。

题干条件可提炼为：

第一个杯子：∀杯→水。

第二个杯子：二（苹）。

第三个杯子：三（¬巧）。

第四个杯子：∃杯→¬水。

其中，第一个杯子和第四个杯子上的话是矛盾关系，必然1真1假，而题干限定条件为1真3假，从而可做如下减法：

　　1真3假

－　1真1假

―――――

　　0真2假

所以，第二个杯子和第三个杯子上的话必然为假话，进而可知，第三个杯子中必然有巧克力。

✎ 效用思维

本题在得出"第三个杯子中必然有巧克力"后，没有先看其他语句的真假情况，而是直接寻找答案。这里运用了**效用思维（每步匹配）**。

每步匹配有多种理解，本处是指，遇到真话假话试题时，每得出一个确定情况，就去做选项匹配。解题的目的是得出答案，而不是把题目推理完！很多小伙伴做题时喜欢刨根问底，所以命题人围绕此点，设置了无法完全推出每句话实际真假情况的陷阱，因此小伙伴们做真话假话试题时，切记"每步匹配"。

题 10 答案为 D 项。

比赛队伍只有三支,丙的话相当于,有的奖牌不是辽宁队拿的;而甲的话相当于,所有奖牌都是辽宁队拿的。因此,甲和丙的话是矛盾关系,必然1真1假,而题干限定条件为1真3假,从而可做如下减法:

　　1真3假
－　1真1假
─────────
　　0真2假

所以,丁所言必然为假,从而可得,第一名(¬辽)∧第一名(¬山),则第一名为河北队,排除A、B、C三项;乙所言必然为假,从而可得,辽宁队不只拿了一个奖牌,则第二名和第三名都是辽宁队,排除E项。

> **高能提示**
>
> 小伙伴们解真话假话试题时,不要忘记题干所给的范围条件,有了这个条件后,有些语句就可以翻译成其反面。例如,本题范围条件为"只有辽宁、山东和河北三个参赛队",从而丙的话就可以翻译成:有的奖牌不是辽宁队拿的。
>
> 小伙伴们如果实在不会翻译,则可采用假设选项的方式,逐一代入题干条件之中。其实,对于所有真话假话试题来说,如果难以发现题干条件之间的关系都可采用假设法来解题。

题 11 答案为 B 项。

题干条件可提炼为:

张:班∧学。

李:体→生。

陈:¬班∨¬学。

郭:¬生∧体。

其中,张和陈的话、李和郭的话分别都是矛盾关系,必然1真1假。其中,张和陈的话、李与郭的话,分别都是矛盾关系,必然1真1假。又因为这四句话间无其他关系,必然2真2假。

题 12 答案为 C 项。

题干条件可提炼为:

甲:张→李。

乙:张∧¬李。

丙:王→¬赵。

丁:¬王∧¬李。

其中,甲与乙的话是矛盾关系,必然1真1假,而题干限定条件为3真1假,从而可做如下减法:

　　3真1假
－　1真1假
─────────
　　2真0假

所以,丙和丁的话必然为真话,王和李均未进决赛。

正如题9所述,本题也无法推出全部情况,需要运用**效用思维(每步匹配)解题**。

题 13 答案为 C 项。

题干条件可提炼为：

甲：丙→乙。

乙：甲∨丙。

丙：¬乙∧丙。

丁：乙。

其中，甲与丙的话是矛盾关系，必然 1 真 1 假，而题干限定条件为 3 真 1 假，从而可做如下减法：

　　3 真 1 假
－　1 真 1 假
─────────
　　2 真 0 假

所以，乙和丁的话必然为真话，从而可知，乙作案，进而可知，甲说真话、丙说假话。

题 14 答案为 E 项。

题干条件可提炼为：

张：余（清）→方（清）。

李：∀人→¬清。

王：余（¬清）。

赵：方（¬清）∧余（清）。

其中，张和赵的话是矛盾关系，必然 1 真 1 假，而题干限定条件为 1 真 3 假，从而可做如下减法：

　　1 真 3 假
－　1 真 1 假
─────────
　　0 真 2 假

所以，李和王的话必然为假话，从而可知，余（清），此时，若方（清），则张的话为真话。

题 15 答案为 B 项。

注意本题的相反陷阱，寻找的是"都不可能为真，除了"，即"可能为真"的选项。

题干条件可提炼为：

甲：设→违。

乙：违∧¬设。

丙：设∧¬违。

丁：设。

其中，甲与丙的话是矛盾关系，必然 1 真 1 假，而题干限定条件为 1 真 3 假，从而可做如下减法：

　　1 真 3 假
－　1 真 1 假
─────────
　　0 真 2 假

所以，乙和丁的话必然为假话，排除 C 项和 E 项，从而可知，¬违∧¬设，排除 A 项。进而可知，甲的话为真话、丙的话为假话，排除 D 项。

题 16 答案为 A 项。

题干条件可提炼为：

①∃人→计；②∃人→¬计；③所（¬计）。

其中，条件①与条件②是下反对关系，必然有 1 真，而题干限定条件为 1 真 2 假，从而可做如下减法：

　　1 真 2 假
　－1 真
　─────
　　0 真 2 假

所以，条件③为假，从而可知，所（计），进而可知，条件①为真、条件②为假，即∀人→计。

题 17 答案为 A 项。

题干条件可提炼为：

Ⅰ：∃人→入。

Ⅱ：∃人→¬入。

Ⅲ：总（¬入）。

其中，条件Ⅰ与条件Ⅱ是下反对关系，必然有 1 真，而题干限定条件为 1 真 2 假，从而可做如下减法：

　　1 真 2 假
　－1 真
　─────
　　0 真 2 假

所以，条件Ⅲ为假，从而可知，总（入），进而可知，条件Ⅰ为真、条件Ⅱ为假，即∀人→入。

题 18 答案为 C 项。

题干条件可提炼为：

(1) ∃乡→完；(2) ∃乡→¬完；(3) 李（¬完）。

其中，条件（1）与条件（2）是下反对关系，必然有 1 真，而题干限定条件为 1 真 2 假，从而可做如下减法：

　　1 真 2 假
　－1 真
　─────
　　0 真 2 假

所以，条件（3）为假，从而可知，李（完），进而可知，条件（1）为真、条件（2）为假，即∀乡→完。

题 19 答案为 B 项。

题干条件可提炼为：

甲：∃煤→存。

乙：∃煤→¬存。

丙：大（¬存）∧宏（¬存）。

其中，甲与乙的结论是下反对关系，必然有 1 真，而题干限定条件为 1 真 2 假，从而可做如下减法：

1真2假
－1真
─────────
0真2假

所以，丙的结论为假，从而可知，大（存）∨宏（存），进而可知，甲的结论为真、乙的结论为假，即∀煤→存。

题20 答案为C项。

题干条件可提炼为：

(1) ∃考→通；(2) ∃考→¬通；(3) 何（¬通）∧方（¬通）。

其中，条件（1）与条件（2）是下反对关系，必然有1真，而题干限定条件为1真2假，从而可做如下减法：

1真2假
－1真
─────────
0真2假

所以，条件（3）为假，从而可知，何（通）∨方（通），进而可知，条件（1）为真、条件（2）为假，即∀考→通。

题21 答案为A项。

题干条件可提炼为：

张：∃人→及。

李：∃人→¬及。

王：班（及）∧学（及）。

其中，张的话与李的话是下反对关系，必然有1真，而题干限定条件为1真2假，从而可做如下减法：

1真2假
－1真
─────────
0真2假

所以，王的话为假，从而可知，班（¬及）∨学（¬及），进而可知，李的话为真、张的话为假，即∀人→¬及。

题22 答案为D项。

题干条件可提炼为：

Ⅰ：甲∨乙。

Ⅱ：¬丙→¬丁。

Ⅲ：¬甲。

其中，条件Ⅰ与条件Ⅲ是下反对关系，必然有1真，而题干限定条件为1真2假，从而可做如下减法：

1真2假
－1真
─────────
0真2假

所以，条件Ⅱ为假，从而可知，¬丙∧丁。

> 📝 **高能提示**
>
> 本题的条件Ⅰ和条件Ⅲ之间的下反对关系,是比较罕见的,且只在真话假话试题中出现,所以很多小伙伴觉得陌生。题23和题24也是此类关系(《管综逻辑27讲》第15讲和《经综逻辑通关宝典》第15章中有汇总说明)。这里建议目标较高的小伙伴单独记忆,而其他小伙伴如果记不住,也可以采用假设法解题。本题将选项逐一代入,也能解题,只不过速度会稍慢一些。

题23 答案为C项。

题干条件可提炼为:

(1) 山南∨江北;(2) ¬山北∧¬江南;(3) 江南;(4) ¬山南。

其中,条件(1)与条件(4)是下反对关系,必然有1真,而题干限定条件为1真3假,从而可做如下减法:

　　1真3假
－　1真
────────
　　0真3假

所以,条件(2)和条件(3)必然为假,从而可知,冠军队为山北队。

> 📝 **高能提示**
>
> 本题通过条件翻译,也可快速解题。本题的范围条件规定只有这四个队伍,所以条件(2)可以翻译成,冠军队是山南队或江北队,从而条件(1)与条件(2)等价,因此这两个条件必然都为假,从而可知,条件(4)为真、条件(3)为假,进而可知,冠军队是山北队。

题24 答案为D项。

因为范围条件规定,冠军在这四人中,所以张的话可以翻译成,冠军是甲或乙或丁。

题干条件可提炼为:

张:甲∨乙∨丁。

王:乙。

李:甲。

其中,王和李的话分别都可以推出张的话,而题干限定条件为1真2假,从而分别令王和李的话为真,都可做如下减法:

　　1真2假
－　2真
────────
－　1真

不符合限定条件的要求,所以王和李的话只能为假,从而可知,冠军只能是丁。

题25 答案为A项。

题干条件可提炼为:

(1) 王∨陈。

(2) 可能不王。
(3) 一定王。
(4) 陈。

其中，条件（2）和条件（3）是矛盾关系，必然1真1假，而题干限定条件为2真2假，从而条件（1）和条件（4）必然也是1真1假。又因为条件（4）为真可以推出条件（1）为真，所以令条件（4）为真，可做如下减法：

1真1假
－2真
─────
－1真

不符合限定条件的要求，所以条件（4）为假，从而可知，条件（1）为真，录用的是王。

题26 答案为C项。

题干条件可提炼为：

甲：∀人→¬作。
乙：∃人→作。
丙：¬乙∨¬丁。
丁：¬丁。

其中，甲和乙的话是矛盾关系，必然1真1假，而题干限定条件为2真2假，从而丙和丁的话必然也是1真1假。又因为丁的话为真可以推出丙的话为真，所以令丁的话为真，可做如下减法：

1真1假
－2真
─────
－1真

不符合限定条件的要求，所以丁的话为假，即丁作案，从而可知，丙和乙的话都为真。

题27 答案为C项。

题干仅知吴和王的话为矛盾关系，结合限定条件可以得知，周和郑的话必然1真1假，但往后便难以推理，从而可以采用假设法。选项相对简单，此处假设选项。

A项，此时仅王的话为假，不符合限定条件的要求，排除A项。
B项，此时仅吴的话为真，不符合限定条件的要求，排除B项。
C项，此时周和吴的话为真，郑和王的话为假，符合限定条件的要求，也符合上述四者的关系，因此可能为真。

根据**效用思维（已知答案，其余不看）**，可不用验证D项和E项。

> 🖉 **高能提示**
>
> 本题也可采用如下方法解题：
> 因为周和郑的话必然1真1假，从而，实际捐款者的情况就只有以下两种：
> 周的话为假，郑的话为真，此时捐款者为周和吴，此情况不违背吴和王所言的关系。
> 周的话为真，郑的话为假，此时捐款者为郑和王，此情况不违背吴和王所言的关系。
> 此时，仅C项符合上述要求。

题28 答案为C项。

题干仅知甲和丙的话有推出关系,但往后便难以推理,从而可以采用假设法。要素相对简单,此处可假设要素。甲、乙、丙、丁四个要素中,甲和丙重复较多,因此根据**效用思维(关注特殊)**,可优先关注。

若中标公司为甲,则甲和丙的话均为真,因此甲必然没有中标,从而甲公司的话为假,排除A项和E项。

若中标公司为丙,则乙和丙的话均为真,因此丙必然没有中标,从而丙公司的话为假,排除B项和D项。

> **效用思维**
>
> 本题运用了**效用思维(关注特殊)**。
> 特殊有多种理解,在本题型中是指,当某要素或条件重复次数较多(尤其独特的重复)时,优先从该要素或条件入手解题。

题29 答案为E项。

题干中没有条件间关系可供切入,从而可以采用假设法。选项相对简单,此处可假设选项。

A项和C项,不论该城是"真城"还是"假城",真城国民和假城国民都会回答"是",从而无法得知所到城市的属性,所以排除A项和C项。

B项和D项,不论该城是"真城"还是"假城",真城国民和假城国民都会回答"否",从而无法得知所到城市的属性,所以排除B项和D项。

根据**效用思维(已知答案,其余不看)**,可不用验证E项。为减少疑惑,此处特做分析,但小伙伴们要明白,这样非常不应试。

E项,若此城为"真城",则真城国民和假城国民都会回答"是";若此城为"假城",则真城国民和假城国民都会回答"否"。从而可根据回答内容,判断出所到城市的属性。

> **高能提示**
>
> 本题也可通过"定性排除"的方式确定答案——A、B、C、D四项都是"人"的属性,无法推断出"城市"属性。

题30 答案为C项。

根据张庄和李村人的说真话和说假话的情况,可列表如下:

	星期一	星期二	星期三	星期四	星期五	星期六	星期天
张庄的人	假	真	假	真	假	真	真
李村的人	真	假	真	假	真	假	真

题干中没有条件间关系可供切入,从而可以采用假设法。要素相对简单,此处可假设要素。

若当天是星期一,对于张庄的人而言,因为当天他会说假话,所以他会说"前天是我说谎的日子";对于李村的人而言,因为当天他会说真话,所以他会说"前天是我说谎的日子"。因此当天确实可能是星期一,而题目所问为"可能为真",根据**定性思维(任意支为真,整个选言命题为真)**,可知C项确实可能为真。

根据**效用思维（已知答案，其余不看）**，可不用验证其余要素。为减少疑惑，此处特做分析，但小伙伴们要明白，这样非常不应试。

若当天是星期二，张庄的人会说"前天是我说实话的日子"，李村的人会说"前天是我说谎话的日子"；若当天是星期三到星期六，两人都会说"前天是我说实话的日子"；若当天是星期天，张庄的人会说"前天是我说谎话的日子"，李村的人会说"前天是我说实话的日子"。

> **高能提示**
>
> 观察选项会发现，星期三、星期四和星期五分别都在两个选项中出现，若实际日期在上述三天中，则会有两个选项为真。例如，若实际日期为星期三，根据定性思维（任意支为真，整个选言命题为真），则C项和E项均为真。因此，实际日期必然不是上述三天。

题31 答案为A项。

根据两人的说话情况，可列表如下：

第一个人	第二个人
我孩子回答的是"我是男孩"	这孩子撒谎，她是女孩

题干中没有条件关系可供切入，从而可以采用假设法。此题无法快速判断哪种方式更简单，因此都可采用。

若孩子是男孩，则第二个人的后半句话为假话，从而其必然不是父亲，只能是母亲，进而其前半句话只能是真话。综上，孩子说的是"我是女孩"，此时，第一个人说的是假话，即其也只能是母亲，此点违背题干要求，因此，孩子只能是女孩，排除C项和D项。

因为孩子是女孩，所以第二个人的后半句话为真话。先假设第二个人为母亲，从而其前半句话为假话，即孩子说的是"我是女孩"，进而第一个人说的是假话，即其也只能是母亲，此点违背题干要求。因此，第二个人为父亲，同时，第一个人为母亲，排除B项和E项。

▶▶▶▶▶▶▶▶▶▶▶▶▶▶▶▶▶▶▶▶ 管综真题警戒线 ◀◀◀◀◀◀◀◀◀◀◀◀◀◀◀◀◀◀◀◀

题32 答案为E项。

题干条件可提炼为：

第一个选项：∀选→支。

第二个选项：二（额）。

第三个选项：三（¬进）。

第四个选项：∃选→¬支。

其中，第一个和第四个选项的话是矛盾关系，必然1真1假，而题干限定条件为1真3假，从而可做如下减法：

  1真3假
− 1真1假
─────
  0真2假

所以，第二个和第三个选项的话必然为假话，进而可知，二（¬额）∧三（进）。

> ✎ 高能提示
>
> 其实,本题命题不够严谨。选择某个选项不需要支付游戏币,仅仅表示选择某一个选项会如何,并不包括"选择所有选项"的这种可能性,因此,直接将第四个选项的内容提炼为"∃选→¬支"并不正确,但若不按此方式提炼,则本题无解。

题33 答案为 B 项。

注意本题的相反陷阱,寻找的是"除哪项外,均可能为真",即"必然为假"的选项。

题干条件可提炼为:

冰:手。

彩:冰→¬彩。

电:¬手→¬电。

手:冰∧彩。

其中,彩电和手机部门经理的话是矛盾关系,必然1真1假,而题干限定条件为1真3假,从而可如下做减法:

  1真3假
− 1真1假
─────
  0真2假

所以,冰箱和电脑部门经理的话必然为假话,进而可知,¬手∧电,B 项与其违背。

正如题9所述,本题也无法推出全部情况,需运用**效用思维(每步匹配)**解题。

题34 答案为 D 项。

本题范围条件规定,做好事的只有一人,因此,乙和丁的话提炼为"丙""甲"即可。

题干条件可提炼为:

甲:乙。

乙:丙。

丙:¬丙。

丁:甲。

戊:¬甲→¬丁。

其中,乙和丙的话是矛盾关系,必然1真1假,而题干限定条件为1真4假,从而可做如下减法:

  1真4假
− 1真1假
─────
  0真3假

所以,其他人的话必然为假话,进而可知,¬乙∧¬甲∧丁,因此做好事的人是丁。

> ✎ 高能提示
>
> 对于本题,如果没有想到条件的翻译方式,也可采用假设法,把选项逐一假设代入。

题35 答案为 D 项。

注意本题的相反陷阱，寻找的是"一定为假"的选项。

本题甲的话可变为：乙∨¬甲，从而题干条件可提炼为：

甲：乙∨¬甲。

乙：¬乙∧丙。

丙：甲∨乙。

丁：乙∨丙。

其中，甲和丙的话为下反对关系，必然有1真，而题干限定条件为1真3假，从而可做如下减法：

  1真3假

 －1真
 ―――――
  0真3假

从而乙和丁的话必然为假，D项与其违背。

正如题9所述，本题也无法推出全部情况，需运用**效用思维（每步匹配）**解题。

📝 **高能提示**

  本题所用关系在真话假话题型中比较罕见，小伙伴们可单独记忆（《管综逻辑27讲》第15讲和《经综逻辑通关宝典》第15章中有汇总说明）。如果确实难以发现，也可以采用假设法。本题假设选项逐一代入，也能得出答案，只不过速度会稍慢一些。

题36 答案为 A 项。

题干条件可提炼为：

断定一：小∨出。

断定二：小∨出。

其中，若断定一为真，则断定二为真，而题干限定条件为1真1假，从而可做如下减法：

  1真1假

 －2真
 ―――――
 －1真1假

不符合限定条件的要求，从而断定一只能为假，进而"小∨出"包含的两种情况均不能成立，排除B项和C项。断定一为假，则断定二为真。综上，排除断定一包含的两种情况后，断定二只剩下"小∧出"这一种情况。

题37 答案为 A 项。

题干条件可提炼为：

（1）女青师≥5；（2）女中师≥6；（3）女青师≥7。

其中，若条件（1）为假，则条件（3）为假，而题干限定条件为2真1假，从而可做如下减法：

  2真1假

  －2假
 ―――――
  2真 －1假

不符合限定条件的要求，从而条件（1）必然为真。

正如题 9 所述，本题也无法推出全部情况，需运用**效用思维（每步匹配）**解题。

题 38 答案为 B 项。

题干条件可提炼为：

王：纳∧生。

赵：生→智。

李：纳∧生→智。

其中，若赵的话为真，则李的话为真，而题干限定条件为 1 真 2 假，从而可做如下减法：

　1 真 2 假

－　2 真
──────────
－1 真 2 假

不符合限定条件的要求，所以赵的话只能为假，从而可知，生∧¬智，排除 A、C、D、E 四项。

正如题 9 所述，本题也无法推出全部情况，需运用**效用思维（每步匹配）**解题。

> **高能提示**
>
> 本题变形后，也可运用下反对关系解题。令纳∧生 =t，则题干条件可变为：
>
> 王：t。
>
> 赵：生→智。
>
> 李：t→智⇔¬t∨智。
>
> 其中，王和李的话是下反对关系，必然有 1 真，而题干限定条件为 1 真 2 假，从而赵的话必然为假。
>
> 本题两种解析所运用的关系均较为罕见，小伙伴们可单独记忆（《管综逻辑 27 讲》第 15 讲、《经综逻辑通关宝典》第 15 章中有汇总说明）。如果确实难以发现，也可以采用假设法。本题假设选项逐一代入，也能破解，只不过速度会稍慢一些。

题 39 答案为 C 项。

题干条件可提炼为：

陈：∀人→¬送。

李：∃人→送。

张：¬李∨¬汪。

汪：¬汪。

其中，陈和李的话是矛盾关系，必然 1 真 1 假，而题干限定条件为 2 真 2 假，从而张和汪的话必然也 1 真 1 假。又因为汪的话为真可以推出张的话为真，所以令汪的话为真，可做如下减法：

　1 真 1 假

－　2 真
──────────
－1 真 1 假

不符合限定条件的要求，所以汪的话为假，从而张和李的话为真。

题 40 答案为 B 项。

注意本题的相反陷阱，寻找的是"可以确定没有中标"的选项。

题干中没有条件间关系可供切入，从而可以采用假设法。要素相对简单，此处可假设要素。

若赵是中标者，则三句话都为真，因此赵不可能是中标者；若钱是中标者，则三句话都为真，因此钱不可能是中标者。

此时，B 项仅剩李没有验证，因此假设李是中标者，则条件（1）为假，条件（2）和条件（3）为真，因此李不可能是中标者，此时 B 项中三个人都不可能中标。

当然，本题假设情况也是可以的。

如前述，赵、钱均不可能是中标者，因此条件（1）必然为假。

假设条件（2）为真，则条件（3）为假，即周或吴中标，此时，满足题干限定条件要求，因此排除 C、D、E 三项。

假设条件（2）为假，则条件（3）为真，即孙中标，此时，满足题干限定条件要求，因此排除 A 项。

> **高能提示**
>
> 对于本题，小伙伴们往往存在两个误区，这里特意纠正一下：
>
> 第一，确定某人不是中标者后，是不可以排除没有该人的选项的，因为没有中标的一共有 5 人，选项仅罗列了 3 个人，因此，若某项虽然没包括某非中标者，但包括了其他 3 个非中标者，也依旧是答案。此类选项的设计，在形式逻辑题 53 中也有涉及。
>
> 第二，如果假设某物后，不与任何条件违背，只能证明其可能为真，不代表就是唯一。例如，假设条件（2）为真，条件（1）和条件（3）为假，此时会发现当"周"或"吴"是中标者时，确实能满足这种情况，但这只是可能的情况之一；当"孙"是中标者时，完全可以得出条件（3）为真，条件（1）和条件（2）为假。所以，如果你通过这种方式选择了 A 项，建议你再看一下《管综逻辑 27 讲》第 15 讲和《经综逻辑通关宝典》第 15 章中的相关阐述。

题41 答案为 D 项。

题干条件可提炼为：

东局：西（3）→北（4）⇔西（¬3）∨北（4）。

西局：南（2）→西（¬1）⇔南（¬2）∨西（¬1）。

南局：南（¬2）。

北局：北（4）。

其中，若南局的话为真，则西局的话为真，而题干限定条件为 1 真 3 假，从而可做如下减法：

1 真 3 假
− 2 真
─────────
− 1 真 3 假

不符合限定条件的要求，所以，南局的话必然为假，进而可知，南（2），排除 B 项。

同理，若北局的话为真，则东局的话为真，所以北局的话必然为假，进而可知，北（¬4）。

此后，无法继续推理，但题干仅剩两句话，因此，假设"东局的话为真"或"西局的话为真"。

假设东局的话为真，西局的话为假，从而可知，西（1），结合北（¬4），从而可知，北（3），因此可知，东（4）。因此，东区并非必然在第一，也非必然在第三，也非必然在北区之前，排除 A、C、E 三项。

> 📝 高能提示
>
> 本题属于假设法的第二类过程。题目所要寻找的是"一定为真"的选项,也就是"在任何假设情况下"均为真的选项,而 A、B、C、E 四项均违背"东局为真"的情况,所以,无须再验证"西局为真"的情况。对该过程不熟悉的小伙伴们,可以看一下《管综逻辑 27 讲》第 15 讲和《经综逻辑通关宝典》第 15 章中的相关阐述。

题 42 答案为 C 项。

题干条件可提炼为:

甲:经济→管理。

乙:经济∧管理。

丙:管理→经济。

丁:¬管理→¬经济。

戊:¬经济→¬管理。

其中,甲和丁、丙和戊的话分别等价,并且,上述五句话具有如下推出关系:乙的话为真,可推出甲和丁的话为真;乙的话为真,可推出丙和戊的话为真。上述五句话可构成的真假数量情况有三种,分别是 5 真 0 假、4 真 1 假、2 真 3 假,可推出 C 项可能为真。

> 📝 高能提示
>
> 本题也可根据经济与管理的组合进行判断。经济与管理可构成的情况有四种,经济∧管理(此时 5 真 0 假),经济∧¬管理(此时 2 真 3 假),¬经济∧管理(此时 2 真 3 假),¬经济∧¬管理(此时 4 真 1 假),可推出 C 项可能为真。

题型 12 顺藤摸瓜

题 1 答案为 C 项。

题目中"M(¬面)"和题干中"F(面)"为确定条件,根据**效用思维(关注特殊)**,应优先关注。

因为"M(¬面)",从而经第五个条件可传递出,K(¬聘)。

题 2 答案为 C 项。

题目中"S"为确定条件,根据**效用思维(关注特殊)**,应优先关注。

因为"S",从而经题干限定条件"只有一人能获得该项基金"可传递出"¬M",从而经第一个条件可传递出,D≤W。

题 3 答案为 D 项。

题目中"W>D∧¬C"为确定条件,根据**效用思维(关注特殊)**,应优先关注。

因为"W>D∧¬C",从而经第三个条件可传递出,L≤Z。

题 4 答案为 E 项。

题目中"男(狼)"为确定条件,根据**效用思维(关注特殊)**,应优先关注。

因为"男（狼）"，从而经第五条法则可传递出，男父（狼），从而经第一条和第二条法则可传递出，男母（狼∨鹿∨鸟），从而经第六条法则可传递出，男妹（狼∨鹿∨鸟）。

题5 / **答案为 D 项。**

题目所问为确定条件，根据**效用思维（关注特殊）**，应优先关注。

由所问"女（鱼）"，可定位到法则中的第一和第四条，根据条件命题的逆向传递可知，补充男（鱼）或男（鸟），便可得到"女（鱼）"。

题6 / **答案为 B 项。**

注意本题的相反陷阱，寻找的是"不可能为真"，即"必然为假"的选项。

题目中"神圣子（善）"为确定条件，根据**效用思维（关注特殊）**，应优先关注。

由"神圣子（善）"，经部落内外通婚的两条规定可传递出，神圣母（圣），B 项与其违背。

题7 / **答案为 A 项。**

题干中"赵→所有人"为确定条件，根据**效用思维（关注特殊）**，应优先关注。

此确定条件的前后，两个条件较为特殊，将其转变成条件命题后，可得：

（1）（X→李）⇒（王→X）；

（2）（王→X）⇒（陈→X）。

上述两个条件串联后可得：（X→李）⇒（王→X）⇒（陈→X）。

由"赵→所有人"，可知"赵→李"，从而可传递出，陈→赵，A 项与其相符。

题8 / **答案为 C 项。**

注意本题的相反陷阱，寻找的是"不可能为真"，即"必然为假"的选项。

题干最后一个条件较为特殊，将其转变成条件命题后，可得：(X→董) ⇒ (经→X)。

复选项Ⅰ，可提炼为，经→董，从而经上述条件可传递出，董→董，并不违背题干其他条件，因此可能为真，排除 A 项和 E 项。

复选项Ⅱ，可提炼为，经→会，无法经上述条件传递，且不违背题干条件，因此可能为真，排除 B 项和 D 项。

根据效用思维（已知答案，其余不看），可不用验证复选项Ⅲ。为减少疑惑，此处特做分析，但小伙伴们要明白，这样非常不应试。

复选项Ⅲ，可提炼为，所有人→董，从而经题干条件可传递出，经→所有人，违背题干"没有人信任所有的人"。

题9 / **答案为 E 项。**

题目中"¬周"为确定条件，根据**效用思维（关注特殊）**，应优先关注。

因为"¬周"，从而经条件（2）可传递出"张"，从而经条件（3）可传递出"¬孙"，从而经条件（1）可传递出"赵"。

题10 / **答案为 A 项。**

题目中"灏韮"为确定条件，根据**效用思维（关注特殊）**，应优先关注。

因为"灏韮"，从而经条件（1）可传递出"灏韮＜扶胡"，从而经条件（2）可传递出"灏韮钣扶胡"，A 项与其相符。

题11 答案为 B 项。

题目中"韭<灏"为确定条件，根据**效用思维（关注特殊）**，应优先关注。

因为"韭<灏"，从而经条件（1）可传递出"韭<灏<扶胡"，从而经条件（2）可传递出"韭银灏扶胡∨银韭灏扶胡"，B 项与其相符。

题12 答案为 E 项。

题目中"（灏银）"为确定条件，根据**效用思维（关注特殊）**，应优先关注。

因为"（灏银）"，从而经条件（1）可传递出"（灏银）<扶胡"，从而经条件（2）可传递出"韭银灏扶胡∨灏银韭扶胡"，E 项与其相符。

题13 答案为 B 项。

题干确定条件为"蛋糕（7）"，根据**效用思维（关注特殊）**，应优先关注。

因为"蛋糕（7）"，从而经"肉松后面紧跟着蛋糕"可传递出"肉松（6）"，从而经"肉松和饼干之间有两件商品"可传递出"饼干（3）"，从而经"酸奶后面接着放的是饼干"可传递出"酸奶（2）"，从而经"方便面后面紧跟着酸奶"可传递出"方便面（1）"，从而经限定条件"一共有 7 个商品"可知，可口可乐汽水与水果汁只能在饼干和肉松中间，又因为"可口可乐汽水紧跟在水果汁后面"，从而可知，水果汁（4）∧可口可乐（5）。三个复选项中，仅复选项Ⅱ与此相符。

题14 答案为 D 项。

题干中"胡=陈"这个条件有两个重复要素，根据**效用思维（关注特殊）**，应优先关注。

以"胡=陈"为切入点，联系第一和第三个条件可得，李>胡=陈>邓，D 项与其相符。题干第二个条件无法与其串联，根据**效用思维（优先验证）**，无须考虑此条件。

题15 答案为 C 项。

题干中"风∨雨"为可能情况较少的条件，根据**效用思维（关注特殊）**，应优先关注。

因为"风∨雨"，从而经条件（2）和条件（3）可传递出，张（火）∨王（火），从而经限定条件"4 人出行方式各不相同"可传递出，李（¬火）∧赵（¬火），从而经条件（4）可传递出，李（¬飞∧¬汽）∧王（¬飞∧¬汽）。综上，李只能选择剩下的轮船。

📝 **效用思维**

本题运用了**效用思维（关注特殊）**。

关注特殊有多种理解，本处是指，当某条件可能的情况较少，或某要素被较多条件限定时，则优先从该条件或要素入手解题。

题16 答案为 D 项。

"甲、乙、丁三人至多有两人入选"为限定较多的条件，根据**效用思维（关注特殊）**，应优先关注。

由"甲、乙、丁三人至多有两人入选"可知，丙（进四）∧戊（进四），从而经第二个条件可传递出，甲（进四）∧乙（进四），所以没进四的只能是剩下的丁。

题17 答案为 C 项。

题干中"外（B）"重复较多且是确定条件，根据**效用思维（关注特殊）**，应优先关注。

因为"外（B）"，经条件（1）和条件（3）可传递出，外（¬乙）∧外（¬丙），从而学习外语的只能是剩下的甲。

题 18 答案为 A 项。

题干中"王（物）"和题目中"钱（历）"是确定条件，根据**效用思维（关注特殊）**，应优先关注。

因为"王（物）"，从而经第三个条件可传递出，有高中生选修物理；又因为"赵（文∨经）∧钱（历）"，从而和王一起选修物理的高中生只有剩下的孙。

题 19 答案为 B 项。

注意本题的相反陷阱，寻找的是"不可能同时包含"，即"必然不同时包含"的选项。

题目中"王（物）"是确定条件，根据**效用思维（关注特殊）**，应优先关注。

因为"王（物）"，从而经第三个条件可传递出，有高中生选修物理，从而经第一个条件"赵（文学∨经济）"可传递出，物理（钱∨孙），即"¬文学∧¬经济∧¬历史（钱∨孙）"，带着此点寻找选项。

> **高能提示**
>
> 当题目所问为"以下哪项必然为假"时，有以下两种思路：第一种，选项逐一代入，看哪项与题干信息违背；第二种，从题干条件正面推理，构造一种与题干条件违背的情况，再从选项中寻找答案。考试时，若读完题目后，30 秒内难以快速推理，则采用第一种方式。因此，本题也可将选项逐一代入以验证。

题 20 答案为 A 项。

题干中"文"重复较多，根据**效用思维（关注特殊）**，应优先关注。

以"文"为切入点，联系最后两句话可得：

	休闲区	
		文化区
	行政服务区	

从而，剩下的商业区和市民公园的位置如下所示：

	休闲区	
商业区	市民公园	文化区
	行政服务区	

> **高能提示**
>
> 关系命题中的排序关系具有轮换性质，例如，由文化区在休闲区的东南方向可得，休闲区在文化区的西北方向。

题 21 答案为 C 项。

题目中"F×M"为确定条件，根据**效用思维（关注特殊）**，应优先关注。

因为"F×M"，从而 F 和 M 都不能分管三个部门，经条件（1）、条件（2）和条件（3）可传递出，分管三个部门的只能是剩下的"P"，从而 P 必然会同时和其他五位分管同一部门，C 项可由此推出。

题22 答案为 D 项。

题干中"红(昨)∧伟(后)"为确定条件,根据**效用思维(关注特殊)**,应优先关注。

因为"红(昨)∧伟(后)",可知小红与小伟的生日间隔 2 天,又因为他俩的生日距离周日同样远,因此周日不可能在他俩的生日之间,从而周日只能在他俩的两边,从而可得下表:

日	一	二	三	四	五	六	日
		红(昨)			伟(后)		

题23 答案为 B 项。

题干中"福建人、闽南方言"重复较多,根据**效用思维(关注特殊)**,应优先关注。

以"福建、闽南方言"为切入点,联系第二、第四和第五个条件可得,从而可知,福建(¬王佳∧¬陈蕊∧¬李英),从而福建人只能是剩下的张明。

题24 答案为 B 项。

题干中"重庆"重复较多,根据**效用思维(关注特殊)**,应优先关注。

以"重庆"为切入点,联系第一和第三个条件可得,重庆(¬李浩∧¬王鸣),从而重庆人只能是剩下的张翔,联系第二和第三个条件可得,辽宁(____)>重庆(张翔)>____(王鸣),从而经人物和地域的范围条件可传递出,辽宁(李浩)>重庆(张翔)>湖南(王鸣),B 项与其相符。

题25 答案为 B 项。

题干中"人"重复较多,根据**效用思维(关注特殊)**,应优先关注。

以"人"为切入点,根据第二和第三个条件可得,人(¬哲∧¬中),从而"人"只能是剩下的"历"。关联第一和第三个条件可得,__(中)>人(历)>办(__),从而由部门和专业的范围条件可传递出,行(中)>人(历)>办(哲),B 项与其相符。

题26 答案为 C 项。

虽然题干中"北(国)"为确定条件,但难以得出题目所求,从而根据**效用思维(关注特殊)**,可关注重复要素"四"。

以"四"为切入点,根据第三和第四个条件可得,"四"要和非安徽籍的人在同一个系,从而由籍贯的范围条件可得出"四(河∨北)"。关联第一个条件可得,四(河)∧四(¬国)。再关联第二个条件可得,四(¬中)。综上可知,"四"只能就读于剩下的"法"。

题27 答案为 A 项。

题干中关于"年龄"的两个条件紧密相关,由它们可得到下表的第二行。同时,关于"职业"的两个条件也紧密相关,由它们可得到下表的第三行。综上可知,A 项与其相符。

位置1	位置2	位置3
24	20	20
销售员	销售员	会计

题28 答案为 B 项。

题目中"财(3)"为确定条件,根据**效用思维(关注特殊)**,应优先关注。

因为"财(3)",从而由条件(2)可得出"企(4)"。再根据条件(3)以及限定条件"一栋6层"可得出,行(5)∧人(6),从而可得出如下占位图(小括号标记的两者,位置可互换):

1	2	3	4	5	6
(销)	(研)	财	企	行	人

题29 答案为B项。

题目"灏(最西)"为确定条件,根据**效用思维(关注特殊)**,应优先关注。

因为"灏(最西)",再结合条件(1)和(2),可得出如下两种占位图(小括号标记的两者,位置可互换):

1	2	3	4	5
灏	扶	胡	(韭)	(银)

1	2	3	4	5
灏	(韭)	(银)	扶	胡

题30 答案为A项。

"两名女士本科专业背景不同"是题干唯一限定条件,由其可得出如下三种占位图(小括号标记的两者,位置可互换):

市场营销	计算机	物理学
(女$_1$)	(女$_2$)	

市场营销	计算机	物理学
(女$_1$)		(女$_2$)

市场营销	计算机	物理学
	(女$_1$)	(女$_2$)

因此,不管两位女士如何占位,所剩下的3个坑位,必然会有2个不同的专业,由此可推出A项。

题31 答案为E项。

题干中关于"学历"的两个条件紧密相关,由"己、庚的学历层次不同"可得出如下占位图(小括号标记的两者,位置可互换):

本科			博士	
(己)			(庚)	

再由"甲、乙、丙的学历层次相同"可知,甲、乙、丙只能填入本科的坑位中。

同时，关于"性别"的两个条件也紧密相关，由"甲、丁的性别不同"可得出如下占位图（小括号标记的两者，位置可互换）：

男士					女士			
（甲）					（丁）			

再由"戊、己、庚的性别相同"可知，戊、己、庚只能填入男士的坑位中。
又因为必然会有一位"女博士"，所以女博士只能是剩下的丁。

题32 答案为 E 项。

题干中虽有重复要素"唐晓华"，但使用后无法解题，此时发现五名男生中有两个限定条件——条件（2）和（3），根据**效用思维（关注特殊）**，应优先关注。

因为五名男生中必须选出三名，再由条件（2）可知，彭和宋中必然有1人入选。若两人都不入选，则剩余三人必然入选，从而违背条件（3）。同理，由条件（3）可知，裘和唐中也必然有1人入选。

从而可得出如下占位图（下图"/"表示左右两边的人物，有且仅有一人入选）：

1	2	3
彭/宋	裘/唐	

综上可知，剩余的任必然要入选。

题33 答案为 D 项。

题目中"郭"为确定条件，根据**效用思维（关注特殊）**，应优先关注。

因为"郭"，从而根据条件（1）可得出"¬唐"。结合上题可知，裘∨唐。综上可得出"裘"。

题34 答案为 A 项。

题目中"¬何"为确定条件，根据**效用思维（关注特殊）**，应优先关注。

因为"¬何"，从而根据限定条件"女生要入选2人"可得出方∧郭。再由条件（1）可得出"¬唐"。

题35 答案为 E 项。

题目中"唐"为确定条件，根据**效用思维（关注特殊）**，应优先关注。

因为"唐"，从而根据条件（1）可得出"¬郭"，再由限定条件"女生要入选两人"可传递出"方∧何"。

题36 答案为 A 项。

题干中"F×G"和"H×I"为确定条件，根据**效用思维（关注特殊）**，应优先关注。

因为"F×G"和"H×I"，从而可知 F、G、H 和 I 都不能分管三个部门。根据条件（1）可得出，M 或 P 中的一位需要分管三个部门。

此时无法往下传递，但题干中"每一部门恰由三个总经理助理分管"限定较多且带有数字，根据**效用思维（关注特殊）**，当优先关注。三个部门一共有9个分管名额，经前述分析可知，M 或 P 中的一位要占据3个分管名额，从而剩余的6个分管名额需由其他五位占据。可能的分管名额情况只有一种，一位占据2个名额，剩余四位各占据1个名额，由此可推出 A 项。

题37 答案为 E 项。

注意本题的相反陷阱，寻找的是"一定是错误的"的选项。题目中"刘（璇）"是确定条件，根据**效用思维（关注特殊）**，应优先关注。

因为"刘（璇）"，从而根据条件（3）可得出"赵（璇）"。此时无法往下传递，但"璇"提及较多，且条件（4）前、后件均有"璇"，根据**效用思维（关注特殊）**，可优先关注。设条件（4）前件为真，则可得"张（璇）∧王（璇）"，此时天机无人可录用，假设失败。因此，必然张（¬璇），带着此点寻找选项。

> 📝 **高能提示**
>
> 本题也可将选项逐一代入，以验证哪项与题干信息违背。

>>>>>>>>>>>>>>>>>>>>>>>>>>>>>>>> 管综真题警戒线 >>>>>>>>>>>>>>>>>>>>>>>>>>>>>>>>

题38 答案为 D 项。

题目中"甲（二）"为确定条件，根据**效用思维（关注特殊）**，应优先关注。

因为"甲（二）"，从而根据条件（3）可得出"丙（一）"，再由条件（2）可得出"戊（二）"。

题39 答案为 C 项。

题干中"江（三）"和题目中"安（一）"为确定条件，根据**效用思维（关注特殊）**，应优先关注。

因为"安（一）"，从而根据条件（2）可得出"浙（四）"，再由条件（3）可得出"福（五）"。

题40 答案为 C 项。

题干中"江（三）"和题目中"安（二）"为确定条件，根据**效用思维（关注特殊）**，应优先关注。

因为"安（二）"，从而根据条件（2）可得出"浙（五）"。

题41 答案为 E 项。

题目中"荀（中）"为确定条件，根据**效用思维（关注特殊）**，应优先关注。

因为"荀（中）"，从而根据条件（5）可传递出"墨（¬中）"，从而再由条件（3）可传递出"韩（国）"。

> 📝 **高能提示**
>
> 因为五个选项都是肯定性结论，如果采用由"荀（中）"经条件（4）往下传递的话，传递到条件（2）得出"孔（¬围）"时，就要赶紧寻找有无其他路径能够迎合选项。

题42 答案为 A 项。

题干中"黄（豇）"为确定条件，根据**效用思维（关注特殊）**，应优先关注。

因为"黄（豇）"，从而根据条件（2）可得出"芹（¬豇）"。

题43 答案为 B 项。

题干中"丁→丙"和题目中"丙→丙"为确定条件，根据**效用思维（关注特殊）**，应优先关注。

题干剩余两个条件较为特殊，将其转变成条件命题后，可得：

(1) (X↛丙) ⇒ (甲→X)；

(2) (X→甲) ⇒ (丙→X)。

因为"丁↛丙"，从而根据条件（1）可得出，甲→丁；因为"丙↛丙"，从而根据条件（1）又可得出，甲→丙。

题 44 答案为 C 项。

注意本题的相反陷阱，寻找的是"一定为假"的选项。题目中"丙↛（甲∧乙∧丙∧丁）"为确定条件，根据**效用思维（关注特殊）**，当优先关注。

题干剩余两个条件较为特殊，将其转变成条件命题后，可得：

(1) (X↛丙) ⇒ (甲→X)；

(2) (X→甲) ⇒ (丙→X)。

因为"丙↛（甲∧乙∧丙∧丁）"，从而根据条件（2）可得出，(甲∧乙∧丙∧丁)↛甲，带着此点寻找选项。

题 45 答案为 B 项。

注意本题的相反陷阱，寻找的是"预测错误"的选项。题目中"哲（西）"为确定条件，根据**效用思维（关注特殊）**，应优先关注。

因为"哲（西）"，从而由条件（2）可得出"管（¬南）"，带着此点寻找选项。

题 46 答案为 B 项。

注意本题的相反陷阱，寻找的是"不可能的"，即"必然为假"的选项。题目中"长跑"为确定条件，根据**效用思维（关注特殊）**，应优先关注。

因为"长跑"，从而根据第二和第三个条件可得出，¬短跑∧¬跳高∧¬跳远，带着此点寻找选项。

题 47 答案为 C 项。

"流行、民谣、摇滚中至多有 2 类入围"为限定较多的条件，根据**效用思维（关注特殊）**，应优先关注。

由"流行、民谣、摇滚中至多有 2 类入围"可知，民族∧电音∧说唱∧爵士；从而由条件（3）可得出，¬摇滚。

题 48 答案为 B 项。

虽然题干"立秋（凉）"是确定条件，但难以得出题目所求，从而根据**效用思维（关注特殊）**，可关注限定条件"冬至（不周∨广莫）"。

因为"冬至（不周∨广莫）"，从而根据条件（4）可得出"立夏（清明）∧立春（条）"。再由条件（3）可得出"立冬（不周）"，最后由条件（2）可传递出"冬至（广莫）"。

题 49 答案为 E 项。

注意本题的相反陷阱，寻找的是"不可能的"，即"必然为假"的选项。题目中 5（红）为确定条件，根据**效用思维（关注特殊）**，应优先关注。

因为"5（红）"，一方面，由花色的范围条件可知，5 的品种只能是玫瑰或者兰花。另一方面，由条件（3）可知，5 的品种与其周围四个邻格都不同，从而只能是 5 相对的格子与其品种相同，即 5=1（此外，同理可得 2=6，3=4）。综上可知，1（玫∨兰），带着此点寻找选项。

题 50 答案为 B 项。

题干中"明（仅橙）∧花（仅紫）"为确定条件，根据**效用思维（关注特殊）**，应优先关注。

因为"明（仅橙）∧花（仅紫）"，从而排除 A、C、D 和 E 项。

题 51 答案为 D 项。

题干中"明（仅橙）∧花（仅紫）"为确定条件，根据**效用思维（关注特殊）**，应优先关注。

因为"明（仅橙）"，从而由条件（1）可得出"芳（蓝）"，再根据条件（2）可得出"雷（红）"。

因为"花（仅紫）"，从而由条件（3）可得出"刚（黄）"，再根据条件（4）可得出"刚（¬绿）"。

综上，又因为"小刚收到两份礼物"，从而小刚只能再选择剩下的"青"。

题 52 答案为 B 项。

题目中"龙（北）"为确定条件，根据**效用思维（关注特殊）**，应优先关注。

因为"龙（北）"，由条件（1）可得出"银（¬东∧¬南）"，从而银只能在剩下的"西"。综上，再根据条件（2）可知，水只能在剩下的"东"，从而乌只能在剩下的"南"。

题 53 答案为 D 项。

题目中"甲（沛公）∧庚（项庄）"为确定条件，根据**效用思维（关注特殊）**，应优先关注。

因为"甲（沛公）"，根据条件（4）可得出"丁（樊哙）"，从而由条件（2）可得出"丙（¬张良）∧己（¬张良）"，再由条件（3）可得出"乙（项王）"。又因为"庚（项庄）"，从而张良只能是剩下的"戊"扮演。

题 54 答案为 D 项。

题目中"孟（中）"为确定条件，根据**效用思维（关注特殊）**，应优先关注。

因为"孟（中）"，根据条件"庄聪和孔智参加相同的比赛项目"可得出"庄∧孔（¬中）"，再由条件（2）可传递出"庄∧孔（¬围）"，从而庄聪和孔智只能参加剩余的"国"。因为"国"的两个位置全部被人占据，从而可知"荀∧墨∧韩（¬国）"，再根据条件（3）可得出"墨（中）"。因为"中"的两个位置全部被人占据，从而可知荀慧和墨灵只能参加剩余的"围"。

题 55 答案为 A 项。

题干中"甲×乙"为确定条件，根据**效用思维（关注特殊）**，应优先关注。

因为"甲×乙"，根据条件（3）可得出，甲、乙和丙车中最多有 1 趟车在"东"停靠，再由条件（1）可得出"乙（¬北）∧丙（¬北）"，则北只能由剩余的"甲∧丁∧戊"车停靠，从而根据条件（2）可得出"丙（中）∧丁（中）∧戊（中）"，由此可推出 A 项。

题 56 答案为 A 项。

题目中"2（③∧④）"为确定条件，根据**效用思维（关注特殊）**，应优先关注。

因为"2（③∧④）"，根据条件（2）和（3）可传递出"1（②）∧2（⑤）"，从而休息日只能是剩下的"3"，即"3（¬①∧¬⑥）"，A 项可能为真。

题 57 答案为 A 项。

题干中"李（南=3）∧王（南=4）"为确定条件，根据**效用思维（关注特殊）**，应优先关注。

因为"李（南=3）∧王（南=4）"，从而可得"李（东≠3）∧王（西≠4）"。由"李（东）= 王（西）"可传递出"李（东≠4）∧王（西≠3）"，从而"李（东）和王（西）"只能是剩下的"2"。

> **高能提示**
>
> 本题有小伙伴会觉得，题目没说"某人去的三处路线互不相同"，所以如何能通过"李（南=3）"推出"李（东≠3）"？
>
> 其实，题干还给了两个条件：第一，每人去三个地方旅游天数之和为9；第二，每处景点三人路线都不同。能得到总和为9的组合只有两种——2+3+4，以及3+3+3。但如果某人去三个地方的路线是3，那么其他两人就都不能选3，从而这两人就无法保证自己旅游天数之和为9，因此，必然得出"某人去的三处路线互不相同"。
>
> 但考试时没必要分析这么多，咱们凭第一直觉也知道，肯定得互不一致，否则此题难以解出。因此，希望大家一定要具有"效用思维"，而不要处处细扣或钻研。

题 58 答案为 B 项。

题干中"建"重复较多，根据**效用思维（关注特殊）**，应优先关注。

以"建"为切入点，关联第一和第三个条件可得，向明只能在建国右手边。由第二个条件可得出建（高），再根据第三个条件可得出嘉媛只能是剩下的"园"，从而向明只能是剩下的"邮"。

题 59 答案为 B 项。

题目中"青椒（韭菜∧黄瓜）"为确定条件，根据**效用思维（关注特殊）**，应优先关注。

因为"青椒（韭菜∧黄瓜）"，从而可知"黄椒（¬韭菜）"。又因为"黄椒（¬芹菜）"，综上可知，黄椒在菜类中只能选择剩余的"菠菜"。再根据条件（4）可得出"黄椒（菠菜∧豇豆）"。

题 60 答案为 E 项。

题干中"陆＞张"限定较多，根据**效用思维（关注特殊）**，应优先关注。

因为"陆＞张"，并且每位导师都有1~2人选择，从而必然是"陆（2）、张（1）"，进而可得"陈（2）"。继而可知，并非只有戊选择陈老师，根据条件（3）可得出，甲∧丙∧丁（¬陆），从而陆老师只能被剩余的"乙∧戊"选择。再由条件（2）可传递出，丙∧丁（¬张），从而丙和丁只能选择剩余的"陈"。

题 61 答案为 D 项。

题干"文珊（文秘）∧文珊（111）"为确定条件，根据**效用思维（关注特殊）**，应优先验证。

因为选项中有三个都是关于"人物与工作间"的关系，因此，优先分析此种关系。因为"文珊（111）"，且文珊原本工作间是110室孔瑞原本工作间是111室，经限定条件"三人轮换工作间"可传递出"孔瑞（112）"。

> **高能提示**
>
> 本题 C 项和 D 项包含了孔瑞轮换的剩余所有情况，因此必然有一个是答案。

题 62 答案为 D 项。

题目所问为"有3人同时当选'月度之星'的月份"，根据**效用思维（关注特殊）**，应优先关注。以"有3人同时当选'月度之星'的月份"作为切入点，关联条件（4）可得，7月一定不属于所问月份，排除 E 项。并且，因为7月已有2人当选，从而这2人每人都只会有4种可能的当选情况：4—7月、5—8月、6—9月、7—10月。从而这2人必然无法在1—3月当选，因此1—3月必然不属于所问月份，排除 A、B 和 C 项。

根据**效用思维（已知答案，其余不看）**，可不用验证其他选项。

> **高能提示**
> 本题也可直接将选项逐一代入与条件（4）匹配。A、B 和 C 项，无法保证仅有2人在7月同时当选；E 项，无法保证仅有2人在7月同时当选。

题 63 答案为 D 项。

题目所问为"王当选月份"，根据**效用思维（关注特殊）**，应优先关注。以"王"作为切入点，联系条件（1）（2）（3），可将上述四人分为周与王、郑、吴两组。因为一组只有1人，还有一组有3人，从而联立条件（4）和（5）可判断出，实际的情况需要将周那一组放置在1月左右，将王、郑、吴那一组放置在7月左右。此时可定位周当选的具体月份为1—4月，根据条件（3）可知，王（¬1∧¬2∧¬3∧¬4）。

由上题结论可知，4—6月有三人同时当选，又因为5月、6月没有"周"，从而可知"王∧郑∧吴(5∧6)"，结合"王（¬1∧¬2∧¬3∧¬4）"，必然推出王在5—8月。

> **高能提示**
> 本题如要严格推出王某当选的月份，会非常烦琐。因此，这里通过不断迎合条件的方式，来构造可能的情况。

题 64 答案为 B 项。

题目"所问"为"谁的比分是3∶3"，根据**效用思维（关注特殊）**，应优先关注。

由"谁的比分是3∶3"，可关联提及"人物""比分"的条件，从而由条件（3）和（4）可得出"赵虎（并非3∶3）∧李龙（并非3∶3）∧范勇（并非3∶3）"，从而3∶3的选手在男生中只能是剩下的吕伟，再根据"张芳跟吕伟对弈"可得出"张芳（3∶3）"。

> **效用思维**
> 本题运用到了**效用思维（关注特殊）**。
> 关注特殊有多种，这里是指，当所解试题无明显切入点时，若其存在具体"所问"，可从所问出发联系相关条件。这是一种逆向思维。

题 65 答案为 D 项。

题干中"乙"重复较多，根据**效用思维（关注特殊）**，应优先关注。

以"乙"为切入点，关联题干条件可得出如下占位图（小、中括号标记的两者，位置可分别互换）：

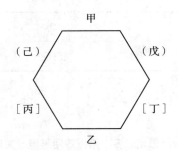

由图可知，A 项前件必然为真，但其后件未必为真，因此真假不知，排除 A 项。B、C 和 E 项必然为假，排除 B、C 和 E 项。

由图可知，D 项在其前件为真时，其后件必然为真。当然，也可将其转化，其等价于丙与戊或己相邻，符合上图含义。

题 66 答案为 D 项。

题干中"甲（菊）∧乙（菊）"为确定条件，根据**效用思维（关注特殊）**，应优先关注。

根据条件（1），可画如下占位图（小括号标记的两者，位置可互换）：

菊花茶	绿茶	红茶	咖啡	大麦茶
甲	（甲）	（乙）		
乙				

再根据条件（2），此时占位图可变为（中括号标记的两者，位置可互换）：

菊花茶	绿茶	红茶	咖啡	大麦茶
甲	（甲）	（乙）	[丙]	[戊]
乙				

又因为"丙和戊"要喜欢 2 种饮品，从而丙和戊只能选择剩下的"绿茶∨红茶"，此时占位图可变为（大括号标记的两者，位置可互换）：

菊花茶	绿茶	红茶	咖啡	大麦茶
甲	（甲）	（乙）	[丙]	[戊]
乙	{丙}	{戊}		

综上可知，丁只能选择剩下的"咖啡∧大麦茶"。

题 67 答案为 B 项。

题干中"在 1、2、3 号盒子范围之内"重复较多且是整体重复，根据**效用思维（关注特殊）**，应优先关注。

以"在 1、2、3 号盒子范围之内"为切入点，联系条件（1）和（3）可得，装绿茶、红茶、白茶的盒子就在 1、2、3 号范围之内。从而可得出如下占位图（小括号标记的三者，位置可互换）：

1	2	3	4
(绿茶)	(红茶)	(白茶)	

综上可知，花茶必然在剩余的 4 号盒子中。

题 68 答案为 E 项。

题目中"春分∨秋分（明庶∨阊阖）"限定较多，根据**效用思维（关注特殊）**，应优先关注。

以"春分∨秋分（明庶∨阊阖）"为切入点，关联条件（1）和题 48 结论，即"立夏（清明）∧立春（条）∧立冬（不周）∧冬至（广莫）"，可得出如下占位图（小括号标记的两者，位置可互换）：

立春	春分	立夏	夏至	立秋	秋分	立冬	冬至
条	(明庶)	清明		凉	(阊阖)	不周	广莫

综上可知，"夏至"必然对应剩余的"景风"。

题 69 答案为 D 项。

从表格横向看，"张与赵均不正确"为确定条件；从表格纵向看，第一题和第二题四个人的答案均不一样，即第一题和第二题均包含了四种选项，根据**效用思维（关注特殊）**，应优先关注。

因为第一题和第二题均包含了四种选项，从而第一题和第二题必然都有人答对，而四人答对的题目数量只有两题。综上可知，这两个答对的题必然被第一题和第二题占据，剩下的第三题和第四题必然为四人全错，从而可知，题三（C∨D）∧题四（A），由此可推出 D 项。

题 70 答案为 C 项。

题干条件（1）限定较多，根据**效用思维（关注特殊）**，应优先关注。

因为乙、戊、丁、庚、辛为外援，从而根据运动员的范围条件可得出，甲、丙、己、壬、癸为本国运动员，且来自同一个国家。由条件（2）可得出如下占位图：

国$_1$	国$_2$	国$_3$	国$_4$	国$_5$
甲、丙、己、壬、癸	乙、丁、辛			

从而可知，国 4 和国 5 只能由剩余的戊和庚分别占据，即戊和庚必然来自不同于"乙、丁、辛"的两个国家。

题 71 答案为 E 项。

题干中虽有重复要素"朱敏"，使用后却无法解题，此时发现五名本科生中有两个限定条件——条件（2）和（3），根据**效用思维（关注特殊）**，应优先关注。

因为五名本科生中必须选出三名，再由条件（2）可知，周和徐中必然有 1 人入选。若两人都不入选，则剩余三人必然入选，从而违背条件（3）。同理，由条件（3）可知，李和朱中也必然有 1 人入选。

从而可得出如下占位图（下图"/"表示左右两边的人物，有且仅有一人入选）：

1	2	3
周/徐	李/朱	

综上可知，剩余的文必然要入选。

题72 答案为 A 项。

题目中"唐"为确定条件，根据**效用思维（关注特殊）**，应优先关注。

因为"唐"，从而根据条件（1）可得出"¬朱"。结合上题可知，李∨朱。综上可得出"李"。

题73 答案为 C 项。

题目中"第2天只做⑥等3件事"为确定条件，但无法往下传递。此时，条件（3）限定较窄，根据**效用思维（关注特殊）**，应优先关注。

因为②＜③，从而可能的情况有两种，即"1（②）∧2（③）、2（②）∧3（③）"，可知第2天做的第二件事，必然在②和③中，从而可得出如下占位图（下图"/"表示左右两件事情，有且仅有1件在此位）：

1	2	3
	⑥	
	②/③	

由条件（2）可知，④和⑤无法在第2天做，从而第2天做的第三件事只能是剩下的"①"。

题74 答案为 E 项。

题干中条件（3）限定较窄，从而根据**效用思维（关注特殊）**，应优先关注。

因为"丁（仅欧）∧乙（仅欧）"，根据国家的范围条件可得出，丁（英∧法）∧乙（英∧法），从而可得出如下占位图：

日本	韩国	英国	法国
		丁	丁
		乙	乙

由上图结合条件（2）可知，丙和戊都只能去剩下的日本和韩国。

题75 答案为 A 项。

题目中"欧洲总人次＝亚洲总人次"限定较多，根据**效用思维（关注特殊）**，应优先关注。

由上题可知，乙、丁、丙和戊不会再去别的国家，从而目前欧洲和亚洲总人次都为4，进而为了确保"欧洲总人次＝亚洲总人次"，甲必然去了欧洲、亚洲各1次。

因为"丁（英）"，根据条件（1）可得出"甲（¬韩）"，从而甲去亚洲国家旅游只能选剩余的"日本"。

题76 答案为 B 项。

题干中"恰有一半的景点序号是正确的"限定较多且带有数字，根据**效用思维（关注特殊）**，应优先关注，从而可知，三人一共有9个正确意见。

三人在第1、2、3次序上意见均不相同，所以在第1、2、3次序上各自最多有1个正确意见。三人在第4、5、6次序上均有两个意见相同,所以在第4、5、6次序上各自最多有2个正确意见。根据1+1+1+2+2+2=9可得,各自在第4、5、6次序上必然有2个正确意见,进而可知"4(甲)∧5(戊)∧6(丙)"。因此,前三个景点不可能是甲、戊和丙,排除A、C、D和E项。

题77 答案为E项。

题干带有对阵次数的条件较多,因此,可将条件(5)包含的对阵次数写出,可知管(≥2)∧哲(≥2)∧数(≥2),从而可得出如下表格:

	经	管(≥2)	哲(≥2)	数(≥2)	化(3)
甲(2)					
乙					
丙					
丁(1)					
戊					

由上表可得"丁(¬管∧¬哲∧¬数∧¬化)",从而丁只能是剩下的"经",此时表格可变为:

	经	管(≥2)	哲(≥2)	数(≥2)	化(3)
甲(2)	×				
乙	×				
丙	×				
丁(1)	√	×	×	×	×
戊	×				

此时无法往下推理,但条件(3)限定较多,根据**效用思维(关注特殊)**,应优先关注。因为乙没有和管理学院的学生对阵过,从而根据条件(5)可得出"乙(¬哲∧¬数)",又因为"乙(¬管)",综上可知,乙只能是剩下的"化",此时表格可变为:

	经	管(≥2)	哲(≥2)	数(≥2)	化(3)
甲(2)	×				×
乙	×	×	×	×	√
丙	×				×
丁(1)	√	×	×	×	×
戊	×				×

因为"乙（化）"，根据条件（2）和（3）可得出，乙只能和剩下的经、哲和数对阵。从而可知"哲（≥3）∧数（≥3），甲（¬哲∧¬数）"，则甲只能是剩下的"管"，此时表格可变为：

	经	管（≥2）	哲（≥3）	数（≥3）	化（3）
甲（2）	×	√	×	×	×
乙	×	×	×	×	√
丙		×			×
丁（1）	√	×	×	×	
戊	×	×			×

由条件（4）可知"丙（¬哲）"，从而丙只能是剩下的"数"。

题78 答案为 C 项。

由"食材的第一个字与人物姓氏不相同"，可列表如下：

		食材				
		金	木	水	火	土
姓名	金	×				
	木		×			
	水			×		
	火				×	
	土					×

由表可知木（¬木），根据**效用思维（关注特殊）**，应优先关注。根据条件（2）可得出"木（¬金∧¬土）"，从而木心只能选剩下的"水∧火"，此时表格可变为：

		食材				
		金	木	水	火	土
姓名	金	×				
	木	×	×	√	√	×
	水			×		
	火				×	
	土					×

因为"木（火）"，根据条件（4）可得出"火（¬金）"，从而金针菇只能被剩下的水和土选择，此时表格可变为：

		食材				
		金	木	水	火	土
女生	金	×				
	木	×	×	√	√	×
	水	√		×		
	火	×			×	
	土	√				×

因为"水(金)",再根据条件(1)可得出"金(¬水)",此时表格可变为:

		食材				
		金	木	水	火	土
女生	金	×		×		
	木	×	×	√	√	×
	水	√		×		
	火	×			×	
	土	√				×

此时无法继续往下推理,但仅剩条件(3),所以假设条件(3)前件为真,从而会得到"火(水∧木∧土)",违背题干要求。因此,假设失败,即"火(¬水)"。从而火珊只能选择剩下的木和土,水蜜桃只能被剩下的"土"选择。此时表格可变为:

		食材				
		金	木	水	火	土
女生	金	×		×		
	木	×	×	√	√	×
	水	√		×		
	火	×	√	×	×	√
	土	√	×	√		×

> 📝 **高能提示**
>
> 本题运用到了**效用思维(优先验证)**。
> 优先验证有多种情况,这里运用的是,当所解试题有较多无法联立的条件时,若大多数选项反复提及某条件,则优先验证该条件。这是因为,优先验证该条件能涉及较多选项。

题 79 答案为 B 项。

题目中"水（土）"为确定条件，根据**效用思维（关注特殊）**，应优先关注。

因为"水（土）"，结合上题可知"火（土）"，综上可知"金（¬土）"。从而可得，金粲只能选择剩下的木和火。

题 80 答案为 A 项。

题目所问为"总积分最高"，根据**效用思维（关注特殊）**，应优先关注。

以"总积分最高"作为切入点，联系题干信息"6∶0"可得，积分最高者的比赛是 3 赢 0 平 0 负。根据"李龙已连输三局"可知，积分最高者是"李龙的对手（必然是女生）"。

另外，李龙是唯一被提及两次的人，重复较多，根据**效用思维（关注特殊）**，应优先关注。

以"李龙"作为切入点，由"王玉的比赛桌在李龙比赛桌的右边"可得出李龙（¬王玉），进而可知女生还剩下施琳、张芳和杨虹，其中张芳和杨虹在条件中有提及，根据**效用思维（关注特殊）**，可优先验证。由"张芳跟吕伟对弈"可传递出李龙（¬张芳）。

此时可假设"李龙（杨虹）"，从而由"杨虹在 4 号桌比赛"可得出"李龙（4）"，再根据"王玉的比赛桌在李龙比赛桌的右边"可得出"王玉（≥5）"，违背题意。因此假设失败，李龙（¬杨虹）。综上可知，李龙只能和女生中剩下的"施琳"对弈，则施琳的总积分最高。

题 81 答案为 A 项。

从表格横向看，"张与赵均不正确"为确定条件，根据**效用思维（关注特殊）**，应优先关注。

由"张与赵均不正确"可得出，题一（B∨C）∧题二（C∨D）。从而可能的情况有三种，即"题一（B）∧题二（D）、题一（C）∧题二（D）、题一（B）∧题二（C）"。其中，第一种情况会使得王答对两题，违背题干要求。从而可知，答案 C 必然属于题一或题二。又由题 69 可知题三（C∨D）。综上可得，题三的答案只能是剩下的 D，从而题二的答案是 C，题一的答案是 B。

题 82 答案为 C 项。

由题 55 可知，甲、乙和丙车中最多有 1 趟车在"东"停靠，从而可知剩余的丁和戊必然在"东"停靠。此时无法继续往下推理，但丁和戊仅剩"西"和"南"的停靠情况不明，根据**效用思维（关注特殊）**，应优先关注。

因为题目表明"没有车在每站都停靠"，所以丁和戊都最多只能在"西"或"南"中选择 1 站停靠，从而可能的情况有四种，丁（西）∧戊（西）、丁（西）∧戊（南）、丁（南）∧戊（西）、丁（南）∧戊（南）。假设实际情况为"丁（西）∧戊（西）"，或者"丁（南）∧戊（南）"，可得出如下占位图（小括号中的内容，位置可以互换，"/"所分隔的内容仅选一个）：

	（西）	（南）
甲		
乙	甲/乙/丙	
丙		
丁	√	×
戊	√	×

从而得出南站或西站只能选择剩余的"甲∧乙∧丙",违背"甲×乙",假设失败。因此实际情况为"丁(西)∧戊(南)",或者"丁(南)∧戊(西)",此时可得出如下占位图(小括号中的内容,位置可以互换,"/"所分隔的内容仅选一个):

	(西)	(南)
甲	甲/乙	甲/乙
乙		
丙		
丁	√	×
戊	×	√

从而可得"西"和"南"都只能被剩下的"丙"选择。

题型 13 假设反证

题 1 答案为 D 项。

选项明显要素穷举,根据**效用思维(关注特殊)**,可假设验证。

由第一个条件可知,医生(¬孙),排除 A 项和 B 项。由第二个条件可知,教师(¬杨),排除 C 项。由第三个条件可知,教师(¬方),排除 E 项。

> **效用思维**
>
> 本题运用到了**效用思维(关注特殊)**。
>
> 关注特殊有多种情况,这里是指,当选项将要素逐一穷尽时,可采用将题干条件逐一与选项匹配的方式,排除四个选项,选出正确答案。当然,也可逐一代入选项,排除四个违背题干条件的选项后,得出正确答案。
>
> 得出答案后,根据效用思维(已知答案,其余不看),可不用验证其为何正确。

题 2 答案为 B 项。

注意本题的相反陷阱,寻找的是"不是阿姨想出"的选项。选项明显要素穷举,根据**效用思维(关注特殊)**,可假设验证。将题干三个条件逐一与选项匹配后,发现 B 项与"小林不喜欢吃蛋糕和苹果"违背。

题 3 答案为 A 项。

选项明显要素穷举,根据**效用思维(关注特殊)**,可假设验证。

由第一个条件可知,甲 + 乙 = 丙 + 丁,排除 B、D、E 三项。因为,由 B 项可知"甲 < 丙、乙 < 丁",此两不等式相加后不可能为等式。D 项和 E 项同理。

由第二个条件可知,甲 + 丁 > 乙 + 丙,可排除 C 项。因为,由 C 项可知"甲 < 丙、丁 < 乙",此两不等式相加后不可能得到"甲 + 丁 > 乙 + 丙"。

题 4 答案为 D 项。

选项明显要素穷举,根据**效用思维(关注特殊)**,可假设验证。由第一个条件可知,重庆(¬李浩),排除

B项和C项。由第二个条件可知，辽宁（¬张翔），排除A项。由第三个条件可知，重庆（¬王鸣），排除E项。

题5 答案为C项。

选项明显要素穷举，根据**效用思维（关注特殊）**，可假设验证。

由条件（1）可知，灏＜扶＜胡，排除B、D、E三项。由条件（2）可知，（韭银），排除A项。

题6 答案为A项。

选项明显要素穷举，根据**效用思维（关注特殊）**，可假设验证。

由条件（1）可知，人×销，排除B项和E项。由条件（2）可知，财＜企，排除C项。由条件（3）可知，企＜行＜人，排除D项。

题7 答案为B项。

注意本题的相反陷阱，寻找的是"妈妈不喜欢"的选项。本题选项可通过罗列的方法，推出全部要素，因此相当于要素穷举，根据**效用思维（关注特殊）**，可假设验证。将"长袖×短裙"逐一与选项匹配后，发现B项相当于"姐姐（短袖∧长裙）、妹妹（长袖∧短裙）"，与妈妈的意愿相违背。

题8 答案为E项。

本题选项可通过罗列的方法，推出全部要素，因此相当于要素穷举，根据**效用思维（关注特殊）**，可假设验证。由第一个条件可知，曙光（1∨2∨4），排除A项。由第二个条件可知，华业（2∨3∨5），无法再次排除选项。由第三个条件可知，祥瑞（3∨5），排除B项、C项和D项。

题9 答案为D项。

注意本题的相反陷阱，寻找的是"都不可能推出，除了"，即"必然能推出"的选项。选项明显要素穷举，根据**效用思维（关注特殊）**，可假设验证。由第一个条件可知，上海（¬余勇），排除A项和B项。由第二个条件可知，安徽（¬方宁），排除C项。由剩余选项可知，必然有安徽（余勇），关联第一和第三个条件可得，____（王宜）＞安徽（余勇）＞上海（____），从而可知，上海（¬王宜），排除E项。

题10 答案为B项。

选项明显要素穷举，根据**效用思维（关注特殊）**，可假设验证。由第一个条件可知，黑龙江（¬张强），排除C项和E项。由第三个条件可知，辽宁（¬黎明），排除D项。由剩余选项可知，必然是"辽宁（张强）"，关联第一和第二个条件可得，____（史宏）＞辽宁（张强）≥黑龙江（____），从而可知，黑龙江（¬史宏），排除A项。

题11 答案为E项。

注意本题的相反陷阱，寻找的是"都能使题干的推理成立，除了"，即"不能使题干的推理成立"的选项。

题干不能直接推理，又无其他明显特征，可假设选项，逐一代入题干以验证。

A项，代入后可得链条：甘蓝＝绿芥蓝＞莴苣，能使题干推理成立，排除A项。
B项，代入后可得链条：甘蓝＞菠菜＞莴苣，能使题干推理成立，排除B项。
C项，代入后可得链条：甘蓝＞菠菜＞绿芥蓝＞莴苣，能使题干推理成立，排除C项。
D项，代入后可得链条：甘蓝＞菠菜＝绿芥蓝＞莴苣，能使题干推理成立，排除D项。
根据**效用思维（已知答案，其余不看）**，可不用验证E项。

题 12 答案为 A 项。

注意本题的相反陷阱，寻找的是"均能使推断成立，除了"，即"不能使推断成立"的选项。

题干不能直接推理，又无其他明显特征，可假设选项，代入题干以验证。

A 项，代入后无法得出"王园 > 苗晓琴"的结论。

根据**效用思维（已知答案，其余不看）**，可不用验证其余选项。

题 13 答案为 A 项。

注意本题的相反陷阱，寻找的是"均能使推断成立，除了"，即"不能使推断成立"的选项。

题干不能直接推理，又无其他明显特征，可假设选项，代入题干以验证。

A 项，代入后无法得出"张珊 > 苗晓琴"的结论。

根据**效用思维（已知答案，其余不看）**，可不用验证其余选项。

题 14 答案为 E 项。

题干不能直接推理，又无其他明显特征，可假设选项，逐一代入题干以验证。

A 项，代入后无法得出"E>D"的结论，排除 A 项。

B 项，该项不涉及"E"，必然无法得出"E>D"的结论，排除 B 项。

C 项，代入后无法得出"E>D"的结论，排除 C 项。

D 项，该项不涉及"E"，必然无法得出"E>D"的结论，排除 D 项。

根据**效用思维（已知答案，其余不看）**，可不用验证 E 项。

题 15 答案为 A 项。

题干不能直接推理，又无其他明显特征，可假设选项，代入题干以验证。

A 项，代入后可得链条：E>A>C∧D，可以得出题干结论。

根据**效用思维（已知答案，其余不看）**，可不用验证其余选项。

本题开头已断定"就工厂的在岗职工规模看"，因此这里的规模等同于在岗职工人数。

题 16 答案为 E 项。

根据题干条件可得链条：朱 > 陈 > 李 > 宋；朱 > 王 > 宋。

此时题干难以传递，又无其他明显特征，可假设选项，逐一代入题干以验证。

A 项，该项不涉及"张"，必然无法得出"张 < 陈"的结论，排除 A 项。

B 项，代入后无法得出"张 < 陈"的结论，排除 B 项。

C 项，代入后无法得出"张 < 陈"的结论，排除 C 项。

D 项，代入后无法得出"张 < 陈"的结论，排除 D 项。

根据**效用思维（已知答案，其余不看）**，可不用验证 E 项。为减少疑惑，此处特做分析，但小伙伴们要明白，这样非常不应试。E 项，代入后可得链条，陈 > 李 > 王 > 张，可推出上述结论。

题 17 答案为 E 项。

题干不能直接推理，又无其他明显特征，可假设选项，逐一代入题干以验证。

A 项，代入后只能得出"王$_数$ = 李$_数$ > 李$_英$"，但无法得出"王$_总$ > 李$_总$"的结论，排除 A 项。

B 项，代入后无法得出"王$_总$ > 李$_总$"的结论，排除 B 项。

C 项，代入后无法得出"王$_总$ > 李$_总$"的结论，排除 C 项。

D 项，代入后无法得出"王总＞李总"的结论，排除 D 项。

根据**效用思维（已知答案，其余不看）**，可不用验证 E 项。为减少疑惑，此处特做分析，但小伙伴们要明白，这样非常不应试。

E 项，代入后可得链条，王总＞5× 王最低＞5× 李均分＝李总，可推出上述结论。

题18 答案为 B 项。

题干"枢（李）"为确定条件，根据**效用思维（关注特殊）**，当优先关注。

因为"枢（李）"，根据条件（2）和（3）可得出，枢（¬刘∧¬赵），可列出如下表格：

	张	王	李	赵	刘
天枢			√	×	×
天璇			×		
天机			×		

此时题干难以直接推理，又无其他明显特征，可假设选项，代入题干以验证。其中，B 项与条件（4）前件重合，根据**效用思维（关注特殊）**，应该优先验证。

B 项，设"璇（张）"，从而由条件（4）可得出"璇（王）"，天机只能选择剩余的赵和刘，从而可确定每个毕业生的录用单位。根据**效用思维（已知答案，其余不看）**，可不用验证其余选项。

题19 答案为 C 项。

此时题干难以直接推理，又无其他明显特征，可假设选项，逐一代入题干以验证。但本题选项正面代入难以验证，因此可采用选项取反验证的方式。注意，验证时可运用**效用思维（复用情况）**。

A 项取反，即张、王没被同一单位录用。根据题干条件可构造如下情况：天枢（李）、璇（王∧赵∧刘）、天机（张）。此时 A 项反面成立，排除 A 项。

B 项取反，即王和刘被同一单位录用。A 项情况恰好使 B 项反面成立，排除 B 项。

C 项取反，即天枢最少录用三人。因为"天枢（¬刘∧¬赵）"，所以，天枢录用的三人只能是"张∧王∧李"。此时，因为赵和刘已经捆绑，从而天机和天璇必然有一个无人可录，违背题干条件。

根据**效用思维（已知答案，其余不看）**，可不用验证其余选项。为减少疑惑，此处特做分析，但小伙伴们要明白，这样非常不应试。D 项取反，即天枢和天璇录用的人数不同。A 项情况恰好使 D 项反面成立。E 项取反，王被天枢录用。A 项情况微调可得：天枢（李∧王）、天璇（赵∧刘）、天机（张）。此时 E 项反面成立。

✎ **效用思维**

本题运用到了**效用思维（复用情况）**。
复用情况是指，在需要自己构造情况时，不用每个选项都重新构造，能复用就复用（如 A 项情况复用到 B 项和 D 项），能微调就微调（如 A 项情况微调到 E 项）。

题20 答案为 D 项。

此时题干难以传递，又无其他明显特征，可假设选项，逐一代入题干以验证。

A 项，若李和刘被同一单位录用，联系条件（3）可得，李和赵也被同一单位录用，违背条件（2），排除 A 项。

B 项，若机（王∧赵∧刘），则天璇只能录用剩余的"张"，违背条件（4），排除 B 项。

C 项，直接违背条件（3），排除 C 项。

D 项，若璇（王），则完全可以使得，璇（张），机（赵∧刘），此时不违背任何题干信息，因此可能为真。

根据**效用思维（已知答案，其余不看）**，可不用验证其余选项。

题21 答案为 E 项。

虽然题干中"F（面试）"是确定条件，但难以直接推理，又无其他明显特征，可假设选项，代入题干以验证。其中，C、D 和 E 项非常相似，根据**效用思维（关注特殊）**，尤其需要优先验证。

假设"G（面试）"，从而根据条件（1）和条件（2）可得出，J（面试）∧L（面试）。再结合"F（面试）"，可知 C 和 D 项必然为假，E 项可能为真。

根据**效用思维（已知答案，其余不看）**，可不用验证其余选项。

> **效用思维**
>
> 本题运用到了**效用思维（关注特殊）**。
>
> 关注特殊有多种情况，这里是指，当验证选项时，可优先验证以下种类的选项——带有条件命题的选项、多个重复的选项以及其他相对特殊的选项。

题22 答案为 B 项。

甲、乙、丙的情况可提炼如下：

甲（正常）→甲（化学）；甲（不正常）→甲（¬物理）。

乙（正常）→乙（物理）；乙（不正常）→乙（¬化学）。

丙（正常）→丙（物理）；丙（不正常）→丙（¬物理）。

因为只有 1 人发挥正常，所以有 2 人发挥不正常。又因为只有发挥正常的人才会通过某门考试，从而可知，若 1 个发挥正常（通过 A），则 2 个发挥不正常（¬通过 A）。上述情况中，只有"通过的某门考试是物理"，存在 2 人在发挥不正常时，不通过。因此，发挥正常的人通过的考试是物理，从而推出发挥正常的人只能是乙。

> **高能提示**
>
> 本题"物理"在题干条件中重复较多，所以根据效用思维（关注特殊），可优先关注。
>
> 当然，若未发现此点，也可通过假设法破解本题，即通过假设要素（甲、乙和丙）分别为发挥正常的人，进行验证。

题23 答案为 B 项。

本题中"人力资源部"重复较多，根据**效用思维（关注特殊）**，可优先关注。

以"人"作为切入点，关联条件（1）和（3）和补充条件可得，"行"与"人"之间必然要安置剩下的"研"。从而，可得出楼层情况如下：财＜企＜行＜研＜人。进而，"销"可插入楼层的情况如下（小括号标记的位置，都有可能为真）：

（销）财企（销）行（销）研人

由此可推出 B 项。

题 24 答案为 D 项。

本题中"人力资源部"重复较多，根据**效用思维（关注特殊）**，可优先关注。

以"人"作为切入点，关联条件（1）和（3）和补充条件可得，"人"的上面只能安置剩下的"研"。从而，可得出楼层情况如下：财＜企＜行＜人＜研。进而，"销"可插入楼层的情况如下（小括号标记的位置，都有可能为真）：

（销）财企（销）行人研（销）

由此可推出 D 项。

题 25 答案为 C 项。

本题中"人力资源部""企划部"重复较多，根据**效用思维（关注特殊）**，可优先关注。

以"企"作为切入点，关联条件（2）和（3）可得出楼层情况如下：财＜企＜行＜人。再根据条件（1），"销"可插入楼层的情况如下（小括号标记的位置，都有可能为真）：

（销）财企（销）行人

"研"可插入楼层的情况如下（中括号标记的位置，都有可能为真）：

[研]财企[研]行[研]人[研]

"销"和"研"都可以在财务部下面，由此可推出 C 项。

> 📝 **高能提示**
>
> 本题还可用排除法。根据条件（2），可以排除 A、B、D 三项；根据题干条件可知，财务部和企划部都要在行政部的下面，因此行政部应该在第二层之上，排除 E 项。

>>>>>>>>>>>>>>>>>>>>>>>>> **管综真题警戒线** >>>>>>>>>>>>>>>>>>>>>>>>>

题 26 答案为 A 项。

选项明显要素穷举，根据**效用思维（关注特殊）**，可假设验证。

由张岚可知，张（¬蓝），无法排除选项。由林宏可知，林（¬红），排除 B 项。由何柏可知，何（¬白），排除 C 项和 E 项。由邱辉可知，邱（¬灰），排除 D 项。

题 27 答案为 D 项。

选项明显要素穷举，根据**效用思维（关注特殊）**，可假设验证。

由条件（1）可知，哲（北）→管（西），排除 B 项和 C 项。由条件（2）可知，管（南）→哲（南），无法再次排除选项。由条件（3）可知，经（北∨西）→管（北），排除 A 项和 E 项。

题 28 答案为 D 项。

选项明显要素穷举，根据**效用思维（关注特殊）**，可假设验证。

由条件（1）可知，甲→丁∧¬己，排除 B 项和 E 项。由条件（2）可知，乙∨丙→¬戊，排除 A 项和 C 项。

题29 答案为 E 项。

选项明显要素穷举，根据**效用思维（关注特殊）**，可假设验证。

由第一个条件可知，2月→9月∧¬12月，排除 A 项和 B 项。由第二个条件可知，3月∨4月→¬11月，排除 C 项和 D 项。

题30 答案为 B 项。

选项明显要素穷举，根据**效用思维（关注特殊）**，可假设验证。

在 8、9、7、6、4、5、3、2 中，8 的右边数字比其大，从而 8 不是尚左数，排除 C、D 和 E 项；9 的左边数字比其小，从而 9 不是尚左数，排除 A 项。

题31 答案为 B 项。

选项明显要素穷举，根据**效用思维（关注特殊）**，可假设验证。

由第一个条件可知，强（1∨5），无法排除选项。由第二个条件可知，（丽明），排除 A、C、D 和 E 项。

题32 答案为 B 项。

选项明显要素穷举，根据**效用思维（关注特殊）**，可假设验证。

由第一个和最后一个条件可知，刘强（最后两名），排除 C 项。

由第三个条件可知，张 + 刘 > 蒋 + 王，可排除 D 和 E 项。因为，由 D 和 E 项均可知"张 < 蒋、刘 < 王"，两不等式相加后不可能得到"张 + 刘 > 蒋 + 王"。由第四个条件可知，刘 > 周，排除 A 项。

题33 答案为 B 项。

选项明显要素穷举，根据**效用思维（关注特殊）**，可假设验证。不过采用由题干条件逐一与选项匹配的方式较为烦琐，因此可将选项逐一代入。

A 项，代入后第六位考生没有答对一题，排除 A 项。B 项，代入后不违背题干。

根据**效用思维（已知答案，其余不看）**，可不用验证其余选项。

题34 答案为 B 项。

本题选项可通过罗列的方法，推出全部要素，因此相当于要素穷举。根据**效用思维（关注特殊）**，可假设验证。不过，采用直接匹配的方式会较为烦琐，因此可先分析题干条件。

题干中"南""北"分别是条件命题的前、后件，根据**效用思维（关注特殊）**，可假设验证。

设"管（南）"，由第二个条件可得出"哲（南）"，从而违背补充条件，假设失败。因此必然为"管（¬南）"，排除 C 项和 D 项。

设"经（北）"，由第三个条件可得出"管（北）"，从而违背补充条件，假设失败。因此必然为"经（¬北）"，排除 A 项和 E 项。

题35 答案为 A 项。

选项明显要素穷举，根据**效用思维（关注特殊）**，可假设验证。

由第一列可知，底部第一格（¬射∧¬御），无法排除任何选项。
由第二列可知，底部第二格（¬乐∧¬御∧¬射），排除 E 项。
由第三列可知，底部第三格（¬书∧¬数），无法排除任何选项。
由第四列可知，底部第四格（¬御∧¬乐），排除 C 项。
由第五列可知，底部第五格（¬书∧¬礼∧¬数），排除 B 项。

此时 A 项和 D 项难以排除，采用强推 A 项和 D 项的方式会较为烦琐，因此可先分析表格条件。

表格中第三行、第四列的空格，其上、左和右均有文字，且第三行仅缺 2 个文字，较为特殊。根据**效用思维（关注特殊）**，应优先关注。根据范围条件可得出，该空格只能是剩余的"数"，排除 D 项。

题 36 答案为 A 项。

选项明显要素穷举，根据**效用思维（关注特殊）**，可假设验证。

由第一列可知，①（¬理∧¬制），排除 D 项和 E 项。

由第二列可知，②（¬自），无法再次排除任何选项。

由第三列可知，③（¬道∧¬自），无法再次排除任何选项。

此时 A、B 和 C 项难以排除，采用强推 A、B 和 C 项的方式会较为烦琐，因此可先分析表格条件。

表格中第二行、第一列的空格，横、纵向上有四个确定内容，较为特殊。根据**效用思维（关注特殊）**，应优先关注。由范围条件可得出，该空格只能是剩余的"文化"，排除 C 项。第二行、第四列的空格也可以确定，该空格只能是剩余的"理论"，排除 B 项。

题 37 答案为 C 项。

注意本题的相反陷阱，寻找的是"不可能的"，即"必然为假"的选项。

选项明显要素穷举，根据**效用思维（关注特殊）**，可假设验证。不过，采用直接匹配的方式会较为烦琐，因此可先分析题干条件。题干四个条件中，条件（3）仅提及两个人物，其余均提及三个人物。根据**效用思维（关注特殊）**，应优先验证。

由条件（3）可知，荀（主）→颜（成），与其违背的选项必然具备"荀（主）∧颜（¬成）"，从而仅 B 项和 C 项符合。验证 B 项，当孟申为主持人时，本项符合条件（4），可能为真，排除 B 项。验证 C 项，当曾寅为主持人时，本项违背条件（2）。

根据**效用思维（已知答案，其余不看）**，可不用验证其余选项。

题 38 答案为 B 项。

注意本题的相反陷阱，寻找的是"不可能的"，即"必然为假"的选项。

选项明显要素穷举，根据**效用思维（关注特殊）**，可假设验证。不过，采用直接匹配的方式会较为烦琐，因此可先分析题干条件。

题干四个条件中，条件（4）的分析最为烦琐。根据**效用思维（关注特殊）**，应优先验证。

由条件（4）可知，山地草甸草原≤山地草甸<高寒草甸，B 项与其违背。

根据**效用思维（已知答案，其余不看）**，可不用验证其余选项。

题 39 答案为 B 项。

题干难以直接推理，又无其他明显特征，可假设选项，代入题干以验证。

A 项，字母连续∧数字之和为 15，违背题干条件（3），排除 A 项。

B 项，字母不连续∧数字之和为 18，不与题干任何条件违背。

根据**效用思维（已知答案，其余不看）**，可不用验证其余选项。

题 40 答案为 A 项。

题目所问为"合法的语句"，根据**效用思维（关注特殊）**，应优先关注。以"合法的语句"作为切入点，由条件（4）可知，需构造"有＋无＋有"的结构，而"有"还可由"无＋有＋无"或"有＋有"构成。

此时无法往下推理，又无其他明显特征，可假设选项，逐一代入题干以验证。

A 项，可变为"有（aWb）+ 无（c）+ 有（aXe）+ 有（Z）"，而"有（aXe）+ 有（Z）"可直接变为"有"，从而本项最终结构为"有 + 无 + 有"，是合法的语句。

根据**效用思维（已知答案，其余不看）**，可不用验证其余选项。为减少疑惑，此处特做分析，但小伙伴们要明白，这样非常不应试。

B 项，可变为"有（aWb）+ 无（c）+ 无（d）+ 有（aZe）"，并非合法的语句。

C 项，可变为"有（fXa）+ 有（Z）+ 无（b）+ 有（ZW）+ 无（b）"，而"有（fXa）+ 有（Z）""无（b）+ 有（ZW）+ 无（b）"均可直接变为"有"，从而可变为"有 + 有"，其最终结构为"有"，并非合法的语句。

D 项，可变为"有（aZd）+ 无（a）+ 无（c）+ 无（d）+ 无（f）+ 有（X）"，并非合法的语句。

E 项，可变为"有（XW）+ 无（b）+ 有（aZd）+ 有（W）+ 无（c）"，而"无（b）+ 有（aZd）+ 有（W）+ 无（c）"可直接变为"有"，从而可变为"有 + 有"，其最终结构为"有"，并非合法的语句。

题 41 答案为 C 项。

题目所问为"经办人"，根据**效用思维（关注特殊）**，应优先关注。但题干信息无法往下直接推理，又无其他明显特征，可假设选项，逐一代入题干以验证。

A 项，设"赵（经）"，从而根据"如果提到的人是经办人，则该回答为假"可得出，孙的话为假，即"赵（出）"，违背题干条件，排除 A 项。

B 项，设"钱（经）"，从而根据"如果提到的人是经办人，则该回答为假"可得出，赵与李的话均为假，即"钱（审∧复）"，违背题干条件，排除 B 项。

C 项，由于四人均未提及孙，因此无法验证。根据**效用思维（不完全验证）**，可先跳过。

D 项，设"李（经）"，从而根据"如果提到的人是经办人，则该回答为假"可得出，钱的话为假，即"李（复）"，违背题干条件，排除 D 项。

综上，经办人只能是剩下的"孙"，排除 E 项。

题 42 答案为 D 项。

由上题可知，四人所提的人均不是经办人，从而根据"如果提到的人不是经办人，则为真"可知，题干四句话均为真。

题目所问为"复核与出纳"，根据**效用思维（关注特殊）**，应优先关注。以"复核"作为切入点，由钱仁礼与李信的话，可知李∧钱（¬复），从而复核只能是剩下的"赵"。

题 43 答案为 D 项。

题目中关于第一、二、三支部的选课情况为确定条件，根据**效用思维（关注特殊）**，应优先关注。

由题干已知条件，可得下表情况：

	行政学	管理学	科学前沿	逻辑	国际政治
第一支部	√	×	×	×	√
第二支部	×	√	×	√	×
第三支部			√		
第四支部			×		

此时无法往下推理，可假设选项，逐一代入题干以验证。其中，A 项和 C 项、B 项和 D 项前件相同，根据**效用思维（复用情况）**，可同时验证。

A 项和 C 项，设"四（¬行）"，从而可选择的组合情况有两种：管∧国、逻∧国。所以"管"和"逻"均非其必选课程，排除 A 项和 C 项。

B 项和 D 项，设"四（¬管）"，从而可选择的组合情况有两种：行∧逻、逻∧国。所以"国"非其必选课程，但"逻"是其必选课程，从而得出 D 项，排除 B 项。

根据**效用思维（已知答案，其余不看）**，可不用验证 E 项。

题 44 答案为 E 项。

题干所给信息无法往下推理，可假设选项，逐一代入题干以验证。其中，B、D 和 E 项为条件命题，而 B 项和 E 项的前件给出更多限定，根据**效用思维（关注特殊）**，应优先验证。

B 项，设"戊∧己（路）"，从而由条件（4）可得出"甲（¬购∧¬路）"，进而可得出"甲（商）"，因此未必只能是"甲（外）"，排除 B 项。

E 项，设"丁∧戊（购）"，从而由条件（4）可得出"乙（¬购∧¬路）"。此时，乙还剩下外或商可选，而"乙（商）"与条件（3）的前件重复，根据**效用思维（关注特殊）**，可优先验证。设"乙（商）"，从而可得"甲∧丙（购）"，违背条件（4），假设失败，因此必然为"乙（外）"。

根据**效用思维（已知答案，其余不看）**，可不用验证其余选项。为减少疑惑，此处特做分析，但小伙伴们要明白，这样非常不应试。

A 项，题干并未告知需要几个场景，因此无法判断是否需要有人在不同场景中分饰多角。C 项，根据题干条件，可构造如下情况：甲（外）、乙（外）、丙（购）、丁（路）。D 项，C 项构造的场景恰好具备乙（外）∧甲（¬商）。

题 45 答案为 D 项。

题干所给信息无法往下推理，可假设选项，逐一代入题干以验证。

A 项，设"庄∧韩（中）"，从而由条件（3）可得出"墨（中）"，违背题干条件，假设失败，排除 A 项。B 项，设"韩∧荀（中）"，从而由条件（3）可得出"墨（中）"，违背题干条件，假设失败，排除 B 项。C 项，设"孔∧孟（围）"，违背条件（2），假设失败，排除 C 项。D 项，设"墨∧孟（围）"，从而由条件（2）和（3）可得出"孔（¬围）∧韩（国）"，此时难以往下推理，根据**效用思维（不完全验证）**，可先跳过。E 项，设"韩∧孔（围）"，从而由条件（2）和（3）可得出"庄∧孟∧墨（中）"，违背题干条件，假设失败，排除 E 项。根据**效用思维（已知答案，其余不看）**，可不用验证 D 项。

题 46 答案为 E 项。

题干中"5 人中恰有 3 人报名了"限定较多，根据**效用思维（关注特殊）**，应优先关注。

题干条件可串得链条：张∨庄→刘∨孙→李。从而可知，张、庄、刘和孙中任何一人报名，李都会报名。又因为 5 人中恰有 3 人报名，从而可知，李必然报名。

题 47 答案为 C 项。

题干中"5 人中恰有 3 人报名了"限定较多，根据**效用思维（关注特殊）**，应优先关注。

结合补充条件后，题干条件可串得链条：张→刘→庄→孙→李。从而可知：¬李→¬孙→¬庄→¬刘→¬张。若李、孙、庄不报名，则必然有 5、4、3 人不报名。又因为 5 人中恰有 3 人报名，从而可知，李、孙和庄必然报名。

题 48 答案为 D 项。

题干中"乙"重复较多，而且是条件命题的前件，根据**效用思维（关注特殊）**，可假设验证。

设"乙（论）"，从而由条件（3）可得出"戊（史）"。根据条件（2）前半句话可得出"丁（唐）"，违背条件（2）后半句话，假设失败。因此，必然得出"乙（¬论）"，再结合条件（2）可得出"乙（史）∧丁（论）"。

> **高能提示**
>
> 题干中的"史"也重复较多且是条件命题的后件，但假设后无法得出确定信息。

题 49 答案为 A 项。

题干中"施（阿）"重复较多，且是条件命题的前件，根据**效用思维（关注特殊）**，可假设验证。

设"施（阿）"，从而由条件（2）可得出"冈（爱）"，再根据条件（3）可得出"埃∧墨（¬卢）"，从而"卢"无姓氏可取，违背题干条件，假设失败，因此必然为"施（卢）"。

题 50 答案为 B 项。

题干中"乙（¬项王）"重复较多，而且是条件命题的前件，根据**效用思维（关注特殊）**，可假设验证。

设"乙（¬项王）"，一方面，由条件（3）可得出"丙（张良）"，再由条件（2）可得出"丁（范增）"，最后根据条件（4）可得出"庚∨戊（沛公）"；另一方面，由条件（1）可得出"甲（沛公）"，然而上述假设自相矛盾，假设失败。因此，必然为"乙（项王）"。

> **高能提示**
>
> 题干中"丙（张良）"也重复较多，且是条件命题的前、后件，但不论是对其进行肯定假设还是否定假设，均无法往下推理。

题 51 答案为 D 项。

题目中"水（西∨南）"限定较多，且"水"重复较多，根据**效用思维（关注特殊）**，应优先关注。因为"水（西∨南）"，从而由条件（2）可得出"银（北∨东）"。

此时无法继续往下推理，但"银"重复较多，且是条件命题的前件，根据**效用思维（关注特殊）**，可假设验证。设"银（东）"，从而由条件（1）可得出"龙∧乌（¬北）"，则北无树木可种，违背题干条件，假设失败。因此，必然为"银（北）"。

题 52 答案为 D 项。

虽题干"己（2）"是确定条件，但无法往下推理，而"丁"重复较多，且是条件命题的前、后件，根据**效用思维（关注特殊）**，可假设验证。

设"丁（2）"，从而由条件（4）可得出"乙（2）"。又因为丁和庚是同一编队，从而可知"庚（2）"。此时可知第二编队的四个位置都被占据。此时，甲、丙和戊只能选择第一编队，违背条件（3），假设失败。因此，必然为"丁∧庚（1）"，进而可得出如下占位图（小括号标记的两者，位置可互换）：

第一编队	（甲）	丁	庚
第二编队	（丙）	己	

从而乙和戊只能选择第二编队。

题 53 答案为 D 项。

题干中"保洁"是某一条件命题的前、后件，根据**效用思维（关注特殊）**，可假设验证。

设"乙（保洁）"，从而由条件（3）可得出"丙（销售）∧丁（保洁）"，违背题干条件，假设失败。因此，必然为"乙（¬保洁）"。由条件（2）可传递出"甲（保洁）∧丙（销售）"，再由条件（1）可得出"丁（¬网管）"。根据职业范围条件可传递出，丁只能应聘剩下的"物业"，乙只能应聘剩下的"网管"。

题 54 答案为 D 项。

题干中"丑"是某一条件命题的前、后件，根据**效用思维（关注特殊）**，可假设验证。

设"丁∨丙（¬丑）"，根据条件（2）可得出"戊（丑）∧甲（丑）"，从而由条件（3）可得出"甲∧己∧庚（卯）"，则自相矛盾，假设失败，必然为"丁∧丙（丑）"。

> 📝 **高能提示**
>
> 题干中的"卯"也是某一条件命题的前、后件，假设条件（3）前件为真，也可推出答案。

题 55 答案为 C 项。

题干中"丁"重复较多，且是条件命题的前、后件，根据**效用思维（关注特殊）**，可假设验证。

设"丁"，一方面，由条件（3）可得出"丙（¬违）"，再根据条件（1）可得出"丙"；另一方面，由条件（5）后半句话可推出"¬丙"，则自相矛盾，假设失败。因此，必然为"¬丁"。从而根据条件（4）可传递出"¬戊"，排除 A、B、D、E 四项。

题 56 答案为 B 项。

题干中"文秘"是某一条件命题的前、后件，根据**效用思维（关注特殊）**，可假设验证。

设"宏（¬文）"，由条件（5）可得出"怡（文）"，再由条件（2）可得出"怡∧风（文）"，从而违背条件（3）前半句话，假设失败。因此，必然为"宏（文）"。再根据条件（3）可得出"怡∧风（¬文）、宏（¬物）"，从而由条件（4）可得出"怡（¬管）"。

此时无法往下推理，但题目中"怡和"重复较多，根据**效用思维（关注特殊）**，可假设验证。

由"宏（¬物）"可知，物理只能被怡和或风云招聘。设"怡（物）"，从而由条件（2）可得出"怡∧风（物）"，从而违背补充条件，假设失败，进而可知"风（物）"。

> 📝 **效用思维**
>
> 本题运用到了**效用思维（关注特殊）**。
>
> 关注特殊有多种情况，这里是指，若题干某一条件命题的前、后件，均有同一要素，当题干无法往下推理且选项无明显特征时，可假设该条件命题前件为真或后件为假，以创造推理路径。

题57 答案为 E 项。

由上题结论可知，宏（文）、宏（¬物）、怡（¬管）、怡∧风（¬文）。

题目中"三家公司都招聘3个专业的若干毕业生"限定较多，根据**效用思维（关注特殊）**，可优先关注。因为"三家公司都招聘3个专业的若干毕业生"，由条件（2）可知，怡和招聘的3个专业，风云都招聘，从而可知怡和与风云招聘的专业完全相同。又因为"怡（¬管）"，可知"风（¬管）"，从而可列表如下：

	数学	物理	化学	管理	文秘	法学
怡和				×	×	
风云				×	×	
宏宇		×			√	

此时无法往下推理，但题干"化学→数学"是条件命题，根据**效用思维（关注特殊）**，可假设验证。设"怡∧风（¬数）"，由条件（1）可得出"怡∧风（¬化）"，从而怡和与风云仅可招聘两个专业，违背补充条件，假设失败，从而可得"怡∧风（数）"。

题58 答案为 D 项。

题干中"箫"重复较多，且是条件命题的前件。根据**效用思维（关注特殊）**，可假设验证。

设"箫"，由条件（1）和（4）可得出"¬二""¬笛"，从而根据条件（2）可得出"古"，但"唢"是否购买无法确定。此时可能的情况有两种：箫∧古∧唢∧¬二∧¬笛、箫∧古∧¬唢∧¬二∧¬笛。从而可得，C、E 两项均不是必然为真，排除 C 项和 E 项。

此时无法往下推导，进而假设"¬箫"，根据条件（3）可传递出"古""唢"，但"笛""二"是否购买无法确定。此时可能的情况有三种：古∧唢∧笛∧二∧¬箫；古∧唢∧笛∧¬二∧¬箫；古∧唢∧¬笛∧二∧¬箫。从而可知，A、B 两项均不是必然为真，排除 A、B 两项。

根据**效用思维（已知答案，其余不看）**，可不用验证 D 项。为减少疑惑，此处特做分析，但小伙伴们要明白，这样非常不应试。

D 项，综合上述五种情况可知，每种情况都有"古"，所以"古∨二"必然为真。

📝 **效用思维**

本题运用到了**效用思维（关注特殊）**。

关注特殊有多种情况，这里是指，若题干存在条件命题，当题干无法往下传递且选项无明显特征时，可假设条件命题前件为真或后件为假，以创造推理路径；若存在多个条件命题，可根据特殊性加以选择，如某项是否重复较多等。

题59 答案为 E 项。

题干中"甲""戊"重复较多，且都是条件命题前件。根据**效用思维（关注特殊）**，可假设验证。

设"甲"，从而由条件（1）可得出"丁∧¬己"，但乙、丙和戊是否派遣无法确定。此时可能的派遣情况有三种：甲∧丁∧乙、甲∧丁∧丙、甲∧丁∧戊。从而可知，A、B、D 三项均不是必然为真，故排除。

此时无法往下推理，进而假设"戊"，根据条件（2）可得出"¬乙∧¬丙"，但甲、丁和己是否派遣无法确定。此时可能的情况有三种：甲∧丁、甲∧己、丁∧己。其中"甲∧己"违背条件（1）。综上，可能的派遣情况有两种：戊∧甲∧丁、戊∧丁∧己。从而，C项不是必然为真，排除C项。

根据效用思维（已知答案，其余不看），可不用验证E项。为减少疑惑，此处特做分析，但小伙伴们要明白，这样非常不应试。E项，综合上述五种情况可知，每种情况都有"丁"，所以派遣"丁"。

题60 答案为E项。

题干中"秩序"是某一条件命题的前、后件，根据**效用思维（关注特殊）**，可假设验证。

题目问的是"可能"，所以只要找到满足题干的情况即可。假设"建设（秩序）"，由条件（1）可得出"综合（协调）"，再根据条件（2）可得出"平安（¬环境）"，从而可得平安负责"安全"，民生负责"环境"，E项可能为真。

> **高能提示**
>
> 题干中的"协调"也是某一条件命题前、后件，但设"平安（协调）"后所得的完整情况，选项中没有。

题61 答案为D项。

题干条件（3）限定较多，根据**效用思维（关注特殊）**，可优先关注。

题目问的是"可能"，所以只要找到满足题干的情况即可。根据**效用思维（关注特殊）**，设条件（3）中的间隔数为0，进而联系条件（2），"日"可插入的情况如下（小括号标记的位置，都有可能为真；下划线标记的内容，位置可互换）：

<u>火土</u>（日）<u>金月</u>（日）<u>木水</u>（日）

D项可由此推出。

> **效用思维**
>
> 本题运用到了**效用思维（关注特殊）**。
>
> 关注特殊有多种情况，本题第二次关注特殊是指，当确定以情况切入后，可优先验证特殊情况，如相同要素排列在一起的情况、极端情况、刚刚好的临界情况等。

题62 答案为D项。

注意本题的相反陷阱，寻找的是"不可能为真"，即"必然为假"的选项。

题干中"禅（4）"为确定条件，且"仙""妙"重复较多。根据**效用思维（关注特殊）**，应优先关注。

条件信息整理如下：

猴＜妙＜美				阳＜仙	
1	2	3	4	5	6
			禅		

此时，存在特殊情况：禅的前、后碰巧有3、2个空位，而"猴＜妙＜美"三者与"阳＜仙"两者刚好是题干条件中关联在一起的景点。

题目问的是"不可能"，所以找到满足题干的情况后，将其排除即可。根据**效用思维（关注特殊）**，上述特殊情况可优先假设，从而得到如下的一种可能情况：

1	2	3	4	5	6
猴	妙	美	禅	阳	仙

A、C 和 E 项与此相符，则排除 A、C 和 E 项。

根据**效用思维（复用情况）**，上述特殊情况结合 B 项微调后可得：

1	2	3	4	5	6
猴	阳	妙	禅	美	仙

该情况不与题干违背，故排除 B 项。

根据**效用思维（已知答案，其余不看）**，可不用验证 D 项。为减少疑惑，此处特做分析，但小伙伴们要明白，这样非常不应试。

D 项，若"妙（5）"，从而由条件（3）可得出"美（6）"，从而"仙"无处安放。

题 63 答案为 A 项。

注意本题的相反陷阱，寻找的是"不可能安排在同一天"，即"必然不安排在同一天"的选项。

题干中"2 科（四）∧爱（日）"为确定条件，根据**效用思维（关注特殊）**，应优先关注。

条件信息整理如下：

一	二	三	四	五	六	日
			科			
			科			爱

此时，存在特殊情况：周一至周三刚好有两个连续的 3 个空格，周五至周日有一个连续的 3 个空格和一个连续的 2 个空格。而剩余未安放的电影刚好有 3 部科幻、3 部武侠、3 部警匪、2 部战争。

题目问的是"不可能"，所以找到满足题干的情况后，将其排除即可。根据**效用思维（关注特殊）**，上述特殊情况可优先假设，从而得到如下的一种可能情况：

一	二	三	四	五	六	日
科	科	科	科	武	武	武
警	警	警	科	战	战	爱

B 项和 C 项与此相符，故排除。

根据**效用思维（复用情况）**，上述特殊情况结合 D 项和 E 项微调后可得：

一	二	三	四	五	六	日
武	武	武	科	科	科	科
警	警	警	科	战	战	爱

该情况不与题干违背，排除 D 项和 E 项。

根据**效用思维（已知答案，其余不看）**，可不用验证 A 项。为减少疑惑，此处特做分析，但小伙伴们要明白，这样非常不应试。

A项，若"爱∧警（日）"，从而剩余3部科幻、3部武侠、2部警匪、2部战争，从而两两交叉组合后，必然会剩余两部同类型电影要安排在同一天放映，违背题干条件。

题64 答案为C项。

题目中"同类影片放映日期连续"限定较多，根据**效用思维（关注特殊）**，应优先关注。

题目问的是"可能"，所以找到满足题干的情况即可。而上题所设特殊情况，均满足"同类影片连续放映"。其中，周六放映的为"武侠与战争""科幻与战争"，C项与此相符。

题65 答案为D项。

题干中"李（4）"为确定条件，根据**效用思维（关注特殊）**，应优先关注。

因为"李（4）"，由第二个条件前半句话可得出"陈（1∨2）"，从而根据第二个条件后半句话可得出"邓（3∨5）"。此时无法往下推理，但陈只剩下两种可能情况，范围较少。根据**效用思维（关注特殊）**，应优先验证。

设"陈（1）"，从而根据最后一个条件可得出"张（2∨5）"。若张在这两个位置上，则题干所有条件均成立，从而是可能的情况。

设"陈（2）"，从而根据最后一个条件可得出"张（1∨3∨5）"，若张在这三个位置上，则题干所有条件均成立，从而是可能的情况。

题66 答案为E项。

题目中"土（2）"为确定条件，根据**效用思维（关注特殊）**，应优先关注。

因为"土（2）"，从而由条件（2）可传递出"火（1∨3）"。

设"火（1）"，可构造的可能情况如下表所示：

1	2	3	4	5	6	7
火	土	金	月	水	木	日

从而A、B、C和D项均不是必然为真，故排除。

> **高能提示**
>
> 本题在考场上未必能如上述解析一样，根据第一次构造的情况就能排除四个选项，但可通过不断微调情况，进而排除，这样也不会太慢。

题67 答案为D项。

题干中"5（玫∧红）∧3（黄）"为确定条件，根据**效用思维（关注特殊）**，应优先验证。

因为"5（玫∧红）"，从而由题型12顺藤摸瓜题49的结论，即5=1、2=6、3=4，可得出"1（玫）"。此时无法往下推导，但3格只有"（兰∧黄）、（菊∧黄）"两种可能情况，范围较少。根据**效用思维（关注特殊）**，应优先验证。

设"3（兰）"，从而4格为"兰"，2与6格只能是剩下的"菊"。再根据条件（2）和（3）可得出，4格只能是剩下的"白"，2格只能是剩下的"蓝"，从而6格只能是剩下的"白"。但1格的玫瑰颜色依然无法确定，此时可能的情况有如下两种：

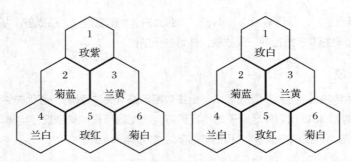

从而可知，A、B、C 和 E 项均不是必然为真，故排除。

根据**效用思维（已知答案，其余不看）**，可不用验证 D 项。为减少疑惑，此处特做分析，但小伙伴们要明白，这样非常不应试。

设"3（菊）"，从而 4 格为"菊"，2 与 6 格只能是剩下的"兰"。根据条件（2）和（3）可得出，2 与 6 格都只能是剩下的"白"，违背条件（2），假设失败。因此，必然为"3（兰）"。综合前述两种情况可知，每种情况都有"4（兰∧白）"。

---- 效用思维 ----

本题运用到了**效用思维（关注特殊）**。

关注特殊有多种情况，本题第二次关注特殊是指，当确定以情况切入后，若存在多组假设情况，可挑选包含可能性较少的情况逐一假设，如本题可假设 3 格，也可假设 2 格，但 3 格只有两种情况，2 格包含的可能情况则较多。

题型 14 数字题型

题 1 答案为 E 项。

观察题干发现，本题情况较多，因此，验证真假可采用"设特值"的方式。

注意题干的断定，只要某位陪审员认为证人在作案时间、作案地点或作案动机上"有一个做了伪证"，便属于题干所断定的"三分之二陪审员"之内，因此，不妨设陪审员共有 9 人，其中，2 人认为证人在作案时间上做了伪证，2 人认为证人在作案动机上做了伪证，2 人认为证人在作案地点上做了伪证。在此情况下，完全符合题干断定，但与 A、B、C 和 D 项均不相符。

题 2 答案为 A 项。

观察题干发现，本题情况较多。因此，验证真假可采用"设特值"的方式。

根据补充条件可知，惯犯可以作案多起，从而案件与作案者未必一一对应。因此，不妨设严重刑事案件共有 10 件，其中 6 件是同一人所为，且该罪犯就是已记录在案的 350 名惯犯之一，其余 4 件分别是其他 4 位人员所为，且这 4 位都吸毒。该情况满足题干的所有条件，但无法证明 350 名惯犯中有人吸毒，从而可以推出 A 项。B 项与题干相违背，其余选项均与题干不符。

题 3 答案为 E 项。

观察题干发现，本题情况较多。因此，验证真假可采用"设特值"的方式。

复选项 I，违反题干所给条件"两人历史成绩相同"，排除 A 项和 D 项。

复选项Ⅱ，若剩余那门成绩王平比李昌高出很多，则未必能得出所需结论。例如，剩余的一门成绩，王平是 100 分，李昌是 60 分；其他四门的平均成绩，王平是 70 分，李昌是 71 分。此时王平五门课程的平均成绩是高于李昌的，排除 B 项。

复选项Ⅲ，若王平其他课程分数比李昌高出很多，则未必能得出所需结论。例如，王平五门成绩分别为 60、96、97、98、99，李昌五门成绩分别为 60、61、62、63、100，此时王平五门课程的平均成绩是高于李昌的，排除 C 项。

题 4 / 答案为 D 项。

观察题干发现，本题情况较多。因此，验证真假可采用"设特值"的方式。

A、B 和 E 项，分别确定了成绩最高或最低的属性。但两者除金融市场外的四门课程，具体分数是多少、分差是多少均不知道，所以难以确定所需结论，排除 A、B 和 E 项。

C 项，若剩余那门成绩杨玲比陈娜高出很多，则未必能得出所需结论。例如，剩余的那门成绩，杨玲是 100 分，陈娜是 60 分；其他三门的成绩，杨玲都是 70 分，陈娜都是 71 分。此时杨玲五门课程的平均成绩是高于陈娜的，排除 C 项。

D 项表明，陈娜其余四门成绩均高于杨玲，因此可以得出所需结论。

题 5 / 答案为 B 项。

观察题干发现，本题情况较多。因此，验证真假可采用"设特值"的方式。

对于张三的话，若三种球的数量分别是 33、33 和 34 只，则张三的话为假，故排除 A、C 和 E 项。对于李四的话，其反面为"每种球都少于 34 只"，若李四反面成立，则三种球数量之和最多为 99 只，不符合题干要求。因此李四的话为真，排除 D 项。

根据**效用思维（已知答案，其余不看）**，可不用验证王五的话。为减少疑惑，此处特做分析，但小伙伴们要明白，这样非常不应试。

对于王五的话，其反面为"至少有一种情况，两种球的总数超过 99 只"，若王五反面成立，则在这种情况下，三种球数量之和必然超过 100 只，不符合题干要求。因此，王五的话为真。

高能提示

本题也可一次性对三者"设特值"以验证：

因为总数为 100 只，并且三种球每种都得有，从而可取如下极端情况：33、33 和 34 只；1、49 和 50 只；1、1 和 98 只。在第一种情况下，张三的话不成立，排除 A、C 和 E 项。而在这三种情况下，李四和王五的话都依然成立。因此，虽然"设特值"只能证伪不能证明，但对于选择题，可倾向于选 B 项。

题 6 / 答案为 A 项。

观察题干发现，本题情况较多。因此，验证真假可采用"设特值"的方式。

复选项Ⅰ，因为撤销具有 25% 员工的三个机构后，仅减员 15%。所以，不可能没有人员调动。若是最小的调动，也是要把原属于撤销机构的 10% 的员工，调入未撤销机构。因此，复选项Ⅰ必然成立，排除 B 项和 C 项。

复选项Ⅱ，若原属于撤销机构的 25% 的员工，均调入未撤销的某机构，再将 10% 原属于未撤销机构的员工，调入撤销机构。此时复选项Ⅱ反面成立，排除 D 项和 E 项。

根据**效用思维（已知答案，其余不看）**，可不用验证复选项Ⅲ。为减少疑惑，此处特做分析，但小伙伴们要明白，这样非常不应试。复选项Ⅲ，根据**效用思维（复用情况）**，复选项Ⅱ的情况恰好违背复选项Ⅲ。

题 7 答案为 E 项。

注意本题的相反陷阱，寻找的是"除哪项外，都可能不违反"，即"必然违反"的选项。

A 项，所提为"商用车"，与题干信息无关，因此可能为真，排除 A 项。

B、C 和 D 项，若任意所提两台车之间尾号均不同组，则他们各自可以每天都开车，因此都可能为真，排除 B、C 和 D 项。

根据**效用思维（已知答案，其余不看）**，可不用验证 E 项。为减少疑惑，此处特做分析，但小伙伴们要明白，这样非常不应试。

E 项，一共六台车，必然有两台同组，从而在这两台车限号的时候，当天只会有四辆车可供使用，因此 E 项必然为假。

> **高能提示**
>
> 本题也可"设特值"，找到符合 B、C 和 D 项的特殊情况，便可直接排除。

题 8 答案为 B 项。

观察题干发现，本题情况较多。因此，验证真假可采用"设特值"的方式。

复选项 I，在第一句话为真时，若 5 个孩子有卵石，其数量分别为 1、1、1、1 和 21，则第二句话并不成立，因此排除 A、D 和 E 项。

复选项 II，在第二句话为真时，因为卵石总数为 25 块，从而最多只能 5 个孩子有卵石，即第一句话为真，因此排除 C 项。

根据**效用思维（已知答案，其余不看）**，可不用验证复选项 III。为减少疑惑，此处特做分析，但小伙伴们要明白，这样非常不应试。因为已知复选项 II 为真，所以当第一句话为假时，第二句话必然为假，因此两者可以都为假。

题 9 答案为 C 项。

观察题干发现，本题情况较多。因此，验证真假可采用"设特值"的方式。

复选项 I，可提炼为，∀双→当，是题干第一句的互换，真假不知，排除 A、D 和 E 项。

复选项 II，若下图情况成立，则复选项 II 并不成立，排除 B 项。

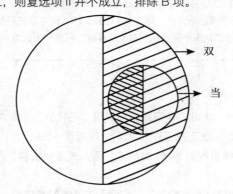

上图中，"//"阴影表示可收到当代商厦购物奖券，"\\"阴影表示可收到双安商厦购物奖券。

根据**效用思维（已知答案，其余不看）**，可不用验证复选项 III。为减少疑惑，此处特做分析，但小伙伴们要明白，这样非常不应试。

复选项Ⅲ，根据题干第一句话可知，当持有当代商厦购物优惠卡的顾客数，等于持有双安商厦购物优惠卡的顾客数时，复选项Ⅲ中的数据可取到最值。若下图情况成立，则持有双安商厦购物优惠卡的顾客中，最多只有一半能收到当代商厦的购物奖券。

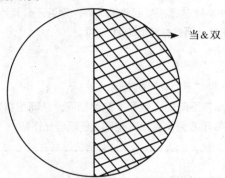

上图中，"//"阴影表示可收到当代商厦购物奖券，"\\"阴影表示可收到双安商厦购物奖券。

题10 答案为B项。

根据题干条件，可列出如下不等式：

10%× 高二人数 = 高二成绩为优的人数 > 高一成绩为优的人数 =10%× 高一人数。

从而可知，高二人数多于高一人数。进而可知，高二成绩为差的人数多于高一成绩为差的人数，B项与其相符。

题11 答案为D项。

注意本题的相反陷阱，寻找的是"除了哪项外，都可能是"，即"必然不是"的选项。

题干所给条件，均是成为候选人的必要条件，从而可得出如下不等式组：

候选人数 ≤ 12=36× $\frac{1}{3}$。

候选人数 ≤ 9=36× $\frac{1}{4}$。

候选人数 ≤ 18=36× $\frac{1}{2}$。

综上可知，候选人数 ≤ 9，D项与此违背。

题12 答案为B项。

复选项Ⅰ，因为"两人历史成绩相同"，所以必然为假，排除A项和D项。

复选项Ⅱ，因为李昌五门课程的平均成绩高于王平，并且两人历史成绩相同，所以根据**数据运算的定性思维**可知，去掉历史成绩后，李昌剩余四门课程平均成绩高于王平，所以必然为真，排除C项和E项。根据**效用思维（已知答案，其余不看）**，可不用验证复选项Ⅲ。

题13 答案为A项。

根据题干条件，可列出如下等式及不等式组：

鲜纸浆 2000 年 =2× 回收纸浆 2000 年。

鲜纸浆 2010 年 ≤ 回收纸浆 2010 年。

鲜纸浆 2000 年 < 鲜纸浆 2010 年。

综上可得，2× 回收纸浆 2000 年 = 鲜纸浆 2000 年 < 鲜纸浆 2010 年 ≤ 回收纸浆 2010 年。

从而可知，2× 回收纸浆 2000 年 < 回收纸浆 2010 年。因此复选项 I 为真，排除 B 项和 C 项。

复选项 II，且不谈题干尚未明确除鲜纸浆与回收纸浆外，是否还有其他纸浆。若鲜纸浆 2010 年产量仅略高于 2000 年，那么该项未必成立，因此排除 D 项和 E 项。

题 14 答案为 E 项。

注意本题的相反陷阱，寻找的是"不为真"的选项。

因为两省基数相同，并且上涨与下降的比例和次数都相同。从而根据**数据运算的定性思维**可知，今年 1—5 月甲省的 CPI 比乙省高，而今年 6 月两省 CPI 相同，E 项与此违背。

高能提示

当然，如果对数字并不敏感，难以使用定性思维，也可列出如下等式：

甲省今年 6 月 CPI = 甲省去年 12 月 CPI × $(1+0.018)^3 × (1-0.017)^3$。

乙省今年 6 月 CPI = 乙省去年 12 月 CPI × $(1-0.017)^3 × (1+0.018)^3$。

从而可知，甲省今年 6 月 CPI = 乙省今年 6 月 CPI。

题 15 答案为 C 项。

女性参加者的平均减肥量要比男性参加者更接近总体平均减肥量。因此，女性对平均值的影响要更大一些，所以根据**数据运算的定性思维**可知，女性的权重会更大一些，C 项与其相符。

高能提示

当然，如果对数字并不敏感，难以使用定性思维，也可列出如下等式：

$$9 = \frac{男性人数 \times 13 + 女性人数 \times 7}{男性人数 + 女性人数}$$

从而可知，

$$\frac{男性人数}{女性人数} = \frac{1}{2}$$

同时，本题也可运用管综数学十字交叉法（杨晶和聪聪老师多次强调），如下：

男：13 ＼ ／ 9−7   2   男性人数
       ＞ 9 ＜   = — = ─────
女： 7 ／ ＼ 13−9   4   女性人数

题 16 答案为 A 项。

根据题干条件，可列出如下等式：

超标单位数 =（1−80%）× 总用户数 = 20% × 总用户数。

不超标单位数 = 80% × 总用户数。

上述两个公式结合可得，不超标单位数 = 4× 超标单位数，所以复选项 I 必然为真，排除 B、C 和 D 项。复选项 II 和 III，是针对"耗电量"。但题干的意思是，将该地区的用电单位，按照日均耗电量大小排序，取前 20% 的作为超标单位。所以用电是否超标，仅看各用电单位之间的比较情况，与具体耗电量无关。因此排除 E 项。

题 17 答案为 C 项。

根据题干条件，可列出如下等式组：
肥胖儿童数 =（1–80%）× 总儿童数 =20%× 总儿童数。
非肥胖儿童数 =80%× 总儿童数。
上述两个公式结合可得，非肥胖儿童数 =4× 肥胖儿童数，C 项与其相符。

题 18 答案为 C 项。

根据题干条件，可列出如下等式：

$$甲公司上缴利润比例 = \frac{甲公司员工人数}{甲公司员工人数 + 其余公司员工人数}。$$

A 项，题干仅知甲公司员工数量相比去年是增加的，但并不知道去年相比前年的变化情况，因此真假不知，排除 A 项。

B 项，在满足上述等式的前提下，会有如下特殊情况：甲公司员工数量增长 1%，乙公司增长 1 000%，丙、丁公司不增长（这里默认四家公司原来员工数量相等），此时丙、丁公司增长比例小于甲，排除 B 项。另外，根据**效用思维（复用情况）**，此情况也可排除 D 项和 E 项。

C 项，因为甲公司在员工数量增长的同时，上缴利润比例在下降，根据**数据运算的定性思维**可知，其余公司整体员工增长比例要更高，本项可由此推出。

题 19 答案为 D 项。

根据题干背景，可列出如下夫妻中至少一人是中国人的相关情况：

	丈夫	妻子
情况 1	中国人 (a)	中国人 (b)
情况 2	中国人 (c)	外国人 (d)
情况 3	外国人 (e)	中国人 (f)

由此表可知，每种情况均是丈夫数量等于妻子数量。根据题干条件，可得如下不等式：$b+f>a+c$。

复选项 I，所提数据为"单一数值"，而题干所提数据为"增加量"，是由"两个数值"所构成的数据，根据**数据运算的定性思维**可知，无法直接由其得到"单一数值"的情况，排除 A 和 E 项。

复选项 II，因为 $a=b$，所以题干条件可变为，$f>c$，又因为 $f=e$、$c=d$，从而 $e>d$，所以一定为真，排除 C 项。

复选项 III，与中国人结婚的男性为 a 和 e，与中国人结婚的女性为 b 和 d，又因为 $a=b$ 而 $e>d$，从而 $a+e>b+d$，所以一定为真，排除 B 项。

> **高能提示**
>
> 因为丈夫与妻子数量相等，所以，本题还可根据两者至少一人是中国人的夫妻中，中国女性比中国男性多 2 万，直接定性得到，与他们结婚的人当中，外国男性比外国女性多 2 万。

题 20 答案为 D 项。

根据题干背景，可列出如下与分居者相关的非法同居情况：

	男性	女性
情况 1	分居者（a）	分居者（b）
情况 2	分居者（c）	未婚、离婚、丧偶者（d）
情况 3	未婚、离婚、丧偶者（e）	分居者（f）

由此表可知，每种情况均是男性数量等于女性数量。根据题干条件，可得出如下不等式：$b+f>a+c$。

复选项 I ，因为 $a=b$ ，所以不等式可变为，$f>c$。又因为 $f=e$、$c=d$，从而 $e>d$，所以复选项 I 一定为真，排除 B 项和 C 项。复选项 II ，与分居者非法同居的人，即 a、b、d 和 e。因为 $a=b$，$e>d$，所以 $a+e>b+d$，所以复选项 II 一定为真，排除 A 项。复选项 III ，与分居者非法同居的分居者，即 a 和 b，但是 $a=b$，所以一定为假，排除 E 项。

> **高能提示**
>
> 因为男性与女性数量相等，所以，本题还可根据非法同居的分居者中，女性比男性多 100 万，直接定性得到，与他们同居的人当中，男性比女性多 100 万。

题 21 答案为 D 项。

注意本题的相反陷阱，寻找的是"有助于解释结果"的选项，即推理方向是"下推上"。

复选项 I ，如果本项为真，则只会造成分居者中，男性多于女性，无法解释题干结论，排除 A 项和 E 项。复选项 II 和复选项 III ，都表明本次普查中，男性数量少于实际数量，都可以解释题干结论，排除 B 项和 C 项。

> **高能提示**
>
> 注意，本题不可以直接由结论推出非法分居者中女性比男性多 100 万。因为，如果统计过程有误，那么合法分居者中男性未必等于女性。

题 22 没有答案，意图答案为 D 项。

注意本题的相反陷阱，寻找的是"错误"的选项。根据题干条件，可列出如下不等式组：

别墅均价：甲 > 乙 > 丙。
普通商用房均价：甲 > 丙 > 乙。
经济适用房均价：乙 > 甲 > 丙。

本题意图让考生在观察上述不等式后，发现一个共性——不论是哪种住房，甲城的均价都高于丙城，从而，根据**数据运算的定性思维**得出，必然甲城整体均价高于丙城均价，D 项与此违背。

但实际上，本题并未限定三座城三种住房各自的占比面积。不妨设想一种极端情况，甲城的经济适用房占比面积无限趋近于 1，别墅与普通商用房占比面积无限趋近于 0；丙城别墅占比面积无限趋近于 1，普通商用房与经济适用房占比面积无限趋近于 0。此时，如果丙城别墅均价高于甲城经济适用房均价，那么甲城的整体均价会低于丙城。

故没有答案，意图答案为 D 项。

题23 没有答案。

住房整体均价，由三种住房各自均价和面积两个因素决定。因此，根据**数据运算的定性思维**可知，必然要把三种住房的"均价""面积"都限定了，才能得出甲城整体均价最高的断定，因此排除 A 项和 B 项。

C 项，根据**效用思维（复用情况）**，可在上题特值的基础上稍加调整，如果甲城普通商用房占比面积无限趋近于 1，别墅与经济适用房占比面积无限趋近于 0；丙城别墅占比面积无限趋近于 1，普通商用房与经济适用房占比面积无限趋近于 0。根据**数据运算的定性思维**可知，如果丙城别墅均价高于甲城普通商用房均价，那么甲城的整体均价会低于丙城，排除 C 项。

复选项 II 的含义为，三个城市各类住房之间比例相同，而不是每个城市各自三种住房占比都相同。因此，完全可以假设三座城市三种住房的比例都是 1:1:18，此时根据**数据运算的定性思维**可知，哪怕复选项 III 成立，也未必能改变乙比甲整体均价高的情况，排除 D 项。

E 项，复选项 I 和 II 无法共存，排除 E 项。

> **高能提示**
>
> 当然，如果对数字并不敏感难以使用定性思维，也可列出等式解题。
> 复选项 II，若三座城市的比例为 1:1:18，从而可得如下等式：
> 整体均价 $= \frac{1}{20}$别墅 $+ \frac{1}{20}$商用 $+ \frac{18}{20}$适用。
> 从而可知：
> 整体均价$_\text{甲}$ − 整体均价$_\text{乙}$ $= \frac{1}{20}$（别墅$_\text{甲}$ − 别墅$_\text{乙}$）$+ \frac{1}{20}$（商用$_\text{甲}$ − 商用$_\text{乙}$）$+ \frac{18}{20}$（适用$_\text{甲}$ − 适用$_\text{乙}$）。
> 复选项 III，若甲、乙两城之间，别墅房、普通商用房和经济适用房的差价分别为 2、2 和 −1，此时依然是，乙整体均价高于甲。
> 另外，若把复选项 II 改为"三座城市各自在售的别墅房、普通商用房、经济适用房占比面积都相同"，便可选 D 项。

题24 答案为 C 项。

A 项和 B 项，所提数据均为"单一数值"，而题干所提数据为"增加量"和"占比"，均是由"两个数值"所构成的数据，根据**数据运算的定性思维**可知，无法直接由其得到单一数值的情况，所以排除 A 项和 B 项。

C 项，由题干条件可构造如下情况：低收入的比例不变，而高收入的比例增加。此时，中等收入的比例确实有可能减少，因此，C 项有可能为真。

注意，题目寻找的是"最可能得出"的选项，D 项和 E 项有可能比 C 项更好，因此不能直接使用**效用思维**（已知答案，其余不看）。

D 项，题干所言增加最多的是"首次就业人员数量"，而非"全体就业人员数量"，完全有可能其他低收入人员仅变成了"中等收入"，从而其所涉"相当数量"，相比于 C 项"有所减少"，过于夸张，因此，C 项更可能为真。

E 项，提及"经营实体"，此点没有题干依据。因此，其虽可能为真，但 C 项更好。

题25 答案为 B 项。

A 项，提及"教学质量"，此点没有题干依据，故排除。

B 项，验证起来比较烦琐，根据**效用思维（不完全验证）**，可先跳过 B 项。

C、D 和 E 项，所提数据均为"单一数值"，而题干所提数据为"占比"，是由"两个数值"所构成的数据，根据**数据运算的定性思维**可知，无法直接由其得到"单一数值"的情况，排除 C、D 和 E 项。

根据**效用思维（已知答案，其余不看）**，可不用验证 B 项。为减少疑惑，此处特做分析，但小伙伴们要明白，这样非常不应试。

由题干两个占比，可得出如下等式组：

$$\begin{cases} \dfrac{全_东}{全_西} = 70\% \\ \\ \dfrac{全_东 + 成_东}{全_西 + 成_西} = 120\% \end{cases}$$

将两个等式相除可得：

$$= \dfrac{全_东}{全_西} \times \dfrac{全_西 + 成_西}{全_东 + 成_东}$$

$$= \dfrac{全_东}{全_东 + 成_东} \times \dfrac{全_西 + 成_西}{全_西}$$

$$= \dfrac{全_东}{全_东 + 成_东} \bigg/ \dfrac{全_西}{全_西 + 成_西} = \dfrac{7}{12}$$

所以，东江大学"全日制"学生数量所占总学生数的比例比西海大学的低，从而可得，东江大学"成人教育"学生数量所占总学生数的比例比西海大学的高。

题 26 答案为 D 项。

A、B 和 E 项，所提数据均为"单一数值"，而题干所提数据为"占比"，是由"两个数值"所构成的数据，根据**数据运算的定性思维**可知，无法直接由其得到"单一数值"的情况，排除 A、B 和 E 项。

C 项，提及"可利用的农田"，此点没有题干依据，排除 C 项。

根据**效用思维（已知答案，其余不看）**，可不用验证 D 项。为减少疑惑，此处特做分析，但小伙伴们要明白，这样非常不应试。

由题干两个占比情况，可得如下等式组：

$$\begin{cases} \dfrac{产_A}{耕_A + 休_A} \bigg/ \dfrac{产_B}{耕_B + 休_B} = 120\% \\ \\ \dfrac{产_A}{耕_A} \bigg/ \dfrac{产_B}{耕_B} = 70\% \end{cases}$$

将两个等式相除可得：

$$\left(\frac{产_A}{耕_A+休_A}\bigg/\frac{产_B}{耕_B+休_B}\right)\times\left(\frac{产_B}{耕_B}\bigg/\frac{产_A}{耕_A}\right)$$

$$=\frac{产_A\times(耕_B+休_B)}{(耕_A+休_A)\times产_B}\times\frac{产_B\times耕_A}{耕_B\times产_A}$$

$$=\frac{(耕_B+休_B)\times耕_A}{(耕_A+休_A)\times耕_B}$$

$$=\frac{耕_A}{(耕_A+休_A)}\bigg/\frac{耕_B}{(耕_B+休_B)}=\frac{12}{7}$$

题27 答案为C项。

A项，题干未给出"会议主席"关于"认识组员"的条件，排除A项。
B项，题干已给出组员之间"有认识的"，排除B项。
C项，"可能"不是绝对化的词，因此排除较为困难，根据**效用思维（不完全验证）**，可暂且跳过。
D项，题干未给出认识的"程度"，排除D项。
E项，题干未给出"未来"的情况，排除E项。
根据**效用思维（已知答案，其余不看）**，可不用验证C项。为减少疑惑，此处特做分析，但小伙伴们要明白，这样非常不应试。
题干给出"一人认识小组中三人、三人认识小组中二人和四人认识小组中一人"，从而可知，认识总数=1×3+3×2+4×1=13，为奇数。然而，如果题干所提认识均是互相认识，则认识总数应为偶数。所以，至少有一个人的认识仅是单方认识，因此C项可能为真。

题28 答案为A项。

根据题目中的"常春藤毕业生"可定位题干最后四个条件。前两个条件不仅涉及范围广，且均提及"大多数"，所以根据**数据运算的定性思维**可知，两者描述的内容必然有交集，从而结合后可得，有的社会精英年薪超过20万美元。

> **高能提示**
>
> 本题也可根据数据运算的定性思维，做以下排除：
> 后两个条件中"有很多""为数众多"的定义不清——1 000个算不算多？100个算不算多？更难以知晓其占总体的比例有多少，万一常春藤毕业生有1个亿，那么不论是1 000还是100均是极小的一部分。从而，这两个条件难与前面条件联立，排除B、C、D和E项。

题29 答案为E项。

题干所给三个数据均为比值，前两个数据的分母为"'希望之星工程'的捐款"。并且，第一个数据为82%，第二个数据为25%，两者相加后大于1，所以根据**数据运算的定性思维**可知，两者分子必然有交集，即"200家年盈利一亿元以上的大中型企业"与"民营企业"必有交集，E项与其相符。

题干前两个数据针对的是"捐款额",而最后一个数据针对的是"企业数量",所以并不能由题干数据判断两者具有交集,所以 B 项不可入选。

题 30 答案为 B 项。

题干条件中,明显存在以总人数为自变量的规律,从而可使用"归纳法":

设总人数为 1,因每人论文数不同且不超过人员总数,所以每人发表论文数为 0。

设总人数为 2,因每人论文数不同且不超过人员总数,所以每人发表论文数为 0,1。

设总人数为 3,因每人论文数不同且不超过人员总数,所以每人发表论文数为 0,1,2。

从而发现,当总人数为 n,每人发表论文数为 0,1,2,……,$n-1$。

再加上还未使用的条件——没有人恰好发表了 10 篇论文,可知必须满足:$n-1<10$,则 $n<11$。

因此复选项 I 和复选项 III 必然为真,复选项 II 不一定为真,从而排除 A、C、D 和 E 项。

题 31 答案为 B 项。

"哈尔滨"属于"北方",所以"一个哈尔滨人"与"两个北方人"是重叠的。

若要人数最多,让剩余条件不重叠即可,所以人数最多为 2+1+2+3=8 人,排除 C 项。

若要人数最少,让剩余条件尽量重叠即可。因为"北方"和"广东"不可能重叠,所以从地域来看,最少 3 人;因为"只做电脑生意"和"只做服装生意"不可能重叠,所以从职业来看,最少 5 人。但是,地域和职业是可以重叠的,因此总人数最少 5 人,排除 A 项和 D 项。

题 32 答案为 B 项。

"大连"属于"北方",所以"一个大连人"与"两个北方人"是重叠的。

若要人数最多,让剩余条件不重叠即可,所以人数最多为 2+1+2+3=8 人,排除 C 项和 D 项。

若要人数最少,让剩余条件尽量重叠即可。因为"北方"和"云南"不可能重叠,所以从地域来看,最少 3 人;因为"只选修了逻辑哲学"和"只选修了古典音乐欣赏"不可能重叠,所以从专业来看,最少 5 人。但是,地域和专业是可以重叠的,因此总人数最少 5 人,排除 A 项。

题 33 答案为 C 项。

本题虽然有多种情况,但题目所问为"最少"邀请人数。因此,尽量让所提人物身份重叠即可。而"父亲的姐夫""姐夫的父亲""岳母的哥哥"均为男性,因此可以重叠,从而邀请的最少人数为 2 人。

> **高能提示**
>
> 其实,本题命题稍有不严谨,争议答案为 D 项。若画出族谱,则可得情况如下:
>
>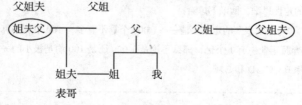
>
> 从而可知,如果"父亲的姐夫"和"姐夫的父亲"重叠,便说明,"我"姑姑的儿子("我"的表哥)娶了"我"的姐姐。
>
> 但如果真的这么思考,且不说画族谱会非常麻烦、耗时,联考大纲规定不考查专业背景知识,此伦理知识有属于专业背景的可能,所以本题选 C 项。

题 34 答案为 B 项。

注意本题的相反陷阱，寻找的是"都有可能加强，除了"，即"必然不加强"的选项。

"哈尔滨"属于"北方"，所以"一个哈尔滨人"与"两个北方人"是重叠的，从而剩下的数字之和恰好为 8（2+1+2+3=8）。因此，要想题干断定成立，必须确保两点：第一，上述条件已经描述了宿舍中的所有人；第二，上述条件之间不会重叠。

A 项，确保了第一点，排除 A 项。
B 项，表明该宿舍的"广东"与"法律系"重叠，则违反第二点。
根据**效用思维（已知答案，其余不看）**，可不用验证其余选项。为减少疑惑，此处特做分析，但小伙伴们要明白，这样非常不应试。

C 项，题干没有提及"财经系"，因此不与题干信息违背。
D 项，即使进修生都是"南方人"，也未必与"广东人"重叠，因此不与题干信息违背。
E 项，表明"法律系"不会与"进修生"重叠，确保了第二点。

题 35 答案为 C 项。

注意本题的相反陷阱，寻找的是"都不与题干矛盾，除了"，即"必然矛盾"的选项。

"哈尔滨"属于"北方"，所以"一个哈尔滨人"与"两个北方人"是重叠的，从而剩下的数字之和恰好为 8（2+1+2+3=8）。因此，要想题干断定成立，必须确保两点：第一，上述条件已经描述了宿舍中的所有人；第二，上述条件之间不会重叠。

A 项，表明"法律系"有可能与"进修生"重叠，但不代表该宿舍的人会重叠，因此不与题干信息矛盾，排除 A 项。
B 项，表明"法律系"不会与"进修生"重叠，确保了第二点，排除 B 项。
C 项，表明该宿舍的"广东"与"法律系"重叠，则违反第二点。
根据**效用思维（已知答案，其余不看）**，可不用验证其余选项。为减少疑惑，此处特做分析，但小伙伴们要明白，这样非常不应试。

D 项，题干没有提及"财经金融系"，因此不与题干信息违背。
E 项，即使进修生都是"南方人"，但未必与"广东人"重叠，因此不与题干信息违背。

题 36 答案为 A 项。

注意本题的相反陷阱，寻找的是"都与题干不矛盾，除了"，即"必然矛盾"的选项。

"大连"属于"北方"，所以"一个大连人"与"两个北方人"是重叠的，从而剩下的数字之和为 8（2+1+2+3=8）。但题干表明总人数为 7 人，因此，要想确保此点成立，上述条件之间必然有且只有 1 人重叠。

A 项，表明委员中，两个"特长生"都与"贫困生"重叠，违反上述要求。
根据**效用思维（已知答案，其余不看）**，可不用验证其余选项。为减少疑惑，此处特做分析，但小伙伴们要明白，这样非常不应试。

B 项，表明"北方"与"贫困生"重叠，因此不与上述要求矛盾。
C 项，即使特长生都是"南方人"，但题干仅说了一个南方人，因此不与上述要求矛盾。
D 项，表明委员中存在一个"大连人"与"特长生"重叠，因此属于上述要求之内。
E 项，题干中"福州人"的其他身份可以未被描述，因此不与上述要求矛盾。

题37 答案为 D 项。

因为是循环赛，所以每队都会打3场比赛。从而可知：第一名是3胜0负；第二名是2胜1负；第三名是1胜2负；第四名是0胜3负。

因为B队输掉1场，所以B队是第二名，排除B项。因为C队比B队少赢一场，所以C队是第三名，排除C项。因为B队比D队少赢一场，所以D队是第一名，排除A项。

题38 答案为 A 项。

根据题干所给条件，可得表格如下：

	第三产业	非第三产业	
外资	a	$5.7-a$	5.7
内资	$4.6-a$	$a-0.3$	4.3
	4.6	5.4	10

观察选项后发现，四个选项均涉及"投资第三产业外资"和"投资非第三产业内资"。

设投资第三产业的外资为 a，从而可知，投资非第三产业的外资为 $5.7-a$，投资第三产业的内资为 $4.6-a$，投资非第三产业的内资为 $a-0.3$，A项与其相符。

题39 答案为 B 项。

根据题干信息，可得表格如下：

	男生	女生
理科	a	b
文科	c	d

再由题干所给条件，可得出如下不等式组：$a+b>c+d$、$b+d>a+c$。两式相加可得，$a+2b+d>a+2c+d$，进而可知，$b>c$，复选项Ⅲ与其相符。其余内容均不可知。

题40 答案为 A 项。

题干所给条件为：有花植物占大多数；阔叶树种超过半数；珍稀树种超过一般树种。

因为后两个条件有重复项，所以优先联立，可得表格如下：

	阔叶	非阔叶
珍稀	a	b
一般	c	d

从而根据此两个条件，可得如下不等式组：$a+b>c+d$、$a+c>b+d$。两式相加可得，$2a+b+c>b+c+2d$，进而可知，$a>d$，A项与其相符。

> 📝 **高能提示**
>
> 本题也可根据数据运算的定性思维，做以下排除：
>
> 题干第一个条件中的"植物"与后两个条件中的"树种"是两个概念，虽然后者归属于前者，但不可直接将第一个条件与后两个条件联立，因此排除 B 项和 E 项。
>
> C 项中的"挂果"、D 项中的"采摘"，题干均未提及，因此排除 C 项和 D 项。

题41 答案为 B 项。

设连队总人数为 n（$100<n<200$），从而由题干条件可得出如下等式组：$n=5x+1$；$n=7y+1$；$n=8z+2$。

变形后可得：$n-1=5x$；$n-1=7y$；$n=2\times(4z+1)$。

从而可知，$n-1$ 是 5 和 7 的公倍数。因此，结合 $100<n<200$ 可知，$n-1$ 可能的取值范围是 105、140 和 175，从而 n 可能的取值范围是 106、141 和 176。

再由第三个等式可知，n 必然为偶数，进而 n 可能的取值范围缩小为 106 和 176。将 106 和 176 代入第三个等式可知，106 可被整除，而 176 无法被整除，因此连队人数只能是 106 人，则除连长外，正好排成三列横队。

题42 答案为 A 项。

根据题干条件，可得出如下等式组：

雌 = 雄 −1−1。

雄 =2×（雌 −1）−2。

两式结合，解方程组后可得，雄 =8，雌 =6。A 项与其相符。

━━━━━━━━━━━━━━━━━━━━ 管综真题警戒线 ━━━━━━━━━━━━━━━━━━━━

题43 答案为 E 项。

题干信息较多，可用选项来定位题干条件。

观察选项后发现，C 项和 D 项是"2006 年"，而题干是"2007 年"，排除 C 项和 D 项。A 项是"西方国家"，题干并未提及，排除 A 项。B 项是"比较中国与其他国家的生活质量指数"，但题干中并无中国与其他国家的比较，排除 B 项。E 项针对"挪威"，定位题干第一句话"挪威是世界上居民生活质量最高的国家"，E 项与其相符。

题44 答案为 D 项。

题干信息较多，可用选项来定位题干条件。

观察选项后发现，多数选项围绕"2015 年卷烟消费量下降比率"。因此先定位于"2015 年中国卷烟消费量下降了 2.4%""2015 年全球卷烟消费量下降了 2.1%"。

由上述条件，根据**数据运算的定性思维**可知，其他国家卷烟消费量的下降比率拖了中国的后腿，从而使得世界数据低于中国，C 项与此违背，D 项与其相符。E 项的"发达国家"，题干并未提及。

根据效用思维（已知答案，其余不看），可不用验证其余选项。为减少疑惑，此处特做分析，但小伙伴们要明白，这样非常不应试。

A 和 B 项，围绕"2013、2015 年中国卷烟消费量的比较"，因此可定位于"2014 年中国卷烟消费量上升 2.4%""2015 年中国卷烟消费量下降了 2.4%"。2014 年上升和 2015 年下降的比例，都是对应上年的 2.4%，但是 2015 年下降的基数是 2014 年的量，2014 年上升的基数是 2013 年的量。根据**数据运算的定性思维**可知，必然可知 2015 年下降的量要比 2014 年上升的量大，从而可知 2015 年的数据应该是小于 2013 年的。

> **高能提示**
>
> 当然，如果对数字并不敏感，难以使用定性思维，也可列出等式解题。
>
> 对于 C 和 D 项，因为"2015 年中国卷烟消费量占全球的 45%"，运用管综数学十字交叉法（杨晶和聪聪老师多次强调），设其他国家卷烟消费量为 x，从而可得出如下等式：
>
> $$\begin{matrix} \text{中国} & 2.4 \\ \text{其他国家} & x \end{matrix} \diagup 2.1 \diagdown \frac{2.1-x}{2.4-2.1} = \frac{45}{55} = \frac{\text{中国消费量占比}}{\text{其他国家消费量占比}}$$
>
> 解等式后可得 $x \approx 1.85$。
>
> 对于 A 和 B 项，可得出如下等式：
>
> 2015 年量 =2014 年量 ×（1+0.024）=2013 年量 ×（1−0.024）×（1+0.024）=2013 年量 ×（1−0.024²）

题 45 答案为 B 项。

注意本题的相反陷阱，寻找的是"与上述信息相冲突"的选项。

A 项，"略有增长"在"持续增长"范畴之内，因此不与题干信息冲突，排除 A 项。

B、D 和 E 项，都是关于"笔记本电脑销量占公司总销量的比例"，根据**效用思维（复用情况）**，可一起分析。因为笔记本电脑的增长率比整个公司的低，即笔记本电脑的增长要比其他产品慢，所以根据**数据运算的定性思维**可知，笔记本电脑销量所占公司总销量的比例，应该下降。因此，B 项与题干信息违背，D 项和 E 项不与题干信息冲突。

根据**效用思维（已知答案，其余不看）**，可不用验证 C 项。

> **高能提示**
>
> 当然，如果对数字并不敏感，难以使用定性思维，也可列出如下等式：
>
> $$\text{笔记本电脑销量增长率占比} = \frac{\text{上年笔记本电脑销量}}{\text{上年公司总销量}} \times \frac{\text{笔记本电脑销量增长率}}{\text{公司总销量增长率}}$$
>
> 乘号左边分式为常数，右边分式小于 1，因此笔记本电脑占比是下降的。

题 46 答案为 E 项。

因为甲校本科生的人均经费投入低于乙校，但甲校全校的人均经费投入却高于乙校，根据**数据运算的定性思维**可知：或者是甲校本科生占比更少，从而降低了其本科生的数据劣势；或者是甲校研究生人均经费更高，从而用研究生的数据优势，抵消了本科生的数据劣势。E 项与之相符。

> **高能提示**
>
> 当然，如果对数字并不敏感，难以使用定性思维，也可列出如下等式：
> 全校人均经费 = 本科生人均经费 × 本科生占比 + 研究生人均经费 × 研究生占比。
> 其等价于：全校人均经费 = 本科生人均经费 ×（1- 研究生占比）+ 研究生人均经费 × 研究生占比。因为甲校本科生人均经费低于乙校，所以要想全校人均经费扭转，只能靠剩余因素。
> 本题不论是看性质，还是列公式，都比较烦琐。但选项的答案特征很明显——C 项和 D 项就是 E 项的拆分，也就是说，C 项或 D 项任意一个是答案，E 项就一定是答案。所以当年本题，很多人都做对了。

题 47 答案为 D 项。

题干条件中，明显存在干与支的规律——既有干对支的轮回，也有支对干的轮回，从而，可使用"归纳法"。

先看干对支的轮回。根据题干所给"天干配地支"的规律，可得甲第一次出现在"子"上面，第二次出现在"戌"上面，但仅凭出现两次，很多小伙伴们难以发现规律。因此可再数一次，从而可得第三次甲出现在"申"上面，从而可得出下表：

甲$_1$		甲$_6$		甲$_5$		甲$_4$		甲$_3$		甲$_2$	
子	丑	寅	卯	辰	巳	午	未	申	酉	戌	亥

再看支对干的轮回。根据题干所给"天干配地支"的规律，可得子第一次出现在"甲"下面，第二次出现在"丙"下面，但仅凭出现两次，很多小伙伴们难以发现规律。因此可再数一次，从而可得第三次子出现在"戊"下面，从而可得出下表：

甲	乙	丙	丁	戊	己	庚	辛	壬	癸
子$_1$		子$_2$		子$_3$		子$_4$		子$_5$	

由此便可找出轮回规律：干每隔 10 年出现一次，都是在支的上面往前顺两位；支每隔 12 年出现一次，都是在干的下面往后顺两位。下面验证选项。

A 项，根据上述循环规律，甲永远不会在"丑"上面出现，排除 A 项。其实，本项也可根据**数据运算的定性思维**加以排除，因为天干和地支在配的时候，永远都是奇数位的干配奇数位的支，偶数位的干配偶数位的支。而"甲"属于奇数位，"丑"属于偶数位，所以两者永远不会相配。

B 项中的"现代人"、C 项中的"农事"，题干均未提及，故排除。

D 项，因为 60 年为一完整循环，既然 2015 年是乙未年，那么 2075 年也是乙未年。而 2087 年与 2075 年间隔 12 年，所以 2087 年的支还是"未"。然后，让支在干下面往后顺两位，从而 2087 年的干是"丁"。

根据**效用思维（已知答案，其余不看）**，可不用验证 E 项。为减少疑惑，此处特做分析，但小伙伴们要明白，这样非常不应试。

E 项，既然 2014 年是甲午年，而 2024 年与 2014 年间隔 10 年，所以 2024 年的干还是"甲"，让干在支上面往前顺两位，从而 2024 年的支变为"辰"。

> **高能提示**
>
> 题干有完整的天干和地支，因此考试时，可直接在上面推算轮回规律，无需列出表格。

题 48 答案为 A 项。

根据题干所给条件，可得表格如下：

	常住外来人口	户籍人口	
G 区	a	$240-a$	240
H 区	$200-a$	a	200
	200	240	

设 G 区常住外来人口为 a，则 G 区户籍人口为 $240-a$，H 区常住外来人口为 $200-a$，进而可知，H 区户籍人口为 a，A 项与其相符。

题 49 答案为 E 项。

题干条件中包含总人数，以及总人数下的其他数据，从而有暗示考生做减法的迹象。按照这个思路，可依次得出如下减法传递：

60（总人数）−31（亚裔学者）=29（非亚裔学者）。
29（非亚裔学者）−4（非亚裔学者∧无博士）=25（非亚裔学者∧博士）。
33（博士）−25（非亚裔学者∧博士）=8（亚裔学者∧博士）。

> 📝 高能提示
>
> 本题也可采用列表的方式，思路也是上述的"减法传递"。具体表格如下：
>
> | | 亚裔 | 非亚裔 | |
> |---|---|---|---|
> | 博士 | *8* | 25 | 33 |
> | 非博士 | *23* | 4 | *27* |
> | | 31 | *29* | 60 |
>
> 其中，非斜体数字为题干所给条件，斜体数字为传递后所得内容。

题 50 答案为 B 项。

题干条件中包含总人数，以及总人数下的其他数据，从而有暗示考生做减法的迹象。按照这个思路，可依次做出如下减法传递：

385（总人数）−189（女生）=196（男生）。
196（男生）−41（男生∧文科）=155（男生∧理科）。

因为非应届男生包含了非应届文科男生，也包含了非应届理科男生。所以，无法直接去"理科男生"。又因为，"非应届理科男生"可直接减理科男生，因此设"非应届文科男生"人数为 a，从而"非应届理科男生"人数为 $28-a$。

然后可继续向下传递：

155（男生∧理科）−[$28-a$（男生∧理科∧非应届）]=$127+a$（男生∧理科∧应届）。
256（理科∧应届）−[$127+a$（男生∧理科∧应届）]=$129-a$（女生∧理科∧应届）。

因为 $a \geq 0$，所以女生∧理科∧应届 ≤ 129。

> ✎ 高能提示
>
> 本题也可采用画图的方式,思路也是上述的"减法传递"。具体的图如下:
>
>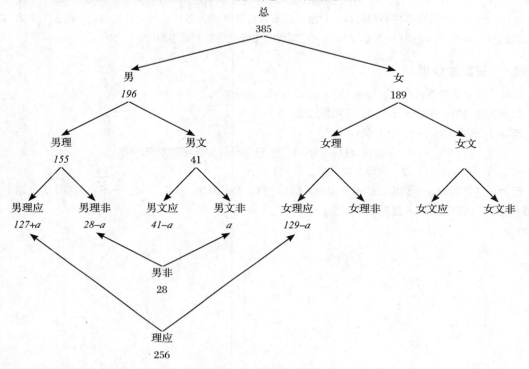
>
> 其中,非斜体数字为题干所给条件,斜体数字为传递后所得内容。不过画图后,连续的传递思路会被打断,且会造成考生有一种填完所有空的感觉。因此,画图的方法反而不应试。

题51 答案为 E 项。

根据题干条件,可得出如下不等式组:

(1) 女青师≥5;(2) 女中师≥6;(3) 女青师≥7。

条件(1)和(3)描述的都是"女青师",因为满足条件(3)必然满足条件(1),从而仅需考虑条件(2)和(3)。又因为,"女青师"与"女中师"虽然为两个概念,但都归属于"女师",从而可知,"女师"必然大于等于13人,E 项与其相符。

题52 答案为 D 项。

题干所给条件为:

(1) 三个年级人数相等。(2) 全部一年级:名句、诗名与作者都能对应。(3) 2/3 二年级:名句与作者能对应⇔1/3 二年级:名句与作者不能对应。(4) 1/3 三年级:名句与诗名不能对应⇔2/3 三年级:名句与诗名能对应。

A 和 E 项,题干针对二、三年级的描述分别不涉及"诗名""作者",但 A 项描述了全校关于"名句""诗名""作者"同时对应的情况,因此无法得出;同理,E 项也无法得出。因此,排除 A 项和 E 项。

B 项,因为二年级有 1/3 的人不能把名句与作者对应,三年级有 1/3 的人不能把名句与诗名对应,而三个年级人数相等。因此，一共有（1/3+1/3）÷3=2/9 的硕士生不能把名句与作者或诗名对应，排除 B 项。

C 项，因为一年级都能把名句与作者对应，二年级有 1/3 的人不能把名句与作者对应，而三个年级人数相等。因此，一共有（0+1/3）÷2=1/6 的一、二年级学生不能把名句与作者对应，排除 C 项。

D 项，因为一年级都能把名句与诗名对应，三年级有 2/3 的人能把名句与诗名对应，而三个年级人数相等。因此，一共有（1+2/3）÷2=5/6 的一、三年级学生能把名句与诗名对应。

题 53 答案为 C 项。

设 4 个年级的参赛人数分别为 a、b、c 和 d（$a+b+c+d=12$）。

结合条件（3），不妨设 $a×b=c$，可用假设法：

若 $a=1$，则 $b=2$，$c=2$，违背条件（2）。

若 $a=2$，则 $b=3$，$c=6$，进而得 $d=1$，此时不违背任何条件，是可能存在的情况。

若 $a=3$，则 $b=4$，$c=12$，违背条件（1）。

因为再往下假设 a 的数值，便会使得总人数超过 12 人。因此，$a=2$、$b=3$、$c=6$、$d=1$ 是满足题干条件的唯一情况，此时最多的人数是 6。

第三篇

论证逻辑

题型 15 削弱题型

题1 　　答案为 B 项。
　　论证主线：添加剂不会导致动脉硬化⇒无需担心食用牛肉干影响健康。
　　B 项，表明不导致"动脉硬化"不代表"健康"，削弱了题干论证的中间过程。
　　A 项作用不足，表明无法放心食用"大量"牛肉干，削弱了题干结论。但仅针对结论，无法说明"一定量"的情况，因此不如 B 项。
　　C 项作用不足，表明无法放心食用"牛肉"干，削弱了题干结论。但仅针对结论，无法说明"添加剂"的问题，因此不如 B 项。
　　D 和 E 项均主题无关，所涉分别为"其他食品""试验主导者的情况"，均与食用牛肉干的"健康问题"无关。

题2 　　答案为 C 项。
　　论证主线：中学生的吸烟人数在逐年下降⇒青少年的吸烟人数在逐年减少。
　　C 项，表明"中学生"不能代表"青少年"，削弱了上述论证的中间过程。
　　A、B、D 和 E 项均主题无关，所涉分别为"下一年的情况""香烟的价格""反对者的人数""帮助戒烟者的机构数"，均与"青少年的吸烟人数"无关。

题3 　　答案为 C 项。
　　论证主线：基因测序技术筛查后的试管婴儿诞生⇒人类"定制宝宝"时代到来。
　　C 项，表明"试管婴儿"和"定制宝宝"是两个概念，质疑了普通人论证的中间过程。
　　A、B、D 和 E 项均主题无关，所涉分别为"自然受孕优于基因筛查""技术发展会超过人类认知""定制宝宝会挑战生殖伦理""定制宝宝时代会被取代"，均与"定制宝宝"时代是否到来无关。

题4 　　答案为 E 项。
　　论证主线：农村学校与公立学校教师接受培训概率相当⇒农村学校与城郊学校教师接受培训概率相当。
　　E 项，表明"公立学校与农村学校"以及"农村学校与城郊学校"分别互有交叉，从而说明"农村学校与公立学校教师"与"农村学校与城郊学校教师"是两个概念，因此削弱了上述论证的中间过程。
　　A、B、C 和 D 项均主题无关，所涉分别为"培训内容""培训条件""老师有多校任职的情况""培训时间"，均与学校教师"整体受培训概率"无关。

题5 　　答案为 B 项。
　　论证主线：被调查的大学生有 14% 喜欢和比较喜欢京剧艺术⇒大学生缺乏传统文化的学习和积累。
　　B 项，表明"喜欢京剧艺术"与"传统文化的学习"联系不大，削弱了上述论证的中间过程。
　　A、C 和 D 项均主题无关，所涉分别为"如何欣赏""学习潜力""兴趣"，均与"大学生是否缺乏传统文化的学习和积累"无关。
　　E 项作用不足，表明调查可能不具有代表性，削弱了上述论证的中间过程。但"恐怕"程度较低，而 B 项直接切断了前提与结论的关系，因此不如 B 项。

题6 　　答案为 B 项。
　　论证主线：维护个人利益（个人行为的唯一动机）⇒维护个人利益（个人行为的主要因素）。
　　B 项，表明"动机"与"影响因素"联系不大，削弱了题干论证的中间过程。

A 项作用不足，表明维护个人利益未必是个人行为的唯一动机，削弱了题干的前提。但"值得讨论"不等于两者就没有关系，且仅针对前提，因此不如 B 项。

C、D 和 E 项均主题无关，所涉分别为"个人利益之间的情况""个人利益与公共利益的关系""个人行为与群体行为的关系"，均与"个人利益是否为影响个人行为的主要因素"无关。

题 7 答案为 A 项。

论证主线：某虾在间歇泉附近，间歇泉发光⇒该虾的感光器官是用来寻找间歇泉的。

A 项，表明"间歇泉的光"与"虾的感光器官"联系不大，削弱了上述论证的中间过程。

B、C、D 和 E 项均主题无关，所涉分别为"人类""杀菌""其他虾"，均与"该虾"的感光器官是否能寻找间歇泉无关。

题 8 答案为 B 项。

论证主线：性格特征与疾病往往有数据上的联系⇒主动修正行为和调整性格特征以防治疾病。

B 项，表明"性格"与"疾病"是由共同原因所致，而两者之间可能联系不大，削弱了上述论证的中间过程。

A 项，表明"性格特征"与"疾病"具有联系，从而说明"调整性格特征"有望达到"防治疾病"的目标，支持了上述论证的中间过程。

C 项不起作用，意图说明"性格特征"与"疾病"联系不大，但毕竟数据契合，且未指出无联系的"具体原因"，因此无法起到削弱作用。

D 和 E 项均主题无关，所涉分别为"人们何时调整行为""心理疗法"，均与"修正行为、调整性格特征"是否能"防治疾病"无关。

题 9 答案为 C 项。

甲论证主线：抽烟不利于健康⇒乙不能再抽烟了。乙论证主线：没有患肺癌⇒抽烟并非不利于健康。本题是支持题型的问法，却是削弱题型的解法。

C 项，表明"不患肺癌"不代表"健康"，削弱了乙论证的中间过程，间接支持了甲的意见。

A、B、D 和 E 项均主题无关，A、B 和 D 项所涉均为吸烟的"其他危害"，E 项所涉为不同品牌的烟对健康危害性的"比较"，均与"乙是否能吸烟"无关。

题 10 答案为 B 项。

论证主线：照片（不能反映全部真实）⇒照片（作为证据不恰当）。

B 项，表明"证据"与"反映全部真实"没有关系，削弱了上述论证的中间过程。

C 项作用相反，直接说明"照片不能成为证据"，支持了上述论证的结论。

A、D 和 E 项均主题无关，所涉分别为"未来的摄影技术""假照片的生成手段""照片的质量"，均与目前技术条件下照片"能否作为证据"无关。

题 11 答案为 A 项。

论证主线：专利律师都没有生物学学历和工作经验⇒难以处理有关生物方面的专利。

A 项，表明"专利事务"与"科技背景"联系不大，质疑了李教授论证的中间过程。

C 项作用相反，表明专利律师很少也懂得生物知识，支持了李教授的前提。

B、D 和 E 项均主题无关，所涉分别为生物学专家与专利事务所的"关系"、技术专家难以成为其他领域行家的"原因"、专利事务所难以吸引技术专家的"原因"，均与"能否处理"生物方面的专利无关。

题 12 答案为 B 项。

论证主线：国外广告比国内更吸引消费者关注⇒加大国内洗发液广告投入以增加市场占有率。

B 项，表明"广告"与"消费者购买"联系不大，削弱了上述论证的中间过程。

E 项作用相反，表明"广告"与"消费者购买"存在联系，支持了上述论证的中间过程。

A、C 和 D 项均主题无关，所涉分别为"广告制造公司国籍""广告费用的比较""洗发液销售额"，均与"加大广告投入"能否增加"市场占有率"无关。

题 13 答案为 E 项。

论证主线：夏威夷人均寿命比路易斯安那州高⇒路易斯安那州夫妇移居夏威夷⇒孩子寿命比在路易斯安那州高。

E 项，表明寿命主要和遗传相关，而非环境，从而说明"移居"与"提高寿命"联系不大，削弱了上述论证的中间过程。

A 项不起作用，一方面，题干夫妇未必就在巴吞鲁日；另一方面，未必夏威夷全州人均寿命都是 77 岁，因此无法起到削弱作用。

B 项不起作用，一方面，题干夫妇是否为白人尚未可知；另一方面，路易斯安那州白人人均寿命顶多比路易斯安那州整体人均寿命高 5%（其实 5% 都达不到，这里直接取极端值），即不到 76 岁，依然符合题干数据情况，因此无法起到削弱作用。

C 项不起作用，专家观点如果符合事实，确实能削弱上述论证的结论，但实际专家观点的正确性未知，因此无法起到削弱作用。

D 项作用相反，支持了上述论证的结论，但力度较弱。因为空气污染与寿命的联系题干并未直接告知，因此并未紧扣主题词。

题 14 答案为 E 项。

论证主线：亚里洛中无"海"，有"冬、雪、狼"⇒使用亚里洛文字的部落或种族生活在远离海洋的寒冷地带。

E 项，表明若按专家的推测，则使用亚里洛文字的部落或种族生活在没有云的地带，但这显然不可能，从而说明"有无文字"与"生活地带"联系不大，削弱了专家推测的中间过程。

B、C 和 D 项均不起作用，其意图采用类似 E 项的归谬攻击方式。但是，即使在远离海洋的寒冷地带也可以有"鱼"，有"热"，没有"山"，因此无法起到削弱作用。

A 项主题无关，所涉为"蒙古语"，与"亚里洛"情况无关。

题 15 答案为 C 项。

论证主线：海洋队最好的防守型选手防不住旋风队最好的进攻型选手⇒旋风队将战胜海洋队。

C 项，表明若陈教练的推理正确，则海洋队将战胜旋风队。但这显然会自相矛盾，从而说明"最好的防守型选手能否防住最好的进攻型选手"与"能否胜利"联系不大，削弱了陈教练预言的中间过程。

A、B、D 和 E 项均主题无关，所涉分别为两队输的"场次"比较、两队防守型选手"数量"比较、曾志强的"其他身份"、进攻型选手"防守防守型选手"，均与陈教练预测的"战胜标准"无关。

题 16 答案为 A 项。

论证主线：报告者有来自绿水小学的人⇒青山小学教学质量较高。

A 项，表明若按妻子的推理，则青山小学实际教学质量较低，但这显然会自相矛盾，从而说明"报告者来源"与"报告客观性"联系不大，削弱了妻子推理的中间过程。

B、C 和 D 项均主题无关，所涉分别为"盲目信任""偏见论据""没有确切论据"，均与"报告者有来自绿水小学的人"不符；E 项所涉为"两校比较"，与题干"报告是否客观"无关。

题 17 答案为 D 项。

论证主线：严重失眠者，有感觉障碍和肌肉痉挛⇒失眠会导致周围神经系统功能障碍。

D 项，表明虽然"失眠"与"周围神经系统功能障碍"都有发生，但"周围神经系统功能障碍"才是原因，削弱了上述假设——"失眠是原因"。

E 项不起作用，"不完全相同"未必代表差异巨大，本项意图采用求异对象有其他变量的攻击方式，但并不知晓"性别、年龄"与"感觉障碍"的联系，因此无法起到削弱作用。

A、B 和 C 项均主题无关，所涉分别为"感觉障碍或肌肉痉挛"常见、"严重失眠"常见、研究者"身份"，均与"失眠能否导致周围神经系统功能障碍"无关。

题 18 答案为 E 项。

论证主线：多看暴力影视的成员粗鲁比例高，少看的比例低⇒多看暴力影视易致粗鲁。

E 项，表明虽然第一组"多看暴力影视"与"粗鲁比例高"都有发生。但"粗鲁比例高"才是原因，削弱了上述论证的隐含假设——"多看暴力影视"是原因。

A 和 D 项均不起作用，表明第一组"有的成员"文明，题干提供的数据是"比例"，并未说第一组成员"所有人"均粗鲁，从而无法起到削弱作用。

B 和 C 项均主题无关，所涉分别为"第二组有的成员粗鲁程度高""第二组文明者很多"，均与上述对照的"研究实验"能否反映"多看暴力影视易致粗鲁"无关。

题 19 答案为 B 项。

论证主线：外国比国内胶卷广告更吸引消费者关注⇒改进国内胶卷广告以增加市场占有率。

B 项，表明虽然"外国胶卷广告更吸引消费者关注"与"外国胶卷更受消费者喜爱"都有发生。但"产品更受消费者喜爱"才是原因，削弱了上述论证的隐含假设——"广告更吸引消费者关注"是原因。

A 项作用相反，表明胶卷广告更能吸引"准备购买胶卷者的关注"，支持了上述论证的结论。

C、D 和 E 项均主题无关，所涉分别为"广告费用""胶卷销售额""广告制造公司国籍"，均与"改进广告能否增加市场占有率"无关。

题 20 答案为 B 项。

论证主线：肥胖者只占正常体重者月平均锻炼量的一半不到⇒缺乏锻炼导致肥胖。

B 项，表明虽然"缺乏锻炼"与"肥胖"都有发生，但"肥胖"才是原因，削弱了上述论证的隐含假设——"缺乏锻炼"是原因。

A 和 C 项均不起作用，题干数据为"整体的月平均量"，而这两项说的都是"某些人"的情况，无法确认其对于整体的影响如何，故无法起到有效的削弱作用。

D 和 E 项均主题无关，所涉分别为"体育锻炼和食物摄入量的关系""节食的副作用"，均与"缺乏锻炼是否导致肥胖"无关。

题 21 答案为 A 项。

论证主线：经常玩滚轴溜冰的成绩更好⇒玩滚轴溜冰可提高成绩。

A 项，表明成绩不排前二十不可以玩溜冰，从而说明虽然"经常玩溜冰"与"成绩更好"都有发生，但"成绩更好"才是原因，削弱了上述论证的隐含假设——"经常玩溜冰"是原因，从而说明仅改变"成绩更好"的结果，无法实现"成绩更好"本身。

B、D和E项均作用相反，表明"经常玩溜冰"可以通过"保证学习效率、智力开发和锻炼毅力"来"提高成绩"，支持了上述论证的结论。

C项作用不足，表明玩溜冰者"没有荒废学业"是因为"有学校的指导"，但题干为"学习成绩提高"，因此不如A项。

> **高能提示**
>
> 本题A项带有"如果……那么……"，提炼可得，¬成绩前二十→¬玩溜冰，从而有同学认为这是题干结论"玩溜冰可以提高成绩"的逆否命题。这个想法属于基本知识上有遗漏，这里我简单分析一下，详细内容可见《管综逻辑27讲》《经综逻辑通关宝典》。
>
> "如果……那么……"是"条件关系"，表达的是，某物发生后，另一物100%发生；而题干结论是"因果关系"，表达的是，某物能导致另一物发生，这个导致哪怕只有50%，也可以说导致。因此，满足因果关系的两物，未必满足条件关系。所以上述两句话之间，并不具有逆否命题的关系。
>
> 类似上述两类关系的区分，还有很多试题涉及，甚至近年真题都有所考查，如2015—1—51题49。但其实，小伙伴们考场解题时无须如此复杂地思考，完全可以发挥定性思维——**凡是遇到论证逻辑试题，就不要带有形式逻辑的公式化思路，而用套路去处理。**

题22 答案为B项。

论证主线：夫妻起居时间不同，爆发争吵次数多⇒保持相同起居规律来维护夫妻关系。

B项，表明虽然"夫妻争吵"与"起居时间不同"都有发生，但"夫妻争吵"才是原因，削弱了上述论证的隐含假设——"起居时间不同"是原因，从而说明仅改变"夫妻争吵"的结果，无法改变"夫妻争吵"本身。

E项作用不足，表明"起居时间不同"未必是"夫妻争吵"的直接原因，也削弱了上述论证的隐含假设。但"很少是"并没有完全否定上述直接原因，且还有"间接原因"的可能，因此不如B项。

A、C和D项均主题无关，所涉分别为"争吵"与关系的联系、起居时间的"季节性变化"、起居时间对人的"影响"，均与保持相同"起居规律"能否维护"夫妻关系"无关。

题23 答案为D项。

论证主线：长时间登录的人，46%心情变好⇒长时间登录会改善人们心理状态。

D项，表明虽然"心情变好"与"长时间登录"都有发生，但"心情变好"才是原因，削弱了上述论断的隐含假设——"长时间登录"是原因，从而说明仅改变"心理状态"的结果，无法改变"心理状态"本身。

A项不起作用，上述论断的前提，心情变好的比例仅为"46%"，因此即使"10%"心情变糟，依然符合题干论断，因此无法起到削弱作用。

B、C和E项均主题无关，所涉分别为"回答问卷"的意愿比较、对网站"不满意"的人、"登录网站"的人数比较，均与"长时间登录"能否改善"心理状态"无关。

题24 答案为A项。

论证主线：获得奖学金的学生学习效率更高⇒奖学金能帮助提高学习效率。

A项，表明虽然"获得奖学金"与"高学习效率"都有发生，但"高学习效率"才是原因，削弱了上述论证的隐含假设——"获得奖学金"是原因。

B项，表明"获得奖学金"确实是"高学习效率"的原因，支持了上述论证的隐含假设。

C、D 和 E 项均主题无关，所涉分别为"学习效率低者"的特征、学习效率和奖学金的"研究方法"、"没得奖学金者"的特征，均与"奖学金"能否"提高学习效率"无关。

题25 答案为 D 项。

论证主线：东进的六位客户都开业成功⇒联系东进公司能保证开业成功。

D 项，通过无因有果，削弱了上述广告词的隐含假设——六位客户的"开业成功"是由于"联系了东进公司"，从而说明"不联系东进公司"也会实现"开业成功"。

A 项作用不足，通过有因无果的方式，削弱了上述广告词的结论。但"有"可能数量较少，且仅针对结论，因此不如 D 项。

B 项作用不足，表明六位客户的开业成功，可能是"其他咨询公司"所致，未必是由于东进，从而削弱了上述广告词的中间过程。但本项并未表明，该六位客户的开业成功，就是"其他咨询公司"所致，因此不如 D 项。

E 项作用不足，表明六位客户未必能代表新创公司整体咨询效果，但"效果一般"不代表"没有效果"，因此不如 D 项。

C 项主题无关，所涉为东进公司员工"身份"，与"联系东进公司"能够保证"开业成功"无关。

题26 答案为 B 项。

论证主线：除霜孔开启，冰霜融化⇒除霜孔使冰霜融化。

B 项，通过无因有果，削弱了李军的隐含假设——车辆"冰霜融化"是由于"除霜孔开启"，从而说明"无除霜孔"也会使"冰霜融化"。

A、C、D 和 E 项均主题无关，所涉分别为无冰霜"出现"、冰霜"融化速度"、除霜孔排出的"暖气流"、除霜孔功能的"不可替代"，均与"除霜孔"能否使"冰霜融化"无关。

题27 答案为 C 项。

论证主线：95% 海洛因成瘾者吸过大麻⇒大麻人数降低一半，新的海洛因成瘾者将显著减少。

C 项，表明虽然大多数"吸海洛因"的人曾"吸过大麻"。但是，大多数"吸过大麻"的人未必会"吸海洛因"，通过有因无果，削弱了上述论证的隐含假设——"吸大麻"的人就会去"吸海洛因"。

A 项作用相反，表明吸大麻是吸海洛因的"原因"，从而说明降低"吸大麻"人数能降低"吸海洛因"人数，支持了上述论证的结论。

B、D 和 E 项均主题无关，所涉分别为"戒毒方式"、两种毒品的"获得渠道"、两种毒品的"戒毒方式不同"，均与降低"吸大麻人数"能否减少"海洛因成瘾者"无关。

题28 答案为 D 项。

论证主线：蝙蝠让人觉得可怕⇒是因为蝙蝠夜间活跃。

D 项，通过类比构造了有因无果，削弱了上述论证的隐含假设——"夜间活跃"与"可怕"具有因果关系。

E 项作用不足，表明蝙蝠让人觉得可怕的原因是"视觉艺术品的丑化"，但本项并未直接提出是"丑化"导致了"可怕"，有可能正是因为蝙蝠"可怕"，从而导致作品被"丑化"。况且，就算"丑化"是原因，也无法否定"夜间活跃"同样是原因。另外，D 项将前提和结论的主题均紧扣，因此不如 D 项。

A、B 和 C 项均主题无关，所涉分别为"夜间活跃的原因""蝙蝠的捕猎对象""蝙蝠在其他国家也被认为是恐怖飞禽"，均与蝙蝠"让人觉得可怕"的"原因"无关。

题29 答案为 D 项。

论证主线：他认为可疑的人都查出了违禁物品 ⇒ 能准确地判定某人是否欺骗他。

要破解此题，首先得了解一点，"无意携带"者即使说自己"没有携带"，也相当于"没有欺骗海关"，只有"有意携带"者说自己"没有携带"，才算是"欺骗海关"。

复选项Ⅰ，表明他认为的"不可疑"者确实"没有欺骗他"，通过无因无果的方式，支持了上述论证的隐含假设——"可疑"与"欺骗他"具有因果关系。

复选项Ⅱ，表明他认为的"不可疑"者其实有的人在"欺骗他"，通过无因有果的方式，削弱了上述论证的隐含假设——"可疑"与"欺骗他"具有因果关系。

复选项Ⅲ，表明他认为的"可疑"者其实有的人"没有欺骗他"，通过有因无果的方式，削弱了上述论证的隐含假设——"可疑"与"欺骗他"具有因果关系。

题30 答案为 C 项。

论证主线：立氏化妆品销量增长，广告费用增长 ⇒ 广告促销使得销量增长。

C 项，通过有因无果的方式，削弱了上述论证的隐含假设——"广告促销"与"销量增长"具有因果关系。

B 项作用不足，通过无因无果的方式，削弱了上述论证的隐含假设——"广告促销"与"销量增长"具有因果关系。但是，不如 C 项。因为，"无因有果"只是在说，没有某个原因时结果会发生，完全有可能这个原因发生时也能带来该结果；而"有因无果"则直接表明了，这个原因发生了也无法带来该结果，所以"有因无果"对因果关系的削弱力度更强。换个角度，如果立氏化妆品虽然广告费用增加，但是销量很少相当于没做。那么购买者中很少有人注意到其广告，便有可能是广告推广力度的问题，而不是广告功效的问题。但注意到其广告的人中很少有人购买，则直接说明广告确实没功效。

A、D 和 E 项均主题无关，所涉分别为"化妆品之间广告费用"的比较、"化妆品之间投诉量"的比较、化妆品的"销售总量"，均与"广告促销"能否使得"销量增长"无关。

题31 答案为 A 项。

论证主线：地球吸收热能十分巨大 ⇒ 地球将会逐渐升温以至融化。

A 项，表明即使地球"吸收了很多"热能，但"发散的热能也很多"，从而说明地球未必融化，削弱了上述论证的中间过程。

B 项不起作用，热量仅在地球内部"扩散"，并没有增加，因此无法起到削弱作用。

C 项作用不足，虽然"光线减少"缓解了地球温度的上升，但"日食期间"程度较低，因此不如 A 项。

D 和 E 项均主题无关，所涉分别为"地球核心状态""温室效应受到关注"，均与地球是否"融化"无关。

题32 答案为 A 项。

论证主线：王鸿爸爸是数学家，王鸿的话是听他爸说的 ⇒ 王鸿的话不大会错。

A 项，表明即使王鸿爸爸"是数学家"，若所谈内容"与数学无关"，便无法由其父亲的身份特征"来支撑"其话语的正确性，削弱了上述论证的中间过程。

B、C、D 和 E 项均主题无关，所涉分别为"王鸿曾经的情况""王鸿爸爸对自己的认知""王鸿爸爸的年龄""王鸿听话"，均与"王鸿爸爸的身份特征"能否支撑"其话语内容的正确性"无关。

题33 答案为 C 项。

论证主线：所有其他可能性都被排除 ⇒ 剩下的可能性一定是事实。

C 项，表明即使"其他可能性都被排除"，若无法"穷尽所有可能性"，便不存在"剩下的可能性"，削弱了上述论证的中间过程。

A、B、D和E项均主题无关，所涉分别为"对经理的了解""对非法行为的惩处根据""孙某是优秀经理""王某丈夫有前科"，均与"保安人员的推理"是否正确无关。

题34 答案为A项。

论证主线：去年棉花的批发价下跌⇒棉织品的零售价会下跌。

A项，表明棉织品总成本未必下降，从而说明即使"棉花批发价"下降，"棉织品零售价"也未必下降，削弱了上述论证的中间过程。

D项作用相反，表明零售价确实会因批发价而"变动"，只不过不会"立即发生"，从而说明"批发价下跌"与"零售价会下跌"存在联系，支持了上述论证的中间过程。

B、C和E项均主题无关，所涉分别为变动幅度的"比较"、受欢迎程度的"比较""羊毛制品"的零售价，均与"棉织品"的零售价是否下降无关。

题35 答案为C项。

论证主线：足以解除旱情的降雨将开始⇒期货市场的粮价会下跌。

C项，表明预期出现的"虫害"会导致粮食歉收，从而说明即使"降雨"解除旱情，粮价也未必下跌，削弱了上述论证的中间过程。

A和B项均作用不足。A项表明"降雨"未必会发生，削弱了上述论证的前提，但"并不稳定"不等于"完全不对"，且仅针对前提；B项表明降雨可能会变为"洪涝"，从而影响粮食收成，但"防涝准备""延续过长"均未直接与"粮食收成"构建关系，而C项"虫害在粮食成熟期出现"却直接构建了关系。因此A、B两项均不如C项。

D和E项均主题无关，所涉分别为期货价格的"波动幅度"、干旱"不是最严重"的威胁（注意，这里并未说干旱不是"威胁"），均与期货市场的"粮价是否下跌"无关。

题36 答案为E项。

论证主线：妇女比男子矮且轻很多⇒暴力事件妇女没男子有效⇒妇女不适合当警察。

E项，表明即使在"暴力事件"中妇女没男子有效，但妇女可以从事"警察部门的办公室工作"，从而说明妇女未必"不适合当警察"，削弱了上述论证的中间过程。

A项不起作用，表明"有些"妇女比男性高大，而题干所涉数据是"平均值"，因此无法起到削弱作用。

D项作用相反，支持了上述论证的结论。

B和C项均主题无关，所涉分别为"警察的训练""犯罪事件涉及妇女"，均与暴力事件中妇女"没男性有效"能否说明妇女"不适合当警察"无关。

题37 答案为D项。

论证主线：电子版文学名著普及⇒改变大众阅读品位，造就高素质读者。

D项，表明文学名著的普及只会让对其"感兴趣的人"更多地阅读，从而，即使"文学名著普及"了，也未必能让对其不感兴趣的人提高"阅读品味或素质"，削弱了上述论证的中间过程。

B项作用不足，表明许多读者不会阅读电子书籍，从而说明文学名著未必会因电子版而"普及"，削弱了上述论证的前提。但因"许多"无法确定总体人数，且仅针对前提，因此不如D项。

C项不起作用，表明"高素质"不仅仅需要"文学素养"，但"名著普及"所增加的未必只有"文学素养"，因此无法起到削弱作用。

A 和 E 项均主题无关，所涉分别为"普及率的比较""互联网名著收费"，均与普及电子版文学名著能否提高大众"阅读品味或素质"无关。

题 38 答案为 A 项。

论证主线：电网造成电力浪费⇒增加牧场开支，浪费国家资源。

A 项，表明电网通电后不久不再耗电，从而说明未必"浪费了国家资源"，削弱了上述论证的中间过程。

B 项不起作用，意图说明电网"总体上"能节约资源，但并未明确指出节约的人力资源会大于浪费的电力资源，且电力资源本身确实是在浪费，因此无法起到削弱作用。

C、D 和 E 项均主题无关，所涉分别为"保护动物的基本理念""防范偷牛""别的领域"，均与电网造成"电力浪费"是否说明"增加牧场开支，浪费国家资源"无关。

题 39 答案为 B 项。

论证主线：提供"净菜"能够为他们节省时间⇒受到他们的欢迎。

B 项，表明请钟点工的"成本"要更低，从而说明"净菜"未必会"受欢迎"，削弱了上述论证的中间过程。

A 和 C 项均作用相反，表明"净菜"价格仅略高、卫生标准信得过、有上门送货的优势，支持了上述论证的结论。

D 和 E 项均作用不足。D 项表明"净菜"种类不能"满足所有老师"，E 项表明老师们还需"适应的过程"。但"少一些""恐怕"表示程度较低，而 B 项"大部分家庭都"表示程度较高。同时，D 和 E 项均与"节省时间"无联系，而 B 项具有联系，因此均不如 B 项。

题 40 答案为 C 项。

论证主线：皮果果皮的特殊维生素对人体有益⇒吃皮果不应该剥皮。

C 项，表明吃皮果果皮实际上"弊大于利"，从而说明"应该剥皮"，削弱了上述论证的中间过程。

A 和 B 项均作用不足，表明吃皮果果皮无法"避免摄入杀虫剂"或特殊维生素"没那么有益"，但其与摄入特殊维生素的利弊大小未知，因此均不如 C 项。

D 项作用相反，表明皮果果皮上的杀虫剂"没那么有害"，支持了上述论证的中间过程。

E 项主题无关，所涉为"未来能够合成特殊维生素"，与"现在"皮果果皮有这种特殊维生素能否说明"吃皮果不应该剥皮"无关。

题 41 答案为 E 项。

论证主线：晚上手术需较少麻醉剂，麻醉剂少风险低⇒晚上做手术会降低风险。

E 项，表明晚上手术"操作风险高"，从而说明即使晚上手术的麻醉剂风险低，也不能代表晚上手术"整体风险低"，削弱了上述论证的中间过程。

A、B、C 和 D 项均主题无关，所涉分别为"能源费用""出生时间""病人数量""薪酬情况"，均与"晚上做手术"是否"降低风险"无关。

题 42 答案为 E 项。

论证主线：今年上半年录像机销量是去年的 35%⇒今年录像机销量会比去年少。

E 项，表明去年上半年录像机销量最多"占去年的 30%"，从而说明今年上半年录像机销量要比"去年同期高"。并且，录像机销售重点月份可能在下半年，所以今年销量未必就比去年少，削弱了上述论证的中间过程。

D 项作用相反，表明去年上半年录像机销量最少"占去年的 60%"，从而说明今年上半年要比"去年同期低很多"。并且，录像机销售重点月份还是在上半年，支持了上述论证的中间过程。

A、B 和 C 项均主题无关，所涉分别为"去年与前年销量"的比较、家庭"具有录像机数量"、录像机"销售价格"，均与"录像机销量今年是否比去年少"无关。

题 43 答案为 D 项。

论证主线：顾客从外观来形成购买初步意向⇒汽车推销最重要的是展示汽车的外观美。

D 项，表明顾客购买目的是"方便实用"，从而说明即使"购买初步意向"是外观，也不能说明汽车销售"最重要的是展示汽车的外观美"，削弱了上述论证的中间过程。

A 和 C 项均作用相反，表明顾客购买确实会考虑外观美，均支持了上述论证的前提。

B 和 E 项均主题无关，所涉分别为"符合身份""推销广告"，均与"外观"是否最重要无关。

题 44 答案为 E 项。

论证主线：4% 高考女生表示考虑报考女子大学⇒女子大学要想办下去，必须考虑改为男女同校。

E 项，表明女子大学"所招收学生数量很少"。因此，即使考虑报考女子大学的女生"占比较少"，女子大学也未必需要改为男女同校，削弱了上述论证的中间过程。

D 项作用不足，意图说明"报考大学的女生人数"会增加。但"报考大学总人数"上升，也可能是"报考大学的男生人数"增加所致，而 E 项表示"女子大学所招收学生"数量更少，因此不如 E 项。

C 项作用相反，支持了上述论证的结论。

A 和 B 项均主题无关，所涉分别为"女子大学毕业生的受欢迎程度""对办女子大学的态度"，均与考虑报考女子大学的"女生占比"能否说明女子大学"要改为男女同校"无关。

题 45 答案为 A 项。

论证主线：击落敌机的命中率只有 4% ⇒ 商船上架设高射炮是得不偿失的。

A 项，表明即使架设高射炮"命中率"不高，但能显著降低"被击沉比例"，从而说明架设高射炮并非得不偿失，削弱了上述论证的中间过程。

B 项作用不足，指出架设高射炮可能"吓跑"敌机，但"某些情况下""可能"所表示程度较低，因此不如 A 项。

C 和 E 项作用相反，均表明架设高射炮还会造成"投入成本较高"或"难以逃避轰炸"的问题，支持了上述论证的中间过程。

D 项主题无关，所涉为"费用占比"较低，不代表"费用"较低，更不代表该费用"不低于收益"，因此与题干论证无关。

题 46 答案为 D 项。

论证主线：多轮比赛中青年足球队共有 20 个身份⇒一共上场了 20 个人。

D 项，表明可能有的队员"占据多个身份"，从而可能存在"身份数＞上场人数"。因此，即使登场了 20 个身份，也未必上场了 20 个人，削弱了上述论证的中间过程。

A、B、C 和 E 项均主题无关，所涉分别为"若有人受伤""有人没上场""有人是国家队队员""比赛的规定人数"，均与"实际总上场人数"无关。

题 47 答案为 E 项。

董事 A 论证主线：烟草业广告收益等于支出⇒烟草广告可以不做。

E 项，表明即使上述数据中广告"收益等于支出"，但若不打广告，可能会因为"竞争"而损失自己的用户，从而说明烟草广告至少能止损，削弱了上述论证的中间过程。

A 项主题无关，所涉为广告开支的"正确算法"，与当广告"收益等于支出"时，是否能说明烟草广告"可以不做"无关。

B、C 和 D 项均主题无关，所涉分别为"香烟价格变动""吸烟者某时段只喜欢一种品牌""烟草商只生产一种品牌"，均与"广告数据"是否能说明烟草广告"可以不做"无关。

> **高能提示**
>
> 如果从实际层面思考 A 项，广告开支也应该按照占毛收入的比例计算。因为，董事 A 要直接根据"比例"得出广告支出等于广告收益，那么必然要确保两个比例"分母相同"。若广告开支的分母为"广告收入"，则可以与广告收益的比例做比较；若广告开支的分母为"整体支出"便无法与广告收益的比例做比较。不过这种思考方式不如上述方式快。

题 48 答案为 E 项。

董事 B 论证主线：10% 吸烟者所改吸香烟不包括本公司的品牌 ⇒ 广告开支是亏损性的。

复选项Ⅰ和复选项Ⅱ，均表明即使广告不能帮助本公司"吸引吸其他品牌的吸烟者"，但至少能帮助本公司"止损"，削弱了上述论证的中间过程。

复选项Ⅲ，表明即使广告不能帮助本公司"吸引吸其他品牌的吸烟者"，但能帮助本公司"吸引新吸烟者"，削弱了上述论证的中间过程。

题 49 答案为 A 项。

论证主线：1940 年以来离婚率上升 ⇒ 目前单亲儿童比例高于 1940 年。

A 项，表明儿童"因父母离异"而成为单亲儿童的占比在上升，但儿童"因父亲或母亲死亡"而成为"单亲儿童"的占比下降，从而说明目前"单亲儿童"的比例未必高于 1940 年，削弱了上述论证的中间过程。

B 项作用相反，排除了一种占比极大提高的可能——儿童"因生身父母复婚"而摆脱"单亲儿童"，支持了上述论证的中间过程。

E 项主题无关，意图说明一对父母离异可能使儿童数量下降，从而，儿童"因父母离异"而成为"单亲儿童"的占比下降。但是，离异父母所生儿童的平均数量基本等于全体父母所生儿童的平均数量，单亲儿童占比实际等于离异父母组数除以总父母组数。因此，单亲儿童占比与"每对父母所生子女平均数"无关。

C 和 D 项均主题无关，所涉分别为"儿童总数""夫妻平均年龄"，均与"离婚率"上升能否说明"单亲儿童比例"上升无关。

题 50 答案为 C 项。

论证主线：毒品贩子获取海洛因 ⇒ 对社会造成严重危害 ⇒ 禁止医院使用海洛因。

C 项，表明毒品贩子"无法借此造成"严重危害，削弱了上述论证的中间过程。

A、B、D 和 E 项均主题无关，所涉分别为"其他止痛药"的效果、"贩毒"的性质及后果、海洛因过量的"危害"、"病人"不会上瘾，均与毒品贩子"能获取海洛因"是否说明要"禁止医院使用海洛因"无关。

题 51 答案为 B 项。

论证主线：国外电器广告比国内更吸引人 ⇒ 国产电器制造商要改进广告以增加市场占有率。

B 项，削弱了上述论证的隐含假设——广告会吸引"新的消费者"。

A 项作用相反，表明广告更容易让"精准消费者"看见，从而有利于说明"改进广告"可以达到增加

"占有率"的目标，支持了上述论证的结论。

C、D 和 E 项均主题无关，所涉分别为"广告费"的比较、"销售额"的比较、广告"制作公司国籍"，均与"改进广告"能否达到增加"市场占有率"无关。

题 52 答案为 A 项。

论证主线：没有夜间发行的报纸⇒办《都市夜报》占领夜间市场。

A 项，表明可能读者夜间阅读的报纸是"其他时间段"发行的，从而削弱了张博士的隐含假设——夜间市场"未被占领"。

B、C、D 和 E 项均作用不足。B、C 和 D 项表明人们很少或不会"夜间读报"，"酒吧或影剧院""许多人""一般"均无法判断夜间不读报的人数；E 项虽然表明报纸夜间发行"困难"，但不等于"不能发行"。况且"售报亭"这一渠道发行困难，不代表所有渠道发行困难。因此，均不如 A 项。

题 53 答案为 E 项。

论证主线：实行死刑犯罪率低，不实行死刑犯罪率高⇒死刑能够减少犯罪。

E 项，表明很多罪犯"明知会被判处死刑"，但还会"犯罪"，削弱了上述推断的隐含假设——人们"害怕"死刑或常年监禁。

B 项作用相反，表明正是各州的"量刑不同"，导致了原本在某州的罪犯"去他州"犯案，从而若每个州都"执行死刑"，那么很可能"总犯罪率就会降低"，支持了上述推断的结论。

A、C 和 D 项均主题无关，所涉分别为"犯罪的原因""废除死刑的呼声变化""监禁对犯罪的影响"，均与"死刑"能否"减少犯罪"无关。

题 54 答案为 E 项。

论证主线：金融市场开放程度越大，受冲击越严重⇒中国金融市场应该封闭。

E 项，表明即使封闭的金融市场能躲过"亚洲金融危机"，也躲不过"世界金融危机"，从而削弱了上述论证的隐含假设——金融市场封闭能使中国"长久"不受影响。

C 项作用不足，削弱了上述论证的前提，但"可能"表示程度较低，而 E 项中的"也躲不过"表示程度较高，因此不如 E 项。

A、B 和 D 项均主题无关，所涉分别为亚洲金融危机的"节奏"、中国金融市场的"开放程度"、中国金融市场"未来开放情况"，均与亚洲金融危机中"各国受冲击情况"能否说明中国金融市场"理论开放情况"无关。

题 55 答案为 C 项。

注意本题的相反陷阱，寻找的是"最不能削弱"的选项。

论证主线：评论员说巨星微机优质、快速、价低⇒巨星微机很快建立销售优势。

C 项不起作用，表明巨星微机"可以与其他微机联网"，但其与"销售优势"是否具有联系尚未可知，因此无法起到削弱作用。

A、B、D 和 E 项，表明即使巨星微机"存在上述优势"，但由于"零售商不想改变品牌""存在其他同等竞品微机""市场需求饱和""客户不认同评论员所言"，从而巨星微机未必能"快速建立销售优势"，削弱了上述论证的中间过程。

题 56 答案为 A 项。

注意本题的相反陷阱，寻找的是"最不能削弱"的选项。

论证主线：Super Reger 微机质优、快速、低价⇒Super Reger 微机会替代现有微机。

A 项作用相反，表明"低价"的 Super Reger 微机能和"高价"的其他微机相比，支持了上述论证的中间过程。

B、C、D 和 E 项，表明即使 Super Reger 微机"存在上述优势"，但由于"存在其他更优竞品微机""零售商不想改变品牌""潜在需求者已解决微机需求问题""微机购买者不认同专家所言"，从而 Super Reger 微机未必能"替代现有微机"，削弱了上述论证的中间过程。

题 57 答案为 C 项。

注意本题的相反陷阱，寻找的是"都能提出质疑，除了"，即"不能质疑"的选项。

论证主线：放入一套系列画片中的一枚效果很好⇒很多商家都准备仿效。

C 项，表示"画片经营者"准备推出新画片，与"商家"是否需要效仿无关。

A、B、D 和 E 项，表明即使"目前"画片效果很好，但由于"画片吸引力下降""儿童购买更看重口味""家长准备投诉""家长准备联合抵制"，从而说明商家未必会"效仿"。

题 58 答案为 D 项。

注意本题的相反陷阱，寻找的是"都能削弱，除了"，即"不能削弱"的选项。

论证主线：机动车增加并且全球石油价格上升⇒H 市仍难摆脱空气污染的困扰。

D 项作用相反，表明石油"涨价"带来"劣质石油"进入 H 市，从而会导致 H 市"空气污染"加剧，构建了题干前提与结论的关系。

A、B、C 和 E 项均表明 H 市或市民采取了能缓解空气污染问题的"其他措施"，从而说明即使存在上述不利条件，H 市也未必难以摆脱"空气污染"问题，削弱了上述论证的中间过程。

题 59 答案为 A 项。

论证主线：透明包装可以直接看到食品⇒心里有一种安全感。

A 项，表明"透明包装"反而会造成"食品营养问题"，削弱了上述论证。

B 项作用不足，表明"包装"与"食品卫生"联系不大，但否定的是"直接关系"，而非否定"关系"，完全有可能存在"间接关系"，而 A 项直接说明透明包装会造成食品营养问题，因此不如 A 项。

C 项作用不足，表明对于"牛奶"而言，"透明包装"反而会造成"风味变化"，但题干并非全称命题，个例反驳力度较低。

D 和 E 项均主题无关，所涉分别为"倒胃口""阻光包装"，均与"透明包装"是否会带来"安全感"无关。

题 60 答案为 B 项。

论证主线：论文尽早发表⇒许多患者这 6 周内可避免患病。

B 项，表明论文对应的药物需"两月（约 8 周）以上"才能生效，从而说明即使论文跳过间隔期，也无法在这"6 周内"治愈许多患者，削弱了上述论证的中间过程。

C 项不起作用，表明"有待证实"的结果完全可能是两者有关，因此无法起到削弱作用。

A、D 和 E 项均主题无关，所涉分别为论文"未送审"、杂志的"身份"、口服山茱萸的"恶果"，均与论文"尽早发表"能否实现 6 周内"避免患病"的目标无关。

题 61 答案为 E 项。

论证主线：警力增加的同时相关部门也增员⇒增加警力的动议不可取。

E 项，表明警力增加有可能"减少犯罪"，从而说明相关部门"未必增员"，削弱了上述论证的中间过程。

C项作用相反，通过湖州市的类比可以得出，增加警力确实可能使得相关部门增员，支持了上述论证的中间过程。

A、B和D项均主题无关，所涉分别为"费用承担者""政府能够承担费用""四种任务的关系"，均与"警力增加"是否"可取"无关。

题62 答案为A项。

论证主线：医疗保健费增加⇒每个人所享受的医疗条件改善。

A项，表明医疗保健费用在了"少数人群"上，从而说明即使"医疗保健费增加"，也未必让"每个人"享受的医疗条件改善，削弱了上述论证的中间过程。

C和D项均不起作用，均采用他因攻击方式，但C项并未告知"基础设施"是否每个人都可以享用，D项并未告知"医疗保健费"是否或者能够承担"老年护理费"，因此均无法起到削弱作用。

B和E项均主题无关，所涉分别为"卫生条件""卫生保健的权利"，均与"医疗条件"是否改善无关。

题63 答案为C项。

论证主线：捐赠品的开支昂贵⇒捐赠品加剧博物馆财政负担。

C项，表明博物馆接受的赠品可以"快速出售"，从而说明即使捐赠品"开支昂贵"，也未必会加剧博物馆"财政负担"，削弱了上述论证的中间过程。

A、B、D和E项均主题无关，所涉分别为捐赠品的"内容"、博物馆的财政"来源"、费用与藏品的"关系"、费用的"数量变化"，均与捐赠品是否加剧"博物馆财政负担"无关。

题64 答案为C项。

论证主线：蟹能适应污染水质⇒捕蟹业和蟹类加工业不会受到影响。

C项，表明蟹的"主要食物来源"消失，从而难以存活，从而说明即使蟹能"适应污染水质"，捕蟹业和蟹类加工业"也会受到影响"，削弱了上述论证的中间过程。

E项作用相反，既然污染会使得鱼类死亡，从而鱼群分布便会"稀少"，那么这会使得蟹数量增加，支持了上述论证的结论。

A、B和D项均主题无关，所涉分别为"鱼类""资金所带来的竞争""科学揭示"，均与"蟹"相关产业是否会受到"水质污染的影响"无关。

题65 答案为D项。

论证主线：过量采摘鸡油菌这种野生蘑菇⇒对道氏杉树生长不利。

D项，表明"采摘鸡油菌"可能对道氏杉树"生长有利"，削弱了上述论证的中间过程。

E项作用相反，表明"鸡油菌"是道氏杉树生长的"必要条件"，支持了上述论证的中间过程。

A、B和C项均主题无关，所涉分别为野生蘑菇"产量"、其他树木、其他地方，均与采摘"鸡油菌"是否对道氏杉树"生长不利"无关。

题66 答案为C项。

论证主线：企业深受目光短浅之害⇒企业应以长期目标为主，不过分关注短期目标。

C项，表明"短期目标"是"长期目标"的必要条件，从而说明即使企业深受"目光短浅"之害，若不重点关注"短期目标"，也无法实现长期目标，削弱了上述论证的中间过程。

A和B项均作用不足，表示相比于长期目标，短期目标更具有"优势"，从而说明即使企业深受"目光短浅"之害，也需关注"短期目标"，但这些"优势"的削弱力度难及"必要性"，因此不如C项。

D 项，本项意图采用"存在短期目标很重要"的他因攻击方式，但两者"都重要"，便无法判断"谁更重要"，因此无法起到削弱作用。

E 项主题无关，表示外部环境会"影响企业"，与以长期目标还是短期目标"为主"无关。

题 67 答案为 E 项。

论证主线：X 牌香烟的 Y 成分可抑制致鼻咽癌的 EB 病毒⇒吸 X 牌香烟会减少患鼻咽癌的风险。

E 项，表明 Y 成分的抑制作用会被"Z 成分中和"，从而说明，即使 Y 成分会"抑制 EB 病毒"，吸 X 牌香烟也未必会"减少患鼻咽癌的风险"，削弱了上述论证的中间过程。

A 和 D 项均作用相反，A 项表明 Y 成分可抑制 EB 病毒并非个例，D 项表明 Y 成分对 EB 病毒的抑制作用可以加强，均支持了上述论证的前提。

B 和 C 项均主题无关，所涉分别为癌症并未"好转"、Y 成分的"恶果"，均与 Y 成分能否实现"减少患鼻咽癌的风险"无关。

题 68 答案为 C 项。

论证主线：牛和鱼都能通过食物获得非饱和脂肪酸⇒牛肉和鱼肉均能预防心脏病。

C 项，表明牛在消化后，便不再具有"预防心脏病"的非饱和脂肪酸，从而说明即使"多食用牛肉"，也未必能预防心脏病，削弱了上述论证的中间过程。

A、B、D 和 E 项均主题无关，所涉分别为牛肉和鱼肉"奥米加-3 含量"的比较、牛肉和鱼肉"消费量"的比较、牛肉和鱼肉的非饱和脂肪酸被"人体吸收"的比较、人们食用牛肉和鱼肉后"患心脏病比例"的比较，均与"牛肉和鱼肉"是否能"预防心脏病"无关。

题 69 答案为 D 项。

论证主线：鱼油中奥米加-3 能减少心脏病风险⇒奥米加-3 胶囊有助于预防心脏病。

D 项，表明奥米加-3 的功效"离不开鱼体内其他物质"，从而说明"奥米加-3 胶囊"未必能预防心脏病，削弱了上述论证的中间过程。

A、B、C 和 E 项主题无关，所涉分别为奥米加-3 胶囊"从研制到试销的时间"、导致心脏病的"主要原因"（题干已说鱼油中奥米加-3 能减少心脏病风险，所以患心脏病的原因是什么不重要）、不少保健品有"副作用"、奥米加-3 胶囊"未被推荐"，均与"鱼油中奥米加-3"能减少患心脏病风险能否说明"奥米加-3 胶囊"也能如此无关。

题 70 答案为 B 项。

论证主线：杀虫剂杀死了益虫⇒杀虫剂未必达到提高产量的目的。

B 项，表明使用杀虫剂后，有没有益虫并不重要，即使会杀死益虫，也可能"达到提高产量的目的"，削弱了上述论证的中间过程。

A、C、D 和 E 项均主题无关，所涉分别为杀虫剂的"效率比较"、农作物的"生产成本"、"虫灾"的影响、杀虫剂的"适用区域"，均与杀虫剂"杀死益虫"是否能说明杀虫剂"未必能达到提高产量的目的"无关。

题 71 答案为 E 项。

论证主线：52% 的 18 岁至 65 岁女性在家庭以外工作⇒48% 的 18 岁至 65 岁女性全年不在外工作。

E 项，表明虽然"每个月都有 48%"的上述年龄的女性不在外工作，但每个月不在外工作的女性有可能不是同一拨人，从而说明，未必"全年都有 48%"的上述年龄的女性不在外工作，削弱了上述论证的中间过程。

B 项作用相反，表明上述抽样能反映整体情况，支持了上述论证的中间过程。

A、C 和 D 项均主题无关，所涉分别为现在离家工作的"女性数量"最多、现在"优先考虑"工作的"女性数量"最多、"社会地位"的比较，均与上述年龄的女性"全年实际不在外工作"的"比例"无关。

题 72   答案为 D 项。

论证主线：餐饮业利润稳定在八千万左右⇒粤菜馆兴旺，川菜馆收入会减少。

D 项，表明粤菜馆抢占的市场可能是"其他餐饮"的，从而说明即使市场总体利润不变，"川菜馆"收入也未必减少，削弱了上述论证的中间过程。

A、B、C 和 E 项均主题无关，所涉分别为"价格与人们的口味""餐馆菜系情况""菜系餐馆数量的比较""川菜馆经营策略"，均与在"餐饮业利润稳定在八千万左右"的情况下，若粤菜馆兴起，川菜馆收入是否减少无关。

题 73   答案为 C 项。

论证主线：我国西餐业年利润稳定在 2 亿⇒艾德熊进入中国市场，麦当劳利润下降。

C 项，表明艾德熊抢占的市场可能是"肯德基"的，削弱了上述论证的隐含假设——艾德熊"不会抢占第三方市场"。

A、B、D 和 E 项均主题无关，所涉分别为艾德熊融入中国有"一个过程"、艾德熊与麦当劳"消费价格"的比较、艾德熊与麦当劳"经营规模"的比较、麦当劳的"经营策略"，均与总体利润"稳定"的情况下，麦当劳利润是否下降无关。

题 74   答案为 A 项。

论证主线：风险资本家融资的初创公司失败率低⇒融资渠道比其他因素重要。

A 项，表明风险资本家是否提供资金，主要看的还是题干中的"其他因素"，削弱了上述论证的隐含假设——失败率低的初创公司不看"其他因素"。

B、C、D 和 E 项均主题无关，所涉分别为"其他因素间"的比较、初创公司"倒闭率"、初创公司与发展中公司的比较、"融资渠道间"对财务敏感度的比较，均与"融资渠道是否比其他因素重要"无关。

题 75   答案为 A 项。

论证主线：纠正错误软件变多⇒不妨碍记者撰稿⇒不必重视学生汉语能力。

A 项，表明"避免错误"与"文稿语言质量"联系不大，从而说明即使软件避免了错误，若记者汉语能力不行，就未必能够撰稿，削弱了上述论证的中间过程。

B、C、D 和 E 项均主题无关，所涉分别为新闻学"课程的要求"、软件有效性"与盗版概率的关系"、课程"开设流程"、软件"使用情况"，均与是否应"重视汉语能力"无关。

题 76   答案为 A 项。

注意本题的相反陷阱，寻找的是"最不能削弱"的选项。

论证主线：更多计算机软件用于机械工程⇒没必要掌握数学知识⇒缩减数学课程。

A 项主题无关，所涉为计算机软件还有别的"功能"，与是否要"缩减数学课程"无关。

B、C、D 和 E 项均表明"数学知识"很重要或必要，从而说明即使更多"计算机软件"用于机械工程，也未必需要"缩减数学课程"，削弱了上述论证的中间过程。

题 77   答案为 C 项

论证主线：玫瑰∧¬名片⇒误送∨丢失∨送错。

C 项，表明没有带名片送玫瑰给小丽可能是"其他原因"所致，从而未必是题干原因，该项通过提出新的原因，削弱了上述论证的中间过程。

B 项作用相反，其还肯定了"取悦对方"，此点有利于得出题干原因。

A、D 和 E 项均主题无关，所涉分别为"一般情况""送花人可能是熟人""以往业务"，均与"当下"送玫瑰的"原因"无关。

题 78／　答案为 C 项。

论证主线：H 国雨林面积的缩小比例下降⇒政府努力取得了成效。

C 项，表明缩小比例下降可能是"持续降雨"所致，从而未必是由于政府努力，该项通过提出新的原因，削弱了上述论证的中间过程。

A、B、D 和 E 项均主题无关，所涉分别为财政投入"与往年"的比较、"G 国"的雨林面积、财政投入"占比小"（不等于数量少）、森林面积萎缩的"性质"，均与缩小比例下降是否"归功于政府努力"无关。

题 79／　答案为 B 项。

论证主线：该洞穴挖掘出许多用具⇒该洞穴曾有数百人生活过。

B 项，表明该洞穴有许多用具可能是"墓地和葬礼举办地"所致，未必是由于曾有人生活过，该项通过提出新的原因，削弱了上述论证的中间过程。

A、C、D 和 E 项均主题无关，所涉分别为"该洞穴的启发""该洞穴的年代""该洞穴入口情况""平原地带"，均与该洞穴是否"有数百人生活过"无关。

题 80／　答案为 C 项。

论证主线：同姓汉族却有很大差异⇒南迁汉族与当地人融合。

C 项，表明同姓汉族有很大差异可能是"原本就非同一祖先"所致，未必是由于"和当地人融合"，该项通过提出新的原因，削弱了上述论证的中间过程。

B 项作用不足，虽然指出有人"改姓"后会获得与自己不同源的姓氏，但"帝王敕封""部分人"表示程度较低，因此不如 C 项。

A、D 和 E 项均主题无关，所涉分别为南方少数民族"来源"、少数民族"北迁"、"不同姓"可能同祖先，均与"同姓汉族有差异"的原因无关。

题 81／　答案为 B 项。

论证主线：执教球队成绩突飞猛进⇒赵青出类拔萃。

B 项，表明球队"成绩进步"很可能是"过去教练是男性"所致，未必是由于"赵青本身出类拔萃"，该项通过提出新的原因，削弱了上述论证的中间过程。

D 项作用相反，表明球队"成绩进步"可能就是由于赵青，支持了上述论证的中间过程。

E 项作用不足，表明球队"成绩进步"很可能是"招收职业退役队员"所致，但"只招到了一个二传手"表示程度较低，因此不如 B 项。

A 和 C 项主题无关，所涉分别为"赵青以前的身份""该校女排没能拿下冠军"，均与"女排的成绩进步"是否归功于赵青无关。

题 82／　答案为 C 项。

论证主线：参加计划前后都要在调查表上为孩子评分⇒参加该计划后麻烦变少。

C 项，表明参加后"打分改善"很可能是"孩子调皮周期过去"所致，未必是由于"参加了该计划"，削弱了上述论证的中间过程。

A、B、D 和 E 项均主题无关，所涉分别为"教授婚姻状况""参加者身份""填写难易度""父母应当陪伴孩子"，均与"该计划"是否使得"麻烦变少"无关。

题 83 答案为 E 项。

论证主线：今年卖得最好的是最安全的座椅⇒现在航空公司更重视安全。

E 项，表明"最安全的座椅卖得好"的原因，是其"重量变轻"所致，未必是由于"航空公司更重视安全"，从而通过提出新的原因，削弱了上述论证的中间过程。

C 项作用相反，既然"油价提高"，航空公司还购买更多"偏重"的安全座椅，支持了上述论证的中间过程。

A、B 和 D 项均主题无关，所涉分别为"去年的情况""宣称""座椅整体价格提高"，均与"今年最安全的座椅卖得好"是否反映"航空公司更重视安全"无关。

题 84 答案为 C 项。

论证主线：生活类图书销量超过科技类图书⇒生活类图书受欢迎程度高于科技类图书。

C 项，表明生活类图书销量高可能是"种类多"所致，未必是由于受欢迎程度高，通过提出新的原因，削弱了上述论证的中间过程。

A 项作用相反，"部分反映"也是反映，从而构建了"销量"和"受欢迎度"的关系，支持了上述论证。

B、D 和 E 项均主题无关，所涉分别为"购买者的受教育情况""阅读的情况""销售地点"，均与生活类图书是否"更受欢迎"无关。

题 85 答案为 C 项。

论证主线：3/4 的医院会使用诺维克斯⇒诺维克斯最有效。

C 项，表明"3/4 的医院会使用"诺维克斯的原因，很可能是诺维克斯"价格低"，未必是由于其"有效"，从而通过提出新的原因，削弱了上述论证的中间过程。

B 和 E 项均作用相反，均能支持上述论证的结论。

A 和 D 项均主题无关，所涉分别为"其他疼痛""购买诺维克斯的地点"，均与"3/4 的医院会使用"诺维克斯能否说明诺维克斯"最有效"无关。

题 86 答案为 D 项。

论证主线：4/5 的医院会使用咽喉康含片⇒咽喉康含片最有效。

D 项，表明"4/5 的医院会使用"咽喉康含片的原因，很可能是咽喉康含片"价格低"，未必是因为其"有效"，从而通过提出新的原因，削弱了上述论证的中间过程。

B 项作用相反，支持上述论证的结论。

A、C 和 E 项均主题无关，所涉分别为"其他疾病""味道""无明显副作用"，均与"4/5 的医院会使用"咽喉康含片能否说明咽喉康含片"最有效"无关。

题 87 答案为 C 项。

论证主线：仅有 26% 的大中型企业制订专利计划⇒我国多数企业完全缺乏专利意识。

C 项，表明很多企业"没制订专利计划"的原因，很可能是"直接申请专利但不做计划"，未必是"专利意识淡薄"，削弱了上述论证的中间过程。

A 项不起作用，意图说明所调查的企业无法代表所有企业，但由"一部分企业"制订了专利计划无法得知制订计划的企业在整体中的占比，因此无法起到削弱作用。

B、D 和 E 项均主题无关，所涉分别为不制订专利计划的"原因"、专利意识的"培养时长"、"制订专利计划与专利意识"的关系，均与多数企业"不制订专利计划"是否能说明其"缺乏专利意识"无关。

题88 答案为 B 项。

论证主线：仅 20% 的软件开发者同时制订版权申请计划⇒软件开发者版权意识淡薄。

B 项，表明很多软件开发者"没同时"制订版权申请计划的原因，很可能是"软件完成后才会申请"，未必是"版权意识淡薄"，削弱了上述论证的中间过程。

E 项作用不足，表明软件开发者有很多，所调查的开发者可能无法代表整体，但所有开发者的情况未知，因此不如 B 项。

A、C 和 D 项均主题无关，所涉分别为"制订版权申请计划与版权意识"的关系、不制订版权申请计划的"原因"、"法制环境"，均与多数开发者"没同时"制订版权申请计划是否能说明其"版权意识淡薄"无关。

题89 答案为 C 项。

论证主线：只有 45% 的跑鞋拥有者一年跑一次以上⇒消费者没充分利用所购运动器械。

C 项，表明跑鞋拥有者很少"跑步"很可能是"其目的是用来参与其他活动"所致，未必是由于"没充分利用跑鞋"，从而通过提出新的原因，削弱了上述论证的中间过程。

B 项作用相反，表明所调查的跑步次数，实际会更少，支持了上述论证的中间过程。

A、D 和 E 项均主题无关，所涉分别为"跑步的副作用""喜欢跑步者的购买原因""其他运动"，均与上述"调查数据"能否反映消费者"没充分利用所购运动器械"无关。

题90 答案为 B 项。

论证主线：很少比例电脑拥有者用电脑编程⇒没充分利用好他们的电脑。

B 项，表明很少比例电脑拥有者"用电脑编程"很可能是"其认为电脑就是用来干其他事情"所致，未必是由于"没充分利用电脑"，从而通过提出新的原因，削弱了上述论证的中间过程。

A、C、D 和 E 项均主题无关，所涉分别为"使用电脑的副作用""夸大认知""电脑学习过程""电脑普及和充分利用过程"，均与上述"调查数据"能否反映"没充分利用电脑"无关。

题91 答案为 B 项。

论证主线：感染疟疾多次后会有免疫力⇒疟疾免疫需多次感染。

B 项，表明"感染多次有免疫力"很可能是"每次所感染的疟疾类型不同"所致，从而未必是由于"疟疾免疫需多次感染"，从而通过提出新的原因，削弱了上述论证的中间过程。

A、C 和 E 项均主题无关，所涉分别为疟疾对"体质"的影响、疟疾的"传播途径"、"隔离"的效果、遗传性免疫，均与疟疾免疫是否"需多次感染"无关。

题92 答案为 E 项。

论证主线：孩子感染疟疾多次后才有免疫力⇒孩子的免疫反应需被多次攻击才能有效。

E 项，表明孩子"感染疟疾多次后才有免疫力"可能是"感染不同疟疾"所致，未必是由于免疫反应需多次被攻击才能有效，从而通过提出新的原因，削弱了上述论证的中间过程。

A、B、C 和 D 项均主题无关，所涉分别为"监护人""蚊子""遗传性免疫""疫苗"，均与"孩子多次感染"后才有"免疫力"的原因无关。

题93 答案为 B 项。

论证主线：某省肺结核死亡人数比例高于全国均值两倍⇒该省肺结核防治水平降低。

B 项，表明该省"肺结核死亡人数比例提高"很可能是"其他省患者来这疗养"所致，未必是由于"防治水平降低"，从而通过提出新的原因，削弱了上述论证的中间过程。

A、C、D 和 E 项均主题无关，所涉分别为"人口数量""建设进程""人均病床数量""椰子产量"，均与该省"肺结核死亡人数比例提高"能否反映"肺结核防治水平"无关。

题 94 答案为 B 项。

论证主线：大连癌症死亡人数比例高于全国均值两倍⇒大连癌症防治失误。

B 项，表明"大连癌症死亡人数比例提高"很可能是"其他市患者来这疗养"所致，未必是由于"防治失误"，从而通过提出新的原因，削弱了上述论证的中间过程。

A、C、D 和 E 项均主题无关，所涉分别为"人口增长""医疗设施""理论进展""肺结核死亡率"，均与大连"癌症死亡人数比例"提高能否反映"防治水平"无关。

题 95 答案为 D 项。

论证主线：副王峡蝶很少被捕食⇒因为其和有毒的黑脉金斑蝶非常相似。

D 项，表明副王峡蝶很少被捕食的原因，可能是其本身"有毒"，未必是由于和黑脉金斑蝶相似，从而通过提出新的原因，削弱了上述论证的中间过程。

A、B、C 和 E 项均主题无关，所涉分别为"部分动物"的中毒情况、"单个蝴蝶"的情况、"捕食两类蝶"的动物、毒性保护机制"专属于蝴蝶"，均与副王峡蝶"很少被捕食"的原因无关。

题 96 答案为 A 项。

论证主线：北大干部子女比例从 20% 增至近 40% ⇒北大学生中干部子女比例不断攀升。

A 项，表明北大干部子女比例在数据上增加，可能是统计的"干部范围"变大所致，未必代表北大会招收更多比例的干部子女，从而通过提出新的原因，削弱了媒体观点的中间过程。

B、C、D 和 E 项均主题无关，所涉分别为"中国工农子女受教育情况""中国工农子女考入大学""以前工人子女的身份""美国大学情况"，均与"北大干部子女比例"是否攀升无关。

题 97 答案为 B 项。

论证主线：新型更安全也更耗燃料，旧型销售高于新型⇒购买者不首先考虑安全。

B 项，表明旧型销售高于新型，可能是购买者"不认同广告所言——新型发动机更安全"所致，未必是由于购买者"不首先考虑安全"，削弱了上述论证的中间过程。

A 项作用不足，表明旧型销售高于新型，可能是购买者"不知道广告所言——新型发动机更安全"所致。且不谈"广告"是否真的"不广为人知"，若人们不认知的只是陈述本身——"广告"，不代表人们"不知道新型更加安全"。例如，人们"不知道王霸牌洗发水打过某种广告"，但人们可以"知道王霸牌洗发水能治疗脱发"，而 B 项是人们真的"不认同新型更安全"，因此不如 B 项。

C、D 和 E 项均主题无关，所涉分别为否定"最"重要、其他陈述、未经陈述的，均与"销售的数据"能否反映购买者"不首先考虑安全"无关。

题 98 答案为 D 项。

论证主线：甲省省报发行量是乙省十倍⇒甲省的群众比乙省更关心时事新闻。

D 项，表明甲省省报发行量更高可能是"乙省群众购买"所致，未必是由于"甲省群众更关心时事新闻"，从而通过提出新的原因，削弱了上述论证的中间过程。

A 项作用相反，相比于甲省省报发行量是乙省的"十倍"，甲省人口是乙省的"五倍"，说明甲省省报人均购买量是乙省的"两倍",支持了上述论证的中间过程。

E 项作用相反,表明乙省的发行量可能"并非乙省群众购买",从而说明可能甲省"群众购买甲省省报量更高",支持了上述论证的中间过程。

C 项作用不足,表明甲省省报发行量更高可能是"全国发行"所致,但全国发行不代表主要销量不在甲省,而 D 项指出主要销量确实在乙省,因此不如 D 项。

B 项主题无关,所涉为"面积"的比较,与甲省"发行量"更高能否反映甲省"群众更关心时事新闻"无关。

题99 答案为 E 项。

论证主线:对人类造成的灾害增多⇒这是人类破坏生态环境的代价。

E 项,表明上述"灾害增多"很可能是"更多人类居住在易发生灾难的地区"所致,未必是由于"人们破坏生态环境",从而通过提出新的原因,削弱了上述论证的中间过程。

A、B、C 和 D 项均主题无关,所涉分别为减轻自然灾害危害的"手段"、经济发展与生态环境的"关系"、两国自然灾害"危害的比较"、自然灾害与人为灾害"危害的比较",均与上述"对人类造成的灾害增多的原因"无关。

题100 答案为 D 项。

论证主线:1945 年以来,每天有 12 场战斗⇒人类无法和平共处。

D 项,表明"战争数量"逐渐下降,从而说明战争的爆发可能是"阶段性"的,人类未必"无法实现和平共处",削弱了上述论证的中间过程。

A 项不起作用,所提"各国在克制"从而"冲突较少",这并不违背"每天都有 12 场战斗"。有可能人类再怎么克制也无法消除战斗,因此无法起到削弱作用。

C 和 E 项作用相反,表明战争"一直都有",支持了上述论证的结论。

B 项主题无关,所涉为"现代战争的策略",与"战争是否一直都有""人类是否无法和平共处"无关。

题101 答案为 B 项。

论证主线:相当高比例的木乃伊中有该疾病⇒古埃及流行关节尿酸炎。

B 项,表明既然该病是"遗传性疾病",若该病发病率在"古埃及后代中"并不比一般疾病高,从而说明该病"在古埃及时代"未必流行,削弱了上述论证的中间过程。

E 项不起作用,题干仅为有该疾病的"比例",即使"有些"没有该疾病,但依然符合题干论证,因此无法起到削弱作用。

A、C 和 D 项均主题无关,所涉分别为"我国西部"木乃伊、"防腐物质"不明、"古代中东"文物,均与"木乃伊中患该疾病"的比例能否说明"古埃及"流行该疾病无关。

题102 答案为 E 项。

论证主线:接受六小时伴有花香的强光照射者均缓解了抑郁⇒光照能治疗冬季抑郁症。

E 项,表明上述患者"缓解抑郁"可能是"六小时非工作状态"所致,从而削弱了上述论证的隐含假设——患者由于"光照"缓解抑郁。

A、B、C 和 D 项均主题无关,所涉分别为"患者适应性""性别""气候带""强光危害",均与"光照"能否"治疗"冬季抑郁症无关。

题103 答案为 B 项。

论证主线:警察占总人口比例大,无目击证人犯罪的比率低⇒高比例警察可有效阻止此类犯罪。

B 项,表明"无目击证人犯罪比率低"可能是"人口密度高"所致,从而削弱了上述论证的隐含假设——"无目击证人犯罪比率低"是由于"高比例的警察"。

A、C、D 和 E 项均主题无关，所涉分别为"工作态度和巡逻频率""非暴力犯罪""罪犯的抓获""各项犯罪中无目击证人犯罪比率低"，均与"高比例的警察"是否能"有效阻止此类犯罪"无关。

题 104 答案为 D 项。

论证主线：可口可乐为 M、百事可乐为 Q，半数人选了 Q ⇒ 人们更爱百事可乐。

D 项，表明"半数人选 Q 所代表的的可乐"可能是"更喜欢字母 Q"所致，从而削弱了上述实验的隐含假设——实验者选择 Q 是由于"更爱百事可乐"。

A 和 B 项均作用相反，A 项表明参加实验者的回答就是"内心的想法"，B 项排除了很多参加实验者"本身能分辨两种饮料"的可能，均支持了上述论证的中间过程。

E 项不起作用，因为题干已经撕掉了两种饮料的"标签"，因此参加实验者无法辨别两种饮料，从而本项与题干信息相符，因此起不到削弱作用。

C 项主题无关，所涉为"同情心态"，与"实验结论"能否说明人们"更爱百事可乐"无关。

题 105 答案为 A 项。

论证主线：单身者税收率降低，未婚同居者增加 ⇒ 修改单身者税收率会使未婚同居者结婚。

A 项，表明适婚年龄段的青年人，因恐惧高离婚率而不敢结婚，从而说明"未婚同居者增加"很可能是"适婚年龄段的青年人恐婚"所致，从而攻击了上述论证的隐含假设——"未婚同居者增加"是由于"单身者税收率降低"。

B 项作用不足，通过类比构造了有因无果，削弱了上述论证的隐含假设——"单身者税收率降低"与"未婚同居者增加"具有因果关系。但这是个例，且不能说明 H 国和 W 国可以类比，而 A 项针对的是隐含假设，因此不如 A 项。

C、D 和 E 项均主题无关，所涉分别为 W 国税收率和他国的"比较"、W 国未婚同居者"上涨态势"、W 国未婚同居现象"未受到指责"，均与"修改单身者税收率"能否达到"让未婚同居者结婚"的目标无关。

题 106 答案为 D 项。

论证主线：5 个星期后，60% 吃含辣椒成分药片的实验者的不适症状得到缓解 ⇒ 辣椒缓解消化不良。

D 项，表明 5 个星期后实验者的症状缓解，可能是由于其本身"一个月内的身体调节"所致，从而通过提出新的原因，削弱了上述实验的隐含假设——实验者不适的缓解是由于"吃含辣椒成分的药片"。

A、C 和 E 项均作用相反，A 项，若"阻碍神经传递素"能缓解消化不良的症状，则构建了"辣椒"与"缓解消化不良"的关系；C 项，表明上述实验并非偶然，从而有利于说明实验具有代表性；E 项，若心理作用有利于缓解消化不良的症状，则排除了实验者心理作用对其身体的影响。以上均支持了上述实验的中间过程。

B 项不起作用，上述实验的比例为"60%"的实验者症状得到缓解，因此即使"5%"实验者症状加剧，依然符合题干论断，因此无法起到削弱作用。

题 107 答案为 D 项。

注意本题的相反陷阱，寻找的是"除了，都会削弱"，即"不会削弱"的选项。

论证主线：甲校学生英语成绩比乙校好 ⇒ 甲校英语教学方法比乙校好。

D 项主题无关，所涉为"乙校教师更勤奋"，与甲校学生成绩更好是否归功于"甲校英语教学方法更好"无关。

A、B、C 和 E 项，表明甲校学生成绩好，可能是"甲校考试更容易""甲校学生基础更好""甲校教材更简单""甲校英语学时更多"所致，未必是由于甲校英语教学方法更好，从而通过提出新的原因，削弱了上述论证的中间过程。

题108 答案为D项。

论证主线：附属医院比其他医院抢救病人成功率低⇒附属医院比其他医院医疗护理水平低。

D项，表明附属医院"抢救病人成功率低"很可能是"病人病情更重"所致，从而削弱了上述论证的隐含假设——抢救病人成功率低是由于"医疗护理水平低"。

B项作用相反，排除了附属医院"抢救病人成功率低"可能是由于"缺少精密设备"，从而通过排除其他原因，支持了上述论证的中间过程。

E项作用相反，既然是"标准之一"，从而构建了"抢救病人成功率"与"医疗护理水平"的因果关系，支持了上述论证的中间过程。

A和C项均主题无关，所涉分别为"医生在多处工作""附属医院的主要任务"，均与附属医院"抢救病人成功率低"能否说明其"医疗护理水平低"无关。

题109 答案为C项。

论证主线：职务罪犯比其他罪犯重新犯罪率低⇒职务罪犯比其他罪犯的改造效果好。

C项，表明"职务罪犯重新犯罪率低"很可能是"很难再得到官职"所致，从而削弱了上述论证的隐含假设——重新犯罪率低是由于"改造效果好"。

A、B、D和E项均主题无关，所涉分别为"文化水平"的比较、对"腐败"的遏制效果、职务罪犯的"占比"、职务罪犯"少有前科"，均与职务罪犯"重新犯罪率低"能否说明其"改造效果好"无关。

题110 答案为D项。

注意本题的相反陷阱，寻找的是"最不能削弱"的选项。

论证主线：癌症发病率暴增⇒原因是生态失衡。

D项主题无关，所涉为"发现更早""治疗更好"，均与"发病率"无关。

A、B、C和E项，表明癌症发病率暴增可能是"人均寿命提高""世界和平（人们能活到得癌症的年龄了）""诊断率提高""医学资料保存完好率提高"所致，从而未必是由于生态失衡，从而通过提出新的原因，削弱了上述论证的中间过程。

题111 答案为A项。

注意本题的相反陷阱，寻找的是"都能削弱，除了"，即"不能削弱"的选项。

论证主线：《港湾》改名后广告客户转向其他刊物⇒广告商顾及道德责任。

A项主题无关，所涉为"杂志内容"节制，无法说明"广告客户转向其他刊物"与"广告商顾及道德责任"无关。

B、C、D和E项，表明广告客户转向其他刊物，可能是"杂志信誉度低""杂志不再刊登家庭类内容""杂志的广告费增加""杂志关于广告的负面新闻可能影响自己"所致，未必是由于广告商顾及道德责任，从而通过提出新的原因，削弱了上述论证的中间过程。

题112 答案为C项。

论证主线：S市有驾驶证的人增加，交通死亡事故数减少⇒S市驾驶员的驾驶技术提高。

C项作用相反，表明S市菜鸟驾驶员减少，从而整体驾驶技术提高，支持了题干论证的结论。

A、B、D和E项，表明S市上述数据情况，可能是"驾驶员违规情况降低""交通管理力度加强""乘坐公共交通出行者增加""道路状况改善"所致，未必是由于驾驶技术提高，从而通过提出新的原因，削弱了上述论证的中间过程。

第三篇　论证逻辑

题113　答案为 D 项。

注意本题的相反陷阱，寻找的是"最不能削弱"的选项。

论证主线：多数头疼患者头痛有所缓解⇒放松体操和反馈疗法能治疗头痛。

D 项主题无关，所涉为所选各疾病患者"人数不等"，与疾病缓解"占比"无关。

A、B、C 和 E 项，表明患者"头痛缓解"，很可能是"暗示和希望""参与者故意迎合""压力缓解""工作时间减少"所致，未必是由于"放松体操和机能反馈疗法"所致。从而通过提出新的原因，削弱了上述论证的中间过程。

题114　答案为 A 项。

注意本题的相反陷阱，寻找的是"最不能削弱"的选项。

论证主线：今年该市肠炎患者数量下降⇒原因是该市投入使用的饮用水净化工程。

A 项主题无关，所涉为"水中缺少微量元素"，与患者"数量下降"的原因无关。

B 项，表明去年虽然也"使用了饮用水净化工程"，但"患者数量没有显著下降"，通过有因无果的方式，削弱了上述论证中的因果关系。

C、D 和 E 项，表明该市肠炎患者"数量下降"，可能是"餐饮业的整顿""诊断病因改变""全国肠炎患者数量都在下降"所致，未必是由于"净化工程"，从而通过提出新的原因，削弱了上述论证的中间过程。

题115　答案为 B 项。

注意本题的相反陷阱，寻找的是"都能削弱，除了"，即"不能削弱"的选项。

论证主线：青少年在 H 国司机中占 7%，在死亡事故肇事者中占 20%⇒青少年缺乏驾驶技巧⇒青少年驾照要附加限制。

B 项主题无关，所涉为"载客人数"，与题干造成死亡的"交通事故数"无关。

A、C、D 和 E 项，表明 H 国青少年相关数据情况，可能是青少年"开的汽车性能不好""开车公里数更多""更不愿系安全带""更容易酒驾"所致，未必是由于青少年缺乏驾驶技巧，从而通过提出新的原因，削弱了上述论证的中间过程。

题116　答案为 D 项。

论证主线：老住户没投诉⇒机场噪声不大⇒不采取措施。

D 项，表明"老住户没投诉"很可能是"听觉失灵"所致，未必是由于"机场噪声不大"，从而通过提出新的原因，削弱了上述论证的中间过程。

B 项，表明"老住户没投诉"很可能是"耳塞"所致，但"有些"表示程度较低，因此不如 D 项。

A、C 和 E 项均主题无关，所涉分别为"房产承销商的体会""老住户与房产承销商的联系""房产承销商没有隐瞒事实"，均与"老住户"没投诉能否说明机场"噪声不大"无关。

题117　答案为 C 项。

会计部经理论证主线：降低员工成本⇒需要替换良友软件。

总经理论证主线：聘请会用良友软件的雇员能降低员工成本⇒不必替换良友软件。

C 项，表明"会用良友软件的雇员"工资更高，从而说明不论是"会用还是不会用良友软件的雇员"，其员工成本都更高，否定了总经理所提其他方法的作用。

B 项作用相反，表明"会用良友的雇员"会从其他公司离职，说明该公司有聘用的人选，支持了总经理的前提。

A、D 和 E 项主题无关，所涉分别为"员工都参加过培训""工作效率""升级费用"，均与"降低员工成本"能否成为"替换良友软件"的理由无关。

> ✏️ **高能提示**
>
> 　　有小伙伴认为，B 项中的"不断更换雇主"表明，有可能雇佣到会使用良友软件的人之后，他又离职了，这对公司来说不好，从而对总经理有削弱作用。但是，总经理只是在反驳"软件的员工成本"这个理由，而雇员离职后，可以再聘请下一位雇员，从而支付的工资未必增加，因此此点对于总经理的反驳来说，是无关的。
> 　　小伙伴们在分析选项的时候，一定要紧抓"题干论证"，不要直接陷入"背景"之中。就像本题，如果抓的就是"员工成本"这个关键点，那么本题四个错误选项都能快速被排除。

题 118 答案为 D 项。

魏论证主线：计算机对于当代人类很重要⇒给孩子普及计算机知识。

贾论证主线：现在学的在未来会过时⇒不用让孩子学计算机知识。

D 项，表明学习计算机知识有提高"理解和运用能力"的作用，从而说明计算机知识"会过时"不等于"小孩子学了没用"，否定了贾所提及的他因的作用。

C 项作用不足，表明小孩子学习过时的算盘知识"有用"，但这是将"计算机知识"与"算盘知识"做类比，因此不如 D 项。

A、B 和 E 项均主题无关，所涉分别为"其他学科"也有更新的特点、孩子有"接受新知识的能力"、"中小学教育"主课，均与小孩子学习计算机知识"是否有用"无关。

题 119 答案为 A 项。

李论证主线：美国婴儿死亡率较高⇒是由于先进的医疗技术和设施对成人更显著。

张论证主线：低收入是原因⇒先进医疗技术和设施对成人更显著不是原因。

A 项，因为美国婴儿死亡率排第 17 位，而美国人均寿命排第 2 位，表明美国"非婴儿人口死亡率较低"。而低收入对婴儿和非婴儿的影响应该大致相同。所以，如果低收入使得美国婴儿死亡率高，那么也会使得美国非婴儿死亡率高，从而说明"低收入"并非原因，否定了张研究员所提原因的作用。

E 项作用相反，"医疗要求"婴儿高于成人，只能表明婴儿"要求更先进的设备"，无法说明"先进设备的效果"对于婴儿更差。若"医疗要求"婴儿高于成人，那么每个国家都应该如此，从而对于拥有"最先进医疗设备"的美国来说，婴儿死亡率排名应该更高才对。

B、C 和 D 项均主题无关，所涉分别为美国"百岁老人"世界占比、美国"婴儿死亡率下降"、美国"医疗新技术开发投资"世界排名，均与美国较高婴儿死亡率的"原因"无关。

题 120 答案为 A 项。

母亲论证主线：冬冬体重下降⇒由于学习负担太重。

父亲论证主线：冬冬营养不良导致体重下降⇒学习负担不是原因。

A 项，表明"学习负担"是"营养不良"的原因，从而说明学习负担"间接导致"体重下降，削弱了父亲对母亲的反驳。

C 项作用相反，表明冬冬在"学习压力下降"的同时，"体重还下降"了，从而有利于说明对于冬冬来说，这两者确实无联系，支持了上述论证的中间过程。

B、D 和 E 项均主题无关，所涉分别为"松松""学生的普遍问题""学校承认学生压力大"，均与体重下降和学习负担"是否有联系"无关。

题121 答案为 A 项。

学生家长论证主线：视力下降⇒由于作业负担太重。

校长论证主线：姿势不正确导致视力下降⇒作业负担不是原因。

A 项，表明"作业负担"是"姿势不正确"的原因，从而说明作业负担"间接导致"体重下降，削弱了校长对学生家长的反驳。

B、C、D 和 E 项均主题无关，所涉分别为"该校作业负担重""该校纠正坐姿的力度""视力下降是社会问题""该校作业负担比上学年减轻"，均与"视力下降"是否归因于"作业负担"无关。

题122 答案为 B 项。

张论证主线：癌症病人的平均生存年限提高⇒癌症治疗水平提高。

李论证主线：癌症早期确诊率提高⇒癌症治疗水平提高不能成立。

B 项，表明"早期确诊率"与"治疗水平"存在联系，削弱了李研究员对张教授的反驳。

A、C、D 和 E 项均主题无关，所涉分别为"早期确诊"的前提、"医疗水平"在世界的不平衡、"发病率"有提高、"接受化疗者"有增加，均与"早期确诊率提高"能否说明"张教授论证不正确"无关。

题123 答案为 C 项。

论证主线：在不会被疟蚊再叮咬之处超 120 天还高烧不退⇒不会是疟原虫引起该高烧。

C 项，表明某疟疾患者有"上述情况"很可能是"疟原虫进入了脾脏细胞"所致，从而并不能否定"疟原虫"会导致该高烧。

A、B、D 和 E 项均主题无关，所涉分别为"不同高烧"难以区别、"不同蚊子"难以区别、疟疾的"其他症状"、疟原虫"生存地"，均与有"上述情况"的疟疾患者，其高烧是否由"疟原虫引起"无关。

题124 答案为 D 项。

论证主线：1994 年的检查中没发现有人因水污染而患病⇒污水不会影响健康。

D 项，表明 1994 年的检查没发现患者可能是"污水导致的疾病需要多年后才会显现"所致，从而并不能否定"污水"对健康的影响。

B 项不起作用，其意图说明上述检查可能"没有检查到患者"，但未参加的村民未必就会患病，且上述检查有可能具有代表性，因此无法起到削弱作用。

A、C 和 E 项均主题无关，所涉分别为"污水排放量""洗涤剂生产量""检测难度的比较"，均与题干"健康检查结果"是否能证明"污水不会影响健康"无关。

题125 答案为 B 项。

论证主线：患儿改用牛乳但神经性皮炎没消失⇒母乳不会引起神经性皮炎。

B 项，表明"改用牛乳但神经性皮炎没消失"可能是"该病很难短期治愈"所致，从而并不能否定"母乳"引起了过敏。

A 项作用不足，表明上述实验设计不当，有可能"母乳所致过敏"已经消失，患儿现在的过敏是"牛乳所致"，削弱了上述论证的中间过程。但"有时"表示程度较低，而 B 项中的"一旦……很难……"程度较高，因此不如 B 项。

C、D 和 E 项均主题无关，所涉分别为皮炎的"遗传"情况、牛乳与人乳"吸收难易"的比较、患皮炎者的"体质"，均与"改用牛乳但神经性皮炎没消失"能否说明"神经性皮炎是其他原因所致"无关。

题 126 答案为 E 项。

论证主线：沉船在公元 1 000 年沉积层之上⇒沉船不是公元 850 年出发的"征服号"。

E 项，表明沉船搁浅时间可能"早于"沉积层形成时间，即使沉积层是公元 1 000 年形成的，也未必能说明沉积层之上的乘船不是公元 850 年出发的征服号。

B 项不起作用，意图采用沉船"建造时间"早于沉积层形成时间来攻击题干论证，但其"出发及搁浅时间"未知，完全有可能是晚于征服号出发的，因此无法起到削弱作用。

A、C 和 D 项均主题无关，所涉分别为征服号"不在目的地或出发港"、征服号"出发后很快会沉没"、沉船上有当时的"瓷器"，均与该沉船"搁浅时间"无关。

题 127 答案为 E 项。

论证主线：海豹很少以鳕鱼为食⇒海豹没有导致鳕鱼的减少。

E 项，表明海豹有可能造成鳕鱼"只吃"的毛鳞鱼减少，从而说明有可能是海豹"间接导致"鳕鱼的减少，因此，未必能否定"海豹"没有导致鳕鱼减少。

C 项作用相反，表明鳕鱼数量的减少确实可能不是海豹所致，支持了上述论证的结论。

A 项作用不足，表明海水污染会对鳕鱼造成"伤害"，但"比对海豹的伤害严重"不等于"对鳕鱼的伤害很严重"，可能污染对两者伤害都不太严重，只不过对鳕鱼的影响程度深一些，因此不如 E 项。

B 和 D 项均主题无关，所涉分别为数量的"比较"、鳕鱼无法去"海豹的生活环境"（但海豹有可能去鳕鱼的），均与海豹是否"导致"鳕鱼数量下降无关。

题 128 答案为 C 项。

论证主线：居民增多没有使森林面积减少⇒居民增多不是百灵鸟数量下降的原因。

C 项，表明居民增多虽然没有使森林面积减少，却使"百灵鸟的天敌"增加，从而说明居民增多"间接导致"百灵鸟数量下降，因此，未必能否定"居民增多"导致百灵鸟数量下降。

A、B、D 和 E 项均主题无关，所涉分别为"每年都有"偷猎（不等于偷猎数量增多）、"木材公司"使得树木数量锐减、居民"从事行业"、"其余野生动物"生长态势，均与"居民增多"是否导致"百灵鸟数量下降"无关。

题 129 答案为 E 项。

甲论证主线：奥运会票价应该更高⇒奥运会广告使现场观众获益。

乙论证主线：消费者承担广告费用⇒奥运会广告没能使现场观众获益。

E 项，表明厂商所投"广告费恒定"，即使不在奥运会上打广告，消费者依然要承担这部分费用，因此"奥运会拉广告"与"消费者承担费用多少"无关。但若奥运会拉到广告，则消费者所支付门票费用却会降低，因此，否定了乙所提及的他因的作用。

A、B、C 和 D 项均主题无关，所涉分别为"票价高低"的比较、"广告效果"的比较、做广告的"厂家数量"、奥运会"商业色彩"的副作用，均与现场观众是否从"奥运会广告中获益"无关。

题 130 答案为 A 项。

论证主线：优惠机票满员率超过 90% 就停售⇒六五折教师机票并未让利。

A 项，表明六五折机票"无法吸引教师乘客"，即使不实施六五折机票，教师依然会购买机票，因此，"六五折机票"与"销量是否增加"无关。但若实施六五折机票，则教师所支付费用却会降低，因此，未必能否定教师机票"在让利"。

B、C、D 和 E 项均主题无关，所涉分别为"营业额""功利角度""其他价格政策""平均满员率"，均与六五折教师机票"是否让利"无关。

题 131　答案为 A 项。

同意方论证主线：延迟退休年龄政策⇒减轻人口老龄化的社会保障压力。

反对方论证主线：延迟退休年龄政策⇒产生对青年就业的负面影响。

本题是支持题型的问法，但是是削弱题型的解法。

A 项，表明老年人退休后"本就会继续工作"，即使没有延迟退休年龄政策，老年人也会挤占青年人岗位，从而表明"青年就业压力"与"延迟退休年龄政策"无关，削弱了反对方的论证主张，相当于间接支持了同意方。

B、C、D 和 E 项均主题无关，所涉分别为"尊老爱幼"的优良传统、青年人就业问题的"解决方式"、中国老龄化问题的"严重程度"、青年人"就业难"的原因，均与"延迟退休年龄政策"是否会对"青年就业"产生负面影响无关。

题 132　答案为 D 项。

论证主线：卖专利给企业⇒获得资金。

D 项，表明企业不需要"大学研制的专利"，从而削弱了上述论证的隐含假设——企业"会买大学的专利"。

A、B、C 和 E 项均主题无关，所涉分别为"赞助""税收""科学家""对研究的投资"，均与"卖专利给企业"能否达到"获得资金"的目标无关。

题 133　答案为 E 项。

论证主线：网络购物⇒满足物质生活追求。

E 项，表明"物质生活追求"与"网络购物"没有关系，从而说明"网络购物"达不到"满足物质生活追求"的效果，削弱了上述论点的中间过程。

B 项作用不足，表明没有"网络购物"一样可以满足"物质生活追求"，通过构造无因有果，削弱了上述观点的中间过程，但 E 项的"仅仅取决于"表示程度较高，因此不如 E 项。

A、C 和 D 项均主题无关，所涉分别为网络购物的"成本""不足""恶果"，均与网络购物能否实现"满足物质生活追求"无关。

题 134　答案为 C 项。

论证主线：扩宽摩托车车道⇒消除抢道现象。

C 项，表明拓宽车道后，有的摩托车还会"继续抢道"，从而说明车道拓宽达不到"消除抢道现象"的目标，削弱了上述论点的中间过程。

A、B、D 和 E 项均主题无关，A 和 B 项所涉为拓宽车道的"恶果"，D 项所涉为"违章问题"，E 项所涉为拓宽车道的"成本"，均与车道拓宽能否"消除抢道现象"无关。

题 135　答案为 C 项。

论证主线：把欧洲与蒙古奶牛杂交⇒提高蒙古牧民牛奶产量。

C 项，表明杂交后的奶牛无法在当地"生长"，从而说明杂交达不到"提高蒙古牧民牛奶产量"的目标，削弱了上述计划的中间过程。

A 项作用不足，表明有的欧洲奶牛无法与蒙古奶牛杂交，从而说明有的欧洲奶牛不具有杂交的可行性，但"有的"表示程度较低，因此不如 A 项。

B、D 和 E 项均主题无关，所涉分别为饲养奶牛的"利润"情况、牧民"出口的产品"、欧洲奶牛的"产奶量"，均与杂交能否"提高牧民牛奶产量"无关。

题 136 答案为 A 项。

论证主线：把波尔山羊与当地山羊杂交⇒满足高效优质肉羊需要。

A 项，表明杂交后的羊无法适应当地"气候条件"，从而说明杂交达不到"满足高效优质肉羊需要"的目标，削弱了上述计划的中间过程。

B 项作用不足，表明有的波尔山羊无法与当地山羊杂交，从而说明有的波尔山羊不具有杂交的可行性，但"有的"表示程度较低，因此不如 A 项。

C、D 和 E 项均主题无关，所涉分别为饲养羊的"利润"情况、人们的"喜好"、当地山羊的"优点"，均与杂交能否"满足高效优质肉羊需要"无关。

题 137 答案为 E 项。

论证主线：教不刷牙的人口腔自检⇒帮助不刷牙的人早期发现口腔癌。

E 项，表明不刷牙的人不大可能会去使用所学方法检查口腔，从而说明即使教了也达不到"帮助他们在早期发现口腔癌"的目标，削弱了上述论证的中间过程。

A、B、C 和 D 项均主题无关，所涉分别为有的口腔疾病"发现难度大"、预防方案"因人而异"、"经常刷牙的人"的情况、"可靠性"的比较，均与小册子能否帮助"不刷牙的人"在早期"发现口腔癌"无关。

题 138 答案为 A 项。

论证主线：把每工作日一次的工间操改为上、下午各一次⇒降低雇员病假率。

A 项，表明无法让经常休病假的员工参加工间操，从而说明即使做了调整，也达不到"降低病假率"的目标，削弱了上述论证的中间过程。

B、C、D 和 E 项均主题无关，所涉分别为"工间操的恶果""业余锻炼""工间操并非最佳方式""工作效率的比较"，均与调整工间操制度能否达到"降低病假率"的目标无关。

题 139 答案为 C 项。

论证主线：新型键盘能提高键入速度并减少错误率⇒新型键盘能迅速提高部门工作效率。

C 项，表明使用新型键盘后，员工熟练度会低于之前，从而说明新型键盘达不到"迅速提高工作效率"的目标，削弱了上述论证的中间过程。

A 项作用不足，表明新型键盘无法针对每个人，从而有利于说明新型键盘达不到"迅速提高工作效率"的目标，但"有的"表示程度较低，因此不如 C 项。

B、D 和 E 项均主题无关，所涉分别为常用键的位置、新旧键盘"价格"比较、个人情况"有差异"，均与新型键盘能否"迅速提高部门工作效率"无关。

题 140 答案为 C 项。

论证主线：把教学楼厕所定为吸烟区⇒不会使人们违反公共场所禁烟的规定。

C 项，表明即使把"厕所定为吸烟区"，也无法达到"人们不会违反规定"的目标，削弱了上述论证的中间过程。

D 项作用相反，表明上述建议确实可以达到目标，支持了上述论证的中间过程。

A、B 和 E 项均主题无关，所涉分别为"卫生和环境""厕所定为吸烟区的恶果""宿舍失火问题"，均与"厕所定为吸烟区"是否能达到"人们不会违反规定"的目标无关。

题 141 答案为 D 项。

论证主线：自行车车道扩宽⇒消除抢道现象。

D 项，表明拓宽车道后，有的自行车还会"继续抢道"，从而说明车道拓宽达不到"消除抢道现象"的目标，削弱了上述论证的中间过程。

A 项作用不足，虽然质疑了扩宽车道的"可行性"，但可行性较差不等于没有可行性，因此不如 D 项的"措施达不到目标"。

B、C 和 E 项均主题无关，B 和 E 项所涉为"拓宽车道的恶果"，C 项所涉为"违章问题"，均与自行车车道拓宽能否"消除抢道现象"无关。

题 142 答案为 B 项。

论证主线：发出滴答声⇒使猎物感官超负荷，击晕猎物。

B 项，表明即使海豚发出"滴答声"，也无法被猎物"感知到"，从而更达不到"使猎物感官超负荷"的目标，削弱了上述论证的中间过程。

C 项作用相反，表明海豚发出的"滴答声"能达到"使猎物感官超负荷"的目标，支持了上述论证的中间过程。

A、D 和 E 项均主题无关，所涉分别为"发现猎物的距离""蝙蝠""滴答声与猎物距离的关系"，均与发出滴答声能否达到"使猎物感官超负荷"的目标无关。

题 143 答案为 E 项。

论证主线：K 国半导体最低售价必须比 V 国平均生产成本高 10%⇒帮助 V 国公司。

E 项，表明"其他国家半导体"开始抢占 V 国公司市场，从而说明即使该计划"限制了 K 国"，若无法限制"其他国家"，依然达不到"帮助 V 国公司"的目标，削弱了上述论证的中间过程。

A、B、C 和 D 项主题无关，所涉分别为"通货膨胀率""K 国半导体销售地""V 国公司售价降低""K 国政策"，均与"限制 K 国公司售价的计划"是否能达到帮助"V 国公司"的目标无关。

题 144 答案为 B 项。

论证主线：对进入市区的私人汽车收取 5 元费用⇒很多人会改乘公交车。

B 项，表明很多人为了开车进入市区，本就承担着"超过乘公交"的费用，从而说明即使"开车进入市区需再增加 5 元费用"，也难以达到"让他们改乘公交车"的目标，削弱了上述论证的中间过程。

A 项作用相反，表明开车进入市区还有其他增加的成本，支持了上述论证的结论。

E 项作用不足，表明上述措施无法覆盖 20% 的市区私家车。但绝大多数私家车还是市区外的，从而能被上述措施覆盖，因此不如 B 项。

C 和 D 项均主题无关，所涉分别为"现在"乘公交的人数、"有人反对"该计划，均与"收取 5 元费用"的措施能否达到"很多人改乘公交车"的目标无关。

题 145 答案为 C 项。

论证主线：复活灭绝动物⇒有望恢复生态环境。

C 项，表明复活的动物群体"难以长期生存"，从而说明就算复活了动物群体，也达不到"利用其恢复生态环境"的目标，削弱了上述支持者的中间过程。

B 项主题无关，一方面，支持者并未表明，人类"仅能克隆个体"；另一方面，支持者表达的是"有望"，相当于说，如果人类"未来"能够复活动物群体，便会恢复生态环境，因此，人类"当下"不能复活动物群体与其无关。综上，本项与支持者观点无关。

A、D 和 E 项均主题无关，A 和 E 项所涉为"复活动物的恶果"，D 项所涉为"动物灭绝的原因"，均与"复活灭绝动物"能否"有望恢复生态环境"无关。

> **高能提示**
>
> 这里我们做一个扩展，如果此题改为"现在就要去复活群体，来恢复生态环境"，则 B 项削弱力度就变得很强了，因为当下立刻执行措施的必要条件是当下"措施有实施条件"。

题 146 / 答案为 B 项。

论证主线：对私家车实行全天候单、双号限行⇒解决空气污染和高峰期拥堵现象。

B 项，设该市私家车拥有者数量为 a，则该市私家车数量大于 2a。从而在限号前，该市出行的私家车数量为 a；在限号后，该市私家车拥有者可开尚未限号的车出行。因此，该市出行的私家车数量还为 a，从而说明限号达不到解决"空气污染和高峰期拥堵"的目标，削弱了上述决定的中间过程。当然，若绝大多数私家车拥有者都买得是同类尾号的汽车，则本项未必有削弱作用，但这种情况极为特殊，相比于 E 项中的问题，本项更好。

E 项作用不足，表明限号实施后，该市将可能没有足够的税收"改善公共交通"，从而可能达不到解决"空气污染和高峰期拥堵"的目标。但既然是"税收之一"，该市完全可能调节其他税种，如个人所得税、企业税、消费税等，且"公共交通"改善的也可以是"公交人员的服务"，未必就与"空气或拥堵"相关，因此不如 B 项。

A、C、D 项均主题无关，所涉分别为限号的"恶果"、私家车车主不在乎"罚款"、其他解决方法，均与"限号"能否达到解决"拥堵问题"的目标无关。

题 147 / 答案为 D 项。

论证主线 1：提高地铁客运量⇒缓解沿线包括高速公路的机动车拥堵。

论证主线 2：增收沿线高速公路的机动车过路费⇒弥补上述改造费用。

D 项，表明采用第二个计划的收费措施后，会增加"普通公路"的拥堵情况，从而达不到第一个计划中"缓解沿线机动车拥堵"的目标，削弱了上述论证的中间过程。

A、B、C 和 E 项均主题无关，所涉分别为"市政府的支配权""地铁乘客""过路费区别""不同公路的拥堵程度"，均与"上述计划的效果"能否实现无关。

题 148 / 答案为 E 项。

论证主线：恐慌时，将存款分别存入不同的户头⇒降低存款人银行破产风险。

E 项，表明在"大批银行破产时"，政府便"无力归还存款"，从而说明即使"分别将存款存入不同户头"，也达不到"保护财产"的目标，削弱了上述论证的中间过程。

A 和 B 项均作用相反，A 项表明"分别存入不同户头"可以实施，B 项表明只要"按照真实姓名"开多个户，政府"都会归还一定存款"，均支持了上述论证的中间过程。

C 和 D 项均主题无关，所涉分别为"明文规定""其他安全决定"，均与"分别存入不同户头"能否达到"降低存款人风险"的目标无关。

> **高能提示**
>
> 本题很多小伙伴忽略 E 项的原因有两个：第一，E 项仅指"大批银行破产时"，较为特殊；第二，E 项说的是"失去对银行的控制"，而非"不归还存款"。
>
> 对于这两点，首先，材料中有提到"恐慌时"，"大批银行破产时"必然为"恐慌时"；其次，既然政府都失去了对银行的控制，那么政府还如何为银行还款呢？

题 149 答案为 C 项。

论证主线：减震系统更"硬"⇒产品的销量提高。

C 项，表明销量高低与"舒适度"更相关，从而说明若减震系统"变硬"，反而达不到"销量提高"的目标，削弱了上述论证的中间过程。

D 项作用相反，表明减震系统"变硬"能达到"销量提高"的目标，支持了上述论证的中间过程。

E 项作用不足，表明部分人群不会因减震系统"硬"而购车，但"有些年长者"表示程度较低，而 C 项中的"大多数"表示程度较高，因此不如 C 项。

A 和 B 项均主题无关，所涉分别为"原来轿车的情况""刺激性大的副作用"，均与减震系统更"硬"能否实现"提高销量"的目标无关。

题 150 答案为 A 项。

论证主线：购入猎狗驱赶鸡群⇒解决汽车安全问题。

A 项，表明购入猎狗达不到"解决汽车安全问题"的目标，削弱了上述计划的中间过程。

B、C、D 和 E 项均主题无关，所涉分别为购入猎狗的"恶果"或"成本"，均与购入猎狗是否能达到"解决汽车安全问题"的目标无关。

题 151 答案为 C 项。

论证主线：人工饲养大熊猫⇒挽救濒临灭绝的大熊猫。

C 项，表明"人工饲养"熊猫无法提供"足够的嫩竹"，从而说明达不到"挽救大熊猫"的目标，削弱了上述论证的中间过程。

A 项作用不足，"个例"无法挽救不等于"整体动物园的大熊猫"无法挽救，因此不如 C 项。

D 项主题无关，且不谈动物学家的"警告内容"是否为真，所提"会改变的遗传特性"是否与生存相关也尚未可知。因此与人工饲养能否"挽救大熊猫"无关。

B 和 E 项均主题无关，所涉分别为"大熊猫数量"统计、提议者有"商业动机"，均与人工饲养能否"挽救大熊猫"无关。

题 152 答案为 E 项。

论证主线：网络服务和酒水的价格提高⇒维持生存和发展。

E 项，表明网络服务"价格提高"后，很有可能"丢失部分用户"，从而达不到"维持生存和发展"的目标，削弱了上述论证的中间过程。

B 和 C 项均作用相反，排除了提价可能造成的"顾客流失"问题，支持了上述论证的中间过程。

A 和 D 项均主题无关，所涉分别为"电信收费标准"、与"其他类型咖啡屋和酒吧"酒水价格的比较，与"网络咖啡屋或网吧"提价是否能维持生存无关。

题 153 答案为 C 项。

论证主线：完全套至指根的保护手套⇒防止手指黏结。

C 项，表明即使采用了"保护手套"，依然达不到防止"手指黏结"的目标，甚至还会带来"新伤口"，削弱了上述论证的中间过程。

A、B、D 和 E 项均主题无关，所涉分别为透气性与愈合相关、保护手套的"成本"、保护手套"难以批量生产"、"脚趾复原"，均与"保护手套"能否达到"防止手指黏结"无关。

题 154　答案为 D 项。

论证主线：都购买普通烧杯⇒满足检验需求。

D 项，表明都购买普通烧杯后，部分检验无法进行，从而说明"都购买普通烧杯"达不到"满足检验需求"的目标，削弱了上述论证的中间过程。

A、B、C 和 E 项均主题无关，所涉分别为"都购买普通烧杯的恶果""衡量的方法""检验人员的喜好""精密刻度烧杯的其他优点"，均与"都购买普通烧杯"能否"满足检验需求"无关。

题 155　答案为 B 项。

论证主线：安装桩考器（目测变机测）⇒提高科学性。

B 项，表明"安装桩考器"无法考察"操作问题"，从而说明即使"安装桩考器"也达不到"提高科学性"的目标，削弱了上述论证的中间过程。

C 项作用相反，表明"安装桩考器"能达到"提高科学性"的目标，支持了上述论证的中间过程。

A、D 和 E 项均主题无关，所涉分别为"防止徇私的必要性""学员反对""学员去外地考试"，均与"安装桩考器"是否能达到"提高科学性"的目标无关。

题 156　答案为 D 项。

论证主线：企业在科研方面增加经费⇒促进经济发展。

D 项，表明企业增加经费无法"发展社会新技术"，从而说明企业增加经费达不到"经济发展"的目标，削弱了上述论证的中间过程。

C 项作用相反，表明企业增加经费能够"发展工业"，从而说明企业增加经费能达到"经济发展"的目标，支持了上述论证的结论。

A、B 和 E 项均主题无关，所涉分别为"企业发展战略""专利""研究人才的需求"，均与"经济发展"是否依靠于"企业在科研方面增加经费"无关。

题 157　答案为 B 项。

论证主线：产业界在科学研究和开发上投入增加⇒促进经济繁荣。

B 项，表明产业界增加投入无法"发展高新技术"，从而达不到"经济繁荣"的目标，削弱了上述论证的中间过程。

C 项作用相反，表明产业界增加投入能够"发展主干行业"，而"主干行业"与"经济繁荣"息息相关，从而说明能达到"经济繁荣"的目标，支持了上述论证的结论。

A、D 和 E 项均主题无关，所涉分别为"专利申请数量变化""投入与专利数量的相关性""政府投入"，均与"产业界投入增加"是否能"促进经济繁荣"无关。

题 158　答案为 E 项。

论证主线：飞机上提供防毒面罩⇒防止瓦斯吸入。

E 项，表明防毒面罩会产生非常严重的"副作用"——延长乘客撤离时间，从而说明上述建议不应该实施。

A 项作用相反，其前半句直接说明防毒面罩可以达到"防止瓦斯吸入"的目标，从而支持了上述建议的中间过程。而后半句的"防止瓦斯爆炸"并非建议的目标。

B、C 和 D 项均主题无关，所涉分别为防毒面罩的"成本"、还存在"其他方法"、事故中乘客"死因"，均与防毒面罩能否"防止乘客吸入瓦斯而死亡"无关。

> **高能提示**
>
> "副作用"是针对措施本身,与目标并无联系,只有不存在"措施达不到目标"的情况下,才可入选。在历年真题中,只有两道措施-目标型的削弱题选了"副作用"。

题 159 答案为 B 项。

论证主线:延缓衰老⇒必须在饮食中添加抗氧化剂。

B 项,表明延缓衰老还有"其他有效措施"——每天运动,从而说明添加抗氧化剂"并非必须",削弱了上述论证的中间过程。

A 项主题无关,表明人类衰老还有"其他原因",从而说明抗氧化剂"达不到延缓衰老的目标"。但题干论证的是,抗氧化剂是否"必须",而非抗氧化剂是否"有效",因此本项与上述论证无关。

C、D 和 E 项均主题无关,所涉分别为"抗氧化剂的成本""自由基过量的原因""吸烟导致体内细胞损伤",均与抗氧化剂是否"必须添加"无关。

题 160 答案为 A 项。

论证主线:要摄入足够钙⇒必须食用其他含钙丰富的食物。

A 项,表明存在"不含钙"的食物,可以中和浆草酸,从而说明并非"必须食用其他含钙丰富"的食物,削弱了上述论证的中间过程。

C 项均主题无关,意图说明烹饪可避免浆草酸阻止钙的吸收,但本项仅指出"破坏"的浆草酸比钙多,并未表明浆草酸"没有剩余",或者剩余浆草酸的"阻止吸收能力弱",因此无法起到削弱作用。

B、D 和 E 项均主题无关,所涉分别为"很多人食用奶制品""大量蔬菜含有钙""菠菜中含其他营养素",均与要摄入"钙"是否"必须"食用其他含钙丰富的食物无关。

题 161 答案为 E 项。

论证主线:获取矿物质⇒要饮用矿泉水。

E 项,表明获取矿物质还有"其他有效措施"——其他食物,从而说明不用为此饮用矿泉水,削弱了上述论证的中间过程。

D 项作用不足,表明部分矿泉水也达不到"获取矿物质"的目标,但"有的"表示程度较低,因此不如 B 项。

A、B 和 C 项均主题无关,所涉分别为人体"所需大多数营养"的来源、人体"所需的物质"、能饮用"其他水",均与"获取矿物质"是否"要饮用矿泉水"无关。

> **高能提示**
>
> 本题题干并未给措施加上"必须"的限定,因此"措施达不到目标"也可以削弱,但若附加"必须"则反之,如题 2005—10—28。

题 162 答案为 A 项。

论证主线:铁路运力紧张⇒改造既有铁路是现实选择。

A 项,表明解决铁路运力紧张还有"其他有效措施"——建造新铁路,从而说明改造"既有"铁路并非"现实选择",削弱了上述论证的中间过程。

C 项作用相反，表明铁路运力将更加"紧张"，支持了上述论证的前提。

D 项作用不足，表明铁路运力可能不再紧张，削弱了上述论证的前提，但"会下降"尚未可知下降的力度，若仅是轻微下降，则无法起到削弱作用，而 A 项的"大量"表示程度较高，因此不如 A 项。

B 和 E 项均主题无关，所涉及分别为"维修和更新""列车速度的比较"，均与改造"既有"铁路是否是"现实选择"无关。

题 163 答案为 E 项。

论证主线：最久远（约 20 万年前）智人遗骸出现在非洲 ⇒ 人类起源于非洲。

E 项，表明题干智人遗骸并非"距今最久远"的，削弱了上述科学家论证的前提。

B 项不起作用，题干的遗骸年份为"20 万年前"，本项为"17 万年前"，没有题干所涉年份久远，因此无法起到削弱作用。

A、C 和 D 项均主题无关，所涉分别为"现代智人""智人的能力""智人的居住地域"，均与题干中"智人遗骸"能否反映"人类起源"无关。

题 164 答案为 B 项。

论证主线：张口洞出土了 11 万年前的人牙化石 ⇒ 张口洞 11 万年前有人类活动。

B 项，表明张口洞所发现的牙化石并非人牙，削弱了专家论证的前提。

C 项作用相反，既然该化石是在 11 万年的钙板层"之下"发现，那么可能"年份更早"，支持了专家的中间过程。

A、D 和 E 项均主题无关，所涉分别为"权利""洞穴堆积物""发掘者"，均与题干中"化石"能否反映"有人类活动"无关。

题 165 答案为 D 项。

论证主线：微波炉加热的食物其分子结构改变 ⇒ 经常吃微波食品会造成健康问题。

D 项，表明微波炉只是加热"食物水的分子"，其"分子结构"没有改变，从而削弱了上述观点的前提。

A、B、C 和 E 项均主题无关，所涉分别为"营养流失""生产标准""发达国家""没有致癌报告"，均与微波炉加热是否会"造成健康问题"无关。

题 166 答案为 E 项。

论证主线：高等教育是好投资 ⇒ 家长节衣缩食供孩子上大学。

E 项，表明高技术人才会"被普通技工替代"，削弱了以上说法的前提。

A、B、C 和 D 项作用相反，分别表明大学文凭利润率"更高"、高等教育"失业率"低、大学学历"回报提高"、大学文凭"收入更高"，均支持了以上说法的前提。

题 167 答案为 B 项。

论证主线：汽车里系安全带是私事 ⇒ 反对必须系安全带。

B 项，表明系安全带"不是私事"，削弱了上述论证的前提。

A、C、D 和 E 项均主题无关，所涉分别为"航空乘客""系安全带的好处""法律的强制性""风险的价值情况"，均与"系安全带是私事"能否说明"反对必须系安全带"合理无关。

题 168 答案为 A 项。

论证主线：失业率降低了两个百分点 ⇒ 本届政府的施政纲领正确。

A 项，表明通货膨胀上升较多，削弱了上述论证的结论。

B、C、D 和 E 项均作用相反，表明本届政府还有"其他贡献"——减少犯罪率、减轻政府福利开支、刺激学习积极性和大学生容易就业，均支持了上述论证的结论。

题 169 答案为 B 项。

论证主线：隐瞒收入逃税⇒恶性循环（逃税⇒税收减少⇒提高税率⇒增加税负⇒逃税）。

B 项，表明隐瞒收入来"逃税"的行为无法发生，削弱了上述恶性循环的前提。

A 和 E 项均主题无关，所涉分别为提高税率的"目的"、纳税人之间收入的"比较"，均与纳税人是否"隐瞒收入"从而导致"恶性循环"无关。

C 项作用相反，注意，这里说的是"不允许"而不是"不会"。既然"不允许"税收"减少"，那么逃税一旦发生，为了消除减少的可能，便会进一步提高税率，加剧了上述恶性循环。

D 项不起作用，意图采用存在税率无法提高的他因攻击方式，但"有上限"不等于"已经到了上限"，税率的提高完全可以"无限趋近于"上限，因此无法起到削弱作用。

题 170 答案为 E 项。

论证主线：李小姐脸上黄褐斑毫不见少⇒艾利雅祛斑霜无效。

E 项，表明是"艾利雅祛斑霜"使李小姐黄褐斑"没有变得更多"，削弱了上述论证的结论。

A、B、C 和 D 项均主题无关，所涉分别为"价格""专利""合格证书""生产质量"，均与艾利雅祛斑霜是否"有效"无关。

题 171 答案为 A 项。

论证主线：王强每天洗手次数超过普通人 20 倍⇒王强得了强迫症（烦恼和苦闷）。

A 项，表明王强的洗手仅符合"次数多"这个特征，但不符合"感到烦恼和苦闷"这个特征，从而其行为并非"强迫症"，削弱了上述论证的结论。

B、C、D 和 E 项均主题无关，所涉分别为"王强的工作性质""王强的家里人""王强的锁门习惯""王强的同事"，均与王强多次"洗手"能否说明王强得了"强迫症"无关。

题 172 答案为 D 项。

论证主线：福利改革增加了公务员的幸福感总量⇒改革成功（社会成员幸福感总量增加）。

D 项，因为改革是否成功看的就是社会成员幸福感总量是否增加，从而说明本项削弱了上述论证的结论。

B 项作用不足，表明公务员是社会成员中很少的一部分，从而说明其未必能代表社会成员整体，削弱了上述论证的中间过程，但没直接削弱上述论证的结论，且仅是"可能"不具代表性，因此不如 D 项。

A 和 C 项不起作用，题干要求的仅是"社会成员整体"幸福感增加，并不是"所有社会成员"幸福感增加，从而 A 项的"有的公务员"没增加，C 项的"有的民营企业"没增加，均无法起到削弱作用。

E 项主题无关，所涉为"市民争议"，与"社会成员整体"幸福感总量是否增加无关。

题 173 答案为 E 项。

论证主线：张珊过往成绩最差，此次考试均及格⇒此次考试中不会有学生不及格。

E 项，表明此次考试中"有学生不及格"，削弱了上述论证的结论。

B 项，削弱了上述论证的前提，但没直接削弱上述论证的结论，因此不如 E 项。

A、C 和 D 项均主题无关，所涉分别为"平均成绩""评价标准""其他同学成绩下降"，均与此次考试中"有无学生不及格"无关。

题 174 答案为 E 项。

陈论证主线：找不到亚欧之间贸易的文字记录⇒没有贸易往来。

李论证主线：没人看到不能证明没有雪人⇒找不到记录不能证明亚欧之间没贸易。

E 项，表明"记录"是"贸易"的必要条件，从而说明没有记录便难有贸易，削弱了李研究员的结论。

A 项作用相反，表明"记录"与"贸易"联系不大，支持了李研究员的结论。

B、C 和 D 项均主题无关，所涉分别为"东亚的"贸易和"欧洲的"贸易、"欧洲与南亚和北非"的贸易、贸易的"方式"，与"亚欧之间是否存在贸易"无关。

题 175 答案为 A 项。

注意本题的相反陷阱，寻找的是"都能削弱，除了"，即"不能削弱"的选项。

论证主线：医生很难确定该把检查进行到何种程度⇒没感觉不适不要接受检查。

A 项主题无关，所涉为"病人能察觉"部分疾病，与"没感觉不适"就不用不检查无关。

B 项，表明"医生可以发现"病人无法察觉的疾病，削弱了上述论证的结论。

D 项，削弱了上述论证的前提。

C 和 E 项，表明"没感觉不适"就不检查的话，则会发生严重的后果——"严重疾病"难以发现或错过最佳治疗期，削弱了上述论证的结论。

题 176 答案为 B 项。

注意本题的相反陷阱，寻找的是"除了，都提出质疑"，即"不能质疑"的选项。

论证主线：火星 60 万年前的陨石上化合物产生于甲烷⇒火星曾有过生物，甚至高级生物。

B 项主题无关，所涉为"60 万年"对于宇宙和生命的意义，与火星是否曾有过生物无关。

A、C 和 E 项，均表明"该陨石上的化合物"可能"在地球上产生了化学变化"或"是其他方法产生的"，未必是由于"火星上存在生物"，削弱了上述论证的中间过程。

D 项，表明很难出现"高级生物"，削弱了上述论证的结论。

题 177 答案为 E 项。

题干信息：每隔半年让各层次的干部、职工内部调动。

E 项，表明该做法会造成"恶果"——员工失误，质疑了上述做法的必要性。

A、B、C 和 D 项均作用相反，表明该做法的"好处"——破除传统观念、让员工全面了解生产流程、可以培养干部、有利于团结，均支持了上述做法。

题 178 答案为 A 项。

题干信息：搞财会工作都免不了有经济问题。

A 项，表明存在搞"财会工作"但没有"经济问题"的人，与题干断定构成矛盾关系。

C 项作用不足，表明搞"财会工作"，由于"思想觉悟的提高"，也未必会有"经济问题"，但"思想觉悟提高"未必就一定"没有经济问题"，而 A 项与题干构成矛盾关系，因此不如 A 项。

B、D 和 E 项均主题无关，所涉分别为"对犯罪的打击""世界观""传统美德"，均与搞"财会工作"是否一定有"经济问题"无关。

题 179 答案为 A 项。

题干信息：每个学生只能收到自己的由电子函件形式发送的学习成绩。

A项，所提为公开发布的"优势"，削弱了上述论证的中间过程。

D项作用相反，所提为公开发布的"劣势"，支持了上述决定。

B、C和E项均作用不足，所提为电子函件的"劣势"——增加工作量、学生不熟悉、保密性不可靠，但这些问题是暂时的或者发生概率较低，且不涉及"公开发布"，而A项中的"重要指标、都来参与和监督"表示程度较高，因此均不如A项。

题180 / 答案为E项。

论证主线：禁止未成年人吸烟和喝含酒精的饮料 ⇒ 禁止未成年人食用高脂肪、高糖食品。

E项，表明在针对人群层面，"烟、酒精"与"高脂肪、高糖"不可类比，削弱了题干论证的中间过程。

B项作用不足，表明在危害程度层面，"烟、酒精"与"高脂肪、高糖"不一致，但并未说明两者危害差距大到不可类比的程度，因此不如E项。

C项不起作用，题干仅表明"越来越多"的国家禁止未成年人吸烟喝酒，没说"所有国家都"如此，因此无法起到削弱作用。

A和D项均主题无关，所涉分别为"未成年人年龄标准""禁止生产更有效"，均与是否"应该禁止未成年人食用高脂肪、高糖食品"无关。

题181 / 答案为B项。

论证主线：禁带硬币（可作赌具）是不可思议的 ⇒ 禁带扑克（可作赌具）是荒谬的。

B项，表明在作为赌具层面，"硬币"与"扑克"不可类比，削弱了题干论证的中间过程。

A、C、D和E项均主题无关，所涉分别为禁带扑克"达不到的效果"、禁带扑克的"困难"、"赌博"的不良影响、玩扑克"不一定会赌博"，均与是否"应该禁带扑克"无关。

题182 / 答案为C项。

论证主线：牢房费用132美元，最好的饭店有低于125美元的房间 ⇒ 降低监狱费用。

复选项Ⅲ，表明在费用原因层面，"监狱"与"饭店"不可类比，削弱了上述论证的中间过程。

复选项Ⅰ和复选项Ⅱ均不起作用，均意图采用否定题干前提的攻击方式，但并未否定牢房费用"接近于"饭店房间费用，因此无法起到削弱作用。

题183 / 答案为E项。

论证主线：夏季时反季销售冬衣策略成功 ⇒ 冬季时反季销售夏衣策略成功。

E项，表明在用户心理层面，"冬衣"与"夏衣"不可类比，削弱了题干论证的中间过程。

A、B、C和D项均主题无关，A、B和C项所涉均为夏季反季销售"成功的原因"，D项所涉为夏季销售"夏衣"的情况，均与"夏季销售冬衣的成功"能否说明"冬季销售夏衣也会成功"无关。

题184 / 答案为A项。

论证主线：宇宙中存在的氨基酸分子会变为蛋白质 ⇒ 其他星球存在生命体。

A项，表明在过程上，"氨基酸分子变为蛋白质"与"蛋白质变为有机生命"不可类比，削弱了上述推测的中间过程。

C项作用相反，表明星际分子确实有可能合成氨基酸分子，从而说明宇宙中确实有可能"存在氨基酸分子"，支持了上述推测的前提。

E项作用不足，表明"火星"不存在生命体，削弱了上述推测的结论，但火星仅为个例，且仅针对结论，因此不如 A 项。
B 和 D 项均主题无关，所涉分别为"高等智慧""星际分子"，均与其他星球是否"存在生命体"无关。

题 185 答案为 E 项。

张论证主线：新油井计划（收益＜风险）⇒反对新油井计划。

李论证主线：不能反对防护林计划（不能马上消灭沙尘）⇒不能反对新油井计划（收益＜风险）。

E 项，表明防护林顶多收益不佳，但没有建设新油井的那种风险，从而说明在效果层面（风险与收益的比较），"防护林"与"新油井"不可类比，削弱了李研究员对张教授的反驳。

C 项作用相反，表明防护林的收益还比不上新油井，从而说明在效果层面（都没有太高收益），"防护林"与"新油井"可以类比，支持了李研究员反驳的中间过程。

D 项作用不足，表明防护林没有破坏生态的风险，有利于说明在效果层面（风险与收益的比较），"防护林"与"新油井"不可类比，削弱了李研究员反驳的中间过程。但不知道是否会产生其他风险，且没有提及"新油井"，因此不如 E 项。

A 和 B 项均主题无关，所涉分别为"治理效果""治理经验"，均与是否可以"反对新油井计划"无关。

题 186 答案为 B 项。

论证主线：S 市（事故率最低）对本市汽车实施特殊安检制度⇒其他城市（降低事故率）也要实施。

B 项，表明十个城市中，S 市本市车相比其外地车更会造成事故，从而说明针对本市车的安检制度，S 市会覆盖更多比例的肇事者，进而表明在该制度的效果层面，"S 市"与"其他城市"不可类比，削弱了题干叙述的中间过程。

A 项作用不足，表明十个城市中，S 市本市车较多，从而有利于说明针对本市车的安检制度，S 市会覆盖更多比例的本市车，进而表明在该制度的覆盖层面，"S 市"与"其他城市"不可类比。但不知道汽车事故是否更多由外地车造成，所以无法知晓该制度的效果，而事故率是否降低更看重效果，且题干针对的就是"事故率"，因此不如 B 项。

C 和 D 项均主题无关，所涉分别为"汽车数量""事故数量"，而题干为"汽车事故率"，单一数值与复合数值无法互推，因此从含义上看，两者无关。

E 项主题无关，所涉为 H 市实施该制度后"事故率比 S 市高"，这不代表其自身事故率没有下降，与该制度是否"在其他城市中有效"无关。

题 187 答案为 C 项。

论证主线：不禁避孕套自动销售机（嫖客嫖娼）⇒不禁自动售烟机（未成年人吸烟）。

C 项，因为"人工销售点"可分辨顾客是否未成年，所以禁止使用"自动售烟机"后，未成年人便无法购买香烟；但"人工销售点"无法分辨顾客是否为嫖客，所以禁止放置"避孕套自动销售机"后，嫖客依然可从人工销售点购买避孕套。从而说明在禁止的效果层面，"避孕套自动销售机"与"自动售烟机"不可类比，削弱了上述论证的中间过程。

A 项主题无关，是否"禁止销售机"看重的是其效果和可实施性，与嫖娼或未成年人吸烟是否"犯法"无关。且题干类比对象是"销售机"，而非"嫖娼"和"未成年人吸烟"。

B、D 和 E 项均主题无关，所涉分别为放置避孕套自动销售机"有争议"、"丑恶现象"减少、"未成年人吸烟比例"上升，均与是否应"禁止自动售烟机"无关。

题 188 答案为 E 项。

论证主线：85% 跟帖赞同我的观点⇒大部分民众赞同我的观点。

E 项，表明跟帖者本身"更容易赞同该博主"，从而说明"这些跟帖者"无法代表"民众整体"，削弱了上述论证的中间过程。

A、B、C 和 D 项均主题无关，所涉分别为观点的"分析"、"其他"观点的"正确性"、反对意见的"充分性"、该观点的"性质"，均与"85% 的跟帖"能否反映"大众情况"无关。

题 189 答案为 D 项。

论证主线：60% 的《管理者》读者参与者管理知识掌握不错⇒社会群众管理知识掌握不错。

D 项，表明《管理者》读者本身"更容易掌握管理知识"，从而说明"这些读者"无法代表"社会群众"，削弱了上述论证的中间过程。

A 和 C 项均不起作用，只要参与者"数量足够并且有代表性"，那么哪怕只是一次答卷，哪怕没有全部参加，也能得出对应结论，因此无法起到削弱作用。

E 项作用不足，"少数人"照抄，难以影响整体调查情况，因此不如 D 项。

B 项主题无关，所涉为"管理水平的提高"，与"知识掌握度"无关。

题 190 答案为 B 项。

论证主线：60% 以上的《花与美》读者将荷花选为市花⇒大部分市民赞成将荷花定为市花。

B 项，表明"读者"无法代表"市民整体"，削弱了编辑部论证的中间过程。

C 和 E 项均不起作用。C 项意图说明上述调查可能"遗漏了不同意者"，但未发表意见的读者未必就不同意，且上述调查有可能具有代表性；E 项意图说明上述调查设计有问题，但"首位"未必具有诱导性。因此，这两项均无法起到削弱作用。

A 和 D 项均主题无关，所涉分别为对荷花的"喜欢"、谁有"市花的决定权"，均与该"调查"能否代表"民意"无关。

题 191 答案为 E 项。

论证主线：某论坛的好帖子增加了 50%，坏帖子增加了 90% ⇒社会风气在恶化。

E 项，表明该论坛本身"更容易发表坏帖子"，从而说明"该论坛"无法代表"社会整体"，削弱了上述论证的中间过程。

B 和 C 项不起作用，意图说明是"用户增加""网络造谣"使得坏帖子增长更快，但不论是增长的用户还是造谣的帖子，完全可以"指向好帖子"，因此均不起削弱作用。

A 和 D 项均主题无关，所涉分别为"传播距离""举报的效果"，均与"该论坛情况"能否反映"社会风气"无关。

题 192 答案为 C 项。

论证主线：现在总经理平均年龄 57 岁，20 年前是 49 岁⇒总经理呈老龄化趋势。

C 项，表明所调查的企业的总经理无法代表"整体企业的总经理"，削弱了上述论证的中间过程。

D 项作用不足，20 年前的平均年龄数据可能不准，但"仅是近似"表示程度较低，且 20 年前后数据本就有明显差距，因此不如 C 项。

A、B 和 E 项均主题无关，所涉分别为"年龄限制情况""任职年数""企业规模"，均与企业"总经理平均年龄"变化是否能反映目前企业中总经理的"老龄化"趋势无关。

题 193 答案为 A 项。

论证主线：80% 的被调查者做了肯定回答⇒多数患癌者希望被告知真相。

A 项主题无关，所涉为策划者"身份"，与调查"能否推断"结论无关。

B 和 E 项，表明 80% 的被调查者做了肯定回答，可能是"问题具有诱导性""调查对象不讲真话"所致，未必是由于多数患癌者希望被告知真相。从而通过提出新的原因，削弱了上述论证的中间过程。

C 和 D 项，表明上述调查中被调查者不具有代表性，削弱了上述论证的中间过程。

题 194 答案为 D 项。

注意本题的相反陷阱，寻找的是"最不可能削弱"的选项。

论证主线：多饮酒的患病概率低，少饮酒的患病概率高⇒适量饮酒对妇女心脏有益。

D 项，所涉为"男性"，与"女性"饮酒和"女性"心脏病的联系无关。

A 项主题无关，表明虽然"多饮酒"与"患病概率低"都有发生，但"患病概率低"才是原因，削弱了上述论证的隐含假设——"多饮酒"是原因，从而说明仅改变"患病概率低"的结果，无法改变"患病概率低"本身。

B 项，表明"适量饮酒者患病概率低"的原因，可能是"身体锻炼"所致，未必是由于"适量饮酒"，从而通过提出新的原因，削弱了上述论证的中间过程。

C 项，表明"护士"的情况无法代表"整体妇女"，削弱了上述论证的中间过程。

E 项，表明"上述调查"存在设计问题，削弱了上述论证的中间过程。

题 195 答案为 A 项。

注意本题的相反陷阱，寻找的是"除哪项外均能反驳"即"不能反驳"的选项。

论证主线：烟瘾很重的没得肺癌，绝对不吸的得了肺癌⇒不吸烟未必就好。

A 项主题无关，所涉为"癌症原因尚无定论"，与"两位处长的情况"是否能说明"不吸烟未必就好"无关。

B 和 C 项，均表明"油烟""性格和心情"都会影响人们是否得肺癌，从而表明上述"两位处长的情况"未必能说明"不吸烟未必就好"。

D 项，表明即使从不吸烟的处长"肺癌情况"如此，但有可能在"整体情况"中，烟瘾很重的处长情况更不好，削弱了上述论证的中间过程。

E 项，表明从整体来看，长期吸烟者更易患肺癌，从而说明"两位处长的情况"不一定具有代表性，削弱了上述论证的中间过程。

> **高能提示**
>
> B 项所提内容限定在"女性"上，反驳力度很弱。但题干中的处长完全有可能也是女性，所以至少是能反驳的，且本题是选不能反驳的选项，因此哪怕反驳力度极其弱，也不应当入选。

题 196 答案为 B 项。

论证主线：莫大伟看到的吉安员工上班自由散漫⇒吉安员工缺乏工作积极性和责任心。

B 项，表明"莫大伟看到的吉安员工"只不过是吉安全体员工中"很小的一部分"，从而说明未必能代表"吉安员工整体"，削弱了上述论证的中间过程。

A 项作用相反，支持了上述论证的结论。

E 项不起作用，意图说明"莫大伟上班的第一天"不具有代表性，但第一个工作日是否就可以自由散漫尚未可知，因此无法起到削弱作用。

C 和 D 项均主题无关，所涉分别为"莫大伟"的适应性、"领导"与员工的表现"不同"，均与"莫大伟看到的情况"能否说明"吉安员工情况"无关。

题 197   答案为 B 项。

论证主线：周清受到惠明员工粗鲁的接待⇒惠明员工缺乏教养。

B 项，表明"周清看到的惠明员工"只不过是惠明全体员工中"很小的一部分"，从而说明其未必能代表"惠明整体员工"，削弱了上述论证的中间过程。

A、C、D 和 E 项均主题无关，所涉分别为惠明员工个性服务的"作用"、周清"习惯否定"（不等于说假话来故意否定）、教养对家政的"作用"、周清的"态度"，均与"周清看到的情况"能否反映"惠明员工实际情况"无关。

题 198   答案为 C 项。

论证主线：观测到的星系有红移现象（距离变远或质量变轻）⇒宇宙在膨胀。

C 项，表明"科学家看到的星系"只不过是宇宙中"很小的一部分"，从而说明其未必能代表"宇宙整体"，削弱了上述论证的中间过程。

A 项不起作用，上述前提中仅为"大多数"星系红移，因此即使"个别"天体蓝移，依然符合题干论断，因此无法起到削弱作用。

D 和 E 项均作用相反，D 项支持了上述论证的前提，E 项排除了"质量变轻"的可能，从而说明观察到的红移现象确实能指代"距离变远"，支持了上述论证的中间过程。

B 项主题无关，所涉为"地球位置"，但不论地球在哪，如果宇宙膨胀，则地球都可以观察到周围在变远，因此与宇宙是否"膨胀"无关。

题 199   答案为 C 项。

论证主线：公关部平均工资是营业部的 2 倍⇒公关部职工比营业部普遍收入高。

C 项，表明可能公关部"平均收入高是由少部分人所贡献"，大部分人收入可能较低，从而说明仅"平均工资"高未必能反映公关部收入"普遍"较高，削弱了上述论证的中间过程。

A、B、D 和 E 项均主题无关，所涉分别为两部门"人均周实际工作时数""人均价值""职工人数""享受津贴占比的比较"，均与两部门"平均工资"能否反映他们"普遍收入"情况无关。

题 200   答案为 A 项。

论证主线 1：泡网吧的学生中条件优越的占 80%⇒条件优越是学生泡网吧的原因。

论证主线 2：泡网吧的学生中成绩下降的占 80%⇒泡网吧是学生成绩下降的原因。

A 项，表明该校条件优越的学生本来就超过 90%，从而说明该校泡网吧学生中有 80% 条件优越，甚至略显不足，削弱了上述论证的中间过程。

E 项不起作用，意图说明题干抽样人数不足，但且不谈"30%"是否真的数量不足，抽样出来的学生能否代表学生整体也尚未可知，因此无法起到削弱作用。

B、C 和 D 项均主题无关，所涉分别为"网吧的管理情况""条件优越的学生中泡网吧的情况""家长的观点"，均与"泡网吧的学生中条件优越的数据"能否说明"条件优越是泡网吧的原因"无关。

题 201   答案为 D 项。

论证主线：没安装报警装置的案件占 90% 以上⇒报警装置能有效防止入室盗窃。

复选项Ⅰ，表明报警装置"无法警示盗窃者"，从而达不到"防止入室盗窃"的效果，削弱了题干论证的结论。

复选项Ⅱ，表明没有安装报警装置的住户本来就多，从而说明没安装报警装置的案件有 90% 以上，可能是正常现象，削弱了题干论证的中间过程。

复选项Ⅲ主题无关，所涉为报警装置有利于"破获"盗窃案，与报警装置是否能"防止入室盗窃"无关。

题202 答案为 C 项。

论证主线：大部分数学家都是长子⇒长子数学才华更强。

复选项Ⅰ，表明很多数学家都是长"子"，很有可能是"女性"受到压抑所致，未必是由于"长子"数学才华更强，从而通过提出新的原因，削弱了上述论证的中间过程。

复选项Ⅱ，表明"长子人数"本来就多，从而说明大部分数学家都是长子可能是正常现象，削弱了上述论证的中间过程。

复选项Ⅲ，支持了上述论证的结论。

题203 答案为 D 项。

论证主线：80% 某校胃溃疡患者有夜间工作习惯⇒夜间工作造成胃溃疡。

D 项，表明"80% 该校教员"有夜间工作的习惯，从而说明"80% 该校胃溃疡患者"有夜间工作习惯可能是正常现象，削弱了上述论证的中间过程。

A、B、C 和 E 项均主题无关，所涉分别为"医学研究""中老年教师""胃溃疡患者人数""失眠症"，均与"夜间工作是否造成胃溃疡"无关。

题204 答案为 C 项。

论证主线：重要奖项的男女获奖比例仅为 8:1 ⇒在电影界存在对女性的不公正。

C 项，表明从事重要奖项对应的幕后工作的"女性本来少"，从而说明重要奖项中获奖女性占比相比人数占比还略显偏高，削弱了上述论证的中间过程。

D 项作用不足，表明在电影表演等工作上"男性更加优秀"，从而说明上述"获奖性别比例"并非"不公正"。但所提工作内容，并未像 C 项那样精确到"制片、导演、编剧、剪辑、摄影"，有可能电影表演的"局部工作上"女性和男性一样优秀，因此不如 C 项。

A 项主题无关，所涉为"投票过程匿名"，但这是对"投票者身份"的匿名，而非对"候选者身份"的匿名，所以与"性别公正问题"无关。

B 和 E 项均主题无关，所涉分别为"成就衡量标准""评委性别"，均与"获奖性别比例"能否说明"性别公正问题"无关。

题205 答案为 E 项。

论证主线：A 省民告官案件 65% 是原告胜诉⇒ A 省民告官案件没有官官相护。

E 项，表明民告官案件"本来就是原告胜诉概率大"，从而说明，A 省民告官案件原告胜诉率为 65% 可能较低，削弱了上述论证的中间过程。

A、B、C 和 D 项均主题无关，所涉分别为案件"审理透明度"的比较、各省"投诉数量"的比较、民告官案件"占比小"、司法"公正"不等于原告胜诉，均与民告官案件"65% 是原告胜诉"能否说明 A 省"没有官官相护"无关。

题206 答案为 D 项。

论证主线：该法官性别歧视案件中 60% 均为女性获胜⇒该法官在性别歧视案件中很公正。

复选项Ⅰ和复选项Ⅲ，均表明性别歧视案件"本来就是女性胜诉概率大"，从而说明，该法官性别歧视案件中女性胜诉率为 60% 可能较低，削弱了上述论证的中间过程。

复选项 II 主题无关，所涉为"法官保持公正困难"，与该法官是否"公正"无关。

题207 答案为 B 项。

论证主线：68% 的脑癌患者经常使用移动电话⇒经常使用移动电话增加患脑癌可能性。

B 项，表明"经常使用移动电话"的人本来就多，从而说明，"脑癌患者中"经常使用移动电话的人占 68% 可能是正常现象，削弱了上述论证的中间过程。

E 项作用相反，表明"经常使用移动电话"的人不多，从而支持了上述论证的中间过程。

A、C 和 D 项均主题无关，所涉分别为使用移动电话者的"增长情况"、经常使用移动电话者的"增长比例"、使用"普通电话"的情况，均与经常使用移动电话在脑癌患者中的"实际比例"能否反映"经常使用移动电话会增加患脑癌风险"无关。

题208 答案为 C 项。

论证主线：糖尿病患者中，年轻人不到 10%，70% 为肥胖者⇒肥胖者得糖尿病风险增加。

C 项，因为"年轻糖尿病患者/糖尿病患者"不到 10%，所以"中老年糖尿病患者/糖尿病患者"超过 90%，又因为"肥胖的糖尿病患者/糖尿病患者"为 70%，两者相乘可知，"肥胖的中老年糖尿病患者/中老年糖尿病患者"至少有 63%。而本项表明"肥胖者/中老年人"超过 60%，即中老年人中肥胖者本来就多，从而说明患糖尿病的中老年人里肥胖者至少有 63% 可能是正常现象，削弱了上述论证的中间过程。

A、B、D 和 E 项均主题无关，所涉分别为"心血管"病、肥胖者的"增加比例"、年轻人中肥胖者占比的"增加比例"、"发病率"的"增加比例"，均与年轻人中肥胖者在糖尿病患者中的"实际比例"能否反映"肥胖会增加患病风险"无关。

> **高能提示**
>
> C 项还可如此分析：因为"年轻糖尿病患者/糖尿病患者"不到 10%，占比很低，因此可发挥极限思维，直接将题干数据近似看作，所有糖尿病患者都是中老年人，从而可知"肥胖的中老年糖尿病患者/中老年糖尿病患者"为 70%，而本项表明"中老年人/肥胖者"超过 60%，即中老年人中肥胖者本来就多，从而说明患糖尿病的中老年人里肥胖者为 70% 可能是正常现象，削弱了上述论证的中间过程。

题209 答案为 D 项。

论证主线：参与治疗的死亡 7 人，未参与治疗的死亡 10 人⇒参与治疗不比日常工作危险。

D 项，表明参与非典治疗的人本来就少，从而说明参与治疗死亡 7 人已算较多，削弱了上述论证的中间过程。

B 项作用不足，表明参与治疗的人更不容易生病，有利于说明参与治疗死亡 7 人已算较多，削弱了上述论证的中间过程。但"一般高于"表示程度较弱，而 D 项"只是一小部分"表示程度较高，因此不如 D 项。

C 项作用相反，表明参与治疗死亡 7 人的数据应该再降低，支持了上述论证的中间过程。

A 和 E 项均主题无关，所涉分别为医务人员的"年龄"、"患者死亡"情况，均与上述"医务人员"数据能否反映参与治疗更"危险"无关。

题210 答案为 D 项。

论证主线：去年反映最差的风味食堂，本次抱怨人数较少⇒学习风味食堂。

D 项，表明风味食堂"就餐人数"本来就少，从而说明其"抱怨人数"较少可能是正常现象，削弱了上述论证的中间过程。

A 项主题无关，所涉为不能"一刀切"，即不能让其他食堂"变成"风味食堂，但题干结论是让其他食堂"学习"风味食堂，因此与其无关。

B、C 和 E 项均主题无关，所涉分别为"风味食堂受到支持""食堂无法保证价格和质量""风味食堂贵"，均与风味食堂"抱怨少"能否反映要"学习"风味食堂无关。

题 211 答案为 B 项。

论证主线：利兹鱼平均为寿命 40 年，鲸鲨平均寿命为 70 年，体长相似⇒利兹鱼的生长速度超过鲸鲨。

B 项，表明两者"生长时长"相似，从而说明即使两者"寿命"不同，也不代表利兹鱼"生长速度"更快，削弱了上述论证的中间过程。

A、C、D 和 E 项均主题无关，所涉分别为两者生长速度没有"大"差异、两者"生长阶段"相同、鱼类"生长周期"的比较、"海洋环境"的比较，均与"当下"两种鱼"生长速度"无关。

题 212 答案为 D 项。

论证主线：十年后，美国增加了 200%，日本增加了 500%⇒日本比美国制造量多。

D 项，表明美国"十年前制造量"就比日本多很多，从而说明，即使日本"增长率"较高，也未必能代表"十年后制造量"日本能超越美国，削弱了上述论证的中间过程。

A、B、C 和 E 项均主题无关，所涉分别为"过去五年的情况""半导体价值""半导体出口比例""半导体产量排名"，均与"增长率的比较"能否反映"制造量的高低"无关。

题 213 答案为 B 项。

论证主线：州立法机关黑人成员增长超过 100%，白人成员略微下降⇒黑人政治力量将等于白人。

B 项，表明"20 年前的白人"比黑人多很多，从而说明即使黑人"增长率"超过 100%，也未必能代表"20 年后的黑人"就能超越白人，削弱了上述论证的中间过程。

A、C、D 和 E 项均主题无关，所涉分别为"机关席位数""州长""中等家庭收入""登记选举的人"，均与上述数据能否反映"政治力量情况"无关。

题 214 答案为 A 项。

论证主线：某作物比主食作物有更高蛋白质成分⇒该作物有利于卡路里、蛋白质不足的国家。

A 项，表明即使该作物"单位蛋白质成分"高于主食作物，综合"作物亩产量"后，可能该作物"整体蛋白质成分"低于主食作物，削弱了上述论证的中间过程。

D 项作用相反，表明该作物不仅蛋白质成分更高，"卡路里成分"也更高，支持了上述论证的中间过程。

B、C 和 E 项均主题无关，所涉分别为作物"产地"、主食作物"蛋白质含量"的比较、主食作物的"种类数量"，均与该作物是否"有利于卡路里、蛋白质不足的国家"无关。

题 215 答案为 C 项。

论证主线：降低工人工资⇒降低产品成本。

C 项，表明"工人工资"对"产品成本"影响不大，从而说明即使降低"工人工资"，综合"工资占成本的比例后"，"产品成本"未必降低，削弱了上述论证的中间过程。

A、B、D 和 E 项均主题无关，所涉分别为"产品质量""销售费用""设备""交货速度"，均与"降低工人工资"是否能"降低产品成本"无关。

题216 答案为 C 项。

论证主线：克力莫购买了最多的哥伦比亚咖啡豆，哥伦比亚咖啡豆含量越多配制越好⇒克力莫咖啡配制最好。

C 项，表明克力莫"咖啡产量"很大，从而说明即使克力莫"购买了最多的哥伦比亚咖啡豆"，综合"咖啡产量"后，可能克力莫咖啡的"哥伦比亚咖啡豆平均含量"较低，削弱了上述论证的中间过程。

A、B、D 和 E 项均主题无关，所涉分别为"设备"的差异、"竞争者"使用哥伦比亚咖啡豆的情况、"价格"的比较、"配制与不配制"咖啡的比较，均与克力莫"购买了最多的哥伦比亚咖啡豆"能否说明克力莫咖啡"配制最好"无关。

题217 答案为 A 项。

论证主线：可口笑购买了最多的黄岩蜜橘，黄岩蜜橘含量越多配制越好⇒可口笑橘子汁配制最好。

A 项，表明可口笑"橘子汁产量"很大，从而说明即使可口笑"购买了最多的黄岩蜜橘"，综合"橘子汁产量"后，可能可口笑橘子汁"黄岩蜜橘平均含量"较低，削弱了上述论证的中间过程。

B、C、D 和 E 项均主题无关，所涉分别为"配制与不配制"橘子汁的比较、"设备"的差异、"价格"的比较、"其他生产厂家"的原料，均与可口笑"购买了最多的黄岩蜜橘"能否说明可口笑橘子汁"配制最好"无关。

题218 答案为 E 项。

论证主线：法律教师人均业余兼课周时数为 3.5，会计为 1.8 ⇒法律教师人均实际收入高于会计。

复选项 I，表明即使"人均业余兼课周时数"法律教师高于会计教师，但综合"课时费"后，法律教师"人均实际收入"可能低于会计教师，削弱了上述论证的中间过程。

复选项 II，表明有可能会计有更多比例教师干"授课以外的其他副业"，从而说明会计教师"整体收入"可能更高，法律教师"人均实际收入"可能低于会计教师，削弱了上述论证的中间过程。

复选项 III 主题无关，题干中的"人均周时数"是所有教师的人均周时数，已把未兼课的教师人数纳入了统计，从而不论"业余兼课的比例"高低与否，都不会影响"人均周时数"的大小，因此本项与两系教师"人均收入"高低无关。

> **高能提示**
>
> 若"教师的人均周时数"改为"参与兼课教师的人均周时数"，那么当该比例越高时，"整体教师的人均周时数"便会越高，从而复选项 III 就会具有削弱作用。
>
> 但题干所给数据为"教师的人均周时数"，我们一般谈到 ×× 人均数值，就是把所有该类人群全部纳入统计之中，如"中国人均收入"是多少，就是把工作与否的人都纳入了统计，不可能只算有工作的人。

题219 答案为 A 项。

论证主线：2000 年 40% 基金买债券，2004 年 60% 基金买债券⇒所买债券未必减少。

A 项，表明即使"购买债券比例"增加，若综合"基金总额"的下降，则债券仍有可能减少，削弱了上述论证的中间过程。

B、C、D 和 E 项均主题无关，所涉分别为"领导投资取向""员工对该基金的投资决策情况了解的情况""企业竞争压力""股票投资比例"，均与"债券购买数额"无关。

题220 答案为 B 项。

论证主线：中国购买美国房产的总交易额越来越大⇒中国越来越多的富人把更多财产转移到境外。

B 项，表明即使"总交易额"增多，若"成交量"未增长，那么增长的很可能只是"每单交易额"，从而未必有"更多富人"转移财产，削弱了上述论证的中间过程。

E 项，表明"购买房产"确实与"转移财产到境外"有联系，支持了上述论证的中间过程。

A、C 和 D 项均主题无关，所涉分别为"购房的其他目的""中国本土的炒房""美国房产性质"，均与"总交易额增长"能否说明"富人转移财产"无关。

题 221 答案为 B 项。

论证主线：印刷机问世时书总需求量成倍增长⇒印刷品增加了购书者数量。

B 项，表明"每人所购书籍量"增加，从而说明即使"书总需求量"增长，"购书者数量"未必增加，削弱了上述论证的中间过程。

A、C、D 和 E 项均主题无关，所涉分别为"收藏价值"的比较、不同年代印刷品"质量"的比较、印刷品的"内容"、读者的"兴趣"，均与"书总需求量增长"能否反映"购书者数量增长"无关。

题 222 答案为 A 项。

论证主线：填埋垃圾中塑料垃圾的比例在增加⇒塑料代用品没能减少塑料垃圾。

A 项，表明"填埋垃圾总量"下降，从而说明即使"填埋塑料垃圾比例"增加，未必代表"塑料垃圾量"没有下降，削弱了上述论证的中间过程。

B、C、D 和 E 项均主题无关，所涉分别为"生产商"的积极性、"商品"的包装变化、"垃圾处理公司"所属国、塑料垃圾的"填埋原因"，均与"塑料垃圾是否减少"无关。

题 223 答案为 E 项。

论证主线：中老年学员比例逐渐增加⇒没能减少中老年学员数量。

E 项，表明讯通驾校"青年学员"可能被其他机构吸引，若该驾校"青年学员"减少更多，那么"中老年学员比例"自然增加，从而说明中老年学员数量有可能减少，削弱了上述论证的中间过程。

A、B、C 和 D 项均主题无关，所涉分别为年龄阶段"划分不准确"（并非划分不一致）、驾驶者"年龄限制"、驾校的"责任"、中老年人学车的"趋势"，均与"中老年学员数量"无关。

题 224 答案为 E 项。

论证主线：每年伤亡职工数量仍在增加⇒《细则》实施并未有效实施。

E 项，表明即使"伤亡数量"增加，综合"职工数量"增加，削弱了上述论证的隐含假设——"职工伤亡比例"增加（《细则》实施是否有效更看重的是这个比例）。

C 项不起作用，题干是"伤亡数量"增加，而"死亡数量"下降并不与此违背，因此无法起到削弱作用。

A、B 和 D 项均主题无关，所涉分别为"建筑项目数量"增加、"建筑业成本"增加、"补偿金和抚恤金"标准提高，均与"伤亡数量增加"能否说明《细则》"未有效实施"无关。

题 225 答案为 B 项。

论证主线：10% 的 35 岁以上美国人患肥胖症，2009 年美国人口将达 4 亿⇒ 35 岁以上肥胖症者将达 2 000 万。

B 项，表明美国"35 岁以上人群"得肥胖症的概率"有逐年下降的趋势"，从而说明美国"35 岁以上的肥胖症者"未必能达到 2 000 万，削弱了上述论证的中间过程。

C 项不起作用，意图否定数据的正确性，但权威人士的观点未必正确，且"缺乏根据"不等于"不正确"，因此无法起到削弱作用。

D 项不起作用，题干并未给出 1999 年美国 35 岁以上人群所占比例，因此，若 1999 年所占比例较高，则即使 2009 年的比例"有所下降"，也可能使得美国"35 岁以上肥胖症者"达到 2 000 万，因此无法起到削弱作用。

A 和 E 项均主题无关，所涉分别为对肥胖症的"重视"、"设计有误的统计"的效果，均与"上述数据"能否得出 35 岁以上肥胖症者"将达到 2 000 万"无关。

题 226 答案为 E 项。

论证主线：成年人肺结核病例逐年减少⇒肺结核发病率不一定会逐年下降。

本题是支持题型的问法，却是削弱题型的解法。

E 项，表明即使"成年人病例"减少，若综合"未成年病例"增多，则"总病例数"未必减少，削弱了上述论证的中间过程，间接支持了题干推论。

A 项不起作用，意图指出上述调查以偏概全，但"农村情况未知"，完全有可能农村情况比城市还要乐观，因此无法起到削弱作用。

C 和 D 项均作用相反，所涉分别为"重视肺结核的防治""医疗条件的改善"，均能支持上述论证的结论，间接削弱了题干推论。

B 项主题无关，表明肺结核"并非不治之症"，与其"发病率是否下降"无关。

题 227 答案为 E 项。

论证主线：东面施过磷酸钙单质肥料的产量高，西面不用该肥料的产量低⇒过磷酸钙单质肥料使东面的地产量高。

E 项，表明东、西两地存在其他变量——土质不同，从而说明两地产量差异可能是"土质不同"所致，使得题干求异失败。

C 和 D 项均作用相反，表明两地都有相同的"四种不同玉米"和"田间管理"，控制了变量，确保了题干的求异。

A 和 B 项均主题无关，所涉分别为"过期的过磷酸钙单质肥料""过硫酸钾单质化肥"，均与"过磷酸钙单质肥料"能否导致"东面地产量更高"无关。

题 228 答案为 B 项。

论证主线：火龙试行新制度后生产率高，其他没试行新制度的子公司生产率低⇒新制度有利于提高生产率。

B 项，表明子公司之间存在其他变量——技术装备不同，从而说明子公司的生产率差异可能是"技术装备不同"所致，使得题干求异失败。

A、C、D 和 E 项均主题无关，所涉分别为新制度的"其他作用"、"组建历史"的比较、"红塔"公司、与其他"子公司"生产率的比较，均与"新制度"能否"提高生产率"无关。

题 229 答案为 E 项。

论证主线：微波加热至 50℃酶会失活，传统热源加热至 50℃酶不会失活⇒微波会导致酶失活。

E 项，表明两组原料奶存在其他变量——内部温度不同，从而表明两组原料奶中酶活性差异可能是"内部温度不同"所致，使得题干求异失败。

A、B、C 和 D 项均主题无关，所涉分别为"加热至 100℃""活性补偿""加热时间""牛奶口感"，均与"微波"是否导致"酶失活"无关。

题 230　　答案为 D 项。

论证主线：名人家族中才能出众者是普通人家族的 23 倍⇒素质由遗传决定。

D 项，表明名人、普通人家族的成长环境存在其他变量——才能培养、后天接受教育的程度不同，从而说明在两种成长环境下，才能出众者人数的差异可能是"才能培养、受教育程度不同"所致，使得题干求异失败。

C 项作用不足，说明材料数据统计可能存在偏差，削弱了上述论证的前提，但并未告知具体偏差，完全有可能普通人采用其他规则后，两者人数差距反而更大，且 C 项仅针对前提，因此不如 D 项。

A、B 和 E 项均主题无关，所涉分别为"心理学界的认识""家族兴衰规律""名人与普通人结合的下一代"，均与"素质"是否"由遗传决定"无关。

题 231　　答案为 B 项。

论证主线：不限食 75 只患癌，限食 5 只患癌⇒限制进食量可控制辐射所致的硕鼠血癌。

B 项，表明两组硕鼠存在其他变量——食物致癌性不同，从而表明两组硕鼠患癌数量差异可能是"食物致癌性不同"所致，使得题干求异失败。

C 项作用不足，表明两组硕鼠存在其他变量——体质不同，但并未像 B 项一样直接紧扣"血癌"，因此不如 B 项。

A、D 和 E 项均主题无关，所涉分别为"血癌的原因不明""其他动物""实验中的硕鼠可能都患有血癌"，均与限制进食量能否"控制"血癌无关。

题 232　　答案为 A 项。

论证主线：两国耕地条件相同，但 K 国粮食收成上升，H 国粮食收成下降⇒经济模式造成 H 国粮食收成糟糕。

A 项，表明 K、H 两国存在其他变量——主要谷物不同，从而表明两国收成差异可能是"主要谷物不同"所致，使得题干求异失败。

B 和 C 项均作用不足，均表明 K、H 两国存在其他变量——"谷物"不相同，但"一些"表示程度较低，且 A 项的"主要谷物"更为关键，因此均不如 A 项。

D 和 E 项均主题无关，所涉分别为"北方邻国""粮食分配"，均与经济模式是否造成"H 国粮食收成糟糕"无关。

题 233　　答案为 C 项。

论证主线：睡眠时间不当认知水平低，睡眠时间适当认知水平高⇒老年人改善认知能力必须保持适当睡眠时间。

C 项，表明两组老年人存在其他变量——年龄段不同，从而表明两组老年人认知水平差异可能是"年龄段不同"所致，使得题干求异失败。

A 项不起作用，意图采用措施不具有可行性的攻击方式，但"医疗器具"不可行不代表其他方法不可行，如观测等，因此无法起到削弱作用。

B 项不起作用，题干调查的对象都是"70 岁以上老年人"，与该项中"70 岁以上的老人"存在年龄上的重合，因此无法起到削弱作用。

D 和 E 项均主题无关，所涉分别为"醒来"后难以入睡、半数以上老人"失去配偶"，均与改善认知能力必须保持"适当睡眠时间"无关。

题 234　　答案为 E 项。

论证主线：参加考前辅导成绩差，不参加考前辅导成绩好⇒考前辅导不利于成功应试。

复选项 I 表明"考前辅导"使得成绩差的考生"不那么差",复选项 II 表明"考前辅导"能使得成绩好的考生"变得更好",均削弱了上述论证的结论。

复选项 III,表明两组考生存在其他变量——学习基础不同,从而表明两组考生的成绩差异可能是"基础不同"所致,使得题干求异失败。

题 235 / 答案为 E 项。

注意本题的相反陷阱,寻找的是"最没有可能削弱",即"必然不削弱"的选项。

论证主线:曾在托儿所看护的儿童紧张不安的比例高,在家看护的紧张不安的比例低⇒1 岁孩子在托儿所会引发紧张不安。

E 项主题无关,所涉为在家看护的"看护者",与"在托儿所看护"是否会引发紧张不安无关。

A 项,表明调查可能无法代表整体情况,削弱了上述论证的中间过程。

B 项,表明调查可能有失公允,具有一定的削弱作用。

C 项,表明虽然"在托儿所看护"与"紧张不安比例高"都有发生,但"紧张不安比例高"才是原因,削弱了上述论证的隐含假设——"在托儿所看护"是原因。

D 项,表明在托儿所和在家存在其他变量——儿童性别不同,且性别与紧张不安等相关,从而表明两种看护方式的结果差异可能是"儿童性别不同"所致,使得题干求异失败。

题 236 / 答案为 C 项。

论证主线:3 岁的独生与非独生孩子日常行为能力相似⇒独生与非独生孩子的社会能力发展几乎一致。

C 项,表明非独生孩子 3 岁才有弟弟或妹妹,相当于 3 岁前也是独生孩子,从而表明对"3 岁"的孩子的研究无法比较"独生与非独生"的区别,从而说明求异方式本身有问题。

A 项作用不足,表明两组孩子存在其他变量——地区不同,从而两组结果的不同可能是"地域不同"所致,但"地域"与"社会能力"未必具有强相关性,因此不如 C 项。

B 和 E 项均不起作用,均意图采用存在与父母接触时间不同的差异,来攻击题干的求异,但"与父母接触时间"与社会能力的关系未知,因此无法起到削弱作用。

D 项主题无关,所涉为"研究者",与"孩子"的社会能力无关。

题 237 / 答案为 B 项。

论证主线:80 岁与 30 岁玩麻将表现的理解和记忆能力类似⇒到了 80 岁理解和记忆能力未必会显著减退。

B 项,表明"玩麻将"本身无法测量"理解和记忆能力"高低,从而说明求异方式本身有问题。

A、C、D 和 E 项均主题无关,所涉分别为玩麻将还需要"其他能力"、老人"有更多时间"玩麻将、玩麻将对理解和记忆能力"有提高作用"、看法的"性质",均与人到了 80 岁理解和记忆能力是否"会显著减退"无关。

题 238 / 答案为 C 项。

论证主线:实验组表现出更少的社交忧惧,对照组表现出更多的社交忧惧⇒实际约会能提高社交水平。

C 项,表明对照组填写的调查表"存在问题",从而说明求异方式本身有问题。

B 和 E 项均作用相反,均表明不论实验者还是约会对象,都不清楚计划过程,从而排除了"参与对象本身"的问题,支持了上述论证的中间过程。

A 和 D 项均主题无关,所涉分别为"普遍开展"、"性别不同使得评价导向不同",均与"实际约会"能否"提高社交水平"无关。

题 239 答案为 A 项。

论证主线：服用 W 素的组死亡 44 人，不服用 W 素的组死亡 44 人 ⇒ W 素无效。

A 项，表明不服用 W 素的病人比服用 W 素的"更早死"，即不服用 W 素的病人患病后存活时间短，从而说明即使两组死亡人数相同，但具体情况不同，可以求异，所以 W 素未必无效。

B、C、D 和 E 项均主题无关，且不谈"两组活着的人都仅剩 1 人"是否具有对比意义，所涉分别为"平均寿命"（何时患病未知）、"病情"（初试病情未知）、第二组比第一组更年长（何时患病未知）、第二组比第一组更年轻（何时患病未知），均与 W 素的"疗效"无关。

题 240 答案为 C 项。

论证主线：成长越快乐，收入越高 ⇒ 快乐能使人更挣钱。

C 项，表明调查对象存在其他变化——家庭背景，从而说明调查对象挣钱能力不同可能是"家庭背景不同"所致，使得题干共变法失败。

A、B、D 和 E 项均主题无关，所涉分别为"家庭富裕"无法使得"成长快乐"、"影响收入水平的"还有"其他因素"、调查对象的"职业分布"、22 岁时人生"满意"度，均与"快乐"能否使人更"挣钱"无关。

题 241 答案为 D 项。

论证主线：献血次数越多的组患病风险越低 ⇒ 献血有利于减少患癌症和心脏病的风险。

复选项 I ，表明三组对象存在其他变化——60 岁以上调查对象，从而献血次数越多患癌风险越低可能是 60 岁以上调查对象越少所致，使得题干共变法失败。

复选项 II ，表明献血与不献血者存在其他变量——体质不同，从而上述人群患病风险差异可能是体质不同所致，使得题干求异法失败，削弱了上述论证的中间过程。

复选项 III ，所涉为调查的"人数"，与题干患病的"比例"无关。

题 242 答案为 D 项。

论证主线：年龄越大越不愿回答收入问题 ⇒ 年轻人更愿告诉别人自己的收入状况。

D 项，表明小刘"年龄变大"后，可能还会"愿意告诉"别人自己的收入状况，削弱了上述论证的隐含假设——"年龄"与"告诉意愿"具有共变关系，使得题干共变法失败。

A 和 E 项均主题无关，所涉分别为"非调查者"小张、"收入状况"的比较，均与收入状况的"告诉意愿"无关。

B 项不起作用，本项意图采用类似 D 项违背共变关系的攻击方式，但老李年轻时的"告诉意愿"未知，因此无法起到削弱作用。

C 项作用相反，支持了上述论证的隐含假设——"年龄"与"告诉意愿"具有共变关系。

> **高能提示**
>
> 若单独分析 D 项，其削弱作用很低。因为，一方面，小刘只是猜测自己未来的情况，但并非实际情况；另一方面，题干的调查是针对整体的分析，而小刘仅为个例且未说明其具有代表性，因此削弱作用很低。不过，和其余四个选项相比，其力度相对最高。

———————————— 管综真题警戒线 ————————————

题 243 答案为 C 项。

论证主线：外表年龄差异越大 ⇒ 看起来越老，越可能先去世。

C项，表明"外表年龄"与"去世先后顺序"联系不大，削弱了上述论证的中间过程。

A项不起作用，意图说明上述调查不具有代表性。但"结果有所不同"可能是外表年龄与生命老化联系更大，且"可能"表示程度较低，因此无法起到削弱作用。

D项主题无关，所涉为"生命老化"的原因，而题干只是在探讨"外表年龄"能否体现"生命老化"，并未说明"外表年龄"是"生命老化"的原因，就算题干表明了此因果关系，本项也无法起到削弱作用，因为本项所涉并非"原因仅在于"。因此，完全有可能为"染色体损耗"与"外表年龄"都是"生命老化"的原因。

B和E项均主题无关，所涉分别为"研究助手"的情况、心理成熟，均与"外表年龄"能否说明"去世先后顺序"无关。

题244 答案为B项。

论证主线：幸福与否不意味着死亡风险高低⇒不幸福本身不会损害健康。

B项，表明"死亡风险"与"健康状况"联系不大，削弱了上述论证的中间过程。

A、C、D和E项均主题无关，所涉分别为"幸福程度"难以确定、"死亡风险高低"难以准确评估、有的"高寿者"不幸福、有的"病重者"很幸福，均与"幸福与否不意味着死亡风险高低"能否说明"不幸福本身不会损害健康"无关。

题245 答案为E项。

论证主线：爱笑老人对自我健康评价较高⇒爱笑老人更健康。

E项，表明"自我健康评价"与"实际健康状况"联系不大，削弱了上述论证的中间过程。

D项主题无关，表明好的家庭氛围能使老年人更加"乐观"和"健康"，但题干所涉为爱笑老人"对自我健康评价较高"能否说明爱笑老人"更健康"。所以，一方面，"乐观"并不等于"自我健康评价高"，另一方面，题干只是在推测这些爱笑老人是不是"更健康"，没说是什么原因使得他们"真的健康"。因此，即使给"乐观"和"健康"找到其他原因，也与题干无关。

A、B和C项均主题无关，所涉分别为老年人心态对"寿命"的影响、自我健康评价不高的"原因"、"不同性别"爱笑比例的比较，均与爱笑老人"自我健康评价较高"能否说明爱笑老人"更健康"无关。

题246 答案为E项。

论证主线：手指自我检测杵状改变⇒判断是否患有心脏或肺部疾病。

E项，既然杵状改变"机理不明"，那么其与"心脏或肺部疾病的联系"亦不明显，从而表明根据前者便"难以判断"后者。

D项作用不足，表明"杵状改变"不足以"判断病变"，削弱了上述论证的中间过程，但仅表明"第一个阶段不足以判断病变"，若患者的柱状改变已进入第二阶段，则有可能能够用来进行判断，因此不如E项。

B和C项均作用不足，表明"杵状改变"不能"准确判断"病变，削弱了上述论证的中间过程，但B项的"不是明确标志"，C项的"只是参考"表示程度均较低，因此均不如E项。

A项主题无关，所涉为杵状改变的"原因"，与杵状改变能否"检测疾病"无关。

题247 答案为D项。

论证主线：蜘蛛越老结的网越没章法⇒随着时间流逝蜘蛛大脑会退化。

D项，表明"结网"与"大脑"没有关系，削弱了上述论证的中间过程。

B项作用相反，表明大脑确实会退化，支持了上述论证的结论。

C项作用不足，表明"结网没章法"很可能是"运动器官老化"所致，未必是由于"大脑退化"，从而通过提出新的原因，削弱了上述论证的中间过程，但D项的"只是……并不受"表示程度较高，因此不如D项。

A和E项均主题无关，所涉为"蛛网外表的作用""蛛网形状的功能比较"，均与"结网没章法"是否说明"蜘蛛大脑退化"无关。

题248 答案为D项。

论证主线：夫妻出生地间隔越远孩子智商越高⇒异地通婚可提高后代智商水平。

D项，因为孩子智商与父母智商是正相关的，从而说明虽然"出生地间隔远"与"智商高"都存在，但"智商高"才是原因，削弱了上述论证的隐含假设——"异地通婚"是原因，从而说明仅改变"智商越高"的结果，无法实现"智商越高"本身。

A项作用不足，表明上述调查可能不具有代表性，但"数量不够多"对代表性的质疑较弱，且D项的前提与结论均与主题词紧扣，因此不如D项。

B和C项均不起作用，题干所涉数据仅为"平均值"，即使"一些"反例出现，依然可能符合题干论证，因此无法起到削弱作用。

E项不起作用，提到"基因可能接近"，但其与"孩子智商高低"是否具有联系尚未可知，因此无法起到削弱作用。

题249 答案为A项。

论证主线：心跳慢心血管疾病概率低，心跳快心血管疾病概率高⇒心跳过快导致心血管疾病。

A项，表明虽然"心跳快"与"心血管疾病"都存在，但"心血管疾病"才是原因，削弱了上述论证的隐含假设——"心跳快"是原因。

D项作用不足，通过类比，构造有因无果，削弱了上述论证的结论，但"野外奔跑的兔子"与"普通人类"未必可以类比，因此不如A项。

B、C和E项均主题无关，所涉分别为"老年人心跳过快的占比""年轻人与老年人心跳频率的比较"，均与"心跳过快"是否导致"心血管疾病"无关。

题250 答案为A项。

论证主线：寻路得分高者嗅觉灵敏⇒空间记忆力好、方向感强，其嗅觉更灵敏。

A项，表明虽然"寻路得分高"与"嗅觉灵敏"都存在，但"嗅觉灵敏"才是原因，削弱了上述论证的隐含假设——"寻路得分高"是原因。本题的主题词虽为"动物"，但这里并不是指"某一种动物"（如兔子），而是"动物整体"，加上人类本身就是"动物"，因此包括了人类，况且，其余选项明显无关，仅本项具有削弱作用。

E项主题无关，所涉为有的人"喜欢玩"对方向感要求高的游戏，但"因过分投入"而食不知味，而题干所涉为"方向感强"是否使得"嗅觉灵敏"。所以，一方面，"喜欢玩"不等于"擅长玩"，另一方面，且不谈"食不知味"是不是指代味觉，这里是"因过分投入"而食不知味，而不是本来就食不知味。因此，本项与题干完全无关。

B、C和D项主题无关，所涉分别为有的参试者是"美食家"、有的参试者是"马拉松运动员"、"教授"与年轻人的比较，均与"方向感强"是否使得"嗅觉灵敏"无关。

题251 答案为D项。

论证主线：节俭计划实施后，公司办公用品支出下降30%⇒节俭计划能节约经费。

D项，表明存在"没有实施上述计划且基本情况类似"的公司，"办公用品支出"也下降了，从而通过类比，构造无因有果，削弱了上述论证的隐含假设——"节俭计划"与"节约经费"具有因果关系。

A项，表明存在"没有实施上述计划且基本情况类似"的公司，但"办公用品支出"没有下降（注意，题干说上述公司过去支出为10万元，因此本项类似公司支出也为10万的话，相当于支出没有下降），从而说明通过类比，构造了无因无果，支持了上述论证的隐含假设——"节俭计划"与"节约经费"具有因果关系。

C项不起作用，且不谈题干的数据分析是否真的"不严谨"，就算其"不严谨"也不等于"有错误"，因此不具有削弱作用。

B和E项均主题无关，所涉分别为"无纸化办公的成效""补助和津贴的增加"，均与"节俭计划"能否"节约经费"无关。

题252 答案为C项。

论证主线：商品已作特价处理、开封或使用⇒拒绝退货。

C项，表明即使"开封或使用"也可以"退货"，通过构造有因无果，削弱了上述论证的中间过程。

E项作用相反，表明当"问题来自消费者"时，开封后不可以退货，支持了上述论证的中间过程。

B项主题无关，所涉为开封的"必要性"，但"必须开封"不等于"开封商品可以退货"，因为要想由前者推出后者，还需附加其他条件，因此与特价、开封或使用的商品能否"退货"无关。

A和D项均主题无关，所涉分别为特价商品的"质量情况"、政府"偏向消费者"，均与特价、开封或使用的商品能否"退货"无关。

题253 答案为B项。

论证主线：移动支付阻挡老年人消费⇒影响老年人晚年生活质量。

B项，表明即使"移动支付"阻挡了老年人消费，但老年人还可由"儿女"代劳，从而说明其"晚年生活质量"未必会受影响，削弱了上述论证的中间过程。

D项作用不足，表明许多老年人学会了与"移动支付"相关的方法和技巧，削弱了上述论证的前提，但"学会"不等于"熟练使用"，从而说明老年人"晚年生活质量"可能仍会受影响，且仅针对前提，因此不如B项。

E项作用相反，表明老年人消费确实会被"移动支付"所阻挡，支持了上述论证的前提，因此不如B项。

A和C项均主题无关，所涉分别为"社会关注老年人的生活质量""现金支付政策落实情况"，均与"移动支付"是否"影响老年人晚年生活质量"无关。

题254 答案为C项。

论证主线：ＡＡ与ＡＧ型11时之前去世，ＧＧ型18时去世⇒ＧＧ型比其他人平均晚死7小时。

C项，表明即使从"时刻"来看有7小时差距，但如果ＡＡ与ＡＧ型是"第二天甚至第二年"的11时才去世，那么ＧＧ型就未必比其他人"平均晚死"7小时了，削弱了上述论证的中间过程。

D项主题无关，所提"平均寿命"是一个时间段，但题干所提"平均死亡时间"即"平均什么时候死的"是一个时间点，两者无关。例如，一个90岁老人和一个9岁孩童，若前者今天死的，后者昨天死的，则是90岁老人晚死；若前者昨天死的，后者今天死的，则是9岁孩童晚死。很多选择D项的小伙伴，只是看到了"平均"二字，却忽略了后面的主题词。

A、B和E项均主题无关，所涉分别为"心血管疾病""死亡原因""死亡前状态"，均与"死亡时间"无关。

题255 答案为E项。

论证主线：网络商店⇒取代实体商店。

E项，表明"实体商店"是"网络商店"存在的必要条件，从而说明若"实体商店"消失，则网络商店也会消失，削弱了上述论证的中间过程。

B和D项均作用不足，表明存在只能采用实体商店销售方式的产品，但"有些高档品牌""贵重物品"

表示程度较低，而 E 项中的"通常情况""只有"表示程度较高，因此不如 E 项。

A 和 C 项均主题无关，所涉均为"网络购物"的"问题"，均与"网络商店"能否"取代实体商店"无关。

题 256　答案为 D 项。

论证主线：计算机能解决数学问题⇒大学生不用深刻理解数学⇒数学可用其他课程替代。

复选项 I，表明工程类课程确实可以替代数学课程，支持了上述论证的结论。

复选项 II，表明"对基础数学的理解"对设计计算机程序很必要，削弱了上述论证的中间过程。

复选项 III，表明"基础数学课程"对工程设计很必要，削弱了上述论证的中间过程。

题 257　答案为 A 项。

论证主线：剑乳齿象灭绝⇒是由于人类过度捕杀。

A 项，表明"剑乳齿象灭绝"很可能是"史前动物间互相捕杀"所致，未必是由于"人类过度捕杀"，从而通过提出新的原因，削弱了上述论证的中间过程。

E 项作用不足，表明"剑乳齿象灭绝"很可能是"幼象生存能力弱"所致，但 A 项的"经常""大规模"表示程度更高，因此不如 A 项。

B 项作用相反，排除了人类无法有效攻击剑乳齿象的可能，从而说明剑乳齿象灭绝有可能是人类所致，支持了上述论证的中间过程。

D 项作用相反，表明若剑乳齿象是食草动物，那么剑乳齿象的灭绝确实有可能是人类所致，支持了上述论证的中间过程。

C 项主题无关，所涉为剑乳齿象有"回迁现象"，与剑乳齿象的"灭绝原因"无关。

题 258　答案为 E 项。

论证主线："男孩危机"⇒是由于家庭和学校不适当的教育方法。

E 项，表明"男孩危机"很有可能是"男孩天性爱玩游戏"所致，未必是由于"家庭和学校的教育方法"不当，从而通过提出新的原因，削弱了上述论证的中间过程。

A 项作用相反，表明"男孩危机"确实与"家庭和学校的教育方法"存在联系，支持了上述论证的中间过程。

D 项不起作用，所涉为"家庭与学校教育者"的性别，但其与"男孩危机"是否具有联系尚未可知，因此无法起到削弱作用。

B 和 C 项均主题无关，所涉分别为现在与以前的男孩的"行为比较"、男孩与女孩的"潜能比较"，均与"男孩危机的原因"无关。

题 259　答案为 C 项。

论证主线："李祥"这个名字连续 4 个月中签⇒有人在抽签过程中作弊。

C 项，表明"'李祥'这个名字连续中签"很可能是"报名的人中'李祥'重名率高"所致，未必是因为"有人作弊"，削弱了上述论证的中间过程。

B 项主题无关，家长"不回避重名"不等于参加这次抽签的人"有重名"，因此与李祥这个名字"连续中签"无关。

A 项主题无关，所涉为"张磊"这个名字中签次数更多，与"李祥"这个名字中签次数多无关。

D 项主题无关，"抽签"过程"有人监督"，不等于"所有"过程都有人监督，也不等于"监督有效"，因此与是否"有人作弊"无关。

E 项主题无关，每个申请者"编号不同"，只能说明每次抽签都只能抽中一人，不能说明"某人不会每次都中签"，因此与李祥这个名字"连续中签"无关。

题 260 答案为 D 项。

论证主线：用移动电话者患瘤风险比未用者高 40% ⇒ 应该采取更安全的沟通措施。

D 项，表明既然"生活空间"的辐射强度都比"手机通话"高，那么不论何种"沟通方式"都无法消除"辐射危害"，从而削弱了上述论证的隐含假设——"存在"更安全的沟通措施。

C 项作用不足，表明有的措施并不安全，但"瞬间""手机短信"表示程度较低，因此不如 D 项。

A 项主题无关，"健康"是描述当下身体情况，而"患瘤风险"是描述未来身体病变的可能性，"很健康"不等于"患瘤风险低"，因此与题干论证无关。

B 项主题无关，"体质适应"只能说明人们能在强辐射环境下生存，或者不再能感知强辐射环境有异常，但这不等于强辐射环境"患瘤风险低"，因此与题干论证无关。

E 项主题无关，"符合国家规定"不等于"没有危害"，因此与题干论证无关。

题 261 答案为 D 项。

论证主线：光纤网络 ⇒ 提高生活质量。

D 项，表明"生活质量"与"光纤网络"没有关系，从而说明"光纤网络"达不到"提高生活质量"的效果，削弱了上述观点的中间过程。

A 项作用不足，表明拥有"光纤网络"也未必能"提高生活质量"，通过构造有因无果，削弱了上述观点的中间过程，但"有时"表示程度较低，而 D 项的"仅决定于"表示程度较高，因此不如 D 项。

B 项作用不足，表明没有"光纤网络"一样可以"提高生活质量"，通过构造无因有果，削弱了上述观点的中间过程，但 D 项的"仅决定于"表示程度较高，因此不如 D 项。

C 和 E 项均主题无关，所涉分别为网络的"成本"、网络的"恶果"，均与"光纤网络"能否"提高生活质量"无关。

题 262 答案为 D 项。

论证主线：换装固态硬盘 ⇒ 提升游戏体验。

D 项，表明"游戏体验"与"固态硬盘"关系不大，从而说明即使换了固态硬盘，也达不到"提升游戏体验"的目标，削弱了上述论证的中间过程。

A、B、C 和 E 项均主题无关，所涉分别为电脑"运行缓慢"的原因、"销售利润"的比较、"换装费用"及"老旧电脑"的 CPU 性能和内存，均与"换装硬盘"能否达到"提升游戏体验"的目标无关。

题 263 答案为 D 项。

论证主线：不同时间段上下班制度 ⇒ 缓解交通压力。

D 项，表明"交通压力大"的真正原因是"汽车数量太多"，从而说明即使采取了上述"制度"，也达不到"缓解交通压力"的目标，削弱了上述论证的中间过程。

A、B 和 C 项均主题无关，A、B 两项所涉均为上下班制度的"副作用"，C 项所涉为员工"出行方式"，均与上述"措施"能否达到"缓解压力"的目标无关。

题 264 答案为 E 项。

论证主线：将二氧化硫充入大气层 ⇒ 使地球表面降温。

E 项，表明"二氧化硫充入大气层"达不到"长久降温"的目标，削弱了上述论证的中间过程。

A、B、C 和 D 项均主题无关，所涉分别为二氧化硫充入大气层的"副作用"、"其他措施"可以避免强光照射、"碳含量""人工气候改造"的副作用，均与"上述措施"能否达到"降温"目标无关。

题 265 答案为 C 项。

论证主线：机器人战争技术⇒使人类远离危险。

C 项，表明"机器人战争技术"不仅达不到其目标，反而会使得"人类更加接近危险"，削弱了上述论证的中间过程。

B 项作用相反，表明"机器人战争技术"可以达到"使人类远离危险"的目标，支持了上述论证的中间过程。

D 项作用相反，"只会让部分国家远离危险"也是远离危险，若其他国家虽然没有远离，但也没有更接近，那么整体上还是"远离危险"，支持了上述论证的中间过程。

A 和 E 项均主题无关，所涉分别为"机器人掌控人类""消耗资源"，均与"机器人战争技术"是否可以达到"使人类远离危险"的目标无关。

题 266 答案为 C 项。

论证主线：放弃等待时间事先公开成果⇒公共卫生水平提高。

C 项，若放弃"等待时间"直接发表，相当于不进行评审，从而说明本来评审能阻止的"错误文章"便会发表，从而可能使得"公共卫生水平"下降，削弱了钟医生论证的中间过程。

B 项作用相反，"还取决于"不等同于"仅取决于"，且"不完全依赖于医学新发现"也承认了"医学新发现的成果"与"公共卫生水平"存在联系，支持了钟医生论证的中间过程。

E 项作用相反，排除了"公众不听从"最新发表成果的可能，支持了钟医生论证的中间过程。

A 项主题无关，题干只是放弃"等待时间"，完全可以"匿名评审"的同时也"直接发表"，并不等于"放弃匿名评审制度"，因此与钟医生的论证无关。

D 项主题无关，只是表明"媒体"事先报道了成果，但无法得知媒体报道是否能达到"提高公共卫生水平"的目标，更无法得知媒体报道后别人再公开是否还能"继续提高公共卫生水平"，因此与"杂志"事先公开能否"提高公共卫生水平"无关。

题 267 答案为 A 项。

论证主线：推广阔叶树减少针叶林⇒降尘。

A 项，表明树木比例调整会产生非常严重的"副作用"——虫害、火灾、影响林木生长，从而说明上述建议不应该实施。

B 项作用相反，表明针叶树确实无法"降尘"，从而说明"减少其比例"是合理的，支持了上述有关人员的观点。

D 项主题无关，所涉为"两种树养护成本的比较"，但是谁成本更高，不等于谁成本就高，更不等于承担不了这个成本，因此本项与题干措施无关。

C 和 E 项均主题无关，所涉分别为"植树造林的其他目标""通风走廊的效果"，均与"调整两种树木面积"能否达到"降尘"的目标无关。

题 268 答案为 C 项。

论证主线：这束伽马射线速度超过光速⇒光速不变定律需要修改。

C 项，不论是"观测有误"还是"篡改数据"，都削弱了上述天文学家论证的前提。

B 项作用不足，"可能存在偏差"削弱了上述天文学家论证的前提，但"可能"表示程度较低，因此作用不如 C 项。

D 和 E 项均不起作用，根据"考点⑯条件命题的恒真式"，此两项是等价关系，均有三种情况——定律过时∧观测有误，定律没过时∧观测有误，定律过时∧观测无误，其中前两种情况可以削弱上述天文学家的前提，但第三种情况可以支持，而具体实际是哪种情况尚不可知，因此无法起到削弱作用。

A 项主题无关，所涉为"经历过去多次实践检验"没有反例，与"光速不变定律要修改"无关。

第三篇 论证逻辑

题269 答案为 C 项。

论证主线：智能导游有很多功能⇒智能导游会取代人工导游。

C 项，表明智能导游有"难以超过"人工导游的地方，削弱了上述专家的结论。

A、B、D 和 E 项均主题无关，所涉分别为智能导游"需求旺盛"、智能导游"前景不明"、智能导游"消费习惯尚未形成"、人工导游"退出市场需要时间"，均与智能导游能否"替代"人工导游无关。

题270 答案为 E 项。

注意本题的相反陷阱，寻找的是"不能削弱"的选项。

论证主线：每行驶 5 000 千米的定期检查只能检查出一小部分问题⇒定期检查没有意义。

E 项，通过个例，构造了无因无果，表明没定期检查也没问题，支持了上述论证的结论。

A、B 和 C 项，均用事实削弱了上述论证的前提。

D 项，通过个例，构造了无因有果，表明没定期检查会有问题，削弱了上述论证的结论。

题271 答案为 A 项。

论证主线：友南参加比赛胜率高，友南不参加比赛胜率低⇒友南是核心队员（关键场次会获胜）。

A 项，表明友南并不是"核心队员"，削弱了上述记者的结论。

B、C、D 和 E 项均主题无关，所涉分别为"队长的表态""本赛季获胜率下降""友南缺席的比赛""教练的表态"，均与友南是否是"核心队员（关键场次会获胜）"无关。

题272 答案为 E 项。

论证主线：计算机技术发展⇒计算机生成的图像和动画替代真人表演。

E 项，表明"真人演员"是电影表演的必要条件，从而说明计算机生成的图像和动画"无法替代"真人表演，减轻了上述演员的担心。

A、B、C 和 D 项均主题无关，所涉分别为"导演的交流对象""电影拍摄的决定者""3D 立体电影的票房前景""动画专业人员的喜好"，均与计算机生成的图像和动画能否"替代"真人表演无关。

题273 答案为 B 项。

注意本题的相反陷阱，寻找的是"除哪项外，均能质疑"，即"不能质疑"的选项。

题干信息：理性计算是指，要让着其他车。

B 项，表明确实要让，支持了上述观点。

A、C、D 和 E 项，均表明不需要一味退让，削弱了上述观点。

题274 答案为 A 项。

论证主线：20 个词语误读率接近 80%⇒人们识字水平没有提高。

A 项，表明"这 20 个词语"无法代表整体文字，削弱了上述论证的中间过程。

B、C、D 和 E 项均不起作用，意图说明"这 30 个人"或"这 20 个词语"不具有代表性，但"博士""大学老师"在大众中未必普遍，"网络流行语言"在整体文字中未必普遍，"大学成绩不佳"在大众中可能普遍，因此均无法起到削弱作用。

题275 答案为 A 项。

论证主线：甲国平均婚姻存续时间为 8 年⇒淳朴爱情婚姻观一去不复返了。

A 项，表明甲国"平均婚姻存续时间较低"很可能是因为"闪婚一族拉低了平均值"，未必是由于"普遍婚姻存续时间较低"，从而通过提出新的原因，削弱了上述论证的中间过程。

B 项主题无关，首先，"婚姻质量"指的是夫妻感情或婚后生活品质，是客观的，而"爱情婚姻观"是人们对婚姻的理解，是主观的，两者无关。其次，题干提到了"钻石婚、金婚、白头偕老"，所以"爱情婚姻观"具体是指"两人过得长不长"，这和"婚姻质量"无关。

C、D 和 E 项均主题无关，所涉均为"恋爱"，均与"爱情婚姻观"无关。

题 276　答案为 C 项。

论证主线：被推免的文科学生中女生占 70% ⇒ 本科生女生比男生优秀。

C 项，表明该校本科生中女生占"70% 以上"，即该校本科生中女生本来就多，从而说明该校被推免的文科学生中女生占 70% 是正常现象，削弱了上述论证的中间过程。

B、D 和 E 项均作用相反，均表明该校本科生中女生没那么多，从而说明该校被推免的文科学生中女性占 70%，本科女生更有可能比男生优秀，支持了上述论证的中间过程。

A 项不起作用，表明女生占比可能"超过 70%"，也可能"不到 40%"，因此无法起到削弱作用。

题 277　答案为 B 项。

论证主线：去医院治疗"老年病"的年轻人增多 ⇒ 年轻人"老年病"发病率增加。

B 项，表明即使"治疗'老年病'的年轻人"增多，但由于"年轻人"急剧增加，从而说明"年轻人'老年病'发病率"未必高，削弱了上述论证的中间过程。

D 项不起作用，表明"非老年人"范围更广，但"非老年人"中还包括"中年人"，且"范围"不等于"数量"，所以无法判断该国"年轻人数量是否增加"，因此无法起到削弱作用。

A、C 和 E 项均主题无关，所涉分别为"老年人患病""关注健康""健康老龄人口比重"，均与"年轻人'老年病'发病率"是否增加无关。

题 278　答案为 E 项。

论证主线：番茄红素最高的四分之一的人中有 11 人中风，番茄红素水平最低的四分之一的人中有 25 人中风 ⇒ 番茄红素能降低中风发生率。

E 项，上述论证存在一个隐含假设——番茄红素水平越高，中风人数越少。因此，若将实验人群按番茄红素量，由低到高分成四等份，设第二等份的中风人数有 a 人，根据 E 项可知四等份的中风人数情况为 25<a<50−a<11，此时 a 无实数解，从而质疑了上述论证。

C 项作用不足，意图说明题干调查不具有代表性，但"情况也许不同"可能是番茄红素水平与防止中风发生的联系更大，且"也许"表示程度较低，因此不如 E 项。

A 和 B 项均主题无关，所涉分别为"病情严重度""中风病因"，均与中风"发病率"无关。

D 项主题无关，"番茄红素水平高"不等于"番茄红素水平最高"。"番茄红素水平高"的人数范围不确定，若"有番茄红素"就算高，则这一千余人便都是，若"体内番茄红素达到 1 吨"才算高，则这一千余人便都不是；而"番茄红素水平最高"指代的就是这一千余人中最靠前的人。

> **高能提示**
>
> D 项，如果改为"番茄红素水平最高的四分之一的人喜爱进行适量体育运动"，便是削弱项。因为这表明番茄红素水平最高的四分之一的人中"中风人数少"，可能是"体育运动"所致。

题型 16 支持题型

题 1 答案为 E 项。

论证主线：鹿角饰品⇒仪式性活动。

E 项，构建了"鹿角饰品"与"仪式性活动"的联系，支持了上述观点的中间过程。

A、B、C 和 D 项均主题无关，所涉分别为"木头平台""当时人们的居住情况""其他木屋""农耕活动"，均与"鹿角饰品"是否意味着"仪式性活动"无关。

题 2 答案为 D 项。

论证主线：马坑中间放置牛角⇒马坑可能和祭祀有关。

D 项，构建了"牛角"和"祭祀"的联系，支持了上述推测的中间过程。

A 项作用不足，构建了"牛角"和"祭祀"的联系，牛角是祭祀的"重要物件"，但不代表有牛角"就一定意味着"祭祀，而 D 项等价于"如果在马坑中放置牛角，那么就是在祭祀"，因此不如 D 项。

B、C 和 E 项均主题无关，所涉分别为"马匹的摆放""基本形制""马骨摆放杂乱的原因"，均与"牛角"是否意味着"祭祀"无关。

题 3 答案为 E 项。

论证主线：土卫二微粒中含有钠盐⇒土卫二存在液态水。

E 项，构建了"钠盐"与"液态水"的联系，支持了上述推测的中间过程。

D 项作用不足，支持了上述推测的前提，但仅涉及前提，因此不如 E 项。

A、B 和 C 项均主题无关，所涉分别为"地质喷发""土卫二上液态水可能的存在方式""地质喷发活动与钠盐的关系"，均与"钠盐"能否推测存在"液态水"无关。

题 4 答案为 B 项。

论证主线：实施好稳健货币政策⇒首要任务是稳定物价，控制经济增速的回落。

B 项，构建了"稳健货币政策"与"稳定物价"的联系，支持了上述学者观点的中间过程。

C 项作用相反，构建了"稳健货币政策"与"经济增速回落"的联系，削弱了上述学者观点的中间过程。

A、D 和 E 项均主题无关，所涉分别为"放宽货币政策""稳定物价与控制经济增速回落的关系""放宽货币政策与保持经济高速增长的关系"，均与"稳健货币政策"能否说明首要任务要"稳定物价、控制经济增速回落"无关。

> **高能提示**
>
> 本题 B 项带有"只有……才……"，提炼可得：稳定物价→稳健货币政策，从而有同学认为这与题干方向不一致，为何还能入选？这个想法与之前题型 15 削弱题型中的题 21 一样，都属于基本知识上有遗漏。
>
> 题干论证的结构词为"这说明"，并不是在说，稳健政策"就一定能"稳定物价，所以其不是条件关系，因此，就不应该用形式逻辑的公式去思考。其实，B 项至少说明此二者之间具有联系，所以对于题干论证来说，确实起到了支持作用。
>
> 再强调，凡是遇到论证逻辑试题，就不要用形式逻辑的公式化思路，而用套路去处理。

题 5 答案为 E 项。

陈论证主线：很多车都超速但只有我受罚⇒这样做不公正。

贾论证主线：每个超速者都可能受罚⇒这样做公正。

E项，构建了"都可能受罚"与"公正"的联系，支持了贾论证的中间过程。

C项作用相反，题干中表明只处罚了陈，从而说明本次处罚"不当"，支持了陈的观点，削弱了贾的观点。

A、B和D项均主题无关，所涉分别为"处罚公正的特点""处罚的作用""法规依据"，均与"本次处罚"是否"公正"无关。

题6 答案为D项。

李论证主线：广告⇒方便百姓。

张论证主线：广告⇒只会吹牛。

D项，表明绝大多数保健品"广告"在"吹牛"，构建了"广告"与"吹牛"的联系，支持了上述张论证的中间过程。

A和C项均作用相反，表明广告可以让百姓"找到良药"或"找到辅导班"，从而说明广告并非"只会吹牛"，削弱了张论证的过程。

B和E项均主题无关，所涉分别为"资源浪费""广告牌"，均与"吹牛"无关。

题7 答案为A项。

论证主线：师资短缺⇒因为教学条件改进缓慢，工资增长未能与其他行业同步。

A项，表明"工资低"使得"许多教师离职"，构建了"师资短缺"与"工资"的联系，支持了上述论证的中间过程。

C项均作用相反，表明"应聘标准"是部分人"不当老师"的理由，削弱了上述论证的中间过程。

B、D和E项均主题无关，所涉分别为"教师视应聘标准为师资短缺的理由""教师不努力的理由""决策部门视应聘标准为师资短缺的理由"，均与"教学条件、工资增长"是否为"实际理由"无关。

题8 答案为E项。

论证主线：古遗址有未解之谜⇒古遗址应先保护起来。

E项，表明不想"破坏古遗址"就要"保护起来"，构建了"未解之谜"与"保护起来"的联系，支持了上述论证的中间过程。

A、B、C和D项主题无关，所涉分别为"谁修复古遗址""古代文明的意义""修复的要求""商业利益"，均与古遗址"有未解之谜"是否说明应先"保护起来"无关。

题9 答案为A项。

论证主线：自认为有钱的人大多数觉得不幸福⇒有钱不意味着幸福。

A项，构建了"自认为有钱"和"有钱"的联系，支持了上述论证的中间过程。

B项作用相反，表明上述被调查者实际上"很幸福"，削弱了上述论证的中间过程。

C、D和E项均主题无关，所涉分别为"不认为自己有钱的人""致富渠道合法""致富渠道非法"，均与"有钱"是否意味着"幸福"无关。

题10 答案为E项。

论证主线：能固定二氧化碳的酶最丰富⇒能编码上述酶的基因也最丰富。

很多小伙伴对本题理解有误，认为能固定二氧化碳的酶"只有一种"。注意，题干说的是这种酶"最丰富"，那不就是在告诉我们，有很多种这种酶吗？

E 项，构建了"酶丰富"与"基因丰富"的联系，支持了上述学者推测的中间过程。

B 项作用不足，表明"一种酶"能对应"多种基因"，支持了上述学者推测的中间过程，但"有时"表示程度较低，因此不如 E 项。

C 项作用相反，表明"多种酶"能对应"一种基因"，削弱了上述学者推测的中间过程。

A 和 D 项均主题无关，所涉分别为"转座子""生物多样性"，均与这种"酶"最丰富能否说明这种"基因"最丰富无关。

题 11 答案为 A 项。

红论证主线：中山大道仅允许通行轿车和不超过 10 吨的货车⇒中山大道大部分货车将绕行。

兵论证主线：中山大道不允许通行 10 吨以上的货车⇒中山大道车流量减少⇒中山大道事故减少。

A 项，构建了"10 吨以上货车"与"事故"的联系，支持了上述小兵结论的中间过程。

B、C、D 和 E 项主题无关，所涉分别为"大客车""交通堵塞""购买计划""中山大道周围"，均与"中山大道事故"是否减少无关。

题 12 答案为 E 项。

论证主线：拥有 MP3 最多，英语成绩最好⇒利用 MP3 能提高英语水平。

E 项，支持了上述结论的隐含假设——此班同学"英语成绩好"是由于"使用 MP3"。

A 和 B 项均作用相反，所涉为拥有 MP3"同时"英语学习热情或自觉性高，并非拥有 MP3"使得"学习热情或自觉性高。所以完全有可能，他们英语成绩好是由于学习热情或自觉性高，从而削弱了上述结论的隐含假设——此班同学英语成绩好是由于"使用 MP3"。

C 项作用不足，表明"利用 MP3"与"提高英语水平"有联系，支持了上述结论的隐含假设——此班同学英语成绩好是由于"使用 MP3"，但 C 项没提到"此班同学"，因此不如 E 项。

D 项主题无关，没有提及"英语成绩"，与利用 MP3 能否"提高英语水平"无关。

题 13 答案为 B 项。

论证主线：蒙科云被破坏，有地震特征⇒破坏是因为公元 365 年的一次地震。

B 项，表明蒙科云的消失很有可能就是在公元 365 年，从而构建了"蒙科云消失"与"公元 365 年"的联系，支持了考古学家猜想的结论。

E 项作用相反，表明公元 365 年后该城市还存在，从而说明上述破坏未必发生在公元 365 年，削弱了考古学家猜想的结论。

A、C 和 D 项均不起作用，均没有提及公元 365 年这一准确时间，完全有可能是公元 365 年之后，因此不具有支持作用。

题 14 答案为 A 项。

陈论证主线：北欧人具有乐观精神⇒由于北欧人人均寿命最高。

贾论证主线：北欧人人均寿命最高说明北欧老年人具有乐观精神⇒陈观点不对。

A 项，通过"经济发展水平"，构建了"人均寿命"和"乐观精神"的联系，支持了陈的论证，削弱了贾的反驳。

B 项作用相反，表明即使"人均寿命不高"也未必没有"乐观精神"，通过构造无因有果，削弱了陈的论证，支持了贾的反驳。

C 项作用相反，表明"乐观精神"才是原因，削弱了陈的论证，支持了贾的反驳。

D 项作用相反，表明有可能乐观精神与人均寿命高的决定因素是"经济发展水平"，从而说明两者之间未必具有因果关系，削弱了陈的论证，支持了贾的反驳。

E项主题无关，所涉为"日本人均寿命最高"，与"北欧人具有乐观精神"的原因无关。

题15 答案为D项。

注意本题的相反陷阱，寻找的是"不能成为支持理由"的选项。

论证主线：电子游戏⇒剥夺青少年的学习和与社会交流的时间。

D项主题无关，所涉为"花费资金"，属于财务，与"学习、交流"无关。

A、B、C和E项，分别通过"上课无精打采""作业错误明显增多""不愿与家长交谈""缺席小组活动"，构建了"电子游戏"与"影响学习和与社会交流"的联系，支持了上述观点的中间过程。

题16 答案为C项。

论证主线：有些人会对特殊味道的食物产生强烈厌恶⇒小孩更易产生强烈厌食。

C项，表明小孩的嗅觉和味觉比大人更敏锐，构建了"厌恶特殊味道的食物"与"小孩更易厌食"的联系，支持了上述论证的中间过程。

A、B、D和E项均主题无关，所涉分别为"有特殊味道"的食物数量（不是食物的特殊味道数量）、"未尝过"的食物、"食物与健康"的相关知识、"厌食时间"，均与"小孩"是否"更易产生厌食"无关。

题17 答案为B项。

论证主线：修理道路⇒避免支付因道路年久失修而损坏汽车的赔偿金。

B项，表明"修理道路"后"道路不会损坏车辆"，构建了"修理道路"与"避免支付对应赔偿金"的联系，支持了上述论证的中间过程。

A、C、D和E项均主题无关，所涉分别为"其他城市""征税""恶劣天气造成道路损害""卡车对道路的损坏"，均与"该市"能否避免支付"道路损坏汽车"的赔偿金无关。

题18 答案为E项。

论证主线：开发卫星更多尖端功能⇒卫星成本继续上涨。

E项，表明"更多尖端功能"越容易"出现问题"，而"更多问题"会带来"保险金涨价"，从而构建了"更多尖端功能"与"成本继续上涨"的联系，支持了上述论证的中间过程。

A、B、C和D项均主题无关，所涉分别为"保险金很高""问题很普遍""用户没提新要求""故障排查困难"，均与"开发更多尖端功能"是否会提高"成本"无关。

题19 答案为D项。

论证主线：52期改为26期，订户和广告商的数量均不下降⇒利润下降。

D项，表明"期数下降"会使"广告商购买广告总页数下降"，从而构建了"期数下降"与"利润下降"的联系，支持了上述论证的中间过程。

A项作用相反，因为"期数下降比例"要比"费用上升比例"大，说明后者抵消不了前者的作用，"期数下降"依然会使"总发行费用下降"，从而说明利润未必会下降，削弱了上述论证的中间过程。

E项作用相反，排除了"其他部分成本上升"的可能，从而说明利润有可能不变，削弱了上述论证的中间过程。

B和C项作用不足，表明"订户数量不会下降"，支持了上述论证的前提，但仅涉及前提，因此不如D项。

题20 答案为C项。

论证主线：冬天分裂症患者出生，冬天临产孕妇营养不良⇒患分裂症是因临产孕妇营养不良。

C 项，表明上述"分裂症患者"，其"与疾病相关的大脑区域"在"冬天"发育，而此时"临产孕妇营养不良"，从而构建了"分裂症"与"临产孕妇营养不良"的联系，支持了上述论证的中间过程。

B 项作用相反，表明"分裂症"可能是"遗传"所致，从而削弱了专家的结论。

D 项作用相反，表明临产孕妇买不到"新鲜食物"，完全可以买"腌制食品"，从而说明孕妇"未必营养不良"，削弱了专家的前提。

A 项主题无关，所涉为先天性分裂症患者的"占比"，与患分裂症的"原因"无关。

E 项主题无关，所涉为调查对象的"家境"，但题干是"难买到"新鲜食品，不是新鲜食品"太贵"，因此与专家结论无关。

题21 答案为 C 项。

论证主线：大房子（富有），大房子（窄木条）⇒窄木条代表富有。

C 项，对于相同面积的房子而言，因为"面积等于长与宽的乘积"，所以"木条越窄"所需"木条越长"，而"长度"是计算"价格"的标准，从而构建了"窄木条"与"富有"的联系，支持了上述论证的中间过程。

E 项作用不足，仅为"个例"，且为"小说"内容，因此作用不如 C 项。

A、B 和 D 项均主题无关，所涉分别为"当时大多数房子的铺设情况""丹尼斯的学术地位""大理石"，均与"窄木条"是否代表"富有"无关。

题22 答案为 E 项。

论证主线：笑⇒振奋精神，增进健康。

E 项作用相反，表明"笑"反而会"危害健康"，削弱了上述观点的中间过程。

A、B、C 和 D 项，分别通过"改善新陈代谢""使面肤永葆光润""使思维更敏捷""提高肌体的保护功能"，构建了"笑"与"振奋精神、增进健康"的联系，支持了上述观点的中间过程。

题23 答案为 B 项。

论证主线：现在小孩甜蜜太多，吃苦太少⇒应该走出暖房，经受磨炼。

B 项，表明不怕苦、不怕难是"成功的必要条件"，从而说明孩子应该"走出暖房，经受磨炼"，支持了上述论证的中间过程。

A、C、D 和 E 项均主题无关，所涉分别为"城市青年""农村适合旅游""中国国情""知青"，均与"小孩"是否要走出暖房无关。

题24 答案为 D 项。

论证主线：参加挑战杯比赛的同学成绩更好⇒挑战杯比赛提高学习成绩。

D 项，排除了"学习成绩好"是原因的可能，支持了上述调查的隐含假设——"挑战杯比赛"是原因。

A、B、C 和 E 项均主题无关，所涉分别为"其他活动""课外科技活动""没参加比赛的同学学习努力""参加挑战杯比赛的同学的占比"，均与"挑战杯比赛"能否"提高学习成绩"无关。

题25 答案为 D 项。

论证主线：眼眶较小⇒白天活动。

D 项，表明"眼眶较大"能体现"夜间活动"，通过无因无果，支持了上述科学家推测的中间过程。

A、B、C 和 E 项均主题无关，所涉分别为"后脚骨""视力与眼眶大小的比例""生物分开时间""与类人猿的关系"，均与"眼眶较小"是否能推测其在"白天活动"无关。

题26 答案为 A 项。

论证主线：壳牌石油公司净利润总额排名位列第一⇒由于该公司有更多国际业务。

A 项，表明"国际业务少"的公司"利润"低，通过无因无果，支持了上述说法的中间过程。

B、C、D 和 E 项均主题无关，所涉分别为"净利润最高的公司类型""最大的 500 家公司的国际化""石油和成品油的价格""壳牌石油公司所属国"，均与"该公司"净利润高的"原因"无关。

题27 答案为 B 项。

论证主线：安装防范系统的博物馆盗窃案下降⇒多功能防范系统起到保护文物的作用。

B 项，表明"没有安装防范系统"的私人收藏和小展馆失盗案件"明显上升"，通过无因无果，支持了上述论证的中间过程。

A、C、D 和 E 项均主题无关，所涉分别为"被盗物品""防范系统经过技术鉴定""保险金变化""南方盗窃案少的原因"，均与"多功能防范系统"是否起作用无关。

题28 答案为 B 项。

论证主线：总长度超过极限，供氧能力不足⇒氧气含量决定昆虫形体大小。

B 项，表明过去"氧气含量"高"昆虫形体"也大，现在"氧气含量"低"昆虫体型"也小，通过无因无果，构造求异，支持了上述论证的中间过程。

D 和 E 项均不起作用，在所构造的两组中，均存在其他变量——气压、海拔，因此无法判断形体的变化是否是含氧量不同所致，因此均无法起到支持作用。

A 和 C 项均主题无关，所涉分别为"无脊椎动物""生存"，均与"氧气含量"是否决定"昆虫形体大小"无关。

题29 答案为 D 项。

论证主线：规定父母与子女共处时间下限⇒减少子女压力⇒家庭幸福。

D 项，表明"子女压力"较大会阻碍"家庭幸福"，通过无因无果，表明减少"子女压力"有利于"家庭幸福"，支持了上述论证的中间过程。

B 项作用不足，既然大部分孩子"能够"与父母经常在一起，表明上述"时间下限的规定"具有可行性，但无法说明实施后，可以达到其最终目标，因此不如 D 项。

C 项主题无关，政策的"目标"是减少子女压力，不等于其"能实现"减少子女压力这个目标，因此本项并未构建两者论证上的联系。

A 和 E 项均主题无关，所涉分别为"抚养的责任""父母该怎样做"，均与"规定陪伴时间下限"能否达到"减少子女压力""使得家庭幸福"的目标无关。

题30 答案为 E 项。

论证主线：司法存在肯定性和否定性误判⇒衡量司法公正就看肯定性误判率。

E 项，排除了"否定性误判"的干扰，支持了上述法学家论证的中间过程。

C 项作用不足，表明"肯定性误判"危害性更大，但这不足以说明衡量司法公正"就看"肯定性误判，因此不如 B 项。

A 项不起作用，意图表明"肯定性误判"危害性更大，但"只放过了坏人"是否真的危害性小，尚未可知，因此无法起到削弱作用。

B 和 D 项均主题无关，所涉分别为"'宁可错判，不可错放'的性质""办案正确率"，与衡量司法公正是否就看"肯定性误判率"无关。

题 31 答案为 C 项。

论证主线：钱袋发现处是商贸中心和中途停留地⇒钱袋中有其他种类硬币。

C 项，排除了钱袋主人是"本地人"的可能，从而说明钱袋主人会用到"其他种类的硬币"，支持了上述论证的中间过程。

D 项作用相反，表明钱袋主人是"本地人"，从而说明即使这个城市是"商贸中心"，钱袋主人可能用不到"其他种类的硬币"，削弱了上述论证的中间过程。

A、B 和 E 项均主题无关，所涉分别为两种硬币"流行性"的比较、"金币是唯一流通货币""朝圣者与商人的联系"，均与钱袋中是否有"其他种类硬币"无关。

题 32 答案为 E 项。

论证主线：放松私人轿车管制交通状况会恶化⇒近五年内私人轿车不应有大发展。

E 项，排除了"道路状况在近期会有根本改善"的可能，从而说明如果放松管制，确实容易引起"交通恶化"，支持了上述观点的前提。

A、B 和 C 项均作用相反，A 项表明放松管制反而会"发展交通"，B 项表明"交通恶化"的原因在于自行车而非轿车，均削弱了上述观点的前提。C 项表明即使交通恶化，也要"发展轿车工业"，削弱了上述观点的结论。

D 项不起作用，题干并未表明"轿车工业"与"公共交通事业"是矛盾关系，因此，要发展后者，不代表不用发展前者，因此无法起到支持作用。

题 33 答案为 B 项。

论证主线：削减经费⇒不会减少任何基本服务费用。

B 项，排除了一种可能——学校经费仅够用于基本服务，从而说明经费的减少"不会影响"基本服务经费，支持了上述论证的中间过程。

A、C、D 和 E 项均主题无关，所涉分别为"服务的有效性""服务的价格""城市管理者的支持""官员的主张"，均与减少"经费"是否会减少"基本服务费用"无关。

题 34 答案为 D 项。

论证主线：人类喜欢甜味，精制食糖不健康⇒喜欢甜味不再有益。

D 项，排除了一种可能——喜欢甜味的习性"会引导人们"选择正常食品，从而说明喜欢甜味的习性只会让人们选择不健康的食品，支持了上述论证的中间过程。

A 项作用不足，支持了上述论证的前提，但仅涉及前提，因此不如 D 项。

C 项作用相反，表明部分人类，其喜欢甜味的习性"会引导"其选择正常食品，削弱了上述论证的中间过程。

B 和 E 项均主题无关，所涉分别为"烹饪""史前人类"，均与"喜欢甜味"是否"不再有益"无关。

题 35 答案为 E 项。

论证主线：本公司 1980 年以来生产的轿车，仍有一半在公路上奔驰，其他公司最多 1/3 ⇒该公司轿车耐用性能极佳。

E 项，排除了一种可能——本公司能跑轿车中"新车数量较多"，从而说明其大多数能跑轿车确实是"旧车"，支持了上述广告观点的中间过程。

B 项主题无关，表明其他公司还能跑的轿车，更多是后来生产的"新车"，从而说明其他公司轿车耐用性能"更差"。但题干并不是"比较"本公司与其他公司轿车的耐用性能，而是推断"本公司轿车耐用极佳"，因此本项与上述广告观点无关。

C 项作用相反，表明本公司能跑轿车占比多很可能是因为"车主会保养"，未必是由于"耐用性能好"，从而通过提出新的原因，削弱了上述广告观点的中间过程。

A 和 D 项均主题无关，所涉分别为"新车的价格""对轿车的改进"，均难以直接构建与"耐用性能"的关系。

题 36 答案为 B 项。

论证主线：医院被询问者低估自己所需恢复时间⇒饮酒者整体很难遵循广告的劝告。

B 项，排除了其他饮酒者比"医院被询问者更保守"的可能，从而说明，其他饮酒者只会"更加低估"恢复时间，支持了上述论证的中间过程。

E 项作用相反，表明其他饮酒者"警觉性"更高，从而说明"医院被询问者"无法代表"整体饮酒者"的情况，削弱了上述论证的中间过程。

A、C 和 D 项均主题无关，所涉分别为"有人会安排代驾""不饮酒者""不起重要作用的能力"，均与"上述调查"能否说明饮酒者很难遵循"广告的劝告"无关。

题 37 答案为 E 项。

论证主线：受检长尾猴（与人接触）1% 染病⇒长尾猴整体染病比例小于 1%。

E 项，排除了一种可能——"染病的"长尾猴更不愿与人接触并受检，从而说明受检长尾猴是"更容易染病"的，而在他们当中才 1% 染病，这就说明在"整体"长尾猴中，染病比例会更低，支持了上述论证的中间过程。

A 项不起作用，表明"受检"长尾猴是从只占整体 10% 的长尾猴中抽取的，但这不代表这些长尾猴无法代表整体，因此无法起到支持作用。

B、C 和 D 项均主题无关，所涉分别为"宠物染病""B 省""接触人和宠物的倾向性比较"，均与"上述数据"能否说明"长尾猴"染病"比例"无关。

题 38 答案为 A 项。

注意本题的相反陷阱，寻找的是"都能使小万的推断成立，除了"，即"不能成立"的选项。

论证主线：没有女生获得"艺翔助学金"⇒全校没人获得"艺翔助学金"。

A 项不起作用，意图说明男生"更不够条件"获得艺翔助学金，但"大部分"不等于"全部"，完全有可能"小部分"男生"更够条件"获得艺翔助学金，因此无法起到支持作用。

B、C、D 和 E 项均主题无关，均排除了一种可能——男生"可以"或"更够条件"获得艺翔助学金，从而说明"没有女生获得艺翔助学金"等于"全校没人获得艺翔助学金"，支持了上述论证的中间过程。

题 39 答案为 A 项。

论证主线：河南独木舟选材和热带地区木头一样⇒古代河南气候和现在热带气候相似。

A 项，排除了独木舟的木材"来源于其他地方"的可能，从而说明独木舟木材的情况，能代表当时当地的情况，支持了上述论证的中间过程。

B、C、D 和 E 项均主题无关，所涉分别为"独木舟浸泡过""刻舟求剑的发源地""独木舟形状""现今的淮河流域"，均与"木头一样"是否能说明"气候相似"无关。

题 40 答案为 E 项。

论证主线：《港湾》转型后广告客户转向其他刊物⇒广告商不只考虑经济利益，而且顾及道德责任。

E 项，表明与上述广告商类似的"其他客户"，在《炼狱》中有利可图，从而排除了广告商转移是由于

"只考虑经济效益"的可能，支持了上述论证的中间过程。

C项作用相反，表明上述广告商"转向其他刊物"很可能是"读者群体改变"所致，未必是由于"顾及道德责任"，削弱了上述论证的中间过程。

D项不起作用，意图发挥类似E项的支持作用，"并无明显增加"未必"真的在增加"，且不知增加的广告商是否与上述广告商类似，因此无法起到支持作用。

A和B项均主题无关，所涉分别为"杂志自身成本与售价"的比较、"转向其他刊物之后"的收益，均与杂志"广告商"转向其他刊物的原因无关。

题41   答案为C项。

论证主线1：含有高浓度的铱和铂等元素⇒陨石撞击形成。

论证主线2：含有白垩纪特殊矿物、海洋浮游生物化石⇒撞击时期是2.15亿年前。

C项，排除了高浓度铱和铂"来源于地表"的可能，支持了上述论证的中间过程。

A项作用相反，表明该岩石并非陨石，削弱了研究发现的结论。

B、D和E项均主题无关，所涉分别为"菊石""远古时代的事件""生物大灭绝事件"，均与上述岩石是否是"2.15亿年前陨石撞击形成"无关。

题42   答案为A项。

论证主线：不产生P450的人更可能会患帕金森，P450防止有毒化学物质侵害脑组织⇒有毒化学物质导致帕金森。

A项，排除了产生P450物质的人未患帕金森是由于"P450对脑部产生了其他作用"所致，支持了上述论证的中间过程。

C项不起作用，意图削弱题干前提，但题干求异结果为产生P450的人"更不可能会患"帕金森，而不是"不会患"帕金森，因此实际"一些"产生P450的人会患帕金森依然符合题干内容，因此无法起到削弱作用。

B、D和E项均主题无关，所涉分别为"其他物质""多乙胺""治疗"，均与"有毒化学物质"是否是患帕金森的"原因"无关。

题43   答案为B项。

论证主线：老人院评价低，医生与老人比率低⇒评价低是由于医生数量不足。

B项，排除了评价低"是由于医护人员少"的可能，支持了上述论证的中间过程。

C、D和E项均不起作用，均提出新的原因——医生发表文章数量、老人院位置和医生医术，但其与"评价"的联系尚未可知，就算有联系，也是"存在他因"。

A项主题无关，所涉为与"和祥老人院"的比较，与"爱慈老人院"评价低的原因无关。

题44   答案为B项。

论证主线1：泡网吧学生中条件优越的占80%⇒条件优越是学生泡网吧的原因。

论证主线2：泡网吧学生中成绩下降的占80%⇒泡网吧是学生成绩下降的原因。

B项，排除了学习成绩下降是由于"教学质量"的可能，支持了上述论证的中间过程。

C项作用不足，支持了题干论证的前提，但"多数"表示程度较低，且仅涉及前提。

A、D和E项均主题无关，所涉分别为"不同学校间成绩的比较""经常做问卷""问卷结果见报"，均与"上述数据"能否反映"学习成绩下降"的原因无关。

题 45 答案为 A 项。

论证主线：完善工艺能阻止细小金属受热而烧坏衣服⇒无法使微波干衣机有销路。

A 项，排除了一种可能——大多数顾客衣服上的金属"仅为细小金属"，从而说明即使完善工艺，也无法阻止衣服损坏，支持了上述论证的中间过程。

C 和 D 项均作用相反，表明上述完善的干衣机还有其他优势——"耗电少""皱缩小"，削弱了上述论证的结论。

B 和 E 项均作用相反。E 项表明大多数顾客衣服上的金属"仅为细小金属"，从而说明完善工艺确实能阻止衣服损坏；而 B 项表明顾客的衣服"不会和金属一起洗"。因此，这两项均支持了上述论证的中间过程。

题 46 答案为 D 项。

论证主线：按期公布销量排行榜⇒不能以排行榜作为购买电视的基础。

D 项，排除了"每个消费者标准一致"的可能，从而说明"销量"排行榜无法体现每个消费者的"购买意愿"，支持了上述专家观点的中间过程。

E 项作用相反，削弱了上述专家观点的结论。

A、B 和 C 项均主题无关，所涉分别为"购买《信息报》的人群""厂商在排行榜出来后的宣传""排名的变化"，均与销量排行榜能否"作为购买基础"无关。

题 47 答案为 D 项。

论证主线：名单以近三年高考录取率高低排序⇒不能以名单作为教育水平评价标准之一。

复选项 I，表明"排名"能体现"教育经费高低"，从而说明排名可以作为"教育水平的评价标准之一"，削弱了上述论证的中间过程。

复选项 II，排除了"排名"能体现"重点院校录取率高低"的可能，支持了上述论证的中间过程。

复选项 III，表明"排名"靠前很可能是因为"学生个人素质及其家庭条件"，从而排除了是由于学校的"教育水平"，支持了上述论证的中间过程。

题 48 答案为 B 项。

论证主线 1：死亡病例中与饮酒相关比例逐年上升⇒由于酗酒现象越来越严重。

论证主线 2：死亡病例现在更被认为与饮酒有关⇒与饮酒相关死亡比例上升未必是酗酒造成的。

B 项，表明更多死亡病例与饮酒相关是由于医生"界定的认识"发生变化，过去不认为和饮酒相关的死亡病例，现在被认为和饮酒相关，从而排除了是"酗酒变严重"造成更多死亡病例的可能，支持了上述论证的中间过程。

A、C、D 和 E 项均主题无关，所涉分别为"从道德上认定""酗酒现象""分析评估者的身份""医生对酗酒者的建议"，均与"死亡病例现在更被认为与饮酒相关"能否攻击"酗酒造成饮酒相关死亡比例增加"无关。

题 49 答案为 A 项。

李论证主线：高效杀虫剂⇒大面积杀死害虫。

张论证主线：杀虫剂杀死益虫⇒杀虫剂不能保护农作物。

李论证主线：杀虫剂能实现益虫的作用（杀死害虫）⇒杀死益虫也可以保护农作物。

A 项，排除了一种可能性——益虫足以消灭害虫，从而说明益虫对于保护农作物而言"意义不大"，这就体现了非常需要杀虫剂来消灭害虫，支持了李对张的反驳。

C 项不起作用，意图说明害虫能抵抗杀虫剂，但"更易获得"抗药性不等于"完全具备"抗药性，因此无法起到支持作用。

B、D 和 E 项均主题无关，所涉分别为杀虫剂对"人畜"的影响、"杀虫剂间"有效率的比较、害虫与益虫"种类"的比较，均与"杀虫剂"能否"保护农作物"无关。

题50 答案为A项。

论证主线：荷叶⇒减肥。

A项，"促进胃肠蠕动，清除宿便"确实有利于"减肥"，从而说明"荷叶"确实能达到"减肥"的目标，支持了上述论证的中间过程。

B、C和D项均主题无关，所涉分别为"荷叶茶""荷花茶""荷花制品"，均与"荷叶"功效无关。

E项主题无关，所涉为荷叶的"其他功效"，未提及"减肥"。

题51 答案为E项。

论证主线1：提高地铁客运量⇒缓解沿线包括高速公路的机动车拥堵。

论证主线2：增收沿线高速公路的机动车过路费⇒弥补上述改造费用。

E项，表明"提高客运量"后，确实有很多私家车主"开始乘坐地铁"，从而有可能达到"缓解拥堵"的目标，有助于论证上述计划的合理性。

D项作用不足，表明从财政角度看，"提高客运量"具有可行性，但可行不代表就能达到目标，因此不如E项。

A、B和C项均主题无关，所涉分别为"该计划通过了听证会""与其他城市交通拥堵程度的比较""过路费经过论证"，均与上述计划能否实现无关。

题52 答案为D项。

论证主线：第一个时间段由2小时收取2元改为4小时收取4元⇒收入增加。

D项，表明对于大部分汽车，原来只能"收取2元"，现在可以"收取4元"，可以达到"增加收入"的目标，支持了上述论证的中间过程。

A、B、C和E项均主题无关，所涉分别为"客流量""容量""收入与成本的比较""短途旅游者停车喜好"，均与"修改首次计时时长"的措施无关。

题53 答案为E项。

注意本题的相反陷阱，寻找的是"都能加强结论，除了"，即"不能加强结论"的选项。

论证主线：植入从W-12中提取的基因⇒使谷物产生抗体、减少损失。

E项不起作用，所提"基因变异"是否与"植入从W-12中提取的基因"相关尚未可知，且"改变生长特性"与"产生抗体"的联系也尚未可知，因此无法起到支持作用。

A、B、C和D项，分别表明"植入从W-12中提取的基因"使得作物产生抗体后，降低了"病毒感染能力"从而降低了其"繁殖能力"、能传递给"后续种植"或"后代"作物、获得抵抗"其他病毒"的能力，从而有可能达到"减少损失"的目标，均支持了上述结论。

题54 答案为E项。

论证主线：规定列出纤维素含量⇒保护民众健康。

复选项Ⅰ和复选项Ⅲ，通过"消费者能注意到""消费者有营养常识"，表明如果列示了纤维素含量，民众可以用来判断食品的"营养情况"，从而构建了"列出纤维素含量"与"保护民众健康"的联系，支持了上述论证的中间过程。

复选项Ⅱ，构建了"高纤维"与"健康"的联系，支持了上述论证的中间过程。

题55 答案为B项。

论证主线：人们常常收到垃圾邮件⇒应该制定限制垃圾邮件的规则。

B项，一方面，题干的内容可以体现人们不喜欢垃圾邮件（"无聊""垃圾"），且正受垃圾邮件的困扰（"每天收到""几件甚至数十件"），因此题干本身就体现了人们"需要"防范规则；另一方面，本项排除了一种可能——现在就存在"其他能制止垃圾邮件"的方法。综上，说明当下非常"必要"制定新规则，迎合了"应该制定"，支持了上述论证的中间过程。

D项作用不足，仅表明人们"需要"防范规则，但无法体现防范规则的"必要性"，若当下就有能防范的规则，那么有"需要"的人们去获取并使用该规则即可，何必"制定"？所以无法迎合题干中的"应该制定"，因此不如B项。

A、C和E项均主题无关，所涉分别为"广告的渗透""电脑性能""广告的收看率"，均与制定限制"垃圾邮件"规则是否"必要"无关。

题56 答案为D项。

注意本题的相反陷阱，寻找的是"除了哪项，均可以支持"，即"不能支持"的选项。

论证主线：试验结果⇒恶性循环（常吃糖⇒敏感度下降⇒满足感下降⇒潜意识吃更多糖）。

D项，表明实际上"潜意识"才是支配者，从而削弱了上述恶性循环的隐含假设——"满足感"是支配者。

A和B项，表明上述试验结果所依据的数据是客观有效的，支持了上述论证的前提。

C和E项，排除了一种可能——人们能控制欲望，从而说明"满足感下降"确实就会"吃更多糖"，支持了上述论证。

题57 答案为B项。

论证主线：独生子女获得5票与其在相同年龄段人口中比例一致⇒独生与非独生社交能力相当。

B项，题干仅分析了"获得5票"中独生子女占比，可能无法代表"整体独生子女"，本项直接说明"所有获得选票"中独生子女占比，也与整体占比一致，支持了上述论证的结论。

A项作用相反，表明独生子女社交能力不如非独生子女，削弱了上述论证的结论。

C和E项均不起作用，C项，所提的"获得1票"虽有票数，但票数较低，题干又未告知具有社交能力的票数标准，而E项所提的"列举的人"，题干没有提及，因此均无法起到支持作用。

D项作用不足，"前500名"人群未必具有代表性，与题干所给前提一样，因此不如B项。

题58 答案为B项。

论证主线：某真足蛇化石的脚在异化⇒当时真足蛇足部在退化。

B项，表明上述真足蛇"所属时代"能推理出"当时真足蛇"的情况，从而支持了上述论证的结论。

A、C、D和E项均主题无关，A项为"无足向有足"，C、D和E项为"整体退化"，而题干只是指"局部退化"，整体只能是"进化"，从而均削弱了上述论证的结论。

题59 答案为B项。

论证主线：普及性的伦理法则⇒必须着眼于宪法和法律。

B项，所涉为"宪法和法律"的优点，支持了上述论证的结论。

A、C、D和E项，所涉分别为"精神文明建设""极端个人主义者""儒家学说""中国经济"，均与"宪法和法律"无关。

题60 答案为A项。

注意本题的相反陷阱，寻找的是"未能提供进一步论证"的选项。

论证主线：吸烟有百害而无一利⇒应该立即戒烟。

A 项作用相反，若吸烟者观点（戒烟有副作用）正确，则削弱了医生观点的结论。

B、C、D 和 E 项，分别指出吸烟的一个副作用——"精神紊乱""心血管病""危害皮肤""妨碍他人健康"，均支持了上述论证的结论。

题 61 答案为 A 项。

注意本题的相反陷阱，寻找的是"都能加强论证，除了"，即"不能加强"的选项。

论证主线 1：灰狼习性上避免接触人⇒灰狼不会危害人类。

论证主线 2：准备了足够的灰狼食物⇒灰狼不会危害动物。

A 项主题无关，所涉为"其他动物出没"增加"人类乐趣"，与灰狼有无"危害"无关。

B 和 C 项，均分别指出一个事实——"进入公园的灰狼不会主动攻击人""人类不会受到直接攻击"，表明灰狼确实"不会危害人类"，支持了上述论证 1 的结论。

D 项，指出一个事实——"总体上对麋鹿繁衍有利"，表明灰狼反而对"麋鹿"有益，支持了上述论证 2 的结论。注意，题干虽然没有明确说明，不会危害"野生动物"是指不会危害"整体野生动物"，还是必须不会危害"每个野生动物个体"，但从通常对"整体和个体"的用法来看，本题针对"整体"的概率更高。

E 项，指出一个事实——"排除人或野生动物遭遇的险情"，表明灰狼确实"不会危害人类或者野生动物"，支持了上述论证 1 和论证 2 的结论。

题 62 答案为 C 项。

论证主线：因采煤而污染水源的报告不存在⇒采煤不会污染水源。

C 项，表明既然"开采前后"生态环境"都没有变化"，那么通过构建求异，支持了上述论证的结论。

A 项作用不足，拉长了"没有污染报告"的时长，但不能说明"未来"不会存在问题，因此不如 C 项。

B 项作用不足，虽然也构造了求异，但所涉为"两块"湿地，很可能存在其他变量——两者生态环境基础不同，因此不如 C 项。

D 和 E 项均主题无关，所涉分别为"爱尔兰的科技水平与财政支持""爱尔兰的环境排名"，均与"采煤"是否"污染水源"无关。

题 63 答案为 C 项。

论证主线：患儿改用牛乳但皮炎没消失⇒母乳不会引起小儿神经性皮炎。

C 项，表明即使不进食"母乳"也会"引起神经性皮炎"，通过构造无因无果，支持了题干的结论。

A、B、D 和 E 项均主题无关，所涉分别为"婴儿的最理想食品""病理机制""婴儿突发性窒息""婴儿没有表现出对母乳的拒斥"，均与母乳是否会"引起"神经性皮炎无关。

题 64 答案为 A 项。

注意本题的相反陷阱，寻找的是"除哪项外都进一步论述"，即"没有论述"的选项。

论证主线：实业界人士不是天使，中央银行官员不是贤主明君⇒商业周期并未寿终正寝（经济增长速度不会趋于稳定）。

A 项，所涉为"灵活性"，与题干"经济增速"无关。

B、C、D 和 E 项，均分别指出一个可能性——"投放过多资金""急剧抽回资金""委员反应过度""人们的心态不稳"，都支持了"经济增长速度不会趋于稳定"。

题 65 答案为 E 项。

注意本题的相反陷阱，寻找的是"除哪项外，都支持"，即"无法支持"的选项。

论证主线：要保护森林资源⇒禁用一次性筷子。

E 项，表明"可以适量地采伐森林"，但与"禁用一次性筷子"无关。

A 和 D 项均表明需要"禁用一次性筷子"，B 和 C 项均表明"保护森林"的必要性，均能支持上述批评者的观点。

题66 答案为 E 项。

注意本题的相反陷阱，寻找的是"除哪项外都进一步提供"，即"没有提供"的选项。

论证主线：高等院校学费急剧上涨⇒中产阶级家庭苦恼不堪。

E 项，表明学费有"降低的趋势"，削弱了上述观点的前提。

A 和 B 项，均支持了上述论证的前提。

C 和 D 项，分别指出家长要支付的"学费和食宿费较高"、公立学校的"补贴占比下降"，均支持了上述观点的结论。

题67 答案为 D 项。

"开放"派论证主线：户籍改革（放宽外来人口限制）⇒促进城市化进程。

"保守"派论证主线：户籍改革（放宽外来人口限制）⇒人口激增压力。

D 项，表明外来人口既能"建设城市"又有"子女就学问题"，构建了"外来人口"与"促进城市化进程、人口激增压力"的联系，支持了上述两方的中间过程。

A 和 E 项，"户口分离的户籍制度的劣势"以及"当前城市幼龄儿童减少"仅仅支持了"开放"派的结论。

B 和 C 项，表明外来人口"带来的问题"，构建了"外来人口"与"人口激增压力"的联系，仅仅支持了"保守"派论证的中间过程。

题68 答案为 D 项。

注意本题的相反陷阱，寻找的是"都能加强题干论证，除了"，即"不能加强"的选项。

论证主线：北京车若都用汽油酒精，其植被能全部吸收汽车所排放的二氧化碳⇒汽油酒精占领燃料市场。

D 项不起作用，意图说明北京绿植较少，都能吸收完汽油酒精的二氧化碳排放量，那么其他城市使用汽油酒精后，便更加可以了。但这实际未知。一方面，即使"北京绿色植被覆盖率低"，若其"单位面积种植的绿植"较多，未必北京表示"绿植总量"较少；另一方面，北京和其他城市的"总面积"未知，若北京总面积较大，也未必表示北京"绿植总量"较少。因此无法起到支持作用。

A 项，既然是"基本持平，至多略高"，就排除了一种可能——每公里消耗的汽油酒精很多，从而说明汽油酒精不会因为每公里消耗很多而排放出更多二氧化碳，支持了题干论证的中间过程。

B、C 和 E 项，均提出了汽油酒精的"其他优势"——"更有利于汽车的保养""缓解石油短缺的压力""售价较低"，支持了题干论证的结论。

题69 答案为 C 项。

注意本题的相反陷阱，寻找的是"不能支持报案人的意见"的选项。

论证主线：二楼办公室被盗⇒窃贼从窗户进入。

C 项，表明窗户是"从里面击碎"的，削弱了报案人意见的结论。

A 项，排除了一种可能——"从门进入"，支持了报案人意见的中间过程。

B、D 和 E 项，均表明窃贼可能是从窗户"进入"，支持了报案人意见的结论。

题 70 答案为 C 项。

注意本题的相反陷阱,寻找的是"最无助于支持"的选项。

论证主线:城市儿童心理素质较差是因为没有足量新鲜空气和阳光⇒不是由于条件优越。

C 项,所涉为城市环境"治理"的报告,这相对来说,不会涉及"环境污染"的影响,也不会涉及与"心理素质"的关系,因此与题干论证无关。

A 和 D 项,都是专门对"环境污染""生活条件"的分析,涉及题干中的要素。

D 和 E 项,虽然主要分析的是"关系",但也分别涉及了"环境污染""心理素质",这会有利于学者做出判断。

题 71 答案为 C 项。

题干信息:海达冰箱厂劳动生产率提高。

复选项 I 主题无关,所涉为"利润",与"劳动生产率"无关。

复选项 II 不起作用,所涉为"工人增加人数",并未告知"工人增加比例",无法判断"劳动生产率"变化情况。

复选项 III,支持了上述结论。从数学角度,劳动生产率大约增加了 81.82%,从逻辑角度,"产量"的增长快于"工人"的增长,即用较少的工人增长,带来了大幅的产量增长,从而劳动生产率必然增长。

题 72 答案为 A 项。

题干信息:酸雨没对森林造成危害,修改为,森林没出现受酸雨危害的显著特征。

A 项,表明酸雨"造成的危害"虽然"不显著",但用"没造成危害"并不严谨,而修改为"没出现危害的显著特征"则更加严谨,支持了上述专家的修改。

B 项作用相反,"非正常的落叶、高枯死率"是出现危害的显著特征,这表明修改的内容也不严谨,削弱了上述专家的修改。

C 项作用相反,表明原本结论是正确的,削弱上述专家的修改建议。

D 和 E 项均主题无关,所涉分别为"酸雨的原因""我国酸雨情况",均与"酸雨对森林的危害"无关。

题 73 答案为 C 项。

论证主线:贪污、受贿案定罪率远低于偷盗、抢劫案⇒定罪率取决于律师。

C 项,表明两种案件被告"实际有罪的比例类似",从而排除了一种可能——偷盗、抢劫案实际有罪率高导致定罪率高,保障了题干的求异。

B 项作用相反,表明两组律师"能力"相同,从而说明律师对定罪率的影响难有大的差别,削弱题干叙述的结论。

D 项不起作用,题干所涉为"定罪率",因此即使"一些"偷盗、抢劫案的被告有能力聘请私人律师,依然符合题干叙述,因此无法起到支持作用。

E 项作用相反,表明"受贿、贪污案定罪率低"很可能是"司法腐败"所致,未必是由于"律师",从而通过提出新的原因,削弱了题干叙述的中间过程。

A 项主题无关,所涉为两案被告的"人数比较",与"定罪率"是否取决于律师无关。

题 74 答案为 B 项。

论证主线:70% 肺癌患者曾吸烟;80% 肺癌患者烟龄大于 10 年⇒吸烟增加患肺癌危险。

B 项,成年人吸烟者仅占"50%",若算上不太会吸烟的未成年人,就排除了一种可能——整体吸烟者的"占比本来就大",从而说明 70% 肺癌患者曾吸烟,并非由于整体吸烟者占比较大,支持了上述论断的中间过程。

C 项作用不足，表明有吸烟史的人群占比可能会 "有 60%"，这个比例几乎接近于 "70%"，相对于 B 项，难以排除整体吸烟者的 "占比本来就大"，因此不如 B 项。

A、D 和 E 项均主题无关，A、D 两项所涉为吸烟者的 "增加"，E 项所涉为 "研发进程"，均与 "吸烟" 是否 "增加患肺癌危险" 无关。

题 75 答案为 B 项。

论证主线：威尔收到的电话量比埃克斯的多四倍 ⇒ 威尔的字处理软件比埃克斯难用。

B 项，排除了 "威尔客户总量本来就很多" 的可能，从而说明威尔 "投诉率" 还是高于埃克斯，支持了上述论证的中间过程。

A 项不起作用，"平均电话时长" 与 "难用度" 的联系尚未可知，无法起到支持作用。

C 项作用相反，表明从 "投诉信" 来看，是埃克斯的字处理软件比威尔难用，削弱了上述论证的结论。

D 项主题无关，所涉为电话数量 "都" 增长，与 "谁更" 难用无关。

E 项作用相反，表明 "威尔收到电话数量较多" 很可能是 "其更公开" 所致，未必是由于 "字处理软件难用"，从而通过提出新的原因，削弱了上述论证的中间过程。

题 76 答案为 D 项。

论证主线：锐进反馈表是飞鸟的四倍 ⇒ 锐进比飞鸟的质量差。

D 项，排除了 "锐进客户总量本来就很多" 的可能，从而说明锐进 "反馈率" 还是高于飞鸟，支持了上述论证的中间过程。

B 项作用相反，表明 "飞鸟反馈表数量较少" 很可能是 "其填写困难" 所致，未必是由于 "质量较高"，从而通过提出新的原因，削弱了上述论证的中间过程。

A、C 和 E 项均主题无关，所涉分别为 "平均年龄的比较" "飞驰汽车" "广告数量的比较"，均与 "上述反馈表数据" 能否反映两者 "质量" 无关。

题 77 答案为 A 项。

论证主线：收入越低 ⇒ 消费税的纳税率越高。

A 项，表明人们消费的总支出相同，从而说明人们缴纳的 "消费税额" 基本一样，则 "总收入" 越低的人，其 "纳税率" 确实越高，支持了上述论证的中间过程。

B、C、D 和 E 项均主题无关，所涉分别为 "美国收入差距" "低收入者支付能力" "销售税的实施" "美国大多数州没有征收销售税"，均与 "收入越低" 是否 "纳税率越高" 无关。

题 78 答案为 C 项。

论证主线：电击后的成员数学运算能力更强 ⇒ 脑部微电击可提高大脑运算能力。

C 项，排除了两组成员存在其他变量——数学基础不同，保障了题干的求异。

D 项作用相反，表明两组成员存在其他变量——注意力不同，从而说明两组的数学测试结果差异可能是注意力不同所致，使得题干求异失败。

A、B 和 E 项均主题无关，所涉分别为 "电击的成本与副作用" "血液流动速度" "两组成员的数量"，均与 "脑部微电击" 能否提高 "大脑运算能力" 无关。

题 79 答案为 D 项。

论证主线：摄入人造糖的人认知能力更低 ⇒ 人造糖所含的某成分影响人的认知能力。

D 项，排除了两组被试验者存在其他变量——认知能力不同，保障了题干的求异。

A、B、C 和 E 项均主题无关，所涉分别为实验与日常摄入量的"比较"、成分也存在于"日常食物中"、卫生部门的"规定量"、两组被试验者"人数"，均与"人造糖所含的某成分"是否影响"人的认知能力"无关。

题80 答案为 D 项。

论证主线：戒烟的成员体重增加⇒戒烟导致吸烟者体重增加。

D 项，"保持不变"的意思是，实验前后的生存条件不变，如原来吃多少现在就吃多少，原来动多少现在就动多少，这就排除了一种可能——两组实验中其他影响体重的变量"会有变化"，保障了题干的求异。

C 项不起作用，控制变量的根本目的是消除"其他变量"的影响，对本题而言，其他变量"保持相同"有可能"加剧影响"。因为只要是个正常人，其生存条件稳定，体重就不会有太大变化，因此让实验者和实验之前一样生活就行，没必要让每个人饮食起居都一样。相反，若强制让每位实验者都相同，如一个人平时每顿只吃半碗米饭，现要求其每顿都吃一碗，那么饭量就会导致其体重发生变化。况且，生存条件"基本相同"，不等于实验开始后生存条件"保持不变"，完全有可能，大家都开始天天睡觉，但每个人对变化的适应度也有不同，若实验组平时经常健身，那么其变胖，就说不清是戒烟还是睡觉引起的了。因此本项无法起到支持作用。

A 项主题无关，所涉为"平均体重"，本题结论的依据是"体重的变化情况"，因此"初始体重"是否一致不重要。

B 和 E 项均主题无关，所涉分别为"两组人数""设计者的身份"，均与"戒烟"是否导致"体重增加"无关。

题81 答案为 A 项。

论证主线：80 岁与 30 岁玩麻将时所表现出的理解和记忆能力相当⇒人到了 80 岁理解和记忆能力未必会衰退。

A 项，既然"30 岁年轻人"的理解和记忆能力，高于"上述老人 30 岁时"，从而排除了两组成员存在其他变量——两者能力相当是由于年轻人理解和记忆能力太差，保障了题干的求异。

B 项作用相反，表明上述老人无法代表"老人整体"，其能力较好可能是其职业所致，指出了求异对象存在问题。

C、D 和 E 项均主题无关，所涉分别为"调查者身份""记忆能力与理解能力的关系""人的平均寿命"，均与上述实验能否说明"理解和记忆能力是否衰退"无关。

> **高能提示**
>
> 本题也可采用计算的方式：
> 由 A 项可知，老人 30 岁时 <30 岁年轻人；由题干可知，30 岁年轻人 =80 岁老人。综上可知，老人 30 岁时 <30 岁年轻人 =80 岁老人，从而老人能力是提高的，支持了上述论证。

题82 答案为 C 项。

论证主线：食用新鲜的蜂王浆的幼虫成长为蜂王，食用不新鲜的蜂王浆的幼虫没有成长为蜂王⇒新鲜蜂王浆所含"royalactin"促进发育。

C 项，表明"不新鲜"的蜂王浆不含"royalactin"，确保了上述实验的求异变量——一组有"royalactin"，另一组没有"royalactin"，从而说明两组的生长结果不同很可能就是"royalactin"所致，使得题干求异成功，支持了上述研究人员发现的中间过程。

E 项不起作用，所涉为"royalactin 有雌性激素功能"，但雌性激素是否等同于"生长激素"，是否可以"促进发育"，尚未可知，因此无法起到支持作用。

A 项主题无关，所涉为"工蜂、蜂王"的幼虫相同，并不是"上述实验"的幼虫相同，因此与"上述实验"能否说明"royalactin 促进发育"无关。

B 和 D 项均主题无关，所涉分别为"蜜蜂和果蝇的基因差别""蜂王浆与花粉和蜂蜜的比较"，均与"上述实验"能否说明"royalactin 促进发育"无关。

》》》》》》》》》》》》》》》》》》》》》》》 管综真题警戒线 》》》》》》》》》》》》》》》》》》》》》》》》》》》》

题 83 答案为 B 项。

论证主线：陈华挤压指关节（习惯性动作）⇒陈华挤压指关节（不应被判违规）。

B 项，表明"不是故意行为"就"不能被判罚"，从而构建了"习惯性动作"与"不应被判违规"的联系，支持了陈华反驳的中间过程。

A、C、D 和 E 项均主题无关，所涉分别为"对手的行为""对手未对陈华的干扰提出抗议""陈华的态度""陈华的为人"，均与"陈华"的"习惯性动作"是否应该被判违规无关。

题 84 答案为 A 项。

论证主线：鱼油都要缴费⇒鲸鱼油要缴费。

A 项，表明这里规定的"鱼油"包括了"鲸鱼油"，从而构建了"鱼油"与"鲸鱼油"的联系，支持了陪审员判决的中间过程。

B、C、D 和 E 项均主题无关，所涉为不同的人群对"鲸鱼是否是鱼"的定义，均与按照"上述规定"鲸鱼油是否要缴费无关。

题 85 答案为 D 项。

论证主线：哲学不是具体科学⇒经验的个案不能反驳哲学。

D 项，表明如果不是"具体科学"，则"经验的个案"不能反驳，构建了"具体学科"与"经验的个案"的联系，支持了上述论述的中间过程。

C 项作用不足，因为哲学的基本问题是思维和存在的关系问题，所以本项表明哲学确实不是"具体科学"，支持了上述论述的前提，但仅涉及前提，因此不如 D 项。

A、B 和 E 项均主题无关，所涉分别为"推演出经验的个案""科学要接受经验的检验""哲学指导具体科学"，均与"经验的个案"能否反驳"非具体科学"无关。

题 86 答案为 A 项。

论证主线：孕妇适当补充维生素 D⇒新生儿感染病毒风险降低。

A 项，构建了"维生素 D"与"感染病毒风险降低"的联系，支持了研究人员发现的中间过程。

B 项不起作用，意图说明上述实验未必具有代表性，但"没有得到证明"未必就一定"无法代表"，因此无法起到削弱作用。

D 项作用相反，表明"孕妇补充维生素 D"未必能降低"感染病毒风险"，通过有因无果，削弱了上述论证的中间过程。

E 项作用不足，表明孕妇"没有补充足够的维生素 D"会使得"新生儿缺乏维生素 D"，通过无因无果，表明孕妇"补充维生素 D"有利于"新生儿获取维生素 D"。但是新生儿是否能获取维生素 D 还受到其他必要条件的影响，那么"孕妇补充维生素 D"便未必充分，而 A 项"维生素 D 可以促进"表示程度较高，因此不如 A 项。

C 项主题无关，所涉为"流感病毒"，与"呼吸道合胞病毒"无关。

题 87 答案为 E 项。

论证主线：牛肉汤（在《淮南子》中有）⇒牛肉汤（不晚于春秋战国）。

E项，构建了"《淮南子》"和"春秋战国"的联系，支持了上述论证的中间过程。

A项作用相反，表明"《淮南子》"中的内容可能"晚于春秋战国"，削弱了上述论证的中间过程。

B、C和D项均主题无关，所涉分别为"耕牛""作者家乡""鼎器"，均与牛肉汤"起源时间"无关。

题88 答案为C项。

论证主线：发展中国家高层次人才紧缺⇒我国需加强引进高层次人才。

C项，构建了"发展中国家"和"我国"的联系，支持了上述论证的中间过程。

E项不起作用，我国引进数量"不及"发达国家，不等于，我国引进"不足"，因此无法起到支持作用。

A、B和D项均主题无关，所涉分别为"理工科""一般性人才""综合国力"，均与"发展中国家"高层次人才紧缺能否说明"我国"需要加强引进高层次人才无关。

题89 答案为B项。

论证主线：脂肪含量（水产品＜禽肉＜畜肉＜肥肉）⇒对身体更健康的选择（优先选择水产品，其次选择禽肉）。

B项，构建了"脂肪含量越低"与"身体越健康"的联系，支持了以上论述的中间过程。

C项作用相反，表明应该按照"自己的喜好"来选择，削弱了以上论述的中间过程。

A、D和E项均主题无关，所涉分别为"人们都有患病风险""人必须摄入适量脂肪""脂肪与不饱和脂肪酸成反比"，均与选择"对身体更健康"的肉类无关。

题90 答案为D项。

论证主线1：土坯砖边缘整齐且没有切割痕迹⇒土坯砖是木质模具压制成型的。

论证主线2：其他5件是土坯砖经烧制而成的⇒先用模具再高温烧制。

D项，表明"模具压制"是"边缘整齐且没有切割痕迹"的必要条件，从而构建了论证主线1前提与结论的联系，支持了上述考古学家的中间过程。

A、B、C和E项均主题无关，所涉分别为"冶炼技术""仰韶文化晚期的年代""西周时期""烧结砖的年代"，均与是否"使用模具"无关。

题91 答案为D项。

论证主线：男性更能在嘈杂环境中定位声源⇒嘈杂环境中定位声源能力男生更强。

D项，通过说明男性在嘈杂环境中的"注意力集中度"，构建了研究者结论的隐含假设——"嘈杂环境"与"定位声源能力"有联系。

A和B项主题无关，所涉均为声音的"熟悉度"，但题干研究的能力是"辨别声音的来源"，而非"辨别声音的内容"，因此均与研究者结论无关。

C和E项均主题无关，所涉均为"安静环境"，均与"嘈杂环境"无关。

题92 答案为B项。

论证主线：实验组血液酒精浓度仅酒驾法定值一半，实验计算准确率低⇒重新界定酒驾法定值。

B项，表明一半法定值浓度也会"影响视力和反应"，支持了上述专家的隐含假设——"一半法定值浓度"与"准确率"有联系。

E项作用相反，表明"无需重新界定"酒驾法定值，削弱了上述论证的结论。

A、C和D项均主题无关，所涉分别为"酒驾法定值过低"的副作用、"饮酒过量"的副作用、"驾车上路"的标准，均与上述实验能否说明要"重新界定"酒驾法定值无关。

题 93 答案为 C 项。

论证主线：餐前锻炼组减肥效果好⇒餐前锻炼减肥效果更好。

C 项，表明餐前锻炼"更能促使能量消耗"，支持了研究人员推断的隐含假设——"餐前锻炼"与"减肥效果更好"有联系。

A、B 和 D 项均主题无关，所涉分别为"额外代谢的成分""餐前锻炼组的感觉""肌肉运动的营养来源"，均与餐前锻炼是否"更有减肥效果"无关。

E 项不起作用，安慰剂的作用本来就是"排除餐前或餐后摄入对人心理的影响"，因此 E 项没有起到支持作用。

题 94 答案为 A 项。

论证主线：公路上撒盐会使得雌性青蛙变成雄性青蛙⇒青蛙数量下降。

A 项，因为"雌性变成雄性"能影响"雌雄比例"，从而构建了"雌性变成雄性"与"青蛙数量"的联系，支持了专家观点的中间过程。

B 项作用不足，构建了"雌性变成雄性"与"青蛙数量"的联系，支持了专家观点的中间过程，但"可能"表示程度较低，而 A 项的"至关重要"表示程度较高，且"影响"可能是正面也有可能是负面，因此不如 A 项。

D 项作用不足，表明"撒盐"会使得"雌性减少"，仅支持了专家观点的前提，因此不如 A 项。

C 和 E 项均主题无关，所涉分别为"生长发育""其他水生物"，均与"雌性青蛙变成雄性青蛙"能否说明"青蛙数量"下降无关。

题 95 答案为 A 项。

论证主线：PISA 测试的结果⇒中国有一支优秀后备力量可保障未来经济发展。

A 项，因为教育质量确实和"经济发展"相关，从而构建了"PISA 的结果"和"未来经济发展"的联系，支持了专家论证的中间过程。

C、D 和 E 项均作用不足，分别指出"中国教育重视创新""中国学生未来更出色""中国学生在三项排名中位列第一"，均支持了专家论证的结论，但都没有提及"PISA"，仅与结论相关，因此不如 A 项。

B 项主题无关，所涉为"其他国际智力测试"，与"PISA 测试的结果"无关。

题 96 答案为 C 项。

论证主线：晚睡⇒隐藏着烦恼。

C 项，表明晚睡体现了"生活中的问题"，构建了"晚睡"与"烦恼"的联系，支持了上述专家的结论。

A、B、D 和 E 项均主题无关，所涉均为"晚睡者"的特征，均与"晚睡"无关。

题 97 答案为 D 项。

论证主线：分心驾驶⇒道路交通事故的罪魁祸首。

D 项，表明我国道路交通事故的"主要原因"是分心驾驶，构建了"分心驾驶"与"罪魁祸首"的联系，支持了专家观点。

A、B、C 和 E 项均主题无关，所涉均为我国道路交通事故的"原因有"分心驾驶，与分心驾驶是否为"主要原因"无关。

题 98 答案为 C 项。

论证主线：家长陪孩子写作业⇒不利于孩子成长。

C 项，表明陪孩子写作业对孩子"有诸多危害"，构建了"陪孩子写作业"与"不利于孩子成长"的联系，支持了上述论证的中间过程。

A、B、D和E项均主题无关，A、E两项所涉分别为"家长要陪伴孩子""家长辅导孩子的方法"，B、D两项所涉均为"家长没法陪孩子写作业的原因"，均与"家长陪孩子写作业"是否"不利于孩子成长"无关。

题99 答案为E项。

论证主线：数字阅读⇒未来阅读的发展趋势。

E项，表明数字阅读存在"诸多优势"，并且现在有了"相关网络阅读服务平台"，构建了"数字阅读"与"发展趋势"的联系，支持了上述专家观点的中间过程。

B、C和D项均作用相反，表明数字阅读有"劣势"，削弱了上述专家观点的中间过程。

A项主题无关，所涉为"不求甚解的阅读"，与"数字阅读"未来是否具有"发展趋势"无关。

题100 答案为A项。

论证主线：饭后喝酸奶⇒不能帮助消化。

A项，表明喝酸奶无益于消化的"必要条件"——消化酶和有规律的肠胃运动，构建了"酸奶"和"不能帮助消化"的联系，支持了专家观点的中间过程。

C和D项均作用不足，均表明喝酸奶无益于消化的"充分条件"——益生菌、膳食纤维和维生素B_1，但不具有帮助消化的充分条件不等于就不能帮助消化，且C项只是指出酸奶的某一种成分无法发挥作用，D项"没有完全否定"维生素B_1的作用，而A项"完全否定"了消化的两项必要条件——消化酶和有规律的肠胃运动，因此不如A项。

E项作用相反，表明喝酸奶可以间接"帮助消化"，削弱了专家观点的中间过程。

B项主题无关，所涉为"肥胖"，与"消化"无关。

题101 答案为B项。

论证主线：根据儿童户籍所在施教区做出安排⇒驳回家长就近入学的请求。

B项，表明上述安排"合法"——孩子就应该去"2千米之外的学校"，构建了"根据户籍所在施教区做出安排"与"驳回家长就近入学的请求"的联系，支持了法院判决的中间过程。

A和D项均作用相反，表明按照"户籍所在施教区"的安排未必正确，削弱了法院判决的中间过程。

C和E项均主题无关，所涉分别为"小学在施教区的位置""由谁安排上哪所学校"，均与"按施教区指定入学"是否正确无关。

题102 答案为D项。

论证主线：无糖饮料导致人们偏爱甜食⇒无糖饮料导致体重增加。

D项，表明常喝"无糖饮料"可能使人"体重增加"，构建了"无糖饮料"与"体重增加"的联系，支持了李教授的观点。

B项作用相反，表明常喝"无糖饮料"未必使人"体重增加"，通过有因无果，削弱了李教授的观点。

E项作用相反，表明体重增加很可能是"很少运动"所致，未必是由于"喝无糖饮料"，削弱了李教授的观点。

C项不起作用，意图说明无糖饮料"间接导致"体重增加，但本项并未说明"这些较胖者是因为"常喝无糖饮料从而才爱吃甜食的，因此无法起到支持作用。

A项主题无关，所涉为"茶的作用"，与"无糖饮料"无关。

题103 答案为C项。

论证主线：孩子好奇心越来越少⇒由于孩子受到外在不当激励。

C项，表明"老师、家长的看法"会导致孩子"只会"死记硬背，这会使孩子"好奇心变少"，而老师、家长的看法属于"外在不当激励"，构建了"好奇心变少"与"外界不当激励"的联系，支持了专家观点的中间过程。

B项作用相反，表明"好奇心变少"很可能是"宅在家里"所致，未必是由于"外在刺激"，削弱了专家观点的中间过程。

A、D和E项均主题无关，所涉分别为"书本知识""孩子做事""助人为乐、损人利己"，均与"好奇心变少"无关。

题 104 答案为 E 项。

论证主线：对视（脑电波趋于同步）⇒对视（有助于婴儿学习与交流）。

E项，表明脑电波趋于同步有利于"增进了解"，构建了"脑电波趋于同步"与"促进婴儿学习与交流"的联系，支持了研究人员的观点。

D项作用不足，表明对视有利于"交流"，支持了研究人员的结论，但"愿意交流"的支持力度不如E项的"使交流更加默契"，且仅针对结论，因此不如E项。

A、B和C项均主题无关，所涉分别为"成年人""父母""学生"，均与"母亲与婴儿"的情况无关。

题 105 答案为 C 项。

论证主线：科普读物不畅销⇒是由于科普类图书读者市场没有真正形成⇒是由于文理分科。

C项，表明没有"理科背景"的人难以成为"科普类图书的读者"，构建了"文理分科"与"没有形成科普类图书读者市场"的联系，支持了上述观点的中间过程。

A和B项均作用相反，表明科普读物不畅销，是由于"大家没有兴趣""有效供给不足"，削弱了上述观点的中间过程。

D和E项主题无关，所涉为"科普电视节目有固定收视群""科普读物没有传播科学精神"，与"科普读物"不畅销的原因无关。

题 106 答案为 D 项。

注意本题的相反陷阱，寻找的是"除哪项外，均能支持"，即"无法支持"的选项。

论证主线：目前空气质量提高⇒得益于相关措施。

D项，所涉为"着手制定"相关条例，与"目前"空气质量提高无关。

A、B、C和E项，均通过提出具体实例，构建了"相关措施"与"目前空气质量提高"的联系，支持了S市环保负责人的看法。

题 107 答案为 B 项。

注意本题的相反陷阱，寻找的是"除了哪项均能支持"，即"不能支持"的选项。

论证主线：某技术可把二氧化碳等物质"电成"蛋白粉⇒解决全球饥饿问题。

B项主题无关，所涉为粮食问题"严重"，与"上述技术"能否"解决饥饿问题"无关。

A、C、D和E项，表明上述技术能"产生有营养价值的食物、改变农业、解决沙漠地区饥荒问题"，均构建了"该技术"与"解决全球饥饿问题"的联系，支持了上述科学家观点的中间过程。

题 108 答案为 C 项。

论证主线：过去（圆柱形），现在（弯曲）⇒过去的计算重量＞现在的计算重量。

C项，表明圆柱形的计算重量＞弯曲的计算重量，支持了科学家观点的中间过程。

A项作用相反，表明现在的计算重量＞过去的计算重量，削弱了科学家观点的结论。

B、D和E项，所涉分别为"粗壮""肌肉""翼龙"，均与"过去和现在"计算的重量是否有差别无关。

第三篇　论证逻辑

题 109　答案为 E 项。

论证主线：通识教育（基础知识），人文教育（生活意义）⇒人文教育对个人未来生活的影响会更大。

E 项，表明生活意义比基础知识重要，支持了专家断言的中间过程。

A 项主题无关，所涉为"课程数量"，与"重要性"无关。

B、C 和 D 项均主题无关，所涉分别为人文教育和通识教育"都很重要"、价值和意义"值得探究"，与"谁更重要"无关。

题 110　答案为 C 项。

论证主线：西藏（不完全），西伯利亚（完全）⇒西藏披毛犀具有更原始的形态。

C 项，表明披毛犀的鼻中隔是"由不完全向完全"进化的，支持了上述论述的中间过程。

A、B、D 和 E 项均主题无关，所涉分别为"起源地""化石""青藏高原环境""西藏披毛犀的迁徙"，均与西藏披毛犀的"形态"是否更原始无关。

题 111　答案为 C 项。

论证主线：快速阅读⇒是不可能的。

C 项，"只能"集中于较小的区域，"不可能"阅读大范围文本，"限制了"我们的阅读理解，都有利于说明快速快读"不可能"，支持了上述论证的中间过程。

A 项不起作用，表明快速阅读"很难"，但是否"不可能"并未提及，因此无法起到支持作用。

D 和 E 项作用相反，表明快速阅读是有可能实现的，削弱了上述科学家的观点。

B 项主题无关，歪曲了主张快速阅读者的立场，与快速阅读是否"能够实现"无关。

题 112　答案为 A 项。

论证主线：电子学习机不利于儿童成长⇒应该陪孩子阅读纸质图书（能够促进交流）。

A 项，表明电子学习机"对儿童的不利"主要在于"阻碍父母和孩子交流"，而"陪孩子阅读纸质图书"能促进交流，从而说明为何专家建议父母应该"陪孩子阅读纸质图书"，支持了上述论证的中间过程。

B、C、D 和 E 项均主题无关，所涉分别为电子学习机的"其他坏处"、孩子在使用电子学习机时的"关注点"、纸质图书的"其他好处"、父母不能陪伴孩子的"原因"，均与电子学习机"不利于儿童成长"能否说明父母要"陪孩子阅读纸质图书"无关。

题 113　答案为 C 项。

论证主线：人们手持长矛追逐前方猎物⇒人类居于食物链顶端。

C 项，一方面，构建了"手持长矛"与"食物链顶端"的联系；另一方面，排除了"被捕食"导致"手持长矛"的可能，支持了上述推断的中间过程。

A 项作用不足，支持了上述推断的结论，但"一般是"表示程度较低，因此不如 C 项。

B 项作用相反，削弱了上述推断的结论。

D 和 E 项均主题无关，所涉分别为"生活经验保留""对星空的敬畏"，均与人类是否位于"食物链顶端"无关。

题 114　答案为 A 项。

论证主线：暂时静止头部⇒看清周围食物。

A 项，表明不"静止头部"就难以"发现食物"，通过无因无果，支持了上述假设的中间过程。

B、C、D 和 E 项均主题无关，B、E 两项所涉为伸脖子的"幅度"，C、D 两项所涉为伸脖子的"原因"，均与能否"看清食物"无关。

题 115 答案为 C 项。

论证主线：实验鼠体内神经连接蛋白的蛋白质多会导致自闭症⇒自闭症与神经连接蛋白质合成量有关。

C 项，表明"神经连接蛋白的蛋白质"较少可缓解"自闭症"，通过无因无果构造求异，支持了上述观点的中间过程。

A、B 和 E 项均作用相反，表明自闭症很可能和"是否独处、性别、年龄"有关，未必和"神经连接蛋白质合成量"有关，削弱了上述观点的中间过程。

D 项主题无关，所涉为"基因和蛋白质合成量的关系"，与"自闭症"和神经连接蛋白质合成量的关系无关。

题 116 答案为 D 项。

论证主线：建立"城市风道"⇒解决雾霾问题和热岛效应。

D 项，表明"城市风道"能达到"驱霾和散热"的目标，支持了上述设想的中间过程。

A 和 C 项均作用相反，表明"城市风道"有可能达不到"驱霾和散热"的目标，削弱了上述设想的中间过程。

B 项作用不足，表明具有建立"城市风道"的可行性，但这并不能说明其就能达到"驱霾和散热"的目标，且"有些"表示程度较低，因此不如 D 项。

E 项主题无关，所涉为"对建筑物的影响"，与"驱霾和散热"的目标无关。

题 117 答案为 A 项。

论证主线：黄金纳米粒子易被癌细胞吸收⇒提升化疗效果并降低化疗副作用。

A 项，表明"黄金纳米粒子"能达到"提升化疗效果"并"降低化疗副作用"的目标，支持了科学家论断的中间过程。

B、C 和 D 项均作用不足，B 项所涉为"不会与人体细胞发生反应"，仅表明可以降低化疗副作用，C 和 D 项的"医生容易判定""内部杀灭癌细胞"仅表明可以提升化疗效果，这三项均未提及另外一方，因此不如 A 项。

题 118 答案为 C 项。

论证主线：更好保护地球免受太阳风影响⇒必须更新现有的研究模式。

C 项，排除了现如今"存在能准确测量的"观察方法，从而说明确实"必须"更新现有的研究模式，支持了专家观点的中间过程。

B 项作用不足，表明"深入研究"能达到"保护地球"的目标，但专家观点强调的是"必须"深入研究，即深入研究的"必要性"，而非深入研究后是否就能保护地球，即深入研究的"充分性"，因此不如 C 项。

A、D 和 E 项均主题无关，所涉分别为"太阳风的构成""最新观测结果的影响""不同太阳风的来源"，均与是否"必须"更新研究模式无关。

题 119 答案为 A 项。

论证主线：熬夜有损身体健康⇒人们应遵守作息规律。

A 项，通过"造成伤害和死亡"，构建了"熬夜"与"有损健康"的联系，支持了上述科学家建议的前提。

B 项作用不足，通过"体重增加"，构建了"熬夜"与"有损健康"的联系，但 A 项的"造成死亡"表示程度较高，因此不如 A 项。

C、D 和 E 项均主题无关，所涉分别为"影响与他人的交流""睡眠在人类进化过程中并未被淘汰""睡眠不足让人面容憔悴，缺乏魅力"，均与"熬夜"是否有损"身体健康"无关。

第三篇 论证逻辑

题120 答案为 C 项。

王论证主线：吃早餐导致皮质醇峰值更高（引发糖尿病）⇒吃早餐对身体有害。

李论证主线：上午皮质醇水平高正常，不吃早餐增加患其他疾病风险⇒吃早餐未必对身体有害。

C 项，表明不吃早餐确实会"增加患其他疾病的风险"，支持了李教授论证的前提。

A、B、D 和 E 项均主题无关，所涉分别为吃早餐的"好处"、糖尿病患者"血糖如何保持稳定""工作繁忙"会导致亚健康、"缺乏健康知识"容易形成不良习惯，均与李教授所言"皮质醇峰值高导致患其他疾病的风险"无关。

题121 答案为 B 项。

论证主线：海外代购让政府损失了税收收入⇒政府应该严厉打击海外代购行为。

B 项，构建了"海外代购"与"让政府损失税收收入"的联系，支持了专家观点的前提。

D 项作用相反，表明海外代购存在"优势"，削弱了专家观点的结论。

A、C 和 E 项均主题无关，所涉分别为"有人被判罪""消费品产业升级""产品竞争优势"，均与是否要禁止"海外代购"无关。

题122 答案为 E 项。

论证主线：长期接触污染物会导致疾病⇒不采取紧急措施改善空气质量，发病率会增加。

E 项，构建了"长期接触"与"导致疾病"的联系，支持了专家观点的前提。

A 项作用不足，其后半句话排除了"人们可以躲避污染"的可能，从而说明要想解决疾病问题，必须得采取措施改善空气质量，但加上前半句话——"空气质量的改善不是短期内能做到的"可知，采取的措施未必是"紧急措施"，因此不如 E 项。

B、C 和 D 项均主题无关，所涉分别为"患病者性别""花粉季""预防眼疾的措施"，均与是否要采取"紧急措施改善空气质量"无关。

题123 答案为 B 项。

论证主线：白藜芦醇能防止骨质疏松和肌肉萎缩⇒宇航员补充白藜芦醇。

B 项，通过构造求异，构建"白藜芦醇"与"防止骨质疏松和肌肉萎缩"的联系，支持了研究人员推断的前提。虽然是老鼠的求异，若类比到人，表示程度较低，但确实具有支持作用。

A、C、D 和 E 项均主题无关，所涉分别为"喝葡萄酒可以获益""改善由于残疾或其他因素而很少活动的人的骨质疏松和肌肉萎缩症状""葡萄酒能对抗失重造成的负面影响""白藜芦醇减缓人体机能的退化"，均与"白藜芦醇"能否"防止"骨质疏松和肌肉萎缩无关。

题124 答案为 A 项。

注意本题的相反陷阱，寻找的是"除哪项外都能支持"，即"不能支持"的选项。

论证主线：现在许多人不喜欢配音的外国影视剧⇒配音必将退出历史舞台。

A 项，表明即使现在"许多人"不喜欢配音，但仍然"存在"喜欢配音的人，从而说明配音"未必"会退出历史舞台，削弱了专家观点的中间过程。

C 项，排除了人们"离开配音就无法理解"的可能，支持了专家观点的中间过程。

B、D 和 E 项，表明"配音妨碍人们欣赏原剧""配音太慢""与剧情不符"，支持了专家观点的前提。

题125 答案为 C 项。

论证主线：形式语言和自然语言都重要⇒把形式语言和自然语言结合起来使用，具有强大的力量。

C 项，表明仅用形式语言与自然语言中的一种表达，都不可行，支持了上述结论。

E 项作用相反，表明采用何种语言"不重要"，削弱了上述结论。

A、B 和 D 项均主题无关，所涉为要重视"形式语言"、"自然语言"更基础、人们没有意识到"形式语言"的重要性，均与是否要把"两者结合"无关。

题 126 答案为 E 项。

注意本题的相反陷阱，寻找的是"不能加强"的选项。

论证主线：数据上民用航空恶性事故发生率在下降⇒乘飞机出行越来越安全。

E 项主题无关，所涉为"驾车"，与"飞机"安全性无关。

A、B、C 和 D 项，分别指出一个事实——"死里逃生概率提高""更注意安全培训""控制系统更加完善""技术与措施更加完善"，均支持了上述论证的结论。

题 127 答案为 D 项。

注意本题的相反陷阱，寻找的是"除哪项外，都能支持"，即"不能支持"的选项。

论证主线：被测学生智商得分有变化（灰质有变化）⇒智商存在变化。

D 项主题无关，所涉为"早期表现不好"与智商有关，但并未指出后来"表现变好"，更没指出后来表现变好在于"智商变好"，因此无法说明智商存在"变化"。

A 项，表明灰质会"变化"，支持了上述论证的前提。

B 项，表明智商会"变化"，支持了上述论证的结论。

C 和 E 项，构建了灰质"变化"与智商"变化"的联系，支持了上述论证的中间过程。

题 128 答案为 A 项。

注意本题的相反陷阱，寻找的是"除哪项外，均能支持"，即"不能支持"的选项。

论证主线 1：泥盆纪直虾是现代昆虫祖先，抚仙湖虫化石与直虾类化石类似⇒抚仙湖虫是昆虫远祖。

论证主线 2：抚仙湖虫消化道充满泥沙⇒抚仙湖虫是食泥动物。

A 项作用相反，表明有可能抚仙湖虫"不是昆虫祖先"或者"不是食泥动物"，削弱了上述论证的结论。

B 项，表明泥盆纪直虾与抚仙湖虫"外骨骼类似"，支持了论证主线 1 的前提。

C 项，构建了"类似"与"昆虫祖先"的联系，支持了论证主线 1 的中间过程。

D 项，因为抚仙湖虫是"真节肢动物中原始的类型"，从而支持了论证主线 1 的结论。

E 项，排除了抚仙湖虫消化道内泥沙"来源于外界渗透"的可能，从而支持了论证主线 2 的中间过程。

题 129 答案为 B 项。

题干信息：鸟类利用右眼"查看"磁场。

B 项，通过构造求异，支持了上述发现的隐含假设——"右眼"可以查看磁场。

A、C、D 和 E 项均作用相反，均表明鸟类并非"仅利用右眼"查看磁场，削弱了上述发现。

题型 17 评价题型

题 1 答案为 D 项。

论证主线：某人顺手拿起旅客身旁的皮包⇒他拿错了皮包。

D项，若他能回答出自己的皮包在哪，则他确实可能是错拿；若回答不出，则他只可能是偷拿。从而说明，其"是否有皮包"，是让小偷认罪的关键。

A、B、C和E项均主题无关，A、B和C项均为认定对方是小偷，E项是其行为的后果，均无法"让小偷认罪"。

题2 答案为E项。

论证主线：雇用保安去辨别校外人员⇒图书馆收益增加。

E项，若"保安开支"较大，则有可能抵消"收取校外人员的费用"；若较小，则未必会抵消，从而说明，"保安开支"是上述论证的关键。

A、B、C和D项均主题无关，所涉分别为"校内人员数量""费用预算""电脑查询系统""三年前图书馆的经费情况"，均与"雇佣保安"是否能"增加图书馆收益"无关。

题3 答案为B项。

论证主线：股市暴跌⇒是由于国内一些企业过快的非国有化造成的。

B项，若他国也"股市暴跌"，则构造了无因有果，可以削弱"过快非国有化"与"股市暴跌"的因果关系；若他国没有"股市暴跌"，则构造了无因无果，可以支持前述因果关系，因此该项是评价T国政府论述的关键。

C项不起作用，所涉研究对象与T国"差异很大"，因此不论是否"股市暴跌"，都无法评价T国情况，因此无法起到评价作用。

A、D和E项均主题无关，所涉分别为"非国有化进程的影响""平均亏损值""下一次股市风波的时间"，均与"本次股市暴跌的原因"无关。

题4 答案为E项。

论证主线：结婚13年的夫妻平均体重都增加⇒结婚导致变胖。

E项，若单身男女也"体重增加"，则构造了无因有果，可以削弱"结婚"与"体重增加"的因果联系；若单身男女没有"体重增加"，则构造了无因无果，可以支持前述因果关系，因此该项是评价上述问题的关键。

B项不起作用，所涉为"平均体重"，因此不论是否存在体重减轻以及减轻的体重有多少，都不影响题干问题，因此无法起到评价作用。

A、C和D项均主题无关，所涉分别为"婚后时间的选取""男女所占比例""南、北方人所占比例"，均不针对题干所研究的"结婚"。

题5 答案为E项。

注意本题的相反陷阱，寻找的是"最不重要"的选项。

论证主线：机译可以保证翻译风格一致、准确率高且速度很快⇒最好使用机译而不是人工笔译。

E项，所涉为"不同的计算机翻译程序"，而题干可以使用"同一个"程序，因此与题干问题无关。

A项，若可以避免，则人工笔译也可以使用，削弱了机译的必要性；若无法避免，则支持了机译的必要性，从而说明，是否有"可以避免的方式"是评价上述问题的关键。

B项，若不存在可以断定准确率的"标准"，则题干中机译的准确率不低于人工笔译的说法无法成立；若存在标准，则上述说法可以成立，从而说明，是否有"标准"是评价上述问题的关键。

C项，若机译准确率低于翻译家，则应该"让翻译家"翻译，削弱了机译的必要性；若机译准确率不低于翻译家，则支持了机译的必要性，从而说明，是否"低于翻译家"是评价上述问题的关键。

D 项，若某些语境只能"人工笔译"，则削弱了机译的可行性；若不存在只能人工笔译的语境，则支持了机译的可行性，从而说明，是否有只能"人工笔译"的语境是评价上述问题的关键。

题 6 答案为 A 项。

注意本题的相反陷阱，寻找的是"最不重要"的选项。

论证主线：世界上任何时刻都有狗出现异常行为⇒动物异常行为未必能预测地震。

A 项，既然是"两种不同类型的动物"，那么各自"异常行为"的表现自然不同，因此不管行为是否类似，都无法评价上述论证。

B 项，若异常行为"平时就有"，则不能认为其"可以预测地震"；若平时没有，则可以说明其可以预测地震，从而说明，异常行为"平时是否出现"是上述论证的关键。

C 项，若有异常行为的动物"比例较低"，则难以用来给居民"预测地震"；若比例较高，则具有可行性，从而说明，异常行为"动物比例"的多少是上述论证的关键。

D 项，若未被注意的"比例较高"，则难以用来给居民"预测地震"；若比例较低，则具有可行性，从而说明，异常行为"未被注意的比例"的多少是上述论证的关键。

E 项，若同一种动物两次地震"行为不一"，则"无法确定"其预测地震的行为；若行为类似，则具有可行性，从而说明，同一种动物两次地震"行为是否类似"是上述论证的关键。

题 7 答案为 A 项。

论证主线：老林准确预测股市行情的两个实例⇒老林被誉为"股票神算家"。

A 项，"成功率"的高低，与"预测准确性"直接相关，因此该项是评价上述问题的关键。

B 项作用不足，无论是否预测准确，这都是个例，因此不如 A 项。

C、D 和 E 项均主题无关，所涉分别为"预测方法""最高学历和所学专业""相信者的数量"，均与老林是否为"股票神算家"无关。

题 8 答案为 C 项。

论证主线：上学期只有河北籍的学生得满分⇒林教授总是把满分给河北籍的学生。

C 项，"上学期"的情况较少，若过往林教授所给满分的学生"都是河北籍"，则上述说法成立；若存在"非河北籍"学生，则上述说法不成立，从而说明，过往所给满分的"学员情况"是评价上述问题的关键。

A、B、D 和 E 项均主题无关，所涉分别为林教授或者张、李两位同学的"个人情况"，均与林教授是否"总是"把满分给河北籍学生无关。

题 9 答案为 C 项。

论证主线：鸡蛋黄的黄色⇒与鸡所吃的绿色植物性饲料有关。

C 项，若两组所产鸡蛋颜色不同，则求异成功，表明鸡蛋黄颜色确实可能是"绿色植物性饲料"所致；若并非如此，则求异失败，从而说明，本项所构造的对照试验是评价上述问题的关键。

A、B 和 E 项均不起作用，A 项没有对照，B 项没有鸡蛋颜色的结果，E 项存在其他变量——"品种不同"，从而无法判断具体原因，因此均无法起到评价作用。

D 项主题无关，所涉为植物性饲料的"比例"，而题干是植物性饲料的"种类"，因此与题干问题无关。

题 10 答案为 D 项。

论证主线：孕妇缺乏维生素⇒是由于婴儿使她们对维生素有更高的需求。

D项，若孕妇"缺乏维生素"而非孕妇"不缺乏维生素"，则求异成功，表明孕妇缺乏维生素，确实可能是"婴儿"所致；若并非如此，则求异失败，从而说明，本项所构造的对照试验是评价上述问题的关键。

A、B和E项均不起作用。A和B项仅测量了"一方"，没有对照，从而无法说明具体问题；E项存在其他变量——"食物的维生素不足"，从而无法判断具体原因。因此这三项均无法起到评价作用。

C项主题无关，所涉为"食谱内容"，与孕妇维生素缺乏的"原因"无关。

题11 / 答案为B项。

论证主线：不设置路障（无证驾驶）⇒不禁止自动售烟机（未成年人吸烟）。

B项，若禁止自动售烟机后，成年购烟者的不便很大，则"禁止自动售烟机"与"设置路障"类似，都会因噎废食；若不便很小，则两者并不类似，从而说明，带给成年购烟者的不便程度是两者在禁止效果层面能否类比的关键。

A、C、D和E项均主题无关，所涉分别为未成年吸烟者的"占比"、无证驾驶者的"占比"、自动售烟机销售的"品牌数量"、未成年人吸烟的"危害"，均与"设置路障"能否和"禁止自动售烟机"类比无关。

题12 / 答案为C项。

论证主线：1995年死于地面事故的人数超过80万人，1990年至1979年死于空难的人数每年平均不到500人⇒搭乘航班不用恐惧。

C项，判断安全性更要比较的是"死亡率"，若加入地面交通的人本来就更多，则其死亡率未必高；若并非本来就多，则死亡率确实会高，从而说明，地面与航空"加入人数"是上述论证的关键。

A、B、D和E项均主题无关，A、B两项所涉为"我国情况"，D、E两项所涉为"哪年数据最高"，均与"全世界"搭乘航班是否"恐惧"无关。

题13 / 答案为B项。

论证主线：因狩猎而受伤人数少于因散步而受伤人数⇒待在猎场比在马路边更安全。

B项，判断安全性更要比较的是"受伤率"，若参加狩猎的比例本来就更少，则其受伤率有可能会高；若并非本来就少，则其受伤率确实会低，从而说明，"参加狩猎的比例"是上述论证的关键。

A项不起作用，仅知"参加狩猎人数"，无法知晓"散步人数"，因此无法起到评价作用。

C、D和E均主题无关，所涉分别为"安全记录""世界各地狩猎者""好猎手"，均与"古堡镇"狩猎的"安全性"无关。

📝 **高能提示**

最好的选项应该是，参与狩猎和同期散步的人数分别是多少？或者古堡镇居民中参与狩猎和同期散步的比例分别是多少？

本题C项其实默认了"不参与狩猎"的人绝大多数都会"散步"，否则仅知道参与狩猎的比例，也无法知道"散步"的比例。

题14 / 答案为D项。

论证主线：年龄越大对维生素的需求越多⇒老年人要吃含有更多维生素的保健品或食物。

D项，若"年轻人食物中维生素含量"本就超过人体需求，则其变老后哪怕维生素需求增加，也不用吃含有更多维生素的保健品或食物；若并未超过，则变老后确实需要吃含有更多维生素的保健品或食物，从而说明，"年轻人食物中维生素含量"是上述论证的关键。

A、B、C 和 E 项均主题无关，所涉分别为"卡路里""吸收程度的比较""缺乏维生素的后果""保健品的副作用"，均与"老年人维生素需求量变大"是否说明要"吃含有更多维生素的保健品或食物"无关。

题 15 答案为 A 项。

论证主线：报考博士生的男女比例不变，女性的录取比例上升⇒博士研究生中女生比例上升。

A 项，若男性考生录取率变得更高，则博士中女生比例反而会下降；若没有更高，则博士中女生比例才有可能上升，从而说明，"男性考生录取率"是上述论证的关键。

B、C、D 和 E 项均主题无关，B、C 和 D 项均为单一数值，而题干结论为两个数据构成的数值，根据数据运算的定性思维，不可能由单一数值来推断其高低，E 项所提"理工科"题干并未提及。

> **高能提示**
>
> 当然，本题也可列出公式以具体判断，与题干结论相关的公式为：
>
> $$\frac{女生}{博士生}$$
>
> $$= \frac{女生录取率 \times 女生报考数}{女生录取率 \times 女生报考数 + 男生录取率 \times 男生报考数}$$
>
> $$= \frac{女生录取率 \times 报考总数 \times 女生报考率}{女生录取率 \times 报考总数 \times 女生报考率 + 男生录取率 \times 报考总数 \times 男生报考率}$$
>
> $$= \frac{女生录取率 \times 女生报考率}{女生录取率 \times 女生报考率 + 男生录取率 \times 男生报考率}$$
>
> 因为已知女生录取率提高，而男女生报考率均不变，因此就剩下男生录取率未知。

题 16 答案为 D 项。

论证主线：女性接受高等教育的比例上升⇒接受高等教育中的女生比例上升。

D 项，若男性接受高等教育比例变得更高，则接受高等教育的人中女生比例反而会下降；若没有更高，则接受高等教育的人中女生比例才有可能上升，从而说明"男性接受高等教育率"是上述论证的关键。

A、B、C 和 E 项均主题无关，所涉分别为"女性没有接受高等教育""女性已完成高等教育""女性进入高薪阶级""男性完成高等教育"，与"接受高等教育中的女性比例"无关。

>>>>>>>>>>>>>>>>>>>>>>>>> **管综真题警戒线** >>>>>>>>>>>>>>>>>>>>>>>>>

题 17 答案为 D 项。

论证主线：从事有规律的工作的白领体重增加⇒有规律的工作会增加体重。

D 项，若没有从事有规律的工作的白领"体重增加"，则构造了无因有果，可以削弱"从事有规律工作"与"体重增加"的因果联系；若没有从事有规律的工作的白领没有"体重增加"，则构造了无因无果，可以支持前述因果关系，因此该项是评价上述问题的关键。

E 项不起作用，存在其他变量——"经常锻炼"，从而无法判断具体原因，因此无法起到评价作用。

A、B 和 C 项均主题无关，所涉分别为"8 年后情况""性别的情况""工作时间的选取"，均不针对题干所研究的"有规律的工作"与"体重增加"的关系。

题型 18 假设题型

题1 答案为 B 项。
论证主线：事后袒护（不公正）⇒事后袒护（不是好的调解人）。
B 项，保障了"公正"与"好的调解人"的联系。
E 项作用相反，表明调解人"可以不公正"，削弱了上述论证的中间过程。
A、C 和 D 项均主题无关，所涉分别为调解人的"看法"、调解人要"附和双方"、调解人"争论时"可袒护一方，均与"是否应放弃事后袒护"无关。

题2 答案为 C 项。
论证主线：发展大城市（限制农村人口流入）⇒仅发展大城市（无法实现城市化）。
C 项，保障了"农村人口"与"城市化"的联系。
B 和 E 项均仅为支持，支持了上述论证的结论，但与前提"农村人口"无关，从而不是该论证的假设。
A 和 D 项均主题无关，所涉分别为"我国发展的路径""大城市的吸引力"，均与"仅发展大城市"能否"实现城市化"无关。

题3 答案为 E 项。
论证主线：伟大画家（没有亲密的人际关系）⇒快乐（未必需要亲密的人际关系）。
E 项，保障了"伟大画家"与"快乐"的联系。
D 项仅为支持，支持了上述论证的前提，但与结论"亲密的人际关系与快乐"无关，从而不是该论证的假设。
A、B 和 C 项均主题无关，所涉分别为画家"喜欢"逃避亲密的人际关系、"孤独"和亲密的人际关系的联系、"孤独"与"伟大绘画艺术"的关系，均与"伟大画家"的情况能否说明"快乐"的情况无关。

题4 答案为 E 项。
红论证主线：中山大道（仅轿车和不超过 10 吨的货车通行）⇒中山大道（大部分货车绕行）。
兵论证主线：中山大道（不允许 10 吨以上的货车通行）⇒中山大道（车流量减少）⇒中山大道（事故减少）。
E 项，保障了"不允许 10 吨以上的货车通行"与"大部分货车绕行"的联系。
A、B、C 和 D 项均主题无关，A、B 两项所涉分别为"10 吨以下货车""道路拥挤程度"，C、D 两项所涉分别为"货车司机的喜好""中山大道外"，均与不允许通行"超过 10 吨的货车"是否意味着"中山大道"大部分货车绕行无关。

题5 答案为 C 项。
论证主线：足球训练和比赛不是主要经济来源⇒进行足球训练和比赛的人不是职业足球运动员。
C 项，保障了"主要经济来源"与"职业运动员"的联系。
E 项仅为支持，支持了上述论证的结论，但与前提"主要经济来源"无关，从而不是该论证的假设。
A、B 和 D 项均主题无关，所涉分别为"两类运动员的比较""成为职业球员的路径""运动员的希望"，均与并非"主要经济来源"是否说明并非"职业足球运动员"无关。

题6 答案为 D 项。
论证主线：这位中年男子经常从化工厂里出来⇒这位中年男子是该厂工人。
D 项，保障了"从化工厂出来"与"是该工厂工人"的联系。
A、B、C 和 E 项均主题无关，A、C 两项所涉为"干部"，B、E 两项所涉分别为"装束""技术员"，均与"经常从化工厂里出来"是否能说明"是该工厂工人"无关。

题 7 答案为 B 项。

论证主线：不胖⇒不用测血压。

B 项，保障了"胖"与"测血压"的联系。

A、C、D 和 E 项均主题无关，所涉分别为"患高血压""开药方""测量顺序""难为情"，均与"不胖"是否说明"不需要测血压"无关。

题 8 答案为 D 项。

论证主线：细菌化石（12 亿年前）⇒氧气浓度增加到人类进化所需程度（12 亿年前）。

D 项，表明"有某些细菌"就意味着"氧气浓度增加到某关键点"，保障了"有细菌"与"氧气浓度增加到人类进化所需程度"的联系。

A、B、C 和 E 项均主题无关，所涉分别为"先前认知""氧气对细菌的用途""氧气浓度增加的意义""细胞的存在意义"，均与"有细菌"是否意味着"氧气浓度"增加到"人类进化所需程度"无关。

题 9 答案为 B 项。

陈论证主线：具备乐观精神⇒是由于人均寿命高。

贾论证主线：人均寿命高⇒只能使得北欧老年人乐观。

B 项，表明"寿命不高"的人无法具备"乐观精神"，从而保障了"寿命高"与"只能使得北欧老年人乐观"的联系。注意，贾所提的"你的理解"是指陈所言的"人均寿命高"，所以贾所说的"老年人"应该就是"高寿的老年人"。

A 项仅为支持，若"中青年人"不知道北欧人寿命最高，那么寿命高确实无法使得中青年人"乐观"，支持了贾对陈的反驳，但"知道"不等于"有用"，因此即使中青年人知道此点，贾对陈的反驳依然可以成立，因此该项并非假设。

C、D 和 E 项均主题无关，所涉分别为"老年人的福利制度""哲学理念""乐观精神的明显程度"，均与人均寿命高的"原因"是否是乐观精神无关。

争议分析

本题存在争议，争议出现在"B 和 D 项"。上文是正面试题解析，这里阐述一下我对本题争议的解读，首先，给出争议方的思路。

不选 B 项的思路："老年人"不意味着"长寿"，因此略有过度推理。

选 D 项的思路：表明"不是老年人"无法具有"成熟的理念"，而题干认为这些"理念"相当于"乐观精神"。

其次，我认为本题还是选 B 项，理由如下：

一方面，对于 B 项，首先，从题干来看，贾的说法是，你的理解只能说明老年人为何具备乐观精神。这里的"你的理解"，应该是"人均寿命高"，即人均寿命高只能说明老年人具备乐观精神，寿命高推断老年人，那这里的老年人应该就是寿命高；其次，从常识来看，老年人一般是针对寿命高者的称呼。

另一方面，对于 D 项，题干陈只是描述了乐观精神的"体现"，并非其"定义"，况且，陈只是说乐观精神体现为"理解"相关理念，而非"成熟"的理解，所以这么来看，D 项反而推理有所过度。

最后，本题争议之因在于"题干细节的理解"和"推理程度的把控"，均很重要。

题 10 答案为 C 项。

论证主线：起早摸黑做实验的研究生越来越少⇒生命科学院研究生的勤奋精神越来越不多见。

C 项，保障了"起早摸黑做实验"与"勤奋精神"的联系。

A、B、D 和 E 项均主题无关，所涉均为研究生不勤奋做实验的"原因"，均与他们实际是否"不勤奋"无关。

第三篇 论证逻辑

题 11 答案为 C 项。

论证主线：要求安排勤工俭学者越来越少⇒家庭困难情况好转。

C 项，保障了"勤工俭学"与"家庭困难"的联系。

A 项仅为支持，表明"父母收入增加"使得孩子"不需要勤工俭学"，支持了上述论证的中间过程，但并不必要，即使"父母收入增加"，但孩子依然"需要勤工俭学"，这有可能是父母收入增加"不够多"所致，不代表"安排勤工俭学"与"家庭困难"没有联系。

B 项，支持了上述论证的结论，但与前提"勤工俭学"无关，因此不是该论证的假设。

D 和 E 项均作用相反，表明要求"勤工俭学者"数量下降很可能是"时间更多用于学业""报酬下降"所致，未必是由于"家庭困难情况好转"，削弱了上述论证的中间过程。

题 12 答案为 C 项。

论证主线：中国人没有获得诺贝尔经济学和文学奖⇒中国在人文社会科学方面落后。

C 项，保障了"诺贝尔奖"与"学科发展"的联系。

A 项仅为支持，支持了上述论证的结论，但与前提"诺贝尔奖"无关，因此不是上述论证的假设。

B、D 和 E 项均主题无关，所涉分别为"差距不正常""诺贝尔奖评比原则""科学研究与文化传统的联系"，均与"没有获得诺贝尔奖"是否说明"人文社会科学发展落后"无关。

题 13 答案为 A 项。

论证主线：每个外科医生所做手术数量下降⇒外科手术质量和水平会降低。

A 项，保障了"手术数量"与"手术质量"的联系。

C 和 D 项均仅为支持，分别支持了前提和结论，不是该论证的假设。

B 和 E 项主题无关，所涉分别为医生间手术水平的"比较"、"有经验者"的手术数量，均与"手术数量下降"能否说明"手术质量下降"无关。

题 14 答案为 E 项。

论证主线：自认为有钱的人大多觉得不幸福⇒有钱不意味着幸福。

E 项，保障了"觉得不幸福"与"实际不幸福"的联系。

C 项作用相反，表明"自认为有钱"与"实际有钱"联系不大，削弱了上述论证的中间过程。

D 项过度假设，表明上述"自认为有钱者"必然"实际有钱"，支持了上述论证的中间过程，但程度过强，对于保证论证而言，不需要"调查者都"有钱，只要"自认为有钱的调查者大多数"是有钱人即可。

A 和 B 项均主题无关，所涉分别为"不认为自己有钱的人""其余被调查者不幸福的程度"，均与"上述调查"能否说明"有钱不意味着幸福"无关。

题 15 答案为 C 项。

论证主线：郑建敏平时开日本车⇒郑建敏不是福特最得力的销售经理。

C 项，保障了"开日本车"与"不是福特最得力的销售经理"的联系。

A、B、D 和 E 项均主题无关，所涉分别为"日本车的竞争力""郑建敏买日本车的原因""福特在日本的合资企业""销售经理的待遇"，均与"开日本车"是否能说明"不是福特最得力的销售经理"无关。

题 16 答案为 E 项。

论证主线：一百万年前遗址发现烧焦羚羊骨残片⇒很早时人类就掌握了取火煮食技术。

E 项，保障了"烧焦羚羊骨残片"与"取火技术"的联系。

A、B、C 和 D 项均主题无关，所涉分别为"掌握取火技术的人种""河姆渡人不生食羚羊肉""人类聚居的证明""河姆渡人饮食特点",均与"发现羚羊骨残片"能否说明掌握"取火技术"无关。

题 17 答案为 E 项。

论证主线：死者身边有衣服、饰物和武器等陪葬物⇒人类具有死后复生的信念。

E 项，保障了"放置衣服等物品"与"认可死后复生"的联系。

D 项作用相反，表明"放置衣服等物品"很可能是"怀念死者"，从而说明未必是由于"认为其会死后复生"，削弱了上述论证的中间过程。

A、B 和 C 项均主题无关，所涉分别为"陪葬物的来源""宗教信仰"，均与"放置衣服等物品"是否说明"人类具有死后复生的信念"无关。

题 18 答案为 E 项。

论证主线：物业管理费少交⇒应付因物业管理质量下降而付出的费用会更多。

E 项，保障了"管理费下降"与"管理质量下降"的联系。

D 项过度假设，构建了"管理费下降"与"管理质量下降"的联系，支持了上述论证的成立，但程度过强，不需要"必然导致"，只需"有导致其下降的可能性"即可。

A、B 和 C 项均主题无关，所涉分别为"管理费标准偏高""管理费标准合理""管理质量合格"，均与"管理费下降"是否说明"管理质量下降"无关。

题 19 答案为 B 项。

论证主线：调高水价⇒促进节约水资源。

复选项Ⅰ和复选项Ⅱ，保障了"水价"与"水资源浪费"的联系。

复选项Ⅲ仅为支持，排除了"提高水价"的"恶果"，但与结论"节约水资源"无关，从而不是上述论证的假设。

题 20 答案为 C 项。

论证主线：调高电费⇒促进节约用电。

复选项Ⅰ和复选项Ⅲ，保障了"电费"与"浪费用电"的联系。

复选项Ⅱ仅为支持，表明调高"电费"能让"相当数量用户"节约用电，支持了上述论证的中间过程，但"节约用电的用户数量多"不等于"电资源节约得多"，若"少量的用户能节约大量的电"，则上述论证依然成立。

题 21 答案为 B 项。

论证主线：规模香蕉种植园使用这种有效杀菌剂⇒全世界香蕉不得这种病。

B 项，保障了"规模香蕉种植园"与"全世界香蕉"的联系。

A、C、D 和 E 项均主题无关，所涉分别为"可以培育不得病的品种""传播速度的比较""这种病的危害性""这种病不危害其他植物"，均与"规模香蕉种植园可有效避免这种病"能否说明"全世界香蕉可有效避免这种病"无关。

题 22 答案为 A 项。

论证主线：照片不能反映全部真实⇒照片作为证据不恰当。

A 项，保障了"不能反映全部真实"与"不能作为证据"的联系。

D 项作用相反，表明照片"可以反映全部真实"，削弱了上述论证的前提。

B 项仅为支持，支持了上述论证的前提，但与结论"证据"无关，从而不是上述论证的假设。

C 和 E 项均主题无关，所涉均为"法庭"的情况，均与"照片"能否作为"证据"无关。

题23　答案为B项。

张论证主线：癌症平均生存年限上升⇒癌症治疗水平提高。

李论证主线：癌症早期确诊率提高⇒癌症平均生存年限上升⇒癌症治疗水平未必提高。

B项，构建了"早期确诊率"与"平均生存年限上升"的联系，从而保障了"平均生存年限上升"未必是由于"治疗水平提高"导致的可能。

A、C、D和E项均主题无关，所涉分别为"张教授的数据""人类寿命""癌症威胁性""癌症可治愈性"，均与"李研究员"反驳"癌症平均生存年限上升"的原因无关。

题24　答案为D项。

李论证主线：日本肺癌病人平均生存年限长⇒日本延长肺癌病人寿命的医疗水平高。

张论证主线：自我保健意识强⇒早期确诊率高⇒平均生存年限长不是由于医疗水平高。

复选项Ⅰ和复选项Ⅱ，分别构建了"自我保健意识"与"早期确诊率"，"早期确诊率"与"平均生存年限"的联系，从而保障了"平均生存年限上升"不是由于"治疗水平提高"的可能。

复选项Ⅲ，保障了"早期确诊率"与"医疗水平"的联系，支持了李论证的中间过程，削弱了张的反驳。

题25　答案为E项。

论证主线：巧克力与心脏病无关的研究成果公布之后⇒巧克力消费量增加。

E项，表明若"巧克力与心脏病无关"，则"许多人会吃巧克力"，保障了"研究成果公布"与"巧克力销量增加"的联系。

A项仅为支持，支持了上述研究成果，但与结论"巧克力销量增加"无关。

C项作用相反，表明"成果公布"并不会改变人们的认知，削弱了上述论证的中间过程。

B和D项均主题无关，所涉均为"吃巧克力者的特征"，与"研究成果公布"能否"增加巧克力销量"无关。

题26　答案为D项。

论证主线：这种白蝇是银叶白蝇⇒寻找甜薯白蝇寄生虫无用。

D项，表明"银叶白蝇"与"甜薯白蝇寄生虫"联系不大，从而保障了"银叶白蝇"与"寻找甜薯白蝇寄生虫无用"的联系。

A项仅为支持，支持了上述论证的前提，但与结论"寻找甜薯白蝇寄生虫无用"无关，从而不是上述论证的假设。

E项过度假设，表明"甜薯白蝇寄生虫"必然无法"控制银叶白蝇"，支持了上述论证的中间过程，但程度过强，对于保证论证而言，不需要"所有生物的寄生虫"都是如此，只要"甜薯白蝇寄生虫"控制不了银叶白蝇即可。

B和C项均主题无关，所涉分别为"寄生虫对农作物没有危害""寄生虫都可以有效控制这种害虫繁殖"，均与"甜薯白蝇寄生虫"能否"控制银叶白蝇"无关。

题27　答案为C项。

论证主线：化学工业发达的国家人均寿命增长率高⇒化学工业未必危害人类健康。

C项，表明化学工业发达的国家人均寿命增长率高与"化学工业"相关，保障了由"人均寿命增长率高"推断出"未必危害人类健康"的联系。

B项作用相反，表明"化学工业"会使得"人均寿命增长率降低"，削弱了上述论证的中间过程。

A、D和E项均主题无关，所涉分别为发达程度不同的国家"人均寿命的比较"、化学工业"污染与效益的比较"、发达国家治理的"投入与效果"，均与"化学工业"是否"危害人类健康"无关。

题28 答案为 B 项。

论证主线：一只大象进入山洞，后续好多大象进入⇒大象接受和传授新行为不是由遗传决定。

B 项，表明"数十年出现的行为"与"遗传"没有联系，从而保障了"后续好多大象进入"与"不是由遗传决定"的联系。

C 项作用相反，表明上述"后续行为"是由"遗传决定"的，削弱了上述论证的中间过程。

D 项过度假设，表明"群体行为"与"遗传"没有联系，支持了上述论证的中间过程，但程度过强，对于保证论证而言，没必要保障"群体行为"与遗传没有联系，只要"上述行为"与遗传没有联系即可。

A 和 E 项均主题无关，所涉均为"基因突变"，均与"上述行为"是否由"遗传决定"无关。

题29 答案为 D 项。

论证主线：科学家（只把以创新性研究为目标者当同行）⇒科学家（不把普及知识者当同行）。

复选项 I 主题无关，所涉为"重要性"，与"是否视为同行"无关。

复选项 II 和复选项 III，均表明"创新性研究"与"普及科学知识"联系不大，从而保障了"只把以创新性研究为目标者当同行"与"不把普及知识者当同行"的联系。虽然，复选项 II 所涉为"不需要"，但若普及知识需要创新性研究，那么普及知识者很有可能也会做创新性研究，从而题干论证便难以成立。

题30 答案为 C 项。

论证主线：百姓感知到核试验次数增多，倾向于正超常消费⇒核战争能普遍觉察到则正超常消费可能性增加。

C 项，保障了"核试验次数"与"核战争威胁"的联系。注意，"只能通过"确实力度过强，但鉴于没有更好选项，所以 C 项相对最好。

A 项主题无关，排除了"商品数量不足以消费"的可能，但题干说的消费仅为"倾向性""可能性"，未必是正向消费，因此本项与题干无关。

B、D 和 E 项均主题无关，所涉分别为老百姓对核试验的"态度"、商界对核试验的"态度""冷战时期"，均与"核战争能普遍觉察到"是否说明"正超常消费可能性增加"无关。

题31 答案为 D 项。

论证主线：打猎⇒能保护动物。

D 项，表明"减少数量"有利于"种群生存和发展"，保障了"打猎"与"保护"的联系。

A、B、C 和 E 项均主题无关，所涉分别为"杀死野生动物的原因""打猎是一种经济来源""野生动物的行为""被猎获动物的属性"，均与"打猎"能否"保护动物"无关。

题32 答案为 D 项。

论证主线：张琳莉脸上长满黄褐斑⇒张琳莉不可能是爱丽丝祛斑霜的总经理。

复选项 I 和复选项 II，表明爱丽丝祛斑霜总经理会使用很有效的祛斑霜，保障了"脸上有黄褐斑"与"不可能是爱丽丝祛斑霜总经理"的联系。

复选项 III 主题无关，所涉为"销量"比较，与"脸上有黄褐斑"是否是"总经理"无关。

题33 答案为 B 项。

论证主线：国企不景气，该厂上缴利润上升⇒林工程师专业功底扎实，有企业管理能力。

复选项 I，保障了"该厂成果"与"林工程师"的联系。

复选项 II，通过说明该企业"在国企中的与众不同"，保障了"该厂成果"与"专业功底、管理能力"

的联系。

复选项Ⅲ，保障了"上缴利润"与"管理能力"的联系。

复选项Ⅳ主题无关，所涉为"管理能力"与"专业功底"的关系，与"该厂成果"无关。

题34 答案为C项。

论证主线：应聘者个性不适合则不被录用⇒面试在求职中非常重要。

C项，表明"面试主持者能够分辨个性"，从而保障了"必须录取个性合适者"与"面试非常重要"的联系。

A、B、D和E项均主题无关，所涉分别为"面试是工商界的规矩""聘用的充分条件""面试的目的"，均与"必须录取个性合适者"能否说明"面试非常重要"无关。

题35 答案为D项。

论证主线：纯理论研究暂时看不出用处⇒纯理论研究未来未必无效益。

D项，表明"现在的发现"在"未来有效益"，保障了"暂时看不出用处"与"未来未必无效益"的联系。

B项仅为支持，支持了上述论证的前提，但与结论"未来未必无效益"无关，从而不是上述论证的假设。

C项过度假设，并不需要造福于"后代"并且不利于"当代"，只需要当下"看不出效益"而未来"有效益"即可。

A和E项均主题无关，所涉均为"理论研究与应用型新技术的比较"，均与纯理论研究"未来是否有效益"无关。

题36 答案为A项。

论证主线：可以在货物削价时及时购物⇒透支部分所收取的利率没有太高。

A项，表明"及时购物"可以使得顾客获得"超过利率"的收益，保障了"及时购物"与"利率没有太高"的联系。

C项作用相反，表明"及时购物"无法使得顾客获得"超过利率"的收益，削弱了上述论证的中间过程。

B、D和E项均主题无关，所涉分别为"信用卡批准""低息贷款资格""支付利息有限"，均与"及时购物"无关。

题37 答案为B项。

论证主线：复杂民事审判由法官决定⇒司法部门服务质量将提高。

B项，通过说明法官对复杂审判有更好的理解，保障了"由法官决定"与"提高服务质量"的联系。

E项过度假设，构造了"由法官决定"与"提高服务质量"的联系，支持了上述论证的中间过程，但程度过强，不必"总是正确"，只需"比陪审团正确"即可。

A、C和D项均主题无关，所涉分别为"大多数民事审判案件""美国以外的情况""不复杂的民事审判案件"，均与"由法官决定复杂民事审判"是否可以"提高服务质量"无关。

题38 答案为B项。

史论证主线：《条例》包括赤狼，赤狼是杂交种⇒《条例》应包括杂交种。

张论证主线：赤狼可以重新获得⇒赤狼不需要保护。

B项，表明"赤狼"可以"通过杂交获得"，保障了"可以重新获得"与"不需要保护"的联系。

A、C、D和E项均主题无关，所涉分别为"鉴定技术""山狗与灰狼的属性""《条例》执行效果""赤狼的属性"，均与"可以重新获得"能否说明"不需要保护"无关。

题 39 答案为 D 项。

论证主线：每次失事原因都是飞行员操作失误⇒失事原因不是客机设计有误。

复选项 I 仅为支持，通过无因无果，构建了"失事"与"操作失误"的联系，支持了上述论证的前提，但完全有可能同时也存在"设计失误"的原因，因此该选项不是上述论证的假设。

复选项 II，保障了"是操作失误"与"不是设计有误"的联系。

复选项 III，表明"每次调查"均可信，保障了"是操作失误"与"不是设计有误"的联系。

题 40 答案为 D 项。

李论证主线：美国婴儿死亡率较高⇒是由于先进医疗技术和设施对成人的保护作用更显著。

张论证主线：低收入是原因⇒先进医疗技术和设施不是原因。

复选项 I，表明低收入家庭的婴儿确实难以享受到先进的治疗，保障了"低收入"与"婴儿死亡率高"的联系。

复选项 II，表明美国有大量"低收入家庭"，保障了"低收入"与"婴儿死亡率高"的联系。

复选项 III 主题无关，所涉为"技术和设施的主要用途"，与"低收入"可能提高"婴儿死亡率"无关。

题 41 答案为 D 项。

论证主线：未勘探地区与已勘探地区平均石油储量相同，未开采能源含量数值是现在所估计能源含量数值的一万倍⇒未勘探面积是已勘探面积的一万倍。

复选项 I，既然目前关于"未开采储量的估计"仅依据"已勘探地区"，这就意味着，"现在所估能源含量数值"与"已勘探能源含量数值"相等，这就保障了前提与结论的联系。

复选项 II，既然目前关于"未开采能源含量的估计"仅依据"石油含量"，这就表明上述推断的"能源含量"仅是"石油能量"，从而说明"石油储量"与"能源含量数值"有联系。

上述说法相对抽象，现用公式的方法加以证明，把题干描述改成如下等式：

未开采能源含量数值 = 现在所估能源含量数值 ×10 000

未勘探平均石油储量 = 已勘探平均石油储量

未勘探面积 = 已勘探面积 ×10 000

若"未开采能源含量数值 = 未勘探平均石油储量 × 未勘探面积"，从而联立三式后可得，已勘探面积 × 已勘探平均石油储量 = 现在所估能源含量数值，即已勘探能源含量数值 = 现在所估能源含量数值。

因此，要想题干论证成立，必须确保"未开采能源含量数值 = 未勘探平均石油储量 × 未勘探面积"（复选项 II），以及，"已勘探能源含量数值 = 现在所估能源含量数值"（复选项 I）。

复选项 III 主题无关，所涉为"开采效果"，与"勘探面积评估"无关。

题 42 答案为 A 项。

论证主线：不发达国家和发达国家污染不突出⇒五年后 H 国污染情况会改变。

A 项，若 H 国"五年内"能成为发达国家，便存在这样一种可能——"有效处理或有效减少"工业垃圾，从而保障了"发达国家污染不突出"与"五年后 H 国污染情况会改变"的联系。

B 和 D 项均不起作用，B 项的"不倒退"也有可能"不进步"，D 项的"发展水平不变"有可能是"没有达到发达国家水平"，从而均无法起到假设作用。

C 和 E 项均过度假设，支持了上述论证的中间过程，但程度过强，对于保证论证而言，没必要如 C 项所言必须"有效处理"工业垃圾，或者如 E 项所言必须"有效减少"工业垃圾，只要"有效处理或者有效减少"工业垃圾即可，从而单独的 C 和 E 项均不是题干假设，取并集才是。

> **高能提示**
>
> 本题如果改为"填空题",其最好的假设为"H 国将在五年内成为发达国家或者不发达国家"。但本题是"单项选择题",A 项是五个选项中相对最必要的一项(虽然 A 项不成立,无法使得最好的假设不成立,但必然使得 C 和 E 项不成立)。

题 43 答案为 D 项。

张论证主线:开车上班的人减少了 ⇒ 汽车尾气造成的空气污染会改善。

李论证主线:汽车排放的尾气污染更严重 ⇒ 汽车尾气造成的空气污染未必改善。

D 项,若"开车上班人数减少"会带来"汽车运行总量减少",便有可能使得"汽车尾气减少",从而保障了"开车上班人数减少"与"尾气造成的空气污染改善"的联系。

C 项过度假设,构建了"上班族汽车尾气"与"空气污染"的联系,支持了上述论证的中间过程,但程度过强。题干只是探讨"汽车尾气造成"的空气污染,而不是"空气污染"的所有原因,所以对于保证论证而言,没必要假设空气污染"主要是"上班族的汽车所排放的尾气所致,只要导致空气污染的原因中"有"上班族的汽车所排放的尾气即可。

A、B 和 E 项均主题无关,所涉分别为"开车的人""不用公共交通工具""失业率差异",均与"开车上班人数减少"会改善"汽车尾气造成的空气污染"无关。

> **高能提示**
>
> 其实 D 项的"一定"程度过强,去掉会更好一些,但是因为没有更好的选项,答案便只能是 D 项。

题 44 答案为 C 项。

论证主线:龙山以汽车制造业为主导,雁南以农业为主导 ⇒ 龙山生活成本 > 雁南生活成本。

C 项,若汽车制造业比农业"工资"高,结合"主导行业工资"与"生活成本"呈正比,从而保障了两地区由"主导行业不同"推断"生活成本高低"的联系。

A、B、D 和 E 项均主题无关,所涉分别为"生活质量""行业人数""与其他地区的比较""居民偏向生活成本低的地区",均与"生活成本"高低无关。

题 45 答案为 D 项。

论证主线:免疫系统功能差者,心理健康记录差 ⇒ 免疫系统能保护人类抵御心理疾病。

D 项,排除了"心理疾病"是免疫系统功能降低的原因的可能,支持了上述调查的隐含假设——"免疫系统功能强"是原因。

A 和 C 项均仅为支持,是上述论证前提的复述以及强化,不是题干论证的假设。

B 和 E 项均主题无关,所涉分别为"心理疾病与生理疾病的相关性""心理疾病的治疗",均与免疫系统是否能"抵御心理疾病"无关。

题 46 答案为 D 项。

论证主线:艾德熊进入中国市场 ⇒ 麦当劳利润会下降。

复选项Ⅰ,排除了"消费总额增加"的可能,保障了由"艾德熊进入中国市场"推断"麦当劳利润下降"的可能。

复选项Ⅱ，排除了艾德熊"抢占其他竞争对手消费额"的可能，保障了由"艾德熊进入中国市场"推断"麦当劳利润下降"的可能。

复选项Ⅲ主题无关，所涉为"经营规模"，与推测的"利润"无关。

题47 答案为 D 项。

论证主线：医院有 1935 年的产科记录，没有张勇父亲的出生记录⇒张勇父亲是 1934 年出生。

复选项Ⅰ，排除了"医院遗漏张勇父亲"的可能，保障了由"没有 1935 年的出生记录"推断"张勇父亲是 1934 年出生"的可能。

复选项Ⅱ，排除了"张勇父亲在其他年份出生"的可能，保障了由"没有 1935 年的出生记录"推断"张勇父亲是 1934 年出生"的可能。

复选项Ⅲ主题无关，所涉为"过世"，与"出生时间"无关。

题48 答案为 C 项。

论证主线：计算机游戏妨碍青少年沟通能力发展⇒玩游戏的青少年有较差的沟通能力。

C 项，排除了不玩计算机游戏的孩子在课余时间"不会与人沟通"的可能，保障了"计算机游戏妨碍沟通"与"玩游戏沟通能力更差"的联系。

A、B、D 和 E 项主题无关，所涉分别为"电视与音乐""其他事情""传统教育体制""思维能力"，均与"玩计算机游戏"是否会使得沟通能力"更差"无关。

题49 答案为 D 项。

论证主线：默认了说真话的承诺⇒可以违背保密承诺。

D 项，排除了"违背默认承诺劣于表达承诺"的可能，保障了由"默认说真话"推断"可以违背保密承诺"的可能。

A 和 C 项均过度假设，构建了"说真话"与"违背保密承诺"的联系，支持了上述论证的中间过程，但程度过强，对于保证论证而言，没必要假设"所有"说谎行为都更有害或"所有"默认的承诺都更重要，只要"默认的说谎"更有害或者"默认的真话"更重要即可。

B 项作用相反，表明违背"默认承诺"也可能不是坏事，削弱了上述论证的中间过程。

E 项作用相反，表明不应该违背"表达承诺"，削弱了上述论证的结论。

题50 答案为 E 项。

论证主线：由小说改编的电影有 25 部⇒由书改编的电影不会超过 25 部。

E 项，排除了"其他书被去年电影改编"的可能，保障了由"小说"推断"书"的可能。

A、B、C 和 D 项均主题无关，所涉分别为"剧本编写者""电影制作周期""国产片的数量""适合改编的电影比例"，均与"小说"的改编数量能否推断出"书"的改编数量无关。

题51 答案为 E 项。

论证主线：难以判断行为好坏⇒不存在好的行为。

E 项，排除了"好行为不能判断"的可能，保障了由"难以判断行为好坏"推断出"不存在好的行为"的可能。

A、B、C 和 D 项均主题无关，所涉分别为"行为结果是否包括其他内容""正在发生的行为""制止该行为的行为""应该实施好行为"，均与"难以判断行为好坏"能否推断"不存在好的行为"无关。

题 52 答案为 B 项。

张论证主线：智人遗址中有烧焦羚羊骨头碎片化石⇒人类进化早期懂得烧肉。

李论证主线：智人遗址中有烧焦智人骨头碎片化石⇒人类进化早期未必懂得烧肉。

B 项，排除了"人类进食同类"的可能，保障了由"有烧焦人类骨头"推断"人类未必懂得烧肉"的可能。

A 项过度假设，排除了"人类进食同类"的可能，支持了上述论证的中间过程，但程度过强，没必要假设"所有动物"，只需要假设"智人"即可。

C、D 和 E 项均主题无关，所涉分别为"碎片数量的比较""对考古资料的掌握度""主要食物种类"，均与"有烧焦人类骨头"是否说明"人类未必懂得烧肉"无关。

题 53 答案为 A 项。

论证主线："酷"的初始含义是"凉爽"⇒"酷（cool）"不应解释为"帅"。

A 项，排除了存在"其他确切含义"的可能，保障了由"初始含义是'凉爽'"推断"'酷（cool）'不应解释为'帅'"的可能。

B、C、D 和 E 项均主题无关，所涉分别为"其他词的多种含义""多义造成交流困难""英汉的比较""语言的发展方向"，均与"初始含义是'凉爽'"能否说明"'酷（cool）'不应解释为'帅'"无关。

题 54 答案为 E 项。

论证主线：控制非法药物进入的计划成功⇒多数非法药物批发价不会急剧下降。

E 项，排除了批发价下降"仅与需求下降相关"的可能，从而保障了由"控制非法药物进入计划"推断"批发价不会急剧下降"的可能。

A、B、C 和 D 项均主题无关，所涉分别为"供给量""零售价""本国非法药物产量""少数非法药物的批发价"，均与"控制非法药物进入计划"是否与"多数非法药物批发价下降"无关。

题 55 答案为 D 项。

正方论证主线：安乐死风险无法排除⇒不因存在风险而反对安乐死合法化。

复选项Ⅰ，排除了"风险大于收益"的可能，从而说明安乐死的风险，还未大到不应采纳安乐死的地步，保障了由"风险无法排除"推断"不因存在风险而反对"的可能。

复选项Ⅱ，排除了"安乐死违背医疗宗旨"的可能，保障了"安乐死"能合理存在的可能。

复选项Ⅲ主题无关，所涉为"总有一天"，与"现在"是否反对安乐死合法化无关。

题 56 答案为 A 项。

论证主线：私人资助者不希望研究项目会导致争议⇒可能产生争议结果的研究项目资助比例降低。

A 项，排除了"原本政府就更不喜欢争议项目"的可能，保障了"私人资助者增加"与"争议项目受资助比例降低"的可能。

B 项过度假设，排除了"原本政府就更不喜欢争议项目"的可能，支持了上述论证的中间过程，但程度过强，没必要假设政府"不在意"是否会导致争议，只需要"其比私人资助者更加不在意"即可。

C、D 和 E 项均主题无关，所涉分别为"政府的公众形象""资助者的公众形象""项目价值"，均与"私人资助者增加"能否说明"争议项目受资助比例降低"无关。

题 57 答案为 C 项。

张论证主线：90% 的人都认识失业者⇒令人震惊。

王论证主线：5% 失业率是可接受的 ⇒ 90% 的人都认识失业者是可接受的。

C 项，题干并未涉及"超过 5% 失业率"的情况。

A、B、D 和 E 项均主题无关，所涉分别为"社会接受限度""统计数据的准确性""90% 以上的人认识失业者是合理的""二类人群社会联系的比较"，均与 90% 的人认识失业者"是否可接受"无关。

题 58 答案为 B 项。

论证主线：正版光盘单位利润 10 元，盗版光盘销售 10 万张 ⇒ 造成 W 公司 100 万元的利润损失。

B 项，排除了"正版光盘销售不到 10 万张"的可能，保障了由"盗版销售 10 万张"推断出"W 公司亏损 10 万张对应利润"的可能。

A 项过度假设，排除了"正版光盘销售不到 10 万张"的可能，支持了上述论证的中间过程，但程度过强，没必要假设"每个人都会购买正版光盘"，只需要"正版光盘销售 10 万张"即可。

C、D 和 E 项均主题无关，所涉分别为"盗版光盘单价""盗版光盘质量""盗版猖獗的原因"，均与"盗版光盘销售 10 万张"能否说明"W 公司亏损 10 万张对应利润"无关。

题 59 答案为 E 项。

论证主线：高海拔地区血液中红细胞数量多 ⇒ 在高海拔地区训练能提高运动员的竞技水平。

E 项，排除了"高海拔地区心率低"的可能，保障了由高海拔地区"红细胞数量多"推断高海拔地区有利于提高运动员的竞技水平的可能。

A 和 D 项均过度假设，排除了"高海拔地区心率低"的可能，支持了上述论证的中间过程，但程度过强，没必要假设"海拔高低对心率有无影响"，只要"两者差距不大"即可。

B 和 C 项均主题无关，所涉为"不同运动员心率的比较""运动员与普通人心率的比较"，均与高海拔地区"红细胞数量多"能否说明在高海拔地区训练"运动员竞技水平好"无关。

题 60 答案为 B 项。

论证主线：未开采石油储量是目前认知的一万倍 ⇒ 石油需求在未来五个世纪都能得到满足。

B 项，排除了"未开采石油无法开采"的可能，保障了由"未开采石油储量较多"推断"石油能满足未来需求"的可能。

A、C、D 和 E 项均主题无关，所涉分别为"未勘探地区面积""可行性的比较""石油在能源中的地位""两种增长率的比较"，均与"未开采石油储量众多"能否说明"石油能满足未来需求"无关。

题 61 答案为 D 项。

论证主线：有三分之一应聘者撒谎（知道不存在的道尔）⇒ 测谎器有效。

D 项，若应聘者"知道使用了测谎器"，那么他们就会"尽量不撒谎"，从而说"知道道尔"的人，很可能是"以前的认知信息"误导了他们，认为"道尔确实存在"，从而这不能算是"撒谎"。本项排除了此点，保障了由"三分之一应聘者撒谎"推断"测谎器有效"的可能。

A 项过度假设，排除了另外"三分之二的人撒谎"的可能，支持了上述论证的中间过程，但程度过强，没必要假设"他们都知道不存在"，只要"他们知道不存在或不清楚道尔"即可。

B、C 和 E 项均主题无关，所涉分别为"主持者的诚实性""应聘者的诚实性""性价比"，均与测谎器"效果"无关。

题 62 答案为 C 项。

论证主线：救护车数量要与急救中心的规模和综合能力配套 ⇒ 现有救护车数量足够。

C 项，排除了"近期救护车全部退役"的可能，保障了由"救护车数量要与中心规模和综合能力配套"推断出"现有救护车数量足够"的可能。

E 项过度假设，排除了"扩建规模"的可能，支持了上述论证的中间过程，但程度过强，不需要假设"五年内急救中心规模不会扩建"，只需要假设"急救中心规模暂时不会扩建"即可。

A、B 和 D 项均主题无关，所涉分别为"急救对象数量增长""政府财政能力""其他医院的配合抢救"，均与救护车数量与"规模和综合能力"配套能否说明"救护车数量足够"无关。

题63 答案为 D 项。

论证主线：35 岁以上美国人 10% 患肥胖症，2009 年美国人口若达到 4 亿人 ⇒ 35 岁以上肥胖症患者将达到 2 000 万。

D 项，排除了美国 35 岁以上"居民人数达不到 2 亿"的可能，保障了由"35 岁以上居民肥胖率"推断"35 岁以上肥胖患者人数"的可能。

B、C 和 E 项均不起作用，B 和 E 项意图说明未来 10 年"肥胖率"不会下降，C 项意图说明"人口能达到 4 亿"，但题干均未指出其有直接联系，因此无法起到假设作用。

A 项主题无关，所涉为"世界人口"，与"美国"肥胖症患者人数无关。

题64 答案为 E 项。

论证主线：不允许扣除广告费用 ⇒ 缴纳更多税金 ⇒ 烟草价格提高 ⇒ 烟草销量减少。

E 项，排除了"其他渠道抵销税金"的可能，保障了由"不允许扣除广告费用"推断"缴纳更多税金"的可能。

B 项作用相反，表明"税金增加"有可能使得烟草公司"不做广告"，从而未必能"缴纳更多税金"进而影响"烟草销量"，削弱了上述论证的中间过程。

A、C 和 D 项均主题无关，所涉分别为增加税金的"数量"、烟草公司不做广告的"后果"、应税收入的"用途"，均与"不扣除广告费用"是否能"增加税金"进而导致"烟草销量减少"无关。

题65 答案为 E 项。

论证主线：牛顿的信中没有涉及微积分的重要之处 ⇒ 莱布尼兹和牛顿各自独立发现了微积分。

E 项，排除了他们"从第三方获取关键信息"的可能，保障了由"书信没有涉及微积分的重要之处"推断出"两人各自独立发现"的可能。

D 项过度假设，排除了"牛顿从莱布尼兹处获取关键信息"的可能，但程度过强，对于保证论证而言，没必要假设"莱布尼兹没把关键内容告诉任何人"，只要"他没告诉牛顿"即可。

A、B 和 C 项均主题无关，所涉分别为"数学才能"的比较、"莱布尼兹的个性"、他人发现微积分的"顺序"，均与他们是否"各自独立发现微积分"无关。

题66 答案为 C 项。

论证主线：英语和姆巴拉拉语中"狗"的发音一样，没相互借鉴或存在亲缘关系 ⇒ 不同语言中意义和发音相同的字未必是由于相互借鉴或亲缘关系。

C 项，排除了两种语言"从第三方获取'狗'的发音"的可能，保障了英语和姆巴拉拉语中的"狗"确实"没有相互借鉴或存在亲缘关系"的可能。

A、B、D 和 E 项均主题无关，所涉分别为"汉语""其他语言""不同语言的人接触"，均与"英语和姆巴拉拉语中'狗'"发音相同的推断无关。

题 67 答案为 D 项。

论证主线：照相机发现 50 辆超速车，警察发现 25 辆超速车⇒警察准确率不高于 50%。

D 项，排除了"警察可观测超速汽车总量低于 50"的可能，保障了由"两地数据"推断"警察准确率"的可能。

B 项仅为支持，表明警察观测到且实际超速的汽车数量低于 25 辆，支持了上述论证的结论，但与前提的"两地数据"无关，因此不是上述论证成立的假设。

A、C 和 E 项均主题无关，A 项所涉为警察观测的超速汽车"之前未超速"，C 和 E 项所涉均为"不超速汽车"，均与"警察对于超速汽车观测的准确率"高低无关。

题 68 答案为 D 项。

论证主线：董来春若竞选，有实力的郝建生和曾思敏不参加竞选⇒董来春若竞选则一定当选。

复选项Ⅰ，保障了"实力"与"当选"的联系。

复选项Ⅱ过度假设，排除了"存在其他竞选者"的可能，支持了上述论证的中间过程，但程度过强，对于保证论证而言，没必要假设不存在"其他竞选者"，只需要其他竞选者"没有董来春强"即可。

复选项Ⅲ，排除了"存在某人比董来春更强"的可能，保障了由"郝建生和曾思敏不参加竞选"推断出"董来春一定当选"的可能。

题 69 答案为 D 项。

论证主线：日本冰箱耗电量少⇒他国冰箱失去部分市场。

复选项Ⅰ过度假设，排除了"其他国家冰箱更耐用"的可能，支持了上述论证的中间过程，但程度过强，对于保证论证而言，没必要假设"日本冰箱质量更好"，只要"与他国持平"即可。

复选项Ⅱ，保障了"耗电量"与"市场需求"的联系。

复选项Ⅲ，排除了"其他国家冰箱价格更低"的可能，保障了由"日本冰箱耗电量低"推断出"他国冰箱失去部分市场"的可能。

题 70 答案为 A 项。

论证主线：急性脑血管梗阻和普通高山反应症状相似⇒急性脑血管梗阻在高海拔地区很危险。

A 项，因为改变缺氧条件，就能"很快解决"普通高原反应，若急性脑血管梗阻与其"处理方式相同"，那么急性脑血管梗阻也能通过改变缺氧条件来解决，从而说明急性脑血管梗阻"并不危险"，但本项排除了这种可能，保障了由"两者症状相似"推断出急性脑血管梗阻"危险"的可能。

C 项作用相反，削弱了上述论证的结论。

D 项仅为支持，支持了上述论证的结论，但与前提"两者症状相似"无关，从而不是上述论证的假设。

B 和 E 项均主题无关，所涉分别为"两者的诱发关系""缺氧对医生的影响"，均与"两者症状相似"能否推断急性脑血管梗阻在高海拔地区"很危险"无关。

题 71 答案为 D 项。

论证主线：张教授近一年给校长的书信只写身体问题⇒张教授身体状况不宜继续担任校长助理。

复选项Ⅰ，保障了"身体问题"与"校长助理"的联系。

复选项Ⅱ，排除了"张教授说谎"的可能，保障了由"张教授写的书信"推断出"其不宜继续担任校长助理"的可能。

复选项Ⅲ不起作用，意图排除张教授"短期生病"或"生病次数较少"的可能，但哪怕"不经常写"，也有可能仅有 2~3 次却"间隔时间较长"，甚至只写 1 次但所写疾病却是"病了一年"，因此无法起到假设作用。

> **争议分析**
>
> 本题存在争议，争议在"复选项Ⅲ"。上文是正面试题解析，这里阐述一下我对本题争议的解读，争议者的思路就是上文中的"意图"。
> 本题争议之因在于"选项与题干的联系程度"，较为重要。

题 72 答案为 C 项。

论证主线：影视片标以"少儿不宜"⇒可增加票房收入。

复选项Ⅰ，排除了"少儿观众数量较多"的可能，从而说明标注"少儿不宜"，不会让占比较大的观众无法观看该电影，保障了由"少而不宜"推断出"票房增长"的可能。

复选项Ⅱ，所涉为对成年人的"危害"，与"票房收入"无关。

复选项Ⅲ，表明标注"少儿不宜"的电影能吸引更多"成年人"观看，保障了由"少儿不宜"推断出"票房增长"的可能。

题 73 答案为 E 项。

注意本题的相反陷阱，寻找的是"以下各项可能是假设，除了"，即"并非假设"的选项。

论证主线：能力是培养适应新时代要求的学生的关键⇒素质教育是提高中小学教育的关键。

E 项主题无关，所涉为"有能力者一定掌握较多知识"，与"培养能力是关键"是否需要"变应试教育为素质教育"无关。

A 项，保障了"培养适应新时代要求的学生"与"提高中小学教育质量"的联系。

B 项，表明如果"能力"是关键的话，确实需要改变"应试教育"，保障了"能力"与"应试教育"的联系。

C 项，排除了"素质教育只能灌输知识"的可能，从而保障了由"能力是适应新时代的关键"推断出"变应试教育为素质教育"的可能。

D 项，排除了"灌输知识就是培养能力"的可能，从而保障了由"能力是适应新时代的关键"推断出"变应试教育为素质教育"的可能。

题 74 答案为 B 项。

论证主线：官员（除了允许的都禁止），平民（除了禁止的都允许）⇒官员和平民约束力不同。

B 项，因为法律允许的官员和平民都允许，法律禁止的官员和平民都禁止，所以，官员和平民的差异在于——未规定的部分，这部分是官员"禁止"而平民"允许"（如下图所示），若这部分不存在，则法律对官员和平民的约束力必然相同。而本项排除了"这部分不存在"的可能，从而保障了由"不同规定"推断"约束力不同"的可能。

法律允许的社会行为	法律未规定的社会行为	法律禁止的社会行为
官员允许	官员禁止	官员禁止
平民允许	平民允许	平民禁止

A、C、D 和 E 均主题无关，所涉分别为"影响力的比较""接受约束意愿的比较""权力的滥用""规定数量的比较"，均与"官员与平民约束力"是否相同无关。

题 75 答案为 D 项。

论证主线：星云由看得见的物质构成则运动更快⇒看不见的物质的重力影响着星云运动。

复选项Ⅰ，若看不见是指"距离太远而看不见"，那么其"重力"还是可以观测的，从而就不会出现"重力"与"速度"不对应的现象。而本项排除了这一可能，保障了"重力"与"速度"的不对应。

复选项Ⅱ，若看得见的星球"质量不可准确观测"，那么"重力"与"速度"不对应就未必正确。而本项排除了这一可能，保障了"重力"与"速度"的不对应。

复选项Ⅲ过度假设，保障了看不见的物质"具有重力"，支持了上述论证的中间过程，但程度过强，对于保证论证而言，没必要假设看不见的物质相比看得见的物质"具备所有属性"，只要其"具备重力"即可。

题 76 答案为 B 项。

论证主线：储户不关心银行故障率⇒影响银行降低故障率的积极性。

B 项，若储户"没有区分银行故障率的能力"，那么储户"本来就不会"关心银行故障率，从而就不会"影响"银行的积极性，本项排除了这一可能，保障了由"储户不关心"推断"降低积极性"的可能。

C 项作用相反，表明政府即使提供相应的保险，储户还是会"关心故障率"，削弱了上述论证的前提。

A、D 和 E 项均主题无关，所涉分别为"故障可以避免""储户存钱的行为""故障的原因"，均与"储户不关心故障率"的影响无关。

题 77 答案为 C 项。

论证主线：甲、乙各给予半数求职者每人一个职位⇒所有的求职者都找到了一份工作。

上述论证若要成立，必须确保两点：第一，向甲、乙两公司求职的人数相等；第二，两家公司的招聘者互不重叠，C 项确保了第二条。

A、B、D 和 E 项均主题无关，所涉均为"求职者"自身的情况，均与所有求职者是否均被"甲、乙两公司聘用"无关。

> **高能提示**
> 小伙伴们可与综合推理中数字题型中的题 7 相联系。

题 78 答案为 C 项。

论证主线：使用设备，质量不合格率提升⇒该设备提升了检测效果。

C 项，排除了"9 月份不合格产品已全部检出"的可能，保障了由"使用该设备"推断出"提升了检测效果"的可能。

A 项过度假设，表明上述不合格率都没有问题，前后不合格率的差异"完全没有问题"，但程度过强，对于保证论证而言，没必要假设"合格率完全没有问题"，只要存在"正向差异"即可。

D 项过度假设，表明 9 月份的不合格率实际应该"更低"，前后差异应该"更大"，但程度过强，对于保证论证而言，没必要假设"更大"，只要存在"正向差异"即可。

B 项作用相反，表明上述设备检测出来的都是错误的，削弱了上述论证的中间过程。

E 项不起作用，所涉为"先进度"的比较，题干并未说明"先进度"与"检测效果"的联系，况且，如果同类设备效果都不好，这也只是"矮子里拔将军"，其未必真能提升效果。

题 79 答案为 A 项。

论证主线：古代工具出现在热带草原，类人猿只生活在森林⇒古代工具是史前人类而非类人猿使用过的。

A 项，排除了"古代工具发现地过去是森林"的可能，从而否定了"工具为类人猿使用过"，保障了由

"发现地是热带草原"推断出"工具为史前人类使用过"的可能。

B、C、D 和 E 项均主题无关,所涉分别为"史前人类是否在森林生活过""工具使用熟练度的比较""迁移特征""制造工具",均与"发现地是热带草原"能否推断出"工具为史前人类使用过"无关。

题 80 答案为 B 项。

论证主线:盗版销量高⇒是由于盗版价格低。

B 项,排除了盗版销量高是由于"盗版质量更高"的可能,保障了由"销量高"推断出"价格低"的可能。

A、C、D 和 E 项均作用相反。A、C 和 D 项均表明盗版"销量高"很可能是"内容灵活""进货渠道畅通""销售网络完善"所致,未必是由于"价格低",削弱了上述论证的中间过程;E 项削弱了上述论证的结论。

题 81 答案为 A 项。

论证主线:大多数患者临床表现反复出现⇒该综合征无法治愈。

A 项,排除了患者反复发作是由于"重新感染"的可能,保障了由"临床表现反复出现"推断出"此病无法治愈"的可能。

B、C、D 和 E 项均作用相反,表明"患者临床表现反复出现"很可能是"没有采取措施防止感染""本身抗药性""有其他疾病""体质较差"所致,未必是由于"该综合征无法治愈",削弱了上述论证的中间过程。

题 82 答案为 D 项。

论证主线:《英雄》票房收入领先⇒《英雄》观看人数多⇒《英雄》是最好的武打片。

复选项 I,排除了《英雄》"票房收入高"是由于"票价高"的可能,保障了由"票房收入"推断出"观看人数多"的可能。

复选项 II,保障了"观看人数"与"电影质量"的联系。

复选项 III 主题无关,题干并未比较《英雄》与《卧虎藏龙》的"制作阵容",从而无法判断《英雄》与《卧虎藏龙》的电影质量。

题 83 答案为 D 项。

论证主线:西西里墓穴发现希腊花瓶⇒西西里和希腊在当时有贸易。

D 项,排除了发现的花瓶是由于"后来放进去"的可能,保障了由"发现希腊花瓶"推断出"当时双方有贸易"的可能。

A、B、C 和 E 项均主题无关,所涉分别为"匠人水平的比较""黏土的比较""当时的船队往来""墓穴主人身份",均与"发现希腊花瓶"是否说明"当时双方有贸易"无关。

题 84 答案为 A 项。

论证主线:为了取得疗效⇒戒烟。

A 项,保障了"戒烟"的可行性。

B、C、D 和 E 项均主题无关,所涉分别为"支气管炎的严重程度""以前的情况""香烟的品质""疾病家族史",均与对于"取得疗效"而言"戒烟"是否必要无关。

题 85 答案为 A 项。

论证主线:解雇效率较低的教师⇒减少教师数量。

A 项,排除了"无法准确衡量效率"的可能,保障了"解雇效率较低教师"的可行性。

B 项不起作用,即使个人效率"存在相同情况",也完全可以"都解雇",从而达到相应的目标。

C、D 和 E 项均主题无关，所涉分别为"教学经验""教师报酬"和"教学强项"，均与"解雇效率较低的教师"能否达到"减少教师数量"的目标无关。

题 86 答案为 A 项。

论证主线：马家村采用轮作并施用粪肥⇒马家村获得很好的效果。

A 项，保障了"施用粪肥"的可行性。

B、C、D 和 E 项均主题无关，所涉分别为"田间管理""学习经验""使用软泥""减少使用农药、降低成本"，均与"采用轮作并施用粪肥"能否"取得良好效果"无关。

题 87 答案为 D 项。

注意本题的相反陷阱，寻找的是"以下各项必须假设，除了"，即"并非假设"的选项。

论证主线：每项指标按实际质量或数量的高低加权平均⇒"全市理想生活小区排名"评选活动可行。

D 项主题无关，所涉为该评选方法的"一般性"，与该策划是否"可行"无关。

A、B、C 和 E 项主题无关，分别表明"指标可以加权平均""指标可以准确量化""数据具有长期稳定性""实施者公平且有能力"，均保障了该排名的"可行性"。

题 88 答案为 B 项。

论证主线：按照类型分别评选最佳影片⇒使电影工作者得到更为公平的对待。

B 项，保障了"按照类型划分"的措施的可行性。

A、C、D 和 E 项主题无关，所涉分别为"对拍摄的引导作用""观众喜好""电影对冷门题材的忽视""参加电影评比的积极性"，均与"按照类型评选最佳影片"是否"使电影工作者得到更为公平的对待"无关。

题 89 答案为 B 项。

论证主线：观察不同阶段的树，了解其生长过程⇒观察不同阶段的星团，了解其发展过程。

B 项，保障了"观察不同阶段星团"的可行性。

A 项过度假设，表明在研究方法层面，"树"可以与"星团"类比，支持了上述论证的中间过程，但程度过强，对于保证论证而言，没必要假设"此种研究方法都适用于其他领域"，只要其"适用于星团"即可。

C 项作用相反，削弱了"观察不同阶段星团"的可行性。

D 和 E 项均主题无关，所涉分别为"存在未发现的星团""研究星团的紧迫性"，均与"观察不同阶段星团"能否"了解星团发展过程"无关。

题 90 答案为 E 项。

论证主线：折断含毒叶脉后再食入整片叶子⇒是黑脉金蝴蝶幼虫以有毒植物为食的方式。

E 项，保障了"折断含毒叶脉"的可行性。

A、B、C 和 D 项均主题无关，所涉分别为"以有毒植物为食的幼虫种类有多种""其他种类幼虫""其他有毒植物的进化程度""其他有毒植物"，均与"折断含毒叶脉"是否是"黑脉金蝴蝶幼虫的捕食方式"无关。

题 91 答案为 B 项。

论证主线：遵从医嘱可避免副作用⇒不用担心副作用。

B 项，题干中的"不用担心副作用"相当于"真的可避免副作用"，因此题干论证可变为，遵从医嘱⇒避免副作用。本项保障了"遵从医嘱"这个措施的可行性。

A 项过度假设，构建了"遵从医嘱"与"避免副作用"的联系，支持了上述论证的中间过程，但程度过强,对于保证论证而言,没必要假设"所有药物"产生副作用的原因都在于没有遵从医嘱,只需要"偏头痛"副作用如此即可。甚至,"偏头痛"副作用与"遵从医嘱"没有因果关系也无妨,因为只要患者遵从医嘱"能避免"其副作用就可以了。

C、D 和 E 项均主题无关,所涉分别为"服药者有心脏病""多种副作用""替代其他药物",均与"遵从医嘱可避免副作用"是否就无需"担心副作用"无关。

题92 答案为 E 项。

论证主线:折价保金收入可投资⇒折价保单未必亏本。

E 项,排除了保单"收入与支付赔偿之间没有时滞"的可能,保障了"保金用来投资"的可行性。

A、B、C 和 D 项均主题无关,所涉分别为"折价发行的目的""亏本保单未必都折价发行""索赔额的评估""保险公司的利润来源",均与"保金用来投资"能否达到"折价保单未必亏本"的目标无关。

题93 答案为 C 项。

论证主线:山奇与雏菊可以产生杂交种子后代⇒在山奇尚存的地域应人工培育雏菊。

复选项Ⅰ过度假设,构建了"人工培育雏菊"与"产生杂交种子"的联系,支持了上述论证的中间过程,但程度过强,对于保证论证而言,没必要假设"只有"人工培育的雏菊才能产生杂交种子,只需要人工培育雏菊"可以"产生杂交种子即可。

复选项Ⅱ过度假设,构建了"大量人工培育雏菊"与"产生杂交种子"的联系,支持了上述论证的中间过程,但程度过强,对于保证论证而言,没必要假设区域内"没有"野生雏菊,只需要在区域内野生雏菊数量"不足"即可。

复选项Ⅲ,若杂交种子有"繁衍后代"的能力,便具有这样一种可能——"培育人工雏菊"能达到"维系山奇后代"的目标,从而保障了"产生后代"与"培育雏菊"的联系。

题94 答案为 D 项。

论证主线:丘脑枕将注意力放在最重要的信息上⇒可为因缺乏注意力所致疾病带来新疗法。

D 项,若大脑"只能集中注意力于最相关的事物上",便具有这样一种可能——只要找到"集中注意力"的方法,就能达到"解决缺乏注意力所致疾病"的目标,保障了"丘脑枕的发现"与"为缺乏注意力所致疾病带来新疗法"的联系。

A 项作用相反,表明哪怕集中了注意力,也无法解决"某些精神分裂症",削弱了上述论证的结论。

B、C 和 E 项均主题无关,所涉分别为"视觉信息传输渠道""跟踪信息技术""视觉信息的一致性和行为相关性",均与"上述发现"能否"解决因缺乏注意力所致疾病"无关。

题95 答案为 B 项。

论证主线:白天安装⇒省钱。

B 项,排除了一种可能性——白天安装的"成本"高于晚上安装的"多余费用",保障了"白天安装"能达到"省钱"的目标。

A 项不起作用,白天和晚上安装的"费用相等",无法判断什么时间段安装系统更省钱,因此无法起到假设作用。

C、D 和 E 项均主题无关,所涉分别为"安装人数的比较""系统使用效果的比较""工作效率的比较",均未与"费用"构建联系。

题96 答案为 E 项。

论证主线:匹配便条纸让使用者涂鸦⇒保证工程师的创造性思维。

E 项，排除了"灵感必须来源于纸"的可能，保障了"电子便纸条"能达到"保证创造性思维"的目标。

A、B、C 和 D 项均主题无关，所涉分别为"灵感的类型""便条纸的其他功能""工程师是否备有笔纸""涂画的应用价值"，均与"电子便条纸"是否能达到"保证工程师的创造性思维"的目标无关。

题 97 答案为 B 项。

论证主线：切掉犀牛角⇒避免犀牛被杀害。

B 项，表明"犀牛没有角"就意味着"不会被杀害"，保障了"切掉犀牛角"能达到"避免被杀害"的目标。

A 项不起作用，表明"没有价值的犀牛"不会被杀害，但其与"犀牛角"是否具有联系尚未可知，因此无法起到假设作用。

C、D 和 E 项均主题无关，所涉分别为"犀牛的威胁""犀牛的防卫""对盗猎者的惩罚"，均与"切掉犀牛角"的措施无关。

题 98 答案为 D 项。

论证主线：安装超速提醒装置⇒高速公路上的事故减少。

复选项 I，排除了一种可能性——司机是"故意超速"的，保障了"提醒司机超速"能达到"减少交通事故"的目的。

复选项 II，保障了"减少超速车辆"能达到"减少交通事故"的目标。

复选项 III，所涉为"价格"，与能否达到"减少交通事故"的目标无关。

题 99 答案为 A 项。

论证主线：挑选 10% 的论文作为交流论文⇒大会交流论文质量能够得到保证。

A 项，排除了一种可能——所有论文中质量有保证的比例连"10% 都无法确保"，保障了"挑选 10% 的论文"能达到"保证了大会交流论文的质量"的目标。

D 项过度假设，表明委员会可以"直接挑选质量合格"的论文，但程度过强，对于保证论证而言，没必要假设委员会"能直接识别合格论文"，只要挑选的论文里"有足够比例的论文质量有保证"，那么不论怎么挑选，都足以让大会使用。

B、C 和 E 项均主题无关，所涉分别为"论文数量""达到质量的论文比例""经费"，但题干并未提及确保交流所需的"论文数量、论文比例或经费"。

题 100 答案为 D 项。

论证主线：技术革新促进世界经济繁荣⇒增加科研投入以促使经济发展。

复选项 I，保障了"科研投入"能达到"经济发展"的目标。

复选项 II，所涉为"循环最快产业"，与"科研投入"能否达到"经济发展"的目标无关。

复选项 III，排除了一种可能——当下科研"投入资金已经超额"，保障了"科研投入"能达到"经济发展"的目标。

题 101 答案为 C 项。

论证主线：雇员参加工间操次数越多，病假天数越少⇒增加工间操次数可降低病假率。

复选项 I 主题无关，所涉为"公司的正常工作"，与"病假率"是否降低无关。

复选项 II 过度假设，表明"增加工间操次数"能"增加参与工间操的人数"，从而说明其确实能达到"降低病假率"的目标，但程度过强，对于保证论证而言，没必要假设"参加工间操的人数增加"，只要"个体参与次数增加"即可。

复选项Ⅲ，表明"增加工间操次数"能"增加个体参与工间操次数"，从而对于这些增加次数的人来说，其病假率会下降，保障了"增加工间操次数"能达到"降低病假率"的目标。

题102 答案为D项。

论证主线：灵活工作日制度⇒员工保持良好情绪和饱满精神⇒提高工作效率。
复选项Ⅰ主题无关，所涉为"员工身份"，与"灵活工作日制度"能否达到提高"工作效率"的目标无关。
复选项Ⅱ，保障了"灵活工作日制度"能达到"提高工作效率"的目标。
复选项Ⅲ，保障了"灵活工作日制度"的可行性。

题103 答案为D项。

注意本题的相反陷阱，寻找的是"假设以下各项，除了"，即"没有假设"的选项。
论证主线：某公司换上新型大客车⇒某公司利润增加。
D项不起作用，意图排除"新汽车成本更大"的因素，但"驾驶汽车复杂度"是否与"成本"相关，尚未可知，因此无法起到假设作用。
A、B和C项，保障了"换上新型大客车"后能达到"增加利润"的目标。
E项，保障了"换上新型大客车"的可行性。

题104 答案为A项。

论证主线：了解应聘者的个性⇒必须设置面试环节。
A项，排除了"可以通过其他方法"了解应聘者个性的可能，保障了"了解个性"的目标与"面试"的措施之间的联系。
B、C、D和E项均主题无关，所涉分别为"个性的重要性""准确把握面试的必要条件""面试的重要性""面试目的"，均与"面试"对于"了解应聘者个性"的必要性无关。

题105 答案为A项。

论证主线：神经递质化学物质不平衡的精神失常⇒只能通过药物治疗。
A项，排除了"可以通过心理疗法"治疗上述精神失常的可能，保障了"治疗上述精神失常"的目标与"药物治疗的措施"之间的联系。
B、C、D和E项均主题无关，所涉分别为"见效速度""精神失常的原因""两种疗法的疗效比较""根治"，均与"药物治疗"对于"神经递质化学物质不平衡的精神失常"的必要性无关。

题106 答案为C项。

论证主线：取得疗效⇒立即戒烟。
C项，表明"戒烟"是"取得疗效"的必要条件，保障了目标"取得疗效"与措施"戒烟"之间的联系。
B项过度假设，表明"戒烟"是"取得疗效"的必要条件，保障了目标"取得疗效"与措施"戒烟"之间的联系，但程度过强，对于保证"戒烟的必要性"而言，没必要假设抽烟是引起病症的"主要原因"，只要说明"不戒烟会影响治疗"即可。
A、D和E项均主题无关，所涉分别为"张医生的资历""支气管炎的'恶果'""张医生本人是否吸烟"，均与"想要取得疗效"是否必须"戒烟"无关。

题107 答案为C项。

论证主线：过分渲染的广告会适得其反⇒消费者更重视自己的判断。

C 项，说明了广告确实存在"过分渲染"。

D 项过度假设，表明消费者"能识别出"广告的真伪，支持了上述论证的中间过程，但程度过强，对于保证论证而言，没必要假设消费者"都是内行里手"，只要"大多数消费者有一定的识别力"即可。

A、B 和 E 项均主题无关，所涉分别为"名牌产品""广告数量""企业对广告的态度"，均与"广告过分渲染的效果"无关。

题 108 答案为 C 项。

论证主线：引进《马语者》，票房一周破 800 万⇒引进《空军一号》，预计票房 9 天破 1 000 万。

C 项，保障了"《马语者》"与"《空军一号》"可以类比。

A、B、D 和 E 项均仅为支持，支持了上述论证的结论，但与两者的"类比"无关，因此不是上述论证的假设。

题 109 答案为 C 项。

论证主线：引进《廊桥遗梦》，票房一周破 800 万⇒引进《泰坦尼克号》，预计票房 10 天破 1 000 万。

C 项，保障了"《廊桥遗梦》"与"《泰坦尼克号》"可以类比。

A、B、D 和 E 项均仅为支持，支持了上述论证的结论，但与两者的"类比"无关，因此不是上述论证的假设。

题 110 答案为 C 项。

论证主线：药物能抑制测谎器导致的心理压力⇒药物能抑制日常生活中的心理压力。

C 项，保障了"测谎器导致的心理压力"与"日常生活中的心理压力"可以类比。

A 项均仅为支持，支持了上述论证的结论，但与前提"测谎器"无关，因此不是上述论证的假设。

B、D 和 E 项均主题无关，所涉分别为"测谎器的效果""药物的副作用""心理压力的加重"，均与"药物能抑制测谎器导致的压力"能否说明"药物能抑制日常生活中的压力"无关。

题 111 答案为 C 项。

论证主线：太阳系行星八分之一有生命⇒宇宙中存在生命的天体数量一定十分巨大。

C 项，保障了"太阳系行星"与"宇宙中行星"可以类比。

A、B、D 和 E 项均主题无关，所涉分别为"天体如果"与地球类似、"星系如果"与太阳系类似、"地球生命"的生存环境、"地球"的情况，均与"太阳系行星中有生命的星球占比情况"能否类比"宇宙中有生命的天体数量"无关。

题 112 答案为 E 项。

论证主线：大鼠食入混合食物后自由基降低⇒人类食入混合食物可降低自由基。

E 项，保障了"大鼠"与"人类"可以类比。

A、B、C 和 D 项均主题无关，所涉分别为"人们食入混合食物的意愿""其他类型混合食物""其他途径""降低自由基的作用"，均与"大鼠实验"能否类比"人类"情况无关。

题 113 答案为 D 项。

论证主线：食品价格上涨 25%，食品支出占家庭月收入的比例上涨 8% ⇒家庭平均收入上涨。

D 项，排除了一种可能性——"食品购买数量下降"抵消"食品价格上涨"，保障了仅由"以上两个数据"推断出"家庭平均收入上涨"的可能性。

C 项过度假设，排除了一种可能性——"食品购买数量下降"抵消"食品价格上涨"，但程度过强，对于保证论证而言，没必要假设"居民购买食品数量增加"，只要"居民购买食品数量不减少"即可。

E 项作用相反，表明即使"食品价格上涨幅度"大于"食品支出在家庭月收入中的占比的上涨幅度"，结合"食品购买数量下降"，"家庭平均收入"未必上涨。

A 和 B 项均主题无关，所涉分别为"生活水平""其他商品价格"，均与"食品相关数据"的变化能否推断出"家庭平均收入上涨"无关。

题 114 答案为 A 项。

论证主线：必需品价格上涨 30%，必需品支出占收入的比例不变⇒家庭平均收入上涨 30%。

A 项，排除了一种可能性——"必需品购买数量或质量下降"抵消了"必需品价格上涨"，保障了仅由"以上两个数据"推断出"家庭平均收入上涨"的可能性。

B、C、D 和 E 项均主题无关，所涉分别为"其他商品""家庭数量""高档消费品""生活水平"，均与"必需品相关数据"的变化能否推断出"家庭平均收入上涨"无关。

题 115 答案为 C 项。

论证主线：打折机票所占比例提高，全额机票所占比例降低⇒平均票价降低。

C 项，排除了一种可能性——"打折机票基础票价提高"抵消"打折机票比例提高"，保障了仅由"打折机票比例提高"推断"平均票价降低"的可能性。

E 项过度假设，排除了一种可能性——"全额票价基础票价提高"抵消"打折机票比例提高"，但程度过强，对于保证论证而言，没必要假设"所有航线全额票价保持不变"，只要"北京至西安的航线全额票价保持不变"即可。

A、B 和 D 项均主题无关，所涉分别为"售出率""服务水平"，均与"打折机票比例提高"能否推断出"平均票价降低"无关。

题 116 答案为 A 项。

论证主线：持续用国产电池替代进口电池⇒支付在电源上的费用将会提高。

A 项，表明虽国产电池"每单位费用"低于进口电池，但综合"每单位供电量"，国产电池"电源费用"未必低于进口电池，保障了"国产电池替代进口电池"与"电源费用提高"的联系。

B 项不起作用，本项为题干已知条件。

C、D 和 E 项均主题无关，所涉分别为"电池成本""摄像质量""电池厂商盈利"，均与"支付的电源费用高低"无关。

题 117 答案为 C 项。

论证主线：参加辅导班成绩差，不参加辅导班成绩好⇒辅导不利于成功应试。

C 项，排除了题干求异存在其他变量——两拨考生基础不同，保障了求异的结果。

A、B、D 和 E 项均主题无关，所涉分别为"专业硕士考试的属性""辅导班的老师""专业硕士考试的区分度""性别比例"，均与"上述求异内容"能否推断出"辅导不利于成功应试"无关。

题 118 答案为 E 项。

论证主线：火龙试行新制度导致生产率提高，其他没有试行新制度的子公司生产率低于火龙公司⇒新制度有利于提高生产率。

E 项，排除了题干求异存在其他变量——两拨公司劳动生产率基础不同，保障了求异的结果。

A 项过度假设，排除了题干求异存在其他变量——两拨公司劳动生产率基础不同，但程度过强，对于保证论证而言，没必要假设火龙和其他"所有子公司"都差不多，只要能保证火龙和其他"公司整体"差不多即可。

D 项不起作用，即使火龙公司不是"最高"的，但也有可能比其他子公司的"平均劳动生产率高"，因此无法起到假设作用。

B 和 C 项均主题无关，所涉分别为"利润率""职工数量"，均与"生产率"无关。

题 119 答案为 D 项。

论证主线：两国耕地条件相同，K 国粮食收成上升，H 国粮食收成下降⇒经济模式造成 H 国糟糕的粮食收成。

复选项 I，排除了题干求异存在其他变量——两国气候状况不同，保障了求异的结果。

复选项 II，保障了题干求异变量——经济模式不同。

复选项 III 仅为支持，排除了"气候状况"导致 H 国粮食收成差，支持了上述论证的结论，但与其前提"两国求异"无关。

题 120 答案为 E 项。

张论证主线：职务罪犯重新犯罪率远低于偷盗、抢劫、流氓案罪犯⇒前者改造效果更好。

李论证主线：职务罪犯不具有重新犯罪的条件⇒前者改造效果未必更好。

E 项，排除了"重新犯罪可以是偷盗等其他罪行"的可能，保障了职务罪犯不具有重新犯该罪的条件，从而说明职务罪犯重新犯罪率低更可能是因为"不具有条件"，未必是由于"改造效果良好"，保障了李研究员的反驳。

A 项，保证李研究员的攻击只需要假设职务罪犯"不具有重新犯罪的条件便难以犯罪"，即只需要确保"重新犯罪"是必要条件，这样就能说明，其重新犯罪率低的原因未必是"改造效果好"。本项中"重新犯罪"是充分条件，过度假设。

B、C 和 D 项均主题无关，所涉分别为"危害"的比较、"监狱改造效果""得手容易度"的比较，均与"不具备重新犯罪条件"能否说明"改造效果更好"无关。

题 121 答案为 E 项。

论证主线：海鸟标本羽毛中的汞来自海鱼，活鸟为海鸟标本汞含量的 2 倍⇒现在相比过去，海鱼汞含量高。

E 项，排除了"标本汞含量的下降是制作和保存方法所致"的可能，表明标本能代表过去的海鸟，保障了求异方式本身没有问题。

C 项作用相反，表明标本的汞含量不能代表过去的海鸟，从而说明求异方式本身有问题。

A、B 和 D 项均主题无关，所涉分别为"海鸟年龄段""海鱼汞含量与海域污染程度""海鱼在食物结构中的比例"，均与"海鱼汞含量"是否变化无关。

>>>>>>>>>>>>>>>>>>>>>>>>>>>>>> 管综真题警戒线 >>>>>>>>>>>>>>>>>>>>>>>>>>>>

题 122 答案为 C 项。

论证主线：人工智能没有自我意识⇒人工智能无法进行创造性劳动。

题干表明"审美需求和情感表达"是"创造性劳动"的必要条件，从而，C 项保障了"自我意识"是"创造性劳动"的必要条件。

A、B、D 和 E 项均主题无关，所涉分别为"艺术品""创造性""辅助工具""表达情感"，均与"没有自我意识"是否说明"无法进行创造性劳动"无关。

题 123 答案为 C 项。

论证主线：中国儿童（牛与青草，鸡），美国儿童（牛与鸡，青草）⇒中国儿童（事物之间的关系），美国儿童（所属实体范畴）。

C 项，保障了"牛与鸡，青草"的分类方式与"习惯于实体范畴分类"的联系。

D 和 E 项均不起作用，题干并未说明"习惯于实体范畴分类"和"习惯于事物关系分类"是互斥的关系，所以即使具备其中一方，也不代表另一方就不具备，因此无法起到支持作用。

A 和 B 项均主题无关，所涉分别为"马""鸭和鸡蛋"，均与"鸡、牛和青草"无关。

题 124 答案为 B 项。

论证主线：不喜欢被批评的感觉⇒不批评继任者。

B 项，保障了"批评继任者"与"喜欢被批评的感觉"的联系。

A、C、D 和 E 项均主题无关，所涉分别为"感觉的一致性""喜欢被批评与喜欢被前任批评的关系""批评其他人""其他人的批评"，均与"不喜欢被批评的感觉"是否说明"不会批评继任者"无关。

题 125 答案为 C 项。

论证主线：猫大脑皮层神经细胞数量只有普通金毛犬一半⇒狗比猫更聪明。

C 项，保障了"大脑皮层神经细胞数量"与"聪明程度"的联系。

A、B、D 和 E 项均主题无关，所涉分别为"猫与狗贡献程度的比较""狗的群体捕猎行为""猫神经细胞数量少的原因""棕熊"，均与猫与狗"谁更聪明"无关。

题 126 答案为 C 项。

论证主线：海水"脸色"⇒判断哪些地区将被飓风袭击。

C 项，保障了"海水'脸色'"与"飓风袭击地区"的联系。

A、B、D 和 E 项均主题无关，所涉分别为"海水温度""全球气候变暖"，均与"海水'脸'色"是否说明"飓风袭击地区"无关。

题 127 答案为 A 项。

论证主线：板块运动能维系行星表面的水体⇒板块运动是行星有宜居环境的标志。

A 项，保障了"维系水体"与"存在生命"的联系。

B 和 C 项过度假设，分别保障了"放射性元素钍和铀"与"板块运动"，"内部温度"与"板块运动"的联系，但程度过强，确保论证成立，不需要假设"上述元素都是""温度越高，越有助于板块运动"，只需要"与板块运动有联系"即可。而且，B 和 C 项未提及科学家论证的结论。

D 项作用相反，表明"维系水体"与"生命"未必相关，削弱了上述论证的中间过程。

E 项主题无关，所涉为"生命是否存在"，与"宜居环境"无关。

题 128 答案为 B 项。

论证主线：得道者多助⇒君子战必胜。

B 项，保障了"得道者"与"君子"的联系。

A、C、D 和 E 项均主题无关，所涉分别为"太平""失道者"，均与"得道者多助"是否意味着"君子战必胜"无关。

题129 答案为 C 项。

论证主线：医生要有足够的爱心和兴趣⇒学校不要招收医学调剂生。

C 项，保障了"需要爱心和兴趣"与"不招调剂生"的联系。

A、B、D 和 E 项，所涉分别为"奉献精神""缺乏爱心的恶果""是否在意收费"，均与"要有爱心和兴趣"是否说明"不招收调剂生"无关。

题130 答案为 C 项。

论证主线：婴儿是最有效率的学习者⇒设计像婴儿一样学习的机器人。

C 项，因为婴儿的学习方式是"碰触、玩耍和观察"等，因此本项保障了"婴儿的学习方式最有效率"与"像婴儿一样学习"的联系。

B 项过度假设，排除了"机器人已经超过婴儿"的可能，但程度过强，确保论证成立，不需要假设"最好的机器人都无法超过最差的婴儿"，只需要在"整体上"机器人不如婴儿即可。

A、D 和 E 项均主题无关，所涉分别为"成年人""其他动物幼崽""智能"，均与"婴儿的学习方式最有效率"是否说明"机器人要像婴儿一样学习"无关。

题131 答案为 E 项。

论证主线：因为知识符合逻辑，而想象力无章可循⇒想象力和知识是天敌。

复选项Ⅰ，因为"知识"的本质是科学，想象力的特征是"荒诞"，因此本项表明"知识"与"想象力"不相容，保障了上述论证。

复选项Ⅱ，表明"知识"与"想象力"不相容，保障了上述论证。

复选项Ⅲ，排除了有知识的同时，"重新恢复想象力"的可能，保障了上述论证。

题132 答案为 C 项。

论证主线：黄土高原不长植物⇒因为黄土是生土。

C 项，通过表明生土"没有营养成分"，保障了"现在的黄土高原不长植物"与"生土"的联系。

A、B、D 和 E 项均主题无关，所涉分别为"生土改造""生土无人耕种""东北黑土地""熟土"，均与"黄土高原不长植物"的原因是否为"生土"无关。

题133 答案为 E 项。

论证主线：计算机完全的自我学习能力有待进一步发展⇒计算机不可能超过人类智能。

E 项，通过独特智能"无法以学习来获得"，保障了"计算机完全的自我学习能力"与"不可能超过人类智能水平"的联系。

C 项作用相反，切断了"计算机完全的自我学习能力"与"不可能超过人类智能水平"的联系。

A、B 和 D 项均主题无关，所涉分别为"人类感情""社会关系""自然进化能力"，均与"计算机完全的自我学习能力"能否说明"计算机无法超过人类智能水平"无关。

题134 答案为 D 项。

论证主线：硅化合物能吸收铝⇒硅化合物可用于治疗行为痴呆症。

D 项，一方面，排除了"痴呆症"是导致铝过量的原因的可能，支持了上述调查的隐含假设——"过量的铝"是因；另一方面，保障了"过量的铝"与"行为痴呆症"的联系。

A、B、C 和 E 项均主题无关，所涉分别为"大脑含铝的数量""硅化合物的副作用""患者年龄""病情严重程度"，均与"硅化合物能吸收铝"是否说明"硅化合物可用于治疗行为痴呆症"无关。

题 135 答案为 A 项。

论证主线：放弃等待时间、事先公开成果⇒公共卫生水平提高。

A 项，排除了人们"不愿使用事先公开信息"的可能，保障了"事先公开"能达到提高"公共卫生水平"的目标。

B、C、D 和 E 项均主题无关，所涉分别为"医学研究者""发表的论文""评审者的身份""事先公开的意愿"，均与"放弃等待时间、事先公开成果"能否达到"提高公共卫生水平"的目标无关。

题 136 答案为 E 项。

论证主线：生物燃料可替代汽油和柴油⇒应开发和利用生物燃料。

E 项，保障了"替代汽油和柴油"能达到"开发利用生物燃料"的目标。

C 项过度假设，保障了"替代汽油和柴油"与"开发利用生物燃料"的联系，支持了上述论证的中间过程，但程度过强，确保论证成立，不需要假设其"是能源体系的适当补充"，只需要"能降低化石燃料的使用"即可。

A、B 和 D 项均主题无关，所涉分别为"生物燃料的'恶果'""生物燃料的花费""生物燃料的开发成果"，均与"生物燃料可替代汽油和柴油"是否说明"应开发和利用生物燃料"无关。

题 137 答案为 D 项。

论证主线：还相关产品以本来面目⇒必须制定统一行业标准。

D 项，排除了"已经有统一标准"的可能，保障了"制定统一标准"的可行性。

A、B、C 和 E 项均主题无关，所涉分别为"外形相似""对专家意见的认可度""误译的'恶果'""销量"，均与"还相关产品本来面目"是否必须"制定统一标准"无关。

题 138 答案为 B 项。

论证主线：食用超市购买的水果⇒必须洗净。

B 项，排除了"已经洗净"的可能，保障了执行"洗净"的可行性。

C 项过度假设，通过表明清洗可以洗掉"油脂痕迹"，构建了"食用"与"必须清洗"的联系，支持了上述论证的中间过程，但程度过强，确保论证成立，不需要假设清洗是洗掉的"充分条件"，只需要令清洗"具有必要性"即可。

A、D 和 E 项均主题无关，所涉分别为"其他水果也有油脂痕迹""消费者的态度""农药会留下油脂痕迹"，均与清洗"是否具有必要性"无关。

题型 19 解释题型

题 1 答案为 E 项。

注意本题的相反陷阱，寻找的是"都能解释，除了"的选项。

题干信息：研究动物个性⇒理解人类个性的特征和发展。

E 项主题无关，所涉为"人对动物"的作用，与"动物对人"的作用无关。

A 项，表明在行为层面，人类与动物"可以类比"，可解释为何用动物来研究人类。

B、C 和 D 项，表明相比研究人类，研究动物"更具有可行性"，可解释为何用动物来研究人类。

题 2 答案为 E 项。

电视观众对首尾广告印象深刻，对中间的广告印象较浅⇒观众能记住的品牌比例降低。

E 项，因为观众印象深刻的广告数量永远只有 2 个，若一段广告时长中"广告数量越多"，相当于"印象不深刻的广告数量增加"，从而有可能导致"观众能记住的品牌比例降低"，从而使得事实 2 能解释事实 1。

B 项作用相反，既然"广告段总时间长度减少"，说明"能播放的广告数量在下降"，从而有可能导致"观众能记住的品牌比例增加"。

A 项作用相反，表明"观众能记住的品牌比例降低"是由于"现在人们不太看电视"，未必是由于"事实 2"。

D 项不起作用，即使"广告段数增加"，若每段时间中"广告数量不变"，那么在事实 2 的情况下，"观众能记住的品牌比例"也未必会降低。

C 项主题无关，所涉为"观众对见过的品牌的记忆情况"，与"观众对中间广告印象较浅"无关。

题 3 ✎ **答案为 E 项。**

电视观众对首尾广告印象深刻，对中间的广告印象较浅⇒观众能记住的商品比例降低。

E 项，因为观众印象深刻的广告数量永远只有 2 个，若一段广告时长中"广告数量越多"，相当于"印象不深刻的广告数量增加"，从而有可能导致"观众能记住的商品比例降低"，从而使得第二个事实能解释第一个事实。

B 项作用相反，既然"广告平均时间缩短"，说明"能播放的广告数量在下降"，从而有可能导致"观众能记住的商品比例增加"。

C 项作用相反，表明"能记住的商品比例降低"是由于"现在人们不太看电视"，未必是由于"第二个事实中的内容"。

D 项不起作用，即使"电视广告的时长增加"，但这不意味着"电视广告数量增加"，从而无法使得第二个事实解释第一个事实。

A 项主题无关，所涉为"观众对见过商品的记忆情况"，与"观众对中间广告印象较浅"无关。

题 4 ✎ **答案为 B 项。**

注意本题的相反陷阱，寻找的是"除了哪项，都是原因"，即"不是原因"的选项。

题干信息：该运动员无缘金牌。

B 项主题无关，所涉为"教练"行为，与"该运动员"是否夺冠无关。

A、C、D 和 E 项，均分别指出一个事实——"故意不得金牌""使用违禁药物""忘记时间""计算失误"，均可解释"该运动员无缘金牌"的现象。

> ✎ 高能提示
>
> 根据形式逻辑的传递，本题虽然能得出该运动员违规了，但这不代表其无缘金牌的原因，只有违规这一条，这是命题人故意设置的诱导干扰，实际上，选项所涉内容只要能使该运动员无缘金牌，不论违规与否，都可作为原因。

题 5 ✎ **答案为 D 项。**

注意本题的相反陷阱，寻找的是"不是上述现象的原因"的选项。

题干信息：我国丝绸业面临出口困境（形象降格、出口减少、面临竞争、他国配额）。

D 项主题无关，所涉为"丝绸被人们所喜欢"，属于"丝绸的优势"，与我国"丝绸业困境"无关。

A、B、C 和 E 项，分别指出一个事实——"不研究国际行情""未重视质量""技术外流""丝绸变成平常的商品"，均能解释题干所提的"丝绸出口困境"。

第三篇 论证逻辑

题6 答案为 D 项。

注意本题的相反陷阱，寻找的是"最不可能是上述现象的原因"的选项。

题干信息：游客抱怨，但导游还是总劝游客去工艺品加工厂里参观。

D 项作用相反，若顾客"都想省时间"，那么导游还"总劝大家去加工厂参观"便是违背此点，因此无法解释上述现象。

A、B、C 和 E 项，均分别指出一个事实——"许多游客愿意""有些游客需要购物""商品物美价廉""导游会得到奖励"，表明游客希望或者导游有激励，因此，均能解释"导游总劝游客去加工厂参观"的现象。

题7 答案为 E 项。

注意本题的相反陷阱，寻找的是"不是上述现象的原因"的选项。

题干信息：试点能成功，但推广会失败。

E 项主题无关，表明推广也会"受到关注"，无法说明为何推广会"失败"。

A、B、C 和 D 项，均分别指出一个事实——"试点单位基础较好""试点单位有优惠""试点单位受重视""其他单位情况不同"，都表明试点单位和其他单位有所不同，因此，均可解释"试点能成功，推广会失败"的现象。

题8 答案为 D 项。

题干信息：有 60% 的回答者说他们的成绩位居班级的前 20%。

D 项，表明回答该问题的人"本来成绩就偏好"，从而可以解释上述数据存在的问题。

B 项作用不足，虽然"每个人对成绩排名的理解不同"能解释上述问题，但"个别人"表示程度较低，因此不如 D 项。

E 项作用相反，所涉"略微美化"，与题目补充内容"排除说假话的可能"相违背。

A 和 C 项均主题无关，所涉分别为"未回答者""与其他学校的比较"，均与为何 60%"回答者"认为自己排名"前 20%"无关。

题9 答案为 C 项。

注意本题的相反陷阱，寻找的是"最不可能是上述现象原因"的选项。

题干信息：越来越多的人在使用 Internet 之后会出现互联网狂躁症。

C 项主题无关，所涉为制约用户上网是人们"无法上网"的原因，与人们上网后的状态无关。

A、B、D 和 E 项，均分别指出一个事实——"等待时间长""检索成功概率小""信息过量""网络垃圾"，表明网民上网的状况会使得其"变得狂躁"。

题10 答案为 D 项。

题干信息：餐饮业的发展和瘦身健身业的发展呈密切正相关。

D 项，表明"收入的提高"使得两个并不相关的行业，呈现数据上共同增长的特征，从而解释了上述现象。

A 和 B 项均不起作用，A 项无法解释"餐饮业"为何增长；B 项无法解释"健身业"为何增长。

C 项作用不足，"低收入"人群的增长，虽然有可能促进"餐饮和健身业"的增长，但程度不如 D 项。

E 项主题无关，所涉为高收入阶层的"常规情况"，与"两个行业的增长"无关。

题11 答案为 C 项。

注意本题的相反陷阱，寻找的是"不能支持"的选项。

题干信息：即将出现 DVD"热销狂潮"的观点过于乐观。

C 项，表明 DVD 在美国"销售较好"，削弱了周教授的观点。

A、B、D 和 E 项，均分别指出一个事实——"用 DVD 的电视节目不多""TCD 尚未淘汰""DVD 很难大规模复制以迎合市场""SVD 开发结束"，表明 DVD 当前前景不佳或存在竞争对手，均支持了周教授的观点。

题 12 答案为 A 项。

注意本题的相反陷阱，寻找的是"都有助于得出，除了"，即"无助于得出"的选项。

题干信息：被核辐射污染的水已经排入大海。

A 项主题无关，一方面，核辐射是否能"短时"致鱼死亡尚未可知；另一方面，"5 天"奔袭"万里"，相当于平均速度为每天 2 000 千米，这是难以想象的。综上，该死鱼很有可能与"上述被污染的水"无关。

B 和 D 项，所涉为"海水中放射性超标""高温的水蔓延出来"，均直接说明被污染的水"已经入海"。

C 和 E 项，所涉为"防护措施难以发挥作用""防护壳有裂缝，'核灾'难危在旦夕"，均间接说明被污染的水"已经入海"。

上述 A 项的解释涉及常识，但即使不考虑常识，通过排除法，A 项也应入选。首先，D 项最明显有助于得出结论，首先排除；其次，C 和 E 项类似，排除任何一个，另外一个都要排除，因此从应试角度，可以同时排除；最后，A 和 B 项虽然也类似，但 B 项表明"海水放射性超标"明显更能得出结论。

题 13 答案为 C 项。

题干信息：70% 的人认为建筑材料伪劣；30% 的人认为违章操作；25% 的人认为原因不清。

C 项，题干三种观点人群所占比例之和大于 1，因此三者之间必然有重叠，从而本项所述，解释了两者的冲突。

A、B、D 和 E 项均主题无关，A、B 和 D 项所涉分别为"总人数""有人会改变观念""认为原因不清者的实际想法"，均与不同观点的"占比情况"无关；E 项为"技术性差错"，并未表明"具体问题的情况"。

题 14 答案为 C 项。

题干信息：解决游客锐减问题。

题干信息中仅给出两个现象：游客锐减、门票涨价。据此，对于游客锐减的原因，只能得出在于"门票涨价"。在五个选项当中，仅 C 项与此相关，因此，C 项最有可能解决上述问题。

题 15 答案为 C 项。

注意本题的相反陷阱，寻找的是"除了哪项外，能解释"，即"无法解释"的选项。

题干冲突处：1997 年的市场占有率，昌盛第三、彩虹第二、佳音第一；1998 年的市场占有率，昌盛第一、彩虹第二、佳音第三。

C 项，昌盛转产 VCD 机后"效果如何未知"，因此无法解释上述两者的冲突。

A 项，既然昌盛"与客户建立了密切联系"，从而表明有促进其市场占有率增长的可能，有利于解释上述两者的冲突。

B 和 D 项，分别指出佳音"总经理辞职""价格提高"，从而表明其市场占有率有降低的可能，有利于解释两者的冲突。

E 项，指出彩虹在 1998 年"难有作为"，从而表明其市场占有率有不变的可能，有利于解释"彩虹占有率依旧排名第二"的情况。

题 16 答案为 A 项。

题干冲突处：

甲：荷花开放几天后，就会期终考试。
乙：期终考试前，荷花已经开放过了。
丙：期终考试后，依然有尚未开放的荷花。
丁：期终考试前后一个月，我都未见到荷花开放。

A项，表明之所以四人会在同一时期看到不同状态的荷花，是因为"甲断定的荷花"是荷花整体，而非全部荷花，从而解释了四者的冲突。

B、C、D和E项均主题无关，所涉分别为"大惊小怪""环境治理""哲学概念""期终考试时间变化"，均与四人所见"荷花状态不同"的冲突无关。

题17 答案为C项。

题干冲突处：茄红素能防止细胞癌变；经常服用茄红素片剂的酗酒者比不经常服用该公司茄红素片剂的酗酒者更易于患癌。

复选项Ⅰ，所涉为"治疗癌症"，与癌症的"预防"无关。

复选项Ⅱ和Ⅲ，表明服用茄红素片剂者"更易于患癌"，是由于"酒精与片剂作用后致癌""片剂不稳定"，从而说明未必是由于"茄红素不能预防癌症"，通过提出新的原因，解释了两者的冲突。

题18 答案为E项。

题干冲突处：胡萝卜素能防止细胞癌变；经常服用胡萝卜片剂的吸烟者比不经常服用者更易于患癌。

E项，表明服用胡萝卜素片剂的吸烟者"更易于患癌"，是由于"尼古丁与胡萝卜素发生作用，生成有害物"，从而表明未必是由于"胡萝卜素不能预防癌症"，通过提出新的原因，解释了两者的冲突。

A和C项均作用不足，表明服用胡萝卜素片剂的吸烟者"更易于患癌"，是"不洁物质""其他习惯"所致，从而表明未必是由于"胡萝卜素不能预防癌症"，通过提出新的原因，解释了两者的冲突。但程度上，A项"有些"力度较低，不如E项；E项直接说明"生成新的致癌作用更强的物质"，强于C项。

D项作用不足，表明服用胡萝卜素片剂"更易于患癌"是"片剂分解"所致，从而表明未必是由于"胡萝卜素不能预防癌症"，通过提出新的原因，解释了两者的冲突，但从主题词上，E项涉及"吸烟者"更加针对题干当中"'吸烟者'更易于患癌"，因此不如E项。

B项主题无关，所涉为"吸烟者占比"，与"服用胡萝卜素片剂吸烟者更易于患癌"无关。

题19 答案为E项。

题干冲突处：马晓敏是胡城市最好的眼底手术医生；马晓敏的患者视力获得明显提高的比例较低。

E项，表明马晓敏的患者视力提高比例低是由于"患者疾病本身难治"，从而说明未必是由于"马晓敏医术不好"，通过提出新的原因，解释了两者的冲突。

A、B、C和D项均主题无关，所涉分别为"手术时间""缺乏能干医生""其他眼科手术""胡晓敏医生经手的病人前后的比较"，均与"马晓敏是最好的眼底手术医生"和"马晓敏的患者术后视力提高比例低"的冲突无关。

题20 答案为B项。

题干冲突处：纽约市民死亡率是千分之十六，而海军士兵死亡率是千分之九；正常情况，应该是海军士兵更容易死亡。

B项，表明纽约市民死亡率数据更低是因为"老人和婴儿拉低了整体死亡率"，从而解释了两者的冲突。

D项不起作用，存在"夸张成分"只能缓解"差异的差距"，不能"扭转差异"，因此无法起到解释作用。

A、C 和 E 项均主题无关，所涉分别为"海军与陆军的比较""打击手段和途径数量的比较""纽约犯罪率"，均与"市民死亡率更高"和"海军更容易死亡"的冲突无关。

题 21 答案为 E 项。

题干冲突处：甲市劳动力人口是乙市劳动力人口的 10 倍；乙市各行业的就业竞争程度反而比甲市更为激烈。

E 项，表明即使甲市"劳动人口更多"，但由于其人口更多在"乙市寻求工作"，所以其就业压力大多转移到了乙市，从而有可能导致乙市"就业压力更大"，解释了两者的冲突。

C 和 D 项均不起作用，均仅知道"甲"或"乙"市各自的情况，从而无法起到解释作用。

A 和 B 项主题无关，所涉分别为"人口的比较""城市面积的比较"，均与"劳动力人口差距"和"竞争激烈差距"的冲突无关。

题 22 答案为 E 项。

题干冲突处：甘蔗提炼乙醇需要更多能量；酿酒者偏爱用甘蔗做原料。

E 项，表明即使甘蔗"需要更多能量"，但"燃烧甘蔗废料可提供能量"，便有可能继续使用"甘蔗做原料"，从而解释了两者的冲突。

B 和 C 项均作用相反，表明玉米"更具有优势"，加剧了两者的冲突。

A 和 D 项主题无关，所涉分别为"提炼与原材料费用的比较""制糖或其他食品"，均与"甘蔗提炼乙醇需要更多能量"和"偏爱甘蔗"的冲突无关。

题 23 答案为 C 项。

题干冲突处：虾可以适应高盐度；虾数量下降。

C 项，表明虽然虾"能适应高盐度"，但由于"虾的食物难以在高盐度下存活"，从而解释了两者的冲突。

A、B、D 和 E 项主题无关，所涉分别为"鱼的情况""有关机构的注意""水温""鱼和虾数量的比较"，均与"适应高盐度"和"数量下降"的冲突无关。

题 24 答案为 D 项。

题干冲突处：创意在比赛中获得大奖；实际销路并不理想。

D 项，表明之所以"获奖"的打火机销量不高，在于"多家厂商同时推广"，使得市场"供大于求"。

B 项作用不足，表明即使该创意"获得大奖"，但由于"价格较贵"，便有可能"销路不佳"，从而解释了两者的冲突，但"有的"表示程度较低，而 D 项的"都选择……几乎同时"表示程度较高，因此不如 D 项。

C 项作用相反，排除了人们"随意弹烟灰"的可能，保障了"烟灰缸"的需求量，从而加剧了两者的冲突。

E 项作用相反，表明金语楼"有过宣传"，从而加剧了两者的冲突。

A 项主题无关，所涉为"烟灰缸"，与"该创意"无关。

题 25 答案为 B 项。

题干冲突处：公司赚了 750 万元；批评了宣传部此次工作中的失误。

B 项，表明虽然整体上是"赚了"，但由于"宣传投入过大"，说明其实本来可以"赚更多的钱"，所以"批评宣传部"，从而解释了两者的冲突。

A、C、D 和 E 项均主题无关，A、D 和 E 项所涉分别为"宣传针对性""宣传的创新""对其他影片的影响"，均与"赚了 750 万元而被批评"无关；C 项所涉为"投入不足"，与"工作失误"无关。

题26 答案为D项。

题干冲突处：在规定期限内预定下半年都市青年报，可获赠下半年都市广播电视导报；每天新订户情况令人失望。

D项，表明即使采用了"赠送都市广播电视导报"的措施，但由于"大多数用户本来就有了该报一年的订阅期"，便有可能达不到"吸引新订户"的目标，从而解释了两者的冲突。

A项作用不足，表明"赠送都市广播电视导报"的措施，可能不具有"那么强的吸引力"，具有解释上述冲突的作用，但"不是十分有吸引力"不等于"没有吸引力"，因此不如D项。

B、C和E项均主题无关，B和E项所涉均为"都市青年报老用户"，C项所涉为"发行渠道"，均与能否吸引"新订户"无关。

题27 答案为D项。

题干冲突处：规模宴席的检查更为严格；食物中毒投诉大多针对宴席。

复选项 I，表明规模宴席是餐饮业的"主要利润来源"，从而表明可能"数量相对会多一些"，加上"规模宴席"本来人就很多，即使规模宴席检查更为严格，也有"发生食物中毒"的可能，从而有利于解释两者的冲突。

复选项 II，表明即使规模宴席检查更为严格，但由于"规模宴席更容易与疾病相联系"，便有"食物中毒投诉大多针对宴席"的可能，从而解释了两者的冲突。

复选项 III，肯定了"规模宴席检查更严格"，从而加剧了两者的冲突。

题28 答案为D项。

题干冲突处：1994年，象鼻虫的引进使得棕榈果生产率显著提高；1998年，棕榈果的生产率大幅度降低。

D项，表明棕榈果在生产率极大提高后"又下降"，很有可能是"雌花营养不够"所致，从而缓解了题干的冲突。

B项作用不足，表明使得1994年棕榈果生产率提高的"象鼻虫"，在1998年有可能因为"天敌的出现"，造成"棕榈果生产率下降"的情况，但"开始出现"表示时间太短，因此不如D项。

C项作用相反，既然象鼻虫对棕榈果生产率有提高作用，那么其数量增加，棕榈果生产率应该也增加才对，这加剧了两者的冲突。

A和E项均主题无关，所涉分别为"价格""椰果"，均与"棕榈果生产率"无关。

题29 答案为A项。

题干冲突处：零售商人力成本随着法定最低工资额的提高而提高；零售商利润提高。

A项，表明"最低工资额的提高"也使得零售商的"收入提高"，表明"利润"便有提高的可能，从而解释了两者的冲突。

B项不起作用，人力成本"仅占经营成本的一半"也是属于"总成本的一部分"，因此无法起到解释作用。

C项作用相反，表明"其他成本也提高了"，从而加剧了两者的冲突。

E项作用不足，表明即使"最低工资额提高"，但是"高薪雇员工资降低"，"总体的人力成本"未必提高，但"有些"表示程度较低，且题干已经表明"人力成本大幅提高"，因此不如A项。

D项主题无关，所涉为"雇员来源"，与零售商"利润"无关。

题30 答案为D项。

题干冲突处：

经济学家：货币因稀缺性而产生价值。
考古学家：索罗斯岛用贝壳作货币，但贝壳很常见。

D项，表明即使索罗斯岛的货币是"贝壳"，但由于其使用的贝壳"是由专门工匠加工的"，因此该贝壳也"并非常见"，从而解释了两者的冲突。

A、B、C和E项均主题无关，所涉分别为"货币的其他用途""鲸牙""贝壳的种类""贝壳依然是货币"，均与"货币稀缺性"无关。

题31 答案为C项。

题干冲突处：法国艺术学会是法国雕塑和绘画的主要赞助部门，其不鼓励创新；法国雕塑缺乏新意，但法国绘画却表现出很大程度的创新。

C项，表明法国艺术学会"不鼓励创新"，但由于绘画作品"原料便宜"，从而其"非赞助作品更多"，所以其"依然有可能保持很大程度的创新"，从而解释了两者的冲突。

A和B项均不起作用，均并未说明绘画及雕塑各自作品数量有多少，从而无法起到解释作用。

E项不起作用，既然绘画及雕塑的"经费支持都下降"，从而也就无法解释两者为何有差异。

D项主题无关，所涉为"艺术家是否会从事两项创作"，与"创新程度"无关。

题32 答案为B项。

题干冲突处：金雕追击野狼的飞行范围通常很大；无线电传导器信号显示，金雕仅在放飞地3公里范围内飞行。

B项，表明即使金雕"通常"飞行范围很大，但由于"这次"野狼觅食范围较小，从而解释了两者的冲突。

A项不起作用，意图说明"重峦叠嶂、险峻"会使得野狼觅食范围变小，但题干及选项均未涉及"野狼"活动能力，因此无法起到解释作用。

D项不起作用，意图说明"仅能在有限范围内传导"会使得显示范围小，但题干及选项均未涉及"超出范围便只会显示3公里"，因此无法起到解释作用。

E项作用相反，既然传导器"不会影响金雕的飞行能力"，那么便加剧了两者的冲突。

C项主题无关，所涉为"野狼快要灭绝"，与"金雕飞行范围"无关。

题33 答案为D项。

题干冲突处：刘建助攻能力很强；新主教练却把刘建降为替补。

D项，表明即使刘建"助攻能力很强"，但"后卫的本职工作是防守"，他在这方面不行，所以"将其降为替补"，从而解释了两者的冲突。

C项作用相反，既然该教练"崇尚进攻"，那么"助攻"能力很强的刘建就很符合其倾向，从而加剧了两者的冲突。

E项作用不足，表明即使刘建"助攻能力很强"，其"习惯不利于比赛"，便有可能"无法上场"，但D项针对的是"后卫的本职工作"，与"教练的理由"相符，因此不如D项。

A和B项均主题无关，所涉分别为"教练的权威""刘建对前教练的态度"，均与"将刘建降为替补"无关。

题34 答案为B项。

题干冲突处：工人终生不得被解雇，工资标准只能升不能降；工厂继续引进先进的生产设备，使得一部分工人事实上被变相闲置。

B项，表明即使"工人不得被解雇"，但由于引进设备"更有利可图"，便依然会"引进设备"，从而解释了两者的冲突。

C 项作用相反，既然先进设备会"增加成本"，那么便加剧了两者的冲突。

A、D 和 E 项均主题无关，所涉分别为"工人经过考核和培训""R 国修改法律""产品具有国际竞争力"，均与"工人终生不得被解雇"和"工厂继续引进先进的生产设备"的冲突无关。

题 35 答案为 A 项。

题干冲突处：提价后，销售不错；提价后，店员陆续辞职。

A 项，表明即使冰激凌"销售不错"，但由于店员"能获得的小费变少"，店员就有可能"辞职"，从而解释了两者的冲突。

B 项作用相反，不能继续保持"良好的市场占有率"与"销售不错"相违背。

E 项作用相反，既然雇员"工资不变"，这与"店员陆续辞职"相违背。

C 和 D 项均主题无关，所涉分别为"老主顾经常光顾"与其他商店冰激凌价格的比较，均与"销售不错"和"店员陆续辞职"的冲突无关。

题 36 答案为 A 项。

题干冲突处：消费者不打算改变购买苹果习惯；食品杂货店苹果销量大大下降。

A 项，表明即使消费者"本身不想改变购买苹果的习惯"，但由于店铺"想显示自己对消费者的关心"，便有可能减少"苹果的出售"，从而解释了两者的冲突。

B 项作用相反，既然消费者对警告"漠不关心"，从而便加剧了两者的冲突。

C、D 和 E 项均主题无关，所涉分别为"报道渠道""其他水果""官员认知"，均与"消费者不打算改变购买苹果的习惯"和"苹果销量下降"的冲突无关。

题 37 答案为 A 项。

题干冲突处：手机用户群是潜在的网络消费的用户群；手机零售场所宣传网络服务，效果很不理想。

A 项，表明即使手机用户"是网络消费潜在用户群"，但由于从购买手机到成为用户"存在时滞"，便有可能刚购买手机的人"不会购买网络服务"，从而解释了两者的冲突。

B 项作用不足，表明即使手机用户"是网络消费潜在用户群"，由于"购买手机的人数量下降"，便有可能导致购买网络服务的人"不会有那么多"，但其仅限制了"国家机关人员"，解释力度较低，因此不如 A 项。

C、D 和 E 项均主题无关，所涉分别为"消费者购买网络服务态度慎重""知识分子的意愿""对广告效果的要求"，均与"手机用户是潜在用户群"和"手机零售场所宣传效果不理想"的冲突无关。

题 38 答案为 E 项。

注意本题的相反陷阱，寻找的是"除了哪项外，均能解释"，即"不能解释"的选项。

题干冲突处：电话公司开始提供电子接线员系统；人工接线员并不会减少。

E 项作用相反，既然电子系统"效率更高"，那么便加剧了两者的冲突。

A、B、C 和 D 项，表明即使"开始使用电子接线员系统"，但由于"电话数量剧增""功能还需调整""法律不允许轻易解雇""消费者喜欢人工接线员"，便依然有可能导致"人工接线员不减少"，从而解释了两者的冲突。

题 39 答案为 E 项。

注意本题的相反陷阱，寻找的是"除了哪项外，均可解释"，即"无法解释"的选项。

题干冲突处：航空公司开始提供因特网上的订票服务；电话订票并不会因此减少。

E项作用相反，既然网上订票"成本更低、选择更多"，那么便加剧了两者的冲突。

A、B、C和D项，表明即使"开始使用网络订票"，但由于"订票数量剧增""系统还需调试""没有条件使用因特网""消费者并不放心网上订票服务"，便依然有可能导致"电话订票不会减少"，从而解释了两者的冲突。

题40 答案为D项。

注意本题的相反陷阱，寻找的是"有助于解释，除了"，即"无法解释"的选项。

题干冲突处：声称每周固定进行两至三次健身的人在增加；近两年来去健身房的人数明显下降。

D项主题无关，"健身房的价格"下调，加剧了"声称每周锻炼两至三次的人数增加"和"去健身房人数下降"的冲突无关。

A、B、C和E项，表明即使"声称每周锻炼两至三次的人数增加"，但由于"其他锻炼人群减少""健身房少报人数""更多人在家健身""受调查者的比例小"，"去健身房的人数"也有可能下降，从而解释了两者的冲突。

题41 答案为B项。

注意本题的相反陷阱，寻找的是"有助于解释，除了"，即"不能解释"的选项。

题干冲突处：美国每年接受治疗的精神忧郁症病人人数是中国的近10倍；美国人口是中国的1/10。

B项作用相反，既然中美两国"医疗费用相当"，那么便加剧了两者的冲突。

A、C、D和E项，表明即使"中国人数更多"，但由于"何为精神忧郁症的解释不同""美国医疗条件更好""美国人保健意识更高""美国生活环境更不利于精神健康"，便有可能导致"美国接受治疗的精神忧郁症病人人数更多"，从而解释了两者的冲突。

题42 答案为E项。

注意本题的相反陷阱，寻找的是"最无助于解释"的选项。

题干冲突处：城市污染问题更严重；城市的树木比农村更茂盛。

E项作用相反，既然"农村氧气含量更高"，这与"城市树木更茂盛"相违背。

A、B、C和D项，表明"城里人对树木的保护意识更强""城市中心气温更高""城市树木趋光性更强""树木品种不同"，便有可能导致城市树木"更高大"，从而解释了两者的冲突。

题43 答案为D项。

注意本题的相反陷阱，寻找的是"除哪项外，均能解释"，即"不能解释"的选项。

题干冲突处：一次性筷子的使用受到越来越多批评；至今一次性筷子的使用还没有被禁止。

D项作用相反，表明一次性筷子"存在卫生问题"，从而加剧了两者的冲突。

A、B、C和E项，表明即使一次性筷子的使用"受到批评"，但由于"有些一次性筷子没有用木材""一次性筷子能避免交叉感染""一次性筷子的禁止需要一起去做""批评的是过度使用而非要求禁止"，便有可能导致"没有禁用一次性筷子"，从而解释了两者的冲突。

题44 答案为D项。

注意本题的相反陷阱，寻找的是"最不可能作为依据"的选项。

题干冲突处：某项医疗保险是个赔本生意；保险公司老总们仍决定推出该项保险。

D项作用相反，既然医疗技术的"检测能力"更强，那么就更容易查出"老年人患癌"，从而会加剧该项目赔本的现状；至于"医治能力"更强，并不表明"医疗费用"更低，因此此项加剧了上述两者的冲突。

A 和 C 项，表明虽然"当下赔本"，但由于"存在乐观估计""未来发病率下降"，未来便有可能"不亏本"，那么也就有了"推出该项目"的可能，从而解释了两者的冲突。

B 和 E 项，表明虽然"赔本"，但保险公司能够获得"其他方面的收益"，从而解释了两者的冲突。

题 45 答案为 B 项。

注意本题的相反陷阱，寻找的是"均能解释，除了"，即"不能解释"的选项。

题干冲突处：使用艾叶驱蚊的人家显著减少；家庭火灾所导致的死亡人数并没有呈现减少的趋势。

B 项主题无关，即使艾叶是"熟睡"后使用的，但且不谈题干并未表明熟睡等于"火灾的伤害严重"，若会使用艾叶的家庭数量下降，那么艾叶影响的"火灾数量"确实会下降，因此"熟睡使用"并不影响题干的冲突，从而与题干冲突无关。

A 项，表明"艾叶驱蚊"是该地区火灾发生的"次要原因"，若"主要原因"没有消除，那么死亡人数便有可能不会减少，从而解释了两者的冲突。

C 项，表明"其他火灾隐患"问题有可能加剧，死亡人数便有可能不会减少，从而解释了两者的冲突。

D 项，表明"火灾严重程度增加"，从而说明即使火灾数量下降，死亡人数也有可能不会减少，从而解释了两者的冲突。

E 项，表明"相邻而建"使得每场火灾"死亡人数增加"，从而解释了两者的冲突。

题 46 答案为 E 项。

注意本题的相反陷阱，寻找的是"均能解释，除了"，即"不能解释"的选项。

题干冲突处：来疗养院的教职工占比下降；疗养院入住率上升。

E 项主题无关，所涉为"设施质量"，与题干冲突无关。

A、B、C 和 D 项，均表明即使"教职工比例下降"，但由于"教职工总数增加""疗养院对外开放""每间房平均床位下降""客房数量下降"，疗养院"入住率依然有可能上升"，从而解释了两者的冲突。

题 47 答案为 E 项。

注意本题的相反陷阱，寻找的是"最无助于解释"的选项。

题干冲突处：非自花授粉樱草的繁殖条件比自花授粉的要差；游人多见的是非自花授粉樱草。

E 项作用相反，既然非自花授粉樱草"多种植于园林深处"，那么其应该更不常见，从而加剧了两者的冲突。

A、B、C 和 D 项，表明即使"非自花授粉樱草繁殖条件差"，但由于其"种子发芽率高""是本地植物""原本比例就大""吸收养分的能力更强"，非自花授粉樱草"依然有可能更常见"，从而解释了两者的冲突。

题 48 答案为 A 项。

题干冲突处：中国汽车市场上，买主中女性占比最多的轿车是心愿、心动、EXAP；连续 6 个月女性购车量排行榜中，富康排名最高。

A 项，指出题干第一处数据为"具体某款轿车"的数据，题干第二处数据为"整体轿车"的数据，两者并不一致，从而缓解了两者的冲突。

B、C、D 和 E 项均主题无关，所涉分别为"设立排行榜目的""富康曾经的排名""购买欲望与购买行为""买主和驾驶者",均与"各品牌某款轿车买主中女性比例排名"和"各品牌轿车女性购车量排名"的冲突无关。

题49 答案为E项。

题干冲突处:经常服用抗生素者比很少服用抗生素者免疫力更弱;没有证据表明服用抗生素会削弱免疫力。

E项,表明虽然"服用抗生素"和"免疫力弱"同时发生,但"免疫力弱"才是因,否定了"服用抗生素会导致"免疫力弱,从而解释了两者的冲突。

D项主题无关,表明对于免疫力弱者来说,"服用抗生素"具有必要性,但这仅仅是条件关系,两者是否具有因果关系,尚未可知。

A、B和C项均主题无关,所涉分别为"抗生素的效果""抗生素的价格""人们会使用抗生素",均与"免疫力高低"无关。

题50 答案为D项。

注意本题的相反陷阱,寻找的是"无助于解释"的选项。

题干冲突处:A省房地产市场低迷;A省S市房地产市场活跃。

D项作用相反,表明S市"房地产供给有可能增加",从而加剧了两者的冲突。

A和C项,分别表明S市"预计有外资进入""房价可能上涨",从而说明均在"投资"层面,S市和A省不可类比,从而解释了两者的冲突。注意,正是"预计外资进入",从而"当下前景较好",进而"房价有上涨趋势"。

B和E项,均表明S市"居住环境好",从而说明在"居住"层面,S市和A省不可类比,从而解释了两者的冲突。

题51 答案为D项。

题干冲突处:鱼鹰捕捉到白鲢、草鱼或鲤鱼时,其他鱼鹰跟着飞聚;鱼鹰捕捉到鲶鱼时,其他鱼鹰不跟着飞聚。

D项,表明在"成群出现"层面,"白鲢、草鱼或鲤鱼"与"鲶鱼"并不类似,从而解释了两者的冲突。

A项不起作用,无法解释鱼鹰捕捉到"白鲢",鱼鹰也会跟着飞聚的现象。

B、C和E项,所涉分别为"常见度的比较""捕食难易度的比较"(不等于不愿意捕食),均与"其他鱼鹰跟着飞聚"无关。

题52 答案为A项。

题干冲突处:

保险公司:被盗索赔案中,安装防盗系统的汽车比例低于不安装防盗系统的汽车⇒安装防盗系统可减少被盗风险。

警察局:被盗报案中,安装防盗系统的汽车比例高于不安装防盗系统的汽车⇒安装防盗系统不能减少被盗风险。

A项,表明安装防盗系统的汽车中"购买保险的本来就少",所以,被盗索赔案中,安装防盗系统的汽车比例低"是正常现象",因此保险公司数据无法推出其结论,从而解释了两者的冲突。

B项作用相反,表明被盗索赔案中"未安装防盗系统的本来就少",那么被盗索赔案中应该"未安装防盗系统的汽车比例较低",因此违背了保险公司的真实数据。

C项作用相反，既然"安装防盗系统的汽车容易被盗"，那么不论是谁的数据，都应该表现为"安装防盗系统的汽车比例更高"，因此违背了保险公司的真实数据。

E项作用相反，表明被盗申报案中"安装防盗系统的本来就少"，那么被盗申报案中应该"安装防盗系统的汽车比例更低"，因此违背了警察局的真实数据。

D项主题无关，所涉为"先后顺序"，与题干"比例"无关。

> **高能提示**
>
> 注意，A项并不与题干任何数据违背，而是表明保险公司根据数据的推理是错误的，这与B、C和E项——直接与保险公司或警察局的真实数据违背，是不一样的。

题53 答案为A项。

题干冲突处：

调查：严查与不严查酒驾的城市，交通事故发生率差不多。

专家：严查酒驾能降低交通事故的发生。

A项，表明即使两类城市交通事故发生率"现在差不多"，若严查酒驾的城市数据"曾经很高"，则严查酒驾也有可能"降低"交通事故的发生，解释了两者的冲突。

B、C、D和E项均主题无关，所涉分别为"消除酒驾""交通安全意识""制止其他交通违章""城市大小"，均与"两类城市交通事故发生率差不多"和"严查酒驾能降低交通事故发生率"的冲突无关。

题54 答案为E项。

题干冲突处：巨片票房收入是总成本的二至三倍；电影产业年收入大部分来自中小投资影片。

E项，表明即使巨片"票房收入高"，但中小投资影片"数量占比更大"，依然有可能导致小投资影片"年收入占比大"，从而解释了两者的冲突。

A、B、C和D项均主题无关，所涉分别为"精品影片""票价的比较""受欢迎度的比较""评价影片质量的标准"，均与"巨片收入高"和"中小投资影片年收入占比大"的冲突无关。

题55 答案为D项。

题干冲突处：

航空业协会：飞机每飞行1亿千米死1人，而汽车每走5 000万千米死1人⇒汽车更危险。

汽车工业协会：飞机每20万飞行小时死1人，而汽车每200万行驶小时死1人⇒飞机更危险。

D项，表明航空业协会的"运行距离标准"和汽车工业协会的"运行时间标准"均有片面性，仅仅考虑了各自标准内的情况，从而解释了两者的冲突。

B和C项均作用相反，分别表明"飞机更加危险""飞机更加安全"，仅支持了其中一方，削弱了另外一方，加剧了矛盾。

A和E项均主题无关，所涉分别为"便利性等问题""媒体的关心"，均与"二者的危险性"无关。

题56 答案为B项。

题干冲突处：用于赔付人身伤害的赔付额比例上升；汽车事故率下降。

B项，即使"事故率下降"，但"医疗费用显著上升"，则"人身伤害赔付额的比例"也有可能上升，从而解释了两者的冲突。

A、C、D和E项均主题无关，所涉分别为"单一数值汽车总量""单一数值交通事故数量""法规严格度""汽车保险金上涨比率"，均与"人身伤害赔付额比例上升"和"汽车事故率下降"的冲突无关。

题57 答案为项A。

注意本题的相反陷阱，寻找的是"不能解释"的选项。

题干冲突处：吸烟者中成人的人数减少；烟草销售总量增加。

A项不起作用，开始吸烟的"妇女"与戒烟"男子"的数量，仅是在"成人"范围内数量的比较，因此无法起到解释作用。

B、C、D和E项，均表明即使"成人吸烟者人数减少"，但"少年吸烟者人数增加""非吸烟者使用烟草增加""长年吸烟者消费更多""香烟出口数量更多"，烟草"销售量"依然有增加的可能，从而解释了两者的冲突。

题58 答案为E项。

注意本题的相反陷阱，寻找的是"无助于解释"的选项。

题干冲突处：市餐饮经营点的数量减少；市餐饮业经营资本占比没有减少。

E项主题无关，所涉为"服务行业在全市产业总资本中的占比"，与"餐饮行业在服务业中的占比"无关。

A、B、C和D项，表明即使"经营点数量减少"，但"经营资本总额增加""平均资本总额增加""有的餐馆经营规模扩大""服务行业经营资本总额下降"，餐饮业经营资本占比"依然有可能没有减少"，从而解释了两者的冲突。

>>>>>>>>>>>>>>>>>>>>>>>>>>>>> 管综真题警戒线 >>>>>>>>>>>>>>>>>>>>>>>>>>>>>

题59 答案为C项。

题干信息：孩子5岁前看电视时间过长⇒长大后出现行为的问题风险增加1倍多。

C项，表明"看电视时间过长"确实与"行为问题"相关，从而解释了上述现象。

E项作用不足，虽然本项也构建了"看电视时间过长"与"行为问题"的联系，但C项"缺乏与他人打交道的经验"更贴合题干的"行为问题"，因此不如C项。

A、B和D项均与主题无关，A、B和D项所涉均为"电视节目"，与"看电视时间"无关。

题60 答案为C项。

题干信息：乐于助人者⇒平均寿命长，心怀恶意者⇒死亡率高。

C项，表明"与人为善"有益"身体健康"，"损人利己"有损"身体健康"，构造了是否"与人为善"与是否"死亡率高"的联系，从而解释了题干所述现象。

D项作用不足，表明"乐于助人"与"身体健康"具有联系，但没有构建"心怀恶意"与"身体健康"的联系，因此不如C项。

A、B和E项，所涉分别为"心理问题""性别差异""自我优越感"，均与"乐于助人是否寿命更高"无关。

题61 答案为C项。

注意本题的相反陷阱，寻找的是"除哪项外，都能减轻"，即"不能减轻"的选项。

题干信息：减轻医院对鲜花的担心。

C项，表明"鲜花"会带来危险，加剧了医院对鲜花的担心。

A、B、D和E项，均分别指出一个事实——"鲜花不比医院日常用品危险""鲜花有利于病人康复""鲜花对空气的影响很小""鲜花不会影响电子设备"，都能减轻医院对鲜花的担心。

题62 答案为A项。

题干信息：张教授反驳李教授认为其论文抄袭的指责。

A项，表明虽然存在雷同论文，但张教授投稿在先，知识发表在后，实际上是"被抄袭"，反驳了李教授的指责。

B、C、D和E项均主题无关，所涉均没有针对"张教授论文是否抄袭"，而是歪曲张教授的立场，或者攻击李教授本身，因此没有反驳作用。

题63 答案为A项。

题干信息：气象台的实测气温与人实际的冷暖感受存在差异。

A项，通过提出一个事实——"风速与湿度"均会影响人们的冷暖感受，从而解释了题干现象。

B、C、D和E项主题无关，所涉均为"造成人们冷暖感受的情况"，均与"气象台实测气温与人们实际冷暖感受的差异"无关。

题64 答案为D项。

题干信息：由于行星本身不发光且体积远小于恒星，太阳系外行星大多无法用光学望远镜"看到"。

D项，指出一个事实——"距离遥远"，从而表明"太阳系外的行星"确实"看不见"。

A、B、C和E项均主题无关，所涉分别为"现有望远镜所能'看到'的天体""不能被'看到'的恒星""能够'看到'体积大的行星""太阳系内的行星"，均无法解释题干现象。

题65 答案为B项。

题干信息："随便给"（客人自己确定付费价格）的营销策略很成功。

B项所指内容，可以看作老板营销策略的一环，因此本项通过指出一个事实——"支付低于成本价的客人会被提醒"，从而表明为何"老板的营销策略"很成功。

A和C项均作用相反，所指内容必然不是老板营销策略的一环，反而表明经营收益好，是由于"客人自己的素养高""位置好"，并非是由于"老板的营销策略"。

D和E项均主题无关，所涉分别为"客人不知道要付多少钱""吝啬的顾客"，均与"老板的营销策略"无关。

题66 答案为A项。

题干冲突处：贴着其他图片，收款箱的钱少；贴着眼睛图片，收款箱的钱多。

A项，表明"眼睛"图片具有"联想有人监视"的效果，便有"让人更自觉"的可能，从而解释了两者的冲突。

B、C、D和E项均主题无关，所涉分别为"职员的自律情况""心情愉快""感动""无人监督时的自律情况"，均与"其他图片"和"眼睛图片"所造成的效果的冲突无关。

题67 答案为B项。

题干冲突处：某国成品油生产商运营成本增加；某国成品油生产商利润增加。

B项，表明即使"运营成本增加"，但由于"政府补贴"，便有"利润增加"的可能，从而解释了两者的冲突。

C 和 E 项均作用不足，均表明即使"运营成本增加"，但由于"降低高薪员工工资""一部分成品油价格波动较小"，便有"利润增加"的可能，但"个别""一部分"表示程度较低，因此不如 B 项。

D 项作用相反，既然"其他成本"也在增加，那么便加剧了两者的冲突。

A 项主题无关，所涉为"原油成本占比"，与"成品油运营成本增加"和"利润增加"的冲突无关。

题 68 答案为 E 项。

题干冲突处：打电话不会干扰专供飞机通讯或定位系统使用的波段；依旧禁止机上乘客使用手机等电子设备。

复选项Ⅰ、Ⅱ和Ⅲ，均分别表明即使"打电话不会干扰专供飞机通讯和定位系统使用的波段"，但由于"对地面导航网络有影响""对机组人员有影响""对自动驾驶仪有影响"，便有"依旧禁止"的可能，从而解释了两者的冲突。

题 69 答案为 C 项。

题干冲突处：全球变暖已经成为人类发展最严重的问题之一；北半球许多地区的民众在冬季感到相当寒冷。

C 项，表明"全球变暖"导致"北半球洋流中断"，可能造成"北半球民众在冬季感到寒冷"，从而解释了两者的冲突。

A、B、D 和 E 项均主题无关，所涉分别为"南半球""夏季""赤道附近""北半球的气候"，均与"全球变暖"和"北半球部分地区冬季更加寒冷"的冲突无关。

题 70 答案为 D 项。

题干冲突处：

巴斯德：海拔越高，培养液被微生物污染的可能性越小。

普歇：用干草浸液为材料的实验，海拔再高培养液也会被污染。

D 项，表明两者实验结果的不同，是由于普歇使用的是"干草浸液"，从而未必是由于"巴斯德结论不对"，从而解释了两者的冲突。

A、B、C 和 E 项均不起作用，所涉均为巴斯德与普歇"一致的内容"，均无法起到解释两者差异的作用。

题 71 答案为 D 项。

题干冲突处：水位下降、流速减缓有利于水草生长；极端干旱后水草总量没有增加。

D 项，表明即使"水位下降有利于水草生长"，但由于"干旱过度"，可能导致"大量水草死亡"，总量可能不会增加，从而解释了两者的冲突。

B 项作用相反，表明"流速减缓"确实有利于"水草生长"，加剧了上述两者的冲突。

A、C 和 E 项均主题无关，所涉分别为"水生动物""周边其他物种""流速慢的原因"，均与"水位下降、流速减缓有利于水草生长"和"极端干旱水草总量却没有增加"的冲突无关。

题 72 答案为 C 项。

题干冲突处：北方环境更冷⇒北方人更不怕冷；北方人到南方，比南方人怕冷。

C 项，表明即使"北方环境更冷"，但由于人们大多待在"有暖气的室内"，所以北方人未必"更不怕冷"，从而解释了两者的冲突。

E 项作用不足，表明即使"北方环境更冷"，但有可能"南方感受温度更冷"，但并未直接指出"南方感受温度更低"，若北方实际温度为零下 50 摄氏度、南方实际温度为 0 摄氏度、感受温度为零下 10 摄氏度，那么依然还是北方更冷；而 C 项中，直接指出了室内的温度"北方比南方高出很多"，因此不如 C 项。

A、B 和 D 项均作用不足，表明北方人到南方更怕冷，是由于"准备不足""南方极端天气""来南方的可能是原本的南方人"，但表示程度较低，而 C 项"高出很多"表示程度较高，因此不如 C 项。

题 73 答案为 C 项。

注意本题的相反陷阱，寻找的是"不能对上述现象提供解释"的选项。

题干信息：对电子图书的接受没有达到专家预期的程度。

C 项主题无关，所涉为"图书收藏"，与"电子图书的接受程度"无关。

A、B、D 和 E 项，表明由于"读者喜欢纸张质感""读者不喜欢在显示器上阅读""电子书显示速度慢""电子书更面目可憎"，导致"纸质书籍在出版业中依然占据重要地位"，从而解释了上述现象。

题 74 答案为 A 项。

注意本题的相反陷阱，寻找的是"除哪项外，均能解释"，即"不能解释"的选项。

题干冲突处：APEC 会议期间能实现"APEC 蓝"；无法长期实现"APEC 蓝"。

A 项主题无关，所涉为"雾霾的影响"，与"短期能实现'APEC 蓝'"和"长期无法实现'APEC 蓝'"的冲突无关。

B、C、D 和 E 项，表明无法长期实现"APEC 蓝"是由于"影响经济和社会发展""可能存在代价""存在困难""需从长计议"，从而解释了两者的冲突。

题 75 答案为 A 项。

注意本题的相反陷阱，寻找的是"除哪项外，可以解释"，即"无法解释"的选项。

题干冲突处：男女出生率差不多⇒结婚的白领男女比例差不多；报名的白领男女比例中，女性偏高⇒文化程度越高，女性越难结婚。

A 项主题无关，所涉为"淘汰者"与"报名者的比例"无关。

B、C、D 和 E 项，均分别表明"报名比例女性偏高"，是由于"女性要求高""更多男性出国""女性竞争者多""男性积极性低"，未必是"女性更难结婚"所致，从而解释了两者的冲突。

题 76 答案为 D 项。

题干冲突处：某省物价总水平涨势温和；普通民众感觉物价涨幅明显。

D 项，表明普通民众"感知"的物价与该省"计算"的物价，主要侧重的商品不同，从而解释了两者的冲突。

C 项作用相反，肯定了"民众的感觉"，从而加剧了两者的冲突。

A、B 和 E 项均主题无关，所涉分别为"数据认识偏差""影响消费品价格的因素很多""不同家庭之间的差异"，均与"物价水平涨势温和"和"民众感知物价涨幅明显"的冲突无关。

题 77 答案为 E 项。

题干冲突处：

女权主义者：大学整体录用率中，女性录用率低于男性⇒针对女性存在性别歧视。

大学：具体到学院中，女性录用率高于男性⇒针对女性不存在性别歧视。

E 项，表明大学的"局部数据"与女权主义者的"整体数据"，均是仅仅考虑了各自标准内的情况，从而解释了两者的冲突。

A 项作用不足，与 E 项意思非常相似，但 E 项具体指出了"性质"，因此本项作用不如 E 项。

B、C 和 D 项均主题无关，所涉分别为"数字规则""人们考虑问题的角度""现代社会的倡导"，均与"大学"和"女权主义者"的冲突无关。

题 78 答案为 C 项。

注意本题的相反陷阱，寻找的是"除哪项外，均可以解释"，即"无法解释"的选项。

题干冲突处：现在很多人戴近视眼镜；古代很少人戴近视眼镜。

C 项主题无关，所涉为近视眼的"危害"，与"古代"和"现在"戴近视眼镜人数的冲突无关。

A、B、D 和 E 项，表明古今存在许多差异——"过去读书人少""过去出行方式有利于预防近视""过去读书少""过去书写方式有利于预防近视"，从而解释了两者的冲突。

题 79 答案为 D 项。

注意本题的相反陷阱，寻找的是"无助于解释"的选项。

题干冲突处：一般商品在多次流通中才能增值；艺术品在一次流通中就能大幅度增值。

D 项作用相反，排除了"赝品"对价格的作用，从而加剧了上述两者的冲突。

A、B、C 和 E 项，表明艺术品和一般商品存在许多差异——"艺术品具有不可再造性""艺术品被买家抬高价格""艺术品被买家炒作""国外资金进入艺术品拍卖市场"，从而解释了两者的冲突。

题型 20 相似题型

题 1 答案为 D 项。

题干的推理结构为，$\forall A \to B \Rightarrow \forall \neg B \to \neg A$，即运用了全称命题的逆否性质，D 项与其类似。

A 和 B 项的推理结构均为，$\forall A \to B \Rightarrow \forall B \to A$；C 项的推理结构为，$\forall A \to B \Rightarrow \forall \neg A \to \neg B$，均与题干推理结构不同；E 项并非推理。

题 2 答案为 D 项。

题干的推理结构为，$A \to B$，$B \to C \Rightarrow A \to C$，D 项与其类似。

A 项的结论为否定；B、C 和 E 项不存在推理。

题 3 答案为 D 项。

题干的推理结构为，$A \to B$，$B \to C$，$C \to D \Rightarrow A$ 是 D，D 项与其类似。

A 项前提只有两个；B 项的结构为，$A \to B$，$B \to C$，$S(\neg C) \Rightarrow S(\neg A)$；C 项的"允许"不表示"必要"；E 项的结构为，$A \to B$，$B \to C$，$C \to D \Rightarrow \neg D \to \neg A$，均与题干推理结构不同。

题 4 答案为 C 项。

题干的推理结构为，$\forall A \to B$，$S(B) \Rightarrow S(A)$，C 项与其类似。

A 项的推理结构为，$\forall A \to B$，$S(\neg B) \Rightarrow S(\neg A)$；B 项的推理结构为，$\forall A \to B$，$S(A) \Rightarrow S(B)$；D 项的推理结构为，$A \to B$，$S(B) \Rightarrow S(A)$；E 项为关系命题的传递性，均与题干推理结构不同。

题 5 答案为 D 项。

题干的推理结构为，$\forall A \to B$，$S(A) \Rightarrow S(B)$，即运用了性质命题的传递，D 项与其类似。

A、B 和 C 项的已知前提并非"性质命题"；E 项的结论并非具体的"某个"，因此均与题干推理结构不同。

题6 答案为 D 项。

题干的推理结构为，∀ A→B，S (¬B) ⇒ S (¬A)，即运用了性质命题的传递，D 项与其类似。

A 和 E 项的推理结构均为，∀ A→B，S (B) ⇒ S (A)；B 项已知前提为"一般"；C 项已知前提为"条件命题"，均与题干推理结构不同。

题7 答案为 E 项。

题干的推理结构为，∀ A→B，S (¬B) ⇒ S (¬A)，即运用了性质命题的传递，E 项与其类似。

A 项的推理结构为，∀ A→B，S (B) ⇒ S (A)；B 项的推理结构为，∀ A→B，S (¬A) ⇒ S (¬B)；C 项的推理结构为，∀ A→B，S (A) ⇒ S (B)，均与题干推理结构不同。D 项存在细节陷阱，"可以申请小额贷款"与是否"申请小额贷款"无关。

题8 答案为 B 项。

题干的推理结构为，A→B，A ⇒ B，即条件命题的传递，且已知条件为"只有……才……"，是必要性条件命题，B 项与其最为类似。

A 和 C 项的已知条件为"充分性条件命题"；D 项已知条件为"性质命题"，均不如 B 项类似。E 项的推理结构为，A→B，¬B ⇒ ¬A，与题干推理结构不同。

题9 答案为 E 项。

题干的推理结构为 A→B∧C，¬B∧C ⇒ ¬A，即运用了条件命题的传递，E 项与其类似。

A 项是对其所给规定的攻击；B 项的推理结构为，A→B∧C，A∧¬B ⇒ C；C 项已知条件为"性质命题"；D 项已知条件的后件为"选言命题"，均与题干推理结构不同。

题10 答案为 B 项。

题干的推理结构为，C→A∨B，C∧¬A ⇒ B，即运用了条件命题的传递和选言命题的传递，B 项与其类似。

A 项已知条件的前件为"选言命题"；C 项已知条件的前件为"联言命题"；D 项已知条件的后件为"联言命题"；E 项已知条件为"充要条件"，均与题干推理结构不同。

题11 答案为 B 项。

题干的推理结构为，∀ A→¬B，∃ A→C ⇒ ∃ B→¬C，B 项与其类似。

A 项的推理结构为，∀ A→¬B，∃ A→C ⇒ ∃ C→¬B；C 项的推理结构为，∀ A→¬B，∃ C→A ⇒ ∃ C→¬D；D 项的推理结构为，∀ A→¬B，∃ C→A ⇒ ∃ C→¬B；E 项的推理结构为，∀ A→B，∃ A→C ⇒ →∃ C→¬B，均与题干推理结构不同。

题12 答案为 A 项。

题干的推理结构为∀ A→B，∀ C→¬A ⇒ ∀ C→¬B。A 项与其类似，A 项第一句话为前提，已知条件在"因为"后面。

B 项的推理结构为，∀ A→B，∃ A→C ⇒ ∀ C→B；C 和 D 项的推理结构为，∀ A→B，S (A) ⇒ S (B)；E 项的推理结构为，∀ A→B，∀ C→¬B ⇒ ∀ C→¬A，均与题干推理结构不同。

题13 答案为 E 项。

题干的推理结构为，∀ A→B，S (B) ⇒ S (A)，E 项与其类似。

A 和 B 项的推理结构为，∀A→B，S(¬B) ⇒ S(¬A)；C 和 D 项的推理结构为，∀A→B，S(A) ⇒ S(B)，均与题干推理结构不同。

题 14 答案为 D 项。

题干的推理结构为，A→B，B ⇒ A，D 项与其类似。

A、C 和 E 项的推理结构为，A→B，¬B ⇒ ¬A；B 项的推理结构为，A→B，A ⇒ B，均与题干推理结构不同。

题 15 答案为 D 项。

注意本题的相反陷阱，寻找的是"最不类似"的选项。

题干强调某物的"必要性"，即运用了必要条件的含义本质"没了不行"，A、B、C 和 E 项均与其类似。

D 项第二句话，表达的是某物的"充分性"，与题干议论结构不同。

题 16 答案为 C 项。

注意本题的相反陷阱，寻找的是"最不类似"的选项。

题干强调某物的"必要性"，即运用了必要条件的含义本质"没了不行"，A、B、D 和 E 项均与其类似。

C 项第二句话，表达的是某物的"充分性"，与题干推理结构不同。

题 17 答案为 A 项。

题干强调某联言命题的"必要性"，即运用了必要条件的含义本质"没了不行"，A 项与其类似。

B 项强调的是某联言命题的"充分性"；C 项强调的是"选言命题"的必要性；D 项强调的是某"单支"的必要性；E 项犯了条件谬误，误把必要条件当充分条件，均与题干推理结构不同。

题 18 答案为 D 项。

题干运用了"间接因果"的方式，来说明两类事物之间"未必不具有"因果关系，D 项与其类似。

A 项的结论为"未必具有因果关系"；B 和 E 项的结论并非为"因果关系"；C 项的结论为"具有因果关系"，均与题干推理结构不同。

题 19 答案为 E 项。

题干运用了"间接因果"的方式，来说明两类事物之间"未必不具有"因果关系，E 项与其类似。

A 项的结论并非为"因果关系"；B 项的结论为"具有因果关系"；C 和 D 项的结论为"未必具有因果关系"，均与题干推理结构不同。

题 20 答案为 B 项。

题干运用"共变关系"进行具体判断，B 项与其类似。

A 和 C 项的共变关系本质上不具有"因果作用关系"；D 项"共变关系"的前提为"两个因素"；E 项是"用结果的不同追溯原因的不同"，均与题干推理结构不同。

题 21 答案为 A 项。

题干运用了"剩余法"，A 项与其类似。

B 项运用的是"条件命题的传递"；C 项是"无效的推理"；D 项运用的是"选言命题的传递"；E 项直接运用定义进行推理，均与题干推理结构不同。

题22 答案为 A 项。

题干杀虫剂的特点是，对同一对象"农田"，既有有益的一面，又有有害的一面，A 项与其类似。

B 项是针对"不同对象"；C 项没有体现"有益或有害"的一面；D 和 E 项没有体现"有害"的一面，均与题干推理结构不同。

题23 答案为 E 项。

题干运用"分解谬误"，由一中学生"整体"成绩好，得出了成绩好的学生"都来自"一中，E 项与其类似。

A、B 和 C 项均不存在"双方比较"；D 项的前提为"教育重要性"，而结论为"教育优劣势"，均与题干推理结构不同。

题24 答案为 C 项。

题干的情况为，某些人为了达到某一目标，情愿自己付出某些代价，C 项与其类似。

A、D 和 E 项未体现"付出代价"；B 项并非"为了自己"，均与题干推理结构不同。

题25 答案为 E 项。

题干推理结构为特称性质命题的"逆否"，属于无效的推理，E 项通过构造"结论必然为假"且结构与题干相同的推理，说明了题干推理不成立。

A 和 C 项虽然结构与题干一致，但"结论并非必然为假"；B 和 D 项结论并非为"特称性质命题"，均无法达到"使题干不成立"的作用。

题26 答案为 D 项。

题干推理结构为，$\forall A \to B, S(\neg A) \Rightarrow B(\neg S)$，D 项通过构造"结论必然为假"且结构与题干相同的推理，说明了题干推理不成立。

A 项的推理结构为，$\forall A \to B, S(\neg A) \Rightarrow S(\neg B)$；B 项的推理结构为，$\forall A \to B, S(B) \Rightarrow S(A)$；C 项的推理结构为，$\forall A \to B, S(\neg A) \Rightarrow S(\neg B)$；E 项的推理结构为，$\forall A \to B, \forall B \to C \Rightarrow \forall C \to A$，均与题干推理结构不同。

题27 答案为 E 项。

题干推理结构为，$S(A), S(B) \Rightarrow \forall A \to B$，E 项通过构造"结论必然为假"且结构与题干相同的推理，说明了题干推理不成立。

A 项涉及两个对象；B 项虽然结构与题干一致，但"结论并非必然为假"；C 项的推理结构为，$\forall A \to B, S(\neg A) \Rightarrow S(\neg B)$；D 项的推理结构为，$\forall A \to B, \forall A \to C \Rightarrow \forall B \to C$，均与题干推理结构不同。

题28 答案为 E 项。

注意本题的相反陷阱，寻找的是"除哪项外，都近似"，即"不近似"的选项。

题干混淆了"没有共同话题"与"没有共同语言"的概念；A 项混淆了"工作状态时"与"工作时间段"的概念；B 项混淆了"语言形式这种格式"与"形式主义"的概念；C 项犯了"分解谬误"的错误，混淆了"有意杀人者要处死刑"与"有意杀人者都要处死刑"的概念，即本质上也属于偷换概念；D 项混淆了前后两个"小"的概念——"小"象是在"象种群内"的"小"，"小"动物是在"所有动物种群间"的"小"。以上均与题干错误类似。

E 项属于自相矛盾，与题干错误不同。

题29 ✓ 答案为 D 项。

题干提出两个原因，第一个原因有效，第二个原因无效——忽略了错误数量的变化。

复选项 I，与题干类似，第一个原因有效，第二个原因无效——忽略了投诉数量的变化。

复选项 II，与题干不同，两个原因均有效，其中第二个原因是"比例"，并非"单一数值"。

复选项 III，与题干类似，第一个原因有效，第二个原因无效——忽略了录取人数的变化。

题30 ✓ 答案为 B 项。

题干工作人员犯了"转移话题"的错误，顾客谈的是"罚款是否符合规定"，工作人员谈的是"罚款的目的是什么"；B 项专家犯了"转移话题"的错误，市民谈的是"公约能否精简"，专家谈的是"公约制定的过程"，与题干错误类似。

A 项犯了"自相矛盾"的错误；C 项犯了"循环定义"的错误；D 项犯了"因果倒置"的错误；E 项犯了"偷换概念"的错误（认同"没有失去某物"等于认同"原本就有某物"），均与题干错误不同。

题31 ✓ 答案为 B 项。

题干犯了"因果无关"的错误，"本身有多少犯罪导致命案"与"是否需要区分"无关；B 项犯了"因果无关"的错误，"本身有多少比例染病"与"是否需要强调"无关，与题干错误类似。

A 项的一个前提为"可能性"，另一个前提为"占比"；C 项的结论是对"第一个前提的怀疑"；D 项的一个前提为"享受生活"，另一个前提为"宣称幸福"；E 项的一个前提为"考生"，另一个前提为"大学"，均与题干错误不同。

题32 ✓ 答案为 B 项。

题干犯了"循环定义"的错误，B 项与题干错误类似。A、C、D 和 E 项均无上述错误。

题33 ✓ 答案为 D 项。

注意本题的相反陷阱，寻找的是"不当存在于各项中，除了"，即"没有不当"的选项。

题干主持人犯了"非黑即白"的错误；A、B、C 和 E 均与题干错误类似。

D 项中"必然发生"和"可能避免（可能不发生）"是矛盾关系，无上述错误。

题34 ✓ 答案为 A 项。

题干犯了"条件谬误"的错误，误把"装有通风器"这个充分条件，当成了必要条件；A 项犯了"条件谬误"的错误，误把"明矾放进泡菜的卤水中"这个充分条件，当成了必要条件，与题干错误类似。

B 和 D 项前提为"充要条件"；C 项存在"过度推理"的问题，把"土豆和不会散发乙烯的甜菜放一起"等同于"土豆不接触乙烯"；E 项肯定了条件命题"前件"。以上均与题干问题不同。

题35 ✓ 答案为 A 项。

题干犯了"条件谬误"的错误，为了反驳"¬ 能力→¬ 幸存"，以"能力∧¬ 幸存"的例子为前提，误把"能力"这个必要条件当成了充分条件；A 项犯了"条件谬误"，为了反驳"¬ 认识→¬ 改正"，以"认识∧¬ 改正"的例子为前提，误把"认识"这个必要条件当成了充分条件，与题干问题类似。

B 项没有"条件命题"；C 项并非"反驳"；D 项肯定"可能考上"便否定了"可能考不上"，而 E 项否定"一定考上"便肯定了"一定考不上"，均犯了"非黑即白"的错误，均与题干错误不同。

题 36 答案为 A 项。

题干犯了"诉诸无知"的错误，A 项与题干错误类似。

B 和 C 项犯了"轻率概括"的错误；D 项犯了"诉诸权威"的错误；E 项犯了"诉诸众人"的错误，均与题干错误不同。

题 37 答案为 D 项。

题干的推理结构为，$\forall 726 \to 合格 \Rightarrow \forall \neg 合格 \to \neg 726$，即运用了全称命题的逆否性质，D 项与其类似。

A 项的推理结构为，$\forall A \to B \Rightarrow \forall \neg A \to \neg B$；B、C 和 E 项的推理结构为，$\forall A \to B \Rightarrow \forall B \to A$，均与题干推理结构不同。

题 38 答案为 C 项。

题干的推理结构为，$A \wedge B \to C$，$A \wedge \neg C \Rightarrow \neg B$，即运用了条件命题的传递和选言命题的传递，C 项与其类似。

A 项的推理结构为，$A \wedge B \to C$，$\neg C \Rightarrow \neg A \vee \neg B$；B 项的推理结构为，$A \wedge B \to C$，$A \wedge \neg B \to \neg C$；D 项的推理结构为，$A \wedge B \to C$，$C \wedge \neg B \to \neg A$；E 项的推理结构为，$A \wedge B \to C$，$A \wedge C \to B$，均与题干推理结构不同。

题 39 答案为 C 项。

注意本题的相反陷阱，寻找的是"除哪项外，均类似"，即"不类似"的选项。

题干的推理结构为，$\forall A \to B$，$\exists B \to C$，$S(\neg C) \Rightarrow S(\neg A)$，A、B、D 和 E 项均与其类似。

C 项的推理结构为，$\forall A \to B$，$\exists B \to C$，$S(\neg A) \Rightarrow S(\neg C)$，与题干推理结构不同。

题 40 答案为 E 项。

题干的推理结构为，$\exists A \to B$，$S(A) \Rightarrow S(B)$，E 项与其类似。

A 项的推理结构为，$\exists A \to B$，$S(\neg A) \Rightarrow S(可能 B)$；B 项的推理结构为，$\forall A \to B$，$\forall A \to \neg C \Rightarrow \forall B \to \neg C$；C 项没有"性质命题"；D 项的推理结构为，$\exists A \to B$，$\forall B \to C$，$\exists A \to \neg C$，均与题干推理结构不同。

题 41 答案为 C 项。

题干的推理结构为，$A \to B$，$B \Rightarrow A$，C 项与其类似。

A 项的推理结构为，$A \to B$，$\neg A \Rightarrow \neg B$；B 项的前提为"联言命题"；D 项的推理结构为，$A \to B$，$\neg B \Rightarrow \neg A$；E 项的推理结构为，$A \to B$，$A \Rightarrow B$，均与题干推理结构不同。

题 42 答案为 E 项。

题干的推理运用了"类比推理"，并且是"有效类比"，E 项与其类似。

A 项只是"观点"并非推理；B 和 C 项是"无效类比"；D 项并未给出"类比效果"，均与题干推理方式不同。

题 43 答案为 D 项。

题干的推理运用了"求异法"，D 项与其类似。

A和C项的推理近似于"共变法";B项的推理运用了"剩余法";E项的推理运用了"统计归纳法",均与题干推理结构不同。

> **高能提示**
>
> D项仅仅观察了"有空气"和"无空气"两种情况,而不是"空气慢慢变少",所以是"求异法",而非"共变法"。E项的结论是藻类植物的特征,并非"因果关系",所以不是"共变法"。穆勒五法的结论,必然是因果关系。

题44 答案为B项。

题干的推理运用了"求异法",B项与其类似。

A项的推理运用了"溯因推理";C项的推理运用了"两难推理";D项的推理运用了"剩余法";E项的推理运用了"共变法",均与题干推理结构不同。

题45 答案为B项。

题干的推理运用了"求异法",B项与其类似。

A项的推理运用了"类比推理";C项的推理运用了"选言命题的传递";D项的推理运用了"性质命题的传递";E项的推理运用了"举例归纳",均与题干推理结构不同。

题46 答案为C项。

题干的推理近似于"求异法",C项与其类似。

A项仅为"事实"并非推理;B项结论的性质均为"不好";D项的推理近似于"共变法";E项的推理近似于"因果推理",均与题干推理结构不同。

题47 答案为C项。

题干的推理运用了"归谬法",C项与其类似。

A和B项均是在往下"推理"而非"归谬";D项前后存在"自相矛盾";E项"用来归谬的结论与其前提无关",均与题干推理结构不同。

题48 答案为B项。

题干的推理运用了"归谬法",B项与其类似。

A和E项"用来归谬的结论并不荒谬";C项的推理运用了"类比推理";D项所给内容并不一致——"不会掉馅饼"和"不相信不会掉馅饼",均与题干推理结构不同。

题49 答案为B项。

题干运用了"充分性条件命题"来证明某主张成立,B项与其类似。

A运用了"必要性条件命题"来证明某主张成立;C和D项后续"没再提到"其主张;E项后续"没有条件命题",均与题干推理结构不同。

题50 答案为A项。

题干的推理存在"诉诸无知"的问题,A项与其类似。

B项的结论是"没有权利删除",并非"没有违规";C和E项的推理结构为"因果推理";D项从推理层面来看是正确的,均与题干推理结构不同。

> **高能提示**
>
> 题干的结构为，不能证明某物存在，那么，某物便不存在。
>
> A 项的结构为，不能证明某物不存在，那么，某物便存在。
>
> 这两者都属于，不能证明 "T"，那么便 ¬T。只不过题干是令 T= 某物存在；A 项是令 T= 某物不存在。所以本质上都是"诉诸无知"。

题 51 答案为 D 项。

题干为了"比较两类事物"，便求助于另外一个"存在正相关的标准"，D 项与其类似。

A 项是求助于"存在负相关的标准"；B 项只看了"一类事物的情况"；C 项没有"求助于另外一个标准"；E 项没有给出"如果高年级经常背书，学生应该如何"，均与题干问答方式不同。

题 52 答案为 C 项。

题干的推理结构为，A 最重要的是 B，A 最重要的是 C，没有 C 就没有 A，C 项与其类似。

A 项的推理结构为，A 最重要的是 B，A 最重要的是 C，有 C 就有 B；B、D 和 E 项的推理结构均为，A 最重要的是 B，A 最重要的是 C，没有 C 就没有 B，均与题干推理结构不同。

题 53 答案为 C 项。

题干的推理结构为，只有 A 才 B，过分 A 就不 B，C 项与其类似。

A 项的第二句为"联言命题"；B 项的推理为，只有 A 才 B，如果 A 就 C；D 项第二句的前件为"联言命题"；E 项的推理结构为，只有 A 才 B，如果不 A 就更 B，均与题干推理结构不同。

题 54 答案为 E 项。

题干的推理结构为，¬A → ¬B，A → B，E 项与其类似。

A 项的推理结构为，¬A → ¬B，B → A；B 项存在细节陷阱，第一句话的后件为"谋"其政，第二句话的后件为"行"其政；C 项的推理结构为，¬A → B，A → B；D 项的第二句话的后件为"联言命题"，均与题干推理结构不同。

题 55 答案为 D 项。

题干的推理结构为，A → B，C → D ⇒ ¬D → ¬A，D 项与其类似。

C 项的推理结构为，A → B，C → D ⇒ ¬D → ¬C；A、B 和 E 的前提均非"条件命题"，均与题干推理结构不同。

题 56 答案为 E 项。

题干为两类事物的"难易度比较"，顺序上，前者说"难易"，后者说"易难"，E 项与其类似。

A 和 B 项均非"难易度比较"；C 和 D 项"难易顺序"与题干相反，均与题干推理结构不同。

题 57 答案为 D 项。

题干的推理存在"分解谬误"的问题，D 项与其类似。

A 项不当预设了"小梁是人"；B 项的推理存在"偷换概念"的问题——认为"大价钱购买"等于"会被抢购一空"，也存在"条件谬误"的问题，误把"抢购一空"这个必要条件当成了充分条件；C 项的推理存在"条件谬误"的问题,误把"读不完"这个必要条件当成了充分条件;E项存在"偷换概念"的问题——把"人们只能掌握有限的当今知识"等于"人们能掌握非当今知识",均与题干推理结构不同。

题58 答案为D项。

题干的推理存在"分解谬误"的问题,A、B、C和E项与其类似。

D项推理正确,这里断定"清水街的建筑"属于违章建筑,就是在断定"所有清水街的建筑"属于违章建筑,因此该项不存在题干的谬误。

题59 答案为C项。

题干的推理存在"不当统一替代"的问题,C项与其类似。

A项的推理存在"分解谬误"的问题;B项的推理存在"合成谬误"的问题;D项的推理存在"偷换概念"的问题——认为"1:0的比分保持到终场"等于"比赛结束";E项的推理存在"偷换概念"的问题——"大"蚂蚁是在"蚂蚁种群内"的"大","大"动物是在"所有动物种群间"的"大",均与题干推理结构不同。

题60 答案为A项。

题干的推理存在"诉诸人身"的问题,A项与其类似。

B项的推理存在"条件谬误"的问题——误把绩效制度这个充分条件当成了必要条件;C项的推理存在"稻草人谬误"的问题——把"提出意见"歪曲成"和领导过不去",但这并非对方已知的实际情况;D项的推理存在"诉诸众人"的问题;从推理层面看,E项是正确的。这四项的错误均与题干不同。

题型 21 概括题型

题1 答案为A项。

论证主线:水∨糖分,¬水⇒糖分。

题干的推理运用了"选言命题的传递",A项指出了此点。

B、C、D和E项均无关,所涉分别为"特例""类比""反例""必要条件"。

题2 答案为B项。

论证主线:幼小斑马认识∨母斑马认识,¬幼小斑马认识⇒母斑马认识。

题干的推理运用了"选言命题的传递",B项指出了此点。

A、C、D和E项均无关,所涉分别为"描述发生机制""特殊情况""类似的特性""反例"。

题3 答案为D项。

论证主线:飞机灵感来源于鸟,但其研究与鸟无关⇒人工智能灵感来源于脑,但其研究也与脑无关。

题干由"飞机灵感及研究"类比"人工智能灵感及研究",D项指出了此点。

题4 答案为D项。

论证主线:飞机灵感来源于鸟,但研究与鸟无关⇒人工智能灵感来源于思维,但其研究也与思维无关。

题干由"飞机灵感及研究"类比"人工智能灵感及研究",复选项Ⅰ和Ⅱ指出了此点。

题5 答案为C项。

论证主线：低级浮游生物也能改变环境以利于自己的生存⇒改变环境的特性很普遍。

题干已经表明"高级生物"具有该特性，即题干已承认该特性很普遍，之后又提出"低级浮游生物"也具有该特性，不是用来"论证"该特性很普遍，而是用来进一步拓宽此特征。因此，C项指出了此点，D项与此无关。

A、B和E项均无关，所涉分别为"一般性见解""反例""分析现象"。

题6 答案为B项。

论证主线1：60%艾滋病病毒感染者集中在发展中国家⇒发展中国家将有更多人死于艾滋病。

论证主线2：发达国家艾滋病发病时间短于发展中国家⇒发展中国家未必会有更多人死于艾滋病。

题干的反驳指出了"偷换概念"的问题——"感染艾滋病"等于"死于艾滋病"，B项指出了此点。

A、C、D和E项均无关，所涉分别为"针对动机""针对论据""提出反例""时间范围"。

题7 答案为C项。

论证主线1：脑部受到重击就会失去意识⇒肉体死亡则意识消失。

论证主线2：一台被摔的电视机突然损坏，但信号依旧存在⇒肉体死亡意识未必消失。

题干将"电视机摔坏"类比"意识丧失"，C项指出了此点。

A、B、D和E项均无关，所涉分别为"独立于肉体""反例""试图得出结论""说明流行信念有误"。

题8 答案为D项。

调查员论证主线：XYZ钱币交易所钱币容易得到。

交易所论证主线：XYZ钱币交易所最大之一、有认证、有执照⇒XYZ钱币交易所钱币难得到。

XYZ钱币交易所所提"最大之一、有认证、有执照"与"是否容易获得"无关，从而无法反驳调查员的观点，D项指出了此点。

A、B、C和E项均无关，所涉分别为"夸大调查员论述""指出对方有偏见""其他钱币交易所""指出混淆概念"。

题9 答案为B项。

李论证主线：视觉上不能辨别复制品和真品，两者有相同品质⇒复制品和真品价值一样。

王论证主线：复制品和真品产生于不同年代，未必有相同品质⇒复制品和真品价值不一样。

王通过指出新的因素——生产年代，攻击了对方结论，B项指出了此点。

A、C、D和E项均无关，所涉分别为"攻击价格表明价值""攻击视觉难以辨别""缺乏经验""视觉辨别的标准"。

题10 答案为B项。

论证主线1：大量吃巧克力之后长粉刺⇒多吃巧克力导致长粉刺。

论证主线2：精神压力大会吃更多巧克力，荷尔蒙的改变加上精神压力会引起粉刺⇒多吃巧克力未必导致长粉刺。

题干通过指出新的因素——精神压力大，攻击了对方结论，B项指出了此点。

A、C、D和E项均无关，所涉分别为"反例""权威的个人影响""自相矛盾""小概率事件"。

题 11 答案为 B 项。

正方论证主线：吸烟后的人们比戒烟前体重增加⇒吸烟有利于减肥。

反方论证主线：人们往往在紧张时吸烟，紧张会导致体重下降⇒吸烟不能导致减肥。

反方通过指出新的因素——紧张，攻击了对方结论，B 项指出了此点。

A、C、D 和 E 项均无关，所涉分别为"引用证据""依赖科学知识""因果倒置""常识"。

题 12 答案为 C 项。

李论证主线：美国有较高的婴儿死亡率⇒是由于先进医疗技术和设施对成人作用更显著。

张论证主线：低收入是原因⇒先进医疗技术和设施对成人作用更显著不是原因。

张通过指出新的因素——低收入，攻击了对方结论，C 项指出了此点。

A、B、D 和 E 项均无关，所涉分别为"攻击前提""攻击结论""自相矛盾""偷换概念"。

题 13 答案为 E 项。

报告论证主线：城市儿童心理素质更低⇒是由于城市儿童生活条件更优越。

学者论证主线：城市儿童心理素质更低是由于得不到足够的新鲜空气和阳光⇒原因不在于生活条件。

学者通过指出新的因素——得不到足够的新鲜空气和阳光，攻击了对方结论，E 项指出了此点。

A、B、C 和 D 项均无关，所涉分别为"否定可信度""指出操作方法错误""成人情况""否定报告结论"。

题 14 答案为 D 项。

张论证主线：之间没有发现木质工具⇒工具未必是迁徙到阿拉斯加的人群使用的。

李论证主线：木质工具在普通的泥土中会腐烂化解⇒工具可能是迁徙人群使用的。

李通过指出新的因素——工具会腐烂，攻击了对方结论，D 项指出了此点。

A、B、C 和 E 项均无关，所涉分别为"违背事实""引用权威性研究成果""曲解观点""自相矛盾"。

题 15 答案为 A 项。

史论证主线：有初始作品完成后添加的痕迹⇒去掉任何后来添加的东西。

张论证主线：画家普遍都有再添加的习惯⇒不应该去掉任何后来添加的东西。

张通过指出新的因素——再添加的习惯，攻击了对方结论，A 项指出了此点。

B、C、D 和 E 项均无关，所涉分别为"关键概念""得出不完全相同的结论""否定前提""自相矛盾"。

题 16 答案为 D 项。

论证主线 1：存在某遗传缺陷的赛马会丧失赛跑能力⇒应停止饲养此种缺陷赛马。

论证主线 2：饮食和医疗可控制该遗传缺陷⇒不应停止饲养此种缺陷赛马。

题干通过指出新的因素——饮食和医疗可控制，攻击了对方结论，D 项指出了此点。

A、B、C 和 E 项均无关，所涉分别为"动机""自相矛盾""攻击论据""构造类比"。

题 17 答案为 C 项。

张论证主线：开车上班的人减少了⇒萧条时期汽车尾气造成的空气污染会改善。

李论证主线：汽车排放的尾气污染更严重⇒萧条时期汽车尾气造成的空气污染未必改善。

李通过指出新的因素——尾气污染更严重，攻击了对方结论，C 项指出了此点。

A、B、D 和 E 项均无关，所涉分别为"反例""结论不成立的后果""说明结论成立""归谬"。

题 18 答案为 B 项。

陈论证主线：蜜蜂不必通过费劲方式来传递信息⇒蜜蜂飞舞时的嗡嗡声不是交流方式。

贾论证主线：有蜂类可根据太阳的位置或地理特征辨别方位⇒某任务有多种方式⇒嗡嗡声可能是交流方式。

贾通过"举例"，来证明动物完成某任务有多种方式，B 项指出了此点。

A、C、D 和 E 项均无关，所涉分别为"概念存在歧义""质疑论据""自相矛盾""新的解释"。

题 19 答案为 C 项。

张论证主线：采伐的陈年林区是斑纹猫头鹰栖息地⇒木材采伐公司导致斑纹猫头鹰数量下降。

李论证主线：繁殖力更强的条纹猫头鹰与其竞争⇒木材采伐公司没有导致斑纹猫头鹰数量下降。

李通过指出新的因素——繁殖力更强者的竞争，攻击了对方结论，C 项指出了此点。

A、B、D 和 E 项均无关，所涉分别为"否定前提""质疑假设""夸大负面影响""偷换概念"。

题 20 答案为 D 项。

陈论证主线：过去人们从来没有观察到这种闪烁光⇒这种闪烁光是不寻常现象。

王论证主线：过去人们不会去观察这种彗星，现在才有人持续观察⇒这种闪烁光未必是不寻常现象。

王通过指出新的因素——现在有人持续追踪观测，攻击了对方结论，D 项指出了此点。

A、B、C 和 E 项均无关，所涉分别为"概念模糊""攻击论据""自相矛盾""同意结论"。

题 21 答案为 C 项。

李论证主线：去年调高了奖励比例，销售数量增加⇒调高奖励比例导致销售数量增加。

陈论证主线：对手没有调高奖励比例，但销售数量也增加⇒调高比例未必会导致销售数量增加。

陈通过"无因有果"的方式，攻击了对方结论，C 项指出了此点。

A、B、D 和 E 项均无关，所涉分别为"否定一般性结论""攻击论据""概念有误""自相矛盾"。

题 22 答案为 B 项。

张论证主线：新油井的收益小于风险⇒反对新油井建设。

李论证主线：不能因为新建防护林不能马上见效就反对防护林计划⇒不能因为新油井当前的收益小于风险而反对新油井建设计划。

李通过运用"归谬法"，攻击了对方的结论，B 项指出了此点。

A、C、D 和 E 项均无关，所涉分别为"提出新证据""反例""关键概念""数据有误"。

题 23 答案为 D 项。

张论证主线：吸烟导致了许多严重的疾病⇒向吸烟者征税。

李论证主线：吃奶油蛋糕或者肥猪肉的人纳税不合理⇒不应该向吸烟者征税。

李通过运用"归谬法"，攻击了对方的结论，D 项指出了此点。

A、B、C 和 E 项均无关，所涉分别为"反例""关键概念""其他方法""质疑信息准确性"。

题 24 答案为 C 项。

史论证主线：公开执行死刑可减少恶性犯罪⇒社会应允许执行死刑。

苏论证主线：上述议题存在一个前提——国家或社会是否有权剥夺个人生命。

题目所给事实为"社会有权剥夺个人生命",从而说明史密斯的隐含假设成立,因此,史密斯的观点得到加强;而苏珊的观点为"上述议题的前提是什么",与这个前提是否成立无关,因此,苏珊的观点未受影响。C 项指出了此点。

题 25 **答案为 A 项。**

正方论证主线:不能因风险让汽车和自行车一样慢⇒不能因风险反对安乐死合法化。

反方论证主线:不可以让汽车和自行车一样慢⇒安乐死和交通死亡事故类比无意义。

反方的设想表明,确实不可以"让汽车和自行车一样慢",这实际上支持了正方的前提,A 项指出了此点。

题 26 **答案为 A 项。**

论证主线:不了解自己便不了解别人⇒要了解别人得先了解自己。

题干从推理上看,使用了条件命题的逆否式,即¬自己→¬别人⇔别人→自己,因此其推理是正确的,A 项指出了此点。

B、C、D 和 E 项均无关,所涉分别为"条件谬误""每个人的情况""困难度""个别性的事实"。

> ✍ 高能提示
>
> 从论证上看,题干确实存在"循环论证"的问题,但 A 项说的是"推理是成立的",推理仅考虑过程及形式,所以本项确实选 A 项。小伙伴们可以将本题与题型 21 概括题型中的题 76 做对比。

题 27 **答案为 C 项。**

张论证主线:长年吸烟可能有害健康。

李论证主线:我祖父长年吸烟,但活到 96 岁⇒长年吸烟未必可能有害健康。

李女士论证存在"轻率概括"的问题——仅用"个例"反驳"可能",C 项指出了此点。

E 项确实是李女士反驳的问题,但"祖父不长年吸烟"的情况无法考证,只是一种假设,完全有可能,"若祖父不长年吸烟,甚至活不了这么长",而 C 项是不论什么情况都必然存在的问题,因此不如 C 项。

A、B 和 D 项均无关,所涉分别为"反例""建立因果联系""个人经验"。

题 28 **答案为 C 项。**

论证主线:冬冬和妞妞可能患的是同种病,冬冬患的不是链球菌感染⇒妞妞患的也不是链球菌感染。

题干仅依靠"可能"患的是同种病,就得出了妞妞"必然"不是链球菌感染的结论,C 项指出了此点。

A、B、D 和 E 项均无关,所涉分别为"预先假设结论""因果倒置""类比""轻率概括"。

题 29 **答案为 E 项。**

论证主线:违反道德的行为不可以不受到惩罚⇒任何违反道德的行为都必须受惩。

题干论证存在"过度推理"的问题——题干通过构造条件命题,由"不能允许威胁社会稳定的道德失控"否定了"违反道德的行为不受惩罚",但只能得到"有些违反道德的行为需要受到惩罚",无法得到"任何违反道德的行为都必须受惩",E 项指出了此点。

A 项错误,实际上题干存在问题。

B、C 和 D 项均无关,所涉分别为"忽略有些违法行为未受到惩罚""违法必究与缺德必究的关系""夸大违反道德行为的危害性"。

题30 答案为C项。

题干的推理可提炼为：∀科→¬朦，∃科→逻⇒∃朦→¬逻。

要想得出上述结论，必须补充"∀¬逻→¬科"，即"∀科→逻"，显然题干是把"绝大多数科学家都擅长逻辑思维"当成了"擅长逻辑思维的都是科学家"，C项指出了此点。

A项错误，实际上题干存在问题。

D项作用相反，"至少有些喜欢朦胧诗的人不擅长逻辑思维"得不出，更加得不出选项中的"喜欢朦胧诗的人都不擅长逻辑思维"。

B和E项均无关，所涉分别为"事实情况""形象思维"。

题31 答案为A项。

题干信息：英国的、法国的、古典的文学作品都爱读。

题干论证存在"划分标准不一"的问题，A项指出了此点。

B、C、D和E项均无关，所涉分别为"诗歌、小说等""最喜好""文字版本""现代的"。

题32 答案为E项。

题干定义存在"定义过宽"的问题——重罪轻判属于"错误案件"但不属于"平反"，E项指出了此点。

A、B、C和D项均无关，所涉分别为"是否错误的标准""操作程序""权威性""平反不等于没错"。

题33 答案为A项。

张论证主线：爱迪生只受过几个月的正式教育⇒接受正式教育对于技术发展是不必要的。

李论证主线：自爱迪生时代以来技术发展日新月异，接受当时的正式教育也无法对当代技术发展做出贡献⇒接受正式教育对技术发展并非没有必要。

李第一次所提的"技术发展"是"自爱迪生以来的"技术发展，第二次所提的"技术发展"是"当代的"技术发展，前后并非同一概念，A项指出了此点。

B项无关，李就提到一次"接受正式教育"，就是"当时的"接受正式教育，因此不存在概念没有准确界定的问题。

C、D和E项均无关，所涉分别为"成果""生存方式""发明意义"。

题34 答案为E项。

论证主线：明天有50%的概率降水⇒总是对的。

题干论证存在"模糊概念"的问题——降水概率50%属于"模糊性"概念，对于天气预报而言，必须要起到"准确性"的作用，E项指出了此点。

B和C项均作用不是，均能指出"50%的概率"不能代表"正确"，但是没有具体指出是50%的概念具有模糊性，因此不如E项。

D项作用相反，相当于认可李明的论证。

A项无关，所涉为"天气预报员的水平"。

题35 答案为D项。

论证主线：汽车事故中安装安全气囊的比例较高⇒安装安全气囊不能使车主更安全。

题干论证存在"偷换概念"的问题——题干统计的是"汽车事故中"装安全气囊的比例高，而不是"受伤车主中"装安全气囊的比例高，所以，最多只能得到，装安全气囊"更容易出事故"，无法得到装安全气囊"更容易受伤"，D 项指出了此点。

E 项无关，一方面，其针对的是"比例"而非上述"偷换概念"的问题；另一方面，装安全气囊的比例"越来越大"，不代表装安全气囊的比例"就很大"，因此与题干论证无关。

A、B 和 C 项均无关，所涉分别为"遭遇汽车事故""谨慎驾驶""自动打开"。

题 36 答案为 E 项。

论证主线：买一⇒赠一。

题干论证存在"偷换概念"的问题——赠送的"一"未必和买的"一"是同一物品，可能只是数量上都是"一"而已，E 项指出了此点。

A、B、C 和 D 项均无关，所涉分别为"商家的喜好""顾客的喜好""盈亏情况""适用情况"。

题 37 答案为 B 项。

论证主线：饮用常规量咖啡对心脏无害⇒咖啡饮用者可放心享用。

题干论证存在"偷换概念"的问题——把"对心脏无害"等同于"可放心享用"，B 项指出了此点。

A、C、D 和 E 项均无关，所涉分别为"不同人的饮用量""其他食物""喝茶""不喝咖啡的人"。

题 38 答案为 C 项。

论证主线：人能让价值规律服务人类、制住洪水⇒有的规律可以改造。

题干论证存在"偷换概念"的问题——"让价值规律服务人类、制住洪水"属于"运用规律"并非"改造规律"，C 项指出了此点。

A、B、D 和 E 项均不起作用，所涉分别为"过高估计""武断""没有彻底制服""就不叫"，均毫无依据。

题 39 答案为 E 项。

论证主线：清城面临健康状况下降问题，清城和广川的面积、人口相当⇒广川也有该问题。

题干论证存在"偷换概念"的问题——把"面积和人口比例"等于"居住条件情况"，E 项指出了此点。

B 和 C 项均作用相反，题干既然分开提及面积和人口，那么就是把面积、人口以及密度相区分的。

A 和 D 项均无关，所涉分别为"预设唯一原因""选择其他比较对象"。

题 40 答案为 A 项。

贾论证主线：大多数人年薪不到 10 000 元⇒受到不公正待遇。

陈论证主线：平均年薪超过 15 000 元⇒没有受到不公正待遇。

陈的反驳存在"偷换概念"的问题——把"平均年薪"等同于对方的"大多数人的年薪"，A 项指出了此点。

E 项不起作用，所涉为"数据引用有误"，毫无依据。

D 项无关，所涉为"自己论证前后概念不一"，而不是"与对方论证前后概念不一"。

B 和 C 项无关，所涉分别为"反驳的观点有误""自相矛盾"。

题 41 答案为 B 项。

主任论证主线：给用户信件不能打印在劣质纸张上⇒不使用循环再利用纸张。

供应商论证主线：木纤维是造纸原料⇒循环再利用纸张不一定劣质。

题干论证存在"转移话题"的问题——"循环再利用纸张"是否劣质与"纸张"材质无关，B项指出了此点。

A、C、D和E项均无关，所涉分别为"偏见是无知""假设对方了解工艺""忽视关注质量的权利""假设对方忽视环境保护"。

题42 答案为D项。

论证主线：真币误认为假币的可能性是0.1% ⇒ 一千次亮起有九百九十九次发现假币。

题干论证存在两处"偷换概念"的问题：第一处，"真币误认为假币"是指"一堆真币中有多少次误亮"，即真币当假币，而"一千次亮起有九百九十九次发现假币"是指"一堆假币中有多少次没亮"，即假币当真币；第二处，由"可能性"推"实际数量"，D项指出了此点。

A项无关，题干不是"忽略"了假币当真币的可能性，而是"混淆"了假币当真币的可能性。

B、C和E项均无关，所涉分别为"轻率概括""人员失误""对假币的敏感性"。

题43 答案为A项。

论证主线：鲁迅著作不能一天读完，《狂人日记》是鲁迅著作⇒《狂人日记》不能一天读完。

题干论证存在"分解谬误"的问题——误把"鲁迅著作不能一天读完"等同于"每本鲁迅著作都不能一天读完"，而分解谬误属于偷换概念，A项指出了此点。

题44 答案为E项。

论证主线：每位表演者能表现芭蕾舞特色⇒本市芭蕾舞团能表现芭蕾舞特色。

题干论证存在"合成谬误"的问题——误把"每位表演者都可以"等同于"其组成的芭蕾舞团也可以"，E项指出了此点。

A、B、C和D项均无关，所涉分别为"评论风格""无视实际情况""维护权威""轻率概括"。

题45 答案为B项。

论证主线：所有灰狼都是狼⇒所有疑似SARS病例都是SARS病例。

题干论证存在"不当类比"的问题——灰狼与狼是"物种的从属关系"，疑似SARS病例与SARS病例是"疾病的区分关系"，两者不可类比，B项指出了此点。

A和E项均作用不足，确实是题干的问题，但针对性较弱，因此不如B项。

C和D项均不起作用，所涉分别为"许多疑似SARS病例不是SARS病例""许多狼不是灰狼"，均毫无依据。

题46 答案为D项。

论证主线：我带的研究生中起早摸黑做实验者越来越少⇒生命科学院研究生的勤奋精神不多见了。

题干论证存在"以偏概全"的问题——用"我带的研究生"来代表"生命科学院的研究生"，D项指出了此点。

A、B、C和E项均无关，所涉分别为"其他学院""不勤奋的原因""解决方法""工作难处"。

题47 答案为E项。

李论证主线：日本肺癌平均生存年限长⇒日本延长肺癌寿命的医疗水平高。

张论证主线：自我保健意识强⇒早期确诊率高⇒平均生存年限长不是由于医疗水平高。

李的论证存在"均值陷阱"的问题——全世界各国肺癌病人的平均生存年限很有可能"分布不均",有可能少部分肺癌病人的平均生存年限极低的国家拉低了整体数值,从而使得日本高于平均值,未必其数值就高于大多数国家,E 项指出了此点。

B 项作用相反,排除了"日本平均寿命未必高于大多数国家"的可能,支持了李的论证。

A、C 和 D 项均无关,所涉分别为"发展中国家""胰腺癌""中医"。

题48 答案为 D 项。

论证主线:大多数家务事故出自右撇子⇒左撇子未必比右撇子更易出事故。

题干论证存在"占比陷阱"的问题——左撇子的人数占比很有可能"本来就少",从而"出自右撇子的事故多"也就是正常现象,D 项指出了此点。

C 项无关,题干涉及的是"家务事故"是否更容易出自左撇子,不论"家务事故占比"高低,这种因果关系都不会变化。

A、B 和 E 项均无关,所涉分别为"实质性区别的对象""不当类比""多人操作"。

题49 答案为 E 项。

论证主线:有过滤嘴,吸烟人数下降 10% ⇒ 吸烟者中肺癌患者比例下降 10%。

题干和 E 项存在"变化陷阱"的问题——均是第二个原因无效,题干仅考虑了吸烟人数的变化,却忽略了吸烟者中患癌人数的变化,即患癌率中"分子的变化";E 项仅考虑了机动车总数量的变化,却忽略了机动车事故数的变化,即事故率中"分子的变化"。

A 项错误,实际上题干存在问题。

D 项无关,本项存在"因果无关"的问题——结论中的比例为"新生中来自西部的比例",即"西部新生/全部新生",而所给的原因数据为"西部考生增加",这不等于"西部新生增加",所以,其对题干数据的分子和分母均无影响。因此本项与题干不同。

B 和 C 项均无关,所涉分别为"数据有误""存在过滤嘴香烟的肺癌患者"。

题50 答案为 C 项。

论证主线:学生与老师比例低的学校的学生高考成绩好⇒选学生总人数最少的学校。

题干论证存在"变化陷阱"的问题——即使"学生总人数少",若"老师总人数也少",那么"学生与老师的比例"未必低,C 项与此相符。

A、B、D 和 E 项均无关,所涉分别为"生源质量""全面发展""孩子愿望""教师素质"。

题51 答案为 C 项。

论证主线:平均体重在 5~6 公斤,婴儿体重仅 4 公斤⇒体重增长低于平均水平。

题干论证存在"变化陷阱"的问题——即使"现在重量不足",若"初始体重较轻",便未必能得出"体重增长较慢",C 项指出了此点。

A、B、D 和 E 项均无关,所涉分别为"发育是否正常""6 个月时的体重""母乳喂养""婴儿平均体重"。

题52 答案为 A 项。

论证主线:小排量汽车超速的可能性低⇒小排量会导致少超速。

题干论证存在"因果无关"的问题——虽然"小排量"与"少超速"同时存在,但两者之间联系可能只是偶然,未必具有因果联系,A 项指出了此点。

B、C、D 和 E 项均无关，所涉分别为"范例得出结论""混淆充分条件与必要条件""调查不太可行"。

题 53 答案为 A 项。

论证主线：深海鱼油胶囊定期服用者心脏病风险降低⇒降低胆固醇减少患心脏病风险。

题干论证存在"因果无关"的问题——"深海鱼油胶囊"与"降低胆固醇"可能没有联系，A 项指出了此点。

C 项作用相反，因为可以直接得出题干论证的结论，所以支持了题干的论证。

D 项作用不足，提到了"深海鱼油胶囊"与"降低胆固醇"的作用，但没有直接说明关于"心脏病风险"的联系，因此不如 A 项。

B 和 E 项均无关，所涉分别为"副作用""普通人服用的比例"。

题 54 答案为 A 项。

论证主线：有三分之一的应聘者撒谎⇒测谎器有效。

题干论证存在"因果无关"的问题——题干并未说明是测谎器"测出这 1/3 的人撒谎"，而是通过"虚构道尔"来发现他们撒谎，所以这不能说明测谎器有效，A 项指出了此点。

D 项无关，所涉为"个例"，但题干测试的是"多个面试者"。

B、C 和 E 项均无关，所涉分别为"诚实的重要性""回答该问题之外""企业业务"。

题 55 答案为 D 项。

论证主线：90% 的严重失眠者爱喝浓茶，老张爱喝浓茶⇒老张严重失眠。

题干论证存在"因果倒置"的问题——仅由"90% 严重失眠者爱喝浓茶"无法得出"严重失眠会导致爱喝浓茶"，要想得出对应结论，还需补充喝浓茶者中严重失眠的比例，D 项指出了此点。

A 项无关，所涉数据为"严重失眠者/爱喝浓茶"，题干给出的数据是"爱喝浓茶/严重失眠者"。

B、C 和 E 项均无关，所涉分别为"失眠的其他原因""喝浓茶的不良后果""低估了失眠的危害"。

题 56 答案为 B 项。

论证主线：张金力穿着十分得体⇒一定是白领阶层中的一员。

B 项通过构造"有因无果"，指出了题干论证并非"一定"成立。

A 项作用不足，虽然构造了"无因有果"，但这只能说明，穿着得体并非白领的"必要条件"，但这并没有说明，穿着得体并非白领的"充分条件"，因此不如 B 项。

C、D 和 E 项均无关，所涉分别为"穿着得体的原因""张金力穿着得体的原因""白领阶层的工作性质"。

题 57 答案为 C 项。

论证主线：某些名言⇒人口增加有利于社会发展。

题干论证存在"忽略他因"的问题——名言具有适用范围，忽略具体现状地使用名言，甚至只使用名言便得出结论是不恰当的，C 项指出了此点。

A、B、D 和 E 项均无关，所涉分别为"人力资源的作用""哪一类人口""人口与社会资源的关系""人口与社会问题的关系"。

题 58 答案为 C 项。

论证主线：和平基金会资助⇒不会用于任何与武器相关的研究。

题干论证存在"忽略他因"的问题——即使不直接使用和平基金会的资金，但因为 S 研究所有了该资金，从而可以把"其他资金"用于武器研究，所以和平基金会的赞助还是"间接导致了"武器研究，C 项指出了此点。

A 项不起作用，所涉为"不遵守承诺"，毫无依据。

B 项作用不足，虽提到"其他资金"，但没紧扣"和平基金会的资助"，因此不如 C 项。

D 和 E 项均无关，所涉分别为"武器研究与和平的关系""资助与武器研究的关系"。

题 59 答案为 D 项。

论证主线：三次分别看手法、换扑克、换志愿者⇒魔术奥秘不在手法、扑克、志愿者。

题干论证存在"忽略他因"的问题——即使在"分别观察"的情况下均无问题，但魔术师完全有可能"每次更换方法"，D 项指出了此点。

A 项不起作用，所涉为"摄像机的不稳定"，毫无依据。

C 项作用相反，既然"手法只在动了手脚的扑克上才奏效"，而在第二次"更换扑克"的时候，便排除了"手法"的问题，支持了上述论证。

B 项无关，所涉为"其他仪器可记录"。

E 项无关，所涉的"其他方法"可以是魔术师所使用的，与是否是"这三种方法"无关。

题 60 答案为 D 项。

论证主线：法规对于经常闯红灯和不闯红灯的人都没用⇒上述法规没有约束力。

题干论证存在"忽略他因"的问题——只考虑了极端情况的行人，实际上还可能存在"会受法规影响的行人"，D 项指出了此点。

A、B、C 和 E 项均无关，所涉分别为"假设大多数驾驶员会遵守""法规概念不统一""手段严苛""对公共交通有危害"。

题 61 答案为 E 项。

张论证主线：诺贝尔奖得主的贡献更高⇒歌星出场费高于诺贝尔奖得主不合理。

李论证主线：歌星酬金是商业回报⇒歌星出场费高于诺贝尔奖得主未必不合理。

张论证主线：诺贝尔不可能获益于杨振宁的理论⇒商业回报不能成为出场费高的理由。

题干论证存在"忽略他因"的问题——即使诺贝尔奖得主无法给诺贝尔提供"商业回报"，若诺贝尔能从诺贝尔奖得主处获得"其他收益"，那么诺贝尔奖也可以存在，E 项指出了此点。

D 项无关，所涉为"诺贝尔的后代能获益"，但题干阐述的仅是"诺贝尔个人的获益"。

A、B 和 C 项均无关，所涉分别为"夸大后果""增加老板利润""当红歌星"。

题 62 答案为 C 项。

论证主线：D 型带的黏附时间是现在的两倍⇒提高治疗功效。

题干论证存在"忽略他因"的问题——即使 D 型带的黏附时间更长，但医疗上病人所需要的黏附时间，目前的线带已经够用，从而其达不到"提高功效"的目的，C 项指出了此点。

D 和 E 项均作用不足，分别指出 D 型带在"皮肤愈合层面""皮肤黏性层面"可能具有劣势，但题干主要强调的是"伤口缝合时间"，且 D 项仅是"不清楚"，E 项仅针对"涂抹药物的病人"，因此不如 C 项。

A 和 B 项均无关，所涉分别为"愈合时间""线带购买途径"。

题 63 答案为 D 项。

论证主线：只有大规模农产品市场才会有规模农场⇒没有规模农场，就没有规模城市。

题干论证存在"条件谬误"的问题——误把"规模农场"这个充分条件当成了必要条件，D项指出了此点。

A、B、C和E项均无关，所涉分别为"前提是结论的重复""概念界定不一致""对某断定有不同解释""现实不存在则不可能发生"。

题64 答案为E项。

贾论证主线：第一个妻子生的第一个儿子有首先继承权。

陈论证主线：布朗夫人合法继承父亲财产⇒第一个妻子的第一个儿子未必有首先继承权。

陈论证存在"条件谬误"的问题——误把"第一个妻子生的第一个儿子"这个充分条件当成了必要条件，从而举出了"布朗夫人能继承"的例子加以反驳，E项指出了此点。

A和B项错误，实际上陈的断定存在问题。

C和D项均无关，所涉分别为"法律不能完全实施""继承权合法性"。

题65 答案为A项。

论证主线：只有产生好效果才是好行为⇒有好效果的坏行为，其实是好的。

题干论证存在"条件谬误"——误把"好效果"这个必要条件当成了充分条件，A项指出了此点，其余选项均不相符。

题66 答案为E项。

论证主线：如果最后一门课优秀，就可以推免⇒李明最后一门课不优秀，所以不能推免。

题干论证存在"条件谬误"——误把"所有课程均优秀"这个充分条件当成了必要条件，E项指出了此点。

A项错误，实际上题干存在问题。

D项不起作用，所指出的内容，题干前提已知。

B和C项均无关，所涉分别为"课程成绩是衡量的一个方面""规定有漏洞"。

题67 答案为B项。

张论证主线：如果航班取消，则不能按时到达，事实上航班正点⇒能按时到达。

王论证主线：前提没错，推理有误，实际是不能按时到达。

根据条件命题的恒真式，否定条件命题前件，无法得出后件的具体情况，因此陈和王的结论均有问题，B项与此相符。注意，王的结论是"真假不知"，未必"错误"。

题68 答案为E项。

题干信息：既不能算成功，也不能算不成功。

题干和E项论证均存在"自相矛盾"的问题。

A项错误，实际上题干存在问题。

B、C和D项均不起作用，所涉两项内容均非矛盾关系。

题69 答案为E项。

论证主线：检验结果不能肯定有超标有害细菌⇒沙拉不是造成食用者不适的原因。

题干论证存在"诉诸无知"的问题，E项指出了此点。

A 项错误，实际上题干存在问题。

B、C 和 D 项均无关，所涉分别为"因果倒置""出现不适的速度""有些人没有出现不适"。

题 70 答案为 E 项。

论证主线：增加产量导致价格下降⇒增加产量导致利润减少。

题干论证存在"虚假前提"的问题——表明奇美公司的供应量还不足以"影响整个市场"，从而说明上述论证的前提未必成立，E 项指出了此点。

A、B、C 和 D 项均无关，所涉分别为"混淆长期与短期需要""混淆加工前后水晶的价格""与全球市场的联系性""生产与财务目标的一致性"。

题 71 答案为 E 项。

题干信息：这个问题时时刻刻缠绕着我，但我又暂时抛开了这个问题。

题干论证存在"自相矛盾"的问题，E 项指出了此点。

题 72 答案为 C 项。

论证主线：我现在可以有意识却无目的地举手⇒人有意识的活动未必有目的。

题干论证存在"自相矛盾"的问题——举手的目的是"支持己方"，C 项指出了此点。

题 73 答案为 A 项。

论证主线：两个系统测定均不合格（测出所有不合格∧3% 误检率∧不同时误检）⇒ 0 误检率。

A 项，一方面，两个系统的第一个属性相当于避免了"把不合格产品定为合格"的可能，从而说明两台机器 3% 的误检概率，只能是"把合格产品定为不合格"。另一方面，不存在"同时误检"，所以，该组合型系统不会出现"把合格产品定为不合格"的可能。综上，该组合型系统误检率必然为 0。

C 和 E 项错误，实际上题干论证是成立的。

B 和 D 项均无关，所涉分别为"附加信息""矛盾"。

题 74 答案为 C 项。

史论证主线：公开执行死刑可减少恶性犯罪⇒社会应允许执行死刑。

苏论证主线：上述议题存在一个前提——国家或社会是否有权剥夺个人生命。

题目所给事实为"死刑可减少恶性犯罪"，从而说明史观点的前提成立，因此史的观点得到加强；而此点与苏所说"上述议题的前提是什么"无关，因此苏的观点未受影响。

C 项与此相符。

>>>>>>>>>>>>>>>>>>>>>>>>>>>> 管综真题警戒线 >>>>>>>>>>>>>>>>>>>>>>>>>>>>

题 75 答案为 A 项。

论证主线：该事务所以刑事案件著称，老余以离婚案件著称⇒老余不是该事务所成员。

题干论证存在"分解谬误"——即使该事务所整体具有"以刑事案件著称"的属性，但不代表其"每个员工"都具有该属性，A 项指出了此点。

E 项无关，题干的论证是由"整体推断个体"，并非本项的"个体推断整体"。

B、C 和 D 项均无关，所涉分别为"成功率的具体数值""数据来源"。

第三篇 论证逻辑

题76 答案为 D 项。

论证主线：¬理解自己→¬理解别人⇒¬理解自己→¬理解别人。

题干论证存在"循环论证"的问题，D 项指出了此点。

A、B、C 和 E 项均无关，所涉分别为"没有定义""可能性""理解别人和理解自己的区别""换位思考"。

题型 22 归纳题型

题1 答案为 D 项。

根据题干信息，可得出如下链条：

电气革命→科学与技术创新结合→面临伦理道德问题和资源环境问题。

复选项Ⅱ与之不符，复选项Ⅲ与之相符。

题干所言"电气革命不可避免地导致了科学与技术创新的结合"，其中"不可避免（即，必然发生）"表明了电气革命是科学与技术创新结合的"充分条件"；而"导致了"表明电气革命是科学与技术创新结合的"原因"，因此，复选项Ⅰ也与之相符。

题2 答案为 B 项。

根据题干最后两句话，可得出定义如下：没人相信∨利大于弊→道德。

B 项可提炼为，¬道德→有人相信∧利小于弊，为上述命题的逆否命题。

题3 答案为 C 项。

麦老师给出规定如下：评委→博导。

宋老师的反例为：董（博导∧¬评委）。

宋老师的话存在"条件谬误"的问题——误把"博导"这个必要条件当成了充分条件，即把麦老师的话当成了"博导→评委"，从而举出了"董是博士生导师却不是评委"的例子加以反驳，C 项指出了此点，其余选项均与此不符。

题4 答案为 C 项。

游泳池给出规定如下：进入→合格证。

小林的情况为：合格证→进入。

小林的情况存在"条件谬误"的问题——误把"合格证"这个必要条件当成了充分条件，C 项指出了此点，其余选项均与此不符。

题5 答案为 A 项。

原本认知如下：鸡蛋→圆。

狗的情况为：圆→鸡蛋。

狗的情况存在"条件谬误"的问题——误把"圆"这个必要条件当成了充分条件，A 项指出了此点，其余选项均与此不符。

题6 答案为 E 项。

根据题干信息，可得出如下两条定义：

善行为→好动机∧好效果。

有意伤害∨伤害可遇见→恶行为。

S 女士虽然是"无意伤害",但既然答应了"帮助别人照看只有 3 岁的孩子",那么,若其照看的时候"不注意",确实容易发生意外,所以其行为的伤害性是"可以预见的",因此根据第二条定义,其行为确实是恶行为,E 项与题干相符。

A 和 C 项均与题干不符,A 项的行为"未产生伤害",C 项的行为"并非有意",所以均无法断定是恶的。

B 和 D 项均与题干不符,题干仅断定了"善行为的必要条件",并未给出"善行为的充分条件",所以无法仅凭题干便断定某行为是善的。

题 7　　答案为 E 项。

注意本题的相反陷阱,寻找的是"均符合定义,除了",即"不符合定义"的选项。

根据题干信息,可得出如下两条定义:

帕累托最优:别人不变坏→他自己不变好。

帕累托变革:别人不变坏∧他自己会变好。

E 项可提炼为,别人会变坏→他自己会变好,与题干"帕累托最优"的断定不符。

A 和 D 项,分别为题干中帕累托最优断定的"逆否命题或原命题";B 和 C 项,均指出帕累托最优和帕累托变革是"矛盾关系",均与题干断定相符。

题 8　　答案为 C 项。

价格"降回原价",但因为成本也降低,从而说明"利润未必降低",C 项与题干相符。

A 项与题干不符,题干通知中并未提及"说服校长"。

B、D 和 E 项均与题干违背,B 和 D 项均没有降低价格,从而违背"通知的字面要求",E 项与"没有因而减少盈利"相违背。

题 9　　答案为 E 项。

通过"定期培训"的方式,可以让工人的"技能更新速度赶上折旧速度",E 项与题目所求最相符。

A 和 B 项均与题目所求不符,所涉分别为"6 年"和"5 年",均长于"工人技能过时时限"。

C 和 D 项均不起作用,"定期走访"和"说明 AMT 会产生的影响"均对题目所求无作用。

题 10　　答案为 D 项。

若"限制兑换者的身份",那么获赠乘客便"无法转让上述机票",从而便可避免大北亚公司的损失,D 项与题目所求最相符。

A、B、C 和 E 项均不起作用,"赠送数量降低""兑换时限减少""机票时限减少"和"有效航线减少"均无法起到"避免经济损失"的作用。

题 11　　答案为 D 项。

D 项表明哪怕爱好相同的孪生兄弟,也有不同的饮食爱好,通过此类比,可以让两个孩子知道,即有吃小鱼的野鸭子,也有吃小虾的野鸭子,D 项最与题目所求相符。

A、B、C 和 E 项题干均不涉及,题干并未涉及"爱好的变化""事物的两面性""动物通人性"和"野鸭子与饲养鸭子的区别"。

题 12　　答案为 B 项。

B 项,表明当时的人类"在陆地上没有迁徙所需的食物",从而更能让人相信后者。

A、C、D 和 E 项题干均不涉及，所涉"亚洲人的常规行为""文化相似性""欧洲"和"文化发源时间"，均与亚洲人跨越到"北美洲"的"路径"无关。

题 13 答案为 D 项。

D 项单据数量和报销额均为"最低量"，因此哪怕有"补交单据"，也不会被推翻。

A 和 B 项均可能被推翻，A 项的"仅有 14 个单据"，B 项的"最多只有 3 个单据"，当补交新单据后，部分部门的单据便会增加。

C 和 E 项均可能被推翻，C 项的"总额为 5 234 元"，E 项的"报销额不比后勤部多"，当补交新单据后，部分部门的报销额便会增加。

题 14 答案为 D 项。

D 项学生数量和申请金额均为"最低量"，因此哪怕有"补交申请"，也不会被推翻。

A、B 和 C 项均可能被推翻，A 项的"仅有 14 名学生"，B 项的"最多有 7 名学生"，C 项的"共有 8 名学生"，当补交新申请后，部分系的申请人数便会增加。

E 项可能被推翻，其内容为"申请金额不多于后勤部"，当补交申请后，部分系的申请金额便会增加。

题 15 答案为 D 项。

大陈既不属于"1993 年以来已经献过血"，也不属于"1995 年以来在献血体检中不合格"，D 项与题干相符。

A、B 和 E 项均与题干违背，小张、小王和老孙均属于"1993 年以来献过血"的情况。

C 项与题干违背，小刘属于"1995 年以来在献血体检中不合格"的情况。

题 16 答案为 C 项。

陈小姐既不属于"学历在大专以下"，也不属于"完全没有管理工作实践经验"，C 项与题目所求最相符。

A 和 E 项均与题干违背，张先生和老孙均属于"学历在大专以下"的情况。

B 和 D 项均与题干违背，王女士和刘小姐均属于"完全没有管理工作实践经验"的情况。

题 17 答案为 A 项。

题干表明在并非使用不当的情况下，在三个月内销售的计算机保修，所以 A 项的"要求修理"是符合服务规定的，与题目所求最相符。

B 和 E 项均与题干不符，B 项的更换"在 50 天后"，E 项的更换"在一年后"，超出题干所承诺的"一个月内包换"。

C 和 D 项均与题干不符，C 项为"丢失"，D 项损失的原因是"不小心感染病毒"，均属于"使用不当"，超出题干所承诺的条件。

题 18 答案为 E 项。

王五"由于企业原因"提前"离开公司岗位"，但仍然"保留劳务关系"，属于下岗职工，E 项与题目所求最相符。

A、B 和 C 项均与题干不符，赵大大"半年前辞去了工作"，钱二萍"被解除工作合同"，张三枫"办理了退休手续"，均不符合"仍保留劳动关系"。

D 项与题干不符，李四"请病假"，不符合"由于企业的原因"这一条件。

题 19 答案为 B 项。

既然某涂料只能被"其自身或比其更深"的颜料覆盖，那么能被蓝色覆盖的涂料就只能是"蓝色、黄色和白色"，复选项 II 与之相符，复选项 I 和复选项 III 与之违背。

题 20 答案为 B 项。

B 项，所涉"走"为自主去往各地，符合"非消极撤退，掌握主动权"，与题干相符。

A 和 E 项均与题干不符，所涉"走"均为迫于无奈，不符合"非消极撤退，掌握主动权"。注意，既然是掌握主动权，那么意味着，原本可以进只不过选择了走。

C 项与题干不符，所涉"走"是为了摆脱困境前往远方，不符合"掌握主动权"。

D 项与题干不符，所涉"走"包含随遇而安、听凭环境的意思，不符合"掌握主动权"。

题 21 答案为 E 项。

题干中"格外"表明，区委书记对得到国家特殊政策的国有企业未能盈利"更加"着急，而对未能盈利的企业"一般"着急，E 项与题干相符。

A 项过度推理，题干仅表明"有些"得到国家特殊政策的国有企业未能盈利，无法推知"所有"上述企业均未能盈利。

B 项与题干违背，题干表明了"有些"得到国家特殊政策的国有企业未能盈利。

C 和 D 项，题干并未涉及让区委书记"放心"和"不着急"的事情。

题 22 答案为 A 项。

题干表明人类在世间是"最宝贵的"，即在解决世间问题上，人类是"最重要的"，A 项与题干相符。

C 和 D 项均与题干不符，题干中"宝贵"的属性归属于"人类全体"，这不意味着"每一个个体"的人类都宝贵，但也不意味着"每一个个体"的人类都不是最宝贵的。

B 项与题干不符，题干中"万物"指代"每个物种"，并非"一万个物种"。

E 项，题干并未涉及"其他物种的地位"。

题 23 答案为 E 项。

题干的警告主要强调环境保护具有"紧迫性"，E 项中"要尽快采取行动"与此相符。

A、B、C 和 D 项均与主题无关，所涉均为"人类未来是否在地球生存"，均与"紧迫性"无关。

题 24 答案为 A 项。

题干表明 16 岁以下少年难以"驾驶"大马力摩托车，A 项与题干相符，其余选项均与之不符。

题 25 答案为 D 项。

题干拍摄的距离为"18.7 千米"，属于"椭圆轨道"范畴之内，D 项与题干相符。

A 项题干不涉及，所涉为"传送"时间，但题干只给了"成像"和"公布"时间。

B 项与题干违背，所涉为"唯一"任务，但题干说明任务"共有六个工程"。

C项与题干违背，所涉为"100千米"拍摄，但题干拍摄的距离为"18.7千米"。

E项题干不涉及，所涉为"完成后失联"，但题干仅提到"任务完成"。

> **高能提示**
>
> 本题题干信息复杂，选项相对简单，因此，可将选项逐一代入以观察。

题26 答案为B项。

注意本题的相反陷阱，寻找的是"除哪项外，都是上述影响"，即"不是上述影响"的选项。

题干表明澳大利亚"东部"可能发生洪水，但B项为澳大利亚"西部"，与题干不符。

A项与题干相符，题干表明非洲东部地区"可能出现干旱"。

C项与题干相符，题干表明大西洋西岸"可能提前出现大雪"，并使该地区的"产粮区遭受破坏性旱灾"。

D项与题干相符，题干表明东亚的雨带"将往北移"。

E项与题干相符，题干表明"东太平洋沿岸国家"渔业将会获得丰收。

题27 答案为A项。

题干信息：目前粮食产量高于全球需求⇒将来不会出现粮食短缺引起的饥饿危机。

仅由"目前"粮食供应情况，无法推断"未来"，因此，若题干结论成立，必然假设了"将来粮食供应也不会短缺"，A项与题干相符。

B项与题干不符，题干只是说明不会有"粮食短缺引起的饥饿危机"，至于是否会有"饥饿危机"，题干并未提及。

C项与题干不符，题干只是说明"粮食分配"会引起饥饿危机，至于是否"将来会发生分配不均"，题干并未提及。

D项与题干不符，由题干信息只能得到粮食产量"将来不会短缺"，至于是否"高于目前"，题干并未提及。

E项与题干不符，题干只说明"目前"粮食产量高于需求，至于粮食需求是否"发生变化"，题干并未提及。

题28 答案为C项。

注意本题的相反陷阱，寻找的是"与以上观点不符"的选项。

题干表明电视节目有"正反"两方面的作用，而题干结论为家长应该"指导和约束"孩子看电视，C项与题干违背。

A、B和E项，既然家长应该"指导和约束"孩子看电视，而"限制时间""教会选择节目"和"教育分析节目"，均属于此点，均与题干相符。

D项，既然电视节目有"正"面作用，而"增长知识"属于正面作用，与题干相符。

题29 答案为A项。

注意本题的相反陷阱，寻找的是"不可能真实"，即"必然不真实"的选项。

题干表明瑞典科学家的发现是该领域中"首次提出"，复选项I所涉时间早于题干，但其研究结论却与题干相同，与题干违背。

复选项Ⅱ和复选项Ⅲ均不与题干违背，即使题干的研究结论是真理，但这最多说明此两项的"研究结论不对"，但不能说明"科学家没有发表过这些内容"。注意，题目所言"真实"是选项所叙述的事情是否发生过，而非该事情是否正确。

题30 答案为 E 项。

注意本题的相反陷阱，寻找的是"均符合题干，除了"，即"不符合题干"的选项。

题干区分的是"人"，至于是否可以区分"行为"，题干并不涉及，E 项与题干不符。

A 项与题干相符，既然性别和行为特征的"区分结果"不同，那么两者均不可决定对方。

B、C 和 D 项均与题干相符，既然性别和行为特征均不可决定对方，那么女人"可以有阳刚行为"，男人也"可以有阴柔行为"，同一个人"可以同时有不同的行为"。

题31 答案为 C 项。

注意本题的相反陷阱，寻找的是"均不违反原则，除了"，即"违反原则"的选项。

结合补充条件后，可得到如下信息：官员"除允许都禁止"，平民"除禁止都允许"，官员和平民约束力不同。从而可得到如下示意图：

法律允许的社会行为	法律未规定的社会行为	法律禁止的社会行为
官员允许	官员禁止	官员禁止
平民允许	平民允许	平民禁止

上述示意图无法得出"官员允许但平民禁止"的行为，C 项与题干违背。

A、B、D 和 E 项均与题干相符，均能从上述示意图得出。

题32 答案为 A 项。

注意本题的相反陷阱，寻找的是"与题干不相符"的选项。

题干信息：通过公正、公平、公开的比赛，选出了 U 选手和 V 选手。

既然 W 成绩更好，那么"三公型"选拔赛更应选 W 选手而非 U 选手，A 项与题干违背。

B 项与题干相符，X 选手虽然"成绩最好"，但使用"违禁药品"，因此依然可以选择 U 选手和 V 选手。

C 项与题干相符，W 选手虽然"本赛季成绩最好"，但有可能"选拔赛成绩较差"，因此依然可以选择 U 选手和 V 选手。

D 项与题干相符，U 选手在 2008 年"禁赛两年"，因此依然可以参加"2011 年的选拔赛"。

E 项与题干相符，题干并没有"年龄限制"，因此依然可以选择 V 选手。

题33 答案为 E 项。

注意本题的相反陷阱，寻找的是"最不符合"的选项。

题干信息：没有征收接触鹦鹉的安全税⇒取消危险性比赛的安全税。

题干"取消安全税"相当于"降低成本"，E 项为"增加成本"，与题干违背。

A、B、C 和 D 项，所涉分别为"补贴教育""新闻媒介""高科技手段""其他保护方式"，题干均未涉及。

> **高能提示**
> 本题的重点在于比较，与题干信息违背的选项要比无关项更符合"最不符合"的要求。

题 34 答案为 D 项。

注意本题的相反陷阱，寻找的是"除哪些项外，表达了题干的思想"，即"没表达"的选项。

题干表明"金钱不是万能的"，复选项 I 与题干相符，复选项 II 与题干违背。

复选项 III 与题干相符，题干表明"没有钱是万万不能的"。

复选项 IV，题干并未涉及"钱多了会惹是生非"。

复选项 V 与题干相符，题干表明"发不义之财是绝对不行的"。

题 35 答案为 E 项。

注意本题的相反陷阱，寻找的是"都符合含义，除了"，即"不符合"的选项。

题干仅表明高考制度"存在缺陷"，但这不意味着实际水平不合格者被录取，就是"舞弊所致"，E 项过度推理。

根据题干最后一句话，高考是"相对最好"的方法，A 和 D 项均与题干相符。

根据题干第一句话，高考确实"存在缺陷"，B 和 C 项均与题干相符。

题 36 答案为 A 项。

注意本题的相反陷阱，寻找的是"不是上面的文中之意"的选项。

题干表明"除了产品质量外"，"服务"也是企业的目标，A 项与题干违背。

B 和 D 项，既然"产品质量"还是企业的目标，而"符合需求""超越顾客期待"均属于"高质量"，均与题干相符。

C 和 E 项，既然"服务"也是企业的目标，而"为顾客着想的员工""解答和记录顾客问题和意见"，均属于"服务"，均与题干相符。

题 37 答案为 C 项。

注意本题的相反陷阱，寻找的是"除了哪项，都持否定态度"，即"不持否定态度"的选项。

既然是反对"校中校"，那么就不能"一味满足"对特需生的需求，C 项与题干违背。

A、B、D 和 E 项均在反对"校中校"，A 项"国家投入"，B 项"现在家庭经济条件"，D 项"公平性"，E 项"公款私用"，均从不同角度反对了"校中校"。

题 38 答案为 A 项。

注意本题的相反陷阱，寻找的是"不可能的功能"，即"必然不是的功能"的选项。

A 项做出判断的依据为"时间长短"，这并非"对主人的感知"，因此与题干违背。

B、C、D 和 E 项均与题干相符，所涉分别为"感知主人是否疲劳""减轻主人烦躁心理""根据主人喜好调整"和"觉察使用者心情烦躁"，均与题干"判断心情"或"琢磨好恶"相符。

题 39 答案为 D 项。

注意本题的相反陷阱，寻找的是"最不符合"的选项。

题干表明古诗文诵读可以"促进学习"，而 D 项认为中学以后应集中学习数理化课程，这意味着古诗文诵读会"耽误学习"，D 项与题干违背。

A 项与题干相符，题干抽取的样本数量巨大，从而表明采取的研究方法确实可能"有效"。

B 项与题干相符，题干表明古诗文诵读可以"修身养性"，从而表明确实有可能对"精神文明建设"有重要意义。

C 项与题干相符，希望工程的成功经验，可以迁移到"中华古诗文经典诵读"工程。

E 项与题干相符，题干仅表明"多数家长和教师"认为此项工程有益，那么就有可能"少数家长和教师"认为此项工程有害。

题 40 答案为 D 项。

注意本题的相反陷阱，寻找的是"除了哪项，均可能是上述论述表达的意思"，即"不是上述论述表达的意思"的选项。

既然题干强调了最杰出科学家的收入"应该和其他人群中最杰出者"相比，从而可以说明，最杰出科学家的收入应该"高于其他人群中一般者"，D 项与题干违背。

A 项不与题干违背，题干仅表明科学家"平均收入"与他们做出的贡献相比太低，这并不代表"所有科学家"收入都低于其贡献。

B 项，根据 D 项分析，本项与题干相符。

C 和 E 项均不与题干违背，既然题干表明科学家平均收入与他们做出的贡献相比太低，那么最杰出科学家的收入，确实"不应该，但有可能"低于其他人群中最杰出者。

题 41 答案为 C 项。

注意本题的相反陷阱，寻找的是"与题干有矛盾"的选项。

10 月 8 日的交易价格为"15.99~17.30 美元"，而 10 月 7 日的交易价格为"16.99~18.38 美元"，若某人在 10 月 8 日购买的价格为当日最高价，而另一人在 10 月 7 日购买的价格为当日最低价，那么前者反而比后者更"费钱"，C 项与题干违背。

A、B、D 和 E 项，题干并未涉及"产地""美国市场地位""韩国市场地位"和"供应商的敏感度"。

题 42 答案为 C 项。

注意本题的相反陷阱，寻找的是"判断有误"的选项。

在我国，既用"专线"又用"拨号"方式上网的用户数量为 68 万（144 万 +324 万 − 400 万 =68 万），其占 144 万使用"专线"上网用户的比例约为"47.22%"，这不能称之为"多数"也在使用拨号方式上网，C 项与题干违背。

B 项与题干相符，题干专线与拨号上网用户之和"远超"上网用户总数，所以确实没法用"四舍五入"来解释这一现象。

A、D 和 E 项，题干并未涉及"先进国家的情况""设备能力情况"和"其他年份的上网用户数量"。

题43 答案为 D 项。

注意本题的相反陷阱，寻找的是"除了哪项，都相符合"，即"不符合"的选项。

题干仅能说明中国核技术存在"美国所需"的内容，这不代表中国核技术"就能与美国抗衡"，D 项过度推理。

A、B 和 C 项均与题干相符，题干表明在过去"多次"交流会期间，"美国曾获得过"许多中国的核技术资料，从而说明中美曾"长期一起探讨过彼此感兴趣"的核子技术。

E 项与题干相符，既然美国"从中国获得过"核技术资料，那么哪怕中国"也借此获取美方核机密"，那么美方也不应该指责。

题44 答案为 D 项。

注意本题的相反陷阱，寻找的是"除了哪项外，都是"，即"不是"的选项。

题干仅表明"大多数管理人才"接受过大学教育特别是 MBA 教育，这不代表"大多数接受 MBA 教育的人"是管理人才，根据性质命题的换位性质，涉及"大多数"的命题没法直接互换，D 项与题干不符。

A 项与题干相符，题干仅表明大多数管理人才"接受过大学教育"，那么就有可能存在管理人才接受的是非 MBA 的大学教育。

B 项与题干相符，题干表明许多"没大学学历的人"也能成为著名企业家，而没有大学学历，很有可能没有经历 MBA 教育阶段。

C 和 E 项均与题干相符，题干表明得到 MBA 学位"并不意味着成功"，那么就有可能存在接受过 MBA 教育的人"未必能管理好企业"，还需要"实践经验"。

> **高能提示**
>
> 本题 E 项所提的"破产"，确实无法直接由"得到 MBA 学位并不意味着成功"得出，有过度推理的嫌疑，但是本题选择的是"不是文中之意"的选项，D 项本身就无法得出，而 E 项只是推理略显过度，此时 D 项相对更好。

题45 答案为 B 项。

注意本题的相反陷阱，寻找的是"都是缺点，除了"，即"不是缺点"的选项。

"需要适应新的变化"是任何计划，甚至是企业平常管理过程中都需要面对的，因此不能算是"上述计划的缺点"，B 项与题干不符。

A、C、D 和 E 项均与题干相符，所涉"人心浮动""候选人减少""最好的管理者提前退休"和"剩下的管理者负担加重"都是上述计划的"缺点"。

题46 答案为 A 项。

注意本题的相反陷阱，寻找的是"除了哪项，都有关"，即"无关"的选项。

"对链接网站时间过长"而着急，是针对"等待时间过长"，并非针对"自己上网到深夜"，况且，上网到深夜的原因完全有可能是"工作"，因此 A 项与题干不符。

B、C、D 和 E 项均与题干相符，B、C 和 D 项所涉分别为"限制上网而未果""因减少上网而动怒"和"因上网而影响到生活或工作"，均为互联网瘾导致的"荒废学业、影响工作"的"恶果"，E 项直接可以表明是否"沉迷互联网"，且因沉迷互联网而撒谎，也算是"网瘾的'恶果'"。

> **争议分析**
>
> 本题存在争议，争议出现在"A 和 E 项"。上文是正面试题解析，这里阐述一下我对本题争议的解读，首先，给出争议者的思路。
>
> 不选 A 项的思路：上网到深夜并为链接某个网站时间过长而着急与"互联网瘾"相关。
>
> 选 E 项的思路：撒谎属于诚信问题，并不与"互联网瘾"相关。
>
> 其次，我认为本题还是选 A 项。
>
> 一方面，A 项着急的是"等待时间长"，并不是着急"自己上网到深夜"，所以这与"互联网"无关，而题干也并未说明是因为"网瘾"而上网到深夜，完全有可能是出于"工作"。
>
> 另一方面，E 项的撒谎虽然属于"诚信问题"，但也是因为"网瘾"而撒谎，所以"网瘾"是撒谎的"直接原因"，从而这也算是"网瘾的危害"。
>
> 最后，本题争议之因在于对 A 和 E 项的"收敛思维的理解"，这是现今联考考查的重点。

题 47 答案为 E 项。

注意本题的相反陷阱，寻找的是"最不可能相符"的选项。

题干所涉为"打电话的费用"与老板"推出目的"无关，E 项题干未涉及。

A、B、C 和 D 项均与题干相符，所涉分别为"手机价格""接收广告的功能""入网费用"和"手机需要接收广告"，均可以作为"打手机不花钱"的理由。

题 48 答案为 A 项。

题干表明，原告不具有"有了就能定被告罪名"的证据，复选项 I 可以推出。

复选项 II，过度推理，题干仅能说明缺少定罪的"充分性证据"，并不能说明缺少定罪的"必要性证据"。

复选项 III，题干并未涉及"事实情况"。

题 49 答案为 A 项。

注意本题相反陷阱，寻找的是"除了以下哪项，均可推出"，即"无法推出"的选项。

老师意思：¬完成→¬游戏。

学生意思：完成→游戏。

根据老师的意思，A 项无法推出，B、D 和 E 项均可推出。根据学生的意思，C 项可以推出。

题 50 答案为 D 项。

根据题干信息，可得出如下两个条件：

有人只接受理疗，有人接受理疗和药物双重治疗，两者效果相当。

对于接受药物治疗的人来说，要想获得效果，药物治疗不可缺少。

两个条件结合后可知，对于接受理疗和药物双重治疗的人来说，"药物"是获得"效果"不可缺失的条件，即药物是获得效果的必要条件，复选项 I 可以推出。

第一个条件表明，对于只接受理疗的人来说，哪怕"没有药物"，也会"具有效果"，从而，这违背了必要条件的本质含义——没了不行，所以，药物对于获得效果来说并不必要，复选项 II 可以推出。

复选项 III，题干并未涉及"理疗"和"效果"的关系。

题 51 答案为 C 项。

根据题干信息，可得出如下两个条件：

有了敏感度、分析能力、勇气⇒成功的外交决策。

没有敏感度、分析能力、勇气⇒外交经验没有价值。

根据第一个条件，只要有了敏感度、分析能力、勇气，哪怕"没有外交经验，也会做出成功的外交决策"，从而，这违背了充分条件的本质含义——有了就行，所以，外交经验对于外交决策来说，并不充分。

根据第二个条件，表明在没有敏感度、分析能力、勇气的情况下，哪怕"有了外交经验"，也可能不会做出成功的外交决策，从而，这违背了必要条件的本质含义——没了不行，所以，外交经验对于外交决策来说，并不必要。

因此，C 项可以推出，D 和 E 项与题干不符。

A 项，题干并未涉及"外交经验"的比较。

B 项与题干不符，题干只是表明在没有敏感度、分析能力、勇气的情况下，外交经验"没有价值"，这只能说明"可能"不会做出成功的外交决策，但不能等同于"一定"不会做出成功的外交决策，因此，无法得出敏感度、分析能力、勇气对于外交决策来说非常必要。

题 52 答案为 C 项。

根据题干信息，可得出如下三个条件：

存在封建主义→存在贵族阶级→贵族封号和世袭地位受到法律确认。

公元八世纪，便有封建主义。

直到十二世纪，贵族世袭才受到法律确认。

若第二个条件成立，那么，经第一个条件可传递出，公元八世纪法律就确认了贵族世袭，这与第三个条件违背。从而，可能会有多种情况，例如：

情况一，公元八世纪到十二世纪，可能还没有封建主义，若如此，则第二个条件便不可以经第一个条件往下传递。

情况二，封建主义确实存在，但并不存在严格意义上的"贵族阶级"，若如此，则第二个条件，便不与第三个条件违背。

复选项 I 与题干违背。首先，题干可能的情况有多种，复选项 I 所涉内容未必"一定为真"；其次，题干已经说明，封建主义概念出现时就假设了贵族阶级存在，所以哪怕是有其他含义的封建主义概念，其也会与第三个条件违背。

复选项 II 与题干不符，第一个条件首尾截取后只能得到"存在封建主义→贵族封号和世袭地位受到法律确认"。

复选项 III 与题干相符，其所涉内容与情况二相符，即确实"可能"不存在严格意义的贵族阶级，因此复选项 III 必然为真。

题 53 答案为 C 项。

题干由"现在的"粮食产量略高于需求量，推断"预计的"粮食产量不会导致饥荒，从而可以说明预设了"世界粮食产量可以满足需求量"，C 项可以推出，E 项与题干违背。

A、B 和 D 项，题干并未涉及"粮食需求量的变化""好的分配制度的作用"和"现存分配制度的改进问题"。

题 54 答案为 B 项。

论证主线：人类只能通过化石确认和研究原始人类⇒原始人类是否有青春期难以得知。

题干由"只能通过化石",推断原始人类是否有青春期"难以得知",从而可以说明预设了化石"无法测定青春期",而青春期的测定"必须基于同一个体",B 项可以推出此点。

E 项与题干相违背,若原始人类性器官"无须逐渐发育",则原始人类很可能"没有青春期",从而便能知晓原始人类是否有青春期。

A、C 和 D 项与题干不符,"了解祖先""性器官发育到成熟所需时间"和"骨架化石完整度"均与"原始人类是否有青春期"无关。

题 55 答案为 C 项。

张论证主线:智人遗址中有烧焦羚羊骨头碎片化石⇒人类进化早期懂得用火烧肉。

李论证主线:智人遗址中有烧焦智人骨头碎片化石⇒人类进化早期未必懂得用火烧肉。

李通过"烧焦智人骨头碎片"与"烧焦羚羊骨头碎片"的类比,攻击张教授的论证,说明人类进化早期"未必懂得用火烧肉",从而说明了上述智人骨头碎片"并不是被人类控制的火烧焦的",C 项是其要说明的内容。

B 项,过度推理,题干仅能说明人类进化早期"未必懂得用火烧肉",这不代表着"智人不可能懂得取火、用火"。

A、D 和 E 项,题干并未涉及"森林大火的发生概率""智人喜好"和"考古学发现"。

题 56 答案为 B 项。

题干表明儿童小玩具会变成"顾客自选",这反而不利于"需要营业员"的商品的销售,B 项与题目所求最相符。

D 项与题干不符,即使"儿童自己看不懂说明书",这不代表"家长看不懂",因此这未必会影响玩具销售量。

A、C 和 E 项题干均未涉及,顾客自选与"占地""启发智力"和"玩具颜色的吸引力"均无关。

题 57 答案为 C 项。

题干表明"从谷物中提取的酒精"和"进口石油"存在竞争关系,从而当"进口石油的价格"下跌,那么"进口石油的需求"会有上升趋势,进而"谷物需求"会有下降趋势,因此"谷物价格"会有下降趋势,C 项可以推出,D 项与题干违背。

A 和 B 项均与题干不符,谷物"进出"能源市场,是进口石油价格变动的"原因",并非其"结果"。

E 项,题干并未涉及"国产石油"。

题 58 答案为 E 项。

乙方表明,"当时的"问题,甲方却"放到本次商业谈判"之中,其意图只能是在"本次商业谈判中"获得好处,E 项可以推出。

B、C 和 D 项均过度推理,题干均不涉及"证据""麻烦"和"面子"的问题。

A 项题干并未涉及,乙方仅表明"甲方过去没要求赔偿",并未涉及指出"甲方现在要求赔偿"。

题 59 答案为 E 项。

题干表明"容易感染麦角碱"的黑麦,是"贫穷农民"的主要食物来源,从而可以说明,贫穷农民"更容易受到麦角碱的危害",E 项可以推出。

C 项过度推理,不食用黑麦顶多避免"黑麦上的麦角碱",这不意味着可以避免"其他作物上的麦角碱"。

A、B和D项，题干并不涉及"中世纪以前的情况"和"人们对麦角碱危害的认知"。

题60 答案为B项。

题干中小王用"70年前用左手会挨打"，来说明为何"当今85岁到90岁的人中，很难找到左撇子"，从而表明"社会压力"会影响用手习惯，而"用手习惯"也和遗传相关，B项可以推出。同时，本项也可针对整体而言，对于"被迫使用右手"的人，是社会压力所致；对于未被迫的人，便是遗传优势所致。

A、C、D和E项，题干并不涉及"长寿""逼迫人改变用手习惯是否有害""与过去不同的社会态度"和"养成良好及不良习惯的作用"。

题61 答案为A项。

公司可聘用实习生数量是与经费相关的，既然公司告知目前的经费无法为所有申请者提供相应岗位，那么这就意味着，申请实习生工作的人数"已超公司所需"，A项可以推出。

B项过度推理，题干并未指明"被拒绝的高素质申请者"是谁，也未断定"所有被拒绝者均是高素质申请者"。

C项过度推理，题干仅说明"经费有限"，不等于"经费很少"。

D和E项，题干并未涉及"公司是否犹豫""多少学生能够胜任"。

题62 答案为A项。

因为"约50%"的购房者是"25岁至35岁"的人，那么剩余"50%"的购房者只能要么是25岁以下，要么是35岁以上，复选项 I 可以推出。

复选项 II 与题干不符，因为题干仅说明"25岁至35岁"的购房者中，有"65%"的人没有私家车，完全有可能，其他年龄段的购房者有更多的人没有私家车。

复选项 III，所涉为"滞销"，题干并未涉及。

题63 答案为A项。

根据题干信息，可得出如下条件：

1月1日（星期日），往后有52周（共364天）；第365天为星期日（如是闰年，则第366天为星期一）；次年1月1日又恢复到星期日。

因为"结婚纪念日"是"按年"循环，第二年的"今天"日期不变，从而根据"次年1月1日又恢复到周日"，不论结婚纪念日在哪天，都不会改变其当天为星期几，复选项 I 可以推出。

复选项 II 和复选项 III 均与题干违背，因为"公休日"是"按星期（也就是7天）"循环，第一年内，必然都是"星期日休息"，从而第365天（星期日）其依然休息，但若本年为平年，其下一次的休息为第二年的第7天（星期六）；若本年为闰年，其下一次的休息为第二年的第6天（星期五）。

> **高能提示**
> 题干真正的条件，是从"约定"之后开始的，其之前的信息均为干扰信息。

题64 答案为D项。

根据题干信息，可得出如下两个条件：

人应该对正常行为负责（包括触犯法律的正常行为）。

人不应该对不可控行为负责。

通过上述第一个条件可以推出复选项Ⅰ。

通过上述两个条件结合后可以推出复选项Ⅱ。

复选项Ⅲ，题干并未涉及"不可控行为"与"触犯法律"的关系。

题 65 答案为 E 项。

复选项Ⅰ过度推理，题干仅表明"活性乳钙"被全国十分之九的医院使用，这不代表"旺堆山温泉的活性乳钙"被全国十分之九的医院使用。

复选项Ⅱ过度推理，题干仅能说明全国十分之一的医院"没有用活性乳钙"治疗牛皮癣，这不代表这些医院"不治疗牛皮癣"。

复选项Ⅲ，题干并未涉及"治疗点"。

题 66 答案为 B 项。

复选项Ⅰ与题干不符，题干仅表明"两次世界大战期间"火山爆发次数"恰好下降"，这并不能说明两者具有因果联系。

复选项Ⅱ与题干相符，题干表明20世纪火山爆发次数"缓慢上升"，但火山"活动性不变"，因此，若火山活动性是火山爆发的"唯一原因"，那么20世纪火山爆发次数"应该也比较稳定"，从而只能说明，火山活动性并非火山爆发的唯一原因。

复选项Ⅲ，题干并未涉及"19世纪火山爆发的频率"。

题 67 答案为 A 项。

题干表明该黄蜂必须"准确注入恰好数量的卵"，从而说明其必然可以"准确区分虫卵大小"，复选项Ⅰ可以推出。

复选项Ⅱ和复选项Ⅲ，题干并未涉及"黄蜂主要出现地区"和"注入的卵较多与较少而引起死亡可能性的比较"。

题 68 答案为 C 项。

注意本题的相反陷阱，寻找的是"除哪项以外，都是进一步论述"，即"非进一步论述"的选项。

题干所涉为"要采用反倾销"武器，而C项所涉为"反倾销"武器的"弊端"，倾向于"不要采用"，C项与题干违背。

题干所涉为"要采用反倾销"武器，那么便需要制定相关的法律、法规，E项可以推出。

题干提出我国不能"一味好让不争"，也要采用"反倾销"武器，从而可以说明，其他国家对我国市场采用了此种方式，A、B和D项可以推出。

题 69 答案为 D 项。

注意本题的相反陷阱，寻找的是"不能从推理得出"的选项。

D项与题干违背，题干表明使用"谐音成语"会造成"广告停播"。

A项与题干相符，题干表明使用不当汉字的罚款，是简繁混用的"十倍"，而罚款的数额往往与"危害大小相关"。

B项与题干相符，题干表明使用不当汉字的罚款，是简繁混用的"十倍"，而简繁混用的罚款是"1 000元"。

C项与题干相符，题干表明要"重申"简繁汉字混用问题，从而说明这不是"第一次"反对。

E 项与题干相符，题干表明使用"谐音成语"的惩罚，是广告停播并且罚款 10 万元，从而说明停播与罚款是"两项惩罚"。

题 70 答案为 D 项。

根据题干信息，可得出以下两个条件：
A（颜色）；B（形状）；C（¬颜色∧¬形状）。
命令拿红球；1 号（红方块）；2 号（蓝球）。
根据第二个条件，1 号必然无法识别形状，从而必然不是 B 型；2 号必然无法识别颜色，从而必然不是 A 型，但均无法断定它们是否为 C 型，D 项可以推出。

题 71 答案为 C 项。

根据题干信息，可得出如下两个条件：
笔迹识别软件：除了能识别笔迹，还能识别力度、速度等特征。
最在行的伪造签名者无法模仿所有力度、速度等特征。
将上述两个条件结合后，可得到"无人能破解"笔迹识别软件所设的签名密码，C 项可以推出。
A 和 B 项均与题干不符，题干的特征有多个，某伪造签名者完全可能只是无法模仿别的特征，而"力度和速度"均能模仿。
D 和 E 项，所涉为"银行系统""指纹"，题干均未涉及。

题 72 答案为 A 项。

根据题干信息，可得出如下两个条件：
胆固醇含量越高⇒患致命的心脏病风险的概率越高。
抽烟、饮酒和运动等因素会影响胆固醇含量。
上述两个条件结合后可以推出复选项Ⅰ。
复选项Ⅱ，题干并未涉及"胆固醇含量不高时"人患"心脏病风险"的情况。
复选项Ⅲ，题干并未涉及"当今人类死亡的主要原因"。

题 73 答案为 C 项。

题干信息：共 300 人，1/3 答知道道尔，1/5 答知道卡达特，撒谎者不多于 160 人⇒测谎器 100% 准确。
复选项Ⅰ，题干并未涉及"回答问题的数量"。
复选项Ⅱ，题干并未涉及是否可以"都撒谎"。
当撒谎者两个问题都撒谎时，不撒谎人数最多，此时共有 2/3×300=200 人，复选项Ⅲ可以推出。

题 74 答案为 C 项。

题干信息：总体、低焦虑状态、中焦虑状态考生中，咀嚼口香糖比不咀嚼焦虑感低。
C 项可以推出，D 项与题干信息违背。
A、B 和 E 项，题干并未涉及"高焦虑状态的考生"和"焦虑的原因"。

题 75 答案为 A 项。

根据题干信息，可得出以下两个条件：
吸毒比不吸毒的女孩，更易患抑郁症；酗酒比不酗酒的男孩，更易患抑郁症。
抑郁症会使有不良行为的孩子行为更加出格。

上述两个条件结合后可以推出 A 项。
B、C 和 D 项，题干并未涉及"男孩与女孩的比较""抑郁的其他后果"和"坏习惯"。
E 项与题干不符，题干仅说明抑郁症容易导致有不良行为的孩子"行为更加出格"，并未说明"有抑郁症的孩子都会有行为出格"。

题 76 答案为 A 项。

根据题干信息，可得出以下两个条件：
增加进食次数∧进食总量不变→血脂水平会降低。
大多数人增加进食次数会吃更多的食物。
第二个条件否定了第一个条件的前件，从而未必能得出"血脂水平会降低"的结论，A 项可以推出。
C 项与题干违背，第二个条件表明进食总量"受进食次数的影响"。
B、D 和 E 项，题干并未涉及"最佳方式""血脂水平与进食量的关系"和"就餐时间"。

题 77 答案为 C 项。

根据题干信息，可得出以下两个条件：
可以产生杂交种子后代⇒在山奇尚存的地域应人工培育雏菊。
杂交品种会失去父本或母本的重要特性。
上述两个条件结合后可以推出 C 项。
A、D 和 E 项，题干并未涉及"负面影响""激烈竞争"和"替代品"。
B 项与题干不符，题干仅说明"杂交品种会失去重要特性"，并未说明"失去所有特性"。

题 78 答案为 C 项。

注意本题的相反陷阱，寻找的是"均可以推出，除了"，即"不可以推出"的选项。
C 项与题干不符，题干仅提及"为嫦娥三号实施着陆做好前期准备"，并未说明"做出精确选择"。
A 项与题干相符，题干提及"嫦娥二号的 CCD 相机分辨率比嫦娥一号提高了很多"。
B 项与题干相符，题干提及"嫦娥三号的 CCD 相机不光能拍照，还能根据……"。
D 项与题干相符，题干提及"嫦娥三号……在软着陆过程中……选择适宜降落的平坦表面"。
E 项与题干相符，题干提及"嫦娥三号……'临机决断'为着陆器选择……"。

题 79 答案为 B 项。

注意本题的相反陷阱，寻找的是"最不可能支持"，即"必然不支持"的选项。
B 项，题干并未涉及"抽象的数学理解能力"。
A 项与题干相符，题干所提的"对数学的深刻理解是抽象的而非想象的"可推出此项。
C 项与题干相符，题干提及"图示方法……有助于它们处理培养抽象运算符号的能力"。
D 项与题干相符，题干所提的"图示方法使得这门课比较容易学，因为……这有助于培养他们处理处理抽象运算符号能力"可推出此项。
E 项与题干相符，题干提及"图示方法是几何学课程的一种常用方法……对代数概念进行图解会有同样效果"。

题 80 答案为 C 项。

注意本题的相反陷阱，寻找的是"贡献最小"的选项。
既然教授可以"删掉一些章节"，那么这反而不利于"系统的理解"，C 项与题干违背。

A、B、D 和 E 项均与题干相符，所涉均是"个性化"教学有可能带来的。

题81 答案为 D 项。

注意本题的相反陷阱，寻找的是"最不利于实现"的选项。

题干表明英语教学会趋于"个性化"，这反而不利于"统一"英语考试成绩的提高，D 项与题干违背。

A、B、C 和 E 项均与题干相符，所涉均是"个性化"教学有可能带来的。

题82 答案为 B 项。

注意本题的相反陷阱，寻找的是"最不可能为真"，即"必然为假"的选项。

根据题干信息，可得出以下三个条件：

烟斗、雪茄＜香烟。

吸香烟者戒烟可免除危害。

吸香烟者改吸烟斗或雪茄，则危害不变。

根据第一个条件可知，只吸烟斗或雪茄的危害，低于只吸香烟的危害；根据第三个条件可知，只吸香烟的危害，等于从香烟改吸烟斗或雪茄的危害。综上可知，一直只吸烟斗或雪茄的危害，低于从香烟改吸烟斗或雪茄的危害，B 项与题干违背。

A、C、D 和 E 项，题干并未涉及"香烟对所有吸香烟者健康的危害程度""同时吸三种烟的情况""吸烟斗或雪茄者改吸香烟受到的健康危害情况""烟斗与雪茄的比较"。

题83 答案为 A 项。

注意本题相反陷阱，寻找的是"不可能为真"，即"必然为假"的选项。

根据题干信息，可得出以下条件：

在该标准实施的前三个月中，"宏达"车月销售量不变，但汽车市场份额占比下降。

根据上述条件可知，既然"宏达"车的市场份额占比下降，但"宏达"车月销售量不变，那么必然"汽车市场总销量增加"，从而不可能"其他汽车的销售量都下降"，A 项与题干违背。

B、C、D 和 E 项，题干并未涉及"之前的三个月中""标准不实施的情况""标准继续实施的情况"和"利润"。

题84 答案为 B 项。

注意本题的相反陷阱，寻找的是"不可能发生"，即"必然不发生"的选项。

张三兑换的是 8 000 元现金，如果李四当真认为张三中了 8 000 元，那么李四就不会去和张三打官司了，B 项与题干违背。

A 和 C 项均与题干不违背，张三看到彩票数字以及兑换后的状态都是"开心"，因此确实有可能认为自己中奖 8 000 元。

D 项与题干不违背，李四完全有可能只是认为张三中的不是 8 000 元。

E 项，题干并未提及"仔细刮开"。

题85 答案为 B 项。

史论证主线：有初始作品完成后添加的痕迹⇒去掉任何后来添加的东西。

张论证主线：画家普遍都有再添加的习惯⇒？。

张通过提出新的因素——有添加痕迹，很可能是"原作者"所为，想要反驳史的论证，因此，如果去掉这些"痕迹",那么便难以完全体现"原作者"的意图,B 项是其结论,其他选项均不是其结论。

题86 答案为 B 项。

题干信息:开采技术至少 50 年后才能达到,当下问题到那时解决太晚⇒月球开采提议荒谬。

题干通过"提出新的因素"——开采技术与当下问题"至少隔了 50 年",想要反驳"用月球上的氦-3 解决能源危机"的观点,B 项是其结论。

A 项过度推理,题干只能说明 50 年后才解决太晚,并不代表"50 年内解决太晚"。

C 项过度推理,题干只能说明现在做不到开采,并不代表"一直做不到开采"。

D 项过度推理,题干只能说明开采月球上的氦-3 的技术至少需要 50 年,并不代表"所有技术均如此"。

E 项过度推理,题干只能说明开采月球上的氦-3 无法解决近期问题,并不代表"所有太空计划永远无法解决地球问题"。

题87 答案为 C 项。

题干信息:某遗传缺陷会导致赛马丧失赛跑能力、瘫痪甚至死亡⇒应停止饲养有此种缺陷的赛马。

饮食和医疗可控制该遗传缺陷⇒该看法片面(不应停止饲养有此种缺陷的赛马)。

题干通过"提出新的因素"——该遗传缺陷可控制,削弱了赛马饲养者的看法,C 项是其结论。

A 项并非结论,题干最后一句话确实能说明本项,但最后一句话仅是补充,而非重点。

B 项并非结论,该遗传缺陷可控制确实能说明本项,但其是为了进一步证明"该看法片面"。

D 项与题干不符,题干只能说明此种疾病可以控制,并不涉及"部分赛马实际无法控制的原因"。

E 项,题干并未涉及"病变"。

题88 答案为 B 项。

题干信息:死亡病例中与饮酒相关的比例逐年上升⇒由于酗酒现象越来越严重。

酗酒过去仅在道德上受批评,现在被认为是病⇒?⇒该看法有漏洞(与饮酒相关的死亡比例上升未必由酗酒造成)。

所要补充的内容,是可以用来攻击上述第一个论证的。题干通过指出"酗酒过去仅是道德问题,现在被认为是一种疾病"表明,很多死亡疾病"现在可以与酗酒构建联系",从而,死亡病例中"与饮酒相关的比例提高",可能是由于"酗酒概念改变",未必是"酗酒更加严重"所致。因此,B 项是所要补充的内容。

A 项与题干违背,题干的攻击只是在说明,上述第一个论证前提未必能推出结论,并未说明其"前提数据有误"。

C、D 和 E 项均与题干不符,题干只是说明"死亡病例与饮酒相关的比例上升"未必是"酗酒现象变严重"造成的,并不涉及"酗酒是否应该受到道德批评""酗酒是否实际上很严重""酗酒危害是否受到重视"。

题89 答案为 D 项。

题干信息:大量吃巧克力之后长粉刺⇒多吃巧克力导致长粉刺。

精神压力大会吃更多的巧克力,荷尔蒙的改变会引起粉刺⇒多吃巧克力未必导致长粉刺。

题干表明虽然"吃大量巧克力"和"长粉刺"先后发生,但很有可能都是由于"精神压力大",削弱了题干的说法,D 项是其结论。

A 项并非结论,题干确实能说明本项,但其是为了进一步证明"吃大量巧克力"和"长粉刺"未必因果相关。

B 和 C 项均与题干违背,题干可以说明"吃大量巧克力"和"长粉刺"未必因果相关。

E项与题干违背，题干可以说明"精神压力大"会导致"吃大量巧克力"。

题90 答案为 B 项。

题干通过举例——降低社保的努力对企业不利，反驳了"所有降低生产成本的努力都对企业有利"的观点，B 项是其结论。

A 项，题干并未涉及"提倡某项措施的标准"。

C 和 D 项均与题干不符，题干所给例子只能说明降低成本的行为未必与员工利益一致，但并不涉及"企业家利益""降低成本的努力需从何处考虑"。

E 项并非结论，题干所给例子确实有利于说明本项，但该例子是为了进一步证明"不是所有降低生产成本的努力都对企业有利"。

题91 答案为 D 项。

陈论证主线：找不到亚欧之间贸易的文字记录⇒二者间没有贸易往来。

李论证主线：没人看到雪人不能证明没有雪人⇒？。

李通过"归谬法"，想要反驳陈的论证，因此其结论应当为"找不到文字记录不能证明亚欧之间没有贸易"，D 项是其结论，其他选项均不是其结论。

题92 答案为 C 项。

论证主线1：保护濒临灭绝动物的费用高昂⇒应评估各动物对人类的价值以决定保护哪些。

论证主线2：不可能预言某种动物的未来价值⇒？。

题干通过提出新的因素——"不可能预言某种动物的未来价值"，想要反驳前述所提方法，从而表明"评估价值来决定保护哪些动物的方法不可行"，C 项是其结论。

题干采用了谁更有价值就"更应该保护谁"的方法，从而可以说明，保护更有价值的动物更重要，A 项与题干违背。

B 项不是结论，虽然题干因为保护动物的费用高昂，而采用了以价值高低来确认保护哪些动物的方法，预设了保护所有动物"在经济上不可行"，但这与后续论证无关。

D 项，题干并未涉及"直接价值与间接价值重要性的比较"。

E 项过度推理，题干仅能说明预言动物"未来价值不可能"，这不代表"评估重要性不可能"。

题93 答案为 B 项。

题干信息：在制造水泥的高温炉窑要消耗能源⇒水泥价格受石油价格影响。

仅由制造水泥的"高温炉窑要消耗能源"，无法推断水泥价格受"石油价格影响"，因此，若题干结论成立，必然要假设"高温炉窑的能源包括石油"，B 项是题干结论。

C 项过度推理，题干仅说明水泥价格受石油价格"影响"，但并不涉及"如何影响"。

A、D 和 E 项，题干并未涉及"水泥的原料""石灰石的价格"和"水泥产量"。

题94 答案为 E 项。

论证主线：人均食物摄入量增加 80 公斤⇒由于 15~64 岁年龄段人口比例增加。

题干由"人均食物摄入量增加"，推断出"15~64 岁年龄段人口比例增加"，从而可以说明预设了该年龄段人口"食物摄入量相对更多"，E 项可以推出。

A、B、C 和 D 项，题干并未涉及"15~64 岁年龄段人口具体占比""苏格兰人口变化情况""儿童与老人食物摄入量的比较"和"十年前人口数量情况"。

题95 答案为 D 项。

论证主线：2/5 申请者回答"我有一点不诚实"⇒该公司低估了申请者中不诚实者的比例。

题干由"2/5 申请者的回答"，推断该公司"低估了不诚实者的比例"，从而可以说明预设了有部分比例的人"回答不诚实"，D 项可以推出此点。

A 项与题干违背，即使有些"非常诚实的人"做了不诚实的回答，那么其回答内容应当为"我不诚实"，从而实际上"高估了"不诚实者的比例。

C 项与题干违背，既然"不诚实者"做了诚实的回答，那么其回答内容应当为"我不诚实"，从而实际上"正确预估了"不诚实者的比例。

E 项与题干不符，回答"我非常不诚实"并不会对"低估不诚实者比例"产生影响。

B 项，题干并未涉及"不诚实的程度"。

题96 答案为 B 项。

题干通过能避免"W_1 的危害"，但增加了"W_2 或 W_3 的危害"，得出此方法"大大减少了谷物因病毒危害造成的损失"。此时不妨设上述方法能抑制 W_1 和 W_2 的危害，却会增长 W_3 的危害，为了确保该方法利大于弊，必然需要保障"$W_3<W_1+W_2$"；而能抑制 W_1 和 W_3 危害的情况，与此同理。从而说明预设了 W_2 或 W_3 的危害"不能高于" W_1 与其中任意一种的危害之和，B 项是其结论。

A 项与题干不符，完全有可能存在"W_1 的危害高于 W_2 和 W_3 的危害之和"，此时也能确保题干结论成立。

C 项过度推理，确保题干结论成立，并不需要保证 W_1 的危害一定高于 W_2 和 W_3 的危害之和，只需要 B 项的情况成立即可。

D 和 E 项，题干并未涉及 W_2 与 W_3 的"危害比较"。

题97 答案为 B 项。

根据题干最后一句话可知，事实上张珊做了不道德的事情，B 项是其结论。

A 项与题干不符，题干仅说明张珊"承认"自己行为违法，这不代表张珊"事实上违法"。

E 项与题干不符，题干仅说明张珊"不懂道德上的对错"以及"张珊被起诉"，但"不懂道德上的对错"不等于"道德上无知"，"被起诉"不等于"事实上违法"。况且，题干也没有构建"不懂道德上的对错"是否是"被起诉"的借口。

C 和 D 项，题干并未涉及"张珊的专业"和"道德与非法行为的关系"。

题98 答案为 B 项。

题干通过"低级浮游生物"的事例，来证明"改变环境以利于自己生存的特性很普遍"，B 项是其结论。

C 项并非结论，题干事例中的结论确实是本项，但其是为了进一步说明"改变环境以利于自己生存的特性很普遍"。

D 项并非结论，题干事例虽然关联了"浮游生物与云层"的关系，但其是为了进一步说明"改变环境以利于自己生存的特性很普遍"。

A 和 E 项，题干并未涉及"对浮游生物的保护"和"高等生物是否有害于其他生物"。

题99 答案为 D 项。

因为农村和城市属于矛盾关系，根据题干最后一句话可知，H 省是全国农村人口占全省人口比例最低的省，D 项是其结论。

A、B、C 和 E 项，题干并未涉及"人口密度""具体的城市面积""人口增长率"和"土地适居性"。

第三篇 论证逻辑

题100 答案为 E 项。

根据题干最后一句话可知，上述地下河流，肯定是石笋形成后出现的，E 项是其结论，D 项与题干违背。

A、B 和 C 项，题干并未涉及"漓江江面的高度"和"哪些岩洞有地下河流"。

题101 答案为 D 项。

既然无线广播电台的宣传已经能够迅速获得"最大程度"的知名度，如果目标仅为获得知名度，便不需要其他工具，D 项是其结论。

C 项过度推理，题干只能说明无线广播电台的宣传能够获得最大知名度，但这并不等于"能传到每户人家"。

A、B 和 E 项，题干并未涉及"宣传途径的重要性""高知名度的商品"和"商品的性能和质量"。

题102 答案为 C 项。

题干的重点在于第二句话，该句表明"神经化学物质失衡会引起行为失常"，这一点可以让我们对患者"怀有同情和容忍"，C 项是其结论。

E 项过度推理，题干只能说明神经化学物质失衡"会引起"行为失常，并不等同于"是主要因素"。

A、B 和 D 项，题干并未涉及"人群占比""神经病学理论"和"其他行为"。

题103 答案为 E 项。

X 先生"没有不朽巨著"，却被称为"文学大师"，E 项是其结论。

C 项过度推理，题干只能说明 X 先生"受益于"前辈，并不等同于"仿效"前辈。

A、B 和 D 项，题干并未涉及"X 先生的言论""重新评论"和"对作家文学地位的争议"。

题104 答案为 C 项。

既然新加坡"人均预期寿命"不断上升，那么该国"致人死亡的疾病发病率下降或者能延长病人寿命的治疗水平提高"，C 项是其结论。

B 项过度推理，题干仅能说明新加坡心血管疾病治疗水平提高，不能说明其"水平最高"。

A 项题干未涉及，某疾病"是否为主要杀手"，只看其致死率"是否在各疾病中较高"，这不等于该疾病"致死率一定高"，从而，题干数据变化情况与"主要杀手"无关。

D 和 E 项，题干并未涉及新加坡与日本在"发病率"和"对高脂肪含量食物喜好"方面的比较。

题105 答案为 C 项。

题干通过构求差异，构建了"玩具销售情况"与"婴儿颜色偏好"的联系，C 项是其结论。

E 项过度推理，题干仅构建了"玩具销售情况"与"婴儿颜色偏好"的联系，并不等同颜色是选择的"唯一标准"。

A、B 和 D 项，题干并未涉及"成人服装销售情况""儿童服装销售情况"和"玩具制造商"。

题106 答案为 D 项。

题干通过构求差异，关联了"文化教育"与"近视现象"，D 项是其结论。

A 和 B 项均过度推理，题干只能说明"文化教育"与"近视现象"有关，具体是否存在"因果关系"，接受正式教育是否是近视的"必要条件"，还需要进一步证明。

C 和 E 项，题干并未涉及"阅读和课堂作业"和"文盲儿童数量"。

题 107 答案为 C 项。

题干通过构造求异，排除了"两种极端情况"，那么其支持的内容应该是"非极端的情况"，C 项是其结论。

A 项与题干违背，题干已经排除了"两种极端情况"，即"唯环境影响决定论""唯遗传因素决定论"均不正确。

E 项与题干不符，题干排除的是"两种极端情况"，并非"自相矛盾"。

B 和 D 项均过度推理，题干排除了环境的"唯一作用"，并不代表环境"有重要作用"或者"没有作用"。

题 108 答案为 C 项。

题干通过构造求异，构建了"非己所生的鼠崽气味"与"母鼠母性行为"的联系，C 项是其结论。

B 项过度推理，题干所给数据是由"七天后才表现"转变成"7 天的表现时间缩短"，相当于由原本"重度不表现"转变成"轻度不表现"，从而只能说明气味"阻碍"母鼠表现母性行为，并不能说明气味"诱导"母鼠表现母性行为。

E 项过度推理，题干仅提及"母性行为"，并不等同于"老鼠繁衍"。

A 和 D 项，题干并未涉及"鼠崽之间的气味差异"和"公鼠"。

题 109 答案为 E 项。

题干通过构造求异，构建了"表皮"与"可减少血液中胆固醇的化学物质"的联系，E 项是其结论。

B 项过度推理，即使白酒不含可减少血液中胆固醇的化学物质，也只能说明"白酒无法降低血液中的胆固醇"，但这不代表着"会增加胆固醇"。

A、C 和 D 项，题干并未涉及"制酒葡萄的表皮颜色""食用葡萄和葡萄制品效果的比较"和"粮食作物是否含有该化学物质"。

题 110 答案为 E 项。

在 B 国直接购买 A 国同类型汽车的价格为"1.6×A 国汽车售价"，而在 A 国购买汽车后运到 B 国的价格为"A 国汽车售价 + 运费 + 关税"，因为后者依旧比前者便宜，从而可知，"0.6×A 国汽车售价"要高于"运费 + 关税"，E 项可以推出，D 项与之违背。

A、B 和 C 项，题干并未涉及"汽油价格""销售量"和"购买汽车人数"。

题 111 答案为 B 项。

若"香烟广告"是青少年吸烟的唯一原因，那么禁止香烟广告后，青少年吸烟应该不再流行，但挪威的现状并非如此，因此，B 项是其结论。

C 项过度推理，题干只是说明挪威禁止香烟广告后，其现象与他国类似，并不涉及"挪威过去不禁止吸烟广告时的情况"。

A、D 和 E 项，题干并未涉及"广告的作用""香烟消费量"和"青少年与成年人的比较"。

题 112 答案为 E 项。

题干通过三个连续的 5 年的数据，表明"教师工资"与"酒类消费量"同时增加，但是，数据上有相关性并不代表实际上具有相关性，况且，两者都与"生活水平"相关，E 项作为其结论，最为恰当。

A 和 C 项过度推理，题干只能说明教师工资与酒类消费量在数据上相关，这不意味着"实际上具有相关性"。
B和D项与题干无关，题干并未涉及"书的消费"和"乡镇酒厂数量"。

题113 答案为E项。
月球由地球表面熔岩所构成，而地球表面铁元素含量少于地球核心部分，E项可以推出。
A、B、C和D项，题干并未涉及"绕地星球的数量""星球解体时间""月球凝固时间"和"月球结构情况"。

题114 答案为A项。
既然语言设计方面的问题会对"调查结果产生重要影响"，而人们"往往会忽略语言设计方面的问题"，那么问卷调查确实"难以反应实际情况"，A项可以推出，B项与之违背。
C、D和E项，题干并未涉及"被调查者的能力""重要性的比较"和"困难度的比较"。

题115 答案为C项。
题干提到信息素"无法在下午"发挥作用，C项是其结论。
A和B项均过度推理，题干只说明蚂蚁无法在下午"通过信息素搬运食物"，这不意味着"蚂蚁不能在下午利用其他物质来搬运食物"，更不意味着"其他时间段也无法搬运食物"。
D项过度推理，题干只说明蚂蚁"无法在下午"通过信息素搬运食物，但其完全可以"在其他时间段"搬运食物。
E项，题干并未涉及"耐高温的生存能力"。

题116 答案为E项。
即使超速汽车增多，该路段交通伤亡人数还在下降，通过无因有果的方式，说明还存在"其他原因"可以使得交通伤亡人数下降，E项是其结论。
A和D项均过度推理，题干无因有果的方式并没有完全切断两者联系，但这也不意味着"车辆限速"就没有效果，只能说明还存在"其他原因"。
B和C项，题干并未涉及"行驶车辆的数量"和"安全教育"。

题117 答案为D项。
"体育锻炼"可以间接"降低血液中的胆固醇"，D项可以推出。
C项过度推理，题干只能说明体育锻炼"能"降低血液中的胆固醇，并不等同于"最有效"。
A、B和E项与题干无关，题干并未涉及"锻炼能降低胆固醇意味着什么""不锻炼意味着什么"和"标准体重者的情况"。

题118 答案为A项。
"Y染色体亚当"形成于"15.6万年至12万年前"，"线粒体夏娃"形成于"14.8万年至9.9万年前"，确实前者早于后者，并且二者的形成时段有重叠，符合"差不多形成于同一时期"的说法，A项可以推出。
B、C、D和E项，题干只是针对"染色体和线粒体"，并不涉及"个人"。

题119 答案为E项。
根据题干最后一句话可知，既然中国的"天河二号""快于以前排名第一的"超级计算机，那么中国的"天河二号"必然快于其他超级计算机，E项可以推出。

C 项过度推理，题干只是说中国和美国的超级计算机运算速度曾获得世界第一，这不代表"只有中国和美国的超级计算机运算速度曾获得过第一"。

D 项过度推理，题干只"公布了 500 强超级计算机"，这不代表全球"只有 500 台"超级计算机。

A 和 B 项，题干并未涉及"哪里可以制造超级计算机"。

题 120 答案为 E 项。

题干表明，在冬季只要"温度不高于 15℃"，温度越高效率越高，从而说明，在冬季 15℃时白领人员"工作效率最高"，E 项与题干相符。

A 项与题干违背，题干表明车间温度还是"要控制在 5℃至 30℃之间"。

B 项与题干违背，题干表明车间温度和工作效率"没有直接关系"。

C 和 D 项，题干并未涉及"春、秋季节白领人员的工作效率"和"夏季超过 30℃时白领人员的工作效率"。

题 121 答案为 A 项。

题干前面三句话均为背景信息，最后一句话为关键内容，该句表明即使经济萧条结束，企业主由于丧失自信，依然有可能"推迟雇用新职工"，从而说明，即使经济复苏也未必能"迅速减少失业人数"，A 项是其结论。

D 项与题干不符，题干只是说企业主丧失自信是"推迟雇用新职工"的原因，这不代表"就会导致经济萧条"，相反，经济萧条恰恰是企业主丧失自信的原因。

B、C 和 E 项，题干并未涉及"经济复苏的时间""失业人员构成"和"经济萧条的原因"。

题 122 答案为 C 项。

人为失误不可避免，而核电站核泄漏事故的原因"都是人为失误"，从而可知核电站核泄漏事故"是不可避免的"，C 项是其结论。

A 项过度推理，题干只是说核泄漏"最初起因不是设备故障"，这不等于"设备故障不会导致核电站事故"。

D 项过度推理，虽然人为失误不可避免，但规章制度层面的努力完全有可能"减少人为失误"，从而不可称之为"没有意义"。

E 项过度推理，虽然人为失误不可避免，可以推出核泄漏事故不可避免，但这不代表"人们就无法应对"。

B 项，题干并未涉及"复杂度的比较"。

题 123 答案为 C 项。

若 1998 年至 2010 年间"中国平均年龄不断增加"，那么在此时间段内"中国老龄人口占比增加"，又知乙型肝炎在各年龄段的发病率类似，从而得出中国乙型肝炎患者中"老龄人口占比也会变大"，C 项是其结论。

A 和 B 项均过度推理，虽然老龄人口占比增多会使得"关节炎和高血压的发病率提高"，但并未说明具体的提高程度，因此无法得知具体发病率的比较情况。

D 和 E 项，题干并未涉及任何"患者数量情况"。

题 124 答案为 B 项。

左撇子的"数学推理能力更强"，因此在数学推理能力强的人中，左撇子的比例必然高于数学推理能力弱的人中左撇子的比例，复选项Ⅱ可以推出。

复选项Ⅰ过度推理，题干并没有告知"左、右撇子的人数占比"，若"右撇子人数本来就多"，那么即使"左撇子更容易患此类病"，也未必在患病的人当中"左撇子多于右撇子"。

复选项Ⅲ过度推理，题干只是说明"左撇子比右撇子更擅长数学推理能力"，这并不代表"擅长数学推理的人中左撇子占比较多"。

题125 答案为 C 项。

中国离赤道的距离比实施上述法律的国家"要近"，而距离越近"效果越不显著"，从而可知在中国实施上述法律的效果比已实施上述法律的国家"要差"，C 项是其结论。

A 项过度推理，题干只是说中国离赤道的距离比实施上述法律的国家要近，这并不意味着"中国离赤道较近"。

E 项过度推理，对汽车追尾事故数量有影响的还有"汽车总量情况"。

B 和 D 项，题干并未涉及"汽车追尾事故原因"和"汽车追尾事故比例"。

题126 答案为 E 项。

"用画面"将某事情与人们"喜欢的事情"联系起来，会让人们对该事情的态度"变积极"，从而说明"用画面联系受喜欢的事情"有利于赢得消费者"好感"，从而广告设计者可以将其产品与"人们喜欢的内容"联系起来，E 项是题干结论。

A、B、C 和 D 项，题干并未涉及"画面与文字占比对广告效果的影响""夸张的手法""广告发布渠道的效果差异"和"竞争对手的情况"。

题127 答案为 A 项。

"遗传特性"单一化，会使得"植物受疾病威胁"，A 项是其结论。

C 项与题干违背，题干表明"必须采取措施阻止单一化"，从而说明当下尚未完全单一，因此当下的遗传特性并非"都不利于抵抗疾病"。

B、D 和 E 项，题干并未涉及"能抵抗萎叶病作物的占比""已灭绝野生谷物的属性"和"萎叶病的危害范围"。

题128 答案为 B 项。

K 市高科技产业的发展"需要近郊城镇吸引外来居民"，而吸引外来居民"需要改建火车站"，B 项是其结论。

A 项并非结论，本项虽为题干原句，但其是为了进一步说明"H 镇需要改建火车站"。

E 项过度推理，题干仅表明 K 市高科技产业的发展"需要近郊城镇"吸引外来居民，并未指明 K 市就是需要"H 镇"。

C 和 D 项，题干并不涉及"公路收费点收费额情况"和"私人汽车拥有情况"。

题129 答案为 D 项。

小荧越想"寻求速成"的方法，越不能快速实现目标，从而孔先生的回答是在强调学习徽雕要避免焦急、"拥有耐心"，D 项是其结论，其余选项均与之不符。

题130 答案为 C 项。

题干表明小小三峡是"最需要去的"，C 项是其结论。

A 项与题干违背，题干强调的是"要去小小三峡"，"只要去小三峡"与此违背。
B 项过度推理，题干只能说明小小三峡是"最需要去的"，这不意味着"只需要去"。
D 和 E 项，题干并未涉及"游览顺序"和"大三峡"。

题 131 答案为 A 项。

根据题干第四句话可知，奖金获得者必然每周工作"超过 40 小时"；再结合第三句话可知，每周工作超过 40 小时的管理者必然每周工作"超过 60 小时"，属于过度工作；再结合第二句话可知，这些管理者都有压力，从而会不可避免地"失眠"。A 项是其结论。

B 项过度推理，题干只能说明大多数管理者满足"获得奖金的必要条件"，这不代表大多数奖金"给了管理者"。

D 项与题干不符，题干并没有否认"工作 40 小时"与"过度工作"有关系。

C 和 E 项，题干并未涉及"其他员工"和"其他公司"。

题 132 答案为 D 项。

题干表明，商人"为了铜而融币"，从而说明币中铜的价值"高于"币本身的价值，复选项Ⅰ可以推出。

题干表明，官员"因勾兑可以攒钱"，从而说明上述勾兑"并非等价交换"，复选项Ⅱ可以推出。

复选项Ⅲ，题干并未涉及"雍正以前朝代铸币的铜含量"。

题 133 答案为 A 项。

既然挖人公司"不能挖雇主的人才"，那么当其"雇主越多"，则"可供挖的人才便越少"，A 项是其结论。

B 和 D 项均与题干不符，自己的人才完全有可能被"其他挖人公司"挖走。

C 和 E 项，题干并未涉及"工资"和"运作方式"。

题 134 答案为 E 项。

题干表明"连续使用大剂量的杀虫剂"会造成"害虫形成抗药性"的问题，而"周期性地使用不同种类杀虫剂"可以解决此点，虽然无法"保护害虫的天敌"，但已是相对最好的方法，E 项与题干相符。

A 项与题干违背，若使用"化学性稳定"的杀虫剂，就会进一步使得"更多害虫"形成抗药性。

C 项与题干不符，若害虫形成了"抗药性"，那么杀虫剂的使用量再多也意义不大。

B 和 D 项均与题干不符，"培育高产农作物"与"闲置耕地"的方式，均与题干的"副作用"无关。

题 135 答案为 E 项。

根据题干最后一句话可知，获得表扬者必然"每天看书时间超过 10 小时"；再结合第三句话可知，每天看书时间超过 10 小时，必然"导致连续看书时间过长"；再结合第一句话可知，这些获得表扬者不可避免地眼睛"近视"，E 项是其结论。

B 项与题干违背，题干表明菁华中学的学生"个个努力学习"，又表明存在"每天看书 8 小时"的学生，那么每天看书时间不满 10 小时的学生"未必不太用功"。

A、C 和 D 项，题干并未涉及"戴近视眼镜的情况"和"其他学校学生的情况"。

题 136 答案为 E 项。

题干最后一句话表明，1998 年群英微机"销售量高于"志城，而市场份额总量是一定的，从而说明 1998 年群英微机"市场份额增长量高于"志城，E 项是其结论。

A、B、C和D项，题干并未涉及"国外公司微机销售量""降价倾销策略""销售量增长率"和"中国消费者的喜好"。

题137 答案为D项。

题干通过举例——一国丧失表土、一国大气污染和二氧化碳排放过多，都会"变成区域性、国际性问题"，证明了"环境问题是区域性、国际性问题"，D项是其结论。

A、B、C和E项，题干并未涉及"国际关系""经济发展""发达国家的态度"和"治理环境的力度"。

题138 答案为C项。

题干表明我国肉类、水产品、蔬菜类年产量达"1.4亿吨"，而1995年全国速冻食品仅"220万吨"，从而说明速动食品消费量很有可能不到全部食品消费量的"5%"，C项是其结论，D项与其违背。

B项过度推理，消费量占比仅为"5%"，并不意味着"发展良机过去"。

A和E项，题干并未涉及"记者的兴趣"和"双职工家庭情况"。

题139 答案为C项。

题干表明即使领导的作为和业绩"出色"，若"期望值与实际表现差距过大"，也会导致"群众不满"，复选项III是其结论，复选项II与题干不符。

复选项I过度推理，题干仅表明"一味许愿"让群众预期很高并不聪明，并不意味着"让群众预期很低"就不会有不好的效果。

题140 答案为E项。

既然无法"确定和评估飞行员的经验"，那么便难以"聘用真正有经验的飞行员"，再结合坠落事故"主要原因是"飞行员缺乏经验，便难以根本解决"坠落事故急剧增加"的问题，E项是其结论。

A项过度推理，题干只能说明难以解决"坠落事故急剧增加"的问题，并不代表"坠落事故急剧增加不能有一定程度的好转"。

D项与题干不符，只是用不同地方的飞行时间，来证明确定和评估飞行员经验不可行，这不代表"飞行时间与经验无关"。

B和C项，题干并未涉及"应该聘用谁"。

题141 答案为D项。

题干信息：温度达到温度旋钮所设定的读数时，恒温器关闭加热器。

温度超出温度旋钮的最高读数时，安全器关闭加热器。

由于"达到设定读数"必然会在"超出最高读数"之前发生，因此，如果"温度能超出最高读数"，安全器却"没有关闭加热器"，那么必然意味着恒温器和安全器都故障了，D项可以推出，E项与之不符。

A项与题干不符，题干只能说明在什么情况下恒温器和安全器会出故障，并不涉及恒温器和安全器"故障后意味着什么"。

B项与题干不符，温度超出温度旋钮设定读数时是"恒温器故障"，并非"安全器故障"。

C项与题干不符，若只是"安全器关闭了加热器"，此时"恒温器依旧可能故障"。

题142 答案为A项。

当胆固醇和脂肪摄入量超过"欧洲人均摄入量的1/4"，则血清胆固醇指标虽然依旧与其呈正相关，但"上升幅度下降"。因此，若中国摄入量是欧洲的一半，则中国和欧洲的胆固醇和脂肪摄入量，都超过了上述界限，从而两者的血清胆固醇指标，中国未必是欧洲的一半，如下图所示，A 项可以推出。

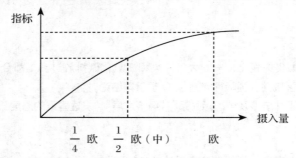

B、C、D 和 E 项，题干并未涉及"界限可以变化""什么是血清胆固醇含量的正常指标"和"血清胆固醇含量是否受其他因素影响"。

题 143 ✍ 答案为 A 项。

既然熟练驾驶"重型飞机"的老飞行员，驾驶"超轻型飞机"时容易"忽视风速的影响"，从而说明重型飞机"更不容易被风速影响"，进而表明重型飞机"在风中更易于驾驶"，A 项是其结论。

C 项过度推理，题干只能说明重型飞机"在风中更易于驾驶"，这不代表重型飞机"不会被风速影响"。

B、D 和 E 项，题干并未涉及"安全性""新手驾驶重型飞机的情况"和"新手与老手对超轻型飞机熟悉度的比较"。

题 144 ✍ 答案为 D 项。

午餐时间表演，是为了让"餐馆排队压力减少"；傍晚时间表演，是为了让"参观者留在餐馆就餐"，前后两个时间段的表演都包含"餐馆"这一目标，D 项是其结论。其余选项均不涉及"餐馆"。

题 145 ✍ 答案为 D 项。

根据题干两句话可知，"遗传"和"外界环境"分别都对人类的智力产生影响，D 项是其结论。

A 项不是结论，虽然题干第一句话可以得出本项，但这忽略了第二句话的内容。

C 项，题干并未涉及外界环境的"影响程度是否为主要因素"。

B 和 E 项，题干并未涉及"环境刺激接近的情况"和"自然地理环境"。

题 146 ✍ 答案为 E 项。

题干通过构造求异，表明人们在播放热门电视节目的时候，不会大规模去洗手间，却在播放大段广告的时候，大规模去洗手间，这可以说明，人们为了"热门电视节目"可以暂时忍耐去洗手间的欲望，但无法为了"大段广告"忍耐该欲望，从而可以说明人们可能"普遍不喜欢"大段广告，E 项是其结论。

A 项过度推理，大段广告"不被人喜欢"最多推出大段广告"难以有效"，这不意味着"小段广告就有效"。

B、C 和 D 项，题干并未涉及"广告费用""冷门节目"和"设备损害"。

题 147 ✍ 答案为 D 项。

根据题干最后一句话可知，当博士学位变成部分高校教师任教的"必要条件"（虽然有"本校优秀硕士毕业生"的干扰，但其干扰力度不大），那么这类高校的"博士学位的教师比例"确实有可能增长，D 项是其结论。

B项与题干不符，题干第一句话说的是西方发达国家的大学教授几乎都得到过博士学位，即博士学位是担任教授的"必要条件"，这并不意味着，得到博士学位就能去大学任教，即博士学位未必是任教的"充分条件"。

C项过度推理，断言我国"有些"高等学校的新教师"都"有了博士学位，未考虑题干中的"除非是本校的优秀硕士毕业生留校"的情况。

A和E项，题干并未涉及"在职博士"和"学生欢迎程度的比较"。

题148 答案为E项。

建筑师的重点任务在于"建造出合格的建筑"，而非仅仅"使用合格建材"，题干通过建筑师的例子表达了历史学家的重点任务并不是只有"阐述历史事件的准确性"，E项是其结论。

A和C项均与题干不符，题干所涉重点为"历史学家"而不是"建筑师"。

B和D项均与题干不符，题干所涉重点为历史学家的重点任务并非只有"阐述历史事件的准确性"。

题149 答案为D项。

题干表明美国研发费用占GNP的比重，在1964—1978年之间"持续下跌"，因此，美国该比重在1978年"最低"，占GNP的2.2%；而日本在同一时期增加了该比重，但仅"增长到1.6%"，从而可以说明，这一时期美国该比重的最低值都要高于日本的最高值，D项是其结论。

B项过度推理，且不说仅看比重层面，日本比重仅为1.6%，这低于美国的2.2%，若美国GNP远高于西德，那么即使美国研发费用比重较低，但其研发费用"也可能高于"西德。

C项过度推理，题干仅提供了"美国"这一个例，且并没有直接关联美国"研发费用"与"专利数量"的关系，从而并不代表两者具有"直接关系"。

A和E项，题干并未涉及"GNP与发明数量之间的关系"和"西德和日本的专利数量"。

题150 答案为A项。

张论证主线：90%的人都认识失业者⇒令人震惊。

王论证主线：5%的失业率是可接受的⇒90%的人都认识失业者是可接受的。

王表明"在可接受的5%失业率"情况下，人们就会"很轻易认识"失业者，从而攻击了张的论证，A项是其结论。

B项与题干违背，题干已经说明5%的失业率"是可接受的"。

C项与题干不符，题干并没有提及"5%的失业率"与"90%的人认识失业者"的联系。

D和E项，题干并未涉及"我国群众具体所认识人的数量"和"我国目前具体的失业率"。

题151 答案为C项。

注意本题的相反陷阱，寻找的是"可推出所有的结论，除了"，即"无法推出"的选项。

完全有可能虽然使用微波炉加热了不含盐的食物，但是"没有把温度提高"到足以杀死细菌的程度，那么此时依然有可能无法杀死能引起食物中毒的细菌，C项与题干不符。

根据题干第二句话可知，既然在含有食盐的情况下，内部温度无法达到很高，从而说明"食盐可以阻止微波加热食物"，进而"减弱杀菌功能"，A和B项可以推出。

根据题干第一句话可知，既然在不含食盐的情况下，内部温度可以杀死所有引起食物中毒的细菌，从而说明"用微波炉加热不含盐食物，可以避免食物中毒"，D和E项可以推出。

题 152　答案为 D 项。

题干所涉"原始动机"是指与生俱来的动机，D 项所涉为"爱美是人的本性"，与其相符。

A、B、C 和 E 项均与题干不符，均为需要后天习得的内容。

题 153　答案为 C 项。

注意本题的相反陷阱，寻找的是"除了哪项均能体现"，即"不能体现"的选项。

题干的"自我陶醉人格"是指过分重视自己，而 C 项"担心别人看不起"属于自卑，与题干不符。

A 项与题干相符，所涉为"自认为自己是团队灵魂"，自我陶醉人格包括了"过高估计自己的重要性"。

B 项与题干相符，所涉为"他没资格批评我"，自我陶醉人格包括了"对批评反应强烈"。

D 项与题干相符，所涉为"不邀请我就是他有问题"，自我陶醉人格包括了"把自己看成特殊的人"。

E 项与题干相符，所涉为"给我处理的话就会很快把事情搞定"，自我陶醉人格包括了"沉溺于幻想中"。

题 154　答案为 D 项。

题干所涉"交叉"的概念 A 和概念 B 的关系如下图所示，A 项与其相符。

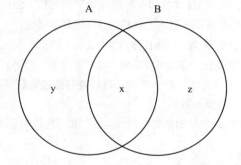

B 项所涉《盗梦空间》"被完全包含"在最佳影片中，即不存在题干所述的 y 部分。

C 项所涉概念"没有交集"，即不存在题干所述的 x 部分。注意，这里的总经理已经"30 岁"，且该学校是"小学"，这两者之间确实极难有交集。

D 项所涉概念"没有交集"，即不存在题干所述的 x 部分。注意，漂白剂是液体，而氯气是气体，两者并非同一层面的概念，不可能有交集。从化学层面上看，前者虽然包含氯原子，但只有形成分子才具有物质性质，所以，这不等同于包含氯气。

E 项所涉高校教师"完全包含了"教授，即不存在题干所述的 z 部分。

题 155　答案为 C 项。

注意本题的相反陷阱，寻找的是"最不符合"的选项。

题干表明英语"字形与字义关联度不大"，C 项与题干违背。

A 和 B 项均与题干相符，均表明汉字字形与字义"关联度很大"，而英语"关联度不大"。

D 和 E 项，题干均未涉及某语言的某词是否在另一语言中"有与之对应"的词。

题 156　答案为 D 项。

题干所给城市数量较少，且一个城市的天气"变化无常"，因此确实难以仅凭 9 个城市的"大体天气情况"便总结出"所有天气类型"，D 项与题干相符，A、B 和 E 项均与题干不符。

C 项过度推理，虽然"难以"总结出所有天气类型，但这不代表着"一定无法"总结出所有天气类型。

题157 答案为E项。

根据题干表格可知，当"有风且风力不超过3级"时，都"不是晴天"，E项与题干相符。

A项与题干违背，星期五便是"既不刮风又不下雨"。

B项与题干违背，星期三便是"既不刮风又不是晴天"。

C项与题干违背，星期一便是"既不是无风又不是无雨"。

D项与题干违背，星期六便是"虽然有风且风力超过3级，但并非晴天"。

题158 答案为C项。

根据题干表格可知，"两个以上方面风险低"的除冰剂，融冰速度都"较慢"，C项与题干相符。

A项与题干违背，除冰剂Ⅲ虽然融冰速度"较慢"，但污染水体可能性"中"。

B项与题干违背，除冰剂Ⅰ虽然融冰速度"快"，但三个方面的风险都"高"。

D项与题干违背，除冰剂Ⅳ虽然三方面风险都"不高"，但融冰速度"快"。

E项与题干违背，除冰剂Ⅱ虽然在破坏道路设施、污染土壤两个方面风险都"不高"，但融冰速度"中等"。

题159 答案为D项。

①为观点句，是题干的总结论；②和④均在表达节约的促进作用，用以支持①；③和⑤均为事实，分别用以证明②和④。

从而可知，①为总结论，②和④为分论点，③和⑤为论据，D项与其相符，其余选项均与之不符。

题160 答案为D项。

一方面题干表明"所有朋友都知道"每天至少抽两盒烟但身体不错的人；另一方面又表明有人对此"不知情"，此两点是矛盾的，而后者既然"可以确信"，那么前者必然为假，D项是其结论。

A项与题干不符，题干"并非否定"抽烟数量与身体健康的关系。

E项过度推理，题干最多说明"有"朋友说谎，但这不代表"大多数"朋友说谎。

B和C项，题干并未涉及"交流是否夸张"和"知道的烟民是否为同一人"。

题161 答案为A项。

题干表明老坑玉的"透明度越高，单位价值越高"，并且"没有单位价值最高"的老坑玉，从而说明"没有透明度最高"的老坑玉，A项是其结论。

B项与题干不符，题干并未构建"水头好坏"与"透明度高低"的联系。

D项与题干不符，题干并未构建"加工质量"与"单位价值"的联系。

E项与题干不符，题干并未构建"年代"与"单位价值"的联系。

C项，题干并不涉及"新坑玉"。

题型 23 焦点题型

题1 答案为C项。

司机论证主线：修改最高时速会降低高速公路的使用效率，使有经验的司机违反交规⇒不该降速。

交警论证主线：司机都可在规定速度内行驶⇒修改最高时速不是违规之因。

交警通过指出司机的速度"受其意愿所控"，表明了"最高时速是否修改"与"有经验司机是否做出超速等违规行为"无关，攻击了司机的前提，C 项是两者争论的焦点。

D 项，所涉"是否超速"仅为"是否违规"的一个方面，因此不如 C 项。

A 项，两者均未涉及修改措施的"必要性"。

B 和 E 项，所涉"驾驶能力"和"高速公路使用效率"仅司机提及。

题2 答案为 C 项。

张论证主线：和谐需要多样性而克隆人完全一样⇒克隆人有破坏和谐的危险。

李论证主线：克隆人仅基因相同，可在后天形成不同特点⇒克隆人的此种危险不现实。

李通过指出克隆人"仅仅基因相同"，表明了克隆人"未必与本体完全一样"，攻击了张的前提，C 项是两者争论的焦点。

A 项，张和李的观点一致，李提及把克隆人作为自己的活"器官银行"，可能破坏社会和谐，表明两者均认同克隆人有破坏和谐的危险。只不过针对具体如何破坏，两者持不同观点。

B 项，张和李的观点一致，两者均认为本体和克隆人"基因相同"。

D 项，所涉"和谐的本质"仅张提及。

E 项仅单方提及，所涉"器官银行"仅李提及。

题3 答案为 E 项。

小李论证主线：视觉上不能辨别复制品和真品之间的差异⇒复制品和真品价值一样。

小王论证主线：复制品和真品产生于不同年代，即便不能辨别，也不能算有相同品质⇒复制品和真品价值不一样。

小王通过指出产生于"不同年代"就会有不同品质，表明了"首创性"才能体现艺术品的品质，攻击了小李论证的前提——仅凭视觉就能评判品质，E 项是两者争论的焦点。

D 项仅单方提及，所涉"时代背景"仅小王提及。

A 项，两者均未提及"如何区分"复制品和真品。

B 项，两者只是在争论复制品和真品之间的"视觉辨别"相同是否意味着价值相同，这不代表着两者在争论复制品和真品两者"谁的价值高"。

C 项，两者只是在说"如果视觉无法分辨"，这不意味着"无法分辨"。

题4 答案为 E 项。

郑论证主线：衡远市 GDP 增长率比易阳市高⇒衡远市的经济前景比易阳市好。

胡论证主线：易阳市 GDP 数值比衡远市更大⇒衡远市的经济前景未必比易阳市好。

胡通过指出易阳市"GDP 数值"更大，来攻击郑的论证——衡远市 GDP"增长率"更大则经济前景更好，表明了其认为"GDP 数值"与经济前景更加相关，E 项是两者争论的焦点。

B 项，郑和胡的观点一致，两者均认为衡远市"GDP 增长率更高"。

D 项仅单方提及，郑确实认同此点，但胡只是表明 GDP 数值"更能影响"经济前景，这并不意味 GDP 增长率"不会影响"经济前景。

A 和 C 项，所涉"GDP 数值"仅胡提及。

题5 答案为 C 项。

吴论证主线：死刑可有效阻止恶性刑事案件的发生⇒死刑是社会自我保护的必要机制。

史论证主线：终身监禁比死刑更严厉⇒死刑未必是社会自我保护的必要机制。

史通过指出终身监禁"更严厉",来攻击吴的论证——死刑能"有效阻止"恶性刑事案件的发生则死刑很有必要,表明了其认为"刑罚对罪犯的严厉性"更与社会自我保护机制相关,因此,两者对社会自我保护机制的"根本目的"有分歧,C项是两者争论的焦点。

A项,所涉"国情和传统"仅吴提及。
B项,所涉"严厉刑罚"仅史提及。
D和E项,两者均未提及"产生恶性刑事案件的原因"和"大多数人能否接受死刑"。

题6 答案为C项。

贾论证主线:大多数人年薪不到10 000元⇒受到不公正待遇。
陈论证主线:日达公司雇员的平均年薪超过15 000元⇒未必受到不公正待遇。

陈通过指出"平均年薪是15 000元"来攻击贾的论证——"大多数人年薪不到10 000元"则受到不公正待遇,表明了其认为"平均年薪"与工资待遇更加相关,从而攻击了贾论证的结论,C项是两者争论的焦点。

A项,所涉"参与投诉"两者均未提及。
B项,所涉"大多数雇员年薪不到10 000元"仅贾提及。
D和E项两者均未提及,两者只是对"工资待遇的标准"以及是否"受到不公正待遇"产生分歧,而不是对"投诉的主要原因或理由"产生分歧。

题7 答案为D项。

张论证主线:诺贝尔奖得主的贡献更高⇒歌星出场费高于诺贝尔奖得主不合理。
李论证主线:歌星酬金是商业回报⇒歌星出场费高于诺贝尔奖得主未必不合理。
张论证主线:诺贝尔不可能获益于杨振宁的理论⇒商业回报不能成为出场费高的理由。

李通过指出歌星酬金是"商业回报",来攻击张的论证——诺贝尔奖得主"贡献"更高则歌星酬金更高不合理,表明了其认为"贡献度"与酬金高低的合理性更加相关,因此,两者对酬金合理性的"判断依据"有分歧,D项是两者争论的焦点。

C项,张和李的观点一致,张认为"贡献"是判别依据,李认为"商业回报"是判别依据,因此两者均认为"存在"判别依据,只不过具体依据是哪一方面有分歧。

A项仅单方提及,虽然张相当于认为诺贝尔奖得主收入"应该更高",但李只是在说歌星收入更高"未必不合理",并不代表他认为诺贝尔奖得主收入"应该更低"。

B项,所涉"正当收入"两者均未提及。
E项,所涉"诺贝尔基金的设立问题"仅张提及。

题8 答案为A项。

张论证主线:吸烟导致了许多严重的疾病⇒应向吸烟者征税。
李论证主线:若吸烟征税,则吃奶油蛋糕或者肥猪肉也应征税⇒不应该向吸烟者征税。

李通过"归谬法",指出了张论证所存在的问题——"吸烟是否导致疾病"与"是否向吸烟者征税"无关,表明了张所提建议"不合理",A项是两者争论的焦点。

B项两者均未提及,两者只是在分析,通过"征税的方式"让有不良习惯的人负责是否合理,而非分析"是否要让有不良习惯的人负责"。

C项,所涉"高脂肪、高胆固醇的食物"仅李提及。
D项,所涉"个人负担"两者均未提及。

E 项两者均未提及，张所提"征税目的"是缓解医疗保健事业的投入不足，而非"纠正不良习惯"。

题 9 答案为 D 项。

陈论证主线：蜜蜂不必通过费劲的方式来传递信息⇒蜜蜂飞舞时发出的嗡嗡声不是交流方式。

贾论证主线：有蜂类可根据太阳的位置或地理特征辨位置⇒完成某种任务有多方式⇒嗡嗡声可能是交流方式。

贾通过"举例"，表明了动物完成某种任务"可以有多种方式"，从而说明某方式相对费劲，只能用来判断"该方式是否经常使用"，但无法判断该方式是否也是用来完成某种任务的"方式之一"。正如，从南京去北京，虽然走过去相对费劲，但不代表走路不是出行方式之一，从而攻击了陈的结论，D 项是两者争论的问题。

A 项，所涉"一般性理论"两者均未提及。

B 项，所涉"嗡嗡声有多种解释"两者均未提及。

C 项两者均未提及，陈只是在说蜜蜂"可以传递位置信息"，这不代表着"只有蜜蜂可以这样"。

D 项，所涉"主要交流方式"两者均未提及。

题 10 答案为 C 项。

史论证主线：《条例》的保护对象包括赤狼，赤狼是杂交种⇒《条例》的保护对象应包括杂种动物。

张论证主线：赤狼可以重新获得⇒赤狼不需要保护。

张通过提出新的因素——赤狼可以"重新获得"，从而说明赤狼"不需要保护"，《条例》的保护对象可以"不包括赤狼"，攻击了史论证的结论，C 项是两者争论的焦点。

A 项两者均未提及，史和张均未表明自己关于赤狼配种来源的观点。

B 项仅单方提及，张相当于认为"《条例》的保护对象不应包括赤狼"，但史以《条例》的保护对象包括赤狼的事实"为论据"，并不代表其认为"《条例》的保护对象应包括赤狼"。

D 项，所涉"山狗与灰狼的属性"两者均未提及。

E 项两者均未提及，史和张均未表明关于赤狼灭绝危险的观点。

题 11 答案为 B 项。

张论证主线：两地之间没有发现木质工具⇒木质工具未必是迁徙到阿拉斯加的人群使用的。

李论证主线：木质工具在普通的泥土中会腐烂化解⇒工具可能是迁徙人群使用的。

李通过指出新的因素——木质工具在泥土中会"腐烂"，从而说明没有发现工具很可能是因为其"腐烂"，未必是由于"工具不是迁徙者使用的"，进而攻击了张论证的结论，B 项是两者讨论的问题。

A 项两者均未提及，两者只是在分析"考古学家的观点"是否成立，而非直接说明上述工具是否"真的被"迁徙者所使用。尤其是李，其只是质疑张的论证，并不意味其支持上述工具"就是"迁徙人群所使用的。

C 项，所涉"完成迁徙"两者均未提及。

D 项两者均未提及，李的内容仅能说明"在泥煤沼泽中的工具"不容易腐烂，并不代表"只有在泥煤沼泽中的工具"不容易腐烂。

E 项，所涉"史前木质工具的历史"两者均未提及。

题 12 答案为 C 项。

总经理论证主线：电子方式可直达业务部门⇒用电子方式会增加利润。

董事长论证主线：客户喜欢通过与人打交道来处理订单⇒用电子方式会赔钱。

董事长通过提出新的因素——客户"喜欢与人打交道",从而说明,即使"电子方式"能直达业务部门,但客户不喜欢,依然"容易赔钱",进而攻击了总经理论证的结论,C项是两者争论的问题。

A和E项,所涉"保持人情味"和"客户喜好方式"仅董事长提及。

B和D项,所涉"快速而准确"仅总经理提及。

题13 答案为B项。

甲论证主线:互联网上可获得所有信息⇒互联网使得人们不需要听取专家的意见。

乙论证主线:对专家的需求增加⇒互联网反而会增加我们咨询专家的机会。

乙通过提出新的因素——"对专家的需求"增加,从而说明,即使网络可以获取所有信息,但人们相应的需求增加,反而会增加"听取专家意见的机会",进而攻击了甲论证的结论,B项是两者争论的焦点。

C项,所涉"获取资料"仅甲提及。

A、D和E项,所涉"信息传播""专家的行为"和"重要性的比较"两者均未提及。

题14 答案为C项。

厂长论证主线:安装费用高、运转成本高⇒采用新的工艺流程将使本厂无利可图。

总工程师论证主线:熔炼能力是现有的开放式熔炉无法相比的⇒未必无利可图。

总工程师通过提出新的因素——"熔炼能力"更高,从而说明,即使"成本有所提高",如果熔炼能力增加,那么该厂还是有可能获取利润的,进而攻击了厂长论证的结论,C项是两者争论的问题。

A、B和E项,所涉"二氧化碳"和"成本"仅厂长提及。

D项,所涉"熔炼能力"仅总工程师提及。

>>>>>>>>>>>>>>>>>>>>>>>>>> 管综真题警戒线 >>>>>>>>>>>>>>>>>>>>>>>>>>

题15 答案为A项。

赵论证主线:选拔喜爱辩论的人。

王论证主线:选拔能打硬仗的人。

两者在"招募的标准"上存在分歧,赵认为应当选拔"喜爱辩论"者,王认为应当选拔"能打硬仗"者,A项是两者争论的焦点。

B项的"现实与理想"、C项的"集体荣誉"、D项的"培养新人与赢得比赛"和E项的"研究辩论规律与培养实践能力",双方均未涉及。

题16 答案为B项。

王论证主线:对于创业者来说,最重要的是坚持精神。

李论证主线:对于创业者来说,最重要的是敢于尝试新技术。

两者在"创业者的重要素质"上存在分歧,王认为该素质是"坚持精神",李认为该素质是"敢于尝试新技术",B项是两者的分歧所在。

A项的"发明新技术"、C项的"坚持创新"、D项的"成立小公司与挑战大公司"和E项的"迎接挑战",双方均未涉及。

题17 答案为D项。

陈论证主线:开车撞人造成人身伤害,侵入电脑不会如此⇒开车撞人性质更严重。

林论证主线：非法侵入医院电脑会间接造成人身伤害⇒开车撞人性质未必更严重。

林通过"举例"，表明了侵入电脑"会造成人身伤害"，如此便无法由开车撞人会造成人身伤害，得出其"性质更严重"的结论，攻击了陈的结论，D 项是两者争论的焦点。

A 项，所涉"是否同样会危及生命"虽是两者分歧，但林攻击陈论证结论的目的是要说明后者结论不成立，因此不如 D 项。

B 和 C 项两者一致，陈和林都认为侵入电脑和开车撞人"构成同样性质的犯罪"，只不过陈觉得后者性质更严重，林觉得未必如此。

E 项，所涉"有形财产"仅陈提及。

MBA MPA MPACC MEM 管理类联考

逻辑 历年真题全解

题型分类版

试题册

杨涵 主编

北京理工大学出版社

版权专有　侵权必究

图书在版编目（CIP）数据

MBA MPA MPAcc MEM 管理类联考逻辑历年真题全解：题型分类版 / 杨涵主编. — 北京：北京理工大学出版社，2021.5
　ISBN 978 - 7 - 5682 - 9811 - 7

　Ⅰ.①M…　Ⅱ.①杨…　Ⅲ.①逻辑 – 研究生 – 入学考试 – 题解　Ⅳ.① B81-44

　中国版本图书馆 CIP 数据核字（2021）第 086732 号

出版发行 / 北京理工大学出版社有限责任公司
社　　址 / 北京市海淀区中关村南大街 5 号
邮　　编 / 100081
电　　话 /（010）68914775（总编室）
　　　　　（010）82562903（教材售后服务热线）
　　　　　（010）68948351（其他图书服务热线）
网　　址 / http://www.bitpress.com.cn.
经　　销 / 全国各地新华书店
印　　刷 / 三河市文阁印刷有限公司
开　　本 / 787 毫米 × 1092 毫米　1/16
印　　张 / 42.75　　　　　　　　　　　　　　　　　　　　责任编辑 / 多海鹏
字　　数 / 1067 千字　　　　　　　　　　　　　　　　　　文案编辑 / 胡　莹
版　　次 / 2021 年 5 月第 1 版　2021 年 5 月第 1 次印刷　　责任校对 / 刘亚男
定　　价 / 129.80 元（共两册）　　　　　　　　　　　　　　责任印制 / 李志强

图书出现印装质量问题，请拨打售后服务热线，本社负责调换

使用指南

一、题源分析

（一）题库题量稀少

管综的逻辑科目有个明显特点——题库题量稀少。原因有两点：

其一，逻辑所涉及的考试领域较少，远不如数学、物理等科目；

其二，除形式逻辑外，综合推理与论证逻辑都非常受命题倾向和用语的影响，这就使得管综很难借鉴其他考试中的逻辑试题。

因此，对管综考生而言，具有较高使用价值的逻辑试题只有 1 535 道，分别是：

1 155 道 MBA 联考真题（MBA 联考是管综的前身，1997 年正式开考）；

360 道管综真题（2010 年正式开考）；

20 道经综真题（经综虽在 2011 年便正式开考，但目前只有 2021 年真题是由教育部考试中心组织命题，之前的真题不具有参考价值）。

（二）研究要求不同

对于这 1 535 道真题，也有不同层次的研究要求。

MBA 联考的 1 155 道题，所针对的人群仅是 MBA 考生，因此研究要求最低，只需要把其当作练习，让自己对考点更加熟练，也能更好地运用。

2010—2016 年的管综真题，虽针对的人群与当下管综一致，但因年份较早，因此研究要求中等，只需要研究每道试题的命题特征和试题之间的命题共性。

2017—2021 年的管综真题以及 2021 年的经综真题，最为重要，研究要求最高！要在前述研究基础之上，再进一步研究套卷上的命题侧重点，并形成自己的解题流程。

根据上述题源的特点，本书按题型汇总了 1 515 道 MBA 联考真题及管综真题。并且，在每个题型下，用分割线将 MBA 联考真题和管综真题分开，以便管综的小伙伴们有针对地刷题或研究。经综的 20 道真题，我会在新浪微博（@管综经综杨涵）免费分享。

二、研究方法

（一）提高对考点的熟练程度及运用方法

研究阶段：在学完对应考点后，研究管综及经综真题前。

适用真题：MBA 联考真题，即分割线之前的真题。每 10 题为一组，若某题型总量较少，则可直接作为一组。

研究方法：

1. 限时做题：

管综考试对速度有较高要求，因此只有限时作答才能反映出熟练程度。对于不同类型的考生，需严格按下表限时做题。

	考场目标 50 分钟内答完逻辑的考生	考场目标 70 分钟内答完逻辑的考生
形式逻辑	每题 1 分钟	每题 1 分 30 秒
综合推理	每题 2 分钟	每题 3 分钟
论证逻辑	每题 1 分 40 秒	每题 2 分钟

2. 分析错题：

首先，做错、蒙对、做得慢的题都算错题。

其次，写出这些错题背后的错因。这里大致分出四类，供小伙伴们参考。

错因	阐述
考点漏洞	某些考点或基本套路（基础班中内容）不知道、没掌握或不熟练
思维漏洞	某些快解思维（强化班中内容）不知道、没掌握或不熟练
陷阱漏洞	跳进了命题人设置的某种陷阱，或没看出论证逻辑中强干扰项的特征
惯性误区	自身有不良做题习惯，粗心导致错误发生

再次，分类错因。上述四类错因是一级目录，但其下肯定还有诸多种类，小伙伴们可根据自身错题的具体情况，进一步统计。每做一组题后，就要分类复盘错因，具体形式可参考如下。

一级错因	二级错因	阐述	试题统计
考点漏洞	考点 1 性质命题的含义	有的推不出少数	题 5
思维漏洞	效用思维—优先验证	忘记问假时矛盾优先	题 7
	效用思维—每步匹配	忘记复选项试题每步匹配	题 8
陷阱漏洞	细节陷阱	被"没发现嫌疑人踪迹"影响	题 11
惯性误区	看题目不仔细	没看到"第二个断定为假"	题 12

题型 1 对当关系错因统计

最后，解决错因。其中出现次数较多的错因，则是重点问题，要优先去思考如何解决。例如，考点、思维、陷阱漏洞，则是要加强某项认知；惯性误区则是要记住这个问题，下次做题时提醒自己。等思考完毕，可再进入下一组的训练并重复之。

另外，MBA 联考中的部分真题难度虽大，但更侧重于理解分析，当下已不再考查，如有做错或不会，可不用纠结。具体题号我会在新浪微博（@ 管综经综杨涵）进行公布。

（二）研究真题的命题特征和命题共性

研究阶段：做完 MBA 联考真题后。
适用真题：管综真题及经综 2021 年真题，即分割线之后的真题。
研究方法：
1. 限时做题和分析错题，这里的方法与前述的方法一致，不再赘言。
2. 研究命题（这里每道真题都要研究，哪怕做对了）：

首先，对于逻辑追求 50 分以上的考生，必须要做到此点；而其余考生，对于 2017—2021 年管综及 2021 年经综真题，必须如此研究，其余年份管综真题能研究多少就研究多少。

其次，写出解题过程。写出每道试题的考场解题过程，注意这不是要求大家解析试题，而是要求把主要步骤书写一遍，形式逻辑主要是整理条件、公式推导和匹配答案；综合推理主要是切入点和推理线；论证逻辑主要是定位论证主线、正解特征和误项特征。示范如下：

◆ **例 1** 倪教授认为，我国工程技术领域可以考虑与国外先进技术合作，但任何涉及核心技术的项目决不能受制于人；我国许多网络安全建设项目涉及信息核心技术，如果全盘引进国外先进技术而不努力自主创新，我国的网络安全将会受到严重威胁。
根据倪教授的陈述，可以得出以下哪项？
A. 我国许多网络安全建设项目不能与国外先进技术合作。
B. 我国工程技术领域的所有项目都不能受制于人。
C. 如果能做到自主创新，我国的网络安全就不会受到严重威胁。
D. 我国有些网络安全建设项目不能受制于人。
E. 只要不是全盘引进国外先进技术，我国的网络安全就不会受到严重威胁。
①串联成线⇒∃安全→核心→¬受制（没有结构词的算干扰信息，不看）
②首尾截取⇒∃安全→¬受制
③匹配答案⇒选 D 项（已知答案，其余不看）

◆ **例 2** 丰收公司邢经理需要在下个月赴湖北、湖南、安徽、江西、浙江、福建 7 省进行市场需求调研，各省均调研一次，他的行程须满足如下条件：
(1) 第一个或是最后一个调研江西省；(2) 调研安徽省的时间早于浙江省，在这两省之间调研除了福建省的另外两省；(3) 调研福建省的时间安排在调研浙江省之前或刚好调研完浙江省之后；(4) 第三个调研江苏省。
如果邢经理首先赴安徽省调研，则关于他的行程可以确定以下哪个选项？
A. 第二个调研湖北省。　　B. 第二个调研湖南省。　　C. 第五个调研福建省。
D. 第五个调研湖北省。　　E. 第五个调研浙江省。
切入点（补充条件）⇒安（第一）
推理线（重复项传递）⇒安（第一）⇒经条件（2）⇒浙（第四）⇒经条件（3）⇒福（第五）

◆ **例 3** 进入冬季以来，内含大量有毒颗粒物的雾霾频繁袭击我国部分地区。有关调查显示，持续接触高浓度污染物会直接导致 10% 至 15% 的人患有眼睛慢性炎症或干眼症，有专家由此认为，如果不采取紧急措施改善空气质量，这些疾病的发病率和相关的并发症将会增加。

以下哪项如果为真，最能支持上述专家的观点？
A. 空气质量的改善不是短期内能做到的，许多人不得不在污染环境中工作。
B. 上述被调查的眼疾患者中有 65% 是年龄在 20~40 岁之间的男性。
C. 眼睛慢性炎症或干眼症等病例通常集中出现于花粉季。
D. 在重污染环境中采取戴护目镜、定期洗眼等措施有助于预防干眼症等眼疾。
E. 有毒颗粒物会刺激并损害人的眼睛，长期接触会影响泪腺细胞。

论证主线：持续接触高浓度污染物会导致疾病⇒不采取紧急措施改善空气质量发病率会增加。
　　E 项（支持前提），构建了"持续接触"与"导致疾病"的联系。
　　A 项（作用相反），"不是短期内能做到"违背"采取紧急措施"。
　　B 项（主题无关），"患病者性别"与"采取紧急措施改善空气质量"无关。
　　C 项（主题无关），"花粉季"与"采取紧急措施改善空气质量"无关。
　　D 项（主题无关），"护目镜等其他措施"与"采取紧急措施改善空气质量"无关。

再次，比较命题共性。根据自己所写的套路和特征对真题进行分类。这里我会在新浪微博（@管综经综杨涵）的置顶帖中提供 2010—2021 年管综及 2021 年经综逻辑真题电子版文档，因此，使用电子版分类的伙伴们可利用"导航窗格"，使用纸质版分类的伙伴们可裁剪分类。其实，本书已是分类版，所以分类工作量其实并不大。

最后，总结共性。书写出每个题型自己所理解的共性情况，具体形式可参考如下。

题型 5 等价推理共性总结

共性情况	阐述	试题统计
直接比对	题干全提炼，选项中找答案	题 43、题 44、题 45、题 46、题 47、题 51、题 53
定性排除	题干半提炼，排除不符选项	题 52、题 54、题 55
选项代入	题干不提炼，代入选项比较	题 48、题 49、题 50、题 56、题 57、题 58

另外，这种共性总结，可能无法一次到位，每次复盘都会有新的体会，从而多次总结、复盘才能完全确定下来。

（三）研究套卷的侧重点并形成解题流程

研究阶段：上述共性研究完毕后。
适用真题：2017—2021 年管综及经综 2021 年真题。
研究方法：
首先，以套卷形式，重做 2017—2021 年管综及经综 2021 年真题，体会每套卷子的题型编排和试题特征（这里只需写出答案过程中的重点）。具体形式可参考如下。

2017 年管综真题复盘表[①]

题号	题型	阐述
26	形式逻辑—截取推理	①有无用信息；②串联无需换位
33	综合推理—顺藤摸瓜	①确定条件切入；②重复项传递；③有无用信息
36	论证逻辑—支持题型	①针对处定位；②替换针对前提；③细节"紧急"

---

① 此处仅列举了三道真题以便说明。

其次，固定考场答题流程图。按照自己总结的套路，还有当下命题侧重点，绘制考场答题流程图。具体形式可参考如下：

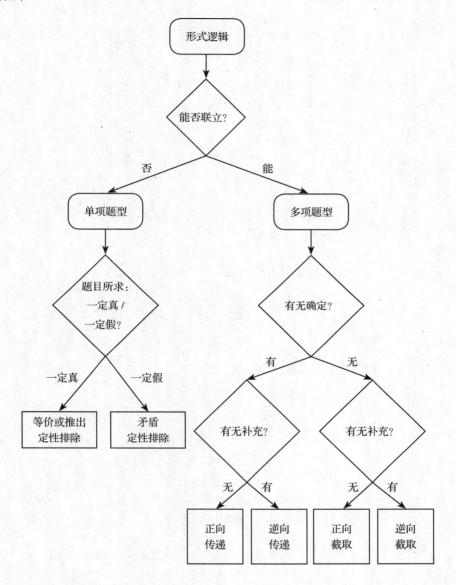

读到此处，就算了解了逻辑真题的学习方法，接下来，就请各位奋勇刷题吧！Here We Go！

最后，请允许我在这里感谢一下为《MBA MPA MPAcc MEM 管理类联考逻辑历年真题全解（题型分类版）》正常出版而辛苦付出的老师们！他们分别是：
负责统筹规划的，时代云图项目部王朋朋老师、徐星亮老师！
负责审校编纂的，时代云图编辑部霍临老师、刘珊老师、李建升老师！
负责版式设计的，时代云图营销部张圆惠老师！
负责项目运营的，启航教育刘亚楠老师！云图教育单夕芮老师！

还有，为本书提供大量建设性建议以及生动性实例的广大读者、考生朋友们！感谢你们！因篇幅限制，恕不能一一答谢，但感激之情，溢于言表！

管综经综杨涵

目录

第一篇 形式逻辑

题型 1　对当关系 ·· 002
题型 2　变形推理 ·· 005
题型 3　否定等值 ·· 006
题型 4　矛盾推理 ·· 008
题型 5　等价推理 ·· 014
题型 6　截取推理 ·· 026
题型 7　传递推理 ·· 039
题型 8　两难推理 ·· 051
题型 9　补全推理 ·· 053
题型 10　反驳推理 ··· 058

第二篇 综合推理

题型 11　真话假话 ··· 062
题型 12　顺藤摸瓜 ··· 071
题型 13　假设反证 ··· 086
题型 14　数字题型 ··· 100

第三篇 论证逻辑

题型 15　削弱题型 ··· 114

题型 16	支持题型	……………………………………………………………	181
题型 17	评价题型	……………………………………………………………	214
题型 18	假设题型	……………………………………………………………	218
题型 19	解释题型	……………………………………………………………	250
题型 20	相似题型	……………………………………………………………	269
题型 21	概括题型	……………………………………………………………	287
题型 22	归纳题型	……………………………………………………………	306
题型 23	焦点题型	……………………………………………………………	346

第一篇

形式逻辑

- 历年真题中共有 280 道形式逻辑题,占历年真题的 18.48%

- 其中,190 道是 MBA 联考真题,占 MBA 联考真题的 16.45%

- 90 道是管综真题,占管综真题的 25%

题型 1 对当关系

题 1 （1997—10—15） 一个身穿工商行政管理人员制服的人从集贸市场走出来。
根据以上陈述，可做出下列哪项判断？
A. 这个人一定是该市场的管理人员。
B. 这个人可能是其他市场的管理人员。
C. 这个人一定不是该市场的管理人员。
D. 这个人一定是来买东西的市场管理人员。
E. 这个人一定是上级派来的检查人员。

题 2 （2008—10—38 2004—10—35） 大多数抗忧郁药物都会引起体重的增加。尽管在服用这些抗忧郁药物时，节食有助于减少体重的增加，但不可能完全避免这种体重的增加。
以上信息最能支持以下哪项结论？
A. 医生不应当给超重的患者开抗忧郁药处方。
B. 至少有些服用抗忧郁药物的人的体重会超重。
C. 至少有些服用抗忧郁药物的人会增加体重。
D. 至少有些服用抗忧郁药物的患者应当通过节食来保持体重。
E. 服用抗忧郁药物的人超重，是由于没有坚持节食。

题 3 （2000—10—7） 通过调查得知，并非所有个体商贩都有偷税、逃税行为。
如果上述调查的结论是真实的，则以下哪项一定为真？
A. 所有的个体商贩都没有偷税、逃税行为。
B. 多数个体商贩都有偷税、逃税行为。
C. 并非有的个体商贩没有偷税、逃税行为。
D. 并非有的个体商贩有偷税、逃税行为。
E. 有的个体商贩确实没有偷税、逃税行为。

题 4 （2005—10—42） 张经理在公司大会结束后宣布："此次提出的方案得到一致赞同，全体通过。"
会后，小陈就此事进行了调查，发现张经理所言并非事实。
如果小陈的发现为真，以下哪项也必然为真？
A. 有少数人未发表意见。　　　　B. 有些人赞同，有些人反对。
C. 至少有人不赞同。　　　　　　D. 至少有人赞同。
E. 大家都不赞同。

题 5 （1997—1—21） 大会主席宣布："此方案没有异议，大家都赞同，通过。"
如果以上不是事实，那么下面哪项必为事实？
A. 大家都不赞同方案。　　　　　B. 有少数人不赞同方案。
C. 有些人赞同，有些人反对。　　D. 至少有人是赞同方案的。
E. 至少有人是反对方案的。

题 6 （1999—1—34） 在 MBA 的《财务管理》课期终考试后，班长想从老师那里打听成绩。班长说：

---

① 本书收录了全部 MBA 联考真题和管综真题（共 1 515 道），由于其中 42 道真题是重复的，所以去重后，本书各题型真题相加，共 1 473 道。

② 该数字表示的是本题所在试卷的年份及对应题号。例如，1997—10—15 为 1997 年 10 月 MBA 联考第 15 题，1997—1—21 为 1997 年 1 月 MBA 联考第 21 题，2017—1—44 为 2017 年管综第 44 题。

"老师，这次考试不太难，我估计我们班同学们的成绩都在70分以上吧。"老师说："你的前半句话不错，后半句话不对。"

根据老师的意思，下列哪项必为事实？

A. 多数同学的成绩在70分以上，有少数同学的成绩在60分以下。
B. 有些同学的成绩在70分以上，有些同学的成绩在70分以下。
C. 研究生的课程70分才算及格，肯定有的同学成绩不及格。
D. 这次考试太难，多数同学的考试成绩不理想。
E. 这次考试太容易，全班同学的考试成绩都在80分以上。

◆题7 （1997—1—13）有人说："哺乳动物都是胎生的。"

以下哪项最能驳斥以上判断？

A. 也许有的非哺乳动物是胎生的。　B. 可能有的哺乳动物不是胎生的。
C. 没有见到过非胎生的哺乳动物。　D. 非胎生的动物不大可能是哺乳动物。
E. 鸭嘴兽是哺乳动物，但不是胎生的。

◆题8 （1999—1—42）你可以随时愚弄某些人。

假若以上属实，以下哪些判断必然为真？

Ⅰ. 张三和李四随时都可能被你愚弄。
Ⅱ. 你随时都想愚弄人。
Ⅲ. 你随时都可能愚弄人。
Ⅳ. 你只能在某些时候愚弄人。
Ⅴ. 你每时每刻都在愚弄人。

A. 只有Ⅲ。　　　　　　　B. 只有Ⅱ。　　　　　　　C. 只有Ⅰ和Ⅲ。
D. 只有Ⅱ、Ⅲ和Ⅳ。　　　E. 只有Ⅰ、Ⅲ和Ⅴ。

◆题9 （2008—10—56）在中唐公司的中层干部中，王宜获得了由董事会颁发的特别奖。

如果上述断定为真，则以下哪项断定不能确定真假？

Ⅰ. 中唐公司的中层干部都获得了特别奖。
Ⅱ. 中唐公司的中层干部都没有获得特别奖。
Ⅲ. 中唐公司的中层干部中，有人获得了特别奖。
Ⅳ. 中唐公司的中层干部中，有人没获得特别奖。

A. 只有Ⅰ。　　　　　　　B. 只有Ⅲ和Ⅳ。　　　　　C. 只有Ⅱ和Ⅲ。
D. 只有Ⅰ和Ⅳ。　　　　　E. Ⅰ、Ⅱ和Ⅲ。

◆题10 （1998—10—29）这个单位已发现有育龄职工违纪超生。

如果上述断定是真的，则下述三个断定中不能确定真假的是：

Ⅰ. 这个单位没有育龄职工不违纪超生。
Ⅱ. 这个单位有的育龄职工没违纪超生。
Ⅲ. 这个单位所有的育龄职工都未违纪超生。

A. 只有Ⅰ和Ⅱ。　　　　　B. Ⅰ、Ⅱ和Ⅲ。　　　　　C. 只有Ⅰ和Ⅲ。
D. 只有Ⅱ。　　　　　　　E. 只有Ⅰ。

◆题11 （1999—10—4）所有的三星级饭店都被搜查过了，没有发现犯罪嫌疑人的踪迹。

如果上述断定为真，则下面四个断定中可确定为假的是：

Ⅰ. 没有三星级饭店被搜查过。
Ⅱ. 有的三星级饭店被搜查过。

Ⅲ. 有的三星级饭店没有被搜查过。
Ⅳ. 犯罪嫌疑人躲藏的三星级饭店已被搜查过。

A. 仅Ⅰ、Ⅱ。　　　　　　　B. 仅Ⅰ、Ⅲ。　　　　　　　C. 仅Ⅱ、Ⅲ。
D. 仅Ⅰ、Ⅲ和Ⅳ。　　　　　E. 仅Ⅰ、Ⅱ和Ⅲ。

题 12　(2008—1—57) 北方人不都爱吃面食，但南方人都不爱吃面食。

如果已知上述第一个断定为真，第二个断定为假，则以下哪项据此不能确定真假？

Ⅰ. 北方人都爱吃面食，有的南方人也爱吃面食。
Ⅱ. 有的北方人爱吃面食，有的南方人不爱吃面食。
Ⅲ. 北方人都不爱吃面食，南方人都爱吃面食。

A. 只有Ⅰ。　　　　　　　　B. 只有Ⅱ。　　　　　　　　C. 只有Ⅲ。
D. 只有Ⅱ和Ⅲ。　　　　　　E. Ⅰ、Ⅱ和Ⅲ。

────────────── 管综真题警戒线① ──────────────

题 13　(2017—1—44) 爱书成痴注定会藏书，大多数藏书家也会读一些自己收藏的书；但有些藏书家却因喜爱书的价值和精致装帧而购书收藏，至于阅读则放到了自己以后闲暇的时间，而一旦他们这样想，这些新购的书就很可能不被阅读了。但是，这些受到"冷遇"的书只要被友人借去一本，藏书家就会失魂落魄，整日心神不安。

根据上述信息，可以得出以下哪项？

A. 有些藏书家从不读自己收藏的书。
B. 有些藏书家会读遍自己收藏的书。
C. 有些藏书家喜欢闲暇时读自己的藏书。
D. 有些藏书家不会立即读自己新购的书。
E. 有些藏书家将自己的藏书当作友人。

题 14　(2018—1—45) 某校图书馆新购一批文科图书。为方便读者查阅，管理人员对这批图书在文科新书阅览室中的摆放位置做出如下提示：

(1) 前3排书橱均放有哲学类新书；(2) 法学类新书都放在第5排书橱，这排书橱的左侧也放有经济类新书；(3) 管理类新书放在最后一排书橱。

事实上，所有的图书都按照上述提示放置。根据提示，徐莉顺利找到了她想查阅的新书。

根据上述信息，以下哪项是不可能的？

A. 徐莉在第2排书橱中找到哲学类新书。
B. 徐莉在第3排书橱中找到经济类新书。
C. 徐莉在第4排书橱中找到哲学类新书。
D. 徐莉在第6排书橱中找到法学类新书。
E. 徐莉在第7排书橱中找到管理类新书。

题 15　(2014—1—34) 学者张某说："问题本身并不神秘，因与果不仅是哲学家的事。每个凡夫俗子一生之中都将面临许多问题，但分析问题的方法与技巧却很少有人掌握，无怪乎华尔街的大师们趾高气扬、身价百倍。"

────────────
① 本警戒线是提示伙伴们，此处往下均为管综真题，其命题规律是当下趋势，所以，MBA真题应该第一次就分类研究，而管综早年真题建议在做完套卷后，再分类研究，如此便不会破坏套卷做题的体验感。具体的套卷、分类学习方法，可参考本书"学习指南"部分。

以下哪项如果为真，最能反驳张某的观点？
A. 掌握分析问题的方法与技巧对多数人来说很重要。
B. 凡夫俗子之中很少有人掌握分析问题的方法与技巧。
C. 华尔街的分析大师们大都掌握分析问题的方法与技巧。
D. 有些凡夫俗子一生之中将要面临的问题并不多。
E. 有些凡夫俗子可能不需要掌握分析问题的方法与技巧。

◆题16 （2012—1—48）近期国际金融危机对毕业生的就业影响非常大，某高校就业中心的陈老师希望广大同学能够调整自己的心态和预期。他在一次就业指导会上提到，有些同学对自己的职业定位还不够准确。

如果陈老师的陈述为真，则以下哪项不一定为真？
Ⅰ. 不是所有人对自己的职业定位都准确。
Ⅱ. 不是所有人对自己的职业定位都不够准确。
Ⅲ. 有些人对自己的职业定位准确。
Ⅳ. 所有人对自己的职业定位都不够准确。

A. 仅Ⅱ和Ⅳ。　　　　B. 仅Ⅲ和Ⅳ。　　　　C. 仅Ⅱ和Ⅲ。
D. 仅Ⅰ、Ⅱ和Ⅲ。　　　E. 仅Ⅱ、Ⅲ和Ⅳ。

◆题17 （2012—1—52）近期流感肆虐，一般流感患者可采用抗病毒药物的治疗，虽然并不是所有流感患者均需接受达菲等抗病毒药物的治疗，但不少医生仍强烈建议老人、儿童等易出现严重症状的患者用药。

如果以上陈述为真，则以下哪项一定为假？
Ⅰ. 有些流感患者需接受抗病毒药物的治疗。
Ⅱ. 并非有的流感患者不需接受抗毒药物的治疗。
Ⅲ. 老人、儿童等易出现严重症状的患者不需要用药。

A. 仅Ⅰ。　　　　　　B. 仅Ⅱ。　　　　　　C. 仅Ⅲ。
D. 仅Ⅰ、Ⅱ。　　　　E. 仅Ⅱ、Ⅲ。

题型 2 变形推理

◆题1 （2014—10—38）所有免试进入北京大学攻读硕士学位的本科生，都已经获得所在学校的推荐资格。

以下哪项的意思和以上断言完全一样？
A. 没有获得所在学校推荐资格的本科生，不能免试去北京大学攻读硕士学位。
B. 免试去南洋大学攻读硕士学位的本科生，可能没有获得所在学校的推荐资格。
C. 获得了所在学校推荐资格的本科生，并不一定能进入大学攻读硕士学位。
D. 除了北京大学，本科生还可以免试去其他学校攻读硕士学位。
E. 提前毕业的本科生，也有可能进入北京大学攻读硕士学位。

◆题2 （2014—10—46）社区组织的活动有两种类型：养生型和休闲型。组织者对所有参加者统计发现：社区老人有的参加了所有养生型的活动，有的参加了所有休闲型的活动。

按这个统计，以下哪项一定为真？
A. 社区组织的有些活动没有社区老人参加。

B. 有些社区老人没有参加社区组织的任何活动。
C. 社区组织的任何活动都有社区老人参加。
D. 社区的中年人也参加了社区组织的活动。
E. 有些社区老人参加了社区组织的所有活动。

题3 （2006—1—27）我想说的都是真话，但真话我未必都说。
如果上述断定为真，则以下各项都可能为真，除了：
A. 我有时也说假话。
B. 我不是想啥说啥。
C. 有时说某些善意的假话并不违背我的意愿。
D. 我说的都是我想说的话。
E. 我说的都是真话。

管综真题警戒线

题4 （1997—10—4）设"并非无奸不商"为真，则以下哪项一定为真？
A. 所有商人都是奸商。
B. 所有商人都不是奸商。
C. 并非有的商人不是奸商。
D. 并非有的商人是奸商。
E. 有的商人不是奸商。

题5 （2013—1—50）根据某位国际问题专家的调查统计可知：有的国家希望与某些国家结盟，有三个以上的国家不希望与某些国家结盟；至少有两个国家希望与每个国家建交，有的国家不希望与任一国家结盟。
根据上述统计，可以得出以下哪项？
A. 有些国家之间希望建交但是不希望结盟。
B. 至少有一个国家，既有国家希望与之结盟，也有国家不希望与之结盟。
C. 每个国家都有一些国家希望与之结盟。
D. 至少有个国家，既有国家希望与之建交，也有国家不希望与之建交。
E. 每个国家都有一些国家希望与之建交。

题型 3 否定等值

题1 （2002—10—54 1998—10—2）卫星提供的最新气象资料表明，原先预报的明年北方地区的持续干旱不一定出现。
以下哪项最接近于上文中气象资料所表明的含义？
A. 明年北方地区的持续干旱可能不出现。
B. 明年北方地区的持续干旱可能出现。
C. 明年北方地区的持续干旱一定不出现。
D. 明年北方地区的持续干旱出现的可能性比不出现大。
E. 明年北方地区的持续干旱不可能出现。

题2 （1998—1—5）不可能所有的错误都能避免。
以下哪项最接近于上述断定的含义？
A. 所有的错误必然都不能避免。   B. 所有的错误可能都不能避免。

C. 有的错误可能不能避免。　　D. 有的错误必然能避免。
E. 有的错误必然不能避免。

题3　(2009—10—38) 所有错误决策都不可能不付出代价，但有的错误决策可能不造成严重后果。
如果上述断定为真，则以下哪项一定为真？
A. 有的正确决策也可能付出代价，但所有的正确决策都不可能造成严重后果。
B. 有的错误决策必然要付出代价，但所有的错误决策都不一定造成严重后果。
C. 所有的正确决策都不可能付出代价，但有的正确决策也可能造成严重后果。
D. 有的错误决策必然要付出代价，但所有的错误决策都可能不造成严重后果。
E. 所有的错误决策都必然要付出代价，但有的错误决策不一定造成严重后果。

题4　(2008—1—58) 人都不可能不犯错误，不一定所有人都会犯严重错误。
如果上述断定为真，则以下哪项一定为真？
A. 人都可能会犯错误，但有的人可能不犯严重错误。
B. 人都可能会犯错误，但所有的人都可能不犯严重错误。
C. 人都一定犯错误，但有的人可能不犯严重错误。
D. 人都一定会犯错误，但所有的人都可能不犯严重错误。
E. 人都可能会犯错误，但有的人一定不犯严重错误。

题5　(2006—1—46) 一把钥匙能打开天下所有的锁。这样的万能钥匙是不可能存在的。
以下哪项最符合题干的断定？
A. 任何钥匙都必然有它打不开的锁。
B. 至少有一把钥匙必然打不开天下所有的锁。
C. 至少有一把锁天下所有的钥匙都必然打不开。
D. 任何钥匙都可能有它打不开的锁。
E. 至少有一把钥匙可能打不开天下所有的锁。

题6　(2007—1—42) 某公司一批优秀的中层干部竞选总经理职位。所有的竞选者除了李女士自身外，没有人能同时具备她的所有优点。
从以上断定能合乎逻辑地得出以下哪项结论？
A. 在所有竞选者中，李女士最具备条件当选总经理。
B. 李女士具有其他竞选者都不具备的某些优点。
C. 李女士具有其他竞选者的所有优点。
D. 李女士的任一优点都有竞选者不具备。
E. 任一其他竞选者都有不及李女士之处。

题7　(2003—1—50) 不必然任何经济发展都导致生态恶化，但不可能有不阻碍经济发展的生态恶化。
以下哪项最为准确地表达了题干的含义？
A. 任何经济发展都不必然导致生态恶化，但任何生态恶化都必然阻碍经济发展。
B. 有的经济发展可能导致生态恶化，而任何生态恶化都可能阻碍经济发展。
C. 有的经济发展可能不导致生态恶化，但任何生态恶化都可能阻碍经济发展。
D. 有的经济发展可能不导致生态恶化，但任何生态恶化都必然阻碍经济发展。
E. 任何经济发展都可能不导致生态恶化，但有的生态恶化必然阻碍经济发展。

题8　(2006—1—47) 在一次歌唱竞赛中，每一名参赛选手都有评委投了优秀票。
如果上述断定为真，则以下哪项不可能为真？
Ⅰ. 有的评委投了所有参赛选手优秀票。

Ⅱ．有的评委没有给任何参赛选手投优秀票。
Ⅲ．有的参赛选手没有得到一张优秀票。

A．只有Ⅰ。 B．只有Ⅱ。 C．只有Ⅲ。
D．只有Ⅱ和Ⅲ。 E．只有Ⅰ和Ⅲ。

题9 (2007—1—46) 有球迷喜欢所有参赛球队。
如果上述断定为真，则以下哪项不可能为真？
A．所有参赛球队都有球迷喜欢。 B．有球迷不喜欢所有参赛球队。
C．所有球迷都不喜欢某个参赛球队。 D．有球迷不喜欢某个参赛球队。
E．每个参赛球队都有球迷不喜欢。

题10 (1997—10—31) 有人说："最高明的骗子，可能在某个时刻欺骗所有的人，也可能在所有的时刻欺骗某些人，但不可能在所有的时刻欺骗所有的人。"
如果上述断定为真，而且世界上总有一些高明的骗子，那么下述哪项断定必定是假的？
A．张三可能在某个时刻受骗。
B．李四可能在任何时候都不受骗。
C．骗人的人也可能在某个时刻受骗。
D．不存在某一时刻所有的人都必然不受骗。
E．不存在某一时刻有人可能不受骗。

>>>>>>>>>>>>>>>>>>>>>>>>>>>>>>>>>>>>>>> 管综真题警戒线 >>>>>>>>>>>>>>>>>>>>>>>>>>>>>>>>>>>>>>>

题11 (2013—1—48) 某公司人力资源管理部人士指出：由于本公司招聘职位有限，所以在本次招聘考试中不可能所有的应聘者都能被录用。
基于以下哪项可以得出该人士的上述结论？
A．在本次招聘考试中，可能有应聘者被录用。
B．在本次招聘考试中，可能有应聘者不被录用。
C．在本次招聘考试中，必然有应聘者不被录用。
D．在本次招聘考试中，必然有应聘者被录用。
E．在本次招聘考试中，可能有应聘者被录用，也可能有应聘者不被录用。

题12 (2018—1—32) 唐代韩愈在《师说》中指出："孔子曰：三人行，则必有我师。是故弟子不必不如师，师不必贤于弟子，闻道有先后，术业有专攻，如是而已。"
根据上述韩愈的观点，可以得出以下哪项？
A．有的弟子必然不如师。 B．有的弟子可能不如师。
C．有的师不可能贤于弟子。 D．有的弟子可能不贤于师。
E．有的师可能不贤于弟子。

题型 4 矛盾推理

题1 (2005—1—28) 马医生发现，在进行手术前喝高浓度加蜂蜜的热参茶可以使他手术时主刀更稳，用时更短，效果更好。因此他认为，要么是参，要么是蜂蜜，含有的某些化学成分能帮助他更快更好地进行手术。
以下哪项如果为真，能削弱马医生的上述结论？

Ⅰ. 马医生在喝含高浓度加蜂蜜的柠檬茶后的手术效果同喝高浓度加蜂蜜的热参茶一样好。
Ⅱ. 马医生在喝白开水之后的手术效果与喝高浓度加蜂蜜的热参茶一样好。
Ⅲ. 洪医生主刀的手术效果比马医生好,而前者没有术前喝高浓度的蜂蜜热参茶的习惯。
A. 只有Ⅰ。 B. 只有Ⅱ。 C. 只有Ⅲ。
D. 只有Ⅰ和Ⅲ。 E. Ⅰ、Ⅱ和Ⅲ。

题 2 (2014—10—29) 在乌克兰局势协调小组明斯克会谈前夕,"顿涅茨克人民共和国"和"卢甘斯克人民共和国"发言人宣布了自己的谈判立场:如果乌克兰当局不承认其领土和俄语的特殊地位,并且不停止其东南部的军事行动,就无法解决冲突。此外两个"共和国"还坚持要求赦免所有民兵武装参与者和政治犯。有乌克兰观察人士评论:"难道我们承认了这两个所谓'共和国'的特殊地位,赦免了民兵武装,就能够解决冲突吗?"
乌克兰观察人士的评论最适合用来反驳以下哪项?
A. 即使乌克兰当局承认两个"共和国"领土和俄语的特殊地位,并且赦免所有民兵武装参与者和政治犯,也可能还是无法解决冲突。
B. 即使解决了冲突,也不一定是因为乌克兰当局承认两个"共和国"领土和俄语的特殊地位。
C. 如果要解决冲突,乌克兰当局就必须承认两个"共和国"领土和俄语的特殊地位,并且赦免所有民兵武装参与者和政治犯。
D. 只要乌克兰当局承认两个"共和国"领土和俄语的特殊地位,并且赦免所有民兵武装参与者和政治犯,就能够解决冲突。
E. 只有乌克兰当局承认两个"共和国"领土和俄语的特殊地位,并且赦免所有民兵武装参与者和政治犯,才能够解决冲突。

题 3 (2008—1—32) 只要不起雾,飞机就能按时起飞。
以下哪项如果为真,说明上述断定不成立?
Ⅰ. 没起雾,但飞机没按时起飞。
Ⅱ. 起雾,但飞机仍然按时起飞。
Ⅲ. 起雾,飞机航班延期。
A. 只有Ⅰ。 B. 只有Ⅱ。 C. 只有Ⅲ。
D. 只有Ⅱ和Ⅲ。 E. Ⅰ、Ⅱ和Ⅲ。

题 4 (2006—1—26) 小张承诺:"如果天不下雨,我一定去听音乐会。"
以下哪项为真,说明小张没有兑现承诺?
Ⅰ. 天没下雨,小张没去听音乐会。
Ⅱ. 天下雨,小张去听了音乐会。
Ⅲ. 天下雨,小张没去听音乐会。
A. 只有Ⅰ。 B. 只有Ⅱ。 C. 只有Ⅲ。
D. 只有Ⅰ和Ⅱ。 E. Ⅰ、Ⅱ和Ⅲ。

题 5 (2009—10—53) 小张承诺:"如果天不下雨,我一定去看足球赛。"
以下哪项为真,说明小张没有兑现承诺?
Ⅰ. 天没下雨,小张没去看足球赛。
Ⅱ. 天下雨,小张去看了足球赛。
Ⅲ. 天下雨,小张没去看足球赛。
A. 只有Ⅰ。 B. 只有Ⅱ。 C. 只有Ⅲ。
D. 只有Ⅰ和Ⅱ。 E. Ⅰ、Ⅱ和Ⅲ。

题 6 (2003—10—37) 在中国,只有富士山连锁经营日式快餐。

如果上述断定为真,则以下哪项不可能为真?

Ⅰ. 苏州的富士山连锁店不经营日式快餐。
Ⅱ. 杭州的樱花连锁店经营日式快餐。
Ⅲ. 温州的富士山连锁店经营韩式快餐。

A. 只有Ⅰ。 B. 只有Ⅱ。 C. 只有Ⅲ。
D. 只有Ⅰ、Ⅱ。 E. Ⅰ、Ⅱ和Ⅲ。

题 7 (1999—1—72) 在评价一个企业管理者的素质时,有人说:"只要企业能获得利润,其管理者的素质就是好的。"

以下各项都是对上述看法的质疑,除了:

A. 有时管理层会用牺牲企业长远利益的办法获得近期利润。
B. 有的管理者采取不正当竞争的办法,损害其他企业,获得本企业的利益。
C. 某地的卷烟厂连年利润可观,但领导层中挖出了一个贪污集团。
D. 某电视机厂的领导任人唯亲,工厂越办越糟,群众意见很大。
E. 某计算机销售公司近几年获利在同行业名列前茅,但有逃避关税的问题。

题 8 (2008—1—50) 如果下面是4张卡片,一面是大写英文字母,另一面是阿拉伯数字,主持人断定,如果一面是A,则另一面是4。

| A | 4 | B | 7 |

如果要试图推翻主持人的断定,但只允许翻动以上两张卡片,正确的选择是:

A. 翻动A和4。 B. 翻动A和7。 C. 翻动A和B。
D. 翻动B和7。 E. 翻动B和4。

题 9 (2009—10—40) 在报考研究生的应届考生中,除非学习成绩名列前三位,并且有两位教授推荐,否则不能成为免试推荐生。

以下哪项如果为真,说明上述决定没有得到贯彻?

Ⅰ. 余涌学习成绩名列第一,并且有两位教授推荐,但未能成为免试推荐生。
Ⅱ. 方宁成为免试推荐生,但只有一位教授推荐。
Ⅲ. 王宜成为免试推荐生,但学习成绩不在前三名。

A. 只有Ⅰ。 B. 只有Ⅰ和Ⅱ。 C. 只有Ⅱ和Ⅲ。
D. 只有Ⅰ、Ⅱ和Ⅲ。 E. 以上都不是。

题 10 (2014—10—53) 在今年夏天的足球运动员转会市场上,只有在世界杯期间表现出色并且在俱乐部也有优异表现的人,才能获得众多俱乐部的青睐和追逐。

如果以上陈述为真,则以下哪项不可能为真?

A. 老将克洛泽在世界杯上以16球打破了罗纳尔多15球的世界杯进球记录,但是仍然没有获得众多俱乐部的青睐。
B. J罗获得了世界杯金靴,他同时凭借着在俱乐部的优异表现在众多俱乐部追逐的情况下,成功转会皇家马德里。
C. 罗伊斯因伤未能代表德国队参加巴西世界杯,但是他在德甲俱乐部赛场上有着优异表现,在转会市场上得到了皇家马德里、巴塞罗那等顶级俱乐部的青睐。

D. 多特蒙德头号射手莱万多夫斯基成功转会到拜仁慕尼黑。
E. 克罗斯没有获得金靴，但因为表现突出，同样成功转会皇家马德里。

题 11 （1999—1—73）世界级的马拉松选手每天跑步不少于两小时，除非是元旦、星期天或得了较严重的疾病。

若以上论述为真，则以下哪项所描述的人不可能是世界级马拉松选手？

A. 某人连续三天每天跑步仅一个半小时，并且没有任何身体不适。
B. 某运动员几乎每天都要练习吊环。
C. 某人在脚伤痊愈的一周里每天跑步至多一小时。
D. 某运动员在某个星期三没有跑步。
E. 某运动员身体瘦高，别人都说他像跳高运动员，他的跳高成绩相当不错。

══════════════════ 管综真题警戒线 ══════════════════

题 12 （2012—1—37）2010 年上海世博会盛况空前，200 多个国家场馆和企业主题馆让人目不暇接。大学生王刚决定在学校放暑假的第二天前往世博会参观。前一天晚上，他特别上网查看了各位网友对热门场馆选择的建议，其中最吸引王刚的有三条：

(1) 如果参观沙特馆，就不参观石油馆；(2) 石油馆和中国国家馆择一参观；(3) 中国国家馆和石油馆不都参观。

实际上，第二天王刚的世博会行程非常紧凑，他没有接受上述三条建议中的任何一条。

关于王刚所参观的热门场馆，以下哪项描述正确？

A. 参观沙特馆、石油馆，没有参观中国国家馆。
B. 沙特馆、石油馆、中国国家馆都参观了。
C. 沙特馆、石油馆、中国国家馆都没有参观。
D. 没有参观沙特馆，参观石油馆、中国国家馆。
E. 没有参观石油馆，参加沙特馆、中国国家馆。

题 13 （2019—1—40）下面 6 张卡片，一面印的是汉字（动物或者花卉），一面印的是数字（奇数或偶数）。

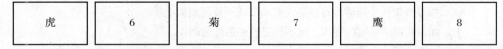

对于上述 6 张卡片，如果要验证"每张卡片至少有一面印的是偶数或者花卉"，至少需要翻看几张卡片？

A. 2。   B. 3。   C. 4。
D. 5。   E. 6。

题 14 （2014—1—28）陈先生在鼓励他的孩子时说道："不要害怕暂时的困难和挫折，不经历风雨怎么见彩虹？"他孩子不服气地说："您说得不对。我经历了那么多风雨，怎么就没见到彩虹呢？"

陈先生孩子的回答最适宜用来反驳以下哪项？

A. 如果想见到彩虹，就必须经历风雨。
B. 只要经历了风雨，就可以见到彩虹。
C. 只有经历风雨，才能见到彩虹。
D. 即使经历了风雨，也可能见不到彩虹。
E. 即使见到了彩虹，也不是因为经历了风雨。

题15 (2012—1—39) 在家电产品"三下乡"活动中，某销售公司的产品受到了农村居民的广泛欢迎。该公司总经理在介绍经验时表示：只有用最流行畅销的明星产品面对农村居民，才能获得他们的青睐。

以下哪项如果为真，最能质疑总经理的论述？

A. 某品牌电视由于其较强的防潮能力，尽管不是明星产品，仍然获得了农村居民的青睐。
B. 流行畅销的明星产品由于价格偏高，没有赢得农村居民的青睐。
C. 流行畅销的明星产品只有质量过硬，才能获得农村居民的青睐。
D. 有少数娱乐明星为某些流行畅销的产品做虚假广告。
E. 流行畅销的明星产品最适合城市中的白领使用。

题16 (2015—1—33) 当企业处于蓬勃上升时期，往往紧张而忙碌，没有时间和精力去设计和修建"琼楼玉宇"；当企业所有的重要工作都已经完成，其时间和精力就开始集中在修建办公大楼上。所以，如果一个企业的办公大楼设计得越完美，装饰得越豪华，则该企业离解体的时间就越近；当某个企业的大楼设计和建造趋向完美之际，它的存在就逐渐失去意义。这就是所谓的"办公大楼法则"。

以下哪项如果为真，最能质疑上述观点？

A. 某企业的办公大楼修建得美轮美奂，入住后该企业的事业蒸蒸日上。
B. 一个企业如果将时间和精力都耗费在修建办公大楼上，则对其他重要工作就投入不足了。
C. 建造豪华的办公大楼，往往会加大企业的运营成本，损害其实际收益。
D. 企业办公大楼越破旧，企业就越有活力和生机。
E. 建造豪华的办公大楼并不需要企业提供太多的时间和精力。

题17 (2011—1—50) 某家长认为，有想象力才能进行创造性劳动，但想象力和知识是天敌。人在获得知识的过程中，想象力会消失。因为知识符合逻辑，而想象力无章可循。换句话说，知识的本质是科学，想象力的特征是荒诞。人的大脑一山不容二虎：学龄前，想象力独占鳌头，脑子被想象力占据；上学后，大多数人的想象力被知识驱逐出境，他们成为知识渊博但丧失了想象力，终生只能重复前人发现的人。

以下哪项与该家长的上述观点矛盾？

A. 如果希望孩子能够进行创造性劳动，就不要送他们上学。
B. 如果获得了足够的知识，就不能进行创造性劳动。
C. 发现知识的人是有一定想象力的。
D. 有些人没有想象力，但能进行创造性劳动。
E. 想象力被知识驱逐出境是一个逐渐的过程。

题18 (2013—1—40) 教育专家李教授指出：每个人在自己的一生中，都要不断地努力，否则就会像龟兔赛跑的故事一样，一时跑得快并不能保证一直领先。如果你本来基础好又能不断努力，那你肯定能比别人更早取得成功。

如果李教授的陈述为真，那么以下哪项一定为假？

A. 小王本来基础好并且能不断努力，但也可能比别人更晚取得成功。
B. 不论是谁，只有不断努力，才能取得成功。
C. 只要不断努力，任何人都可能取得成功。
D. 一时不成功并不意味着一直不成功。
E. 人的成功是有衡量标准的。

题 19 （2014—1—32）已知某班共有 25 位同学，女生中身高最高者与最低者相差 10 厘米，男生中身高最高者与最低者相差 15 厘米。小明认为，根据已知信息，只要再知道男生、女生最高者的具体身高，或者再知道男生、女生的平均身高，均可确定全班同学中身高最高者与最低者之间的差距。

以下哪项如果为真，最能构成对小明观点的反驳？

A. 根据已知信息，如果不能确定全班同学中身高最高者与最低者之间的差距，则也不能确定男生、女生身高最高者的具体身高。

B. 根据已知信息，即使确定了全班同学中身高最高者与最低者之间的差距，也不能确定男生、女生的平均身高。

C. 根据已知信息，如果不能确定全班同学中身高最高者与最低者之间的差距，则既不能确定男生、女生身高最高者的具体身高，也不能确定男生、女生的平均身高。

D. 根据已知信息，尽管再知道男生、女生的平均身高，也不能确定全班同学中身高最高者与最低者之间的差距。

E. 根据已知信息，仅仅再知道男生、女生最高者的具体身高，就能确定全班同学中身高最高者与最低者之间的差距。

题 20 （2012—1—27）只有具有一定文学造诣且具有生物学专业背景的人，才能读懂这篇文章。

如果上述命题为真，则以下哪项不可能为真？

A. 小张没有读懂这篇文章，但他的文学造诣是大家所公认的。

B. 计算机专业的小王没有读懂这篇文章。

C. 从未接触过生物学知识的小李读懂了这篇文章。

D. 小周具有生物学专业背景，但他没有读懂这篇文章。

E. 生物学博士小赵读懂了这篇文章。

题 21 （2016—1—31）在某届洲际杯足球大赛中，第一阶段某小组单循环赛共有 4 支队伍参加，每支队伍需要在这一阶段比赛三场。甲国足球队在该小组的前两轮比赛中一平一负。在第三轮比赛之前，甲国足球队教练在新闻发布会上表示："只有我们在下一场比赛中获得胜利并且本组的另外一场比赛打成平局，我们才有可能从这个小组出线。"

如果甲国队主教练的陈述为真，则以下哪项是不可能的？

A. 甲国队第三场比赛取得了胜利，但他们未能从小组出线。

B. 第三轮比赛该小组另外一场比赛打成平局，甲国队从小组出线。

C. 第三轮比赛该小组两场比赛都分出了胜负，甲国队从小组出线。

D. 第三轮比赛甲国队取得了胜利，该小组另一场比赛打成平局，甲国队未能从小组出线。

E. 第三轮比赛该小组两场比赛都打成了平局，甲国队未能从小组出线。

题 22 （2012—1—32）小张是某公司营销部的员工。公司经理对他说："如果你争取到这个项目，我就奖励你一台笔记本电脑或者给你项目提成。"

以下哪项如果为真，说明该经理没有兑现承诺？

A. 小张没有争取到这个项目，该经理没有给他项目提成，但送了他一台笔记本电脑。

B. 小张没有争取到这个项目，该经理没奖励他笔记本电脑，也没给他项目提成。

C. 小张争取到了这个项目，该经理给了他项目提成，但并未奖励他笔记本电脑。

D. 小张争取到了这个项目，该经理奖励他一台笔记本电脑并给他三天假期。

E. 小张争取到了这个项目，该经理未给他项目提成，但奖励了他一台台式电脑。

题型 5 等价推理

题1 （2006—10—27）并非蔡经理负责研发或者负责销售工作。

如果上述陈述为真，则以下哪项陈述一定为真？

A. 蔡经理既不负责研发也不负责销售。
B. 蔡经理负责销售但不负责研发。
C. 蔡经理负责研发但不负责销售。
D. 如果蔡经理不负责销售，那么他负责研发。
E. 如果蔡经理负责销售，那么他不负责研发。

题2 （2005—1—39）一方面确保法律面前人人平等，同时又允许有人触犯法律而不受制裁，这是不可能的。

以下哪项最符合题干的断定？

A. 或者允许有人凌驾于法律之上，或者任何人触犯法律都要受到制裁，这是必然的。
B. 任何人触犯法律都要受到制裁，这是必然的。
C. 有人凌驾于法律之上，触犯法律而不受制裁，这是可能的。
D. 如果不允许有人触犯法律可以不受制裁，那么法律面前人人平等是可能的。
E. 一方面允许有人凌驾于法律之上，同时声称任何人触犯法律都要受到制裁，这是可能的。

题3 （2002—1—48）总经理：我主张小王和小孙两人中至少提拔一人。

董事长：我不同意。

以下哪项最为准确地表述了董事长实际上同意的意思？

A. 小王和小孙两人都得提拔。　　B. 小王和小孙两人都不提拔。
C. 小王和小孙两人中至多提拔一人。　　D. 如果提拔小王，则不提拔小孙。
E. 如果不提拔小王，则提拔小孙。

题4 （2002—10—37）总经理：我主张小王和小孙两人中至多提拔一人。

董事长：我不同意。

以下哪项最为准确地表达了董事长实际同意的意思？

A. 小王、小孙都得提拔。
B. 小王、小孙都不能提拔。
C. 小王和小孙两人中至少提拔一人。
D. 如果提拔小王，则也得提拔小孙。
E. 如果不提拔小王，则也不能提拔小孙。

题5 （2004—1—31）不可能宏达公司和亚鹏公司都没有中标。

以下哪项最为准确地表达了上述断定的意思？

A. 宏达公司和亚鹏公司可能都中标。
B. 宏达公司和亚鹏公司至少有一个可能中标。
C. 宏达公司和亚鹏公司必然都中标。
D. 宏达公司和亚鹏公司至少有一个必然中标。
E. 如果宏达公司中标，那么亚鹏公司不可能中标。

题6 （1998—1—23　396—2014—19）如果"鱼和熊掌不可兼得"是不可改变的事实，则以下哪项也一定是事实？

A. 鱼可得但熊掌不可得。　　B. 熊掌可得但鱼不可得。

C. 鱼和熊掌皆不可得。　　　　　D. 如果鱼不可得，则熊掌可得。
E. 如果鱼可得，则熊掌不可得。

题7　(2002—10—13①　1999—10—27) 小董并非既懂英文又懂法语。
如果上述断定为真，那么下述哪项断定必定为真？
A. 小董懂英文但不懂法语。
B. 小董懂法语但不懂英文。
C. 小董既不懂英文也不懂法语。
D. 如果小董懂英文，那么他一定不懂法语。
E. 如果小董不懂法语，那么他一定懂英文。

题8　(2009—10—54) 并非本届世界服装节既成功又节俭。
如果上述判断是真的，则以下哪项一定为真？
A. 本届世界服装节成功但不节俭。
B. 本届世界服装节节俭但不成功。
C. 本届世界服装节既不节俭也不成功。
D. 如果本届世界服装节不节俭，则一定成功。
E. 如果本届世界服装节节俭，则一定不成功。

题9　(2005—1—42) 对所有的产品都进行了检查，没发现假冒伪劣产品。
如果上述断定为假，则以下哪项一定为真？
Ⅰ. 有的产品尚未经检查，但发现了假冒伪劣产品。
Ⅱ. 或者有的产品尚未经检查，或者发现了假冒伪劣产品。
Ⅲ. 如果对所有的产品都进行了检查，则可发现假冒伪劣产品。
A. 只有Ⅰ。　　　　　B. 只有Ⅱ。　　　　　C. 只有Ⅲ。
D. 只有Ⅰ和Ⅲ。　　　E. 只有Ⅱ和Ⅲ。

题10　(2009—1—34) 对本届奥运会所有奖牌获得者进行了尿样化验，没有发现兴奋剂使用者。
如果以上陈述为假，则以下哪项一定为真？
Ⅰ. 或者有的奖牌获得者没有化检尿样，或者在奖牌获得者中发现了兴奋剂使用者。
Ⅱ. 虽然有的奖牌获得者没有化检尿样，但还是发现了兴奋剂使用者。
Ⅲ. 如果对所有的奖牌获得者进行了尿样化验，则一定发现了兴奋剂使用者。
A. 只有Ⅰ。　　　　　B. 只有Ⅱ。　　　　　C. 只有Ⅲ。
D. 只有Ⅰ和Ⅲ。　　　E. 只有Ⅱ和Ⅲ。

题11　(2010—10—27) 总经理：建议小李和小孙都提拔。
董事长：我有不同意见。
以下哪项符合董事长的意思？
A. 小李和小孙都不提拔。　　　B. 提拔小李，不提拔小孙。
C. 不提拔小李，提拔小孙。　　D. 除非不提拔小李，否则不提拔小孙。
E. 要么不提拔小李，要么不提拔小孙。

题12　(2003—1—60) 欧几里得几何系统的第五条公理判定：在同一平面上，过直线外一点可以并且只可以作一条直线与该直线平行。在数学发展史上，有许多数学家对这条公理是否具有无可争议的真理性表示怀疑和担心。

---

① 题 2002—10—13 仅在题 1999—10—27 的基础上，将"小董"改为"小陈"。

要使数学家的上述怀疑成立,以下哪项必须成立?
Ⅰ.在同一平面上,过直线外一点可能无法作一条直线与该直线平行。
Ⅱ.在同一平面上,过直线外一点作多条直线与该直线平行是可能的。
Ⅲ.在同一平面上,如果过直线外一点不可能作多条直线与该直线平行,那么,也可能无法只作一条直线与该直线平行。

A. 只有Ⅰ。　　　　　　　B. 只有Ⅱ。　　　　　　　C. 只有Ⅲ。
D. 只有Ⅰ和Ⅲ。　　　　　E. Ⅰ、Ⅱ和Ⅲ。

◆题13　(2003—1—54) 总经理:根据本公司目前的实力,我主张环岛绿地和宏达小区这两项工程至少上马一个,但清河桥改造工程不能上马。
董事长:我不同意。
以下哪项,最为准确地表达了董事长实际同意的意思?
A. 环岛绿地、宏达小区和清河桥改造这三个工程都上马。
B. 环岛绿地、宏达小区和清河桥改造这三个工程都不上马。
C. 环岛绿地和宏达小区两个工程中至多上马一个,但清河桥改造工程要上马。
D. 环岛绿地和宏达小区两个工程至多上马一个,如果这点做不到,那也要保证清河桥改造工程上马。
E. 环岛绿地和宏达小区两个工程都不上马,如果这点做不到,那也要保证清河桥改造工程上马。

◆题14　(2009—10—34) 董事长:如果提拔小李,就不提拔小孙。
以下哪项符合董事长的意思?
A. 如果不提拔小孙,就要提拔小李。
B. 不能小李和小孙都提拔。
C. 不能小李和小孙都不提拔。
D. 除非提拔小李,否则不提拔小孙。
E. 只有提拔小孙,才提拔小李。

◆题15　(2010—10—38) 某山区发生了较大面积的森林病虫害。在讨论农药的使用时,老许提出:"要么使用甲胺磷等化学农药,要么使用生物农药。前者过去曾用过,价钱便宜,杀虫效果好,但毒性大;后者未曾使用过,效果不确定,价格贵。"
从老许的提议中,不可能推出的结论是:
A. 如果使用化学农药,那么就不使用生物农药。
B. 或者使用化学农药,或者使用生物农药,两者必居其一。
C. 如果不使用化学农药,那么就使用生物农药。
D. 化学农药比生物农药好,应该优先考虑使用。
E. 化学农药和生物农药是两类不同的农药,两类农药不要同时使用。

◆题16　(2002—1—11) 如果你的笔记本计算机是1999年以后制造的,那么它就带有调制解调器。
上述断定可由以下哪个选项得出?
A. 只有1999年以后制造的笔记本计算机才带有调制解调器。
B. 所有1999年以后制造的笔记本计算机都带有调制解调器。
C. 有些1999年以前制造的笔记本计算机也带有调制解调器。
D. 所有1999年以前制造的笔记本计算机都不带有调制解调器。
E. 笔记本的调制解调器技术是在1999年以后才发展起来的。

◆题17　(1997—1—48) "如果张红是教师,那么她一定学过心理学。"
上述判断是从下面哪个判断中推理出来的?

A. 一个好教师应该学习心理学。　B. 只有学过心理学的才可以当教师。
C. 有些教师真的不懂心理学。　　D. 心理学知识有助于提高教学效果。
E. 张红曾经说过她非常喜欢心理学。

题 18 (1998—1—6) 如果祖大春被选进村计划生育委员会，他一定是结了婚的。

上述断定基于以下哪项假设？

A. 某些已婚者不可以被选进村计划生育委员会。
B. 只有已婚者才能被选进村计划生育委员会。
C. 某些已婚者必须被选进村计划生育委员会。
D. 某些已婚者可以不被选进村计划生育委员会。
E. 祖大春不拒绝在村计划生育委员会工作。

题 19 (2005—10—27) 除了何东辉，4 班所有的奖学金获得者都来自西部地区。

上述结论可以从以下哪项中推出？

A. 除了何东辉，如果有人是来自西部地区的奖学金获得者，他一定是 4 班的学生。
B. 何东辉是唯一来自西部地区的奖学金获得者。
C. 如果一个 4 班的学生是来自西部地区，只要他不是何东辉，那么他就是奖学金获得者。
D. 何东辉不是 4 班来自西部地区的奖学金获得者。
E. 除了获得奖学金的何东辉，如果有人是 4 班的学生，他一定来自西部地区。

题 20 (2004—1—34) 某花店只有从花农那里购得低于正常价格的花，才能以低于市场的价格卖花而获利；除非该花店的销售量很大，否则，不能从花农那里购得低于正常价格的花；要想有大的销售量，该花店就要满足消费者的兴趣或者拥有特定品种的独家销售权。

如果上述断定为真，则以下哪项必定为真？

A. 如果该花店从花农那里购得低于正常价格的花，那么就会以低于市场的价格卖花而获利。
B. 如果该花店没有以低于市场的价格卖花而获利，则一定没有从花农那里购得低于正常价格的花。
C. 该花店不仅满足了消费者的个人兴趣，而且拥有特定品种独家销售权，但仍然不能以低于市场的价格卖花而获利。
D. 如果该花店广泛满足了消费者的个人兴趣或者拥有特定品种独家销售权，那么就会有大的销售量。
E. 如果该花店以低于市场价格卖花而获利，那么一定是从花农那里购得了低于正常价格的花。

题 21 (1997—1—16) 母亲要求儿子从小就努力学外语。儿子说："我长大又不想当翻译，何必学外语。"

以下哪项是儿子的回答中包含的前提？

A. 要当翻译，需要学外语。　　　B. 只有当翻译，才需要学外语。
C. 当翻译没什么大意思。　　　　D. 学了外语才能当翻译。
E. 学了外语也不见得能当翻译。

题 22 (2011—10—50) 2009 年年底，我国卫生部的调查结果显示，整体具备健康素质的群众只占 6.48%，其中具备慢性疾病预防素养的人只占 4.66%。这说明国民对疾病的认识还非常匮乏。只有国民素质得到根本性的提高，李一、张悟本们的谬论才不会有那么多人盲从。

由以上陈述可以得出以下哪项结论？

A. 对疾病缺乏认识是国民素质有待根本提高的表现之一。
B. 如果国民素质不能得到根本性的提高，李一等人的谬论还会有许多人盲从。
C. 国民缺乏基本的医学知识是江湖医生屡屡得逞的根本原因。

D. 只有国民提高对疾病的认识，国民的健康才能得到保障。
E. 国民医学知识的缺乏是由某些部门的功能缺位造成的。

题 23 (2008—1—36) 东山市威达建材广场每家商场的门边都设有垃圾桶。这些垃圾桶的颜色是绿色或红色。

如果上述断定为真，则以下哪项一定为真？

Ⅰ．东山市有一些垃圾桶是绿色的。
Ⅱ．如果东山市的一家商店门边没有垃圾桶，那么这家商店不在威达建材广场。
Ⅲ．如果东山市的一家商店门边有一个红色垃圾桶，那么这家商店是在威达建材广场。

A. 只有Ⅰ。　　　　　　B. 只有Ⅱ。　　　　　　C. 只有Ⅰ和Ⅱ。
D. 只有Ⅰ和Ⅲ。　　　　E. Ⅰ、Ⅱ和Ⅲ。

题 24 (2011—10—32) 如果欧洲部分国家的财政危机可以平稳度过，那么世界经济今年就会走出低谷。

以下哪项最准确地表达了上述断定？

Ⅰ．如果世界经济今年走出低谷，则西方国家的财政危机可以平稳度过。
Ⅱ．如果世界经济今年未能走出低谷，则有的西方国家没能平稳度过财政危机。

A. 只有Ⅰ。　　　　　　B. 只有Ⅱ。　　　　　　C. Ⅰ和Ⅱ。
D. Ⅰ或Ⅱ。　　　　　　E. Ⅰ和Ⅱ都不对。

题 25 (2006—10—33) 除非像给违反交通规则的机动车一样出具罚单，否则在交通法规中禁止自行车闯红灯是没有意义的。因为一项法规要有意义，必须能有效制止它所禁止的行为。但是上述法规对于那些经常闯红灯的骑车者来说显然没有约束力，而对那些习惯于遵守交通法规的骑车者来说，即使没有这样的法规，他们也不会闯红灯。

以下哪项最符合题干的断定？

A. 一项法规有意义的唯一标准，是能有效制止它所禁止的行为。
B. 大多数骑车者都习惯于遵守交通法规。
C. 大多数机动车驾驶员都不能自觉遵守交通法规。
D. 要使禁止自行车闯红灯的交通法规能有效实施，必须给违规者出具罚单。
E. 如果出具罚单，那么自行车闯红灯的现象一定能有效制止。

题 26 (2009—1—49) 张珊：不同于"刀""枪""箭""戟"，"之""乎""者""也"这些字无确定所指。
李思：我同意。因为"之""乎""者""也"这些字无意义，因此，应当在现代汉语中废止。

以下哪项最可能是李思认为张珊的断定所蕴含的意思？

A. 除非一个字无意义，否则一定有确定所指。
B. 如果一个字有确定所指，则它一定有意义。
C. 如果一个字无确定所指，则应当在现代汉语中废止。
D. 只有无确定所指的字，才应当在现代汉语中废止。
E. 大多数字都有确定所指。

题 27 (1999—10—38① 1998—1—38) 如果赵川参加宴会，那么钱华、孙旭和李元将一起参加宴会。

如果上述断定是真的，那么以下哪项也是真的？

---

① 题 1999—10—38 仅在题 1998—1—38 的基础上，将"赵川"改为"秦川"，将"李元"改为"沈楠"。

A. 如果赵川没参加宴会，那么钱、孙、李三人中至少有一人没参加宴会。
B. 如果赵川没参加宴会，那么钱、孙、李三人都没参加宴会。
C. 如果钱、孙、李都参加了宴会，那么赵川参加宴会。
D. 如果李元没参加宴会，那么钱华和孙旭不会都参加宴会。
E. 如果孙旭没参加宴会，那么赵川和李元不会都参加宴会。

◆ 题 28 （2006—10—36）只要有足够的勇气和智慧，就没有办不成的事。
如果上述断定为真，则以下哪项一定为真？
A. 如果有事办不成，说明既缺乏足够的勇气，又缺乏足够的智慧。
B. 如果有事办不成，说明缺乏足够的勇气，或者缺乏足够的智慧。
C. 如果没有办不成的事，说明至少有足够的勇气。
D. 如果缺乏足够的勇气和智慧，那就办不成任何事。
E. 如果缺乏足够的勇气和智慧，就总有事办不成。

◆ 题 29 （1998—10—16）如果郑玲选修法语，那么吴小东、李明和赵雄也将选修法语。
如果以上断定为真，则以下哪项也一定为真？
A. 如果李明不选修法语，那么吴小东也不选修法语。
B. 如果赵雄不选修法语，那么郑玲也不选修法语。
C. 如果郑玲和吴小东选修法语，那么李明和赵雄不选修法语。
D. 如果吴小东、李明和赵雄选修法语，那么郑玲也选修法语。
E. 如果郑玲不选修法语，那么吴小东也不选修法语。

◆ 题 30 （2002—10—50）如果小李报考 MBA，那么小孙、小王和小张也都报考 MBA。
如果以上断定为真，则以下哪项也一定为真？
A. 如果小王不报考 MBA，那么小孙也不报考 MBA。
B. 如果小张不报考 MBA，那么小李也不报考 MBA。
C. 如果小李和小孙报考 MBA，那么小王和小张不报考 MBA。
D. 如果小孙、小王和小张报考 MBA，那么小李也报考 MBA。
E. 如果小李不报考 MBA，那么小孙、小王和小张三人中至少有一人不报考 MBA。

◆ 题 31 （2002—1—28）一个社会是公正的，则以下两个条件必须满足：第一，有健全的法律；第二，贫富差异是允许的，但必须同时确保消灭绝对贫困和每个公民事实上都有公平竞争的机会。
根据题干的条件，最能够得出以下哪项结论？
A. S 社会有健全的法律，同时又在消灭了绝对贫困的条件下，允许贫富差异的存在，并且绝大多数公民事实上都有公平竞争的机会。因此，S 社会是公正的。
B. S 社会有健全的法律，但这是以贫富差异为代价的，因此，S 社会是不公正的。
C. S 社会允许贫富差异，但所有人都由此获益，并且每个公民都事实上有公平竞争的权利。因此，S 社会是公正的。
D. S 社会虽然不存在贫富差异，但这是以法律不健全为代价的，因此，S 社会是不公正的。
E. S 社会法律健全，虽然存在贫富差异，但消灭了绝对贫困。因此，S 社会是公正的。

◆ 题 32 （2014—10—27）教育制度有两个方面，一是义务教育，二是高等教育。一种合理的教育制度，要求每个人享有义务教育的权利，并且有通过公平竞争获得高等教育的机会。
以下哪项是上述题干的推论？
A. 一种不能使每个人都能上大学的教育制度是不合理的。
B. 一种保证每个人都享有义务教育权利的教育制度是合理的。

C. 一种不能使每个人都享有义务教育权利的教育制度是不合理的。
D. 合理的教育制度还应该有更多的要求。
E. 一种能使每个人都有公平机会上大学的教育制度是合理的。

◆ 题33 （1999—10—10）由于信息高速公路上信息垃圾问题越来越严重，科学家们不断发出警告：如果我们不从现在开始就重视预防和消除信息高速公路上的信息垃圾，那么总有一天信息高速公路将无法正常通行。
以下哪项的意思最接近这些科学家们的警告？
A. 总有那么一天，信息高速公路不再能正常通行。
B. 只要从现在起就开始重视信息高速公路上信息垃圾的预防和消除，信息高速公路就可以一直正常通行下去。
C. 只有从现在起就开始重视信息高速公路上信息垃圾的预防和消除，信息高速公路才可能预防无法正常通行的后果。
D. 信息高速公路如果有一天不再能正常通行，那是因为我们没有从现在起重视信息高速公路上信息垃圾的预防和消除。
E. 信息高速公路上信息垃圾的严重性，已经引起了我们的高度重视。

◆ 题34 （2008—1—31）只要不起雾，飞机就能按时起飞。
以下哪项正确地表达了上述断定？
Ⅰ. 如果飞机按时起飞，则一定没有起雾。
Ⅱ. 如果飞机不按时起飞，则一定起雾。
Ⅲ. 除非起雾，否则飞机按时起飞。
A. 只有Ⅰ。　　　　　　　　B. 只有Ⅱ。　　　　　　　　C. 只有Ⅲ。
D. 只有Ⅱ和Ⅲ。　　　　　　E. Ⅰ、Ⅱ和Ⅲ。

◆ 题35 （2005—1—38）一个产品要畅销，产品的质量和经销商的诚信缺一不可。
以下各项都符合题干的断定，除了：
A. 一个产品滞销，说明它质量不好，或者经销商缺乏诚信。
B. 一个产品，只有质量高并且由诚信者经销，才能畅销。
C. 一个产品畅销，说明它质量高并有诚信的经销商。
D. 一个产品，除非有高的质量和诚信的经销商，否则不可能畅销。
E. 一个质量好并且由诚信者经销的产品不一定畅销。

◆ 题36 （2007—1—28）除非不把理论当作教条，否则就会束缚思想。
以下各项都表达了与题干相同的含义，除了：
A. 如果不把理论当作教条，就不会束缚思想。
B. 如果把理论当作教条，就会束缚思想。
C. 只有束缚思想，才会把理论当作教条。
D. 只有不把理论当作教条，才不会束缚思想。
E. 除非束缚思想，否则不会把理论当作教条。

◆ 题37 （2009—10—47）任何国家，只有稳定，才能发展。
以下各项都符合题干的条件，除了：
A. 任何国家，如果得到发展，则一定稳定。
B. 任何国家，除非稳定，否则不能发展。
C. 任何国家，不可能稳定但不发展。

D. 任何国家，或者稳定，或者不发展。
E. 任何国家，不可能发展但不稳定。

◆ 题 38 （2008—10—31）除非调查，否则就没有发言权。
以下各项都符合题干的断定，除了：
A. 如果调查，就一定有发言权。　　B. 只有调查，才有发言权。
C. 没有调查，就没有发言权。　　　D. 如果有发言权，则一定做过调查。
E. 或者调查，或者没有发言权。

◆ 题 39 （2008—10—55）生活节俭应当成为选拔国家干部的标准。一个不懂得节俭的人，怎么能尽职地为百姓当家理财呢？
以下各项都符合题干的断定，除了：
A. 一个生活节俭的人，一定能成为称职的国家干部。
B. 只有生活节俭，才能尽职地为社会服务。
C. 一个称职的国家干部，一定是一个生活节俭的人。
D. 除非生活节俭，否则不能成为称职的国家干部。
E. 不存在生活不节俭却又合格的国家干部。

◆ 题 40 （1997—10—34）要重振女排的雄风，关键是要发扬拼搏精神，如果没有拼搏精神，战术技术的训练发挥再好，也不可能在超级强手面前取得突破性的成功。
下列各选项除哪项外，都表达了上述议论的原意？
A. 只有发扬拼搏精神，才可能取得突破性成功。
B. 除非发扬拼搏精神，否则不能取得突破性成功。
C. 如果取得了突破性成功，说明一定发扬了拼搏精神。
D. 不能设想取得了突破性成功但却没有发扬拼搏精神。
E. 只要发扬了拼搏精神，即使战术技术发挥得不好，也能取得突破性成功。

◆ 题 41 （1998—10—49　396—2016—10）要使中国足球队真正能跻身世界强队行列，至少必须解决两个关键问题：一是提高队员基本体能；二是讲究科学训练。不切实解决这两点，即使临战时拼搏精神发挥得再好，也不可能取得突破性的进展。
下列诸项都表达了上述议论的原意，除了：
A. 只有提高队员的基本体能和讲究科学训练，才能取得突破性进展。
B. 除非提高队员的基本体能和讲究科学训练，否则不能取得突破性进展。
C. 如果取得了突破性进展，说明一定提高了队员的基本体能并且讲究了科学训练。
D. 如果不能提高队员的基本体能，即使讲究了科学训练，也不可能取得突破性进展。
E. 只要提高了队员的基本体能并且讲究了科学训练，再加上临战时拼搏精神发挥得好，就一定能取得突破性进展。

◆ 题 42 （2005—10—31）对当代学生来说，德育比智育更重要。学校的课程设计如果不注意培养学生的完美人格，那么，即使用高薪聘请著名的专家教授，也不能使学生在面临道德伦理、价值观念挑战的 21 世纪脱颖而出。
以下各项关于当代学生的断定都符合上述断定的原意，除了：
A. 学校的课程设计只有注重培养学生的完美人格，才能使当代学生取得成就。
B. 如果当代学生在 21 世纪脱颖而出，那一定是对他们注重了完美人格的教育。
C. 不能设想学生在面临道德伦理、价值观念挑战的 21 世纪脱颖而出，而他的人格却不完善。

D. 除非注重完美的人格培养，否则21世纪的学生难以脱颖而出。
E. 即使不能用高薪聘请著名的专家教授，学校的课程设计只要注重培养学生的完美人格，当代的学生就能在21世纪脱颖而出。

>>>>>>>>>>>>>>>>>>>>>>>>>>>>>>>> 管综真题警戒线 >>>>>>>>>>>>>>>>>>>>>>>>>>>>>>>>

◆ **题 43** （2014—1—42）这两个《通知》或者属于规章或者属于规范性文件。任何人均无权依据这两个《通知》将本来属于当事人选择公证的事项规定为强制公证的事项。

根据以上信息，可以得出以下哪项？

A. 规章或者规范性文件既不是法律，也不是行政法规。
B. 规章或规范性文件或者不是法律，或者不是行政法规。
C. 这两个《通知》如果一个属于规章，那么另一个属于规范性文件。
D. 这两个《通知》如果都不属于规范性文件，那么就属于规章。
E. 将本来属于当事人选择公证的事项规定为强制公证的事项属于违法行为。

◆ **题 44** （2018—1—43）若要人不知，除非己莫为；若要人不闻，除非己莫言。为之而欲人不知，言之而欲人不闻，此犹捕雀而掩目，盗钟而掩耳者。

根据以上陈述，可以得出以下哪项？

A. 若己不为，则人不知。
B. 若己不言，则人不闻。
C. 若己为，则人会知；若己言，则人会闻。
D. 若能做到捕雀而掩目，则可为之而人不知。
E. 若能做到盗钟而掩耳，则可言之而人不闻。

◆ **题 45** （2012—1—51）某公司规定，在一个月内，除非每个工作日都出勤，否则任何员工都不可能既获得当月绩效工资，又获得奖励工资。

以下哪项与上述规定的意思最为接近？

A. 在一个月内，任何员工如果所有工作日不缺勤，必然既获得当月绩效工资，又获得奖励工资。
B. 在一个月内，任何员工如果所有工作日不缺勤，都有可能既获得当月绩效工资，又获得奖励工资。
C. 在一个月内，任何员工如果有某个工作日缺勤，仍有可能获得当月绩效工资，或者获得奖励工资。
D. 在一个月内，任何员工如果有某个工作日缺勤，必然或者得不了当月绩效工资，或者得不了奖励工资。
E. 在一个月内，任何员工如果有工作日缺勤，必然既得不了当月绩效工资，又得不了奖励工资。

◆ **题 46** （2013—1—29）国际足联一直坚称，世界杯冠军队所获得的"大力神"杯是实心的纯金奖杯，某教授经过精密测量和计算认为，世界杯冠军奖杯——实心的"大力神"杯不可能是纯金制成的，否则球员根本不可能将它举过头顶并随意挥舞。

以下哪项与这位教授的意思最为接近？

A. 若球员能够将"大力神"杯举过头顶并自由挥舞，则它很可能是空心的纯金杯。
B. 只有"大力神"杯是实心的，它才可能是纯金的。
C. 若"大力神"杯是实心的纯金杯，则球员不可能把它举过头顶并随意挥舞。

D. 只有球员能够将"大力神"杯举过头顶并自由挥舞，它才由纯金制成，并且不是实心的。
E. 若"大力神"杯是由纯金制成，则它肯定是空心的。

题47 (2010—1—33) 蟋蟀是一种非常有趣的小动物，宁夏的夏夜，草丛中传来阵阵清脆悦耳的鸣叫声，那是蟋蟀在唱歌。蟋蟀优美动听的歌声并不是出自它的好嗓子，而是来自它的翅膀。左右两翅一张一合，相互摩擦，就可以发出悦耳的响声了。蟋蟀还是建筑专家，与它那柔软的挖掘工具相比，蟋蟀的住宅真可以算得上是伟大的工程了。在其住宅门口，有一个收拾得非常舒适的平台。夏夜，除非下雨或者刮风，否则蟋蟀肯定会在这个平台上歌唱。

根据以上陈述，以下哪项是蟋蟀在无雨的夏夜所做的？
A. 修建住宅。　　　　　　　　B. 收拾平台。
C. 在平台上歌唱。　　　　　　D. 如果没有刮风，它就在抢修工程。
E. 如果没有刮风，它就在平台上唱歌。

题48 (2015—1—34) 张云、李华、王涛都收到了明年二月初赴北京开会的通知，他们可以选择乘坐飞机、高铁与大巴等交通工具进京，他们对这次进京方式有如下考虑：
(1) 张云不喜欢坐飞机，如果有李华同行，他就选择乘坐大巴；(2) 李华不计较方式，如果高铁票价比飞机便宜，他就选择乘坐高铁；(3) 王涛不在乎价格，除非预报二月初北京有雨雪天气，否则他就选择乘坐飞机；(4) 李华和王涛家住得较近，如果航班时间合适，他们将一同乘飞机出行。

如果上述三人的考虑都得到满足，则可以得出以下哪项？
A. 如果李华没有选择乘坐高铁或飞机，则他肯定和张云一起乘坐大巴进京。
B. 如果张云和王涛乘高铁进京，则二月初北京有雨雪天气。
C. 如果三人都乘飞机进京，则飞机票价比高铁便宜。
D. 如果王涛和李华乘坐飞机进京，则二月初北京没有雨雪天气。
E. 如果三人都乘坐大巴进京，则预报二月初北京有雨雪天气。

题49 (2015—1—30) 为进一步加强对不遵守交通信号等违法行为的执法管理，规范执法程序，确保执法公正，某市交警支队要求：凡属交通信号指示不一致，有证据证明求助危难等情形，一律不得录入道路交通违法信息系统；对已录入信息系统的交通违法记录，必须完善异议受理、核查、处理等工作规范，最大限度减少执法争议。

根据上述交警支队的要求，可以得出以下哪项？
A. 有些因求助危难而违法的情形，如果仅有当事人说辞但缺乏当时现场的录音录像证明，就应录入道路交通违法信息系统。
B. 对已录入系统的交通违法记录，只有倾听群众异议，加强群众监督，才能最大限度减少执法争议。
C. 如果汽车使用了行车记录仪，就可以提供现场实时证据，大大减少被录入道路交通违法信息系统的可能性。
D. 因信号灯相位设置和配时不合理等造成交通信号不一致而引发的交通违法情形，可以不录入道路交通违法信息系统。
E. 只要对已录入系统的交通违法记录进行异议处理、核查和处理，就能最大限度减少执法争议。

题50 (2019—1—48) 如果一个人只为自己劳动，他也许能够成为著名学者、大哲人、卓越诗人，然而他永远不可能成为完美无瑕的伟大人物。如果我们选择了最能为人类福利劳动的职业，那么重担就不能把我们压倒，因为我们这是为大家而献身；那时我们所感到的就不是可怜的、有限的、自私的乐趣，我们的幸福将归属于千百万人，我们的事业将默默地、但是永恒发挥作用地存在下去，而面对我们的骨灰，高尚的人们将洒下热泪。

根据以上陈述，可以得出以下哪项结论？

A. 如果我们只为自己劳动，我们的事业就不会默默地、但是永恒发挥作用地存在下去。

B. 如果我们为大家而献身，我们的幸福将属于千百万人，面对我们的骨灰，高尚的人们将洒下热泪。

C. 如果我们没有选择最能为人类福利而劳动的职业，我们所感到的就是可怜的、有限的、自私的乐趣。

D. 如果一个人只为自己劳动，不是为大家而献身，那么重担就能将他压倒。

E. 如果选择了最能为人类福利而劳动的职业，我们就不但能够成为著名学者、大哲人、卓越诗人，而且还能够成为完美无瑕的伟大人物。

◆ 题51 （2012—1—38） 经理说："有了自信不一定赢"。董事长回应说："但是没有自信一定会输。"

以下哪项与董事长的意思最为接近？

A. 不输即赢，不赢即输。　　B. 如果自信，则一定会赢。

C. 只有自信，才可能不输。　　D. 除非自信，否则不可能输。

E. 只有赢了，才可能更自信。

◆ 题52 （2018—1—37） 张教授：利益并非只是物质利益，应该把信用、声誉、情感甚至某种喜好等都归入利益的范畴。根据这种对"利益"的广义理解，如果每一个体在不损害他人利益的前提下，尽可能满足其自身的利益需求，那么由这些个体组成的社会就是一个良善的社会。

根据张教授的观点，可以得出以下哪项？

A. 只有尽可能满足每一个体的利益需求，社会才可能是良善的。

B. 尽可能满足每一个体的利益需求，就会损害社会的整体利益。

C. 如果某些个体的利益需求没有尽可能得到满足，那么社会就不是良善的。

D. 如果有些个体通过损害他人利益来满足自身的利益需求，那么社会就不是良善的。

E. 如果一个社会不是良善的，那么其中肯定存在个体损害他人利益或自身利益需求没有尽可能得到满足的情况。

◆ 题53 （2020—1—52） 人非生而知之者，孰能无惑？惑而不从师，其为惑也，终不解矣。生乎吾前，其闻道也固先乎吾，吾从而师之；生乎吾后，其闻道也亦先乎吾，吾从而师之。吾师道也，夫庸知其年之先后生于吾乎？是故无贵无贱，无长无少，道之所存，师之所存也。

根据以上信息，可以得出以下哪项？

A. 与吾生乎同时，其闻道也，必先乎吾。

B. 师之所存，道之所存也。

C. 无贵无贱，无长无少，皆为吾师。

D. 与吾生乎同时，其闻道不必先乎吾。

E. 若解惑，必从师。

◆ 题54 （2016—1—26） 企业要建设科技创新中心，就要推进与高校、科研院所的合作，这样才能激发自主创新的活力。一个企业只有搭建服务科技创新发展战略的平台、科技创新与经济发展对接的平台以及聚集创新人才的平台，才能催生重大科技成果。

根据上述信息，可以得出以下哪项？

A. 如果企业没有搭建聚集创新人才的平台，就无法催生重大科技成果。

B. 如果企业搭建了服务科技创新发展战略的平台，就能催生重大科技成果。

C. 如果企业推进与高校、科研院所的合作，就能激发其自主创新的活力。

D. 如果企业搭建科技创新与经济发展对接的平台，就能激发其自主创新的活力。

E. 能否推进与高校、科研院所的合作决定企业是否具有自主创新的活力。

题 55 （2018—1—26）人民既是历史的创造者，也是历史的见证者；既是历史的"剧中人"，也是历史的"剧作者"。离开人民，文艺就会变成无根的浮萍、无病的呻吟、无魂的躯壳。观照人民的生活、命运、情感，表达人民的心愿、心情、心声，我们的作品才会在人民中传之久远。

根据以上陈述，可以得出以下哪项？

A. 历史的创造者都是历史的见证者。

B. 历史的创造者都不是历史的"剧中人"。

C. 历史的"剧中人"都是历史的"剧作者"。

D. 只有不离开人民，文艺才不会变成无根的浮萍、无病的呻吟、无魂的躯壳。

E. 我们的作品只要表达人民的心愿、心情、心声，就会在人民中传之久远。

题 56 （2015—1—50）有关数据显示，2011年全球新增870万结核病患者，同时有140万患者死亡。因为结核病对抗生素有耐药性，所以对结核病的治疗一直都进展缓慢。如果不能在近几年消除结核病，那么还会有数百万人死于结核病。如果要控制这种流行病，就要有安全、廉价的疫苗。目前有12种新疫苗正在测试之中。

根据以上信息，可以得出以下哪项？

A. 2011年结核病患者死亡率已达16.1%。

B. 有了安全、廉价的疫苗，我们就能控制结核病。

C. 如果解决了抗生素的耐药性问题，结核病治疗将会获得突破性进展。

D. 只有在近几年消除结核病，才能避免数百万人死于这种疾病。

E. 新疫苗一旦应用于临床，将有效控制结核病的传播。

题 57 （2015—1—47）如果把一杯酒倒进一桶污水中，你得到的是一桶污水；如果一杯污水倒进一桶酒中，你得到的仍然是一桶污水。在任何组织中，都可能存在几个难缠人物，他们存在的目的似乎是把事情搞糟。如果一个组织不加强内部管理，一个正直能干的人进入某低效的部门就会被吞没。而一个无德无才者很快就会将一个高效的部门变成一盘散沙。

根据以上信息，可以得出以下哪项？

A. 如果组织中存在几个难缠人物，很快就会把组织变成一盘散沙。

B. 如果不将一杯污水倒进一桶酒中，你就不会得到一桶污水。

C. 如果一个正直能干的人在低效部门没有被吞没，则该部门加强了内部管理。

D. 如果一个正直能干的人进入组织，就会使组织变得更为高效。

E. 如果一个无德无才的人把组织变成一盘散沙，则该组织没有加强内部管理。

题 58 （2020—1—26）领导干部对于各种批评意见应采取有则改之、无则加勉的态度，营造言者无罪、闻者足戒的氛围。只有这样，人们才能知无不言、言无不尽。领导干部只有从谏如流并为说真话者撑腰，才能做到"兼听则明"或做出科学决策；只有乐于和善于听取各种不同意见，才能营造风清气正的政治生态。

根据以上信息，可以得出以下哪项？

A. 领导干部必须善待批评、从谏如流，为说真话者撑腰。

B. 大多数领导干部对于批评意见能够采取有则改之、无则加勉的态度。

C. 领导干部如果不能从谏如流，就不能做出科学决策。

D. 只有营造言者无罪、闻者足戒的氛围，才能形成风清气正的政治生态。

E. 领导干部只有乐于听取各种不同意见，人们才能知无不言、言无不尽。

题型 6 截取推理

题 1 （1999—10—47）本问题发生在一所学校内。学校的教授中有一些是足球迷。学校的预算委员会的成员们一致要把学校的足球场改建成一个科贸写字楼，以改善学校收入状况。所有的足球迷都反对将学校的足球场改建成科贸写字楼。

如果以上各句陈述均为真，则下列哪项也必为真？

A. 学校所有的教授都是学校预算委员会的成员。
B. 学校有的教授不是学校预算委员会的成员。
C. 学校预算委员会有的成员是足球迷。
D. 并不是所有的学校预算委员会成员都是学校的教授。
E. 有的足球迷是学校预算委员会的成员。

题 2 （1997—10—30）如果你犯了法，你就会受到法律制裁；如果你受到法律制裁，别人就会看不起你；如果别人看不起你，你就无法受到尊重；而只有得到别人的尊重，你才能过得舒心。

从上述叙述中，可以推出下列哪一个结论？

A. 你不犯法，日子就会过得舒心。
B. 你犯了法，日子就不会过得舒心。
C. 你日子过得不舒心，证明你犯了法。
D. 你日子过得舒心，表明你看得起别人。
E. 如果别人看得起你，你日子就能过得舒心。

题 3 （2001—1—23）一个心理健康的人，必须保持自尊；一个人只有受到自己所尊敬的人的尊敬，才能保持自尊；而一个用"追星"方式来表达自己尊敬情感的人，不可能受到自己所尊敬的人的尊敬。

以下哪项结论可以从题干的断定中推出？

A. 一个心理健康的人，不可能用"追星"的方式来表达自己的尊敬情感。
B. 一个心理健康的人，不可能接受用"追星"的方式所表达的尊敬。
C. 一个人如果受到了自己所尊敬的人的尊敬，他（她）一定是个心理健康的人。
D. 没有一个保持自尊的人，会尊敬一个用"追星"方式表达尊敬情感的人。
E. 一个用"追星"方式表达自己尊敬情感的人，完全可以同时保持自尊。

题 4 （2007—1—52）对行为的解释与对行为的辩护，是两个必须加以区别的概念。对一个行为的解释，是指准确地表达导致这一行为的原因。对一个行为的辩护，是指出行为者具有实施这一行为的正当理由。事实上，对许多行为的辩护，并不是对此种行为的解释。只有当对一个行为的辩护成为对该行为解释的实质部分时，这样的行为才是合理的。

上述断定能够得出以下哪项结论？

A. 当一个行为得到辩护，则也得到解释。
B. 当一个行为的原因中包含该行为的正当理由，则该行为是合理的。
C. 任何行为都不可能是完全合理的。
D. 有些行为的原因是不可能被发现的。
E. 如果一个行为是合理的，则实施这一行为的正当理由必定也是导致行为的原因。

题 5 （2004—10—41）语言在人类的交流中起重要的作用。如果一种语言是完全有效的，那么，其基本语音的每一种可能的组合都能够表达有独立意义和可以理解的词。但是，如果人类的听觉系统接收声音信号的功能有问题，那么，并非基本语音每一种可能的组合都能够成为有独立意义和可以理解的词。

如果上述断定为真，则以下哪项一定为真？

A. 如果人类的听觉系统接收声音信号的功能正常，那么一种语言的基本语音的每一种可能的组合都能够成为有独立意义和可以理解的词。

B. 如果人类的听觉系统接收声音信号的功能有问题，那么语言就不可能完全有效。

C. 语言的有效性导致了人类交流的实用性。

D. 人体的听觉系统是人类交流最重要的部分。

E. 如果基本语音每一种可能的组合都能够成为有独立意义和可以理解的词，则该语言完全有效。

题6 (2002—1—15) 威尼斯面临的问题具有典型意义。一方面，为了解决市民的就业，增加城市的经济实力，必须保留和发展它的传统工业，这是旅游业所不能替代的经济发展的基础；另一方面，为了保护其独特的生态环境，必须杜绝工业污染，但是发展工业将不可避免地导致工业污染。

以下哪项能作为结论从上述断定中推出？

A. 威尼斯将不可避免地面临经济发展的停滞或生态环境的破坏。

B. 威尼斯市政府的正确决策应是停止发展工业以保护生态环境。

C. 威尼斯市民的生活质量只依赖于经济和生态环境。

D. 旅游业是威尼斯经济收入的主要来源。

E. 如果有一天威尼斯的生态环境受到了破坏，这一定是它为发展经济所付出的代价。

题7 (2006—10—31) 超过20年使用期限的汽车都应当报废。某些超过20年使用期限的汽车存在不同程度的设计缺陷。在应当报废的汽车中有些不是H国进口车。所有的H国进口车都不存在缺陷。

如果上述断定为真，则以下哪项一定为真？

A. 有些H国进口车不应当报废。

B. 有些H国进口车应当报废。

C. 有些存在设计缺陷的汽车应当报废。

D. 所有应当报废的汽车的使用期限都超过20年。

E. 有些超过20年使用期限的汽车不应当报废。

题8 (2006—1—32) 除了吃川菜，张涛不吃其他菜肴。所有林村人都爱吃川菜。川菜的特色为麻、辣、香，其中有大量的干鲜辣椒、花椒、大蒜、姜、葱、香菜等调料。大部分吃川菜的人都喜好一边吃川菜，一边喝四川特有的盖碗茶。

如果上述断定为真，则以下哪项一定为真？

A. 所有林村人都爱吃麻、辣、香的食物。

B. 所有林村人都喝四川出产的茶。

C. 大部分林村人喝盖碗茶。

D. 张涛喝盖碗茶。

E. 张涛是四川人。

题9 (2012—10—30) 蝴蝶是一种非常美丽的昆虫，大约有14 000余种，大部分分布在美洲，尤其在亚马孙河流域品种最多，在世界其他地区除了南北极寒冷地带以外都有分布。在亚洲，台湾也以蝴蝶品种繁多著名。蝴蝶翅膀一般色彩鲜艳，翅膀和身体有各种花斑，头部有一对棒状或锤状触角。最大的蝴蝶翅展可达24厘米，最小的只有1.6厘米。

根据以上陈述，可以得出以下哪项？

A. 蝴蝶的首领是昆虫的首领之一。

B. 最大的蝴蝶是最大的昆虫。

C. 蝴蝶品种繁多，所以各类昆虫的品种繁多。
D. 有的昆虫翅膀色彩鲜艳。
E. 最小的蝴蝶比最小的昆虫大。

题 10 (2010—10—29) 如果面粉价格继续上涨，佳食面包店的面包成本必将大幅度增加。在这种情况下，佳食面包店将会考虑以扩大饮料的经营来弥补面包销售利润的下降。但是，佳食面包店只有保证面包销售利润不下降，才可避免整体收益明显减少。

以下哪项陈述可以从上文合乎逻辑地得出？

A. 如果佳食面包店的整体收益减少，它购买面粉的成本将继续增加。
B. 如果佳食面包店的整体收益减少，要么扩大饮料的经营，要么减少面包的销售。
C. 如果面粉的价格继续上涨，佳食面包店的整体收益将明显减少。
D. 即使佳食面包店的整体收益不减少，购买面粉的成本也不会降低。
E. 要么购买面粉的成本将继续增加，要么佳食面包店的面包销售量将增加。

题 11 (2012—10—27) 信仰乃道德之本，没有信仰的道德，是无源之水、无本之木。没有信仰的人是没有道德底线的；而一个人一旦没有了道德底线，那么法律对于他也是没有约束力的。法律、道德、信仰是社会和谐运行的基本保障；而信仰是社会和谐运行的基石。

根据以上陈述，可以得出以下哪项？

A. 道德是社会和谐运行的基石之一。
B. 如果一个人有信仰，法律就能对他产生约束力。
C. 只有社会和谐运行，才能产生道德和信仰的基础。
D. 法律只对有信仰的人具有约束力。
E. 没有道德也就没有信仰。

题 12 (2006—1—50) 大多数独生子女都有以自我为中心的倾向。有些非独生子女同样有以自我为中心的倾向。自我为中心倾向的产生有各种原因，但一个共同原因是缺乏父母的正确引导。

如果上述断定为真，则以下哪项一定为真？

A. 每个缺乏父母正确引导的家庭都有独生子女。
B. 有些缺乏父母正确引导的家庭有不止一个子女。
C. 有些家庭虽然缺乏父母的正确引导，但子女并不以自我为中心。
D. 大多数缺乏父母正确引导的家庭都有独生子女。
E. 缺乏父母正确引导的多子女家庭少于缺乏父母正确引导的独生子女家庭。

题 13 (2001—1—45) 以下是一个西方经济学家陈述的观点：一个国家如果能有效率地运作经济，就一定能创造财富而变得富有；而这样的一个国家想保持政治稳定，它所创造的财富必须得到公正的分配；而财富的公正分配将结束经济风险；但是，风险的存在正是经济有效率运作的不可或缺的先决条件。

从这个经济学家的上述观点，可以得出以下哪项结论？

A. 一个国家政治上的稳定和经济上的富有不可能并存。
B. 一个国家政治上的稳定和经济上的有效率运作不可能并存。
C. 一个富有国家的经济运作一定是有效率的。
D. 在一个经济运作无效率的国家中，财富一定得到了公正的分配。
E. 一个政治上不稳定的国家，一定同时充满了经济风险。

题 14 (2001—10—37) 如果二氧化碳气体超量产生，就会在大气层中聚集，使全球气候出现令人讨厌的温室效应。在绿色植被覆盖的地方，特别是在森林中，通过光合作用，绿色植物吸收空气的二氧化碳放出氧气。因此，从这个意义上，绿色植被特别是森林的破坏，就意味着在"生产"二氧化碳。工厂中对由植物生成的燃料的耗用产生了大量的二氧化碳气体，这些燃料包括木材、煤和石油。

上述断定最能支持以下哪项结论？

A. 如果地球上的绿色植被特别是森林受到严重破坏，将使全球气候不可避免地出现温室效应。

B. 只要有效地保护好地球上的绿色植被特别是森林，那么，即使工厂超量耗用由植物生成的燃料，也不会使全球的气候出现温室效应。

C. 如果各国工厂耗用的由植物生成的燃料超过了一定的限度，那么就不可避免地使全球气候出现温室效应，除非全球的绿色植被特别是森林得到足够良好的保护。

D. 只要各国工厂耗用的由植物生成的燃料控制在一定的限度内，就可使全球气候的温室效应避免出现。

E. 如果全球气候出现了温室效应，则说明或者全球的绿色植被没得到有效的保护，或者各国的工厂耗用了超量的由植物生成的燃料。

◆题 15 （2012—10—29）尊重他人是一种高尚的美德，是个人内在修养的外在表现；受人尊重是一种享受，更是一种幸福。人都渴望得到他人的尊重，但只有尊重他人才能赢得他人的尊重。

根据以上陈述，可以得出以下哪项？

A. 只有具有高尚的美德才能赢得幸福。
B. 只有加强内在修养才能赢得他人尊重。
C. 不具备任何高尚的美德就不能赢得他人的尊重。
D. 尊重总是双方的，单方面的尊重是不存在的。
E. 如果你不尊重他人，就不可能得到幸福。

◆题 16 （1998—10—27）如果"红都"娱乐宫在同一天既开放交谊舞厅又开放迪斯科舞厅，那么它也一定开放保龄球厅。该娱乐宫星期二不开放保龄球厅。李先生只有当开放交谊舞厅时才去"红都"娱乐宫。

如果上述断定是真的，那么以下哪项也一定是真的？

A. 星期二李先生不会光顾"红都"娱乐宫。
B. 李先生不会同一天在"红都"娱乐宫既光顾交谊舞厅又光顾迪斯科舞厅。
C. "红都"娱乐宫在星期二不开放迪斯科舞厅。
D. "红都"娱乐宫只在星期二不开放交谊舞厅。
E. 如果"红都"娱乐宫在星期二开放交谊舞厅，那么这天它一定不开放迪斯科舞厅。

◆题 17 （1999—10—34）只有她去，你和我才会一起去唱卡拉OK；而她只到能跳舞的卡拉OK厅唱歌，那些场所都在市中心。只有你参加，她妹妹才会去唱卡拉OK。

如果上述断定都是真的，则以下哪项也一定为真？

A. 她不和她妹妹一起唱卡拉OK。
B. 你和我不会一起在市郊的卡拉OK厅唱歌。
C. 我不在，你不会和她一起去唱卡拉OK。
D. 她不在，你不会和她妹妹一起去唱卡拉OK。
E. 她妹妹也只到能跳舞的地方唱卡拉OK。

◆题 18 （2001—10—21 1997—1—6）正是因为有了第二味觉，哺乳动物才能够边吃边呼吸。很明显，边吃边呼吸对保持哺乳动物高效率的新陈代谢是必要的。

以下哪种哺乳动物的发现，最能削弱以上的断言？

A. 有高效率的新陈代谢和边吃边呼吸的能力的哺乳动物。

B. 有低效率的新陈代谢和边吃边呼吸的能力的哺乳动物。
C. 有低效率的新陈代谢但没有边吃边呼吸能力的哺乳动物。
D. 有高效率的新陈代谢但没有第二味觉的哺乳动物。
E. 有低效率的新陈代谢和第二味觉的哺乳动物。

◆ 题19 （1998—1—29）正是因为有了充足的奶制品作为食物来源，生活在呼伦贝尔大草原的牧民才能摄入足够的钙质。很明显，这种足够的钙质，对于呼伦贝尔大草原的牧民拥有健壮的体魄是必不可少的。

以下哪种情况如果存在，最能削弱以上的断定？
A. 有的呼伦贝尔大草原的牧民从食物中能摄入足够的钙质，且有健壮的体魄。
B. 有的呼伦贝尔大草原的牧民不具有健壮的体魄，但从食物中摄入的钙质并不缺少。
C. 有的呼伦贝尔大草原的牧民不具有健壮的体魄，他们从食物中不能摄入足够的钙质。
D. 有的呼伦贝尔大草原的牧民有健壮的体魄，但没有充足的奶制品作为食物来源。
E. 有的呼伦贝尔大草原的牧民没有健壮的体魄，但有充足的奶制品作为食物来源。

◆ 题20 （2004—1—35）某花店只有从花农那里购得低于正常价格的花，才能以低于市场的价格卖花而获利；除非该花店的销售量很大，否则不能从花农那里购得低于正常价格的花；要想有大的销售量，该花店就要满足消费者的兴趣或者拥有特定品种的独家销售权。

如果上述断定为真，并且事实上该花店没有满足广大消费者的个人兴趣，则以下哪项不可能为真？
A. 如果该花店不拥有特定品种独家销售权，就不能从花农那里购得低于正常价格的花。
B. 即使该花店拥有特定品种独家销售权，也不能从花农那里购得低于正常价格的花。
C. 该花店虽然没有拥有特定品种独家销售权，但仍以低于市场的价格卖花而获利。
D. 该花店通过广告促销的方法获利。
E. 花店以低于市场的价格卖花获利是花市普遍现象。

◆ 题21 （1998—1—46）在某住宅小区的居民中，大多数中老年教员都办了人寿保险，所有买了四居室以上住房的居民都办了财产保险。而所有办了人寿保险的都没办理财产保险。

如果在题干的断定中再增加以下断定：所有的中老年教员都办理了人寿保险，并假设这些断定都是真的，那么以下哪项必定是假的？
A. 在买了四居室以上住房的居民中有中老年教员。
B. 并非所有办理人寿保险的都是中老年教员。
C. 某些中老年教员没买四居室以上的住房。
D. 所有的中老年教员都没办理财产保险。
E. 某些办理了人寿保险的没买四居室以上的住房。

◆ 题22 （1999—10—48）本问题发生在一所学校内。学校的教授中有一些是足球迷。学校的预算委员会的成员们一致要把学校的足球场改建成一个科贸写字楼，以改善学校收入状况。所有的足球迷都反对将学校的足球场改建成科贸写字楼。

如果作为上面陈述的补充，明确以下条件：所有的学校教授都是足球迷，那么下列哪项一定不可能是真的？
A. 有的学校教授不是学校预算委员会的成员。
B. 学校预算委员会的成员中有的是学校教授。
C. 并不是所有的足球迷都是学校教授。
D. 所有的学校教授都反对将学校的足球场改建成科贸写字楼。
E. 有的足球迷不是学校预算委员会的成员。

◆题 23　（2004—1—45）只有具备足够的资金投入和技术人才，一个企业的产品才能拥有高科技含量。而这种高科技含量，对于一个产品长期稳定地占领市场是必不可少的。
以下哪项情况如果存在，最能削弱以上断定？
A. 苹果牌电脑拥有高科技含量并长期稳定地占领着市场。
B. 西子洗衣机没能长期稳定地占领市场，但该产品并不缺乏高科技含量。
C. 长江电视机没能长期稳定地占领市场，因为该产品缺乏高科技含量。
D. 清河空调长期稳定地占领着市场，但该产品的厂家缺乏足够的资金投入。
E. 开开电冰箱没能长期稳定地占领市场，但该产品的厂家有足够的资金投入和技术人才。

◆题 24　（2009—1—54）张珊喜欢喝绿茶，也喜欢喝咖啡。她的朋友中没有人既喜欢喝绿茶，又喜欢喝咖啡，但她的所有朋友都喜欢喝红茶。
如果上述断定为真，则以下哪项不可能为真？
A. 张珊喜欢喝红茶。
B. 张珊的所有朋友都喜欢喝咖啡。
C. 张珊的所有朋友喜欢喝的茶在种类上完全一样。
D. 张珊有一个朋友既不喜欢喝绿茶，也不喜欢喝咖啡。
E. 张珊喜欢喝的饮料，她有一个朋友都喜欢喝。

◆题 25　（2005—1—36）一个花匠正在配制插花，可供配制的花共有苍兰、玫瑰、百合、牡丹、海棠和秋菊六个品种。一件合格的插花必须至少由两种花组成，并同时满足以下条件：如果有苍兰或海棠，则不能有秋菊；如果有牡丹，则必须有秋菊；如果有玫瑰，则必须有海棠。
以下各项所列的两种花都可以单独或与其他花搭配，组成一件合格的插花，除了：
A. 苍兰和玫瑰。　　　　　B. 苍兰和海棠。　　　　　C. 玫瑰和百合。
D. 玫瑰和牡丹。　　　　　E. 百合和秋菊。

◆题 26　（2001—1—62）以下是某市体委对该市业余体育运动爱好者一项调查中的若干结论：
所有的桥牌爱好者都爱好围棋；有的围棋爱好者爱好武术；所有的武术爱好者都不爱好健身操；有的桥牌爱好者同时爱好健身操。
如果上述结论都是真实的，则以下哪项不可能为真？
A. 所有的围棋爱好者也都爱好桥牌。　B. 有的桥牌爱好者爱好武术。
C. 健身操爱好者都爱好围棋。　　　　D. 有的桥牌爱好者不爱好健身操。
E. 围棋爱好者都爱好健身操。

◆题 27　（2008—10—48　396—2012—2）捐助希望工程的动机，大都是社会责任，但也有的是个人功利。当然，出于社会责任的行为，并不一定都不考虑个人功利。对希望工程的每一项捐助，都是利国利民的善举。
如果上述断定为真，则以下哪项不可能为真？
A. 有的行为出于社会责任，但不是利国利民的善举。
B. 所有考虑个人功利的行为，都不是利国利民的善举。
C. 有的出于社会责任的行为是善举。
D. 有的行为虽然不是出于社会责任，但却是善举。
E. 对希望工程的有些捐助，既不是出于社会责任，也不是出于个人功利，而是有其他原因，例如服从某种摊派。

◆题 28　（2000—1—66）所有安徽来京打工人员，都办理了暂住证；所有办理了暂住证的人员，都获得了就业许可证；有些安徽来京打工人员当上了门卫；有些业余武术学校的学员也当上了门卫；所有的业余武术学校的学员都未获得就业许可证。
以下哪个人的身份不可能符合上述题干所做的断定？
A. 一个获得了就业许可证的人，但并非是业余武术学校的学员。
B. 一个获得了就业许可证的人，但没有办理暂住证。
C. 一个办理了暂住证的人，但并非是安徽来京打工人员。
D. 一个办理了暂住证的业余武术学校的学员。
E. 一个门卫，他既没有办理暂住证，又不是业余武术学校的学员。

◆题29 （2001—1—63）以下是某市体委对该市业余体育运动爱好者一项调查中的若干结论：
所有的桥牌爱好者都爱好围棋；有的围棋爱好者爱好武术；所有的武术爱好者都不爱好健身操；有的桥牌爱好者同时爱好健身操。
如果在题干中再增加一个结论：每个围棋爱好者都爱好武术或者健身操，则以下哪个人的业余体育爱好和题干断定的条件矛盾？
A. 一个桥牌爱好者，既不爱好武术，也不爱好健身操。
B. 一个健身操爱好者，既不爱好围棋，也不爱好桥牌。
C. 一个武术爱好者，爱好围棋，但不爱好桥牌。
D. 一个武术爱好者，既不爱好围棋，也不爱好桥牌。
E. 一个围棋爱好者，爱好武术，但不爱好桥牌。

◆题30 （1998—1—45）在某住宅小区的居民中，大多数中老年教员都办了人寿保险，所有买了四居室以上住房的居民都办了财产保险。而所有办了人寿保险的都没办理财产保险。
如果上述断定是真的，以下哪项关于该小区居民的断定必定是真的？
Ⅰ. 有中老年教员买了四居室以上的新房。
Ⅱ. 有中老年教员没办理财产保险。
Ⅲ. 买了四居室以上住房的居民都没办理人寿保险。
A. Ⅰ、Ⅱ和Ⅲ。　　　　B. 仅Ⅰ和Ⅱ。　　　　C. 仅Ⅱ和Ⅲ。
D. 仅Ⅱ。　　　　　　E. 以上都不对。

◆题31 （2005—1—47）去年4月，股市出现了强劲反弹，某证券部通过对该部股民持仓品种的调查发现，大多数经验丰富的股民都买了小盘绩优股，所有年轻的股民都选择了大盘蓝筹股，而所有买了小盘绩优股的股民都没买大盘蓝筹股。
如果上述情况为真，则以下哪项关于该证券部股民的调查结果也必定为真？
Ⅰ. 有些年轻的股民是经验丰富的股民。
Ⅱ. 有些经验丰富的股民没买大盘蓝筹股。
Ⅲ. 年轻的股民都没买小盘绩优股。
A. 仅Ⅱ。　　　　　　B. 仅Ⅰ和Ⅱ。　　　　C. 仅Ⅱ和Ⅲ。
D. 仅Ⅰ和Ⅲ。　　　　E. Ⅰ、Ⅱ和Ⅲ。

◆题32 （2000—10—6）只有住在广江市的人才能够不理睬通货膨胀的影响；住在广江市的每个人都要付税；每一个付税的人都要发牢骚。
根据上面的这些句子，判断下列各项中哪项一定是真的？
Ⅰ. 每一个不理睬通货膨胀影响的人都要付税。
Ⅱ. 不发牢骚的人中没有一个能够不理睬通货膨胀的影响。
Ⅲ. 每一个发牢骚的人都能够不理睬通货膨胀的影响。
A. 仅Ⅰ。　　　　　　B. 仅Ⅰ和Ⅱ。　　　　C. 仅Ⅱ。
D. 仅Ⅱ和Ⅲ。　　　　E. Ⅰ、Ⅱ和Ⅲ。

* 题 33 （2002—1—52）一本小说要畅销，必须有可读性；一本小说，只有深刻触及社会的敏感点，才能有可读性；而一个作者如果不深入生活，他的作品就不可能深刻触及社会的敏感点。

 以下哪项结论可以从题干的断定中推出？
 Ⅰ．一个畅销小说作者，不可能不深入生活。
 Ⅱ．一本不触及社会敏感点的小说，不可能畅销。
 Ⅲ．一本不具有可读性的小说的作者，一定没有深入生活。
 A．仅Ⅰ。 B．仅Ⅱ。 C．仅Ⅰ和Ⅱ。
 D．仅Ⅰ和Ⅲ。 E．Ⅰ、Ⅱ和Ⅲ。

* 题 34 （2003—10—45）一项产品要成功占领市场，必须既有合格的质量，又有必要的包装；一项产品，不具备足够的技术投入，合格的质量和必要的包装难以两全；而只有足够的资金投入，才能保证足够的技术投入。

 如果上述断定为真，则以下哪项一定为真？
 Ⅰ．一项成功占领市场的产品，其中不可能不包含足够的技术投入。
 Ⅱ．一项资金投入不足但质量合格的产品，一定缺少必要的包装。
 Ⅲ．一项产品，只要既有合格的质量，又有必要的包装，就一定能成功占领市场。
 A．只有Ⅰ。 B．只有Ⅱ。 C．只有Ⅲ。
 D．只有Ⅰ、Ⅱ。 E．Ⅰ、Ⅱ和Ⅲ。

* 题 35 （2003—10—58）在 20 世纪 30 年代，人们已经发现了一种有绿色和褐色纤维的棉花。但是，直到最近培育出此种棉花的长纤维品种后，它们才具备了机纺的条件，才具有了商业价值。由于此种棉花不需要染色，加工企业就省去了染色的开销，并避免了由染色工艺流程带来的环境污染。

 从题干可以推出以下哪项结论？
 Ⅰ．只能手纺的绿色或褐色纤维棉花不具有商业价值。
 Ⅱ．短纤维的绿色或褐色纤维棉花只能手纺。
 Ⅲ．在棉花加工中，如果省去了染色，就可以避免造成环境污染。
 A．只有Ⅰ。 B．只有Ⅱ。 C．只有Ⅰ和Ⅱ。
 D．只有Ⅰ和Ⅲ。 E．Ⅰ、Ⅱ和Ⅲ。

* 题 36 （2004—1—43）环宇公司规定，其所属的各营业分公司，如果年营业额超过 800 万的，其职员可获得优秀奖；只有年营业额超过 600 万元的，其职员才能获得激励奖。年终统计显示，该公司所属的 12 个分公司中，6 个年营业额超过了 1 000 万元，其余的则不足 600 万元。

 如果上述断定为真，则以下哪项关于该公司今年获奖的断定一定为真？
 Ⅰ．获得激励奖的职员，一定获得优秀奖。
 Ⅱ．获得优秀奖的职员，一定获得激励奖。
 Ⅲ．半数职员获得了优秀奖。
 A．只有Ⅰ。 B．只有Ⅱ。 C．只有Ⅲ。
 D．只有Ⅰ和Ⅲ。 E．Ⅰ、Ⅱ和Ⅲ。

* 题 37 （2006—1—52）思考是人的大脑才具有的机能。计算机所做的事（如深蓝与国际象棋大师对弈）更接近于思考，而不同于动物（指人以外的动物，下同）的任何一种行为。但计算机不具有意志力，而有些动物具有意志力。

 如果上述断定为真，则以下哪项一定为真？
 Ⅰ．具备意志力不一定要思考。
 Ⅱ．动物的行为中不包括思考。

Ⅲ. 思考不一定要具备意志力。
A. 只有Ⅰ。　　　　　　B. 只有Ⅱ。　　　　　　C. 只有Ⅲ。
D. 只有Ⅰ和Ⅱ。　　　　E. Ⅰ、Ⅱ和Ⅲ。

◆题 38　（2003—10—46　2002—10—41）有些具有优良效果的护肤化妆品是诺亚公司生产的。所有诺亚公司生产的护肤化妆品都价格昂贵，而价格昂贵的护肤化妆品无一例外地受到女士们的信任。
以下各项都能从题干的断定中推出，除了：
A. 受到女士们信任的护肤化妆品中，有些实际效果并不优良。
B. 有些效果优良的化妆品受到女士们的信任。
C. 所有诺亚公司生产的护肤化妆品都受到女士们的信任。
D. 有些价格昂贵的护肤化妆品是效果优良的。
E. 所有不被女士们信任的护肤化妆品价格都不昂贵。

◆题 39　（2008—10—57）有些具有良好效果的护肤化妆品是诺亚公司生产的。所有诺亚公司生产的护肤化妆品价格昂贵，而价格昂贵的护肤化妆品无一例外地得到女士们的青睐。
以下各项都能从题干的断定中推出，除了：
A. 有些效果良好的化妆品得到女士们的青睐。
B. 得到女士们青睐的护肤化妆品中，有些实际效果并不好。
C. 所有诺亚公司生产的护肤化妆品都得到女士们的青睐。
D. 有些价格昂贵的护肤化妆品是效果良好的。
E. 所有不被女士们青睐的护肤化妆品都便宜。

◆题 40　（2000—1—65）所有安徽来京打工人员，都办理了暂住证；所有办理了暂住证的人员，都获得了就业许可证；有些安徽来京打工人员当上了门卫；有些业余武术学校的学员也当上了门卫；所有的业余武术学校的学员都未获得就业许可证。
如果上述断定都是真的，则除了以下哪项，其余断定也必定是真的？
A. 所有安徽来京打工人员都获得了就业许可证。
B. 没有一个业余武术学校的学员办理了暂住证。
C. 有些安徽来京打工人员是业余武术学校的学员。
D. 有些门卫没有就业许可证。
E. 有些门卫有就业许可证。

◆题 41　（2009—1—50）中国要拥有一流的国家实力，必须有一流的教育。只有拥有一流的国家实力，中国才能做出应有的国际贡献。
以下各项都符合题干的意思，除了：
A. 中国难以做出应有的国际贡献，除非拥有一流的教育。
B. 只要中国拥有一流的教育，就能做出应有的国际贡献。
C. 如果中国拥有一流的国家实力，就不会没有一流的教育。
D. 不能设想中国做出了应有的国际贡献，但缺乏一流的教育。
E. 中国面临选择：或者放弃应尽的国际义务，或者创造一流的教育。

>>>>>>>>>>>>>>>>>>>>>>>>>>>　管综真题警戒线　>>>>>>>>>>>>>>>>>>>>>>>>>>>

◆题 42　（2016—1—27）生态文明建设事关社会发展方式和人民福祉。只有实行最严格的制度、最严密的法治，才能为生态文明建设提供可靠保障；如果要实行最严格的制度、最严密的法治，就要建立责任追究制度，对那些不顾生态环境盲目决策并造成严重后果者，追究其相应责任。
根据上述信息，可以得出以下哪项？
A. 如果要建立责任追究制度，就要实行最严格的制度、最严密的法治。
B. 只有筑牢生态环境的制度防护墙，才能造福于民。
C. 如果对那些不顾生态环境盲目决策并造成严重后果者追究相应责任，就能为生态文明建设提供可靠保障。
D. 实行最严格的制度和最严密的法治是生态文明建设的重要目标。
E. 如果不建立责任追究制度，就不能为生态文明建设提供可靠保障。

题 43 (2018—1—46) 某次学术会议的主办方发出会议通知：只有论文通过审核才能收到会议主办方发出的邀请函，本次学术会议只欢迎持有主办方邀请函的科研院所的学者参加。
根据以上通知，可以得出以下哪项？
A. 论文通过审核的学者都可以参加本次学术会议。
B. 论文通过审核的学者有些不能参加本次学术会议。
C. 本次学术会议不欢迎论文没有通过审核的学者参加。
D. 论文通过审核并持有主办方邀请函的学者，本次学术会议都欢迎其参加。
E. 有些论文通过审核但未持有主办方邀请函的学者，本次学术会议欢迎其参加。

题 44 (2010—1—46) 相互尊重是相互理解的基础，相互理解是相互信任的前提。在人与人的相互交往中，自重、自信也是非常重要的，没有一个人尊重不自重的人，没有一个人信任他所不尊重的人。
以上陈述可以推出以下哪项结论？
A. 不自重的人也不被任何人信任。
B. 相互信任才能相互尊重。
C. 不自信的人也不自重。
D. 不自信的人也不被任何人信任。
E. 不自信的人也不受任何人尊重。

题 45 (2019—1—26) 新常态下，消费需求发生深刻变化，消费拉开档次，个性化、多样化消费渐成主流。在相当一部分消费者那里，对产品质量的追求压倒了对价格的考虑。供给侧结构性改革，说到底是满足需求。低质量的产能必然会过剩，而顺应市场需求不断更新换代的产能不会过剩。
根据以上陈述，可以得出以下哪项？
A. 只有质优价高的产品才能满足需求。
B. 顺应市场需求不断更新换代的产能不是低质量的产能。
C. 低质量的产能不能满足个性化需求。
D. 只有不断更新换代的产品才能满足个性化、多样化消费的需求。
E. 新常态下，必须进行供给侧结构性改革。

题 46 (2017—1—26) 倪教授认为，我国工程技术领域可以考虑与国外先进技术合作，但任何涉及核心技术的项目决不能受制于人；我国许多网络安全建设项目涉及信息核心技术，如果全盘引进国外先进技术而不努力自主创新，我国的网络安全将会受到严重威胁。
根据倪教授的陈述，可以得出以下哪项？
A. 我国许多网络安全建设项目不能与国外先进技术合作。
B. 我国工程技术领域的所有项目都不能受制于人。
C. 如果能做到自主创新，我国的网络安全就不会受到严重威胁。
D. 我国有些网络安全建设项目不能受制于人。
E. 只要不是全盘引进国外先进技术，我国的网络安全就不会受到严重威胁。

题 47 （2014—1—45）某大学顾老师在回答有关招生问题时强调："我们学校招收一部分免费师范生，也招收一部分一般师范生。一般师范生不同于免费师范生。没有免费师范生毕业时可以留在大城市工作，而一般师范生毕业时都可以选择留在大城市工作，任何非免费师范生毕业时都需要自谋职业，没有免费师范生毕业时需要自谋职业。"

根据顾老师的陈述，可以得出以下哪项？

A. 该校需要自谋职业的大学生都可以选择留在大城市工作。
B. 不是一般师范生的该校大学生都是免费师范生。
C. 该校需要自谋职业的大学生都是一般师范生。
D. 该校所有一般师范生都需要自谋职业。
E. 该校可以选择留在大城市工作的唯一一类毕业生是一般师范生。

题 48 （2014—1—43）若一个管理者是某领域优秀的专家学者，则他一定会管理好公司的基本事务；一位品行端正的管理者可以得到下属的尊重；但是对所有领域都一知半解的人一定不会得到下属的尊重。浩瀚公司董事会只会解除那些没有管理好公司基本事务者的职务。

根据以上信息，可以得出以下哪项？

A. 浩瀚公司董事会不可能解除品行端正的管理者的职务。
B. 浩瀚公司董事会解除了某些管理者的职务。
C. 浩瀚公司董事会不可能解除受下属尊重的管理者的职务。
D. 作为某领域优秀专家学者的管理者，不可能被浩瀚公司董事会解除职务。
E. 对所有领域都一知半解的管理者，一定会被浩瀚公司董事会解除职务。

题 49 （2015—1—51）一个人如果没有崇高的信仰，就不可能守住道德的底线，而一个人只有不断加强理论学习，才能始终保持崇高的信仰。

根据以上信息，可以得出以下哪项？

A. 一个人没能守住道德的底线，是因为他首先丧失了崇高的信仰。
B. 一个人只要有崇高的信仰，就能守住道德的底线。
C. 一个人只有不断加强理论学习，才能守住道德的底线。
D. 一个人如果不能守住道德的底线，就不可能保持崇高的信仰。
E. 一个人只要不断加强理论学习，就能守住道德的底线。

题 50 （2015—1—43）为防御电脑受到病毒侵袭，研究人员开发了防御病毒、查杀病毒的程序，前者启动后能使程序运行免受病毒侵袭，后者启动后能迅速查杀电脑中可能存在的病毒，某台电脑上现装有甲、乙、丙三种程序，已知：（1）甲程序能查杀目前已知的所有病毒；（2）若乙程序不能防御已知的一号病毒，则丙程序也不能查杀该病毒；（3）只有丙程序能防御已知的一号病毒，电脑才能查杀目前已知的所有病毒；（4）只有启动甲程序，才能启动丙程序。

根据上述信息，可以得出以下哪项？

A. 如果启动了丙程序，就能防御并查杀一号病毒。
B. 如果启动了乙程序，那么不必启动丙程序也能查杀一号病毒。
C. 只有启动了乙程序，才能防御并查杀一号病毒。
D. 只有启动丙程序，才能防御并查杀一号病毒。
E. 如果启动了甲程序，那么不必启动乙程序也能查杀所有病毒。

题 51 （2018—1—50）最终审定的项目或者意义重大或者关注度高，凡意义重大的项目均涉及民生问题，但是有些最终审定的项目并不涉及民生问题。

根据以上陈述，可以得出以下哪项？
A. 意义重大的项目比较容易引起关注。
B. 有些项目意义重大但是关注度不高。
C. 涉及民生问题的项目有些没有引起关注。
D. 有些项目尽管关注度高但并非意义重大。
E. 有些不涉及民生问题的项目意义也非常重大。

◆题52 （2021—1—51）每篇优秀的论文都必须逻辑清晰且论据翔实，每篇经典的论文都必须主题鲜明且语言准确，实际上，如果论文论据翔实但主题不鲜明，或论文语言准确而逻辑不清晰，则它们都不是优秀的论文。

根据上述信息，可以得出以下哪项？
A. 语言准确的经典论文逻辑清晰。
B. 论据不翔实的论文主题不鲜明。
C. 主题不鲜明的论文不是优秀的论文。
D. 逻辑不清晰的论文不是经典的论文。
E. 语言准确的优秀论文是经典的论文。

◆题53 （2017—1—27）任何结果都不能凭空出现，它们出现的背后都是有原因的，任何背后有原因的事物均可以被人认识，而可以被人认识的事物都必然不是毫无规律的。

根据以上陈述，以下哪项一定为假？
A. 那些可以被人认识的事物，必然有规律。
B. 任何结果出现的背后都是有原因的。
C. 任何结果都可以被人认识。
D. 人有可能认识所有事物。
E. 有些结果的出现可能毫无规律。

◆题54 （2015—1—46）有人认为，任何一个机构都包括不同的职位等级或层级，每个人都隶属于其中的一个层级，如果某人在原来级别岗位上干得出色，就会被提拔，而被提拔者得到重用后却碌碌无为，这会造成机构效率低下、人浮于事。

以下哪项如果为真，最能质疑上述观点？
A. 不同岗位的工作方法是不同的，对新岗位要有一个适应过程。
B. 部门经理王先生业绩出众，被提拔为公司总经理后工作依然出色。
C. 个人晋升常常在一定程度上影响所在机构的发展。
D. 李明的体育运动成绩并不理想，但他进入管理层后却得心应手。
E. 王副教授教学科研能力都很强，而晋升为正教授后却表现平平。

◆题55 （2018—1—52）所有值得拥有专利的产品或设计方案都是创新，但并不是每一项创新都值得拥有专利；所有的模仿都不是创新，但并非每一个模仿者都应该受到惩罚。

根据以上陈述，以下哪项是不可能的？
A. 有些值得拥有专利的创新产品并没有申请专利。
B. 有些创新者可能受到惩罚。
C. 有些值得拥有专利的产品是模仿。
D. 没有模仿值得拥有专利。
E. 所有的模仿者都受到了惩罚。

◆ 题 56　(2021—1—33) 某电影节设有"最佳故事片""最佳男主角""最佳女主角""最佳编剧""最佳导演"等多个奖项。颁奖前，有专业人士预测如下：
(1) 若甲或乙获得"最佳导演"，则"最佳女主角"和"最佳编剧"将在丙和丁中产生；(2) 只有影片P或者影片Q获得"最佳故事片"，其中的主角才能获得"最佳男主角"或"最佳女主角"；(3) "最佳导演"和"最佳故事片"不会来自同一部影片。
以下哪项颁奖结果与上述预测不一致？
A. 乙没有获得"最佳导演"，"最佳男主角"来自影片Q。
B. 丙获得"最佳女主角"，"最佳编剧"来自影片P。
C. 丁获得"最佳编剧"，"最佳女主角"来自影片P。
D. "最佳女主角""最佳导演"都来自影片P。
E. 甲获得"最佳导演"，"最佳编剧"来自影片Q。

◆ 题 57　(2012—1—49) 一位房地产信息员通过对某地的调查发现：护城河两岸房屋的租金都比较廉价；廉租房都坐落在凤凰山北麓；东向的房屋都是别墅；非廉租房不可能具有廉价的租金；有些单室套的两限房建在凤凰山北麓；别墅也都建在凤凰山南麓。
根据该房地产信息员的调查，以下哪项不可能存在？
A. 东向的护城河两岸的房屋。　　B. 凤凰山北麓的两限房。
C. 单室套的廉租房。　　　　　　D. 护城河两岸的单室套。
E. 南向的廉租房。

◆ 题 58　(2015—1—45) 张教授指出，明清时期科举考试分为四级，即院试、乡试、会试、殿试。院试在县府举行，考中者称"生员"；乡试每三年在各省省城举行一次，生员才有资格参加，考中者称为"举人"，举人第一名称"解元"；会试于乡试后第二年在京城礼部举行，举人才有资格参加，考中者称为"贡士"，贡士第一名称"会元"；殿试在会试当年举行，由皇帝主持，贡士才有资格参加，录取分三甲，一甲三名，二甲、三甲各若干名，统称"进士"，一甲第一名称"状元"。
根据张教授的陈述，以下哪项是不可能的？
A. 未中解元者，不曾中会元。
B. 中举者，不曾中进士。
C. 中状元者曾为生员和举人。
D. 中会元者，不曾中举。
E. 可有连中三元者（解元、会元、状元）。

◆ 题 59　(2014—1—48) 兰教授认为，不善于思考的人不可能成为一名优秀的管理者，没有一个谦逊的智者学习占星术，占星家均学习占星术，但是有些占星家却是优秀的管理者。
以下哪项如果为真，最能反驳兰教授的上述观点？
A. 有些占星家不是优秀的管理者。
B. 有些善于思考的人不是谦逊的智者。
C. 所有谦逊的智者都是善于思考的人。
D. 谦逊的智者都不是善于思考的人。
E. 善于思考的人都是谦逊的智者。

◆ 题 60　(2013—1—43) 所有参加此次运动会的选手都是身体强壮的运动员，所有身体强壮的运动员都是很少生病的，但是有一些身体不适的选手参加了此次运动会。
以下哪个选项不能从上述前提中得出？
A. 有些身体不适的选手极少生病。

B. 极少生病的选手都参加了此次运动会。
C. 有些极少生病的选手感到身体不适。
D. 有些身体强壮的运动员感到身体不适。
E. 参加此次运动会的选手都是极少生病的。

题型 7 传递推理

题1 (2009—10—27) 林斌一周工作五天,除非这周内有法定休假日。上周林斌工作了六天。
如果上述断定为真,则以下哪项一定为真?
A. 上周可能有也可能没有法定休假日。
B. 上周林斌至少有一天在法定工作日上班。
C. 上周一定有法定休假日。
D. 上周一定没有法定休假日。
E. 以上各项都不一定为真。

题2 (2014—10—54) 近年来,欧美等海外留学市场持续升温,越来越多的国人把自己的孩子送出去。与此同时,部分学成归国人员又陷入了求职困境之中,成为"海待"一族。有权威人士指出:"作为一名拥有海外学位的求职者,如果你具有真才实学和基本的社交能力,并且能够在择业过程中准确定位的话,那么你不可能成为'海待'。"大田是在英国取得硕士学位的归国人员,他还没有找到工作。
根据上述论述能够推出以下哪项结论?
A. 大田具有真才实学和基本社交能力,但是定位不准。
B. 大田或者不具有真才实学,或者缺乏基本的社交能力,或者没有能在择业过程中准确定位。
C. 大田不具备真才实学和基本社交能力,但是定位准确。
D. 大田不具备真才实学和基本社交能力,并且没有准确定位。
E. 大田虽然不具备真才实学,但是他的社交能力很强,而且定位很准确。

题3 (2012—10—31) 只有不明智的人才在董嘉面前说东山郡人的坏话,董嘉的朋友施飞在董嘉面前说席佳的坏话,可是令人疑惑的是,董嘉的朋友都是非常明智的人。
根据以上陈述,可以得出以下哪项?
A. 施飞是不明智的。　　　　B. 施飞不是东山郡人。
C. 席佳是董嘉的朋友。　　　D. 席佳不是董嘉的朋友。
E. 席佳不是东山郡人。

题4 (2012—10—33) 所有好的评论家都喜欢格林在这次演讲中提到的每一个诗人。虽然格斯特是非常优秀的诗人,可是没有一个好的评论家喜欢他。
根据以上陈述,可以得出以下哪项?
A. 格斯特不是好的评论家。　　B. 格林喜欢格斯特。
C. 格林不喜欢格斯特。　　　　D. 有的评论家不是好的评论家。
E. 格林在这次演讲中没有提到格斯特。

题5 (2009—1—42) 如果一个学校的大多数学生都具备足够的文学欣赏水平和道德自律意识,那么,像《红粉梦》和《演艺十八钗》这样的出版物就不可能成为在该校学生中销售最多的书。去年在H学院的学生中,《演艺十八钗》的销量仅次于《红粉梦》。

如果上述断定为真，则以下哪项一定为真？
Ⅰ．去年H学院的大多数学生都购买了《红粉梦》或《演艺十八钗》。
Ⅱ．H学院的大多数学生既不具备足够的文学欣赏水平，也不具备足够的道德自律意识。
Ⅲ．H学院至少有些学生不具备足够的文学欣赏水平，或者不具备足够的道德自律意识。
A．只有Ⅰ。 B．只有Ⅱ。 C．只有Ⅲ。
D．只有Ⅰ和Ⅲ。 E．Ⅰ、Ⅱ和Ⅲ。

题6 （1997—1—32）所有爱斯基摩土著人都是穿黑衣服的；所有的北婆罗洲土著人都是穿白衣服的；没有既穿白衣服又穿黑衣服的人；H是穿白衣服的。
基于以上事实，下列哪个判断必为真？
A．H是北婆罗洲土著人。 B．H不是爱斯基摩土著人。
C．H不是北婆罗洲土著人。 D．H是爱斯基摩土著人。
E．H既不是爱斯基摩土著人，也不是北婆罗洲土著人。

题7 （1998—1—32）在中国北部有这样两个村落，赵村所有的人都是白天祭祀祖先，李庄所有的人都是晚上才祭祀祖先。我们确信没有既在白天也在晚上祭祀祖先的人。我们也知道李明是晚上祭祀祖先的人。
依据以上信息，能断定以下哪项是对李明身份的正确判断？
A．李明是赵村的人。 B．李明不是赵村的人。
C．李明是李庄的人。 D．李明不是李庄的人。
E．李明既不是赵村人，也不是李庄人。

题8 （2004—10—44）如果鸿图公司的亏损进一步加大，那么是胡经理不称职；如果没有丝毫撤换胡经理的意向，那么胡经理就是称职的；如果公司的领导班子不能团结一心，那么是胡经理不称职。
如果上述断定为真，并且事实上胡经理不称职，那么以下哪项一定为真？
A．公司的亏损进一步加大了。
B．出现了撤换胡经理的意向。
C．公司的领导班子仍不能团结一心。
D．公司的亏损进一步加大，并且出现撤换胡经理的意向。
E．领导班子不能团结一心，并且出现撤换胡经理的意向。

题9 （1999—10—24）如果风很大，我们就会放飞风筝。如果天空不晴朗，我们就不会放飞风筝。如果天气很暖和，我们就会放飞风筝。
假定上面的陈述属实，如果我们现在正在放飞风筝，则下面哪项也必定是真的？
Ⅰ．风很大。
Ⅱ．天空晴朗。
Ⅲ．天气暖和。
A．仅Ⅰ。 B．仅Ⅰ、Ⅱ。 C．仅Ⅲ。
D．仅Ⅱ。 E．仅Ⅱ、Ⅲ。

题10 （2002—1—16）在微波炉清洁剂中加入漂白剂，就会释放出氯气；在浴盆清洁剂中加入漂白剂，也会释放出氯气；在排烟机清洁剂中加入漂白剂，没有释放出任何气体。现有一种未知类型的清洁剂，加入漂白剂后，没有释放出氯气。
根据上述实验，以下哪项关于这种未知类型的清洁剂的断定一定为真？
Ⅰ．它是排烟机清洁剂。
Ⅱ．它既不是微波炉清洁剂，也不是浴盆清洁剂。

Ⅲ．它要么是排烟机清洁剂，要么是微波炉清洁剂或浴盆清洁剂。
A．仅Ⅰ。 B．仅Ⅱ。 C．仅Ⅲ。
D．仅Ⅰ和Ⅱ。 E．Ⅰ、Ⅱ和Ⅲ。

◆题11 （2003—1—42）宏达汽车公司生产的小轿车都安装了驾驶员安全气囊。在安装驾驶员安全气囊的小轿车中，有50%安装了乘客安全气囊。只有安装乘客安全气囊的小轿车才会同时安装减轻冲击力的安全杠和防碎玻璃。

如果上述判定为真，并且事实上李先生从宏达汽车公司购进的一辆小轿车中装有防碎玻璃，则以下哪项一定为真？

Ⅰ．这辆车一定装有安全杠。
Ⅱ．这辆车一定装有乘客安全气囊。
Ⅲ．这辆车一定装有驾驶员安全气囊。
A．只有Ⅰ。 B．只有Ⅱ。 C．只有Ⅲ。
D．只有Ⅰ和Ⅱ。 E．Ⅰ、Ⅱ和Ⅲ。

◆题12 （2000—10—38）如果新产品打开了销路，则本企业今年就能实现转亏为盈。只有引进新的生产线或者对现有的设备实行有效的改造，新产品才能打开销路。本企业今年没能实现转亏为盈。

如果上述断定是真的，则以下哪项也一定是真的？

Ⅰ．新产品没能打开销路。
Ⅱ．没引进新的生产线。
Ⅲ．对现有设备没实行有效的改造。
A．只有Ⅰ。 B．只有Ⅱ。 C．只有Ⅲ。
D．Ⅰ、Ⅱ、Ⅲ。 E．Ⅰ、Ⅱ、Ⅲ都不一定是真的。

◆题13 （1998—10—28）如果"红都"娱乐宫在同一天既开放交谊舞厅又开放迪斯科舞厅，那么它也一定开放保龄球厅。该娱乐宫星期二不开放保龄球厅，李先生只有当开放交谊舞厅时才去"红都"娱乐宫。

如果题干的断定是真的，并且事实上李先生星期二光顾了"红都"娱乐宫，则以下哪项一定是真的？

A．"红都"在李先生光顾的那天没开放迪斯科舞厅。
B．"红都"在李先生光顾的那天没开放交谊舞厅。
C．"红都"在李先生光顾的那天开放了保龄球厅。
D．"红都"在李先生光顾的那天既开放了交谊舞厅，又开放了迪斯科舞厅。
E．"红都"在李先生光顾的那天既没开放交谊舞厅，又没开放迪斯科舞厅。

◆题14 （2007—1—48）蓝星航线上所有货轮的长度都大于100米，该航线上所有客轮的长度都小于100米。蓝星航线上的大多数轮船都是1990年以前下水的。金星航线上的所有货轮和客轮都是1990年以后下水的，其长度都小于100米。大通港一号码头只对上述两条航线的轮船开放，该码头设施只适用于长度小于100米的轮船。捷运号是最近停靠在大通港一号码头的一艘货轮。

如果上述判定为真，则以下哪项一定为真？

A．捷运号是1990年以后下水的。
B．捷运号属于蓝星航线。
C．大通港只适于长度小于100米的货轮。
D．大通港不对其他航线开放。
E．蓝星航线上的所有轮船都早于金星航线上的轮船下水。

题 15　(2011—10—28) 赵元的同事都是球迷，赵元在软件园工作的同学都不是球迷，李雅既是赵元的同学又是他的同事，王伟是赵元的同学但不在软件园工作，张明是赵元的同学但不是球迷。
根据以上陈述，可以得出以下哪项？
A. 王伟是球迷。　　　　　　　　　B. 赵元不是球迷。
C. 李雅不在软件园工作。　　　　　D. 张明在软件园工作。
E. 赵元在软件园工作。

题 16　(2001—1—64) 林园小区有住户家中发现了白蚁。除非小区中有住户家中发现白蚁，否则任何小区都不能免费领取高效杀蚁灵。静园小区可以免费领取高效杀蚁灵。
如果上述断定都为真，则以下哪项据此不能断定真假？
Ⅰ. 林园小区有的住户家中没有发现白蚁。
Ⅱ. 林园小区能免费领取高效杀蚁灵。
Ⅲ. 静园小区的住户家中都发现了白蚁。
A. 仅Ⅰ。　　　　　　B. 仅Ⅱ。　　　　　　C. 仅Ⅲ。
D. 仅Ⅱ和Ⅲ。　　　　E. Ⅰ、Ⅱ和Ⅲ。

题 17　(1999—10—30) 中周公司准备在全市范围内展开一次证券投资竞赛。在竞赛报名事宜里规定有"没有证券投资实际经验的人不能参加本次比赛"这一条。张全力曾经在很多大的投资公司中实际从事过证券买卖操作。
那么关于张全力，以下哪项是根据上文能够推出的结论？
A. 他一定可以参加本次比赛，并获得优异成绩。
B. 他参加比赛的资格将取决于他证券投资经验的丰富程度。
C. 他一定不能参加本次比赛。
D. 他可能具有参加本次比赛的资格。
E. 他参加比赛的资格将取决于他以往证券投资的业绩。

题 18　(2001—1—58) 大嘴鲈鱼只在有鲦鱼出现的河中长有浮藻的水域里生活。漠亚河中没有大嘴鲈鱼。
从上述断定能得出以下哪项结论？
Ⅰ. 鲦鱼只在长有浮藻的河中才能发现。
Ⅱ. 漠亚河中既没有浮藻，又发现不了鲦鱼。
Ⅲ. 如果在漠亚河中发现了鲦鱼，则其中肯定不会有浮藻。
A. 仅Ⅰ。　　　　　　B. 仅Ⅱ。　　　　　　C. 仅Ⅲ。
D. 仅Ⅰ和Ⅱ。　　　　E. Ⅰ、Ⅱ和Ⅲ均不能推出。

题 19　(2009—1—28) 除非年龄在50岁以下，并且能持续游泳三千米以上，否则不能参加下个月举行的花样横渡长江活动。同时，高血压和心脏病患者不能参加。老黄能持续游泳三千米以上，但没被批准参加这项活动。
以上断定能推出以下哪项结论？
Ⅰ. 老黄的年龄至少50岁。
Ⅱ. 老黄患有高血压。
Ⅲ. 老黄患有心脏病。
A. 只有Ⅰ。　　　　　B. 只有Ⅱ。　　　　　C. 只有Ⅲ。
D. Ⅰ、Ⅱ和Ⅲ至少有一个。　　E. Ⅰ、Ⅱ和Ⅲ都不能推出。

◆ 题 20 （2009—1—31）大李和小王是某报新闻部的编辑。该报总编计划从新闻部抽调人员到经济部。总编决定：未经大李和小王本人同意，将不调动两人。大李告诉总编："我不同意调动，除非我知道小王是否调动。"小王说："除非我知道大李是否调动，否则我不同意调动。"

如果上述三人坚持各自的决定，则可推出以下哪项结论？

A. 两人都不可能调动。

B. 两人都可能调动。

C. 两人至少有一人可能调动，但不可能两人都调动。

D. 要么两人都调动，要么两人都不调动。

E. 题干的条件推不出关于两人调动的确定结论。

◆ 题 21 （1997—10—29）当爸爸、妈妈中只有一个人外出时，儿子可以留在家里。如果爸爸、妈妈都外出，必须找一个保姆，才可以把儿子留在家中。

从上面的陈述中，可以推出下面哪项结论？

A. 儿子在家时，爸爸也在家。 B. 儿子在家时，爸爸不在家。

C. 保姆不在家，儿子不会单独在家。 D. 爸爸、妈妈都不在家，则儿子也不在家。

E. 爸爸不在家，则妈妈在家。

◆ 题 22 （2014—10—35）李丽和王佳是好朋友，同在一家公司上班，常常在一起喝下午茶，她们发现常去喝下午茶的人或者喜欢红茶，或者喜欢花茶，或者喜欢绿茶。李丽喜欢绿茶，王佳不喜欢花茶。

根据以上陈述，以下哪项必定为真？

Ⅰ. 王佳如果喜欢红茶，就不喜欢绿茶。

Ⅱ. 王佳如果不喜欢绿茶，就一定喜欢红茶。

Ⅲ. 常去喝下午茶的人如果不喜欢红茶，就一定喜欢绿茶或花茶。

Ⅳ. 常去喝下午茶的人如果不喜欢绿茶，就一定喜欢红茶和花茶。

A. 仅Ⅱ和Ⅳ。 B. 仅Ⅱ、Ⅲ和Ⅳ。 C. 仅Ⅲ。

D. 仅Ⅰ。 E. 仅Ⅱ和Ⅲ。

◆ 题 23 （2007—1—51）所有校学生会委员都参加了大学生电影评论协会。张珊、李斯和王武都是校学生会委员，大学生电影评论协会不吸收大学一年级学生参加。

如果上述断定为真，则以下哪项一定为真？

Ⅰ. 张珊、李斯和王武都不是大学一年级学生。

Ⅱ. 所有校学生会委员都不是大学一年级学生。

Ⅲ. 有些大学生电影评论协会的成员不是校学生会委员。

A. 只有Ⅰ。 B. 只有Ⅱ。 C. 只有Ⅲ。

D. 只有Ⅰ和Ⅱ。 E. Ⅰ、Ⅱ和Ⅲ。

◆ 题 24 （1999—1—40）三位股评专家正在对三家上市公司明天的股价走势进行预测。甲说："公司一的股价会有一些上升，但不能期望过高。"乙说："公司二的股价可能下跌，除非公司一的股价上升超过5%。"丙说："如果公司二的股价上升，公司三的股价也会上升。"

三位股评专家果然厉害，一天后的事实表明他们的预言都对，而且公司三的股价跌了。

以下哪项叙述最可能是那一天股价变动的情况？

A. 公司一股价上升了9%，公司二股价上升了4%。

B. 公司一股价上升了7%，公司二股价下跌了3%。

C. 公司一股价上升了4%，公司二股价上升了2%。

D. 公司一股价上升了5%，公司二股价持平。
E. 公司一股价上升了2%，公司二股价有所上升。

◆题25 (2005—1—37) 一桩投毒谋杀案，作案者要么是甲，要么是乙，二者必有其一；所用毒药或者是毒鼠强，或者是乐果，二者至少其一。
如果上述断定为真，则以下哪项推断一定成立？
Ⅰ．该投毒案不是甲投毒鼠强所为。因此，一定是乙投乐果所为。
Ⅱ．在该案侦破中，发现甲投了毒鼠强。因此，案中的毒药不可能是乐果。
Ⅲ．该投毒案的作案者不是甲，并且所投的毒药不是毒鼠强。因此，一定是乙投乐果所为。
A. 只有Ⅰ。 B. 只有Ⅱ。 C. 只有Ⅲ。
D. 只有Ⅰ和Ⅲ。 E. Ⅰ、Ⅱ和Ⅲ。

◆题26 (1998—10—23) 第一，《神鞭》的首次翻译出版用的或者是英语或者是日语，二者必居其一。
第二，《神鞭》的首次翻译出版或者在旧金山或者在东京，二者必居其一。
第三，《神鞭》的译者或者是林浩如或者是胡乃初，二者必居其一。
如果上述断定都是真的，则以下哪项也一定是真的？
Ⅰ．《神鞭》不是林浩如用英语在旧金山首先翻译出版的，因此，《神鞭》是胡乃初用日语在东京首先翻译出版的。
Ⅱ．《神鞭》是林浩如用英语在东京首先翻译出版的，因此，《神鞭》不是胡乃初用日语在东京首先翻译出版的。
Ⅲ．《神鞭》的首次翻译出版是在东京，但不是林浩如用英语翻译出版的，因此一定是胡乃初用日语翻译出版的。
A. 仅Ⅰ。 B. 仅Ⅱ。 C. 仅Ⅲ。
D. 仅Ⅱ和Ⅲ。 E. Ⅰ、Ⅱ和Ⅲ。

◆题27 (2007—10—52) 粤西酒店如果既有清蒸石斑，又有白灼花螺，则一定会有盐焗花蟹；酒店在月尾从不卖盐焗花蟹；只有当粤西酒店卖白灼花螺时，老王才会与朋友到粤西酒店吃海鲜。
如果上述断定为真，则以下哪项一定为真？
A. 粤西酒店在月尾不会卖清蒸石斑。
B. 老王与朋友到粤西酒店不会既吃清蒸石斑，又吃白灼花螺。
C. 粤西酒店只有在月尾才不卖白灼花螺。
D. 老王不会在月尾与朋友到粤西酒店吃海鲜，因为那里没有盐焗花蟹。
E. 如果老王在月尾与朋友到粤西酒店吃海鲜，他们肯定吃不到清蒸石斑。

◆题28 (2001—1—59) 只要天上有太阳并且气温在零度以下，街上总有很多人穿着皮夹克。只要天下着雨并且气温在零度以上，街上总有人穿着雨衣。有时，天上有太阳但却同时下着雨。
如果上述断定为真，则以下哪项一定为真？
A. 有时街上会有人在皮夹克外面套着雨衣。
B. 如果街上有很多人穿着皮夹克但天没下雨，则天上一定有太阳。
C. 如果气温在零度以下并且街上没有多少人穿着皮夹克，则天一定下着雨。
D. 如果气温在零度以上并且街上有人穿着雨衣，则天一定下着雨。
E. 如果气温在零度以上但街上没人穿雨衣，则天一定没下雨。

◆题29 (2013—10—51) 某科研单位2013年新招聘的研究人员，或者是具有副高以上职称的"引进人才"，或者是具有北京户籍的应届毕业的博士研究生。应届毕业的博士研究生都居住在博士后公寓中,"引进人才"都居住在"牡丹园"小区。

关于该单位 2013 年新招聘的研究人员,以下哪项判断是正确的?

A. 居住在博士后公寓的都没有副高以上职称。
B. 具有博士学位的都是具有北京户籍的。
C. 居住在"牡丹园"小区的都没有博士学位。
D. 非应届毕业的博士研究生都居住在"牡丹园"小区。
E. 有些具有副高以上职称的"引进人才"也具有博士学位。

◆ 题 30　(2000—1—63) 如果飞行员严格遵守操作规程,并且飞机在起飞前经过严格的例行技术检验,那么,飞机就不会失事,除非出现例如劫机这样的特殊意外。这架波音 747 在金沙岛上空失事。

如果上述断定是真的,则以下哪项也一定是真的?

A. 如果失事时无特殊意外发生,则飞行员一定没有严格遵守操作规程,并且飞机在起飞前没有经过严格的例行技术检验。
B. 如果失事时有特殊意外发生,则飞行员一定严格遵守了操作规程,并且飞机在起飞前经过了严格的例行技术检验。
C. 如果飞行员没有严格遵守操作规程,并且飞机起飞前没有经过严格的例行技术检验,则失事时一定没有特殊意外发生。
D. 如果失事时没有特殊意外发生,则可得出结论:只要飞机失事的原因是飞行员没有严格遵守操作规程,那么飞机在起飞前一定经过了严格的例行技术检验。
E. 如果失事时没有特殊意外发生,则可得出结论:只要飞机失事的原因不是飞机在起飞前没有经过严格的例行技术检验,那么一定是飞行员没有严格遵守操作规程。

◆ 题 31　(1998—1—41) P:任何在高速公路上运行的交通工具的时速必须超过 60 公里。

Q:自行车的最高时速是 20 公里。

R:我的汽车只有逢双日才被允许在高速公路上驾驶。

S:今天是 5 月 18 日。

如果上述断定都是真的,则下面哪项断定也一定是真的?

Ⅰ. 自行车不允许在高速公路上行驶。
Ⅱ. 今天我的汽车仍然可能不被允许在高速公路上行驶。
Ⅲ. 如果我的汽车的时速超过 60 公里,则当日肯定是逢双日。

A. Ⅰ、Ⅱ和Ⅲ。　　　　　B. 仅Ⅰ。　　　　　C. 仅Ⅰ和Ⅱ。
D. 仅Ⅰ和Ⅲ。　　　　　E. 仅Ⅱ和Ⅲ。

>>>>>>>>>>>>>>>>>>>>>>>>　管综真题警戒线　>>>>>>>>>>>>>>>>>>>>>>>>

◆ 题 32　(2012—1—33)《文化新报》记者小白周四去某市采访陈教授与王研究员。次日,其同事小李问小白:"昨天你采访到那两位学者了吗?"小白说:"不,没那么顺利。"小李又问:"那么,你一个都没采访到?"小白说:"也不是。"

以下哪项最有可能是小白周四采访所发生的真实情况?

A. 小白采访到了两位学者。
B. 小白采访了李教授,但没有采访王研究员。
C. 小白根本没有去采访两位学者。
D. 两位采访对象都没有接受采访。
E. 小白采访到了其中一位,但是没有采访到另一位。

◆ 题 33 (2015—1—37) 10月6日晚上,张强要么去电影院看了电影,要么拜访了他的朋友秦玲。如果那天晚上张强开车回家,他就没去电影院看电影。只有张强事先与秦玲约定,张强才能去拜访她,事实上,张强不可能事先与秦玲约定。

根据以上陈述,可以得出以下哪项?
A. 那天晚上张强与秦玲一起去电影院看电影。
B. 那天晚上张强拜访了他的朋友秦玲。
C. 那天晚上张强没有开车回家。
D. 那天晚上张强没有去电影院看电影。
E. 那天晚上张强开车去电影院看电影。

◆ 题 34 (2010—1—26) 针对威胁人类健康的甲型 H1N1 流感,研究人员研制出了相应的疫苗,尽管这些疫苗是有效的,但某大学研究人员发现,阿司匹林、痉苯基乙酰胺等抑制某些酶的药物会影响疫苗的效果,这位研究人员指出:"如果你使用了阿司匹林或者对乙酰氢基酚,那么你注射疫苗后就必然不会产生良好的抗体反应。"

如果小张注射疫苗后产生了良好的抗体反应,那么根据上述研究结果可以得出以下哪项结论?
A. 小张服用了阿司匹林,但没有服用对乙酰氢基酚。
B. 小张没有服用阿司匹林,但感染了 H1N1 流感病毒。
C. 小张服用了阿司匹林,但没有感染 H1N1 流感病毒。
D. 小张没有服用阿司匹林,也没有服用对乙酰氨基酚。
E. 小张服用了对乙酰氨基酚,但没有服用痉苯基乙酰胺。

◆ 题 35 (2012—1—44) 如果他勇于承担责任,那么他就一定会直面媒体,而不是选择逃避;如果他没有责任,那么他就一定会聘请律师,捍卫自己的尊严。可是事实上,他不仅没有聘请律师,现在逃得连人影都不见了。

根据以上陈述,可以得出以下哪项结论?
A. 即使他没有责任,也不应该选择逃避。
B. 虽然选择了逃避,但是他可能没有责任。
C. 如果他有责任,那么他应该勇于承担责任。
D. 如果他不敢承担责任,那么说明他责任很大。
E. 他不仅有责任,而且他没有勇气承担责任。

◆ 题 36 (2011—1—27) 张教授的所有初中同学都不是博士;通过张教授而认识其哲学研究所同事的都是博士;张教授的一个初中同学通过张教授认识了王研究员。

以下哪项能作为结论从上述断定中推出?
A. 王研究员是张教授的哲学研究所同事。
B. 王研究员不是张教授的哲学研究所同事。
C. 王研究员是博士。
D. 王研究员不是博士。
E. 王研究员不是张教授的初中同学。

◆ 题 37 (2010—1—55) 某中药配方有如下要求:(1)如果有甲药材,那么也要有乙药材;(2)如果没有丙药材,那么必须有丁药材;(3)人参和天麻不能都有;(4)如果没有甲药材而有丙药材,则需要有人参。

如果含有天麻,则关于该配方的断定哪项为真?

A. 含有甲药材。　　　　　　B. 含有丙药材。
C. 没有丙药材。　　　　　　D. 没有乙药材和丁药材。
E. 含有乙药材或丁药材。

● 题38　(2010—1—50) 在本年度篮球联赛中，长江队主教练发现，黄河队五名主力队员之间的上场配置有如下规律：
(1) 若甲上场，则乙也要上场；(2) 只有甲不上场，丙才不上场；(3) 要么丙不上场，要么乙和戊中有人不上场；(4) 除非丙不上场，否则丁上场。
若乙不上场，则以下哪项配置合乎上述规律？
A. 甲、丙、丁同时上场。　　　B. 丙不上场，丁、戊同时上场。
C. 甲不上场，丙、丁都上场。　D. 甲、丁都上场，戊不上场。
E. 甲、丁、戊都不上场。

● 题39　(2013—1—51) 翠竹的大学同学都在某德资企业工作，溪兰是翠竹的大学同学，洞松是该德资企业部门经理。该德资企业的员工有些来自淮安。该德资企业的员工都曾到德国研修，他们都会说德语。
以下哪项可以从以上陈述中得出？
A. 洞松与溪兰是大学同学。　　B. 翠竹的大学同学有些是部门经理。
C. 翠竹与洞松是大学同学。　　D. 溪兰会说德语。
E. 洞松来自淮安。

● 题40　(2019—1—43) 甲："上周去医院，给我看病的医生竟然还在抽烟。"
乙："所有抽烟的医生都不关心自己的健康，而不关心自己健康的人也不会关心他人的健康。"
甲："是的，不关心他人健康的医生没有医德。我今后再也不会让没有医德的医生给我看病了。"
根据上述信息，以下除了哪项，其余各项均可得出？
A. 甲认为他不会再找抽烟的医生看病。
B. 乙认为上周给甲看病的医生不会关心乙的健康。
C. 甲认为上周给他看病的医生不会关心医生自己的健康。
D. 甲认为上周给他看病的医生不关心甲的健康。
E. 乙认为上周给甲看病的医生没有医德。

● 题41　(2010—1—28) 域控制器存储了域内的账户、密码和属于这个域的计算机三项信息。当计算机接入网络时，域控制器首先要鉴别这台计算机是否属于这个域，用户使用的登录账户是否存在，密码是否正确。如果三项信息均正确，则允许登录；如果以上信息有一项不正确，那么域控制器就会拒绝这个用户从这台计算机登录。小张的登录账号是正确的，但是域控制器拒绝小张的计算机登录。
基于以上陈述能得出以下哪项结论？
A. 小张输入的密码是错误的。
B. 小张的计算机不属于这个域。
C. 如果小张的计算机属于这个域，那么他输入的密码是错误的。
D. 只有小张输入的密码是正确的，它的计算机才属于这个域。
E. 如果小张输入的密码是正确的，那么它的计算机属于这个域。

● 题42　(2013—1—49) 在某次综合性年会上，物理学会做学术报告的人都来自高校；化学学会做学术报告的人有些来自高校，但是大部分来自中学；其他做学术报告者均来自科学院。来自高校的学术报告者都具有副教授以上职称，来自中学的学术报告者都具有中高级以上职称。李默、张嘉参加了这次综合性学术年会，李默并非来自中学，张嘉并非来自高校。
以上陈述如果为真，可以得出以下哪项结论？

A. 张嘉如果做了学术报告，那么他不是物理学会的。
B. 李默不是化学学会的。
C. 李默如果做了学术报告，那么他不是化学学会的。
D. 张嘉不具有副教授以上的职称。
E. 张嘉不是物理学会的。

◆题43　(2018—1—30) 某工厂有一员工宿舍住了甲、乙、丙、丁、戊、己、庚七人，每人每周需轮流值日一天，且每天仅安排一人值日。他们值日的安排还需满足以下条件：
（1）乙周二或者周六值日；（2）如果甲周一值日，那么丙周三值日且戊周五值日；（3）如果甲周一不值日，那么己周四值日且庚周五值日；（4）如果乙周二值日，那么己周六值日。
根据以上条件，如果丙周日值日，则可以得出以下哪项？

A. 甲周一值日。 B. 乙周六值日。 C. 丁周二值日。
D. 戊周三值日。 E. 己周五值日。

◆题44　(2019—1—28) 李诗、王悦、杜舒、刘默是唐诗宋词的爱好者，在唐朝诗人李白、杜甫、王维、刘禹锡中4人各喜爱其中一位，且每人喜爱的唐诗作者不与自己同姓。关于他们4人，已知：
（1）如果爱好王维的诗，那么也爱好辛弃疾的词；（2）如果爱好刘禹锡的诗，那么也爱好岳飞的词；（3）如果爱好杜甫的诗，那么也爱好苏轼的词。
如果李诗不爱好苏轼和辛弃疾的词，则可以得出以下哪项？

A. 杜舒爱好辛弃疾的词。 B. 王悦爱好苏轼的词。
C. 刘默爱好苏轼的词。   D. 李诗爱好岳飞的词。
E. 杜舒爱好岳飞的词。

◆题45　(2020—1—42) 某单位在椿树、枣树、楝树、雪松、银杏、桃树中选择4种栽种在庭院中。已知：（1）椿树、枣树至少种植一种；（2）如果种植椿树，则种植楝树但不种植雪松；（3）如果种植枣树，则种植雪松但不种植银杏。
如果庭院中种植银杏，则以下哪项是不可能的？

A. 种植椿树。 B. 种植楝树。 C. 不种植枣树。
D. 不种植雪松。 E. 不种植桃树。

◆题46　(2021—1—34) 黄瑞爱好书画收藏，他收藏的书画作品只有"真品""精品""名品""稀品""特品""完品"，它们之间存在如下关系：
（1）若是"完品"或"真品"，则是"稀品"；（2）若是"稀品"或"名品"，则是"特品"。
现知道黄瑞收藏的一幅画不是"特品"，则可以得出以下哪项？

A. 该画是"稀品"。 B. 该画是"精品"。 C. 该画是"完品"。
D. 该画是"名品"。 E. 该画是"真品"。

◆题47　(2012—1—34) 只有通过身份认证的人才允许上公司内网，如果没有良好的业绩就不可能通过身份认证，张辉有良好的业绩而王纬没有良好的业绩。
如果上述断定为真，则以下哪项一定为真？

A. 允许张辉上公司内网。 B. 不允许王纬上公司内网。
C. 张辉通过身份认证。   D. 有良好的业绩，就允许上公司内网。
E. 没有通过身份认证，就说明没有良好的业绩。

第一篇 形式逻辑

● 题48 **(2016—1—35)** 某县县委关于下周一几位领导的工作安排如下：

(1) 如果李副书记在县城值班，那么他就要参加宣传工作例会；(2) 如果李副书记在县城值班，那么他就要做信访接待工作；(3) 如果王书记下乡调研，那么张副书记或李副书记就需要在县里值班；(4) 只有参加宣传工作例会或做信访接待工作，王书记才不下乡调研；(5) 宣传工作例会只需分管宣传的副书记参加，信访接待工作也只需一名副书记参加。

根据上述工作安排，可以得出以下哪项？

A. 王书记下乡调研。
B. 张副书记做信访接待工作。
C. 李副书记做信访接待工作。
D. 张副书记参加宣传工作例会。
E. 李副书记参加宣传工作例会。

● 题49 **(2017—1—31)** 张立是一位单身白领，工作5年积累了一笔存款。由于该笔存款金额尚不足以购房，他考虑将其暂时分散投资到股票、黄金、基金、国债和外汇5个方面。该笔存款的投资需要满足如下条件：

(1) 如果黄金投资比例高于1/2，则剩余部分投入国债和股票；(2) 如果股票投资比例低于1/3，则剩余部分不能投入外汇或国债；(3) 如果外汇投资比例低于1/4，则剩余部分投入基金或黄金；(4) 国债投资比例不能低于1/6。

根据上述信息，可以得出以下哪项？

A. 国债投资比例高于1/2。
B. 外汇投资比例不低于1/3。
C. 股票投资比例不低于1/4。
D. 黄金投资比例不低于1/5。
E. 基金投资比例低于1/6。

题50~51 基于以下题干：

一江南园林拟建松、竹、梅、兰、菊5个园子。该园林拟设东、南、北3个门，分别位于其中的3个园子。这5个园子的布局满足如下条件：

(1) 如果东门位于松园或菊园，那么南门不位于竹园；(2) 如果南门不位于竹园，那么北门不位于兰园；(3) 如果菊园在园林的中心，那么它与兰园不相邻；(4) 兰园与菊园相邻，中间连着一座美丽的廊桥。

● 题50 **(2018—1—47)** 根据以上信息，可以得出以下哪项？

A. 梅园不在园林的中心。
B. 菊园在园林的中心。
C. 菊园不在园林的中心。
D. 兰园在园林的中心。
E. 兰园不在园林的中心。

● 题51 **(2018—1—48)** 如果北门位于兰园，则可以得出以下哪项？

A. 东门位于竹园。 B. 南门位于梅园。 C. 东门位于松园。
D. 东门位于梅园。 E. 南门位于菊园。

● 题52 **(2018—1—31)** 某工厂有一员工宿舍住了甲、乙、丙、丁、戊、己、庚7人，每人每周需轮流值日一天，且每天仅安排一人值日。他们值日的安排还需满足以下条件：

(1) 乙周二或者周六值日；(2) 如果甲周一值日，那么丙周三值日且戊周五值日；(3) 如果甲周一不值日，那么丁周四值日且庚周五值日；(4) 如果乙周二值日，那么己周六值日。

如果庚周四值日，那么以下哪项一定为假？

A. 甲周一值日。 B. 乙周六值日。 C. 丙周三值日。
D. 戊周日值日。 E. 己周二值日。

● 题53 **(2018—1—33)** "二十四节气"是我国农耕社会生产生活的时间指南，反映了从春到冬一年四季的气温、降水、物候的周期性变化规律。已知各节气的名称具有如下特点：

(1) 凡含"春""夏""秋""冬"字的节气各属春、夏、秋、冬季；(2) 凡含"雨""露""雪"字的节气各属春、秋、冬季；(3) 如果"清明"不在春季，则"霜降"不在秋季；(4) 如果"雨水"在春季，则"霜降"在秋季。

根据以上信息，如果从春至冬每季仅列两个节气，则以下哪项是不可能的？

A. 立春、清明、立夏、夏至、立秋、寒露、小雪、大寒。
B. 惊蛰、春分、立夏、小满、白露、寒露、立冬、小雪。
C. 雨水、惊蛰、夏至、小暑、白露、霜降、大雪、冬至。
D. 清明、谷雨、芒种、夏至、秋分、寒露、小雪、大寒。
E. 立春、谷雨、清明、夏至、处暑、白露、立冬、小雪。

题 54 （2018—1—35）某市已开通运营一、二、三、四号地铁线路，各条地铁线每一站运行加停靠所需时间均彼此相同。小张、小王、小李 3 人是同一单位的职工，单位附近有北口地铁站。某天早晨，3 人同时都在常青站乘一号线上班，但 3 人关于乘车路线的想法不尽相同。已知：(1) 如果一号线拥挤，小张就坐 2 站后转三号线，再坐 3 站到北口站；如果一号线不拥挤，小张就坐 3 站后转二号线，再坐 4 站到北口站。(2) 只有一号线拥挤，小王才坐 2 站后转三号线，再坐 3 站到北口站。(3) 如果一号线不拥挤，小李就坐 4 站后转四号线，坐 3 站之后再转三号线，坐 1 站到达北口站。(4) 该天早晨地铁一号线不拥挤。

假定 3 人换乘及步行总时间相同，则以下哪项最可能与上述信息不一致？

A. 小张比小王先到达单位。 B. 小王比小李先到达单位。
C. 小李比小张先到达单位。 D. 小张和小王同时到达单位。
E. 小王和小李同时到达单位。

题 55 （2012—1—29）王涛和周波是理科（1）班同学，他们是无话不说的好朋友。他们发现班里每一个人或者喜欢物理，或者喜欢化学。王涛喜欢物理，周波不喜欢化学。

根据以上信息，以下哪项一定为真？

Ⅰ. 周波喜欢物理。
Ⅱ. 王涛不喜欢化学。
Ⅲ. 理科（1）班不喜欢物理的人喜欢化学。
Ⅳ. 理科（1）班的同学一半喜欢物理，一半喜欢化学。

A. 仅Ⅰ。 B. 仅Ⅲ。 C. 仅Ⅰ、Ⅱ。
D. 仅Ⅰ、Ⅲ。 E. 仅Ⅱ、Ⅲ、Ⅳ。

题 56 （2021—1—27）M 大学社会学学院的老师都曾经对甲县某些乡镇进行家庭收支情况调研，N 大学历史学院的老师都曾经到甲县的所有乡镇进行历史考察。赵若兮曾经对甲县所有乡镇家庭收支情况进行调研，但未曾到项郅镇进行历史考察；陈北鱼曾经到梅河乡进行历史考察，但从未对甲县家庭收支情况进行调研。

根据以上信息，可以得出以下哪项？

A. 陈北鱼是 M 大学社会学学院的老师，且梅河乡是甲县的。
B. 若赵若兮是 N 大学历史学院的老师，则项郅镇不是甲县的。
C. 对甲县的家庭收支情况调研，也会涉及相关的历史考察。
D. 陈北鱼是 N 大学的老师。
E. 赵若兮是 M 大学的老师。

题 57 （2011—1—47）只有公司相应部门的所有员工都考评合格了，该部门的员工才能得到年终奖金；财务部有些员工考评合格了；综合部所有员工都得到了年终奖金；行政部的赵强考评合格了。

如果以上陈述为真，则以下哪项可能为真？

Ⅰ．财务部员工都考评合格了。
Ⅱ．赵强得到了年终奖金。
Ⅲ．综合部有些员工没有考评合格。
Ⅳ．财务部员工没有得到年终奖金。

A．仅Ⅰ和Ⅱ。　　　　　　B．仅Ⅱ和Ⅲ。　　　　　　C．仅Ⅰ、Ⅱ和Ⅳ。
D．仅Ⅰ、Ⅱ、Ⅲ。　　　　E．仅Ⅱ、Ⅲ、Ⅳ。

题型 8 两难推理

题 1 （2012—10—37）某中药制剂中，人参或者党参至少有一种，同时还需满足以下条件：
(1) 如果有党参，就必须有白术；(2) 白术、人参至多只能有一种；(3) 若有人参，就必须有首乌；(4) 有首乌，就必须有白术。
如果以上为真，则该中药制剂中一定包含以下哪两种药物？

A．人参和白术。　　　　　B．党参和白术。　　　　　C．首乌和党参。
D．白术和首乌。　　　　　E．党参和人参。

题 2 （1998—1—23）关于确定商务谈判代表的人选，甲、乙、丙三位公司老总的意见分别是：
甲：如果不选派李经理，那么不选派王经理。
乙：如果不选派王经理，那么选派李经理。
丙：要么选派李经理，要么选派王经理。
以下诸项中，同时满足甲、乙、丙三人意见的方案是：

A．选李经理，不选王经理。　　　　B．选王经理，不选李经理。　　　　C．两人都选派。
D．两人都不选派。　　　　　　　　E．不存在这样的方案。

题 3 （2009—10—30）小李考上了清华，或者小孙未考上北大。如果小张考上北大，则小孙也考上北大；如果小张未考上北大，则小李考上了清华。
如果上述断定为真，则以下哪项一定为真？

A．小李考上了清华。　　　　　　　B．小张考上了北大。
C．小李未考上清华。　　　　　　　D．小张未考上北大。
E．以上断定都不一定为真。

题 4 （2004—1—51）储存在专用电脑中的某财团的商业核心机密被盗窃。该财团的三名高级雇员甲、乙、丙三人因涉嫌而被拘审。经审讯，查明了以下事实：
(1) 机密是在电脑密码被破译后窃取的，破译电脑密码必须受过专门训练；(2) 如果甲作案，那么丙一定参与；(3) 乙没有受过破译电脑密码的专门训练；(4) 作案者就是这三人中的一人或一伙。
从上述条件可推出以下哪项结论？

A．作案者中有甲。　　　　　B．作案者中有乙。　　　　　C．作案者中有丙。
D．作案者中有甲和丙。　　　E．甲、乙和丙都是作案者。

题 5 （2009—1—47）在潮湿的气候中仙人掌很难成活；在寒冷的气候中柑橘很难生长。在某省的大部分地区，仙人掌和柑橘至少有一种不难成活生长。
如果上述断定为真，则以下哪项一定为假？

A．该省的一半地区，既潮湿又寒冷。
B．该省的大部分地区炎热。

C. 该省的大部分地区潮湿。
D. 该省的某些地区既不寒冷也不潮湿。
E. 柑橘在该省的所有地区都无法生长。

题6 （2012—1—30）李明、王兵、马云三位股民对股票A和股票B分别做了如下预测：
李明：只有股票A不上涨，股票B才不上涨。
王兵：股票A和股票B至少有一个不上涨。
马云：股票A上涨当且仅当股票B上涨。
若三人的预测都为真，则以下哪项符合他们的预测？
A. 股票A上涨，股票B才不上涨。　　B. 股票A不上涨，股票B上涨。
C. 股票A和股票B均上涨。　　　　　D. 股票A和股票B均不上涨。
E. 只有股票A上涨，股票B才不上涨。

题7 （2010—1—36）太阳风中的一部分带电粒子可以到达M星表面，将足够的能量传递给M星表面粒子，使后者脱离M星表面，逃逸到M星大气中。为了判定这些逃逸的粒子，科学家们通过三个实验获得了如下信息：
实验一：或者是X粒子，或者是Y粒子；
实验二：或者不是Y粒子，或者不是Z粒子；
实验三：如果不是Z粒子，就不是Y粒子。
根据上述三个实验，以下哪项一定为真？
A. 这种粒子是X粒子。　　　　　　　B. 这种粒子是Y粒子。
C. 这种粒子是Z粒子。　　　　　　　D. 这种粒子不是X粒子。
E. 这种粒子不是Z粒子。

题8 （2014—1—44）某国大选在即，国际政治专家陈研究员预测：选举结果或者是甲党控制政府，或者是乙党控制政府。如果甲党赢得对政府的控制权，该国将出现经济问题；如果乙党赢得对政府的控制权，该国将陷入军事危机。
根据陈研究院上述预测，可以得出以下哪项？
A. 该国可能不会出现经济问题，也不会陷入军事危机。
B. 如果该国出现经济问题，那么甲党赢得了对政府的控制权。
C. 该国将出现经济问题，或者将陷入军事危机。
D. 如果该国陷入了军事危机，那么乙党赢得了对政府的控制权。
E. 如果该国出现了经济问题并且陷入了军事危机，那么甲党与乙党均赢得了对政府的控制权。

题9 （2011—1—52）在恐龙灭绝6 500万年后的今天，地球正面临着又一次物种大规模灭绝的危机。截至20世纪末，全球大约有20%的物种灭绝。现在，大熊猫、西伯利亚虎、北美玳瑁、巴西红木等许多珍稀物种面临着灭绝的危险。有三位学者对此做了预测。
学者一：如果大熊猫灭绝，则西伯利亚虎也将灭绝；
学者二：如果北美玳瑁灭绝，则巴西红木不会灭绝；
学者三：或者北美玳瑁灭绝，或者西伯利亚虎不会灭绝。
如果三位学者的预测都为真，则以下哪项一定为假？
A. 大熊猫和北美玳瑁都将灭绝。
B. 巴西红木将灭绝，西伯利亚虎不会灭绝。

C. 大熊猫和巴西红木都将灭绝。
D. 大熊猫将灭绝，巴西红木不会灭绝。
E. 巴西红木将灭绝，大熊猫不会灭绝。

题型 9 补全推理

题1 (1997—1—3) 某些理发师留胡子。因此，某些留胡子的人穿白衣服。
下述哪项如果为真，足以佐证上述论断的正确性？
A. 某些理发师不喜欢穿白衣服。　　B. 某些穿白衣服的理发师不留胡子。
C. 所有理发师都穿白衣服。　　　　D. 某些理发师不喜欢留胡子。
E. 所有穿白衣服的人都是理发师。

题2 (1999—10—1) 某些经济学家是大学数学系的毕业生。因此，某些大学数学系的毕业生是对企业经营很有研究的人。
下列哪项如果为真，则能够保证上述论断的正确？
A. 某些经济学家专攻经济学的某一领域，对企业经营没有太多的研究。
B. 某些对企业经营很有研究的经济学家不是大学数学系毕业的。
C. 所有对企业经营很有研究的人都是经济学家。
D. 某些经济学家不是大学数学系的毕业生，而是学经济学的。
E. 所有的经济学家都是对企业经营很有研究的人。

题3 (1999—10—15) 第一机械厂的有些管理人员取得了MBA学位。因此，有些工科背景的大学毕业生取得了MBA学位。
以下哪项如果为真，则最能保证上述论证的成立？
A. 有些管理人员是工科背景的大学毕业生。
B. 有些取得MBA学位的管理人员不是工科背景的大学毕业生。
C. 第一机械厂所有的管理人员都是工科背景的大学毕业生。
D. 第一机械厂的有些管理人员还没有取得MBA学位。
E. 第一机械厂所有的工科背景的大学毕业生都是管理人员。

题4 (2014—10—55) 有些高校教师具有海外博士学位。所以，有些海外博士具有很高的水平。
以下哪项能够保证上述论断的准确？
A. 所有高校教师都具有很高的水平。
B. 并非所有的高校教师都有很高的水平。
C. 有些高校教师具有很高的水平。
D. 所有水平高的教师都具有海外博士学位。
E. 有些高校教师没有海外博士学位。

题5 (2003—10—49) 大山中学所有骑自行车上学的学生都回家吃午饭。因此，有些家在郊区的大山中学的学生不骑自行车上学。
为使上述论证成立，以下哪项关于大山中学的断定是必须假设的？
A. 骑自行车上学的学生都不在郊区。
B. 回家吃午饭的学生都骑自行车上学。
C. 家在郊区的学生都不回家吃饭。

D. 有些家在郊区的学生不回家吃饭。
E. 有些不回家吃饭的学生家不在郊区。

◆ 题 6　（2001—10—42）所有切实关心教员福利的校长，都被证明是管理得法的校长；而切实关心教员福利的校长，都首先把注意力放在解决中青年教员的住房上。因此，那些不首先把注意力放在解决中青年教员住房上的校长，都不是管理得法的校长。

为使上述论证成立，以下哪项必须为真？

A. 中青年教员的住房问题，是教员的福利中最为突出的问题。
B. 所有管理得法的校长，都是关心教员福利的校长。
C. 中青年教员的比例，近年来普遍有了大的增长。
D. 所有首先把注意力放在解决中青年教员住房上的校长，都是管理得法的校长。
E. 老年教员普遍对自己的住房状况比较满意。

◆ 题 7　（2007—1—31）张华是甲班学生，对围棋感兴趣。该班学生或者对国际象棋感兴趣，或者对军棋感兴趣；如果对围棋感兴趣，则对军棋不感兴趣。因此，张华对中国象棋感兴趣。

以下哪项可能是上述论证的假设？

A. 如果对国际象棋感兴趣，则对中国象棋感兴趣。
B. 甲班对国际象棋感兴趣的学生都对中国象棋感兴趣。
C. 围棋和中国象棋比军棋更具挑战性。
D. 甲班学生感兴趣的棋类只限于围棋、国际象棋、军棋和中国象棋。
E. 甲班所有学生都对中国象棋感兴趣。

◆ 题 8　（2005—1—53）要杜绝令人深恶痛绝的"黑哨"，必须对其课以罚款，或者永久性地取消其裁判资格，或者直至追究其刑事责任。事实证明，罚款的手段在这里难以完全奏效，因为在一些大型赛事中，高额的贿金往往足以抵消被罚款的损失。因此，如果不永久性地取消"黑哨"的裁判资格，就不可能杜绝令人深恶痛绝的"黑哨"现象。

以下哪项是上述论证最可能假设的？

A. 一个被追究刑事责任的"黑哨"，必定被永久性地取消裁判资格。
B. 大型赛事中对裁判的贿金没有上限。
C. "黑哨"是一种职务犯罪，本身已触犯刑律。
D. 对"黑哨"的罚金不可能没有上限。
E. "黑哨"现象只存在于大型赛事中。

◆ 题 9　（2014—10—50）只要这个社会中继续有骗子存在并且某些人心中有贪念，那么就一定有人会被骗。因此，如果社会进步到了没有一个人被骗，那么在该社会中的人们必定普遍地消除了贪念。

以下哪项最能支持上述论证？

A. 贪念越大越容易被骗。
B. 社会进步了，骗子也就不复存在了。
C. 随着社会的进步，人的素质将普遍提高，贪念也将逐渐被消除。
D. 不管在什么社会，骗子总是存在的。
E. 骗子的骗术就在于巧妙地利用了人们的贪念。

◆ 题 10　（2003—1—36）一个足球教练这样教导他的队员："足球比赛从来是以结果论英雄。在足球比赛中，你不是赢家就是输家；在球迷的眼里，你要么是勇者，要么是懦弱者。由于所有的赢家在球迷眼里都是勇敢者，所以每个输家在球迷眼里都是懦弱者。"

为使上述足球教练的论证成立，以下哪项是必须假设的？

A. 在球迷们看来，球场上勇敢者必胜。
B. 球迷具有区分勇敢和懦弱的准确判断力。
C. 球迷眼中的勇敢者，不一定是真正的勇敢者。
D. 即使在球场上，输赢也不是区别勇敢者和懦弱者的唯一标准。
E. 在足球比赛中，赢家一定是勇敢者。

◆题 11 (2011—10—39) 某国外著名学术期刊发表的一篇研究论文揭示：人在生气时体内会产生一系列的反应，使得心跳加快，内分泌失常，引起血压升高，消化系统紊乱，严重的可能引起呕吐甚至晕厥，日后还会引起皮肤雀斑增多。张三希望孩子能上名牌大学，如果看到成绩不如意，就会生闷气。

基于题干的论断，以下哪项如果为真，最能推出张三生气的结论？
A. 张三的血压有所升高。
B. 张三的血压升高，而且呕吐了。
C. 张三的血压升高，呕吐并伴有晕厥，而且皮肤的雀斑也增多了。
D. 张三的儿子在学期期末考试中，有两门功课成绩下降了。
E. 张三的儿子参加学校运动会1 500米比赛，只得到第5名。

◆题 12 (2009—1—30) 小李考上了清华，或者小孙没考上北大。
增加以下哪项条件，能推出小李考上了清华？
A. 小张和小孙至少有一人未考上北大。
B. 小张和小李至少有一人未考上清华。
C. 小张和小孙都考上了北大。
D. 小张和小李都未考上清华。
E. 小张和小孙都未考上北大。

◆题 13 (2004—1—32) 所有物质实体都是可见的，而任何可见的东西都没有神秘感。因此，精神世界不是物质实体。
以下哪项最可能是上述论证所假设的？
A. 精神世界是不可见的。   B. 有神秘感的东西都是不可见的。
C. 可见的东西都是物质实体。 D. 精神世界有时也是可见的。
E. 精神世界具有神秘感。

◆题 14 (1997—10—42) 假设"如果甲是经理或乙不是经理，那么丙是经理"为真。
由以下哪个前提可推出"乙是经理"的结论？
A. 丙不是经理。   B. 甲和丙都是经理。   C. 丙是经理。
D. 甲不是经理。   E. 甲或丙有一个不是经理。

◆题 15 (1998—1—4) 如果甲和乙都没有考试及格的话，那么丙就一定及格了。
上述前提再增加以下哪项，就可以推出"甲考试及格了"的结论？
A. 丙及格了。   B. 丙没有及格。   C. 乙没有及格。
D. 乙和丙都没有及格。   E. 乙和丙都及格了。

◆题 16 (2008—10—58) 如果品学兼优，就能获得奖学金。
假设以下哪项，能依据上述断定得出结论：李桐学习欠优？
A. 李桐品行优秀，但未获得奖学金。
B. 李桐品行优秀，并且获得了奖学金。
C. 李桐品行欠优，未获得奖学金。

D. 李桐品行欠优，但获得奖学金。
E. 李桐并非品学兼优。

题 17 (2014—10—32) 如果马来西亚航空公司的客机没有发生故障，也没有被恐怖组织劫持，那就一定是被导弹击落了。如果客机被导弹击落，一定会被卫星发现。如果卫星发现客机被导弹击落，一定会向媒体公布。

如果要得到"飞机被恐怖组织劫持了"这一结论，需要补充以下哪项？

A. 客机没有被导弹击落。
B. 没有导弹击落客机的报道，客机也没有发生故障。
C. 客机没有发生故障。
D. 客机发生了故障，没有导弹击落客机。
E. 客机没有发生故障，卫星发现客机被导弹击落。

题 18 (2009—1—45) 肖群一周工作五天，除非这周内有法定休假日。除了周五在志愿者协会，其余四天肖群都在大平保险公司上班。上周没有法定休假日。因此，上周的周一、周二、周三和周四肖群一定在大平保险公司上班。

以下哪项是上述论证所假设的？

A. 一周内不可能出现两天以上的法定休假日。
B. 大平保险公司实行每周四天工作日制度。
C. 上周的周六和周日肖群没有上班。
D. 肖群在志愿者协会的工作与保险业有关。
E. 肖群是个称职的雇员。

题 19 (1998—1—42) P：任何在高速公路上运行的交通工具的时速必须超过 60 公里。
Q：自行车的最高时速是 20 公里。
R：我的汽车只有逢双日才被允许在高速公路上驾驶。
S：今天是 5 月 18 日。

假设只有高速公路才有最低时速限制，则从上述断定加上以下哪项条件可合理地得出结论"如果我的汽车正在行驶的话，时速不必超过 60 公里"？

A. Q 改为"自行车的最高时速可达 60 公里"。
B. P 改为"任何在高速公路上运行的交通工具的时速必须超过 70 公里"。
C. R 改为"我的汽车在高速公路上驾驶不受单双日限制"。
D. S 改为"今天是 5 月 20 日"。
E. S 改为"今天是 5 月 19 日"。

>>>>>>>>>>>>>>>>>>>>>>>>>>>>>> 管综真题警戒线 >>>>>>>>>>>>>>>>>>>>>>>>>>>>>>

题 20 (2007—10—45) 以一般读者为对象的评价建筑作品的著作，应当包括对建筑作品两方面的评价，一是实用价值，二是审美价值，否则就是有缺陷的。摩顿评价意大利巴洛克宫殿的专著，详细地分析评价了这些宫殿的实用功能，但是没能指出，这些宫殿，特别是它们的极具特色的拱顶，是西方艺术的杰作。

假设以下哪项，能从上述断定得出结论：摩顿的上述专著是有缺陷的？

A. 摩顿对巴洛克宫殿实用功能的评价比较客观。
B. 除了实用价值和审美价值以外，摩顿的上述专著没有从其他方面对巴洛克宫殿做出评价。
C. 摩顿的上述专著以一般读者为对象。
D. 摩顿的上述专著是他的主要代表作。
E. 有些读者只关心建筑作品的审美价值，不关心其实用价值。

◆ 题21　(1997—10—44) 想从事秘书工作的学生，都报考中文专业。李艺报考了中文专业，她一定想从事秘书工作。

下述哪项如果为真，则最能支持上述观点？
A. 所有报考中文专业的考生都想从事秘书工作。
B. 有些秘书人员是大学中文专业毕业生。
C. 想从事秘书工作的人有些报考了中文专业。
D. 有不少秘书工作人员都有中文专业学位。
E. 只有中文专业毕业的，才有资格从事秘书工作。

◆ 题22　(1998—1—16) 如今这几年参加注册会计师考试的人越来越多了，可以这样讲，所有想从事会计工作的人都想要获得注册会计师证书。小朱也想获得注册会计师证书，所以，小朱一定是想从事会计工作了。

以下哪项如果为真，最能加强上述论证？
A. 目前越来越多的从事会计工作的人具有了注册会计师证书。
B. 不想获得注册会计师证书，就不是一个好的会计工作者。
C. 只有获得注册会计师证书的人，才有资格从事会计工作。
D. 只有想从事会计工作的人，才想获得注册会计师证书。
E. 想要获得注册会计师证书，一定要对会计理论非常熟悉。

◆ 题23　(1999—10—7) 刘先生一定是已经结了婚的，你看，他身上的衣服总是穿得精神得体、干干净净的。

以上这个结论是以下列哪项前提作为依据的？
A. 除非结了婚，男人们都是一副不修边幅、胡乱穿着的样子。
B. 所有结了婚的男人都穿着整齐、干净，概不例外。
C. 如果男人结了婚，他的穿着一定经常有人照料，自然就不同凡响。
D. 公司有规定，结了婚的男人一定要穿着得体，给年轻一代做个榜样。
E. 如果不是穿得体面又干净，刘先生恐怕现在还是单身一人呢。

◆ 题24　(2014—10—31) 王刚一定是一名高校教师，因为他不仅拥有名校的博士学位，而且在海外某研究机构有超过一年的研究经历。

以下哪项能够保证上述论断的正确？
A. 除非是高校教师，否则不能既拥有名校的博士学位，又在海外研究机构有超过一年的研究经历。
B. 近年来，高校教师都要求有海外研究经历。
C. 有的中学教师也拥有博士学位和海外研究经历。
D. 除非是博士，并且有海外超过一年的研究经历，否则不能成为高校教师。
E. 近两年，高校教师都必须拥有博士学位才能被聘用。

◆ 题25　(2012—10—38) 近几年来，研究生入学考试持续升温。与之相应，各种各样的考研辅导班应运而生，尤其是英语类和政治类辅导班几乎是考研一族的必须之选。刚参加工作不久的小庄也打算参加研究生入学考试，所以，小庄一定得参加英语辅导班。

以下哪项最能加强上述论证？
A. 如果参加英语辅导班，就可以通过研究生入学考试。
B. 只有打算参加研究生入学考试的人才参加英语辅导班。
C. 即使参加英语辅导班，也未必能通过研究生入学考试。

D. 即使不参加英语辅导班，也未必不能通过研究生入学考试。
E. 如果不参加英语辅导班，就不能通过研究生入学考试。

题 26 （1997—1—2）如果缺乏奋斗精神，就不可能有较大成功。李阳有很强的奋斗精神，因此，他一定能成功。

下述哪项为真，则上文推论可靠？

A. 李阳的奋斗精神异乎寻常。　　B. 不奋斗，成功只是水中之月。
C. 成功者都有一番奋斗的经历。　　D. 奋斗精神是成功的唯一要素。
E. 成功者的奋斗是成功的前提。

题 27 （2012—1—45）有些通信网络维护涉及个人信息安全，因而，不是所有通信网络的维护都可以外包。

以下哪项可以使上述论证成立？

A. 所有涉及个人信息安全的都不可以外包。
B. 有些涉及个人信息安全的不可以外包。
C. 有些涉及个人信息安全的可以外包。
D. 所有涉及国家信息安全的都不可以外包。
E. 有些通信网络维护涉及国家信息安全。

题 28 （2020—1—33）小王：在这次年终考评中，女员工的绩效都比男员工高。

小李：这么说，新入职员工中绩效最好的还不如绩效最差的女员工。

以下哪项如果为真，最能支持小李的上述论断？

A. 男员工都是新入职的。　　B. 新入职的员工有些是女性。
C. 新入职的员工都是男性。　　D. 部分新入职的女员工没有参与绩效考评。
E. 女员工更乐意加班，而加班绩效翻倍计算。

题 29 （2018—1—38）某学期学校新开设4门课程："《诗经》鉴赏""老子研究""唐诗鉴赏""宋词选读"。李晓明、陈文静、赵珊珊和庄志达4人各选修了其中一门课程。已知：(1) 他们4人选修的课程各不相同；(2) 喜爱诗词的赵珊珊选修的是诗词类课程；(3) 李晓明选修的不是"《诗经》鉴赏"就是"唐诗鉴赏"。

以下哪项如果为真，就能确定赵珊珊选修的是"宋词选读"？

A. 庄志达选修的是"老子研究"。
B. 庄志达选修的不是"老子研究"。
C. 庄志达选修的是"《诗经》鉴赏"。
D. 庄志达选修的不是"《诗经》鉴赏"。
E. 庄志达选修的不是"宋词选读"。

题型 ⑩ 反驳推理

题 1 （2011—10—26）有些低碳经济是绿色经济，因此低碳经济都是高技术经济。

以下哪项如果为真，最能反驳上述论证？

A. 绿色经济都不是高技术经济。　　B. 绿色经济有些是高技术经济。
C. 有些低碳经济不是绿色经济。　　D. 有些绿色经济不是低碳经济。
E. 低碳经济就是绿色经济。

◆ 题2 (2012—10—41) 有关部委负责人表示,今年将在部分地区进行试点,为全面清理"小产权房"做制度和政策准备。要求各地对农村集体土地进行确权登记发证,凡是小产权房均不予确权登记,不受法律保护。因此,河西村的这片新建房屋均不受法律保护。

以下哪项如果为真,最能削弱上述论证?

A. 河西村的这片新建房屋已经得到相关部门的默许。
B. 河西村的这片新建房屋都是小产权房。
C. 河西村的这片新建房屋均建在农村集体土地上。
D. 河西村的这片新建房屋有些不是建在农村集体土地上。
E. 河西村的这片新建房屋有些不是小产权房。

>>>>>>>>>>>>>>>>>>>>>>>>>>> 管综真题警戒线 >>>>>>>>>>>>>>>>>>>>>>>>>>>

◆ 题3 (2015—1—40) 有些阔叶树是常绿植物,因此,所有阔叶树都不生长在寒带地区。

以下哪项如果为真,最能反驳上述结论?

A. 常绿植物不都是阔叶树。 B. 寒带的某些地区不生长阔叶树。
C. 有些阔叶树不生长在寒带地区。 D. 常绿植物都不生长在寒带地区。
E. 常绿植物都生长在寒带地区。

◆ 题4 (2013—1—33) 某科研机构对市民所反映的一种奇异现象进行研究,该现象无法用已有的科学理论进行解释。助理研究员小王由此断言,该现象是错觉。

以下哪项如果为真,最可能使小王的断言不成立?

A. 错觉都可以用已有的科学理论进行解释。
B. 所有错觉都不能用已有的科学理论进行解释。
C. 已有的科学理论尚不能完全解释错觉是如何形成的。
D. 有些错觉不能用已有的科学理论进行解释。
E. 有些错觉可以用已有的科学理论进行解释。

◆ 题5 (2013—1—53) 专业人士预测:如果粮食价格稳定,那么蔬菜价格也保持稳定;如果食用油价格不稳,那么蔬菜价格也将出现波动。老李由此断定:粮食价格将保持稳定,但是肉类食品价格将上涨。

根据上述专业人士的预测,以下哪项为真,最能对老李的观点提出质疑?

A. 如果食用油价格稳定,那么肉类食品价格将会上涨。
B. 如果食用油价格稳定,那么肉类食品价格不会上涨。
C. 如果肉类食品价格不上涨,那么食用油价格将会上涨。
D. 如果食用油价格出现波动,那么肉类食品价格不会上涨。
E. 只有食用油价格稳定,肉类食品价格才不会上涨。

第二篇

综合推理

- 历年真题中共有 245 道综合推理，占历年真题的 16.17%

- 其中，134 道是 MBA 联考真题，占 MBA 联考真题的 11.77%

- 109 道是管综真题，占管综真题的 30.28%

题型 11 真话假话

题 1 (1997—1—33) 某班有一位同学做了好事没留下姓名,他是甲、乙、丙、丁四人中的一个。当老师问他们时,他们分别这样说:

甲:"这件好事不是我做的。"
乙:"这件好事是丁做的。"
丙:"这件好事是乙做的。"
丁:"这件好事不是我做的。"

这四人中只有一人说了真话,请你推出是谁做了好事?

A. 甲。 B. 乙。 C. 丙。
D. 丁。 E. 不能推出。

题 2 (1999—1—43) 学校抗洪抢险献爱心捐助小组突然收到一大笔没有署名的捐款,经过多方查找,可以断定是赵、钱、孙、李中的某一个人捐的。经询问,赵说:"不是我捐的。"钱说:"是李捐的。"孙说:"是钱捐的。"李说:"我肯定没有捐。"最后经过详细调查,证实四个人中只有一个人说的是真话。

根据以上已知条件,请判断下列哪项为真?

A. 赵说的是真话,是孙捐的。 B. 李说的是真话,是赵捐的。
C. 钱说的是真话,是李捐的。 D. 孙说的是真话,是钱捐的。
E. 李说的是假话,是李捐的。

题 3 (1999—10—8) 学校的抗洪赈灾义捐活动收到一大笔没有署真名的捐款,经过多方查找,可以断定是周、吴、郑、王中的某一位捐的。经询问,周说:"不是我捐的。"吴说:"是王捐的。"郑说:"是吴捐的。"王说:"我肯定没有捐。"最后,经过详细调查,证实四个人中只有一个人说的是真话。

根据已知条件,请你判断下列哪项为真?

A. 周说的是真话,是吴捐的。 B. 周说的是假话,是周捐的。
C. 吴说的是真话,是王捐的。 D. 郑说的是假话,是郑捐的。
E. 王说的是真话,是郑捐的。

题 4 (2004—10—48) 某商场失窃,员工甲、乙、丙、丁因涉嫌而被拘审。甲说:"是丙作的案。"乙说:"我和甲、丁三人中至少有一人作案。"丙说:"我没作案。"丁说:"我们四人都没作案。"

如果四人中只有一人说真话,则可推出以下哪项结论?

A. 甲说真话,作案的是丙。 B. 乙说真话,作案的是乙。
C. 丙说真话,作案的是甲。 D. 丙说真话,作案的是丁。
E. 丁说真话,四人中无人作案。

题 5 (2007—10—35) 在宏达杯足球联赛前,四个球迷有如下预测:

甲:红队必然不能夺冠。
乙:红队可能夺冠。
丙:如果蓝队夺冠,那么黄队是第三名。
丁:冠军是蓝队。

如果四人的断定中只有一个断定为假,则可推出以下哪项结论?

A. 冠军是红队。 B. 甲的断定为假。 C. 乙的断定为真。
D. 黄队是第三名。 E. 丁的断定为假。

◆ 题 6　(2007—10—50) 以下是关于某中学甲班同学参加夏令营的三个断定：(1) 甲班有学生参加了夏令营；(2) 甲班所有学生都没有参加夏令营；(3) 甲班的蔡明没有参加夏令营。

如果这三个断定中只有一个为真，则以下哪项一定为真？

A. 甲班同学并非都参加了夏令营。　　B. 甲班同学并非都没有参加夏令营。
C. 甲班参加夏令营的学生超过半数。　D. 甲班仅蔡明没有参加夏令营。
E. 甲班仅蔡明参加了夏令营。

◆ 题 7　(2000—10—23) 甲、乙、丙、丁四人在一起议论本班同学申请建行学生贷款的情况。甲说："我班所有同学都已申请贷款。"乙说："如果班长申请了贷款，那么学习委员就没申请。"丙说："班长申请了贷款。"丁说："我班有人没有申请贷款。"

如果已知四人中只有一人说假话，则可推出以下哪项结论？

A. 甲说假话，班长没申请。　　B. 乙说假话，学习委员没申请。
C. 丙说假话，班长没申请。　　D. 丁说假话，学习委员申请了。
E. 甲说假话，学习委员没申请。

◆ 题 8　(1998—1—14) 甲、乙、丙和丁是同班同学。甲说："我班同学都是团员。"乙说："丁不是团员。"丙说："我班有人不是团员。"丁说："乙也不是团员。"

如果已知只有一人说假话，则可推出以下哪项断定是真的？

A. 说假话的是甲，乙不是团员。　　B. 说假话的是乙，丙不是团员。
C. 说假话的是丙，丁不是团员。　　D. 说假话的是丁，乙是团员。
E. 说假话的是甲，丙不是团员。

◆ 题 9　(1997—1—7) 桌子上有 4 个杯子，每个杯子上写着一句话。第一个杯子：所有的杯子中都有水果糖。第二个杯子：本杯中有苹果。第三个杯子：本杯中没有巧克力。第四个杯子：有些杯子中没有水果糖。

如果其中只有一句真话，那么以下哪项为真？

A. 所有的杯子中都有水果糖。　　B. 所有的杯子中都没有水果糖。
C. 所有的杯子中都没有苹果。　　D. 第三个杯子中有巧克力。
E. 第二个杯子中有苹果。

◆ 题 10　(1999—1—31) 全国运动会举行女子 5 000 米比赛，辽宁、山东、河北各派了三名运动员参加。比赛前，四名体育爱好者在一起预测比赛结果。甲说："辽宁队训练就是有一套，这次的前三名非他们莫属。"乙说："今年与去年可不同了，金、银、铜牌辽宁队顶多拿一个。"丙说："据我估计，山东队或者河北队会拿奖牌。"丁说："第一名如果不是辽宁队的，就该是山东队的了。"

比赛结束后，发现以上四人只有一人言中。

以下哪项最可能是该项比赛的结果？

A. 第一名辽宁队，第二名辽宁队，第三名辽宁队。
B. 第一名辽宁队，第二名河北队，第三名山东队。
C. 第一名山东队，第二名辽宁队，第三名河北队。
D. 第一名河北队，第二名辽宁队，第三名辽宁队。
E. 第一名河北队，第二名辽宁队，第三名山东队。

◆ 题 11　(2006—10—47) 甲班考试结束后，几位老师在一起议论。张老师说："班长和学习委员得优秀。"李老师说："除非生活委员得优秀，否则体育委员不能得优秀。"陈老师说："我看班长和学习委员两人中至少有一人不能得优秀。"郭老师说："我看生活委员不能得优秀，但体育委员可得优秀。"

基于以上断定,可推出以下哪项一定为真?
A. 四位老师中有且只有一位的断定为真。
B. 四位老师中有且只有两位的断定为真。
C. 四位老师的断定都可能为真。
D. 四位老师的断定都可能为假。
E. 题干的条件不足以推出确定的结论。

◆题12 (2010—10—30) 张、王、李、赵四人进入乒乓球赛的半决赛。甲、乙、丙、丁四位教练对半决赛结果有如下预测:

甲:小张未进决赛,除非小李进决赛。

乙:小张进决赛,小李未进决赛。

丙:如果小王进决赛,则小赵未进决赛。

丁:小王和小李都未进决赛。

如果四位教练的预测只有一个不对,则以下哪项一定为真?
A. 甲的预测错,小张进决赛。 B. 乙的预测对,小李未进决赛。
C. 丙的预测对,小王未进决赛。 D. 丁的预测错,小王进决赛。
E. 甲和乙的预测都对,小李未进决赛。

◆题13 (2002—10—35) 某商店失窃,四名职工因涉嫌而被拘审。

甲:只有乙作案,丙才会作案。

乙:甲和丙两人中至少有一人作案。

丙:乙没作案,作案的是我。

丁:是乙作的案。

四人中只有一人说假话,可推出以下哪项成立?
A. 甲说假话,丙作案。 B. 乙说假话,乙作案。
C. 丙说假话,乙作案。 D. 丁说假话,丙作案。
E. 丙说假话,丙没作案。

◆题14 (2000—1—57) 红星中学的四位老师在高考前对某理科毕业班学生的前景进行推测,他们特别关注班里的两个尖子生。张老师说:"如果余涌能考上清华,那么方宁也能考上清华。"李老师说:"依我看这个班没人能考上清华。"王老师说:"不管方宁能否考上清华,余涌考不上清华。"赵老师说:"我看方宁考不上清华,但余涌能考上清华。"高考的结果证明,四位老师中只有一人的推测成立。

如果上述断定是真的,则以下哪项也一定是真的?
A. 李老师的推测成立。 B. 王老师的推测成立。
C. 赵老师的推测成立。 D. 如果方宁考不上清华大学,则张老师的推测成立。
E. 如果方宁考上了清华大学,则张老师的推测成立。

◆题15 (2002—1—46) 某矿山发生了一起严重的安全事故。关于事故原因,甲、乙、丙、丁四位负责人有如下断定:

甲:如果造成事故的直接原因是设备故障,那么肯定有人违反操作规程。

乙:确实有人违反操作规程,但造成事故的直接原因不是设备故障。

丙:造成事故的直接原因确实是设备故障,但并没有人违反操作规程。

丁:造成事故的直接原因是设备故障。

如果上述断定中只有一个人的断定为真,则以下断定都不可能为真,除了:

A. 甲的断定为真，有人违反了操作规程。
B. 甲的断定为真，但没有人违反操作规程。
C. 乙的断定为真。
D. 丙的断定为真。
E. 丁的断定为真。

题16 （1997—1—36）某律师事务所共有12名工作人员。①有人会使用计算机；②有人不会使用计算机；③所长不会使用计算机。上述三个判断中只有一个是真的。
以下哪项正确表示了该律师事务所会使用计算机的人数？
A. 12人都会使用。　　　B. 12人中没人会使用。　　　C. 仅有一人不会使用。
D. 仅有一人会使用。　　E. 不能确定。

题17 （1998—10—4）某公司共有包括总经理在内的20名员工。有关这20名员工，以下三个断定中只有一个是真的：
Ⅰ. 有人在该公司入股。
Ⅱ. 有人没在该公司入股。
Ⅲ. 总经理没在该公司入股。
根据以上事实，则以下哪项是真的？
A. 20名员工都入了股。　　B. 20名员工都没入股。　　C. 只有一人入了股。
D. 只有一人没入股。　　　E. 无法确定入股员工的人数。

题18 （1999—1—33）某县领导参加全县的乡计划生育干部会，临时被邀请上台讲话。由于事先没有做调查研究，也不熟悉县里计划生育的具体情况，只能说些模棱两可、无关痛痒的话。他讲道："在我们县14个乡中，有的乡完成了计划生育指标；有的乡没有完成计划生育指标；李家集乡就没有完成。"在领导讲话时，县计划生育委员会主任手里捏了一把汗，因为领导讲的三句话中有两句不符合实际，真后悔临时拉领导来讲话。
以下哪项正确表示了该县计划生育工作的实际情况？
A. 在14个乡中至少有一个乡没有完成计划生育指标。
B. 在14个乡中除李家集乡外还有别的乡没有完成计划生育指标。
C. 在14个乡中没有一个乡没有完成计划生育指标。
D. 在14个乡中只有一个乡没有完成计划生育指标。
E. 在14个乡中只有李家集乡完成了计划生育指标。

题19 （2006—1—38）在一次对全省小煤矿的安全检查后，甲、乙、丙三个安检人员有如下结论：
甲：有小煤矿存在安全隐患。
乙：有小煤矿不存在安全隐患。
丙：大运和宏通两个小煤矿不存在安全隐患。
如果上述三个结论只有一个正确，则以下哪项一定为真？
A. 大运和宏通煤矿都不存在安全隐患。
B. 大运和宏通煤矿都存在安全隐患。
C. 大运存在安全隐患，但宏通不存在安全隐患。
D. 大运不存在安全隐患，但宏通存在安全隐患。
E. 上述断定都不一定为真。

题20 （2009—10—28）一批人报考电影学院。其中：
(1) 有些考生通过了初试；(2) 有些考生没有通过初试；(3) 何梅和方宁没有通过初试。

如果上述三个断定中只有一个为真，则以下哪项关于这批考生的断定一定为真？
A. 何梅通过了初试，但方宁没通过。
B. 方宁通过了初试，但何梅没通过。
C. 所有考生都通过了初试。
D. 所有考生都没有通过初试。
E. 以上各选项都不一定为真。

题21 （2009—1—39）关于甲班体育达标测试，三位老师有如下预测：
张老师说："不会所有人都不及格。"李老师说："有人会不及格。"王老师说："班长和学习委员都能及格。"
如果三位老师中只有一人的预测正确，则以下哪项一定为真？
A. 班长和学习委员都没及格。 B. 班长和学习委员都及格了。
C. 班长及格，但学习委员没及格。 D. 班长没及格，但学习委员及格了。
E. 以上各项都不一定为真。

题22 （2014—10—51）经过多轮淘汰赛后，甲、乙、丙、丁四名选手争夺最后的排名，排名不设并列名次。分析家预测：
Ⅰ. 第一名或者是甲，或者是乙。
Ⅱ. 如果丙不是第一名，丁也不是第一名。
Ⅲ. 甲不是第一名。
如果分析家的预测只有一句是对的，则第一名是谁？
A. 丙。 B. 乙。 C. 推不出。
D. 丁。 E. 甲。

题23 （2012—10—42）有五支球队参加比赛，对于比赛结果，观众有如下议论：
（1）冠军队不是山南队，就是江北队；（2）冠军队既不是山北队，也不是江南队；（3）冠军队只能是江南队；（4）冠军队不是山南队。
比赛结果显示，只有一条议论是正确的，那么获得冠军队的是：
A. 山南队。 B. 江南队。 C. 山北队。
D. 江北队。 E. 江东队。

题24 （2009—1—27）甲、乙、丙和丁进入某围棋邀请赛半决赛，最后要决出一名冠军。张、王和李三人对结果做了如下预测：
张：冠军不是丙。
王：冠军是乙。
李：冠军是甲。
已知张、王、李三人中恰有一人的预测正确，则以下哪项为真？
A. 冠军是甲。 B. 冠军是乙。
C. 冠军是丙。 D. 冠军是丁。
E. 无法确定冠军是谁。

题25 （2007—1—36）小王参加了某公司招工面试，不久，他得知以下消息：
（1）公司已决定，他与小陈至少录一人；（2）公司可能不录他；（3）公司一定录用他；（4）公司已录用小陈。
其中两条消息为真，两条消息为假。
如果上述断定为真，则以下哪项为真？

A. 公司已录用小王,未录用小陈。 B. 公司未录用小王,已录用小陈。
C. 公司既录用小王,又录用小陈。 D. 公司既未录用小王,也未录用小陈。
E. 不能确定录取结果。

题26 (2001—1—25) 某仓库失窃,四个保管员因涉嫌而被传讯。四人的供述如下:
甲:我们四人都没作案。
乙:我们中有人作案。
丙:乙和丁至少有一人没作案。
丁:我没作案。
如果四人中有两人说的是真话,有两人说的是假话,则以下哪项断定成立?
A. 说真话的是甲和丙。 B. 说真话的是甲和丁。 C. 说真话的是乙和丙。
D. 说真话的是乙和丁。 E. 说真话的是丙和丁。

题27 (2000—1—39) 学校在为失学儿童义捐活动中收到两笔没有署真名的捐款,经过多方查找,可以断定是周、吴、郑、王中的某两位捐的。经询问,周说:"不是我捐的。"吴说:"是王捐的。"郑说:"是吴捐的。"王说:"我肯定没有捐。"最后经过详细调查,证实四个人中只有两个人说的是真话。
根据已知条件,请你判断下列哪项可能为真?
A. 是吴和王捐的。 B. 是周和王捐的。 C. 是郑和王捐的。
D. 是郑和吴捐的。 E. 是郑和周捐的。

题28 (2000—10—29 1999—1—48) 某市的红光大厦工程建设任务进行招标。有四个建筑公司投标。为简便起见,称它们为公司甲、乙、丙、丁。在标底公布以前,各公司经理分别做出猜测。甲公司经理说:"我们公司最有可能中标,其他公司不可能。"乙公司经理说:"中标的公司一定出自乙和丙两个公司之中。"丙公司经理说:"中标的若不是甲公司就是我们公司。"丁公司经理说:"如果四个公司中必有一个中标,那就非我们莫属了!"
当标底公布后发现,四人中只有一个人的预测成真了。
以下哪项判断最可能为真?
A. 甲公司经理猜对了,甲公司中标了。
B. 乙公司经理猜对了,丙公司中标了。
C. 甲公司和乙公司的经理都说错了。
D. 乙公司和丁公司的经理都说错了。
E. 丙公司、丁公司和乙公司的经理都说错了。

题29 (1997—1—37) 相传古时候某国的国民都分别居住在两座怪城中,一座"真城",一座"假城"。凡真城里的人个个说真话,假城里的人个个说假话。一位知晓这一情况的国外游客来到其中一座城市,他只向遇到的该国国民提了一个是非问题,就明白了自己所到的是真城还是假城。
下列哪个问句是最恰当的?
A. 你是真城的人吗? B. 你是假城的人吗?
C. 你是说真话的人吗? D. 你是说假话的人吗?
E. 你是这座城的人吗?

题30 (1999—1—70) 某地有两个奇怪的村庄,张庄的人在星期一、三、五说谎,李村的人在星期二、四、六说谎。在其他日子他们说实话。一天,外地的王从明来到这里,见到两个人,分别向他们提出关于日期的问题。两个人都说:"前天是我说谎的日子。"
如果被问的两个人分别来自张庄和李村,则以下哪项判断最可能为真?

A. 这一天是星期五或星期日。   B. 这一天是星期二或星期四。
C. 这一天是星期一或星期三。   D. 这一天是星期四或星期五。
E. 这一天是星期三或星期六。

◆题31 (2003—1—57) 一对夫妻带着他们的一个孩子在路上碰到一个朋友。朋友问孩子："你是男孩还是女孩？"朋友没听清孩子的回答。孩子的父母中某一个说，我孩子回答的是"我是男孩"，另一个接着说："这孩子撒谎，她是女孩。"这家人中男性从不说谎，而女性从来不连续说两句真话，也不连续说两句假话。

如果上述陈述为真，那么以下哪项一定为真？
Ⅰ. 父母俩第一个说话的是母亲。
Ⅱ. 父母俩第一个说话的是父亲。
Ⅲ. 孩子是男孩。

A. 只有Ⅰ。   B. 只有Ⅱ。   C. 只有Ⅲ。
D. 只有Ⅰ和Ⅲ。   E. 不能确定。

»»»»»»»»»»»»»»»»»»»»»»»»» 管综真题警戒线 »»»»»»»»»»»»»»»»»»»»»»»»»

◆题32 (2010—1—44) 小东在玩"勇士大战"游戏，进入第二关时，界面出现四个选项。第一个是"选择任意选项都需要支付游戏币"，第二个选项是"选择本项后可以得到额外游戏奖励"，第三个选项是"选择本项游戏后游戏不会进行下去"，第四个选项是"选择某个选项不需要支付游戏币"。如果四个选项中的陈述只有一句为真，则以下哪项一定为真？

A. 选择任意选项都需要支付游戏币。
B. 选择任意选项都不需要支付游戏币。
C. 选择任意选项都不能得到额外游戏奖励。
D. 选择第二个选项后可以得到额外游戏奖励。
E. 选择第三个选项后游戏能继续进行下去。

◆题33 (2011—1—34) 某集团公司有四个部门，分别生产冰箱、彩电、电脑和手机。根据前三个季度的数据统计，四个部门经理对2010年全年的赢利情况做了如下推测：
冰箱部门经理：今年手机部门会赢利。
彩电部门经理：如果冰箱部门今年赢利，那么彩电部门就不会赢利。
电脑部门经理：如果手机部门今年没赢利，那么电脑部门也没赢利。
手机部门经理：今年冰箱和彩电部门都会赢利。
全年数据统计完成后，发现上述四个预测只有一个符合事实。
关于该公司各部门的全年赢利情况，以下除哪项外，均可能为真？

A. 彩电部门赢利，冰箱部门没赢利。
B. 冰箱部门赢利，电脑部门没赢利。
C. 电脑部门赢利，彩电部门没赢利。
D. 冰箱部门和彩电部门都没赢利。
E. 冰箱部门和电脑部门都赢利。

◆题34 (2019—1—38) 某大学有位女教师默默资助一户偏远山区的贫困家庭长达15年。记者多方打听，发现做好事者是该大学传媒学院甲、乙、丙、丁、戊5位教师中的一位。在接受采访时，5位教师都很谦虚，他们是这么告诉记者的：
甲：这件事是乙做的。

乙：我没有做，是丙做了这件事。
丙：我并没有做这件事。
丁：我也没有做这件事，是甲做的。
戊：如果甲没有做，则丁也不会做。
记者后来得知，上述5位教师中只有一人说的话符合真实情况。
根据以上信息，可以得出做这件好事的人是：
A. 甲。　　　　　　　　B. 乙。　　　　　　　　C. 丙。
D. 丁。　　　　　　　　E. 戊。

题35 （2013—1—42）某金库发生失窃案。公安机关侦查确定，这是一起典型的内盗案，可以断定金库管理员甲、乙、丙、丁至少有一人是作案者。办案人员对四人进行了询问，四人回答如下：
甲："如果乙不是窃贼，我也不是窃贼。"
乙："我不是窃贼，丙是窃贼。"
丙："甲或者乙是窃贼。"
丁："乙或者丙是窃贼。"
后来事实证明：他们四人中只有一人说了真话。
根据以上陈述，以下哪项一定为假？
A. 丙说的是假话。　　　B. 丙不是窃贼。　　　　C. 乙不是窃贼。
D. 丁说的是真话。　　　E. 甲说的是真话。

题36 （2010—1—39）大小行星悬浮在太阳系边缘，极易受附近星体引力作用的影响。据研究人员计算，有时这些力量会将彗星从奥尔特星云拖出。这样，它们更有可能靠近太阳。两位研究人员据此分别做出了以下两种有所不同的断定：一、木星的引力作用要么将它们推至更小的轨道，要么将它们逐出太阳系；二、木星的引力作用或者将它们推至更小的轨道，或者将它们逐出太阳系。
如果上述两种断定只有一种为真，则可以推出以下哪项结论？
A. 木星的引力作用将它们推至最小的轨道，并且将它们逐出太阳系。
B. 木星的引力作用没有将它们推至最小的轨道，但是将它们逐出太阳系。
C. 木星的引力作用将它们推至最小的轨道，但是没有将它们逐出太阳系。
D. 木星的引力作用既没有将它们推至最小的轨道，也没有将它们逐出太阳系。
E. 木星的引力作用如果将它们推至最小的轨道，就不会将它们逐出太阳系。

题37 （2015—1—32）某次讨论会共有18名参会者。已知：(1)至少有5名青年老师是女性；(2)至少有6名女教师已过中年；(3)至少有7名女青年是教师。
如果上述三句话两真一假，那么关于参会人员可以得出以下哪项？
A. 青年教师至少有5名。　　B. 男教师至多有10名。　　C. 女青年都是教师。
D. 女青年至少有7名。　　　E. 青年教师都是女性。

题38 （2011—1—44）近日，某集团高层领导研究了发展方向问题。王总经理认为：既要发展纳米技术，也要发展生物医药技术。赵副总经理认为：只有发展智能技术，才能发展生物医药技术。李副总经理认为：如果发展纳米技术和生物医药技术，那么也要发展智能技术。最后经过董事会研究，只有其中一位的意见被采纳。
根据以上陈述，以下哪项符合董事会的研究决定？
A. 发展纳米技术和智能技术，但是不发展生物医药技术。
B. 发展生物医药技术和纳米技术，但是不发展智能技术。
C. 发展智能技术和生物医药技术，但是不发展纳米技术。

D. 发展智能技术，但是不发展纳米技术和生物医药技术。
E. 发展生物医药技术、智能技术和纳米技术。

题39 (2016—1—37) 郝大爷过马路时不幸摔倒昏迷，所幸有小伙子及时将他送往医院救治。郝大爷病情稳定后，有4位陌生小伙陈安、李康、张幸、汪福来医院看望他。郝大爷问他们究竟是谁送他来医院，他们回答如下：

陈安：我们4人都没有送您来医院。
李康：我们4人中有人送您来医院。
张幸：李康和汪福至少有一人没有送您来医院。
汪福：送您来医院的人不是我。
后来证实上述4人中有两人说真话，有两人说假话。
根据以上信息，可以得出哪项？

A. 说真话的是陈安和张幸。　　B. 说真话的是陈安和汪福。
C. 说真话的是李康和张幸。　　D. 说真话的是李康和汪福。
E. 说真话的是张幸和汪福。

题40 (2016—1—49) 在某项目招标过程中，赵嘉、钱宜、孙斌、李汀、周武、吴纪6人作为各自公司代表参与投标，有且只有一人中标，关于究竟谁是中标者，招标小组中有3位成员各自谈了自己的看法：(1) 中标者不是赵嘉就是钱宜；(2) 中标者不是孙斌；(3) 周武和吴纪都没有中标。经过深入调查，发现上述3人中只有一人的看法是正确的。
根据以上信息，以下哪项中的3人都可以确定没有中标？

A. 赵嘉、孙斌、李汀。　　B. 赵嘉、钱宜、李汀。　　C. 孙斌、周武、吴纪。
D. 赵嘉、周武、吴纪。　　E. 钱宜、孙斌、周武。

题41 (2012—1—31) 临江市地处东部沿海，下辖临东、临西、江南、江北四个区，近年来，文化旅游产业成为该市的经济增长点。2010年，该市一共吸引全国数十万人次游客前来参观旅游。12月底，关于该市四个区吸引游客人数多少的排名，各位旅游局局长做了如下预测：

临东区旅游局局长：如果临西区第三，那么江北区第四。
临西区旅游局局长：只有临西区不是第一，江南区才是第二。
江南区旅游局局长：江南区不是第二。
江北区旅游局局长：江北区第四。
最终的统计表明，只有一位局长的预测符合事实，则临东区当年吸引游客人次的排名是：

A. 第一。　　B. 第二。　　C. 第三。
D. 第四。　　E. 在江北区之前。

题42 (2021—1—29) 某企业董事会就建立健全企业管理制度与提高企业经济效益进行研讨。在研讨中，与会者发言如下：

甲：要提高企业经济效益，就必须建立健全企业管理制度。
乙：既要建立健全企业管理制度，又要提高企业经济效益，二者缺一不可。
丙：经济效益是基础和保障，只有提高企业经济效益，才能建立健全企业管理制度。
丁：如果不建立健全企业管理制度，就不能提高企业经济效益。
戊：不提高企业经济效益，就不能建立健全企业管理制度。
根据上述讨论，董事会最终做出了合理的决定，以下哪项是可能的？

A. 甲、乙的意见符合决定，丙的意见不符合决定。
B. 上述5人中只有1人的意见符合决定。

C. 上述5人中只有2人的意见符合决定。
D. 上述5人中只有3人的意见符合决定。
E. 上述5人的意见均不符合决定。

题型 12 顺藤摸瓜

◆ **题1** (2008—10—34) F、G、J、K、L和M六人应聘某个职位。只有被面试才能被聘用。以下条件必须满足：(1)如果面试G，则面试J；(2)如果面试J，则面试L；(3) F被面试；(4)除非面试K，否则不聘用F；(5)除非面试M，否则不聘用K。
如果M未被面试，则以下哪项一定为真？
A. K未被面试。
B. K被面试但未被聘用。
C. F被面试，但K未被聘用。
D. F被聘用，但K未被聘用。
E. F被聘用。

题2~3基于以下题干：
八个博士C、D、L、M、N、S、W、Z正在争取获得某项科研基金。按规定只有一人能获得该项基金。谁能获取该项基金，由学校评委的投票数决定。评委分成不同的投票小组。如果D获得的票数比W多，那么M将获得该项基金；如果Z获得的票数比L多，或者M获得的票数比N多，那么S将获得该项基金；如果L获得的票数比Z多，同时W获得的票数比D多，那么C将获得该项基金。

◆ **题2** (1998—10—5) 如果S获得了该项基金，那么下面哪个结论一定是正确的？
A. L获得的票数比Z多。
B. Z获得的票数比L多。
C. D获得的票数不比W多。
D. M获得的票数比N多。
E. W获得的票数比D多。

◆ **题3** (1998—10—6) 如果W获得的票数比D多，但C并没有获得该项基金，那么下面哪一个结论必然正确？
A. M获得了该项基金。
B. S获得了该项基金。
C. M获得的票数比N多。
D. L获得的票数不比Z多。
E. Z获得的票数不比M多。

题4~5基于以下题干：
在一个古代的部落社会，每个人都属于某个家族，每个家族只崇拜以下五个图腾之一：熊、狼、鹿、鸟、鱼。这个社会的婚姻关系遵守以下法则：
崇拜同一图腾的男女可以结婚。崇拜狼的男子可以娶崇拜鹿或鸟的女子。崇拜狼的女子可以嫁崇拜鸟或鱼的男子。崇拜鸟的男子可以娶崇拜鱼的女子。父亲与儿子的图腾崇拜相同。母亲与女儿的图腾崇拜相同。

◆ **题4** (2002—10—40) 如果某男子崇拜的图腾是狼，则他妹妹崇拜的图腾最可能是：
A. 狼、鱼或鹿。
B. 狼、鱼或鸟。
C. 狼、鹿或熊。
D. 狼、熊或鸟。
E. 狼、鹿或鸟。

◆ **题5** (2002—10—39) 崇拜以下哪项图腾的男子一定可以娶崇拜鱼的女子？
A. 狼或鸟。
B. 鸟或鹿。
C. 鱼或鹿。
D. 鸟或鱼。
E. 狼或鱼。

◆ **题6** (1999—10—9) 古时候的一场大地震几乎毁灭了整个人类，只有两个部落死里逃生。最初在这两个部落中，神帝部落所有的人都坚信人性本恶，圣地部落所有的人都坚信人性本善，并且没有既相信人性本善又相信人性本恶的人存在。后来两个部落繁衍生息，信仰追随和部落划分也遵循着一定的规律。部落内通婚，所生的孩子追随父母的信仰，归属原来的部落；部落间通婚，所生孩子追随母亲的信仰，归属母亲的部落。我们发现神圣子是相信人性本善的。

在以下各项对神圣子身份的判断中，不可能为真的是：

A. 神圣子的父亲是神帝部落的人。
B. 神圣子的母亲是神帝部落的人。
C. 神圣子的父母都是圣地部落的人。
D. 神圣子的母亲是圣地部落的人。
E. 神圣子的姥姥是圣地部落的人。

题7 （2011—10—40）某登山旅游小组成员互相帮助，建立了深厚的友谊。后加入的李佳已经获得其他成员多次救助，但是她尚未救助过任何人；救助过李佳的人均曾被王玥救助过；赵欣救助过小组的所有成员；王玥救助过的人也曾被陈蕃救助过。

根据以上陈述，可以得出以下哪项结论？

A. 陈蕃救助过赵欣。　　　　　　　　B. 王玥救助过李佳。
C. 王玥救助过陈蕃。　　　　　　　　D. 陈蕃救助过李佳。
E. 王玥没有救助过李佳。

题8 （2002—10—34）在 LH 公司，从董事长、总经理、总会计师到每个员工，没有人信任所有的人。董事长信任总经理，总会计师不信任董事长，总经理信任所有信任董事长的人。

如果上述断定为真，则以下哪项不可能为真？

Ⅰ. 总经理不信任董事长。
Ⅱ. 总经理信任总会计师。
Ⅲ. 所有的人都信任董事长。

A. 仅Ⅰ。　　　　　　　　B. 仅Ⅱ。　　　　　　　　C. 仅Ⅲ。
D. 仅Ⅱ和Ⅲ。　　　　　　E. Ⅰ、Ⅱ和Ⅲ。

题9 （1998—10—8）从赵、张、孙、李、周、吴六个工程技术人员中选出三位组成一个特别攻关小组，集中力量研制开发公司下一步准备推出的高技术拳头产品。为了使工作更有成效，我们了解到以下情况：

(1) 赵、孙两个人中至少选上一位；(2) 张、周两个人中至少选上一位；(3) 孙、周两个人中的每一个都绝对不要与张共同入选。

根据以上条件，若周未被选上，则以下哪两位必同时入选？

A. 赵、吴。　　　　　　　　B. 张、李。　　　　　　　　C. 张、吴。
D. 赵、李。　　　　　　　　E. 赵、张。

题10~12 基于以下题干：

沿江高铁某段由西向东设置了五个站点，已知：(1) 扶夷站在灏韵站之东、胡瑶站之西，并与胡瑶站相邻；(2) 韭上站与银岭站相邻。

题10 （2012—10—52）如果韭上站与灏韵站相邻并且在灏韵站之东，则可以得出：

A. 胡瑶站在最东面。　　　　B. 扶夷站在最西面。　　　　C. 银岭站在最东面。
D. 韭上站在最西面。　　　　E. 灏韵站在中间。

题11 （2012—10—53）如果灏韵站在韭上站之东，则可以得出：

A. 银岭站与灏韵站相邻并且在灏韵站之西。
B. 灏韵站与扶夷站相邻并且在扶夷站之西。

C. 韮上站与灏韵站相邻并且在灏韵站之西。
D. 银岭站与扶夷站相邻并且在扶夷站之西。
E. 银岭站与胡瑶站在五个站的东西两端。

题12 (2012—10—54) 如果灏韵站与银岭站相邻,则可以得出:
A. 银岭站在灏韵站之西。　　B. 扶夷站在韮上站之西。
C. 灏韵站在银岭站之西。　　D. 韮上站在银岭站之西。
E. 韮上站在扶夷站之西。

题13 (2003—10—57) 在超市购物后,张林把七件商品放在超市的传送带上,肉松后面紧跟着蛋糕,酸奶后面接着放的是饼干,可口可乐汽水紧跟在水果汁后面,方便面后面紧跟着酸奶,肉松和饼干之间有两件商品,方便面和水果汁之间有两件商品,最后放上去的是一个蛋糕。
如果上述陈述为真,那么以下哪项也为真?
Ⅰ. 水果汁在倒数第三位置上。
Ⅱ. 酸奶放在第二。
Ⅲ. 可口可乐汽水放在中间。
A. 只有Ⅰ。　　B. 只有Ⅱ。　　C. 只有Ⅲ。
D. 只有Ⅰ和Ⅱ。　　E. Ⅰ、Ⅱ和Ⅲ。

题14 (2007—10—36) 李惠个子比胡戈高;张凤元个子比邓元高;邓元个子比陈小曼矮;胡戈和陈小曼的身高相同。
如果上述断定为真,则以下哪项也一定为真?
A. 胡戈比邓元矮。　　B. 张凤元比李惠高。
C. 张凤元比陈小曼高。　　D. 李惠比邓元高。
E. 胡戈比张凤元矮。

题15 (2011—10—38) 公司派张、王、李、赵4人到长沙参加某经济论坛,他们4人选了飞机、汽车、轮船和火车4种各不相同的出行方式。已知:(1)明天或者刮风或者下雨;(2)如果明天刮风,那么张就选择火车出行;(3)假设明天下雨,那么王就选择火车出行;(4)假如李、赵不选择火车出行,那么李、王也都不会选择飞机或者汽车出行。
根据以上陈述,可以得出以下哪项结论?
A. 赵选择汽车出行。　　B. 赵不选择汽车出行。
C. 李选择轮船出行。　　D. 张选择飞机出行。
E. 王选择轮船出行。

题16 (2012—10—39) 某单位进行年终考评,经过民主投票,确定了甲、乙、丙、丁、戊五人作为一等奖的候选人。在五进四的选拔中,需要综合考虑如下三个因素:(1)丙、丁至少有一人入选;(2)如果戊入选,那么甲、乙也入选;(3)甲、乙、丁三人至多有两人入选。
根据以上陈述,可以得出没有进前四的是谁?
A. 甲。　　B. 乙。　　C. 丙。
D. 丁。　　E. 戊。

题17 (1997—10—43) 有甲、乙、丙三个学生,一个出生在B市,一个出生在S市,一个出生在W市。他们的专业,一个是金融,一是管理,一个是外语。已知:(1)乙不是学外语的。(2)乙不出生在W市。(3)丙不出生在B市。(4)学习金融的不出生在S市。(5)学习外语的出生在B市。
根据上述条件,可推出甲所学的专业是:
A. 金融。　　B. 管理。　　C. 外语。
D. 金融或管理。　　E. 推不出来。

题 18~19 基于以下题干：

三位高中生赵、钱、孙和三位初中生张、王、李参加一个课外学习小组。可选修的课程有文学、经济、历史和物理。已知如下情况：

赵选修的是文学或经济；王选修物理；如果一门课程没有任何一个高中生选修，那么任何一个初中生也不能选修该课程；如果一门课程没有任何初中生选修，那么任何一个高中生也不能选修该课程；一个学生只能选修一门课程。

题 18 （2002—1—29）如果上述断定为真，且钱选修历史，则以下哪项一定为真？
  A. 孙选修物理。 B. 赵选修文学。 C. 张选修经济。
  D. 李选修历史。 E. 赵选修经济。

题 19 （2002—1—30）如果题干的断定为真，且有人选修经济，则选修经济的学生中不可能同时包含：
  A. 赵和钱。 B. 钱和孙。 C. 孙和张。
  D. 孙和李。 E. 张和李。

题 20 （2012—10—35）某乡镇进行新区规划，决定以市民公园为中心，在东、南、西、北分别建设一个特色社区。这四个社区分别定位为文化区、休闲区、商业区和行政服务区。已知，行政服务区在文化区的西南方向，文化区在休闲区的东南方向。

根据以上陈述，可以得出以下哪项？
  A. 市民公园在行政服务区的北面。
  B. 休闲区在文化区的西南方向。
  C. 文化区在商业区的东北方向。
  D. 商业区在休闲区的东南方向。
  E. 行政服务区在市民公园的西南方向。

题 21 （2008—1—60）某公司有 F、G、H、I、M 和 P 六位总经理助理，三个部门。每一部门恰由三个总经理助理分管。每个总经理助理至少分管一个部门。以下条件必须满足：(1) 有且只有一位总经理助理同时分管三个部门；(2) F 和 G 不分管同一部门；(3) H 和 I 不分管同一部门。

如果 F 和 M 不分管同一部门，则以下哪项一定为真？
  A. F 和 H 分管同一部门。 B. F 和 I 分管同一部门。
  C. I 和 P 分管同一部门。 D. M 和 G 分管同一部门。
  E. M 和 P 不分管同一部门。

题 22 （2010—10—50）昨天是小红的生日，后天是小伟的生日。他俩的生日距星期天同样远。

如果上述断定为真，那么今天是星期几？
  A. 今天是星期五。 B. 今天是星期一。 C. 今天是星期二。
  D. 今天是星期三。 E. 今天是星期四。

题 23 （2012—10—40）张明、李英、王佳和陈蕊四人在一个班组工作，他们来自江苏、安徽、福建和山东四个省，每个人只会说原籍的一种方言。现已知福建人会说闽南方言，山东人学历最高且会说中原官话，王佳比福建人的学历低，李英会说徽州话并且和来自江苏的同事是同学，陈蕊不懂闽南方言。

根据以上陈述，可以得出以下哪项？
  A. 陈蕊不会说中原官话。 B. 张明会说闽南方言。 C. 李英是山东人。
  D. 王佳会说徽州话。 E. 陈蕊是安徽人。

题 24 （2000—10—26）李浩、王鸣和张翔是同班同学，住在同一个宿舍。其中，一个是湖南人，一个是重庆人，一个是辽宁人。李浩和重庆人不同岁，张翔的年龄比辽宁人小，重庆人比王鸣的年龄大。

根据题干所述，以下哪项是关于他们三人的年龄次序（由大到小）的正确表述？
A. 李浩、王鸣、张翔。　　　B. 李浩、张翔、王鸣。
C. 王鸣、李浩、张翔。　　　D. 张翔、李浩、王鸣。
E. 张翔、王鸣、李浩。

题 25 （2012—10—32）在某公司的招聘会上，公司行政部、人力资源部和办公室拟各招聘一名工作人员，来自中文系、历史系和哲学系的三名毕业生前来应聘这三个不同的职位。招聘信息显示，历史系毕业生比应聘办公室的年龄大，哲学系毕业生和应聘人力资源部的着装颜色相近，应聘人力资源部的比中文系毕业生年龄小。

根据以上陈述，可以得出以下哪项？
A. 哲学系毕业生比历史系毕业生年龄大。
B. 中文系毕业生比哲学系毕业生年龄大。
C. 历史系毕业生应聘行政部。
D. 中文系毕业生应聘办公室。
E. 应聘办公室的比应聘行政部的年龄大。

题 26 （1998—10—24）某宿舍住着四位研究生，分别是四川人、安徽人、河北人和北京人。他们分别在中文、国政和法律三个系就学。其中：
Ⅰ．北京籍研究生单独在国政系。
Ⅱ．河北籍研究生不在中文系。
Ⅲ．四川籍研究生和另外某个研究生同在一个系。
Ⅳ．安徽籍研究生不和四川籍研究生同在一个系。
以上条件可以推出四川籍研究生所在的系为哪个系？
A. 中文系。　　　B. 国政系。　　　C. 法律系。
D. 中文系或法律系。　　　E. 无法确定。

题 27 （2012—10—36）公司派三位年轻的工作人员乘动车到南方出差，他们三人恰好坐在一排。坐在 24 岁右边的两人中至少有一个人是 20 岁，坐在 20 岁左边的两人中也恰好有一人是 20 岁；坐在会计左边的两人中至少有一个人是销售员，坐在销售员右边的两人中也恰好有一人是销售员。
根据以上陈述，可以得出三位出差的年轻人是：
A. 20 岁的会计、20 岁的销售员、24 岁的销售员。
B. 20 岁的会计、24 岁的销售员、24 岁的销售员。
C. 24 岁的会计、20 岁的销售员、20 岁的销售员。
D. 20 岁的会计、20 岁的会计、24 岁的销售员。
E. 24 岁的会计、20 岁的会计、20 岁的销售员。

题 28 （2013—10—45）某公司有一栋 6 层的办公楼，公司的财务部、企划部、行政部、销售部、人力资源部、研发部 6 个部门在此办公，每个部门占据其中的一层。已知：（1）人力资源部、销售部两个部门所在的楼层不相邻；（2）财务部在企划部下一层；（3）行政部所在的楼层在企划部的上面，但是在人力资源部的下面。
如果财务部在第三层，下列哪项可能是正确的？
A. 研发部在第五层。　　　B. 研发部在销售部的上一层。
C. 行政部不在企划部的上一层。　　　D. 销售部在企划部的上面某层。
E. 研发部在企划部的上面某层。

题29 （2012—10—55）沿江高铁某段由西向东设置了五个站点，已知：（1）扶夷站在灏韵站之东、胡瑶站之西，并与胡瑶站相邻；（2）韭上站与银岭站相邻。
假如灏韵站位于最西面，则这五个站点可能的排列顺序有：
A. 3种。　　　　　　　　　B. 4种。　　　　　　　　　C. 5种。
D. 6种。　　　　　　　　　E. 8种。

题30 （1999—1—44）某公司的销售部有五名工作人员，其中有两名本科专业是市场营销，两名本科专业是计算机，有一名本科专业是物理学。又知道五人中有两名女士，她们的本科专业背景不同。
根据上文所述，以下哪项论断最可能为真？
A. 该销售部有两名男士是来自不同本科专业的。
B. 该销售部的一名女士一定是计算机本科专业毕业的。
C. 该销售部三名男士来自不同的本科专业，女士也来自不同本科专业。
D. 该销售部至多有一名男士是市场营销专业毕业的。
E. 该销售部本科专业为物理学的一定是男士，不是女士。

题31 （2012—10—50）在某科室公开选拔副科长的招录考试中，共有甲、乙、丙、丁、戊、己、庚7人报名。根据统计，7人的最高学历分别是本科和博士，其中博士毕业的有3人，女性3人。已知，甲、乙、丙的学历层次相同，己、庚的学历层次不同；戊、己、庚的性别相同；甲、丁的性别不同。最终录用的是一名女博士。
根据以上陈述，可以得出以下哪项？
A. 甲是男博士。　　　　　　B. 己是女博士。　　　　　　C. 庚不是男博士。
D. 丙是男博士。　　　　　　E. 丁是女博士。

题32~35 基于以下题干：
某班打算从方如芬、郭嫣然、何之莲三名女生中选拔两人，从彭友文、裘志节、任向阳、宋文凯、唐晓华五名男生中选拔三人组成大学生五人支教小组到山区义务支教。要求：（1）郭嫣然和唐晓华不同时入选；（2）彭友文和宋文凯不同时入选；（3）裘志节和唐晓华不同时入选。

题32 （2013—10—33）下列哪位一定入选？
A. 方如芬。　　　　　　　　B. 郭嫣然。　　　　　　　　C. 宋文凯。
D. 何之莲。　　　　　　　　E. 任向阳。

题33 （2013—10—34）如果郭嫣然入选，则下列哪位也一定入选？
A. 方如芬。　　　　　　　　B. 何之莲。　　　　　　　　C. 彭友文。
D. 裘志节。　　　　　　　　E. 宋文凯。

题34 （2013—10—35）若何之莲未入选，则下列哪一位也未入选？
A. 唐晓华。　　　　　　　　B. 彭友文。　　　　　　　　C. 裘志节。
D. 宋文凯。　　　　　　　　E. 方如芬。

题35 （2013—10—36）若唐晓华入选，则下列哪两位一定入选？
A. 方如芬和郭嫣然。　　　　B. 郭嫣然和何之莲。　　　　C. 彭友文和何之莲。
D. 任向阳和宋文凯。　　　　E. 方如芬和何之莲。

题36 （2008—1—59）某公司有F、G、H、I、M和P六位总经理助理，三个部门。每一部门恰由三个总经理助理分管。每个总经理助理至少分管一个部门。以下条件必须满足：（1）有且只有一位总经理助理同时分管三个部门；（2）F和G不分管同一部门；（3）H和I不分管同一部门。
以下哪项一定为真？

A. 有的总经理助理恰分管两个部门。
B. 任一部门由F或G分管。
C. M或P只分管一个部门。
D. 没有部门由F、M和P分管。
E. P分管的部门M都分管。

题37 （2014—10—45）某大学文学院语言学专业2014年毕业的5名研究生张、王、李、赵、刘分别被三家用人单位天枢、天机、天璇中的一家录用，并且各单位至少录用了其中的一名。已知：（1）李被天枢录用；（2）李和赵没有被同一家单位录用；（3）刘和赵被同一家单位录用；（4）如果张被天璇录用，那么王也被天璇录用。

如果刘被天璇录用，则以下哪项一定是错误的？

A. 天璇录用了3人。
B. 录用李的单位只录用了他一人。
C. 王被天璇录用。
D. 天机只录用了其中的一人。
E. 张被天璇录用。

>>>>>>>>>>>>>>>>>>>>>>>>>>>>>>>>>>> 管综真题警戒线 <<<<<<<<<<<<<<<<<<<<<<<<<<<<<<<<<<<

题38 （2018—1—40）某海军部队有甲、乙、丙、丁、戊、己、庚7艘舰艇，拟组成两个编队出航，第一编队编列3艘舰艇，第二编队编列4艘舰艇。编列需满足以下条件：

（1）航母己必须编列在第二编队；（2）戊和丙至多有一艘编列在第一编队；（3）甲和丙不在同一编队；（4）如果乙编列在第一编队，则丁也必须编列在第一编队。

如果甲在第二编队，则下列哪项中的舰艇一定也在第二编队？

A. 乙。　　　　　　　　B. 丙。　　　　　　　　C. 丁。
D. 戊。　　　　　　　　E. 庚。

题39~40基于以下题干：

丰收公司邢经理需要在下个月赴湖北、湖南、安徽、江西、江苏、浙江、福建7省进行市场需求调研，各省均调研一次，他的行程需满足如下条件：

（1）第一个或最后一个调研江西省；（2）调研安徽省的时间早于浙江省，在这两省之间调研除了福建省的另外两省；（3）调研福建省的时间安排在调研浙江省之前或刚好调研完浙江省之后；（4）第三个调研江苏省。

题39 （2017—1—33）如果邢经理首先赴安徽省调研，则关于他的行程可以确定以下哪个选项？

A. 第二个调研湖北省。　　　　B. 第二个调研湖南省。
C. 第五个调研福建省。　　　　D. 第五个调研湖北省。
E. 第五个调研浙江省。

题40 （2017—1—34）如果安徽省是邢经理第二个调研省份，则关于他的行程，可以确定以下哪个选项？

A. 第一个调研江西省。　　　　B. 第四个调研湖北省。
C. 第五个调研浙江省。　　　　D. 第五个调研湖南省。
E. 第六个调研福建省。

题41 （2014—1—53）孔智、孟睿、荀慧、庄聪、墨灵、韩敏6人组成一个代表队参加某次棋类大赛，其中两人参加围棋比赛，两人参加中国象棋比赛，还有两人参加国际象棋比赛。有关他们具体参加比赛项目的情况还需满足以下条件：

(1) 每位选手只能参加一个比赛项目；(2) 孔智参加围棋比赛，当且仅当庄聪和孟睿都参加中国象棋比赛；(3) 如果韩敏不参加国际象棋比赛，那么墨灵参加中国象棋比赛；(4) 如果荀慧参加中国象棋比赛，那么庄聪不参加中国象棋比赛；(5) 荀慧和墨灵至少有一人不参加中国象棋比赛。
如果荀慧参加中国象棋比赛，那么可以得出以下哪项？
  A. 庄聪和墨灵都参加围棋比赛。   B. 孟睿参加围棋比赛。
  C. 孟睿参加国际象棋比赛。   D. 墨灵参加国际象棋比赛。
  E. 韩敏参加国际象棋比赛。

题 42 (2019—1—49) 某食堂采购 4 类（各蔬菜名称的后一个字相同，即为一类）共 12 种蔬菜：芹菜、菠菜、韭菜、青椒、红椒、黄椒、黄瓜、冬瓜、丝瓜、扁豆、毛豆、豇豆。并根据若干条件将其分成 3 组，准备在早、中、晚三餐中分别使用，已知条件如下：
(1) 同一类别的蔬菜不在一组；(2) 芹菜不能在黄椒那一组，冬瓜不能在扁豆那一组；(3) 毛豆必须与红椒或韭菜同一组；(4) 黄椒必须与豇豆同一组。
根据以上信息，可以得出以下哪项？
  A. 芹菜与豇豆不在同一组。   B. 芹菜与毛豆不在同一组。
  C. 菠菜与扁豆不在同一组。   D. 冬瓜与青椒不在同一组。
  E. 丝瓜与韭菜不在同一组。

题 43~44 基于以下题干：
互联网好比一个复杂多样的虚拟世界，每台联网主机上的信息又构成了一个微观虚拟世界，若在某主机上可以访问本主机的信息，则称该主机相通于自身；若主机 X 能通过互联网访问主机 Y 的信息，则称 X 相通于 Y。已知代号分别为甲、乙、丙、丁的四台联网主机有如下信息：
(1) 甲主机相通于任一不相通于丙的主机；(2) 丁主机不相通于丙；(3) 丙主机相通于任一相通于甲的主机。

题 43 (2013—1—31) 若丙主机不相通于自身，则以下哪项一定为真？
  A. 若丁主机相通于乙，则乙主机相通于甲。
  B. 甲主机相通于丁，也相通于丙。
  C. 甲主机相通于乙，乙主机相通于丙。
  D. 只有甲主机不相通于丙，丁主机才相通于乙。
  E. 丙主机不相通于丁，但相通于乙。

题 44 (2013—1—32) 若丙主机不相通于任何主机，则以下哪项一定为假？
  A. 乙主机相通于自身。
  B. 丁主机不相通于甲。
  C. 若丁主机不相通于甲，则乙主机相通于甲。
  D. 甲主机相通于乙。
  E. 若丁主机相通于甲，则乙主机相通于甲。

题 45 (2012—1—54) 东宇大学公开招聘 3 个教师职位，哲学学院、管理学院和经济学院各一个。每个职位都有分别来自南山大学、西京大学、北清大学的候选人。有位"聪明"人士李先生对招聘结果做出了如下预测：
(1) 如果哲学学院录用北清大学的候选人，那么管理学院录用西京大学的候选人；(2) 如果管理学院录用南山大学的候选人，那么哲学学院也录用南山大学的候选人；(3) 如果经济学院录用北清大学或者西京大学的候选人，那么管理学院录用北清大学的候选人。
若哲学学院最终录用西京大学的候选人，则以下哪项表明李先生的预测错误？

A. 管理学院录用北清大学候选人。 B. 管理学院录用南山大学候选人。
C. 经济学院录用南山大学候选人。 D. 经济学院录用北清大学候选人。
E. 经济学院录用西京大学候选人。

题46 (2015—1—42) 某大学运动会即将召开，经管学院拟组建一支 12 人的代表队参赛，参赛队员将从该院 4 个年级的学生中选拔。学院规定：每个年级都须在长跑、短跑、跳高、跳远、铅球 5 个项目中选择 1~2 项参加比赛，其余项目可任意选择；一个年级如果选择长跑，就不能选择短跑或跳高；一个年级如果选择跳远，就不能选择长跑或铅球；每名队员只参加 1 项比赛。已知该院：(1) 每个年级均有队员被选拔进入代表队；(2) 每个年级被选拔进入代表队的人数各不相同；(3) 有两个年级的队员人数相乘等于另一个年级的队员人数。

如果某年级队员人数不是最少的，且选择了长跑，那么对该年级来说，以下哪项是不可能的？
A. 选择短跑或铅球。 B. 选择短跑或跳远。 C. 选择铅球或跳高。
D. 选择长跑或跳高。 E. 选择铅球或跳远。

题47 (2019—1—37) 某市音乐节设立了流行、民谣、摇滚、民族、电音、说唱、爵士这 7 大类的奖项评选。在入围提名中，已知：(1) 至少有 6 类入围；(2) 流行、民谣、摇滚中至多有 2 类入围；(3) 如果摇滚和民族类都入围，则电音和说唱中至少有一类没有入围。

根据上述信息，可以得出以下哪项？
A. 流行类没有入围。 B. 民谣类没有入围。 C. 摇滚类没有入围。
D. 爵士类没有入围。 E. 电音类没有入围。

题48 (2020—1—31) "立春""春分""立夏""夏至""立秋""秋分""立冬""冬至"是我国二十四节气中的八个节气，"凉风""广莫风""明庶风""条风""清明风""景风""阊阖风""不周风"是八种节风。上述八个节气与八种节风之间一一对应。已知：(1) "立秋"对应"凉风"；(2) "冬至"对应"不周风""广莫风"之一；(3) 若"立夏"对应"清明风"，则"夏至"对应"条风"或者"立冬"对应"不周风"；(4) 若"立夏"不对应"清明风"或者"立春"不对应"条风"，则"冬至"对应"明庶风"。

根据以上信息，可以得出以下哪项？
A. "秋分"不对应"明庶风"。 B. "立冬"不对应"广莫风"。
C. "夏至"不对应"景风"。 D. "立夏"不对应"清明风"。
E. "春分"不对应"阊阖风"。

题49 (2019—1—54) 某园艺公司打算在如下形状的花圃中栽种玫瑰、兰花和菊花三个品种的花卉。该花圃的形状如下所示：

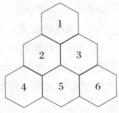

拟栽种的玫瑰有紫、红、白三种颜色，兰花有红、白、黄三种颜色，菊花有白、黄、蓝三种颜色。栽种需满足如下要求：
(1) 每个六边形格子中仅栽种一个品种、一个颜色的花；(2) 每个品种只栽种两种颜色的花；
(3) 相邻格子中的花，其品种与颜色均不相同。

若格子 5 中是红色的花，则以下哪项是不可能的？

A. 格子1中是白色的兰花。　　B. 格子4中是白色的兰花。
C. 格子6中是蓝色的菊花。　　D. 格子2中是紫色的玫瑰。
E. 格子1中是白色的菊花。

题50~51 基于以下题干：

六一节快到了，幼儿园老师为班上的小明、小雷、小刚、小芳、小花5位小朋友准备了红、橙、黄、绿、青、蓝、紫7份礼物。已知所有礼物都送了出去，每份礼物只能由一人获得，每人最多获得两份礼物。另外，礼物派送还需满足如下要求：

（1）如果小明收到橙色礼物，则小芳会收到蓝色礼物；（2）如果小雷没有收到红色礼物，则小芳不会收到蓝色礼物；（3）如果小刚没有收到黄色礼物，则小花不会收到紫色礼物；（4）没有人既能收到黄色礼物，又能收到绿色礼物；（5）小明只收到橙色礼物，而小花只收到紫色礼物。

题50　（2017—1—51）根据上述信息，以下哪项可能为真？
A. 小明和小芳都收到两份礼物。　　B. 小雷和小刚都收到两份礼物。
C. 小刚和小花都收到两份礼物。　　D. 小芳和小花都收到两份礼物。
E. 小明和小雷都收到两份礼物。

题51　（2017—1—52）根据上述信息，如果小刚收到两份礼物，则可以得出以下哪项？
A. 小雷收到红色和绿色两份礼物。　　B. 小刚收到黄色和蓝色两份礼物。
C. 小芳收到绿色和蓝色两份礼物。　　D. 小刚收到黄色和青色两份礼物。
E. 小芳收到青色和蓝色两份礼物。

题52　（2013—1—54）晨曦公园拟在园内东、南、西、北四个区域种植四种不同的特色树木，每个区域只种植一种。选定的特色树种为水杉、银杏、乌桕和龙柏。布局和基本要求是：（1）如果在东区或者南区种植银杏，那么在北区不能种植龙柏或乌桕；（2）北区或东区要种植水杉或者银杏之一。

根据上述种植要求，如果北区种植龙柏，则以下哪项一定为真？
A. 西区种植水杉。　　B. 南区种植乌桕。　　C. 南区种植水杉。
D. 西区种植乌桕。　　E. 东区种植乌桕。

题53　（2021—1—48）某剧团拟将历史故事"鸿门宴"搬上舞台。该剧有项王、沛公、项伯、张良、项庄、樊哙、范增7个主要角色，甲、乙、丙、丁、戊、己、庚7名演员每人只能扮演其中一个，且每个角色只能由其中一人扮演。根据各演员的特点，角色安排如下：

（1）如果甲不扮演沛公，则乙扮演项王；（2）如果丙或己扮演张良，则丁扮演范增；（3）如果乙不扮演项王，则丙扮演张良；（4）如果丁不扮演樊哙，则庚或戊扮演沛公。

若甲扮演沛公而庚扮演项庄，则可以得出以下哪项？
A. 丙扮演项伯。　　B. 丙扮演范增。　　C. 丁扮演项伯。
D. 戊扮演张良。　　E. 戊扮演樊哙。

题54　（2014—1—54）孔智、孟睿、荀慧、庄聪、墨灵、韩敏6人组成一个代表队参加某次棋类大赛，其中两人参加围棋比赛，两人参加中国象棋比赛，还有两人参加国际象棋比赛。有关他们具体参加比赛项目的情况还需满足以下条件：

（1）每位选手只能参加一个比赛项目；（2）孔智参加围棋比赛，当且仅当庄聪和孟睿都参加中国象棋比赛；（3）如果韩敏不参加国际象棋比赛，那么墨灵参加中国象棋比赛；（4）如果荀慧参加中国象棋比赛，那么庄聪不参加中国象棋比赛；（5）荀慧和墨灵至少有一人不参加中国象棋比赛。

如果庄聪和孔智参加相同的比赛项目，且孟睿参加中国象棋比赛，那么可以得出以下哪项？

A. 墨灵参加国际象棋比赛。　　B. 庄聪参加中国象棋比赛。
C. 孔智参加围棋比赛。　　　　D. 荀慧参加围棋比赛。
E. 韩敏参加中国象棋比赛。

题 55 (2021—1—54) 某高铁线路设有"东沟""西山""南镇""北阳""中丘"5 座高铁站。该线路现有甲、乙、丙、丁、戊 5 趟车运行。这 5 座高铁站中，每站均恰好有 3 趟车停靠，且甲车和乙车停靠的站均不相同。已知：(1) 若乙车或丙车至少有 1 趟在"北阳"停靠，则它们均在"东沟"停靠；(2) 若丁车在"北阳"停靠，则丙、丁和戊车均在"中丘"停靠；(3) 若甲、乙和丙车中至少有 2 趟车在"东沟"停靠，则这 3 趟车均在"西山"停靠。

根据上述信息，可以得出以下哪项？

A. 甲车不在"中丘"停靠。　　B. 乙车不在"西山"停靠。
C. 丙车不在"东沟"停靠。　　D. 丁车不在"北阳"停靠。
E. 戊车不在"南镇"停靠。

题 56 (2020—1—37) 放假 3 天，小李夫妇除安排一天休息之外，其他两天准备做 6 件事：①购物（这件事编号为①，其他依次类推）；②看望双方父母；③郊游；④带孩子去游乐场；⑤去市内公园；⑥去影院看电影。他们商定：(1) 每件事均做一次，且在 1 天内做完，每天至少做两件事；(2) ④和⑤安排在同一天完成；(3) ②在③之前 1 天完成。

如果③和④安排在假期的第 2 天，则以下哪项是可能的？

A. ①安排在第 2 天。　　B. ②安排在第 2 天。　　C. 休息安排在第 1 天。
D. ⑥安排在最后 1 天。　　E. ⑤安排在第 1 天。

题 57 (2013—1—28) 某省大力发展旅游产业，目前已经形成东湖、西岛、南山三个著名景点，每处景点都有二日游、三日游、四日游三种路线。李明、王刚、张波拟赴上述三地进行九日游，每个人都设计了各自的旅游计划。后来发现，每处景点他们三人都选择了不同的路线：李明赴东湖的计划天数与王刚赴西岛的计划天数相同，李明赴南山的计划是三日游，王刚赴南山的计划是四日游。

根据以上陈述，可以得出以下哪项？

A. 李明计划东湖二日游，王刚计划西岛二日游。
B. 王刚计划东湖三日游，张波计划西岛四日游。
C. 张波计划东湖四日游，王刚计划西岛三日游。
D. 张波计划东湖三日游，李明计划西岛四日游。
E. 李明计划东湖二日游，王刚计划西岛三日游。

题 58 (2014—1—47) 某小区业主委员会的 4 名成员晨桦、建国、向明和嘉媛坐在一张方桌前（每边各坐一人）讨论小区大门旁的绿化方案。4 人的职业各不相同，每个人的职业是高校教师、软件工程师、园艺师或邮递员之中的一种。已知：晨桦是软件工程师，他坐在建国的左手边；向明坐在高校教师的右手边；坐在建国对面的嘉媛不是邮递员。

根据以上信息，可以得出以下哪项？

A. 嘉媛是高校教师，向明是园艺师。
B. 向明是邮递员，嘉媛是园艺师。
C. 建国是邮递员，嘉媛是园艺师。
D. 建国是高校教师，向明是园艺师。
E. 嘉媛是园艺师，向明是高校教师。

◆ 题59　(2019—1—50) 某食堂采购4类（各蔬菜名称的后一个字相同，即为一类）共12种蔬菜：芹菜、菠菜、韭菜、青椒、红椒、黄椒、黄瓜、冬瓜、丝瓜、扁豆、毛豆、豇豆。并根据若干条件将其分成3组，准备在早、中、晚三餐中分别使用。已知条件如下：
（1）同一类别的蔬菜不在一组；（2）芹菜不能在黄椒那一组，冬瓜不能在扁豆那一组；（3）毛豆必须与红椒或韭菜同一组；（4）黄椒必须与豇豆同一组。
如果韭菜、青椒与黄瓜在同一组，则可得出以下哪项？
A. 芹菜、红椒与扁豆在同一组。
B. 菠菜、黄椒与豇豆在同一组。
C. 韭菜、黄瓜与毛豆在同一组。
D. 菠菜、冬瓜与豇豆在同一组。
E. 芹菜、红椒与丝瓜在同一组。

◆ 题60　(2021—1—37) 甲、乙、丙、丁、戊5人是某校美学专业2019级研究生，第一学期结束后，他们在张、陆、陈3位教授中选择导师，每人只选择1人作为导师，每位导师都有1~2人选择，并且得知：（1）选择陆老师的研究生比选择张老师的多；（2）若丙、丁中至少有1人选择张老师，则乙选择陈老师；（3）若甲、丙、丁中至少有1人选择陆老师，则只有戊选择陈老师。
根据以上信息，可以得出以下哪项？
A. 甲选择陆老师。　　　　B. 乙选择张老师。　　　　C. 丁、戊选择陆老师。
D. 乙、丙选择陈老师。　　E. 丙、丁选择陈老师。

◆ 题61　(2014—1—46) 某单位有负责网络、文秘以及后勤的三名办公人员：文珊、孔瑞和姚薇，为了培养年轻干部，领导决定让她们三人在这三个岗位之间实行轮岗，并将她们原来的工作间110室、111室和112室也进行了轮换。结果，原本负责后勤的文珊接替了孔瑞的文秘工作，由110室调到了111室。
根据以上信息，可以得出以下哪项？
A. 姚薇接替孔瑞的工作。　　B. 孔瑞接替文珊的工作。
C. 孔瑞被调到了110室。　　D. 孔瑞被调到了112室。
E. 姚薇被调到了112室。

题62~63 基于以下题干：
年初，为激励员工努力工作，某公司决定根据每月工作绩效评选"月度之星"，王某在当年前10个月恰好只在连续的4个月中当选"月度之星"，他的另三位同事郑某、吴某、周某也做到了这一点。关于这四人当选"月度之星"的月份，已知：（1）王某和郑某仅有三个月同时当选；（2）郑某和吴某仅有三个月同时当选；（3）王某和周某不曾在同一个月当选；（4）仅有2人在7月同时当选；（5）至少有1人在1月当选。

◆ 题62　(2013—1—35) 根据以上信息，有3人同时当选"月度之星"的月份是：
A. 1—3月。　　　B. 2—4月。　　　C. 3—5月。
D. 4—6月。　　　E. 5—7月。

◆ 题63　(2013—1—36) 根据以上信息，王某当选"月度之星"的月份是：
A. 1—4月。　　　B. 3—6月。　　　C. 4—7月。
D. 5—8月。　　　E. 7—10月。

◆ 题64　(2018—1—55) 某校四位女生施琳、张芳、王玉、杨虹与四位男生范勇、吕伟、赵虎、李龙进行中国象棋比赛。他们被安排到四张桌上，每桌一男一女对弈，四张桌从左到右分别记为1、2、3、4号，每对选手需要进行四局比赛。比赛规定：选手每胜一局得2分，和一局得1分，负一局得0分。前三局结束时,按分差大小排列,四对选手的总积分分别是6:0、5:1、4:2、3:3。已知:(1)张芳跟吕伟对弈,杨虹在4号桌比赛,王玉的比赛桌在李龙比赛桌的右边;(2)1号桌的比赛至少有一局是和局,4号桌双方的总积分不是4:2;(3)赵虎前三局总积分并不领先他的对手,他们也没有下成过和局;(4)李龙已连输三局,范勇在前三局总积分上领先他的对手。

如果下列有位选手前三局均与对手下成和局,那么他(她)是谁?

A. 施琳。 B. 张芳。 C. 范勇。
D. 王玉。 E. 杨虹。

题65 (2015—1—28) 甲、乙、丙、丁、戊和己6人围坐在一张正六边形的小桌前,每边各坐一人。已知:(1)甲与乙正面相对;(2)丙与丁不相邻,也不正面相对。

如果己与乙不相邻,则以下哪项一定为真?

A. 如果甲与戊相邻,则丁与己正面相对。
B. 甲与丁相邻。
C. 戊与己相邻。
D. 如果丙与戊不相邻,则丙与己相邻。
E. 己与乙正面相对。

题66 (2020—1—29) 某公司为员工免费提供菊花茶、绿茶、红茶、咖啡和大麦茶5种饮品。现有甲、乙、丙、丁、戊5位员工,他们每人只喜欢其中的2种饮品,且每种饮品都只有2人喜欢。已知:(1)甲和乙喜欢菊花茶,且分别喜欢绿茶和红茶中的一种;(2)丙和戊分别喜欢咖啡和大麦茶中的一种。

根据上述信息,可以得出以下哪项?

A. 甲喜欢菊花茶和绿茶。 B. 乙喜欢菊花茶和红茶。
C. 丙喜欢红茶和咖啡。 D. 丁喜欢咖啡和大麦茶。
E. 戊喜欢绿茶和大麦茶。

题67 (2016—1—48) 在编号1、2、3、4的4个盒子中装有绿茶、红茶、花茶和白茶四种茶,每只盒子只装一种茶,每种茶只装一个盒子。已知:(1)装绿茶和红茶的盒子在1、2、3号范围之内;(2)装红茶和花茶的盒子在2、3、4号范围之内;(3)装白茶的盒子在1、3号范围之内。

根据上述已知信息,可以得出以下哪项?

A. 绿茶在3号。 B. 花茶在4号。 C. 白茶在3号。
D. 红茶在2号。 E. 绿茶在1号。

题68 (2020—1—32) "立春""春分""立夏""夏至""立秋""秋分""立冬""冬至"是我国二十四节气中的八个节气,"凉风""广莫风""明庶风""条风""清明风""景风""阊阖风""不周风"是八种节风。上述八个节气与八种节风之间一一对应。已知:(1)"立秋"对应"凉风";(2)"冬至"对应"不周风""广莫风"之一;(3)若"立夏"对应"清明风",则"夏至"对应"条风"或者"立冬"对应"不周风";(4)若"立夏"不对应"清明风"或者"立春"不对应"条风",则"冬至"对应"明庶风"。

若"春分"和"秋分"两节气对应的节风在"明庶风"和"阊阖风"之中,则可以得出以下哪项?

A. "春分"对应"阊阖风"。 B. "秋分"对应"明庶风"。
C. "立春"对应"清明风"。 D. "冬至"对应"不周风"。
E. "夏至"对应"景风"。

题 69 (2020—1—54) 某测试题共有 4 道，每道题给出 A、B、C、D 四个选项，其中只有一项是正确答案。现有张、王、赵、李 4 人参加了测试，他们的答案情况和测试结果如下：

答题者	第一题	第二题	第三题	第四题	测试结果
张	A	B	A	B	均不正确
王	B	D	B	C	只答对 1 题
赵	D	A	A	B	均不正确
李	C	C	B	D	只答对 1 题

根据以上信息，可以得出以下哪项？
A. 第二题的正确答案是 C。
B. 第二题的正确答案是 D。
C. 第三题的正确答案是 D。
D. 第四题的正确答案是 A。
E. 第四题的正确答案是 D。

题 70 (2021—1—31) 某俱乐部共有甲、乙、丙、丁、戊、己、庚、辛、壬、癸 10 名职业运动员，他们来自 5 个不同的国家（不存在双重国籍的情况）。已知：(1) 该俱乐部的外援刚好占一半，他们是乙、戊、丁、庚、辛；(2) 乙、丁、辛 3 人来自两个国家。
根据以上信息，可以得出以下哪项？
A. 甲、丙来自不同国家。
B. 乙、辛来自不同国家。
C. 乙、庚来自不同国家。
D. 丁、辛来自相同国家。
E. 戊、庚来自相同国家。

题 71~72 基于以下题干：
天南大学准备选派两名研究生、三名本科生到山村小学支教。经过个人报名和民主评议，最终人选将在研究生赵婷、唐玲、殷倩三人和本科生周艳、李环、文琴、徐昂、朱敏五人中产生。按规定，同一学院或者同一社团至多选派一人。已知：(1) 唐玲和朱敏均来自数学学院；(2) 周艳和徐昂均来自文学院；(3) 李环和朱敏均来自辩论协会。

题 71 (2015—1—38) 根据上述条件，以下必定入选的是：
A. 唐玲。
B. 赵婷。
C. 周艳。
D. 殷倩。
E. 文琴。

题 72 (2015—1—39) 如果唐玲入选，那么以下必定入选的是：
A. 李环。
B. 徐昂。
C. 周艳。
D. 赵婷。
E. 殷倩。

题 73 (2020—1—38) 放假 3 天，小李夫妇除安排一天休息之外，其他两天准备做 6 件事：①购物（这件事编号为①，其他依次类推）；②看望双方父母；③郊游；④带孩子去游乐场；⑤去市内公园；⑥去影院看电影。他们商定：(1) 每件事均做一次，且在 1 天内做完，每天至少做两件事；(2) ④和⑤安排在同一天完成；(3) ②在③之前 1 天完成。
如果假期第 2 天只做⑥等 3 件事，则可以得出以下哪项？
A. ②安排在①的前 1 天。
B. ①安排在休息一天之后。
C. ①和⑥安排在同一天。
D. ②和④安排在同一天。
E. ③和④安排在同一天。

题 74~75 基于以下题干：
某公司甲、乙、丙、丁、戊 5 人爱好出国旅游。去年，在日本、韩国、英国和法国 4 国中，他们每人都去了其中的两个国家旅游,且每个国家总有他们中的2~3人去旅游。已知:(1) 如果甲去韩国,则丁不去英国;(2) 丙与戊去年总是结伴出国旅游;(3) 丁和乙只去欧洲国家旅游。

◆ 题74 (2020—1—46) 根据以上信息,可以得出以下哪项?
A. 甲去了韩国和日本。 B. 乙去了英国和日本。
C. 丙去了韩国和英国。 D. 丁去了日本和法国。
E. 戊去了韩国和日本。

◆ 题75 (2020—1—47) 如果5人去欧洲国家旅游的总人次与亚洲国家的一样多,则可以得出以下哪项?
A. 甲去了日本。 B. 甲去了英国。 C. 甲去了法国。
D. 戊去了英国。 E. 戊去了法国。

◆ 题76 (2021—1—35) 王、陆、田3人拟到甲、乙、丙、丁、戊、己6个景点结伴游览。关于游览的顺序,3人意见如下:
(1) 王:1甲、2丁、3己、4乙、5戊、6丙。(2) 陆:1丁、2己、3戊、4甲、5乙、6丙。
(3) 田:1己、2乙、3丙、4甲、5戊、6丁。
实际游览时,各人意见中都恰有一半的景点序号是正确的。
根据以上信息,他们实际游览的前三个景点分别是:
A. 己、丁、丙。 B. 丁、乙、己。 C. 甲、乙、己。
D. 乙、己、丙。 E. 丙、丁、己。

◆ 题77 (2013—1—46) 在东海大学研究生会举办的一次中国象棋比赛中,来自经济学院、管理学院、哲学学院、数学学院和化学学院的5名研究生(每学院1名)相遇在一起。有关甲、乙、丙、丁、戊5名研究生之间的比赛信息满足以下条件:
(1) 甲仅与2名选手比赛过;(2) 化学学院的选手和3名选手比赛过;(3) 乙不是管理学院的,也没有和管理学院的选手对阵过;(4) 哲学学院的选手和丙比赛过;(5) 管理学院、哲学学院、数学学院的选手相互都交过手;(6) 丁仅与1名选手比赛过。
根据以上条件,请问丙来自哪个学院?
A. 经济学院。 B. 管理学院。 C. 哲学学院。
D. 化学学院。 E. 数学学院。

题78~79基于以下题干:
江海大学的校园美食节开幕了,某女生宿舍有5人积极报名参加此次活动,她们的姓名分别为金粲、木心、水仙、火珊、土润。举办方要求,每位报名者只做一道菜品参加评比,但需自备食材。限于条件,该宿舍所备食材仅有5种:金针菇、木耳、水蜜桃、火腿和土豆。要求每种食材只能有2人选用。每人又只能选用2种食材,并且每人所选食材名称的第一个字与自己的姓氏均不相同。已知:
(1) 如果金粲选水蜜桃,则水仙不选金针菇;(2) 如果木心选金针菇或土豆,则她也须选木耳;(3) 如果火珊选水蜜桃,则她也须选木耳和土豆;(4) 如果木心选火腿,则火珊不选金针菇。

◆ 题78 (2016—1—54) 根据上述信息,可以得出以下哪项?
A. 木心选用水蜜桃、土豆。 B. 水仙选用金针菇、火腿。
C. 土润选用金针菇、水蜜桃。 D. 火珊选用木耳、水蜜桃。
E. 金粲选用木耳、土豆。

◆ 题79 (2016—1—55) 如果水仙选土豆,则可以得出以下哪项?
A. 木心选用金针菇、水蜜桃。 B. 金粲选用木耳、火腿。
C. 火珊选用金针菇、土豆。 D. 水仙选用木耳、土豆。
E. 土润选用水蜜桃、火腿。

◆ 题80 **(2018—1—54)** 某校四位女生施琳、张芳、王玉、杨虹与四位男生范勇、吕伟、赵虎、李龙进行中国象棋比赛。他们被安排到四张桌上,每桌一男一女对弈,四张桌从左到右分别记为1、2、3、4号,每对选手需要进行四局比赛。比赛规定:选手每胜一局得2分,和一局得1分,负一局得0分。前三局结束时,按分差大小排列,四对选手的总积分分别是:6:0、5:1、4:2、3:3。已知:(1) 张芳跟吕伟对弈,杨虹在4号桌比赛,王玉的比赛桌在李龙比赛桌的右边;(2) 1号桌的比赛至少有一局是和局,4号桌双方的总积分不是4:2;(3) 赵虎前三局总积分并不领先他的对手,他们也没有下成过和局;(4) 李龙已连输三局,范勇在前三局总积分上领先他的对手。

根据上述信息,前三局比赛结束时谁的总积分最高?

A. 施琳。 B. 张芳。 C. 范勇。
D. 王玉。 E. 杨虹。

◆ 题81 **(2020—1—55)** 某测试题共有4道,每道题给出A、B、C、D四个选项,其中只有一项是正确答案。现有张、王、赵、李4人参加了测试,他们的答案情况和测试结果如下:

答题者	第一题	第二题	第三题	第四题	测试结果
张	A	B	A	B	均不正确
王	B	D	B	C	只答对1题
赵	D	A	A	B	均不正确
李	C	C	B	D	只答对1题

如果每道题的正确答案各不相同,则可以得出以下哪项?

A. 第一题的正确答案是B。 B. 第一题的正确答案是C。
C. 第二题的正确答案是D。 D. 第二题的正确答案是A。
E. 第三题的正确答案是C。

◆ 题82 **(2021—1—55)** 某高铁线路设有"东沟""西山""南镇""北阳""中丘"5座高铁站。该线路现有甲、乙、丙、丁、戊5趟车运行。这5座高铁站中,每站均恰好有3趟车停靠,且甲车和乙车停靠的站均不相同。已知:(1) 若乙车或丙车至少有1趟车在"北阳"停靠,则它们均在"东沟"停靠;(2) 若丁车在"北阳"停靠,则丙、丁和戊车均在"中丘"停靠;(3) 若甲、乙和丙车中至少有2趟车在"东沟"停靠,则这3趟车均在"西山"停靠。

若没有车在每站都停靠,则可以得出以下哪项?

A. 甲车在"南镇"停靠。 B. 乙车在"东沟"停靠。
C. 丙车在"西山"停靠。 D. 丁车在"南镇"停靠。
E. 戊车在"西山"停靠。

题型 13 假设反证

◆ 题1 **(1997—1—39)** 小杨、小方和小孙在一起,一位是经理,一位是教师,一位是医生。小孙比医生年龄大,小杨和教师不同岁,教师比小方年龄小。

根据上述资料可以推理出的结论是:

A. 小杨是经理,小方是教师,小孙是医生。
B. 小杨是教师,小方是经理,小孙是医生。

C. 小杨是教师，小方是医生，小孙是经理。
D. 小杨是医生，小方是经理，小孙是教师。
E. 小杨是医生，小方是教师，小孙是经理。

◆ 题 2　(1997—10—45) 过儿童节，幼儿园阿姨给三个小孩分食品。现有月饼、桃酥、蛋糕各一块，苹果、香蕉、鸭梨各一个。小红不喜欢吃蛋糕和鸭梨，小华不喜欢吃桃酥和苹果，小林不喜欢吃蛋糕和苹果。阿姨想出了一个分配方案，使小朋友们分到了喜欢的点心和水果。

以下哪项不是阿姨想出的方案？

A. 小林分到月饼和香蕉，小红分到桃酥和苹果，小华分到蛋糕和鸭梨。
B. 小林分到蛋糕和苹果，小红分到桃酥和香蕉，小华分到月饼和鸭梨。
C. 小林分到桃酥和鸭梨，小红分到月饼和苹果，小华分到蛋糕和香蕉。
D. 小林分到月饼和鸭梨，小红分到桃酥和苹果，小华分到蛋糕和香蕉。
E. 小林分到桃酥和香蕉，小红分到月饼和苹果，小华分到蛋糕和鸭梨。

◆ 题 3　(1999—1—56) 有四个外表看起来没有分别的小球，它们的重量可能有所不同。取一个天平，将甲、乙归为一组，丙、丁归为另一组，分别放在天平的两边，天平是基本平衡的。将乙和丁对调一下，甲、丁一边明显地要比乙、丙一边重得多。可奇怪的是，我们在天平一边放上甲、丙，而另一边刚放上乙，还没有来得及放上丁时，天平就压向了乙一边。

请你判断，这四个球中由重到轻的顺序是什么？

A. 丁、乙、甲、丙。　　　　　　B. 丁、乙、丙、甲。
C. 乙、丙、丁、甲。　　　　　　D. 乙、甲、丁、丙。
E. 乙、丁、甲、丙。

◆ 题 4　(2000—10—25) 李浩、王鸣和张翔是同班同学，住在同一个宿舍。其中，一个是湖南人，一个是重庆人，一个是辽宁人。李浩和重庆人不同岁，张翔的年龄比辽宁人小，重庆人比王鸣的年龄大。

根据题干所述，可以推出以下哪项结论？

A. 李浩是湖南人，王鸣是重庆人，张翔是辽宁人。
B. 李浩是重庆人，王鸣是湖南人，张翔是辽宁人。
C. 李浩是重庆人，王鸣是辽宁人，张翔是湖南人。
D. 李浩是辽宁人，王鸣是湖南人，张翔是重庆人。
E. 李浩是辽宁人，王鸣是重庆人，张翔是湖南人。

◆ 题 5　(2012—10—51) 沿江高铁某段由西向东设置了五个站点，已知：(1) 扶夷站在灏韵站之东、胡瑶站之西，并与胡瑶站相邻；(2) 韮上站与银岭站相邻。

根据以上信息，关于五个站点由西向东的排列顺序，以下哪项是可能的？

A. 银岭站、灏韵站、韮上站、扶夷站、胡瑶站。
B. 扶夷站、胡瑶站、韮上站、银岭站、灏韵站。
C. 灏韵站、银岭站、韮上站、扶夷站、胡瑶站。
D. 灏韵站、胡瑶站、扶夷站、银岭站、韮上站。
E. 扶夷站、银岭站、灏韵站、韮上站、胡瑶站。

◆ 题 6　(2013—10—42) 某一公司有一栋 6 层的办公楼，公司的财务部、企划部、行政部、销售部、人力资源部、研发部 6 个部门在此办公，每个部门占据其中的一层。已知：(1) 人力资源部、销售部两个部门所在的楼层不相邻；(2) 财务部在企划部下一层；(3) 行政部所在的楼层在企划部的上面，但是在人力资源部的下面。

按照从下到上的顺序，以下哪项符合上述楼层的分布？

A. 财务部、企划部、行政部、人力资源部、研发部、销售部。
B. 财务部、企划部、行政部、人力资源部、销售部、研发部。
C. 企划部、财务部、销售部、研发部、行政部、人力资源部。
D. 销售部、财务部、企划部、研发部、人力资源部、行政部。
E. 财务部、企划部、研发部、人力资源部、销售部、行政部。

题 7 （1997—1—49）妈妈要带两个女儿去参加一个晚会，女儿在搭配衣服。家中有蓝色短袖衫、粉色长袖衫、绿色短裙和白色长裙各一件。妈妈不喜欢女儿穿长袖配短裙。

以下哪种是妈妈不喜欢的方案？

A. 姐姐穿粉色衫，妹妹穿短裙。　　B. 姐姐穿蓝色衫，妹妹穿短裙。
C. 姐姐穿长裙，妹妹穿短袖衫。　　D. 妹妹穿长袖衫和白色长裙。
E. 姐姐穿蓝色衫和绿色短裙。

题 8 （1999—1—45）曙光机械厂、华业机械厂、祥瑞机械厂都在新宁市辖区。它们既是同一工业局下属的兄弟厂，在市场上也是竞争对手。在市场需求的五种机械产品中，曙光机械厂擅长生产产品1、产品2和产品4；华业机械厂擅长生产产品2、产品3和产品5；祥瑞机械厂擅长生产产品3和产品5。如果两个厂生产同样的产品，一方面是规模不经济，另一方面是会产生恶性内部竞争。如果一个厂生产三种产品，在人力和设备上也有问题。为了发挥好地区经济合作的优势，工业局召集三个厂的领导对各自的生产产品做了协调，做出了满意的决策。

以下哪项最可能是这几个厂的产品选择方案？

A. 曙光机械厂生产产品1和产品5，华业机械厂只生产产品2。
B. 曙光机械厂生产产品1和产品2，华业机械厂生产产品3和产品5。
C. 华业机械厂生产产品2和产品3，祥瑞机械厂只生产产品4。
D. 华业机械厂生产产品2和产品5，祥瑞机械厂生产产品3和产品4。
E. 祥瑞机械厂生产产品3和产品5，华业机械厂只生产产品2。

题 9 （1999—1—53）方宁、王宜和余涌，一个是江西人，一个是安徽人，一个是上海人。余涌的年龄比上海人大，方宁和安徽人不同岁，安徽人比王宜年龄小。

根据上述断定，以下结论都不可能推出，除了：

A. 方宁是江西人，王宜是安徽人，余涌是上海人。
B. 方宁是安徽人，王宜是江西人，余涌是上海人。
C. 方宁是安徽人，王宜是上海人，余涌是江西人。
D. 方宁是上海人，王宜是江西人，余涌是安徽人。
E. 方宁是江西人，王宜是上海人，余涌是安徽人。

题 10 （2007—10—51）大学新生张强、史宏和黎明同住一个宿舍，他们分别来自东北三省。其中，张强不比来自黑龙江的同学个子矮，史宏比来自辽宁的同学个子高，黎明的个子和来自辽宁的同学一样高。

如果上述为真，以下哪项也为真？

A. 张强来自辽宁，史宏来自黑龙江，黎明来自吉林。
B. 张强来自辽宁，史宏来自吉林，黎明来自黑龙江。
C. 张强来自黑龙江，史宏来自辽宁，黎明来自吉林。
D. 张强来自吉林，史宏来自黑龙江，黎明来自辽宁。
E. 张强来自黑龙江，史宏来自吉林，黎明来自辽宁。

◆ 题 11 （2002—1—55）甘蓝比菠菜更有营养。但是，因为绿芥蓝比莴苣更有营养，所以甘蓝比莴苣更有营养。

以下各项，作为新的前提分别加入题干的前提中，都能使题干的推理成立，除了：
A. 甘蓝与绿芥蓝同样有营养。　　B. 菠菜比莴苣更有营养。
C. 菠菜比绿芥蓝更有营养。　　　D. 菠菜与绿芥蓝同样有营养。
E. 绿芥蓝比甘蓝更有营养。

◆ 题 12 （2007—1—30）王园获得的奖金比梁振杰的高，得知魏国庆的奖金比苗晓琴的高后，可知王园的奖金也比苗晓琴的高。

以下各项假设均能使上述推断成立，除了：
A. 魏国庆的奖金比王园的高。　　B. 梁振杰的奖金比苗晓琴的高。
C. 梁振杰的奖金比魏国庆的高。　D. 梁振杰的奖金和魏国庆的一样。
E. 王园的奖金和魏国庆的一样。

◆ 题 13 （2008—1—48）张珊获得的奖金比李思的高，得知王武的奖金比苗晓琴的高后，可知张珊的奖金也比苗晓琴的高。

以下各项假设均能使上述推断成立，除了：
A. 王武的奖金比李思的高。　　B. 李思的奖金比苗晓琴的高。
C. 李思的奖金比王武的高。　　D. 李思的奖金和王武的一样高。
E. 张珊的奖金不比王武的低。

◆ 题 14 （1997—1—15）某市经济委员会准备选四家企业给予表彰，并给予一些优惠政策。从企业的经济效益来看，A、B 两个企业比 C、D 两个企业好。

据此，再加上以下哪项可推出"E 企业比 D 企业的经济效益好"的结论？
A. E 企业的经济效益比 C 企业好。B. B 企业的经济效益比 A 企业好。
C. E 企业的经济效益比 B 企业差。D. A 企业的经济效益比 B 企业差。
E. E 企业的经济效益比 A 企业好。

◆ 题 15 （1997—10—23）就工厂的在岗职工规模看，A、B 两厂都比 C、D 两厂规模大。

再加上以下哪项条件，可断定 E 厂在岗职工比 D 厂在岗职工人数多？
A. E 厂在岗职工比 A 厂在岗职工多。
B. A 厂在岗职工比 B 厂在岗职工少。
C. E 厂在岗职工比 B 厂在岗职工少。
D. B 厂在岗职工比 A 厂在岗职工多。
E. C 厂在岗职工比 E 厂在岗职工少。

◆ 题 16 （1998—1—40）在英语四级考试中，陈文的分数比朱利低，但是比李强的分数高；宋颖的分数比朱利和李强的分数低；王平的分数比宋颖的高，但是比朱利的低。

如果以上陈述为真，则根据下列哪项能够推出张明的分数比陈文的分数低？
A. 陈文的分数和王平的分数一样高。
B. 王平的分数和张明的分数一样高。
C. 张明的分数比宋颖的高，但比王平的低。
D. 张明的分数比朱利的分数低。
E. 王平的分数比张明的高，但比李强的分数低。

◆ 题 17 （1999—1—35）去年 MBA 入学考试的五门课程中，王海天和李素云只有数学成绩相同，其他科的成绩互有高低，但所有课程的分数都在 60 分以上。在录取时只能比较他们的总成绩了。

下列哪项如果为真，能够使你判断出王海天的总成绩高于李素云？
A. 王海天的最低分是数学，而李素云的最低分是英语。
B. 王海天的最高分比李素云的最高分要高。
C. 王海天的最低分比李素云的最低分高。
D. 王海天的最低分比李素云的两门课的成绩高。
E. 王海天的最低分比李素云的平均成绩高。

题 18~20 基于以下题干：

某大学文学院语言学专业 2014 年毕业的 5 名研究生张、王、李、赵、刘分别被三家用人单位天枢、天机、天璇中的一家录用，并且各单位至少录用了其中的一名。已知：

(1) 李被天枢录用；(2) 李和赵没有被同一家单位录用；(3) 刘和赵被同一家单位录用；(4) 如果张被天璇录用，那么王也被天璇录用。

题 18 （2014—10—44）下列哪项正确，则可以确定每个毕业生的录用单位？
A. 李被天枢录用。 B. 张被天璇录用。 C. 张被天枢录用。
D. 刘被天机录用。 E. 王被天机录用。

题 19 （2014—10—43）以下哪项一定是正确的？
A. 张、王被同一单位录用。 B. 王和刘被不同的单位录用。
C. 天枢至多录用了两人。 D. 天枢和天璇录用的人数相同。
E. 王没有被天枢录用。

题 20 （2014—10—42）以下哪项可能是正确的？
A. 李和刘被同一单位录用。 B. 王、赵、刘都被天机录用。
C. 只有刘被天璇录用。 D. 只有王被天璇录用。
E. 天枢录用了其中的 3 个人。

题 21 （2008—10—33）F、G、J、K、L 和 M 六人应聘某个职位。只有被面试才能被聘用。以下条件必须满足：

(1) 如果面试 G，则面试 J；(2) 如果面试 J，则面试 L；(3) F 被面试；(4) 除非面试 K，否则不聘用 F；(5) 除非面试 M，否则不聘用 K。

以下哪项可能为真？
A. 只有 F、J 和 M 被面试。
B. 只有 F、J 和 K 被面试。
C. 只有 G 和另外一位应聘者被面试。
D. 只有 G 和另外两位应聘者被面试。
E. 只有 G 和另外三位应聘者被面试。

题 22 （2000—1—70）甲、乙、丙三人一起参加了物理和化学两门考试。三个人中，只有一个人在考试中发挥正常。考试前，甲说："如果我在考试中发挥不正常，我将不能通过物理考试。如果我在考试中发挥正常，我将能通过化学考试。"乙说："如果我在考试中发挥不正常，我将不能通过化学考试。如果我在考试中发挥正常，我将能通过物理考试。"丙说："如果我在考试中发挥不正常，我将不能通过物理考试。如果我在考试中发挥正常，我将能通过物理考试。"考试结束后，证明这三个人说的都是真话，并且：发挥正常的人是三人中唯一的一个通过这两门科目中某门考试的人；发挥正常的人也是三人中唯一的一个没有通过另一门考试的人。

从上述断定能推出以下哪项结论？
A. 甲是发挥正常的人。 B. 乙是发挥正常的人。

C. 丙是发挥正常的人。　　D. 题干中缺乏足够的条件来确定谁是发挥正常的人。
E. 题干中包含互相矛盾的信息。

题 23~25 基于以下题干：

某一公司有一栋 6 层的办公楼，公司的财务部、企划部、行政部、销售部、人力资源部、研发部 6 个部门在此办公，每个部门占据其中的一层。已知：(1) 人力资源部、销售部两个部门所在的楼层不相邻；(2) 财务部在企划部下一层；(3) 行政部所在的楼层在企划部的上面，但是在人力资源部的下面。

◆ **题 23** （2013—10—43）如果人力资源部不在行政部的上一层，那么下列哪项可能是正确的？
A. 销售部在研发部的上一层。　　B. 销售部在行政部的上一层。
C. 销售部在企划部的下一层。　　D. 销售部在第二层。
E. 研发部在第二层。

◆ **题 24** （2013—10—44）如果人力资源部不在最上层，那么研发部可能在的楼层是：
A. 3、4、6。　　B. 3、4、5。　　C. 4、5。
D. 5、6。　　E. 4、6。

◆ **题 25** （2013—10—46）以下哪项可能分别是第一层、第二层所在的两个部门？
A. 财务部、销售部。　　B. 企划部、销售部。　　C. 研发部、销售部。
D. 销售部、企划部。　　E. 研发部、行政部。

>>>>>>>>>>>>>>>>>>>>>>>　管综真题警戒线　>>>>>>>>>>>>>>>>>>>>>>>

◆ **题 26** （2010—1—48）李赫、张岚、林宏、何柏、邱辉 5 位同事，近日他们各自买了一台不同品牌小轿车，分别为雪铁龙、奥迪、宝马、奔驰、桑塔纳。这五辆车的颜色分别与 5 人名字最后一个字谐音的颜色不同。已知，李赫买的是蓝色的雪铁龙。
以下哪项排列可能依次对应张岚、林宏、何柏、邱辉所买的车？
A. 灰色奥迪、白色宝马、灰色奔驰、红色桑塔纳。
B. 黑色奥迪、红色宝马、灰色奔驰、白色桑塔纳。
C. 红色奥迪、灰色宝马、白色奔驰、黑色桑塔纳。
D. 白色奥迪、黑色宝马、红色奔驰、灰色桑塔纳。
E. 黑色奥迪、灰色宝马、白色奔驰、红色桑塔纳。

◆ **题 27** （2012—1—53）东宇大学公开招聘 3 个教师职位，哲学学院、管理学院和经济学院各一个。每个职位都有分别来自南山大学、西京大学、北清大学的候选人。有位"聪明"人士李先生对招聘结果做出了如下预测：
(1) 如果哲学学院录用北清大学的候选人，那么管理学院录用西京大学的候选人；(2) 如果管理学院录用南山大学的候选人，那么哲学学院也录用南山大学的候选人；(3) 如果经济学院录用北清大学或者西京大学的候选人，那么管理学院录用北清大学的候选人。
如果哲学学院、管理学院和经济学院最终录用的候选人的大学归属信息依次如下，则哪项符合李先生的预测？
A. 南山大学、南山大学、西京大学。
B. 北清大学、南山大学、南山大学。
C. 北清大学、北清大学、南山大学。
D. 西京大学、北清大学、南山大学。
E. 西京大学、西京大学、西京大学。

◆ 题 28　（2019—1—30）某单位拟派遣 3 名德才兼备的干部到西部山区进行精准扶贫。报名者踊跃，经过考察，最终确定了陈甲、傅乙、赵丙、邓丁、刘戊、张己 6 名候选人。根据工作需要，派遣还需要满足以下条件：

（1）若派遣陈甲，则派遣邓丁但不派遣张己；（2）若傅乙、赵丙至少派遣 1 人，则不派遣刘戊。

以下哪项的派遣人选和上述条件不矛盾？

A．赵丙、邓丁、刘戊。　　　B．陈甲、傅乙、赵丙。　　　C．傅乙、邓丁、刘戊。

D．邓丁、刘戊、张己。　　　E．陈甲、赵丙、刘戊。

◆ 题 29　（2021—1—43）为进一步弘扬传统文化，有专家提议将每年的 2 月 1 日、3 月 1 日、4 月 1 日、9 月 1 日、11 月 1 日、12 月 1 日 6 天中的 3 天确定为"传统文化宣传日"。根据实际需要，确定日期必须考虑以下条件：

（1）若选择 2 月 1 日，则选择 9 月 1 日但不选 12 月 1 日；（2）若 3 月 1 日、4 月 1 日至少选择其一，则不选 11 月 1 日。

以下哪项选定的日期与上述条件一致？

A．2 月 1 日、3 月 1 日、4 月 1 日。

B．2 月 1 日、4 月 1 日、11 月 1 日。

C．3 月 1 日、9 月 1 日、11 月 1 日。

D．4 月 1 日、9 月 1 日、11 月 1 日。

E．9 月 1 日、11 月 1 日、12 月 1 日。

◆ 题 30　（2010—1—42）在某次思维训练课上，张老师提出"尚左数"这一概念的定义：在连续排列的一组数字中，如果一个数字左边的数字都比其大（或无数字），且其右边的数字都比其小（或无数字），则称这个数字为尚左数。

根据张老师的定义，在 8、9、7、6、4、5、3、2 这列数字中，以下哪项包含了该列数字中所有的尚左数？

A．4、5、7 和 9。　　　B．2、3、6 和 7。　　　C．3、6、7 和 8。

D．5、6、7 和 8。　　　E．2、3、6 和 8。

◆ 题 31　（2010—1—52）小明、小红、小丽、小强、小梅五人去听音乐会，他们五人在同一排且座位相连，其中只有一个座位最靠近走廊，结果小强想坐在最靠近走廊的座位上，小丽想跟小明紧挨着，小红不想跟小丽紧挨着，小梅想跟小丽紧挨着，但不想跟小强或小明紧挨着。

以下哪项顺序符合上述五人的意愿？

A．小明，小梅，小丽，小红，小强。

B．小强，小红，小明，小丽，小梅。

C．小明，小梅，小红，小丽，小强。

D．小明，小红，小梅，小丽，小强。

E．小强，小丽，小梅，小明，小红。

◆ 题 32　（2011—1—43）某次认知能力测试，刘强得了 118 分，蒋明的得分比王丽高，张华和刘强的得分之和大于蒋明和王丽的得分之和，刘强的得分比周梅高。此次测试 120 分以上为优秀，五人之中有两人没有达到优秀。

根据以上信息，以下哪项是上述五人在此次测试中得分由高到低的排列？

A．张华、王丽、周梅、蒋明、刘强。

B．张华、蒋明、王丽、刘强、周梅。

C. 张华、蒋明、刘强、王丽、周梅。
D. 蒋明、张华、王丽、刘强、周梅。
E. 蒋明、王丽、张华、刘强、周梅。

题 33 （2014—1—29）在某次考试中，有 3 个关于北京旅游景点的问题，要求考生每题选择某个景点的名称作为唯一答案。其中 6 位考生关于上述 3 个问题的答案依次如下：

第一位考生：天坛、天坛、天安门。第二位考生：天安门、天安门、天坛。第三位考生：故宫、故宫、天坛。第四位考生：天坛、天安门、故宫。第五位考生：天安门、故宫、天安门。第六位考生：故宫、天安门、故宫。

考试结果表明，每位考生都至少答对其中 1 道题。

根据以上陈述，可知这 3 个问题的正确答案依次是：

A. 天坛、故宫、天坛。　　　　B. 故宫、天安门、天安门。
C. 天安门、故宫、天坛。　　　D. 天坛、天坛、故宫。
E. 故宫、故宫、天坛。

题 34 （2012—1—55）东宇大学公开招聘 3 个教师职位，哲学学院、管理学院和经济学院各一个。每个职位都有分别来自南山大学、西京大学、北清大学的候选人。有位"聪明"人士李先生对招聘结果做出了如下预测：

（1）如果哲学学院录用北清大学的候选人，那么管理学院录用西京大学的候选人；（2）如果管理学院录用南山大学的候选人，那么哲学学院也录用南山大学的候选人；（3）如果经济学院录用北清大学或者西京大学的候选人，那么管理学院录用北清大学的候选人。

如果三个学院最终录用的候选人分别来自不同的大学，则以下哪项符合李先生的预测？

A. 哲学学院录用西京大学候选人，经济学院录用北清大学候选人。
B. 哲学学院录用南山大学候选人，管理学院录用北清大学候选人。
C. 哲学学院录用北清大学候选人，经济学院录用西京大学候选人。
D. 哲学学院录用西京大学候选人，管理学院录用南山大学候选人。
E. 哲学学院录用南山大学候选人，管理学院录用西京大学候选人。

题 35 （2019—1—36）有一 6×6 的方阵，它所含的每个小方格中可填入一个汉字，已有部分汉字填入。现要求各方阵中的每行、每列均含有礼、乐、射、御、书、数 6 个汉字，不能重复也不能遗漏。

根据上述要求，以下哪项是方阵底行 5 个空格中从左至右依次应填入的汉字？

	乐		御	书	
				乐	
射	御	书		礼	
		射		数	礼
御		数			射
					书

A. 数、礼、乐、射、御。　　　B. 乐、数、御、射、礼。
C. 数、礼、乐、御、射。　　　D. 乐、礼、射、数、御。
E. 数、御、乐、射、礼。

题 36　(2021—1—45) 下面有一 5×5 的方阵，它所含的每个小方格中可填入一个词（已有部分词填入）。现要求该方阵中的每行、每列及每个粗线条围住的五个小方格组成的区域中均含有"道路""制度""理论""文化""自信" 5 个词，不能重复也不能遗漏。

根据上述要求，以下哪项是方阵顶行①、②、③、④空格中从左至右依次应填入的词？

①	②	③	④
	自信	道路	制度
理论			道路
制度		自信	
			文化

A. 道路、理论、制度、文化。　　B. 道路、文化、制度、理论。
C. 文化、理论、制度、自信。　　D. 理论、自信、文化、道路。
E. 制度、理论、道路、文化。

题 37　(2017—1—41) 颜子、曾寅、孟申、荀辰申请一个中国传统文化建设项目。根据规定，该项目的主持人只能有一名，且在上述 4 位申请者中产生；包括主持人在内，项目组成员不能超过两位。另外，各位申请者在申请答辩时做出如下陈述：
(1) 颜子：如果我成为主持人，将邀请曾寅或荀辰作为项目组成员；(2) 曾寅：如果我成为主持人，将邀请颜子或孟申作为项目组成员；(3) 荀辰：只有颜子成为项目组成员，我才能成为主持人；(4) 孟申：只有荀辰或颜子成为项目组成员，我才能成为主持人。

假定 4 人陈述都为真，关于项目组成员的组合，以下哪项是不可能的？

A. 孟申，曾寅。　　B. 荀辰，孟申。　　C. 曾寅，荀辰。
D. 颜子，孟申。　　E. 颜子，荀辰。

题 38　(2019—1—46) 我国天山是垂直地带性的典范。已知天山的植被形态分布具有如下特点：
(1) 从低到高有荒漠、森林带、冰雪带等；(2) 只有经过山地草原，荒漠才能演变成森林带；(3) 如果不经过森林带，山地草原就不会过渡到山地草甸；(4) 山地草甸的海拔不比山地草甸草原的低，也不比高寒草甸高。

根据以上信息，关于天山植被形态，按照由低到高排列，以下哪项是不可能的？

A. 荒漠、山地草原、山地草甸草原、森林带、山地草甸、高寒草甸、冰雪带。
B. 荒漠、山地草原、山地草甸草原、高寒草甸、森林带、山地草甸、冰雪带。
C. 荒漠、山地草甸草原、山地草原、森林带、山地草甸、高寒草甸、冰雪带。
D. 荒漠、山地草原、山地草甸草原、森林带、山地草甸、冰雪带、高寒草甸。
E. 荒漠、山地草原、森林带、山地草甸草原、山地草甸、高寒草甸、冰雪带。

题 39　(2019—1—35) 某保险柜所有密码都是 4 个阿拉伯数字和 4 个英文字母的组合。已知：(1) 若 4 个英文字母不连续排列，则密码组合中的数字之和大于 15；(2) 若 4 个英文字母连续排列，则密码组合中的数字之和等于 15；(3) 密码组合中的数字之和或者等于 18，或者小于 15。

根据上述信息，以下哪项是可能的密码组合？

A. 1adbe356。　　B. 37ab26dc。　　C. 2acgt716。
D. 58bcde32。　　E. 18ac42de。

◆ 题 40　(2020—1—41) 某语言学爱好者欲基于无涵义语词、有涵义语词构造合法的语句。已知：(1) 无涵义语词有 a、b、c、d、e、f，有涵义语词有 W、Z、X；(2) 如果两个无涵义语词通过一个有涵义语词连接，则它们构成一个有涵义语词；(3) 如果两个有涵义语词直接连接，则它们构成一个有涵义语词；(4) 如果两个有涵义语词通过一个无涵义语词连接，则它们构成一个合法的语句。

根据上述信息，以下哪项是合法的语句？

A. aWbcaXeZ。　　　　　B. aWbcdaZe。　　　　　C. fXaZbZWb。
D. aZdacdfX。　　　　　E. XWbaZdWc。

题 41~42 基于以下题干：

某公司年度审计期间，审计人员发现一张发票，上面有赵义、钱仁礼、孙智、李信 4 个签名，签名者的身份各不相同，是经办人、复核、出纳或审批领导之中的一个，且每个签名都是本人所签。询问 4 位相关人员，得到以下答案：

赵义："审批领导的签名不是钱仁礼。"

钱仁礼："复核的签名不是李信。"

孙智："出纳的签名不是赵义。"

李信："复核的签名不是钱仁礼。"

已知上述每个回答中，如果提到的人是经办人，则该回答为假；如果提到的人不是经办人，则为真。

◆ 题 41　(2014—1—37) 根据以上信息，可以得出经办人是：

A. 赵义。　　　　　B. 钱仁礼。　　　　　C. 孙智。
D. 李信。　　　　　E. 无法确定。

◆ 题 42　(2014—1—38) 根据以上信息，该公司的复核与出纳分别是：

A. 李信、赵义。　　　　　B. 孙智、赵义。　　　　　C. 钱仁礼、李信。
D. 赵义、钱仁礼。　　　　　E. 孙智、李信。

◆ 题 43　(2014—1—40) 为了加强学习型机关建设，某机关党委开展了菜单式学习活动，拟开设课程有"行政学""管理学""科学前沿""逻辑"和"国际政治"五门课程，要求其下属的四个支部各选择其中两门课程进行学习。已知：第一支部没有选择"管理学""逻辑"，第二支部没有选择"行政学""国际政治"，只有第三支部选择了"科学前沿"。任意两个支部所选课程均不完全相同。

根据上述信息，关于第四支部的选课情况可以得出以下哪项？

A. 如果没有选择"行政学"，那么选择了"管理学"。
B. 如果没有选择"管理学"，那么选择了"国际政治"。
C. 如果没有选择"行政学"，那么选择了"逻辑"。
D. 如果没有选择"管理学"，那么选择了"逻辑"。
E. 如果没有选择"国际政治"，那么选择了"逻辑"。

◆ 题 44　(2017—1—29) 某剧组招募群众演员，为配合剧情，需要招 4 类角色：外国游客 1~2 名，购物者 2~3 名，商贩 2 名，路人若干。仅有甲、乙、丙、丁、戊、己 6 人可供选择，且每个人在同一场景中只能出演一个角色。已知：(1) 只有甲、乙才能出演外国游客；(2) 上述 4 类角色在每个场景中至少有 3 类同时出现；(3) 每一场景中，若乙或丁出演商贩，则甲和丙出演购物者；(4) 购物者和路人的数量之和在每个场景中不超过 2。

根据上述信息，可以得出以下哪项？

A. 至少有 2 人需要在不同的场景中出演不同的角色。
B. 在同一场景中，若戊和己出演路人，则甲只可能出演外国游客。

C. 甲、乙、丙、丁不会在同一场景中同时出现。
D. 在同一场景中，若乙出演外国游客，则甲只可能出演商贩。
E. 在同一场景中，若丁和戊出演购物者，则乙只可能出演外国游客。

题 45 （2014—1—55）孔智、孟睿、荀慧、庄聪、墨灵、韩敏 6 人组成一个代表队参加某次棋类大赛，其中两人参加围棋比赛，两人参加中国象棋比赛，还有两人参加国际象棋比赛。有关他们具体参加比赛项目的情况还需满足以下条件：
（1）每位选手只能参加一个比赛项目；（2）孔智参加围棋比赛，当且仅当庄聪和孟睿都参加中国象棋比赛；（3）如果韩敏不参加国际象棋比赛，那么墨灵参加中国象棋比赛；（4）如果荀慧参加中国象棋比赛，那么庄聪不参加中国象棋比赛；（5）荀慧和墨灵至少有一人不参加中国象棋比赛。
根据题干信息，以下哪项可能为真？
A. 庄聪和韩敏参加中国象棋比赛。
B. 韩敏和荀慧参加中国象棋比赛。
C. 孔智和孟睿参加围棋比赛。
D. 墨灵和孟睿参加围棋比赛。
E. 韩敏和孔智参加围棋比赛。

题 46~47 基于以下题干：
冬奥组委会官网开通全球招募系统，正式招募冬奥会志愿者，张明、刘伟、庄敏、孙兰、李梅 5 人在一起讨论报名事宜。他们商量的结果如下：
（1）如果张明报名，则刘伟也报名；（2）如果庄敏报名，则孙兰也报名；（3）只要刘伟和孙兰两人中至少有 1 人报名，则李梅也报名。
后来得知，他们 5 人中恰有 3 人报名了。

题 46 （2021—1—40）根据以上信息，可以得出以下哪项？
A. 张明报名了。 B. 刘伟报名了。 C. 庄敏报名了。
D. 孙兰报名了。 E. 李梅报名了。

题 47 （2021—1—41）如果增加条件"若刘伟报名，则庄敏也报名"，那么可以得出以下哪项？
A. 张明和刘伟都报名了。 B. 刘伟和庄敏都报名了。
C. 庄敏和孙兰都报名了。 D. 张明和孙兰都报名了。
E. 刘伟和李梅都报名了。

题 48 （2019—1—47）某大学读书会开展"一月一书"活动。读书会成员甲、乙、丙、丁、戊 5 人在《论语》《史记》《唐诗三百首》《奥德赛》《资本论》中各选一种阅读，互不重复。已知：（1）甲爱读历史，会在《史记》和《奥德赛》中选一本；（2）乙和丁只爱中国古代经典，但现在都没有读诗的心情；（3）如果乙选《论语》，则戊选《史记》。
事实上，每个人都选了自己喜爱的书目。
根据以上信息，可以得出哪项？
A. 甲选《史记》。 B. 乙选《奥德赛》。 C. 丙选《唐诗三百首》。
D. 丁选《论语》。 E. 戊选《资本论》。

题 49 （2021—1—36）"冈萨雷斯""埃尔南德斯""施米特""墨菲"这 4 个姓氏是且仅是卢森堡、阿根廷、墨西哥、爱尔兰四国中其中一国常见的姓氏，已知：（1）"施米特"是阿根廷或卢森堡常见姓氏；（2）若"施米特"是阿根廷常见姓氏，则"冈萨雷斯"是爱尔兰常见姓氏；（3）若"埃尔南德斯"或"墨菲"是卢森堡常见姓氏，则"冈萨雷斯"是墨西哥常见姓氏。
根据以上信息，可以得出以下哪项？

A. "施米特"是卢森堡常见姓氏。
B. "埃尔南德斯"是卢森堡常见姓氏。
C. "冈萨雷斯"是爱尔兰常见姓氏。
D. "墨菲"是卢森堡常见姓氏。
E. "墨菲"是阿根廷常见姓氏。

题 50 (2021—1—47) 某剧团拟将历史故事"鸿门宴"搬上舞台。该剧有项王、沛公、项伯、张良、项庄、樊哙、范增 7 个主要角色，甲、乙、丙、丁、戊、己、庚 7 名演员每人只能扮演其中一个，且每个角色只能由其中一人扮演。根据各演员的特点，角色安排如下：
(1) 如果甲不扮演沛公，则乙扮演项王；(2) 如果丙或己扮演张良，则丁扮演范增；(3) 如果乙不扮演项王，则丙扮演张良；(4) 如果丁不扮演樊哙，则庚或戊扮演沛公。
根据上述信息，可以得出以下哪项？
A. 甲扮演沛公。 B. 乙扮演项王。 C. 丙扮演张良。
D. 丁扮演范增。 E. 戊扮演樊哙。

题 51 (2013—1—55) 晨曦公园拟在园内东、南、西、北四个区域种植四种不同的特色树木，每个区域只种植一种。选定的特色树木为水杉、银杏、乌桕和龙柏。布局的基本要求是：(1) 如果在东区或者南区种植银杏，那么在北区不能种植龙柏或乌桕；(2) 北区或东区要种植水杉或者银杏之一。
根据上述种植要求，如果水杉必须种植于西区或南区，则以下哪项一定为真？
A. 南区种植水杉。 B. 西区种植水杉。 C. 东区种植银杏。
D. 北区种植银杏。 E. 南区种植乌桕。

题 52 (2018—1—41) 某海军部队有甲、乙、丙、丁、戊、己、庚 7 艘舰艇，拟组成两个编队出航，第一编队编列 3 艘舰艇，第二编队编列 4 艘舰艇。编列需满足以下条件：
(1) 航母己必须编列在第二编队；(2) 戊和丙至多有一艘编列在第一编队；(3) 甲和丙不在同一编队；(4) 如果乙编列在第一编队，则丁也必须编列在第一编队。
如果丁和庚在同一编队，则可以得出以下哪项？
A. 甲在第一编队。 B. 乙在第一编队。 C. 丙在第一编队。
D. 戊在第二编队。 E. 庚在第二编队。

题 53 (2019—1—41) 某地人才市场招聘保洁、物业、网管、销售 4 种岗位从业者，有甲、乙、丙、丁 4 位年轻人前来应聘。事后得知，每人只能选择一种岗位应聘，且每种岗位都有其中一人应聘。另外，还知道：(1) 如果丁应聘网管，那么甲应聘物业；(2) 如果乙不应聘保洁，那么甲应聘保洁且丙应聘销售；(3) 如果乙应聘保洁，那么丙应聘销售，丁也应聘保洁。
根据以上陈述，可以得出以下哪项？
A. 甲应聘网管岗位。 B. 丙应聘保洁岗位。 C. 甲应聘物业岗位。
D. 乙应聘网管岗位。 E. 丁应聘销售岗位。

题 54 (2020—1—39) 因业务需要，某公司欲将甲、乙、丙、丁、戊、己、庚 7 个部门合并到丑、寅、卯 3 个子公司。已知：(1) 一个部门只能合并到一个子公司；(2) 若丁和丙中至少有一个未合并到丑公司，则戊和甲均合并到丑公司；(3) 若甲、己、庚中至少有一个未合并到卯公司，则戊合并到寅公司且丙合并到卯公司。
根据上述信息，可以得出以下哪项？
A. 甲、丁均合并到丑公司。 B. 乙、戊均合并到寅公司。

C. 乙、丙均合并到寅公司。 　　D. 丁、丙均合并到丑公司。
E. 庚、戊均合并到卯公司。

题 55　(2018—1—53) 某国拟在甲、乙、丙、丁、戊、己 6 种农作物中进口几种,用于该国庞大的动物饲料产业。考虑到一些农作物可能含有违禁成分,以及它们之间存在的互补或可替代等因素,该国对进口这些农作物有如下要求:

(1) 它们当中不含违禁成分的都进口;(2) 如果甲或乙含有违禁成分,就进口戊和己;(3) 如果丙含有违禁成分,那么丁就不进口了;(4) 如果进口戊,就进口乙和丁;(5) 如果不进口丁,就进口丙;如果进口丙,就不进口丁。

根据上述要求,以下哪项所列的农作物是该国可以进口的?
A. 甲、丁、己。　　　　　B. 乙、丙、丁。　　　　　C. 甲、乙、丙。
D. 丙、戊、己。　　　　　E. 甲、戊、己。

题 56~57 基于以下题干:

某高校有数学、物理、化学、管理、文秘、法学 6 个专业毕业生需要就业,现有风云、怡和、宏宇三家公司前来学校招聘。已知,每家公司只招聘该校上述 2~3 个专业的若干毕业生,且需要满足以下条件:

(1) 招聘化学专业的公司也招聘数学专业;(2) 怡和公司招聘的专业,风云公司也招聘;(3) 只有一家公司招聘文秘专业,且该公司没有招聘物理专业;(4) 如果怡和公司招聘管理专业,那么也招聘文秘专业;(5) 如果宏宇公司没有招聘文秘专业,那么怡和公司招聘文秘专业。

题 56　(2015—1—54) 如果只有一家公司招聘物理专业,那么可以得出以下哪项?
A. 怡和公司招聘物理专业。　　　B. 风云公司招聘物理专业。
C. 宏宇公司招聘数学专业。　　　D. 风云公司招聘化学专业。
E. 怡和公司招聘管理专业。

题 57　(2015—1—55) 如果三家公司都招聘 3 个专业的若干毕业生,那么可以得出以下哪项?
A. 怡和公司招聘物理专业。　　　B. 怡和公司招聘法学专业。
C. 风云公司招聘化学专业。　　　D. 宏宇公司招聘化学专业。
E. 风云公司招聘数学专业。

题 58　(2017—1—53) 某民乐小组购买几种乐器,购买要求如下:

(1) 二胡、箫至多购买一种;(2) 笛子、二胡和古筝至少购买一种;(3) 箫、古筝、唢呐至少购买两种;(4) 如果购买箫,则不购买笛子。

根据上述要求,可以得出以下哪项?
A. 至多可以购买三种乐器。　　　B. 箫、笛子至少购买一种。
C. 至少要购买三种乐器。　　　　D. 古筝、二胡至少购买一种。
E. 一定要购买唢呐。

题 59　(2019—1—31) 某单位拟派遣 3 名德才兼备的干部到西部山区进行精准扶贫。报名者踊跃,经过考察,最终确定了陈甲、傅乙、赵丙、邓丁、刘戊、张己 6 名候选人。根据工作需要,派遣还需要满足以下条件:

(1) 若派遣陈甲,则派遣邓丁但不派遣张己;(2) 若傅乙、赵丙至少派遣 1 人,则不派遣刘戊。

如果陈甲、刘戊至少派遣 1 人,则可以得出以下哪项?
A. 派遣刘戊。　　　　　B. 派遣赵丙。　　　　　C. 派遣陈甲。
D. 派遣傅乙。　　　　　E. 派遣邓丁。

题 60　(2020—1—51) 某街道的综合部、建设部、平安部和民生部四个部门,需要负责街道的秩序、安全、环境、协调四项工作。每个部门只负责其中的一项工作,且各部门负责的工作各不相同。已知：（1）如果建设部负责环境或秩序，则综合部负责协调或秩序；（2）如果平安部负责环境或协调，则民生部负责协调或秩序。

根据以上信息，以下哪项工作安排是可能的？

A. 建设部负责环境，平安部负责协调。

B. 建设部负责秩序，民生部负责协调。

C. 综合部负责安全，民生部负责协调。

D. 民生部负责安全，综合部负责秩序。

E. 平安部负责安全，建设部负责秩序。

题 61 （2016—1—43）某皇家园林依中轴线布局，从前到后依次排列着七个庭院。这七个庭院分别以汉字"日""月""金""木""水""火""土"来命名。已知：（1）"日"字庭院不是最前面的那个庭院；（2）"火"字庭院和"土"字庭院相邻；（3）"金""月"两庭院间隔的庭院数与"木""水"两庭院间隔的庭院数相同。

根据上述信息，下列哪个庭院可能是"日"字庭院？

A. 第一个庭院。   B. 第二个庭院。   C. 第四个庭院。

D. 第五个庭院。   E. 第六个庭院。

题 62 （2017—1—47）某著名风景区有"妙笔生花""猴子观海""仙人晒靴""美人梳妆""阳关三叠""禅心向天"6个景点。为方便游人，景区提示如下：

(1) 只有先游"猴子观海"，才能游"妙笔生花"；(2) 只有先游"阳关三叠"，才能游"仙人晒靴"；(3) 如果游"美人梳妆"，就要先游"妙笔生花"；(4) "禅心向天"应第4个游览，之后才可游览"仙人晒靴"。

张先生按照上述提示，顺利游览了上述6个景点。

根据上述信息，关于张先生的游览顺序，以下哪项不可能为真？

A. 第一个游览"猴子观海"。   B. 第二个游览"阳关三叠"。

C. 第三个游览"美人梳妆"。   D. 第五个游览"妙笔生花"。

E. 第六个游览"仙人晒靴"。

题 63~64 基于以下题干：

某影城将在"十一"黄金周7天（周一至周日）放映14部电影，其中，有5部科幻片、3部警匪片、3部武侠片、2部战争片及1部爱情片。限于条件，影城每天放映两部电影。已知：(1) 除两部科幻片安排在周四外，其余6天每天放映的两部电影都属于不同类别；(2) 爱情片安排在周日；(3) 科幻片与武侠片没有安排在同一天；(4) 警匪片和战争片没有安排在同一天。

题 63 （2017—1—54）根据上述信息，以下哪项中的两部电影不可能安排在同一天放映？

A. 警匪片和爱情片。   B. 科幻片和警匪片。   C. 武侠片和战争片。

D. 武侠片和警匪片。   E. 科幻片和战争片。

题 64 （2017—1—55）根据上述信息，如果同类影片放映日期连续，则周六可能放映的电影是以下哪项？

A. 科幻片和警匪片。   B. 武侠片和警匪片。   C. 科幻片和战争片。

D. 科幻片和武侠片。   E. 警匪片和战争片。

题 65 （2013—1—38）张霞、李丽、陈露、邓强和王硕一起坐火车去旅游，他们正好在同一车厢相对两排的五个座位上，每人各坐一个位子。第一排的座位按顺序分别记作1号和2号，第二排的座位按顺序记为3、4、5号。座位1和3直接相对，座位2和4直接相对，座位5不和上述任何座位直接相对。李丽坐在4号位置；陈露所坐的位置不与李丽相邻，也不与邓强相邻（相邻指同一排上紧挨着）；张霞不坐在与陈露直接相对的位置上。
根据以上信息，张霞所坐的位置有多少种可能的选择？

A. 1种。　　　　　　　　B. 2种。　　　　　　　　C. 3种。
D. 4种。　　　　　　　　E. 5种。

◆题66　（2016—1—44）某皇家园林依中轴线布局，从前到后依次排列着七个庭院。这七个庭院分别以汉字"日""月""金""木""水""火""土"来命名。已知：
（1）"日"字庭院不是最前面的那个庭院；（2）"火"字庭院和"土"字庭院相邻；（3）"金""月"两庭院间隔的庭院数与"木""水"两庭院间隔的庭院数相同。
如果第二个庭院是"土"字庭院，则可以得出以下哪项？

A. 第七个庭院是"水"字庭院。　　　B. 第五个庭院是"木"字庭院。
C. 第四个庭院是"金"字庭院。　　　D. 第三个庭院是"月"字庭院。
E. 第一个庭院是"火"字庭院。

◆题67　（2019—1—55）某园艺公司打算在如下形状的花圃中栽种玫瑰、兰花、菊花三个品种的花卉。该花圃的形状如下所示：

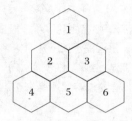

拟栽种的玫瑰有紫、红、白3种颜色，兰花有红、白、黄3种颜色，菊花有白、黄、蓝3种颜色，栽种需满足如下要求：
（1）每个六边形格子中仅栽种一个品种、一个颜色的花；（2）每个品种只栽种两种颜色的花；（3）相邻格子中的花，其品种与颜色均不相同。
若格子5中是红色的玫瑰，且格子3中是黄色的花，则可以得出以下哪项？

A. 格子4中是白色的菊花。　　　B. 格子2中是白色的菊花。
C. 格子6中是蓝色的菊花。　　　D. 格子4中是白色的兰花。
E. 格子1中是紫色的玫瑰。

题型 14　数字题型

◆题1　（2007—1—44）三分之二的陪审员认为证人在被告作案时间、作案地点或作案动机上提供伪证。
以下哪项能作为结论从上述断定中推出？

A. 三分之二的陪审员认为证人在被告作案时间上提供伪证。
B. 三分之二的陪审员认为证人在被告作案地点上提供伪证。
C. 三分之二的陪审员认为证人在被告作案动机上提供伪证。
D. 在被告作案时间、作案地点或作案动机这三个问题中，至少有一个问题，三分之二的陪审员认为证人在这个问题上提供伪证。
E. 以上各项均不能从题干的断定推出。

◆ 题2 （1997—10—40）一份犯罪调研报告揭示，某市近三年来的严重刑事犯罪案件60%皆为已记录在案的350名惯犯所为。报告同时揭示，半数以上的严重刑事犯罪案件的作案者同时是吸毒者。
如果上述断定都是真的，并且同时考虑到事实上一个惯犯可能作案多起，那么，下述哪项断定一定是真的？
A. 350名惯犯中可能没有吸毒者。
B. 350名惯犯中一定有吸毒者。
C. 350名惯犯中大多数是吸毒者。
D. 吸毒者中大多数在350名惯犯中。
E. 吸毒是造成严重刑事犯罪的主要原因。

◆ 题3 （2001—10—52）李昌和王平的期终考试课程共五门。他俩的成绩除了历史课相同外，其他的都不同。他俩的各门考试都及格了，即每门成绩都在60分至100分之间。
以下哪项断定如果为真，能确定李昌五门课程的平均成绩高于王平？
Ⅰ. 李昌的最低分高于王平的最高分。
Ⅱ. 至少有四门课程，李昌的平均成绩高于王平的平均成绩。
Ⅲ. 至少有一门课程，李昌的成绩高于王平各门课程的成绩。
A. 仅Ⅰ。 B. 仅Ⅱ。 C. 仅Ⅲ。
D. 仅Ⅰ和Ⅱ。 E. Ⅰ、Ⅱ和Ⅲ均不正确。

◆ 题4 （1997—10—41）陈娜和杨玲一起上了五门课，但其中只有一门课她俩的成绩相同——金融市场，她们每门课的成绩都在60分至100分之间。
下面哪一项可以帮助我们确定陈娜五门课的平均成绩高于杨玲？
A. 陈娜的会计学成绩最低，而杨玲的财务管理成绩最低。
B. 杨玲的最高成绩低于陈娜的最高成绩。
C. 陈娜有三门课的成绩比杨玲的高。
D. 陈娜的金融市场成绩最低，而杨玲的金融市场成绩最高。
E. 陈娜的最高成绩和杨玲的最高成绩都是经济学。

◆ 题5 （1999—1—69）有一个盒子里有100只分别涂有红、黄、绿三种颜色的球。张三说："盒子里至少有一种颜色的球少于33只。"李四说："盒子里至少有一种颜色的球不少于34只。"王五说："盒子里任意两种颜色的球的总数不会超过99只。"
以下哪项论断是正确的？
A. 张三和李四的说法正确，王五的说法不正确。
B. 李四和王五的说法正确，张三的说法不正确。
C. 王五和张三的说法正确，李四的说法不正确。
D. 张三、李四和王五的说法都不正确。
E. 张三、李四和王五的说法都正确。

◆ 题6 （2003—10—42）某机关精简机构，计划减员25%，撤销三个机构，这三个机构的人数正好占全机关的25%。计划实施后，上述三个机构被撤销，全机关实际减员15%。此次过程中，机关内部人员有所调动，但全机关只有减员没有增员。
如果上述断定为真，则以下哪项一定为真？
Ⅰ. 上述计划实施后，有的机构调入新成员。
Ⅱ. 上述计划实施后，没有一个机构，调入的新成员的总数，超出机关总人数的10%。
Ⅲ. 上述计划实施后，被撤销机构中的留任人员，不超过机关原总人数的10%。

A. 仅Ⅰ。 B. 仅Ⅱ。 C. 仅Ⅲ。
D. 仅Ⅰ和Ⅱ。 E. Ⅰ、Ⅱ和Ⅲ。

题7 （2011—10—29）某市为了减少交通堵塞，采取如下限行措施：周一到周五的工作日，非商用车按尾号0、5，1、6，2、7，3、8，4、9分五组顺序分别限行一天，双休日和法定假日不限行。对违反规定者要罚款。

关于该市居民出行的以下描述中，除哪项外，都可能不违反限行规定？

A. 赵一开着一辆尾数为1的商用车，每天都在路上跑。
B. 钱二有两台私家车，尾号都不相同，每天都开车。
C. 张三与邻居共有三台私家车，尾号都不相同，他们合作每天有两台车开。
D. 李四与俩邻居共有五台私家车，尾号都不相同，他们合作每天有四台车开。
E. 王五与仨邻居共有六台私家车，尾号都不相同，他们合作每天有五台车开。

题8 （2002—1—32）一群在海滩边嬉戏的孩子的口袋中，共装有25块卵石。他们的老师对此说了以下两句话：

第一句话："至多有5个孩子口袋里装有卵石。"第二句话："每个孩子的口袋中，或者没有卵石，或者至少有5块卵石。"

如果上述断定为真，则以下哪项关于老师两句话关系的断定一定成立？

Ⅰ. 如果第一句话为真，则第二句话为真。
Ⅱ. 如果第二句话为真，则第一句话为真。
Ⅲ. 两句话可以都是真的，但不会都是假的。

A. 仅Ⅰ。 B. 仅Ⅱ。 C. 仅Ⅲ。
D. 仅Ⅰ和Ⅱ。 E. Ⅰ、Ⅱ和Ⅲ。

题9 （2000—1—64）所有持有当代商厦购物优惠卡的顾客，同时持有双安商厦的购物优惠卡。今年国庆，当代商厦和双安商厦同时给持有本商厦的购物优惠卡的顾客的半数，赠送了价值100元的购物奖券。结果，上述同时持有两个商厦的购物优惠卡的顾客，都收到了这样的购物奖券。

如果上述断定是真的，则以下哪项断定也一定为真？

Ⅰ. 所有持有双安商厦的购物优惠卡的顾客，也同时持有当代商厦的购物优惠卡。
Ⅱ. 今年国庆，没有一个持有上述购物优惠卡的顾客分别收到两个商厦的购物奖券。
Ⅲ. 持有双安商厦的购物优惠卡的顾客中，至多有一半收到当代商厦的购物奖券。

A. 只有Ⅰ。 B. 只有Ⅱ。 C. 只有Ⅲ。
D. 只有Ⅰ和Ⅱ。 E. Ⅰ、Ⅱ和Ⅲ。

题10 （2008—1—53）某校以年级为单位，把学生的成绩分为优、良、中、差四等。在一学年中，各门考试总分前10%为优，后30%为差，其余的为良和中。在上一学年中，高二年级成绩为优的学生多于高一年级成绩为优的学生。

如果上述为真，则以下哪项一定为真？

A. 高二年级成绩为差的学生少于高一年级成绩为差的学生。
B. 高二年级成绩为差的学生多于高一年级成绩为差的学生。
C. 高二年级成绩为优的学生少于高一年级成绩为良的学生。
D. 高二年级成绩为优的学生少于高一年级成绩为良的学生。
E. 高二年级成绩为差的学生多于高一年级成绩为中的学生。

题11 （2002—10—17）某本科专业按如下原则选拔特别奖学金的候选人：

将本专业的同学按德育情况排列名次，均分为上、中、下三个等级（三个等级的人数相等，下同），候选人在德育方面的表现必须为上等。将本专业的同学按学习成绩排列名次，均分为优、良、中、差四个等级，候选人的学习成绩必须为优。将本专业的同学按身体状况排列名次，均分为好与差两个等级，候选人的身体状况必须为好。

假设该专业共有36名本科学生，则除了以下哪项外，其余都可能是这次选拔的结果？

A. 恰好有四个学生被选为候选人。
B. 只有两个学生被选为候选人。
C. 没有学生被选为候选人。
D. 候选人数多于本专业学生的1/4。
E. 候选人数少于本专业学生的1/3。

◆题12 （2001—10—53）李昌和王平的期终考试课程共五门。他俩的成绩除了历史课相同外，其他的都不同。他俩的各门考试都及格了，即每门成绩都在60分至100分之间。

如果题干的断定都为真，并且事实上李昌五门课程的平均成绩高于王平，则以下哪项关于上述考试的断定一定为真？

Ⅰ. 李昌的最低分高于王平的最高分。
Ⅱ. 至少有四门课程，李昌的平均成绩高于王平的平均成绩。
Ⅲ. 至少有一门课程，李昌的成绩高于王平各门课程的成绩。

A. 仅Ⅰ。　　　　　　　B. 仅Ⅱ。　　　　　　　C. 仅Ⅲ。
D. 仅Ⅰ和Ⅱ。　　　　　E. Ⅰ、Ⅱ和Ⅲ均不正确。

◆题13 （2002—1—41）在2000年，世界范围的造纸业所用的鲜纸浆（直接用植物纤维制成的纸浆）是回收纸浆（用废纸制成的纸浆）的2倍。造纸业的分析人员指出，到2010年，世界造纸业所用的回收纸浆将不少于鲜纸浆，而鲜纸浆的使用量也将比2000年持续上升。

如果上面提供的信息均为真，并且分析人员的预测也是正确的，那么可以得出以下哪个结论？

Ⅰ. 在2010年，造纸业所用的回收纸浆至少是2000年的2倍。
Ⅱ. 在2010年，造纸业所用的总的纸浆至少是2000年的2倍。
Ⅲ. 造纸业在2010年造的只含鲜纸浆的纸将会比2000年少。

A. 仅Ⅰ。　　　　　　　B. 仅Ⅱ。　　　　　　　C. 仅Ⅲ。
D. 仅Ⅰ和Ⅱ。　　　　　E. Ⅰ、Ⅱ和Ⅲ。

◆题14 （2011—10—27）今年上半年的统计数字表明：甲省CPI在三个月环比上涨1.8%之后，又连续三个月下降1.7%；同期乙省CPI连续三个月环比下降1.7%之后，又连续三个月上涨1.8%。

假若去年12月甲、乙两省的CPI相同，则以下哪项判断不为真？

A. 今年2月份甲省比乙省的CPI高。
B. 今年3月份甲省比乙省的CPI高。
C. 今年4月份甲省比乙省的CPI高。
D. 今年5月份甲省比乙省的CPI高。
E. 今年6月份甲省比乙省的CPI高。

◆题15 （2000—1—34）最近南方某保健医院进行为期10周的减肥试验，参加者平均减肥9公斤。男性参加者平均减肥13公斤，女性参加者平均减肥7公斤。医生将男女减肥差异归结为男性参加者减肥前体重比女性参加者重。

从上文可推出以下哪个结论？

A. 女性参加者减肥前体重都比男性参加者轻。
B. 所有参加者体重均下降。

C. 女性参加者比男性参加者多。
D. 男性参加者比女性参加者多。
E. 男性参加者减肥后体重都比女性参加者轻。

题 16 （2002—1—56）如果一个用电单位的日均耗电量超过所在地区 80% 用电单位的水平，则称其为该地区的用电超标单位。近三年来，湖州地区的用电超标单位的数量逐年明显增加。

如果以上断定为真，并且湖州地区的非单位用电忽略不计，以下哪项断定也必定为真？

Ⅰ. 近三年来，湖州地区不超标的用电单位的数量逐年明显增加。
Ⅱ. 近三年来，湖州地区日均耗电量逐年明显增加。
Ⅲ. 今年湖州地区任一用电超标单位的日均耗电量都高于全地区的日均耗电量。

A. 仅Ⅰ。　　　　　　B. 仅Ⅱ。　　　　　　C. 仅Ⅲ。
D. 仅Ⅱ和Ⅲ。　　　　E. Ⅰ、Ⅱ和Ⅲ。

题 17 （1998—1—34）如果一个儿童体重与身高的比值超过本地区 80% 的儿童的水平，就称其为肥胖儿童。根据历年的调查结果，15 年来，临江市的肥胖儿童的数量一直在稳定增长。

如果以上断定为真，则以下哪项也必为真？

A. 临江市每一个肥胖儿童的体重都超过全市儿童的平均体重。
B. 15 年来，临江市的儿童体育锻炼越来越不足。
C. 临江市的非肥胖儿童的数量 15 年来不断增长。
D. 15 年来，临江市体重不足标准体重的儿童数量不断下降。
E. 临江市每一个肥胖儿童的体重与身高的比值都超过全市儿童的平均值。

题 18 （2009—10—41）大唐股份有限公司由甲、乙、丙、丁四个子公司组成。每个子公司承担的上缴利润份额与每年该子公司员工占公司总员工数的比例相等。例如，如果某年甲公司员工占总员工的比例是 20%，则当年总公司计划总利润的 20% 须由甲公司承担上缴。但是去年该公司的财务报告却显示，甲公司在员工数量增加的同时向总公司上缴利润的比例却下降了。

如果上述财务报告为真，则以下哪项一定为真？

A. 甲公司员工增长的比例比前一年小。
B. 乙、丙、丁公司员工增长的比例都超过了甲公司员工增长的比例。
C. 甲公司员工增长的比例至少比其他三个子公司中的一个小。
D. 在四个子公司中，甲公司的员工增长数是最小的。
E. 在四个子公司中，甲公司的员工数量最少。

题 19 （2006—1—55）在丈夫或妻子至少有一个是中国人的夫妻中，中国女性比中国男性多 2 万人。

如果上述断定为真，则以下哪项一定为真？

Ⅰ. 恰有 2 万中国女性嫁给了外国人。
Ⅱ. 在和中国人结婚的外国人中，男性多于女性。
Ⅲ. 在和中国人结婚的人中，男性多于女性。

A. 只有Ⅰ。　　　　　　B. 只有Ⅱ。　　　　　　C. 只有Ⅲ。
D. 只有Ⅱ和Ⅲ。　　　　E. Ⅰ、Ⅱ和Ⅲ。

题 20 （2002—1—60）在 H 国 2000 年进行的人口普查中，婚姻状况分为四种：未婚、已婚、离婚和丧偶。其中，已婚分为正常婚姻和分居，分居分为合法分居和非法分居，非法分居指分居者与人非法同居，非法同居指无婚姻关系的异性之间的同居。普查显示，非法同居的分居者中，女性比男性多 100 万。

如果上述断定及相应的数据为真，并且上述非法同居者都为 H 国本国人，则以下哪项有关 H 国的断定必定为真?

I. 与分居者非法同居的未婚、离婚或丧偶者中,男性多于女性。
II. 与分居者非法同居的人中,男性多于女性。
III. 与分居者非法同居的分居者中,男性多于女性。

A. 仅Ⅰ。 B. 仅Ⅱ。 C. 仅Ⅲ。
D. 仅Ⅰ和Ⅱ。 E. Ⅰ、Ⅱ和Ⅲ。

题 21（2002—10—25）在 H 国 2000 年的人口普查中,婚姻状况分为四种:未婚,已婚,离婚和丧偶。其中,已婚分为正常婚姻和分居,分居分为合法分居和非法分居,非法分居指分居者与无婚姻关系的异性非法同居。普查显示,分居者中,女性比男性多 100 万。

以下哪项如果为真,有助于解释上述普查结果?

I. 分居者中的男性非法同居者多于分居女性。
II. 未在上述普查中登记的分居男性多于分居女性。
III. 离开 H 国移居他国的分居男性多于分居女性。

A. 仅Ⅰ。 B. 仅Ⅱ。 C. 仅Ⅲ。
D. 仅Ⅱ和Ⅲ。 E. Ⅰ、Ⅱ和Ⅲ。

题 22~23 基于以下题干:

某机构对我国东部地区甲、乙、丙三个城市的三类居民住房（按价格从高到低分别是别墅、普通商用房和经济适用房）的平均房价做了调研,公布的信息中有如下内容:按别墅房售价,从高到低是甲城、乙城、丙城;按普通商用房售价,从高到低是甲城、丙城、乙城;按经济适用房售价,从高到低是乙城、甲城、丙城。

题 22（2013—10—29）关于以上 3 个城市的居民住房整体平均价格,以下哪项判断是错误的?

A. 甲城的居民住房整体平均价格最高。
B. 乙城的居民住房整体平均价格居中。
C. 丙城的居民住房整体平均价格最低。
D. 甲城的居民住房整体平均价格最低。
E. 乙城的居民住房整体平均价格高于丙城。

题 23（2013—10—30）要能断定甲城的居民住房整体平均价格最高,仅需要增加以下哪项假定?

I. 三个城市在售的经济适用房面积都小于各自总在售居民住房面积的 10%。
II. 三个城市在售的别墅房、普通商用房、经济适用房面积之比都相同。
III. 在售的经济适用房前两名城市的价格差小于其他类型住房前两名城市的住房差价。

A. Ⅰ。 B. Ⅰ和Ⅱ。 C. Ⅰ和Ⅲ。
D. Ⅱ和Ⅲ。 E. Ⅰ、Ⅱ、Ⅲ。

题 24（2002—1—34）一项关于 21 世纪初我国就业情况的报告预测,在 2002 年至 2007 年之间,首次就业人员数量增加最多的是低收入的行业。但是,在整个就业人口中,低收入行业所占的比例并没有增加,有所增加的是高收入的行业所占的比例。

从以上预测所做的断定中,最可能得出以下哪项结论?

A. 在 2002 年,低收入行业的就业人员要多于高收入行业。
B. 到 2007 年,高收入行业的就业人员要多于低收入行业。
C. 到 2007 年,中等收入行业的就业人员在整个就业人员中所占的比例将有所减少。
D. 相当数量的 2002 年在低收入行业就业的人员,到 2007 年将进入高收入行业。
E. 在 2002 年至 2007 年之间,低收入行业的经营实体的增长率,将大于此期间整个就业人员的增长率。

◆ 题 25 （2004—10—50）如果比较全日制学生的数量，东江大学的学生数是西海大学学生数的 70%；如果比较学生总数量（全日制学生加上成人教育学生），则东江大学的学生数是西海大学的 120%。

由上文最能推出以下哪项结论？

A. 东江大学比西海大学更注重教学质量。
B. 东江大学成人教育学生数量所占总学生数的比例比西海大学的高。
C. 西海大学的成人教育学生比全日制学生数多。
D. 东江大学的成人教育学生数比西海大学的少。
E. 东江大学的全日制学生比成人教育学生多。

◆ 题 26 （2008—10—33）A 地区与 B 地区相邻。如果基于耕种地和休耕地的总面积计算最近 12 年的平均亩产，A 地区是 B 地区的 120%；如果仅基于耕种地的面积，A 地区是 B 地区的 70%。

如果上述陈述为真，最可能推断出以下哪项？

A. A 地区生产的谷物比 B 地区多。
B. A 地区休耕地比 B 地区耕种地少。
C. A 地区少量休耕地是可利用的农田。
D. 耕种地占总农田的比例，A 地区比 B 地区高。
E. B 地区休耕地面积比 A 地区耕种地面积多。

◆ 题 27 （1999—1—37）某学术会议正在举行分组会议，某一组有 8 人出席。分组会议主席问大家原来各自认识与否。结果是全组中仅有一个人认识小组中的三个人，有三个人认识小组中的两个人，有四个人认识小组中的一个人。

若以上统计是真实的，则最能得出以下哪项结论？

A. 会议主席认识小组的人最多，其他人相互认识的少。
B. 此类学术会议是第一次召开，大家都是生面孔。
C. 有些成员所说的认识可能仅是在电视上或报告会上见过而已。
D. 虽然会议成员原来的熟人不多，但原来认识的都是至交。
E. 通过这次会议，小组成员都相互认识了，以后见面就能直呼其名了。

◆ 题 28 （2012—10—26）常春藤通常指美国东部的八所大学。常春藤一词一直以来是美国名校的代名词，这八所大学不仅历史悠久、治学严谨，而且教学质量极高。这些学校的毕业生大多成为社会精英，他们中的大多数人年薪超过 20 万美元，有很多政界领袖来自常春藤，更有为数众多的科学家毕业于常春藤。

根据以上陈述，关于常春藤毕业生可以得出以下哪项？

A. 有些社会精英年薪超过 20 万美元。
B. 有些政界领袖年薪不足 20 万美元。
C. 有些科学家年薪超过 20 万美元。
D. 有些政界领袖是社会精英。
E. 有些科学家成为政界领袖。

◆ 题 29 （2003—1—55）以下是一份统计材料中的两个统计数据。第一个数据：到 1999 年底为止，"希望之星工程"所收到捐款总额的 82%，来自国内 200 家年盈利一亿元以上的大中型企业；第二个数据：到 1999 年为止，"希望之星工程"所收到捐款总额的 25% 来自民营企业，这些民营企业中，4/5 从事服装或餐饮业。

如果上述统计数据是准确的，则以下哪项一定是真的？

A. 上述统计中，"希望之星工程"所收到捐款总额不包括来自民间的私人捐款。
B. 上述200家年盈利一亿元以上的大中型企业中，不少于一家从事服装或餐饮业。
C. 在捐助"希望之星工程"的企业中，非民营企业的数量要大于民营企业。
D. 民营企业的主要经营项目是服装或餐饮。
E. 有的向"希望之星工程"捐款的民营企业的年纯盈利在一亿元以上。

题30 （2001—1—70）某研究所对该所上年度研究成果的统计显示：在该所所有的研究人员中，没有两个人发表的论文的数量完全相同；没有人恰好发表了10篇论文；没有人发表的论文的数量等于或超过全所研究人员的数量。
如果上述统计是真实的，则以下哪项断定也一定是真实的？
Ⅰ. 该所研究人员中，有人上年度没有发表1篇论文。
Ⅱ. 该所研究人员的数量，不少于3人。
Ⅲ. 该所研究人员的数量，不多于10人。
A. 仅Ⅰ和Ⅱ。　　　　　　B. 仅Ⅰ和Ⅲ。　　　　　　C. 仅Ⅰ。
D. Ⅰ、Ⅱ和Ⅲ。　　　　　E. Ⅰ、Ⅱ和Ⅲ都不一定是真实的。

题31 （1997—10—49）某个饭店中，一桌人边用餐边谈生意。其中，一个是哈尔滨人，两个是北方人，一个是广东人，两个人只做电脑生意，三个人只做服装生意。
假设以上的介绍涉及餐桌上所有人，那么，这一餐桌上最少可能是几个人？最多可能是几个人？
A. 最少可能是3人，最多可能是8人。
B. 最少可能是5人，最多可能是8人。
C. 最少可能是5人，最多可能是9人。
D. 最少可能是3人，最多可能是8人。
E. 无法确定。

题32 （1998—10—10）某宿舍住着若干个研究生。其中，一个是大连人，两个是北方人，一个是云南人，两个人这学期只选修了逻辑哲学，三个人这学期只选修了古典音乐欣赏。
假设以上的介绍涉及了这寝室中所有的人，那么，这寝室中最少可能是几个人？最多可能是几个人？
A. 最少可能是3人，最多可能是8人。
B. 最少可能是5人，最多可能是8人。
C. 最少可能是5人，最多可能是9人。
D. 最少可能是3人，最多可能是9人。
E. 无法确定。

题33 （2008—1—46）陈先生要举办一个亲朋好友的聚会。他出面邀请了他父亲的姐夫，他姐夫的父亲，他哥哥的岳母，他岳母的哥哥。
陈先生最少出面邀请了几个客人？
A. 未邀请客人。　　　　　B. 1个客人。　　　　　　C. 2个客人。
D. 3个客人。　　　　　　E. 4个客人。

题34 （1998—1—28）某大学寝室中住着若干个学生。其中，一个是哈尔滨人，两个是北方人，一个是广东人，两个在法律系，三个是进修生。该寝室中恰好有8人。
以下各项关于该寝室的断定如果是真的，都有可能加强上述论证，除了：
A. 题干中的介绍涉及了寝室中所有的人。
B. 广东学生在法律系。

C. 哈尔滨学生在财经系。
D. 进修生都是南方人。
E. 该校法律系不招收进修生。

题 35 （2000—10—10）某大学一寝室中住着若干学生。其中，一个是哈尔滨人，两个是北方人，一个是广东人，两个在法律系，三个是进修生，该寝室中恰好住了八个人。

如果题干中关于身份的介绍涉及了寝室中所有的人，则以下各项关于该寝室的断定都不与题干矛盾，除了：

A. 该校法律系每年都招收进修生。　B. 该校法律系从未招收过进修生。
C. 来自广东的室友在法律系就读。　D. 来自哈尔滨的室友在财政金融系就读。
E. 该室的三个进修生都是南方人。

题 36 （2001—1—60）在某校新当选的校学生会的七名委员中，有一个大连人，两个北方人，一个福州人，两个特长生（有特殊专长的学生），三个贫困生（有特殊经济困难的学生）。

假设上述介绍涉及了该学生会中的所有委员，则以下各项关于该学生会委员的断定都与题干不矛盾，除了：

A. 两个特长生都是贫困生。　B. 贫困生不都是南方人。　C. 特长生都是南方人。
D. 大连人是特长生。　E. 福州人不是贫困生。

题 37 （1997—10—8）有 A、B、C、D 四个有实力的排球队进行循环赛（每个队与其他队各比赛一场）。比赛结果：B 队输掉一场，C 队比 B 队少赢一场，而 B 队又比 D 队少赢一场。

关于 A 队的名次，下列哪项为真？

A. 第一名。　B. 第二名。　C. 第三名。
D. 第四名。　E. 条件不足，不能断定。

题 38 （2011—10—37）某市优化投资环境，2010 年累计招商引资 10 亿元。其中外资 5.7 亿元，投资第三产业 4.6 亿元，投资非第三产业 5.4 亿元。

根据以上陈述，可以得出以下哪项结论？

A. 投资第三产业的外资大于投资非第三产业的内资。
B. 投资第三产业的外资小于投资非第三产业的内资。
C. 投资第三产业的外资等于投资非第三产业的内资。
D. 投资第三产业的外资和投资非第三产业的内资无法比较大小。
E. 投资第三产业的外资为 4.3 亿元。

题 39 （2009—1—33）某综合性大学只有理科与文科，理科学生多于文科学生，女生多于男生。

如果上述断定为真，则以下哪项关于该大学学生的断定也一定为真？

Ⅰ. 文科的女生多于文科的男生。
Ⅱ. 理科的男生多于文科的男生。
Ⅲ. 理科的女生多于文科的男生。

A. 只有Ⅰ和Ⅱ。　B. 只有Ⅲ。　C. 只有Ⅱ和Ⅲ。
D. Ⅰ、Ⅱ和Ⅲ。　E. Ⅰ、Ⅱ和Ⅲ都不一定是真的。

题 40 （2012—10—28）百花山公园是市内最大的市民免费公园，园内种植着奇花异卉以及品种繁多的特色树种。其中，有花植物占大多数。由于地处温带，园内的阔叶树种超过了半数，各种珍稀树种也超过了一般树种。一到春夏之交，鲜花满园；秋收季节，果满枝头。

根据以上陈述，可以得出以下哪项？

A. 园内珍稀阔叶树种超过了一般非阔叶树种。

B. 园内阔叶有花植物超过了非阔叶无花植物。
C. 园内珍稀挂果树种超过了不挂果的一般树种。
D. 百花山公园的果实市民可以免费采摘。
E. 园内珍稀有花树种超过了半数。

◆ 题41 （2000—1—68）国庆50周年仪仗队的训练营地，某连队一百多个战士在练习不同队形的转换。如果他们排成五列人数相等的横队，只剩下连长在队伍前面喊口令；如果他们排成七列这样的横队，只有连长仍然可以在前面领队；如果他们排成八列，就可以有两人作为领队了。在全营排练时，营长要求他们排成三列横队。
以下哪项是最可能出现的情况？
A. 该连队官兵正好排成三列横队。
B. 除了连长外，正好排成三列横队。
C. 排成了整齐的三列横队，另有两人作为全营的领队。
D. 排成了整齐的三列横队，其中有一人是其他连队的。
E. 排成了三列横队，连长在队外喊口令，但营长临时排在队中。

◆ 题42 （2003—1—40）有人养了一些兔子。别人问他有多少只雌兔、多少只雄兔。他答：在他所养的兔子中，每一只雄兔的雌性同伴比它的雄性同伴少一只；而每一只雌兔的雄性同伴比它的雌性同伴的两倍少两只。
根据上述回答，他养了多少只雌兔？多少只雄兔？
A. 8只雄兔，6只雌兔。　　　B. 10只雄兔，8只雌兔。
C. 12只雄兔，10只雌兔。　　D. 14只雄兔，8只雌兔。
E. 14只雄兔，12只雌兔。

▶▶▶▶▶▶▶▶▶▶▶▶▶▶▶▶▶▶ 管综真题警戒线 ▶▶▶▶▶▶▶▶▶▶▶▶▶▶▶▶▶▶

◆ 题43 （2011—1—42）按照联合国开发计划署2007年的统计，挪威是世界上居民生活质量最高的国家，欧美和日本等发达国家也名列前茅。如果统计1990年以来生活质量改善最快的国家，发达国家则落后了。至少在联合国开发计划署统计的116个国家中，17年来，非洲东南部国家莫桑比克的生活质量提高最快，2007年其生活质量指数比1990年提高了50%。很多非洲国家取得了和莫桑比克类似的成就。作为世界上最受瞩目的发展中国家，中国的生活质量指数在过去17年中也提高了27%。
以下哪项可以从联合国开发计划署的统计中得出？
A. 2007年，发展中国家的生活质量指数都低于西方国家。
B. 2007年，莫桑比克的生活质量指数不高于中国。
C. 2006年，日本的生活质量指数不高于中国。
D. 2006年，莫桑比克的生活质量的改善快于非洲其他各国。
E. 2007年，挪威的生活质量指数高于非洲各国。

◆ 题44 （2018—1—44）中国是全球最大的卷烟生产国和消费国，但近年来政府通过出台禁烟令、提高卷烟消费税等一系列公共政策努力改变这一形象。一项权威调查数据显示，在2014年同比上升2.4%之后，中国卷烟消费量在2015年同比下降了2.4%，这是1995年来首次下降。尽管如此，2015年中国卷烟消费量仍占全球的45%，但这一下降对全球卷烟总消费量产生巨大影响，使其同比下降了2.1%。
根据以上信息，可以得出以下哪项？

A. 2015年中国卷烟消费量恰好等于2013年。
B. 2015年中国卷烟消费量大于2013年。
C. 2015年世界其他国家卷烟消费量同比下降比率高于中国。
D. 2015年世界其他国家卷烟消费量同比下降比率低于中国。
E. 2015年发达国家卷烟消费量同比下降比率高于发展中国家。

题45 （2014—1—33）近10年来，某电脑公司的个人笔记本电脑的销量持续增长，但其增长率低于该公司所有产品总销量的增长率。

以下哪项关于该公司的陈述与上述信息相冲突？

A. 近10年来，该公司个人笔记本电脑的销量每年略有增长。
B. 个人笔记本电脑的销量占该公司产品总销量的比例近10年来由68%上升到72%。
C. 近10年来，该公司产品总销量增长率与个人笔记本电脑的销量增长率每年同时增长。
D. 近10年来，该公司个人笔记本电脑的销量占该公司产品总销量的比例逐年下降。
E. 个人笔记本电脑的销量占公司产品总销量的比例近10年来由64%下降到49%。

题46 （2014—1—52）现有甲、乙两所学校，根据上年度的经费实际投入统计，若仅仅比较在校本科生的学生人均经费投入，甲校等于乙校的86%；但若比较所有学生（本科生加上研究生）的人均经费投入，甲校是乙校的118%。各校研究生的人均经费投入均高于本科生。

根据以上信息，最可能得出以下哪项？

A. 上年度，甲校学生总数多于乙校。
B. 上年度，甲校研究生人数少于乙校。
C. 上年度，甲校研究生占该校学生的比例高于乙校。
D. 上年度，甲校研究生人均经费投入高于乙校。
E. 上年度，甲校研究生占该校学生的比例高于乙校，或者甲校研究生人均经费投入高于乙校。

题47 （2016—1—29）古人以干支纪年。甲、乙、丙、丁、戊、己、庚、辛、壬、癸为十干，也称天干。子、丑、寅、卯、辰、巳、午、未、申、酉、戌、亥为十二支，也称地支。顺次以天干配地支，如甲子、乙丑、丙寅、……、癸酉、甲戌、乙亥、丙子等，六十年重复一次，俗称六十花甲子。根据干支纪年，公元2014年为甲午年，公元2015年为乙未年。

根据以上陈述，可以得出以下哪项？

A. 21世纪会有甲丑年。　　B. 现代人已不用干支纪年。
C. 干支纪年有利于农事。　　D. 根据干支纪年，公元2087年为丁未年。
E. 根据干支纪年，公元2024年为甲寅年。

题48 （2020—1—34）某市2018年的人口发展报告显示，该市常住人口1170万，其中常住外来人口440万，户籍人口730万。从区级人口分布情况来看，该市G区常住人口240万，居各区之首；H区常住人口200万，位居第二；同时，这两个区也是吸纳外来人口较多的区域，两个区常住外来人口200万，占全市常住外来人口的45%以上。

根据以上陈述，可以得出以下哪项？

A. 该市G区的户籍人口比H区的常住外来人口多。
B. 该市H区的户籍人口比G区的常住外来人口多。
C. 该市H区的户籍人口比H区的常住外来人口多。
D. 该市G区的户籍人口比G区的常住外来人口多。
E. 该市其他各区的常住外来人口都没有G区或H区的多。

● 题49 （2010—1—53）参加某国际学术研讨会的60名学者中，亚裔学者31人，博士33人，非亚裔学者中无博士学位的4人。

根据上述陈述，参加此次国际研讨会的亚裔博士有几人？

A. 1人。　　　　　　　B. 2人。　　　　　　　C. 4人。
D. 7人。　　　　　　　E. 8人。

● 题50 （2013—1—47）据统计，去年在某校参加高考的385名文、理科考生中，女生189人，文科男生41人，非应届男生28人，应届理科考生256人。

由此可见，去年在该校参加高考的考生中：

A. 非应届文科男生多于20人。　　B. 应届理科女生少于130人。
C. 应届理科男生多于129人。　　　D. 应届理科女生多于130人。
E. 非应届文科男生少于20人。

● 题51 （2015—1—31）某次讨论会共有18名参会者。已知：(1) 至少有5名青年老师是女性；(2) 至少有6名女教师已过中年；(3) 至少有7名女青年是教师。

根据上述信息，关于参会人员可以得出以下哪项？

A. 有些青年教师不是女性。　　B. 有些女青年不是教师。
C. 青年教师至少有11名。　　　D. 女青年至多有11名。
E. 女教师至少有13名。

● 题52 （2017—1—37）很多成年人对于儿时熟悉的《唐诗三百首》中的许多名诗，常常仅记得几句名句，而不知诗作者或诗名。甲校中文系硕士生只有三个年级，每个年级人数相等。统计发现，一年级学生都能把该书中的名句与诗名及其作者对应起来；二年级2/3的学生能把该书中的名句与作者对应起来；三年级1/3的学生不能把该书中的名句与诗名对应起来。

根据上述信息，关于该校中文系硕士生，可以得出以下哪项？

A. 大部分硕士生能将该书中的名句与诗名及其作者对应起来。
B. 1/3以上的硕士生不能将该书中的名句与诗名或作者对应起来。
C. 1/3以上的一、二年级学生不能把该书中的名句与作者对应起来。
D. 2/3以上的一、三年级学生能把该书中的名句与诗名对应起来。
E. 2/3以上的一、二年级学生不能把该书中的名句与诗名对应起来。

● 题53 （2015—1—41）某大学运动会即将召开，经管学院拟组建一支12人的代表队参赛，参赛队员将从该院4个年级的学生中选拔。学院规定：每个年级都须在长跑、短跑、跳高、跳远、铅球5个项目中选择1~2项参加比赛，其余项目可任意选择；一个年级如果选择长跑，就不能选择短跑或跳高；一个年级如果选择跳远，就不能选择长跑或铅球；每名队员只参加1项比赛。已知该院：(1) 每个年级均有队员被选拔进入代表队；(2) 每个年级被选拔进入代表队的人数各不相同；(3) 有两个年级的队员人数相乘等于另一个年级的队员人数。

根据以上信息，一个年级最多可选拔多少人？

A. 8人。　　　　　　　B. 7人。　　　　　　　C. 6人。
D. 5人。　　　　　　　E. 4人。

第三篇

论证逻辑

- 历年真题中共有 990 道论证逻辑，占历年真题的 65.35%

- 其中，829 道是 MBA 联考真题，占 MBA 联考真题的 71.77%

- 161 道是管综真题，占管综真题的 44.72%

题型 15 削弱题型

题 1 (2008—1—39) 临床试验显示，对偶尔食用一定量的牛肉干的人而言，大多数品牌牛肉干的添加剂并不会导致动脉硬化。因此，人们可以放心食用牛肉干而无需担心对健康的影响。

以下哪项如果为真，最能削弱上述论证？

A. 食用大量牛肉干不利于动脉健康。
B. 动脉健康不等于身体健康。
C. 肉类都含有对人体有害的物质。
D. 喜欢吃牛肉干的人往往也喜欢食用其他对动脉健康有损害的食品。
E. 题干所述临床试验大都是由医学院的实习生在医师指导下完成的。

题 2 (1997—1—30) 某国对吸烟情况进行了调查。结果表明，最近三年来，中学生吸烟人数在逐年下降。于是，调查组得出结论：吸烟的青少年人数在逐年减少。

下述哪项如果为真，则调查组的结论受到怀疑？

A. 由于经费紧张，下一年不再对中学生做此调查。
B. 国际上的香烟打进国内市场，香烟的价格在下降。
C. 许多吸烟的青少年不是中学生。
D. 近三年来，反对吸烟的中学生在增加。
E. 近三年来，帮助吸烟者的戒烟协会在增加。

题 3 (2013—10—38) 一脸"萌"相的康恩·莱维，看似与其他新生儿并无两样。但因为是全球首例经新一代基因测序技术筛查后的试管婴儿，他的问世，受到了专家学者的关注。前不久，英国伦敦召开的"欧洲人类生殖和胚胎学会年会"上，这则新闻引爆全场。而普通人也由此认为，人类或许迎来了"定制宝宝"的时代。

以下哪项如果为真，最能反驳上述普通人的观点？

A. "人工"的基因筛查不排除会有漏洞；自然受孕中，大自然优胜劣汰准则似乎更为奥妙、有效。
B. 从近代科技发展史可见，技术发展往往快于人类认知，有时技术会走得更远，偏离人类认知的轨道。
C. 筛查基因主要是避免生殖缺陷，这一技术为人类优生优育带来契机；至于"定制宝宝"，更多涉及克隆概念，两者不能混淆。
D. "定制宝宝"在全球范围内尚无尝试，这一概念也挑战最具有争议的人类生殖伦理。
E. 生物技术飞速发展，"定制宝宝"的时代可能尚未热身就已经被别的时代所取代。

题 4 (2011—10—45) 2010年，某国学校为教师提供培训的具体情况为：38%的公立学校有1%~25%的教师参加；18%的公立学校有26%~50%的教师参加；13%的公立学校有51%~75%的教师参加；30%的公立学校有76%甚至更多的教师参加了这样的培训。与此相对照，37%的农村学校有1%~25%的教师参加；20%的农村学校有26%~50%的教师参加；12%的农村学校有51%~75%的教师参加；29%的农村学校有76%甚至更多的教师参加。这说明，该国农村学校教师和城市、市郊以及城镇的学校教师接受培训的概率几乎相当。

以下哪项如果为真，最能反驳上述论证？

A. 教师培训的内容丰富多彩，各不相同。
B. 教师培训的条件差异性很大，效果也不相同。
C. 有些教师既在公立学校任职，也在农村学校兼职。

D. 教师培训的时间，公立学校一般较长，农村学校一般较短。
E. 农村也有许多公立学校，市郊也有许多农村学校。

题5 （1997—1—27）目前的大学生普遍缺乏中国传统文化的学习和积累。根据国家教委有关部门及部分高等院校最近做的一次调查表明，大学生中喜欢和比较喜欢京剧艺术的只占到被调查人数的14%。

下列陈述中的哪一个最能削弱上述观点？

A. 大学生缺乏对京剧艺术欣赏方面的指导，不懂得怎样去欣赏。
B. 喜欢京剧艺术与学习中国传统文化不是一回事，不要以偏概全。
C. 14%的比例正说明培养大学生对传统文化的学习大有潜力可挖。
D. 有一些大学生既喜欢京剧，又对中国传统文化的其他方面有兴趣。
E. 调查的比例太小，恐怕不能反映当代大学生的真实情况。

题6 （2008—10—54）维护个人利益是个人行为的唯一动机。因此，维护个人利益是影响个人行为的主要因素。

以下哪项如果为真，最能削弱题干的论证？

A. 维护个人利益是否是个人行为的唯一动机，值得讨论。
B. 有时动机不能成为影响个人行为的主要因素。
C. 个人利益之间既有冲突，也有一致。
D. 维护个人利益的行为也能有利于公共利益。
E. 个人行为不能完全脱离群体行为。

题7 （1997—1—34）一种虾常游弋于高温的深海间歇泉附近，在那里生长着它爱吃的细菌类生物。由于间歇泉发射一种暗淡的光线，因此，科学家们认为这种虾背部的感光器官是用来寻找间歇泉，从而找到食物的。

下列哪项对科学家的结论提出了质疑？

A. 实验表明，这种虾的感光器官对间歇泉发出的光并不敏感。
B. 间歇泉的光线十分暗淡，人类肉眼难以觉察。
C. 间歇泉的高温足以杀死它附近的细菌。
D. 大多数其他品种的虾的眼睛都位于眼柄的末端。
E. 其他虾身上的感热器官同样能起到发现间歇泉的作用。

题8 （1998—1—13）越来越多有说服力的统计数据表明，具有某种性格特征的人易患高血压，而另一种性格特征的人易患心脏病，如此等等。因此，随着对性格特征的进一步分类了解，通过主动修正行为和调整性格特征以达到防治疾病的可能性将大大提高。

以下哪项最能反驳上述观点？

A. 一个人可能会患有与各种不同性格特征均有关系的多种疾病。
B. 某种性格与其相关的疾病可能由相同的生理因素导致。
C. 某一种性格特征与某一种疾病的联系可能只是数据上的契合，并不具有一般性意义。
D. 人们往往是在病情已难以扭转的情况下，才愿意修正自己的行为，但已为时太晚。
E. 用心理手段医治与性格特征相关的疾病这一研究，导致心理疗法遭到淘汰。

题9 （1999—1—62）甲："你不能再抽烟了。抽烟确实对你的健康非常不利。"
乙："你错了。我这样抽烟已经15年了，但并没有患肺癌，上个月我才做的体检。"

有关上述对话，以下哪项如果是真的，最能加强和支持甲的意见？

A. 抽烟增加了家庭的经济负担，容易造成家庭矛盾，甚至导致家庭破裂。
B. 抽烟不仅污染环境，影响卫生，还会造成家人或同事们被动吸烟。

C. 对健康的危害不仅指患肺癌或其他明显疾病，还包括潜在的影响。

D. 如果不断抽烟，那么烟瘾将越来越大，以后就更难戒了。

E. 与名牌的优质烟相比，冒牌劣质烟对健康的危害更甚。

◆题10 （2009—1—41）因为照片的影像是通过光线与胶片的接触形成的，所以每张照片都具有一定的真实性。但是，从不同角度拍摄的照片总是反映了物体某个侧面的真实而不是全部的真实，在这个意义上，照片又是不真实的。因此，在目前的技术条件下，以照片作为证据是不恰当的，特别是在法庭上。

以下哪项如果为真，最能削弱上述论证？

A. 摄影技术是不断发展的，理论上说，全景照片可以从外观上反映物体的全部真实。

B. 任何证据只需要反映事实的某个侧面。

C. 在法庭审理中，有些照片虽然不能成为证据，但有重要的参考价值。

D. 有些照片是通过技术手段合成或伪造的。

E. 就反映真实性而言，照片的质量有很大的差别。

◆题11 （2007—10—55）李教授：目前的专利事务所工作人员很少有科技专业背景，但专利审理往往要涉及专业科技知识。由于本市现有的专利律师没有一位具有生物学的学历和工作经验，因此难以处理有关生物方面的专利。

以下哪项如果为真，最能削弱李教授的结论？

A. 大部分科技专利事务仅涉及专利政策和一般科技知识，不需要太多的专门技术知识。

B. 生物学专家对专利工作不感兴趣，因此专利事务所很少与生物学专家打交道。

C. 既熟悉生物知识，又熟悉专利法规的人才十分缺乏。

D. 技术专家很难有机会成为本专业以外的行家。

E. 专利律师的收入和声望不及高科技领域的专家，因此难以吸引他们加入。

◆题12 （1999—1—64）一段时间以来，国产洗发液在国内市场的占有率逐渐减小。研究发现，国外公司的产品广告比国内的广告更吸引人。因此，国产洗发液生产商需要加大广告投入，以增加市场占有率。

以下哪项如果为真，将严重地弱化上述论证？

A. 一些国外洗发液的广告是由国内广告公司制作并由国内媒体传播的。

B. 广告只能引起人们对某种商品的注意，质量才能使人们产生对商品的喜爱。

C. 国产洗发液生产商的广告费现在只有国外厂商的一半。

D. 尽管国外洗发液销售额增加，国产洗发液销售额同样在增加。

E. 准备购买新的洗发液的人喜欢从广告中发现合意的品牌。

◆题13 （2001—10—39）据统计资料显示，美国的人均寿命是73.9岁，而在夏威夷出生的人的平均寿命是77岁，在路易斯安那州出生的人的平均寿命是71.7岁。因此，一对来自路易斯安那州的新婚夫妇，如果选择定居夏威夷，那么，他们的孩子的寿命可以指望比在路易斯安那州出生要长。

以下哪项如果为真，将最有力地削弱题干的结论？

A. 在路易斯安那州首府巴吞鲁日出生的人平均寿命是78岁。

B. 路易斯安那州的居民中1/3以上的是黑人，是美国黑人比例最高的州；美国黑人的平均寿命要低于白人3个至5个百分点。

C. 美国人寿保险公司的专家并不认为移居夏威夷会使路易斯安那州人的平均寿命明显提高。

D. 夏威夷群岛的大部分岛屿的空气污染程度要大大低于全美的平均水平。

E. 和环境相比，遗传是人的寿命长短的更为重要的决定性因素。

◆ 题 14 （2004—1—52）一个部落或种族在历史的发展中灭绝了，但它的文字会留传下来。"亚里洛"就是这样一种文字。考古学家是在内陆发现这种文字的。经研究，"亚里洛"中没有表示"海"的文字，但有表示"冬""雪""狼"的文字。因此，专家们推测，使用"亚里洛"文字的部落或种族在历史上生活在远离海洋的寒冷地带。

以下哪项如果为真，最能削弱上述专家的推测？

A. 蒙古语中有表示"海"的文字，尽管古代蒙古人从没见过海。
B. "亚里洛"中有表示"鱼"的文字。
C. "亚里洛"中有表示"热"的文字。
D. "亚里洛"中没有表示"山"的文字。
E. "亚里洛"中没有表示"云"的文字。

◆ 题 15 （2007—10—32）手球比赛的目标是将更多的球攻入对方球门，从而比对方得更多的分。球队的一名防守型选手专门防守对方的一名进攻型选手。旋风队的陈教练预言在下周手球赛中本队将战胜海洋队。他的根据是：海洋队最好的防守型选手将防不住旋风队最好的进攻型选手曾志强。

以下哪项如果为真，最能削弱陈教练的上述预言？

A. 近年来，旋风队输的场次比海洋队多。
B. 海洋队防守型选手比旋风队的防守型选手多。
C. 旋风队最好的防守型选手防不住海洋队最好的进攻型选手。
D. 曾志强不是旋风队最好的防守型选手。
E. 海洋队最好的进攻型选手防不住旋风队最好的防守型选手。

◆ 题 16 （2010—10—47）丈夫和妻子讨论孩子上哪所小学为好。丈夫称：根据当地教育局最新的教学质量评估报告，青山小学教学质量不高。妻子却认为：此项报告未必客观准确，因为撰写报告的人中有来自绿水小学的人员，而绿水小学在青山小学附近，两所学校有生源竞争的利害关系，因此青山小学的教学质量其实是较高的。

以下哪项最能弱化妻子的推理？

A. 撰写评估报告的人中也有来自青山小学的人员。
B. 对青山小学盲目信任，主观认为质量评估报告不可信。
C. 用有偏见的论据论证"教学质量评估报告是错误的"。
D. 并没有提供确切的论据，只是猜测评估报告有问题。
E. 没有证明青山小学和绿水小学教学质量有显著差异。

◆ 题 17 （2005—10—29）一项研究将一组有严重失眠的人与另一组未曾失眠的人进行比较，结果发现，有严重失眠的人出现了感觉障碍和肌肉痉挛，例如，皮肤过敏或不停地"跳眼"症状。研究人员的这一结果有力地支持了这样一个假设：失眠会导致周围神经系统功能障碍。

以下哪项如果为真，最能质疑上述假设？

A. 感觉障碍或肌肉痉挛是一般人常有的周围神经系统功能障碍。
B. 常人偶尔也会严重失眠。
C. 该项研究并非由权威人士组织实施。
D. 周围神经系统功能障碍的人常患有严重的失眠。
E. 参与研究的两组人员的性别与年龄构成并不完全相同。

◆ 题 18 （1998—1—17）一位社会学家对两组青少年做了研究。第一组成员每周看暴力内容的影视的时间平均不少于 10 小时；第二组则不多于 2 小时。结果发现第一组成员中举止粗鲁者所占的比例要远高于第二组。因此，此项研究认为，多看暴力内容的影视容易导致青少年举止粗鲁。

以下哪项如果为真，将对上述研究的结论提出质疑？

A. 第一组中有的成员的行为并不粗鲁。
B. 第二组中有的成员的行为比第一组有的成员粗鲁。
C. 第二组中很多成员的行为很文明。
D. 第一组中有的成员的文明行为是父母从小教育的结果，这使得他们能抵制暴力影视的不良影响。
E. 第一组成员中很多成员的粗鲁举止是从小养成的，这使得他们特别爱看暴力影视。

◆题19 （1998—10—30）这些年来，国产胶卷在国内市场的占有率逐渐减少，经研究发现：外国胶卷的广告比国内胶卷的广告更能吸引消费者的关注。因此，国产胶卷制造商计划通过改进广告、改变商品形象，以增加市场占有率。

以下哪项如果为真，将最不利于国产胶卷制造商上述计划的成功？

A. 准备购买胶卷的人比不准备购买胶卷的人对胶卷广告会更加重视。
B. 消费者一般对那些他们已比较喜爱的产品的广告特别关注，而对不喜爱的产品，不管广告如何变化，也不会特别关注。
C. 国产胶卷花费在广告上的费用与外国胶卷广告费用一样。
D. 尽管外国胶卷销售额增加，每年国产胶卷销售额同样增加。
E. 某些外国胶卷广告是由国内广告公司制作的。

◆题20 （2001—10—63）一项调查统计显示，肥胖者参加体育锻炼的月平均量，只占正常体重者的一半不到。而肥胖者的食物摄入的月平均量，基本和正常体重者持平。专家由此得出结论，导致肥胖的主要原因是缺乏锻炼，而不是摄入过多的热量。

以下哪项如果为真，将严重削弱上述论证？

A. 肥胖者的食物摄入平均量总体上和正常体重者基本持平，但肥胖者中有人在节食。
B. 肥胖者由于体重的负担，比正常体重者较为不乐意参加体育锻炼。
C. 某些肥胖者体育锻炼的平均量，要大于正常体重者。
D. 体育锻炼通常会刺激食欲，从而增加食物摄入量。
E. 通过节食减肥有损健康。

◆题21 （2000—10—36）最近举行的一项调查表明，师大附中的学生对滚轴溜冰的着迷程度远远超过其他任何游戏，同时调查发现，经常玩滚轴溜冰的学生的平均学习成绩相对其他学生更好一些。看来，玩滚轴溜冰可以提高学生的学习成绩。

以下哪项如果为真，最能削弱上面的推论？

A. 师大附中与学生家长签订了协议，如果孩子的学习成绩的名次没有排在前二十名，双方共同禁止学生玩滚轴溜冰。
B. 玩滚轴溜冰能够锻炼身体，保证学习效率的提高。
C. 玩滚轴溜冰的同学受到了学校有效的指导，其中一部分同学才不致因此荒废学业。
D. 玩滚轴溜冰有利于智力开发，从而提高学习成绩。
E. 玩滚轴溜冰很难，能够锻炼学生克服困难做好一件事情的毅力，这对学习是有帮助的。

◆题22 （2005—1—51）一项关于婚姻状况的调查显示，那些起居时间明显不同的夫妻之间，虽然每天相处的时间相对较少，但每月爆发激烈争吵的次数，比起那些起居时间基本相同的夫妻明显要多。因此，为了维护良好的夫妻关系，夫妻之间应当注意尽量保持基本相同的起居规律。

以下哪项如果为真，最能削弱上述论证？

A. 夫妻间不发生激烈争吵，不一定关系就好。
B. 夫妻闹矛盾时，一方往往用不同时起居的方式以示不满。

C. 个人的起居时间一般随季节变化。
D. 起居时间的明显变化会影响人的情绪和健康。
E. 起居时间的不同很少是夫妻间争吵的直接原因。

题 23 （2010—10—48）某网络公司通过问卷对登录"心理医生之窗"网站寻求心理帮助的人群进行调查。结果显示：持续登录"心理医生之窗"网站6个月或更长时间的人群中，46%的人声称与"心理医生之窗"网站的沟通与交流使他们心情变得好多了。因此，更长时间登录"心理医生之窗"网站比短期登录会更有效改善人们的心理状态。

以下哪项如果为真，最能削弱上述论断？

A. 持续登录该网站6个月以上的人群中，10%的人反映登录后心情变得更糟了。
B. 持续登录该网站6个月以上的人比短期登录的人更愿意回答问卷调查的问题。
C. 对"心理医生之窗"网站不满意的人往往是那些没有耐心的人，他们对问卷调查往往持消极态度。
D. 登录网站获得良好心情的人会更积极地登录，而那些感觉没有效果的人往往会离开。
E. 登录"心理医生之窗"网站不足半年的人多于登录该网站6个月以上的人。

题 24 （1998—1—9）某学校最近进行的一项关于奖学金对学习效率促进作用的调查表明：获得奖学金的学生比那些没有获得奖学金的学生的学习效率平均要高出25%。调查的内容包括自习的出勤率、完成作业所需要的时间、日阅读量等许多指标。这充分说明，奖学金对帮助学生提高学习效率的作用是很明显的。

以下哪项如果为真，最能削弱以上的论证？

A. 获得奖学金通常是因为那些同学有好的学习习惯和高的学习效率。
B. 获得奖学金的同学可以更容易改善学习环境来提高学习效率。
C. 学习效率低的同学通常学习时间长而缺少正常的休息。
D. 学习效率的高低与奖学金的多少的研究应当采用定量方法进行。
E. 没有获得奖学金的同学的学习压力重，很难提高学习效率。

题 25 （2006—10—37）东进咨询公司的广告词如下："东进咨询团队的实力出众，可以使新创办的公司开业成功！请看我们这六位客户：他们每个公司在开业的两年内都获得了可观的利润。不要再犹豫了，马上联系东进咨询公司，我们可以给你们提供金点子，保证开业成功！"

以下哪项如果为真，最能质疑上述广告词？

A. 东进咨询公司的客户开业后也有失败的记录。
B. 除了东进咨询公司，上述六个公司还向其他咨询公司进行了咨询。
C. 东进咨询公司的工作人员并非都是博士或拥有MBA学位。
D. 即使没有东进咨询公司的帮助，上述六个公司开业也会获得成功。
E. 上述六个公司都是家具行业，东进咨询公司对其他行业的咨询效果一般。

题 26 （2007—1—33）在我国北方严寒冬季的夜晚，车辆前挡风玻璃会因低温而结冰霜。第二天对车辆发动预热后玻璃上的冰霜会很快融化。何宁对此不解，李军解释道：因为车辆仅有除霜孔位于前挡风玻璃，而车辆预热后除霜孔完全开启，因此，是开启除霜孔使车辆玻璃冰霜融化。

以下哪项为真，最能质疑李军对车辆玻璃迅速融化的解释？

A. 车辆一侧玻璃窗没有出现冰霜现象。
B. 尽管车尾玻璃窗没有除霜孔，其玻璃上的冰霜融化速度与前挡风玻璃没有差别。
C. 当吹在车辆玻璃上的空气气温增加，其冰霜的融化速度也会增加。
D. 车辆前挡风玻璃除霜孔排出的暖气流排出后可能很快冷却。
E. 即使启用车内空调暖风功能，除霜孔的功能也不能被取代。

◆ 题27 （2009—10—42）H 地区 95% 的海洛因成瘾者在尝试海洛因前曾吸过大麻。因此，该地区吸大麻的人数如果能减少一半，新的海洛因成瘾者将显著减少。

以下哪项如果为真，最能削弱上述论证？

A. 长期吸食大麻可能导致海洛因成瘾。
B. 吸毒者可以通过积极的治疗而戒毒。
C. H 地区吸大麻的人成为海洛因成瘾者的比例很小。
D. 大麻和海洛因都是通过相同的非法渠道获得。
E. 大麻吸食者的戒毒方法与海洛因成瘾者的戒毒方法是不同的。

◆ 题28 （2001—10—40）美国的一个动物保护组织试图改变蝙蝠在人们心目中一直存在的恐怖形象。这个组织认为，蝙蝠之所以让人觉得可怕和遭到捕杀，仅仅是因为这些羞怯的动物在夜间表现得特别活跃。

以下哪项如果为真，将对上述动物保护组织的观点构成最严重的质疑？

A. 蝙蝠之所以能在夜间特别活跃，是由于它们具有在夜间感知各种射线和声波的特殊能力。
B. 蝙蝠是夜间飞行昆虫的主要捕食者。在这样的夜间飞行昆虫中，有很多是危害人类健康的。
C. 蝙蝠在中国及其他许多国家同样被认为是一种恐怖的飞禽。
D. 美国人熟知的浣熊和中国人熟知的食蚊雀，都是些在夜间特别活跃的羞怯动物，但在人们的印象中一般并没有恐怖的印象。
E. 许多视觉艺术品，特别是动画片丑化了蝙蝠的形象。

◆ 题29 （2001—1—26）一位海关检查员认为，他在特殊工作经历中培养了一种特殊的技能，即能够准确地判定一个人是否在欺骗他。他的根据是，在海关通道执行公务时，短短的几句对话就能使他确定对方是否可疑；而在他认为可疑的人身上，无一例外地都查出了违禁物品。

以下哪项如果为真，能削弱上述海关检查员的论证？

Ⅰ. 在他认为不可疑而未经检查的入关人员中，有人无意地携带了违禁物品。
Ⅱ. 在他认为不可疑而未经检查的入关人员中，有人有意地携带了违禁物品。
Ⅲ. 在他认为可疑并查出违禁物品的入关人员中，有人无意地携带了违禁物品。

A. 仅Ⅰ。　　　　　　　B. 仅Ⅱ。　　　　　　　C. 仅Ⅲ。
D. 仅Ⅱ和Ⅲ。　　　　　E. Ⅰ、Ⅱ和Ⅲ。

◆ 题30 （2002—1—42）近年来，立氏化妆品的销量有了明显的增长，同时，该品牌用于广告的费用也有同样明显的增长。业内人士认为，立氏化妆品销量的增长，得益于其广告的促销作用。

以下哪项如果为真，最能削弱上述结论？

A. 立氏化妆品的广告费用，并不多于其他化妆品。
B. 立氏化妆品的购买者中，很少有人注意到该品牌的广告。
C. 注意到立氏化妆品广告的人中，很少有人购买该产品。
D. 消费者协会收到的对立氏化妆品的质量投诉，多于其他化妆品。
E. 近年来，化妆品的销售总量有明显增长。

◆ 题31 （2010—10—28）大气和云层既可以折射也可以吸收部分太阳光，约有一半照射地球的太阳能被地球表面的土地和水面吸收，这一热能值十分巨大。由此可以得出：地球将会逐渐升温以致融化。然而，幸亏有一个可以抵消此作用的因素，即：_____。

以下哪项作为上述的后续最为恰当？

A. 地球发散到外空的热能值与其吸收的热能值相近。
B. 通过季风与洋流，地球赤道的热向两极方向扩散。
C. 在日食期间，由于月球的阻挡，照射到地球的太阳光线明显减少。

D. 地球核心因为热能积聚而一直呈熔岩状态。
E. 由于二氧化碳排放增加，地球的温室效应引人关注。

题32 （1997—1—43）王鸿的这段话不大会错，因为他是听他爸爸说的。而他爸爸是一个治学严谨、受人尊敬、造诣很深、世界著名的数学家。

以下哪项如果是真的，最能反驳上述结论？

A. 王鸿谈的不是关于数学的问题。
B. 王鸿平时曾说过错话。
C. 王鸿的爸爸并不认为他的每句话都是对的。
D. 王鸿的爸爸已经老了。
E. 王鸿很听他爸爸的话。

题33 （1998—10—46）某特级招待所报案失窃现款200元。保安人员经过周密调查，得出结论是前台经理孙某作的案。所长说："这是最不可能的。"保安人员说："当所有其他的可能性都被排除了，剩下的可能性不管看来是多么不可能，都一定是事实。"

以下哪项如果为真，则最为有力地动摇保安人员的说法？

A. 保安人员事实上不可能比所长更了解自己的经理。
B. 对非法行为惩处的根据，不能是逻辑推理，而只能是证据。
C. 保安人员无法穷尽所有的可能性。
D. 孙某是该招待所公认的优秀经理。
E. 该招待所前台出纳王某的丈夫有作案的前科。

题34 （2005—10—40）去年，和羊毛的批发价不同，棉花的批发价大幅度地下跌。因此，虽然目前商店中棉织品的零售价还没有下跌，但它肯定会下跌。

以下哪项如果为真，最能削弱上述论证？

A. 去年由于引进新的工艺，棉织品的生产加工成本普遍上升。
B. 去年，羊毛批发价的上涨幅度，小于棉花批发价的下跌幅度。
C. 棉织品比羊毛制品更受消费者的欢迎。
D. 零售价的变动一般都滞后于批发价的变动。
E. 目前商品中羊毛制品的零售价没有大的变动。

题35 （2005—1—26）在期货市场上，粮食可以在收获前就"出售"。如果预测歉收，粮价就上升，如果预测丰收，粮价就下跌。目前粮食作物正面临严重干旱，今晨气象学家预测，一场足以解除旱情的大面积降雨将在傍晚开始。因此，预期期货市场上的粮价会大幅度下跌。

以下哪项如果为真，最能削弱上述论证？

A. 气象学家气候预测的准确性并不稳定。
B. 气象学家同时提醒做好防涝准备，防备这场大面积降雨延续过长。
C. 农业学家预测，一种严重的虫害将在本季粮食作物的成熟期出现。
D. 和期货市场上的某些商品相比，粮食价格的波动幅度较小。
E. 干旱不是对粮食作物生长的最严重威胁。

题36 （2001—10—38）妇女适合当警察的想法是荒唐的。妇女毕竟比男子平均矮15厘米，轻15公斤。很显然，在遇到暴力事件时，妇女没有男子有效。

以下哪项如果为真，最能削弱以上论证？

A. 有些申请当警察的妇女比在职的男警察长得高大。
B. 警察必须经过18个月的强化训练。

C. 在许多情况下，罪犯或受害者是妇女。
D. 警察要求携带和使用枪支，而妇女通常胆小怕枪。
E. 有许多警察部门的办公室职位妇女可以做。

题 37 （2003—10—36）现在市面上电子版图书越来越多，其中包括电子版的文学名著，而且价格都很低。另外，人们只要打开电脑，在网上几乎可以读到任何一本名著。这种文学名著的普及，会大大改变大众的阅读品位，有利于造就高素质的读者群。

以下哪项如果为真，最能削弱上述论证？

A. 名著的普及率一直不如大众读物，特别是不如健身、美容和智力开发等大众读物。
B. 许多读者认为计算机阅读不方便，宁可选择印刷版读物。
C. 一个高素质的读者不仅仅需要具备文学素养。
D. 真正对文学有兴趣的人不会因文学名著的价钱高或不方便而放弃获得和阅读文学名著的机会，而对文学没有兴趣的人则相反。
E. 在互联网上阅读名著仍然需要收费。

题 38 （2000—1—51）澳大利亚是个地广人稀的国家，不仅劳动力价格昂贵，而且很难雇到工人，许多牧场主均为此发愁。有个叫德尔的牧场主采用了一种办法，他用电网把自己的牧场圈起来，既安全可靠，又不需要多少牧牛工人。但是反对者认为这样会造成大量的电力浪费，对牧场主来说增加了开支，对国家的资源也不够节约。

以下哪项如果为真，能够削弱批评者对德尔的指责？

A. 电网在通电10天后就不再耗电，牛群因为有了惩罚性的经验，不会再靠近和触碰电网。
B. 节省人力资源对于国家来说也是一笔很大的财富。
C. 使用电网对于牛群来说是暴力式的放牧，不符合保护动物的基本理念。
D. 德尔的这种做法，既可以防止牛走失，也可以防范居心不良的人偷牛。
E. 德尔的这种做法思路新颖，可以考虑用在别的领域以节省宝贵的人力资源。

题 39 （2000—10—49）"净菜进万家"是目前"巧媳妇综合服务公司"正在大力开展的一项促销活动。他们在市场分析人员的建议下，选择了格物和致知这两所本城最著名的大学作为主攻方向。市场分析人员提交给他们的报告认为，格物和致知这两所大学，汇聚了众多国家宝贵的高级知识分子。提供洗净包好的"净菜"能够为他们节省大量的家务时间，以便做好教学科研工作，因此会受到他们的欢迎。

以下哪项如果为真，最能有力地对上述推论构成质疑？

A. 净菜的价格只比一般市场上卖的蔬菜略高。
B. 格物和致知这两所大学的大部分家庭都雇佣了钟点工做各种家务，付给钟点工的报酬比买净菜所增加的开支还少一些。
C. 对于净菜的卫生标准教师们还是信得过的，而且"巧媳妇"净菜还能提供上门送货服务。
D. 净菜的花样品种比一般市场卖的蔬菜要少一些，恐怕不能满足格物和致知两所大学这么多老师的口味。
E. 买净菜对很多格物和致知大学的老师来说是一件新鲜事，恐怕要有一个适应过程。

题 40 （2002—1—24）一种外表类似苹果的水果被培育出来，我们称它为皮果。皮果皮里面会包含少量杀虫剂的残余物。然而，专家建议我们吃皮果之前不应该剥皮，因为这种皮果的果皮里面含有一种特殊的维生素，这种维生素在其他水果里面的含量很少，对人体健康很有益处，弃之可惜。

以下哪项如果为真，最能对专家的上述建议构成质疑？

A. 皮果皮上的杀虫剂残余物不能被洗掉。

B. 皮果皮中的那种维生素不能被人体充分消化吸收。
C. 吸收皮果皮上的杀虫剂残余物对人体的危害超过了吸收皮果皮中的维生素对人体的益处。
D. 皮果皮上杀虫剂残余物的数量太少,不会对人体带来危害。
E. 皮果皮上的这种维生素未来也可用人工的方式合成,有关研究成果已经公布。

◆题41 (1998—1—8)人体在晚上分泌的镇痛荷尔蒙比白天多,因此,在晚上进行手术的外科病人需要较少的麻醉剂。既然较大量的麻醉剂对病人的风险更大,那么,如果经常在晚上做手术,手术的风险也就可以降低了。

下列哪项如果为真,最能反驳上述结论?
A. 医院晚上能源的费用比白天低。
B. 多数的新生儿在半夜和早上七点之间出生。
C. 晚上的急诊病人比白天多,包括那些急需外科手术的病人。
D. 护士和医疗技师晚上每小时薪金比白天高。
E. 手的灵巧和脑的警觉晚上比白天低,即使对习惯晚上工作的人也如此。

◆题42 (2002—10—48① 2001—1—21)今年上半年,即从1月到6月间,全国大约有300万台录像机售出。这个数字仅是去年全部录像机销售量的35%。由此可知,今年的录像机销售量一定会比去年少。

以下哪项如果为真,最能削弱以上结论?
A. 去年的录像机销售量比前年要少。
B. 大多数对录像机感兴趣的家庭都已至少备有一台。
C. 录像机的销售价格今年比去年便宜。
D. 去年销售的录像机中有6成左右是在1月售出的。
E. 一般说来,录像机的全年销售量70%以上是在年末两个月中完成的。

◆题43 (1997—10—28)"人靠衣服马靠鞍",汽车的外观设计实际上就是汽车的衣装。顾客在购买汽车时不可能一眼就看出汽车的性能,他们总是先从汽车的外观来判断汽车的档次,并由此形成是否购买的初步意向。因此,汽车推销最重要的是向顾客展示汽车的外观美。

以下哪项为真,最能削弱上述结论?
A. 人们的审美观念影响到他们的购买行为。
B. 人们购买汽车时总希望一部汽车的某些特征能符合自己的身份。
C. 当价格相近时,显得豪华的汽车更能赢得顾客的青睐。
D. 绝大部分顾客购买汽车都是以方便实用为目的。
E. 汽车推销广告都设计得非常漂亮。

◆题44 (1999—10—18)一份综合调查报告显示,明年将参加高考的女生中,只有4%表示可以考虑报考女子大学。因此,现存的女子大学要想办下去,必须考虑改为男女同校。

以下哪项如果为真,则将最严重地削弱上述论证?
A. 女子大学的毕业生在医疗、会计、文秘领域更受用人单位欢迎。
B. 大约60%的接受调查的女生表示,她们并不反对办女子大学。
C. 女子大学近年来的招生人数有下降趋势,生源质量也不太理想。
D. 应届高中毕业生中近年来报考大学的人数有逐步上升的趋势。
E. 现有的女子大学每年招生数仅占全国招收女大学生总量的2%。

---
① 题2002—10—48在题2001—1—21基础上,将"录像机"改为"数字照相机",以及修改了题干和选项的措辞,但题干数字、基本含义甚至选项顺序,两题都一致。

题 45 （2000—1—54）第二次世界大战期间，海洋上航行的商船常常遭到德国轰炸机的袭击，许多商船都先后在船上架设了高射炮。但是，商船在海上摇晃得比较厉害，用高射炮射击天上的飞机是很难命中的。战争结束后，研究人员发现，从整个战争期间架设过高射炮的商船的统计资料看，击落敌机的命中率只有4%。因此，研究人员认为，商船上架设高射炮是得不偿失的。

以下哪项如果为真，最能削弱上述研究人员的结论？

A. 在战争期间，未架设高射炮的商船，被击沉的比例高达25%；而架设了高射炮的商船，被击沉的比例只有不到10%。

B. 架设了高射炮的商船，即使不能将敌机击中，在某些情况下也可能将敌机吓跑。

C. 架设高射炮的费用是一笔不小的投入，而且在战争结束后，为了运行的效率，还要再花费资金将高射炮拆除。

D. 一般地说，上述商船用于高射炮的费用，只占整个商船的总价值的极小部分。

E. 架设高射炮的商船速度会受到很大的影响，不利于逃避德国轰炸机的袭击。

题 46 （1997—1—18）在本届全国足球联赛的多轮比赛中，参赛的青年足球队先后有6名前锋、7名后卫、5名中卫、2名守门员。比赛规则规定：在一场比赛中同一名球员不允许改变位置身份，当然也不允许有一个以上的位置身份；同时，在任一场比赛中，任一球员必须比赛到终场，除非受伤。由此可得出结论：联赛中青年足球队上场的共有球员20名。

以下哪项为真，最能削弱以上结论？

A. 比赛中若有球员受伤，可由其他球员替补。

B. 在本届全国足球联赛中，青年足球队中有些球员在各场球赛中都没有上场。

C. 青年足球队中有些队员同时是国家队队员。

D. 青年足球队的某个球员可能在不同的比赛中处于不同的位置。

E. 根据比赛规则，只允许11个球员上场。

题 47~48 基于以下题干：

一项全球范围的调查显示：近10年来，吸烟者的总数基本保持不变；每年只有10%的吸烟者改变自己的品牌，放弃原有的品牌而改吸其他品牌；烟草制造商用在广告上的支出占其毛收入的10%。在Z烟草公司的年终董事会上，董事A认为，上述统计表明，烟草业在广告上的收益正好等于其支出，因此，此类广告完全可以不做。董事B认为，由于上述10%的吸烟者所改吸的香烟品牌中几乎不包括本公司的品牌，因此，本公司的广告开支实际上是一笔亏损性开支。

题 47 （2000—1—77）以下哪项构成对董事A的结论的最有力质疑？

A. 董事A的结论忽视了：对广告开支的有说服力的计算方法，应该计算其占整个开支的百分比，而不应该计算其占毛收入的百分比。

B. 董事A的结论忽视了：近年来各种品牌的香烟的价格都有了很大的变动。

C. 董事A的结论基于一个错误的假设：每个吸烟者在某个时候只喜欢一种品牌。

D. 董事A的结论基于一个错误的假设：每个烟草制造商只生产一种品牌。

E. 董事A的结论忽视了：世界烟草业是一个由处于竞争状态的众多经济实体组成的。

题 48 （2000—1—78）以下哪项如果为真，能构成对董事B的结论的质疑？

Ⅰ. 如果没有Z公司的烟草广告，许多消费Z公司品牌的吸烟者将改吸其他品牌。

Ⅱ. 上述改变品牌的10%的吸烟者所放弃的品牌中，几乎没有Z公司的品牌。

Ⅲ. 烟草广告的效果之一，是吸引新吸烟者取代停止吸烟者（死亡的吸烟者或戒烟者）而消费自己的品牌。

A. 只有Ⅰ。 B. 只有Ⅱ。 C. 只有Ⅲ。
D. 只有Ⅰ和Ⅱ。 E. Ⅰ、Ⅱ和Ⅲ。

题49 （2001—1—43）自1940年以来，全世界的离婚率不断上升。因此，目前世界上的单亲儿童，即只与生身父母中的某一位一起生活的儿童，在整个儿童中所占的比例，一定高于1940年。

以下哪项关于世界范围内相关情况的断定，如果为真，最能对上述推断提出质疑？

A. 1940年以来，特别是70年代以来，相对和平的环境和医疗技术的发展，使中青年已婚男女的死亡率极大地降低。
B. 1980年以来，离婚男女中的再婚率逐年提高，但其中的复婚率却极低。
C. 目前全世界儿童的总数，是1940年的两倍以上。
D. 1970年以来，初婚夫妇的平均年龄在逐年上升。
E. 目前每对夫妇所生子女的平均数，要低于1940年。

题50 （1997—1—5）有时为了医治一些危重病人，医院允许使用海洛因作为止痛药。其实，这样做是应当被禁止的。因为，毒品贩子会通过这种渠道获取海洛因，对社会造成严重危害。

以下哪项为真，最能削弱以上的论证？

A. 有些止痛药可以起到和海洛因一样的止痛效果。
B. 贩毒是严重犯罪的行为，已经受到法律的严惩。
C. 用于止痛的海洛因在数量上与用作非法交易的比起来是微不足道的。
D. 海洛因如果用量过大就会致死。
E. 在治疗过程中，海洛因的使用不会使病人上瘾。

题51 （1997—10—14）一段时间以来，国产电器在国内市场的占有率逐渐减少。研究发现：国外电器的广告比国内电器的广告更吸引人。因此，国产电器制造商首先要改进广告，以增加市场占有率。

以下哪项为真，将严重地弱化上述论证？

A. 准备购买新的家用电器的人比其他人更爱看广告。
B. 消费者只关心他们早已喜爱的产品的广告。
C. 国产电器制造商的广告费只有国外厂商的一半。
D. 尽管国外电器销售额增加，国产电器销售额同样在增加。
E. 某些国外电器的广告是由国内广告公司制作的。

题52 （2011—10—41① 1999—1—51）某市报业集团经营遇到困难，向某咨询公司救助。咨询公司派出张博士调查了目前该市报纸的发行时段，早上有晨报，上午有日报，下午有晚报，都不是为夜间准备的。张博士建议他们办一份《都市夜报》，占领这块市场。

以下哪项如果为真，能够恰当地指出张博士分析中存在的问题？

A. 报纸的发行时段和读者阅读时间可能是不同的。
B. 酒吧或影剧院的灯光都很昏暗，无法读报。
C. 许多人睡前有读书的习惯，而读报的比较少。
D. 晚上人们一般习惯于看电视节目，很少读报。
E. 售报亭到夜间就关门了，《都市夜报》发行困难。

题53 （2000—1—47）在美国实行死刑的州，其犯罪率要比不实行死刑的州低。因此，死刑能够减少犯罪。

---

① 题2011—10—41在题1999—1—51基础上，将"秦老师"改为"张博士"。同时，E项修改为干扰度较大的内容，这里给出的E项便是干扰度较大的。

以下哪项如果为真，最可能质疑上述推断？

A. 犯罪的少年，较之守法的少年更多出自无父亲的家庭。因此，失去了父亲能够引发少年犯罪。
B. 美国的法律规定了在犯罪地起诉并按其法律裁决，许多罪犯因此经常流窜犯罪。
C. 在最近几年，美国民间呼吁废除死刑的力量在不断减弱，一些政治人物也已经不再像过去那样在竞选中承诺废除死刑了。
D. 经过长期的跟踪研究发现，监禁在某种程度上成为酝酿进一步犯罪的温室。
E. 调查结果表明：犯罪分子在犯罪时多数都曾经想过自己的行为可能会受到死刑或常年监禁的惩罚。

题 54 （1999—10—3） 在 1997 年开始的亚洲金融危机中，中国因为金融市场的开放程度有限而没有受到最严重的冲击。相反，亚洲各国中金融市场开放程度比较高的韩国、印尼、泰国等都饱受货币贬值、经济衰退之苦。看来，中国的金融市场还是应该自成体系地封闭运行为好。

以下哪项如果为真，则最能削弱上述结论？

A. 亚洲金融危机只是一个前奏，更危险的冲击还在后头。
B. 中国金融市场开放的程度受到中国经济发展阶段的限制。
C. 亚洲金融危机给中国带来的影响可能是深层次的，并非像表面这样平静。
D. 随着香港经济与内地经济越来越紧密地融合，中国金融市场的开放程度也会越来越大。
E. 如果不开放金融市场，金融体系无法走向成熟和完善，躲过了亚洲金融危机，也躲不过世界金融危机。

题 55 （1998—10—26） 据《计算机》杂志评论员分析，新一代的巨星微机比目前市场上的其他品牌微机质量更高、速度更快、价格更低。因此，它会很快在市场上建立起自己的销售优势。

以下哪项如果是真的，将最不能削弱上述论证？

A. 许多微机零售商店已经经销一种或数种低价位微机，它们并不想改变推出的品牌。
B. 除了巨星微机，又将有几种优质、快速、低价位的微机新品牌推出。
C. 巨星微机可以与其他厂家生产的高价位微机联网。
D. 巨星微机所瞄准的个人或公司客户对微机的需求已基本饱和。
E. 《计算机》杂志评论员对巨星微机的高度评价并未被微机客户所广泛接受。

题 56 （1999—10—26） 一位计算机行业的资深分析专家认为，新型的 Super Reger 微机质量高、运转快，而且价格比市场上其他任何一种品牌都低。因此，我们可以这样认为，Super Reger 微机会很快发展成为销售快、价格低的现有微机的替代品。

以下哪个选项如果为真，则最不能削弱上述观点？

A. Super Reger 公司的微机可以与其他公司生产的高价格的微机一比高低。
B. 一些运转速度快、价格更低的微机将很快引入其他公司（特别是 Super Reger 公司的竞争对手公司）的生产中。
C. 大多数零售商已经销售了一种或多种低价微机，不愿意再销售别的低价微机。
D. 市场调查结果显示，Super Reger 微机潜在市场的大多数需求者已经解决了他们的微机需求问题。
E. 这位计算机行业的分析专家进行评论所使用的质量衡量标准是不被广大的微机购买者所接受的。

题 57 （2000—10—21） 去年某经营儿童食品的商家采取了这样一种促销的方式，在每个出售的儿童食品包装中放入一套小的系列画片中的一枚。这样，鼓励孩子们不断购买该商家出售的同种儿童食品，以便集齐整套的系列画片。这种销售方式收到很好的效果，很多商家也都准备仿效。

以下各项如果为真,都能对上述促销方式提出质疑,除了:
A. 随着儿童娱乐方式的多元化,系列画片对儿童的吸引力正在下降。
B. 在儿童们吃过一次不合口味食品后,即使里面的画片再有趣,也不准备再去买第二次。
C. 有些画片经营者针对儿童食品的这种促销策略,准备设计和推出更为有趣的系列画片。
D. 因为许多系列画片中经常有一两片很难集到,有的家长已经准备到消费者协会投诉这种不正当竞争行为。
E. 这种促销方式已经引起了很多家长的不满,他们觉得这种促销对孩子有不正确的引导作用,准备联合抵制采取这种方式促销的食品公司的其他非儿童产品。

◆ 题58 (2006—1—42) 某报评论:H 市的空气质量本来应该已经得到改善。五年来,市政府在环境保护方面花了力气,包括耗资 600 多亿元将一些污染最严重的工厂迁走。但是,H 市仍难摆脱空气污染的困扰。因为解决空气污染问题面临着许多不利条件,其中,一个是机动车辆的增加,另一个是全球石油价格的上升。

以下各项如果为真,都能削弱上述论断,除了:
A. 近年来 H 市加强了对废气排放的限制,加大了对污染治理费征收的力度。
B. 近年来 H 市启用了大量电车和使用燃气的公交车,地铁的运行路线也有明显增加。
C. 由于石油涨价,许多计划购买豪华车的人转为购买低耗油的小型车。
D. 由于石油涨价,在国际市场上一些价位偏低的劣质含硫石油进入 H 市。
E. 由于汽油涨价和公车改革,拥有汽车的人缩减了驾车旅游的计划。

◆ 题59 (2000—1—44) 许多消费者在超级市场挑选食品时,往往喜欢挑选那些用透明材料包装的食品,其理由是透明包装可以直接看到包装内的食品,这样心里有一种安全感。
以下哪项如果为真,最能对上述心理感觉构成质疑?
A. 光线对食品营养所造成的破坏,引起了科学家和营养专家的高度重视。
B. 食品的包装与食品内部的卫生程度并没有直接的关系。
C. 美国宾州州立大学的研究结果表明:牛奶暴露于光线之下,无论是何种光线,都会引起风味上的变化。
D. 有些透明材料包装的食品,有时候让人看了会倒胃口,特别是不新鲜的蔬菜和水果。
E. 世界上许多国家在食品包装上大量采用阻光包装。

◆ 题60 (2003—1—56) 我国科研人员经过对动物和临床的多次试验,发现中药山茱萸具有抗移植免疫排斥反应和治疗自身免疫疾病的作用,是新的高效低毒免疫抑制剂。某医学杂志首次发表了关于这一成果的论文。多少有些遗憾的是,从杂志收到该论文到它的发表,间隔了 6 周。如果这一论文能尽早发表的话,这 6 周内许多这类患者可以避免患病。
以下哪项如果为真,最能削弱上述论证?
A. 上述医学杂志在发表此论文前,未送有关专家审查。
B. 只有口服山茱萸超过两个月,药物才具有免疫抑制作用。
C. 山茱萸具有抗移植免疫排斥反应和治疗自身免疫性疾病的作用仍有待进一步证实。
D. 上述杂志不是国内最权威的医学杂志。
E. 口服山茱萸可能会引起消化系统不适。

◆ 题61 (2001—1—51 2000—1—59) 在目前财政拮据的情况下,在本市增加警力的动议不可取。在计算增加警力所需的经费开支时,光考虑到支付新增警员的工资是不够的,同时还要考虑到支付法庭和监狱新雇员的工资。由于警力的增加带来的逮捕、宣判和监管任务的增加,势必需要相关部门同时增员。

以下哪项如果为真，将最有力地削弱上述论证？
A. 增加警力所需的费用，将由中央和地方财政共同负担。
B. 目前的财政状况，绝不至于拮据到连维护社会治安的费用都难以支付的地步。
C. 湖州市与本市毗邻，去年警力增加19%，逮捕个案增加40%，判决个案增加13%。
D. 并非所有侦察都导致逮捕，并非所有逮捕都导致宣判，并非所有宣判都导致监禁。
E. 当警力增加到与市民的数量达到一个恰当的比例时，将减少犯罪。

题62 （2014—10—41）卫计委的报告表明，这些年来医疗保健费的确是增加了。可见，我们每个人享受到的医疗条件大大改善了。

以下哪项对上述结论提出最严重的质疑？
A. 医疗保健费的绝大部分用在了对高危病人的高技术强化护理上。
B. 在不增加费用的情况下，我们的卫生条件也可能提高。
C. 国家给卫计委的拨款中有70%用于基础设施的建设。
D. 老年慢性病的护理费用是非常庞大的。
E. 每个公民都有享受国家提供的卫生保健的权利。

题63 （2002—10—29）通常人们总认为，赞助人向博物馆赠送展品，是对博物馆的一种财政上的支持。事实上，对捐赠品的日常保管和维护是一笔昂贵的开支。这笔开支的累计，甚至很快就会超过该捐赠品的市场价。因此，这些捐赠品事实上加剧而并非减轻了博物馆的财政负担。

以下哪项如果为真，最能削弱上述论证？
A. 捐赠品中包括珍贵的历史文物。
B. 博物馆的开支，主要由国家财政负担。
C. 博物馆一般只接受允许并易于出售的赠品。
D. 博物馆对藏品的保管和维护费用，因藏品的等级而异。
E. 博物馆对藏品的保管和维护费用，近年有下降的趋势。

题64 （2001—10—69① 2000—10—28 1998—1—35）由于工业废水的污染，淮河中下游水质恶化，有害物质的含量大幅度提高，这引起了多种鱼类的死亡。但由于蟹有适应污染水质的生存能力，因此，上述沿岸的捕蟹业和蟹类加工业将不会像渔业同行那样受到严重影响。

以下哪项如果是真的，将严重削弱上述论证？
A. 许多鱼类已向淮河上游及其他水域迁移。
B. 上述地区渔业的资金向蟹业转移，激化了蟹业的竞争。
C. 作为幼蟹主要食物来源的水生物蓝藻无法在污染水质中继续存活。
D. 蟹类适应污染水质的生理机制尚未得到科学的揭示。
E. 在鱼群分布稀少的水域中蟹类繁殖较快。

题65 （2001—1—44）鸡油菌这种野生蘑菇生长在宿主树下，如在道氏杉树的底部生长。道氏杉树为它提供生长所需的糖分。鸡油菌在地下用来汲取糖分的纤维部分为它的宿主提供养料和水。由于它们之间这种互利关系，过量采摘道氏杉树根部的鸡油菌会对道氏杉树的生长不利。

以下哪项如果为真，将对题干的论述构成质疑？
A. 在最近的几年中，野生蘑菇的产量有所上升。
B. 鸡油菌不只在道氏杉树底部生长，也在其他树木的底部生长。
C. 很多在森林中生长的野生蘑菇在其他地方无法生长。

---

① 题 2001—10—69 仅在题 1998—1—35 及题 2000—10—28 基础上，交换了 C 项和 E 项的顺序。

D. 对某些野生蘑菇的采摘会促进其他有利于道氏杉树的蘑菇的生长。
E. 如果没有鸡油菌的滋养，则道氏杉树的种子不能成活。

题 66 （2010—10—26）许多企业深受目光短浅之害，他们太关注立竿见影的结果和短期目标，以至于无法高瞻远瞩，往往使企业陷入被动甚至导致破产。因此，企业领导层的决策和行动应该以长期目标为主，不需过分关注短期目标。

以下哪项如果为真，将最有力地削弱上述论证？

A. 短期目标对员工的激励效果比长期目标更好。
B. 长期目标有较大的不确定性，短期目标易于控制。
C. 长期目标的实现有赖于一个个短期目标的成功。
D. 企业的短期目标和长期目标对于企业的发展都重要。
E. 企业的发展受到企业外部环境等诸多因素的影响。

题 67 （2006—1—39）研究发现，市面上 X 牌香烟的 Y 成分可以抑制 EB 病毒。实验证实，EB 病毒是很强的致鼻咽癌的病原体，可以导致正常的鼻咽部细胞转化为癌细胞。因此，经常吸 X 牌香烟的人将减少患鼻咽癌的风险。

以下哪项如果为真，最能削弱上述论证？

A. 不同条件下的实验，可以得出类似的结论。
B. 已经患有鼻咽癌的患者吸 X 牌香烟后并未发现病情好转。
C. Y 成分可以抑制 EB 病毒，也可以对人的免疫系统产生负面作用。
D. 经常吸 X 牌香烟会加强 Y 成分对 EB 病毒的抑制作用。
E. Y 成分的作用可以被 X 牌香烟的 Z 成分中和。

题 68 （2001—10—51）科学研究证明，非饱和脂肪酸含量高和饱和脂肪酸含量低的食物有利于预防心脏病。鱼通过食用浮游生物中的绿色植物使得体内含有丰富的非饱和脂肪酸"奥米加–3"。而牛和其他反刍动物通过食用青草同样获得丰富的非饱和脂肪酸"奥米加–3"。因此，多食用牛肉和多食用鱼对于预防心脏病都是有效的。

以下哪项如果为真，最能削弱题干的论证？

A. 在单位数量的牛肉和鱼肉中，前者非饱和脂肪酸"奥米加-3"的含量要少于后者。
B. 欧洲疯牛病的风波在全球范围内大大减少了牛肉的消费者，增加了鱼肉的消费者。
C. 牛和其他反刍动物在反刍消化的过程中，把大量的非饱和脂肪酸转化为饱和脂肪酸。
D. 实验证明，鱼肉中含有的非饱和脂肪酸"奥米加–3"比牛肉中含有的非饱和脂肪酸更易被人吸收。
E. 统计表明，在欧洲内陆大量食用牛肉和奶制品的居民中患心脏病的比例，要高于在欧洲沿海大量食用鱼类的居民中的比例。

题 69 （2001—1—40）科学研究表明，大量吃鱼可以大大减少患心脏病的风险，这里起作用的关键因素是鱼油中所含的丰富的"奥米加–3"脂肪酸。因此，经常服用保健品"奥米加–3"脂肪酸胶囊将大大有助于预防心脏病。

以下哪项如果为真，最能削弱题干的论证？

A. "奥米加–3"脂肪酸胶囊从研制到试销，才不到半年的时间。
B. 在导致心脏病的各种因素中，遗传因素占了很重要的地位。
C. 不少保健品都有不同程度的副作用。
D. "奥米加–3"脂肪酸只有和主要存在于鱼体内的某些物质化合后才能产生保健疗效。
E. "奥米加–3"脂肪酸胶囊不在卫生部最近推荐的十大保健品之列。

◆ 题 70 （2001—10—25）农科院最近研制了一种高效杀虫剂，通过飞机喷洒，能够大面积地杀死农田中的害虫。但使用这种杀虫剂未必能达到提高农作物产量的目的，甚至可能适得其反，因为这种杀虫剂在杀死害虫的同时，也杀死了保护农作物的各种益虫。

以下哪项如果为真，最能削弱上述论证？

A. 上述杀虫剂的效率，在同类产品中是最高的。
B. 益虫对农作物的保护作用，主要在于能消灭危害农作物的害虫。
C. 使用飞机喷洒上述杀虫剂，将增加农作物的生产成本。
D. 如果不发生虫灾，则农田中的益虫要多于害虫。
E. 上述杀虫剂只适合在平原地区使用。

◆ 题 71 （2002—1—14）调查表明，一年中任何月份，18 岁至 65 岁的女性中都有 52% 在家庭以外工作。因此，18 岁至 65 岁的女性中有 48% 是全年不在外工作的家庭主妇。

以下哪项如果为真，最严重地削弱了上述论证？

A. 现在离家工作的女性比历史上的任何时期都多。
B. 尽管在每个月中参与调查的女性人数都不多，但是这些样本有很好的代表性。
C. 调查表明将承担一份有薪工作为优先考虑的女性比以往任何时候都多。
D. 总体上说，职业女性比家庭主妇有更高的社会地位。
E. 不管男性还是女性，都有许多人经常进出于劳动力市场。

◆ 题 72 （1998—10—45）近三年来，京津市餐饮业的年利润一直稳定在八千万左右。据估算，扣除物价上涨的因素，这个数字近几年不会因为新的餐饮点的出现而扩大。因此，随着粤菜馆的兴旺，原先受欢迎的川菜馆的收入会随之减少。

以下哪项如果是真的，最能动摇上述论证？

A. 粤菜一般要比川菜贵，而且部分顾客觉得粤菜真是"好看不中吃"。
B. 该市相当一批餐馆既供应粤菜又供应川菜，而且分别由不同特长的厨师掌厨。
C. 粤菜馆虽逐年增多，但绝对数量仍不及川菜馆多。
D. 由于粤菜的兴起，人们用于粤菜馆和川菜馆以外的餐饮消费明显减少。
E. 一些川菜馆正在改变经营策略，树立新的形象，提高服务质量。

◆ 题 73 （2003—1—59）据统计，西式快餐业在我国主要大城市中的年利润，近年来稳定在 2 亿元左右。扣除物价浮动因素，估计这个数字在未来数年中不会因为新的西式快餐网点的增加而有大的改变。因此，随着美国快餐之父艾德熊的大踏步迈进中国市场，一向生意火爆的麦当劳的利润肯定会有所下降。

以下哪项如果为真，最能动摇上述论证？

A. 中国消费者对艾德熊的熟悉和接受要有一个过程。
B. 艾德熊的消费价格一般稍高于麦当劳。
C. 随着艾德熊进入中国市场，中国消费者用于肯德基的消费将有明显下降。
D. 艾德熊在中国的经营规模，在近年不会超过麦当劳的四分之一。
E. 麦当劳一直注意改进服务，开拓品牌，使之在保持传统的基础上更适合中国消费者的口味。

◆ 题 74 （2004—1—40）风险资本家融资的初创公司比通过其他渠道融资的公司失败率要低。所以，与诸如企业家个人素质、战略规划质量或公司管理结构等因素相比，融资渠道对于初创公司的成功更为重要。

以下哪项如果为真，最能削弱上述论证？

A. 风险资本家在决定是否为初创公司提供资金时，把该公司的企业家个人素质、战略规划质量和管理结构等作为主要的考虑因素。
- B. 作为取得成功的要素，初创公司的企业家个人素质比它的战略规划更为重要。
- C. 初创公司的倒闭率近年逐步下降。
- D. 一般来讲，初创公司的管理结构不如发展中的公司完整。
- E. 风险资本家对初创公司的财务背景比其他融资渠道更为敏感。

◆题 75 （2008—1—34）现在能够纠正词汇、语法和标点符号使用错误的中文电脑软件越来越多，记者们即使不具备良好的汉语基础也不妨碍撰稿。因此培养新闻工作者的学校不必重视学生汉语能力的提高，而应注重新闻工作者其他素质的培养。

以下哪项如果为真，最能削弱上述论证和建议？
- A. 避免词汇、语法和标点符号的使用错误并不一定能够确保文稿的语言质量。
- B. 新闻学课程一直强调并要求学生能够熟练应用计算机并熟悉各种软件。
- C. 中文软件越是有效，被盗版的可能性越大。
- D. 在新闻学院开设新课要经过复杂的论证与报批程序。
- E. 目前大部分中文软件经常更新，许多人还在用旧版本。

◆题 76 （2004—10—36）越来越多的计算机软件被开发应用于机械工程，这使得该领域操作流程中原来需要通过复杂数学计算得到的结果，现在只要通过简单操作电脑就能得到。因此，对于操作型的机械工程师来说，理解和掌握数学知识变得越来越没有必要；在培养机械工程师的院校中，应大大缩减数学课程，以腾出时间，加强其他课程的教学。

以下各项如果为真，哪项最不能削弱上述论证？
- A. 用于机械工程的计算机软件，其功能不仅是数学计算。
- B. 机械工程学院的培养目标，不仅是纯操作型人才，而且是具有操作能力的理论型人才。
- C. 数学知识是学习和掌握机械工程一系列基础课程的重要工具。
- D. 数学教学的目的，不仅是传授数学知识，而且是训练锐利、敏捷、清晰和准确的思维能力，这对于提高操作型人员的素质，同样具有重要的作用。
- E. 用于机械工程的计算机软件的开发研究，不仅需要机械工程的专业知识，而且需要数学专业知识。

◆题 77 （2004—1—54）小丽在情人节那天收到了专递公司送来的一束鲜花。如果这束鲜花是熟人送的，那么送花人一定知道小丽不喜欢玫瑰，而喜欢紫罗兰。但小丽收到的是玫瑰。如果这束花不是熟人送的，那么，花中一定附有签字名片。但小丽收到的花中没有名片。因此，专递公司肯定犯了以下的某种错误：或者该送紫罗兰却误送了玫瑰，或者失落了花中的名片，或者这束花应该是送给别人的。

以下哪项如果为真，最能削弱上述论证？
- A. 女士在情人节收到的鲜花一般都是玫瑰。
- B. 有些人送花，除了取悦对方外，还有其他目的。
- C. 有些人送花是出于取悦对方以外的其他目的。
- D. 不是熟人不大可能给小丽送花。
- E. 上述专递公司在以往的业务中从未有过失误记录。

◆题 78 （2008—1—43）H 国赤道雨林的面积每年以惊人的比例减少，引起了全球的关注。但是，卫星照片的数据显示，去年 H 国雨林面积的缩小比例明显低于往年。去年，H 国政府支出数百万美元用以制止滥砍滥伐和防止森林火灾。H 国政府宣称，上述卫星照片的数据说明，本国政府保护赤道雨林的努力取得了显著成效。

以下哪项如果为真，最能削弱 H 国政府的上述结论？

A. 去年 H 国用以保护赤道雨林的财政投入明显低于往年。
B. 与 H 国毗邻的 G 国的赤道雨林的面积并未缩小。
C. 去年 H 国的旱季出现了异乎寻常的大面积持续降雨。
D. H 国用于雨林保护的费用只占年度财政支出的很小比例。
E. 森林面积的萎缩是全球性的环保问题。

题 79 （2013—10—49） 阿普崔帕洞穴位于马伊纳半岛的迪洛斯湾附近，足有四个足球场大小。这一洞穴可追溯到新石器时代，但直到 20 世纪 50 年代才被一名遛狗的男子在无意中发现。经过几十年的科考工作之后，考古学家从该洞穴中挖掘出工具、陶器、黑曜石、银质和铜质器具，并由此认为曾经有数百人曾在该洞穴生活过。

以下哪项如果为真，最能反驳上述论证？

A. 该洞穴对希腊神话中有关地狱的描述内容有所启发。
B. 该洞穴其实是古代的墓地和葬礼举办地。
C. 在欧洲目前尚未发现比该洞穴更早的史前村落。
D. 该洞穴的入口在 5 000 年前坍塌。
E. 在离该洞穴不远处的平原地带，也挖掘出了类似的陶器和铁制器具。

题 80 （2011—10—49） 中国的姓氏有一个非常大的特点，那就是同是一个汉族姓氏，却很可能有着非常大的血缘差异。总体而言，以武夷山—南岭为界，中国姓氏的血缘明显地分成南北两大分支，两地汉族血缘差异颇大，甚至比南北两地汉族与当地少数民族的差异还要大。这说明随着人口的扩张，汉族不断南下，并在 2 000 多年前渡过长江进入湖广，最终越过海峡到达海南岛。在这个过程中间，南迁的汉族人不断同当地说侗台、南亚和苗族语的诸多少数民族融合，从而稀释了北方汉族的血缘特征。

以下哪项如果为真，最能反驳上述论证？

A. 南方的少数民族有可能是更久远的时候南迁的北方民族。
B. 封建帝王曾经敕封少数民族中的部分人以帝王姓氏。
C. 同姓的南北两支可能并非出自同一祖先。
D. 历史上也曾有少数民族北迁的情况。
E. 不同姓的南北两支可能出自同一祖先。

题 81 （2000—1—49） 赵青一定是一位出类拔萃的教练。她调到我们大学执教女排才一年，球队的成绩突飞猛进。

以下哪项如果为真，最有可能削弱上述论证？

A. 赵青以前曾经入选过国家青年女排，后来因为伤病提前退役。
B. 赵青之前的教练一直是男性，对于女运动员的运动生理和心理了解不够。
C. 调到大学担任女排教练之后，赵青在学校领导那里立下了军令状，一定要拿全国大学生联赛的冠军，结果只得了一个铜牌。
D. 女队员尽管是学生，但是对于赵青教练的指导都非常佩服，并自觉地加强训练。
E. 大学准备建设高水平的体育代表队，因此，从去年开始，就陆续招收一些职业队的退役队员。女排只招到了一个二传手。

题 82 （2000—1—41） 有些家长对学龄前的孩子束手无策，他们自愿参加了当地的一个为期六周的"家长培训"计划。家长们在参加该项计划前后，要在一份劣行调查表上为孩子评分，以表明孩子到底给他们带来了多少麻烦。家长们报告说，在参加该计划之后他们遇到的麻烦确实比参加之前要少。

以下哪项如果为真，最可能怀疑家长们所受到的这种培训的真正效果？

A. 这种训练计划所邀请的课程教授尚未结婚。
B. 参加这项训练计划的单亲家庭的家长比较多。
C. 家长们通常会在烦恼不堪、情绪落入低谷时才参加"家长培训"计划，而孩子们的捣乱和调皮有很强的周期性。
D. 填写劣行调查表对于这些家长来说不是一件容易的事情，尽管并不花费太多的时间。
E. 学龄前的孩子最需要父母亲的关心。起码，父母亲应当在每天都有和自己的孩子相处谈话的时间。专家建议，这个时间的低限是30分钟。

题83 （2000—1—35）过去，大多数航空公司都尽量减轻飞机的重量，从而达到节省燃油的目的。那时最安全的飞机座椅是非常重的，因此只安装很少的这类座椅。今年，最安全的座椅卖得最好。这非常明显地证明，现在的航空公司在安全和省油这两方面更倾向重视安全了。

以下哪项如果为真，能够最有力地削弱上述结论？

A. 去年销售量最大的飞机座椅并不是最安全的座椅。
B. 所有航空公司总是宣称他们比其他公司更加重视安全。
C. 与安全座椅销售不好的那些年比，今年的油价有所提高。
D. 由于原材料成本提高，今年的座椅价格比以往都贵。
E. 由于技术创新，今年最安全的座椅反而比一般座椅的重量轻。

题84 （2014—10—40）一家评价机构，为评价图书的受欢迎程度进行了社会调查。结果表明：生活类图书的销售量超过科技类图书的销售量，因此生活类图书的受欢迎程度要高于科技类图书。

以下哪项最能反驳上述论证？

A. 销售量只是部分反映图书的受欢迎程度。
B. 购买科技类图书的人往往都受过高等教育。
C. 生活类图书的种类远远超过科技类图书的种类。
D. 销售的图书可能有一些没有被阅读。
E. 有些生活类图书可能不在书店里销售。

题85 （1998—1—48）以下是一则广告：就瘘痛而言，3/4 的医院都会给病人使用"诺维克斯"镇痛剂。因此，你想最有效地镇瘘痛，请选择"诺维克斯"。

以下哪项如果为真，能最强地削弱该广告的论点？

A. 一些名牌的镇痛剂除了减少瘘痛外，还可减少其他的疼痛。
B. 许多通常不用"诺维克斯"的医院，对那些不适应医院常用药的人，也用"诺维克斯"。
C. 许多药物制造商，以他们愿意提供的最低价格，销售这些产品给医院，从而增加他们产品的销售额。
D. 和其他名牌的镇痛剂不一样，没有医生的处方，也可以在药店里买到"诺维克斯"。
E. 在临床试验中发现，"诺维克斯"比其他名牌镇痛剂要有效。

题86 （1999—1—74）以下是某报刊登的一则广告：对咽喉炎患者，有4/5 的医院都会给开"咽喉康含片"。因此，你若患了咽喉炎，最佳的选择是"咽喉康含片"。

以下哪项如果为真，最能对该广告的论点提出质疑？

A. 一些其他名牌药品，不但对咽喉炎有较好的疗效，对治疗其他疾病也有益处。
B. 其他 1/5 的医院，也给病人开"咽喉康含片"，只是不像广告说的那样频繁。
C. "咽喉康含片"的味道有些怪，刚含时有点苦，等一会就变成有点甜味了。

D. 有的药厂以很低的价格向医院推销药品，甚至采取给回扣等办法进行促销。

E. 对 10 名患者的临床试验的结果表明，"咽喉康含片"没有明显的副作用。

题 87 （1998—1—25）我国多数企业完全缺乏"专利意识"，不懂得通过专利来保护自己的合法利益。中国专利局最近对 500 家大中型企业专利工作的一次调查结果表明，在科研或新产品规划时制订了专利计划的仅有 26%。

以下哪项如果为真，最能削弱上述论证？

A. 在被调查的 500 家企业以外，有一部分企业也制订了专利计划。

B. 一些企业不知道应当怎样制订专利计划。

C. 有不少企业申请了很多专利，但并没有制订专利计划。

D. "专利意识"的培养是长期的任务。

E. 制订了专利计划的企业不一定就牢固地树立了"专利意识"。

题 88 （1999—1—63）我国多数软件开发工作者的"版权意识"十分淡薄，不懂得通过版权来保护自己的合法权益。最近对 500 多位软件开发者的调查表明，在制订开发计划时也同时制订了版权申请计划的仅占 20%。

以下哪项如果为真，最能削弱上述结论？

A. 制订了版权申请计划并不代表有很强的"版权意识"，是否有"版权意识"要看实践。

B. 有许多软件开发者事先没有制订版权申请计划，但在软件完成后申请了版权。

C. 有些软件开发者不知道应该到什么地方去申请版权，有些版权受理机构服务态度也不怎么样。

D. 版权意识的培养需要有一个好的法制环境。人们既要保护自己的版权，也要尊重他人的版权。

E. 在被调查的 500 名软件开发者以外还有上万名计算机软件开发者，他们的"版权意识"如何，有待进一步调查。

题 89 （1997—10—32）许多消费者并没有充分利用他们所购买的运动器械。据调查，美国有 17% 的成年人都有跑鞋，但其中只有 45% 的人一年跑一次以上，17% 的人一周跑一次以上。

下述哪项如果为真，则最能构成对以上结论的质疑？

A. 跑步者在刚开始跑步的六个月里，很容易因运动拉伤。

B. 在有关的调查中，跑步者经常夸大跑步的次数。

C. 许多消费者买跑鞋是为参加其他活动，而不是跑步。

D. 喜欢跑步的消费者通常买运动鞋，因为这可提高成绩。

E. 每周坚持跑步一次以上的人，往往是其他运动的积极分子。

题 90 （2000—10—3① 1999—10—31）据调查，滨州市有 24% 的家庭拥有电脑，但拥有电脑的家庭中 12% 每周编写程序 2 小时以上，23% 在 1~2 小时，其余的每周都不到 1 小时。可见，滨州市大部分购买电脑的家庭并没有充分利用他们的电脑。

以下哪种说法如果为真，最能构成对上述结论的质疑？

A. 过多地使用电脑会对眼睛产生危害，对孕妇身体也有影响。

B. 许多人购买电脑是为了娱乐或其他用途，而不是编程序。

C. 在调查中，会有相当比例的被调查对象夸大他们的电脑知识。

D. 使用电脑需要不断地学习与动手实践，有一个循序渐进的过程。

E. 家庭电脑的普及和充分利用肯定需要一个过程，不可操之过急。

---

① 题 2000—10—3 在题 1999—10—31 基础上，将"滨州市"改为"临海市"，D 项换成"临海市电脑培训中心在提高家用电脑拥有者的编程能力方面起到了重要作用"，但本项依然与题干论证无关。

第三篇　论证逻辑

题91　(2001—10—27) 在疟疾流行地区，许多人多次感染疟疾后，对此病产生免疫力。很明显，感染一次疟疾后人的免疫系统仅受到轻微的激活；而多次感染疟疾，与疟原虫接触，可产生有效的免疫反应，使人免于患疟疾。

以下哪项如果为真，最能削弱上述结论？

A. 疟疾病人由于体质的严重消耗，极易同时感染其他疾病。
B. 有几种不同类型的疟疾，身体对某一种疟原虫的免疫反应并不能保护其免于其他类型的疟疾感染。
C. 疟疾只通过蚊子传播，现在的蚊子对杀蚊剂已产生抵抗力。
D. 将疟疾患者隔离不能阻止此病的流行。
E. 对疟疾的免疫力可通过遗传的方法获得。

题92　(2002—10—12) 在疟疾流行的地区，很多孩子在感染疟疾几次后才对疟疾具有免疫力。显然，孩子的免疫系统在受到疟原虫的一次攻击后只能产生微弱的反应，而必须被攻击多次后才能产生有效的免疫反应。

以下哪项如果为真，最严重地削弱了上面的假设？

A. 在一个孩子感染疟疾后，孩子的监护人提高了避免使孩子再次感染疟疾的警惕，但是这种警惕过不了多久就降低了。
B. 疟疾是通过蚊子从一个人传播到另一个人的，而蚊子已经对控制它们的杀虫剂产生了越来越大的抵抗性。
C. 某一种基因如果可以从孩子的父母之一那里遗传下来，则可以使孩子对疟疾产生免疫力。
D. 治疗疟疾的疫苗都是通过激发人体的免疫力来发挥作用的。
E. 疟疾有几种截然不同的类型，人体对某一类型的免疫力并不能保护人免受其他类型疟疾的攻击。

题93　(1997—10—17) 经过对最近十年统计资料的分析，我们发现，某省因肺结核死亡的人数比例比起全国的平均值要高两倍。而在历史上该省并不是肺结核的高发地区。看来，该省最近这十年的肺结核防治水平降低了。

以下哪项为真，则最能削弱上述论断？

A. 该省十年前的人口数量只是现在的五分之一。
B. 该省的气候适合肺结核病的疗养，很多肺结核患者在此地走过最后一段人生之路。
C. 该省最近几年建设的步子迈得很大，到处都在修路盖楼。
D. 该省的人均病床数量仅达到了全国的平均水平。
E. 该省盛产椰子，椰子的产量比起十年前翻了一番。

题94　(1998—1—15) 经过对最近十年的统计资料分析，大连市因癌症死亡的人数比例比全国城市的平均值要高两倍。而在历史上大连市一直是癌症特别是肺癌的低发病地区。看来，大连最近这十年对癌症的防治出现了失误。

以下哪项如果为真，最能削弱上述论断？

A. 十年来大连市的人口增长和其他城市比起来并不算快。
B. 大连的气候和环境适合疗养，很多癌症病人在此地走过了最后一段人生之路。
C. 大连最近几年医疗保健的投入连年上升，医疗设施有了极大的改善。
D. 大连医学院在以中医理论探讨癌症机理方面取得了突破性的进展。
E. 尽管肺癌的死亡率上升，但大连的肺结核死亡率几乎降到了零。

● 题95　(2006—10—30) 黑脉金斑蝶的幼虫以乳草植物为食，这种植物所含的毒素使得黑脉金斑蝶对它的一些捕食动物有毒。副王峡蝶的外形和黑脉金斑蝶非常相似，但它的幼虫并不以乳草植物为食。因此可以得到结论，副王峡蝶之所以很少被捕食，是因为它和黑脉金斑蝶在外形上的相似。

以下哪项如果为真，最能削弱上述论证？

A. 有些动物在捕食了以乳草植物为食的昆虫后并不中毒。
B. 仅仅单个蝴蝶对捕食者有毒并不能对它产生保护作用。
C. 有些黑脉金斑蝶的捕食动物也捕食副王峡蝶。
D. 副王峡蝶对大多数捕食动物都有毒。
E. 只有蝴蝶才具有通过自身的毒性来抵御捕食者的保护机制。

● 题96　(2012—10—47) 一份研究报告显示，北大干部子女的比例从20世纪80年代的20%以上增至1997年的近40%，超过工人、农民和专业技术人员子女，成为最大的学生来源。有媒体据此认为，北大学生中干部子女比例20年来不断攀升，远超其他阶层。

以下哪项如果为真，最能质疑上述媒体的观点？

A. 近20年统计中的干部许多是企业干部，以前只包括政府机关的干部。
B. 相较于国外，中国教育为工农子女提供了更多受教育及社会流动的机会。
C. 中华人民共和国成立后，越来越多的工农子女考入大学。
D. 统计中部分工人子女可能是以前的农民子女。
E. 事实上进入美国精英大学的社会下层子女也越来越少。

● 题97　(2005—10—50) 一种新型飞机发动机的广告称：实验表明，其安全性明显高于旧机型发动机，只是燃料消耗略高。去年，两种发动机同时销售，结果旧型发动机的销售明显高于新型发动机。这说明，飞机发动机的购买者并不把安全性作为首要考虑的因素。

依据以下哪项原则，最有助于反驳上述论证？

A. 所陈述的是事实，并不等于这个陈述广为人知。
B. 所陈述的是事实，并不等于所陈述的事实被广泛认同。
C. 所陈述的是事实，并不等于该事实最重要。
D. 所陈述的是事实，并不等于其他陈述就不符合事实。
E. 所陈述的是事实，并不等于未经陈述的就不是事实。

● 题98　(1997—10—12) 甲省的省报发行量是乙省的省报发行量的十倍，可见，甲省的群众比乙省的群众更关心时事新闻。

以下哪项属实，最能减弱上述论证？

A. 甲省的人口是乙省人口的五倍。　B. 甲省的面积是乙省面积的十倍。
C. 甲省的省报在全国发行。　　　　D. 甲省的省报主要在乙省销售。
E. 乙省的报纸在全国发行。

● 题99　(2002—1—25) 最近10年，地震、火山爆发和异常天气对人类造成的灾害比数十年前明显增多，这说明，地球正变得对人类愈来愈充满敌意和危险。这是人类在追求经济高速发展中因破坏生态环境而付出的代价。

以下哪项如果为真，最能削弱上述论证？

A. 经济发展使人类有可能运用高科技手段来减轻自然灾害的危害。
B. 经济发展并不必然导致全球生态环境的恶化。
C. W国和H国是两个毗邻的小国，W国经济发达，H国经济落后，地震、火山爆发和异常天气所造成的灾害，在H国显然比W国严重。

D. 自然灾害对人类造成的危害，远低于战争、恐怖主义等人为灾害。

E. 全球经济发展的不平衡所造成的人口膨胀和相对贫困，使得越来越多的人不得不居住在生态环境恶劣甚至危险的地区。

题100 （2000—10—37）人类的和平共处是一个不可实现的理想。统计数字显示，自1945年以来，每天有12场战斗在进行，这包括大大小小的国际战争以及内战中的武力交战。

以下哪项如果为真，最能对上述结论提出质疑？

A. 1945年以来至21世纪初，国与国之间在外交关系的处理上都表现出了极大的克制，边境冲突也少有发生。

B. 现代战争更讲究威慑而不是攻击，比如曾经愈演愈烈的核军备竞赛以及由此造成的东西方的冷战。

C. 自从有人类以来，人们为争夺资源和领土的冲突一直都没有停止。

D. 20世纪60年代全世界总共爆发了30次战争，而到80年代爆发的战争总共还不到10次。

E. 就像静止是相对于运动而存在的一样，没有战争也就没有现在意义上的和平。

题101 （2001—1—41）关节尿酸炎是一种罕见的严重关节疾病。一种传统的观点认为，这种疾病曾于2 500年前在古埃及流行，其根据是在所发现的那个时代的古埃及木乃伊中，有相当高的比例可以发现患有这种疾病的痕迹。但是，最近对于上述木乃伊骨骼的化学分析使科学家们推测，木乃伊所显示的关节损害实际上是对尸体进行防腐处理时所使用的化学物质引起的。

以下哪项如果为真，最能进一步加强对题干中所提及的传统观点的质疑？

A. 在我国西部所发现的木乃伊中，同样可以发现患有关节尿酸炎的痕迹。

B. 关节尿酸炎是一种遗传性疾病，但在古埃及人的后代中这种病的发病率并不比一般的要高。

C. 对尸体进行成功的防腐处理，是古埃及人一项密不宣人的技术，科学家至今很难确定他们所使用物质的化学性质。

D. 在古代中东文物艺术品的人物造型中，可以发现当时的人患有关节尿酸炎的参考证据。

E. 一些古埃及的木乃伊并没有显示患有关节尿酸炎的痕迹。

题102 （2000—1—45）光线的照射有助于缓解冬季抑郁症。研究人员曾对九名患者进行研究，他们均因冬季白天变短而患上了冬季抑郁症。研究人员让患者在清早和傍晚各接受三小时伴有花香的强光照射。一周之内，七名患者完全摆脱了抑郁，另外两人也表现出了显著的好转。由于光照会诱使身体误以为夏季已经来临，这样便治好了冬季抑郁症。

以下哪项如果为真，最能削弱上述论证的结论？

A. 研究人员在强光照射时有意使用花香伴随，对于改善患上冬季抑郁症的患者的适应性有不小的作用。

B. 九名患者中最先痊愈的三位均为女性，而对男性患者治疗的效果较为迟缓。

C. 该实验均在北半球的温带气候中，无法区分南北半球的实验差异，但也无法预先排除。

D. 强光照射对于皮肤的损害已经得到专门研究的证实，其中夏季比起冬季的危害性更大。

E. 每天六小时的非工作状态，改变了患者原来的生活环境，改善了他们的心态，这是对抑郁症患者的一种主要影响。

题103 （1999—1—58）在人口最稠密的城市中，警察人数占总人口的比例也最大。这些城市中的"无目击证人犯罪"的犯罪率也最低。看来，维持高比例的警察至少可达到有效地阻止此类犯罪的效果。

下列哪项如果为真，最能有效地削弱上述推论？

A. 警察的工作态度和巡逻频率在各个城市是有很大差别的。

B. 高人口密度本身使得犯罪现场无目击证人的可能性减少。
C. 许多发生在大城市的非暴力犯罪都与毒品有关。
D. 在人口稠密的城市中，大多数罪犯并不是被警察抓获的。
E. 无目击证人犯罪在所有犯罪中本来就只占很小的比例。

题 104 （2000—1—40）一位研究人员希望了解他所在社区的人们喜欢的口味是可口可乐还是百事可乐。他找了些喜欢可口可乐的人，要他们在一杯可口可乐和一杯百事可乐中，通过品尝指出喜好。杯子上不贴标签，以免商标引发明显的偏见，只是将可口可乐的杯子标志为"M"，将百事可乐的杯子标志为"Q"。结果显示，超过一半的人更喜欢百事可乐，而非可口可乐。

以下哪项如果为真，最可能削弱上述论证的结论？

A. 参加者受到了一定的暗示，觉得自己的回答会被认真对待。
B. 参加实验者中很多人从来都没有同时喝过这两种可乐，甚至其中的30%的参加实验者只喝过其中一种可乐。
C. 多数参加者对于可口可乐和百事可乐的市场占有情况是了解的，并且经过研究证明，他们普遍有一种同情弱者的心态。
D. 在对参加实验的人所进行的另外一个对照实验中，发现了一个有趣的结果：这些实验者中的大部分更喜欢英文字母 Q，而不大喜欢 M。
E. 在参加实验前的一个星期中，百事可乐的形象代表正在举行大规模的演唱会，演唱会的场地中有百事可乐的大幅宣传画，并且在电视转播中反复出现。

题 105 （2001—10—46）1985 年，W 国国会降低了单身公民的收入税收比率，这对两份收入的已婚夫妇十分不利，因为他们必须支付比分别保持单身时更多的税。从 1985 年到 1995 年，未婚同居者的数量上升了 205%。因此，国会通过修改单身公民的收入税收比率，可使更多的未婚同居者结婚。

以下哪项如果为真，将最有力地削弱上述论证？

A. 从 1985 年到 1995 年，W 国的离婚率上升 185%，高离婚率对当事者特别是单亲子女造成的伤害，成为受到普遍关注特别是受到婚龄段青年人关注的社会问题。
B. 在 H 国，国会并未降低单身公民的收入税收比例，但在 1985 年至 1995 年间，未婚同居者的数量也有所上升。
C. W 国的税收率在相同发展水平的国家中并不算高。
D. 从 1985 年至 1995 年，W 国的未婚同居者的数量并不呈直线上升，而是在 1990 年有所回落。
E. W 国的未婚同居的现象，并不像在有些国家中那样受到道义上的指责。

题 106 （2013—10—48）"辣椒缓解消化不良"，吃完火辣大餐却饱受消化不良之苦的人，看到这句话或许会大惊失色，不敢相信。然而，意大利的专家们通过实验得出的结论却是如此。他们给患有消化不良的实验者在饭前服用含有辣椒成分的药片，在 5 个星期之后，有 60% 的实验者的不适症状得到了缓解。

以下哪项如果为真，最能反驳上述实验结论？

A. 辣椒中含有的辣椒素在一定程度上可以对一种神经传递素的分泌起阻碍作用。
B. 在该实验中，有 5% 实验者的不适症状有所加重。
C. 在另一组饭后服用该药片的实验者中也有 55% 实验者的不适症状得到了缓解。
D. 注意健康饮食之后，消化不良患者一般会在一个月内缓解不适症状。
E. 在实验前，并没有告知实验者所服用的药片中含有辣椒成分。

第三篇 论证逻辑

题107 （1997—1—47）甲校学生的英语考试成绩总比乙校学生的英语考试成绩好，因此，甲校的英语教学方法比乙校好。

除了以下哪项外，其余各项若真都会削弱上述结论？

A. 甲校英语考试题总比乙校的容易。
B. 甲校学生的英语基础比乙校学生好。
C. 乙校选用的英语教材比甲校选用的英语教材要难。
D. 乙校的英语教师比甲校教师工作更勤奋。
E. 乙校学生英语课的学时比甲校少。

题108 （2002—1—12）认为大学的附属医院比社区医院或私立医院要好是一种误解。事实上，大学的附属医院抢救病人的成功率比其他医院要小。这说明大学的附属医院的医疗护理水平比其他医院要低。

以下哪项如果为真，最能驳斥上述论证？

A. 很多医生既在大学工作又在私立医院工作。
B. 大学，特别是医科大学的附属医院拥有其他医院所缺少的精密设备。
C. 大学附属医院的主要任务是科学研究，而不是治疗和护理病人。
D. 去大学附属医院就诊的病人的病情，通常比去私立医院或社区医院的病人的病情重。
E. 抢救病人的成功率只是评价医院的标准之一，而不是唯一的标准。

题109 （2002—1—18）因偷盗、抢劫或流氓罪入狱的刑满释放人员的重新犯罪率，要远远高于因索贿、受贿等职务犯罪入狱的刑满释放人员。这说明，在狱中对上述前一类罪犯教育改造的效果，远不如对后一类罪犯。

以下哪项如果为真，最能削弱上述论证？

A. 与其他类型的罪犯相比，职务犯罪者往往有较高的文化水平。
B. 对贪污、受贿的刑事打击，并没能有效地扼制腐败，有些地方的腐败反而愈演愈烈。
C. 因索贿、受贿等职务犯罪刑满释放人员很难再得到官职。
D. 职务犯罪的罪犯在整个服刑犯中只占很小的比例。
E. 统计显示，职务犯罪者很少有前科。

题110 （2003—10—47）据医学资料记载，全球癌症的发病率20世纪下半叶比上半叶增长了近十倍，成为威胁人类生命的第一杀手。这说明，20世纪下半叶以高科技为标志的积极迅猛发展所造成的全球性生态失衡是诱发癌症的重要原因。

以下哪项如果为真，最不能削弱上述论证？

A. 人类的平均寿命，20世纪初约为30岁，20世纪中叶约为40岁，目前约为65岁，癌症高发病的发达国家的人均寿命普遍超过70岁。
B. 20世纪上半叶，人类经历了两次世界大战，大量的青壮年人口死于战争；而20世纪下半叶，世界基本处于和平发展时期。
C. 高科技极大地提高了医疗诊断的准确率和这种准确的医疗诊断在世界范围内的覆盖率。
D. 高科技极大地提高了人类预防、早期发现和诊治癌症的能力，有效地延长了癌症病人的生命时间。
E. 从世界范围来看，医学资料的覆盖率和保存完好率，20世纪上半叶大约分别只有20世纪下半叶的50%和70%。

题111 （2008—1—41）一般人认为，广告商为了吸引顾客不择手段。但广告商并不都是这样。最近，为了扩大销路，一家名为《港湾》的家庭类杂志改名为《炼狱》，主要刊登暴力与色情内容。结果，原先《港湾》杂志的一些常年广告客户拒绝续签合同，转向其他刊物。这说明这些广告商不只考虑经济效益，而且顾及道德责任。

以下各项如果为真，都能削弱上述论证，除了：
A. 《炼狱》杂志所登载的暴力与色情内容在同类杂志中较为节制。
B. 刊登暴力与色情内容的杂志通常销量较高，但信誉度较低。
C. 上述拒绝续签合同的广告商主要推销家具商品。
D. 改名后的《炼狱》杂志的广告费比改名前提高了数倍。
E. 《炼狱》因登载虚假广告被媒体曝光，一度成为新闻热点。

◆题112 （2009—1—44）S市持有驾驶证的人员数量较五年前增加了数十万，但交通死亡事故却较五年前有明显的减少。由此可以得出结论：目前S市驾驶员的驾驶技术熟练程度较五年前有明显的提高。

以下各项如果为真，都能削弱上述论证，除了：
A. 交通事故的主要原因是驾驶员违反交通规则。
B. 目前S市的交通管理力度较五年前有明显加强。
C. S市加强对驾校的管理，提高了对新驾驶员的培训标准。
D. 由于油价上涨，许多车主改乘公交车或地铁上下班。
E. S市目前的道路状况及安全设施较五年前有明显改善。

◆题113 （2000—1—58）加拿大的一位运动医学研究人员报告说，利用放松体操和机能反馈疗法，有助于对头痛进行治疗。研究人员抽选出95名慢性牵张性头痛患者和75名周期性偏头痛患者，教他们放松头部、颈部和肩部的肌肉，以及用机能反馈疗法对压力和紧张程度加以控制。其结果，前者中有四分之三、后者中有一半人报告说，他们头痛的次数和剧烈程度有所下降。

以下哪项如果为真，最不能削弱上述论证的结论？
A. 参加者接受了高度的、治疗有效的暗示，同时，对病情改善的希望亦起到推波助澜的作用。
B. 参加者有意迎合研究人员，即使不符合事实，也会说感觉变好。
C. 多数参加者志愿合作，虽然他们的生活状况承受着巨大的压力。在研究过程中，他们会感觉到生活压力有所减轻。
D. 参加实验的人中，慢性牵张性头痛患者和周期性偏头痛患者人数选择不等，实验设计需要进行调整。
E. 放松体操和机能反馈疗法的锻炼，减少了这些头痛患者的工作时间，使得他们对于自己病情的感觉有所改善。

◆题114 （2001—1—22）据S市的卫生检疫部门统计，和去年相比，今年该市肠炎患者的数量有明显的下降。权威人士认为，这是由于该市的饮用水净化工程正式投入了使用。

以下哪项，最不能削弱上述权威人士的结论？
A. 和天然饮用水相比，S市经过净化的饮用水中缺少了几种重要的微量元素。
B. S市的饮用水净化工程在五年前动工，于前年正式投入了使用。
C. 去年S市对餐饮业特别是卫生条件较差的大排档进行了严格的卫生检查和整顿。
D. 由于引进了新的诊断技术，许多以前被诊断为肠炎的病案，今年被确诊为肠溃疡。
E. 全国范围的统计数字显示，我国肠炎患者的数量呈逐年明显下降的趋势。

◆题115 （2003—1—45）因为青少年缺乏基本的驾驶技巧，特别是缺乏紧急情况的应对能力，所以必须给青少年的驾驶执照附加限制。在这点上，应当吸取H国的教训。在H国，法律规定16岁以上就可申请驾驶执照。尽管在该国注册的司机中19岁以下的只占7%，但他们却是20%的造成死亡的交通事故的肇事者。

以下各项有关H国的判定如果为真，都能削弱上述议论，除了：

A. 与其他人相比，青少年开的车较旧，性能也较差。
B. 青少年开车时载客的人数比其他司机要多。
C. 青少年开车的年均公里（每年平均行使的公里数）要高于其他司机。
D. 和其他司机相比，青少年较不习惯系安全带。
E. 据统计，被查出酒后开车的司机中，青少年所占的比例，远高于他们占整个司机总数的比例。

◆ 题116 （2000—10—48）新民住宅小区扩建后，新搬入的住户纷纷向房产承销公司投诉附近机场噪声太大，令人难以忍受。然而，老住户们并没有声援说他们同样感到噪声巨大。尽管房产承销公司宣称不会置住户的健康于不顾，但还是决定对投诉不采取措施。他们认为机场的噪声并不大，因为老住户并没有投诉。

以下哪项如果为真，则最能表明房产承销公司对投诉不采取措施的做法是错误的？

A. 房产承销商们的住宅并不在该小区，所以不能体会噪声的巨大危害。
B. 有些老住户自己准备了耳塞来解决这个问题，他们觉得挺有效果的。
C. 老住户觉得自己并没有与房产承销商有什么联系，也没有太大矛盾。
D. 老住户认为噪声并不巨大而没有声援投诉，是因为他们的听觉长期受噪音影响已迟钝失灵。
E. 房产承销公司从来没有隐瞒过小区位于飞机场旁边这一事实。

◆ 题117 （2001—1—24）某大公司的会计部经理要求总经理批准一项改革计划。

会计部经理：我打算把本公司会计核算所使用的良友财务软件更换为智达财务软件。

总经理：良友软件不是一直用得很好吗，为什么要换？

会计部经理：主要是想降低员工成本。我拿到了一个会计公会的统计，在新雇员的财会软件培训成本上，智达软件要比良友低28%。

总经理：我认为你这个理由并不够充分，你们完全可以聘请原本就会使用良友财务软件的雇员嘛。

以下哪项如果为真，最能削弱总经理的反驳？

A. 现在公司的所有雇员都曾经被要求参加良友财务软件的培训。
B. 当一个雇员掌握了财务会计软件的使用技能后，他们就开始不断地更换雇主。
C. 有会计软件使用经验的雇员通常比没有太多经验的雇员要求更高的工资。
D. 该公司雇员的平均工作效率比其竞争对手的雇员要低。
E. 智达财务软件的升级换代费用可能会比良友财务软件升级的费用高。

◆ 题118 （2007—1—37）魏先生：计算机对于当代人类的重要性，就如同火对于史前人类。因此，普及计算机知识当从小孩子抓起，从小学甚至幼儿园开始就应当介绍计算机知识；一进中学就应当学习计算机语言。

贾女士：你忽视了计算机技术的一个重要特点：这是一门知识更新和技术更新最为迅速的学科。童年时代所了解的计算机知识，中学时代所学的计算机语言，到需要运用的成年时代早已陈旧过时了。

以下哪项作为魏先生对贾女士的反驳最为有力？

A. 快速发展和更新并不仅是计算机技术的特点。
B. 孩子具备接受不断发展的新知识的能力。
C. 在中国算盘已被计算机取代但是并不说明有关算盘的知识毫无价值。

D. 学习计算机知识和熟悉某种计算机语言有利于提高理解和运用计算机的能力。

E. 计算机课程并不是中小学教育中的主课。

◆ 题119 （2001—10—59）李工程师：一项权威性的调查数据显示，在医疗技术和设施最先进的美国，婴儿最低死亡率在世界上只占第17位。这使我得出结论，先进的医疗技术和设施，对于人类生命和健康所起的保护作用，对成人要比对婴儿显著得多。

张研究员：我不能同意您的论证。事实上，一个国家所具有的先进的医疗技术和设施，并不是每个人都能均等地享受的。较之医疗技术和设施而言，较高的婴儿死亡率更可能是低收入的结果。

以下哪项如果为真，能最有力地削弱张研究员的反驳？

A. 美国的人均寿命占世界第二。

B. 全世界的百岁老人中，美国人占了30%。

C. 美国的婴儿死亡率呈逐年下降趋势。

D. 美国用于医疗新技术开发的投资占世界之最。

E. 一般地说，拯救婴儿免于死亡的医疗要求高于成人。

◆ 题120 （1998—1—18）母亲：这学期冬冬的体重明显下降，我看这是因为他的学习负担太重了。

父亲：冬冬体重下降和学习负担没有关系。医生说冬冬营养不良，我看这是冬冬体重下降的原因。

以下哪项如果是真的，则最能对父亲的意见提出质疑？

A. 学习负担过重，会引起消化紊乱，妨碍对营养的正常吸收。

B. 隔壁松松和冬冬一个班，但松松是个小胖墩，正在减肥。

C. 由于学校的重视和努力，这学期冬冬和同学们的学习负担比上学期有所减轻。

D. 现在学生的普遍问题是过于肥胖，而不是体重过轻。

E. 冬冬所在的学校承认学生的负担偏重，并正在采取措施解决。

◆ 题121 （2000—10—15）学生家长：这学期学生的视力普遍下降，这是由于学生的书面作业的负担太重。

校长：学生视力下降和书面作业的负担没有关系。经我们调查，学生视力下降的原因，是由于他们做作业时的姿势不正确。

以下哪项如果为真，最能削弱校长的解释？

A. 学生书面作业的负担过重容易使学生感到疲劳。同时，感到疲劳，学生又不容易保持正确的书写姿势。

B. 该校学生的书面作业的负担和其他学校相比确实较重。

C. 校方在纠正学生姿势以保护视力方面做了一些工作，但力度不够。

D. 学生视力下降是个普遍的社会问题，不唯该校然。

E. 该校学生的书面作业负担比上学年有所减轻。

◆ 题122 （2002—10—60）张教授：据世界范围的统计显示，20世纪50年代，癌症病人的平均生存年限（即从确诊至死亡的年限）是2年，而到20世纪末，这种生存年限已升至6年。这说明，世界范围内诊治癌症的医疗水平总体上有了显著的提高。

李研究员：您的论证缺乏说服力。因为您至少忽视了这样一个事实：20世纪末癌症的早期确诊率较20世纪50年代有了显著的提高。

以下哪项如果为真，最能削弱李研究员的反驳？

A. 癌症的早期确诊，很大程度上依赖于患者的自我保健意识。

B. 对癌症的早期确诊,是提高癌症诊治水平的重要内容和标准。
C. 无论在 50 年代还是在 20 世纪末,诊治癌症的医疗水平在世界的不同国家和地区是不平衡的。
D. 20 世纪末癌症的发病率比 50 年代有显著提高。
E. 20 世纪末和 50 年代相比,有更多的癌症患者接受化疗。

◆ 题 123 (2002—1—22) 被疟原虫寄生的红血球在人体内的存在时间不会超过 120 天。因为疟原虫不可能从一个它所寄生衰亡的红血球进入一个新生的红血球。因此,如果一个疟疾患者在进入了一个绝对不会再被疟蚊叮咬的地方 120 天后仍然周期性高烧不退,那么,这种高烧不会是由疟原虫引起的。

以下哪项如果为真,最能削弱上述结论?

A. 由疟原虫引起的高烧和由感冒病毒引起的高烧有时不容易区别。
B. 携带疟原虫的疟蚊和普通的蚊子很难区别。
C. 引起周期性高烧的疟原虫有时会进入人的脾脏细胞,这种细胞在人体内的存在时间要长于红血球。
D. 除了周期性的高烧只有到疟疾治愈后才会消失外,疟疾的其他某些症状会随着药物治疗而缓解乃至消失,但在 120 天内仍会再次出现。
E. 疟原虫只有在疟蚊体内和人的细胞内才能生存与繁殖。

◆ 题 124 (2005—10—45) 20 世纪 90 年代初,小普村镇建立了洗涤剂厂,当地村民虽然因此提高了收入,但工厂每天排出的大量污水,使村民们忧心忡忡:如果工厂继续排放污水,他们的饮用水将被污染,健康将受到影响。然而,这种担心是多余的。因为 1994 年对小普村镇的村民健康检查发现,几乎没人因水污染而患病。

以下哪项如果为真,最能质疑上述论证?

A. 1994 年,上述洗涤剂厂排放的污水量是历年中较小的。
B. 1994 年,小普村镇的村民并非全体参加健康检查。
C. 在 1994 年,上述洗涤剂厂的生产量减少了。
D. 合成洗涤剂污染饮用水导致的疾病需要多年后才会显现出来。
E. 合成洗涤剂污染饮用水导致的疾病与一般疾病相比更难检测。

◆ 题 125 (1998—10—38) 小儿神经性皮炎一直被认为是由母乳过敏引起的。但是,如果我们让患儿停止进食母乳而改用牛乳,他们的神经性皮炎并不能因此而消失。因此,显然存在别的某种原因引起小儿神经性皮炎。

下列哪项如果是真的,最能削弱上面的论证?

A. 牛乳有时也会引起过敏。
B. 小儿神经性皮炎属顽症,一旦发生,很难在短期内治愈。
C. 小儿神经性皮炎的患者大多有家族史。
D. 人乳比牛乳更易于被婴儿吸收。
E. 小儿神经性皮炎大多发生在有过敏体质的婴儿中。

◆ 题 126 (2009—10—43) 2005 年,打捞公司在南川岛海域调查沉船时意外发现一艘载有中国瓷器的古代沉船,该沉船位于海底的沉积层上。据调查,南川岛海底沉积层在公元 1 000 年形成,因此,水下考古人员认为,此沉船不可能是公元 850 年开往南川岛的"征服号"沉船。

以下哪项如果为真,能最严重地弱化上述论证?

A. 历史学家发现,"征服号"既未到达其目的地,也未返回其出发的港口。

B. 通过碳素技术测定，在南海沉积层发现的沉船是在公元800年建造的。
C. 经检查发现，"征服号"船的设计有问题，出海数周内几乎肯定会沉船。
D. 公元700年~900年间某些失传的中国瓷器在南川岛海底沉船中发现。
E. 在南川岛海底沉积层发现的沉船可能是搁在海底礁盘数百年后才落到沉积层上的。

◆ 题127　（2008—1—56）北大西洋海域的鳕鱼数量锐减，但几乎同时海豹的数量却明显增加。有人说是海豹导致了鳕鱼的减少。这种说法难以成立，因为海豹很少以鳕鱼为食。
以下哪项如果为真，最能削弱上述论证？
A. 海水污染对鳕鱼造成的伤害比对海豹造成的伤害严重。
B. 尽管鳕鱼数量锐减，海豹数量明显增加，但在北大西洋海域，海豹的数量仍少于鳕鱼。
C. 在海豹的数量增加以前，北大西洋海域的鳕鱼数量就已经减少了。
D. 海豹生活在鳕鱼无法生存的冰冷海域。
E. 鳕鱼只吃毛鳞鱼，而毛鳞鱼也是海豹的主要食物。

◆ 题128　（2001—1—32　2001—10—24）近10年来，移居清河界森林周边地区生活的居民越来越多。环保组织的调查统计表明，清河界森林中的百灵鸟的数量近十年来呈明显下降的趋势。但是恐怕不能把这归咎于森林周边地区居民的增多，因为森林的面积并没有因为周边居民人口的增多而减少。
以下哪项如果为真，最能削弱题干的论证？
A. 警方每年都接到报案，来自全国各地的不法分子无视禁令，深入清河界森林捕猎。
B. 清河界森林的面积虽没减少，但主要由于几个大木材集团公司的滥砍滥伐，森林中树木的数量锐减。
C. 清河界森林周边居民丢弃的生活垃圾吸引了越来越多的乌鸦，这是一种专门觅食百灵鸟卵的鸟类。
D. 清河界森林周边的居民大都从事农业，只有少数经商。
E. 清河界森林中除百灵鸟的数量近十年来呈明显下降的趋势外，其余的野生动物生长态势良好。

◆ 题129　（1998—1—21）甲：从举办奥运会的巨额耗费来看，观看各场奥运比赛的票额应该要高得多。奥运会主办者的广告收入降低了每份票券的单价。因此，奥运会的现场观众从奥运会拉的广告中获得了经济利益。
乙：你的说法不能成立。谁来支付那些看来导致奥运会票券降价的广告费用？到头来还不是消费者，包括作为奥运会现场观众的消费者。因为厂家通过提高商品的价格把广告费用摊到了消费者的身上。
以下哪项如果为真，则能够有力地削弱乙对甲的反驳？
A. 奥运会的票价一般要远高于普通体育比赛的票价。
B. 在各种广告形式中，电视广告的效果要优于其他形式的广告。
C. 近年来，利用世界性体育比赛做广告的厂家越来越多，广告费用也越来越高。
D. 奥运会的举办带有越来越浓的商业色彩，引起了普遍的不满。
E. 总体上说，各厂家的广告支出是一个常量，有选择地采取广播、电视、报纸、杂志、广告牌、邮递印刷品等各种形式。

◆ 题130　（1998—1—26）北方航空公司实行对教师机票六五折优惠，这实际上是吸引乘客的一种经营策略，该航空公司并没有实际让利，因为当某天某航班的满员率超过90%时，就停售当天优惠价机票，而即使在高峰期，航班的满员率也很少超过90%的。有座位空着，何不以优惠价促销它呢？

以下哪项如果是真的，将最有力地削弱上述论证？
- A. 绝大多数教师乘客并不是因为票价优惠才选择北方航空公司的航班的。
- B. 该航空公司实施优惠价的 7 月份的营业额比未实施优惠价的 2 月份增加了 30%。
- C. 实施教师优惠票价是表示对教师职业的一种尊重，不应从功利角度对此进行评价。
- D. 该航空公司在实施教师优惠价的同时，实施季节性调价。
- E. 该航空公司各航班全年的平均满员率是 50%。

◆题 131　（2013—10—52）最近，网络上开展了关于是否逐步延长退休年龄的讨论。根据某网站该问题讨论专栏一个月来的博客统计，在超过 200 字的陈述理由的博文中，有半数左右同意逐步延长退休年龄，以减轻人口老龄化带来的社会保障压力；然而，在所有博文中，有 80% 左右反对延长退休年龄，主要是担心由此产生的对青年就业带来的负面影响。

以下哪项如果为真，最能支持逐步延长退休年龄的主张？
- A. 现在有许多人在办理退休手续后，又找到第二职业。
- B. 尊老爱幼是中国几千年的优良传统，应该发扬光大。
- C. 青年人的就业问题应该靠经济发展和转型升级来解决。
- D. 由于多年来实行独生子女政策，中国老龄化问题将比许多西方发达国家更尖锐。
- E. 有些青年埋怨就业难，不是因为没有工作岗位，而是就业观念有问题。

◆题 132　（2001—10—31）新的法律规定，由政府资助的高校研究成果的专利将归学校所有。京华大学的管理者计划卖掉他们所有的专利给企业，以此来获得资金，改善该校本科生的教育条件。

以下哪项如果为真，将对学校管理者的计划的可行性构成严重质疑？
- A. 对学校专利产品感兴趣的盈利企业有可能对高校的研究计划提供赞助。
- B. 在新的税法中，对高校研究提供赞助的可以减免一部分税收。
- C. 在京华大学从事研究的科学家几乎完全不涉足本科生教育。
- D. 由政府资助的设在京华大学的研究机构的研究成果已经被一些企业自行研制出来。
- E. 京华大学不能吸引企业对其研究进行投资。

◆题 133　（2014—10—30）随着互联网的飞速发展，足不出户购买自己心仪的商品已经成为现实。即使在经济发展水平较低的国家和地区，人们也可以通过网络购物来满足自己对物质生活的追求。

以下哪项最能质疑上述观点？
- A. 随着网购销售额的增长，相关税费也会随之增加。
- B. 即使在没有网络的时代，人们一样可以通过实体店购买心仪的商品。
- C. 网络上的商品展示不能完全反映真实情况。
- D. 便捷的网络购物可能耗费人们更多的时间和精力，影响人际间的交流。
- E. 人们对物质生活追求的满足仅仅取决于所在地区的经济发展水平。

◆题 134　（2010—10—37）某市主要干道上的摩托车车道的宽度为 2 米，很多骑摩托车的人经常在汽车道上抢道行驶，严重破坏了交通秩序，使交通事故频发。有人向市政府提出建议：应当将摩托车车道扩宽为 3 米，让骑摩托车的人有较宽的车道，从而消除抢道的现象。

以下哪项如果为真，最能削弱上述论点？
- A. 摩托车车道宽度增加后，摩托车车速将加快，事故也许会随着增多。
- B. 摩托车车道变宽后，汽车车道将会变窄，汽车驾驶者会有意见。
- C. 当摩托车车道扩宽后，有些骑摩托车的人仍会在汽车车道上抢道行驶。
- D. 扩宽摩托车车道的办法对汽车车道上的违章问题没有什么作用。
- E. 扩宽摩托车车道的费用太高，需要进行项目评估。

◆ 题 135 （2002—10—47）纯种的蒙古奶牛一般每年产奶 400 升，如果蒙古奶牛与欧洲奶牛杂交，其后代一般每年可产 2 700 升牛奶。为此，一个国际组织计划通过杂交的方式，帮助蒙古牧民提高其牛奶产量。

以下哪项如果为真，对该国际组织的计划提出了最严重的质疑？

A. 并不是欧洲所有奶牛品种都可以成功地同蒙古奶牛杂交。
B. 许多年轻的蒙古人认为饲养奶牛是一种很低贱的职业，因为它不如其他许多职业更有利可图。
C. 蒙古地区的放牧条件只适于饲养当地品种的奶牛，不适合杂交奶牛生长。
D. 蒙古牧民出口到欧洲的主要产品是牛皮和牛角，而不是牛奶。
E. 许多欧洲奶牛品种每年产奶超过 2 700 升。

◆ 题 136 （2004—10—25）从国外引进的波尔山羊具有生长速度快、耐粗饲、肉质鲜嫩等特点，养羊效益高。我国北方某地计划鼓励当地农民把波尔山羊与当地的山羊进行杂交，以提高农民养羊的经济效益，满足发展高效优质肉羊的生产需要。

以下哪项如果为真，最能对上述计划的可行性提出质疑？

A. 波尔山羊耐高温不耐低温，杂交羊不能适应当地的气候条件。
B. 并非所有的波尔山羊都可以与当地的山羊成功杂交。
C. 当地许多年轻人认为饲养羊是低等的工作，因为养羊的利润比其他工作的利润低。
D. 当地许多人不喜欢波尔山羊。
E. 当地一些山羊也具有生长快、耐粗饲、屠宰率高、肉质鲜嫩的优点。

◆ 题 137 （2005—1—34）也许令许多经常不刷牙的人感到意外的是，这种不良习惯已使他们成为易患口腔癌的高危人群，为了帮助这部分人早期发现口腔癌，市卫生部门发行了一本小册子，教人们如何使用一些简单的家用照明工具，如台灯、手电等，进行每周一次的口腔自检。

以下哪项如果为真，最能对上述小册子的效果提出质疑？

A. 有些口腔疾病的病症靠自检难以发现。
B. 预防口腔癌的方案因人而异。
C. 经常刷牙的人也可能患口腔癌。
D. 口腔自检的可靠不如在医院所做的专门检查。
E. 经常不刷牙的人不大可能做每周一次的口腔自检。

◆ 题 138 （2005—10—34）大湾公司实施工间操制度的经验揭示：一个雇员，每周参加工间操的次数越多，全年病假的天数就越少。那些每周只参加一次工间操的雇员全年的病假天数，也比那些从不参加工间操的要少。因此，如果大湾公司把每工作日一次的工间操改为上、下午各一次，则能进一步降低雇员的病假率。

以下哪项如果为真，最能削弱上述论证？

A. 经常休病假的雇员，大多不参加体育锻炼，包括工间操。
B. 每工作日两次工间操，使有些雇员产生怠倦，影响工作效率。
C. 有的雇员坚持业余体育锻炼。
D. 工间操运动量小，不是一种最佳的群众性体育锻炼方式。
E. 一般地说，参加工间操的雇员的工作效率，并不比没参加工间操的雇员高。

◆ 题 139 （2005—1—31）市场上推出了一种新型的电脑键盘。新型键盘具有传统键盘所没有的"三最"特点，即常用键设计在靠近最灵活手指的部位。新型键盘能大大提高键入速度，并减少错误率。因此，用新型键盘替换传统键盘能迅速地提高相关部门的工作效率。

以下哪项如果为真，最能削弱上述论证？
A. 有的键盘使用者最灵活的手指和平常人不同。
B. 传统键盘中最常用的键并非设计在离最灵活手指最远的部位。
C. 越能高效率地使用传统键盘，短期内越不易熟练地使用新型键盘。
D. 新型键盘的价格高于传统键盘的价格。
E. 无论使用何种键盘，键入速度和错误率都因人而异。

◆题140 （1998—1—47）目前，北京市规定在公共场所禁止吸烟。京华大学国际工商学院将自己的教学楼整个划定为禁烟区。结果发现有不少人在教学楼厕所里偷偷吸烟，这一情况使得法规和校纪受到侵犯。有人建议，应当把教学楼的厕所定为吸烟区，这样，将使得烟民们有一个抽烟的地方而又不会使人们违反规定。
下列哪项如果为真，最能削弱上述建议的可行性？
A. 新的规定会把厕所的卫生和环境搞得非常糟糕，对不吸烟的人是不公平的。
B. 抽烟的人会使厕所变成一个"烟囱"，而且不利于烟民们戒烟。
C. 当新规定实施后，那些烟民中的有些人又会逐渐在教学楼内厕所以外其他的禁烟区吸烟。
D. 在厕所吸烟多了，在其他戒烟区发现违法者的可能性就小多了。
E. 这个新规定对于解决因为吸烟造成的学生宿舍的失火问题不起作用。

◆题141 （2000—10—39）目前，港南市主要干道上自行车道的标准宽度为单侧3米，很长一段时期以来，很多骑自行车的人经常在机动车道上抢道骑行。在对自行车违章执法还比较困难的现阶段，这种情况的存在严重影响了交通，助长了人们对交通法规的漠视。有人向市政府提出，应当将自行车道拓宽为3.5米，这样，给骑自行车的人一个更宽松的车道而能够消除自行车抢道的违章现象。
以下哪项如果为真，最能削弱上述论点？
A. 拓宽自行车道的费用较高，此项建议可行性较差。
B. 自行车道宽了，机动车走起来不方便，许多乘坐公共交通的人会很有意见。
C. 拓宽自行车道的办法对于机动车的违章问题没有什么作用。
D. 当自行车道拓宽到3.5米以后，人们仍会在缩小后的机动车道上抢道违章。
E. 自行车车道拓宽，自行车车速加快，交通事故可能增多。

◆题142 （2001—1—28）某些种类的海豚利用回声定位来发现猎物：它们发出滴答的声音，然后接收水域中远处物体反射的回音。海洋生物学家推测这些滴答声可能有另一个作用：海豚用异常高频的滴答声使猎物的感官超负荷，从而击晕近距离的猎物。
以下哪项如果为真，最能对上述推测构成质疑？
A. 海豚用回声定位不仅能发现远距离的猎物，而且能发现中距离的猎物。
B. 作为一种发现猎物的讯号，海豚发出的滴答声是它的猎物的感官所不能感知的，只有海豚能够感知从而定位。
C. 海豚发出的高频讯号即使能击晕它们的猎物，这种效果也是很短暂的。
D. 蝙蝠发出的声波不仅能使它发现猎物，而且这种声波能对猎物形成特殊刺激，从而有助于蝙蝠捕获它的猎物。
E. 海豚想捕获的猎物离自己越远，它发出的滴答声就越高。

◆题143 （1999—1—47）K国的公司能够在V国销售半导体，并且，售价比V国公司的生产成本低。为了帮助V国的那些公司，V国的立法机构制定了一项计划，规定K国公司生产的半导体在V国的最低售价必须比V国公司的平均生产成本高10%。

以下哪项如果为真，将最严重地影响该项计划的成功？

A. 预计明年 K 国的通货膨胀率超过 10%。
B. 现在 K 国的半导体不仅仅销往 V 国。
C. 一些销售半导体的 V 国公司宣布，它们打算降低半导体的售价。
D. K 国政府也制定半导体在本国的最低售价。
E. 越来越多的非 K 国的公司去 V 国销售半导体，并且售价比 K 国的产品低。

◆ 题 144 （2002—10—51）为了缓解城市交通拥挤的状况，市长建议对每天进入市区的私人小汽车收取 5 元的费用。市长说，这个费用将超过乘公交车进出市区的车费，所以很多人都会因此不再开车上班，而改乘公交车。

以下哪项如果为真，最严重地削弱了市长的结论？

A. 汽油价格的大幅上涨将增加开车上下班的成本。
B. 对多数自己开车进入市区的人来说，在市区内停车的费用已经远远超过了乘公交车的费用。
C. 多数现在乘公交车的人没有私人汽车。
D. 很多进出市区的人反对市长的计划，他们宁愿承受交通阻塞也不愿交那 5 元钱。
E. 在一个平常工作日，住在市区内的人的私人汽车占了交通阻塞时汽车总量的 20%。

◆ 题 145 （2013—10—55）借助动物化石和标本中留存的 DNA，运用日益先进的克隆和基因技术，人类已经能够"复活"一些早已灭绝的动物，如猛犸象、渡渡鸟、恐龙等。与此同时，科学界对"人类是否应该复活灭绝动物"也展开了一场大讨论。支持者们相信，复活动物有望恢复某些地区被破坏的生态环境。例如，猛犸象生活在西伯利亚广阔草原上，其排泄物是滋养草原的绝佳肥料。猛犸象灭绝后，缺少肥料的草原逐渐被苔原取代。如果能让猛犸象复活，重回西伯利亚，将有助于缩小苔原面积，逐渐恢复草原生态系统。

以下哪项如果为真，最能反驳上述支持者的观点？

A. 如果投入大量时间、精力和成本去复活已经消失的生物，势必牵制和削弱对现存濒危动物的保护，结果得不偿失。
B. 仅仅克隆出某种灭绝动物的个体，并不等于人类有能力复活整个种群。
C. 即便灭绝动物能够成批复活，适宜它们生长的栖息地或许早已消失，如果不能给予重生物种一个适宜生存的环境，一切努力都将徒劳。
D. 这些动物绝大多数是在人类发展过程中逐渐消失的，正是人类活动，才导致了它们的灭绝。
E. 地球资源有限，复活灭绝了的动物势必对现存生物造成威胁。

◆ 题 146 （2014—10—37）某市私家车泛滥，加重了该市的空气污染，并且在早高峰期和晚高峰期间常常造成多个路段出现严重的拥堵现象。为了解决这一问题，该市政府决定对私家车实行全天候单、双号限行，即奇数日只允许尾号为单数的私家车出行，偶数日只允许尾号为双数的私家车出行。

以下哪项最能质疑该市政府的决定？

A. 该市有一家大型汽车生产企业，限行令必将影响该企业的汽车销售。
B. 该市私家车拥有者一般都有两辆或者两辆以上的私家车。
C. 该市私家车车主一般都比较富有，他们不在乎违规罚款。
D. 该市正在大力发展轨道交通，这将有助于克服拥堵现象。
E. 私家车的运行是该市的税收来源之一，税收减少将影响公共交通的进一步改善。

◆ 题 147 （2005—1—24）市政府计划对全市的地铁进行全面改造，通过较大幅度地提高客运量，缓解沿线包括高速公路上机动车的拥堵，市政府同时又计划增收沿线两条主要高速公路的机动车过路费，用以弥补上述改造的费用。这样的理由是，机动车主是上述改造的直接受益者，应当承担部分开支。

以下哪项相关断定如果为真，最能质疑上述计划？

A. 市政府无权支配全部高速公路机动车过路费收入。
B. 地铁乘客同样是上述改造的直接受益者，但并不承担开支。
C. 机动车有不同的档次，但收取的过路费区别不大。
D. 为躲避多交过路费，机动车会绕开收费站，增加普通公路的流量。
E. 高速公路上机动车拥堵现象不如普通公路严重。

◆题148　（1999—10—20）在发生全球经济危机那样的极为紧急的时刻，投机活动猖獗，利率急剧上升，一切都变化不定，保护好自己的财产是至关重要的。管理和经济领域的专家认为：储蓄仍然是最安全的避难所，尽管收益非常低，但是把钱存起来实际上不会遇到风险。即使存款的银行破产，政府也保证归还储户一定数量的存款，对于存款数额多的人来说，在发生恐慌时，最好能将存款分别存入不同的户头，每个户头不超过政府保证归还的最高限额。

根据上述分析信息，以下哪项如果为真，最能对上述建议产生质疑？

A. 每个人允许在不同的银行开设多个银行户头。
B. 政府在银行破产时只归还那些按照真实姓名开设户头的储户一定数量的存款。
C. 政府保证归还的最高存款限额是有明文规定的。
D. 在出现危机时购买房子、汽车也是一个安全的决定，当然这仅仅是在出现恶性通货膨胀时。
E. 在大批银行破产的时候，政府也会失去对银行的控制，地位岌岌可危。

◆题149　（1999—10—21）长天汽车制造公司的研究人员发现，轿车的减震系统越"硬"，驾驶人员越是在驾驶中感到刺激。因此，他们建议长天汽车制造公司把所有的新产品的减震系统都设计得更"硬"一些，以提高产品的销量。

下面哪一项如果为真，最能削弱该研究人员的建议？

A. 长天公司原来生产的轿车的减震系统都比较"软"。
B. 驾驶汽车的刺激性越大，车就越容易开得快，越容易出交通事故。
C. 大多数人买车是为了便利和舒适，而"硬"的减震系统让人颠得实在难受。
D. 目前"硬"减震系统逐步流行起来，尤其是在青年开车族中。
E. 买车的人中有些年长者不是为了追求驾驶中的刺激。

◆题150　（2004—1—41）某乡间公路附近经常有鸡群聚集。这些鸡群对这条公路上高速行驶的汽车的安全造成了威胁。为了解决这个问题，当地交通部门计划购入一群猎狗来驱赶鸡群。

以下哪项如果为真，最能对上述计划构成质疑？

A. 出没于公路边的成群猎狗会对交通安全构成威胁。
B. 猎狗在驱赶鸡群时可能伤害鸡群。
C. 猎狗需要经过特殊训练才能够驱赶鸡群。
D. 猎狗可能会有疫病，有必要进行定期检疫。
E. 猎狗的使用会增加交通管理的成本。

◆题151　（2001—1—42）为了挽救濒临灭绝的大熊猫，一种有效的方法是把它们都捕获到动物园进行人工饲养和繁殖。

以下哪项如果为真，最能对上述结论提出质疑？

A. 在北京动物园出生的小熊猫京京，在出生24小时后，意外地被它的母亲咬断颈动脉而不幸夭折。
    B. 近五年在全世界各动物园中出生的熊猫总数是9只，而在野生自然环境中出生的熊猫的数字，不可能准确地获得。
    C. 只有在熊猫生活的自然环境中，才有它们足够吃的嫩竹，而嫩竹几乎是熊猫的唯一食物。
    D. 动物学家警告，对野生动物的人工饲养将会改变它们某些遗传特性。
    E. 提出上述观点的是一个动物园主，他的动议带有明显的商业动机。

◆题152　（2000—10—13）网络咖啡屋，或者是"网吧"，目前在都市非常流行，不少专家觉得这是一个很好的服务方向，很有市场前途。但实际上，网络咖啡屋和网吧的经营遇到了很多困难，其中之一就是电信部门网络服务基础收费太高。按照网络咖啡屋和网吧最初定的价格，即使加上酒水方面的利润，总体上也还是亏本。有些网络咖啡屋和网吧的经营者进行了大量一本一利的计算后，准备全面提高网络服务和酒水的价格，来维持自身的生存和发展。
以下哪项如果为真，能有力地对上述措施提出质疑？
    A. 在我们这样一个发展中国家，网络咖啡屋和网吧规模经营的进一步发展，有待于电信部门降低收费标准，目前的标准超过世界上绝大部分国家和地区。
    B. 在计算机上玩游戏是现在网络咖啡屋和网吧中的常见现象，这部分顾客对网吧的消费环境并不十分在意。
    C. 现在有些人到网络咖啡屋和网吧来是为了寻找出国信息或是爱好网络的朋友，甚至意中人，他们对收费的定价并不十分在意。
    D. 提价后的酒水价格，应当不高于其他类型咖啡屋和酒吧的酒水价格，否则一批并不打算上网的顾客就会流失。
    E. 根据《计算机世界》的市场调研报告，68%的网络咖啡屋和网吧的常客很在意网络咖啡屋和网吧中网络服务的收费定价。

◆题153　（2000—1—52）由于烧伤致使四个手指黏结在一起时，处置方法是用手术刀将手指黏结部分切开，然后实施皮肤移植，将伤口覆盖住。但是，有一个非常令人头痛的问题是，手指靠近指根的部分常会随着伤势的愈合又黏结起来，非再一次开刀不可。一位年轻的医生从穿着晚礼服的新娘子手上戴的白手套得到启发，发明了完全套至指根的保护手套。
以下哪项如果为真，最能削弱该保护手套的作用？
    A. 该保护手套的透气性能直接关系到伤势的愈合。
    B. 由于材料的原因，保护手套的制作费用比较贵，如果不能大量使用，价格很难下降。
    C. 烧伤后新生长的皮肤容易与保护手套粘连，在拆除保护手套时容易造成新的伤口。
    D. 保护手套需要与伤患的手形吻合，这就影响了保护手套的大批量生产。
    E. 保护手套不一定能适用于脚趾烧伤后的复原。

◆题154　（2007—10—49）某单位检验科需大量使用玻璃烧杯。一般情况下，普通烧杯和精密刻度烧杯都易于破损，前者的破损率稍微高些，但价格便宜得多。如果检验科把下年度计划采购烧杯的资金全部用于购买普通烧杯，就会使烧杯数量增加，从而满足检验需求。
以下哪项如果为真，最能削弱上述论证？
    A. 如果把资金全部用于购买普通烧杯，可能会将其中部分烧杯挪为他用。
    B. 下年度计划采购烧杯的数量不能用现在的使用量来衡量。
    C. 某些检验人员喜欢使用精密刻度烧杯而不喜欢使用普通烧杯。
    D. 某些检验需要精密刻度烧杯才能完成。
    E. 精密刻度烧杯使用更加方便，易于冲洗与保存。

● 题155 （2000—1—38）在驾驶资格考试中，桩考（俗称考杆儿）是对学员要求很高的一项测试。在南崖市各驾驶学校以往的考试中，有一些考官违反工作纪律，也有些考官责任心不强，随意性较大，这些都是学员意见比较集中的问题。今年1月1日起，各驾驶学校考场均在场地的桩上安装了桩考器，由目测为主变成机器测量，使场地驾驶考试完全实现了电脑操作，提高了科学性。

以下哪项如果为真，将最有力地怀疑这种仪器的作用？

A. 机器都是人发明的，并且最终还是由人来操纵，所以，在执法中防止考官徇私仍有很大的必要。
B. 场地驾驶考试也要包括考察学员在驾驶室中的操作是否规范。
C. 机器测量的结果直接通过计算机打印，随意性的问题能完全消除。
D. 桩考器严格了考试纪律，但是，也会引起部分学员的反对，因为这样一来，就很难托关系走后门了。
E. 桩考器如果只在南崖市安装，许多学员会到外地去参加驾驶考试。

● 题156 （1997—10—38）从历史上看，美国的繁荣是依靠企业不断涌现的新发明，这些发明促使汽车、飞机制造、化工、制药、电子、计算机等领域出现了一批新工业和新产品。因此，经济不断壮大的最好保障是企业在科学研究和发展方面增加经费。

以下哪项为真，最能削弱以上命题？

A. 企业花在研究和开发上的投入关系着企业的发展战略。
B. 由于增加了资金投入，企业研究和开发部门申请的专利比以前多了。
C. 有一些工业的发展直接依靠公司研究和开发部门取得的科技突破。
D. 多数企业只能对现有产品做微小的改进，要发展新技术还要靠研究所。
E. 在今后五年中，企业对研究人才的需求将会增加。

● 题157 （2000—10—17）在历史上，从来都是科学技术新发明的浪潮导致了新产业的诞生和兴旺，在此基础上逐步形成区域性直至世界性的经济繁荣，从汽车、飞机产业到化工、制药、电子等领域，情况都是如此。因此，目前产业界普遍增加在科学研究和开发上的投入必将有力地促进经济繁荣。

以下哪项如果为真，最能削弱上面的推论？

A. 在目前的资金水平上，公司的研究开发部门申请专利的数量比起十年前来要少得多。
B. 大部分产业的研究开发部门关心的只是对现有产品进行有利于经销的低成本改进，而不是开发有远大前途的高成本新技术。
C. 历史上，只有一些新的主干行业是直接依赖公司研究开发部门获得技术突破的。
D. 公司在科学研究和开发上的投入与公司每年新的发明专利的数量直接相关。
E. 政府对科学研究和开发的投入将在未来五年中大大缩减。

● 题158 （2005—10—32）当航空事故发生后，乘客必须尽快撤离飞机，因为在事故中泄漏的瓦斯对人体有毒，并且随时可能发生爆炸。为了避免因吸入瓦斯造成死亡，安全专家建议在飞机上为乘客提供防毒面罩，用以防止瓦斯的吸入。

以下哪项如果为真，最能质疑上述安全专家的建议？

A. 防毒面罩只能阻止瓦斯的吸入，但不能防止瓦斯的爆炸。
B. 防毒面罩的价格相当昂贵。
C. 使用防毒面罩并不是阻止吸入瓦斯的唯一方式。
D. 在大多数航空事故中，乘客是死于瓦斯中毒而不是瓦斯的爆炸。
E. 使用防毒面罩延长了乘客撤离机舱的时间。

◆ 题 159 　（2005—10—28）番茄红素、谷胱甘肽、谷氨酰胺是有效的抗氧化剂，这些抗氧化剂可以中和人体内新陈代谢所产生的自由基。体内自由基过量会加速细胞的损伤从而加速人的衰老。因而为了延缓衰老，人们必须在每天饮食中添加这些抗氧化剂。

以下哪项如果为真，最能削弱上述论证？

A. 体内自由基不是造成人衰老的唯一原因。
B. 每天参加运动可有效中和甚至清除体内的自由基。
C. 抗氧化剂的价格普通偏高，大部分消费者难以承受。
D. 缺乏锻炼的超重者在体内极易出现自由基过量。
E. 吸烟是导致体内细胞损伤的主要原因之一。

◆ 题 160 　（2001—1—57）虽然菠菜中含有丰富的钙，但同时含有大量浆草酸，浆草酸会有力地阻止人体对于钙的吸收。因此，一个人要想摄入足够的钙，就必须用其他含钙丰富的食物来取代菠菜，至少和菠菜一起食用。

以下哪项如果为真，最能削弱题干的论证？

A. 大米中不含有钙，但含有中和浆草酸并改变其性能的碱性物质。
B. 奶制品中的钙含量要远高于菠菜，许多经常食用菠菜的人也同时食用奶制品。
C. 在烹饪的过程中，菠菜中受到破坏的浆草酸要略多于钙。
D. 在人的日常饮食中，除了菠菜以外，事实上大量的蔬菜都含有钙。
E. 菠菜中除了钙以外，还含有其他丰富的营养素，另外，其中的浆草酸只阻止人体对钙的吸收，并不阻止对其他营养素的吸收。

◆ 题 161 　（2014—10—39）与矿泉水相比，纯净水缺乏矿物质，而其中有些矿物质是人体必需的。所以营养专家老张建议那些经常喝纯净水的人改变习惯，多饮用矿泉水。

以下哪项最能削弱老张的建议？

A. 人们需要的营养大多数不是来源于饮用水。
B. 人体所需的不仅仅是矿物质。
C. 可以饮用纯净水和矿泉水以外的其他水。
D. 有些矿泉水也缺少人体必需的矿物质。
E. 人们可以从其他食物中得到人体必需的矿物质。

◆ 题 162 　（1997—1—31）我国共有 5 万多千米的铁路，承担着 53% 的客运量和 70% 的货运量。铁路运力紧张的矛盾十分突出。改造既有铁路线路，提高列车的运行速度，就成了现实的选择。

如果下列哪项为真，则上述的论证就要被大大削弱？

A. 国家已经计划并且正逐步兴建大量的新铁路。
B. 我国铁路线路及车辆的维修和更新刻不容缓。
C. 随着经济的发展，铁路货运量还将增加。
D. 随着航空事业和高速公路的发展，铁路客运量会下降。
E. 正在试行时速达 140~160 千米的快速列车，比一般列车快 50%。

◆ 题 163 　（2013—10—40）迄今为止，年代最久远的智人遗骸在非洲出现，距今大约 20 万年。据此，很多科学家认为，人类起源于非洲，现代人的直系祖先——智人在约 20 万年前在非洲完成进化后，然后在约 15 万年到 20 万年前，慢慢向北迁徙，穿越中东到达欧洲和亚洲，逐步迁徙至世界其他地方。

以下哪项如果为真，最能反驳上述科学家的观点？

A. 现代智人，生活在旧石器时代晚期，大约距今 4 万年至 1 万年左右。我国境内，许多地方都有晚期智人化石或者文化遗址发现，地点数以百计。
B. 在南美洲的一处考古发掘中，人们发现了生活于大约 17 万年前的智人头骨化石。
C. 智人具备了个体之间能够相互沟通，能够制定计划、解决种种困难问题的那种非凡的能力。
D. 在很短的时间里，智人达到了令人瞠目结舌的繁荣，从热带到寒带，全世界凡是有陆地的地方基本上都有智人居住。
E. 在以色列特拉维夫以东 12 千米的 Qesem 洞穴中发现了 8 颗 40 万年前的智人牙齿，这是科学家迄今为止在全球发现的年代最为久远的智人遗骸。

题 164
（2012—10—49）2003 年 8 月 13 日，宜良县九乡张口洞古人类遗址内出土了一枚长度为 3 厘米的"11 万年前的人牙化石"，此发掘一公布立即引起了媒体和专家的广泛关注。不少参与发掘的专家认为，这枚人牙化石的出现，说明张口洞早在 11 万年前就已有人类活动了，它将改写之前由呈贡区龙潭山古人类遗址所界定的昆明地区人类只有 3 万年活动历史的结论。
以下哪项如果为真，最能质疑上述专家的观点？
A. 学术本来就是有争议的，每个人都有发表自己看法的权利。
B. 有专家对该化石的牙体长轴、牙冠形态、冠唇面和舌面的突度及珐琅质等进行了分析，认为此化石并非人类门牙化石，而是一枚鹿牙化石。
C. 这枚牙齿化石是在距今 11 万年的钙板层之下 20 厘米处的红色砂土层发掘到的。
D. 有专家用铀系法对张口洞各个层钙板进行年代测定，证明发现该牙齿化石的洞穴最早堆积物形成于 30 万年前。
E. 该化石的发掘者曾主持完成景洪妈咪囡遗址、大中甸遗址、宜良九乡张口洞遗址的发掘。

题 165
（2012—10—46）人们经常使用微波炉给食品加热。有人认为，微波炉加热时食物的分子结构发生了改变，产生了人体不能识别的分子。这些奇怪的新分子是人体不能接受的，有些还具有毒性，甚至可能致癌。因此，经常吃微波食品的人或动物，体内会发生严重的生理变化，从而造成严重的健康问题。
以下哪项最能质疑上述观点？
A. 微波加热不会比其他烹调方式导致更多的营养流失。
B. 我国微波炉生产标准与国际标准、欧盟标准一致。
C. 发达国家使用微波炉也很普遍。
D. 微波只是加热食物中的水分子，食品并未发生化学变化。
E. 自 1947 年发明微波炉以来，还没有因微波炉食品导致癌变的报告。

题 166
（1999—1—41）在某西方国家，高等学校的学费是中等收入家庭难以负担的，然而，许多家长还是节衣缩食供孩子上大学。有人说，这是因为高等教育是一项很好的投资。
以下哪项对以上说法提出质疑？
A. 一个大学文凭每年的利润率是 13% 以上，超过了股票的长期利润率。
B. 在 25~29 岁的人中，只有高中学历的失业率是受过高等教育的人的 3 倍。
C. 科技发展迅速，经济从依赖体力转变为更多地依赖脑力，对大学学历的回报进一步提高。
D. 1980 年有大学文凭的人的收入大约比只有高中文凭的人多 43%，1996 年增加到 75%。
E. 随着计算机技术的发展，许多原来需要高技术人才承担的工作可以雇只会操作键盘的技工来干。

题 167
（2000—1—79）美国法律规定，不论是驾驶员还是乘客，坐在行驶的小汽车中必须系好安全带。有人对此持反对意见。他们的理由是，每个人都有权冒自己愿意承担的风险，只要这种风险不会给别人带来损害。因此，坐在汽车里系不系安全带，纯粹是个人的私事，正如有人愿意承担风险去炒股，有人愿意承担风险去攀岩，纯属他个人的私事一样。

以下哪项如果为真，最能对上述反对意见提出质疑？

A. 尽管确实为了保护每个乘客自己，而并非为了防备伤害他人，但所有航空公司仍然要求每个乘客在飞机起飞和降落时系好安全带。

B. 汽车保险费近年来连续上涨，原因之一是不系安全带造成的伤亡使得汽车保险赔偿费连年上涨。

C. 在实施了强制要求系安全带的法律以后，美国的汽车交通事故死亡率明显下降。

D. 法律的实施带有强制性，不管它的反对意见看来多么有理。

E. 炒股或攀岩之类的风险是有价值的风险，不系安全带的风险是无谓的风险。

题 168 （1997—1—24）在某国的总统竞选中，争取连任的现任总统声言："本届政府执政期间，失业率降低了两个百分点，可见本届政府的施政纲领是正确的。"

如果下列哪项为真，则能有力地削弱以上的申辩？

A. 政府用调低利率的办法来刺激工商业的发展，使通货膨胀上升了40%。

B. 由于减轻了失业压力，从而减少了犯罪率。

C. 就业人数增加，减轻了政府福利开支。

D. 就业人数增加，刺激了人们学习职业技能的积极性。

E. 失业率下降，新毕业的大学生就业容易了。

题 169 （2005—1—43）当有些纳税人隐瞒实际收入逃避缴纳所得税时，一个恶性循环就出现了，逃税造成了年度总税收量的减少；总税收量的减少迫使立法者提高所得税率；所得税率的提高增加了合法纳税者的税负，这促使更多的人设法通过隐瞒实际收入逃税。

以下哪项如果为真，上述恶性循环可以打破？

A. 提高所得税率的目的之一是激励缴税人努力增加税前收入。

B. 能有效识别逃税行为的金税工程即将实施。

C. 年度税收总量不允许因逃税等情况而减少。

D. 所得税率必须有上限。

E. 纳税人的实际收入基本持平。

题 170 （1998—1—3）为了祛除脸上的黄褐斑，李小姐在今年夏秋之交开始严格按使用说明使用艾利雅祛斑霜。但经过整个秋季三个月的疗程，她脸上的黄褐斑毫不见少。由此可见，艾利雅祛斑霜是完全无效的。

以下哪项如果是真的，最能削弱上述结论？

A. 艾利雅祛斑霜价格昂贵。

B. 艾利雅祛斑霜获得了国家专利。

C. 艾利雅祛斑霜有技术合格证书。

D. 艾利雅祛斑霜是中外合资生产的，生产质量是信得过的。

E. 如果不使用艾利雅祛斑霜，李小姐脸上的黄褐斑会更多。

题 171 （2001—10—41）在生活中有时候可以看到一些人会反复地洗手，反复对餐具高温消毒，反复地检查门锁等，重复这类无意义的动作并使自己感到十分烦恼和苦闷，这就是神经症中的强迫症。王强每天洗手的次数超过普通人的20倍，看来王强是得了强迫症。

以下哪项如果为真，将对上述结论构成最有力的质疑？

A. 王强在洗手时并没有感到任何的烦恼和苦闷。

B. 王强的工作性质是需要洁净卫生的。

C. 王强的家里人的洗手次数都比普通人高。
D. 王强并没有检查门锁的习惯，甚至有一次还忘记了锁家门，结果被盗。
E. 王强的同事也都经常洗手，比较起来，王强并不是每天洗手次数最多的人。

题172 （2007—1—45）社会成员的幸福感是可以运用现代手段精确量化的。衡量一项社会改革措施是否成功，要看社会成员的幸福感总量是否增加，S市最近推出的福利改革明显增加了公务员的幸福感总量，因此，这项改革措施是成功的。

以下哪项如果为真，最能削弱上述论证？

A. 上述改革措施并没有增加S市所有公务员的幸福感。
B. S市公务员只占全市社会成员很小的比例。
C. 上述改革措施在增加公务员幸福感总量的同时，减少了S市民营企业人员的幸福感总量。
D. 上述改革措施在增加公务员幸福感总量的同时，减少了S市全体社会成员的幸福感总量。
E. 上述改革措施已经引起S市市民的广泛争议。

题173 （2008—10—53）张珊一直是甲班学习成绩最差的学生，但此次期末考试各科成绩均及格。因此，甲班在此次期末考试中将不会有学生不及格。

以下哪项如果为真，最能削弱上述论证？

A. 张珊此次期末考试各科的平均成绩不是甲班最差的。
B. 张珊不是甲班学习成绩最差的学生。
C. 考试成绩不能成为评价学生的唯一标准。
D. 甲班学生李思由于迷恋网络，学习成绩急剧下降。
E. 甲班学生王武在此次期末考试中有一门课程不及格。

题174 （2008—10—47）陈教授：中世纪初欧洲与东亚之间没有贸易往来，因为在现存的档案中找不到这方面的任何文字记录。

李研究员：您的论证与这样一个论证类似，传说中的喜马拉雅雪人是不存在的，因为从来没有人作证亲眼看到过这种雪人。这一论证的问题在于，有人看到雪人当然能证明雪人存在，但没人看到不能证明雪人不存在。

以下哪项如果为真，最能反驳李研究员的论证？

A. 中世纪初欧洲与东亚之间存在贸易往来的证据，应该主要依赖考古发现，而不是依赖文字档案。
B. 虽然东亚保存的中世纪初文档中有关于贸易的记录，但这一时期的欧洲文档却几乎没有关于贸易的记录。
C. 有文字档案记载，中世纪初欧洲与南亚和北非之间存在贸易往来。
D. 中世纪初欧洲的海外贸易主要依赖海上运输。
E. 欧洲与东亚现存的中世纪初文档中没有当时两个地区贸易的记录，如果有这种贸易往来，不大可能不留记录。

题175 （2002—10—28）一个医生在进行健康检查时，如果检查得足够彻底，就会使那些本没有疾病的被检查者无谓地饱经折腾，并白白地支付了昂贵的检查费用；如果检查得不够彻底，又可能错过一些严重的疾病，给病人一种虚假的安全感而延误治疗。问题在于，一个医生往往很难确定该把一个检查进行到何种程度。因此，对普通人来说，没有感觉不适就去接受医疗检查是不明智的。

以下各项如果为真，都能削弱上述论证，除了：

A. 有些严重疾病早期就有病人自己能察觉的明显症状。

B. 有些严重疾病早期虽无病人能察觉的明显症状,但这些症状并不难被医生发现。
C. 有些严重疾病只有经过彻底检查才能发现。
D. 有些经验丰富的医生可以恰如其分地把握检查的彻底程度。
E. 有些严重疾病发展到病人有明显不适时,已错过了治疗的最佳时机。

◆ 题176 (1999—1—49) 据报道,某国科学家在一块60万年前来到地球的火星陨石上发现了有机生物的痕迹,因为该陨石由二氧化碳化合物构成,该化合物产生于甲烷,而甲烷可以是微生物受到高压和高温作用时产生的。由此可以推断火星上曾经有过生物,甚至可能有过像人一样的高级生物。

以下条件除了哪项外,都对上文的结论提出质疑?

A. 火星陨石在地球上的60万年间可能产生了很多的化学变化,要界定其中哪些物质仍完全保留着在火星上的性质不是那么容易的。
B. 60万年的时间与宇宙的年龄相比是微不足道的,但在这一期间的生物进化的历史可以是丰富多彩的。
C. 微生物受到高压和高温作用时可以产生甲烷,但甲烷是否可以由其他方法产生是有待探讨的一个问题。
D. 由微生物进化到人类需要足够的时间和合适的条件,其复杂性及其中的一些偶然性可能是现在的人们难以想象的。
E. 二氧化碳化合物可以从甲烷产生,但也不能绝对排除从其他物质产生的可能性。

◆ 题177 (1997—1—11) 某公司多年来实行一套别出心裁的人事制度,即每隔半年就要让各层次的干部、职工实行一次内部调动,并将此称作"人才盘点"。

以下哪项对这种做法的必要性提出质疑?

A. 这种办法破除了职位高低的传统观念,强调每一工作都重要。
B. 人才盘点使技术人员全面了解生产流程,利于技术创新。
C. 以此方式培养提拔的管理干部对公司的情况了如指掌。
D. 干部、职工相互体会各自工作的困难,有利于团结互助。
E. 工作交换时,由于情况生疏会出现不必要的失误。

◆ 题178 (1997—10—13) "常在河边走,哪有不湿鞋?"搞财会工作的,都免不了有或多或少的经济问题,特别是在当前商品经济大潮下,更是如此。

以下哪项如果是真的,则最有力地否定了上述断定?

A. 某投资信托公司的会计,经管财务30年,拒受贿赂,一尘不染,多次受到表彰。
B. 随着法制的健全,经济犯罪必将受到严厉的打击。
C. 由于加强了两个文明建设,广大财会人员的思想觉悟有了明显的提高。
D. 以上断定,宣扬的是一种"人不为己,天诛地灭"的剥削阶级世界观。
E. "慎独"是中国的传统美德,这种传统美德,必将发扬光大。

◆ 题179 (2000—10—50) 是否公开学生的学习成绩,已经成为明讯管理学院的一个热点话题。很多学生认为学习成绩是个人隐私,需要得到保护,呼吁学院不要公开发布学生的学习成绩。学院的管理部门经过慎重的考虑,决定今后所有的学习成绩统一通过电子函件的方式发送,每个学生将只能收到自己的学习成绩。

以下各项为得知学院的这个决定后大家的一些反馈意见,其中哪项最能让学院的管理部门重新思考或修正他们的决定?

A. 学习成绩在奖学金的评定、研究生录取、毕业分配等方面是重要的指标。公开发布学生的学习成绩，能够让学生都来参与和监督这方面的工作。
B. 通过电子函件发送学生的学习成绩，会增加管理部门的工作量，恐怕工作人员还需要一段时间的适应。
C. 部分学生尚不熟悉电子函件的收发，如果弄丢了自己的学习成绩，则会给工作带来不必要的麻烦。
D. 公开发布学生的学习成绩，虽然能起到一定的激励作用，但也会损伤一部分同学的自尊心。
E. 电子函件的保密性并不绝对可靠，如果发生泄密，个人隐私的保护也同样会出现问题。

题180 (1999—10—22) 高脂肪、高糖含量的食物有害人的健康。因此，既然越来越多的国家明令禁止未成年人吸烟和喝含酒精的饮料，那么，为什么不能用同样的方法对待那些有害健康的食品呢？应该明令禁止18岁以下的人食用高脂肪、高糖食品。
以下哪一项如果为真，则最能削弱上述建议？
A. 许多国家已经把未成年人的标准定为16岁以下。
B. 烟、酒对人体的危害比高脂肪、高糖食物的危害要大。
C. 并非所有的国家都禁止未成年人吸烟喝酒。
D. 禁止有害健康食品的生产，要比禁止有害健康食品的食用更有效。
E. 高脂肪、高糖食品主要危害中老年人的健康。

题181 (2009—1—26) 某中学发现有学生课余用扑克玩带有赌博性质的游戏，因此规定学生不得带扑克进入学校，不过即使是硬币，也可以用作赌具，但禁止学生带硬币进入学校是不可思议的。因此，禁止学生带扑克进学校是荒谬的。
以下哪项如果为真，最能削弱上述论证？
A. 禁止带扑克进学校不能阻止学生在校外赌博。
B. 硬币作为赌具远不如扑克方便。
C. 很难查明学生是否带扑克进学校。
D. 赌博不但败坏校风，而且影响学生学习成绩。
E. 有的学生玩扑克不涉及赌博。

题182 (2003—1—51) 一个美国议员提出，必须对本州不断上升的监狱费用采取措施。他的理由是，现在一个关在单人牢房的犯人所需的费用，平均每天高达132美元，即使在世界上开销最昂贵的城市里，也不难在最好的饭店找到每晚租金低于125美元的房间。
以下哪项如果为真，能构成对上述美国议员的观点及其论证的恰当驳斥？
Ⅰ. 据州司法部公布的数字，一个关在单人牢房的犯人所需的费用，平均每天125美元。
Ⅱ. 在世界上开销最昂贵的城市里，很难在最好的饭店里找到每晚租金低于125美元的房间。
Ⅲ. 监狱用于犯人的费用和饭店用于客人的费用，几乎用于完全不同的开支项目。
A. 只有Ⅰ。　　　　　B. 只有Ⅱ。　　　　　C. 只有Ⅲ。
D. 只有Ⅰ和Ⅱ。　　　E. Ⅰ、Ⅱ和Ⅲ。

题183 (2000—10—45　1999—10—2) 某市繁星商厦服装部在前一阵疲软的服务市场中打了一个反季节销售的胜仗。据统计，繁星商厦皮衣的销售额在6、7、8三个月连续成倍数增长，6月527件，7月1 269件，8月3 218件。市有关主管部门希望在今年冬天向全市各大商场推广这种反季节销售的策略，力争今年11、12月和明年1月全市的夏衣销售能有一个大突破。
以下哪项如果为真，能够最好地说明该市有关主管部门的这种希望可能会落空？
A. 皮衣的价格可以在夏天一降再降，是因为厂家可以在皮衣淡季的时候购买原材料，其价格可以降低30%。

B. 皮衣的生产企业为了使生产销售可以正常循环，宁愿自己保本或者微利，把利润压缩了55%。

C. 在盛夏里搞皮衣反季节销售的不只是繁星商厦一家。但只有繁星商厦同时推出了售后服务由消费者协会规定的三个月延长到七个月，打消了很多消费者的顾虑，所以在诸商家中独领风骚。

D. 今年夏天繁星商厦的冬衣反季节销售并没有使该商厦夏衣的销售获益，反而略有下降。

E. 根据最近进行的消费心理调查的结果，买夏衣重流行、买冬衣重实惠是消费者的极为普遍的心理。

◆ 题184 （2013—10—39）构成生命的基础——蛋白质的主要成分是氨基酸分子。它是一种有机分子，尽管人们还没有在宇宙太空中直接观测到氨基酸分子，但是科学家在实验室里用氢、水、氧、甲烷及甲醛等有机物，模拟太空的自然条件，已成功合成几种氨基酸。而合成氨基酸所用的原材料，在星际分子中大量存在。不难想象，宇宙空间也一定存在氨基酸的分子，只要有适当的环境，它们就有可能转变为蛋白质，进一步发展成为有机生命。据此推测，地球以外的其他星球也存在生命体，甚至可能是具有高等智慧的生命体。

以下哪项如果为真，最能反驳上述推测？

A. 从蛋白质发展成为有机生命的过程和从有机分子转变为蛋白质的过程存在巨大的差异。

B. 高等智慧不仅是一个物质进化的产物，更是一个不断社会化的产物。

C. 在自然环境中，由已经存在的星际分子合成氨基酸分子是一个小概率事件。

D. 有些星际分子是在地球环境中找不到的，而且至今在实验室中也无法得到。

E. 人们曾经认为火星上存在生命体，但是最近的火星探测基本上否定了这个猜测。

◆ 题185 （2004—10—33）张教授：在我国大陆架外围海域建设新油井的计划不足取，因为由此带来的收益不足以补偿由此带来生态破坏的风险。目前我国每年海底石油的产量，还不能满足我国一天石油的需求量，而上述拟建中的新油井，最多只能使这个数量增加0.1%。

李研究员：你的论证不能成立。你能因为新建的防护林不能在一夜之间消灭北京的沙尘暴而反对实施防护林计划吗？

以下哪项如果为真，最能削弱李研究员的反驳？

A. 在北京周边建防护林，只能防阻沙尘暴，不能根治沙尘暴。

B. 我国在治理沙尘暴方面还缺乏成功的经验。

C. 建防护林不像建海上油井那样能产生直接的经济效益。

D. 建防护林只会保护生态，不会破坏生态。

E. 建防护林不会产生类似于建海上油井所带来的风险。

◆ 题186 （2003—10—56）据交通部去年对全国十个大城市的统计，S市的汽车交通事故率最低。S市在前年实施了汽车特殊安检制度，提高了安检的标准和力度。为了有效降低汽车交通事故率，其他大城市也应当像S市那样，对本市的汽车实施特殊安检。

以下哪项如果为真，最能削弱题干的叙述？

A. 在上述十个城市中，在S市行驶的汽车中外地汽车所占的比率最低。

B. 在上述十个城市中，在S市行驶的汽车交通事故中外地汽车肇事所占的比率最低。

C. 在上述十个大城市中，在S市行驶的汽车的总量最少。

D. S市去年的汽车交通事故的数量少于前年。

E. 在上述十个城市中，H市也实行了和在S市同样的特殊安检制度，但去年其交通事故率要高于S市。

◆ 题187 （2003—10—51　2001—10—60）毫无疑问，未成年人吸烟应该加以禁止。但是，我们不能为了防止给未成年人吸烟以可乘之机，就明令禁止自动售烟机的使用。马路上不是到处都有避孕套自动销售机吗？为什么不担心有人从中购买了避孕套去嫖娼呢？

以下哪项如果为真，最能削弱上述论证？
A. 嫖娼是触犯法律的，但未成年人吸烟并不触犯法律。
B. 公众场合是否适合置放避孕套自动销售机，一直是一个有争议的问题。
C. 人工售烟营业点明令禁止向未成年人售烟。
D. 在司法部门的严厉打击下，卖淫嫖娼等丑恶现象逐年减少。
E. 据统计，近年来未成年吸烟者的比例有所上升。

◆ 题188 （2014—10—48）某博主宣称："我的这篇关于房价未来走势的分析文章得到了1 000余个网民的跟帖，我统计了一下，其中85%的跟帖是赞同我的观点的。这说明大部分民众是赞同我的观点的。"

以下哪项最能质疑该博主的结论？
A. 有些人虽然赞同他的观点，但是不赞同他的分析。
B. 该博主其他得到比较高支持率的文章后来被证实其观点是错误的。
C. 有些支持反对意见的跟帖理由更充分。
D. 博主文章的观点迎合了大多数人的喜好。
E. 关注该博主文章的大部分人是其忠实粉丝。

◆ 题189 （2001—10—22　2000—10—27①　1999—10—17）为了估计当前人们对管理基本知识掌握的水平，《管理者》杂志在读者中开展了一次管理知识有奖问答活动。答卷评分后发现，60%的参加者对于管理基本知识掌握的水平很高，30%左右的参加者也表现出了一定的水平。《管理者》杂志因此得出结论，目前社会群众对于管理基本知识的掌握还是不错的。

以下哪项如果为真，则最能削弱以上结论？
A. 管理基本知识的范围很广，仅凭一次答卷就得出结论未免过于草率。
B. 掌握了管理基本知识与管理水平的真正提高还有相当的距离。
C. 并非所有《管理者》的读者参加了此次答卷活动，其可信度值得商榷。
D. 从发行渠道看，《管理者》的读者主要是高学历者和实际的经营管理者。
E. 并不是所有人都那么认真，有少数人照抄了别人的答卷，还获了奖。

◆ 题190 （2010—10—51）《花与美》杂志受A市花鸟协会委托，就A市评选市花一事对杂志读者群进行了民意调查，结果60%以上的读者将荷花选为市花，于是编辑部宣布，A市大部分市民赞成将荷花定为市花。

以下哪项如果属实，最能削弱该编辑部的结论？
A. 有些《花与美》读者并不喜欢荷花。
B. 《花与美》杂志的读者主要来自A市一部分收入较高的女性市民。
C. 《花与美》杂志的有些读者并未在调查中发表意见。
D. 市花评选的最后决定权是A市政府而非花鸟协会。
E. 《花与美》杂志的调查问卷将荷花放在十种候选花的首位。

◆ 题191 （2013—10—53）某网络论坛将最近一年与5年前网友曾经发布的有关社会问题的帖子进行了

---

① 题2000—10—27仅在题1999—10—17基础上，对C、D和E项的措辞做了调整。而题2001—10—22与题2000—10—27完全一致。

统计比较，发现：像拾金不昧、扶贫急难、见义勇为这样的帖子增加了 50%，而与为非作歹、作恶逃匿、杀人越货有关的帖子却增加了 90%。由此可见，社会风气正在迅速恶化。

以下哪项如果为真，最能削弱上述论证？

A. "好事不出门，坏事传千里。"古往今来，都是如此。
B. 最近 5 年上网的用户翻了两番。
C. 最近几年，有些人在网上用造谣的方式达到营利的目的。
D. 最近一年，通过网络举报清查出一批贪污腐败分子。
E. 该网络论坛是一个法制论坛。

题 192 （2000—1—76）据对一批企业的调查显示，这些企业总经理的平均年龄是 57 岁，而在 20 年前，同档的这些企业的总经理的平均年龄大约是 49 岁。这说明，目前企业中总经理的年龄呈老龄化趋势。

以下哪项，对题干的论证提出的质疑最为有力？

A. 题干中没有说明，20 年前这些企业关于总经理人选是否有年龄限制。
B. 题干中没有说明，这些总经理任职的平均年数。
C. 题干中的信息，仅仅基于有 20 年以上历史的企业。
D. 20 年前这些企业的总经理的平均年龄，仅是个近似数字。
E. 题干中没有说明被调查企业的规模。

题 193 （2009—10—50）在一项调查中，对"如果被查出患有癌症，你是否希望被告之真相"这一问题，80% 的被调查者做了肯定回答。因此，当人们被查出患有癌症时，大多数都希望被告知真相。

以下各项如果为真，都能削弱上述论证，除了：

A. 上述调查的策划者不具有医学背景。
B. 上述问题的完整表述是：作为一个意志坚强和负责任的人，如果被查出患有癌症，你是否希望被告知真相？
C. 在另一项相同内容的调查中，大多数被调查者对这一问题做了否定回答。
D. 上述调查是在一次心理学课堂上实施的，调查对象受过心理素质的训练。
E. 在被调查时，人们通常都不讲真话。

题 194 （2000—1—43）最近的一项研究指出："适量饮酒对妇女的心脏有益。"研究人员对 1 000 名女护士进行调查，发现那些每星期饮酒 3~15 次的人，其患心脏病的可能性较每星期饮酒少于 3 次的人低。因此，研究人员发现了饮酒量与妇女心脏病之间的联系。

以下哪项如果为真，最不可能削弱上述论证的结论？

A. 许多妇女因为感觉自己的身体状况良好，从而使得她们的饮酒量增加。
B. 调查显示：性格独立的妇女更愿意适量饮酒并同时加强自己的身体锻炼。
C. 护士因为职业习惯的原因，饮酒次数比普通妇女要多一些。再者，她们的年龄也偏年轻。
D. 对男性饮酒的研究发现，每星期饮酒 3~15 次的人中，有一半人患心脏病的可能性比每周饮酒少于 3 次的人还要高。
E. 这项研究得到了某家酒精饮料企业的经费资助，有人检举研究人员在调查对象的选择上有不公正的行为。

题 195 （2000—10—11）老钟在度过一个月的戒烟生活后，又开始抽烟。奇怪的是，这得到了钟夫人的支持。钟夫人说："我们处长办公室有两位处长，年龄差不多，看起来身体状况也差不多，只是一位烟瘾很重，一位绝对不吸，可最近体检却查出来这位绝对不吸烟的处长得了肺癌。看来不吸烟未必就好。"

以下各项如果为真，除哪项外均能反驳钟夫人的这个推论？

A. 癌症和其他一些疑难病症的起因是许多医学科研工作者研究的课题，目前还没有一个确定的结论。

B. 来自世界妇女大会的报告表明，妇女由于经常在厨房劳作，因为油烟的原因，患肺癌的比例相对较高。

C. 癌症的病因大多跟患者的性格和心情有关，许多并不吸烟的人因为长期心情抑郁，也容易患癌症。

D. 烟瘾很重的处长检查身体的结果还未出来，可能他的体检表会暴露更多的问题。

E. 根据统计资料，肺癌患者中有长期吸烟史的比例高达75%，而在成人中有长期吸烟史的只占30%。

题196 （2007—1—35）莫大伟到吉安公司上班的第一天，就被公司职工自由散漫的表现所震惊，莫大伟由此得出结论：吉安公司是一个管理失效的公司，吉安公司的员工都缺乏工作积极性和责任心。

以下哪项为真，最能削弱上述结论？

A. 当领导不在时，公司的员工会表现出自由散漫。
B. 吉安公司的员工超过2万，遍布该省十多个城市。
C. 莫大伟大学刚毕业就到吉安公司，对校门外的生活不适应。
D. 吉安公司的员工和领导的表现完全不一样。
E. 莫大伟上班这一天刚好是节假日后的第一个工作日。

题197 （2008—10—32）周清打算请一个钟点工，于是上周末她来到惠明家政公司，但公司工作人员粗鲁的接待方式使她得出结论：这家公司的员工缺乏教养，不适合家政服务。

以下哪项如果为真，最能削弱上述论证？

A. 惠明家政公司员工通过有个性的服务展现其与众不同之处。
B. 惠明家政公司员工有近千人，绝大多数为外勤人员。
C. 周清是一个爱挑剔的人，她习惯于否定他人。
D. 教养对家政公司而言并不是最主要的。
E. 周清对家政公司员工的态度既傲慢又无礼。

题198 （2013—10—41）通过分析物体的原子释放或者吸收的光可以测量物体是在远离地球还是在接近地球，当物体远离地球时，这些光的频率会移向光谱上的红色端（低频），简称"红移"；反之，则称"蓝移"。原子释放出的这种独特的光也被组成原子的基本粒子尤其是电子的质量所影响。如果某一原子的质量增加，其释放的光子的能量也会变得更高，因此，释放和吸收频率将会蓝移。相反，如果粒子变得越来越轻，频率将会红移。天文观察发现，大多数星系都有红移现象，而且，星系距离地球越远，红移越大。据此，许多科学家认为宇宙一定在不断膨胀。

以下哪项如果为真，最能反驳上述科学家的观点？

A. 在遥远的宇宙中，也发现了个别蓝移的天体。
B. 地球并非处于宇宙的中心区域。
C. 人们所能观察的星体可能不足真实宇宙的百分之一。
D. 从宇宙中其他天体的视角看，红移也是占绝对优势的现象。
E. 根据现代科学观察，宇宙中粒子的质量没有大的变化。

题199 （1998—10—47）东升商城公关部职工的平均工资是营业部职工的2倍，因此，公关部职工比营业部职工普遍有较高的收入。

以下哪项如果是真的，将最能削弱上述论证？
A. 公关部职工的人均周实际工作时数要超过营业部职工的50%。
B. 按可比因素计算，公关部职工为商城创造的人均价值是营业部职工的近十倍。
C. 公关部职工中最高工资与最低工资间的差别要远大于营业部职工。
D. 公关部职工的人数只是营业部职工的10%。
E. 公关部职工中有20%享受商城的特殊津贴，营业部职工中则有25%享受此种津贴。

◆题200　（2005—1—40）某校的一项抽样调查显示：该校经常泡网吧的学生中，家庭经济条件优越的占80%；学习成绩下降的也占80%，因此家庭条件优越是学生泡网吧的重要原因，泡网吧是学习成绩下降的重要原因。
以下哪项如果为真，最能削弱上述论证？
A. 该校位于高档住宅区，学生九成以上家庭条件优越。
B. 经过清理整顿，该校周边网吧符合规范。
C. 有的家庭条件优越的学生并不泡网吧。
D. 家庭条件优越的家长并不赞成学生泡网吧。
E. 被抽样调查的学生占全校学生的30%。

◆题201　（2002—10—14）S市的公寓区近年来发生的入室盗窃案件，90%以上都发生在没有安装自动报警装置的住户中。这说明，民用自动报警装置对于防止入室盗窃起到了有效的作用。
以下哪项如果为真，能削弱题干的论证？
Ⅰ. S市公寓区内的自动报警装置具有良好的性能：一方面，它反应准确而灵敏；另一方面，它不易被发现。
Ⅱ. S市公寓区内安装自动报警装置的住户不到10%。
Ⅲ. S市公寓区近年来接近10%的入室盗窃案件的破获，是依靠自动报警装置。
A. 仅Ⅰ。　　　　　　　　B. 仅Ⅱ。　　　　　　　　C. 仅Ⅲ。
D. 仅Ⅰ和Ⅱ。　　　　　　E. Ⅰ、Ⅱ和Ⅲ。

◆题202　（1998—1—10）经过人们长时间的统计研究，发现了一个极为有趣的现象：大部分的数学家都是长子。可见，长子天生的数学才华相对而言更强些。
以下哪项如果为真，能有效地削弱上述推论？
Ⅰ. 女性才能普遍受到压抑，很难表现出她们的数学才华。
Ⅱ. 长子的人数比起次子的人数要多得多。
Ⅲ. 长子能够接受更多的来自父母的数学能力的遗传。
A. 仅Ⅰ。　　　　　　　　B. 仅Ⅱ。　　　　　　　　C. 仅Ⅰ和Ⅱ。
D. 仅Ⅱ和Ⅲ。　　　　　　E. Ⅰ、Ⅱ和Ⅲ。

◆题203　（1998—1—22）一项对某高校教员的健康普查表明，80%的胃溃疡患者都有夜间工作的习惯。因此，夜间工作易造成的植物神经功能紊乱是诱发胃溃疡的重要原因。
以下哪项如果是真的，将严重削弱上述论证？
A. 医学研究尚不能清楚揭示消化系统的疾病和神经系统的内在联系。
B. 该校的胃溃疡患者主要集中在中老年教师中。
C. 该校的胃溃疡患者近年来有上升的趋势。
D. 该校教员中只有近五分之一的教员没有夜间工作的习惯。
E. 该校胃溃疡患者中近60%患有不同程度的失眠症。

◆ 题 204　(2000—10—16) 在电影界也同样存在对女性的不公正，《好莱坞报道》评论说，在过去的十年中，妇女从事电影幕后工作的人数虽有增长，但在"学院奖"的评选中，最佳制片、导演、编剧、剪辑、摄影等几项重要的奖项的男女获奖比例仅为 8∶1。

以下哪项如果为真，能对上述论断提出最有力的质疑？

A. "学院奖"的评选完全是一个匿名投票的过程，很难说有什么偏向。
B. 是否获得"学院奖"并不是衡量电影成就的唯一标准。
C. 妇女从事制片、导演、编剧、剪辑、摄影这几项幕后工作的人数不到男性的 1/10。
D. 在电影表演、新闻媒介和服装设计等诸多领域中，女性尽管从业人数众多，但真正干得出色的还是男性。
E. "学院奖"的评委多数是男性。

◆ 题 205　(2002—1—33) 自从《行政诉讼法》颁布以来，"民告官"的案件成为社会关注的热点。一种普遍的担心是，"官官相护"会成为公正审理此类案件的障碍。但据 A 省本年度的调查显示，凡正式立案审理的"民告官"案件，65% 都是以原告胜诉结案。这说明，A 省的法院在审理"民告官"的案件中，并没有出现社会舆论所担心的"官官相护"。

以下哪项如果为真，将最有力地削弱上述论证？

A. 由于新闻媒介的特殊关注，"民告官"案件审理的透明度，要大大高于其他的案件。
B. 有关部门收到的关于司法审理有失公正的投诉，A 省要多于周边省份。
C. 所谓"民告官"的案件审理中，在法院受理的案件中，只占很小的比例。
D. 在民告官的案件审理中，司法公正不能简单理解为原告胜诉。
E. 在"民告官"的案件中，原告如果不掌握能胜诉的确凿证据，一般不会起诉。

◆ 题 206　(2002—1—54) 有人对某位法官在性别歧视类案件审理中的公正性提出了质疑。这一质疑不能成立，因为有记录表明，该法官审理的这类案件中 60% 的获胜方为女性，这说明该法官并未在性别歧视类案件的审理中有失公正。

以下哪项如果为真，能对上述论证构成质疑？

Ⅰ. 在性别歧视案件中，女性原告如果没有确凿的理由和证据，一般不会起诉。
Ⅱ. 一个为人公正的法官在性别歧视案件的审理中保持公正也是件很困难的事情。
Ⅲ. 统计数据表明，如果不是因为遭到性别歧视，女性应该在 60% 以上的此类案件的诉讼中获胜。

A. 仅Ⅰ。　　　　　　B. 仅Ⅱ。　　　　　　C. 仅Ⅲ。
D. 仅Ⅰ和Ⅲ。　　　　E. Ⅰ、Ⅱ和Ⅲ。

◆ 题 207　(1999—10—6) 据国际卫生与保健组织 1999 年年会"通讯与健康"公布的调查报告显示，68% 的脑癌患者都有经常使用移动电话的历史。这充分说明，经常使用移动电话将会极大地增加一个人患脑癌的可能性。

以下哪项如果为真，将最严重地削弱上述结论？

A. 进入 20 世纪 80 年代以来，使用移动电话者的比例有惊人的增长。
B. 有经常使用移动电话的历史的人从 1990 年到 1999 年超过世界总人口的 65%。
C. 在 1999 年全世界经常使用移动电话的人数比 1998 年增加了 68%。
D. 使用普通电话与移动电话通话者同样有导致脑癌的危险。
E. 没有使用过移动电话的人数在 20 世纪 90 年代超过世界总人口的 50%。

◆ 题 208　(2009—10—37) 据某国卫生部门统计，2004 年全国糖尿病患者中，年轻人不到 10%，70% 为肥胖者。这说明，肥胖将极大增加患糖尿病的危险。

以下哪项如果为真，将严重削弱上述结论？
A. 医学已经证明，肥胖是心血管病的重要诱因。
B. 2004年，该国的肥胖者的人数比1994年增加了70%。
C. 2004年，肥胖者在该国中老年中所占的比例超过60%。
D. 2004年，该国年轻人中的肥胖者所占的比例，比1994年提高了30%。
E. 2004年，该国糖尿病的发病率比1994年降低了20%。

◆题209 （2007—10—31）在"非典"期间，某地区共有7名参与治疗"非典"的医务人员死亡，同时也有10名未参与"非典"治疗工作的医务人员死亡。这说明参与"非典"治疗并不比日常医务工作危险。

以下哪项相关断定如果为真，最能削弱上述结论？
A. 参与"非典"治疗死亡的医务人员的平均年龄，略低于未参与"非典"治疗而死亡的医务人员。
B. 参与"非典"治疗的医务人员的体质，一般高于其他医务人员。
C. 个别参与治疗"非典"死亡的医务人员的死因，并不是感染"非典"病毒。
D. 医务人员中只有一小部分参与了"非典"治疗工作。
E. 经过治疗的"非典"患者死亡人数，远低于未经治疗的"非典"患者死亡人数。

◆题210 （1998—10—19）春江市师范大学的同学们普遍抱怨各个食堂的伙食太差。然而唯独一年前反映最差的风味食堂，这一次抱怨的同学人数比较少。学校后勤部门号召其他各个食堂向风味食堂学习，共同改善学生关心的伙食问题。

下列哪项如果为真，则表明学校后勤部门的这个决定是错误的？
A. 各个食堂的问题不同，不能一刀切，要因地制宜，采取不同的措施。
B. 风味食堂的进步也是与其他各个食堂的支持分不开的。
C. 粮食价格一天天上涨，蔬菜供应也很难保质保量，食堂再努力，也是"难为无米之炊"。
D. 因为差，风味食堂就餐的人数比起其他食堂要少得多。
E. 风味食堂的花样多，但是价格高，困难同学可吃不起。

◆题211 （2013—10—26）利兹鱼生活在距今约1.65亿年前的侏罗纪中期，是恐龙时代一种体形巨大的鱼类。利兹鱼在出生后20年内可长到9米长，平均寿命40年左右的利兹鱼，最大的体长甚至可达到16.5米。这个体型与现代最大的鱼类鲸鲨相当，而鲸鲨的平均寿命约为70年，因此利兹鱼的生长速度很可能超过鲸鲨。

以下哪项如果为真，最能反驳上述论证？
A. 利兹鱼和鲸鲨都以海洋中的浮游生物、小型动物为食，生长速度不可能有大的差异。
B. 利兹鱼和鲸鲨尽管寿命相差很大，但是它们均在20岁左右达到成年，体型基本定型。
C. 鱼类尽管寿命长短不同，但其生长阶段基本上与其幼年、成年、中老年相应。
D. 侏罗纪时期的鱼类和现代鱼类生长周期没有明显变化。
E. 远古时期的海洋环境和今天的海洋环境存在很大的差异。

◆题212 （1997—1—12）在过去的十年中，由美国半导体工业生产的半导体增加了200%，但日本半导体工业生产的半导体增加了500%，因此，日本现在比美国制造的半导体多。

以下哪项为真，最能削弱以上命题？
A. 在过去五年中，由美国半导体工业生产的半导体增长仅100%。
B. 过去十年中，美国生产的半导体的美元价值比日本生产的高。
C. 今天美国半导体出口在整个出口产品中所占的比例比十年前高。

D. 十年前，美国生产的半导体占世界半导体的90%，而日本仅2%。

E. 十年前，日本生产半导体是世界第四位，而美国列第一位。

◆题213 （1997—10—9）某国报载：在过去的20年里，州立法机关的黑人成员人数增长超过了100%，而白人成员却略微下降。这充分说明黑人的政治力量将很快与白人基本相等。

下列哪一事实有力地削弱了上述观点？

A. 州立法机关提供的席位总数在20年里保持不变。

B. 20年前，州立法机关成员中有168个黑人，7 614个白人。

C. 过去20年里，选黑人为州长的州连五个也不到。

D. 过去20年里，中等家庭的收入提高了80%左右。

E. 过去20年里，登记选举的黑人比例提高了，而白人比例却有所下降。

◆题214 （1998—1—24）科学家们发现，一种曾在美洲普遍栽培的经济作物比目前的主食作物如大米和小麦，含有更高的蛋白质成分。科学家们宣称，推广这种作物，对那些人口稠密、人均卡路里和蛋白质摄入量均不足的国家是很有利的。

下列哪项如果为真，最能对科学家的宣称产生质疑？

A. 这种作物的亩产量大大低于目前主食作物的亩产量。

B. 许多重要的食物，如西红柿，都原产于美洲。

C. 小麦蛋白质含量比大米高。

D. 这种作物的卡路里含量高于目前主食物的含量。

E. 只有20种不同的作物提供了地球上主要的食物供应。

◆题215 （1998—10—36）长盛公司的管理者发现：和同行业其他企业相比，该公司产品的总成本远远高于其他企业，因而在市场上只能以偏高的价格出售，导致竞争力较弱。通过研究，公司决定降低工人工资，使之和同行业企业差不多。

以下哪项如果为真，将使公司的决定见效不大？

A. 长盛公司的产品质量和其他公司的相比，相差无几。

B. 长盛公司的销售费用比其他公司大。

C. 长盛公司员工工资总额只占产品成本的一小部分。

D. 长盛公司的设备比较落后。

E. 长盛公司交货速度不是特别快。

◆题216 （1998—1—36）广告：世界上最好的咖啡豆产自哥伦比亚。在咖啡的配方中，哥伦比亚咖啡豆的含量越多，则配制的咖啡越好。克力莫公司购买的哥伦比亚咖啡豆最多，因此，有理由相信，如果你购买了一罐克力莫公司的咖啡，那么，你就买了世界上配制最好的咖啡。

以下哪项如果为真，最能削弱上述广告中的论证？

A. 克力莫公司配制及包装咖啡所使用的设备和其他咖啡制造商的不一样。

B. 不是所有克力莫公司的竞争者在他们销售的咖啡中，都使用哥伦比亚咖啡豆。

C. 克力莫公司销售的咖啡比任何别的公司销售的咖啡多得多。

D. 克力莫公司咖啡的价格是现在配制的咖啡中最高的。

E. 大部分没有配制过的咖啡比配制最好的咖啡好。

◆题217 （1999—1—77）广告：中国最好的橘子产于浙江黄岩。在橘子汁饮料的配方中，浙江黄岩蜜橘的含量越高，则配制的橘子汁的质量越好。可口笑公司购买的浙江黄岩蜜橘最多，因此，有理由相信，如果你购买了可口笑公司的橘子汁，你就买到了中国配制最好的橘子汁。

以下哪项如果为真，最能削弱上述广告中的结论？

A. 可口笑公司生产的橘子汁饮料比其他公司多得多，销路也不错。
B. 许多没有配制的橘子汁比配制的橘子汁饮料要好，当然，价格也贵些。
C. 可口笑公司制造橘子汁的设备与众不同，是1992年从德国进口的。
D. 可口笑公司的橘子汁饮料的价格高于大多数竞争对手。
E. 有些生产厂家根本不用浙江黄岩蜜橘做原料，而是用价格较低的橘子。

◆题218 （1998—1—20）业余兼课是高校教师的实际收入的一个重要来源。某校的一项统计表明，法律系教师的人均业余兼课的周时数是3.5，而会计系则为1.8。因此，该校法律系教师的当前人均实际收入要高于会计系。

以下哪项如果为真，将削弱上述论证？

Ⅰ. 会计系教师的兼课课时费一般要高于法律系。
Ⅱ. 会计系教师中当兼职会计的占35%；法律系教师中当兼职律师的占20%。
Ⅲ. 会计系教师中业余兼课的占48%；法律系教师中业余兼课的只占20%。

A. Ⅰ、Ⅱ和Ⅲ。 B. 仅Ⅰ。 C. 仅Ⅱ。
D. 仅Ⅲ。 E. 仅Ⅰ、Ⅱ。

◆题219 （2006—10—28）2000年，宏发投资基金的基金总值40%用于债券的购买。近几年来，由于股市比较低迷，该投资基金更加重视投资债券，在2004年，其投资基金的60%都用于购买债券。因此，认为该投资基金购买债券比过去减少的观点是站不住脚的。

以下哪项如果为真，最能削弱上述论证？

A. 2004年宏发投资基金的总额比2000年少。
B. 宏发投资基金的领导层关于基金的投资取向一直存在不同的看法和争论。
C. 宏发投资基金经营部有许多新来的员工，对该基金的投资决策情况并不了解。
D. 宏发投资基金面临的竞争压力越来越大，无论怎样调整投资结构，经营风险都在增加。
E. 宏发投资基金2004年投资股票的比例比2000年要低。

◆题220 （2012—10—45）一份报告显示，截至3月份的一年内，中国内地买家成为购买美国房产的第二大外国买家群体，交易额达90亿美元，仅次于加拿大。这比上一年73亿美元的交易额高出23%，比前年48亿美元的交易额高出88%。有人据此认为，中国有越来越多的富人正在把财产转移到境外。

以下哪项如果为真，最能反驳上述论证？

A. 有许多中国人购房是给子女将来赴美留学准备的。
B. 尽管成交额上升了23%，但是今年中国买家的成交量未见增长。
C. 中国富人中存在群体炒房的团体，他们曾经在北京、上海等地炒房。
D. 近年来美国的房产市场风险很小，具有一定的保值、增值功能。
E. 一部分准备移居美国的中国人事先购房为移民做准备。

◆题221 （2008—10—35）书最早是以昂贵的手稿复制品出售的，印刷机问世后，就便宜多了。在印刷机问世的最初几年里，市场上对书的需求量成倍增长。这说明，印刷品书籍的出现刺激了人们的阅读兴趣，大大增加了购书者的数量。

以下哪项如果为真，最能质疑上述论证？

A. 书的手稿复制品比印刷品更有收藏价值。
B. 在印刷机问世的最初几年里，原来手稿复制品书籍的购买者，用原先能买一本书的钱，买了多本印刷品书籍。
C. 在印刷机问世的最初几年里，印刷品的质量远不如现代的印刷品那样图文并茂，很难吸引年

　　　　轻人购买。
　　D. 在印刷机问世的最初几年里，印刷书籍都没有插图。
　　E. 在印刷机问世的最初几年里，读者的主要阅读兴趣从小说转到了科普读物。

题222 （2003—10—44① 2002—10—38）塑料垃圾因为难以被自然分解，一直令人类感到头疼。近年来，许多易于被自然分解的塑料代用品纷纷问世，这是人类为减少塑料垃圾的一种努力。但是这种努力几乎没有成效，因为依据全球范围内大多数垃圾处理公司统计，近年来，他们每年填埋的垃圾中塑料垃圾的比例，不但没有减少，反而有所增加。

以下哪项如果为真，最能削弱上述论证？

　　A. 近年来，由于实行了垃圾分类，越来越多过去被填埋的垃圾被回收利用了。
　　B. 塑料代用品利润很低，生产商缺乏投资的积极性。
　　C. 近年来，原来用塑料包装的商品的品种有了很大的增长，但其中一部分改用塑料代用品包装。
　　D. 上述垃圾处理公司绝大多数属于发达或中等发达国家。
　　E. 由于燃烧时会产生有毒污染物，塑料垃圾只适合填埋地下。

题223 （2005—10—51）讯通驾校希望减少中老年学员的数量。因为一般而言，中老年人的培训难度较大。但统计数据表明，该校中老年学员的比例在逐渐增加。很显然，讯通驾校的上述希望落空了。

以下哪项如果为真，最能削弱上述论证？

　　A. 讯通驾校关于年龄阶段的划分不准确。
　　B. 国家关于汽车驾驶者的年龄限制放宽了。
　　C. 培训合格的中老年驾驶员是驾校不可推卸的责任。
　　D. 中老年人学习驾车是汽车进入家庭后的必然趋势。
　　E. 讯通驾校附近另一家驾校开设了专招青年学员的低价速成培训班。

题224 （2001—1—29）针对当时建筑施工中工伤事故频发的严峻形势，国家有关部门颁布了《建筑业安全生产实施细则》（以下简称《细则》）。但是，在《细则》颁布实施两年间，覆盖全国的统计显示，在建筑施工中伤亡职工的数量每年仍有增加。这说明，《细则》并没有得到有效的实施。

以下哪项如果为真，最能削弱上述论证？

　　A. 在《细则》颁布后的两年中，施工中的建筑项目的数量有了大的增长。
　　B. 严格实施《细则》，将不可避免地提高建筑业的生产成本。
　　C. 在题干所提及的统计结果中，在事故中死亡职工的数量较《细则》颁布前有所下降。
　　D. 《细则》实施后，对工伤职工的补偿金和抚恤金的标准较之前有所提高。
　　E. 在《细则》颁布后的两年中，在建筑业施工的职工数量有了很大的增长。

题225 （2001—10—50）据1999年所做的统计，在美国35岁以上的居民中，10%患有肥胖症。因此，如果到2009年美国的人口将达到4亿的估计是正确的话，那么，到2009年美国35岁以上患肥胖症的人数将达到2 000万。

以下哪项如果为真，最能削弱题干的推测？

　　A. 肥胖症对健康的危害，已日益引起美国和其他发达国家的重视。
　　B. 据1998年所做的统计，在美国35岁以上的居民中，肥胖症患者的比例是12%。
　　C. 权威人士指出，对到2009年美国人口将达到4亿的推测缺乏足够的根据。
　　D. 到2009年，美国人口的年龄结构中，35岁以上所占的比例将比目前的有所下降。
　　E. 一个设计有误的统计，将不可避免地提供错误的数据。

---

① 题2003—10—44仅在题2002—10—38基础上，为C项增加了后半截"但其中一部分改用塑料代用品包装"。

题 226　(2000—10—8) 调查表明，最近几年来，成年人中患肺结核的病例逐年减少。但是，以此还不能得出肺结核发病率逐年下降的结论。

以下哪项如果为真，最能加强上述推论？

A. 上述调查的重点是在城市，农村中肺结核的发病情况缺乏准确的统计。
B. 肺结核早就不是不治之症。
C. 和心血管病、肿瘤等比较，近年来对肺结核的防治缺乏足够的重视。
D. 防治肺结核病的医疗条件近年来有较大的改善。
E. 近年来未成年人中的肺结核病例有明显增多。

题 227　(2008—10—34) 在村庄东西两块玉米地中，东面的地施过磷酸钙单质肥料，西面的地则没有。结果，东面的地亩产玉米 300 公斤，西面的地亩产仅 150 公斤。因此，东面的地比西面的地产量高的原因是施用了过磷酸钙单质肥料。

以下哪项如果为真，最能削弱上述论证？

A. 给东面地施用的过磷酸钙是过期的肥料。
B. 北面的地施用过硫酸钾单质化肥，亩产玉米 220 公斤。
C. 每块地种植了不同种类的四种玉米。
D. 两块地的田间管理无明显不同。
E. 东面和西面两块地的土质不同。

题 228　(2005—1—30) 宏达山钢铁公司由五个子公司组成。去年，其子公司火龙公司试行与利润挂钩的工资制度，其他子公司则维持原有的工资制度。结果，火龙公司的劳动生产率比其他子公司的平均劳动生产率高出 13%。因此，在宏达山钢铁公司试行与利润挂钩的工资制度有利于提高该公司的劳动生产率。

以下哪项如果为真，最能削弱上述论证？

A. 实行了与利润挂钩的分配制度后，火龙公司从其他子公司挖走了不少人才。
B. 宏达山钢铁公司去年从国外购进的先进技术装备，主要用于火龙公司。
C. 火龙公司是三年前组建的，而其他公司都有 10 年以上的历史。
D. 红塔钢铁公司去年也实行了与利润挂钩的工资制度，但劳动生产率没有明显提高。
E. 宏达山公司的子公司金龙公司去年没有实行与利润挂钩的工资制度，但它的劳动生产率比火龙公司略高。

题 229　(2010—10—55) 新挤出的牛奶中含有溶菌酶等抗菌活性成分。将一杯原料奶置于微波炉加热至 50℃，其溶菌酶活性降低至加热前的 50%。但是，如果用传统热源加热原料奶至 50℃，其内的溶菌酶活性几乎与加热前一样，因此，对酶产生失活作用的不是加热，而是产生热量的微波。

以下哪项如果属实，最能削弱上述论证？

A. 将原料奶加热至 100℃，其中的溶菌酶活性会完全失活。
B. 加热对原料奶酶的破坏可通过添加其他酶予以补偿，而微波对酶的破坏却不能补偿。
C. 用传统热源加热液体奶达到 50℃的时间比微波炉加热至 50℃时间长。
D. 经微波炉加热的牛奶口感并不比用传统热源加热的牛奶口感差。
E. 微波炉加热液体会使内部的温度高于液体表面达到的温度。

题 230　(1998—10—40) 最近公布的一项国家特别咨询委员会的调查报告声明：在选择了大量的研究对象进行对比实验后，发现在名人家族中才能出众者是普通人家族中才能出众者人数的 23 倍，因此我们可以得出可信度很高的结论，人的素质主要是由遗传决定的。

以下哪项如果为真，则最能削弱上述结论？

A. 美国心理学界普遍有这样的认识：一两的遗传胜过一吨的教育。而事实也确实如此。
B. "家无三代兴"，才能再出众也避免不了兴衰轮回的历史规律。
C. 普通人家族中才能出众的表现方式与名人家族中不同，需要另外的衡量规则。
D. 一个人的才能培养、后天接受教育的程度，与他的成长环境有很强的正相关性。
E. 名人与普通人结合，下一代才能出众人数并不如名人家族中的比例高。

题 231 （2001—10—29）硕鼠通常不患血癌。在一项实验中发现，给 300 只硕鼠同等量的辐射后，将它们平均分为两组，第一组可以不受限制地吃食物，第二组限量吃食物。结果第一组 75 只硕鼠患血癌，第二组 5 只硕鼠患血癌。因此，通过限制硕鼠的进食量，可以控制由实验辐射导致的硕鼠血癌的发生。

以下哪项如果为真，最能削弱上述实验结论？

A. 硕鼠与其他动物一样，有时原因不明就患有血癌。
B. 第一组硕鼠的食物易于使其患血癌，而第二组的食物不易使其患血癌。
C. 第一组硕鼠体质较弱，第二组硕鼠体质较强。
D. 对其他种类的实验动物，实验辐射很少导致患血癌。
E. 不管是否控制进食量，暴露于实验辐射的硕鼠都可能患有血癌。

题 232 （2005—10—49）是过于集中的经济模式，而不是气候状况，造成了近年来 H 国糟糕的粮食收成。K 国和 H 国耕地条件基本相同，但当 H 国的粮食收成连年下降的时候，K 国的粮食收成却连年上升。

以下哪项如果为真，最能削弱上述论证？

A. H 国种植的主要谷物品种不是 K 国种植的主要谷物品种。
B. H 国一些谷物不适合在 K 国生长。
C. K 国一些谷物不适合在 H 国生长。
D. H 国的北方邻国 J 国近年的粮食收成呈下降趋势。
E. H 国集中的经济模式使有限的粮食得到了最合理的分配。

题 233 （2012—10—34）研究人员报告说，一项超过 1 万名 70 岁以上老人参与的调查显示，每天睡眠时间超过 9 小时或少于 5 小时的人，他们的平均认知水平低于每天睡眠时间为 7 小时左右的人。研究人员据此认为，要改善老年人的认知能力，必须使用相关工具检测他们的睡眠时间，并对睡眠进行干预，使其保持适当的睡眠时间。

以下哪项如果为真，最能质疑上述研究人员的观点？

A. 尚没有专业的医疗器具可以检测人的睡眠时间。
B. 每天睡眠时间为 7 小时左右的都是 70 岁以上的老人。
C. 每天睡眠时间超过 9 小时或少于 5 小时的都是 80 岁以上的老人。
D. 70 岁以上的老人一旦醒来就很难再睡着。
E. 70 岁以上的老人中，有一半以上失去了配偶。

题 234 （2006—10—54）区别于知识型考试，能力型考试的理想目标，是要把短期行为的应试辅导对于成功应试所起的作用降低到最低限度。能力型考试从理念上不认同应试辅导。一项调查表明，参加各种 MBA 考前辅导班的考生平均成绩，反而低于未参加任何辅导的考生。因此，考前辅导不利于 MBA 考生的成功应试。

以下哪项相关断定如果为真，能削弱上述论证？

Ⅰ. 参加考前辅导而实考成绩较差的考生，如果不参加考前辅导，实考成绩会更差。

Ⅱ. 未参加考前辅导而实考成绩较好的考生，如果参加考前辅导，实考成绩会更好。
Ⅲ. 基础较差的考生更会选择考前辅导。

A. 仅Ⅰ。 B. 仅Ⅱ。 C. 仅Ⅲ。
D. 仅Ⅰ和Ⅱ。 E. Ⅰ、Ⅱ和Ⅲ。

题235 （2000—1—46）孩子出生后的第一年在托儿所度过，会引发孩子的紧张不安。在我们的研究中，有464名12~13岁的儿童接受了特异情景测试法的测验，该项测验意在测试儿童1岁时的状况与对母亲的依附心理之间的关系。其结果：有41.5%曾在托儿所看护的儿童和25.7%曾在家看护的儿童被认为紧张不安，过于依附母亲。

以下哪项如果为真，最没有可能对上述研究的推断提出质疑？

A. 研究中所测验的孩子并不是从托儿所看护和在家看护两种情况下随机选取的。因此，这两组样本儿童的家庭很可能有系统性的差异存在。
B. 这项研究的主持者被证实曾经在自己的幼儿时期受到过长时间来自托儿所阿姨的冷漠。
C. 针对孩子母亲的另一部分研究发现，由于孩子在家里表现出过度的依附心理，父母因此希望将其送入托儿所予以矫正。
D. 因为风俗的关系，在464名被测者中，在托儿所看护的大多数为女童，而在家看护的多数为男童。一般来说，女童比男童更易表现为紧张不安和依附母亲。
E. 出生后第一年在家看护的孩子多数是由祖父母或外祖父母看护的，并形成浓厚的亲情。

题236 （2004—1—36）一项对30名年龄在3岁的独生孩子与30名同龄非独生的第一胎孩子的研究发现，这两组孩子日常行为能力非常相似，这种日常行为能力包括语言能力、对外界的反应能力，以及和同龄人、他们的家长及其他大人相处的能力，等等。因此，独生孩子与非独生孩子的社会能力发展几乎一致。

以下哪项如果为真，最能削弱上述结论？

A. 进行对比的两组孩子是不同地区的孩子。
B. 独生孩子与母亲的接触时间多于非独生孩子与母亲接触的时间。
C. 家长通常在第一胎孩子接近3岁时怀有他们的第二胎孩子。
D. 大部分参与此项目的研究者没有兄弟姐妹。
E. 独生孩子与非独生孩子与母亲的接触时间和父亲的接触时间是各不相同的。

题237 （2006—1—30）一般人认为，一个人80岁和他在30岁时相比，理解和记忆能力都显著减退。最近的一项调查显示，80岁的老人和30岁的年轻人在玩麻将时所表现出的理解和记忆能力没有明显差别。因此：认为一个人到了80岁理解和记忆能力会显著减退的看法是站不住脚的。

以下哪项如果为真，最能削弱上述论证？

A. 玩麻将需要的主要不是理解和记忆能力。
B. 玩麻将只需要较低的理解和记忆能力。
C. 80岁的老人比30岁的年轻人有更多时间玩麻将。
D. 玩麻将有利于提高一个人的理解和记忆能力。
E. 一个人到了80岁理解和记忆能力会显著减退的看法，是对老年人的偏见。

题238 （2000—1—48）京华大学的30名学生近日里答应参加一项旨在提高约会技巧的计划。在参加这项计划前一个月，他们平均已经有过一次约会。30名学生被分成两组：第一组与6名不同志愿者进行6次"实习性"约会，并从约会对象处得到对其外表和行为的看法的反馈；第二组仅为对照组。在进行实习性约会前，每一组都要分别填写社交忧惧调查表，并对其社交的技巧评定分数。进行实习性约会后，第一组需要再次填写调查表。结果表明：第一组较之对照组表现出更少社交忧惧，在社交场合有更多自信，以及更易进行约会。显然，实际进行约会，能够提高社会交际的水平。

以下哪项如果为真，最可能质疑上述推断？

A. 这种训练计划能否普遍开展，专家们对此有不同的看法。
B. 参加这项训练计划的学生并非随机抽取的，但是所有报名的学生并不知道实验计划将要包括的内容。
C. 对照组在事后一直抱怨他们并不知道计划已经开始，因此，他们所填写的调查表因对未来有期待而填得比较悲观。
D. 填写社会交际忧惧调查表时，学生需要对约会的情况进行一定的回忆，男学生普遍对约会对象评价得较为客观，而女学生则显得比较感性。
E. 约会对象是志愿者，他们在事先并不了解计划的全过程，也不认识约会的实验对象。

题 239 （2008—1—54）有 90 个病人，都患难治疾病 T，服用过同样的常规药物。这些病人被分为人数相等的两组，第一组服用用于治疗 T 的试验药物 W 素，第二组服用不含 W 素的安慰剂。10 年后的统计显示，两组都有 44 人死亡。因此，这种药物是无效的。

以下哪项为真，最能削弱上述论证？

A. 在上述死亡病人中，第二组的平均死亡年份比第一组早两年。
B. 在上述死亡病人中，第二组的平均寿命比第一组小两岁。
C. 在上述活着病人中，第二组的比第一组病情更严重。
D. 在上述活着病人中，第二组的比第一组的更年长。
E. 在上述活着病人中，第二组的比第一组的更年轻。

题 240 （2014—10—33）挣更多的钱能让人更快乐，至少在某种程度上是这样的。但是新的研究表明，反过来也是如此，快乐的人能挣更多的钱。伦敦大学的研究人员在对一万多名美国人进行研究后发现，那些情绪积极、在成长过程中对生活感到更满意的人，在达到 29 岁的年龄时其收入也较高。

以下哪项最能对上述研究结论提出质疑？

A. 在比较富裕的家庭中成长起来的年轻人对生活大都持消极态度。
B. 除了情绪，专业化程度和工作能力也会直接影响收入水平。
C. 对生活感到更满意的年轻人大都出生于比较富裕的家庭，而且都具有良好的职业背景。
D. 应该比较一下被调查对象的职业分布情况。
E. 如果调查人们 22 岁时对自己的人生满意度，则结果可能会有所不同。

题 241 （2000—1—62）世界卫生组织在全球范围内进行了一项有关献血对健康影响的跟踪调查。调查对象分为三组。第一组对象中均有二次以上的献血记录，其中最多的达数十次；第二组中的对象均仅有一次献血记录；第三组对象均从未献过血。调查结果显示，被调查对象中癌症和心脏病的发病率，第一组分别为 0.3% 和 0.5%，第二组分别为 0.7% 和 0.9%，第三组分别为 1.2% 和 2.7%。一些专家依此得出结论，献血有利于减少患癌症和心脏病的风险。这两种病已经不仅在发达国家而且也在发展中国家成为威胁中老年人生命的主要杀手。因此，献血利己利人，一举两得。

以下哪项如果为真，将削弱以上结论？

Ⅰ. 60 岁以上的调查对象，在第一组中占 60%，在第二组中占 70%，在第三组中占 80%。
Ⅱ. 献血者在献血前要经过严格的体检，一般具有较好的体质。
Ⅲ. 调查对象的人数，第一组为 1 700 人，第二组为 3 000 人，第三组为 7 000 人。

A. 只有Ⅰ。　　　　　B. 只有Ⅱ。　　　　　C. 只有Ⅲ。
D. 只有Ⅰ和Ⅱ。　　　E. Ⅰ、Ⅱ和Ⅲ。

题242　（2004—1—39）在一项社会调查中，调查者通过电话向大约一万名随机选择的被调查者问及有关他们的收入和储蓄方面的问题。结果显示，被调查者的年龄越大，越不愿意回答这样的问题。这说明，年龄较轻的人比年龄较大的人更愿意告诉别人有关自己的收入状况。

以下哪项如果为真，最能削弱上述论证？

A. 小张不是被调查者，在其他场合表示，不愿意告诉别人自己的收入状况。
B. 老李是被调查者，愿意告诉别人自己的收入状况。
C. 老陈是被调查者，不愿意告诉别人收入状况，并在其他场合表示，自己年轻时因收入高，很愿意告诉别人自己的收入状况。
D. 小刘是被调查者，愿意告诉别人自己的收入状况，并且在其他场合表示，自己的这种意愿不会随着年龄而改变。
E. 被调查者中，年龄大的收入状况一般比年龄小的要好。

>>>>>>>>>>>>>>>>>>>>>>>>>>>>　管综真题警戒线　>>>>>>>>>>>>>>>>>>>>>>>>>>>>

题243　（2011—1—45）国外某教授最近指出，长着一张娃娃脸的人意味着他将享有更长的寿命，因为人们的生活状况很容易反映在脸上。从1990年春季开始，该教授领导的研究小组对1 826对70岁以上的双胞胎进行了体能和认知测试，并拍了他们的面部照片。在不知道他们确切年龄的情况下，三名研究助手先对不同年龄组的双胞胎进行年龄评估，结果发现，即使是双胞胎，被猜出的年龄也相差很大。然后，研究小组用若干年时间对这些双胞胎的晚年生活进行了跟踪调查，直至他们去世。调查表明：双胞胎中，外表年龄差异越大，看起来老的那个就越可能先去世。

以下哪项如果为真，最能形成对该教授调查结论的反驳？

A. 如果把调查对象扩大到40岁以上的双胞胎，则结果可能有所不同。
B. 三名研究助手比较年轻，从事该项研究的时间不长。
C. 外表年龄是每个人生活环境、生活状况和心态的集中体现，与生命老化关系不大。
D. 生命老化的原因在于细胞分裂导致染色体末端不断损耗。
E. 看起来越老的人，在心理上一般较为成熟，对于生命有更深刻的理解。

题244　（2017—1—45）人们通常认为，幸福能够增进健康，有利于长寿，而不幸福则是健康状况不佳的直接原因，但最近有研究人员对3 000多人的生活状况调查后发现，幸福或不幸福并不意味着死亡的风险会相应地变得更低或更高。他们由此指出，疾病可能会导致不幸福，但不幸福本身并不会对健康状况造成损害。

以下哪项如果为真，最能质疑上述研究人员的论证？

A. 幸福是个体的一种心理体验，要求被调查对象准确断定其幸福程度有一定的难度。
B. 人们的死亡风险低并不意味着健康状况好，死亡风险高也不意味着健康状况差。
C. 少数个体死亡风险的高低难以进行准确评估。
D. 有些高寿老人的人生经历较为坎坷，他们有时过得并不幸福。
E. 有些患有重大疾病的人乐观向上，积极与疾病抗争，他们的幸福感比较高。

题245　（2019—1—52）某研究机构以约2万名65岁以上的老人为对象，调查了笑的频率与健康状态的关系。结果显示，在不苟言笑的老人中，认为自身现在的健康状态"不怎么好"和"不好"的比例分别是几乎每天都笑的老人的1.5倍和1.8倍。爱笑的老人对自我健康状态的评价往往较高。他们由此认为，爱笑的老人更健康。

以下哪项如果为真，最能质疑上述调查者的观点？

A. 乐观的老年人比悲观的老年人更长寿。
B. 病痛的折磨使得部分老人对自我健康状态的评价不高。
C. 身体健康的老年人中，女性爱笑的比例比男性高10个百分点。
D. 良好的家庭氛围使得老年人生活更乐观，身体更健康。
E. 老年人的自我健康评价往往和他们实际的健康状况之间存在一定的差距。

题246 （2021—1—49）某医学专家提出一种简单的手指自我检测法：将双手放在眼前，把两个食指的指甲那一面贴在一起，正常情况下，应该看到两个指甲床之间有一个菱形的空间；如果看不到这个空间，则说明手指出现了杵状改变，这是患有某种心脏或肺部疾病的迹象。该专家认为，人们通过手指自我检测能快速判断自己是否患有心脏或肺部疾病。

以下哪项如果为真，最能质疑上述专家的论断？

A. 杵状改变可能由多种肺部疾病引起，如肺纤维化、支气管扩张等，而且这种病变需要经历较长的一段过程。
B. 杵状改变不是癌症的明确标志，仅有不足40%的肺癌患者有杵状改变。
C. 杵状改变检测只能作为一种参考，不能用来替代医生的专业判断。
D. 杵状改变有两个发展阶段，第一个阶段的畸变不是很明显，不足以判断人体是否有病变。
E. 杵状改变是手指末端软组织积液造成，而积液是由于过量血液注入该区域导致，其内在机理仍然不明。

题247 （2014—1—49）不仅人上了年纪会难以集中注意力，就连蜘蛛也有类似的情况。年轻蜘蛛结的网整齐均匀，角度完美；年老蜘蛛结的网可能出现缺口，形状怪异。蜘蛛越老，结的网就越没有章法。科学家由此认为，随着时间的流逝，这种动物的大脑也会像人脑一样退化。

以下哪项如果为真，最能质疑科学家的上述论证？

A. 优美的蛛网更容易受到异性蜘蛛的青睐。
B. 年老蜘蛛的大脑较之年轻蜘蛛，其脑容量明显偏小。
C. 运动器官的老化会导致年老蜘蛛结网能力下降。
D. 蜘蛛结网只是一种本能的行为，并不受大脑控制。
E. 形状怪异的蛛网较之整齐均匀的蛛网，其功能没有大的差别。

题248 （2010—1—34）一般认为，出生地间隔较远的夫妻所生子女的智商较高。有资料显示，夫妻均是本地人，其所生子女的平均智商为102.45；夫妻是省内异地的，其所生子女的平均智商为106.17；而隔省婚配的，其所生子女的智商则高达109.35。因此，异地通婚可提高下一代智商水平。

以下哪项如果为真，最能削弱上述结论？

A. 统计孩子平均智商的样本数量不够多。
B. 不难发现，一些天才儿童的父母均是本地人。
C. 不难发现，一些低智商儿童的父母的出生地间隔较远。
D. 能够异地通婚者是智商比较高的，他们自身的高智商促成了异地通婚。
E. 一些情况下，夫妻双方出生地间隔很远，但他们的基因可能接近。

题249 （2013—1—52）某国研究人员报告说，与心跳速度每分钟低于58次的人相比，心跳速度每分钟超过78次者心脏病发作或者发生其他心血管问题的概率高出39%，死于这类病的风险高出

77%，其整体死亡率高出 65%。研究人员指出，长期心跳过快导致了心血管疾病。

以下哪项如果为真，最能够对该研究人员的观点提出质疑？

A. 各种心血管疾病影响身体的血液循环机能，导致心跳过快。
B. 在老年人中，长期心跳过快的不到 19%。
C. 在老年人中，长期心跳过快的超过 39%。
D. 野外奔跑的兔子心跳很快，但是很少发现他们患心血管疾病。
E. 相对老年人，年轻人生命力旺盛，心跳较快。

题 250　（2020—1—27）某教授组织了 120 名年轻的参试者，先让他们熟悉电脑上的一个虚拟城市。然后让他们以最快速度寻找由指定地点到达关键地标的最短路线，最后再让他们识别茴香、花椒等 40 种芳香植物的气味。结果发现，寻路任务中得分较高者其嗅觉也比较灵敏。该教授由此推测，一个人空间记忆力好、方向感强，就会使其嗅觉更为灵敏。

以下哪项如果为真，最能质疑该教授的上述推测？

A. 大多数动物主要靠嗅觉寻找食物、躲避天敌，其嗅觉进化有助于"导航"。
B. 有些参试者是美食家，经常被邀请到城市各处的特色餐馆品尝美食。
C. 部分参试者是马拉松运动员，他们经常参加一些城市举办的马拉松比赛。
D. 在同样的测试中，该教授本人在嗅觉灵敏度和空间方向感方面都不如年轻人。
E. 有的年轻人喜欢玩对方向感要求较高的电脑游戏，因过分投入而食不知味。

题 251　（2013—1—26）某公司自去年初开始实施一项"办公用品节俭计划"，每位员工每月只能免费领用限量的纸笔等各类办公用品。年末统计时发现，公司用于办公用品的支出较上年度下降了 30%。在未实施该计划的过去五年间，公司年平均消耗办公用品 10 万元。公司总经理由此得出：该计划去年已经为公司节约了不少经费。

以下哪项如果为真，最能构成对总经理推论的质疑？

A. 另一家与该公司规模及其他基本情况均类似的公司，未实施类似的节俭计划，在过去的 5 年间办公用品消耗额年平均也为 10 万元。
B. 在过去的 5 年间，该公司大力推广无纸化办公，并且取得很大成就。
C. "办公用品节俭计划"是控制支出的重要手段，但说该计划为公司"一年内节约不少经费"，没有严谨的数据分析。
D. 另一家与该公司规模及其他基本情况均类似的公司，未实施类似的节俭计划，但是在过去的 5 年间办公用品人均消耗额越来越低。
E. 去年，该公司在员工困难补助、交通津贴等方面开支增加了 3 万元。

题 252　（2016—1—34）某市消费者权益保护条例明确规定，消费者对其所购商品可以"7 天内无理由退货"。但这项规定出台后并未得到顺利执行，众多消费者在 7 天内"无理由"退货时，常常遭遇商家的阻挠，他们以商品已作特价处理、商品已经开封或使用等理由拒绝退货。

以下哪项如果为真，最能质疑商家阻挠退货的理由？

A. 那些特价处理的商品，本来质量就没有保证。
B. 如果不开封验货，就不能知道商品是否存在质量问题。
C. 商品一旦开封或使用了，即使不存在问题，消费者也可以选择退货。
D. 政府总偏向消费者，这对于商家来说是不公平的。
E. 开封验货后，如果商品规格、质量等问题来自消费者本人，他们应为此承担责任。

题 253　（2020—1—35）移动支付如今正在北京、上海等大中城市迅速普及。但是，并非所有中国人都熟悉这种新的支付方式，很多老年人仍习惯传统的现金交易。有专家因此断言，移动支付的迅速普及会将老年人阻挡在消费经济之外,从而影响他们晚年的生活质量。

以下哪项如果为真,最能质疑上述专家的论断?

A. 到 2030 年,中国 60 岁以上人口将增至 3.2 亿,老年人的生活质量将进一步引起社会关注。
B. 有许多老年人因年事已高,基本不直接进行购物消费,所需物品一般由儿女或社会提供,他们的晚年生活很幸福。
C. 国家有关部门几年来出台多项政策指出,消费者在使用现金支付被拒时可以投诉,但仍有不少商家我行我素。
D. 许多老年人已在家中或社区活动中心学会移动支付的方法以及防范网络诈骗的技巧。
E. 有些老年人视力不好,看不清手机屏幕;有些老年人记忆力不好,记不住手机支付密码。

题 254 (2016—1—33) 研究人员发现,人类存在 3 种核苷酸基因类型:AA 型、AG 型以及 GG 型。一个人有 36% 的概率是 AA 型,有 48% 的概率是 AG 型,有 16% 的概率是 GG 型。在 1 200 名参与实验的老年人中,拥有 AA 型和 AG 型基因类型的人都在上午 11 时之前去世,而拥有 GG 型基因类型的人几乎都在下午 6 时左右去世。研究人员据此认为:GG 型基因类型的人会比其他人平均晚死 7 个小时。

以下哪项如果为真,最能质疑上述研究人员的观点?

A. 拥有 GG 型基因类型的实验对象容易患上心血管疾病。
B. 有些人是因为疾病或者意外事故等其他因素而死亡的。
C. 对人死亡时间的比较,比一天中的哪一时刻更重要的是哪一年、哪一天。
D. 平均寿命的计算依据应是实验对象的生命存续长度,而不是实验对象的死亡时间。
E. 当死亡临近的时候,人体会还原到一种更加自然的生理节律感应阶段。

题 255 (2011—1—32) 随着互联网的发展,人们的购物方式有了新的选择。很多年轻人喜欢在网络上选择自己满意的商品,通过快递送上门,购物足不出户,非常便捷。刘教授据此认为,那些实体商场的竞争力会受到互联网的冲击,在不远的将来,会有更多的网络商店取代实体商店。

以下哪项如果为真,最能削弱刘教授的观点?

A. 网络购物虽然有某些便利,但容易导致个人信息被不法分子利用。
B. 有些高档品牌的专卖店,只愿意采取街面实体商店的销售方式。
C. 网络商店与快递公司在货物丢失或损坏的赔偿方面经常互相推诿。
D. 购买黄金、珠宝等贵重物品,往往需要现场挑选,且不适宜网络支付。
E. 通常情况下,网络商店只有在其实体商店的支撑下才能生存。

题 256 (2010—1—32) 在某次课程教学改革的研讨会上,负责工程类教学的齐老师说,在工程设计中,用于解决数学问题的计算机程序越来越多了,这样就不必要求工程技术类大学生对基础数学有深刻的理解。因此,在未来的教学体系中,基础数学课程可以用其他重要的工程类课程替代。

以下哪项如果为真,能削弱齐老师的上述论证?

Ⅰ. 工程类基础课程中已经包含了相关的基础数学内容。
Ⅱ. 在工程设计中,设计计算机程序需要对基础数学有全面的理解。
Ⅲ. 基础数学课程的一个重要目标是培养学生的思维能力,这种能力对工程设计来说很关键。

A. 只有Ⅱ。　　　　　　　B. 只有Ⅰ和Ⅱ。　　　　　　C. 只有Ⅰ和Ⅲ。
D. 只有Ⅱ和Ⅲ。　　　　　E. Ⅰ、Ⅱ和Ⅲ。

题 257 (2010—1—43) 一般认为,剑乳齿象是从北美洲迁入南美洲的。剑乳齿象的显著特征是具有较直的长剑型门齿,颌骨较短,齿的齿冠隆起,齿板数目为 7~8 个,并呈乳状突起,剑乳齿象因此得名。剑乳齿象的牙齿比较复杂，这表明它能吃草，在南美洲的许多地方都有证据显示史前人类捕捉过剑乳齿象。由此可以推测，剑乳齿象的灭绝可能与人类的过度捕杀有密切关系。

以下哪项如果为真，最能反驳上述结论？

A. 史前动物之间经常发生大规模相互捕杀的现象。
B. 剑乳齿象在遇到人类攻击时缺乏自我保护能力。
C. 剑乳齿象也存在由南美洲进入北美洲的回迁现象。
D. 由于人类活动范围的扩大，大型食草动物难以生存。
E. 幼年剑乳齿象的牙齿结构比较简单，自我生存能力弱。

题258 （2011—1—29）某教育专家认为："男孩危机"是指男孩调皮捣蛋、胆小怕事、学习成绩不如女孩好等现象。近些年，这种现象已经成为儿童教育专家关注的一个重要问题。这位专家在列出一系列统计数据后，提出了"今日男孩为什么从小学、中学到大学全面落后于同年龄段的女孩"的疑问，这无疑加剧了无数男生家长的焦虑。该专家通过分析指出，恰恰是家庭和学校不适当的教育方法导致了"男孩危机"现象。

以下哪项如果为真，最能对该专家的观点提出质疑？

A. 家庭对独生子女的呵护，在很大程度上限制了男孩发散思维的拓展和冒险性格的养成。
B. 现在的男孩比以前的男孩在女孩面前更喜欢表现出"绅士"的一面。
C. 男孩在发展潜能方面要优于女孩，大学毕业后他们更容易在事业上有所成就。
D. 在家庭、学校教育中，女性充当了主要角色。
E. 现代社会游戏泛滥，男孩天性比女孩更喜欢游戏，这耗去了他们大量的精力。

题259 （2015—1—35）某市推出一项月度社会公益活动，市民报名踊跃。由于活动规模有限，主办方决定通过摇号抽签的方式选择参与者。第一个月中签率为1:20；随后连创新低，到下半年的10月份已达1:70。大多数市民屡摇不中，但从今年7月至10月，"李祥"这个名字连续4个月中签。不少市民据此认为，有人在抽签过程中作弊，并对主办方提出质疑。

以下哪项如果为真，最能消解上述市民的质疑？

A. 已经中签的申请者中，叫"张磊"的有7人。
B. 曾有一段时间，家长给孩子取名不回避重名。
C. 在报名的市民中，名叫"李祥"的近300人。
D. 摇号抽签全过程是在有关部门监督下进行的。
E. 在摇号系统中，每一位申请人都被随机赋予一个不重复的编码。

题260 （2015—1—27）长期以来，手机生产的电磁辐射是否威胁人体健康一直是极具争议的话题。一项长达10年的研究显示，每天使用移动电话通话30分钟以上的人患神经胶质瘤的风险比从未使用者要高出40%。由此某专家建议，在获得进一步的证据之前，人们应该采取更加安全的措施，如尽量使用固定电话通话或使用短信进行沟通。

以下哪项如果是真，最能表明该专家的建议不切实际？

A. 在上述实验期间，有些人每天使用移动电话通话超过40分钟，但他们很健康。
B. 经过较长一段时间，人们的体质逐渐适应强电磁辐射的环境。
C. 即使以手机短信进行沟通，发送和接收信息瞬间也会产生较强的电磁辐射。
D. 现在人类生活空间中的电磁辐射强度已经超过手机通话产生的电磁辐射强度。
E. 大多数手机产生的电磁辐射强度符合国家规定的安全标准。

题261 （2014—1—26）随着光纤网络带来的网速大幅度提高，高速下载电影、在线看大片等都不再是困扰我们的问题。即使在社会生产力发展水平较低的国家，人们也可以通过网络随时随地获得最快的信息、最贴心的服务和最佳体验。有专家据此认为：光纤网络将大幅提高人们的生活质量。

以下哪项如果为真，最能质疑该专家的观点？

A. 网络上所获得的贴心服务和美妙体验有时是虚幻的。

B. 即使没有光纤网络，同样可以创造高品质的生活。

C. 随着高速网络的普及，相关上网费用也随之增加。

D. 人们生活质量的提高仅决定于社会生产力的发展水平。

E. 快捷的网络服务可能使人们将大量时间消耗在娱乐上。

题 262 （2016—1—51）田先生认为，绝大部分笔记本电脑运行速度慢的原因不是 CPU 性能太差，也不是内存容量太小，而是硬盘速度太慢，给老旧的笔记本电脑换装固态硬盘可以大幅提升使用者的游戏体验。

以下哪项如果为真，最能质疑田先生的观点？

A. 一些笔记本电脑使用者的使用习惯不好，使得许多运行程序占据大量内存，导致电脑运行速度缓慢。

B. 销售固态硬盘的利润远高于销售传统的笔记本电脑硬盘。

C. 固态硬盘很贵，给老旧笔记本换装硬盘费用不低。

D. 使用者的游戏体验很大程度上取决于笔记本电脑的显卡，而老旧笔记本电脑显卡较差。

E. 少部分老旧笔记本电脑的 CPU 性能很差，内存也小。

题 263 （2011—1—53）一些城市，由于作息时间比较统一，加上机动车太多，很容易形成交通早高峰和晚高峰。市民们在高峰时间上下班很不容易。为了缓解人们上下班的交通压力，某政府顾问提议采取不同时间段上下班制度，即不同单位可以在不同的时间段上下班。

以下哪项如果为真，最可能使该顾问的提议无法取得预期效果？

A. 有些上班时间段与员工的用餐时间冲突，会影响他们生活乐趣，从而影响他们的工作积极性。

B. 许多上班时间段与员工的正常作息时间不协调，他们需要较长一段时间来调整适应，这段时间的工作效率难以保证。

C. 许多单位的大部分工作通常需要员工们在一起讨论，集体合作才能完成。

D. 该市的机动车数量持续增加，即使不在早晚高峰期，交通拥堵也时有发生。

E. 有些单位员工的住处与单位很近，步行即可上下班。

题 264 （2012—1—26）1991 年 6 月 15 日，菲律宾吕宋岛上的皮纳图博火山突然大喷发，2 000 万吨二氧化硫气体冲入平流层，形成的霾像毯子一样盖在地球上空，把部分要照射到地球的阳光反射回太空。几年之后，气象学家发现这层霾使得当时地球表面的温度累计下降了 0.5℃。而皮纳图博火山喷发前的一个世纪，因人类活动而造成的温室效应已经使地球表面温度升高 1℃。某位持"人工气候改造论"的科学家据此认为，可以用火箭弹等方式将二氧化硫充入大气层，阻挡部分阳光，达到地球表面降温的目的。

以下哪项如果为真，最能对该科学家提议的有效性构成质疑？

A. 如果利用火箭弹将二氧化硫充入大气层，则会导致航空乘客呼吸不适。

B. 如果在大气层上空放置反光物，就可以避免地球表面强烈阳光的照射。

C. 可以把大气中的碳取出来存储到地下，减少大气层的碳含量。

D. 不论何种方式，"人工气候改造"都将破坏地球的大气层结构。

E. 火山喷发形成的降温效应只是暂时的，经过一段时间温度将再次回升。

◆ 题265 （2016—1—36）近年来，越来越多的机器人被用于在战场上执行侦察、运输、拆弹等任务，甚至将来冲锋陷阵的都不再是人，而是形形色色的机器人。人类战争正在经历自核武器诞生以来最深刻的革命。有专家据此分析指出，机器人战争技术的出现可以使人类远离危险，更安全、更有效率地实现战争目标。

以下哪项如果为真，最能质疑上述专家的观点？
A. 现代人类掌控机器人，但未来机器人可能会掌控人类。
B. 机器人战争技术有助于摆脱以往大规模杀戮的血腥模式，从而让现代战争变得更为人道。
C. 掌握机器人战争技术的国家为数不多，将来战争的发生更为频繁也更为血腥。
D. 因不同国家之间军事科技实力的差距，机器人战争技术只会让部分国家远离危险。
E. 全球化时代的机器人战争技术要消耗更多资源，破坏生态环境。

◆ 题266 （2016—1—53）钟医生："通常，医学研究的重要成果在杂志发表之前需要经过匿名评审，这需要耗费不少时间。如果研究者能放弃这段等待时间而事先公开其成果，我们的公共卫生水平就可以伴随着医学发现更快获得提高。因为新医学信息的及时公布将允许人们利用这些信息提高他们的健康水平。"

以下哪项如果为真，最能削弱钟医生的论证？
A. 大部分医学杂志不愿意放弃匿名评审制度。
B. 社会公共卫生水平的提高还取决于其他因素，并不完全依赖于医学新发现。
C. 匿名评审常常能阻止那些含有错误结论的文章发表。
D. 有些媒体常常会提前报道那些匿名评审杂志发表的医学研究成果。
E. 人们常常根据新发表的医学信息来调整他们的生活方式。

◆ 题267 （2019—1—53）阔叶树的降尘优势明显，吸附PM2.5的效果最好，一棵阔叶树一年的平均滞尘量达3.16公斤。针叶树叶面积小，吸附PM2.5的功效较弱。全年平均下来，阔叶林的吸尘效果要比针叶林强不少。阔叶树也比灌木和草的吸尘效果好得多。以北京常见的阔叶树国槐为例，成片的国槐林吸尘效果比同等面积的普通草地约高30%。有些人据此认为，为了降尘，北京应大力推广阔叶树，并尽量减少针叶林面积。

以下哪项如果为真，最能削弱上述有关人员的观点？
A. 阔叶树与针叶树比例失调，不仅极易暴发病虫害、火灾等，还会影响林木的生长和健康。
B. 针叶树冬天虽然不落叶，但基本处于"休眠"状态，生物活性差。
C. 植树造林既要治理PM2.5，也要治理其他污染物，需要合理布局。
D. 阔叶树冬天落叶，在寒冷的冬季，其养护成本远高于针叶树。
E. 建造通风走廊，能把城市和郊区的森林连接起来，让清新的空气吹入，降低城区的PM2.5。

◆ 题268 （2016—1—41）根据现有物理学定律，任何物质的运动速度都不可能超过光速，但最近一次天文观测结果向这条定律发起了挑战。距离地球遥远的IC310星系拥有一个活跃的黑洞，掉入黑洞的物质产生了伽马射线冲击波。有些天文学家发现，这束伽马射线的速度超过了光速，因为它只用了4.8分钟就穿越了黑洞边界，而光需要25分钟才能走完这段距离。由此，这些天文学家提出，光速不变定律需要修改了。

以下哪项如果为真，最能质疑上述天文学家所做的结论？
A. 光速不变定律已经历过去多次实践检验，没有出现反例。
B. 天文观测数据可能存在偏差，毕竟IC310星系离地球很远。
C. 要么天文学家的观测有误，要么有人篡改了天文观测数据。
D. 或者光速不变定律已经过时，或者天文学家的观测有误。
E. 如果天文学家的观测没有问题，则光速不变定律就需要修改。

题 269　(2019—1—42) 旅游是一种独特的文化体验。游客可以跟团游，也可以自由行。自由行游客虽避免了跟团游的集体束缚，但也放弃了人工导游的全程讲解，而近年来他们了解旅游景点的文化需求却有增无减。为适应这一市场需求，基于手机平台的多款智能导游 APP 被开发出来。他们可定位用户位置，自动提供景点讲解、游览问答等功能。有专家就此指出，未来智能导游必然会取代人工导游，传统的导游职业行将消亡。

以下哪项如果为真，最能质疑上述专家的论断？

A. 至少有 95% 的国外景点所配备的导游讲解器没有中文语音，中国出境游客因为语言和文化上的差异，对智能导游 APP 的需求比较强烈。

B. 旅游中才会使用的智能导游 APP，如何保持用户黏性，未来又如何取得商业价值等都是待解问题。

C. 好的人工导游可以根据游客需求进行不同类型的讲解，不仅关注景点，还可表达观点，个性化很强，这是智能导游 APP 难以企及的。

D. 目前发展较好的智能导游 APP 用户量在百万级左右，这与当前中国旅游人数总量相比还只是一个很小的比例，市场还没有培养出用户的普遍消费习惯。

E. 国内景区配备的人工导游需要收费，大部分导游讲解的内容都是事先背好的标准化内容。但是，即便人工导游没有特色，其退出市场也需要一定的时间。

题 270　(2010—1—29) 现在越来越多的人拥有了自己的轿车，但他们明显地缺乏汽车保养的基本知识，这些人会按照维修保养手册或 4S 店售后服务人员的提示做定期保养。可是，某位有经验的司机会告诉你，每行驶 5 000 千米做一次定期检查，只能检查出汽车可能存在问题的一小部分，这样的检查是没有意义的，是浪费时间和金钱。

以下哪项不能削弱该司机的结论？

A. 每行驶 5 000 千米做一次定期检查是保障车主安全所需要的。

B. 每行驶 5 000 千米做一次定期检查能发现引擎的某些主要故障。

C. 在定期检查中所做的常规维护是保证汽车正常运行所必需的。

D. 赵先生的新车未做定期检查，行驶到 5 100 千米时出了问题。

E. 某公司新购的一批汽车未做定期检查，均安全行驶了 7 000 千米以上。

题 271　(2013—1—44) 足球是一项集体运动，若想不断取得胜利，每个强队都必须有一位核心队员。他总能在关键场次带领全队赢得比赛。友南是某国甲级联赛强队西海队队员。据某记者统计，在上赛季参加的所有比赛中，有友南参加的场次，西海队胜率高达 75.5%，只有 16.3% 的平局，8.2% 场次输球；而在友南缺阵的情况下，西海队胜率只有 58.9%，输球的比率高达 23.5%，该记者由此得出结论，友南是上赛季西海队的核心队员。

以下哪项如果为真，最能质疑该记者的结论？

A. 上赛季友南上场且西海队输球的比赛，都是西海队与传统强队对阵的关键场次。

B. 西海队队长表示："没有友南我们将失去很多东西，但我们会找到解决办法。"

C. 本赛季开始以来，在友南上阵的情况下，西海队胜率暴跌 20%。

D. 上赛季友南缺席且西海队输球的比赛，都是小组赛中西海队已经确定出线后的比赛。

E. 西海队教练表示："球队是一个整体，不存在有友南的西海队和没有友南的西海队。"

题 272　(2011—1—37) 3D 立体技术代表了当前电影技术的尖端水准，由于使电影实现了高度可信的空间感，它可能成为未来电影的主流。3D 立体电影中的银幕角色虽然由计算机生成，但是那些包括动作和表情的电脑角色的"表演"，都以真实演员的"表演"为基础，就像数码时代的化妆技术一样。这也引起了某些演员的担心：随着计算机技术的发展，未来计算机生成的图像和动画会替代真人表演。

以下哪项如果为真，最能减轻上述演员的担心？

A. 所有电影的导演只能和真人交流，而不是和电脑交流。
B. 任何电影的拍摄都取决于制片人的选择，演员可以跟上时代的发展。
C. 3D 立体电影目前的高票房只是人们一时图新鲜的结果，未来尚不可知。
D. 掌握 3D 立体技术的动画专业人员不喜欢去电影院看 3D 电影。
E. 电影故事只能用演员的心灵、情感来表现，其表现形式与导演的喜好无关。

题 273 （2016—1—38） 开车上路，一个人不仅需要有良好的守法意识，也需要有特别的"理性计算"：在拥堵的车流中，只要有"加塞"的，你开的车就一定要让着它；你开着车在路上正常直行，有车不打方向灯在你近旁突然横过来要撞上你，原来它想要变道，这时你也得让着它。

以下除哪项外，均能质疑上述"理性计算"的观点？

A. 有理的让着没理的，只会助长歪风邪气，有悖于社会的法律与道德。
B. 如果不让，就会碰上；碰上之后，即使自己有理，也会有许多麻烦。
C. "理性计算"其实就是胆小怕事，总觉得凡事能躲则躲，但有的事很难躲过。
D. 一味退让也会给行车带来极大的危险，不但可能伤及自己，而且可能伤及无辜。
E. 即使碰上也不可怕，碰上之后如果立即报警，警方一般会有公正的裁决。

题 274 （2010—1—27） 为了调查当前人们的识字水平，其实验者列举了 20 个词语，请 30 位文化人士识读，这些人的文化程度都在大专以上。识读结果显示，多数人只读对 3 个到 5 个词语，极少数人读对 15 个以上，甚至有人全部读错。其中，"蹒跚"的辨识率最高，30 人中有 19 人读对；"呱呱坠地"所有人都读错。20 个词语的整体误读率接近 80%。该实验者由此得出，当前人们的识字水平并没有提高，甚至有所下降。

以下哪项如果为真，最能对该实验者的结论构成质疑？

A. 实验者选取的 20 个词语不具有代表性。
B. 实验者选取的 30 位识读者均没有博士学位。
C. 实验者选取的 20 个词语在网络流行语言中不常用。
D. "呱呱坠地"这个词的读音有些大学老师也经常读错。
E. 实验者选取的 30 位识读者中约有 50% 大学成绩不佳。

题 275 （2011—1—33） 受多元文化和价值观的冲击，甲国居民的离婚率明显上升。最近一项调查表明，甲国的平均婚姻存续时间为 8 年。张先生为此感慨，现在像钻石婚、金婚、白头偕老这样的美丽故事已经很难得，人们淳朴的爱情婚姻观一去不复返了。

以下哪项如果为真，最可能表明张先生的理解不确切？

A. 现在有不少闪婚一族，他们经常在很短的时间里结婚又离婚。
B. 婚姻存续时间长并不意味着婚姻的质量高。
C. 过去的婚姻主要由父母包办，现在主要是自由恋爱。
D. 尽管婚姻存续时间短，但年轻人谈恋爱的时间比以前增加很多。
E. 婚姻是爱情的坟墓，美丽感人的故事更多体现在恋爱中。

题 276 （2010—1—54） 对某高校本科生的某项调查统计发现：在因成绩优异被推荐免试攻读硕士研究生的文科专业学生中，女生占有 70%，由此可见，该校本科生专业的女生比男生优秀。

以下哪项如果为真，能最有力地削弱上述结论？

A. 在该校本科生专业学生中，女生占 30% 以上。
B. 在该校本科生专业学生中，女生占 30% 以下。

C. 在该校本科生专业学生中，男生占30%以下。
D. 在该校本科生专业学生中，女生占70%以下。
E. 在该校本科生专业学生中，男生占70%以上。

题277 （2018—1—36）最近一项调研发现，某国30岁至45岁人群中，去医院治疗冠心病、骨质疏松等病症的人越来越多，而原来患有这些病症的大多是老年人。调研者由此认为，该国年轻人中"老年病"发病率有不断增加的趋势。

以下哪项如果为真，最能质疑上述调研结论？
A. 尽管冠心病、骨质疏松等病症是常见的"老年病"，老年人患的病未必都是"老年病"。
B. 近年来，由于大量移民涌入，该国45岁以下年轻人的数量急剧增加。
C. 由于国家医疗保障水平的提高，相比以往，该国民众更有条件关注自己的身体健康。
D. "老年人"的最低年龄比以前提高了，"老年病"的患者范围也有所变化。
E. 近几十年来，该国人口老龄化严重，但健康老龄人口的比重在不断增大。

题278 （2014—1—30）人们普遍认为适量的体育运动能够有效降低中风，但科学家还注意到有些化学物质也有降低中风风险的效用。番茄红素是一种让番茄、辣椒、西瓜和番木瓜等蔬果呈现红色的化学物质。研究人员选取一千余名年龄在46岁至55岁之间的人，进行了长达12年的跟踪调查，发现其中番茄红素水平最高的四分之一的人中有11人中风，番茄红素水平最低的四分之一的人中有25人中风。他们由此得出结论：番茄红素能降低中风的发生率。

以下哪项如果为真，能对上述研究结论提出质疑？
A. 番茄红素水平较低的中风者中有三分之一的人病情较轻。
B. 吸烟、高血压和糖尿病等会诱发中风。
C. 如果调查56岁至65岁之间的人，则情况也许不同。
D. 番茄红素水平高的人约有四分之一喜爱进行适量的体育运动。
E. 被跟踪的另一半人中50人中风。

题型 16 支持题型

题1 （2011—10—51）英国约克大学和曼彻斯特大学考古人员在北约克郡的斯塔卡发现一处有一万多年历史的人类房屋遗迹。测试结果显示，它为一个高约3.5米的木质圆形小屋，存在于公元前8500年，比之前发现的英国最古老房屋至少早500年。考古人员还在附近发现一个木头平台和一个保存完好的大树树干。此外他们还发现了经过加工的鹿角饰品，这说明当时的人已经有了一些仪式性的活动。

以下哪项如果为真，最能支持上述观点？
A. 木头平台是人类建造小木屋的工作场所。
B. 当时的英国人已经有了相对稳定的住址，而不是之前认为的居无定所的游猎者。
C. 人类是群居动物，附近还有更多的木屋等待发掘。
D. 人类在一万多年前就已经在约克郡附近进行农耕活动。
E. 只有举行仪式性的活动，才会出现经过加工的鹿角饰品。

题2 （2011—10—46）在两座"甲"字形大墓与圆形夯土台基之间，集中发现了5座马坑和一座长方形的车马坑，其中两座马坑各葬6匹马。一坑内骨架分南北两排摆放整齐，前排2匹，后排4匹，由西向东依序摆放；另一座坑内马骨架摆放方式较特殊，6匹马两两成对或相背放置，头向不一。

比较特殊的现象是在马坑的中间还放置了一个牛角，据此推测该马坑可能和祭祀有关。

以下哪项如果为真，最能支持上述推测？

A. 牛角是古代祭祀时的重要物件。
B. 祭祀时殉葬的马匹必须头向一致地摆放整齐。
C. 6匹马是古代王公祭祀时的一种基本形制。
D. 只有在祭祀时，才在马坑中放置牛角。
E. 如果马骨摆放的比较杂乱，那一定是由于祭祀时混乱的场面造成的。

◆ 题 3　（2011—10—47）土卫二是太阳系中迄今观测到存在地质喷发活动的3个星体之一，也是天体生物学最重要的研究对象之一。德国科学家借助卡西尼号土星探测器上的分析仪器发现，土卫二发射的微粒中含有钠盐。据此可以推测，土卫二上存在液态水，甚至可能存在"地下海"。

以下哪项如果为真，最能支持上述推测？

A. 只有存在"地下海"，才可能存在地质喷发活动。
B. 在土卫二上液态水不可能单独存在，只能以"地下海"的方式存在。
C. 如果没有地质喷发活动，就不可能发现钠盐。
D. 土星探测器上的分析仪器得出的数据是确切可信的。
E. 只有存在液态水，才可能存在钠盐微粒。

◆ 题 4　（2011—10—35）尽管外界有放宽货币政策的议论，但某国中央银行在日前召开的各分支行行长座谈会上传递出明确信息，下半年继续实施好稳健的货币政策，保持必要的政策力度。有学者认为，这说明该国决策层仍然把稳定物价作为首要任务，而把经济增速的回落控制在可以承受的范围内。

以下哪项可以支持上述学者的观点？

A. 如果保持必要的政策力度，就不能放宽货币政策。
B. 只有实施好稳健的货币政策，才能稳定物价。
C. 一旦实施好稳健的货币政策，经济增速就要回落。
D. 只有稳定物价，才能把经济增速的回落控制在可以承受的范围内。
E. 如果放宽货币政策，就可以保持经济的高速增长。

◆ 题 5　（2008—10—37）陈先生：昨天我驾车时被警察出具罚单，理由是我超速。警察这样做是不公正的。我敢肯定，当时我看到很多车都超速，为什么受罚的只有我一个？

贾女士：你并没有受到不公正的对待，因为警察当时不可能制止所有的超速汽车。事实上，当时每个超速驾驶的人都同样可能被出具罚单。

确定以下哪项原则，最能支持贾女士的观点？

A. 任何处罚的公正性，只能是相对的，不是绝对的。绝对公正的处罚，是一种理想化的标准，不具有可操作性。
B. 对违反交通规则的处罚不是一种目的，而是一种手段。
C. 违反交通规则的处罚对象，应当是所有违反交通规则的人。
D. 任何处罚，只要有法规依据，就是公正的。
E. 如果每个违反交通规则的人被处罚的可能性均等，那么，对其中任何一个人的处罚都是公正的。

◆ 题 6　（1997—10—48）小李和小张就广告问题争论得面红耳赤，没完没了。小李说："广告进了百姓门，带来方便送福音。"小张说："广告就会吹，真假难区分。"

以下哪项对小张的论点提供了最有力的支持？

A. 某教师受浅表萎缩性胃炎折磨多年，从电视广告中找到了良药。

B. 电视广告对不愿意看的观众，是一种浪费。
C. 妈妈通过报纸广告为孩子找到计算机辅导班。
D. 64%的保健品凭着广告走进了市场。在一次抽样调查中，仅有2%具有所说的效果。
E. 街头的招牌广告被风吹倒，造成了人身伤亡，应该引以为戒。

题7 （2000—1—74）提高教师应聘标准并不是引起目前中小学师资短缺的主要原因。引起中小学师资短缺的主要原因，是近年来中小学教学条件的改进缓慢，以及教师的工资增长未能与其他行业同步。

以下哪项如果为真，最能加强上述断定？

A. 虽然还有别的原因，但收入低是许多教师离开教育岗位的理由。
B. 许多教师把应聘标准的提高视为师资短缺的理由。
C. 有些能胜任教师的人，把应聘标准的提高作为自己不愿执教的理由。
D. 许多在岗但不胜任的教师，把低工资作为自己不努力进取的理由。
E. 决策部门强调提高应聘标准是师资短缺的主要原因，以此作为不给教师加工资的理由。

题8 （2010—10—43）最近，国内考古学家在北方某偏远地区发现了春秋时代古遗址。当地旅游部门认为：古遗址体现了春秋古代文明的特征，应立即投资修复，并在周围修建公共交通设施，以便吸引国内外游客。张教授对此提出反对意见：古遗址有许多未解之谜待破译，应先保护起来，暂不宜修复和进行旅游开发。

如果下述哪项为真，最能加强上述张教授的观点？

A. 只有懂得古遗址历史，并且懂得保护古遗址的人才能参与修复古遗址。
B. 现在人还难以理解和判断古代文明的重大意义。
C. 修复任何一个古遗址都应该展现此地区最古老的风貌。
D. 对古遗址的保护和利用不应该被商业利益所支配。
E. 在缺乏研究的情况下匆忙修复古遗址，可能对文物造成不可弥补的破坏。

题9 （2002—10—20）有钱并不意味着幸福。有一项覆盖面相当广的调查显示，在自认为有钱的被调查者中，只有1/3的人感觉自己是幸福的。

以下哪项有关上述调查的断定如果为真，最能支持上述论证？

A. 绝大多数自认为有钱的人，实际上都达到中等以上的富裕程度。
B. 许多感觉不幸福的人，实际上十分幸福。
C. 许多不认为自己有钱的人，实际上很有钱。
D. 被调查的有钱人绝大多数是合法致富。
E. 被调查的有钱人中，许多是非法致富。

题10 （2011—10—53）自然界中的基因有千万种，哪类基因是最为常见和最为丰富？某研究机构在对大量基因组进行成功解码后找到了答案，那就是有"自私DNA"之称的转座子。转座子基因的丰度和广度表明，它们在进化和生物多样性的保持中发挥了至关重要的作用。生物学教科书一般认为在光合作用中能固定二氧化碳的酶是地球上最为丰富的酶，有学者曾据此推测能对这种酶进行编码的基因也应当是最丰富的。不过研究却发现，被称为"垃圾DNA"的转座子反倒统治着已知基因世界。

以下哪项如果为真，最能支持该学者的推测？

A. 转座子的基本功能就是到处传播自己。
B. 同样一种酶有时是用不同的基因进行编码的。
C. 不同的酶可能由同样的基因进行编码。

D. 基因的丰富性是由生物的多样性决定的。

E. 不同的酶需要不同的基因进行编码。

◆ 题 11　（2006—1—45）小红说："如果中山大道只允许通行轿车和不超过 10 吨的货车，大部分货车将绕开中山大道。"

小兵说："如果这样的话，中山大道的车流量将减少，从而减少中山大道的撞车事故。"

以下哪项如果为真，最能加强小兵的结论？

A. 中山大道的撞车事故主要发生在 10 吨以上的货车。

B. 在中山大道上，大客车很少发生撞车事故。

C. 中山大道因为常发生撞车事故，交通堵塞严重。

D. 许多原计划购买 10 吨以上货车的单位转而购买 10 吨以下的货车。

E. 近来中山大道周围的撞车事故减少了。

◆ 题 12　（2007—10—47）对东江中学全校学生进行调查发现，拥有 MP3 播放器人数最多的班集体同时也是英语成绩最佳的班集体。由此可见，利用 MP3 播放器可以提高英语水平。

以下哪项如果为真，最能加强上述结论？

A. 拥有 MP3 播放器的同学英语学习热情比较高。

B. 喜欢使用 MP3 播放器的同学都是那些学习自觉性较高的学生。

C. 随着 MP3 播放器性能的提高，其提高英语水平的作用将更加明显。

D. 拥有 MP3 播放器人数最多的班级是最会利用 MP3 播放器的班级。

E. 拥有 MP3 播放器人数最多的班上的同学更多地利用 MP3 进行英语学习。

◆ 题 13　（2002—10—52）在塞普西路斯的一个古城蒙科云，发掘出了城市的残骸，这一残骸呈现出被地震损坏的典型特征。考古学家猜想，该城的破坏是这个地区公元 365 年的一次地震所致。

以下哪项如果为真，最有力地支持了考古学家的猜想？

A. 经常在公元 365 年前后的墓穴里发现的青铜制纪念花瓶，在蒙科云城里也发现了。

B. 在蒙科云城废墟里没有发现在公元 365 年以后铸的硬币，但是有公元 365 年以前的铸币。

C. 多数现代塞普西路斯历史学家曾经提及，公元 365 年前后在附近发生过地震。

D. 在蒙科云城废墟中发现了公元 300 年至公元 400 年风格的雕塑。

E. 在蒙科云发现了塞普西路斯 365 年以后才使用的希腊字母的石刻。

◆ 题 14　（2006—1—49）陈先生：北欧人具有一种特别明显的乐观精神。这种精神体现为日常生活态度，也体现为理解自然、社会和人生的哲学理念。北欧人的人均寿命历来是最高的，这正是导致他们具备乐观精神的重要原因。

贾女士：你的说法难以成立。因为你的理解最多只能说明，北欧的老年人为何具备乐观精神。

以下哪项如果为真，最能加强陈先生的观点并削弱贾女士的反驳？

A. 人均寿命是影响社会需求和生产的重要因素；经济发展水平是影响社会情绪的重要因素。

B. 北欧的一些国家人均寿命不高，但并不缺乏乐观的民族精神。

C. 医学研究表明，乐观精神有利于长寿。

D. 经济发展水平是影响人的寿命及其情绪的决定因素。

E. 一家权威机构的最新统计表明，目前全世界人均寿命最高的国家是日本。

◆ 题 15　（1997—1—1）一位教育工作者撰文表达了她对电子游戏给青少年带来的危害的焦虑之情。她认为电子游戏就像一头怪兽，贪婪、无情地剥夺青少年的学习和与社会交流的时间。

以下哪项不能成为支持以上观点的理由？

A. 青少年玩电子游戏，上课时无精打采。

B. 青少年玩电子游戏，作业错误明显增多。

C. 青少年玩电子游戏，不愿与家长交谈。

D. 青少年玩电子游戏，花费了家里的资金。

E. 青少年玩电子游戏，小组活动时常缺席。

题 16 (2006—1—28) 有些人若有某一次厌食，会对这次膳食中有特殊味道的食物持续产生强烈厌恶，不管这种食物是否会对身体有利。这种现象可以解释为什么小孩更易于对某些食物产生强烈的厌食。

以下哪项如果为真，最能加强上述解释？

A. 小孩的膳食配搭中含有特殊味道的食物比成年人多。

B. 对未尝过的食物，成年人比小孩更容易产生抗拒心理。

C. 小孩的嗅觉和味觉比成年人敏锐。

D. 和成年人相比，小孩较为缺乏食物与健康的相关知识。

E. 如果讨厌某种食物，则小孩厌食的持续时间比成年人更长。

题 17 (2001—10—32) 玫瑰城需要 100 万美元来修理所有的道路。在一年内完成这样的修理之后，估计玫瑰城每年将因此避免支付大约 300 万美元的赔偿金，这笔赔偿金历年来一直作为给因道路长年失修而损坏的汽车的修理费。

以下哪项如果为真，最能支持题干的估计？

A. 与玫瑰城邻近的其他城市，同样也要为它们年久失修的道路赔偿车辆修理费。

B. 该地的道路修理好之后，在近几年内不会因道路原因对行驶车辆造成损坏。

C. 为了修路，该地要征税。

D. 恶劣天气对道路造成的损害在不同的年份之间差别很大。

E. 道路的损坏主要是由卡车造成的，但是其车主同样为劣质路面造成的车辆损坏进行索赔。

题 18 (2002—1—35) 在美国，近年来在电视卫星的发射和操作中事故不断，这使得不少保险公司不得不面临巨额赔偿，这不可避免地导致了电视卫星的保险金的猛涨，使得发射和操作电视卫星的费用变得更为昂贵。为了应付昂贵的成本，必须进一步开发电视卫星更多的尖端功能来提高电视卫星的售价。

以下哪项如果为真，和题干的断定一起，最能支持这样一个结论，即电视卫星的成本将继续上涨？

A. 承担电视卫星保险业风险的只有为数不多的几家大公司，这使得保险金必定很高。

B. 美国电视卫星业面临的问题，在西方发达国家带有普遍性。

C. 电视卫星目前具备的功能已能满足需要，用户并没有对此提出新的要求。

D. 卫星的故障大都发生在进入轨道以后，对这类故障的分析及排除变得十分困难。

E. 电视卫星具备的尖端功能越多，越容易出问题。

题 19 (2002—1—26) 由于邮费上涨，广州《周末画报》杂志为减少成本、增加利润，准备将每年发行 52 期改为每年发行 26 期，但每期文章的质量、每年的文章总数和每年的定价都不变。市场研究表明，杂志的订户和在杂志上刊登广告的客户的数量均不会下降。

以下哪项如果为真，最能说明该杂志社的利润将会因上述变动而降低？

A. 在新的邮资政策下，每期的发行费用将比原来高 1/3。

B. 杂志的大部分订户较多地关心文章的质量，而较少地关心文章的数量。

C. 即使邮资上涨，许多杂志的长期订户仍将继续订阅。

D. 在该杂志上购买广告页的多数广告商将继续在每一期上购买同过去一样多的页数。

E. 杂志的设计、制作成本预期将保持不变。

◆ 题20　（2002—10—15）一份对北方山区先天性精神分裂症患者的调查统计表明，大部分患者都出生在冬季。专家们指出，其原因很可能是那些临产的孕妇营养不良，因为在这一年最寒冷的季节中，人们很难买到新鲜食品。

以下哪项如果为真，最能支持题干中的专家的结论？

A. 在精神分裂症患者中，先天性患者只占很小的比例。
B. 调查中相当比例的患者有家族史。
C. 与引起精神分裂症有关的大脑区域的发育，大部分发生在产前一个月。
D. 新鲜食品与腌制食品中的营养成分对大脑发育的影响相同。
E. 虽然生活在北方山区，但被调查对象的家庭，大都经济条件良好。

◆ 题21　（2003—1—49）建筑历史学家丹尼斯教授对欧洲19世纪早期铺有木地板的房子进行了研究。结果发现较大的房间铺设的木板条比较小房间的木板条窄得多。丹尼斯教授认为，既然大房子的主人一般都比小房子的主人富有，那么，用窄木条铺地板很可能是当时有地位的象征，用以表明房主的富有。

以下哪项如果为真，最能加强丹尼斯教授的观点？

A. 欧洲19世纪晚期的大多数房子所铺设的木地板的宽度大致相同。
B. 丹尼斯教授的学术地位得到了国际建筑历史学界的公认。
C. 欧洲19世纪早期，木地板条的价格是以长度为标准计算的。
D. 欧洲19世纪早期，有些大房子铺设的是比木地板昂贵得多的大理石。
E. 在以欧洲19世纪市民生活为背景的小说《雾都十三夜》中，富商查理的别墅中铺设的就是有别于民间的细条胡桃木地板。

◆ 题22　（1997—10—46）"笑一笑，十年少"，笑是免费药品，不仅能振奋精神，而且能增进健康。

以下哪项不支持以上观点？

A. 爱笑的人能使人体吸收更多的氧，改善新陈代谢。
B. 笑能使面部17块肌肉活动，使面肤永葆光润。
C. 笑能使大脑的血液降温，使思维更敏捷。
D. 笑能使体内产生大量免疫球蛋白，提高肌体的保护功能。
E. 人在大笑时心跳比平常加快，增加心脏负担。

◆ 题23　（1997—10—47）据报道，上海64名中小学生利用假期到江西茨坪、宁冈等贫困地区进行参观，还有的家长带孩子到自己当年上山下乡的地方寻根。他们认为现在的小孩甜蜜太多，吃苦太少，应该走出暖房，经受磨炼。

以下哪项断定为真，最能支持以上观点？

A. 由于人口过多，城市青年还得到农村去。
B. 一个人只有具备不怕苦、不怕难的精神，才能取得成功。
C. 农村山清水秀，空气清新，是城市人旅游的好去处。
D. 城市青年只有到农村去，才能全面了解中国的国情。
E. 上山下乡知青喜欢农村的黄土地。

◆ 题24　（2007—10—38）一项调查显示，某班参加挑战杯比赛的同学，与那些未参加此项比赛的同学相比，学习成绩一直保持较高的水平。此项调查得出结论：挑战杯比赛通过开拓学生的视野，增加学生的学习兴趣，激发学生的创造潜力，有效地提高了学生的学习成绩。

以下哪项如果为真，最能加强上述调查结论的说服力？

A. 没有参加挑战杯比赛的同学如果通过其他活动开拓视野，也能获得好成绩。

B. 整天在课室内读书而不参加课外科技活动的学生，他们的视野、学习兴趣和创造力都会受到影响。

C. 没有参加挑战杯比赛的同学大都学习很努力。

D. 参加挑战杯比赛并不以学习成绩好为条件。

E. 参加挑战杯比赛的同学约占全班的半数。

题 25 （2013—10—37） 从"阿喀琉斯基猴"身上，研究者发现了许多类人猿的特征。比如，它脚后跟的一块骨头短而宽。此外，"阿喀琉斯基猴"的眼眶较小，科学家据此推测它与早期类人猿的祖先一样，是在白天活动的。

以下哪项如果为真，最能支持上述科学家的推测？

A. 短而宽的后脚骨使得这种灵长类动物善于在树丛中跳跃捕食。

B. 动物的视力与眼眶大小不存在严格的比例关系。

C. 最早的类人猿与其他灵长类动物分开的时间，至少在 5 500 万年以前。

D. 以夜间活动为主的动物，一般眼眶较大。

E. 对"阿喀琉斯基猴"的基因测序表明，它和类人猿是近亲。

题 26 （1999—1—36　1999—10—14）① 壳牌石油公司连续三年在全球 500 家最大公司净利润总额排名中位列第一，其主要原因是该公司比其他公司有更多的国际业务。

下列哪项如果为真，则最能支持上述说法？

A. 与壳牌公司规模相当但国际业务少的石油公司的利润都比壳牌石油公司低。

B. 历史上全球 500 家大公司的净利润冠军都是石油公司。

C. 近三年来全球最大的 500 家公司都在努力走向国际化。

D. 近三年来石油和成品油的价格都很稳定。

E. 壳牌石油公司是英国和荷兰两国所共同拥有的。

题 27 （2004—10—45） 1989 年以前，我国文物被盗情况严重，国家主要的博物馆中也发生了多起文物被盗案件，丢失珍贵文物多件。1989 年后，国家主要的博物馆安装了技术先进的多功能防范系统，结果，此类重大盗窃案显著下降，这说明多功能防范系统对于保护文物安全起到了重要作用。

以下哪项如果为真，最能加强上述结论？

A. 90 年代被窃的文物中包括一件珍贵的传世工艺品。

B. 从 90 年代早期开始，私人收藏和小展馆中发生的文物失盗案件明显上升。

C. 上述多功能防范系统经过国家级的技术鉴定。

D. 在 1989 年到 1999 年之间，主要博物馆为馆内重要的珍贵文物所付的保险金有了较大幅度的增加。

E. 在 20 世纪 90 年代初，文物失盗案件北方比南方严重，因为南方经济较发达，保护文物方法较先进。

题 28 （2013—10—32） 研究发现，昆虫是通过它们身体上的气孔系统来"呼吸"的。气孔连着气管，而且由上往下又附着更多层的越来越小的气孔，由此把氧气送到全身。在目前大气的氧气含量水平下，气孔系统的总长度已经达到极限；若总长度超过这个极限，供氧的能力就会不足。因此，可以判断，氧气含量的多少可以决定昆虫的形体大小。

以下哪项如果为真，最能支持上述论证？

---

① 题 1999—10—14 仅在 1999—1—36 基础上，将"壳牌"改为"福田"，"三年"改为"两年"，C 项的"努力走向国际化"改为"努力开拓国际业务"，D 项结尾增加"是石油公司发展的好机会"。

A. 对海洋中的无脊椎动物的研究也发现，在更冷和氧气含量更高的水中，那里的生物的体积也更大。

B. 石炭纪时期地球大气层中氧气的浓度高达35%，比现在的21%要高很多，那时地球上生活着许多巨型昆虫，蜻蜓翼展接近一米。

C. 小蝗虫在低含氧量环境中尤其是氧气浓度低于15%的环境中就无法生存，而成年蝗虫则可以在2%的氧气含量环境下生存下来。

D. 在氧气含量高、气压也高的环境下，接受试验的果蝇生活到第五代，身体尺寸增长了20%。

E. 在同一座山上，生活在山脚下的动物总体上比生活在山顶的同种动物要大。

题29　（1999—10—44）全国政协常委、著名社会学家、法律专家钟万春教授认为：我们应当制定全国性的政策，用立法的方式规定父母每日与未成年子女共处的时间下限。这样的法律能够减少子女平日的压力。因此，这样的法律也就能够使家庭幸福。

以下各项如果为真，哪项最能够加强上述的推论？

A. 父母有责任抚养好自己的孩子，这是社会对每一个公民的起码要求。

B. 大部分的孩子平常都能够与父母经常地在一起。

C. 这项政策的目标是降低孩子们在平日生活中的压力。

D. 未成年孩子较高的压力水平是成长过程以及长大后家庭幸福很大的障碍。

E. 父母现在对孩子多一分关心，就会减少日后父母很多的操心。

题30　（2014—10—49① 2000—1—56）在司法审判中，所谓肯定性误判是指把无罪者判为有罪，否定性误判是指把有罪者判为无罪。肯定性误判就是所谓的错判，否定性误判就是所谓的错放。而司法公正的根本原则是"不放过一个坏人，不冤枉一个好人"。某法学家认为，目前，衡量一个法院在办案中是否对司法公正的原则贯彻得足够好，就看它的肯定性误判率是否足够低。

以下哪项如果为真，能最有力地支持上述法学家的观点？

A. 错放，只是放过了坏人；错判，则是既放过了坏人，又冤枉了好人。

B. 宁可错判，不可错放，是"左"的思想在司法界的反映。

C. 错放造成的损失，大多是可弥补的；错判对被害人造成的伤害，是不可弥补的。

D. 各个法院的办案正确率普遍有明显的提高。

E. 各个法院的否定性误判率基本相同。

题31　（2006—10—48）在距离摩洛哥东部边境数千公里处一座古代约旦城市的遗址中，发现了一个钱袋，其中有32个刻着摩洛哥文字的金币。当时这个城市是联结中国和欧洲的丝绸之路上的一个重要商贸中心，并且又是经摩洛哥去麦加的朝圣者一个重要的中途停留地。因此，上述这个钱袋中很可能装有其他种类的硬币。

以下哪项如果为真，最能支持上述论证？

A. 当时，摩洛哥货币比约旦货币更流行。

B. 当时，金币是唯一的流通货币。

C. 上述钱袋的主人是经摩洛哥去麦加的朝圣者。

D. 上述钱袋的主人是约旦人。

E. 当时的朝圣者中很多是商人。

题32　（1997—10—19）近来，电视上开展了轿车进入家庭的讨论。有人认为，放松对私人轿车的管制，可以推动中国汽车工业的发展，但同时又会使原本紧张的交通状况更加恶化，从而影响经济

---

① 题2014—10—49仅在题2000—1—56基础上，精炼了题干第二句话的表述，调整了选项顺序。

和社会生活秩序。因此,中国的私人轿车在近五年内不应该有大发展。

以下哪项如果为真,则最能支持上述观点?

A. 交通事业将伴随着轿车工业的发展而发展。

B. 引起交通拥挤的主要原因是自行车而不是私人轿车。

C. 总是先发展汽车工业,后发展交通事业。

D. 应该大力发展公共交通事业。

E. 21世纪内中国的道路状况不可能有根本改善。

题33 (1998—10—35) 市长:在过去五年中的每一年,这个城市都削减教育经费,并且,每次学校官员都抱怨,减少教育经费可能逼迫他们减少基本服务的费用。但实际上,每次仅仅是减少了非基本服务的费用。因此,学校官员能够落实进一步的削减经费,而不会减少任何基本服务的费用。

下列哪项如果为真,最强地支持了该市长的结论?

A. 该市的学校提供基本服务总是和提供非基本服务一样有效。

B. 现在,充足的经费允许该市的学校提供某些非基本的服务。

C. 自从最近削减学校经费以来,该市学校对提供非基本服务的价格估计实际没有增加。

D. 几乎没有重要的城市管理者支持该市学校的昂贵的非基本服务。

E. 该市学校官员几乎不夸大经费削减的潜在影响。

题34 (2002—1—36) 喜欢甜味的习性曾经对人类有益,因为它使人在健康食品和非健康食品之间选择前者。例如,成熟的水果是甜的,不成熟的水果则不甜,喜欢甜味的习性促使人类选择成熟的水果。但是,现在的食糖是经过精制的。因此,喜欢甜味不再是一种对人有益的习性,因为精制食糖不是健康食品。

以下哪项如果为真,最能加强上述论证?

A. 绝大多数人都喜欢甜味。

B. 许多食物虽然生吃有害健康,但经过烹饪则可成为极有营养的健康食品。

C. 有些喜欢甜味的人,在一道甜点心和一盘成熟的水果之间,更可能选择后者。

D. 喜欢甜味的人,在含食糖的食品和有甜味的自然食品(例如成熟的水果)之间,更可能选择前者。

E. 史前人类只有依赖味觉才能区分健康食品。

题35 (2001—10—66) "本公司自1980年以来生产的轿车,至今仍有一半在公路上奔驰;其他公司自1980年以来生产的轿车,目前至多有1/3没有被淘汰。"该公司希望以此广告向消费者显示,该汽车公司生产的轿车的耐用性能极佳。

下列哪项如果为真,能够最有效地支持上述广告的观点?

A. 扣除通货膨胀的因素,该公司目前生产的新车的价格只比1980年生产的稍高一点。

B. 自1980年以来,其他公司轿车的年产量有显著增长。

C. 该公司轿车的车主,经常都把车保养得很好。

D. 自1980年以来,该公司在生产轿车上的改进远小于其他公司对轿车的改进。

E. 自1980年以来,该公司每年生产的轿车数量没有显著增长。

题36 (1998—10—33) 一则公益广告劝告人们,酒后不要开车,直到你感到能安全驾驶的时候才开。然而,在医院进行的一项研究中,酒后立即被询问的对象往往低估他们恢复驾驶能力所需要的时间。这个结果表明,在驾驶前饮酒的人很难遵循这个广告的劝告。

下列哪项如果为真,能最强地支持以上结论?

A. 对于许多人来说,如果他们计划饮酒的话,他们会事先安排不饮酒的人开车送他们回家。

B. 医院中被研究的对象估计他们的能力，通常比其他饮酒的人更保守。
C. 一些不得不开车回家的人就不饮酒。
D. 医院研究的对象也被询问，恢复对安全驾驶不起重要作用的能力所需要的时间。
E. 一般的人对公益广告的警觉比医院研究对象的警觉高。

题 37 （2001—1—37）经 A 省的防疫部门检测，在该省境内接受检疫的长尾猴中，有 1% 感染上了狂犬病。但是只有与人及其宠物有接触的长尾猴才接受检疫。防疫部门的专家因此推测，该省长尾猴中感染有狂犬病的比例，将大大小于 1%。

以下哪项如果为真，将最有力地支持专家的推测？

A. 在 A 省境内，与人及其宠物有接触的长尾猴，只占长尾猴总数的不到 10%。
B. 在 A 省，感染有狂犬病的宠物，约占宠物总数的 0.1%。
C. 在与 A 省毗邻的 B 省境内，至今没有关于长尾猴感染狂犬病的疫情报告。
D. 与和人的接触相比，健康的长尾猴更愿意与人的宠物接触。
E. 与健康的长尾猴相比，感染有狂犬病的长尾猴更愿意与人及其宠物接触。

题 38 （2000—10—46）小郭和小万在讨论这次学校"艺翔助学金"发放的一些情况。

小郭：这次没有女生获得"艺翔助学金"的资助。
小万：那就是说这次全校的"艺翔助学金"的名额都空缺了。
小郭：不，事实上这次咱们学校有几位男生获得了"艺翔助学金"。

以下各项断定如果为真，都能使小万的推断成立，除了：

A. "艺翔助学金"的申请者中，大部分的女生比大部分的男生更够条件。
B. 只有女生才有资格申请"艺翔助学金"。
C. "艺翔助学金"的申请者中，所有的女生都比男生更够条件。
D. 按规定，男生和女生必须获得相等数量的"艺翔助学金"名额。
E. "艺翔助学金"只发给女生。

题 39 （2013—10—27）3 年来，在河南信阳息县淮河河滩上，连续发掘出 3 艘独木舟。其中，2010 年息县城郊乡徐庄村张庄组的淮河河滩下发现第一艘独木舟，被证实为目前我国考古发现最早、最大的独木舟之一。该艘独木舟长 9.3 米，最宽处 0.8 米，高 0.6 米。根据碳-14 测定，这些独木舟的选材竟和云南热带地区所产的木头一样。这说明，3 000 多年前的古代，河南的气候和现在热带的气候很相似。淮河中下游两岸气候温暖湿润，林木高大茂密，动植物种类繁多。

以下哪项如果为真，最能支持以上论证？

A. 这些独木舟的原料不可能从遥远的云南原始森林运来，只能就地取材。
B. 这些独木舟在水中浸泡了上千年，十分沉重。
C. 刻舟求剑故事的发生地，就是包括当今河南许昌以南在内的楚地。
D. 独木舟舟体两头呈尖状，由一根完整的原木凿成，保存较为完整。
E. 在淮河流域的原始森林中，今天仍然生长着一些热带植物。

题 40 （2008—1—42）一般人认为，广告商为了吸引顾客不择手段。但广告商并不都是这样。最近，为了扩大销路，一家名为《港湾》的家庭类杂志改名为《炼狱》，主要刊登暴力与色情内容。结果，原先《港湾》杂志的一些常年广告客户拒绝续签合同，转向其他刊物。这说明这些广告商不只考虑经济效益，而且顾及道德责任。

以下哪项如果为真，最能加强题干的论证？

A. 《炼狱》的成本与售价都低于《港湾》。
B. 上述拒绝续签合同的广告商在转向其他刊物后效益未受影响。

C. 家庭类杂志的读者一般对暴力与色情内容不感兴趣。

D. 改名后《炼狱》杂志的广告客户并无明显增加。

E. 一些在其他家庭类杂志做广告的客户转向《炼狱》杂志。

◆ 题 41　（2013—10—50）某国研究人员报告说，他们在某地区的地层里发现了约 2 亿年前的陨石成分，而它们很可能是当时一颗巨大陨石撞击现在的加拿大魁北克省时的飞散物痕迹。在该岩石厚约 5 厘米的黏土层中还含有高浓度的铱和铂等元素，浓度是通常地表中浓度的 50 至 2 000 倍。另外，这处岩石中还含有白垩纪末期地层中的特殊矿物。由于地层上下还含有海洋浮游生物化石，所以可以确定撞击时期是在约 2.15 亿年前。

以下哪项如果为真，最能支持上述研究发现？

A. 该处岩石是远古时代深海海底的堆积层露出地面后形成的。

B. 在古生代三叠纪后期（约 2 亿年至 2.37 亿年前）菊石等物种大规模灭绝。

C. 铱和铂等元素是陨石特有的，在地表中通常只微量存在。

D. 在远古时代曾经发生多起陨石撞击地球的事件。

E. 白垩纪末期，地球上曾经发生过生物大灭绝事件。

◆ 题 42　（2001—10—47①　1998—10—20）体内不产生 P450 物质的人与产生 P450 物质的人比较，前者患帕金森综合征（一种影响脑部的疾病）的可能性三倍于后者，因为 P450 物质可保护脑部组织不受有毒化学物质的侵害。因此，有毒化学物质可能导致帕金森综合征。

下列哪项如果为真，将最有力地支持以上论证？

A. 除了保护脑部不受有毒化学物质的侵害，P450 对脑部无其他作用。

B. 体内不能产生 P450 物质的人，也缺乏产生某些其他物质的能力。

C. 一些帕金森综合征病人有自然产生 P450 的能力。

D. 当用多乙胺（一种脑部自然产生的化学物质）治疗帕金森综合征病人时，病人的症状减轻。

E. 很快就有可能合成 P450，用以治疗体内不能产生这种物质的病人。

◆ 题 43　（2006—1—43）对常兴市 23 家老人院的一项评估显示，爱慈老人院在疾病治疗水平方面受到的评价相当低，而在其他不少方面评价不错。虽然各老人院的规模大致相当，但爱慈老人院医生与住院老人的比率在常兴市的老人院中几乎是最小的。因此，医生数量不足是造成爱慈老人院在疾病治疗水平方面评价偏低的原因。

以下哪项如果为真，最能加强上述论证？

A. 和祥老人院也在常兴市，对其疾病治疗水平的评价比爱慈老人院还要低。

B. 爱慈老人院的医务护理人员比常兴市其他老人院都要多。

C. 爱慈老人院的医生发表的相关学术文章很少。

D. 爱慈老人院位于常兴市的市郊。

E. 爱慈老人院某些医生的医术一般。

◆ 题 44　（2005—1—41）某校的一项抽样调查显示：该校经常泡网吧的学生中家庭经济条件优越的占 80%；学习成绩下降的也占 80%，因此家庭条件优越是学生泡网吧的重要原因，泡网吧是学习成绩下降的重要原因。

以下哪项如果为真，最能加强上述论证？

A. 该校是市重点学校，学生的成绩普遍高于普通学校。

---

① 题 2001—10—47 仅在题 1998—10—20 基础上，将"P450"改为"P405"，将"多乙胺"改为"多巴胺"，调整了题干措辞、选项措辞和选项顺序，但题干和选项含义均不变。

B. 该校狠抓教学质量，上学期半数以上学生的成绩都有明显提高。
C. 被抽样调查的学生多数能如实填写问卷。
D. 该校经常做这种形式的问卷调查。
E. 该项调查的结果已见报，受到了市教育局的重视。

题45 (1998—10—11) 一种正在试制中的微波干衣机具有这样的优点：它既不加热空气，也不加热布料，却能加热衣服上的水。因此，能以较低的温度工作，既能省电，又能保护精细的纤维。但是，微波通常也能加热金属物体。目前，微波干衣机的开发者正在完善一个工艺，它能阻止放进干衣机的衣服上细小的金属（如发夹）受热而烧坏衣服。

下列哪项如果为真，能最有力地说明，即使完善了这一工艺也不足以使微波干衣机有销路？
A. 经常使用干衣机干衣的顾客的衣服上大多有厚金属物，如装饰铜扣等。
B. 许多放进干衣机的衣服并不和发夹或其他金属物放在一起。
C. 试验微波干衣机比未来完善的微波干衣机耗电多。
D. 微波干衣机比机械干衣机引起的皱缩小。
E. 通常放进干衣机的衣服上的金属按扣同大多数的发夹一样厚。

题46 (1998—10—12) 《信息报》每年都要按期公布当年国产和进口电视机销量的排行榜。管理咨询专家认为，这个排行榜不应该成为每个消费者决定购买哪种电视机的基础。

以下哪项最能支持这个管理咨询专家的观点？
A. 购买《信息报》的人不限于要购买电视机的人。
B. 在《信息报》上排名较前的电视机制造商利用此举进行广告宣传，以吸引更多的消费者。
C. 每年的排名变化较小。
D. 对任何两个消费者而言，可以根据自己具体情况的不同，而有不同的购物标准。
E. 一些消费者对他们根据《信息报》上的排名所购买的电视机很满意。

题47 (1998—1—37) 某市教育系统评出了十所优秀中学，名单按它们在近三年中毕业生高考录取率的高低排序。专家指出不能把该名单排列的顺序作为评价这些学校教育水平的一个标准。

以下哪项如果是真的，能作为论据支持专家的结论？
Ⅰ. 排列前五名的学校所得到的教育经费平均是后五名的八倍。
Ⅱ. 名列第二的金山中学的高考录取率是75%，其中录取全国重点院校的占10%；名列第六的银湖中学的高考录取率是48%，但其中录取全国重点院校的占35%。
Ⅲ. 名列前三名的学校位于学院区，学生的个人素质和家庭条件普遍比其他学校要好。
A. Ⅰ、Ⅱ和Ⅲ。　　　　　B. 仅Ⅰ和Ⅱ。　　　　　C. 仅Ⅰ和Ⅲ。
D. 仅Ⅱ和Ⅲ。　　　　　E. Ⅰ、Ⅱ和Ⅲ都不能。

题48 (2006—10—46) 统计显示，近年来在死亡病例中，与饮酒相关的比例逐年上升。有人认为，这是由于酗酒现象越来越严重。这种看法有漏洞，因为它忽视了这样一点：酗酒过去只是在道德上受到批评，现在则被普遍认为本身就是一种疾病。每次酗酒就是一次酒精中毒，就相当于患了一次肝炎。因此，以前被认为与饮酒无关的死亡病例中，现在有些会被认为与饮酒有关。

如果题干的结论是恰当的，则以下哪项如果为真，最能支持上述论证？
A. 和现在相比，过去的医生更具有从道德上认定酗酒的社会影响的能力。
B. 和过去相比，现有的医生更具有从医学上认定酗酒的生理影响的能力。
C. 近年来年轻人中酗酒现象越来越严重。
D. 有些死亡病例的分析评估者不是医生。
E. 尽管酗酒被认为是一种疾病，但多数医生仍然建议酗酒成瘾者接受心理治疗。

◆题49 （2003—10—54）李工程师：农科院最近研制了一种高效杀虫剂，通过飞机喷洒，能够大面积地杀死农田中的害虫。

张研究员：我看使用这种杀虫剂未能达到保护农作物生长的目的，甚至可能适得其反，因为这种杀虫剂杀死害虫的同时，也杀死了农田中的各种益虫。

李工程师：你的观点缺乏说服力，因为我们之所以要保护益虫，就在于它能消灭危害农作物的害虫，而我们的杀虫剂起到了这个作用。

以下哪项如果为真，最能加强李工程师对张研究员的反驳？

A．一般地说，害虫的生长繁殖能力和速度要高于益虫。
B．上述杀虫剂对人畜无害。
C．害虫比益虫更容易获得对杀虫剂的抗药性。
D．上述杀虫剂的有效率，在同类产品中是最高的。
E．害虫的种类比益虫要多。

◆题50 （2012—10—48）荷叶为多年水生草本植物莲的叶片，其化学成分主要有荷叶碱、柠檬酸、苹果酸、葡萄糖酸、草酸、琥珀酸及其他抗有丝分裂作用的碱性成分。荷叶含有多种生物碱及黄酮甙类、荷叶甙等成分，能有效降低胆固醇和甘油三酯，对高脂血症和肥胖病人有良效。荷叶的浸剂和煎剂更可扩张血管，清热解暑，有降血压的作用。有专家指出，荷叶是减肥的良药。

以下哪项如果为真，最能支持上述专家的观点？

A．荷叶促进胃肠蠕动，清除体内宿便。
B．荷叶茶是一种食品，而非药类，具有无毒、安全的优点。
C．荷花茶泡水后成了液态食物，在胃里很快被吸收，时间很短，浓度较高，刺激较大。
D．服用荷花制品后在人体肠壁上形成一层脂肪隔离膜，可以有效阻止脂肪的吸收。
E．荷叶有清热解暑、升发清阳、除湿祛瘀、利尿通便的作用，还有健脾升阳的效果。

◆题51 （2005—1—25）市政府计划对全市的地铁进行全面改造，通过较大幅度地提高客运量，缓解沿线包括高速公路上机动车的拥堵，市政府同时又计划增收沿线两条主要高速公路的机动车过路费，用以弥补上述改造的费用。这样的理由是，机动车主是上述改造的直接受益者，应当承担部分开支。

以下哪项相关断定为真，最有助于论证上述计划的合理性？

A．上述计划通过了市民听证会的审议。
B．在相邻的大、中城市中，该市的交通拥堵状况最为严重。
C．增收过路费的数额，经过专家的严格论证。
D．市政府有足够的财力完成上述改造。
E．改造后的地铁中，相当数量的乘客都有私人机动车。

◆题52 （2002—10—22）为了增加收入，新桥机场决定调整在计时停车场的收费标准。对每一在此停靠的车辆，新标准规定：在第一个4小时或不到4小时期间收取4元，而后每小时收取1元；而旧标准为：第一个2小时或不到2小时期间收取2元，而后每小时收取1元。

以下哪项如果为真，最能说明上述调整有利收入增加？

A．把车停在机场停车场作短途旅游的人较之前有很大的增长。
B．机场停车场经过扩充，容量较之前大有增加。
C．机场停车场自投入使用以来，每年的收入都低于运营成本。
D．大多数车辆在机场的停靠时间不超过2小时。
E．把车停在机场停车场作短途旅游的人，通常把车停在按天计费而非按时计费的停车场内。

◆ 题 53　(2003—10—39　2002—10—31) W-12 是一种严重危害谷物生长的病毒,每年要造成谷物的大量减产。科学家们发现,把一种从 W-12 中提取的基因,植入易受其感染的谷物基因中,可以使该谷物产生对 W-12 的抗体,从而大大减少损失。

以下哪项如果为真,都能加强上述结论,除了:

A. 经验证明,在同一块土地上相继种植两种谷物,如果第一种谷物不易感染某种病毒,则第二种谷物通常也如此。
B. 病毒的感染能力越强,则其繁衍能力越强,反之则越弱。
C. 植物通过基因变异获得的抗体会传给后代。
D. 植物通过基因变异获得对某种病毒的抗体的同时,会增加对其他某些病毒的抵抗力。
E. 植物通过基因变异获得对某种病毒的抗体的同时,会改变其某些生长特性。

◆ 题 54　(1998—1—44) 目前食品包装袋上没有把纤维素的含量和其他营养成分一起列出。因此,作为保护民众健康的一项措施,国家应该规定食品包装袋上明确列出纤维素的含量。

以下哪项如果是真的,能作为论据支持上述论证?

Ⅰ. 大多数消费者购买食品时能注意包装袋上关于营养成分的说明。
Ⅱ. 高纤维食品对于预防心脏病、直肠癌和糖尿病有重要作用。
Ⅲ. 很多消费者都具有高纤维食品营养价值的常识。

A. 仅Ⅰ。　　　　　　　　B. 仅Ⅱ。　　　　　　　　C. 仅Ⅲ。
D. 仅Ⅰ和Ⅲ。　　　　　　E. Ⅰ、Ⅱ和Ⅲ。

◆ 题 55　(2010—10—39) 过去,人们很少在电脑上收到垃圾邮件。现在,只要拥有自己的电子邮件地址,人们一打开电脑,每天可以收到几件甚至数十件包括各种广告和无聊内容的垃圾邮件。因此,应该制定限制各种垃圾邮件的规则并研究反垃圾邮件的有效方法。

以下哪项如果为真,最能支持上述论证?

A. 目前的广告无孔不入,已经渗透到每个人的日常生活领域。
B. 目前,电子邮箱地址探测软件神通广大,而防范的软件和措施却软弱无力。
C. 现在的电脑性能与过去的电脑相比,功能十分强大。
D. 对于经常使用计算机的现代人来说,垃圾邮件是他们的最主要的烦恼之一。
E. 广告公司通过电子邮件发出的广告,被认真看过的不足千分之一。

◆ 题 56　(2011—10—43) 一些志愿者参与的评估饮料甜度的试验结果显示,那些经常喝含糖饮料且体型较胖的人,对同一种饮料甜度的评估等级要低于体型正常者的评估等级。这说明她们的味蕾对甜味的敏感度已经下降。试验结果还显示那些体型较胖者在潜意识中就倾向于选择更甜的食物。这说明吃太多糖可能形成一种恶性循环,即经常吃糖会导致味蕾对甜味的敏感度下降,吃同样多的糖带来的满足感下降,潜意识里就会要求吃更多的糖,其结果就是摄入糖分太多导致肥胖。

以下除了哪项,均可以支持上述论证?

A. 饮料甜度的评估等级是有标准的。
B. 志愿者能够比较准确地对饮料甜度做出评估。
C. 喜欢吃甜食的人往往不能抵挡甜味的诱惑。
D. 满足感是受潜意识支配的。
E. 人们往往不能控制自己的满足感。

◆ 题 57　(2011—10—52) 美国俄亥俄州立大学的研究人员对超过 1.3 万名 7 至 12 年级的中学生进行调查。在调查中,研究人员要求这些学生各列举 5 名男性朋友和女性朋友,然后统计这些被提名的朋友总的得票数,选取获得 5 票的人进行调查统计。研究发现,在获得 5 票的人当中,独生子女出现的比例与他们在这一年龄段人口中的比例是一致的,这说明他们与非独生子女的社交能力没有明显差别,并且这一结果不受父母年龄、种族和经济地位的影响。

以下哪项如果为真,最能支持上述研究发现?
A. 在没有获得选票的人当中,独生子女出现的比例高于他们在这一调查对象中的比例。
B. 获得选票的独生子女人数所占比例和他们在这一调查对象中的比例基本相当。
C. 在获得 1 票的人当中,独生子女出现的比例远高于他们在这一调查对象中的比例。
D. 在得票前 500 名当中,独生子女出现的比例和他们在这一调查对象中的比例相当。
E. 没能列举出 5 名男性朋友和 5 名女性朋友的学生中,独生子女出现的比例较高。

题 58 (2011—10—45) 研究人员利用欧洲同步辐射加速器的 X 光技术,对一块藏身于距今 9 500 万年的古岩石中的真足蛇化石进行了扫描。结果发现,这种蛇与现代的陆生蜥蜴十分类似,这一成果有助于揭开蛇的起源之谜。研究报告指出,这种蛇身长 50 厘米,从表面上看只有一只脚,长约 2 厘米,X 光扫描发现了这只真足蛇的另一只脚。这只脚之所以不易被察觉,是因为它在岩石中发生了异化,其脚踝部分仅有 4 块骨头,而且没有脚趾,这说明真足蛇的足部在当时已呈现出退化的趋势。

以下哪项如果为真,最能支持上述学者的观点?
A. 这只真足蛇所处的年代正好是蛇类从无足动物向有足蜥蜴进化的时期。
B. 这只真足蛇所处的年代正好是蛇类从有足动物向无足动物进化的时期。
C. 这只真足蛇所处的年代正好是蛇类从无足动物向有足蜥蜴退化的时期。
D. 这只真足蛇所处的年代正好是蛇类从有足动物向无足动物退化的时期。
E. 这只真足蛇所处的年代正好是蛇类从有足蛇向无足蛇退化的时期。

题 59 (1997—10—7) 寻求一套普及性的伦理法则,是一个全球性法学理论研究课题。在中国,有求助于儒学者,有借助于西学者,更有倾心于宗教者。在我们看来,解决这个难题必须着眼于宪法和法律。

假设以下各选项都正确,判断哪一个选项最有可能是上述资料的加强型条件?
A. 重视精神文明建设,是中国自古以来的一大优良传统。
B. 宪法和法律集中体现了人民的根本意志和价值观念,具有权威性、普遍性、科学性等特点。
C. 极端个人主义者只想享受自己的权利而拒绝履行自己的义务,只向社会索取,不向社会奉献。
D. 儒家学说既包含我国古老文化的优良传统,也有一些不适应社会主义时代的封建糟粕。
E. 近十年中国经济的腾飞依赖于社会物质财富的有效积累。

题 60 (1997—10—1) 医生告诫病人:"吸烟有百害而无一利,特别是像你这样的患者,应该立即戒烟。"

以下哪项未能给医生的观点提供进一步的论证?
A. 吸烟者认为戒烟后可能引起其他疾病。
B. 烟草中的尼古丁不仅危害人体健康,还可能引起精神紊乱。
C. 吸烟可能诱发心血管病。
D. 吸烟不仅损害心脏和肺,而且对皮肤也有危害。
E. 吸烟者吐出的烟雾,会妨碍他人的健康。

题 61 (2001—1—39) 有着悠久历史的肯尼亚国家自然公园以野生动物在其中自由出没而著称。在这个公园中,已经有 10 多年没有出现灰狼了。最近,公园的董事会决定引进灰狼。董事会认为,灰狼不会对游客造成危害,因为灰狼的习性是避免与人接触的;灰狼也不会对公园中的其他野生动物造成危害,因为公园为灰狼准备了足够的家畜如山羊、兔子等作为食物。

以下各项如果为真，都能加强题干中董事会的论证，除了：
A. 作为灰狼食物的山羊、兔子等和野生动物一样在公园中自由出没，这增加了公园的自然气息和游客的乐趣。
B. 灰狼在进入公园前将经过严格的检疫，事实证明，只有患有狂犬病的灰狼才会主动攻击人。
C. 在自然公园中，游客通常坐在汽车中游览，不会遭到野兽的直接攻击。
D. 麋鹿是一种反应极其敏捷的野生动物，灰狼在公园中对麋鹿可能的捕食将减少其中的不良个体，从总体上有利于麋鹿的优化繁衍。
E. 公园有完备的排险设施，能及时地监控并有效地排除人或野生动物遭遇的险情。

◆题62　（2004—10—43）爱尔兰有大片泥煤蕴藏量丰富的湿地。环境保护主义者一直反对在湿地区域采煤。他们的理由是开采泥煤会破坏爱尔兰湿地的生态平衡，其直接严重后果是会污染水源。然而，这一担心是站不住脚的。据近50年的相关统计，从未发现过因采煤而污染水源的报告。

以下哪项如果为真，最能加强题干的论证？
A. 在爱尔兰的湿地采煤已有200年的历史，期间从未因此造成水源污染。
B. 在爱尔兰，采煤湿地的生态环境和未采煤湿地没有实质性的不同。
C. 在爱尔兰，采煤湿地的生态环境和未开采前没有实质性的不同。
D. 爱尔兰具备足够的科技水平和财政支持来治理污染，保护生态。
E. 爱尔兰是世界上生态环境最佳的国家之一。

◆题63　（1998—10—39）小儿神经性皮炎一直被认为是由母乳过敏引起的。但是如果我们让患儿停止进食母乳而改用牛乳，他们的神经性皮炎并不能因此而消失。因此，显然存在别的某种原因引起小儿神经性皮炎。

下列哪项如果是真的，最能支持题干的结论？
A. 医学已经证明，母乳是婴儿最理想的食品。
B. 医学尚不能揭示母乳过敏诱发小儿神经性皮炎的病理机制。
C. 已发现有小儿神经性皮炎的患儿从未进食过母乳。
D. 已发现有母乳过敏导致婴儿突发性窒息的病例。
E. 小儿神经性皮炎的患儿并没有表现出对母乳的拒斥。

◆题64　（1999—1—66）商业周期并未寿终正寝。在西方某国，目前的经济增长要进入第六个年头，增长速度稳定在2%~2.5%之间。但是，实业界的人士毕竟不是天使，中央银行的官员也不是贤主明君，关于商业周期已经寿终正寝的说法是过于夸大其词了。

以下除哪项外都进一步论述了上文的观点？
A. 适应顾客需求的制造业比原来大工厂的大批量生产更具有灵活性。
B. 当公司预见繁荣会继续时，大家就会争着投放过多的资金。
C. 当建厂过多、生产过剩时，公司就会急剧抽回资金。
D. 联邦储备委员会有时会反应过度或行动过火，动不动就提高利率。
E. 繁荣时的盲目乐观和萧条时的惶恐不安，都会妨碍市场进行自我调节。

◆题65　（1999—1—39）近年来，我国许多餐厅使用一次性筷子，这种现象受到越来越多人的批评。许多资源环境工作者在报刊上呼吁：为了保护森林资源，让山变绿、水变清，是采取坚决措施，禁用一次性筷子的时候了！

以下除哪项外，都从不同方面对批评者的观点提供了支持？
A. 我国森林资源十分匮乏，把大好的木材用来做一次性筷子，实在是莫大的浪费。
B. 1998年的特大水灾造成的损失既与气候有关，也与多年的滥砍滥伐有很大关系。

C. 森林和各种绿色植被对涵养水分、调节气候、防止水土流失具有不可替代的作用。
D. 禁用一次性筷子既要大张旗鼓地宣传，又要制定相应的法规，建立完善的监督机制。
E. 保护森林不能只保不用。合理使用，适量地采伐，发展林区经济，还能促进保护。

◆题 66 （1999—1—79）某西方国家高等院校的学费急剧上涨，其增长率几乎达到通货膨胀率的两倍。1980—1995 年中等家庭的收入只提高了 82%，而公立大学的学费的涨幅比家庭收入的涨幅几乎大了 3 倍，私立院校的学费在家庭收入中所占的比例几乎是 1980 年的 2 倍。高等教育的费用已经令中产阶级家庭苦恼不堪。

以下除哪项外，都为上文的观点进一步提供论据？

A. 尽管 1980—1996 年间消费价格指数缓慢增长了 79%，公立四年制大学的学费上涨了 256%。
B. 私立学校的学费上涨比公立学校慢，从 1980 年到 1996 年上涨了 219%。
C. 如果学费继续保持过去的增长速度，1996 年新做父母的人将来他们的子女上私立大学每年的学费和食宿费总额将多达 9 万美元。
D. 政府对公立学校每个学生的补贴在学校收入中的比例从 1978 年的 66% 下降到 1993 年的 51%，而同一时期，学费在学校收入中所占比例从 16% 上升到 24%。
E. 高教市场已开始显露竞争迹象。几家私立学校和公立学校已通过缩短读学位时间的办法来间接地降低学习费用。

◆题 67 （2005—1—35）户籍改革的要点是放宽对外来人口的限制。G 市在对待改革上面临两难。一方面，市政府懂得吸引外来人口对城市化进程的意义，另一方面又担心人口激增的压力。在决策班子里形成了"开放"和"保守"两派意见。

以下各项如果为真，都只能支持上述某一派的意见，除了：

A. 城市与农村户口分离的户籍制度，不适合目前社会主义市场经济的需要。
B. G 市存在严重的交通堵塞、环境污染等问题，其城市人口的合理容量有限。
C. G 市近几年的犯罪案件增加，案犯中来自农村的打工人员比例增高。
D. 近年来，G 市的许多工程的建设者多数是来自农村的农民工，其子女的就学成为市教育部门面临的难题。
E. 由于计划生育政策和生育观的转变，近年来 G 市的幼儿园、小学乃至中学的班级数量递减。

◆题 68 （2004—1—33）汽油酒精，顾名思义是一种汽油酒精混合物。作为一种汽车燃料，和汽油相比，燃烧一个单位的汽油酒精能产生较多的能量，同时排出较少的有害废气一氧化碳和二氧化碳。以汽车日流量超过 200 万辆的北京为例，如果所有汽车都使用汽油酒精，那么，每天产生的二氧化碳，不比北京的绿色植被通过光合作用吸收的多。因此可以预计，在世界范围内，汽油酒精将很快进军并占领汽车燃料市场。

以下各项如果为真，都能加强题干论证，除了：

A. 汽车每公里消耗的汽油酒精量和汽油基本持平，至多略高。
B. 和汽油相比，使用汽油酒精更有利于汽车的保养。
C. 使用汽油酒精将减少对汽油的需求，有利于缓解石油短缺的压力。
D. 全世界汽车日流量超过 200 万辆的城市中，北京的绿色植被覆盖率较低。
E. 和汽油相比，汽油酒精的生产成本较低，因而售价也较低。

◆题 69 （1997—10—22）报案人："二楼办公室被盗，窃贼一定是从窗户进去的。"

下列哪一个事实不能支持报案人的意见？

A. 办公室的门锁完好无损。
B. 有两扇窗子打开，有一扇玻璃窗被击碎。

C. 击碎的玻璃窗碎片全都散落在窗外。
D. 窗口有一个朝向窗外的鞋印子。
E. 有一架长梯子紧靠在窗口。

◆ 题 70 （2001—10—65）一份教育部的调查报告指出，城市儿童的心理素质，特别是承受挫折的能力，普遍比乡村儿童差，这是由于城市儿童的生活条件一般比乡村儿童优越。作为一个长期从事儿童生理心理研究的学者，我不能同意此种看法。我认为城市儿童的心理素质较差是因为不能得到足够的新鲜空气和阳光。

以下哪项，最可能无助于支持上述学者的观点？

A. 一份研究城乡环境污染差别的报告。
B. 一份研究环境污染和人的生理素质关系的报告。
C. 一份研究城市环境综合治理的报告。
D. 一份研究城乡人民生活条件差别报告。
E. 一份研究生理素质和心理素质关系的报告。

◆ 题 71 （2002—10—16）近十年来，海达冰箱厂通过不断引进先进设备和技术，使得劳动生产率大为提高，即在单位时间里，较少的工人生产了较多的产品。

以下哪项如果为真，一定能支持上述结论？

Ⅰ. 和 1991 年相比，2000 年海达冰箱厂的年利润增加了一倍，工人增加了 10%。
Ⅱ. 和 1991 年相比，2000 年海达冰箱厂的年产量增加了一倍，工人增加了 100 人。
Ⅲ. 和 1991 年相比，2000 年海达冰箱厂的年产量增加了一倍，工人增加了 10%。

A. 仅Ⅰ。　　　　　　　B. 仅Ⅱ。　　　　　　　C. 仅Ⅲ。
D. 仅Ⅰ和Ⅲ。　　　　　E. Ⅰ、Ⅱ和Ⅲ。

◆ 题 72 （2005—10—46）近年来，我国南北方都出现了酸雨。一项相关的研究报告得出结论：酸雨并没有对我国的绝大多数森林造成危害。专家建议将此结论修改为：我国的绝大多数森林没有出现受酸雨危害的显著特征，如非正常的落叶、高枯死率等。

以下哪项如果为真，最有助于说明专家所做修改是必要的？

A. 酸雨对森林造成的危害结果有些是不显著的。
B. 我国有些森林出现了非正常的落叶、高枯死率的现象。
C. 非正常落叶、高枯死率是森林受酸雨危害的典型特征。如果不出现这种特征，则说明森林未受酸雨危害。
D. 酸雨是工业污染，特别是燃煤污染的直接结果。
E. 我国并不是酸雨危害最严重的国家。

◆ 题 73 （2004—10—31① 2003—10—40 2002—1—45）在法庭的被告中，被指控偷盗、抢劫的定罪率，要远高于被指控贪污、受贿的定罪率。其重要原因是后者能聘请收费昂贵的私人律师，而前者主要由法庭指定的律师辩护。

以下哪项如果为真，最能支持题干的叙述？

A. 被指控偷盗、抢劫的被告，远多于被指控贪污、受贿的被告。
B. 一个合格的私人律师，与法庭指定的律师一样，既忠实于法律，又努力维护委托人的合法权益。
C. 一些被指控偷盗、抢劫的被告中事实上犯罪的人的比例，不高于被指控贪污、受贿的被告。

---

① 题 2004—10—31 仅在题 2003—10—40 和题 2002—1—45 基础上，将"偷盗""受贿"去除，以及对部分用词进行了调整。

D. 一些被指控偷盗、抢劫的被告有能力聘请私人律师。

E. 司法腐败导致对有权势的罪犯的庇护，而贪污、受贿等职务犯罪的构成要件是当事人有职权。

题 74 （1999—1—60）据世界卫生组织 1995 年的调查报告显示，70% 的肺癌患者有吸烟史，其中有 80% 的人吸烟的历史多于 10 年。这说明吸烟会增加人们患肺癌的危险。

以下哪项最能支持上述论断？

A. 1950 年至 1970 年期间男性吸烟者人数增加较快，女性吸烟者也有增加。

B. 虽然各国对吸烟有害进行大力宣传，但自 50 年代以来，吸烟者所占的比例还是呈明显逐年上升的趋势。到 90 年代，成人吸烟者达到成人总数的 50%。

C. 没有吸烟史或戒烟时间超过五年的人数在 1995 年超过了人口总数的 40%。

D. 1995 年未成年吸烟者的人数也在增加，成为一个令人挠头的社会问题。

E. 医学科研工作者已经用动物实验发现了尼古丁的致癌作用，并从事开发预防药物的研究。

题 75 （1998—1—19）威尔和埃克斯这两家公司，对使用他们字处理软件的顾客提供 24 小时的热线电话服务。既然顾客仅在使用软件有困难时才打电话，并且威尔收到的热线电话比埃克斯收到的热线电话多四倍。因此，威尔的字处理软件一定是比埃克斯的字处理软件难用。

下列哪项如果为真，则能够最有效地支持上述论证？

A. 平均每个埃克斯热线电话比威尔热线电话时间长两倍。

B. 埃克斯字处理软件拥有的顾客数比威尔字处理软件拥有的顾客数多三倍。

C. 埃克斯收到的关于字处理软件的投诉信比威尔多两倍。

D. 这两家公司收到的热线电话数量逐渐上升。

E. 威尔热线电话的号码比埃克斯的号码更公开。

题 76 （2003—10—50）飞驰汽车制造公司同时推出飞鸟和锐进两款春季小型轿车。两款轿车以新颖的造型受到购车族的欢迎。两款轿车销售时都带有轿车安全性能和出现一般问题时的处理说明书以及使用轿车一年后的意见反馈表。飞鸟轿车购车族的 56% 同时购买了轿车保险，锐进轿车购车族的 82% 同时购买了轿车保险，一年后，锐进轿车出现问题的反馈表是飞鸟轿车的四倍。由此可见，锐进轿车的质量比飞鸟轿车的质量差，锐进轿车的购买者同时购买轿车保险的数量比飞鸟轿车多是有一定道理的。

下面哪一项如果为真，最有助于加强上述论述？

A. 飞鸟轿车购车族的平均年龄比锐进轿车购车族的平均年龄低。

B. 飞鸟轿车情况反馈表比锐进轿车情况反馈表更完善，需要花费更多的时间完成表格的填写。

C. 飞驰汽车制造公司收到的飞鸟轿车投诉信数量是锐进轿车的两倍。

D. 购买飞鸟轿车的客户数量是购买锐进轿车的两倍。

E. 飞鸟轿车的广告是锐进轿车的两倍，其良好的质量广为人知。

题 77 （2000—1—75）美国联邦所得税是累进税，收入越高，纳税率越高。美国有的州还在自己管辖的范围内，在绝大部分出售商品的价格上附加 7% 左右的销售税。如果销售税也被视为所得税的一种形式的话，那么，这种税收是违背累进原则的：收入越低，纳税率越高。

以下哪项如果为真，最能加强题干的议论？

A. 人们花在购物上的钱基本上是一样的。

B. 近年来，美国的收入差别显著扩大。

C. 低收入者有能力支付销售税，因为他们缴纳的联邦所得税相对较低。

D. 销售税的实施，并没有减少商品的销售总量，但售出商品的比例有所变动。

E. 美国的大多数州并没有征收销售税。

● 题 78　（2013—10—28）在一项研究中，51名中学生志愿者被分成测试组和对照组，进行同样的数学能力培训。在为期5天的培训中，研究人员使用一种称为经颅随机噪声刺激的技术对25名测试组成员脑部被认为与运算能力有关的区域进行轻微的电击。此后的测试结果表明，测试组成员的数学运算能力明显高于对照组成员。而令他们惊讶的是，这一能力提高的效果至少可以持续半年时间。研究人员由此认为，脑部微电击可提高大脑运算能力。

以下哪项如果为真，最能支持上述研究人员的观点？

A. 这种非侵入式的刺激手段成本低廉，且不会给人体带来任何痛苦。
B. 对脑部轻微电击后，大脑神经元间的血液流动明显增强，但多次刺激后又恢复常态。
C. 在实验之前，两个组学生的数学成绩相差无几。
D. 脑部微电击的受试者更加在意自己的行为，测试时注意力更集中。
E. 测试组和对照组的成员数量基本相等。

● 题 79　（2004—10—37）在一项实验中，第一组被试验者摄取了大量的人造糖，第二组则没有吃糖。结果发现，吃糖的人比没有吃糖的人认知能力低。这一实验说明，人造糖中所含的某种成分会影响人的认知能力。

以下哪项如果为真，最能支持上述结论？

A. 在上述实验中，第一组被试验者吃的糖大大超出日常生活中糖的摄入量。
B. 上述人造糖中所含的该种成分也存在于大多数日常食物中。
C. 第一组被试验者摄取的糖的数量没有超出卫生部门规定的安全范围。
D. 两组被试验者的认知能力在试验前是相当的。
E. 两组被试验者的人数相等。

● 题 80　（2002—10—33）某个实验把一批吸烟者作为对象。实验对象分为两组。第一组是实验组，第二组是对照组。实验组的成员被强制戒烟，对照组的成员不戒烟。三个月后，实验组成员的平均体重增加了10%，而对照组成员的平均体重基本不变。实验结果说明，戒烟会导致吸烟者的体重增加。

以下哪项如果为真，最能加强上述实验结论的说服力？

A. 实验组和对照组成员的平均体重基本相同。
B. 实验组与对照组的人数相等。
C. 除戒烟外，对每个实验对象来说，可能影响体重变化的生存条件基本相同。
D. 除戒烟外，对每个实验对象来说，可能影响体重变化的生存条件基本保持不变。
E. 上述实验的设计者是著名的保健专家。

● 题 81　（2006—1—31）一般人认为，一个人80岁和他在30岁时相比，理解和记忆能力都显著减退。最近的一项调查显示，80岁的老人和30岁的年轻人在玩麻将时所表现出的理解和记忆能力没有明显差别。因此，认为一个人到了80岁理解和记忆能力会显著减退的看法是站不住脚的。

以下哪项如果为真，最能加强上述论证？

A. 目前30岁的年轻人的理解和记忆能力，高于50年前的同龄人。
B. 上述调查的对象都是退休或在职的大学教师。
C. 上述调查由权威部门策划和实施。
D. 记忆能力的减退不必然导致理解能力的减退。
E. 科学研究证明，人的平均寿命可以达到120岁。

● 题 82　（2011—10—42）某研究人员分别用新鲜的蜂王浆和已经存放了30天的蜂王浆喂养蜜蜂幼虫，结果显示：用新鲜蜂王浆的幼虫成长为蜂王。进一步研究发现，新鲜蜂王浆中一种叫作

"royalactin"的蛋白质能促进生长激素的分泌量，使幼虫出现体格变大、卵巢发达等蜂王的特征，研究人员用这种蛋白质喂养果蝇，果蝇也同样出现体长、产卵数和寿命等方面的增长，说明这一蛋白质对生物特征的影响是跨物种的。

以下哪项如果为真，可以支持上述研究人员的发现？

A. 蜂群中的工蜂、蜂王都是雌性且基因相同，其幼虫没有区别。
B. 蜜蜂和果蝇的基因差别不大，它们有许多相同的生物学特征。
C. "royalactin"只能短期存放，时间一长就会分解为别的物质。
D. 能成长为蜂王的蜜蜂幼虫的食物是蜂王浆，而其他幼虫的食物只是花粉和蜂蜜。
E. 名为"royalactin"的这种蛋白质具有雌性激素的功能。

▶▶▶▶▶▶▶▶▶▶▶▶▶▶▶▶ 管综真题警戒线 ◀◀◀◀◀◀◀◀◀◀◀◀◀◀◀◀

题83 （2011—1—36）在一次围棋比赛中，参赛选手陈华不时地挤压指关节，发出的声响干扰了对手的思考。在比赛封盘间歇时，裁判警告陈华：如果再次在比赛中挤捏指关节并发出声响，将判其违规。对此，陈华反驳说，他挤压指关节是习惯性动作，并不是故意的，因此，不应被判违规。

以下哪项如果成立，最能支持陈华对裁判的反驳？

A. 在此次比赛中，对手不时打开、合拢折扇，发出的声响干扰了陈华的思考。
B. 在围棋比赛中，只有选手的故意行为，才能成为判罚的根据。
C. 在此次比赛中，对手本人并没有对陈华的干扰提出抗议。
D. 陈华一向恃才傲物，该裁判对其早有不满。
E. 如果陈华为人诚实、从不说谎，那么他就不应该被判违规。

题84 （2020—1—48）1818年前纽约市规定，所有买卖的鱼油都需要经过检查同时缴纳每桶25美元的检查费。一天，鱼油商人买了三桶鲸鱼油，打算把鲸鱼油制成蜡烛出售。鱼油检查员发现这些鲸鱼油根本没过检查，根据鱼油法案，该商人需要接受检查并缴费，但该商人声称鲸鱼油不是鱼油，拒绝缴费，遂被告上法庭。陪审员最后支持了原告，判决该商人支付75美元检查费。

以下哪项如果为真，最能支持陪审员所做的判决？

A. 纽约市相关法律已经明确规定"鱼油"包括鲸鱼油和其他鱼类。
B. "鲸鱼不是鱼"是和中国古代公孙龙的"白马非马"类似，两者都是违反常识的诡辩。
C. 19世纪的美国虽有许多人认为鲸鱼不是鱼，但是也有许多人认为鲸鱼是鱼。
D. 当时多数从事科学研究的人都肯定鲸鱼不是鱼，而律师和政客持反对意见。
E. 古希腊有先哲早就把鲸鱼归类到胎生四足动物和卵生四足动物之下，比鱼类更高一级。

题85 （2021—1—26）哲学是关于世界观、方法论的学问，哲学的基本问题是思维和存在的关系问题，它是在总结各门具体科学知识的基础上形成的，并不是一门具体科学。因此，经验的个案不能反驳它。

以下哪项如果为真，最能支持以上论述？

A. 哲学并不能推演出经验的个案。
B. 任何科学都要接受经验的检验。
C. 具体科学不研究思维和存在的关系问题。
D. 经验的个案只能反驳具体科学。
E. 哲学可以对具体科学提供指导。

题86 （2014—1—35）实验发现，孕妇适当补充维生素D可降低新生儿感染呼吸道合胞病毒的风险。科研人员检测了156名新生儿脐带血中维生素D的含量，其中54%的新生儿被诊断为维生素D

缺乏，这当中有12%的孩子在出生后一年内感染了呼吸道合胞病毒，这一比例远高于维生素D正常的孩子。

以下哪项如果为真，最能对科研人员的上述发现提供支持？

A. 维生素D具有多种防病健体功能，其中包括提高免疫系统功能、促进新生儿呼吸系统发育、预防新生儿呼吸道病毒感染等。

B. 科研人员实验时所选的新生儿在其他方面跟一般新生儿的相似性没有得到明确验证。

C. 孕妇适当补充维生素D可降低新生儿感染流感病毒的风险，特别是在妊娠后期补充维生素D，预防效果会更好。

D. 上述实验中，46%补充维生素D的孕妇所生的新生儿有一些在出生一年内感染呼吸道合胞病毒。

E. 上述实验中，54%的新生儿维生素D缺乏是由于他们的母亲在妊娠期间没有补充足够的维生素D造成的。

题87 （2019—1—51）《淮南子·齐俗训》中有曰："今屠牛而烹其肉，或以为酸，或以为甘，煎熬燎炙，齐味万方，其本一牛之体。"其中的"熬"便是熬牛肉制汤的意思。这是考证牛肉汤做法的最早文献资料，某民俗专家由此推测，牛肉汤的起源不会晚于春秋战国时期。

以下哪项如果为真，最能支持上述推测？

A. 《淮南子·齐俗训》完成于西汉时期。

B. 早在春秋战国时期，我国已经开始使用耕牛。

C. 《淮南子》的作者中有来自齐国故地的人。

D. 春秋战国时期我国已经有熬汤的鼎器。

E. 《淮南子·齐俗训》记述的是春秋战国时期齐国的风俗习惯。

题88 （2020—1—49）尽管近年来我国引进不少人才，但真正顶尖的领军人才还是凤毛麟角。就全球而言，人才特别是高层次人才紧缺已是常态化、长期化趋势。某专家由此认为，未来10年，美国、加拿大、德国等对高层次人才的争夺将进一步加剧。发展中国家的高层次人才紧缺状况更甚于发达国家。因此我国高层次人才引进工作急需进一步加强。

以下哪项如果为真，最能加强上述专家论证？

A. 我国理工科高层次人才紧缺程度更甚于文科。

B. 发展中国家的一般性人才不比发达国家多。

C. 我国仍然是发展中国家。

D. 人才是衡量一个国家综合国力的重要指标。

E. 我国近年来引进的领军人才数量不及美国等发达国家。

题89 （2021—1—46）水产品的脂肪含量相对较低，而且含有较多不饱和脂肪酸，对预防血脂异常和心血管疾病有一定作用；禽肉的脂肪含量也比较低，脂肪酸组成优于畜肉；畜肉中的瘦肉脂肪量低于肥肉，瘦肉优于肥肉。因此，在肉类选择上，应该优先选择水产品，其次是禽肉，这样对身体更健康。

以下哪项如果为真，最能支持以上论述？

A. 所有人都有罹患心血管疾病的风险。

B. 肉类脂肪含量越低对人体越健康。

C. 人们认为根据自己的喜好选择肉类更有益于健康。

D. 人必须摄入适量的动物脂肪才能满足身体的需要。

E. 脂肪含量越低，不饱和脂肪酸含量越高。

◆ 题90 （2016—1—32）考古学家发现，那件仰韶文化晚期的土坯砖边缘整齐，并且没有切割痕迹，由此他们推测，这件土坯砖应当是使用木质模具压制成型的；而其他5件由土坯砖经过烧制而成的烧结砖，经检测其当时的烧制温度为850~900℃。由此考古学家进一步推测，当时的砖是先使用模具将黏土做成土坯，然后再经过高温烧制而成的。

以下哪项如果为真，最能支持上述考古学家的推测？

A. 仰韶文化晚期，人们已经掌握了高温冶炼技术。
B. 仰韶文化晚期的年代约为公元前3500—前3000年。
C. 早在西周时期，中原地区的人们就可以烧制铺地砖和空心砖。
D. 没有采用模具而成型的土坯砖，其边缘或者不整齐，或者有切割痕迹。
E. 出土的5件烧结砖距今已有5000年，确实属于仰韶文化晚期的物品。

◆ 题91 （2014—1—50）某研究中心通过实验对健康男性和女性听觉的空间定位能力进行了研究。起初，每次只发出一种声音，要求被试者说出声源的准确位置，男性和女性都非常轻松地完成了任务；后来多种声音同时发出，要求被试者只关注一种声音并对声源进行定位，与男性相比，女性完成这项任务要困难得多，有时她们甚至认为声音是从声源相反方向传来的。研究人员由此得出：在嘈杂环境中准确找出声音来源的能力，男性要胜过女性。

以下哪项如果为真，最能支持研究者的结论？

A. 在实验使用的嘈杂环境中，有些声音是女性熟悉的声音。
B. 在实验使用的嘈杂环境中，有些声音是男性不熟悉的声音。
C. 在安静的环境中，女性注意力更易集中。
D. 在嘈杂的环境中，男性注意力更易集中。
E. 在安静的环境中，人的注意力容易分散；在嘈杂的环境中，人的注意力容易集中。

◆ 题92 （2015—1—52）研究人员安排了一次实验，将100名受试者分为两组：喝一小杯红酒的实验组和不喝酒的对照组，随后让两组受试者计算某段视频中篮球队员相互传球的次数。结果发现，对照组的受试者都计算准确，而实验组中只有18%的人计算准确。经测试，实验组受试者的血液中酒精浓度只有酒驾法定值的一半。由此专家指出，这项研究结果或许应该让立法者重新界定酒驾法定值。

以下哪项如果为真，最能支持上述专家的观点？

A. 酒驾法定值设置过低，可能会把许多未饮酒者界定为酒驾。
B. 即使血液中酒精浓度只有酒驾法定值的一半，也会影响视力和反应速度。
C. 饮酒过量不仅损害身体健康，而且影响驾车安全。
D. 只要血液中酒精浓度不超过酒驾法定值，就可以驾车上路。
E. 即使酒驾法定值设置较高，也不会将少量饮酒的驾车者排除在酒驾范围之外。

◆ 题93 （2021—1—28）研究人员招募了300名体重超标的男性，将其分成餐前锻炼组和餐后锻炼组，进行每周三次相同强度和相同时段的晨练。餐前锻炼组晨练前摄入0卡路里的安慰剂饮料，晨练后摄入200卡路里的奶昔；餐后锻炼组晨练前摄入200卡路里的奶昔，晨练后摄入0卡路里的安慰剂饮料。三周后发现，餐前锻炼组燃烧的脂肪比餐后锻炼组多。该研究人员由此推断，肥胖者若持续这样的餐前锻炼，就能在不增加运动强度或时间的情况下改善代谢能力，从而达到减肥效果。

以下哪项如果为真，最能支持该研究人员的上述推断？

A. 餐前锻炼组额外的代谢与体内肌肉中的脂肪减少有关。
B. 餐前锻炼组觉得自己在锻炼中消耗的脂肪比餐后锻炼组多。
C. 餐前锻炼可以增强肌肉细胞对胰岛素的反应，促使它更有效地消耗体内的糖分和脂肪。

D. 肌肉参与运动所需的营养，可能来自最近饮食中进入血液的葡萄糖和脂肪成分，也可能来自体内储存的糖和脂肪。

E. 有些餐前锻炼组的人知道他们摄入的是安慰剂，但这并不影响他们锻炼的积极性。

题 94 （2018—1—49）有研究发现，冬季在公路上撒盐除冰，会让本来要成为雌性的青蛙变成雄性，这是因为这些路盐中的钠元素会影响青蛙的受体细胞并改变原可能成为雌性青蛙的性别。有专家据此认为，这会导致相关区域青蛙数量的下降。

以下哪项如果为真，最能支持上述专家的观点？

A. 雌雄比例会影响一个动物种群的规模，雌性数量的充足对物种的繁衍生息至关重要。

B. 如果一个物种以雄性为主，该物种的个体数量就可能受到影响。

C. 如果每年冬季在公路上撒很多盐，盐水流入池塘，就会影响青蛙的生长发育过程。

D. 在多个盐含量不同的水池中饲养青蛙，随着水池中盐含量的增加，雌性青蛙的数量不断减少。

E. 大量的路盐流入池塘可能会给其他水生物造成危害，破坏青蛙的食物链。

题 95 （2021—1—44）今天的教育质量将决定明天的经济实力。PISA 是经济合作与发展组织每隔三年对 15 岁学生的阅读、数学和科学能力进行的一项测试。根据 2019 年最新测试结果，中国学生的总体表现远超其他国家学生。有专家认为，该结果意味着中国有一支优秀的后备力量以保障未来经济的发展。

以下哪项如果为真，最能支持上述专家的论证？

A. 这次 PISA 测试的评估重点是阅读能力，能很好地反映学生的受教育质量。

B. 在其他国际智力测试中，亚洲学生总体成绩最好，而中国学生又是亚洲最好的。

C. 未来经济发展的核心驱动力是创新，中国教育非常重视学生创新能力的培养。

D. 中国学生在 15 岁时各项能力尚处于上升期，他们未来会有更出色的表现。

E. 中国学生在阅读、数学和科学三项排名中均位列第一。

题 96 （2018—1—28）现在许多人很少在深夜 11 点以前安然入睡，他们未必都在熬夜用功，大多是在玩手机或看电视，其结果就是晚睡，第二天就会头晕脑涨、哈欠连天。不少人常常对此感到后悔，但一到晚上他们多半还会这么做。有专家就此指出，人们似乎从晚睡中得到了快乐，但这种快乐其实隐藏着某种烦恼。

以下哪项如果为真，最能支持上述专家的结论？

A. 晚睡者内心并不愿意睡得晚，也不觉得手机或电视有趣，甚至都不记得玩过或看过什么，但他们总是要在睡觉前花较长时间磨蹭。

B. 大多数习惯晚睡的人白天无精打采，但一到深夜就感觉自己精力充沛，不做点有意义的事情就觉得十分可惜。

C. 晚睡其实是一种表面难以察觉的、对"正常生活"的抵抗，它提醒人们现在的"正常生活"存在着某种令人不满的问题。

D. 晚睡者具有积极的人生态度。他们认为，当天的事须当天完成，哪怕晚睡也在所不惜。

E. 晨昏交替，生活周而复始，安然入睡是对当天生活的满足和对明天生活的期待，而晚睡者只想活在当下，活出精彩。

题 97 （2018—1—29）分心驾驶是指驾驶人为满足自己的身体舒适、心情愉悦等需求而没有将注意力全部集中于驾驶过程的驾驶行为，常见的分心行为有抽烟、饮水、进食、聊天、刮胡子、使用手机、照顾小孩等。某专家指出，分心驾驶已成为我国道路交通事故的罪魁祸首。

以下哪项如果为真，最能支持上述专家的观点？

A. 近来使用手机已成为我国驾驶人分心驾驶的主要表现形式，59% 的人开车过程中看微信，31%

的人玩自拍，36% 的人刷微博、微信朋友圈。
B. 一项研究显示，在美国超过 1/4 的车祸是由驾驶人使用手机引起的。
C. 开车使用手机会导致驾驶人注意力下降 20%；如果驾驶人边开车边发短信，则发生车祸的概率是其正常驾驶时的 23 倍。
D. 一项统计研究表明，相对于酒驾、药驾、超速驾驶、疲劳驾驶等情形，我国由分心驾驶导致的交通事故占比最高。
E. 驾驶人正常驾驶时反应时间为 0.3~1.0 秒，使用手机时反应时间则延迟 3 倍左右。

◆ 题 98 （2019—1—45）如今，孩子写作业不仅仅是他们自己的事，大多数中小学生的家长都要面临陪孩子写作业的任务，包括给孩子听写、检查作业、签字等。据一项针对 3 000 余名家长进行的调查显示。84% 的家长每天都会陪孩子写作业，而 67% 的受访家长会因陪孩子写作业而烦恼。有专家对此指出，家长陪孩子写作业，相当于充当学校老师的助理，让家庭成为课堂的延伸，会对孩子的成长产生不利影响。

以下哪项如果为真，最能支持上述专家的论断？

A. 家长是最好的老师，家长辅导孩子获得各种知识本来就是家庭教育的应有之义，对于中低年级的孩子，学习过程中的父母陪伴尤为重要。
B. 家长通常有自己的本职工作，有的晚上要加班，有的即使晚上回家也需要研究工作、操持家务，一般难有精力认真完成学校老师布置的"家长作业"。
C. 家长陪孩子写作业，会使得孩子在学习中缺乏独立性和主动性，整天处于老师和家长的双重压力下，既难激发学习兴趣，更难养成独立人格。
D. 大多数家长在孩子教育上并不是行家，他们或者早已遗忘了自己曾学习过的知识，或者根本不知道如何将自己拥有的知识传授给孩子。
E. 家长辅导孩子，不应围绕老师布置的作业，而应着重激发孩子的学习兴趣，培养孩子良好的学习习惯，让孩子在成长中感到新奇、快乐。

◆ 题 99 （2020—1—50）移动互联网时代，人们随时都可进行数字阅读，浏览网页。读电子书是数字阅读，刷微博、朋友圈也是数字阅读。长期以来，一直有人担忧数字阅读的碎片化、表面化。但近来有专家表示，数字阅读具有重要价值，是阅读的未来发展趋势。

以下哪项如果为真，最能支持上述专家的观点？

A. 长有长的用处，短有短的好处，不求甚解的数字阅读，也未尝不可，说不定在未来某一时刻，当初阅读的信息就会浮现出来，对自己的生活产生影响。
B. 当前人们越来越多地通过数字阅读了解热点信息，通过网络进行相互交流，但网络交流者常常伪装或者匿名，可能会提供虚假信息。
C. 有些网络读书平台能够提供精致的读书服务，他们不仅帮你选书，而且帮你读书，你需"听"即可，但用"听"的方式去读书，效率较低。
D. 数字阅读容易挤占纸质阅读的时间，毕竟纸质阅读具有系统、全面、健康、不依赖电子设备等优点，仍将是阅读的主要方式。
E. 数字阅读便于信息筛选，阅读者能在短时间内对相关信息进行初步了解，也可以此为基础做深入了解，相关网络阅读服务平台近几年已越来越多。

◆ 题 100 （2021—1—42）酸奶作为一种健康食品，既营养丰富又美味可口，深受人们的喜爱，很多人饭后都不忘来杯酸奶。他们觉得，饭后喝杯酸奶能够解油腻、助消化。但近日有专家指出，饭后喝酸奶其实并不能帮助消化。

以下哪项如果为真，最能支持上述专家的观点？

A. 人体消化需要消化酶和有规律的肠胃运动，酸奶中没有消化酶，饮用酸奶也不能纠正无规律的肠胃运动。
B. 酸奶含有一定的糖分，吃饱了饭再喝酸奶会加重肠胃负担，同时也使身体增加额外的营养，容易导致肥胖。
C. 酸奶中的益生菌可以维持肠道消化系统的健康，但是这些菌群大多不耐酸，胃部的强酸环境会使其大部分失去活性。
D. 足量膳食纤维和维生素 B_1 被人体摄入后可有效促进肠胃蠕动，进而促进食物消化，但酸奶不含膳食纤维，维生素 B_1 的含量也不丰富。
E. 酸奶可以促进胃酸分泌，抑制有害菌在肠道内繁殖，有助于维持消化系统健康，对于食物消化能起到间接帮助作用。

题101 （2017—1—30）离家 300 米的学校不能上，却被安排到 2 千米外的学校就读，某市一位适龄儿童在上小学时就遭遇了所在区教育局这样的安排，而这一安排是区教育局根据儿童户籍所在施教区做出的。根据该市教育局规定的"就近入学"原则，儿童家长将区教育局告上法院，要求撤销原来安排，让其孩子就近入学。法院对此做出一审判决，驳回原告请求。

下列哪项最可能是法院判决的合理依据？

A. "就近入学"不是"最近入学"，不能将入学儿童户籍地和学校的直线距离作为划分施教区的唯一根据。
B. 该区教育区划分施教区的行政行为符合法律规定，而原告孩子户籍所在施教区的确需要去离家 2 千米外的学校就读。
C. 按照地理要素划分施教区中的每所小学不一定就处于施教区的中心位置。
D. "就近入学"仅仅是一个需要遵循的总体原则，儿童具体入学安排还要根据特定的情况加以变通。
E. 儿童入学究竟应上哪一所学校，不是让适龄儿童或其家长自主选择，而是要听从政府主管部门的行政安排。

题102 （2011—1—46）由于含糖饮料的卡路里含量高，容易导致肥胖，因此无糖饮料开始流行。经过一段时期的调查，李教授认为：无糖饮料尽管卡路里含量低，但并不意味它不会导致体重增加。因为无糖饮料可能导致人们对于甜食的高度偏爱，这意味着可能食用更多的含糖类食物。而且无糖饮料几乎没什么营养，喝得过多就限制了其他健康饮品的摄入，比如茶和果汁等。

以下哪项如果为真，最能支持李教授的观点？

A. 茶是中国的传统饮料，长期饮用有益健康。
B. 有些较瘦的人也爱喝无糖饮料。
C. 有些较胖的人爱吃甜食。
D. 不少较胖的人向医生报告他们常喝无糖饮料。
E. 喝无糖饮料的人很少进行健身运动。

题103 （2021—1—53）孩子在很小的时候，对接触到的东西都要摸一摸，尝一尝，甚至还会吞下去。孩子天生就对这个世界抱有强烈的好奇心，但随着孩子慢慢长大，特别是进入学校之后，他们的好奇心越来越少，对此专家认为这是由于孩子受到外在的不当激励所造成的。

以下哪项如果为真，最能支持上述专家观点？

A. 现在许多孩子迷恋电脑、手机，对书本知识感到索然无味。
B. 野外郊游可以激发孩子的好奇心，长时间宅在家里就会产生思维惰性。
C. 老师、家长只看考试成绩，导致孩子只知道死记硬背书本知识。

D. 现在孩子所做的很多事情大多迫于老师、家长等的外部压力。
E. 孩子助人为乐能获得褒奖，损人利己往往受到批评。

题 104 （2019—1—34）研究人员使用脑电图技术研究了母亲给婴儿唱童谣时两人的大脑活动，发现当母亲与婴儿对视时，双方的脑电波趋于同步，此时婴儿也会发出更多的声音尝试与母亲沟通。他们据此认为，母亲与婴儿对视有助于婴儿的学习与交流。

以下哪项如果为真，最能支持上述研究人员的观点？

A. 在两个成年人交流时，如果他们的脑电波同步，那么交流就会更顺畅。
B. 当父母与孩子互动时，双方的情绪与心率可能也会同步。
C. 当部分学生对某学科感兴趣时，他们的脑电波会渐趋同步，学习效果也随之提升。
D. 当母亲和婴儿对视时，她们都在发出信号，表明自己可以且愿意与对方交流。
E. 脑电波趋于同步可优化双方对话状态，使交流更加默契，增进彼此了解。

题 105 （2010—1—38）一种常见的现象是，从国外引进的一些畅销科普读物在国内并不畅销，有人对此解释说，这与我们多年来沿袭的文理分科有关。文理分科人为地造成了自然科学与人文社会科学的割裂，导致科普类图书的读者市场还没有真正形成。

以下哪项如果为真，最能加强上述观点？

A. 有些自然科学工作者对科普读物也不感兴趣。
B. 科普读物不是没有需求，而是有效供给不足。
C. 由于缺乏理科背景，非自然科学工作者对科学敬而远之。
D. 许多科普电视节目都拥有固定的收视群，相应的科普读物也大受欢迎。
E. 国内大部分科普读物只是介绍科学常识，很少真正关注科学精神的传播。

题 106 （2010—1—41）S 市环保检测中心的统计分析表明，2009 年空气质量为优的天数为 150 天，比 2008 年多出 22 天：二氧化碳、一氧化碳、二氧化氮、可吸入颗粒物四项污染物浓度平均值，与 2008 年相比分别下降了约 21.3%、25.6%、26.2%、15.4%。S 市环保负责人指出，这得益于近年来本市政府持续采取的控制大气污染的相关措施。

以下除哪项外，均能支持上述 S 市环保负责人的看法？

A. S 市广泛开展环保宣传，加强了市民的生态理念和环保意识。
B. S 市启动了内部控制污染方案，凡是不达标的燃煤锅炉停止运行。
C. S 市执行了机动车排放国Ⅳ标准，单车排放比执行国Ⅲ标准时降低了 49%。
D. S 市市长办公室最近研究了焚烧秸秆的问题，并着手制定相关条例。
E. S 市制定了"绿色企业"标准，继续加快污染重、能耗高的企业的退出。

题 107 （2020—1—45）日前，科学家发明了一项技术，可以把二氧化碳等物质"电成"有营养价值的蛋白粉，这项技术不像种庄稼那样需要具备合适的气温、湿度和土壤等条件。他们由此认为，这项技术开辟了未来新型食物生产的新路，有助于解决全球饥饿问题。

以下各项如果为真，则除了哪项均能支持上述科学家的观点？

A. 让二氧化碳、水和微生物一起接受电流电击，可以产生出有营养价值的食物。
B. 粮食问题是全球重大问题，联合国估计到 2050 年将有 20 亿人缺乏基本营养。
C. 把二氧化碳等物质"电成"蛋白粉的技术将彻底改变农业，还能避免对环境造成的不利影响。
D. 由二氧化碳等物质"电成"的蛋白粉，约含 50% 的蛋白质、25% 的碳水化合物、核酸及脂肪。
E. 未来这项技术将被引入沙漠或者其他面临饥荒的地区，为解决那里的饥饿问题提供重要帮助。

◆ 题108 （2014—1—31）最新研究发现，恐龙腿骨化石都有一定的弯曲度，这意味着恐龙其实并没有人们想象的那么重，以前根据其腿骨为圆柱形的假定计算动物体重时，会使得计算结果比实际体重高出1.42倍。科学家由此认为，过去那种计算方式高估了恐龙腿部所能承受的最大身体重量。

以下哪项如果为真，最能支持上述科学家的观点？

A. 恐龙腿骨所能承受的重量比之前人们所认为的要大。
B. 恐龙身体越重，其腿部骨骼也越粗壮。
C. 圆柱形腿骨能承受的重量比弯曲的腿骨大。
D. 恐龙腿部的肌肉对于支撑其体重作用不大。
E. 与陆地上的恐龙相比，翼龙的腿骨更接近圆柱形。

◆ 题109 （2017—1—32）通识教育重在帮助学生掌握尽可能全面的基础知识，即帮助学生了解各个学科领域的基本常识；而人文教育则重在教育学生了解生活世界的意义，并对自己及他人行为的价值和意义做出合理的判断，形成"智识"。因此有专家指出，相比较而言，人文教育对个人未来生活的影响会更大一些。

以下哪项如果为真，最能支持上述专家的断言？

A. 当今我国有些大学开设的通识教育课程要远远多于人文教育课程。
B. "知识"是事实判断，"智识"是价值判断，两者不能相互替代。
C. 没有知识就会失去应对未来生活挑战的勇气，而错误的价值观可能会误导人的生活。
D. 关于价值和意义的判断事关个人的幸福和尊严，值得探究和思考。
E. 没有知识，人依然可以活下去；但如果没有价值和意义的追求，人只能成为没有灵魂的躯壳。

◆ 题110 （2020—1—43）披毛犀化石多分布在欧亚大陆北部，我国东北平原、华北平原、西藏等地也偶有发现。披毛犀有一个独特的构造——鼻中隔，简单地说就是鼻子中间的骨头。研究发现，西藏披毛犀化石的鼻中隔只是一块不完全的硬骨，早先在亚洲北部、西伯利亚等地发现的披毛犀化石的鼻中隔要比西藏披毛犀的"完全"，这说明西藏披毛犀具有更原始的形态。

以下哪项如果为真，最能支持以上论述？

A. 一个物种不可能有两个起源地。
B. 西藏披毛犀化石是目前已知最早的披毛犀化石。
C. 为了在冰雪环境中生存，披毛犀的鼻中隔经历了由软到硬的进化过程，并最终形成一块完整的骨头。
D. 冬季的青藏高原犹如冰期动物的"训练基地"，披毛犀在这里受到耐寒训练。
E. 随着冰期的到来，有了适应寒冷能力的西藏披毛犀走出西藏，往北迁徙。

◆ 题111 （2021—1—50）曾几何时，快速阅读进入了我们的培训课堂。培训者告诉学员，要按"之"字形浏览文章。只要精简我们看的地方，就能整体把握文本要义，从而提高阅读速度；真正的快速阅读能将阅读速度提高至少两倍，并不影响理解。但近来有科学家指出，快速阅读实际上是不可能的。

以下哪项如果为真，最能支持上述科学家的观点？

A. 阅读是一项复杂的任务，首先需要看到一个词，然后要检索其含义、引申义，再将其与上下文相联系。
B. 科学界始终对快速阅读持怀疑态度，那些声称能帮助人们实现快速阅读的人通常是为了谋生或赚钱。
C. 人的视力只能集中于相对较小的区域，不可能同时充分感知和阅读大范围文本，识别单词的能力限制了我们的阅读理解。
D. 个体阅读速度差异很大，那些阅读速度较快的人可能拥有较强的短时记忆或信息处理能力。
E. 大多声称能快速阅读的人实际上是在浏览，他们可能相当快地捕捉到文本的主要内容，但也会错过众多细枝末节。

题 112 （2016—1—50）如今，电子学习机已全面进入儿童的生活。电子学习机将文字与图像、声音结合起来，既生动形象，又富有趣味性，使儿童独立阅读成为可能。但是，一些儿童教育专家却对此发出警告，电子学习机可能不利于儿童成长。他们认为，父母应该抽时间陪孩子一起阅读纸质图书。陪孩子一起阅读纸质图书，并不是简单地让孩子读书识字，而是交流中促进其心灵的成长。

以下哪项如果为真，最能支持上述专家的观点？

A. 电子学习机最大的问题是让父母从孩子的阅读行为中走开，减少父母与孩子的日常交流。
B. 接触电子产品越早，就越容易上瘾，长期使用电子学习机会形成"电子瘾"。
C. 在使用电子学习机时，孩子往往更关注其使用功能而非学习内容。
D. 纸质图书有利于保护儿童视力，有利于父母引导儿童形成良好的阅读习惯。
E. 现代生活中年轻父母工作压力较大，很少有时间能与孩子一起共同阅读。

题 113 （2019—1—27）据碳–14检测，卡皮瓦拉山岩画的创作时间最早可追溯到3万年前。在文字尚未出现的时代，岩画是人类沟通交流、传递信息、记录日常生活的方式。于是今天的我们可以在这些岩画中看到：一位母亲将孩子举起嬉戏，一家人在仰望并试图碰触头上的星空……动物是岩画的另一个主角，比如犰狳、巨型、马鹿、螃蟹等。在许多画面中，人们手持长矛，追逐着前方的猎物。由此可以推断，此时的人类已经居于食物链的顶端。

以下哪项如果为真，最能支持上述推断？

A. 岩画中出现的动物一般是当时人类捕猎的对象。
B. 3万年前，人类需要避免自己被虎、豹等大型食肉动物猎杀。
C. 能够使用工具使得人类可以猎杀其他动物，而不是相反。
D. 有了岩画，人类可以将生活经验保留下来供后代学习，这极大地提高了人类的生存能力。
E. 对星空的敬畏是人类脱离动物、产生宗教的动因之一。

题 114 （2010—1—40）鸽子走路时，头部并不是有规律地前后移动，而是一直在往前伸。行走时，鸽子脖子往前一探，然后，头部保持静止，等待着身体和爪子跟进。有学者曾就鸽子走路时伸脖子的现象做出假设：在等待身体跟进的时候，暂时静止的头部有利于鸽子获得稳定的视野，看清周围的食物。

以下哪项如果为真，最能支持上述假设？

A. 鸽子行走时如果不伸脖子，很难发现远处的食物。
B. 步伐大的鸟类，伸脖子的幅度远比步伐小的要大。
C. 鸽子行走速度的变化，刺激内耳控制平衡的器官，导致伸脖子。
D. 鸽子行走时一举翅一投足，都可能出现脖子和头部肌肉的自然反射，所以头部不断运动。
E. 如果雏鸽步态受到限制，功能发育不够完善，那么成年后鸽子的步伐变小，脖子伸缩幅度则会随之降低。

题 115 （2015—1—48）自闭症会影响社会交往、语言交流和兴趣爱好等方面的行为。研究人员发现，实验鼠体内神经连接蛋白的蛋白质如果合成过多，会导致自闭症。由此他们认为，自闭症与神经连接蛋白质合成具有重要关联。

以下哪项如果为真，最能支持上述观点？

A. 生活在群体之中的实验鼠较之独处的实验鼠患自闭症的比例要小。
B. 雄性实验鼠患自闭症的比例是雌性实验鼠的 5 倍。
C. 抑制神经连接蛋白的蛋白质合成可缓解实验鼠的自闭症状。
D. 如果将实验鼠控制蛋白合成的关键基因去除，则其体内的神经连接蛋白就会增加。
E. 神经连接蛋白正常的老年实验鼠患自闭症的比例很低。

◆ 题 116　(2016—1—39) 有专家指出，我国城市规划缺少必要的气象论证，城市的高楼建得高耸而密集，阻碍了城市的通风循环。有关资料显示，近几年国内许多城市的平均风速已下降10%。风速下降，意味着大气扩散能力减弱，导致大气污染物滞留时间延长，易形成雾霾天气和热岛效应。为此，有专家提出建立"城市风道"的设想，即在城市里建造几条畅通的通风走廊，让风在城市中更加自由地进出，促进城市空气的更新循环。

以下哪项如果为真，最能支持上述建立"城市风道"的设想？
A. 有风道但没有风，就会让城市风道成为无用的摆设。
B. 有些城市已拥有建立"城市风道"的天然基础。
C. 风从八方来，"城市风道"的设想过于主观和随意。
D. 城市风道不仅有利于"驱霾"，还有利于散热。
E. 城市风道形成的"穿街风"，对建筑物的安全影响不大。

◆ 题 117　(2017—1—39) 针对癌症患者，医生常采用化疗手段将药物直接注入人体杀伤癌细胞，但这也可能将正常细胞和免疫细胞一同杀灭，产生较强的副作用。近来，有科学家发现，黄金纳米粒子很容易被人体癌细胞吸收，如果将其包上一层化疗药物，就可作为"运输工具"，将化疗药物准确地投放到癌细胞中。他们由此断言，微小的黄金纳米粒子能提升癌症化疗的效果，并降低化疗的副作用。

以下哪项如果为真，最能支持上述科学家所做出的论断？
A. 现代医学手段已能实现黄金纳米粒子的精准投送，让其所携带的化疗药物只作用于癌细胞，并不伤及其他细胞。
B. 因为黄金所具有的特殊化学性质，黄金纳米粒子不会与人体细胞发生反应。
C. 利用常规计算机断层扫描，医生容易判定黄金纳米粒子是否已投放到癌细胞中。
D. 在体外用红外线加热已进入癌细胞的黄金纳米粒子，可从内部杀灭癌细胞。
E. 黄金纳米粒子用于癌症化疗的疗效有待大量临床检验。

◆ 题 118　(2021—1—39) 最近一项科学观测显示，太阳产生的带电粒子流即太阳风，含有数以千计的"滔天巨浪"，其时速会突然暴增，可能导致太阳磁场自行反转，甚至会对地球产生有害影响。但目前我们对太阳风的变化及其如何影响地球知之甚少。据此有专家指出，为了更好保护地球免受太阳风的影响，必须更新现有的研究模式，另辟蹊径研究太阳风。

以下哪项如果为真，最能支持上述专家的观点？
A. 太阳风里有许多携带能量的粒子和磁场，而这些磁场会发生意想不到的变化。
B. 对太阳风的深入研究，将有助于防止太阳风大爆发时对地球的卫星和通信系统乃至地面电网造成的影响。
C. 目前，根据标准太阳模型预测太阳风变化所获得的最新结果与实际观测相比，误差约为10~20倍。
D. 最新观测结果不仅改变了天文学家对太阳风的看法，而且将改变其预测太空天气事件的能力。
E. "高速"太阳风源于太阳南北极的大型日冕洞，而"低速"太阳风则来自太阳赤道上的较小日冕洞。

◆ 题 119 （2019—1—32） 近年来，手机、电脑的使用导致工作与生活界限日益模糊，人们的平均睡眠时间一直在减少，熬夜已成为现代人生活的常态。科学研究表明，熬夜有损身体健康，睡眠不足不仅仅是多打几个哈欠那么简单。有科学家据此建议，人们应该遵守作息规律。

以下哪项如果为真，最能支持上述科学家所做的建议？

A. 长期睡眠不足会导致高血压、糖尿病、肥胖症、抑郁症等多种疾病，严重时还会造成意外伤害或死亡。

B. 缺乏睡眠会降低体内脂肪调解瘦素激素的水平，同时增加饥饿激素，容易导致暴饮暴食、体重增加。

C. 熬夜会让人的反应变慢、认知退步、思维能力下降，还会引发情绪失控，影响与他人的交流。

D. 所有的生命形式都需要休息与睡眠，在人类进化过程中，睡眠这个让人短暂失去自我意识、变得极其脆弱的过程并未被大自然淘汰。

E. 睡眠是身体的自然美容师，与那些睡眠充足的人相比，睡眠不足的人看上去面容憔悴，缺乏魅力。

◆ 题 120 （2020—1—40） 王研究员：吃早餐对身体有害，因为吃早餐，会导致皮质醇峰值更高，进而导致体内胰岛素异常，这可能引发 II 型糖尿病。

李教授：事实并非如此。因为上午皮质醇水平高只是人体生理节律的表现，而不吃早餐不仅会增加患 II 型糖尿病的风险，还会增加患其他疾病的风险。

以下哪项如果为真，最能支持李教授的观点？

A. 一日之计在于晨，吃早餐可以补充人体消耗，同时为一天的工作准备能量。

B. 糖尿病患者若在 9 点至 15 点之间摄入一天所需的卡路里，血糖水平就能保持基本稳定。

C. 经常不吃早餐，上午工作处于饥饿状态，不利于血糖调节，容易患上胃溃疡、胆结石等疾病。

D. 如今人们工作繁忙，晚睡晚起现象非常普遍，很难按时吃早餐，身体常常处于亚健康状态。

E. 不吃早餐的人通常缺乏营养和健康方面的知识，容易形成不良生活习惯。

◆ 题 121 （2017—1—28） 近年来，我国海外代购业务量快速增长。代购者们通常从海外购买产品，通过各种渠道避开关税，再卖给内地顾客，从中牟利，却让政府损失了税收收入。某专家由此指出，政府应该严厉打击海外代购行为。

以下哪项如果为真，最能支持上述专家的观点？

A. 近期，有位前空乘服务员因在网上开设海外代购店而被我国地方法院判定犯有走私罪。

B. 去年，我国奢侈品海外代购规模几乎是全球奢侈品国内门店销售额的一半，这些交易大多避开了关税。

C. 国内民众的消费需求提高是伴随我国经济发展而产生的正常现象，应以此为契机促进国内同类消费品产业的升级。

D. 海外代购提升了人们的生活水准，满足了国内部分民众对于高品质生活的向往。

E. 国内一些企业生产的同类产品与海外代购产品相比，无论质量还是价格都缺乏竞争优势。

◆ 题 122 （2017—1—36） 进入冬季以来，内含大量有毒颗粒物的雾霾频繁袭击我国部分地区。有关调查显示，持续接触高浓度污染物会直接导致 10% 至 15% 的人患有眼睛慢性炎症或干眼症。有专家由此认为，如果不采取紧急措施改善空气质量，这些疾病的发病率和相关的并发症将会增加。

以下哪项如果为真，最能支持上述专家的观点？

A. 空气质量的改善不是短期内能做到的，许多人不得不在污染环境中工作。
B. 上述被调查的眼疾患者中有65%是年龄在20~40岁之间的男性。
C. 眼睛慢性炎症或干眼症等病例通常集中出现于花粉季。
D. 在重污染环境中采取戴护目镜、定期洗眼等措施有助于预防干眼症等眼疾。
E. 有毒颗粒物会刺激并损害人的眼睛，长期接触会影响泪腺细胞。

◆ 题123　（2012—1—46）葡萄酒中含有白藜芦醇和类黄酮等对心脏有益的抗氧化剂。一项新研究表明，白藜芦醇能防止骨质疏松和肌肉萎缩。由此，有关研究人员推断，那些长时间在国际空间站或宇宙飞船上的宇航员或许可以补充一下白藜芦醇。

以下哪项如果为真，最能支持上述研究人员的推断？

A. 研究人员发现由于残疾或者其他因素而很少活动的人会比经常活动的人更容易出现骨质疏松和肌肉萎缩等症状，如果能喝点葡萄酒，则可以获益。
B. 研究人员模拟失重状态，对老鼠进行试验，一个对照组未接受任何特殊处理，另一组则每天服用白藜芦醇。结果对照组的老鼠骨头和肌肉的密度都降低了，而服用白藜芦醇的一组则没有出现这些症状。
C. 研究人员发现由于残疾或者其他因素而很少活动的人，如果每天服用一定量的白藜芦醇，则可以改善骨质疏松和肌肉萎缩等症状。
D. 研究人员发现，葡萄酒能对抗失重所造成的负面影响。
E. 某医学博士认为，白藜芦醇或许不能代替锻炼，但它能减缓人体某些机能的退化。

◆ 题124　（2017—1—50）译制片配音，作为一种特有的艺术形式，曾在我国广受欢迎。然而时过境迁，现在许多人已不喜欢看配过音的外国影视剧，他们觉得还是听原汁原味的声音才感觉到位。有专家由此断言，配音已失去观众，必将退出历史舞台。

以下各项如果为真，则除哪项外都能支持上述专家的观点？

A. 很多上了年纪的国人仍习惯看配过音的外国影视剧，而在国内放映的外国大片有的仍然是配过音的。
B. 配音是一种艺术再创作，倾注了配音艺术家的心血，但有的人对此并不领情，反而觉得配音妨碍了他们对原剧的欣赏。
C. 许多中国人通晓外文，观赏外国原版影视剧并不存在语言困难；即使不懂外文，边看中文字幕边听原声也不影响理解剧情。
D. 随着对外交流的加强，现在外国影视剧大量涌入国内，有的国人已经等不及慢条斯理、精工细作的配音了。
E. 现在有的外国影视剧配音难以模仿剧中演员的出色嗓音，有时也与剧情不符，对此观众并不接受。

◆ 题125　（2011—1—39）科学研究中使用的形式语言和日常生活中使用的自然语言有很大的不同。形式语言看起来像天书，远离大众，只有一些专业人士才能理解和运用。但其实这是一种误解，自然语言和形式语言的关系就像肉眼与显微镜的关系。肉眼的视域广阔，可以从整体上把握事物的信息；显微镜可以帮助人们看到事物的细节和精微之处，尽管用它看到的范围小。所以，形式语言和自然语言都是人们交流和理解信息的重要工具，把它们结合起来使用，具有强大的力量。

以下哪项如果为真，最能支持上述结论？

A. 通过显微镜看到的内容可能成为新的"风景"，说明形式语言可以丰富自然语言的表达，我们应重视形式语言。

B. 正如显微镜下显示的信息最终还是要通过肉眼观察一样，形式语言表述的内容最终也要通过自然语言来实现，说明自然语言更基础。
C. 科学理论如果仅用形式语言表达，很难被普通民众理解；同样，如果仅用自然语言表达，有可能变得冗长且很难表达准确。
D. 科学的发展很大程度上改善了普通民众的日常生活，但人们并没有意识到科学表达的基础——形式语言的重要性。
E. 采用哪种语言其实不重要，关键在于是否表达了真正想表达的思想内容。

题126 （2011—1—54）统计数字表明，近年来，民用航空飞行的安全性有很大提高。例如，某国2008年每飞行100万次发生恶性事故的次数为0.2次，而1989年为1.4次。从这些年的统计数字看，民用航空恶性事故发生率总体呈下降趋势。由此看出，乘飞机出行越来越安全。

以下哪项不能加强上述结论？

A. 近年来，飞机事故中"死里逃生"的概率比以前提高了。
B. 各大航空公司越来越注意对机组人员的安全培训。
C. 民用航空的空中交通控制系统更加完善。
D. 避免"机鸟互撞"的技术与措施日臻完善。
E. 虽然飞机坠毁很可怕，但从统计数字上讲，驾车仍然要危险很多。

题127 （2015—1—53）某研究人员在2004年对一些12~16岁的学生进行了智商测试，测试得分为77~135分。4年之后再次测试，这些学生的智商得分为87~143分。仪器扫描显示，那些得分提高了的学生，其脑部比此前呈现更多的灰质（灰质是一种神经组织，是中枢神经的重要组成部分）。这一测试表明，个体的智商变化确实存在，那些早期在学校表现并不突出的学生未来仍有可能成为佼佼者。

以下除哪项外，都能支持上述实验结论？

A. 随着年龄的增长，青少年脑部区域的灰质通常也会增加。
B. 有些天才少年长大后智力并不出众。
C. 学生的非言语智力表现与他们大脑结构的变化明显相关。
D. 部分学生早期在学校表现不突出与其智商有关。
E. 言语智商的提高伴随着大脑左半球运动皮层灰质的增多。

题128 （2011—1—30）抚仙湖虫是泥盆纪澄江动物群中特有的一种，属于真节肢动物中比较原始的类型，成虫体长10厘米，有31个体节，外骨骼分为头、胸、腹三部分，它的背、腹分节数目不一致。泥盆纪直虾是现代昆虫的祖先，抚仙湖虫化石与直虾化石类似，这间接表明了抚仙湖虫是昆虫的远祖。研究者还发现，抚仙湖虫的消化道充满泥沙，这表明它是食泥的动物。

以下除哪项外，均能支持上述论证？

A. 昆虫的远祖也有不食泥的生物。
B. 泥盆纪直虾的外骨骼分为头、胸、腹三部分。
C. 凡是与泥盆纪直虾类似的生物都是昆虫的远祖。
D. 昆虫是由真节肢动物中比较原始的生物进化而来的。
E. 抚仙湖虫消化道中的泥沙不是在化石形成过程中由外界渗透进去的。

题129 （2013—1—34）人们知道鸟类能感觉到地球磁场，并利用它们导航。最近某国科学家发现，鸟类其实是利用右眼"查看"地球磁场的。为检验该理论，当鸟类开始迁徙的时候，该国科学家把若干知更鸟放进一个漏斗形的庞大笼子里，并给其中部分知更鸟的一只眼睛戴上一种可屏蔽地球磁场的特殊金属眼罩。笼壁上涂着标记性物质，鸟要通过笼子口才能飞出去。如果鸟碰到笼壁，就会黏上标记性物质，以此判断鸟能否找到方向。

以下哪项如果为真，最能支持研究人员的上述发现？

A. 没戴眼罩的鸟顺利从笼中飞了出去；戴了眼罩的鸟，无论左眼还是右眼，朝哪个方向飞的都有。

B. 没戴眼罩的鸟和左眼戴眼罩的鸟顺利从笼中飞了出去，右眼戴眼罩的鸟朝哪个方向飞的都有。

C. 没戴眼罩的鸟和左眼戴眼罩的鸟朝哪个方向飞的都有，右眼戴眼罩的鸟从笼中顺利飞了出去。

D. 没戴眼罩的鸟和右眼戴眼罩的鸟顺利从笼中飞了出去，左眼戴眼罩的鸟朝哪个方向飞的都有。

E. 戴眼罩的鸟，不论左眼还是右眼，顺利从笼中飞了出去；没戴眼罩的鸟朝哪个方向飞的都有。

题型 17 评价题型

题1 （1997—10—24）在一个候车室里，一个小偷顺手拿起了一个旅客身旁的皮包。旅客叫起来："我的皮包！"小偷马上放下皮包，说："对不起，我拿错了皮包。"说完就要走开。旁边的民警看见了，一把抓住他，只用一句话就让小偷认罪了。

请问，民警说的是下面哪句话？

A. 你怎么能乱拿人家的皮包？

B. 不是你的包，你怎么能乱动呢？

C. 你这种顺手牵羊的行为就是小偷！

D. 请问，你自己的皮包在哪里？

E. 如果人家没发现，你不就把皮包拿走了吗？

题2 （1997—10—26）大学图书馆员说：直到三年前，校外人员还能免费使用图书馆，后来因经费减少，校外人员每年须付100元才能使用我馆。但是，仍然有150个校外人员没有付钱，因此，如果我们雇用一名保安去辨别校外人员，并保障所有校外人员均按要求缴费，图书馆的收益将增加。

要判断图书馆员的话是否正确，必须首先知道下列哪一选项？

A. 每年使用图书馆的校内人员数。

B. 今年图书馆的费用预算是多少？

C. 图书馆是否安装了电脑查询系统。

D. 三年前图书馆经费降低了多少？

E. 雇用一名保安一年的开支是多少。

题3 （2000—1—60）在经历了全球范围的股市暴跌的冲击以后，T国政府宣称，它所经历的这场股市暴跌的冲击，是由于最近国内一些企业过快的非国有化造成的。

以下哪项，如果事实上是可操作的，最有利于评价T国政府的上述宣称？

A. 在宏观和微观两个层面上，对T国一些企业最近的非国有化进程的正面影响和负面影响进行对比。

B. 把T国受这场股市暴跌的冲击程度，和那些经济情况和T国类似，但最近没有实行企业非国有化的国家所受到的冲击程度进行对比。

C. 把 T 国受这场股市暴跌的冲击程度，和那些经济情况和 T 国有很大差异，但最近同样实行了企业非国有化的国家所受到的冲击程度进行对比。
D. 计算出在这场股市风波中 T 国的个体企业的平均亏损值。
E. 运用经济计量方法预测 T 国的下一次股市风波的时间。

◆ 题 4 （2001—10—43）据一项统计显示，在婚后的 13 年中，妇女的体重平均增加了 15 公斤，男子的体重平均增加了 12 公斤。因此，结婚是人变得肥胖的重要原因。
为了对上述论证做出评价，回答以下哪个问题最为重要？
A. 为什么这项统计要选择 13 年这个时间段作为依据？为什么不选择其他时间段，例如为什么不是 12 年或 14 年？
B. 在上述统计中，婚后体重减轻的人有没有？如果有的话，那么占多大的比例？
C. 在被统计的对象中，男女各占多少比例？
D. 这项统计的对象，是平均体重较重的北方人，还是平均体重较轻的南方人？如果二者都有的话，那么各占多少比例？
E. 在上述 13 年中，处于相同年龄段的单身男女的体重增减状况是怎样的？

◆ 题 5 （2002—1—53）任何一篇译文都带着译者的行文风格。有时，为了及时地翻译出一篇公文，需要几个笔译同时工作，每人负责翻译其中一部分。在这种情况下，译文的风格往往显得不协调。与此相比，用于语言翻译的计算机程序显示出优势：准确率不低于人工笔译，但速度比人工笔译快得多，并且能保持译文风格的统一。所以，为及时译出那些长的公文，最好使用机译而不是人工笔译。
为对上述论证做出评价，回答以下哪个问题最不重要？
A. 是否可以通过对行文风格的统一要求，来避免或至少减少合作译文在风格上的不协调？
B. 根据何种标准可以准确地判定一篇译文的准确率？
C. 机译的准确率是否同样不低于翻译家的笔译？
D. 日常语言表达中是否存在由特殊语境决定的含义，这些含义只有靠人的头脑，而不能靠计算机程序把握？
E. 不同的计算机翻译程序，是否也和不同的人工译者一样，会具有不同的行文风格？

◆ 题 6 （2009—10—44）一种流行的看法是，人们可以通过动物的异常行为来预测地震。实际上，这种看法是基于主观类比，不一定能揭示客观联系。一条狗在地震前行为异常，这自然会给它的主人留下深刻印象。但事实上，这个世界上的任何一刻，都有狗出现行为异常。
为了评价上述论证，回答以下哪个问题最不重要？
A. 两种不同类型的动物，在地震前的异常行为是否类似？
B. 被认为是地震前兆的动物异常行为，在平时是否也同样出现过？
C. 地震前有异常行为的动物在整个动物中所占的比例是多少？
D. 在地震前有异常行为的动物中，此种异常行为未被注意的比例是多少？
E. 同一种动物，在两次地震前的异常行为是否类似？

◆ 题 7 （2007—10—37）老林被誉为"股票神算家"。他曾经成功地预测了 1994 年 8 月"井喷式"上升行情和 1996 年下半年的股市暴跌，这仅是他准确预测股市行情的两个实例。
回答以下哪个问题对评价以上陈述最有帮助？
A. 老林准确预测股市行情的成功率是多少？
B. 老林是否准确地预言了 2002 年 6 月 13 日的股市大跌？
C. 老林准确预测股市行情的方法是什么？

D. 老林的最高学历和所学专业是什么？
E. 有多少人相信老林对股市行情的预测？

题8 (1999—10—19) 林教授是河北人，考试时，他总是把满分给河北籍的学生。例如，上学期他教的班上只有张贝贝和李元元得了满分，她们都是河北籍的学生。
为了检验上述论证的有效性，最有可能提出以下哪个问题？
A. 林教授和张贝贝、李元元之间到底有没有特殊的亲戚关系？
B. 林教授为什么更愿意把满分给河北籍的学生？
C. 林教授所给满分的学生中是否曾有非河北籍的学生？
D. 张贝贝和李元元的实际考试水平是否与她们的得分相符？
E. 林教授平日的一贯工作表现如何？

题9 (1997—1—10) 有人认为鸡蛋黄的黄色跟鸡所吃的绿色植物性饲料有关。
为了验证这个结论，下面哪种实验方法最可靠？
A. 选择一优良品种的蛋鸡进行实验。
B. 化验比较植物性饲料和非植物性饲料的营养成分。
C. 选择品种等级完全相同的蛋鸡，一半喂食植物性饲料，一半喂食非植物性饲料。
D. 对同一批蛋鸡逐渐增加（或减少）植物性饲料的比例。
E. 选出不同品种的蛋鸡，喂同样的植物性饲料。

题10 (2014—10—26① 2001—1—36) 许多孕妇都出现了维生素缺乏的症状，但这通常不是由于孕妇的饮食中缺乏维生素，而是由于腹内婴儿的生长使她们比其他人对维生素有更高的需求。
为了评价上述结论的确切程度，以下哪项操作最为重要？
A. 对某个缺乏维生素的孕妇的日常饮食进行检测，确定其中维生素的含量。
B. 对某个不缺乏维生素的孕妇的日常饮食进行检测，确定其中维生素的含量。
C. 对孕妇的科学食谱进行研究，以确定有利于孕妇摄入足量维生素的最佳食谱。
D. 对日常饮食中维生素足量的一个孕妇和一个非孕妇进行检测，并分别确定她们是否缺乏维生素。
E. 对日常饮食中维生素不足量的一个孕妇和另一个非孕妇进行检测，并分别确定她们是否缺乏维生素。

题11 (2001—1—68) 毫无疑问，未成年人吸烟应该加以禁止。但是，我们不能为了防止给未成年人吸烟以可乘之机，就明令禁止自动售烟机的使用。这种禁令就如同为了禁止无证驾车在道路上设立路障，这道路障自然禁止了无证驾车，但同时也阻挡了 99% 以上的有证驾驶者。
为了对上述论证做出评价，回答以下哪个问题最为重要？
A. 未成年吸烟者在整个吸烟者中所占的比例是否超过 1%？
B. 禁止使用自动售烟机带给成年购烟者的不便究竟有多大？
C. 无证驾车者在整个驾车者中所占的比例是否真的不超过 1%？
D. 从自动售烟机中是否能买到任何一种品牌的香烟？
E. 未成年人吸烟的危害，是否真如公众认为的那样严重？

题12 (2001—10—44) 人们对于搭乘航班的恐惧其实是毫无道理的。据统计，仅 1995 年，全世界死于地面交通事故的人数超出 80 万，而在自 1990 年至 1999 年的 10 年间，全世界平均每年死于空难的还不到 500 人，而在这 10 年间，我国平均每年罹于空难的还不到 25 人。

---

① 题2014—10—26仅在题2001—1—36的基础上，修改了题目的用语，调整了选项顺序，以及将"某个"改为"一些"。

为了评价上述论证的正确性，回答以下哪个问题最为重要？

A. 在上述 10 年间，我国平均每年有多少人死于地面交通事故？

B. 在上述 10 年间，我国平均每年有多少人加入地面交通，有多少人加入航运？

C. 在上述 10 年间，全世界平均每年有多少人加入地面交通，有多少人加入航运？

D. 在上述 10 年间，1995 年全世界死于地面交通事故的人数是否是最高的？

E. 在上述 10 年间，哪一年死于空难的人数最多？人数是多少？

✎ 题 13 （2001—10—45）在北欧一个称为古堡的城镇的郊外，有一个不乏凶禽猛兽的天然猎场。每年秋季吸引了来自世界各地富于冒险精神的狩猎者。一个秋季下来，古堡镇的居民发现，他们之中在此期间在马路边散步时被汽车撞伤的人的数量，比在狩猎时受到野兽意外伤害的人数多出了两倍！因此，对于古堡镇的居民来说，在狩猎季节，待在猎场中比在马路边散步更安全。

为了要评价上述结论的可信程度，最可能提出以下哪个问题？

A. 在这个秋季，古堡镇有多少数量的居民去猎场狩猎？

B. 在这个秋季，古堡镇有多少比例的居民去猎场狩猎？

C. 古堡镇的交通安全记录在周边的几个城镇中是否是最差的？

D. 来自世界各地的狩猎者在这个季节中有多少比例的人在狩猎时意外受伤？

E. 古堡镇的居民中有多少好猎手？

✎ 题 14 （2003—10—41① 2002—1—47）随着年龄的增长，人体对卡路里的日需求量逐渐减少，而对维生素的需求却日趋增多。因此，为了摄取足够的维生素，老年人应当服用一些补充维生素的保健品，或者应当注意比年轻时食用更多的含有维生素的食物。

为了对上述断定做出评价，回答以下哪个问题最为重要？

A. 对老年人来说，人体对卡路里需求量的减少幅度，是否小于对维生素需求量的增加幅度？

B. 保健品中的维生素，是否比日常食品中的维生素更易被人体吸收？

C. 缺乏维生素所造成的后果，对老年人是否比对年轻人更严重？

D. 一般地说，年轻人的日常食物中的维生素含量，是否较多地超过人体的实际需要？

E. 保健品是否会产生危害健康的副作用？

✎ 题 15 （2005—10—24）我国博士研究生中女生的比例近年来有显著增长。说明这一结论的一组数据是：2000 年，报考博士生的女性考生的录取比例是 30%；而 2004 年这一比例上升为 45%。另外，这两年报考博士生的考生中男女的比例基本不变。

为了评价上述论证，对 2000 年和 2004 年的以下哪项数据进行比较最为重要？

A. 报考博士生的男性考生的录取比例。

B. 报考博士生的考生的总数。

C. 报考博士生的女性考生的总数。

D. 报考博士生的男性考生的总数。

E. 报考博士生的考生中理工科的比例。

✎ 题 16 （2001—10—61）在过去几十年中，高等教育中的女生比例正在逐渐升高。以下事实可以部分地说明这一点：在 1959 年，20~21 岁之间的女性只有 11% 正在接受高等教育，而在 1991 年，在这年龄段中的女性的 30% 在高校读书。

了解以下哪项，对评价上述论证最为重要？

A. 在该年龄段的女性中，没有在接受高等教育的比例。

---

① 题 2003—10—41 仅在题 2002—1—47 的基础上，将"维生素"改为"维生素和微量元素"，以及调整了少量用词。

B. 在该年龄段的女性中，已完成高等教育的比例。
C. 完成高等教育的女性中，毕业后进入高薪阶层的比例。
D. 在该年龄段的男性中，接受高等教育的比例。
E. 在该年龄段的男性中，完成高等教育的比例。

〉〉〉〉〉〉〉〉〉〉〉〉〉〉〉〉〉〉〉〉〉〉 管综真题警戒线 〉〉〉〉〉〉〉〉〉〉〉〉〉〉〉〉〉〉〉〉〉〉

◆题17 （2017—1—42）研究者调查了一组大学毕业即从事有规律的工作正好满8年的白领，发现他们的体重比刚毕业时平均增加了8公斤，研究者由此得出结论，有规律的工作会增加人们的体重。
关于上述结论的正确性，需要询问的关键问题是以下哪项？
A. 该组调查对象的体重在8年后是否会继续增加？
B. 该组调查对象中男性和女性的体重增加是否有较大差异？
C. 为什么调查关注的时间段是对象在毕业工作后8年，而不是7年或者9年？
D. 和该组调查对象其他情况相仿但没有从事有规律工作的人，在同样的8年中体重有怎样的变化？
E. 和该组调查对象其他情况相仿且经常进行体育锻炼的人，在同样的8年中体重有怎样的变化？

题型 18 假设题型

◆题1 （1997—1—19）如果某人答应作为矛盾双方的调解人，那么，他就必须放弃事后袒护任何一方的权利。因为在调解之后再袒护一方，等于说明先前的公正是伪装的。
下列哪项是以上论述最强调的？
A. 调解人不能有自己对争议双方矛盾的任何看法。
B. 如果不能保持公正的姿态，就不能做一个好的调解人。
C. 调解人要完全附和矛盾双方的意见，左右逢源。
D. 如果调解人把自己的偏见公开化，则争论时可以袒护一方。
E. 为了不使争论公开化，调解人应当伪装公正。

◆题2 （2012—10—43）大城市相对于中小城市，尤其是小城镇来讲，其生活成本是比较高的。这必然限制农村人口的流入，因此，仅靠发展大城市实际上无法实现城市化。
以下哪项是上述论证所假设的？
A. 城市化是我国发展的必由之路。
B. 单纯发展大城市不利于城市化的推进。
C. 要实现城市化，就必须让城市充分吸纳农村人口。
D. 大城市对外地农村人口的吸引力明显低于中小城市。
E. 城市化不能单纯发展大城市，也要充分重视发展其他类型的城市。

◆题3 （2008—1—44① 2004—10—34）根据一种心理学理论，一个人要想快乐就必须和周围的人保持亲密的关系。但是，世界上伟大的画家往往是在孤独中度过了他们大部分时光，并且没有亲密的人际关系。所以，这种心理学理论是不成立的。

---
① 题2008—1—44仅在题2004—10—34基础上，修改了E项表述，并且，用低干扰度内容替换了A项。

以下哪项最可能是上述论证所假设的?

A. 世界上伟大的画家都喜欢逃避亲密的人际关系。
B. 有亲密的人际关系的人几乎没有孤独的时候。
C. 孤独对于伟大的绘画艺术来说是必需的。
D. 几乎没有著名的画家有亲密的人际关系。
E. 世界上伟大的画家都是快乐的。

题 4 (2006—1—44) 小红说:"如果中山大道只允许通行轿车和不超过 10 吨的货车,大部分货车将绕开中山大道。"

小兵说:"如果这样的话,中山大道的车流量将减少,从而减少中山大道的撞车事故。"

以下哪项是小红的断定所假设的?

A. 轿车和 10 吨以下的货车仅能在中山大道行驶。
B. 目前中山大道的交通十分拥挤。
C. 货车司机都喜欢在中山大道行驶。
D. 大小货车在中山大道外的马路行驶十分便利。
E. 目前行驶在中山大道的大部分货车都在 10 吨以上。

题 5 (1998—1—7) 很多自称是职业足球运动员的人,尽管日常生活中的很多时间都在进行足球训练和比赛,但其实他们并不真正属于这个行业,因为足球的比赛和训练并不是他们主要的经济来源。

上面这段话在推理过程中做了以下哪项假设?

A. 职业足球运动员的技术水准和收入水平都比业余足球运动员要高得多。
B. 经常进行足球训练和比赛是成为职业球员的必由之路。
C. 一个运动员除非他的大部分收入来自比赛和训练,否则不能称为职业运动员。
D. 运动员希望成为职业运动员的动力来自想获得更高的经济收入。
E. 有一些经常进行足球训练和比赛的人并不真正属于职业运动员行业。

题 6 (1997—10—2) "我有好几次看见这位中年男子从化工厂里出来,才知道他是该厂的工人。"

上文谈话者的逻辑前提是:

A. 这位中年男子不像一个干部。
B. 很多工人的装束与此人极其相似。
C. 此人不是工人,就是干部。
D. 只有该厂工人,才会经常进出该厂。
E. 作者认识该厂的技术员,不是此人。

题 7 (1999—1—32) 王大妈上街买东西,看见有个地方围了一群人。凑过去一看,原来是中国高血压日的宣传。王大妈转身就要走,一位年轻的白衣大夫叫住了她:"大妈,让我帮你测测血压好吗?"王大妈连忙挥手说:"我又不胖,算了吧。"

根据以上信息,以下哪项最可能是王大妈的回答所隐含的前提?

A. 只有患高血压病的人才需要测血压,我不用。
B. 只有胖人才可能得高血压病,经常测血压。
C. 虽然测血压是免费的,可给我开药方就要收钱了。
D. 你们这么忙,还是先给身体比较胖的人们测吧。
E. 让我当众测血压,多难为情,不好意思。

题 8 (2011—10—49) 英国科学家在 2010 年 11 月 11 日出版的《自然》杂志上撰文指出,他们在苏格兰的岩石中发现了一种可能生活在约 12 亿年前的细菌化石。这表明,地球上的氧气浓度增加到人类进化所需的程度这一重大事件发生在12亿年前,比科学家以前认为的要早4亿年。新研究有望让科学家重新理解地球大气以及依靠其为生的生命演化的时间表。

以下哪项是科学家上述发现所假设的?

A. 先前认为,人类进化发生在大约8亿年前。
B. 这种细菌在大约12亿年前就开始在化学反应中使用氧气,以便获取能量维持生存。
C. 氧气浓度的增加标志着统治地球的生物已经由简单有机物转变为复杂的多细胞有机物。
D. 只有大气中的氧气浓度增加到一个关键点,某些细菌才能生存。
E. 如果没有细胞,就不可能存在人类这样的高级生命。

◆题9 (2006—1—48) 陈先生:北欧人具有一种特别明显的乐观精神。这种精神体现为日常生活态度,也体现为理解自然、社会和人生的哲学理念。北欧人的人均寿命历来是最高的,这正是导致他们具备乐观精神的重要原因。

贾女士:你的说法难以成立。因为你的理解最多只能说明,北欧的老年人为何具备乐观精神。

以下哪项最可能是贾女士反驳所假设的?

A. 北欧的中青年人并不知道北欧人的人均寿命历来是最高的。
B. 只有已经长寿的人,才具备产生上述乐观精神的条件。
C. 北欧国家都有完善的保护老年人利益的社会福利制度。
D. 成熟地理解自然、社会和人生的哲学理念,只有老年人才可能具有。
E. 北欧人实际上并不具有明显的乐观精神。

◆题10 (2006—1—40) 免疫研究室的钟教授说:"生命科学院从前的研究生那种勤奋精神越来越不多见了,因为我发现目前在我的研究生中,起早摸黑做实验的人越来越少了。"

钟教授的论证基于以下哪项假设?

A. 现在生命科学院的研究生需要从事的实验外活动越来越多。
B. 对于生命科学院的研究生来说,只有起早摸黑才能确保完成实验任务。
C. 研究生是否起早摸黑做实验是他们勤奋与否的一个重要标准。
D. 钟教授的研究生做实验不勤奋是由于钟教授没有足够的科研经费。
E. 现在的年轻人并不热衷于实验室工作。

◆题11 (1999—10—36 1998—10—21) 国家教育主管部门的有关负责人说:"总的来说,现在的大学生的家庭困难情况比起以前有了大幅度的改观。这种情况十分明显,因为现在课余要求学校安排勤工俭学的人越来越少了。"

上面的结论是由下列哪个假设得出的?

A. 现在大学生父母亲的收入随着改革开放的深入发展而增加,使得大学生不再需要勤工俭学来自己养活自己了。
B. 尽管家境有了改善,也应当参加勤工俭学来锻炼自己的全面能力。
C. 课余要求学校安排勤工俭学是学生家庭是否困难的一个重要标志。
D. 大学生把更多的时间用在学业上,勤工俭学的人就少起来了。
E. 学校安排的勤工俭学报酬相对越来越低,不能满足学生的要求。

◆题12 (2000—10—19) 某年,国内某电视台在综合报道了当年的诺贝尔各项奖金的获得者的消息后,做了以下评论:今年又有一位华裔科学家获得了诺贝尔物理学奖,这是中国人的骄傲。但是到目前为止,还没有中国人获得诺贝尔经济学奖和诺贝尔文学奖,看来中国在人文社会科学方面的研究与世界先进水平相比还有比较大的差距。

以上评论中所得出的结论最可能把以下哪项断定作为隐含的前提?

A. 中国在物理学等理科研究方面与世界先进水平的差距在逐步缩小。
B. 中国的人文科学有先进的理论基础和雄厚的历史基础，目前和世界先进水平的差距是不正常的。
C. 诺贝尔奖是衡量一个国家某个学科发展水平的重要标志。
D. 诺贝尔奖的评比在原则上对各人种是公平的，但实际上很难做到。
E. 包括经济学在内的人文社会科学研究与各国的文化传统有非常密切的联系。

题 13 （2001—10—55）最近几年，外科医生数量的增长超过了外科手术数量的增长，而许多原来必须实行的外科手术现在又可以代之以内科治疗，这样，最近几年，每个外科医生每年所做的手术的数量平均下降了1/4。如果这种趋势得不到扭转，那么，外科手术的普遍质量和水平不可避免地会降低。

上述论证基于以下哪项假设？
A. 一个外科医生不可能保持他的手术水平，除非他每年所做手术的数量不低于一个起码的标准。
B. 新上任的外科医生的手术水平普遍低于已在任的外科医生。
C. 最近几年，外科手术的数量逐年减少。
D. 最近几年，外科手术的平均质量和水平下降了。
E. 一些有经验的外科医生最近几年每年所做的外科手术比以前要多。

题 14 （2002—10—19）有钱并不意味着幸福。有一项覆盖面相当广的调查显示，在自认为有钱的被调查者中，只有1/3的人感觉自己是幸福的。

要使上述论证成立，以下哪项必须为真？
A. 在不认为自己有钱的被调查者中，感觉自己幸福的人多于1/3。
B. 在自认为有钱的被调查者中，其余的2/3都感觉自己很不幸福。
C. 许多自认为有钱的人，实际上并不有钱。
D. 上述调查的对象全部是有钱人。
E. 是否幸福的标准是当事人的自我感觉。

题 15 （1999—10—5）甲、乙二人正在议论郑建敏。
甲：郑建敏是福特公司如今最得力的销售经理。
乙：这怎么可能呢？据我所知，郑建敏平时开的是一辆日本车。

乙的判断，包含了以下哪项假定？
A. 日本车现在越来越受欢迎，占领了越来越大的国际市场。
B. 这辆日本车的性能一定非常优异，才可能吸引福特公司的销售经理。
C. 一个公司的销售经理应当使用本公司的产品，哪能买别的公司的车。
D. 郑建敏开的那辆日本车可能是福特公司在日本的合资企业生产的。
E. 最得力的销售经理应当享受最高级的待遇，所以郑建敏能买日本车。

题 16 （1997—1—35）最近，在一百万年前的河姆渡氏族公社遗址发现了烧焦的羚羊骨残片，这证明人类在很早的时候就掌握了取火煮食肉类的技术。

上述推论中隐含着下列哪项假设？
A. 从河姆渡公社以来的所有人种都掌握了取火的技术。
B. 河姆渡人不生食羚羊肉。
C. 只要发现烧焦的羚羊骨就能证明早期人类曾聚居于此。
D. 河姆渡人以羚羊肉为主食。
E. 羚羊骨是被人类取火烧焦的。

◆ 题 17　(1999—10—16) 人类学家发现早在旧石器时代，人类就有了死后复生的信念。在发掘出的那个时代的古墓中，死者的身边有衣服、饰物和武器等陪葬物，这是最早的关于人类具有死后复生信念的证据。

以下哪项是上述议论所假定的？

A. 死者身边的陪葬物是死者生前所使用过的。
B. 死后复生是大多数宗教信仰的核心信念。
C. 宗教信仰是大多数古代文明社会的特征。
D. 放置陪葬物是后人表示对死者的怀念与崇敬。
E. 陪葬物是为了死者在复生后使用而准备的。

◆ 题 18　(2002—10—57) 公寓住户设法减少住宅小区物业管理费的努力是不明智的。因为对于住户来说，物业管理费少交 1 元，为了应付因物业管理质量下降而付出的费用，很可能是 3 元、4 元甚至更多。

以下哪项最可能是上述论证所假设的？

A. 目前许多住宅小区的物业管理费的标准偏高。
B. 目前许多住宅小区的物业管理费的标准是合理的。
C. 目前许多住宅小区的物业管理质量是合格的。
D. 物业管理费的减少必然导致管理质量的下降。
E. 物业管理部门很可能以降低服务质量来应对管理费的减少。

◆ 题 19　(1998—1—27) 北京是个水资源严重缺乏的城市，但长期以来水价格一直偏低。最近北京市政府根据价值规律调高水价，这一举措将对节约使用该市的水资源产生重大的推动作用。

为使上述议论成立，以下哪项必须是真的？

Ⅰ. 有相当数量的用水浪费是因为水价格偏低而造成的。
Ⅱ. 水价格的上调幅度一般足以对浪费用水的用户产生经济压力。
Ⅲ. 水价格的上调不会引起用户的不满。

A. Ⅰ、Ⅱ和Ⅲ。　　　　　B. 仅Ⅰ和Ⅱ。　　　　　C. 仅Ⅰ和Ⅲ。
D. 仅Ⅱ和Ⅲ。　　　　　E. 仅Ⅲ。

◆ 题 20　(1998—10—44) 无论是工业用电还是民用电，现行的电价格一直偏低。某区推出一项举措，对超出月额定数的用电量，无论是工业用电还是民用电，一律按上调高价收费。这一举措将对该区的节约用电产生重大的促进作用。

上述举措要达到预期的目的，以下哪项必须是真的？

Ⅰ. 有相当数量的用电浪费是因为电价格偏低而造成的。
Ⅱ. 有相当数量的用户是因为电价格偏低而浪费用电的。
Ⅲ. 超额用电价格的上调幅度一般足以对浪费用电的用户产生经济压力。

A. Ⅰ、Ⅱ和Ⅲ。　　　　　B. 仅Ⅰ和Ⅱ。　　　　　C. 仅Ⅰ和Ⅲ。
D. 仅Ⅱ和Ⅲ。　　　　　E. Ⅰ、Ⅱ和Ⅲ都不必须是真的。

◆ 题 21　(2005—1—45) 香蕉叶斑病是一种严重影响香蕉树生长的传染病，它的危害范围遍及全球。这种疾病可由一种专门的杀菌剂有效控制，但喷洒这种杀菌剂会对周边人群的健康造成危害。因此，在人口集中的地区对小块香蕉林喷洒这种杀菌剂是不妥当的。幸亏规模香蕉种植园大都远离人口集中的地区，可以安全地使用这种杀菌剂。因此，全世界的香蕉产量，大部分不会受到香蕉叶斑病的影响。

以下哪项最可能是上述论证所假设的？

A. 人类最终可以培育出抗叶斑病的香蕉品种。
B. 全世界生产的香蕉，大部分产自规模香蕉种植园。
C. 和在小块香蕉林相比，香蕉叶斑病在规模香蕉种植园中传播得较慢。
D. 香蕉叶斑病是全球范围内唯一危害香蕉生长的传染病。
E. 香蕉叶斑病不危害其他植物。

题 22 （2009—1—40）因为照片的影像是通过光线与胶片的接触形成的，所以每张照片都具有一定的真实性。但是，从不同角度拍摄的照片总是反映了物体某个侧面的真实而不是全部的真实，在这个意义上，照片又是不真实的。因此，在目前的技术条件下，以照片作为证据是不恰当的，特别是在法庭上。

以下哪项是上述论证所假设的？

A. 不完全反映全部真实的东西不能成为恰当的证据。
B. 全部的真实性是不可把握的。
C. 目前的法庭审理都把照片作为重要物证。
D. 如果从不同角度拍摄一个物体，就可以把握它的全部真实性。
E. 法庭具有判定任一证据真伪的能力。

题 23 （2002—10—59）张教授：据世界范围的统计显示，20世纪50年代，癌症病人的平均生存年限（即从确诊至死亡的年限）是2年，而到20世纪末这种生存年限已升至6年。这说明，世界范围内诊治癌症的医疗水平总体上有了显著的提高。

李研究员：您的论证缺乏说服力。因为您至少忽视了这样一个事实：20世纪末癌症的早期确诊率较20世纪50年代有了显著的提高。

李研究员的反驳基于以下哪项假设？

A. 张教授的论证所依据的统计数据是完全准确的。
B. 癌症的早期确诊有利于延长患者的生存年限。
C. 20世纪末人类的平均寿命较50年代有了显著的提高。
D. 50年代以来，癌症一直是威胁人类健康和生命的头号杀手。
E. 癌症是可以彻底治愈的。

题 24 （2001—1—30）李工程师：在日本，肺癌病人的平均生存年限（即从确诊至死亡的年限）是9年，而在亚洲的其他国家，肺癌病人的平均生存年限只有4年。因此，日本在延长肺癌病人生命方面的医疗水平要高于亚洲的其他国家。

张研究员：你的论证缺乏充分的说服力。因为日本人的自我保健意识总体上高于其他亚洲人，因此，日本肺癌患者的早期确诊率要高于亚洲其他国家。

张研究员的反驳，基于以下哪项假设？

Ⅰ. 肺癌患者的自我保健意识对于其疾病的早期确诊起到重要作用。
Ⅱ. 肺癌的早期确诊对延长患者的生存年限起到重要作用。
Ⅲ. 对肺癌的早期确诊技术是衡量防治肺癌医疗水平的一个重要方面。

A. 仅Ⅰ。　　　　　　　　B. 仅Ⅱ。　　　　　　　　C. 仅Ⅲ。
D. 仅Ⅰ和Ⅱ。　　　　　　E. Ⅰ、Ⅱ和Ⅲ。

题 25 （1999—10—23）以前有几项研究表明，食用巧克力会增加食用者患心脏病的可能性。而一项最新的、更为可靠的研究得出的结论为：食用巧克力与心脏病发病率无关。估计这项研究成果公布之后，巧克力的消费量将会大大增加。

上述推论基于以下哪项假设？

A. 大量食用巧克力的人中，并不是有很高的比例患心脏病。
B. 尽管有些人知道食用巧克力会增加心脏病的可能性，却照样大吃特吃。
C. 人们从来也不相信进食巧克力会更容易患心脏病的说法。
D. 现在许多人吃巧克力是因为他们没听过巧克力会导致心脏病的说法。
E. 现在许多人不吃巧克力完全是因为他们相信巧克力会诱发心脏病。

◆ 题26 （2004—10—26）近几年来，一种从国外传入的白蝇严重危害着我国南方农作物的生长。昆虫学家认为，这种白蝇是甜薯白蝇的一个变种，为了控制这种白蝇的繁殖，他们一直在寻找并人工繁殖甜薯白蝇的寄生虫。但最新的基因研究成果表明，这种白蝇不是甜薯白蝇的变种，而是与之不同的一种蝇种，称作银叶白蝇。如果这是可信的，那么，近年来昆虫学家寻找白蝇寄生虫的努力算是白费了。

以下哪项是上述论证最可能假设的？
A. 上述最新的基因研究成果是可信的。
B. 甜薯白蝇的寄生虫对农作物没有任何危害。
C. 农作物害虫的寄生虫都可以用来有效控制这种害虫的繁殖。
D. 甜薯白蝇的寄生虫无法在银叶白蝇中寄生。
E. 某种生物的寄生虫只能在这种生物及其变种中才能寄生。

◆ 题27 （2001—1—35）自从20世纪中叶化学工业在世界范围内成为一个产业以来，人们一直担心它所造成的污染将会严重影响人类的健康。但统计数据表明，这半个世纪以来，化学工业发达的工业化国家的人均寿命增长率，大大高于化学工业不发达的发展中国家。因此，人们关于化学工业危害人类健康的担心是多余的。

以下哪项是上述论证必须假设的？
A. 20世纪中叶，发展中国家的人均寿命低于发达国家。
B. 如果出现发达的化学工业，发展中国家的人均寿命增长率会因此更低。
C. 如果不出现发达的化学工业，发达国家的人均寿命增长率不会因此更高。
D. 化学工业带来的污染与它带给人类的巨大效益相比是微不足道的。
E. 发达国家在治理化学工业污染方面投入巨大，效果明显。

◆ 题28 （2010—10—44）1979年，在非洲摩西地区发现有一只大象在觅食时进入赖登山的一个山洞。不久，其他的大象也开始进入洞穴，以后几年进入山洞集聚成为整个大象群的常规活动。1979年之前，摩西地区没有发现大象进入山洞，山洞内没有大象的踪迹。到2006年，整个大象群在洞穴内或附近度过其大部分的冬季。由此可见，大象能够接受和传授新的行为，而这并不是由遗传基因所决定的。

以下哪项是上述论述的假设？
A. 大象的基因突变可以发生在相对短的时间跨度，如数十年。
B. 大象群在数十年出现的新的行为不是由遗传基因预先决定的。
C. 大象新的行为模式易于成为固定的方式，一般都会延续几代。
D. 大象的群体行为不受遗传影响，而是大象群内个体间互相模仿的结果。
E. 某一新的行为模式只有在一定数量的动物群内成为固定的模式，才可以推断出发生了基因突变。

◆ 题29 （2005—1—52）一般而言，科学家总是把创新性研究当作自己的目标，并且只把同样具有此种目标的人作为自己的同行。因此，如果有的科学家因为向大众普及科学知识而赢得赞誉，虽然大多数科学家会认同这种赞誉，但不会把这样的科学家作为自己的同行。

为使上述论证成立，以下哪项必须假设？
Ⅰ．创新性科学研究比普及科学知识更重要。
Ⅱ．大多数科学家认为，普及科学知识不需要创新性研究。
Ⅲ．大多数科学家认为，从事普及科学知识，不可能同时进行创新性研究。

A．只有Ⅰ。　　　　　　　　B．只有Ⅱ。　　　　　　　　C．只有Ⅲ。
D．只有Ⅱ和Ⅲ。　　　　　　E．Ⅰ、Ⅱ和Ⅲ。

◆题30　（2000—1—72）在西方几个核大国中，当核试验得到了有效的限制，老百姓就会倾向于省更多的钱，出现所谓的商品负超常消费；当核试验的次数增多的时候，老百姓就会倾向于花更多的钱，出现所谓的商品正超常消费。因此，当核战争成为能普遍觉察到的现实威胁时，老百姓为存钱而限制消费的愿望会大大降低，商品正超常消费的可能性会大大增加。

上述论证基于以下哪项假设？

A．当核试验次数增多时，有足够的商品支持正常或超常消费。
B．在西方几个核大国中，核试验受到了老百姓普遍的反对。
C．老百姓只能通过本国的核试验的次数来觉察核战争的现实威胁。
D．商界对核试验乃至核战争的现实威胁持欢迎态度，因为这将带来经济利益。
E．在冷战年代，上述核战争的现实威胁出现过数次。

◆题31　（1997—1—29）"打猎不仅无害于动物，反而对其有一定的保护作用。"
以上观点最有可能基于以下哪个前提？

A．许多人除非自卫，否则不会杀死野生动物。
B．对经济困难的家庭来说，打猎也是一种经济来源。
C．当其他食物缺乏时，野生动物会偷吃庄稼。
D．当野生动物过多时，减少其数量有利于种群的生存和发展。
E．被猎获的动物大部分是弱小动物。

◆题32　（1998—10—3）甲、乙二人之间有以下对话：
甲：张琳莉是爱丽丝祛斑霜上海经销部的总经理。
乙：这怎么可能呢？张琳莉脸上长满了黄褐斑。

如果乙的话是不包含讽刺的正面断定，则它预设了以下哪项？
Ⅰ．爱丽丝祛斑霜对黄褐斑具有良好的祛斑效果。
Ⅱ．爱丽丝祛斑霜上海经销部的总经理应该使用本品牌的产品。
Ⅲ．爱丽丝祛斑霜在上海的经销领先于其他品牌。

A．仅Ⅰ。　　　　　　　　B．仅Ⅱ。　　　　　　　　C．仅Ⅲ。
D．仅Ⅰ和Ⅱ。　　　　　　E．Ⅰ、Ⅱ和Ⅲ。

◆题33　（1998—10—9）林工程师不但专业功底扎实，而且非常有企业管理能力。他上任宏达电机厂厂长的三年来，该厂上缴的产值利润连年上升，这在当前国有企业普遍不景气的情况下是非常不易的。

上述议论一定假设了以下哪项前提？
Ⅰ．该厂上缴的产值利润连年上升很大程度上要归结于林工程师的努力。
Ⅱ．宏达电机厂是国有企业。
Ⅲ．产值利润的上缴情况是衡量厂长管理能力的一个重要尺度。
Ⅳ．林工程师在企业管理上的成功得益于他扎实的专业功底。

A．Ⅰ、Ⅱ、Ⅲ和Ⅳ。　　　B．仅Ⅰ、Ⅱ和Ⅲ。　　　C．仅Ⅰ和Ⅱ。
D．仅Ⅱ和Ⅲ。　　　　　　E．仅Ⅱ、Ⅲ和Ⅳ。

◆题34　(1997—1—28) 面试在求职过程中非常重要。经过面试，如果应聘者的个性不适合待聘工作的要求，则不可能被录用。

以上论断是建立在哪项假设的基础上的？
A．必须经过面试才能取得工作，这是工商界的规矩。
B．只要与面试主持人关系好，就能被聘用。
C．面试主持者能够准确地分辨出哪些个性是工作所需要的。
D．面试的唯一目的就是测试应聘者的个性。
E．若一个人的个性适合工作的要求，他就一定被录用。

◆题35　(1997—10—10) 对基础研究投入大量经费似乎作用不大，因为直接对生产起作用的是应用型技术。但是，应用技术的发展需要基础理论研究作后盾。今天，纯理论研究可能暂时看不出有什么用处，但不能肯定它将来也不会带来巨大效益。

上述论证的前提假设是：
A．发展应用型新技术比搞纯理论研究见效快、效益高。
B．纯理论研究耗时耗资，看不出有什么用处。
C．纯理论研究会造福后代，而不会利于当代。
D．发现一种新的现象与开发出它的实际用途之间存在时滞。
E．发展应用型新技术容易，搞纯理论研究难。

◆题36　(1999—10—43) 近来，信用卡公司遭到了很多顾客的指责，他们认为公司向他们的透支部分所收取的利率太高了。事实上，公司收取的利率只比普通的银行给个人贷款的利率高两个百分点。但是，顾客忽视了信用卡给他们带来的便利，比如，他们可以在货物削价时及时购物。

上文对顾客指责的反驳是以下列哪项为前提的？
A．购物折扣省下来的钱至少可以弥补以信用卡付款超出普通银行个人贷款利率的那部分花费。
B．信用卡的申请人除非有长期的拖欠历史或其他信用问题，否则申请很容易批准。
C．消费者在削价时购买的货物价格并不很低，无法使消费者抵消高利率成本，并有适当盈利。
D．那些用信用卡付款买削价货物的消费者可能不具有在银行以低息获得贷款的资格。
E．信用卡使用者所能透支的总量是有限制的，因此，其支付的利息也是有限的。

◆题37　(1998—10—37) 在美国，比较复杂的民事审判往往超过陪审团的理解力，结果，陪审团对此做出的决定经常是错误的。因此有人建议，涉及较复杂的民事审判由法官而不是陪审团来决定，将提高司法部门的服务质量。

上述建议依据下列哪项假设？
A．大多数民事审判的复杂性超过了陪审团的理解力。
B．法官在决定复杂民事审判的时候，对那些审判的复杂性，比陪审团的人员有更好的理解。
C．在美国以外的一些具有相同法系的国家，也早就有类似提议，并有付诸实施的记录。
D．即使涉及不复杂的民事审判，陪审团的决定也常常出现差错。
E．赞成由法官决定民事审判的唯一理由是法官的决定几乎总是正确的。

◆题38　(2002—1—40) 史密斯：根据《国际珍稀动物保护条例》的规定，杂种动物不属于该条例的保护对象。《国际珍稀动物保护条例》的保护对象中，包括赤狼。而最新的基因研究技术发现，一直被认为是纯种物种的赤狼实际上是山狗与灰狼的杂交种。由于赤狼明显需要保护，所以条例应当修改，使其也保护杂种动物。

张大中：您的观点不能成立。因为，如果赤狼确实是山狗与灰狼的杂交种的话，那么，即使现有的赤狼灭绝了，仍然可以通过山狗与灰狼的杂交来重新获得它。

以下哪项最可能是张大中的反驳所假设的?
A. 目前用于鉴别某种动物是否为杂种的技术是可靠的。
B. 所有现存杂种动物都是现存纯种动物杂交的后代。
C. 山狗与灰狼都是纯种物种。
D. 《国际珍稀动物保护条例》执行效果良好。
E. 赤狼并不是山狗与灰狼的杂交种。

◆ 题39 (2001—10—54) 最近五年来,共有五架 W-160 客机失事。面对 W-160 设计有误的指控,W-160 的生产厂商明确加以否定,其理由是,每次 W-160 空难的调查都表明,失事的原因是飞行员的操作失误。

为使厂商的上述反驳成立,以下哪项是必须假设的?
Ⅰ. 如果飞行员不操作失误,W-160 就不会失事。
Ⅱ. 飞行员的操作失误和 W-160 任一部分的设计都没有关系。
Ⅲ. 每次对 W-160 空难的调查结论都可信。

A. 仅Ⅰ。 B. 仅Ⅱ。 C. 仅Ⅲ。
D. 仅Ⅱ和Ⅲ。 E. Ⅰ、Ⅱ和Ⅲ。

◆ 题40 (2001—10—58) 李工程师:一项权威性的调查数据显示,在医疗技术和设施最先进的美国,婴儿最低死亡率在世界上只占第 17 位。这使我得出结论,先进的医疗技术和设施,对于人类生命和健康所起的保护作用,对成人要比对婴儿显著得多。

张研究员:我不能同意您的论证。事实上,一个国家所具有的先进的医疗技术和设施,并不是每个人都能均等地享受的。较之医疗技术和设施而言,较高的婴儿死亡率更可能是低收入的结果。

张研究员的反驳基于以下哪项假设?
Ⅰ. 在美国,享受先进的医疗技术和设施,需要一定的经济条件。
Ⅱ. 在美国,存在着明显的贫富差别。
Ⅲ. 在美国,先进的医疗技术和设施,主要用于成人的保健和治疗。

A. 仅Ⅰ。 B. 仅Ⅱ。 C. 仅Ⅲ。
D. 仅Ⅰ和Ⅱ。 E. Ⅰ、Ⅱ和Ⅲ均不正确。

◆ 题41 (2001—1—56) 有的地质学家认为,如果地球的未勘探地区中单位面积的平均石油储藏量能和已勘探地区一样的话,那么,目前关于地下未开采的能源含量的正确估计因此要乘上一万倍。如果地质学家的这一观点成立,那么,我们可以得出结论:地球上未勘探地区的总面积是已勘探地区的一万倍。

为使上述论证成立,以下哪些是必须假设的?
Ⅰ. 目前关于地下未开采的能源含量的估计,只限于对已勘探地区。
Ⅱ. 目前关于地下未开采的能源含量的估计,只限于石油含量。
Ⅲ. 未勘探地区中的石油储藏能和已勘探地区一样得到有效的勘测和开采。

A. 仅Ⅰ。 B. 仅Ⅱ。 C. 仅Ⅲ。
D. 仅Ⅰ和Ⅱ。 E. Ⅰ、Ⅱ和Ⅲ。

◆ 题42 (2009—10—55) 由工业垃圾掩埋带来的污染问题在中等发达国家中最为突出,而在发达国家与不发达国家中反而不突出。不发达国家是因为没有多少工业垃圾可以处理。发达国家或者是因为有效地减少了工业垃圾,或者是因为有效地处理了工业垃圾。H 国是中等发达国家,因此,它目前面临的由工业垃圾掩埋带来的污染在五年后会有实质性的改变。

以下哪项最可能是上述论证所假设的？

A. H 国将在五年内成为发达国家。
B. H 国不会在五年后倒退回不发达状态。
C. H 国将在五年内有效地处理工业垃圾。
D. H 国五年内将保持其发展水平不变。
E. H 国将在五年内有效地减少工业垃圾。

◆ 题 43 （2009—10—46）张教授：在西方经济萧条时期，由汽车尾气造成的空气污染状况会大大改善，因为开车上班的人大大减少了。

李工程师：情况恐怕不是这样。在萧条时期买新车的人大大减少。而车越老，排放的超标尾气造成的污染越严重。

张教授的论证依赖以下哪项假设？

A. 只有就业人员才开车。
B. 大多数上班族不使用公共交通工具上班。
C. 空气污染主要是由上班族的汽车所排放的尾气造成的。
D. 在萧条时期，开车上班人数的减少一定会造成汽车运行总量的减少。
E. 在萧条时期，开车上班人员的失业率高于不开车上班人员。

◆ 题 44 （2005—10—52）生活成本与一个地区的主导行业支付的工资平均水平呈正相关。例如，某省雁南地区的主导行业是农业，而龙山地区的主导行业是汽车制造业，由此，我们可以得出结论：龙山地区的生活成本一定比雁南地区高。

以下哪项最可能是上文所做的假设？

A. 龙山地区的生活质量比雁南地区高。
B. 雁南地区参与汽车制造业的人比龙山地区少。
C. 汽车制造业支付的工资平均水平比农业高。
D. 龙山地区的生活成本比其他地区都高。
E. 龙山地区的居民希望离开龙山地区，到生活成本较低的地区生活。

◆ 题 45 （2002—10—56）一项实验显示，那些免疫系统功能较差的人，比起那些免疫系统功能一般或较强的人，在进行心理健康的测试时记录明显较差。因此，这项实验的设计和实施者得出结论，人的免疫系统，不仅保护人类抵御生理疾病，而且保护人类抵御心理疾病。

上述结论是基于以下哪项假设？

A. 免疫系统功能较强的人比功能一般的人，更能抵御心理疾病。
B. 患有某种心理疾病的人，一定患有某种相关的生理疾病。
C. 具有较强的免疫系统功能的人，不会患心理疾病。
D. 心理疾病不会引起免疫系统功能的降低。
E. 心理疾病不能依靠药物治疗，而只能依靠心理治疗。

◆ 题 46 （2003—10—52）西式快餐已被广大的中国消费者接受。随着美国快餐之父艾德熊的大踏步迈进并立足中国市场，一向生意火爆的麦当劳在中国的利润在今后几年肯定会有较为明显地下降。

要使上述推测成立，以下哪项是必须假设的？

Ⅰ. 今后几年中，中国消费者用于西式快餐的消费总额不会有大的变化。
Ⅱ. 今后几年中，中国消费者用于除麦当劳、艾德熊以外的西式快餐（例如肯德基）上的消费总额不会有太大的变化。
Ⅲ. 今后几年中，艾德熊的经营规模要达到和麦当劳相当。

A. 只有Ⅰ。 B. 只有Ⅱ。 C. 只有Ⅲ。
D. 只有Ⅰ和Ⅱ。 E. Ⅰ、Ⅱ和Ⅲ。

◆题47 （2004—10—53）张勇认为他父亲生于1934年，而张勇的妹妹则认为父亲生于1935年。张勇的父亲出生的医院没有1934年的产科记录，但有1935年的记录。据记载，该医院没有张勇父亲的出生记录。因此，可以得出结论，张勇的父亲出生于1934年。

为使上述论证成立，以下哪项是必须假设的？

Ⅰ. 上述医院1935年的产科记录是完整的。
Ⅱ. 张勇和他妹妹关于父亲的出生年份的断定，至少有一个是真实的。
Ⅲ. 张勇的父亲已经过世。

A. 只有Ⅰ。 B. 只有Ⅱ。 C. 只有Ⅲ。
D. 只有Ⅰ和Ⅱ。 E. Ⅰ、Ⅱ和Ⅲ。

◆题48 （2001—1—61）尽管计算机可以帮助人们进行沟通，计算机游戏却妨碍了青少年沟通能力的发展。他们把课余时间都花费在玩游戏上，而不是与人交流上。所以说，把课余时间花费在玩游戏上的青少年比其他孩子有较差的沟通能力。

以下哪项是上述议论最可能假设的？

A. 一些被动的活动，如看电视和听音乐，并不会阻碍孩子们的交流能力的发展。
B. 大多数孩子在玩电子游戏之外还有其他事情可做。
C. 在课余时间不玩电子游戏的孩子至少有一些时候是在与人交流。
D. 传统的教育体制对增强孩子们与人交流的能力没有帮助。
E. 由玩电子游戏带来的思维能力的增强对孩子们的智力开发并没有实质性的益处。

◆题49 （2004—10—42）小红装病逃学了一天，大明答应为她保密。事后，知道事情底细的老师对大明说，我和你一样，都认为违背承诺是一件不好的事；但是，人和人的交往，事实上默认一个承诺，这就是说真话，任何谎言都违背这一承诺。因此，如果小红确实是装病逃学，那么，你即使已经承诺为她保密，也应该对我说实话。

要使老师的话成立，以下哪项是必须假设的？

A. 说谎比违背其他承诺更有害。
B. 有时，违背承诺并不是一件坏事。
C. 任何默认的承诺都比表达的承诺更重要。
D. 违背默认的承诺有时要比违背表达的承诺更不好。
E. 每一个人都不应该违背任何承诺。

◆题50 （2007—10—54）在H国前年出版的50 000部书中，有5 000部是小说。H国去年发行的电影中，恰有25部都是由这些小说改编的，因为去年H国共发行了100部电影，因此，由前年该国出版的书改编的电影，在这100部电影中所占的比例不会超过四分之一。

基于以下哪项假设能使上述推理成立？

A. H国去年发行的电影剧本，都不是由专业小说作家编写的。
B. 由小说改编的电影的制作周期不短于1年。
C. H国去年发行的电影中，至少有25部是国产片。
D. H国前年出版的小说中，适合于改编成电影的不超过0.5%。
E. H国去年发行的电影，没有一部是基于小说以外的书改编的。

◆题51 （2006—10—29）任何行为都有结果。任何行为的结果中，必定包括其他行为。而要判断一个行为是否好，就需要判断它的结果是否好；要判断它的结果是否好，就需要判断作为其结果的其他行为是否好……。这样,实际上我们面临着一个不可完成的思考。因此,一个好的行为实际上不可能存在。

以下哪项最可能是上述论证所假设的?

A. 有些行为的结果中只包括其他行为。
B. 我们可以判断已经发生的行为是否好,但不能判断正在发生的行为是否好。
C. 判断一个行为是好的,就需要判断制止该行为的行为是坏的。
D. 我们应该实施好的行为。
E. 一个好的行为必须是能够被我们判断的。

题52 (2002—1—50) 张教授:智人是一种早期人种。最近在百万年前的智人遗址发现了烧焦的羚羊骨头碎片的化石。这说明人类在自己进化的早期就已经知道用火来烧肉了。

李研究员:但是在同样的地方也同时发现了被烧焦的智人骨头碎片的化石。

以下哪项最可能是李研究员的议论所假设的?

A. 包括人在内的所有动物,一般不以自己的同类为食。
B. 即使在发展的早期,人类也不会以自己的同类为食。
C. 上述被发现的智人骨头碎片的化石不少于羚羊骨头碎片的化石。
D. 张教授并没有掌握关于智人研究的所有考古资料。
E. 智人的主要食物是动物而不是植物。

题53 (2001—1—47) 一词当然可以多义,但一词的多义应当是相近的。例如,"帅"可以解释为"元帅",也可以解释为"杰出",这两个含义是相近的。由此看来,把"酷(cool)"解释为"帅"实在是英语中的一种误用,应当加以纠正,因为"酷"在英语中的初始含义是"凉爽",和"帅"丝毫不相及。

以下哪项是题干的论证所必须假设的?

A. 一个词的初始含义是该词唯一确切的含义。
B. 除了"cool"以外,在英语中不存在其他的词具有不相关的多种含义。
C. 语词的多义将造成思想交流的困难。
D. 英语比汉语更容易产生语词歧义。
E. 语言的发展方向是一词一义,用人工语言取代自然语言。

题54 (2002—10—49) 这个国家在 1987 年控制非法药物进入的计划失败了。尽管对非法药物的需求呈下降趋势,但是,如果这个计划没有失败,多数非法药物在 1987 年的批发价格不会急剧下降。

以上结论依赖于以下哪一个假设?

A. 1987 年非法药物的供给大幅下降。
B. 1987 年平均每个消费者支付的非法药物的价格并未显著下降。
C. 本国非法药物产量比非法进入该国的非法药物增加更多。
D. 1987 年少数几种非法药物的批发价格大幅上升了。
E. 1987 年非法药物需求的下降不是其批发价格下降的唯一原因。

题55 (2000—10—42 1998—10—43) 以下是在一场关于"安乐死是否应合法化"的辩论中正反方辩手的发言:

正方:反方辩友反对"安乐死合法化"的根据主要是在什么条件下方可实施安乐死的标准不易掌握,这可能会给医疗事故甚至谋杀造成机会,使一些本来可以挽救的生命失去最后的机会。诚然,这样的风险是存在的,但是我们怎么能设想干任何事都排除所有风险呢?让我提出一个问题,我们为什么不把法定的汽车时速限制为不超过自行车，这样汽车交通死亡事故发生率不是几乎可以下降到零吗？

反方：对方辩友把安乐死和交通死亡事故作以上的类比是毫无意义的。因为不可能有人会做这样的交通立法。设想一下，如果汽车行驶得和自行车一样慢，那还要汽车干什么？对方辩友，你愿意我们的社会再回到没有汽车的时代？

正方论证预设了以下哪项？

Ⅰ．实施安乐死带来的好处比可能产生的风险损失总体上说要大得多。
Ⅱ．尽可能地延长病人的生命并不是医疗事业的绝对宗旨。
Ⅲ．总有一天医疗方面可以准确无误地把握何时方可实施安乐死的标准。

A．仅Ⅰ。 B．仅Ⅱ。 C．仅Ⅲ。
D．仅Ⅰ和Ⅱ。 E．Ⅰ、Ⅱ和Ⅲ。

题56 （2001—10—67）面对预算困难，W 国政府不得不削减对于科研项目的资助，一大批这样的研究项目转而由私人基金资助。这样，可能产生争议结果的研究项目在整个受资助研究项目中的比例肯定会因此降低，因为私人基金资助者非常关心其公众形象，他们不希望自己资助的项目会导致争议。

以下哪项是上述论证所必须假设的？

A．W 国政府比私人基金资助者较为愿意资助可能产生争议的科研项目。
B．W 国政府只注意所资助的研究项目的效果，而不在意它是否会导致争议。
C．W 国政府没有必要像私人基金资助者那样关心自己的公众形象。
D．可能引起争议的科研项目并不一定会有损资助者的公众形象。
E．可能引起争议的科研项目比一般的项目更有价值。

题57 （2002—1—20）张小珍：在我国，90% 的人所认识的人中都有失业者，这真是个令人震惊的事实。

王大为：我不认为您所说的现象有令人震惊之处。其实，就 5% 这样可接受的失业率来讲，每 20 个人中就有 1 个人失业。在这种情况下，如果一个人所认识的人超过 50 个，那么，其中就很可能有 1 个或更多的失业者。

以下哪项最可能是王大为的论断所假设的？

A．失业率很少超过社会能接受的限度。
B．张小珍所引述的统计数据是准确的。
C．失业通常并不集中在社会联系闭塞的区域。
D．认识失业者的人通常超过总人口的 90%。
E．失业者比就业者具有更多的社会联系。

题58 （2002—1—31）W 公司制作的正版音乐光盘每张售价 25 元，盈利 10 元。而这样的光盘的盗版制品每张仅售价 5 元。因此，这样的盗版光盘如果销售 10 万张，就会给 W 公司造成 100 万元的利润损失。

为使上述论证成立，以下哪项是必须假设的？

A．每个已购买各种盗版制品的人，若没有盗版制品可买，都会购买相应的正版制品。
B．如果没有盗版光盘，W 公司的上述正版音乐光盘的销售量不会少于 10 万张。
C．上述盗版光盘的单价不可能低于 5 元。
D．与上述正版光盘相比，盗版光盘的质量无实质性的缺陷。
E．W 公司制作的上述正版光盘价格偏高是造成盗版光盘充斥市场的原因。

◆ 题 59　（2002—1—17）心脏的搏动引起血液循环。对同一个人，心率越快，单位时间进入循环的血液量越多。血液中的红细胞运输氧气。一般地说，一个人单位时间通过血液循环获得的氧气越多，他的体能及其发挥就越佳。因此，为了提高运动员在体育比赛中的竞技水平，应该加强他们在高海拔地区的训练，因为在高海拔地区，人体内每单位体积血液中含有的红细胞数量，要高于在低海拔地区。
以下哪项是题干的论证必须假设的？
  A. 海拔的高低对运动员的心率不发生影响。
  B. 不同运动员的心率基本相同。
  C. 运动员的心率比普通人慢。
  D. 在高海拔地区训练能使运动员的心率加快。
  E. 运动员在高海拔地区的心率不低于在低海拔地区。

◆ 题 60　（2001—10—68）有的地质学家认为，如果地球的未勘探地区中单位面积的平均石油储藏量能和已勘探地区一样的话，那么，目前关于地下未开采的能源含量的正确估计因此要乘上一万倍，由此可得出结论，全球的石油需求，至少可以在未来五个世纪中得到满足，即使此种需求每年呈加速上升的趋势。
为使上述论证成立，以下哪项是必须假设的？
  A. 地球上未勘探地区的总面积是已勘探地区的一万倍。
  B. 地球上未勘探地区中储藏的石油可以被勘测和开采出来。
  C. 新技术将使未来对石油的勘探和开采比现在更为可行。
  D. 在未来至少五个世纪中，石油仍然是全球主要的能源。
  E. 在未来至少五个世纪中，世界人口的增长率不会超过对石油需求的增长率。

◆ 题 61　（2002—1—57）以下是一份商用测谎器的广告：
员工诚实的个人品质，对于一个企业来说至关重要。一种新型的商用测谎器，可以有效地帮助贵公司聘用诚实的员工。著名的QQQ公司在一次招聘面试时使用了测谎器，结果完全有理由让人相信它的有效功能。有三分之一的应聘者在这次面试中撒谎。当被问及他们是否知道法国经济学家道尔时，他们都回答知道，或至少回答听说过。但事实上这个经济学家是不存在的。
以下哪项最可能是上述广告所假设的？
  A. 上述应聘者中的三分之二知道所谓的法国经济学家道尔是不存在的。
  B. 上述面试的主持者是诚实的。
  C. 上述应聘者中的大多数是诚实的。
  D. 上述应聘者在面试时并不知道使用了测谎器。
  E. 测谎器的性能价格比非常合理。

◆ 题 62　（2001—10—56）江口市急救中心向市政府申请购置一辆新的救护车，以进一步增强该中心的急救能力。市政府否决了这项申请，理由是：急救中心所需的救护车的数量，必须与中心的规模和综合能力相配套。根据该急救中心现有的医护人员和医疗设施的规模和综合能力，现有的救护车足够了。
以下哪项是市政府关于此项决定的论证所必须假设的？
  A. 江口市的急救对象的数量不会有大的增长。
  B. 市政府的财政面临困难，无力购置新的救护车。
  C. 急救中心现有的救护车中，至少有一辆近期内不会退役。
  D. 江口市的其他大中医院有足够的能力配合急救中心抢救全市的危重病人。
  E. 市政府至少在五年内不会拨款以扩大急救中心的规模和综合能力。

◆ 题63　(2001—10—49) 据1999年所做的统计，在美国35岁以上的居民中，10%患有肥胖症。因此，如果到2009年美国的人口将达到4亿的估计是正确的话，那么，到2009年，美国35岁以上患肥胖症的人数将达到2 000万。

以下哪项最可能是题干的推测所假设的？

A. 在未来的10年中，世界的总人口将有大的增长。

B. 在未来的10年中，美国人的饮食方式将不会有任何变化。

C. 在未来的10年中，世界上将不会有大的战争发生。

D. 到2009年，美国人口中35岁以上的人将占一半。

E. 到2009年，对肥胖症的防治仍没有任何进展。

◆ 题64　(1999—10—12) 政府应该不允许烟草公司在其营业收入中扣除广告费用。这样的话，烟草公司将会缴纳更多的税金。它们只好提高自己的产品价格，而产品价格的提高正好可以起到减少烟草购买的作用。

以下哪个选项是上述论点的前提？

A. 烟草公司由此所增加的税金应该等于价格上涨所增加的盈利。

B. 如果它们需要支付高额的税金，烟草公司将不再继续做广告。

C. 如果烟草公司不做广告，香烟的销售量将受到很大影响。

D. 政府从烟草公司的应税收入增加所得的收入将用于宣传吸烟的害处。

E. 烟草公司不可能降低其他方面的成本来抵销多缴的税金。

◆ 题65　(2004—1—46) 莱布尼兹是17世纪伟大的哲学家。他先于牛顿发表了他的微积分研究成果。但是当时牛顿公布了他的私人笔记，说明他至少在莱布尼兹发表其成果的10年前已经运用了微积分的原理。牛顿还说，在莱布尼兹发表其成果的不久前，他在给莱布尼兹的信中谈起过自己关于微积分的思想。但是事后的研究说明，牛顿的这封信中，有关微积分的几行字几乎没有涉及这一理论的任何重要之处。因此，可以得出结论，莱布尼兹和牛顿各自独立地发现了微积分。

以下哪项是上述论证必须假设的？

A. 莱布尼兹在数学方面的才能不亚于牛顿。

B. 莱布尼兹是个诚实的人。

C. 没有第三个人不迟于莱布尼兹和牛顿独立地发现了微积分。

D. 莱布尼兹发表微积分研究成果前从没有把其中的关键性内容告诉任何人。

E. 莱布尼兹和牛顿都没有从第三渠道获得关于微积分的关键性细节。

◆ 题66　(2003—1—37) 在汉语和英语中，"塔"的发音是一样的，这是英语借用了汉语；"幽默"的发音也是一样的，这是汉语借用了英语。而在英语和姆巴拉拉语中，"狗"的发音也是一样的，但可以肯定，使用这两种语言的人交往只是将近两个世纪的事，而姆巴拉拉语中（包括"狗"的发音）的历史，几乎和英语一样古老。另外，这两种语言，属于完全不同的语系，没有任何亲缘关系。因此，这说明，不同的语言中出现意义和发音相同的字，并不一定是由于语言的相互借用，或是由于语言的亲缘关系。

以上论述必须假设以下哪项？

A. 汉语和英语中，意义和发音相同的词都是相互借用的结果。

B. 除了英语和姆巴拉拉语以外，还有多种语言对"狗"有相同的发音。

C. 没有第三种语言从英语或姆巴拉拉语中借用"狗"一词。

D. 如果两种不同语系的语言中有的词发音相同，则使用这两种语言的人一定在某个时期彼此接触过。

E. 使用不同语言的人相互接触，一定会导致语言的相互借用。

◆ 题 67　（2001—1—55）交通部科研所最近研制了一种自动照相机，凭借其对速度的敏锐反应，当且仅当违规超速的汽车经过镜头时，它才会自动按下快门。在某条单向行驶的公路上，在一个小时中，这样的一架照相机共摄下了 50 辆超速的汽车的照片。从这架照相机出发，在这条公路前方的 1 公里处，一批交通警察于隐蔽处在进行目测超速汽车能力的测试。在上述同一个小时中，某个警察测定，共有 25 辆汽车超速通过。由于经过自动照相机的汽车一定经过目测处，因此，可以推定，这个警察的目测超速汽车的准确率不高于 50%。

要使题干的推断成立，以下哪项是必须假设的？

A．在该警察测定为超速的汽车中，包括在照相机处不超速而到目测处超速的汽车。
B．在该警察测定为超速的汽车中，包括在照相机处超速而到目测处不超速的汽车。
C．在上述一个小时中，在照相机前不超速的汽车，到目测处不会超速。
D．在上述一个小时中，在照相机前超速的汽车，都一定超速通过目测处。
E．在上述一个小时中，通过目测处的非超速汽车一定超过 25 辆。

◆ 题 68　（2004—1—38）实业钢铁厂将竞选厂长。如果董来春参加竞选，则极具竞选实力的郝建生和曾思敏不参加竞选。所以，如果董来春参加竞选，他将肯定当选。

为使上述论证成立，以下哪项是必须假设的？

Ⅰ．当选者一定是竞选实力最强的竞选者。
Ⅱ．如果董来春参加竞选，那么，他将是唯一的候选人。
Ⅲ．在实业钢铁厂，除了郝建生和曾思敏，没有其他人的竞选实力比董来春强。

A．只有Ⅰ。　　　　　　　B．只有Ⅱ。　　　　　　　C．只有Ⅲ。
D．只有Ⅰ和Ⅲ。　　　　　E．Ⅰ、Ⅱ和Ⅲ。

◆ 题 69　（1998—1—30）在世界市场上，日本生产的冰箱比其他国家生产的冰箱耗电量要少。因此，其他国家的冰箱工业将失去相当部分的冰箱市场，而这些市场将被日本冰箱占据。

以下哪项是上述论证所要假设的？

Ⅰ．日本的冰箱比其他国家的冰箱更为耐用。
Ⅱ．电费是冰箱购买者考虑的重要因素。
Ⅲ．日本冰箱与其他国家冰箱的价格基本相同。

A．Ⅰ、Ⅱ和Ⅲ。　　　　　B．仅Ⅰ和Ⅱ。　　　　　　C．仅Ⅱ。
D．仅Ⅱ和Ⅲ。　　　　　　E．仅Ⅲ。

◆ 题 70　（2004—1—44）通常的高山反应是由高海拔地区空气中缺氧造成的，当缺氧条件改变时，症状可以很快消失。急性脑血管梗阻也具有脑缺氧的病征，如不及时恰当处理会危及生命。由于急性脑血管梗阻的症状和普通高山反应相似，因此，在高海拔地区，急性脑血管梗阻这种病特别危险。

以下哪项最可能是上述论证所假设的？

A．普通高山反应和急性脑血管梗阻的医疗处理是不同的。
B．高山反应不会诱发急性脑血管梗阻。
C．急性脑血管梗阻如及时恰当处理则不会危及生命。
D．高海拔地区缺少抢救和医治急性脑血管梗阻的条件。
E．高海拔地区的缺氧可能会影响医生的工作，降低其诊断的准确性。

◆ 题 71　（2004—10—52　2003—10—59）张教授的身体状况恐怕不宜继续担任校长助理的职务。因为近一年来，只要张教授给校长写信，内容只有一个，不是这里不舒服，就是那里有毛病。

为使上述论证成立，以下哪项是必须假设的？

Ⅰ. 胜任校长助理的职务，需要有良好的身体条件。
Ⅱ. 教授给校长的信的内容基本都是真实的。
Ⅲ. 近一年来，张教授经常给校长写信。

A. 只有Ⅰ。　　　　　B. 只有Ⅱ。　　　　　C. 只有Ⅲ。
D. 只有Ⅰ和Ⅱ。　　　E. Ⅰ、Ⅱ和Ⅲ。

题72（1999—1—55）许多影视放映场所为了增加其票房收入，把一些并不包含有关限制内容的影视片也标以"少儿不宜"。

他们这样做是因为确信以下哪项断定？

Ⅰ. 成年观众在数量上要大大超过少儿观众。
Ⅱ. "少儿不宜"的影视片对成年人无害。
Ⅲ. 成年人普遍对标明"少儿不宜"的影视片感兴趣。

A. 仅Ⅰ。　　　　　B. 仅Ⅱ。　　　　　C. 仅Ⅰ、Ⅲ。
D. 仅Ⅱ、Ⅲ。　　　E. Ⅰ、Ⅱ、Ⅲ。

题73（1998—10—48）培养能适应新时代要求的学生的关键因素不是灌输知识，而是培养能力。因此，提高我国的中小学教育质量的关键措施是尽快地把目前的应试教育改变成素质教育。

以下各项可能是上述论证所假设的，除了：

A. 提高我国的中小学教育质量的主要目标是培养能适应新时代要求的学生。
B. 目前我国的中小学教育中的应试教育不利于培养学生的能力。
C. 素质教育的着重点不是灌输知识。
D. 较多地掌握了知识的学生不一定有较强的能力。
E. 有较强能力的学生一定能掌握较多的知识。

题74（2007—1—49）人的行为，分为私人行为和社会行为，后者直接涉及他人和社会利益。有人提出这样的原则：对于官员来说，除了法规明文允许的以外，其余的社会行为都是禁止的；对于平民来说，除了法规明文禁止的以外，其余的社会行为都是允许的。

为使上述原则能对官员和平民的社会行为产生不同的约束力，以下哪项是必须假设的？

A. 官员社会行为的影响力明显高于平民。
B. 法规明文涉及（允许或禁止）的行为，并不覆盖所有的社会行为。
C. 平民比官员更愿意接受法规的约束。
D. 官员的社会行为如果不加严格约束，其手中的权力就会被滥用。
E. 被法规明文允许的社会行为，要少于被禁止的社会行为。

题75（2003—1—52）天文学家一直假设，宇宙中的一些物质是看不见的。研究显示：许多星云如果都是由能看见的星球构成的话，它们的移动速度要比任何条件下能观测到的快得多。专家们由此推测：这样的星云中包含着看不见的巨大物质，其重力影响着星云的运动。

以下哪项是题干的议论所假设的？

Ⅰ. 题干说的看不见，是指不可能被看见，而不是指离地球太远，不能被人的肉眼或借助天文望远镜看见。
Ⅱ. 上述星云中能被看见的星球总体质量可以得到较为准确的估计。
Ⅲ. 宇宙中看不见的物质，除了不能被看见这点以外，具有看得见的物质所有属性，例如具有重力。

A. 只有Ⅰ。　　　　　B. 只有Ⅱ。　　　　　C. 只有Ⅲ。
D. 只有Ⅰ和Ⅱ。　　　E. Ⅰ、Ⅱ和Ⅲ。

◆ 题 76　（2005—10—43）一些国家为了保护储户免受因银行故障造成的损失，由政府给个人储户提供相应的保险。有的经济学家指出，这种保险政策要对这些国家的银行高故障率承担部分责任。因为有了这种保险，储户在选择银行时就不会关心其故障率的高低，这极大地影响了银行通过降低故障率来吸引储户的积极性。

为使上述经济学家的论证成立，以下哪项是必须假设的？

A. 银行故障是可以避免的。
B. 储户有能力区分不同银行的故障率的高低。
C. 故障率是储户选择银行的主要依据。
D. 储户存入的钱越多，选择银行就越谨慎。
E. 银行故障的主要原因是计算机病毒。

◆ 题 77　（1999—10—29① 　1998—1—43）今年，所有向甲公司求职的人同时也向乙公司求职。甲、乙两公司各同意给予其中半数的求职者每人一个职位。因此，所有的求职者就都找到了一份工作。

上述推论基于以下哪项假设？

A. 所有求职者既能胜任甲公司的工作，又能胜任乙公司的工作。
B. 所有的求职者都愿意接受甲、乙公司的职位。
C. 不存在一个求职者同时从甲、乙两公司处谋到了职位。
D. 没有任何一个求职者向第三家企业谋职。
E. 没有任何一个求职者以前在甲公司或是乙公司工作过。

◆ 题 78　（2005—10—39）某纺织厂从国外引进了一套自动质量检验设备。开始使用该设备的 10 月份和 11 月份，产品的质量不合格率由 9 月份的 0.04% 分别提高到 0.07% 和 0.06%。因此，使用该设备对减少该厂的不合格产品进入市场起到了重要的作用。

以下哪项是上述论证最可能假设的？

A. 上述设备检测为不合格的产品中，没有一件事实上是合格的。
B. 上述设备检测为不合格的产品中，没有一件事实上是不合格的。
C. 9 月份检测为合格的产品中，至少有一些是不合格的。
D. 9 月份检测为不合格的产品中，至少有一些是合格的。
E. 上述设备是国内目前同类设备中最先进的。

◆ 题 79　（2006—1—53）类人猿和其后的史前人类所使用的工具很相似。最近在东部非洲考古所发现的古代工具，就属于史前人类和类人猿都使用过的类型。但是，发现这些工具的地方是热带大草原，热带大草原有史前人类居住过，而类人猿只生活在森林中。因此，这些被发现的古代工具是史前人类而不是类人猿使用过的。

为使上述论证有说服力，以下哪项是必须假设的？

A. 即使在相当长的环境生态变化过程中，森林也不会演变为草原。
B. 史前人类从未在森林中生活过。
C. 史前人类比类人猿更能熟练地使用工具。
D. 史前人类在迁移时并不携带工具。
E. 类人猿只能使用工具，并不能制造工具。

◆ 题 80　（1999—10—35　1998—10—32）如今的音像市场上，正版的激光唱盘和影视盘销售不佳，而盗版的激光唱盘和影视盘却屡禁不绝，销售非常火爆。有的分析人员认为，这主要是因为价格上

---

① 题 1999—10—29 仅在题 1998—1—43 基础上，将"求职者""公司"改为"奖学金申请者""大学"。

盗版盘更有优势,所以在市场上更有活力。

以下哪项是这位分析人员在分析中隐含的假定?

A. 正版的激光唱盘和影视盘往往内容呆板,不适应市场的需要。
B. 与价格的差别相比,正版、盗版质量差别不大。
C. 盗版的激光唱盘和影视盘比正版的盘进货渠道畅通。
D. 正版的激光唱盘和影视盘不如盗版的盘销售网络完善。
E. 知识产权保护对盗版盘的打击使得盗版盘的价格上涨。

题81 (2003—10—38) 急性视网膜坏死综合征是由疱疹病毒引起的眼部炎症综合征。急性视网膜坏死综合征患者大多数临床表现反复出现,相关的症状体征时有时无,药物治疗效果不佳。这说明,此病是无法治愈的。

上述论证假设反复出现急性视网膜坏死综合征症状体征的患者_____

A. 没有重新感染过疱疹病毒。
B. 没有采取防止疱疹病毒感染的措施。
C. 对疱疹病毒的药物治疗特别抗药。
D. 可能患有其他相关疾病。
E. 先天体质较差。

题82 (2004—1—37) 国产影片《英雄》显然是前两年最好的古装武打片。这部电影是由著名导演、演员、摄影师、武打设计师参与的一部国际化大制作的电影,票房收入明显领先说明观看该片的人数远多于进口的美国大片《卧虎藏龙》的人数,尽管《卧虎藏龙》也是精心制作的中国古装武打片。

为使上述论证成立,以下哪项是必须假设的?

Ⅰ. 国产影片《英雄》和美国影片《卧虎藏龙》的票价基本相同。
Ⅱ. 观众数量是评价电影质量的标准。
Ⅲ. 导演、演员、摄影师、武打设计师和服装设计师的阵容是评价电影质量的标准。

A. 只有Ⅰ。 B. 只有Ⅱ。 C. 只有Ⅲ。
D. 只有Ⅰ和Ⅱ。 E. Ⅰ、Ⅱ和Ⅲ。

题83 (2002—10—36) 在西西里的一处墓穴里,发现了一只陶瓷花瓶。考古学家证实这只花瓶原产自希腊。墓穴主人生活在2 700年前,是当时的一个统治者。因此,这说明在2 700年前,西西里和希腊间已有贸易。

以下哪项是上述论证必须假设的?

A. 西西里的陶瓷匠人的水平不及希腊陶瓷匠人。
B. 在当时用来制造陶瓷的黏土,西西里产的和希腊产的很不一样。
C. 墓穴主人活着的时候,已经有大批船队能够往来于西西里和希腊。
D. 在西西里墓穴里发现的这只花瓶不是墓穴主人的后裔在后来放进去的。
E. 墓穴主人不是西西里皇族的成员。

题84 (2008—10—42) 林教授患有支气管炎,为了取得疗效,张医生要求林教授立即戒烟。

以下哪项是张医生的要求所预设的?

A. 林教授抽烟。
B. 林教授的支气管炎非常严重。
C. 林教授以前戒过烟,但失败了。
D. 林教授抽的都是劣质烟。
E. 林教授有支气管炎家族史。

◆ 题 85　（2002—10—55）学校董事会决定减少员工中教师的数量。学校董事会计划，首先解雇效率较低的教师，而不是简单地按照年龄的长幼决定解雇哪些教师。
校董事会的这个决定假定了：
A. 有能比较准确地判定教师效率的方法。
B. 个人的效率不会与另一个人的相同。
C. 最有教学经验的教师就是最好的教师。
D. 报酬最高的教师通常是最称职的。
E. 每个教师都有某些教学工作是自己的强项。

◆ 题 86　（2010—10—41）赵家村的农田比马家村少得多，但赵家村的单位生产成本近年来明显比马家村低。马家村的人通过调查发现：赵家村停止使用昂贵的化肥，转而采用轮作和每年两次施用粪肥的方法。不久，马家村也采用了同样的措施，很快，马家村获得了很好的效果。
以下哪项最可能是上文所做的假设？
A. 马家村有足够的粪肥来源可以用于农田施用。
B. 马家村比赵家村更善于促进农作物生长的田间管理。
C. 马家村经常调查赵家村的农业生产情况，学习降低生产成本的经验。
D. 马家村用处理过的污水软泥代替化肥，但对生产成本的影响不大。
E. 赵家村和马家村都减少使用昂贵的农药，降低了生产成本。

◆ 题 87　（2000—10—47 ①　1998—10—14）东坡市有关部门策划了一项"全市理想生活小区排列名次"的评选活动。方法是，选择十项指标，内容涉及小区硬件设施（住房质量、配套设施等）、环境卫生、绿化程度、治安状况、交通方便程度等。每项指标按实际质量或数量的高低，评以从1~10 分之间的某一分值，然后求得这十个分值的平均数，并根据其高低排出名次。
以下各项都是上述策划具有可行性所必须假设的，除了：
A. 各项指标的重要性基本是均等的。
B. 各项指标的测定，是可以较为准确地量化的。
C. 各项指标测定数据所反映的状况，具有较长时间的稳定性。
D. 若把指标内容作相应修改，则这种评选方法具有一般性，例如，可用于评"全市重点中学排列名次"。
E. 评选活动的实施者具有公平的精神和准确操作的能力。

◆ 题 88　（2000—10—20 ②　1999—10—49）在新一年的电影节评比上，准备打破过去的只有一部最佳影片的限制，而是按照历史片、爱情片等几种专门的类型分别评选最佳影片，这样可以使电影工作者的工作能够得到更为公平的对待，也可以使观众和电影爱好者对电影的优劣有更多的发言权。
根据以上信息，这种评比制度的改革隐含了以下哪项假设？
A. 划分影片类型，对于规范影片拍摄有重要的引导作用。
B. 每一部影片都可以按照这几种专门的类型来进行分类，没有遗漏。
C. 观众和电影爱好者在进行电影评论时喜欢进行类型划分。
D. 按照类型来进行影片的划分，不会使有些冷门题材的影片被忽视。
E. 过去因为只有一部最佳影片，影响了电影工作者参加电影节评比的积极性。

◆ 题 89　（2003—1—58）没有一个植物学家的寿命长到足以研究一棵长白山红松的完整生命过程。但是，

---

① 题 2000—10—47 仅在题 1998—10—14 基础上，调整了选项顺序。
② 题 2000—10—20 仅在题 1999—10—49 基础上，将 B 项的"没有遗漏"删除。

通过观察处于不同生长阶段的许多棵树，植物学家就能拼凑出一棵树的生长过程。这一原则完全适用于目前天文学对星团发展过程的研究。这些由几十万个恒星聚集在一起的星团，大都有100亿年以上的历史。

以上哪项最可能是上文所做的假设？

A. 在科学研究中，适用于某个领域的研究方法，原则上都适用于其他领域，即使这些领域的对象完全不同。

B. 天文学的发展已具备对恒星聚集体的不同发展阶段进行研究的条件。

C. 在科学研究中，完整地研究某一个体的发展过程是没有价值的，有时也是不可能的。

D. 目前有尚未被天文学家发现的星团。

E. 对星团的发展过程的研究，是目前天文学研究中的紧迫课题。

题 90 （2010—10—40）黑脉金蝴蝶幼虫先折断含毒液的乳草属植物的叶脉，使毒液外流，再食入整片叶子。一般情况下，乳草属植物叶脉被折断后，其内部的毒液基本会完全流掉，即便有极微量的残留，对幼虫也不会构成威胁。黑脉金蝴蝶幼虫就是采用这种方式以有毒的乳草属植物为食物来源，直到它们发育成熟。

以下哪项最可能是上文所做的假设？

A. 幼虫有多种方法对付有毒植物的毒液，因此，有毒植物是多种幼虫的食物来源。

B. 除黑脉金蝴蝶幼虫外，乳草属植物不适合其他幼虫食用。

C. 除乳草属植物外，其他有毒植物已经进化到能防止黑脉金蝴蝶幼虫破坏其叶脉的程度。

D. 黑脉金蝴蝶幼虫成功对付乳草属植物毒液的方法不能用于对付其他有毒植物。

E. 乳草属植物的叶脉没有进化到黑脉金蝴蝶幼虫不能折断的程度。

题 91 （2007—10—46）一种对偏头痛有明显疗效的新药正在推广。不过服用这种药可能加剧心脏病。但是只要心脏病患者在服用该药物时严格遵从医嘱，它的有害副作用完全可以避免。因此，关于这种药物副作用的担心是不必要的。

上述论证基于以下哪项假设？

A. 药物有害副作用的产生都是因为患者在服用时没有严格遵从医嘱。

B. 有心脏病的偏头痛患者在服用上述新药时不会违背医嘱。

C. 大多数服用上述新药的偏头痛患者都有心脏病。

D. 上述新药有多种副作用，但其中最严重的是会加剧心脏病。

E. 上述新药将替代目前其他治疗偏头痛的药物。

题 92 （2002—10—46）从技术上讲，一种保险单如果其索赔额及管理费用超过保金收入，这种保险单就属于折价发行。但是保金收入可以用来投资并产生回报，因而折价发行的保单并不一定总是亏本的。

上述论断建立在以下哪项假设基础之上？

A. 保险公司不会为吸引顾客而故意折价发行保单。

B. 并不是每种亏本的保单都是折价发行的。

C. 在索赔发生前，保单每年的索赔额都是可以精确估计的。

D. 投资与保金收入的所得是保险公司利润的最重要来源。

E. 至少部分折价发行的保单，并不要求保险公司在得到保金后立即支付全部赔偿。

题 93 （2006—10—53）山奇是一种有降血脂特效的野花，它数量特别稀少，正濒临灭绝。但是，山奇可以通过和雏菊的花粉自然杂交产生山奇-雏菊杂交种子。因此，在山奇尚存的地域内应当大量地人工培育雏菊，虽然这种杂交品种会失去父本或母本的一些重要特性，例如不再具有降血脂的特效，但这是避免山奇灭绝的几乎唯一方式。

上述论证依赖于以下哪项假设？

Ⅰ．只有人工培育的雏菊才能和山奇自然杂交。
Ⅱ．在山奇生存的地域内没有野生雏菊。
Ⅲ．山奇—雏菊杂交种子具有繁衍后代的能力。

A. 只有Ⅰ。　　　　　　B. 只有Ⅱ。　　　　　　C. 只有Ⅲ。
D. 只有Ⅱ和Ⅲ。　　　　E. Ⅰ、Ⅱ和Ⅲ。

题94 （2012—10—44）研究人员最近发现，在人脑深处有一个叫作丘脑枕的区域，它就像是个信息总台接线员，负责将外界的刺激信息分类整理，将人的注意力放在对行为与生存最重要的信息上。研究人员指出，这一发现有望为缺乏注意力而导致的紊乱类疾病带来新疗法，如注意力缺陷多动障碍、精神分裂症等。

以下哪项是上述论证所假设的？

A. 有些精神分裂症并不是由于缺乏注意力而导致的。
B. 视觉信息只是通过视觉皮层区的神经网络来传输。
C. 研究人员已经开发出一种新技术，能直接跟踪视觉皮层区和丘脑枕区的神经集丛间的通讯。
D. 大脑无法同时详细处理太多信息，大脑只会选择性地将注意力集中在与行为最相关的事物上。
E. 当我们注意重要视觉信息时，丘脑枕确保了信息通过不同神经集丛的一致性和行为相关性。

题95 （2006—10—39）为了提高管理效率，跃进公司打算更新公司的办公网络系统。如果在白天安装此网络系统，将会中断员工的日常工作；如果夜晚安装此网络系统，则要承担高得多的安装费用。跃进公司的陈经理认为：为了省钱，跃进公司应该白天安装此网络系统。

以下哪项最可能是陈经理所做的假设？

A. 安装新的网络系统需要的费用白天和夜晚是一样的。
B. 在白天安装网络系统导致误工损失的费用，低于夜晚与白天安装费用的差价。
C. 白天安装网络系统所需要的人数比夜晚网络系统的人要少。
D. 白天安装网络系统后公司员工可以立即投入使用，提高工作效率。
E. 当白天安装网络系统时，公司员工的工作积极性和效率最高。

题96 （2006—1—54）研究显示，大多数有创造性的工程师，都有在纸上乱涂乱画，并记下一些看来稀奇古怪想法的习惯。他们的大多数最有价值的设计，都直接与这种习惯有关。而现在的许多工程师都用电脑工作，在纸上乱涂乱画不再是一种普遍的习惯。一些专家担心，这会影响工程师的创造性思维，建议在用于工程设计的计算机程序中匹配模拟的便条纸，能让使用者在上面涂鸦。

以下哪项最可能是上述建议所假设的？

A. 在纸上乱涂乱画，只可能产生工程设计方面的灵感。
B. 对计算机程序中所匹配的模拟便条纸，只能用于乱涂乱画，或记录看来稀奇古怪的想法。
C. 所有用计算机工作的工程师都不会备有纸笔以随时记下有意思的想法。
D. 工程师在纸上乱涂乱画所记下的看来稀奇古怪的想法，大多数都有应用价值。
E. 乱涂乱画所产生的灵感，并不一定通过在纸上的操作获得。

题97 （2002—10—45）尽管有关法律越来越严厉，盗猎现象并没有得到有效抑制，反而有愈演愈烈的趋势，特别是对犀牛的捕杀。一只没有角的犀牛对盗猎者是没有价值的，野生动物保护委员会为了有效地保护犀牛，计划将所有的犀牛角都切掉，以使它们免遭杀害厄运。

野生动物保护委员会的计划假设了以下哪项？

A. 盗猎者不会杀害对他们没有价值的犀牛。

B. 犀牛是盗猎者为获得其角而猎杀的唯一动物。
C. 无角的犀牛比有角的对包括盗猎者在内的人威胁都小。
D. 无角的犀牛仍可成功地对人类以外的敌人进行防卫。
E. 对盗猎者进行更严格的惩罚并不会降低盗猎者猎杀犀牛的数量。

题98 （2008—10—43）在高速公路上行驶时，许多司机都会超速。因此，如果规定所有汽车都必须安装一种装置，这种装置在汽车超速时会发出声音提醒司机减速，那么，高速公路上的交通事故将会明显减少。

上述论证依赖于以下哪项假设？
Ⅰ．在高速公路上超速行驶的司机，大都没有意识到自己超速。
Ⅱ．高速公路上发生交通事故的重要原因，是司机超速行驶。
Ⅲ．上述装置的价格十分昂贵。

A. 只有Ⅰ。 B. 只有Ⅱ。 C. 只有Ⅲ。
D. 只有Ⅰ和Ⅱ。 E. Ⅰ、Ⅱ和Ⅲ。

题99 （2014—10—47）某学会召开的国家性学术会议，每次都收到近千篇的会议论文。为了保证大会交流论文的质量，学术会议组委会决定，每次只从会议论文中挑选出10%的论文作为会议交流论文。

学术会议组委会的决定最可能基于以下哪项假设？
A. 每次提交的会议论文中总有一定比例的论文质量是有保证的。
B. 今后每次收到的会议论文数量将不会有大的变化。
C. 90%的会议论文达不到大会交流论文的质量。
D. 学术会议组委会能够对论文质量做出准确判断。
E. 学会有足够的经费保证这样的学术会议能继续举办下去。

题100 （2006—1—37）在近现代科技的发展中，技术革新从发明、应用到推广的循环过程不断加快。世界经济的繁荣是建立在导致新产业诞生的连续不断的技术革新之上的。因此，产业界需要增加科研投入以促使经济进一步持续发展。

上述论证基于以下哪项假设？
Ⅰ．科研成果能够产生一系列新技术、新发明。
Ⅱ．电讯、生物制药、环保是目前技术革新循环最快的产业，将会在未来几年中产生大量的新技术、新发明。
Ⅲ．目前产业界投入科研的资金量还不足以确保一系列新技术、新发明的产生。

A. 仅Ⅰ。 B. 仅Ⅲ。 C. 仅Ⅰ和Ⅱ。
D. 仅Ⅰ和Ⅲ。 E. Ⅰ、Ⅱ和Ⅲ。

题101 （2005—10—33）大湾公司实施工间操制度的经验揭示：一个雇员，每周参加工间操的次数越多，全年病假的天数就越少。即使那些每周只参加一次工间操的雇员全年的病假天数，也比那些从不参加工间操的要少。因此，如果大湾公司把每工作日一次的工间操改为上午、下午各一次，则能进一步降低雇员的病假率。

为使上述论证成立，以下哪项是必须假设的？
Ⅰ．每工作日两次工间操，不会影响公司的正常工作。
Ⅱ．增加工间操的次数，能增加参加工间操的人数。
Ⅲ．增加工间操的次数，能增加参加工间操的人次。

A. 只有Ⅰ。 B. 只有Ⅱ。 C. 只有Ⅲ。
D. 只有Ⅱ和Ⅲ。 E. Ⅰ、Ⅱ和Ⅲ。

◆ 题 102 （2007—1—55）为了提高运作效率，H公司应当实行灵活工作日制度，也就是充分考虑雇员的个人意愿，来决定他们每周的工作与休息日。研究表明，这种灵活工作日制度，能使企业员工保持良好的情绪和饱满的精神。

上述论证依赖以下哪项假设？

Ⅰ. 那些希望实行灵活工作日的员工，大都是H公司的业务骨干。
Ⅱ. 员工良好的情绪和饱满的精神，能有效提高企业的运作效率。
Ⅲ. H公司不实行周末休息制度。

A. 只有Ⅰ。　　　　　　　B. 只有Ⅱ。　　　　　　　C. 只有Ⅲ。
D. 只有Ⅱ和Ⅲ。　　　　　E. Ⅰ、Ⅱ和Ⅲ。

◆ 题 103 （1998—1—12）某家私人公交公司通过增加班次、降低票价、开辟新线路等方式，吸引了顾客，增加了利润。为了继续这一经营方向，该公司决定更换旧型汽车，换上新型大客车，包括双层客车。

该公司的上述计划假设了以下各项，除了：

A. 在该公司经营的区域内，客流量将有增加。
B. 更换汽车的投入费用将在预期的利润中得到补偿。
C. 新汽车在质量、效能等方面足以保证公司获得预期的利润。
D. 驾驶新汽车将不比驾驶旧汽车更复杂、更困难。
E. 新换的双层大客车在该公司经营的区域内将不会受到诸如高度、载重等方面的限制。

◆ 题 104 （2005—1—32）面试是招聘的一个不可取代的环节，因为通过面试，可以了解应聘者的个性。那些个性不适合的应聘者将被淘汰。

以下哪项是上述论证最可能假设的？

A. 应聘者的个性很难通过招聘的其他环节展示。
B. 个性是确定录用应聘者的最主要因素。
C. 只有经验丰富的招聘者才能通过面试准确把握应聘者的个性。
D. 在招聘各环节中，面试比其他环节更重要。
E. 面试的唯一目的是了解应聘者的个性。

◆ 题 105 （2007—10—40）某些精神失常患者可以通过心理疗法而痊愈，例如，癔症和心因性反应等。然而，某些精神失常是因为大脑神经递质化学物质不平衡，例如精神分裂症和重症抑郁，这类患者只能通过药物进行治疗。

上述论述是基于以下哪项假设？

A. 心理疗法对大脑神经递质化学物质的不平衡所导致的精神失常无效。
B. 对精神失常患者，药物治疗往往比心理疗法见效快。
C. 大多数精神失常都不是由脑神经递质化学物质的不平衡导致的。
D. 对精神失常患者，心理疗法比药物治疗疗效差些。
E. 心理疗法仅仅是减轻精神失常患者的病情，根治还是需要药物治疗。

◆ 题 106 （2008—10—41）林教授患有支气管炎，为了取得疗效，张医生要求林教授立即戒烟。

为使张医生的要求有说服力，以下哪项是必须假设的？

A. 张医生是经验丰富的治疗支气管炎的专家。
B. 抽烟是引起支气管炎的主要原因。
C. 支气管炎患者抽烟，将严重影响治疗效果。

D. 严重支气管炎将导致肺气肿。
E. 张医生本人并不抽烟。

题107 （1997—1—23）在产品竞争激烈时，许多企业大做广告。一家电视台在同一个广告时段内，曾同时播放了四种白酒的广告。过分渲染的广告适得其反。大多数消费者在选购产品时，更重视自己的判断，而不轻信广告宣传。
上述陈述隐含着下列哪项前提？
A. 真正的名牌产品不做广告。
B. 广告越多，商品的销售量越大。
C. 许多广告言过其实，缺乏真实性。
D. 消费者都是鉴别商品的内行里手。
E. 企业都把做广告当作例行公事。

题108 （1998—10—15）去年引进的国外大片《马语者》，仅仅在白山市放映了一周，各影剧院的总票房收入就达到800万元。这一次白山市又引进了《空军一号》，准备连续放映9天，1 000万的票房收入应该能够突破。
根据上文包含的信息，分析以上推断最可能隐含了以下哪项假设？
A. 白山市很多人因为映期短都没有看上《马语者》，这一次可以补偿一下了。
B. 有《马语者》做铺垫，《空军一号》的票房应当会更火爆。
C. 这两部片子的上座率、票价等将非常类似。
D. 连续放映9天是以往比较少见的映期安排，可以吸引更多的观众。
E. 以美国总统为题材的影片的影响力和票房号召力是巨大的。

题109 （1999—10—46）前年引进的美国大片《廊桥遗梦》，仅仅在滨州市放映了一周时间，各影剧院的总票房收入就达到800万元。这一次滨州市又引进了《泰坦尼克号》，准备连续放映10天，1 000万元的票房收入应该能够突破。
根据上文包括的信息，分析以上推断最可能隐含了以下哪项假设？
A. 滨州市很多人因为映期时间短都没有看上《廊桥遗梦》，这一次可以得到补偿。
B. 这一次各影剧院普遍更新了设备，音响效果比以前有很大改善。
C. 这两部片子都是艺术精品，预计每天的上座率、票价等非常类似。
D. 连续放映10天是以往比较少见的映期安排，可以吸引更多的观众。
E. 灾难片加上爱情片，《泰坦尼克号》的影响力和票房号召力是巨大的。

题110 （2001—10—26）实验发现，少量口服某种类型的安定药物，可使人们在测谎器的测验中撒谎而不被发现。测谎器所产生的心理压力能够被这类安定药物有效地抑制，同时没有显著的副作用。因此，这类药物可同样有效地减少日常生活的心理压力而无显著的副作用。
以下哪项最可能是题干的论证所假设的？
A. 任何类型的安定药物都有抑制心理压力的效果。
B. 如果禁止测试者服用任何药物，测谎器就有完全准确的测试结果。
C. 测谎器所产生的心理压力与日常生活中人们面临的心理压力类似。
D. 大多数药物都有副作用。
E. 越来越多的人在日常生活中面临日益加重的心理压力。

题111 （2009—10—29）地球所在的太阳系的八大行星中，存在生命的就占了八分之一。按照这个比例，考虑到宇宙中存在数量巨大的行星，因此，宇宙中有生命的天体的数量一定是极其巨大的。
以上论证的漏洞在于，不加证明就预先假设：

A. 一个天体如果与地球类似，就一定存在生命。
B. 一个星系如果与太阳系类似，就一定恰有八个行星。
C. 太阳系的行星与宇宙中的许多行星类似。
D. 类似于地球上的生命可以在条件迥异的其他行星上生存。
E. 地球是最适合生命存在的行星。

题112 （2006—10—50）食用某些食物可降低体内自由基，达到排毒、清洁血液的作用。研究者将大鼠设定为实验动物，分为两组，A组每天喂养含菌类、海带、韭菜和绿豆的混合食物，B组喂养一般饲料。研究观察到，A组大鼠的体内自由基比B组显著降低。科学家由此得出结论：人类食入菌类、海带、韭菜和绿豆的混合食物同样可以降低体内自由基。
以下哪项最可能是上述论证所假设的？
A. 一般人都愿意食入菌类、海带、韭菜和绿豆的混合食物。
B. 不含菌类、海带、韭菜和绿豆的混合食物将增加体内自由基。
C. 除食用菌类、海带、韭菜和绿豆的混合食物外，一般没有其他的途径降低体内自由基。
D. 体内自由基的降低有助于人体的健康。
E. 人对菌类、海带、韭菜和绿豆的混合食物的吸收和大鼠相比没有实质性的区别。

题113 （2014—10—36）在过去的五年中，W市的食品价格平均上涨了25%。与此同时，居民购买食品的支出占该市家庭月收入的比例却仅仅上涨了约8%。因此，过去两年间W市家庭的平均收入上涨了。
以下哪项最有可能是上述论证的假设？
A. 在过去五年中，W市的家庭生活水平普遍有所提高。
B. 在过去五年中，W市除了食品外，其他商品平均价格上涨了25%。
C. 在过去五年中，W市居民购买的食品数量增加了8%。
D. 在过去五年中，W市每个家庭年购买的食品数量没有变化。
E. 在过去五年中，W市每个家庭年购买的食品数量减少了。

题114 （2009—1—35）某地区过去三年日常生活必需品平均价格增长了30%。在同一时期，购买日常生活必需品的开支占家庭平均月收入的比例并未发生变化。因此，过去三年中家庭平均收入一定也增长了30%。
以下哪项最可能是上述论证所假设的？
A. 在过去三年中，平均每个家庭购买的日常生活必需品数量和质量没有变化。
B. 在过去三年中，除生活必需品外，其他商品平均价格的增长低于30%。
C. 在过去三年中，该地区家庭的数量增加了30%。
D. 在过去三年中，家庭用于购买高档消费品的平均开支明显减少。
E. 在过去三年中，家庭平均生活水平下降了。

题115 （2004—1—53）西方航空公司由北京至西安的全额票价一年多来保持不变。但是，目前西方航空公司由北京至西安的机票90%打折出售，只有10%全额出售；而在一年前则一半打折出售，一半全额出售。因此，目前西方航空公司由北京至西安的平均票价，比一年前要低。
以下哪项最可能是上述论证所假设的？
A. 目前和一年前一样，西方航空公司由北京至西安的机票，打折的和全额的，有基本相同的售出率。
B. 目前和一年前一样，西方航空公司由北京至西安的打折机票售出率，不低于全额机票。
C. 目前西方航空公司由北京至西安的打折机票的票价，和一年前基本相同。

D. 目前西方航空公司由北京至西安航线的服务水平比一年前下降。
E. 西方航空公司所有航线的全额票价一年多来保持不变。

◆题116 (2000—10—2 1999—10—33) 作为市电视台的摄像师，最近国内电池市场的突然变化让我非常头疼。进口高能量的电池缺货，我只能用国产电池来代替作为摄像的主要电源。尽管每单位的国产电池要比进口电池便宜，但我估计如果持续用国产电池替代进口电池的话，我支付在电源上的费用将会提高。

该摄像师在上面这段话中隐含了以下哪项假设？
A. 以每单位电池提供的电能来计算，国产电池要比进口电池提供得少。
B. 每单位的进口电池要比国产电池价格贵。
C. 生产国产电池要比生产进口电池成本低。
D. 持续使用国产电池，摄像的质量将无法得到保障。
E. 国产电池的价格会超过进口电池，厂家将大大盈利。

◆题117 (2006—10—55) 区别于知识型考试，能力型考试的理想目标，是要把短期行为的应试辅导对于成功应试所起的作用降低到最低限度。能力型考试从理念上不认同应试辅导。一项调查表明，参加各种专业硕士考前辅导班的考生平均成绩，反而低于未参加任何辅导的考生。因此，考前辅导不利于专业硕士考生的成功应试。

为使上述论证成立，以下哪项是必须假设的？
A. 专业硕士考试是能力型考试。
B. 上述辅导班都是名师辅导。
C. 在上述调查对象中，经过考前辅导的考生在辅导前的平均水平和未参加辅导的考生大致相当。
D. 专业硕士考试对于考生的水平有完全准确的区分度。
E. 在上述调查对象中，男女比例大致相当。

◆题118 (2005—1—29) 宏达山钢铁公司由五个子公司组成。去年，其子公司火龙公司试行与利润挂钩的工资制度，其他子公司则维持原有的工资制度。结果，火龙公司的劳动生产率比其他子公司的平均劳动生产率高出13%。因此，在宏达山钢铁公司试行与利润挂钩的工资制度有利于提高该公司的劳动生产率。

以下哪项最可能是上述论证所假设的？
A. 火龙公司与其他各子公司分别相比，原来的劳动生产率基本相同。
B. 火龙公司与其他各子公司分别相比，原来的利润率基本相同。
C. 火龙公司的职工数量，和其他子公司的平均职工数量基本相同。
D. 火龙公司原来的劳动生产率，与其他子公司相比不是最高的。
E. 火龙公司原来的劳动生产率，和其他各子公司原来的平均劳动生产率基本相同。

◆题119 (2005—10—48) 是过于集中的经济模式，而不是气候状况，造成了近年来H国糟糕的粮食收成。K国和H国耕地条件基本相同，但当H国的粮食收成连年下降的时候，K国的粮食收成却连年上升。

为使上述论证有说服力，以下哪项是必须假设的？
Ⅰ. 近年来H国的气候状况不比K国差。
Ⅱ. K国并非采取过于集中的经济模式。
Ⅲ. 气候状况不是影响粮食收成的重要因素。
A. 只有Ⅰ。　　　　　　B. 只有Ⅱ。　　　　　　C. 只有Ⅲ。
D. 只有Ⅰ和Ⅱ。　　　　E. Ⅰ、Ⅱ和Ⅲ。

◆ 题 120　（2002—10—27）张教授：在我国，因偷盗、抢劫或流氓罪入狱的刑满释放人员的重新犯罪率，要远远高于因索贿、受贿等职务犯罪入狱的刑满释放人员。这说明，在狱中对上述前一类罪犯教育改造的效果，远不如后一类罪犯。
李研究员：你的论证忽视了这样一个事实。流氓犯罪等除了犯罪的直接主客体之外，几乎不需要什么外部条件，而职务犯罪是以犯罪嫌疑人取得某种官职为条件的。事实上刑满释放人员很难再得到官职，因此，因职务犯罪入狱的刑满释放人员不具备重新犯罪的条件。

以下哪项最可能是李研究员的反驳所假设的？

A. 因职务犯罪入狱的刑满释放人员如果具备条件仍然会重新犯罪。
B. 职务犯罪比流氓罪等具有更大的危害。
C. 我国监狱对罪犯的教育改造是普遍有效的。
D. 流氓犯罪等比职务犯罪更容易得手。
E. 惯犯基本上犯的是同一类罪行。

◆ 题 121　（2009—10—36）最近发现，19 世纪 80 年代保存的海鸟标本的羽毛中，汞的含量仅为目前同一品种活鸟的羽毛汞含量的一半。由于海鸟羽毛中汞的积累是海鸟吃鱼所导致，这就表明现在海鱼中汞的含量比 100 多年前要高。

以下哪项是上述论证的假设？

A. 进行羽毛汞含量检测的海鸟处于相同年龄段。
B. 海鱼的汞含量取决于其活动海域的污染程度。
C. 来源于鱼的汞被海鸟吸收后，残留在羽毛中的含量会随时间的变化而改变。
D. 在海鸟的食物结构中，海鱼所占的比例，在 19 世纪 80 年代并不比现在高。
E. 用于海鸟标本制作和保存的方法并没有显著减少海鸟羽毛中的贡含量。

»»»»»»»»»»»»»»»»»»»»»»»»　管综真题警戒线　»»»»»»»»»»»»»»»»»»»»»»»»

◆ 题 122　（2021—1—38）艺术活动是人类标志性的创造性劳动。在艺术家的心灵世界里，审美需求和情感表达是创造性劳动不可或缺的重要引擎；而人工智能没有自我意识，人工智能艺术作品的本质是模仿。因此，人工智能永远不能取代艺术家的创造性劳动。

以下哪项最可能是以上论述的假设？

A. 没有艺术家的创作，就不可能有人工智能艺术品。
B. 大多数人工智能作品缺乏创造性。
C. 只有具备自我意识，才能具有审美需求和情感表达。
D. 人工智能可以作为艺术创作的辅助工具。
E. 模仿的作品很少能表达情感。

◆ 题 123　（2010—1—45）有位美国学者做了一个实验，给被试儿童看了三幅图画：鸡、牛、青草，然后让儿童将其分为两类。结果大部分中国儿童把牛和青草归为一类，把鸡归为另一类，大部分美国儿童则把牛和鸡归为一类，把青草归为另一类。这位美国学者由此得出：中国儿童习惯于按照事物之间的关系来分类，美国儿童则习惯于把事物按照各自所属的"实体"范畴进行分类。

以下哪项是这些学者得出结论所必须假设的？

A. 马和青草是按照事物之间的关系被列为一类。
B. 鸭和鸡蛋是按照各自所属的实体范畴被归为一类。
C. 美国儿童只要把牛和鸡归为一类，就是习惯于按照各自所属的实体范畴进行分类。

D. 美国儿童只要把牛和鸡归为一类，就不是习惯于按照事物之间的关系来分类。
E. 中国儿童只要把牛和青草归为一类，就不是习惯于按照各自所属的实体范畴进行分类。

题124 （2011—1—51）某公司总裁曾经说过："当前任总裁批评我时，我不喜欢那感觉，因此，我不会批评我的继任者。"

以下哪项最有可能是该总裁上述言论的假设？

A. 当遇到该总裁的批评时，他的继任者和他的感觉不完全一致。
B. 只有该总裁的继任者喜欢被批评的感觉，他才会批评继任者。
C. 如果该总裁喜欢被批评，那么前任总裁的批评也不例外。
D. 该总裁不喜欢批评他的继任者，但喜欢批评其他人。
E. 该总裁不喜欢被前任总裁批评，但喜欢被其他人批评。

题125 （2019—1—29）人们一直在争论猫与狗谁更聪明。最近，有些科学家不仅研究了动物脑容量的大小，还研究了大脑皮层神经细胞的数量，发现猫平常似乎总摆出一副智力占优的神态，但猫的大脑皮层神经细胞的数量只有普通金毛犬的一半。由此，他们得出结论：狗比猫更聪明。

以下哪项最可能是上述科学家得出结论的假设？

A. 狗善于与人类合作，可以充当导盲犬、陪护犬、搜救犬、警犬等，就对人类的贡献而言，狗能做的似乎比猫多。
B. 狗可能继承了狼结群捕猎的特点，为了互相配合，他们需要做出一些复杂的行为。
C. 动物大脑皮层神经细胞的数量与动物的聪明程度呈正相关。
D. 猫的神经细胞数量比狗少，是因为猫不像狗那样"爱交际"。
E. 棕熊的脑容量是金毛犬的3倍，但其脑神经细胞的数量却少于金毛犬，与猫很接近，而棕熊的脑容量却是猫的10倍。

题126 （2013—1—41）新近一项研究发现，海水颜色能够让飓风改变方向。也就是说：如果海水变色，飓风的移动路径也会变向。这也就意味着科学家可以根据海水的"脸色"判断哪些地区将被飓风袭击，哪些地区会幸免于难，值得关注的是，全球气候变暖可能已经让海水变色。

以下哪项最可能是科学家做出判断所依赖的前提？

A. 海水温度升高可导致生成的飓风数量增加。
B. 海水温度变化会导致海水改变颜色。
C. 海水颜色与飓风移动路径之间存在某种相对程度的联系。
D. 全球气候变暖是最近几年飓风频发的重要原因之一。
E. 海水温度变化与海水颜色变化之间的联系尚不明确。

题127 （2014—1—39）长期以来，人们认为地球是已知唯一能支持生命存在的星球，不过这一情况开始出现改观。科学家近期指出，在其他恒星周围，可能还存在着更加宜居的行星，他们尝试用崭新的方法开展地外生命搜索，即搜寻放射性元素钍和铀。行星内部含有这些元素越多，其内部温度就会越高，这在一定程度上有助于行星的板块运动，而板块运动有助于维系行星表面的水体，因此板块运动可被视为行星存在宜居环境的标志之一。

以下哪项最可能是科学家的假设？

A. 行星如能维系水体，就可能存在生命。
B. 行星板块运动都是由放射性元素钍和铀驱动的。
C. 行星内部温度越高，越有助于它的板块运动。
D. 没有水的行星也可能存在生命。
E. 虽然尚未证实，但地外生命一定存在。

◆ 题128 （2019—1—44）得道者多助，失道者寡助。寡助之至，亲戚畔之；多助之至，天下顺之。以天下之所顺，攻亲戚之所畔，故君子有所不战，战必胜矣。

以下哪项是上述论证所隐含的前提？

A. 得道者多，则天下太平。　　B. 君子是得道者。
C. 得道者必胜失道者。　　　　D. 失道者必定得不到帮助。
E. 失道者亲戚畔之。

◆ 题129 （2020—1—28）有学校提出，将模仿免费师范生制度，提供减免学费等优惠条件以吸引成绩优秀的调剂生，提高医学人才培养质量。有专家对此提出反对意见：医生是既崇高又辛苦的职业，要有足够的爱心和兴趣才能做好，因此，宁可招不满，也不要招收调剂生。

以下哪项最可能是上述专家论断的假设？

A. 没有奉献精神，就无法学好医学。
B. 如果缺乏爱心，就不能从事医生这一崇高的职业。
C. 调剂生往往对医学缺乏兴趣。
D. 因优惠条件而报考医学的学生往往缺乏奉献精神。
E. 有爱心并对医学有兴趣的学生不会在意是否收费。

◆ 题130 （2017—1—38）婴儿通过触碰物体、四处玩耍和观察成人的行为等方式来学习，但机器人通常只能按照编定的程序进行学习。于是，有些科学家试图研制学习方式更接近于婴儿的机器人。他们认为，既然婴儿是地球上最有效率的学习者，为什么不设计出能像婴儿那样不费力气就能学习的机器人呢？

以下哪项最可能是上述科学家观点的假设？

A. 成年人和现有的机器人都不能像婴儿那样毫不费力地学习。
B. 即使是最好的机器人，它们的学习能力也无法超过最差的婴儿学习者。
C. 通过触碰、玩耍和观察等方式来学习是地球上最有效率的学习。
D. 婴儿的学习能力是天生的，他们的大脑与其他动物幼崽不同。
E. 如果机器人能像婴儿那样学习，它们的智能就有可能超过人类。

◆ 题131 （2011—1—49）某家长认为，有想象力才能进行创造性劳动，但想象力和知识是天敌。人在获得知识的过程中，想象力会消失。因为知识符合逻辑，而想象力无章可循。换句话说，知识的本质是科学，想象力的特征是荒诞。人的大脑一山不容二虎：学龄前，想象力独占鳌头，脑子被想象力占据；上学后，大多数人的想象力被知识驱逐出境，他们成为知识渊博但丧失了想象力，终身只能重复前人发现的人。

以下哪项是该家长论证所依赖的假设？

Ⅰ. 科学是不可能荒诞的，荒诞的就不是科学。
Ⅱ. 想象力和逻辑水火不相容。
Ⅲ. 大脑被知识占据后很难重新恢复想象力。

A. 仅Ⅰ。　　　　　　　　B. 仅Ⅱ。　　　　　　　　C. 仅Ⅰ、Ⅱ。
D. 仅Ⅱ、Ⅲ。　　　　　　E. Ⅰ、Ⅱ、Ⅲ。

◆ 题132 （2020—1—44）黄土高原以前植被丰富，长满大树；而现在千沟万壑，不见树木，这是植被遭破坏后水流冲刷大地造成的惨痛后果。有专家进一步分析认为，现在黄土高原不长植物，是因为这里的黄土都是生土。

以下哪项最可能是上述专家推断的假设？

A. 生土不长庄稼，只有通过土壤改造等手段才适宜种粮食作物。

B. 因缺少应有的投入，生土无人愿意耕种，无人耕种的土地瘠薄。
C. 生土是水土流失造成的恶果，缺少植物生长所需要的营养成分。
D. 东北的黑土地中含有较厚的腐殖层，这种腐殖层适合植物的生长。
E. 植物的生长依赖熟土，而熟土的存续依赖人类对植被的保护。

题133 (2015—1—29) 人类经历了上百年的自然进化，产生了直觉、多层次抽象等独特智能。尽管现代计算机已经具备了一定的学习能力，但这种能力还需要人类的指导，完全的自我学习能力还有待进一步发展。因此，计算机要达到甚至超过人类的智能水平是不可能的。
以下哪项最可能是上述论证的预设？
A. 计算机很难真正懂得人类的语言，更不可能理解人类的感情。
B. 理解人类复杂的社会关系需要自我学习能力。
C. 计算机如果具备完全的自我学习能力，就能形成直觉、多层次抽象等智能。
D. 计算机可以形成自然进化能力。
E. 直觉、多层次抽象等这些人类的独特智能无法通过学习获得。

题134 (2011—1—55) 有医学研究显示，行为痴呆症患者大脑组织中往往含有过量的铝。同时有化学研究表明，一种硅化合物可以吸收铝。陈医生据此认为，可以用这种硅化合物治疗行为痴呆症。
以下哪项是陈医生最可能依赖的假设？
A. 行为痴呆症患者大脑组织的含铝量通常过高，但具体数量不会变化。
B. 该硅化合物在吸收铝的过程中不会产生副作用。
C. 用来吸收铝的硅化合物的具体数量与行为痴呆症患者的年龄有关。
D. 过量的铝是导致行为痴呆症的原因，患者脑组织中的铝不是痴呆症引起的结果。
E. 行为痴呆症患者脑组织中的铝含量与病情的严重程度有关。

题135 (2016—1—52) 钟医生："通常，医学研究的重要成果在杂志发表之前需要经过匿名评审，这需要耗费不少时间。如果研究者能放弃这段等待时间而事先公开其成果，我们的公共卫生水平就可以伴随着医学发现更快获得提高。因为新医学信息的及时公布将允许人们利用这些信息提高他们的健康水平。"
以下哪项最可能是钟医生论证所依赖的假设？
A. 即使医学论文还没有在杂志发表，人们还是会使用已公开的相关新信息。
B. 因为工作繁忙，许多医学研究者不愿成为论文评审者。
C. 首次发表于匿名评审杂志的新医学信息一般无法引起公众的注意。
D. 许多医学杂志的论文评审者本身并不是医学研究专家。
E. 部分医学研究者愿意放弃在杂志上发表，而选择事先公开其成果。

题136 (2015—1—49) 张教授指出，生物燃料是指利用生物资源生产的燃料乙醇或生物柴油，它们可以替代由石油制取的汽油和柴油，是可再生能源开发利用的重要方向。受世界石油资源短缺、环保和全球气候变化的影响，20世纪70年代以来，许多国家日益重视生物燃料的发展，并取得显著成效。所以，应该大力开发和利用生物燃料。
以下哪项最可能是张教授论证的预设？
A. 发展生物燃料会减少粮食供应，而当今世界有数以百万计的人食不果腹。
B. 生物燃料在生产与运输的过程中需要消耗大量的水、电和石油等。
C. 生物柴油和燃料乙醇是现代社会能源供给体系的适当补充。
D. 目前我国生物燃料的开发和利用已经取得很大成绩。
E. 发展生物燃料可有效降低人类对石油等化石燃料的消耗。

题 137 （2015—1—36）美国扁桃仁于 20 世纪 70 年代出口到我国，当时被误译为"美国大杏仁"。这种误译导致我国大多数消费者根本不知道扁桃仁、杏仁是两种完全不同的产品。对此，尽管我国林果专家一再努力澄清，但学界的声音很难传达到相关企业和普通大众。因此，必须制定林果的统一行业标准，这样才能还相关产品以本来面目。

以下哪项最可能是上述论证的假设？
A. 美国扁桃仁和中国大杏仁的外形很相似。
B. 我国相关企业和普通大众并不认可我国林果专家的意见。
C. 进口商品名称的误译会扰乱我国企业正常的对外贸易活动。
D. 长期以来，我国没有关于林果的统一行业标准。
E. "美国大杏仁"在中国市场上销量超过中国杏仁。

题 138 （2016—1—46）超市中销售的苹果常常留有一定的油脂痕迹，表面显得油光滑亮。牛师傅认为，这是残留在苹果上的农药所致，水果在收摘之前都喷洒了农药。因此，消费者在超市购买水果后，一定要清洗干净方能食用。

以下哪项最可能是牛师傅看法所依赖的假设？
A. 除了苹果，其他许多水果运至超市时也留有一定的油脂痕迹。
B. 超市里销售的水果并未得到彻底清洗。
C. 只有那些在水果上能留下油脂痕迹的农药才可能被清洗掉。
D. 许多消费者并不在意超市销售的水果是否清洗过。
E. 在水果收摘之前喷洒的农药大多数会在水果上留下油脂痕迹。

题型 19 解释题型

题 1 （2005—10—36）为了更好地理解人类个性的特征及其发展，一些心理学家对动物的个性进行了研究。

以下各项如果为真，都能对上述行为提供解释，除了：
A. 人类和动物的行为都产生于类似的本能，但动物的本能较为明显。
B. 对人的某些实验受到法律的限制，但对动物的实验一般不受限制。
C. 和对动物的实验相比，对人的实验的费用较为昂贵。
D. 在数年中可完成对某些动物个体从幼年至老年个性发展的全程观察。
E. 对人的个性的科学理解，能为恰当理解动物的个性提供模式。

题 2 （2000—1—32）事实 1：电视广告已经变得不是那么有效。在电视上推广的品牌中，观看者能够回忆起来的比重在慢慢下降。事实 2：电视的收看者对由一系列连续播出的广告组成的广告段中第一个和最后一个商业广告的回忆效果，远远比对中间的广告的回忆效果好。

以下哪项如果为真，事实 2 最有可能解释事实 1？
A. 由于因特网的迅速发展，人们每天用来看电视的平均时间减少了。
B. 为了吸引更多的观众，每个广告段的总时间长度减少了。
C. 一般电视观众目前能够记住的电视广告的品牌名称，还不到他看过的一半。
D. 在每一小时的电视节目中，广告段的数目增加了。
E. 一个广告段中所包含的电视广告的平均数目增加了。

题 3 （2002—1—13）第一个事实：电视广告的效果越来越差。一项跟踪调查显示，在电视广告所推出的各种商品中，观众能够记住其品牌名称的商品的百分比逐年降低。

第二个事实：在一段连续插播的电视广告中，观众印象较深的是第一个和最后一个，而中间播出的广告留给观众的印象，一般来说要浅得多。

以下哪项如果为真，最能使得第二个事实成为对第一个事实的一个合理解释？
A. 在从电视广告里见过的商品中，一般电视观众能记住其品牌名称的大约还不到一半。
B. 近年来，被允许在电视节目中连续插播广告的平均时间逐渐缩短。
C. 近年来，人们花在看电视上的平均时间逐渐缩短。
D. 近年来，一段连续播出的电视广告所占用的平均时间逐渐增加。
E. 近年来，一段连续播出的电视广告中所出现的广告的平均数量逐渐增加。

题 4 （2011—10—34）在一次重大国际田径赛上，某著名长跑运动员顺利进入10 000米决赛。根据以往的成绩，只要她不违规，冠军非她莫属。然而，出乎意料的是她没有得到金牌。

以下除了哪项，都可能是该运动员与金牌无缘的原因：
A. 因为比赛以外的原因，该运动员故意不得金牌。
B. 该运动员的教练在场外大声喊话。
C. 该运动员赛后违禁药物检验呈阳性。
D. 该运动员忘记了决赛开始时间。
E. 该运动员误以为自己比另一个运动员快了一圈。

题 5 （1997—1—26）我国有2 000万家庭靠生产蚕丝维持生计，出口量占世界市场的四分之三，然而近年来丝绸业面临出口困境：丝绸形象降格，出口数量减少，又遇到亚洲的一些竞争对手，有些国家还对丝绸进口实行了配额，这无疑对我国丝绸业是一个打击。

以下哪项不是造成上述现象的原因？
A. 丝绸行业的决策者不认真研究国际行情，缺乏长远打算，只追求短期效益。
B. 几年来国内厂家一门心思提高丝绸产量，而忘记了质量。
C. 中国的丝绸技术传到了外国，使丝绸市场有了竞争对手。
D. 丝绸是人们非常喜欢的一种夏季面料，穿着凉爽、舒适。
E. 加剧的竞争和大大增加的产量使丝绸从充满异国情调的商品变成了很平常的东西。

题 6 （1999—1—59）一个著名的旅游城市，每年都接待许多中外旅客。在游览风景名胜的路上，导游小姐总在几个工艺品加工厂停车，劝大家去厂里参观，而且说买不买都没有关系。为此，一些游客常有怨言，但此种现象仍在继续，甚至一年胜似一年。

以下哪项最不可能是造成以上现象的原因？
A. 虽然有的人不满意，许多游客是愿意的，他们从厂里出来时的笑容就是证据。
B. 有些游客来旅游的一项重要任务就是购物。若是空手回家，家里人会不高兴的。
C. 厂家生产的产品直销，质量有保证，价格也便宜，何乐而不为？
D. 所有的游客经济上都是富裕的，他们只想省时间，不在意商品的价格。
E. 在厂家购物，导游小组会得到奖励。当然，奖励的钱是间接地从购物者那里来的。

题 7 （2000—10—44 1999—10—32）"试点综合征"的问题屡见不鲜。每出台一项改革措施，先进行试点，积累经验后再推广，这种以点带面的工作方法本来是人们经常采用的。但现在许多项目中出现了"一试点就成功，一推广就失败"的怪现象。

以下哪项不是造成上述现象的可能原因？
A. 在选择试点单位时，一般选择工作基础比较好的单位。

B. 为保证试点成功，政府往往给予试点单位许多优惠政策。
C. 在试点过程中，领导往往比较重视，各方面的问题解决得快。
D. 试点尽管成功，但许多企业外部的政策、市场环境却并不相同。
E. 全社会往往比较关注试点和试点的推广工作。

题8 （1999—10—42）一项对东华大学企业管理系94届毕业生的调查结果看来有些问题，当被调查毕业生被问及其在校时学习成绩的名次时，统计资料表明：有60%的回答者说他们的成绩位居班级的前20%。

如果我们已经排除了回答者说假话的可能，那么下面哪一项能够对上述现象给出更合适一些的解释？

A. 未回答者中也并不是所有人的成绩名次都在班级的前20%以外。
B. 虽然回答者没有错报成绩，但不排除个别人对于学习成绩的排名有不同的理解。
C. 东华大学对学生学习成绩的名次排列方式与其他大多数学校不同。
D. 成绩较差的毕业生在被访问时一般没有回答这个有关学习成绩名次的问题。
E. 在校学习成绩名次是一个敏感的问题，几乎所有的毕业生都进行略微地美化。

题9 （1999—10—50）英国研究各类精神紧张症的专家们发现，越来越多的人在使用Internet之后都会出现不同程度的不适反应。根据一项对10 000个经常上网的人的抽样调查，承认上网后感到烦躁和恼火的人数达到了三分之一；而20岁以下的网迷则有百分之四十四承认上网后感到紧张和烦躁。有关心理专家认为确实存在着某种"互联网狂躁症"。

根据上述资料，以下哪项最不可能成为导致"互联网狂躁症"的病因？

A. 由于上网者的人数剧增，通道拥挤，如果要访问比较繁忙的网址，有时需要等待很长时间。
B. 上网者经常是在不知道网址的情况下搜寻所需的资料和信息，成功的概率很小，有时花费了工夫也得不到预想的结果。
C. 虽然在有些国家使用互联网是免费的，但在我国实行上网交费制，这对网络用户的上网时间起到了制约作用。
D. 在Internet上能够接触到各种各样的信息，但很多时候信息过量会使人们无所适从，失去自信，个人注意力丧失。
E. 由于匿名的缘故，上网者经常会受到其他一些上网者的无礼对待或接收到一些莫名其妙的垃圾信息。

题10 （2001—10—70）据一项在几个大城市所做的统计显示，餐饮业的发展和瘦身健身业的发展呈密切正相关。从1985年到1990年，餐饮业的网点增加了18%，同期在健身房正式注册参加瘦身健身的人数增加了17.5%；从1990年到1995年，餐饮业的网点增加了25%，同期参加瘦身健身的人数增加了25.6%；从1995年到2000年，餐饮业的网点增加了20%，同期参加瘦身健身的人数也正好增加了20%。

如果上述统计真实无误，则以下哪项对上述统计事实的解释最可能成立？

A. 餐饮业的发展扩大了肥胖人群体，从而刺激了瘦身健身业的发展。
B. 瘦身健身运动刺激了参加者的食欲，从而刺激了餐饮业的发展。
C. 在上述几个大城市中，最近15年来，主要从事低收入重体力工作的外来人口的逐年上升，刺激了各消费行业的发展。
D. 在上述几个大城市中，最近15年来，城市人口的收入的逐年提高，刺激了包括餐饮业和健身业在内的各消费行业的发展。
E. 高收入阶层中，相当一批人既是餐桌上的常客，又是健身房内的常客。

- **题 11** （2000—10—4）经过许多科学技术人员的攻关，目前 DVD 这种最新型的播放器的成本已经大大下降，单台的售价已经基本上与即将被淘汰的上一代播放设备 TCD 持平。有的市场分析人员认为，即将会出现一次 DVD 的"热销狂潮"。而对于这种预测，明讯管理学院的周教授表示不能同意，认为热销之说过于乐观。

  以下哪项不能支持周教授的观点？

  A. 目前市场中录制在 DVD 播放器所使用的激光盘上的电影节目尚不多见。
  B. TCD 的技术虽然已经不是很先进，但是十年以来已经占领了很大一部分市场，恐怕不会很快退出竞争。
  C. DVD 在美国的销量已经连续两年紧追彩电和冰箱，成美国电器市场销售榜的第三名。
  D. 供 DVD 播放器所使用的激光盘片的制作工艺非常特殊，经技术鉴定表明基本很难盗版。
  E. 比 DVD 更先进的播放器 SVD 的研制工作已经结束，据晚报报道，大约半年时间就能够推出普通中国百姓能够买得起的 SVD 产品。

- **题 12** （2011—10—33）某国海滨城市发生了一场特大的地震，引发了多年未见的海啸，使几个核电站进水，被核辐射污染的水有可能被排入大海。

  以下各项都有助于得出被核辐射污染的水已经排入大海的结论，除了：

  A. 事后 5 天，发现万里之外的南极附近一条死鱼的内脏受到了核辐射的影响。
  B. 事后 10 天，通过在 100 海里以外的海水取样检验，发现放射性超标。
  C. 受影响的 1 号核电站电源中断，原来设计的防护措施难以发挥作用。
  D. 受影响的 2 号核电站冷却系统失灵，高温的水蔓延出来。
  E. 受影响的 3 号核电站的防护壳有裂缝，一场核灾难危在旦夕。

- **题 13** （1998—10—1）由甲乙双方协议共同承建的某项建筑尚未完工就发生倒塌事故。在对事故原因的民意调查中，70% 的人认为是使用的建筑材料伪劣；30% 的人认为是违章操作；25% 的人认为原因不清，需要深入调查。

  以下哪项最能合理地解释上述看来包含矛盾的陈述？

  A. 被调查的共有 125 人。
  B. 有的被调查者后来改变了自己的观点。
  C. 有的被调查者认为事故的发生既有建筑材料伪劣的原因，也有违章操作的原因。
  D. 很多认为原因不清的被调查者实际上有自己倾向性的判断，但是不愿意透露。
  E. 调查的操做出现技术性差错。

- **题 14** （2007—1—43）去年某旅游胜地游客人数与前年游客人数相比，减少约一半。当地旅游管理部门调查发现，去年与前年的最大不同是入场门票从 120 升到 190 元。

  以下哪项措施，最可能有效解决上述游客锐减问题？

  A. 利用多种媒体加强广告宣传。
  B. 旅游地增加更多的游玩项目。
  C. 根据实际情况，入场门票实行季节浮动价。
  D. 对游客提供更周到的服务。
  E. 加强该旅游地与旅游公司的联系。

- **题 15** （1999—1—52）在最近几年，某地区的商场里只卖过昌盛、彩虹、佳音三种品牌的电视机。1997 年，昌盛、彩虹、佳音三种品牌的电视机在该地区的市场占有率（按台数计算）分别为 25%、35% 和 40%。到 1998 年，几个品牌的市场占有率变成昌盛第一、彩虹第二、佳音第三，其次序正好与 1997 年相反。

以下条件除了哪项外，都可能对上文提到的市场占有率的变化做出合理的解释？

A. 昌盛集团成立了信息部，应用信息技术网络与客户建立了密切联系。
B. 佳音集团的经理班子与董事会的经营理念出现分歧，总经理在1998年初辞职。
C. 昌盛集团耗巨资购并了一个濒临倒闭的大型电冰箱厂，转产VCD机。
D. 佳音集团新的总经理推行全面质量管理，引起费用增加，不得不提高价格。
E. 彩虹集团设计了新的生产线，要等到1999年才能投产，在1998年难有作为。

题16 （1999—1—76）某大学哲学系的几个学生在谈论文学作品时说起了荷花。甲说："每年碧园池塘的荷花开放几天后，就该期终考试了。"乙接着说："那就是说每次期终考试前不久碧园池塘的荷花已经开过了？"丙说："我明明看到在期终考试后池塘里有含苞欲放的荷花嘛！"丁接着丙的话茬说："在期终考试前后的一个月中，我每天从碧园池塘边走过，可从未见到开放的荷花啊？"虽然以上四人都没有说假话，但各自的说法好像存在很大的分歧。

以下哪项最能解释其中的原因？

A. 甲说的荷花开放并非指所有荷花，只要某年期终考试前夕有一枝荷花开放就行了。
B. 正如丙说的一样，有些年份在期终考试后池塘里有含苞欲放的荷花，这是自然界里的特殊现象，不要大惊小怪。
C. 自去年以来，碧园池塘里的水受到污染，荷花不再开了，所以丁也就不会看到荷花开放了。看来环境治理工作有待加强。
D. 通常说来，哲学系的学生爱咬文嚼字。可他们今天讨论问题时对一些基本概念还没有弄清楚，比如部分与全体的关系以及对时间范围的界定，等等。
E. 虽然大多数期终考试的时间变化不大，有些时候也会变。比如，去年三年级的学生要去实习，期终考试就提前了半个月。

题17 （2010—10—31）实验证明：茄红素具有防止细胞癌变的作用。近年来W公司提炼出茄红素，将其制成片剂，希望让酗酒者服用以预防饮酒过多引发的癌症。然后，初步的试验发现，经常服用W公司的茄红素片剂的酗酒者反而比不常服用W公司的茄红素片剂的酗酒者更易于患癌症。

以下哪项最能解释上述矛盾？

Ⅰ. 癌症的病因是综合的，对预防药物的选择和由此产生的作用也因人而异。
Ⅱ. 酒精与W公司的茄红素片剂发生长时间作用后反而使其成为致癌物质。
Ⅲ. W公司生产的茄红素片剂不稳定，易于受其他物质影响而分解变性，从而与身体发生不良反应而致癌；自然茄红素性质稳定，不会致癌。

A. 只有Ⅰ和Ⅱ。　　　　　　B. 只有Ⅰ和Ⅲ。　　　　　　C. 只有Ⅱ和Ⅲ。
D. Ⅰ、Ⅱ和Ⅲ。　　　　　　E. Ⅰ、Ⅱ和Ⅲ都不是。

题18 （2001—10—30）胡萝卜、西红柿和其他一些蔬菜含有较丰富的β-胡萝卜素，β-胡萝卜素具有防止细胞癌变的作用。近年来提炼出的β-胡萝卜素被制成片剂并建议吸烟者服用，以防止吸烟引起的癌症。然而，意大利博洛尼亚大学和美国得克萨斯大学的科学家发现，经常服用β-胡萝卜素片剂的吸烟者反而比不常服用β-胡萝卜素片剂的吸烟者更易于患癌症。

以下哪项如果为真，最能解释上述矛盾？

A. 有些β-胡萝卜素片剂含有不洁物质，其中有致癌物质。
B. 意大利博洛尼亚大学和美国得克萨斯大学地区的居民吸烟者中癌症患者的比例都较其他地区高。
C. 经常服用β-胡萝卜素片剂的吸烟者有其他许多易于患癌症的不良习惯。
D. β-胡萝卜素片剂不稳定，易于分解变性，从而与身体发生不良反应，易于致癌；而自然β-

胡萝卜素性质稳定，不会致癌。
E. 吸烟者吸入体内烟雾中的尼古丁与β-胡萝卜素发生作用，生成一种比尼古丁致癌作用更强的有害物质。

题19 （2006—10—40）马晓敏是眼科医院眼底手术的一把刀，也是胡城市最好的眼底手术医生。但是，令人费解的是，经马晓敏手术后患者视力获得明显提高的比例较低。

以下哪项如果为真，最有助于解释以上陈述？

A. 眼底手术大多是棘手的手术，需要较长的时间才能完成。
B. 除了马晓敏以外，胡城市眼科医院缺乏能干的眼底手术医生。
C. 除了眼底手术，马晓敏同时精通其他眼科手术。
D. 目前经马晓敏手术后患者视力获得明显提高的比例比过去有所提高。
E. 胡城市眼科医院难治的眼底疾病患者的手术大多数都是由马晓敏医生完成的。

题20 （2000—1—36）在美国与西班牙作战期间，美国海军曾经广为散发海报，招募兵员。当时最有名的一个海军广告是这样说的：美国海军的死亡率比纽约市民还要低。海军的官员具体就这个广告解释说："据统计，现在纽约市民的死亡率是每千人有16人，而尽管是战时，美国海军士兵的死亡率也不过每千人只有9人。"

如果以上资料为真，则以下哪项最能解释上述这种看起来很让人怀疑的结论？

A. 在战争期间，海军士兵的死亡率要低于陆军士兵。
B. 在纽约市民中包括生存能力较差的婴儿和老人。
C. 敌军打击美国海军的手段和途径没有打击普通市民的手段和途径来得多。
D. 美国海军的这种宣传主要是为了鼓动入伍，所以，要考虑其中夸张的成分。
E. 尽管是战时，纽约的犯罪仍然很猖獗，报纸的头条不时地有暴力和色情的报道。

题21 （2000—10—32）甲市的劳动力人口是乙市的10倍。但奇怪的是，乙市各行业的就业竞争程度反而比甲市更为激烈。

以下哪项断定如果为真，最有助于解释上述现象？

A. 甲市的人口是乙市人口的10倍。
B. 甲市的面积是乙市面积的5倍。
C. 甲市的劳动力主要在外省市寻求再就业。
D. 乙市的劳动力主要在本市寻求再就业。
E. 甲市的劳动力主要在乙市寻求再就业。

题22 （1998—10—7）用甘蔗提炼乙醇比用玉米提炼乙醇需要更多的能量，但奇怪的是，多数酿酒者却偏爱用甘蔗做原料。

以下哪项最能解释上述矛盾现象？

A. 任何提炼乙醇的原料的价格都随季节波动，而提炼的费用则相对稳定。
B. 用玉米提炼乙醇比用甘蔗节省时间。
C. 玉米质量对乙醇产出品的影响较甘蔗小。
D. 用甘蔗制糖或其他食品的生产时间比提炼乙醇的时间长。
E. 燃烧甘蔗废料可提供向乙醇转化所需的能量，而用玉米提炼乙醇则完全需额外提供能量。

题23 （1999—10—25）由于近期的干旱和高温，导致海湾盐度增加，引起了许多鱼的死亡。虾虽然可以适应高盐度，但盐度高也给养虾场带来了不幸。

以下哪个选项如果为真，能够提供解释以上现象的原因？

A. 一些鱼会游到低盐度的海域去，来逃脱死亡的厄运。

B. 持续的干旱会使海湾的水位下降，这已经引起了有关机构的注意。
C. 幼虾吃的有机物在盐度高的环境下几乎难以存活。
D. 水温升高会使虾更快速地繁殖。
E. 鱼多的海湾往往虾也多，虾少的海湾鱼也不多。

◆ 题 24　（2000—1—53）日本脱口秀表演家金语楼曾获多项专利。有一种在打火机上装一个小抽屉代替烟灰缸的创意，在某次创意比赛中获得了大奖，倍受推崇。比赛结束后，东京的一家打火机制造厂家将此创意进一步开发成产品推向市场，结果销路并不理想。
以下哪项如果为真，能最好地解释上面的矛盾？
A. 某家烟灰缸制造厂商在同期推出了一种新型的烟灰缸，吸引了很多消费者。
B. 这种新型打火机的价格比普通的打火机贵 20 日元，有的消费者觉得并不值得。
C. 许多抽烟的人觉得随地弹烟灰既不雅观，也不卫生，还容易烫坏衣服。
D. 参加创意比赛后，很多厂家都选择了这项创意来开发生产，几乎同时推向市场。
E. 作为一个脱口秀表演家，金语楼曾经在他主持的电视节目上介绍过这种新型打火机的奇妙构思。

◆ 题 25　（2000—10—14）获得奥斯卡大奖的影片《泰坦尼克号》在滨州上映，滨州独家经营权给了滨州电影发行放映公司，公司各部门可忙坏了，宣传部投入了史无前例的 170 万元进行各种形式的宣传，业务部组织了 8 家大影院超前放映和加长档期，财务部具体实施与各影院的收入分账，最终几乎全市的老百姓都去看了这部片子，公司赚了 750 万元。而公司在总结此项工作时却批评了宣传部此次工作中的失误。
以下哪项如果为真，最能合理地解释上述情况？
A. 公司宣传部没有事先跟其他部门沟通，宣传中缺少针对性。
B. 由于忽视了奥斯卡获奖片自身具有免费宣传效应，公司宣传部的投入事实上过大。
C. 公司宣传部的投入力度不足，《泰坦尼克号》在滨州上映时，该公司宣传投入了 300 万元。
D. 公司宣传部的宣传在创意和形式上没有新的突破。
E. 公司宣传部的宣传对今年其他影片的发行也产生了很大的影响。

◆ 题 26　（2000—10—22）都市青年报准备在 5 月 4 日青年节的时候推出一种订报有奖的促销活动。如果你在 5 月 4 日到 6 月 1 日之间订了下半年的都市青年报的话，你就可以免费获赠下半年的都市广播电视导报。推出这个活动后，报社每天都在统计新订户的情况，结果非常失望。
以下哪项如果为真，最能解释这项促销活动没能成功的原因？
A. 根据邮局发行部门的统计，都市广播电视导报并不是一份十分有吸引力的报纸。
B. 根据一项调查的结果，都市青年报的订户中有些已经同时订了都市广播电视导报。
C. 都市广播电视导报的发行渠道很广，据统计，订户比都市青年报的还要多一倍。
D. 都市青年报没有考虑很多人的订阅习惯。大多数报刊订户在去年底已经订了今年一年的都市广播电视导报。
E. 都市青年报推出这个活动，伤害了那些都市青年报老订户的感情，影响了它的发行工作。

◆ 题 27　（2002—10—44）按照餐饮业卫生管理条例，对宴席，特别是规模宴席（例如婚宴）的卫生检查程序要比普通散座餐饮更为严格，S 市的绝大多数餐馆事实上都执行了上述规定。但是，近年来在 S 市对餐饮业的食物中毒投诉大多数是针对宴席的。
以下哪项如果为真，有助于解释上述矛盾？
Ⅰ. S 市餐饮业的主要利润来自宴席，特别是规模宴席。
Ⅱ. 人们一般不会把吃一顿饭与之后出现的疾病联系起来，除非一群相关的人都出现了同样的疾病。

Ⅲ. S市的卫生执法足够严格。

A. 仅Ⅰ。　　　　　　　　B. 仅Ⅱ。　　　　　　　　C. 仅Ⅲ。
D. 仅Ⅰ和Ⅱ。　　　　　　E. Ⅰ、Ⅱ和Ⅲ。

◆题28 （2002—10—58）棕榈树在亚洲是一种外来树种，长期以来，它一直靠手工授粉，因此棕榈果的生产率极低。1994年，一种能有效地对棕榈花进行授粉的象鼻虫引进了亚洲，使得当年的棕榈果生产率显著提高，在有的地方甚至提高了50%以上，但是到了1998年，棕榈果的生产率却大幅度降低。

以下哪项如果为真，最有助于解释上述现象？

A. 在1994—1998年期间，随着棕榈果产量的增加，棕榈果的价格在不断下降。
B. 1998年秋季，亚洲的棕榈树林区开始出现象鼻虫的天敌赤蜂。
C. 在亚洲，象鼻虫的数量在1998年比1994年增加了一倍。
D. 果实产量连年不断上升会导致孕育果实的雌花无法从树木中汲取必要的营养。
E. 在1998年，同样是外来树种的椰果的产量在亚洲也大幅度低于往年的水平。

◆题29 （2005—1—27）以优惠价出售日常家用小商品的零售商通常有上千雇员，其中大多数只能领取最低工资，随着国家法定最低工资额的提高，零售商的人力成本也随之大幅度提高。但是，零售商的利润非但没有降低，反而提高了。

以下哪项如果为真，最有助于解释上述看起来矛盾的现象？

A. 上述零售商的基本顾客，是领取最低工资的人。
B. 人力成本只占零售商经营成本的一半。
C. 在国家提高最低工资额的法令实施后，除了人力成本以外，其他零售商经营成本也有所提高。
D. 零售商的雇员有一部分来自农村，他们都拿最低工资。
E. 在国家提高最低工资额的法令实施后，零售商降低了某些高薪雇员的工资。

◆题30 （1999—10—11）经济学家与考古学家就货币的问题展开了争论。

经济学家：在所有使用货币的文明中，无论货币以何种形式存在，它都是因为其稀缺性而产生其价值的。

考古学家：在索罗斯岛上，人们用贝壳作货币，可是该岛上贝壳遍布海滩，随手就能拾到啊。

下面哪一项能对二位专家论述之间的矛盾做出解释？

A. 索罗斯岛上居民节日期间在亲密的朋友之间互换货币，以示庆祝。
B. 索罗斯岛上的居民认为鲸牙很珍贵，他们把鲸牙串起来当作首饰。
C. 索罗斯岛上的男女居民使用不同种类的贝壳作货币，交换各自喜爱的商品。
D. 索罗斯岛上的居民只使用由专门工匠加工的有美丽花纹的贝壳作货币。
E. 即使在西方人将贵金属货币带上索罗斯岛之后，贝壳仍然是商品交换的媒介物。

◆题31 （2010—10—49）在十九世纪，法国艺术学会是法国绘画及雕塑的主要赞助部门，当时个人赞助者已急剧减少。由于该艺术学会并不鼓励艺术创新，十九世纪的法国雕塑缺乏新意；然而，同一时期的法国绘画却表现出很大程度的创新。

以下哪项如果为真，最有助于解释十九世纪法国绘画与雕塑之间创新的差异？

A. 在十九世纪，法国艺术学会给予绘画的经费支持比雕塑多。
B. 在十九世纪，雕塑家比画家获得更多的来自艺术学会的支持经费。
C. 由于颜料和画布价格比雕塑用的石料便宜，十九世纪法国的非赞助绘画作品比非赞助雕塑作品多。

D. 十九世纪极少数的法国艺术家既进行雕塑创作，也进行绘画创作。
E. 尽管艺术学会仍对雕塑家和画家给予赞助，十九世纪的法国雕塑家和画家得到的经费支持明显下降。

◆ 题 32 （2007—1—27）新疆的哈萨克人用经过训练的金雕在草原上长途追击野狼。某研究小组为研究金雕的飞行方向和判断野狼群的活动范围，将无线电传导器放置在一只金雕身上进行追踪。野狼为了觅食，其活动范围通常很广，因此，金雕追击野狼的飞行范围通常也很大。然而两周以来，无线电传导器不断传回的信号显示，金雕仅在放飞地 3 公里范围内飞行。
以下哪项如果为真，最有助于解释上述金雕的行为？
A. 金雕的放飞地周边重峦叠嶂，险峻异常。
B. 金雕的放飞地 2 公里范围内有一牧羊草场，成为狼群袭击的目标。
C. 由于受训金雕的捕杀，放飞地广阔草原的野狼几乎灭绝了。
D. 无线电传导器信号仅能在有限的范围内传导。
E. 无线电传导器的安放并未削弱金雕的飞行能力。

◆ 题 33 （2005—10—53）刘建是乐进足球队的主力左后卫，有很强的助攻能力，有时甚至能破门得分。但是，新来的主教练上任后，刘建却降为替补，鲜有上场机会。该教练的理由是：刘建虽然助攻能力强，但他把守的左路经常在比赛中被对手突破，使本队陷入被动。
以下哪项如果为真，最有助于解释该教练决定的合理性？
A. 对队员的调整拥有决定权能树立新教练的权威。
B. 刘建曾公开为前主教练辩护，反对更换主教练。
C. 该教练崇尚进攻，主张进攻是最好的防守。
D. 足球队后位最主要的职责是防守。
E. 刘建喜欢喝酒的习惯会影响训练和比赛的状态。

◆ 题 34 （2002—10—26）R 国的工业界存在着一种看起来矛盾的现象：一方面，根据该国的法律，工人终生不得被解雇，工资标准只能升不能降；但另一方面，这并没有阻止工厂引进先进的生产设备，这些设备提高了劳动生产率，使得一部分工人事实上被变相闲置（例如让 3 个人干 2 个人可以胜任的活）。
以下哪项相关断定如果为真，最能合理地解释上述现象？
A. 每个工人在被雇用之前，都经过严格的技术考核和培训。
B. 先进设备提高劳动生产率所创造的利润，高于重新培训工人从事其他工作的费用。
C. 先进设备的引进，提高了产品的最终成本。
D. R 国面临着修改上述法律的压力。
E. R 国的产品具有很强的国际竞争力。

◆ 题 35 （1997—10—25）某国有一家非常受欢迎的冰激淋店，最近将一种冰激淋的单价从过去的 1.8 元提高到 2 元，销售仍然不错。然而，在提价一周之内，几名店员陆续辞职不干了。
下列哪项最能解释上述现象？
A. 提价后顾客不再像过去那样能将剩下的零钱作为小费。
B. 提高价格使该店不能继续保持其冰激淋良好的市场占有率。
C. 尽管冰激淋涨价了，老主顾们依然经常光顾该店。
D. 尽管提了价，该店的冰激淋仍然比其他商店卖得便宜。
E. 冰激淋的提价对店员们的工资水平并没有影响。

◆ 题 36 （1998—1—49）一则关于许多苹果含有一种致癌防腐剂的报道，对消费者产生的影响极小。几乎没有消费者打算改变他们购买苹果的习惯。尽管如此，在报道一个月后的三月份，食品杂货店的苹果销售量大大地下降了。

下列哪项如果为真，能最好地解释上述明显的差异？

A. 在三月份里，许多食品杂货商为了显示他们对消费者健康的关心，移走了货架上的苹果。
B. 由于大量的食物安全警告，到了三月份，消费者已对这类警告漠不关心。
C. 除了报纸以外，电视上也出现了这个报道。
D. 尽管这种防腐剂也用在别的水果上，但是，这则报道没有提到。
E. 卫生部门的官员认为，由于苹果上仅含有少量的该种防腐剂，因此，不会对健康有威胁。

◆题37 （2000—10—12）有一商家为了推销其家用电脑和网络服务，目前正在大力开展网络消费的广告宣传和推广促销。经过一定的市场分析，他们认为手机用户群是潜在的网络消费的用户群，于是决定在各种手机零售场所宣传，推销他们的产品。结果两个月下来，效果很不理想。

以下哪项如果为真，最有助于解释出现上述结果的原因？

A. 刚刚购买手机的消费者需要经过一段时期后才能成为网络消费的潜在用户。
B. 最近国家在有关规定中对国家机关人员使用手机加以限制，购买手机的人因此有所减少。
C. 购买电脑或是办理网络服务对中国老百姓来说还是件大事，一般来说，消费者对此的态度比较慎重。
D. 家用电脑和网络服务在知识分子中已经比较普及，他们所希望的是增强自己计算机的功能。
E. 目前家用电脑更新换代速度快，广告宣传和推广促销要收到效果，必须特色鲜明，才能够打动消费者的心。

◆题38 （1998—1—39）全国各地的电话公司目前开始为消费者提供电子接线员系统，然而，在近期内，人工接线员并不会因此减少。

除了下列哪项外，其他各项均有助于解释上述现象？

A. 需要接线员帮助的电话数量剧增。
B. 尽管已经通过测试，新的电子接线员系统要全面发挥功能还需进一步调整。
C. 如果在目前的合同期内解雇人工接线员，有关方面将负法律的责任。
D. 在一个电子接线员系统的试用期内，几乎所有的消费者，在能够选择的情况下，都愿意选择人工接线员。
E. 新的电子接线员的接拨电话效率两倍于人工接线员。

◆题39 （1999—10—39）全国各地的航空公司目前开始为旅行者提供因特网上的订票服务。然而，在近期内，电话订票并不会因此减少。

除了以下哪项，其他各项均有助于解释上述现象？

A. 正值国内外旅游旺季，需要订票的数量剧增。
B. 尽管已经通过技术测试，这种新的因特网订票系统要正式运行还需进一步调试。
C. 绝大多数通过电话订票的旅行者还没有条件使用因特网。
D. 在因特网订票系统的试用期内，大多数旅行者为了保险起见愿意选择电话订票。
E. 因特网上订票服务的成本大大低于电话订票，而且还有更多的选择。

◆题40 （2000—10—1① 1998—10—22）洪罗市一项对健身爱好者的调查表明，那些称自己每周固定进行二至三次健身锻炼的人近两年来由28%增加到35%，而对该市大多数健身房的调查则显示，近两年来去健身房的人数明显下降。

---

① 题2000—10—1仅在题1998—10—22基础上，将"洪罗市"改为"某市"。

以下各项如果是真的，都有助于解释上述看来矛盾的断定，除了：

A. 进行健身锻炼没什么规律的人在数量上明显减少。
B. 健身房出于非正常的考虑，往往少报顾客的人数。
C. 由于简易健身器的出现，家庭健身活动成为可能并逐渐流行。
D. 为了吸引更多的顾客，该市健身房普遍调低了营业价格。
E. 受调查的健身锻炼爱好者只占全市健身锻炼爱好者的 10%。

◆ 题 41　（2002—10—24）在美国，每年接受治疗的精神忧郁症病人的人数超过 200 万人，是中国的近 10 倍，而中国的人口则接近美国的 10 倍。

以下各项如果为真，都有助于解释上述现象，除了：

A. 中美两国医学界对何为精神忧郁症的解释不同。
B. 考虑到实际收入，和中国相比，美国的医疗费用并不过于昂贵。
C. 和中国相比，美国有较好的医疗条件。
D. 和中国人相比，美国人有较高的自我保健意识。
E. 和中国相比，美国的生活环境较不利于人的精神健康。

◆ 题 42　（2005—1—48）城市污染是工业化社会的一个突出问题。城市居民因污染而患病的比例一般高于农村。但奇怪的是，城市中心的树木反而比农村的树木长得更茂盛，更高大。

以下各项如果为真，哪项最无助于解释上述现象？

A. 城里人对树木的保护意识比农村人强。
B. 由于热岛效应，城市中心的年平均气温明显比农村高。
C. 城市多高楼，树木因其趋光性而长得更高大。
D. 城市栽种的主要树木品种与农村不同。
E. 农村空气中的氧含量高于城市。

◆ 题 43　（2000—10—9）几年来，我国许多餐厅使用一次性筷子。这种现象受到越来越多的批评，理由是我国森林资源不足，把大好的木材用来做一次性筷子，实在是莫大的浪费。但奇怪的是，至今一次性筷子的使用还没有被禁止。

以下除哪项外，都能对上文的疑问从某一方面给以解释？

A. 有些一次性筷子不是木制的，有些一次性木制筷子并没有使用森林中的木材。
B. 已经证明，一次性筷子的使用能有效地避免一些疾病的交叉感染。
C. 一次性筷子的使用与餐厅之间相互攀比有关，要禁必须大家一起禁才行。
D. 一次性筷子并不如想象的那样卫生，有些病菌或病毒也会借助一次性筷子传播。
E. 保护森林不能只保不用。合理地使用，适量地采伐，有利于森林的保护。

◆ 题 44　（2001—10—35）某保险公司计划推出一项医疗保险，对象是 60 岁以上经体检无重大疾病的老年人。投保者在有生之年如果患心血管疾病或癌症，则其医疗费用的 90% 将由保险公司赔付。为了吸引投保者，保险金又不能定得太高。有人估计保险金将不足以支付赔付金，因而会是个赔本生意。尽管如此，保险公司的老总们仍决定推出该项保险。

以下各项断定如果为真，其中哪项最不可能是老总们做出上述决策的依据？

A. 题干中的估计只是一种悲观估计，事实上还存在着乐观的估计。
B. 推出这种带有明显赔偿风险的险种，有利于树立保险公司的道义形象和信誉，而这有利于开拓更大的保险市场。
C. 随着全民健身的普及，中老年人中癌症和心血管疾病的发病率呈逐年下降的趋势。
D. 随着相关科研的深入和医疗技术的提高，对癌症和心血管疾病的检测和医治近年内将会出现突破性的进展。
E. 推出上述险种，可以从国际老年人福利基金组织申请资助。

◆题45 （2007—10—34）夜晚点燃艾叶驱蚊曾是龙泉山区引起家庭火灾的重要原因。近年来，尽管使用艾叶驱蚊的人家显著减少，但是，家庭火灾所导致的死亡人数并没有呈现减少的趋势。
以下各项如果为真，能够解释上述情况，除了：
A. 与其他引起龙泉山区家庭火灾的原因比较，夜晚点燃艾叶引起的火灾所导致的损害相对较小。
B. 夜晚点燃艾叶所导致的火灾一般在家庭成员睡熟后发生。
C. 龙泉人对夜晚点燃艾叶导致火灾的防范意识增加了，但对其他火灾隐患防范并没有加强。
D. 随着生活水平的提高，近年来居室内木质家具和家用电器增多，一旦发生火灾，火势比过去更为猛烈。
E. 现在龙泉山区家庭住宅一般都是相邻而建，因此，一户失火随即蔓延，死亡人数因而比过去增多。

◆题46 （2005—1—50）新华大学在北戴河设有疗养院，每年夏季接待该校的教职工。去年夏季该疗养院的入住率，即全部床位的使用率为87%，来此疗养的教职工占全校教职工的比例为10%。今年夏季来此疗养的教职工占全校教职工的比例下降至8%，但入住率却上升至92%。
以下各项如果为真，都有助于解释上述看起来矛盾的数据，除了：
A. 今年该校新成立了理学院，教职工总数比去年有较大增长。
B. 今年该疗养院打破了历年的惯例，第一次有限制地对外开放。
C. 今年该疗养院的客房总数不变，但单人间的比例由原来的5%提高至10%；双人间由原来的40%提高到60%。
D. 该疗养院去年的部分客房，今年改为足疗保健室或棋牌娱乐室。
E. 经过去年冬季的改建，该疗养院的各项设施的质量明显提高，大大增加了对疗养者的吸引力。

◆题47 （2003—1—38）西双版纳植物园中有两种樱草，一种自花授粉，另一种非自花授粉，即须依靠昆虫授粉。近几年来，授粉昆虫的数量显著减少。另外，一株非自花授粉的樱草所结的种子比自花授粉的要少。显然，非自花授粉樱草的繁殖条件比自花授粉的要差。但是游人在植物园多见的是非自花授粉樱草而不是自花授粉樱草。
以上哪项判定最无助于解释上述现象？
A. 和自花授粉樱草相比，非自花授粉的种子发芽率较高。
B. 非自花授粉樱草是本地植物，而自花授粉樱草是几年前从国外引进的。
C. 前几年，上述植物园非自花授粉樱草和自花授粉樱草数量比大约是5:1。
D. 当两种樱草杂生时，土壤中的养分更易被非自花授粉吸收，这又往往导致自花授粉樱草的枯萎。
E. 在上述植物园中，为保护授粉昆虫免受游客伤害，非自花授粉樱草多植于园林深处。

◆题48 （2000—1—42）近期的一项调查显示：日本产"星愿"、德国产"心动"和美国产的"EXAP"三种轿车最受女性买主的青睐。调查指出，在中国汽车市场上，按照女性买主所占的百分比计算，这三种轿车名列前三名。星愿、心动和EXAP车的买主，分别有58%、55%和54%是妇女。但是，最近连续6个月的女性购车量排行榜，却都是国产的富康轿车排在首位。
以下哪项如果为真，最有助于解释上述矛盾？
A. 每种轿车的女性买主占各种轿车买主总数的百分比，与某种轿车的买主之中女性所占的百分比是不同的。
B. 排行榜的设立，目的之一就是引导消费者的购车方向。而发展国产汽车业，排行榜的作用不可忽视。

C. 国产的富康轿车也曾经在女性买主所占的百分比的排列中名列前茅，只是最近才落到了第四名的位置。
D. 最受女性买主的青睐和女性买主真正花钱去购买是两回事，一个是购买欲望，一个是购买行为，不可混为一谈。
E. 女性买主并不意味着就是女性来驾驶，轿车登记的主人与轿车实际的使用者经常是不同的。而且，单位购车在国内占到了很重要的比例，不能忽略不计。

◆ 题 49　（2007—10—43）研究表明，很少服用抗生素的人比经常服用抗生素的人有更强的免疫力。然而，没有证据表明，服用抗生素会削弱免疫力。

以下哪项如果为真，最能解释题干中似乎存在的不一致？

A. 抗生素药物对于治疗病毒引起的疾病没有疗效。
B. 抗生素药物的价格比较贵，病人只在病重时才服用抗生素药物。
C. 尽管抗生素会产生许多副作用，有些人依然不断使用这类药。
D. 免疫力差的人，如果不服用抗生素药物，很难从细菌感染的疾病中恢复过来。
E. 免疫力强的人很少感染上人们通常需要用抗生素进行治疗的疾病。

◆ 题 50　（2010—10—42）今年以来，A省的房地产市场出现了低迷迹象，成交量减少，房价下跌。但该省的S市是个例外，房价持续上涨，成交活跃。

以下哪项如果属实，最无助于解释上述的例外？

A. 经批准，S市将建立高新技术开发区，预计大量外资将进入该市。
B. 该市加大交通基础建设和投资已显示出效果，交通拥堵的状况大为改观。
C. 与东部许多城市相比，S市的房地产价格一直偏低，上涨的空间较大。
D. S市的银行向房地产开发商发放了大量的贷款，促进了该市房地产业的发展。
E. 经过网络投票和专家评定，S市被评为国内最合适人居住的城市之一。

◆ 题 51　（2004—10—49　2003—10—43）当一只鱼鹰捕捉到一条白鲢、一条草鱼或一条鲤鱼而飞离水面时，往往会有许多鱼鹰几乎同时跟着飞聚到这一水面捕食。但是，当一只鱼鹰捕捉到的是一条鲶鱼时，这种情况却很少出现。

以下哪项如果为真，最能合理地解释上述现象？

A. 草鱼或鲤鱼比鲶鱼更符合鱼鹰的口味。
B. 在鱼鹰捕食的水域中，白鲢、草鱼和鲤鱼比较多见，而鲶鱼比较少见。
C. 在鱼鹰捕食的水域中，白鲢、草鱼和鲤鱼比较少见，而鲶鱼比较多见。
D. 白鲢、草鱼或鲤鱼经常成群出现，而鲶鱼则没有这种习性。
E. 白鲢、草鱼和鲤鱼比鲶鱼更易被鱼鹰捕食。

◆ 题 52　（2006—10—43）汽车保险公司的统计数据显示：在所处理的汽车被盗索赔案中，安装自动防盗系统的汽车的比例明显低于未安装此种系统的汽车，这说明，安装自动防盗系统能明显减少汽车被盗的风险。但警察局的统计数据却显示：在报案的被盗汽车中，安装自动防盗系统的比例高于未安装此种系统的汽车。这说明，安装自动防盗系统不能减少汽车被盗的风险。

以下哪项如果为真，最有利于解释上述看起来矛盾的统计结果？

A. 许多安装了自动防盗系统的汽车车主不再购买汽车被盗保险。
B. 有些未安装自动防盗系统的汽车被盗后，车主报案但未索赔。
C. 安装自动防盗系统的汽车大都档次较高；汽车的档次越高，越易成为盗窃的对象。
D. 汽车失盗后，车主一般先到警察局报案，再去保险公司索赔。
E. 有些安装了自动防盗系统的汽车被盗后，车主索赔但未报案。

题 53 （2014—10—28） 对交通事故的调查发现，严查酒驾的城市和不严查酒驾的城市，交通事故发生率实际上是差不多的。然而多数专家认为：严查酒驾确实能降低交通事故的发生。

以下哪项对消除这种不一致最有帮助？

A. 严查酒驾的城市交通事故发生率曾经都很高。

B. 实行严查酒驾的城市并没有消除酒驾。

C. 提高司机的交通安全意识比严格管理更为重要。

D. 除了严查酒驾外，对其他交通违章也应该制止。

E. 小城市和大城市交通事故的发生率是不一样的。

题 54 （2009—10—32） 大投资的所谓巨片的票房收入，一般是影片制作与商业宣传总成本的二至三倍。但是电影产业的年收入大部分来自中小投资的影片。

以下哪项如果为真，最能解释题干的现象？

A. 大投资的巨片中确实不乏精品。

B. 大投资巨片的票价明显高于中小投资影片。

C. 对观众的调查显示，大投资巨片的平均受欢迎程度不高于中小投资影片。

D. 票房收入不是评价影片质量的主要标准。

E. 投入市场的影片中，大部分是中小投资的影片。

题 55 （2000—1—50） 尽管是航空业萧条的时期，各家航空公司也没有节省广告宣传的开支。翻开许多城市的晚报，最近一直都在连续刊登如下广告：飞机远比汽车安全！你不要被空难的夸张报道吓破了胆，根据航空业协会的统计，飞机每飞行1亿千米死1人，而汽车每走5 000万千米死1人。汽车工业协会对这个广告大为恼火，他们通过电视公布了另外一个数字：飞机每20万飞行小时死1人，而汽车每200万行驶小时死1人。

如果以上资料均为真，则以下哪项最能解释上述这种看起来矛盾的结论？

A. 安全性只是人们在进行交通工具选择时所考虑问题的一个方面，便利性、舒适感以及某种特殊的体验都会影响消费者的选择。

B. 尽管飞机的驾驶员所受的专业训练远远超过汽车司机，但是，因为飞行高度的原因，飞机失事的生还率低于车祸。

C. 飞机的确比汽车安全，但是，空难事故所造成的新闻轰动要远远超过车祸，所以，给人们留下的印象也格外深刻。

D. 两种速度完全不同的交通工具，用运行的距离做单位来比较安全性是不全面的，用运行的时间来比较也会出偏差。

E. 媒体只关心能否提高收视率和发行量，根本不尊重事情的本来面目。

题 56 （2005—10—44） 1970 年，U 国汽车保险业的赔付总额中，只有 10% 用于赔付汽车事故造成的人身伤害。而 2000 年，这部分赔付金所占的比例上升到 50%，尽管这 30 年来 U 国的汽车事故率呈逐年下降的趋势。

以下哪项如果为真，最有助于解释上述看来矛盾的现象？

A. 这 30 年来，U 国汽车的总量呈逐年上升的趋势。

B. 这 30 年，U 国的医疗费用显著上升。

C. 2000 年 U 国的交通事故数量明显多于 1970 年。

D. 2000 年 U 国实施的新交通法规比 1970 年的更为严格。

E. 这 30 年来 U 国汽车保险金的上涨率明显高于此期间的通货膨胀率。

◆ 题 57 （2001—1—52）烟草业仍然是有利可图的。在中国，尽管今年吸烟者中成人的人数减少，烟草生产商销售的烟草总量还是增加了。

以下哪项不能用来解释烟草销售量的增长和吸烟者中成人人数的减少？

A. 今年中，开始吸烟的妇女数量多于戒烟的男子数量。
B. 今年中，开始吸烟的少年数量多于同期戒烟的成人数量。
C. 今年，非吸烟者中咀嚼烟草及嗅鼻烟的人多于戒烟者。
D. 今年和往年相比，那些有长年吸烟史的人平均消费了更多的烟草。
E. 今年中国生产的香烟中用于出口的数量高于往年。

◆ 题 58 （2003—1—48）S市餐饮经营点的数量自1996年的约20 000个，逐年下降至2001年的约5 000个。但是这五年来，该市餐饮业的经营资本在整个服务行业中所占的比例并没有减少。以下各项中，哪项最无助于说明上述现象？

A. S市2001年餐饮业的经营资本总额比1996年高。
B. S市2001年餐饮业经营点的平均资本额比1996年有显著增长。
C. 作为激烈竞争的结果，近五年来，S市的餐馆有的被迫停业，有的则努力扩大经营规模。
D. 1996年以来，S市服务行业的经营资本总额逐年下降。
E. 1996年以来，S市服务行业的经营资本占全市产业经营总资本的比例逐年下降。

》》》》》》》》》》》》》》》》》》》》》》》》 管综真题警戒线 》》》》》》》》》》》》》》》》》》》》》》》》

◆ 题 59 （2010—1—37）美国某大学医学院的研究人员在《小儿科杂志》上发表论文指出，在对2 702个家庭的孩子进行跟踪调查后发现，如果孩子在5岁前每天看电视超过2小时，他们长大后出现行为问题的风险将会增加1倍多。所谓行为问题是指性格孤僻、言行粗鲁、侵犯他人、难与他人合作等。

以下哪项最好地解释了以上论述？

A. 电视节目会使孩子产生好奇心，容易导致孩子出现暴力倾向。
B. 电视节目中有不少内容容易使孩子长时间处于紧张、恐惧的状态。
C. 看电视时间过长，会影响孩子与其他人的交往，久而久之，孩子便会缺乏与他人打交道的经验。
D. 儿童模仿能力强，如果只对电视节目感兴趣，长此以往，会阻碍他们分析能力的发展。
E. 每天长时间地看电视，容易使孩子神经系统产生疲劳，影响身心发展。

◆ 题 60 （2016—1—45）在一项关于"社会关系如何影响人的死亡率"的课题研究中，研究人员惊奇地发现：不论种族、收入、体育锻炼等因素，一个乐于助人、和他人相处融洽的人，其平均寿命长于一般人，在男性中尤其如此；相反，心怀恶意、损人利己、和他人相处不融洽的人，70岁之前的死亡率比正常人高出1.5至2倍。

以下哪项如果为真，最能解释上述发现？

A. 身心健康的人容易和他人相处融洽，而心理有问题的人与他人很难相处。
B. 男性通常比同年龄段的女性对他人有更强的"敌视情绪"，多数国家男性的平均寿命也因此低于女性。
C. 与人为善带来轻松愉悦的情绪，有益身体健康；损人利己则带来紧张的情绪，有损身体健康。
D. 心存善念、思想豁达的人大多精神愉悦、身体健康。
E. 那些自我优越感比较强的人通常"敌视情绪"也比较强，他们长时间处于紧张状态。

- 题61 （2012—1—50）探望病人通常会送上一束鲜花。但某国曾有报道说，医院花瓶的水可能含有很多细菌，鲜花会在夜间与病人争夺氧气，还可能影响病房里电子设备的工作。这引起了人们对鲜花的恐慌，该国一些医院甚至禁止在病房内摆放鲜花。尽管后来证实鲜花并未导致更多的病人受感染，并且权威部门也澄清，未见任何感染病例与病房里的植物有关，但这并未减轻医院对鲜花的反感。

  以下除哪项外，都能减轻医院对鲜花的担心？
  A. 鲜花并不比病人身边的餐具、饮料和食物带有更多可能危害病人健康的细菌。
  B. 在病房里放置鲜花让病人感到心情愉悦、精神舒畅，有助于病人康复。
  C. 给鲜花换水、修剪需要一定的人工，如果花瓶倒了还会导致危险产生。
  D. 已有研究证明，鲜花对病房空气的影响微乎其微，可以忽略不计。
  E. 探望病人所送的鲜花大都花束小、需水量少、花粉少，不会影响电子设备工作。

- 题62 （2021—1—32）某高校的李教授在网上撰文指责另一高校的张教授早年发表的一篇论文存在抄袭现象，张教授知晓后立即在同一网站对李教授的指责做出反驳。

  以下哪项作为张教授的反驳最为有利？
  A. 自己投稿在先而发表在后，所谓论文抄袭，其实是他人抄自己。
  B. 李教授的指责纯属栽赃陷害、混淆视听，破坏了大学教授的整体形象。
  C. 李教授的指责，是对自己不久前批评李教授学术观点所做的打击报复。
  D. 李教授的指责可能背后有人指使，不排除受到两校不正当竞争的影响。
  E. 李教授早年的两篇论文其实也存在不同程度的抄袭现象。

- 题63 （2021—1—30）气象台的实测气温与人实际的冷暖感受常常存在一定的差异。在同样的低温条件下，如果是阴雨天，人会感到特别冷，即通常说的"阴冷"；如果同时赶上刮大风，人会感到寒风刺骨。

  以下哪项如果为真，最能解释上述现象？
  A. 人的体感温度除了受气温的影响外，还受风速与空气湿度的影响。
  B. 低温情况下，如果风力不大、阳光充足，人不会感到特别寒冷。
  C. 即使天气寒冷，若进行适当锻炼，人也不会感到太冷。
  D. 即使室内外温度一致，但是走到有阳光的室外，人会感到温暖。
  E. 炎热的夏日，电风扇转动时，尽管不改变环境温度，但人依然感到凉快。

- 题64 （2015—1—26）晴朗的夜晚我们可以看到满天星斗，其中有些是自身发光的恒星，有些是自身不发光但可以反射附近恒星光的行星。恒星尽管遥远，但是有些可以被现有的光学望远镜"看到"。和恒星不同，由于行星本身不发光，而且体积远小于恒星，所以，太阳系外的行星大多无法用现有的光学望远镜"看到"。

  以下哪项如果为真，最能解释上述现象？
  A. 现有的光学望远镜只能"看到"自身发光或者反射光的天体。
  B. 有些恒星没有被现有的光学望远镜"看到"。
  C. 如果行星的体积够大，现有的光学望远镜就能够"看到"。
  D. 太阳系外的行星因距离遥远，很少能将恒星光反射到地球上。
  E. 太阳系内的行星大多可以用现有的光学望远镜"看到"。

- 题65 （2014—1—36）英国有家小酒馆采取客人吃饭付费"随便给"的做法，即让顾客享用葡萄酒、蟹柳及三文鱼等美食后，自己决定付账金额。大多数顾客均以公平或慷慨的态度结账，实际金额比那些酒水菜肴本来的价格高出20%。该酒馆老板另有4家酒馆，而这4家酒馆每周的利润与付账"随便给"的酒馆相比少5%。这位老板因此认为,"随便给"的营销策略很成功。

以下哪项如果为真,最能解释老板营销策略的成功?

A. 部分顾客希望自己看上去有教养,愿意掏足够甚至更多的钱。
B. 如果客人支付低于成本价格,就会受到提醒而补足差价。
C. 另外4家酒馆位置不如这家"随便给"酒馆。
D. 客人常常不知道酒水菜肴的实际价格,不知道该付多少钱。
E. 对于过分吝啬的顾客,酒馆老板常常也无可奈何。

题66 (2016—1—42) 某公司办公室茶水间提供自助式收费饮料,职员拿完饮料后,自己把钱放到特设的收款箱中,研究者为了判断职员在无人监督时,其自律水平会受哪些因素的影响。特地在收款箱上方贴了一张装饰图片,每周一换。装饰图片有时是一些花朵,有时是一双眼睛。一个有趣的现象出现了:贴着"眼睛"的那一周,收款箱里的钱远远超过贴其他图片的情形。

以下哪项如果为真,最能解释上述实验现象?

A. 该公司职员看到"眼睛"图片时,就能联想到背后可能有人看着他们。
B. 在该公司工作的职员,其自律能力超过社会中的其他人。
C. 该公司职员看着"花朵"图片时,心情容易变得愉快。
D. 眼睛是心灵的窗口,该公司职员看到"眼睛"图片时会有一种莫名的感动。
E. 在无人监督的情况下,大部分人缺乏自律能力。

题67 (2010—1—35) 成品油生产商的利润很大程度上受国际市场原油价格的影响,因为大部分原油是按国际市场价购进的。今年来,随着国际原油市场价格的不断提高,成品油生产商的运营成本大幅度增加,但某国成品油生产商的利润并没有减少,反而增加了。

以下哪项如果为真,最有助于解释上述看似矛盾的现象?

A. 原油成本只占成品油生产商运营成本的一半。
B. 该国成品油价格根据市场供需确定,随着国际原油市场价格的上涨,该国政府为成品油生产商提供相应的补助。
C. 在国际原油市场价格不断上涨期间,该国成品油生产商降低了个别高薪雇员的工资。
D. 在国际原油市场价格上涨之后,除进口成本增加外,成品油生产的其他成本也有所提高。
E. 该国成品油生产商的原油有一部分来自国内,这部分受国际市场价格波动影响较小。

题68 (2012—1—36) 乘客使用手机及便携式电子设备会通过电磁波谱频繁传输信号,机场的无线电话和导航网络等也会使用电磁波谱,但电信委员会已根据不同用途把电磁波谱分成了几大块。因此,用手机打电话不会对专供飞机通信系统或全球定位系统使用的波段造成干扰。尽管如此,各大航空公司仍然规定,禁止机上乘客使用手机等电子设备。

以下哪项如果为真,能解释上述现象?

Ⅰ. 乘客在空中使用手机等电子设备可能对地面导航网络造成干扰。
Ⅱ. 乘客在起飞和降落时使用手机等电子设备,可能影响机组人员工作。
Ⅲ. 便携式电脑或者游戏设备可能导致自动驾驶仪出现断路或仪器显示发生故障。

A. 仅Ⅰ。　　　　　　　　B. 仅Ⅱ。　　　　　　　　C. 仅Ⅰ、Ⅱ。
D. 仅Ⅱ、Ⅲ。　　　　　　E. Ⅰ、Ⅱ、Ⅲ。

题69 (2014—1—41) 有气象专家指出,全球变暖已经成为人类发展最严重的问题之一,南北极地区的冰川由于全球变暖而加速融化,已导致海平面上升;如果这一趋势不变,今后势必淹没很多地区。但近几年来,北半球许多地区的民众在冬季感到相当寒冷,一些地区甚至出现了超强降雪和超低气温,人们觉得对近期气候的确切描述似乎更应该是"全球变冷"。

以下哪项如果为真，最能解释上述现象？

A. 除了南极洲，南半球近几年冬季的平均温度接近常年。
B. 近几年来，全球夏季的平均气温比常年偏高。
C. 近几年来，由于两极附近海水温度升高导致原来洋流中断或者减弱，而北半球经历严寒冬季的地区正是原来暖流影响的主要区域。
D. 近几年来，由于赤道附近海水温度升高导致了原来洋流增强，而北半球经历严寒冬季的地区不是原来寒流影响的主要区域。
E. 北半球主要是大陆性气候，冬季和夏季的温差通常比较大，近几年来冬季极地寒流南侵比较频繁。

◆ 题 70 （2011—1—26）巴斯德认为，空气中的微生物浓度与环境状况、气流运动和海拔高度有关。他在山上的不同高度分别打开装着煮过的培养液的瓶子，发现海拔越高，培养液被微生物污染的可能性越小。在山顶上，20个装了培养液的瓶子，只有1个长出了微生物。普歇另用干草浸液做材料重复了巴斯德的实验，却得出不同的结果：即使在海拔很高的地方，所有装了培养液的瓶子都很快长出了微生物。

以下哪项如果为真，最能解释普歇和巴斯德实验所得到的不同结果？

A. 只要有氧气的刺激，微生物就会从培养液中自发地生长出来。
B. 培养液在加热消毒、密封、冷却的过程中会被外界细菌污染。
C. 普歇和巴斯德的实验设计都不够严密。
D. 干草浸液中含有一种耐高温的枯草杆菌，培养液一旦冷却，枯草杆菌的孢子就会复活，迅速繁殖。
E. 普歇和巴斯德都认为，虽然他们用的实验材料不同，但是经过煮沸，细菌都能被有效地杀灭。

◆ 题 71 （2018—1—39）我国中原地区如果降水量比往年偏低，该地区的河流水位会下降，流速会减缓。这有利于河流中的水草生长，河流中的水草总量通常也会随之而增加。不过，去年该地区在经历了一次极端干旱之后，尽管该地区某河流的流速十分缓慢，但其中的水草总量并未随之而增加，只是处于一个很低的水平。

以下哪项如果为真，最能解释上述看似矛盾的现象？

A. 经过极端干旱之后，该河流中以水草为食物的水生动物数量大量减少。
B. 河水流速越慢，其水温变化就越小，这有利于水草的生长和繁殖。
C. 如果河中水草数量达到一定的程度，就会对周边其他物种的生存产生危害。
D. 该河流在经历了去年极端干旱之后干涸了一段时间，导致大量水生物死亡。
E. 我国中原地区多平原，海拔差异小，其地表河水流速比较缓慢。

◆ 题 72 （2017—1—49）通常情况下，长期在寒冷环境中生活的居民可以有更强的抗寒能力。相比于我国的南方地区，我国北方地区冬天的平均气温要低很多。然而有趣的是，现在许多北方的居民并不具有我们所以为的抗寒能力，相当多的北方人到南方来过冬，竟然难以忍受南方的寒冷天气，怕冷程度甚至远超过当地人。

以下哪项如果为真，最能解释上述现象？

A. 一些北方人认为南方温暖，他们去南方过冬时往往保暖工作做得不够充分。
B. 南方地区冬天虽然平均气温比北方高，但也存在极端低温的天气。
C. 北方地区在冬天通常启动供暖设备，其室内温度往往比南方高出很多。
D. 有些北方人是从南方迁过去的，他们还没有完全适应北方的气候。
E. 南方地区湿度较大，冬天感受到的寒冷程度超出气象意义上的温度指标。

◆ 题 73　（2011—1—35）随着数字技术的发展，音频、视频的播放形式出现了革命性转变。人们很快接受了一些新形式，比如 MP3、CD、DVD 等。但是对于电子图书的接受并没有达到专家所预期的程度，现在仍有很大一部分读者喜欢捧着纸质出版物。纸质书籍在出版业中依然占据重要地位。因此有人说，书籍可能是数字技术需要攻破的最后一个堡垒。

以下哪项最不能对上述现象提供解释？

A. 人们固执地迷恋着阅读纸质书籍时的舒适体验，喜欢纸张的质感。
B. 在显示器上阅读，无论是笨重的阴极射线管显示器还是轻薄的液晶显示器，都会让人无端地心浮气躁。
C. 现在仍有一些怀旧爱好者喜欢收藏经典图书。
D. 电子书显示设备技术不够完善，图像显示速度较慢。
E. 电子书和纸质书籍的柔软沉静相比，显得面目可憎。

◆ 题 74　（2016—1—40）2014 年，为迎接 APEC 会议的召开，北京、天津、河北等地实施"APEC 治理模式"，采取了有史以来最严格的减排措施。果然，令人心醉的"APEC 蓝"出现了。然而，随着会议的结束，"APEC 蓝"也渐渐消失了。对此，有些人士表示困惑，既然政府能在短期内实施"APEC 治理模式"取得良好效果，为什么不将这一模式长期坚持下去呢？

以下除哪项外，均能解释人们的困惑？

A. 如果 APEC 会议期间北京雾霾频发，就会影响我们国家的形象。
B. 如果近期将"APEC 治理模式"常态化，将会严重影响地方经济和社会的发展。
C. 任何环境治理都需要付出代价，关键在于付出的代价是否超出收益。
D. 最严格的减排措施在落实过程中已产生很多难以解决的实际困难。
E. 短期严格的减排措施只能是权宜之计，大气污染治理仍需从长计议。

◆ 题 75　（2013—1—37）若成为白领的可能性无性别差异，按正常男女出生率 102:100 计算，当这批人中的白领谈婚论嫁时，女性和男性数量应当大致相等。但实际上，某市妇联近几年举办的历次大型白领相亲活动中，报名的男女比例约为 3:7，有时甚至达到 2:8。这说明文化程度越高的女性越难嫁，文化低的反而好嫁；男性则正好相反。

以下除哪项外，都有助于解释上述分析与实际情况不一致？

A. 男性因长相、身高、家庭条件等被女性淘汰者多于女性因长相、身高、家庭条件等被男性淘汰者。
B. 与男性白领不同，女性白领要求高，往往只找比自己更优秀的男性。
C. 大学毕业后出国的精英分子中，男性多于女性。
D. 与本地女性竞争的外地优秀女性多于与本地男性竞争的外地优秀男性。
E. 一般来说，男性参加大型相亲会的积极性不如女性。

◆ 题 76　（2011—1—31）2010 年某省物价总水平仅上涨 2.4%，涨势比较温和，涨幅甚至比 2009 年回落了 0.6 个百分点。可是，普通民众觉得物价涨幅较高，一些统计数据也表明，民众的感觉有据可依。2010 年某月的统计报告显示，该月禽蛋类商品价格涨幅达 12.3%，某些反季节蔬菜涨幅甚至超过 20%。

以下哪项如果为真，最能解释上述看似矛盾的现象？

A. 人们对数据的认识存在偏差，不同来源的统计数据会产生不同的结果。
B. 影响居民消费品价格总水平变动的各种因素互相交织。
C. 虽然部分日常消费品涨幅很小，但居民感觉很明显。
D. 在物价指数体系中占相当权重的工业消费品价格持续走低。
E. 不同的家庭，其收入水平、消费偏好、消费结构都有很大的差异。

题 77 （2013—1—39）某大学的哲学学院和管理学院今年招聘新教师，招聘结束后受到了女权主义代表的批评，因为他们在12名女性应聘者中录用了6名，但在12名男性应聘者中却录用了7名。该大学对此解释说，今年招聘新教师的两个学院中，女性应聘者的录用率都高于男性应聘者的录用率。具体情况是：哲学学院在8名女性应聘者中录用了3名，而在3名男性应聘者中录用了1名；管理学院在4名女性应聘者中录用了3名，而在9名男性应聘者中录用了6名。

以下哪项最有助于解释女权主义代表和大学之间的分歧？

A. 整体并不是局部的简单相加。
B. 有些数字规则不能解释社会现象。
C. 人们往往从整体角度考虑问题，不管局部。
D. 现代社会提倡男女平等，但实际执行中还有一定难度。
E. 各个局部都具有的性质在整体上未必具有。

题 78 （2011—1—48）随着文化知识越来越重要，人们花在读书上的时间越来越多，文人学子近视患者的比例也越来越高。即便是在城里工人、乡镇农民中，也能看到不少人戴近视眼镜。然而，在中国古代很少发现患有近视的文人学子，更别说普通老百姓了。

以下除哪项外，均可以解释上述现象？

A. 古时候，只有家庭条件好或者有地位的人才读得起书；即便读书，用在读书上的时间也很少，那种头悬梁、锥刺股的读书人更是凤毛麟角。
B. 古时交通工具不发达，出行主要靠步行、骑马，足量的运动对于预防近视有一定的作用。
C. 古人生活节奏慢，不用担心交通安全，所以即使患了近视，其危害也非常小。
D. 古代自然科学不发达，那时学生读的书很少，主要是四书五经，一本《论语》要读好几年。
E. 古人书写用的是毛笔，眼睛和字的距离比较远，写的字也相对大些。

题 79 （2012—1—47）一般商品只有在多次流通过程中才能不断增值，但艺术品作为一种特殊商品却体现出了与一般商品不同的特征。在拍卖市场上，有些古玩、字画的成交价有很大的随机性，往往会直接受到拍卖现场气氛、竞争激烈程度、买家心理变化等偶然因素的影响，成交价有时会高于底价几十倍乃至数百倍，使得艺术品在一次"流通"中实现大幅度增值。

以下哪项最无助于解释上述现象？

A. 艺术品的不可再造性决定了其交换价格有可能超过其自身价值。
B. 不少买家喜好收藏，抬高了艺术品的交易价格。
C. 有些买家就是为了炒作艺术品，以期获得高额利润。
D. 虽然大量赝品充斥市场，但是对艺术品的交易价格没有什么影响。
E. 国外资金进入艺术品拍卖市场，对价格攀升起到了拉动作用。

题型 20 相似题型

题 1 （2014—10—34）张老师说：这次摸底考试，我们班的学生全都通过了，所以，没有通过的都不是我们班的学生。

以下哪项和以上推理最为相似？

A. 所有摸底考试通过的学生都好好复习了，所以好好复习的学生都通过了。
B. 所有摸底考试没有通过的学生都没有好好复习，所以没有好好复习的学生都没有通过。
C. 所有参加摸底考试的学生都经过了认真准备，所以没有参加摸底考试的学生都没有认真准备。

D. 英雄都是经得起考验的，所以经不起考验的就不是英雄。
E. 有的学生虽然没有好好复习，但是也通过了。

◆题2 （1997—10—21）中华腾飞，系于企业；企业腾飞，系于企业家。因此，中国经济的起飞迫切需要大批优秀的企业家。

下面哪一种逻辑推理方法与上述推理方法相同？

A. 红盒中装蓝球，蓝盒中装绿球。因此，红盒中不可能装绿球。
B. 新技术增加产品的科技含量，科技含量增加产品的价值，技术含量低的产品价值低。
C. 生产力决定生产关系，生产关系决定上层建筑，上层建筑又反作用于生产关系。
D. 优秀的学习成绩来自勤奋，勤奋需要意志支撑。因此，要取得好的成绩必须具有坚韧的意志。
E. 王军霞的优异成绩来自她个人的努力，也来自教练对她的培养。

◆题3 （2009—1—51）科学离不开测量，测量离不开长度单位。千米、米、分米、厘米等基本长度单位的确立完全是一种人为约定，因此，科学的结论完全是一种人为的主观约定，谈不上客观的标准。

以下哪项与题干的论证最为类似？

A. 建立良好的社会保障体系离不开强大的综合国力，强大的综合国力离不开一流的国民教育。因此，要建立良好的社会保障体系，必须有一流的国民教育。
B. 做规模生意离不开做广告。做广告就要有大额资金投入。不是所有人都能有大额资金投入。因此，不是所有人都能做规模生意。
C. 游人允许坐公园的长椅。要坐公园长椅就要靠近它们。靠近长椅的一条路径要踩踏草地。因此，允许游人踩踏草地。
D. 具备扎实的舞蹈基本功必须经过长年不懈的艰苦训练。在春节晚会上演出的舞蹈演员必须具备扎实的基本功。长年不懈的艰苦训练是乏味的。因此，在春节晚会上演出是乏味的。
E. 家庭离不开爱情，爱情离不开信任。信任是建立在真诚基础上的。因此，对真诚的背离是家庭危机的开始。

◆题4 （1997—1—8）凡金属都是导电的。铜是导电的，所以铜是金属。

下面哪项与上述推理结构最相似？

A. 所有的鸟都是卵生动物，蝙蝠不是卵生动物，所以，蝙蝠不是鸟。
B. 所有的鸟都是卵生动物，天鹅是鸟，所以天鹅是卵生动物。
C. 所有从事工商管理的都要学习企业管理，老陈是学习企业管理的，所以，老陈是从事工商管理工作的。
D. 只有精通市场营销理论，才是一个合格的市场营销经理，老张精通市场营销理论，所以，老张一定是合格的市场营销经理。
E. 华山险于黄山，黄山险于泰山，所以华山险于泰山。

◆题5 （1999—10—40）一切有利于生产力发展的方针政策都是符合人民根本利益的，改革开放有利于生产力的发展，所以改革开放是符合人民根本利益的。

以下哪种推理方式与上面的这段论述最为相似？

A. 一切行动听指挥是一支队伍能够战无不胜的纪律保证。所以，一个企业、一个地区要发展，必须提倡令行禁止、服从大局。
B. 经过对最近六个月销售的健身器的跟踪调查，没有发现一台因质量问题而退货或返修。因此，可以说这批健身器的质量是合格的。
C. 如果某种产品超过了市场需求，就可能出现滞销现象。"卓群"领带的供应量大大超过了市场需求，因此，一定会出现滞销现象。
D. 凡是超越代理人权限所签的合同都是无效的。这份房地产建设合同是超越代理权限签订的，所以它是无效的。
E. 我们对一部分实行产权明晰化的企业进行调查，发现企业通过明晰产权都提高了经济效益，没有发现反例。因此我们认为，凡是实行产权明晰化的企业都能提高经济效益。

题6 （2000—10—30）对冲基金每年提供给投资者的回报从来都不少于25%。因此，如果这个基金每年最多只能给我们20%的回报的话，它就一定不是一个对冲基金。

以下哪项的推理方法与上文相同？

A. 好的演员从来都不会因为自己的一点进步而沾沾自喜，谦虚的黄生一直注意不以点滴的成功而自傲，看来，黄生就是个好演员。
B. 移动电话的话费一般比普通电话贵。如果移动电话和普通电话都在身边时，我们选择了普通电话，那就体现了节约的美德。
C. 如果一个公司在遇到像亚洲金融危机这样的挑战的时候还能保持良好的增长势头，那么在危机过后就会更红火。秉东电信公司今年在金融危机中没有退步，所以明年会更兴旺。
D. 一个成熟的学校在一批老教授离开自己的工作岗位后，应当有一批年轻的学术人才脱颖而出，勇挑大梁。华成大学去年一批教授退休后，大批年轻骨干纷纷外流，一时间群龙无首，看来华成大学还算不上是一个成熟的学校。
E. 练习武功有恒心的人一定会每天早上五点起床，练上半小时。今天早上武钢早上五点起床后，一口气练了一个小时，我看武钢是个练武功有恒心的好小伙子。

题7 （2013—10—47）所有景观房都可以看到山水景致，但是李文秉家看不到山水景致，因此，李文秉家不是景观房。

以下哪项和上述论证方式最为类似？

A. 善良的人都会得到村民的尊重，乐善好施的成公得到了村民的尊重，因此，成公是善良的人。
B. 东墩市场的蔬菜都非常便宜，这篮蔬菜不是在东墩市场买的，因此，这篮蔬菜不便宜。
C. 九天公司的员工都会说英语，林英瑞是九天公司的员工，因此，林英瑞会说英语。
D. 达到基本条件的人都可以申请小额贷款，孙雯没有申请小额贷款，因此，孙雯没有达到基本条件。
E. 进入复试的考生笔试成绩都在160分以上，王离芬的笔试成绩没有达到160分，因此，王离芬没有进入复试。

题8 （1997—10—20）只有在适当的温度下，鸡蛋才能孵出小鸡来。现在，鸡蛋已经孵出了小鸡，可见温度是适当的。

下述推理结构哪个与上述推理在形式上是相同的？

A. 如果物体间发生摩擦，那么物体就会生热。物体间已经发生了摩擦，所以物体必然要生热。
B. 只有年满18岁的公民才有选举权。赵某已有选举权，他一定年满18岁了。
C. 公民都有劳动的权利。张明是公民，因此，他有劳动的权利。
D. 我国《刑法》规定：致人重伤的处三年以上七年以下有期徒刑。被告已致人重伤，因此，他应处三年以上七年以下的有期徒刑。
E. 只有侵害的对象是公共财物的行为，才构成贪污罪。张某侵害的对象不是公共财产，因此，他的行为不构成贪污罪。

题9 （2002—1—51）要选修数理逻辑课，必须已修普通逻辑课，并对数学感兴趣。有些学生虽然对数学感兴趣，但并没修过普通逻辑课，因此，有些对数学感兴趣的学生不能选修数理逻辑课。

以下哪项的逻辑结构与题干的最为类似？

A. 据学校规定，要获得本年度的特设奖学金，必须来自贫困地区，并且成绩优秀。有些本年度特设奖学金的获得者成绩优秀，但并非来自贫困地区，因此，学校评选本年度奖学金的规定并没有得到很好地执行。

B. 一本书要畅销，必须既有可读性，又经过精心的包装。有些畅销书可读性并不大，因此，有些畅销书主要是靠包装。

C. 任何缺乏经常保养的汽车使用了几年之后都需要维修，有些汽车用了很长时间以后还不需要维修，因此，有些汽车经常得到保养。

D. 高级写字楼要值得投资，必须设计新颖，或者能提供大量办公用地。有些新写字楼虽然设计新颖，但不能提供大量的办公用地，因此，有些新写字楼不值得投资。

E. 为初学的骑士训练的马必须强健而且温驯，有些马强健但并不温驯，因此，有些强健的马并不适合于初学的骑手。

题10 （2000—1—67）法制的健全或者执政者强有力的社会控制能力，是维持一个国家社会稳定的必不可少的条件。Y国社会稳定但法制尚不健全。因此，Y国的执政者具有强有力的社会控制能力。

以下哪项论证方式，和题干的最为类似？

A. 一个影视作品，要想有高的收视率或票房价值，作品本身的质量和必要的包装宣传缺一不可。电影《青楼月》上映以来票房价值不佳但实际上质量堪称上乘。因此，看来它缺少必要的广告宣传和媒介炒作。

B. 必须有超常业绩或者30年以上服务于本公司的工龄的雇员，才有资格获得X公司本年度的特殊津贴。黄先生获得了本年度的特殊津贴但在本公司仅供职5年，因此他一定有超常业绩。

C. 如果既经营无方又铺张浪费，则一个企业将严重亏损。Z公司虽经营无方但并没有严重亏损，这说明它至少没有铺张浪费。

D. 一个罪犯要实施犯罪，必须既有作案动机，又有作案时间。在某案中，W先生有作案动机但无作案时间。因此，W先生不是该案的作案者。

E. 一个论证不能成立，当且仅当，或者它的论据虚假，或者它的推理错误。J女士在科学年会上关于她的发现之科学价值的论证尽管逻辑严密，推理无误，但还是被认定不能成立。因此，她的论证中至少有部分论据虚假。

题11 （2004—10—47）李娜说，作为一个科学家，她知道没有一个科学家喜欢朦胧诗，而绝大多数科学家都擅长逻辑思维。因此，至少有些喜欢朦胧诗的人不擅长逻辑思维。

以下哪项的推理结构和题干的推理结构最为类似？

A. 余静说，作为一个生物学家，他知道所有的有袋动物都不产卵，而绝大多数有袋动物都产在澳大利亚。因此，至少有些澳大利亚动物不产卵。

B. 方华说，作为父亲，他知道没有父亲会希望孩子在临睡前吃零食，而绝大多数父亲都是成年人。因此，至少有些希望孩子临睡前吃零食的人是孩子。

C. 王唯说，作为一个品酒专家，他知道，陶瓷容器中的陈年酒的质量，都不如木桶中的陈年酒，而绝大多数中国陈年酒都装在陶瓷容器中。因此，中国陈年酒的质量至少不如装在木桶中的法国陈年酒。

D. 林宜说，作为一个摄影师，他知道，没有彩色照片的清晰度能超过最好的黑白照片，而绝大多数风景照片都是彩色照片。因此，至少有些风景照片的清晰度不如最好的黑白照片。

E. 张杰说，作为一个商人，他知道，没有商人不想发财。因为绝大多数商人都是守法的，因此，至少有些守法的人并不想发财。

● 题 12　(2001—10—33) 所有名词是实词，动词不是名词，所以动词不是实词。
以下哪项推理与上述推理在结构上最为相似？
A. 凡细粮都不是高产作物。因为凡薯类都是高产作物，凡细粮都不是薯类。
B. 先进学生都是遵守纪律的，有些先进学生是大学生，所以大学生都是遵守纪律的。
C. 铝是金属，又因为金属都是导电的，因此铝是导电的。
D. 虚词不能独立充当句法成分，介词是虚词，所以介词不能独立充当句法成分。
E. 实词能独立充当句法成分，连词不能独立充当句法成分，所以连词不是实词。

● 题 13　(1998—1—11) 所有的聪明人都是近视眼，我近视得很厉害，所以我很聪明。
以下哪项与上述推理的逻辑结构一致？
A. 我是个笨人，因为所有的聪明人都是近视眼，而我的视力那么好。
B. 所有的猪都有四条腿，但这种动物有八条腿，所以它不是猪。
C. 小陈十分高兴，所以小陈一定长得很胖；因为高兴的人都能长胖。
D. 所有的天才都高度近视，我一定是高度近视，因为我是天才。
E. 所有的鸡都是尖嘴，这种总在树上待着的鸟是尖嘴，因此它是鸡。

● 题 14　(1999—10—37) 如果学校的财务部门没有人上班，我们的支票就不能入账；我们的支票不能入账。因此，学校的财务部门没有人上班。
请在下列各项中选出与上句推理结构最为相似的一句。
A. 如果太阳神队主场是在雨中与对手激战，就一定会赢。现在太阳神队主场输了，看来一定不是在雨中进行的比赛。
B. 如果太阳晒得厉害，李明就不会去游泳。今天太阳晒得果然厉害，因此可以断定，李明一定没有去游泳。
C. 所有的学生都可以参加这一次的决赛，除非没有通过资格赛的测试。这个学生不能参加决赛，因此他一定没有通过资格赛的测试。
D. 倘若是妈妈做的菜，菜里面就一定会放红辣椒。菜里面果然有红辣椒，看来是妈妈做的菜。
E. 如果没有特别的原因，公司一般不批准职员们的事假申请。公司批准了职员陈小鹏的事假申请，看来其中一定有一些特别的原因。

● 题 15　(2008—10—39) 一个国家要发展，最重要的是保持稳定。一旦失去稳定，经济的发展，政治的改革就失去了可行性。
上述议论的结构和以下哪项的结构最不类似？
A. 一个饭店，最重要的是让顾客感到饭菜好吃。价格的合理，服务的周到，环境的优雅，只有在顾客吃得满意的情况下才有意义。
B. 一个人，最要紧的是不能穷。一旦没钱，有学问、有相貌、有品行，又能有什么用呢？
C. 高等院校，即使是研究型的高等院校，其首要任务是培养学生。这一任务完成得不好，校园再漂亮，设施再先进，发表的论文再多，也是没有意义的。
D. 对于文艺作品来说，最重要的是它的可读性、观赏性。只要有足够多的读者，高质量的文艺作品就一定能实现它的社会效益和经济效益。
E. 一个品牌要能长期占领市场，最重要的是产品质量。一个产品如果质量不过关，广告或包装再讲究，也不能使它长期占领市场。

● 题 16　(2004—10—27) 和专门的科研机构不同，高等院校，即使是研究型的高等院校，其首要任务是培养学生。这一任务完成得不好，校园再漂亮，硬件设施再先进，教师的科研成果再多，也是没有意义的。

上述议论的结构和以下哪项最不类似？

A. 一个饭店，最重要的是要使顾客感到饭菜好吃。价格的合理，服务的周到，环境的优雅，只有在顾客吃得满意的情况下才有意义。

B. 一个人最要紧的是不能穷。一旦没钱，有学问，有相貌，有品行，又能有什么用呢？

C. 和学术著作不同，对于文艺作品来说，最重要的是它的可读性、观赏性。只要有足够多的读者，高质量的文艺作品就一定能实现它的社会效益、经济效益，同时体现它的学术价值。

D. 一个国家要发展，最重要的是保持稳定。一旦失去稳定，经济的发展，政治的改革就失去了可行性。

E. 一个品牌最重要的是产品质量。如果广告和其他形式的包装对于某个品牌的产品长期占领市场确实起到了实质性的作用。那么该产品一定具有过硬的质量。

题17 （2003—10—53 2001—1—65）一个产品要想稳固地占领市场，产品本身的质量和产品的售后服务二者缺一不可。空谷牌冰箱质量不错，但售后服务跟不上，因此，很难长期稳固地占领市场。

以下哪项推理的结构和题干的最为类似？

A. 德才兼备是一个领导干部尽职胜任的必要条件。李主任富于才干但疏于品德，因此，他难以尽职胜任。

B. 如果天气晴朗并且风速在三级之下，跳伞训练场将对外开放。今天的天气晴朗但风速在三级以上，所以跳伞场不会对外开放。

C. 必须有超常业绩或者教龄在30年以上，才有资格获得教育部颁发的特殊津贴。张教授获得了教育部颁发的特殊津贴但教龄只有15年，因此，他一定有超常业绩。

D. 如果不深入研究广告制作的规律，则所制作的广告知名度和信任度不可兼得。空谷牌冰箱的广告既有知名度又有信任度，因此，这一广告的制作者肯定深入研究了广告制作的规律。

E. 一个罪犯要作案，必须既有作案动机又有作案时间。李某既有作案动机又有作案时间，因此，李某肯定是作案的罪犯。

题18 （2006—10—44）精制糖高含量的食物不会引起糖尿病的说法是不对的。因为精制糖高含量的食物会导致人的肥胖，而肥胖是引起糖尿病的一个重要诱因。

以下哪项论证在结构上和题干的最为类似？

A. 接触冷空气易引起感冒的说法是不对的。因为感冒是由病毒引起的，而病毒易于在人群拥挤的温暖空气中大量繁殖蔓延。

B. 没有从济南到张家界的航班的说法是对的。因为虽然有从济南到北京的航班，也有从北京到张家界的航班，但没有从济南到张家界的直飞航班。

C. 施肥过渡是引发草坪病虫害主要原因的说法是对的。因为过度施肥造成青草的疯长，而疯长的青草对于虫害几乎没有抵抗力。

D. 劣质汽油不会引起非正常油耗的说法是不对的。因为劣质汽油会引起发动机阀门的非正常老化，而发动机阀门的非正常老化会引起非正常油耗。

E. 亚历山大是柏拉图学生的说法是不对的。事实上，亚历山大是亚里士多德的学生，而亚里士多德是柏拉图的学生。

题19 （2014—10—52）精制糖高含量的食物不会引起后天性糖尿病的说法是不对的。因为精制糖高含量的食物会导致人的肥胖，而肥胖是引起后天性糖尿病的一个重要诱因。

以下哪项与以上论证最为相似？

A. 亚历山大是柏拉图的学生的说法是不对的。事实上，亚历山大是亚里士多德的学生，而亚里士多德是柏拉图的学生。
B. 施肥过度是引发草坪病虫害主要原因的说法是对的。因为过度施肥会造成青草的疯长，而疯长的青草对于疾病和虫害几乎没有抵抗力。
C. 经常参加剧烈运动的人可能会造成猝死是不对的。因为猝死的原因是心脑血管疾病，而剧烈运动并不一定会造成心脑血管疾病。
D. 接触冷空气易引起感冒的说法是不对的。因为感冒是由病毒引起的，而病毒易在人群拥挤的温暖空气中大量蔓延。
E. 劣质汽油不会引起非正常油耗的说法是不对的。因为劣质汽油会引发动机阀门的非正常老化，而发动机阀门的非正常老化会引起非正常油耗。

◆题20 （2006—1—35）海拔越高，空气越稀薄。因为西宁的海拔高于西安，因此，西宁的空气比西安稀薄。
以下哪项中的推理与题干的最为类似？
A. 一个人的年龄越大，他就变得越成熟。老张的年龄比他的儿子大，因此，老张比他的儿子成熟。
B. 一棵树的年头越长，它的年轮越多。老张院子中槐树的年头比老李家的槐树年头长，因此，老张家的槐树比老李家的年轮多。
C. 今年马拉松冠军的成绩比前年好。张华是今年的马拉松冠军，因此，他今年的马拉松成绩比他前年的好。
D. 在激烈竞争的市场上，产品质量越高并且广告投入越多，产品需求就越大。甲公司投入的广告费比乙公司的多，因此，对甲公司产品的需求量比对乙公司的需求量大。
E. 一种语言的词汇量越大，越难学。英语比意大利语难学，因此，英语的词汇量比意大利语大。

◆题21 （2007—1—41）在印度发现了一群不平常的陨石，它们的构成元素表明，它们只可能来自水星、金星和火星。由于水星靠太阳最近，它的物质只可能被太阳吸引而不可能落到地球上，这些陨石也不可能来自金星，因为金星表面的任何物质都不可能摆脱它和太阳的引力而落到地球上。因此，这些陨石很可能是某次巨大的碰撞后从火星落到地球上的。
上述论证方式和以下哪项最为类似？
A. 这起谋杀或是财杀，或是仇杀，或是情杀。但作案现场并无财物丢失；死者家属和睦，夫妻恩爱，并无情人。因此，最大的可能是仇杀。
B. 如果张甲是作案者，那必有作案动机和作案时间。张甲确有作案动机，但没有作案时间。因此，张甲不可能是作案者。
C. 此次飞机失事的原因，或是人为破坏，或是设备故障，或是操作失误。被发现的黑匣子显示，事故原因确是设备故障。因此，可以排除人为破坏和操作失误。
D. 所有的自然数或是奇数，或是偶数。有的自然数不是奇数，因此，有的自然数是偶数。
E. 任一三角形或是直角三角形，或是钝角三角形，或是锐角三角形。这个三角形有两个内角之和小于90度。因此，这个三角形是钝角三角形。

◆题22 （2001—1—33）农科院最近研制了一高效杀虫剂，通过飞机喷洒，能够大面积地杀死农田中的害虫。这种杀虫剂的特殊配方虽然能保护鸟类免受其害，但却无法保护有益昆虫。因此，这种杀虫剂在杀死害虫的同时，也杀死了农田中的各种益虫。
以下哪项产品的特点，和题干中的杀虫剂最为类似？
A. 一种新型战斗机，它所装有的特殊电子仪器使得飞行员能对视野之外的目标发起有效攻击。

这种电子仪器能区分客机和战斗机,但不能同样准确地区分不同的战斗机。因此,当它在对视野之外的目标发起有效攻击时,有可能误击友机。

B. 一种带有特殊回音强立体声效果的组合音响,它能使其主人在欣赏它的时候倍感兴奋和刺激,但往往同时使左邻右舍不得安宁。

C. 一部经典的中国文学名著,它真实地再现了中晚期中国封建社会的历史,但是,不同立场的读者从中得出不同的见解和结论。

D. 一种新投入市场的感冒药,它能迅速消除患者的感冒症状,但也会使服药者在一段时间里昏昏欲睡。

E. 一种新推出的电脑杀毒软件,它能随机监视并杀除入侵病毒,并在必要时会自动提醒使用者升级,但是,它同时减低了电脑的运作速度。

◆ 题 23　(2008—1—33) 南口镇仅有一中和二中两所中学,一中学生的学习成绩一般比二中的学生好,由于来自南口镇的李明乐在大学一年级的学习成绩是全班最好的,因此,他一定是南口镇一中毕业的。

以下哪项与题干的论述方式最为类似?

A. 如果父母对孩子的教育得当,则孩子在学校的表现一般都较好,由于王征在学校的表现不好,因此他的家长一定教育失当。

B. 如果小孩每天背诵诗歌1小时,则会出口成章,郭娜每天背诵诗歌不足1小时,因此,它不可能出口成章。

C. 如果人们懂得赚钱的方法,则一般都能积累更多的财富,因此,彭总的财富是来源于他的足智多谋。

D. 儿童的心理教育比成年人更重要,张青是某公司心理素质最好的人,因此,他一定在儿童时获得良好的心理教育。

E. 北方人个子通常比南方人高,马林在班上最高,因此,他一定是北方人。

◆ 题 24　(2010—10—53) 商场调查人员发现,在冬季选购服装时,有些人宁可忍受寒冷也要挑选时尚但并不御寒的衣服。调查人员据此得出结论:为了在众人面前获得仪表堂堂的效果,人们有时宁愿牺牲自己的舒适感。

以下哪项情形与上述论证最相似?

A. 有些人的工作单位就在住所附近,完全可以步行或骑自行车上下班,但他们仍然购买高档汽车并作为上下班的交通工具。

B. 有些父母在商场为孩子购买冰鞋时,受到孩子的影响,通常会挑选那些式样新潮的漂亮冰鞋,即使别的种类的冰鞋更安全可靠。

C. 一对夫妇设宴招待朋友,在挑选葡萄酒时,他们选择了价钱更贵的 A 型葡萄酒,虽然他们更喜欢喝 B 型葡萄酒,但他们认为 A 型葡萄酒可以给宾客留下更深刻的印象。

D. 有些人在大热天的夜晚睡觉,宁可不使用空调或少使用空调,他们认为这样做不但可以省电,也可以减少因为大量使用空调所导致的对环境的破坏。

E. 杂技团的管理人员认为,让杂技演员穿上昂贵而又漂亮的服装,才能完美地配合他们的杂技表演,从而更好地感染现场观众。

◆ 题 25　(2008—1—52) "有些好货不便宜,因此,便宜不都是好货。"

与以下哪项推理作类比最能说明上述推理不成立?

A. 湖南人不都爱吃辣椒,因此,有些爱吃辣椒的不是湖南人。

B. 有些人不自私,因此,人并不自私。

C. 好的动机不一定有好的效果，因此，好的效果不一定都产生于好的动机。
D. 金属都导电，因此，导电的都是金属。
E. 有些南方人不是广东人，因此，广东人不都是南方人。

题26 （2003—1—44）科学不是宗教，宗教都主张信仰，所以主张信仰都不科学。
以下哪项最能说明上述推理不成立？
A. 所有渴望成功的人都必须努力工作，我不渴望成功，所以我不必努力工作。
B. 商品都有使用价值，空气当然有使用价值，所以空气当然是商品。
C. 不刻苦学习的人都成不了技术骨干，小张是刻苦学习的人，所以小张能成为技术骨干。
D. 台湾人不是北京人，北京人都说汉语，所以，说汉语的人都不是台湾人。
E. 犯罪行为都是违法行为，违法行为都应受到社会的谴责，所以应受到社会谴责的行为都是犯罪行为。

题27 （2006—10—49）姜昆是相声演员，姜昆是曲艺演员。所以相声演员都是曲艺演员。
以下哪项推理明显说明上述论证不成立？
A. 人都有思想，狗不是人，所以狗没有思想。
B. 商品都有价值，商品都是劳动产品。所以，劳动产品都有价值。
C. 所有技术骨干都刻苦学习，小张不是技术骨干，所以，小张不是刻苦学习的人。
D. 犯罪行为都是违法的行为，犯罪行为都应受到社会的谴责，所以，违法行为都应受到社会谴责。
E. 黄金是金属，黄金是货币。所以，金属都是货币。

题28 （2000—10—33）对同一事物，有的人说"好"，有的人说"不好"，这两种人之间没有共同语言。可见，不存在全民族通用的共同语言。
以下除哪项外，都与题干推理所犯的逻辑错误近似？
A. 甲："厂里规定，工作时禁止吸烟。"乙："当然，可我吸烟时从不工作。"
B. 有的写作教材上讲，写作中应当讲究语言形式的美。我的看法不同，我认为语言就应该朴实，不应该追求那些．形式主义的东西。
C. 有意杀人者应处死刑，行刑者是有意杀人者，所以行刑者应处死刑。
D. 象是动物，所以小象是小动物。
E. 这种观点既不属于唯物主义，又不属于唯心主义，我看两者都有点像。

题29 （2003—1—41）某出版社近年来出版物的错字率较前几年有明显的增加，引起了读者的不满和有关部门的批评，这主要是该出版社大量引进非专业编辑所致。当然，近年来该出版物的大量增加也是一个重要原因。
上述议论中的漏洞，也类似地出现在以下哪项中？
Ⅰ. 美国航空公司近两年来的投诉比率比前年有明显下降。这主要是由于该航空公司在裁员整顿基础上，有效地提高了服务质量。当然，"9·11"事件后航班乘客数量的锐减也是一个重要原因。
Ⅱ. 统计数字表明：近年来我国心血管病的死亡率，即由心血管病导致的死亡在整个死亡人数中的比例，较以前有明显增加，这主要是由于随着经济的发展，我国民众的饮食结构和生活方式发生了容易诱发心血管病的不良变化。当然，由于心血管病主要是老年病，因此，我国人口的老龄人比例的增大也是一个重要原因。
Ⅲ. S市今年的高考录取率比去年增加了15%，这主要是由于各中学狠抓了教育质量。当然，另一个重要原因是，该市今年参加高考的人数比去年增加了20%。

A. 只有Ⅰ。　　　　　　B. 只有Ⅱ。　　　　　　C. 只有Ⅲ。
D. 只有Ⅰ和Ⅲ。　　　　E. Ⅰ、Ⅱ和Ⅲ。

◆题30 （1998—1—33）某对外营业游泳池更衣室的入口处贴着一张启事，称"凡穿拖鞋进入泳池者，罚款五至十元"。某顾客问："根据有关法规，罚款规定的制定和实施，必须由专门机构进行，你们怎么可以随便罚款呢？"工作人员回答："罚款本身不是目的。目的是通过罚款，来教育那些缺乏公德意识的人，保证泳池的卫生。"
上述对话中工作人员所犯的逻辑错误，与以下哪项中出现的最为类似？
A. 管理员："每个进入泳池的同志必须带上泳帽，没有泳帽的到售票处购买。"
   某顾客："泳池中那两位同志怎么没戴泳帽？"
   管理员："那是本池的工作人员。"
B. 市民："专家同志，你们制定的市民文明公约共15条60款，内容太多，不易记忆，可否精简，以便直接起到警示的作用。"
   专家："这次市民文明公约，是在市政府的直接领导下，组织专家组，在广泛听取市民意见的基础上制定的，是领导、专家、群众三者结合的产物。"
C. 甲：什么是战争？乙：战争是两次和平之间的间歇。
   甲：什么是和平？乙：和平是两次战争之间的间歇。
D. 甲：为了使我国早日步入发达国家之列，应该加速发展私人汽车工业。
   乙：为什么？
   甲：因为发达国家私人都有汽车。
E. 甲：一样东西，如果你没有失去，就意味着你仍然拥有。是这样吗？
   乙：是的。
   甲：你并没有失去尾巴。是这样吗？
   乙：是的。
   甲：因此，你必须承认，你仍然有尾巴。

◆题31 （2008—1—47）使用枪支的犯罪比其他类型的犯罪更容易导致命案。但是，大多数使用枪支的犯罪并没有导致命案。因此，没有必要在刑法中把非法使用枪支作为一种严重刑事犯罪，同其他刑事犯罪区分开来。
上述论证中的逻辑漏洞，与以下哪项中出现的最为类似？
A. 肥胖者比体重正常的人更容易患心脏病。但是，肥胖者在我国人口中只占很小的比例。因此，在我国，医疗卫生界没有必要强调肥胖导致心脏病的风险。
B. 不检点的性行为比检点的性行为更容易感染艾滋病。但是，在有不检点性行为的人群中，感染艾滋病的只占很小的比例。因此，没有必要在防治艾滋病的宣传中，强调不检点性行为的危害。
C. 流行的看法是，吸烟比不吸烟更容易导致肺癌。但是，在有的国家，肺癌患者中有吸烟史的人所占的比例，并不高于总人口中有吸烟史的比例。因此，上述流行看法很可能是一种偏见。
D. 高收入者比低收入者更有可能享受生活。但是不乏高收入者宣称自己不幸福。因此，幸福生活的追求者不必关注收入的高低。
E. 高分考生比低分考生更有资格进入重点大学。但是，不少重点大学学生的实际水平不如某些非重点大学的学生。因此，目前的高考制度不是一种选拔人才的理想制度。

◆题32 （1997—1—50）甲：什么是生命？
乙：生命是有机体的新陈代谢。
甲：什么是有机体？

乙：有机体是有生命的个体。

以下哪项与上述的对话最为类似？

A. 甲：什么是真理？
   乙：真理是符合实际的认识。
   甲：什么是认识？
   乙：认识是人脑对外界的反应。
B. 甲：什么是逻辑学？
   乙：逻辑学是研究思维形式结构规律的科学。
   甲：什么是思维形式结构的规律？
   乙：思维形式结构的规律是逻辑规律。
C. 甲：什么是家庭？
   乙：家庭是以婚姻、血缘或收养关系为基础的社会群体。
   甲：什么是社会群体？
   乙：社会群体是在一定社会关系基础上建立起来的社会单位。
D. 甲：什么是命题？
   乙：命题是用语句表达的判断。
   甲：什么是判断？
   乙：判断是对事物有所判定的思维形式。
E. 甲：什么是人？
   乙：人是有思想的动物。
   甲：什么是动物？
   乙：动物是生物的一部分。

题 33　**（2009—1—48）** 主持人：有网友称你为国学巫师，也有网友称你为国学大师。你认为哪个名称更适合你？

上述提问中的不当也存在于以各项中，除了：

A. 你要社会主义的低速度，还是资本主义的高速度？
B. 你主张为了发展可以牺牲环境，还是主张宁可不发展也不能破坏环境？
C. 你认为人都自私，还是认为人都不自私？
D. 你认为"9·11"恐怖袭击必然发生，还是认为有可能避免？
E. 你认为中国队必然夺冠，还是认为不可能夺冠？

题 34　**（2007—10—44）** 如果在鱼缸里装有电动通风器，鱼缸的水中就有适度的氧气。因此，由于张文的鱼缸中没有安装电动通风器，他的鱼缸的水中一定没有适度的氧气。没有适度的氧气，鱼就不能生存，因此，张文鱼缸中的鱼不能生存。

上述推理中存在的错误也类似地出现在以下哪项中？

A. 如果把明矾放进泡菜的卤水中，就能去掉泡菜中多余的水分。因此，由于余涌没有把明矾放进泡菜的卤水中，他腌制的泡菜一定有多余的水分。除非去掉多余的水分，否则泡菜就不能保持鲜脆。因此，余涌腌制的泡菜不能保持鲜脆。
B. 如果把胶质放进果酱，就能制成果冻。果酱中如果没有胶质成分，就不能制成果冻。因此，为了制成果冻，王宜必须在果酱中加大胶质成分。
C. 如果贮藏的土豆不接触乙烯，就不会发芽。甜菜不会散发乙烯。因此，如果方宁把土豆和甜菜一起贮藏，他的土豆就不会发芽。

D. 如果存放胡萝卜的地窖做好覆盖，胡萝卜就能在地窖安全过冬。否则，地窖里的胡萝卜就会被冻坏。因此，因为朱勇过冬前在胡萝卜地窖做好了覆盖，所以他的胡萝卜能安全过冬。

E. 如果西红柿不放入冰箱就可能腐烂，腐烂的西红柿不能食用。因此，因为陈波没有把西红柿放入冰箱，他的一些西红柿可能没法食用。

题 35 （2009—1—38）一些人类学家认为，如果不具备应付各种自然环境的能力，人类在史前年代不可能幸存下来。然而相当多的证据表明，阿法种南猿，一种与早期人类有关的史前物种，在各种自然环境中顽强生存的能力并不亚于史前人类，但最终灭绝了。因此，人类学家的上述观点是错误的。

上述推理的漏洞也类似地出现在以下哪项中？

A. 大张认识到赌博是有害的，但就是改不掉。因此，"不认识错误就不能改正错误"这一断定是不成立的。

B. 已经找到了证明造成艾克矿难是操作失误的证据。因此，关于艾克矿难起因于设备老化，年久失修的猜测是不成立的。

C. 大李图便宜，买了双旅游鞋，穿不了几天就坏了。因此，怀疑"便宜无好货"是没道理的。

D. 既然不怀疑小赵可能考上大学，那就没有理由担心小赵可能考不上大学。

E. 既然怀疑小赵一定能考上大学，那就没有理由怀疑小赵一定考不上大学。

题 36 （1997—1—9）有些人坚信飞碟是存在的。理由是，谁能证明飞碟不存在呢？

下列选择中，哪一项与上文的论证方式是相同的？

A. 中世纪欧洲神学家论证上帝存在的理由是：你能证明上帝不存在吗？

B. 神农架地区有野人，因为有人看见过野人的踪影。

C. 科学家不是天生聪明的。因为，爱因斯坦就不是天生聪明的。

D. 一个经院哲学家不相信人的神经在脑中汇合。理由是，亚里士多德著作中讲到，神经是从心脏里产生出来的。

E. 鬼是存在的。如果没有鬼，为什么古今中外有那么多人讲鬼故事？

题 37 （2012—1—28）经过反复核查，质检员小李向厂长汇报说："726 车间生产的产品都是合格的，所以不合格的产品都不是 726 车间生产的。"

以下哪项和小李的推理结构最为相似？

A. 所有入场的考生都经过了体温测试，所以没有入场的考生都没有经过体温测试。

B. 所有出厂设备都是检测合格的，所以检测合格的设备都已出厂。

C. 所有已发表文章都是认真校对过的，所以认真校对过的文章都已发表。

D. 所有真理都是不怕批评的，所以怕批评的都不是真理。

E. 所有不及格的学生都没有好好复习，所以没好好复习的学生都不及格。

题 38 （2020—1—30）考生若考试通过并且体检合格，则将被录取。因此，如果李铭考试通过，但未被录取，那么他一定体检不合格。

以下哪项与以上论证方式最为相似？

A. 若明天是节假日并且天气晴朗，则小吴将去爬山。因此，如果小吴未去爬山，那么第二天一定不是节假日或者天气不好。

B. 一个数若能被 3 整除且能被 5 整除，则这个数能被 15 整除。因此，一个数若能被 3 整除但不能被 5 整除，则这个数一定不能被 15 整除。

C. 甲单位员工若去广州出差并且是单人前往，则均乘坐高铁。因此，甲单位小吴如果去广州出差，但未乘坐高铁，那么他一定不是单人前往。

D. 若现在是春天并且雨水充沛，则这里野草丰美。因此，如果这里野草丰美，但雨水不充沛，那么现在一定不是春天。

E. 一壶茶若水质良好且温度适中，则一定茶香四溢。因此，如果这壶茶水质良好且茶香四溢，那么一定温度适中。

题39 （2011—1—41）所有重点大学的学生都是聪明的学生。有些聪明的学生喜欢逃学。小杨不喜欢逃学。所以，小杨不是重点大学的学生。

以下除哪项外，均与上述推理的形式类似？

A. 所有经济学家都懂经济学。有些懂经济学的爱投资企业。你不爱投资企业。所以，你不是经济学家。

B. 所有的鹅都吃青菜，有些吃青菜的也吃鱼。兔子不吃鱼。所以，兔子不是鹅。

C. 普通人都是爱美的，有些爱美的还研究科学。亚里士多德不是普通人。所以，亚里士多德不研究科学。

D. 所有被高校录取的学生都是超过录取分数线的。有些超过录取分数线的是大龄考生。小张不是大龄考生。所以小张没有被高校录取。

E. 所有想当外交官的都需要学外语。有些学外语的重视人际交往。小王不重视人际交往。所以小王不想当外交官。

题40 （2013—1—27）公司经理：我们招聘人才时最看重的是综合素质和能力，而不是分数。人才招聘中，高分低能者并不鲜见，我们显然不希望招到这样的"人才"，从你的成绩单可以看出，你的学业分数很高，因此我们有点怀疑你的能力和综合素质。

以下哪项和经理得出结论的方式最为类似？

A. 公司管理者并非都是聪明人，陈然不是公司管理者，所以陈然可能是聪明人。

B. 猫都爱吃鱼，没有猫患近视，所以吃鱼可以预防近视。

C. 人的一生中健康开心最重要，名利都是浮云，张立名利双收，所以可能张立并不开心。

D. 有些歌手是演员，所有的演员都很富有，所以有些歌手可能不富有。

E. 闪光的物体并非都是金子，考古队挖到了闪闪发光的物体，所以考古队挖到的可能不是金子。

题41 （2013—1—45）只要每个司法环节都能坚守程序正义，切实履行监督制的职能，结案率就会大幅度提高。去年某国结案率比上一年提高了70%，所以，该国去年每个司法环节都能坚守程序正义，切实履行监督制的职能。

以下哪项与上述论证方式最为相似？

A. 在校期间品学兼优，就可以获得奖学金。李明在校期间不是品学兼优，所以就不可能获得奖学金。

B. 李明在校期间品学兼优，但是没有获得奖学金。所以，在校期间品学兼优，不一定可以获得奖学金。

C. 在校期间品学兼优，就可以获得奖学金。李明获得了奖学金，所以在校期间一定品学兼优。

D. 在校期间品学兼优，就可以获得奖学金。李明没有获得奖学金，所以在校期间一定不是品学兼优。

E. 只有在校期间品学兼优，才能获得奖学金。李明获得了奖学金，所以在校期间一定品学兼优。

题42 （2012—1—43）我国著名的地质学家李四光，在对东北的地质结构进行了长期、深入的调查研究后发现，松辽平原的地质结构与中亚细亚极其相似。他推断，既然中亚细亚蕴藏大量的石油，那么松辽平原很可能也蕴藏着大量的石油。后来，大庆油田的开发证明了李四光的推断是正确的。

以下哪项与李四光的推理方式最为相似？

A. 他山之石，可以攻玉。
B. 邻居买彩票中了大奖，小张受此启发，也去买了体育彩票，结果没有中奖。
C. 某乡镇领导在考察了荷兰等地的花卉市场后认为要大力发展规模经济，回来后组织全乡镇种大葱，结果导致大葱严重滞销。
D. 每到炎热的夏季，许多商店腾出一大块地方卖羊毛衫、长袖衬衣、冬靴等冬令商品，进行反季节销售，结果都很有市场。小王受此启发，决定在冬季种植西瓜。
E. 乌兹别克地区盛产长绒棉。新疆塔里木河流域与乌兹别克地区在日照情况、霜期长短、气温高低、降雨量等方面均相似，科研人员受此启发，将长绒棉移植到塔里木河流域，果然获得了成功。

题43 （2010—1—30）化学课上，张老师演示了两个同时进行的教学实验：一个实验是 $KClO_3$ 加热后，有 O_2 缓慢产生；另一个实验是 $KClO_3$ 加热后迅速撒入少量 MnO_2，这时立即有大量的 O_2 产生。张老师由此指出：MnO_2 是 O_2 快速产生的原因。

以下哪项与张老师得出结论的方法类似？

A. 同一品牌的化妆品价格越高卖得越火。由此可见，消费者喜欢价格高的化妆品。
B. 居里夫人在沥青矿物中提取放射性元素时发现，从一定量的沥青矿物中提取的全部纯铀的放射性强度比同等数量的沥青矿物中放射性强度低数倍。她据此推断，沥青矿物中还存在其他放射性更强的元素。
C. 统计分析发现，30 岁至 60 岁之间，年纪越大胆子越小，有理由相信：岁月是勇敢的腐蚀剂。
D. 将闹钟放在玻璃罩里，使它打铃，可以听到铃声；然后把玻璃罩里的空气抽空，再使闹钟打铃，就听不到铃声了。由此可见，空气是声音传播的介质。
E. 人们通过对绿藻、蓝藻、红藻的大量观察，发现结构简单，无根叶是藻类植物的主要特征。

题44 （2011—1—40）一艘远洋帆船载着 5 位中国人和几位外国人由中国开往欧洲。途中，除 5 位中国人外，全患上了败血症。同乘一艘船，同样是风餐露宿，漂洋过海，为什么中国人和外国人如此不同呢？原来这 5 位中国人都有喝茶的习惯，而外国人却没有。于是得出结论：喝茶是这 5 位中国人未得败血症的原因。

以下哪项和题干中得出结论的方法最为相似？

A. 警察锁定了犯罪嫌疑人，但是从目前掌握的事实看，都不足以证明他犯罪。专案组由此得出结论，必有一种未知的因素潜藏在犯罪嫌疑人身后。
B. 在两块土壤情况基本相同的麦地上，对其中一块施氮肥和钾肥，另一块只施钾肥。结果施氮肥和钾肥的那块麦地的产量远高于另一块。可见，施氮肥是麦地产量较高的原因。
C. 孙悟空："如果打白骨精，师父会念紧箍咒；如果不打，师父就会被妖精吃掉。"孙悟空无奈得出结论："我还是回花果山算了。"
D. 天文学家观测到天王星的运行轨道有特征 a、b、c，已知特征 a、b 分别是由两颗行星甲、乙的吸引所造成的，于是猜想还有一颗未知星造成天王星的轨道特征 c。
E. 一定压力下的一定量气体，温度升高，体积增大；温度降低，体积缩小。气体体积与温度之间存在一定的相关性，说明气体温度的改变是其体积改变的原因。

题45 （2015—1—44）研究人员将角膜感觉神经断裂的兔子分为两组：实验组和对照组。他们给实验组兔子注射了一种从土壤霉菌中提取的化合物。3 周后检查发现，实验组兔子的角膜感觉神经已经复合；而对照组兔子未注射这种化合物，其角膜感觉神经都没有复合，研究人员由此得出结论：该化合物可以使兔子断裂的角膜感觉神经复合。

以下哪项与上述人员得出结论的方式最为类似？

A. 科学家在北极冰川地区的黄雪中发现了细菌，而该地区的寒冷气候与木卫二的冰冷环境有着惊人的相似。所以，木卫二可能存在生命。

B. 植物在光照充足的环境下能茁壮成长，而在光照不足的环境下只能缓慢生长。所以，光照有助于绿色植物的生长。

C. 一个整数或者是偶数，或者是奇数。0不是奇数，所以，0是偶数。

D. 昆虫都有三对足，蜘蛛并非三对足。所以，蜘蛛不是昆虫。

E. 年逾花甲的老王戴上老花眼镜可读书看报，不戴则视力模糊。所以，年龄大的人都要戴老花眼镜。

题46 （2016—1—28）注重对孩子的自然教育，让孩子亲身感受大自然的神奇与美妙，可促进孩子释放天性，激发自身潜能；而缺乏这方面教育的孩子容易变得孤独，道德、情感与认知能力的发展都会受到一定的影响。

以下哪项与以上陈述方式最为类似？

A. 老百姓过去"盼温饱"，现在"盼环保"；过去"求生存"，现在"求生态"。

B. 脱离环境保护搞经济发展是"竭泽而渔"，离开经济发展抓环境保护是"缘木求鱼"。

C. 注重调查研究，可以让我们掌握第一手资料；闭门造车，只能让我们脱离实际。

D. 只说一种语言的人，首次被诊断出患阿尔茨海默症的平均年龄约为71岁；说双语的人首次被诊断出患阿尔茨海默症的平均年龄约为76岁；说三种语言的人，首次被诊断出患阿尔茨海默症的平均年龄约为78岁。

E. 如果孩子完全依赖电子设备来进行学习和生活，将会对环境越来越漠视。

题47 （2020—1—53）学问的本来意义与人的生命、生活有关。但是如果学问成为口号或者教条，就会失去其本来的意义，因此，任何学问都不应该成为口号或教条。

以下哪项与上述论证方式最为相似？

A. 椎间盘是没有血液循环的组织。但是如果要确保其功能正常运转，就需依靠其周围流过的血液提供养分。因此，培养功能正常运转的人工椎间盘应该很困难。

B. 大脑会改编现实经历。但是如果大脑只是存储现实经历的文件柜，就不会对其进行改编。因此，大脑不应该只是存储现实经历的文件柜。

C. 人工智能应该可以判断黑猫和白猫都是猫。但是，如果人工智能不预先"消化"大量照片，就无从判断黑猫和白猫都是猫。因此，人工智能必须预先"消化"大量照片。

D. 机器人没有人类的弱点和偏见。但是，只有数据得到正确采集和分析，机器人才不会"主观臆断"。因此，机器人应该也有类似的弱点和偏见。

E. 历史包含必然性。但是，如果坚信历史只包含必然性，就会阻止我们用不断积累的历史数据去证实或证伪它。因此，历史不应该只包含必然性。

题48 （2010—1—31）湖队是不可能进入决赛的。如果湖队进入决赛，那么太阳就从西边出来了。

以下哪项与上述论证方式最相似？

A. 今天天气不冷。如果冷，湖面怎么结冰了？

B. 语言是不能创造财富的。若语言能够创造财富，则夸夸其谈的人就是世界上最富有的了。

C. 草木之生也柔脆，其死也枯槁。故坚强者也死之徒，柔弱者生之徒。

D. 天上是不会掉馅饼的。如果你不相信这一点，那上当受骗是迟早的事。

E. 古典音乐不流行。如果流行，那就说明大众的音乐欣赏水平大大提高了。

题49 （2017—1—43）赵默是一位优秀的企业家，因为如果一个人既拥有在国内外知名学府和研究机构工作的经历，又有担当项目负责人的管理经验，那么他就能成为一位优秀的企业家。

以下哪项与上述论证最为相似？
- A. 李然是信息技术领域的杰出人才，因为如果一个人不具有前瞻性目光、国际化视野和创新思维，就不能成为信息技术领域的杰出人才。
- B. 风云企业具有凝聚力，因为如果一个企业能引导和帮助员工树立目标、提升能力，就能使企业具有凝聚力。
- C. 人类资源是企业的核心资源，因为如果不开展各类文化活动，就不能提升员工岗位技能，也不能增强团队的凝聚力和战斗力。
- D. 青年是企业发展的未来，因此，企业只有激活青年的青春力量，才能促其早日成才。
- E. 袁清是一位好作家，因为好作家都具有较强的观察能力、想象能力及表达能力。

题50　（2012—1—40）居民苏女士在菜市场看到某摊位出售的鹌鹑蛋色泽新鲜、形态圆润，且价格便宜，于是买了一箱。回家后发现有些鹌鹑蛋打不破，甚至丢在地上也摔不坏，再细闻已经打破的鹌鹑蛋，有一股刺鼻的消毒液味道。她投诉至菜市场管理部门，结果一位工作人员声称鹌鹑蛋目前还没有国家质量标准，无法判定它有质量问题，所以他坚持这箱鹌鹑蛋没有质量问题。

以下哪项与该工作人员做出结论的方式最为相似？
- A. 不能证明宇宙是没有边际的，所以宇宙是有边际的。
- B. "驴友论坛"还没有论坛规范，所以管理人员没有权利删除帖子。
- C. 小偷在逃跑途中跳入2米深的河中，事主认为没有责任，因此不予施救。
- D. 并非外星人不存在，所以外星人存在。
- E. 慈善晚会上的假唱行为不属于商业管理范围，因此相关部门无法对此进行处罚。

题51　（2010—1—47）学生：IQ和EQ哪个更重要？您能否给我指点一下？
学长：你去书店问问工作人员关于IQ和EQ的书，哪类销得快，哪类就更重要。

以下哪项与题干中的问答方式最为相似？
- A. 员工：我们正制定一个度假方案，你说是在本市好，还是去外地好？
  经理：现在年终了，各公司都在安排出去旅游，你去问问其他公司的同行，他们计划去哪里，我们就不去哪里，不凑热闹。
- B. 平平：母亲节那天我准备给妈妈送一份礼物，你说是送花好还是巧克力好？
  佳佳：你在母亲节前一天去花店看一下，看看买花的人多不多就行了嘛。
- C. 顾客：我准备买一件毛衣，你看颜色是鲜艳一点好，还是素一点好？
  店员：这个需要结合自己的性格与穿衣习惯，各人可以有自己的选择与喜好。
- D. 游客：我们前面有两条山路，走哪一条更好？
  导游：你仔细看看，哪一条山路上车马的痕迹深我们就走哪一条。
- E. 学生：我正在准备期末复习，是做教材上的练习重要，还是理解教材内容更重要？
  老师：你去问问高年级得分高的同学，他们是否经常背书做练习。

题52　（2018—1—42）甲：读书最重要的目的是增长知识、开拓视野。
乙：你只见其一，不见其二。读书最重要的是陶冶性情、提升境界。没有陶冶性情、提升境界，就不能达到读书的真正目的。

以下哪项与上述反驳方式最为相似？
- A. 甲：文学创作最重要的是阅读优秀文学作品。
  乙：你只见现象，不见本质。文学创作最重要的是观察生活、体验生活。任何优秀的文学作品都来源于火热的社会生活。
- B. 甲：做人最重要的是要讲信用。
  乙：你说得不全面。做人最重要的是要遵纪守法。如果不遵纪守法，就没法讲信用。

C. 甲：作为一部优秀的电视剧，最重要的是能得到广大观众的喜爱。
乙：你只见其表，不见其里。作为一部优秀的电视剧，最重要的是具有深刻寓意与艺术魅力。没有深刻寓意与艺术魅力，就不能成为优秀的电视剧。
D. 甲：科学研究最重要的是研究内容的创新。
乙：你只见内容，不见方法。科学研究最重要的是研究方法的创新。只有实现研究方法的创新，才能真正实现研究内容的创新。
E. 甲：一年中最重要的季节是收获的秋天。
乙：你只看结果，不问原因。一年中最重要的季节是播种的春天。没有春天的播种，哪来秋天的收获？

题 53 (2017—1—46) 甲：只有加强知识产权保护，才能推动科技创新。
乙：我不同意。过分强化知识产权保护，肯定不能推动科技创新。
以下哪项与上述反驳方式最为类似？
A. 老板：只有给公司带来回报，公司才能给他带来回报。
员工：不对呀，我上月帮公司谈成一笔大业务，可是只得到1%的奖励。
B. 顾客：这件商品只有价格再便宜一些，才会有人来买。
商人：不可能。这件商品如果价格再便宜一些，我就要去喝西北风了。
C. 母亲：只有从小事做起，将来才有可能做成大事。
孩子：老妈你错了。如果我每天只是做小事，将来肯定做不成大事。
D. 妻子：孩子只有刻苦学习，才能取得好成绩。
丈夫：也不尽然。学习光知道刻苦而不能思考，也不一定会取得好成绩。
E. 老师：只有读书，才能改变命运。
学生：我觉得不是这样。不读书，命运会有更大的改变。

题 54 (2017—1—40) 甲：己所不欲，勿施于人。
乙：我反对，己所欲，则施于人。
以下哪项与上述对话方式最为相似？
A. 甲：不入虎穴，焉得虎子？
乙：我反对，如得虎子，必入虎穴。
B. 甲：不在其位，不谋其政。
乙：我反对，在其位，则行其政。
C. 甲：人无远虑，必有近忧。
乙：我反对，人有远虑，亦有近忧。
D. 甲：人非草木，孰能无情？
乙：我反对，草木无情，但人有情。
E. 甲：人不犯我，我不犯人。
乙：我反对，人若犯我，我就犯人。

题 55 (2018—1—34) 刀不磨要生锈，人不学要落后。所以，如果你不想落后，就应该多磨刀。
以下哪项与上述论证方式最为相似？
A. 金无足赤，人无完人。所以，如果你想做完人，就应该有真金。
B. 有志不在年高，无志空活百岁。所以，如果你不想空活百岁，就应该立志。
C. 妆未梳成不见客，不到火候不揭锅。所以，如果揭了锅，就应该是到了火候。
D. 马无夜草不肥，人无横财不富。所以，如果你想富，就应该让马多吃夜草。
E. 兵在精而不在多，将在谋而不在勇。所以，如果想获胜，就应该兵精将勇。

◆ 题 56 （2018—1—51） 甲：知难行易，知然后行。
乙：不对。知易行难，行然后知。
以下哪项与上述对话方式最为相似？
A. 甲：知人者智，自知者明。
   乙：不对。知人不易，知己更难。
B. 甲：不破不立，先破后立。
   乙：不对。不立不破，先立后破。
C. 甲：想想容易做起来难，做比想更重要。
   乙：不对。想到就能做到，想比做更重要。
D. 甲：批评他人易，批评自己难；先批评他人后批评自己。
   乙：不对。批评自己易，批评他人难；先批评自己后批评他人。
E. 甲：做人难做事易，先做人再做事。
   乙：不对。做人易做事难，先做事再做人。

◆ 题 57 （2012—1—42） 小李将自家护栏边的绿地毁坏，种上了黄瓜。小区物业人员发现后，提醒小李：护栏边的绿地是公共绿地，属于小区的所有人。物业为此下发了整改通知书，要求小李限期恢复绿地。小李对此辩称："我难道不是小区的人吗？护栏边的绿地既然属于小区的所有人，当然也属于我。因此，我有权在自己的土地上种瓜。"
以下哪项论证和小李的错误最为相似？
A. 所有人都要为他的错误行为负责，小梁没有对他的错误行为负责，所以小梁的这次行为没有错误。
B. 所有参展的兰花在这次博览会上被定购一空，李阳花大价钱买了一盆花，由此可见，李阳买的必定是兰花。
C. 没有人能够一天读完大仲马的所有作品，没有人能够一天读完《三个火枪手》，因此，《三个火枪手》是大仲马的作品之一。
D. 所有莫尔碧骑士组成的军队在当时的欧洲是不可战胜的，翼雅王是莫尔碧骑士之一，所以翼雅王在当时的欧洲是不可战胜的。
E. 任何一个人都不可能掌握当今世界的所有知识，地心说不是当今世界的知识，因此，有些人可以掌握地心说。

◆ 题 58 （2010—1—49） 克鲁特是德国家喻户晓的"明星"北极熊，北极熊是北极名副其实的霸主，因此，克鲁特是名副其实的北极霸主。
以下哪项除外，均与上述论证中出现的谬误相似？
A. 儿童是祖国的花朵，小雅是儿童，因此，小雅是祖国的花朵。
B. 鲁迅的作品不是一天能读完的，《祝福》是鲁迅的作品。因此《祝福》不是一天能读完的。
C. 中国人是不怕困难的，我是中国人。因此，我是不怕困难的。
D. 康怡花园坐落在清水街，清水街的建筑属于违章建筑。因此，康怡花园的建筑属于违章建筑。
E. 西班牙语是外语，外语是普通高等学校招生的必考科目。因此西班牙语是普通高等学校招生的必考科目。

◆ 题 59 （2014—1—27） 李栋善于辩论，也喜欢诡辩。有一次他论证到："郑强知道数字87654321，陈梅家的电话号码正好是87654321，所以郑强知道陈梅家的电话号码。"
以下哪项与李栋论证中所犯的错误最为类似？
A. 中国人是勤劳勇敢的，李岚是中国人，所以李岚是勤劳勇敢的。

B. 金砖是由原子组成的，原子不是肉眼可见的，所以金砖不是肉眼可见的。
C. 黄兵相信晨星在早晨出现，而晨星其实就是暮星，所以黄兵相信暮星在早晨出现。
D. 张冉知道如果1:0的比分保持到终场，他们的队伍就出线，现在张冉听到了比赛结束的哨声，所以张冉知道他们的队伍出线了。
E. 所有蚂蚁是动物，所以所有大蚂蚁是大动物。

题60 （2019—1—39）作为一名环保爱好者，赵博士提倡低碳生活，积极宣传节能减排。但我不赞同他的做法，因为作为一名大学老师，他这样做，占用了大量的科研时间，到现在连副教授都没评上，他的观点怎么能令人信服呢？
以下哪项论证中的错误和上述最为相似？
A. 张某提出要同工同酬，主张在质量相同的情况下，不分年龄、级别一律按件计酬。她这样说不就是因为她年轻、级别低吗？其实她是在为自己谋利益。
B. 公司的绩效奖励制度是为了充分调动广大员工的积极性，它对所有员工都是公平的。如果有人对此有不同意见，则说明他反对公平。
C. 最近听说你对单位的管理制度提了不少意见，这真令人难以置信！单位领导对你差吗？你这样做，分明是和单位领导过不去。
D. 单位任命李某担任信息科科长，听说你对此有意见。大家都没有提意见，只有你一个人有意见，看来你的意见是有问题的。
E. 有一种观点认为，只有直接看到的事物才能确信其存在。但是没有人可以看到质子、电子，而这些都被科学证明是客观存在的。所以，该观点是错误的。

题型 21 概括题型

题1 （2009—10—52）松鼠在树干中打洞吮食树木的浆液。因为树木的浆液成分主要是水加上一些糖分，所以松鼠的目标是水或糖分。又因为树木周边并不缺少水源，松鼠不必费那么大劲打洞取水。因此，松鼠打洞的目的是为了摄取糖分。
以下哪项是最为恰当地概括了上述论证方法？
A. 通过否定两种可能性中的一种，来肯定另一种。
B. 通过某种特例，来概括一般性的结论。
C. 在已知现象与未知现象之间进行类比。
D. 通过反例否定一般性的结论。
E. 通过否定某种现象存在的必要条件，来判定此种现象不存在。

题2 （2006—1—34）雌性斑马和它们的幼小子女离散后，可以在相貌、体形相近的成群斑马中很快又聚集到一起。研究表明，斑马身上的黑白条纹是它们互相辨认的标志，而幼小斑马不能将自己母亲的条纹与其他成年斑马的条纹区分开来，显而易见，每个母斑马都可以辨别出自己后代的条纹。
上述论证采用了以下哪种论证方法？
A. 通过对发生机制的适当描述，支持关于某个可能发生的现象的假说。
B. 在对某种现象的两种可供选择的解释中，通过排除其中的一种，来确定另一种。
C. 论证一个普遍规律，并用来说明某一特殊情况。
D. 根据两组对象有某些类似的特性，得出它们具有另一个相同特性。
E. 通过反例推翻一个一般性结论。

◆ 题 3　(2001—1—54) 一般人总会这样认为，既然人工智能这门新兴学科是以模拟人的思维为目标，那么，就应该深入地研究人的思维的生理机制和心理机制。其实，这种看法很可能误导了这门新兴学科。如果说，飞机发明的最早灵感是来自鸟的飞行原理的话，那么，现代飞机从发明、设计、制造到不断改进，没有哪一项是基于对鸟的研究之上的。

上述议论最可能把人工智能的研究比作以下哪项？

A. 对鸟的飞行原理的研究。

B. 对鸟的飞行的模拟。

C. 对人思维的生理机制和心理机制的研究。

D. 飞机的设计、制造。

E. 飞机的不断改进。

◆ 题 4　(2003—10—55) 一般人总是这样认为，既然人工智能这门新兴学科模拟人的思维为目标，那么，就应该深入地研究人的思维的生理机制。其实，这种看法很可能误导了这门新兴学科。如果说，飞机发明的最早灵感可能是来自鸟的飞行原理的话，那么，现代飞机从发明、设计、制造到不断改进，没有哪一项是基于对鸟的研究之上的。

题干是用类比的方法来论证自己的观点，以下哪项是题干中所做的类比？

Ⅰ. 把对人的思维的模拟，比作对鸟的飞行的模拟。

Ⅱ. 把对人工智能的研究，比作对飞机的设计、制造。

Ⅲ. 把飞机的飞行，比作鸟的飞行。

A. 只有Ⅰ。　　　　　B. 只有Ⅱ。　　　　　C. 只有Ⅲ。

D. 只有Ⅰ和Ⅱ。　　　E. Ⅰ、Ⅱ和Ⅲ。

◆ 题 5　(2004—10—29) 人们已经认识到，除了人以外，一些高级生物不仅能适应环境，而且能改变环境以利于自己的生存。其实，这种特性很普遍。例如，一些低级浮游生物会产生一种气体，这种气体在大气层中转化为硫酸盐颗粒，这些颗粒使水蒸气浓缩而形成云。事实上，海洋上空的云层的形成很大程度上依赖于这种颗粒。较厚的云层意味着较多的阳光被遮挡，意味着地球吸收较少的热量。因此，这些浮游生物使得地球变得凉爽，而这有利于它们的生存，当然也有利于人类。

以下哪项最为准确地概括了上述议论所运用的方法？

A. 基于一般性的见解说明一个具体的事例。

B. 运用一个反例来反驳一个一般性见解。

C. 运用一个具体事例来补充推广一个一般性见解。

D. 运用一个具体事例来论证一个一般性见解。

E. 对某种现象进行分析，并对这种现象产生的条件及其意义进行一般性的概括。

◆ 题 6　(2001—1—50) 有种观点认为，到 21 世纪初，和发达国家相比，发展中国家将有更多的人死于艾滋病。其根据是：据统计，艾滋病毒感染者人数在发达国家趋于稳定或略有下降，在发展中国家却持续快速发展；到 21 世纪初，估计全球的艾滋病毒感染者将达到 4 000 万至 1 亿 1 千万人，其中，60% 将集中在发展中国家。这一观点缺乏充分的说服力。因为，同样权威的统计数据表明，发达国家艾滋病感染者从感染到发病的平均时间要大大短于发展中国家，而从发病到死亡的平均时间只有发展中国家的二分之一。

以下哪项最为恰当地概括了上述反驳所使用的方法？

A. 对"论敌"的立论动机提出质疑。

B. 指出"论敌"把两个相近的概念当作同一概念来使用。

C. 对"论敌"的论据的真实性提出质疑。

D. 提出一个反例来否定"论敌"的一般性结论。
E. 指出"论敌"在论证中没有明确具体的时间范围。

◆ 题 7 （2006—1—51）脑部受到重击后人就会失去意识。有人因此得出结论：意识是大脑的产物，肉体一旦死亡，意识就不复存在。但是，一台被摔的电视机突然损坏，它正在播出的图像当然立即消失，但这并不意味着正由电视塔发射的相应图像信号就不复存在。因此，要得出"意识不能独立于肉体而存在"的结论，恐怕还需要更多的证据。
以下哪项最为准确地概括了"被摔的电视机"这一实例在上述论证中的作用？
A. 作为一个证据，它说明意识可以独立于肉体而存在。
B. 作为一个反例，它驳斥关于意识本质的流行信念。
C. 作为一个类似意识丧失的实例，它从自身中得出的结论和关于意识本质的流行信念显然不同。
D. 作为一个主要证据，它试图得出结论：意识和大脑的关系，类似于电视图像信号和接收它的电视机之间的关系。
E. 作为一个实例，它说明流行的信念都是应当质疑的。

◆ 题 8 （2001—1—27）商业伦理调查员：XYZ 钱币交易所一直误导它的客户，说它的一些钱币是很稀有的。实际上那些钱币是比较常见而且很容易得到的。
XYZ 钱币交易所：这太可笑了。XYZ 钱币交易所是世界上最大的几个钱币交易所之一。我们销售钱币是经过一家国际认证的公司鉴定的，并且有钱币经销的执照。
XYZ 钱币交易所的回答显得很没有说服力，因为它_____。
以下哪项作为上文的后续最为恰当？
A. 故意夸大了商业伦理调查员的论述，使其显得不可信。
B. 指责商业伦理调查员有偏见，但不能提供足够的证据来证实他的指责。
C. 没能证实其他钱币交易所也不能鉴定他们所卖的钱币。
D. 列出了 XYZ 钱币交易所的优势，但没有对商业伦理调查员的问题做出回答。
E. 没有对"稀有"这一意思含混的词做出解释。

◆ 题 9 （2000—10—35）小李：如果在视觉上不能辨别艺术复制品和真品之间的差异，那么复制品就应该和真品的价值一样。因为如果两件艺术品在视觉上无差异，那么它们就有相同的品质。要是他们有相同的品质，它们的价格就应该相等。
小王：你对艺术了解得太少啦！即使某人做了一件精致的复制品，并且在视觉上难以把这件复制品与真品区别开来，由于这件复制品和真品产生于不同的年代，不能算有同样的品质。现代人重塑的兵马俑再逼真，也不能与秦陵的兵马俑相提并论。
小王用了下列哪项方法驳斥小李的论证？
A. 攻击小李的一个假设，这个假设认为：一件艺术品的价格表明它的价值。
B. 提出一个观点，这个观点削弱对方的一个断言，它是对方得出结论的基础。
C. 对小李的一个断言提出质疑，这个断言是：在视觉上难以把一件精致的复制品和真品区别开来。
D. 给出确认小李不能判断一件艺术品品质的理由，这个理由是小李对艺术品的鉴赏还缺乏经验。
E. 提出一个标准，依据这个标准，可判定两件艺术品是否可从视觉上加以区别。

◆ 题 10 （2005—10—38）一种流行的说法是，多吃巧克力会引起皮肤特别是脸上长粉刺。确实，许多长粉刺的人都证实，他们皮肤上的粉刺都是在吃了大量巧克力以后出现的。但是，这种说法很可能是把结果当成了原因。最近一些科学研究指出，荷尔蒙的改变加上精神压力会引起粉刺。有证据表明，喜欢吃巧克力的人，在遇到精神压力时会吃更多的巧克力。
以下哪项最为准确地概括了题干中所运用的方法？

A. 引用反例，对所要反驳的观点之论据做出不同的解释。
B. 提出新的论据，对所要反驳的观点之论据做出不同的解释。
C. 运用科学权威的个人影响来破除人们对流行看法的盲从。
D. 指出所要反驳的观点会引申出自相矛盾的结论。
E. 指出所要反驳的观点是基于小概率事件轻率概括出来的结论。

◆ 题 11 （2010—10—45）辩论吸烟问题时，正方认为：吸烟有利于减肥，因为吸烟后人们往往比戒烟前体重增加。反方驳斥道：吸烟不能导致减肥，因为吸烟的人常常在情况紧张时试图通过吸烟缓解，但不可能从根本上解除紧张情绪，而紧张情绪导致身体消瘦。戒烟后人们可以通过其他更有效的方法解除紧张的情绪。
反方应用的是以下哪项辩论策略？
A. 引用可以质疑正方证据精确性的论据。
B. 给出另一事实对正方的因果联系做出新的解释。
C. 依赖科学知识反驳易于使人混淆的谬论。
D. 揭示正方的论据与结论是因果倒置。
E. 常识并不都是正确的，要学会透过现象看本质。

◆ 题 12 （2001—10—57）李工程师：一项权威性的调查数据显示，在医疗技术和设施最先进的美国，婴儿最低死亡率在世界上只占第 17 位。这使我得出结论，先进的医疗技术和设施，对于人类生命和健康所起的保护作用，对成人要比对婴儿显著得多。
张研究员：我不能同意您的论证。事实上，一个国家所具有的先进的医疗技术和设施，并不是每个人都能均等地享受的。较之医疗技术和设施而言，较高的婴儿死亡率更可能是低收入的结果。
以下哪项最为恰当地概括了张研究员反驳李工程师所使用的方法？
A. 对他的论据的真实性提出质疑。
B. 对他的结论的真实性提出质疑。
C. 对他援引的数据提出另一种解释。
D. 暗指他的数据会导致产生一个相反的结论。
E. 指出他偷换了一个关键性的概念。

◆ 题 13 （2001—10—64）一份教育部的调查报告指出，城市儿童的心理素质，特别是承受挫折的能力，普遍比乡村儿童较差；这是由城市儿童的生活条件一般比乡村儿童较为优越造成的。作为一个长期从事儿童生理心理研究的学者，我不能同意此种看法。我认为城市儿童的心理素质较差是因为不能得到足够的新鲜空气和阳光。
以下哪项最为恰当地概括了上述学者的观点？
A. 它完全否认了教育部调查报告的可信性。
B. 它指出了调查报告在操作方法上的错误。
C. 它蕴含着一个超越调查报告的断定：城市成人的心理素质也比乡村成人较差。
D. 它蕴含着一个针对调查报告的断定：目前乡村儿童的生活条件并不比城市差。
E. 它对调查报告发现的差别提出了另一种解释。

◆ 题 14 （2009—1—37）张教授：在南美洲发现的史前木质工具存在于 13 000 年以前。有的考古学家认为，这些工具是其祖先从西伯利亚迁徙到阿拉斯加的人群使用的，这一观点难以成立。因为要到达南美，这些人群必须在 13 000 年前经历长途跋涉，而在从阿拉斯加到南美洲之间，从未发现 13 000 年前的木质工具。
李研究员：您恐怕忽视了，这些木质工具是在泥煤沼泽中发现的，北美很少有泥煤沼泽。木质工具在普通的泥土中几年内就会腐烂化解。

以下哪项最为准确地概括了李研究员的应对方法?
A. 指出张教授的论据违背事实。
B. 引用与张教授的结论相左的权威性研究成果。
C. 指出张教授曲解了考古学家的观点。
D. 质疑张教授的隐含假设。
E. 指出张教授的论据实际上否定其结论。

题15 （2006—10—41）史密斯：传统的壁画是这样完成的——画家在潮湿的灰泥上作画，待灰泥干了后，这幅画就完成并保存了下来。可惜的是，目前罗马教堂中米开朗基罗的壁画上，有明显的在初始作品完成后添加的痕迹。因此，为了使作品能完全体现米开朗基罗本人的意图，应当在他的作品中去掉任何后来添加的东西。

张教授：但那个时代的画家普遍都有在他们的作品完成后再在上面添加点什么的习惯。

以下哪项最为恰当地概括了张教授在应对史密斯的观点时所运用的方法?
A. 对史密斯在论证中的一个隐含假设提出质疑。
B. 对史密斯在论证中的一个关键概念提出不同的定义。
C. 得出了一个和史密斯不完全相同的结论。
D. 否定了史密斯在论证中所表达的一个前提的真实性。
E. 指出史密斯的前提之间存在矛盾。

题16 （2008—10—51）纯种赛马是昂贵的商品。一种由遗传缺陷引起的疾病威胁着纯种赛马，使它们轻则丧失赛跑能力，重则瘫痪甚至死亡。因此，赛马饲养者认为，一旦发现有此种缺陷的赛马应停止饲养。这种看法是片面的。因为一般地说，此种疾病可以通过饮食和医疗加以控制。另外，有此种遗传缺陷的赛马往往特别美，这正是马术表演特别看重的。

以下哪项最为准确地概括了题干的论证所运用的方法?
A. 质疑上述赛马饲养者的动机。
B. 论证上述赛马饲养者的结论与其论据自相矛盾。
C. 指出上述赛马饲养者的论据不符合事实。
D. 指出新的思维，并不否定上述赛马饲养者的论据，但得出与其不同的结论。
E. 构造一种类比，指出上述赛马饲养者的论证与一种明显有误的论证类似。

题17 （2009—10—45）张教授：在西方经济萧条时期，由汽车尾气造成的空气污染状况会大大改善，因为开车上班的人大大减少了。

李工程师：情况恐怕不是这样。在萧条时期买新车的人大大减少。而车越老，排放的超标尾气造成的污染越严重。

以下哪项最为准确地概括了李工程师的反驳所运用的方法?
A. 运用了一个反例，质疑张教授的论据。
B. 做出一个断定，只要张教授的结论不成立，则该断定一定成立。
C. 提出一种考虑，虽然不否定张教授的论据，但能削弱这一论据对其结论的支持。
D. 论证一个见解：张教授的论证虽然缺乏说服力，但其结论是成立的。
E. 运用归谬反驳张教授的结论，即如果张教授的结论成立，会得出荒谬的推论。

题18 （2007—10—60）陈先生：有的学者认为，蜜蜂飞舞时发出的嗡嗡声是一种交流方式，例如蜜蜂在采花粉时发出的嗡嗡声，是在给同一蜂房的伙伴传递它们正在采花粉的位置的信息。但事实上，蜜蜂不必通过这样费劲的方式来传递这样的信息。它们从采花粉处飞回蜂房时留下的气味踪迹，足以引导同伴找到采花粉的地方。

贾女士：我不完全同意你的看法。许多动物在完成某种任务时都可以有多种方式。例如，有些蜂类可以根据太阳的位置，也可以根据地理特征来辨别方位。同样，对于蜜蜂来说，气味踪迹只是它们的一种交流方式，而不是唯一的交流方式。

在贾女士的应对中，提到有些蜂类辨别方位的方式。以下哪项最为恰当地概括了这一议论在贾女士的应对中所起的作用？

A. 指出陈先生所使用的"动物交流方式"这个概念存在歧义。
B. 提供具体证据用以支持一般性的结论。
C. 对陈先生的一个关键论据的准确性提出质疑。
D. 指出陈先生的结论直接与他的某一个前提矛盾。
E. 对蜜蜂飞舞时发出的嗡嗡声提出了另一种解释。

题19 （2008—10—49）张教授：20 世纪 80 年代以来，斑纹猫头鹰的数量急剧下降，目前已有濒临灭绝的危险。木材采伐公司应对此负有责任，它们大量采伐的陈年林区是猫头鹰的栖息地。

李研究员：斑纹猫头鹰数量的下降不能归咎于木材采伐公司。近 30 年来，一种繁殖力更强的条纹猫头鹰进入陈年林区，和斑纹猫头鹰争夺生存资源。

以下哪项最为准确地概括了李研究员对张教授观点的反驳？

A. 否定张教授的前提，这一前提是：木材采伐公司一直在陈年林区采伐。
B. 质疑张教授的假设，这一假设是：猫头鹰只能在陈年林区生存。
C. 对斑纹猫头鹰数量下降的原因提出另一种解释。
D. 指出张教授夸大了对陈年林区采伐的负面影响。
E. 指出张教授把斑纹猫头鹰濒临灭绝偷换为猫头鹰濒临灭绝。

题20 （2008—1—45）小陈：目前 1996D3 彗星的部分轨道远离太阳，最近却可以通过太空望远镜发现其发出闪烁光。过去人们从来没有观察到远离太阳的彗星出现这样的闪烁光，所以这种闪烁必然是不寻常的现象。

小王：通常人们都不会去观察哪些远离太阳的彗星，这次发现的 1996D3 彗星闪烁光是有人通过持续而细心的追踪观测而获得的。

以下哪项最为准确地概括了小王反驳小陈的观点所使用的方法？

A. 指出小陈使用的关键概念含义模糊。
B. 指出小陈的论据明显缺乏说服力。
C. 指出小陈的论据自相矛盾。
D. 不同意小陈的结论，并且对小陈的论据提出了另一种解释。
E. 同意小陈的结论，但对小陈的论据提出了另一种解释。

题21 （2009—1—32）去年经纬汽车专卖店调高了营销人员的营销业绩奖励比例，专卖店李经理打算新的一年继续执行该奖励比例，因为去年该店的汽车销售数量较前年增加了 16%。陈副经理对此持怀疑态度，她指出，他们的竞争对手并没有调整营销人员的奖励比例，但在过去的一年也出现了类似的增长。

以下哪项最为恰当地概括了陈副经理的质疑方法？

A. 运用一个反例，否定李经理的一般性结论。
B. 运用一个反例，说明李经理的论据不符合事实。
C. 运用一个反例，说明李经理的论据虽然成立，但不足以推出结论。
D. 指出李经理的论证对一个关键概念的理解和运用有误。
E. 指出李经理的论证中包含自相矛盾的假设。

◆ 题22 （2004—10—32）张教授：在我国大陆架外围海域建设新油井的计划不足取，因为由此带来的收益不足以补偿由此带来的生态破坏的风险。目前我国每年海底石油的产量，还不能满足我国一天石油的需求量，而上述拟建中的新油井，最多只能使这个数量增加0.1%。

李研究员：你的论证不能成立。你能因为新建的防护林不能在一夜之间消灭北京的沙尘暴而反对实施防护林计划吗？

以下哪项最为确切地概括了李研究员的反驳所运用的方法：

A. 提出了一个比对方更有力的证据。
B. 构造了一个和对方类似的论证，但这个论证的结论显然是不可接受的。
C. 提出了一个反例来反驳对方的一般性结论。
D. 指出对方在一个关键性概念的理解和运用上存在含混。
E. 指出对方对所引用数据的解释有误，即使这些数据自身并非不准确。

◆ 题23 （2004—1—49）张先生：应该向吸烟者征税，用以缓解医疗保健事业的投入不足。因为正是吸烟，导致了许多严重的疾病。要吸烟者承担一部分费用，来对付因他们的不良习惯而造成的健康问题，是完全合理的。

李女士：照您这么说，如果您经常吃奶油蛋糕，或者肥猪肉，也应该纳税。因为如同吸烟一样，经常食用高脂肪、高胆固醇的食物同样会导致许多严重的疾病。但是没有人会认为这样做是合理的，并且人们的危害健康的不良习惯数不胜数，都对此征税，事实上无法操作。

以下哪项最为恰当地概括了李女士的反驳所运用的方法？

A. 举出一个反例说明对方的建议虽然合理但在执行中无法操作。
B. 指出对方对一个关键性概念的界定和运用有误。
C. 提出了一个和对方不同的解决问题的方法。
D. 从对方的论据得出了一个明显荒谬的结论。
E. 对对方在论证中所运用的信息的准确性提出质疑。

◆ 题24 （2002—10—18）是否应当废除死刑在一些国家一直存在争议，下面是相关的一段对话：

史密斯：一个健全的社会应当允许甚至提倡对罪大恶极者执行死刑。公开执行死刑通过其震慑作用显然可以减少恶性犯罪，这是社会自我保护的必要机制。

苏珊：您忽视了讨论这个议题的一个前提，这就是一个国家或者社会是否有权力剥夺一个人的性命。如果事实上这样的权力不存在，那么，讨论执行死刑是否可以减少恶性犯罪这样的问题是没有意义的。

如果事实上社会有权力剥夺一个人的生命，则以下哪项最为恰当地评价了这一事实对两人所持观点的影响？

A. 两人的观点都得到加强。
B. 两人的观点都未受到影响。
C. 史密斯的观点得到加强，苏珊的观点未受影响。
D. 史密斯的观点未受影响，苏珊的观点得到加强。
E. 史密斯的观点得到加强，苏珊的观点受到削弱。

◆ 题25 （2000—10—41 1998—10—42）以下是在一场关于"安乐死是否应合法化"的辩论中正反方辩手的发言：

正方：反方辩友反对"安乐死合法化"的根据主要是在什么条件下方可实施安乐死的标准不易掌握，这可能会给医疗事故甚至谋杀造成机会，使一些本来可以挽救的生命失去最后的机会。诚然，这样的风险是存在的，但是我们怎么能设想干任何事都排除所有风险呢？让我提出一个问题，我们为什么不把法定的汽车时速限制为不超过自行车，这样汽车交通死亡事故发生率不是几乎可以下降到零吗？

反方：对方辩友把安乐死和交通死亡事故做以上的类比是毫无意义的。因为不可能有人会做这样的交通立法。设想一下，如果汽车行驶得和自行车一样慢，那还要汽车干什么？对方辩友，你愿意我们的社会再回到没有汽车的时代？

以下哪项最为确切地评价了反方的言论？

A. 他的发言实际上支持了正方的论证。
B. 他的发言有力地反驳了正方的论证。
C. 他的发言有力地支持了反安乐死的立场。
D. 他的发言完全离开了正方阐述的论题。
E. 他的发言是对正方的人身攻击而不是对正方论证的评价。

◆题 26 （2008—10—44）许多人不了解自己，也不设法去了解自己。这样的人可能想了解别人，但此种愿望肯定是要落空的，因为连自己都不了解的人不可能了解别人。由此可以得出结论：你要了解别人，首先要了解自己。

以下哪项对上述论证的评价最为恰当？

A. 上述论证所运用的推理是成立的。
B. 上述论证有漏洞，因为它把得出某种结果的必要条件当作充分条件。
C. 上述论证有漏洞，因为它不当地假设：每个人都可以了解自己。
D. 上述论证有漏洞，因为它忽视了这种可能性：了解自己比了解别人更困难。
E. 上述论证有漏洞，因为它基于个别性的事实轻率概括出一般性的结论。

◆题 27 （2009—10—26）张先生：常年吸烟可能有害健康。
李女士：你的结论反映了公众的一种误解。我的祖父活了 96 岁，但他从年轻时就一直吸烟。

以下哪项最为恰当地指出了李女士反驳中存在的漏洞？

A. 试图依靠一个反例推翻一个一般性结论。
B. 试图诉诸个例在不相关的现象之间建立因果联系。
C. 试图运用一个反例反驳一个可能性结论。
D. 不当地依据个人经验挑战流行见解。
E. 忽视了这种可能：她的祖父如果不常年吸烟可以更为长寿。

◆题 28 （2007—10—57）昨天冬冬和妞妞都病了，病症也类似。平日两人每天下午都在一起玩，因此，两人可能患的是同一种病，冬冬的病症有点像链球菌感染，但他患的肯定不是这种病。因此，妞妞患的病也肯定不是链球菌感染。

以下哪项最为准确地概括了上述论证中的漏洞？

A. 预先假设了所有证明的结论。
B. 颠倒了某个特定现象的结果与原因。
C. 把一种判定可能性结论的证据当作判定事实性结论的证据。
D. 在缺乏可比性的对象之间进行不当类比。
E. 基于某个特例轻率地概括出一般性结论。

◆题 29 （2009—1—53）违法必究，但几乎看不到违反道德的行为受到惩罚，如果这成为一种常规现象，那么民众就会失去道德约束。道德失控对社会稳定的威胁并不亚于法律失控。因此，为了维护社会的稳定，任何违反道德的行为都不能不受到惩治。

以下哪项对上述论证的评价最为恰当？

A. 上述论证是成立的。
B. 上述论证有漏洞，它忽略了：有些违法行为并未受到追究。
C. 上述论证有漏洞，它忽略了：由违法必究，推不出缺德必究。
D. 上述论证有漏洞，它夸大了违反道德行为的社会危害性。
E. 上述论证有漏洞，它忽略了：由否定"违反道德的行为都不受惩治"，推不出"违反道德的行为都要受惩治"。

题 30 (2004—10—46) 李娜说，作为一个科学家，她知道没有一个科学家喜欢朦胧诗，而绝大多数科学家都擅长逻辑思维。因此，至少有些喜欢朦胧诗的人不擅长逻辑思维。
以下哪项是对李娜的推理的最恰当评价？
A. 李娜的推理是正确的。
B. 李娜的推理不正确，因为事实上有科学家喜欢朦胧诗。
C. 李娜的推理不正确，因为从"绝大多数科学家都擅长逻辑思维"，推不出"擅长逻辑思维的都是科学家"。
D. 李娜的推理不正确，因为合乎逻辑的结论应当是"喜欢朦胧诗的人都不擅长逻辑思维"，而不应当弱化为"至少有些喜欢朦胧诗的人不擅长逻辑思维"。
E. 李娜的推理不正确，因为创作朦胧诗需要形象思维，也需要逻辑思维。

题 31 (1997—1—45) 我最爱阅读外国文学作品，英国的、法国的、古典的，我都爱读。
上述陈述在逻辑上犯了哪项错误？
A. 划分外国文学作品的标准混乱，前者是按国别划分，后者是按时代划分。
B. 外国文学作品没有分是诗歌、小说还是戏剧的。
C. 没有说最喜好什么。
D. 没有说是外文原版还是翻译本。
E. 在"古典的"后面，没有紧接着指出"现代的"。

题 32 (1997—10—35) "平反是对处理错误的案件进行纠正。"
以下哪项最为确切地说明了上述定义的不严密？
A. 对案件是否处理错误，应该有明确的标准。
B. 应该说明平反的操作程序。
C. 应该说明平反的主体及其权威性。
D. 对平反的客体应该具体分析。平反了，不等于没错误。
E. 对原来重罪轻判的案件进行纠正不应该称为平反。

题 33 (2004—1—55) 张教授：如果没有爱迪生，人类还生活在黑暗中。理解这样的评价，不需要任何想象力。爱迪生的发明，改变了人类的生存方式。但是，他只在学校中受过几个月的正式教育。因此，接受正式教育对于在技术发展中做出杰出贡献并不是必要的。
李研究员：你的看法完全错了。自爱迪生时代以来，技术的发展日新月异。在当代如果你想对技术发展做出杰出贡献，即使接受当时的正式教育，全面具备爱迪生时代的知识也是远远不够的。
以下哪项最恰当地指出了李研究员的反驳中存在的漏洞？
A. 没有确切界定何为"技术发展"。
B. 没有确切界定何为"接受正式教育"。
C. 夸大了当代技术发展的成果。
D. 忽略了一个核心概念：人类的生存方式。
E. 低估了爱迪生的发明对当代技术发展的意义。

◆ 题34 （1999—1—57）王宏和李明是要好的朋友。王宏是学气象的，每天要做天气预报。李明是学哲学的，爱和人辩论。某个星期六的中午，两人在一块吃饭，王宏急着要走，说要去加班，准备明天的天气预报。李明说："何必着急？做天气预报还不容易，只要说明天有50%的概率降水就行了。如果真的下了雨，你可以说'我预报准确'，因为你说过有50%的概率降水；如果明天没有下雨，你也没错，因为你预言有50%的概率不降雨。因此，你总是对的。"
以下哪项论述最科学地指出了李明论断的错误？
A. 一个天气预报员的水平高低不是仅用某一次预报是否符合天气的实际情况来判断的。
B. 李明的说法不对。如果明天真的下雨了，只有预报降水概率为100%时才算预报正确，其他预报都不对。
C. 李明的说法有问题。如果明天没有下雨，只有预报降水概率为0%时才算预报正确，其他预报都算错。
D. 李明的说法揭示了现在天气预报方式的弊端。用百分率做天气预报并不科学，应该像原来那样，明确地预报有雨或无雨。
E. 用百分率做天气预报是一种推卸责任的办法，就和算命先生给人算卦一样，都是些模棱两可的话。你说让人信还是不信？

◆ 题35 （2008—1—51）统计显示，在汽车事故中，装有安全气囊的汽车比例高于未安装气囊的汽车，因此，在汽车中安装安全气囊，并不能使车主更安全。
以下哪项最为恰当地指出了上述论证的漏洞？
A. 不加以说明就予以假设，任何安装气囊的汽车都有可能遭遇汽车事故。
B. 忽视了这种可能：未安装安全气囊的车主更注意谨慎驾驶。
C. 不当的假设：在任何汽车事故中，安全气囊都会自动打开。
D. 不当地把汽车事故的可能程度，等同于车主在事故中受伤害的严重程度。
E. 忽视了这种可能性：装有安全气囊的汽车所占的比例越来越大。

◆ 题36 （1997—1—44）商家为了推销商品，经常以"买一赠一"的广告方式招徕顾客。
以下哪项最能说明这种推销方式的实质？
A. 商家最喜欢这种推销方式。
B. 顾客最喜欢这种推销方式。
C. 这是一种亏本的推销方式。
D. 这是一种耐用商品的推销方式。
E. 这是一种以偷换概念的方法来推销商品的手段。

◆ 题37 （2007—1—40）一项时间跨度为半个世纪的专项调查研究得出肯定结论：饮用常规量的咖啡对人的心脏无害。因此，咖啡的饮用者完全可以放心享用，只要不过量饮用。
以下哪项最为恰当地指出了上述论证的漏洞？
A. 咖啡的常规饮用量可能因人而异。
B. 心脏健康不等同于身体健康。
C. 咖啡饮用者可能在喝咖啡时吃对心脏有害的食物。
D. 喝茶，特别是喝绿茶比喝咖啡有利于心脏的保健。
E. 有的人从不喝咖啡但心脏仍然健康。

◆ 题38 （1997—10—37）东方日出，西方日落；社会是发展的，生物是进化的。这些都反映了不以人的意志为转移的客观规律。小王对此不以为然。他说，有的规律是可以改造的，人能改造一切，当然也能改造某些客观规律。比如价值规律不是乖乖地为精明的经营者服务了吗？人不是把肆虐的洪水制住而变害为利了吗?

以下哪项最为确切地揭示了小王上述议论中的错误?

A. 他过高地估计了人的力量。
B. 他认为"人能改造一切"是武断的。
C. 他混淆了"运用"与"改造"这两个概念。
D. 洪水并没有被彻底制服。
E. 价值规律若被改造就不叫价值规律了。

题39 (2006—10—32)拥挤的居住条件所导致的市民健康状况的明显下降,是清城面临的重大问题。因为清城和广川两个城市的面积和人口相当,所以,清城面临的上述问题必定会在广川出现。

以下哪项最为恰当地指出了上述论证的漏洞?

A. 不当地预设:拥挤的居住条件是导致市民健康状况下降的唯一原因。
B. 未能准确区分人口数量和人口密度这两个概念。
C. 未能准确区分一个城市的面积和它的人口这两个不同的概念。
D. 未能恰当地选择第三个比较对象以增强结论的说服力。
E. 忽略了相同的人口密度可以有不同的居住条件。

题40 (2004—10—39)贾女士:我支持日达公司雇员的投诉。他们受到了不公正的待遇。他们中大多数人的年薪还不到10 000元。

陈先生:如果说工资是主要原因的话,我很难认同你的态度。据我了解,日达公司雇员的平均年薪超过15 000元。

以下哪项最为恰当地指出了陈先生的反驳中存在的漏洞?

A. 在一个核心概念的界定和使用上没有与论辩对方保持一致。
B. 所反驳的并不是论辩对方事实上所持的观点。
C. 在反驳过程中出现自相矛盾。
D. 在反驳过程中没有对某个核心概念的界定和使用保持一致。
E. 对关键性数据的引用有误。

题41 (2009—10—48)办公室主任:本办公室不打算使用循环再利用纸张。给用户的信件必须能留下好的印象,不能打印在劣质纸张上。

文具供应商:循环再利用纸张不一定是劣质的。事实上,最初的纸张就是用可回收材料制造的。一直到19世纪50年代,由于碎屑原料供不应求,才使用木纤维作为造纸原料。

以下哪项最为恰当地概括了文具供应商的反驳中存在的漏洞?

A. 没有意识到办公室主任对于循环再利用纸张的偏见是由于某种无知。
B. 使用了不相关的事实来证明一个关于产品质量的判定。
C. 不恰当地假设办公室主任了解纸张的制造工艺。
D. 忽视了办公室主任对产品质量关注的合法权利。
E. 不恰当地假设办公室主任忽视了环境保护。

题42 (2004—10—51)一种检测假币的仪器在检测到假币时会亮起红灯,制造商称该仪器将真币误认为是假币的可能性只有0.1%。因此,该仪器在一千次亮起红灯时有九百九十九次会发现假币。

上述论证的推理是错误的,因为:

A. 忽略了在假币出现时红灯不亮的可能性。
B. 基于一个可能有偏差的事例概括出一个普遍的结论。
C. 忽略了仪器在检测假币时操作人员可能发生的人为错误。

D. 在讨论百分比时偷换了数据概念。
E. 没有说明该仪器是否对所有的假币都同样敏感。

题43 （1997—1—17）鲁迅的著作不是一天能读完的,《狂人日记》是鲁迅的著作,因此,《狂人日记》不是一天能读完的。

下列哪项最为恰当地指出了上述推理的逻辑错误?
A. 偷换概念。
B. 自相矛盾。
C. 以偏概全。
D. 倒置因果。
E. 循环论证。

题44 （2007—1—29）舞蹈学院的张教授批评本市芭蕾舞团最近的演出没能充分表现出古典芭蕾舞的特色。他的同事林教授认为这一批评是个人偏见。作为芭蕾舞技巧专家,林教授考察过芭蕾舞团的表演者,结论是每一位表演者都拥有足够的技巧和才能来表现古典芭蕾舞的特色。

以下哪项最为恰当地概括了林教授反驳中的漏洞?
A. 他对张教授的评论风格进行攻击而不是对其观点加以批驳。
B. 他无视张教授的批评意见与实际情况是相符的。
C. 他仅从维护自己的权威地位的角度加以反驳。
D. 他依据一个特殊的事例轻率地概括出一个普遍结论。
E. 他不当地假设,如果一个团体每个成员具有某种特征,那么这个团体总能体现这种特征。

题45 （2009—1—52）所有的灰狼都是狼。这一断定显然是真的。因此,所有的疑似SARS病例都是SARS病例,这一断定也是真的。

以下哪项最为恰当地指出了题干论证的漏洞?
A. 题干的论证忽略了：一个命题是真的,不等于具有该命题形式的任一命题都是真的。
B. 题干的论证忽略了：灰狼与狼的关系,不同于疑似SARS病例和SARS病例的关系。
C. 题干的论证忽略了：在疑似SARS病例中,大部分不是SARS病例。
D. 题干的论证忽略了：许多狼不是灰色的。
E. 题干的论证忽略了：此种论证方式会得出其他许多明显违反事实的结论。

题46 （2006—1—41）免疫研究室的钟教授说："生命科学院从前的研究生那种勤奋精神越来越不多见了,因为我发现,目前在我的研究生中,起早摸黑做实验的人越来越少了。"

以下哪项最为恰当地指出了钟教授推理中的漏洞?
A. 不当地断定：除了生命科学院以外,其他学院的研究生普遍都不够用功。
B. 没有考虑到研究生的不勤奋有各自不同的原因。
C. 只是提出了问题,但没有提出解决问题的方法。
D. 不当的假设：他的学生状况就是生命科学院所有研究生的一般状况。
E. 没有设身处地考虑他的研究生毕业后找工作的难处。

题47 （2001—1—31）李工程师：在日本,肺癌病人的平均生存年限（即从确诊至死亡的年限）是9年,而在亚洲的其他国家,肺癌病人的平均生存年限只有4年。因此,日本在延长肺癌病人生命方面的医疗水平要高于亚洲的其他国家。

张研究员：你的论证缺乏充分的说服力。因为日本人的自我保健意识总体上高于其他的亚洲人,因此,日本肺癌患者的早期确诊率要高于亚洲其他国家。

以下哪项如果为真,能最为有力地指出李工程师论证中的漏洞?
A. 亚洲一些发展中国家的肺癌患者是死于由肺癌引起的并发症。
B. 日本人的平均寿命不仅居亚洲之首,而且居世界之首。
C. 日本的胰腺癌病人的平均生存年限是5年,接近于亚洲的平均水平。

D. 日本医疗技术的发展，很大程度上得益于对中医的研究和引进。

E. 一个数大大高于某些数的平均数，不意味着这个数高于这些数中的每个数。

题 48 （2008—1—35）通常认为左撇子比右撇子更容易出事故。这是一种误解。事实上，大多数家务事故，大到火灾、烫伤，小到切破手指，都出自右撇子。

以上哪项最为恰当地概括了上述论证中的漏洞？

A. 对两类没有实质性区别的对象作实质性的区分。

B. 在两类不具有可比性的对象之间进行类比。

C. 未考虑家务事故在整个操作事故中所占的比例。

D. 未考虑左撇子在所有人中所占的比例。

E. 忽视了这种可能性：一些家务事故是由多个人造成的。

题 49 （2002—10—43）和上一个十年相比，近十年的吸烟者中肺癌患者的比例下降了10%。据分析，这种结果有两个明显的原因：第一，近十年中高档品牌的香烟都带有过滤嘴，这有效地阻止了香烟中有害物质的吸入；第二，和上一个十年相比，近十年吸烟人数大约下降了10%。

以下哪项对上述分析的评价最为恰当？

A. 上述分析不存在逻辑漏洞。

B. 上述分析依据的数据有误，因为吸烟者中肺癌患者下降的比例，不可能正好等于吸烟人数下降的比例。

C. 上述分析缺乏说服力，因为显然存在吸过滤嘴香烟的肺癌患者。

D. 上述分析存在漏洞，这种漏洞和以下分析类似：和去年相比，今年京都大学录取的来自西部新生的比例上升了10%。据分析，这有两个原因：第一，西部地区的中等教育水平逐年提高；第二，今年西部地区的考生比去年增加了10%。

E. 上述分析存在漏洞，这种漏洞和以下分析类似：人们对航行的恐惧完全是一种心理障碍。统计说明，空难死亡率不到机动车事故死亡率的1%。随着机动车数量的大幅度上升，航空旅行相对地将变得更为安全。

题 50 （2007—1—38）郑兵的孩子即将上高中，郑兵发现，在当地中学，学生与老师的比例低的学校，学生的高考成绩普遍都比较好。郑兵因此决定，让他的孩子选择学生总人数最少的学校就读。

以下哪项最为恰当地指出了郑兵上述决定的漏洞？

A. 忽略了学校教学质量既和学生与老师的比例有关，也和生源质量有关。

B. 仅注重高考成绩，忽略了孩子的全面发展。

C. 不当地假设：学生总人数少就意味着学生与老师的比例低。

D. 在考虑孩子的教育时忽略了孩子本人的愿望。

E. 忽略了学校教学质量主要与教师的素质而不是数量有关。

题 51 （2002—10—23）我国正常婴儿在3个月时的平均体重在5~6公斤之间。因此，如果一个3个月的婴儿的体重只有4公斤，则说明其间他（她）的体重增长速度低于平均水平。

以下哪项如果为真，最有助于说明上述论证存在漏洞？

A. 婴儿体重增长速度低于平均水平不意味着发育不正常。

B. 上述婴儿在6个月时的体重高于平均水平。

C. 上述婴儿出生时的体重低于平均水平。

D. 母乳喂养的婴儿体重增长速度较快。

E. 我国婴儿的平均体重较20年前有了显著的增加。

◆ 题52 (2010—10—54) 小陈经常因驾驶汽车超速收到交管局寄来的罚单。他调查发现，同事中开小排量汽车超速的可能性低得多。为此，他决定将自己驾驶的大排量汽车卖掉，换购一辆小排量汽车，以此降低超速驾驶的可能性。

小陈的论证推理最容易受到以下哪项的批评？
A. 仅仅依据现象间有联系就推断出有因果关系。
B. 依据一个过于狭隘的范例得出一般结论。
C. 将获得结论的充分条件当作必要条件。
D. 将获得结论的必要条件当作充分条件。
E. 进行了一个不太可信的调查研究。

◆ 题53 (2006—10—35) 服用深海鱼油胶囊能降低胆固醇。一项对 6 403 名深海鱼油胶囊定期服用者的调查显示，他们患心脏病的风险降低了三分之一。这项结果完全符合另一个研究结论：心脏病患者的胆固醇通常高于正常标准。因此，上述调查说明，降低胆固醇减少了患心脏病的风险。

以下哪项最为恰当地指出了上述论证的漏洞？
A. 没有考虑到这种情况：深海鱼油胶囊减少了服用者患心脏病的风险，但并不是降低胆固醇的结果。
B. 忽视了这种可能性：深海鱼油胶囊有副作用。
C. 由"心脏病患者的胆固醇通常高于正常标准"可直接得出"降低胆固醇能减少患心脏病的风险"。因此，以上述调查结论作为论据是没有意义的。
D. 上述调查的结论有关降低胆固醇对患心脏病的影响，但应该揭示的是深海鱼油胶囊对胆固醇的作用。
E. 没有考虑普通人群服用深海鱼油胶囊的百分比。

◆ 题54 (2002—1—58) 以下是一份商用测谎器的广告：
员工诚实的个人品质对于一个企业来说至关重要。一种新型的商用测谎器，可以有效地帮助贵公司聘用诚实的员工。著名的 QQQ 公司在一次招聘面试时使用了测谎器，结果完全有理由让人相信它的有效功能。有三分之一的应聘者在这次面试中撒谎。当被问及他们是否知道法国经济学家道尔时，他们都回答知道，或至少回答听说过。但事实上这个经济学家是不存在的。

以下哪项最能说明上述广告存在漏洞？
A. 上述广告只说明了面试中有人撒谎，并未说明测谎器能有效测谎。
B. 上述广告未说明为何员工诚实的个人品质，对于一个公司来说至关重要。
C. 上述广告忽视了：一个应聘者即使如实地回答了某个问题，仍可能是一个不诚实的人。
D. 上述广告依据的只有一个实例，难以论证一般性的介绍。
E. 上述广告未对 QQQ 公司及其业务进行足够的介绍。

◆ 题55 (2009—10—39) 研究表明，严重失眠者 90% 爱喝浓茶。老张爱喝浓茶。因此，他很可能严重失眠。

以下哪项最为恰当地指出了上述论证的漏洞？
A. 他忽视了这种可能性：老张属于爱喝浓茶中 10% 没有严重失眠的那部分人。
B. 他忽视了引起失眠的其他原因。
C. 他忽视了喝浓茶还可能引起其他不良后果。
D. 他依赖的论据并不涉及爱喝浓茶的人中严重失眠者的比例。
E. 他低估了严重失眠对健康的危害。

◆ 题56 (1997—1—46) 改革开放以后的中国社会，白领阶层以其得体入时的穿着、斯文潇洒的举止，在城市中逐渐形成一种新的时尚。张金力穿着十分得体，举止也很斯文，一定是白领阶层中的一员。

下列哪项陈述最准确地指出了上述判断在逻辑上的缺陷?
A. 有些白领阶层的人穿着也很普通,举止并不潇洒。
B. 有些穿着得体、举止斯文的人并非从事令人羡慕的白领工作。
C. 穿着举止是人的爱好、习惯,也与工作性质有一定关系。
D. 张金力的穿着举止受社会时尚的影响很大。
E. 白领阶层的工作性质决定了他们应当穿着得体、举止斯文。

题57 (1997—1—42) "人多力量大""众人拾柴火焰高",这些名言证明了人口的增加是有利于社会发展的。

上述推断的主要缺陷在于:
A. "人多力量大"肯定了人力资源的作用,是重视人才的表现。
B. 不同的人对社会的贡献是不一样的,应当指明主要应增加哪一类人口。
C. 名言并非真理,不能由名言简单地证明上述结论。
D. 人口越少,消耗掉的社会资源就越少。
E. 人口越多,带来的社会问题越多。

题58 (2008—1—40) 和平基金决定中止对S研究所的资助,理由是这种资助可能被部分地用于武器研究。对此,S研究所承诺:和平基金会的全部资助,都不会用于任何与武器相关的研究。和平基金会因此撤销了上述决定,并得出结论:只要S研究所遵守承诺,和平基金会的上述资助就不会再用于武器研究。

以下哪项最为恰当地概括了和平基金会上述结论中的漏洞?
A. 忽视了这种可能性:S研究所并不遵守承诺。
B. 忽视了这种可能性:S研究所可以用其他来源的资金进行武器研究。
C. 忽视了这种可能性:和平基金会的资助使S研究所有能力把其他资金改用武器研究。
D. 忽视了这种可能性:武器研究不一定危害和平。
E. 忽视了这种可能性:和平基金会的上述资助额度有限,对武器研究没有实质性意义。

题59 (2004—1—50) 在一场魔术表演中,魔术师看起来是随意请了一位观众志愿者,上台配合他的表演。根据魔术师的要求,志愿者从魔术师手中的一副扑克中随意抽出一张。志愿者看清楚了这张牌,但显然没有让魔术师看到这张牌。随后,志愿者把这张牌插回那副扑克中。魔术师把扑克洗了几遍,又切了一遍。最后,魔术师从中取出一张,志愿者确认这就是他抽出的那一张。有好奇者重复三次看了这个节目,想揭穿其中的奥秘。第一次,他用快速摄像机记录下了魔术师的手法,没有发现漏洞;第二次,他用自己的扑克代替魔术师的扑克;第三次,他自己充当志愿者。这三次表演,魔术师无一失手。此好奇者因此推断:该魔术的奥秘,不在手法技巧,也不在扑克或者志愿者。

以下哪项最为确切地指出了好奇者的推理中的漏洞?
A. 好奇者忽视了这种可能性:他的摄像机功能会不稳定。
B. 好奇者忽视了这种可能性:除了摄像机以外,还有其他仪器可以准确记录魔术师的手法。
C. 好奇者忽视了这种可能性:手法技巧只有在使用做了手脚的扑克时才能奏效。
D. 好奇者忽视了这种可能性:魔术师表演同一个节目可以使用不同的方法。
E. 好奇者忽视了这种可能性:除了他所怀疑的上述三种方法外,魔术师还可能使用了其他的方法。

题60 (2006—10—34) 除非像给违反交通规则的机动车一样出具罚单,否则在交通法规中禁止自行车闯红灯是没有意义的。因为一项法规要有意义,必须能有效制止它所禁止的行为。但是上述法规对于那些经常闯红灯的骑车者来说显然没有约束力，而对那些习惯于遵守交通法规的骑车者来说，即使没有这样的法规，他们也不会闯红灯。

以下哪项最为恰当地指出了上述论证的漏洞？

A. 不当地假设大多数机动车驾驶员都遵守禁止闯红灯的交通法规。

B. 在前提和结论中对"法规"这一概念的含义没有保持统一。

C. 忽视了这种可能性：一个法规若运用过于严厉的惩戒手段，即使有效地制止了它所禁止的行为，也不能认为是有意义的。

D. 没有考虑上述法规对于有时但并不经常闯红灯的骑车者所产生的影响。

E. 没有论证闯红灯对于公共交通的危害。

◆ 题61 （2005—10—26）张教授：有的歌星的一次出场费是诺贝尔奖奖金的数十倍甚至更高，这是不合理的。一般地说，诺贝尔奖得主对人类社会和历史的贡献，要远高于这样或那样的明星。

李研究员：你完全错了。歌星的酬金是一种商业回报，他的一次演出，可能为他的老板带来了上千万的利润。

张教授：按照你的逻辑，诺贝尔基金就不应该设立。因为，诺贝尔在生前不可能获益于杨振宁的理论发现。

以下哪项最为恰当地指出了张教授反驳中存在的逻辑漏洞？

A. 张教授的反驳夸大了不合理的个人收入的不良后果。

B. 张教授的反驳忽视了：降低歌星的酬金，意味着增加老板的利润，这是一种更大的不公正。

C. 张教授的反驳忽视了：巨额的出场费只属于个别当红歌星。

D. 张教授的反驳忽视了：诺贝尔生前虽然没有，但他的后代获益于诺贝尔奖得主的理论发现。

E. 张教授的反驳忽视了：商业回报只是个人收入的一种形式，不是唯一形式。

◆ 题62 （2001—10—23）有些外科手术需要一种特殊类型的线带，使外科伤口缝合达到十天，这是外科伤口需要线带的最长时间。D型带是这种线带的一个新品种。D型带的销售人员声称D型带将会提高治疗功效，因为D型带的黏附时间是目前使用的线带的两倍长。

以下哪项如果成立，最能说明D型带销售人员声明中的漏洞？

A. 大多数外科伤口愈合大约需要十天。

B. 大多数外科线带是从医院而不是从药店得到的。

C. 目前使用的线带的黏性足够使伤口缝合十天。

D. 现在还不清楚究竟是D型带线带还是目前使用的线带更有利于皮肤的愈合。

E. D型带线带对已经预先涂上一层药物的皮肤的黏性只有目前使用的线带的一半好。

◆ 题63 （2010—10—36）即使在古代，规模生产谷物的农场，也只有依靠大规模的农产品市场才能生存，而这种大规模的农产品市场意味着有相当人口的城市存在。因为中国历史上只有一家一户的小农经济，从来没有出现过农场这种规模生产的农业模式，因此，现在考古所发现的中国古代城市，很可能不是人口密集的城市，而只是为举行某种仪式的人群临时聚集地。

以下哪项，最为恰当地指出了上述论证的漏洞？

A. 该结论只是对其前提中某个断定的重复。

B. 论证中对某个关键概念的界定前后不一致。

C. 在同一个论证中，对一个带有歧义的断定做出了不同的解释。

D. 把某种情况的不存在，作为证明此种情况的必要条件也不存在的根据。

E. 把某种情况在现实中的不存在，作为证明此类情况不可能发生的根据。

◆ 题64 （2009—10—35）贾女士：在英国，根据长子继承权的法律，男人的第一个妻子生的第一个儿子有首先继承家庭财产的权利。

陈先生：你说得不对。布朗公爵夫人就合法地继承了她父亲的全部财产。

以下哪项对陈先生所做断定的评价最为恰当？

A. 陈先生的断定是对贾女士的反驳，因为他举出了一个反例。
B. 陈先生的断定是对贾女士的反驳，因为他揭示了长子继承权性别歧视的实质。
C. 陈先生的断定不能构成对贾女士的反驳，因为任何法律都不可能得到完全的实施。
D. 陈先生的断定不能构成对贾女士的反驳，因为他对布朗夫人继承父产的合法性并未给予论证。
E. 陈先生的断定不能构成对贾女士的反驳，因为他把贾女士的话误解为只有儿子才有权继承财产。

题65 （2007—10—42）有些被公众认为是坏的行为往往有好的效果。只有产生好的效果，一个行为才是好的行为。因此，有些被公众认为是坏的行为其实是好的。

以下哪项最为恰当地概括了上述推理中存在的错误？

A. 不当地假设：如果 a 是 b 的必要条件，则 a 也是 b 的充分条件。
B. 不当地假设：如果 a 不是 b 的必要条件，则 a 是 b 的充分条件。
C. 不当地假设：如果 a 是 b 的必要条件，则 a 不是 b 的充分条件。
D. 不当地假设：任何两个断定之间都存在条件关系。
E. 不当地假设：任何两个断定之间都不存在条件关系。

题66 （2008—10—52）临近本科毕业，李明所有已修课程的成绩均是优秀。按照学校规定，如果最后一学期他的课程成绩也是优秀，就一定可以免试就读研究生。李明最后一学期有一门功课成绩未获得优秀，因此他不能免试就读研究生了。

以下哪项对上述论证的评价是最为恰当？

A. 上述论证是成立的。
B. 上述论证有漏洞，因为它忽视了：课程成绩只是衡量学生素质的一个方面。
C. 上述论证有漏洞，因为它忽视了：所陈述的规定有漏洞，会导致理解的歧义。
D. 上述论证有漏洞，因为它把题干所陈述的规定错误地理解为：只要所有学期课程成绩均是优秀，就一定可以免试就读研究生。
E. 上述论证有漏洞，因为它把题干所陈述的规定错误地理解为：只有所有学习课程成绩均是优秀，才可以免试就读研究生。

题67 （2006—10—38）陈经理今天将乘飞机赶回公司参加上午10点的重要会议。秘书小张告诉王经理：如果陈经理乘坐的飞机航班被取消，那么他就不能按时到达会场。但事实上该航班正点运行，因此，小张得出结论：陈经理能按时到达会场。王经理回答小张："你的前提没错，但推理有缺陷；我的结论是：陈经理最终将不能按时到达会场。"

以下哪项对上述断定的评价最为恰当？

A. 王经理对小张的评论是正确的，王经理的结论也由此被强化。
B. 虽然王经理的结论根据不足，但他对小张的评论是正确的。
C. 王经理对小张的评论有缺陷，王经理的结论也由此被弱化。
D. 王经理对小张的评论是正确的，但王经理的结论是错误的。
E. 王经理对小张的评论有偏见，并且王经理的结论根据不足。

题68 （2009—1—43）这次新机种试飞只是一次例行试验，既不能算成功，也不能算不成功。

以下哪项对于题干的评价最为恰当？

A. 题干的陈述没有漏洞。
B. 题干的陈述有漏洞，这一漏洞也出现在后面的陈述中：这次关于物价问题的社会调查结果，既不能说完全反映了民意，也不能说一点也没有反映民意。
- C. 题干的陈述有漏洞，这一漏洞也出现在后面的陈述中：这次考前辅导，既不能说完全成功，也不能说彻底失败。
- D. 题干的陈述有漏洞，这一漏洞也出现在后面的陈述中：人有特异功能，既不是被事实证明的科学结论，也不是纯属欺诈的伪科学结论。
- E. 题干的陈述有漏洞，这一漏洞也出现在后面的陈述中：在即将举行的大学生辩论赛中，我不认为我校代表队一定能进入前四名，我也不认为我校代表队可能进不了前四名。

◆题69 （2002—1—27）在一次聚会上，10个吃了水果沙拉的人中，有5个很快出现了明显的不适。吃剩的沙拉立刻被送去检验。检验的结果不能肯定其中存在超标的有害细菌。因此，食用水果沙拉不是造成食用者不适的原因。

如果上述检验结果是可信的，则以下哪项对上述论证的评价最为恰当？
- A. 题干的论证是成立的。
- B. 题干的论证有漏洞，因为它把事件的原因，当作该事件的结果。
- C. 题干的论证有漏洞，因为它没有考虑到这种可能性：那些吃了水果沙拉后没有很快出现不适的人，过不久也出现了不适。
- D. 题干的论证有漏洞，因为它没有充分利用一个有力的论据：为什么有的水果沙拉食用者没有出现不适？
- E. 题干的论证有漏洞，因为它把缺少证据证明某种情况存在，当作有充分证据证明某种情况不存在。

◆题70 （2009—10—49）张林是奇美公司的总经理，潘洪是奇美公司的财务主管。奇美公司每年生产的紫水晶占全世界紫水晶产品的2%。潘洪希望公司通过增加产量使公司利润增加，张林却认为：增加产量将会导致全球紫水晶价格下降，反而会导致利润减少。

以下哪项最为恰当地指出了张林的逻辑推断中的漏洞？
- A. 将长期需要与短期需要互相混淆。
- B. 将未加工的紫水晶与加工后紫水晶的价格互相混淆。
- C. 不当地假设公司的产品是与全球的紫水晶市场紧密联系的。
- D. 不当地假设公司的生产目标与财务目标不一定是一致的。
- E. 不当地假设奇美公司的产品供给变化会显著改变整个水晶市场产品的总供给。

◆题71 （1997—1—4）一个月了，这个问题时时刻刻缠绕着我，而在工作非常繁忙或心情非常好的时候，我又暂时抛开了这个问题，顾不上去想它了。

以上的陈述犯了下列哪项逻辑错误？
- A. 论据不足。　　　　B. 循环论证。　　　　C. 偷换概念。
- D. 转移论题。　　　　E. 自相矛盾。

◆题72 （1997—10—5）甲、乙两人就"人的有意识的活动是否都是有目的的"这一论题展开辩论。甲认为，人有意识的活动都是有目的的。乙持相反的观点，为证明自己观点的正确性，乙说："我现在就可以有意识却无目地举起我的手。"

乙的证明犯了下述哪项错误？
- A. 模棱两可。　　　　B. 两不可。　　　　　C. 自相矛盾。
- D. 以偏概全。　　　　E. 论据不足。

◆题73 （2002—1—38）在产品检验中，误检包括两种情况：一是把不合格产品定为合格；二是把合格产品定为不合格。有甲、乙两个产品检验系统，它们依据的是不同的原理，但共同之处在于：第一，它们都能检测出所有送检的不合格产品；第二，它们都仍有恰好 3% 的误检率；第三，不存在一个产品，会被两个系统都误检。现在把这两个系统合并为一个系统，使得被该系统测定为不合格的产品，包括且只包括两个系统分别工作时都测定的不合格产品。可以得出结论：这样的产品检验系统的误检率为零。

以下哪项最为恰当地评价了上述推理？

A. 上述推理是必然性的，即如果前提真，则结论一定真。

B. 上述推理很强，但不是必然性的，即如果前提真，则为结论提供了很强的证据，但附加的信息仍可能削弱该论证。

C. 上述推理很弱，前提尽管与结论相关，但最多只为结论提供了不充分的根据。

D. 上述推理的前提中包含矛盾。

E. 该推理不能成立，因为它把某事件发生的必要条件的根据，当作充分条件的根据。

◆题 74　（2002—1—37）是否应当废除死刑在一些国家中一直存在争议，下面是相关的一段对话：

史密斯：一个健全的社会应当允许甚至提倡对罪大恶极者执行死刑。公开执行死刑通过其震慑作用显然可以减少恶性犯罪，这是社会自我保护的必要机制。

苏珊：您忽视了讨论这个议题的一个前提，这就是一个国家或者社会是否有权力剥夺一个人的生命。如果事实上这样的权力不存在，那么，讨论执行死刑是否可以减少恶性犯罪这样的问题是没有意义的。

如果事实上执行死刑可以减少恶性犯罪，则以下哪项最为恰当地评价了这一事实对两人所持观点的影响？

A. 两人的观点都得到加强。

B. 两人的观点都未受到影响。

C. 史密斯的观点得到加强，苏珊的观点未受影响。

D. 史密斯的观点未受影响，苏珊的观点得到加强。

E. 史密斯的观点得到加强，苏珊的观点受到削弱。

>>>>>>>>>>>>>>>>>>>>>>　管综真题警戒线　>>>>>>>>>>>>>>>>>>>>>>>

◆题 75　（2011—1—38）公达律师事务所以为刑事案件的被告进行有效辩护而著称，成功率达 90% 以上。老余是一位以专门为离婚案件的当事人成功辩护而著称的律师。因此，老余不可能是公达律师事务所的成员。

以下哪项最为确切地指出了上述论证的漏洞？

A. 公达律师事务所具有的特征，其成员不一定具有。

B. 没有确切指出老余为离婚案件的当事人辩护的成功率。

C. 没有确切指出老余为刑事案件的当事人辩护的成功率。

D. 没有提供公达律师事务所统计数据的来源。

E. 老余具有的特征，其所在工作单位不一定具有。

◆题 76　（2016—1—47）许多人不仅不理解别人，而且也不理解自己，尽管他们可能曾经试图理解别人，但这样的努力注定会失败，因为不理解自己的人是不可能理解别人的。可见，那些缺乏自我理解的人是不会理解别人的。

以下哪项最能说明上述论证的缺陷？

A. 使用了"自我理解"概念，但并未给出定义。

B. 没有考虑"有些人不愿意理解自己"这样的可能性。

C. 没有正确把握理解别人和理解自己之间的关系。
D. 结论仅仅是对其论证前提的简单重复。
E. 间接指责人们不能换位思考，不能相互理解。

题型 22 归纳题型

题1 （2005—1—49）19世纪前，技术、科学发展相对独立。而19世纪的电气革命，是建立在科学基础上的技术创新，它不可避免地导致了两者的结合与发展，而这又使人类不可避免地面对尖锐的伦理道德问题和资源环境问题。

以下哪项符合题干的断定？

Ⅰ. 产生当今尖锐的伦理道德问题和资源环境问题的一个重要根源是电气革命。
Ⅱ. 如果没有电气革命，则不会产生当今尖锐的伦理道德问题和资源环境问题。
Ⅲ. 如果没有科学与技术的结合，就不会有电气革命。

A. 只有Ⅰ。　　　　　　　B. 只有Ⅱ。　　　　　　　C. 只有Ⅲ。
D. 只有Ⅰ和Ⅲ。　　　　　E. Ⅰ、Ⅱ和Ⅲ。

题2 （2003—10—48）现在市面上充斥着《成功十大要素》之类的书。出版商在推销此类书时声称，这些书将能切实地帮助读者成为卓越的成功者。事实上，几乎每个人都知道，卓越的成功注定只属于少数人，人们不可能通过书本都成为这少数人群中的一个。基于这一点，出版商故意所做的上述夸张乃至虚假的宣传不能认为是不道德的。退一步说，即使有人相信出版商的虚假宣传，但只要读此类书对他在争取成功中确实利大于弊，做此类宣传也不能认为是不道德的。

以下哪项断定最符合以上的议论？

A. 只有当虚假宣传完全没有任何"歪打正着"的正面效应时，故意做此种虚假宣传才是不道德的。
B. 只有当人们受了欺骗并深受其害时，故意做这种宣传才是不道德的。
C. 如果故意做虚假宣传的出版商通过损害受骗者获利，那么，故意做此种虚假宣传是不道德的。
D. 只有当虚假宣传的受骗者的数量超出了未受骗者时，故意做此种虚假宣传才是不道德的。
E. 只有当虚假宣传的人完全意识到其所为的全部后果时，故意做此种虚假宣传才是不道德的。

题3 （2006—10—26）麦老师：只有博士生导师才能担任学校"高级职称评定委员会"评委。
宋老师：不对。董老师是博士生导师，但不是"高级职称评定委员会"评委。

宋老师的回答说明他将麦老师的话错误地理解为：

A. 有的"高级职称评定委员会"评委是博士生导师。
B. 董老师应该是"高级职称评定委员会"评委。
C. 只要是博士生导师，就是"高级职称评定委员会"评委。
D. 并非所有的博士生导师都是"高级职称评定委员会"评委。
E. 董老师不是学科带头人，但他是博士生导师。

题4 （2008—1—55）小林因未带游泳帽被拒绝进入深水池，小林出示深水合格证说：根据规矩我可以进入深水池。游泳池的规定是：未戴游泳帽者不得进入游泳池，只有持有深水合格证，才能进入深水池。

小林最有可能把游泳池的规定理解为：

A. 除非持有深水合格证，否则不能进入深水池。
B. 只有持有深水合格证的人，才不需要戴游泳帽。

C. 如果持有深水合格证，就能进入深水池。
D. 准许进入游泳池的，不一定准许进入深水池。
E. 有了深水合格证，就不需要戴泳帽。

题5 （1997—10—3）《伊索寓言》中有这样一段文字：有一只狗习惯于吃鸡蛋。久而久之，它认为"一切鸡蛋都是圆的"。有一次，它看见一个圆圆的海螺，以为是鸡蛋，于是张开大嘴，一口就把海螺吞下肚去，结果肚子疼得直打滚。

狗误吃海螺是依据了下述哪项判断？

A. 所有圆的都是鸡蛋。　　B. 有些圆的是鸡蛋。　　C. 有些鸡蛋是圆的。
D. 所有的鸡蛋都是圆的。　　E. 有些圆的不是鸡蛋。

题6 （2009—1—55）一个善的行为，必须既有好的动机，又有好的效果。如果是有意伤害他人，或是无意伤害他人，但这种伤害的可能性是可以预见的，在这两种情况下，对他人造成伤害的行为都是恶的行为。

以下哪项叙述符合题干的断定？

A. P先生写了一封试图挑拨E先生与其女友之间关系的信。P的行为是恶的，尽管这封信起到了与他的动机截然相反的效果。
B. 为了在新任领导面前表现自己，争夺一个晋升名额，J先生利用业余时间解决积压的医疗索赔案件，J的行为是善的，因为S小姐的医疗索赔请求因此得到了及时的补偿。
C. 在上班途中，M女士把自己的早餐汉堡包给了街上的一个乞丐。乞丐由于急于吞咽而被意外地噎死了。所以，M女士无意中实施了一个恶的行为。
D. 大雪过后，T先生帮邻居铲除了门前的积雪，但不小心在台阶上留下了冰。他的邻居因此摔了一跤。因此，一个善的行为导致了一个坏的结果。
E. S女士义务帮邻居照看3岁的小孩。小孩在S女士不注意时跑到马路上结果被车撞了。尽管S女士无意伤害这个小孩，但她的行为还是恶的。

题7 （2007—1—47）帕累托最优指这样一种社会状态：对于任何一个人来说，如果不使其他某个（或某些）人的情况变坏，他的情况就不可能变好。如果一种变革能使至少有一个人的情况变好，同时没有其他人的情况因此变坏，则称这一变革为帕累托变革。

以下各项都符合上述定义，除了：

A. 对于任何一个人来说，只要他的情况可能变好，就会有其他人的情况变坏。这样的社会，处于帕累托最优状态。
B. 如果某个帕累托变革可行，则说明社会并非处于帕累托最优状态。
C. 如果没有任何帕累托变革的余地，则社会处于帕累托最优状态。
D. 对于任何一个人来说，只有使其他某个（或某些）人情况变坏，他的情况才可能变好，这样的社会，处于帕累托最优状态。
E. 对于任何一个人来说，只要使其他人情况变坏，他的情况就可能变好。这样的社会，处于帕累托最优状态。

题8 （1998—10—18）学校复印社试行承包后，复印价格由每张标准纸0.35元上升到了0.40元，引起了学生的不满。校务委员会通知承包商，或者他能确保复印的原有价格保持不变，或者将中止他的承包。承包商采取了相应的措施，既没有因而减少了盈利，又没有违背校务委员会通知的字面要求。

以下哪项最有可能是承包商采取的措施？

A. 承包商会见校长，陈述因耗材（特别是复印纸）价格上涨使复印社面临的难处，说服校长指令校务委员会收回通知。

B. 承包商维持每张标准纸 0.40 元的复印价格不变，但由使用进价较低的三五牌复印纸改为使用进价较高的大北牌复印纸。

C. 承包商把复印价格由每张 0.40 元降低为 0.35 元，但由使用进价较高的大北牌复印纸改为使用进价较低的三五牌复印纸。

D. 承包商维持每张标准纸 0.40 元的复印价格不变，但同时增设了打字业务，其收费低于市价，受到学生欢迎。

E. 承包商决定中止承包。

◆ 题 9　（2001—10—28）大多数工人的专业知识和技能都会逐渐过时，而从掌握到过时所需的时间，目前由于新的生产工艺（AMT）的出现而被缩短。考虑到 AMT 的更新速度，一般的工人从技能的掌握到过时的时间逐渐缩短为 4 年。

以下哪项如果可行，将使企业在上述技能的加速折旧中，能最充分地利用工人的技能？

A. 公司把能力强的雇员在他们进入公司的 6 年之后送去培训。

B. 公司每年都对其为期 5 年的 AMT 计划追加投资。

C. 公司定期走访雇员，来确定 AMT 计划对他们的影响。

D. 在 AMT 计划实行之前，公司将开设一个教育机构来向雇员说明 AMT 计划将对他们产生的影响。

E. 公司为其雇员定期开办培训，使他们不断适应工作的需要。

◆ 题 10　（2001—10—36）为了奖励那些经常乘坐本公司航班的乘客，大北亚航空公司每年都向这部分乘客赠送礼券，凭一张礼券可免费兑换大北亚公司机票一张。这样的机票自然不能办理退票。一家商贸公司计划组织人力，专门收购这样的礼券，再以低于相应的机票标准价的价格出售，从中牟利。

为了避免上述商贸公司在实施其计划后可能给大北亚公司带来的经济损失，以下哪项最可能是大北亚公司所采取的措施？

A. 提高赠送礼券的标准，从而减少所要赠送的礼券的数量。

B. 缩短由礼券兑换机票的时限。

C. 缩短由礼券所兑换的机票的有效期限。

D. 限制由礼券所兑换的机票的使用者的身份。

E. 限制由礼券所兑换的机票的有效航线。

◆ 题 11　（1999—1—54）小光和小明是一对孪生兄弟，刚上小学一年级。一次，他们的爸爸带他们去密云水库游玩，看到了野鸭子。小光说："野鸭子吃小鱼。"小明说："野鸭子吃小虾。"哥俩说着说着就争论起来，非要爸爸给评评理。爸爸知道他们俩说得都不错，但没有直接回答他们的问题，而是用例子来进行比喻。说完后，哥俩都服气了。

以下哪项最可能是爸爸讲给儿子们听的话？

A. 一个人的爱好是会变化的。爸爸小时候很爱吃糖，你奶奶管也管不住。到现在，你让我吃我都不吃了。

B. 什么事儿都有两面性。咱们家养了猫，耗子就没了。但是，如果猫身上长了跳蚤也是很讨厌的。

C. 动物有时也通人性。有时主人喂它某种饲料，它们就会吃得很好，若是陌生人喂，它们怎么也不吃。

D. 你们兄弟俩的爱好几乎一样，只是对饮料的爱好不同。一个喜欢可乐，一个喜欢雪碧。你妈妈就不在乎，可乐、雪碧都行。

E. 野鸭子和家里饲养的鸭子是有区别的。虽然人工饲养的鸭子是由野鸭子进化来的，但据说已经有几千年的历史了。

题12 (2001—1—38) 一个已经公认的结论是，北美洲人的祖先来自亚洲。至于亚洲人是如何到达北美的，科学家们一直假设，亚洲人是跨越在14 000年以前还联结着北美和亚洲，后来沉入海底的陆地进入北美的。在艰难的迁徙途中，他们靠捕猎沿途陆地上的动物为食。最近的新发现导致了一个新的假设，亚洲人是驾船沿着上述陆地的南部海岸，沿途以鱼和海洋生物为食而进入北美的。

以下哪项如果为真，最能使人有理由在两个假设中更相信后者？

A. 当北美和亚洲还连在一起的时候，亚洲人主要以捕猎陆地上的动物为生。
B. 上述联结北美和亚洲的陆地气候极为寒冷，植物品种和数量都极为稀少，无法维持动物的生存。
C. 存在于8 000年以前的亚洲和北美文化，显示出极大的类似性。
D. 在欧洲，靠海洋生物为人的食物来源的海洋文化，最早发端于10 000年以前。
E. 在亚洲南部，靠海洋生物为人的食物来源的海洋文化，最早发端于14 000年以前。

题13 (1999—10—13) 以下诸项结论都是根据1998年度西单繁星商厦各个职能部收到的雇员报销单据综合得出的，在此项综合统计做出后，有的职能部又收到了雇员补交上来的报销单据。

以下哪项结论不可能被补交报销单据这一新的事实所推翻？

A. 超级市场部仅有14个雇员交了报销单据，报销了至少8 700元。
B. 公关部最多只有3个雇员交了报销单据，总额不多于2 600元。
C. 后勤部至少有8个雇员交了报销单据，报销总额为5 234元。
D. 会计部至少有4个雇员交了报销单据，报销了至少2 500元。
E. 总经理事务部至少有7个雇员交了报销单据，报销额不比后勤部多。

题14 (2000—10—31) 以下诸项结论都是东方理工学院学生处根据各个系收到的1997—1998学年度奖助学金申请表综合得出的。在此项综合统计做出后，因为落实灾区政策，有的系又收到了一些学生补交上来的申请表。

以下哪项结论最不可能被补交奖助学金申请表的新事实所推翻？

A. 汽车系仅有14名学生交申请表，总申请金额至少为5 700元。
B. 物理系最多有7名学生交申请表，总申请金额为2 800元。
C. 数学系共有8名学生交申请表，总申请金额等于3 000元。
D. 化学系至少有5名学生交申请表，总申请金额多于2 000元。
E. 生物系至少7名学生交申请表，总申请金额不会多于汽车系。

题15 (1998—1—1) 某单位要从100名报名者中挑选20名献血者进行体检。最不可能被挑选上的是1993年以来已经献过血，或是1995年以来在献血体检中不合格的人。

如果上述断定为真的，则以下哪项所言及的报名者最有可能被选上？

A. 小张1995年献过血，他的血型是O型，医用价值最高。
B. 小王是区献血标兵，近年来每年献血，这次她坚决要求献血。
C. 小刘1996年报名献血，因"澳抗"阳性体检不合格，这次出具了"澳抗"转阴的证明，并坚决要求献血。
D. 大陈最近一次献血时间是在1992年，他因公伤截肢，血管中流动着义务献血者的血。他说，我比任何人都有理由献血。
E. 老孙1993年因体检不合格未能献血，1995年体检合格献血。

◆ 题16 （1998—10—50）中星集团要招聘20名直接参加中层管理的职员。最不可能被招上的是学历在大专以下，或是完全没有管理工作实践经验的人；在有可能被招上的人中，懂英语或懂日语将大大增加这种可能性。

如果上述断定是真的，则以下哪项所言及的报名者最有可能被选上？

A. 张先生现年40岁，中专学历，毕业后一直没有放松学习，曾到京平大学经济管理学院进修过半年，收获很大。最近，他刚辞去已任职五年的华亭宾馆前厅经理的职务。
B. 王女士是经济管理学院的副教授，硕士研究生学历，出版过管理学专著。出于收入的考虑，她表示如被招聘，将立即辞去现职。
C. 陈小姐是经贸大学专科班的应届毕业生，在学校实习期间，曾任过某商场业务部见习经理。
D. 刘小姐是外国语学院1995年的本科毕业生，毕业后当过半年涉外导游和近两年专职翻译，精通英语和日语。
E. 老孙曾是远近闻名的南方投资集团公司的老总，曾被誉为是无学历、无背景、白手起家的传奇式企业家，南方投资集团的倒闭使他不得不从头做起。

◆ 题17 （1999—1—67）某计算机销售部向顾客承诺："本部销售的计算机在一个月内包换、一年内免费保修、三年内上门服务免收劳务费，因使用不当造成的故障除外。"

以下哪项所讲的是该销售部应该提供的服务？

A. 某人购买了一台计算机，三个月后软驱出现问题，要求销售部修理，销售部给免费更换了软驱。
B. 计算机实验室从该销售部购买了30台计算机，50天后才拆箱安装。在安装时发现有一台显示器不能显示彩色，要求更换。
C. 某学校购买了10台计算机。没到一个月，计算机的鼠标丢失了三个，要求销售部无偿补齐。
D. 李明买了一台计算机，不小心感染了计算机病毒，造成存储的文件丢失，要求销售部赔偿损失。
E. 某人购买了一台计算机，一年后键盘出现故障，要求销售部按半价更换一个新键盘。

◆ 题18 （1999—1—80）如今，人们经常讨论职工下岗的问题，但也常常弄不清"下岗职工"的准确定义。国家统计局（1997）261号统计报表的填表说明中对"下岗职工"的说明是：下岗职工是指由于企业的生产和经营状况等原因，已经离开本人的生产和工作岗位，并已不在本单位从事其他工作，但仍与用人单位保留劳动关系的人员。

按照以上划分标准，以下哪项所述的人员可以称为下岗职工？

A. 赵大大原来在汽车制造厂工作，半年前辞去工作，开了一个汽车修理铺。
B. 钱二萍原来是某咨询公司的办公室秘书。最近，公司以经营困难为由，解除了她的工作合同，她只能在家做家务。
C. 张三枫原来在手表厂工作，因长期疾病不能工作，经批准提前办理了退休手续。
D. 李四喜原来在某服装厂工作，长期请病假。其实他的身体并不坏，目前在家里开了个缝纫部。
E. 王五伯原来在电视机厂工作，今年53岁。去年工厂因产品积压，人员富余，让50岁以上的人回家休息，等55岁时再办理正式的退休手续。

◆ 题19 （2000—10—43）在黑、蓝、黄、白四种由深至浅排列的涂料中，一种涂料只能被它自身或者比它颜色更深的涂料所覆盖。

若上述断定为真，则以下哪一项确切地概括了能被蓝色覆盖的颜色？

Ⅰ. 这种颜色不是蓝色。
Ⅱ. 这种颜色不是黑色。
Ⅲ. 这种颜色不如蓝色深。

A. 只有Ⅰ。 B. 只有Ⅱ。 C. 只有Ⅰ、Ⅲ。
D. 只有Ⅰ、Ⅱ。 E. Ⅰ、Ⅱ、Ⅲ。

题20 （1997—10—27）俗话说："三十六计，走为上计。"这里的"走"，并不是消极地撤退，而是蕴藏着一种大踏步后退、大踏步前进的掌握主动权的高超智谋。

下列哪项最恰当地表达了上文的观点？

A. 铤而走险。 B. 走南闯北。 C. 远走高飞。
D. 走马观花。 E. 走着瞧。

题21 （1999—1—71）某地区有些得到国家特殊政策的国有企业仍然未扭亏为盈，这让区委书记格外着急。

以下哪项论断最符合以上论述的基本思想？

A. 该地区得到国家特殊政策的国有企业都没有盈利，区委书记为此着急。
B. 该地区得到国家特殊政策的国有企业没有亏损，不需要扭亏，区委书记何必着急。
C. 该地区没有得到国家特殊政策的国有企业都有盈利，区委书记对他们放心。
D. 该地区的非国有企业可能都有盈利。即使没有盈利，区委书记也不着急。
E. 该地区所有不盈利的企业都让区委书记着急，尤其是其中的试点单位。

题22 （1999—1—75）"世间万物中，人是第一宝贵的。"

以下哪种解释最符合以上判断的原意？

A. 在人们解决自然、社会问题时，需要多种条件，其中人的因素最重要。
B. 世间有大大多于一万种的生物。仅在其中的一万种之中，人是最宝贵的。
C. 因为我是人，我是最宝贵的。请你们给我最好的工作和最好的待遇吧。
D. 题干中的"人"指的是人类。"你"仅是一个具体的人，不是最宝贵的。
E. 在自然界中，人类是最高级的生物，其他动物或植物的存在是为人类服务的。

题23 （1999—1—65）环境污染已经成为全世界普遍关注的问题。科学家和环境保护组织不断发出警告：如果我们不从现在起就重视环境保护，那么人类总有一天将无法在地球上生存。

以下哪项解释最符合以上警告的含义？

A. 如果从后天而不是明天就重视环境保护，人类的厄运就要早一天到来。
B. 如果我们从现在起开始重视环境保护，人类就可以在地球上永久地生活下去。
C. 只要我们从现在起就重视环境保护，人类就不至于在这个地球上无法生活下去。
D. 由于科学技术发展迅速，在厄运到来之前人类就可能移居到别的星球上去了。
E. 对污染问题的严重性要有高度的认识，并且要尽快采取行动做好环保工作。

题24 （1999—10—28）在过去的三年里，13~16岁的少年中驾驶或乘坐大马力摩托车时因事故受伤或死亡的人数持续增加。这些大马力摩托车对16岁以下的少年来说实在是太难对付了，即使他们这个年龄中那些训练有素的骑手都缺乏灵活控制它们的能力。

上述这段话看起来最像是要通过一个法律来禁止：

A. 16岁以下的少年驾驶大马力摩托车。
B. 13~16岁之间的少年驾驶大马力摩托车。
C. 13岁以下的少年驾驶大马力摩托车。
D. 16岁以下的少年拥有大马力摩托车。
E. 16岁以下的少年乘坐大马力摩托车。

题25 （2011—10—54）11月8日上午，国防科技工业局首次公布了嫦娥二号卫星传回的嫦娥三号预选着陆区——月球洪湾地区的局部影像图。它是一张黑白照片，成像时间为10月28日18时，是卫星在距离月面大约 18.7 千米的地方拍摄获取的。摄像图的传回，标志着嫦娥二号任务所确定的六个工程目标已经全部实现，意味着"嫦娥二号"工程任务取得圆满成功。嫦娥二号的发射，最主要的任务是对月球虹湾地区进行高清晰度的拍摄，为今后发射嫦娥三号卫星并实施着陆做好前期准备。据悉，此次嫦娥二号携带的 CCD 相机分辨率比嫦娥一号携带的相机提高了很多。嫦娥二号在 100 千米圆轨道运行时分辨率优于 10 米，进入 100 千米×15 千米的椭圆轨道时，其分辨率达到 1 米，已超过了原先预定的 1.5 米的指标。据了解，将来嫦娥三号着陆器上也同样会有 CCD 相机，届时它不光要拍照，还能根据图片自主避开着陆器在软着陆过程中不适于降落的地点，"临机决断"为着陆器选择适宜降落的平坦表面。

以下陈述中，最符合题干观点的是：

A. 嫦娥二号拍摄的月球虹湾地区局部影像图传送到地球大约需要 10 天时间。
B. 对月球虹湾地区进行高清晰度的拍摄是嫦娥二号唯一任务。
C. 嫦娥二号在 100 千米的圆形轨道运行时拍摄了月球虹湾地区局部影像图。
D. 嫦娥二号在椭圆轨道绕月运行时拍摄了月球虹湾地区局部影像图。
E. 嫦娥二号在完成六项预定工程目标后失去了与陆地控制中心的联络。

题 26　(1999—1—78) 厄尔尼诺和拉尼娜是热带海洋和大气相互作用的产物。拉尼娜的到来将对全球气候产生相反的影响，由厄尔尼诺现象造成的许多反常气候就会改变。美国沿海遭受飓风袭击的可能性会上升，澳大利亚东部可能发生洪水，南美和非洲东部地区可能出现干旱，南亚将出现猛烈的季风雨，英国气温将会下降，大西洋西岸可能提前出现暴雨和大雪，并使该地区的产粮区遭受破坏性旱灾，东亚的雨带将往北移，秋冬季雨水将会增多。拉尼娜在将冷水从海底带到水面的同时，也把海洋深层营养丰富的物质带到水面，加快浮游植物和动物繁殖，将使东太平洋沿岸国家渔业获得丰收。

以下除哪项外，都是上文所描述的拉尼娜现象可能带来的影响？

A. 非洲某些地区的干旱不但没有缓解，而且有加重的趋势，非洲一些国家的生活仍然艰难。
B. 澳大利亚西部可能发生洪水，对该地区的牧业将产生不良的影响，世界羊绒的价格可能上涨。
C. 美国东海岸地区的冬天会变冷，降雪量会有明显的增加，影响该地区的粮食生产，世界粮食价格有上涨的趋势。
D. 由于冬季雨水比较充沛，我国北方冬小麦的生长条件得到改善，小麦产量将会有所增加。
E. 墨西哥、智利等国的渔业将走出多年徘徊的局面，世界鱼产品的价格有可能下降。

题 27　(2002—10—11) 目前全球的粮食年产量比满足全球人口的最低粮食需求略高。因此，那种认为将来会因粮食短缺而引发饥饿危机的预言是危言耸听。饥饿危机总是源于分配而不是生产。

以下各项关于全球粮食需求的断定，哪项最符合题干？

A. 将来不会有粮食短缺。
B. 将来不会有饥饿危机。
C. 将来不会有粮食分配不均。
D. 将来粮食年产量不低于目前。
E. 全球人口的最低粮食需求将基本保持不变。

题 28　(1997—10—16) 电视是现代文明的产物，但也给人们带来很多麻烦。对于有孩子的家庭，来自电视节目正反两方面的诱惑力都很大。电视看久了，也会影响学习。更使家长担心的是电视中的暴力片等的副作用。因此，家长应对孩子看电视给以指导与约束。

以下哪种做法与以上观点不符？

A. 为保护孩子的视力，对孩子看电视的时间加以限制。

B. 教会孩子对各种电视节目做出正确的选择。
C. 看电视影响孩子的学习，索性把电视机关掉。
D. 只要不影响学习和身心健康，让孩子适当看电视，会达到增长知识的目的。
E. 教育孩子对电视节目要有分析，即使是好节目，也不能什么都模仿。

题 29 （2000—1—61）据《科学日报》消息，1998 年 5 月，瑞典科学家在有关领域的研究中首次提出，一种对防治老年痴呆症有特殊功效的微量元素，只有在未经加工的加勒比椰果中才能提取。

如果《科学日报》的上述消息是真实的，那么，以下哪项不可能是真实的？

Ⅰ. 1997 年 4 月，芬兰科学家在相关领域的研究中提出过，对防治老年痴呆症有特殊功效的微量元素，除了未经加工的加勒比椰果，不可能在其他对象中提取。

Ⅱ. 荷兰科学家在相关领域的研究中证明，在未经加工的加勒比椰果中，并不能提取对防治老年痴呆症有特殊功效的微量元素，这种微量元素可以在某些深海微生物中提取。

Ⅲ. 著名的苏格兰医生查理博士在相关的研究领域中证明，该微量元素对防治老年痴呆症并没有特殊功效。

A. 只有Ⅰ。
B. 只有Ⅱ。
C. 只有Ⅲ。
D. 只有Ⅱ和Ⅲ。
E. Ⅰ、Ⅱ和Ⅲ。

题 30 （2007—1—39）"男女"和"阴阳"似乎指的是同一种区分标准，但实际上，"男人和女人"区分人的性别特征，"阴柔和阳刚"区分人的行为特征。按照"男女"的性别特征，正常人分为两个不重叠的部分；按照"阴阳"的行为特征，正常人分为两个重叠部分。

以下各项都符合题干的含义，除了：

A. 人的性别特征不能决定人的行为特征。
B. 女人的行为，不一定是有阴柔的特征。
C. 男人的行为，不一定是有阳刚的特征。
D. 同一个人的行为，可以既有阴柔又有阳刚的特征。
E. 一个人的同一个行为，可以既有阴柔又有阳刚的特征。

题 31 （2007—1—50）人的行为，分为私人行为和社会行为，后者直接涉及他人和社会利益。有人提出这样的原则：对于官员来说，除了法规明文允许的以外，其余的社会行为都是禁止的；对于平民来说，除了法规明文禁止的以外，其余的社会行为都是允许的。

如果实施上述原则能对官员和平民的社会行为产生不同的约束力，则以下各项断定均不违反这一原则，除了：

A. 一个被允许或禁止的行为，不一定是法规明文允许或禁止的。
B. 有些行为，允许平民实施，但禁止官员实施。
C. 有些行为，允许官员实施，但禁止平民实施。
D. 官员所实施的行为，如果法规明文允许，则允许平民实施。
E. 官员所实施的行为，如果法规明文禁止，则禁止平民实施。

题 32 （2011—10—30）2011 年世界大学生运动会在中国深圳举行，运动员通过各国的选拔来参加比赛。某项目限制每个国家最多两个报名名额。某国在该项目上有四名出色的运动员 U、V、W、X 愿意报名参赛。通过一次公正、公平、公开的国内比赛，选拔出 U、V 参加世界大学生运动会。

以下各项陈述与题干不相符的是：

A. 运动员 W 在选拔赛中成绩优于运动员 U，但 U 是该国这项运动记录的保持者。
B. 运动员 X 在选拔赛中成绩最优秀，但赛后违禁药物检测呈阳性。

C. 运动员 W 在本赛季创造了该国的最好成绩。
D. 运动员 U 在 2008 年因兴奋剂被禁赛两年。
E. 运动员 V 是一员年龄超过 35 岁的老将。

题 33 （2010—10—32）最近的研究表明，和鹦鹉长期密切接触会增加患肺癌的危险。但是没人会因为存在这种危险性，而主张政府通过对鹦鹉的主人征收安全税来限制或减少人和鹦鹉的接触。因此，同样的道理，政府应该取消对滑雪、汽车、摩托车和竞技降落伞等带有危险性的比赛所征收的安全税。

以下哪项最不符合题干的意思？

A. 政府应该对一些豪华型的健身美容设施征收专门税以贴补教育。
B. 政府不应该提倡但也不应禁止新闻媒介对飞车越黄河这样的危险性活动的炒作。
C. 政府应运用高科技手段来提高竞技比赛的安全性。
D. 政府应拨专款来确保登山运动和探险活动参加者的安全。
E. 政府应设法通过增加成本的方式，来减少人们对带有危险性的竞技娱乐活动的参与。

题 34 （1999—1—68）金钱不是万能的，没有钱是万万不能的，发不义之财是绝对不行的。

以下除哪些项外，基本表达了上述题干的思想？

Ⅰ．有些事情不是仅有钱就能办成的，比如抗洪抢险的将士冒生命危险坚守堤防，不是为了钱才去干的。
Ⅱ．有钱能使鬼推磨。世上没有用钱干不成的事。抗洪抢险的将士也是要发工资的。
Ⅲ．对许多事情来说，没有钱是很难办成的。有时候真是"一分钱急死男子汉"。
Ⅳ．'钱'是身外之物，生不带来，死不带去，钱多了还会惹是生非。
Ⅴ．'君子好财，取之有道。'通过合法的手段赚得的钱记载着你的劳动，可以用来帮助你做其他的事情。

A. 只有Ⅲ。
B. 只有Ⅱ。
C. 只有Ⅰ和Ⅲ。
D. 只有Ⅱ和Ⅳ。
E. 只有Ⅰ、Ⅲ和Ⅴ。

题 35 （2000—10—5① 1997—10—50）任何方法都是有缺陷的。如何公正合理地选拔合格的大学生？目前通行的高考制度恐怕是所有带缺陷的方法中最好的方法了。

以下各选项都符合上述断定的含义，除了：

A. 被录取的大多数大学生的实际水平与他们的考分是基本相符的。
B. 存在落榜的考生，他们有较高的实际水平。
C. 存在被录取的考生，他们并无合格的实际水平。
D. 目前，没有比高考更能使人满意的招生制度。
E. 实际水平不合格的考生被录取，是考场舞弊所致。

题 36 （1997—1—41）当西方企业还在产品质量的竞争中拼搏，日本企业却已开始改变竞争方式，将重点转移到顾客服务方面来。继质量之后，服务变成了企业下一个全力以赴的目标。

以下哪项不是上面的文中之意？

A. 质量是企业生存的根本，是迎合顾客消费心理的唯一法宝。
B. 要通过实用、创新、符合市场需求的产品，来增加顾客满意度。
C. 通过合理的雇用程序，录用最具有为顾客着想和最有责任心的员工。
D. 让产品超越顾客的期待，是使顾客建立忠诚度的最有效的办法。
E. 用科学的电脑系统联网，详细解答和记录顾客的问题和意见。

---

① 题 2000—10—5 在题 1997—10—50 的基础上，将"高考"改为"托福"，并调整了选项顺序和用语。

◆题37 （1999—10—41）石船市的某些中学办起了"校中校"，引起人们的议论，褒贬不一。"校中校"指的是在公办学校另设的高价接收自费择校生的学校。择校生包括学习优秀生、特长生，也包括没有特长还要择校的"特需生"。其中"特需生"每年要交纳3 000元左右的学费。学费的数量大大超过公费生交的学杂费。别看费用高，择校生的考试还是火爆得很，有的家长缠着校长，宁可花两三万元，也要把孩子送进来。

以下分析除了哪项，都对此"校中校"基本持否定的态度？

A. 现在国家对教育的投入不足，应该加大投入，不要光想从家长那里收钱。

B. 在现在的经济条件下，下岗职工那么多，有几家能付得起那么高的学费？

C. 现在是市场经济，对特殊生的特殊需求应该采取各种措施满足。

D. 有钱的孩子上好学校，没钱的孩子上差学校，这公平吗？

E. "校中校"私不私，公不公，用公家的设施，收私立的学费，那还不是稳赚？

◆题38 （2000—1—69）某电脑公司正在研制可揣摩用户情绪的电脑。这种被称为"智能个人助理"的新装置主要通过分析用户敲击键盘的模式，来判断其心情是好是坏，还可通过不断监测用户的活动，逐渐琢磨出其好恶，能在使用者紧张或烦躁时自动减少其所浏览的电子邮件或网站的数量。

以下哪项最不可能是这种计算机提供的功能？

A. 在使用者连续使用计算机超过两个小时后，屏幕会显示"长时间看屏幕对眼睛有害，请您休息几分钟"。

B. 在深夜时间，使用者击键的速度逐渐变慢时，计算机便得知主人已经疲劳，会播出孩子招呼爸爸睡觉的喊话。

C. 在使用者经常出现习惯性拼写错误时，比如南方人难以分清"z"和"zh"，计算机可以自动加以更正，减轻主人的烦躁心理。

D. 在使用者利用国际网络查找资料时，计算机可以根据主人的喜好，把常用的站点放在最显眼的地方，尽可能让人多看一些。

E. 在使用者心情烦躁时，计算机可以通过人机传递的信息觉察到，并及时放一段主人最喜欢的音乐。

◆题39 （1999—1—61）中国青少年发展基金会在成功地推行希望工程八年之后，又面向社会隆重推出"中华古诗文经典诵读"工程。为此，国家科学技术部研究中心组成了专题评估小组，进行了抽样调查，得到有效样本1 342个。调查结果显示：多数家长和教师认为古诗文诵读应从小抓起，作为孩子启蒙教育的一部分，这既能修身养性，又能促进学习。

以下哪项结论最不符合以上题干所表达的思想？

A. 国家科学技术部研究中心组成的专题评估小组采取了科学的研究方法，进行了细致的调查研究，其结论很有说服力。

B. 古诗文诵读不仅能让孩子学习语文知识，对加强精神文明建设也具有重要意义。

C. 有了推行希望工程的经验，中华古诗文经典诵读工程成功的可能性更大了。

D. 由于孩子们上中学以后，数理化课程加重，需要把古诗文诵读的任务放在幼儿园和小学阶段，在中学和大学阶段集中力量学习科学技术。

E. 少数老师和学生家长认为不应过分强调古诗文诵读，因为在孩子小的时候，过分强调背诵，会影响独立思考能力的培养。

◆题40 （1998—10—34）科学家的平均收入与他们做出的贡献比起来实在是太低了。最杰出的科学家的收入不应该和普通的演员、歌星、体育明星、大饭店经理相比，应该和他们之中的最杰出者相比。

除了以下哪项，其余各项都可能是上述议论所表达的意思？

A. 有的科学家的收入和他们做出的贡献比起来不算太低。
B. 最杰出的科学家的收入并不比普通的演员、歌星、体育明星和大饭店经理低。
C. 最杰出的演员、歌星、体育明星、大饭店经理的收入一般要高于最杰出的科学家。
D. 最杰出的科学家的收入一般还不如普通的演员、歌星、体育明星和大饭店经理。
E. 最杰出的科学家的收入不应该低于最杰出的演员、歌星、体育明星和大饭店经理。

◆ 题 41 （2000—1—55）根据韩国当地媒体 10 月 9 日的报道：用于市场主流的 PC100 规格的 64MBDRAM 的 8MX8 内存元件，10 月 8 日在美国现货市场的交易价格已跌至 15.99~17.30 美元之间，但前一个交易日的交易价格为 16.99~18.38 美元之间，一天内跌幅近 1 美元；而与台湾地震发生后曾经达到的最高价格 21.46 美元相比，已经下跌了约 4 美元。

以下哪项与题干内容有矛盾？

A. 台湾是生产这类元件的重要地区。
B. 美国是该元件的重要交易市场。
C. 若两人购买的数量相同，10 月 8 日的购买者一定比 10 月 7 日的购买者省钱。
D. 韩国很可能是该元件的重要输出国或输入国，所以特别关心该元件的国际市场价格。
E. 该元件是计算机中的重要器件，供应商对市场的行情是很敏感的。

◆ 题 42 （2000—1—37）我国计算机网络事业发展很快。据中国互联网络中心（CNNIC）的一项统计显示，截止到 1999 年 6 月 30 日，我国上网用户人数约 400 万，其中使用专线上网的用户人数约为 144 万，使用拨号上网的用户人数约为 324 万。

根据以上统计数据，最可能推出以下哪项判断有误？

A. 考虑到我国有 12 亿多的人口，与先进国家相比，我国上网的人数还是少得可怜。
B. 专线上网与拨号上网的用户之和超过了上网用户的总数，这不能用四舍五入引起的误差来解释。
C. 用专线上网的用户中，多数也选用拨号上网，可能是从家里用拨号联网更方便。
D. 由于专线上网的设备能力不足，在使用拨号上网的用户中，仅有少数用户有使用专线上网的机会。
E. 从 1994 年到 1999 年的五年间，我国上网用户的平均年增长率在 50% 以上。

◆ 题 43 （2000—1—80）美国《华盛顿邮报》发表文章，引述美国前中央情报局副局长的话称，在过去多次中美核子科学家交流会期间，美国曾获得过中国有关核技术的资料，而且远远超过早些时候美国指责中国窃取美方核机密的数量。

以下各项除了哪项，都与题干中引用论述的观点相符合？

A. 中美核子科学家之间曾有过比较长的友好的学术交流历史。
B. 中美核子科学家在交流中会讨论一些本研究领域共同关心的理论问题。
C. 在发展核子技术方面，中国科学家也有独到的创造，美国对此也很感兴趣。
D. 中国的核子科学家可以独立地发展自己的核技术并与美国相抗衡。
E. 美国无根据地指责某华人科学家是为中国提供核机密的间谍，这是不公正的。

◆ 题 44 （1999—1—50）虽然有许多没有大学学历的人也能成为世界著名的企业家，比如微软公司的创始人之一比尔·盖茨就没有正式得到大学毕业文凭，但大多数优秀的管理人才还是接受过大学教育特别是 MBA 教育。虽然得到 MBA 学位并不意味着成功，但还是可以说 MBA 教育是培养现代企业管理人才的摇篮。

以下论断除了哪项外，都可能是以上题干的文中之意？

A. 有些人在大学里是学习哲学的，搞起经营管理来却不比学 MBA 的差。

B. 对于有些天才人物，不经历 MBA 教育阶段也可以学到 MBA 教育传授的知识和才能。
C. 由于 MBA 教育离实际的管理还有一定距离，得到 MBA 学位的人还需要在实践中不断积累管理经验。
D. 得到 MBA 学位的学生毕业后，大多数人成为优秀的管理人才，有些人成为世界知名企业高级主管。
E. 一些得到 MBA 学位的人并不一定能管理好企业，把企业搞到破产地步的也不少见。

题 45 （2000—1—31）为降低成本，华强生公司考虑对中层管理者大幅减员。这一减员准备按如下方法完成：首先让 50 岁以上、工龄满 15 年者提前退休，然后解雇足够多的其他人使总数缩减为以前的 50%。
以下各项如果为真，则都可能是公司这一计划的缺点，除了：
A. 由于人心浮动，经过该次减员后员工的忠诚度将会下降。
B. 管理工作的改革将迫使商业团体适应商业环境的变化。
C. 公司可以从中选拔未来高层经理人员的候选人将减少。
D. 有些最好的管理人员在不知道其是否会被解雇的情况下选择提前退休。
E. 剩下的管理人员的工作负担加重，使他们产生过分的压力而最终影响其表现。

题 46 （2000—1—73）如果能有效地利用互联网，能快速方便地查询世界各地的信息，对科学研究、商业往来乃至寻医求药都会带来很大的好处。然而，如果上网成瘾，也有许多弊端，甚至还可能带来严重的危害。尤其是青少年，上网成瘾可能荒废学业、影响工作。为了解决这一问题，某个网点上登载了"互联网瘾"自我测试办法。
以下各项提问，除了哪项，都与"互联网瘾"的表现形式有关？
A. 你是否有时上网到深夜并为链接某个网站时间过长而着急？
B. 你是否曾一再试图限制、减少或停止上网而未果？
C. 你试图减少或停止上网时，是否会感到烦躁、压抑或容易动怒？
D. 你是否曾因上网而危及一段重要关系或一份工作机会？
E. 你是否曾向家人、治疗师或其他人谎称你并未沉迷互联网？

题 47 （2000—10—24）在刚刚闭幕的高科技交易会上，无话费手机项目正式签约。这种新型的智能广告手机有望年内面世，"打手机不花钱"将不再是梦想。
以下哪项断定，最不可能与上述无话费手机的功能和特点相符？
A. 这种无话费手机的价格比一般手机的价格要高些。
B. 这种手机具有独特的接收广告信息的功能。
C. 无话费手机的意思是打电话免费，并不意味着免费入网。
D. 这种手机是智能式的，当用户每天收看十条广告后，才可获得话费赠送。
E. 这种手机的老板推出该项产品的目的，是用自己多年的积蓄为社会免费提供服务。

题 48 （2002—10—42）法官：原告提出的所有证据，不足以说明被告的行为已构成犯罪。
如果法官的上述断定为真，则以下哪项相关断定也一定为真？
Ⅰ. 原告提出的证据中，至少没包括这样一个证据，有了它，足以断定被告有罪。
Ⅱ. 原告提出的论据中，至少没包括这样一个证据，没有它，不足以断定被告有罪。
Ⅲ. 原告提出的论据中，至少有一个与事实不符。

A. 仅Ⅰ。　　　　　　　　B. 仅Ⅱ。　　　　　　　　C. 仅Ⅲ。
D. 仅Ⅰ和Ⅱ。　　　　　　E. Ⅰ、Ⅱ和Ⅲ。

◆ 题49 （1997—10—39）老师："不完成作业就不能出去做游戏。"
学生："老师，我完成作业了，我可以出去做游戏了！"
老师："不对。我只是说，你们如果不完成作业就不能出去做游戏。"
除了以下哪项，其余各选项都能从上面的对话中推出？
A. 学生完成作业后，老师就一定会准许他们出去做游戏。
B. 老师的意思是没有完成作业的肯定不能出去做游戏。
C. 学生的意思是只要完成了作业，就可以出去做游戏。
D. 老师的意思是只有完成了作业才可能出去做游戏。
E. 老师的意思是即使完成了作业，也不一定被准许出去做游戏。

◆ 题50 （2009—1—46）在接受治疗的腰肌劳损患者中，有人只接受理疗，也有人接受理疗与药物双重治疗。前者可以得到与后者相同的预期治疗效果。对于上述接受药物治疗的腰肌劳损患者来说，此种药物对于获得预期的治疗效果是不可缺少的。
如果上述断定为真，则以下哪项一定为真？
Ⅰ. 对于一部分腰肌劳损患者来说，要配合理疗取得治疗效果，药物治疗是不可缺少的。
Ⅱ. 对于一部分腰肌劳损患者来说，要取得治疗效果，药物治疗不是不可缺少的。
Ⅲ. 对于所有腰肌劳损患者来说，要取得治疗效果，理疗是不可缺少的。
A. 只有Ⅰ。 B. 只有Ⅱ。 C. 只有Ⅲ。
D. 只有Ⅰ和Ⅱ。 E. Ⅰ、Ⅱ和Ⅲ。

◆ 题51 （2004—1—42）许多国家首脑在出任前并未有丰富的外交经验，但这并没有妨碍他们做出成功的外交决策。外交学院的教授告诉我们，丰富的外交经验对于成功的外交决策是不可缺少的。但事实上，一个人只要有高度的政治敏感、准确的信息分析能力和果断的个人勇气，就能很快地学会如何做出成功的外交决策。对于一个缺少以上三种素养的外交决策者来说，丰富的外交经验没有什么价值。
如果上述断定为真，则以下哪项一定为真？
A. 外交学院的教授比出任前的国家首脑具有更多的外交经验。
B. 具有高度的政治敏感、准确的信息分析能力和果断的个人勇气，是一个国家首脑做出成功的外交决策的必要条件。
C. 丰富的外交经验对于国家首脑做出成功的外交决策来说，既不是充分条件，也不是必要条件。
D. 丰富的外交经验对于国家首脑做出成功的外交决策来说，是必要条件，但不是充分条件。
E. 在其他条件相同的情况下，外交经验越丰富，越有利于做出成功的外交决策。

◆ 题52 （2009—10—33）在欧洲历史上，封建主义这一概念在出现时首先假设了贵族阶级的存在。但是，除非贵族的封号和世袭地位受到法律的确认，否则，严格意义上的贵族阶级就不可能存在。虽然欧洲的封建主义早在公元八世纪就存在了，但是直到十二世纪，贵族世袭才开始受到法律确认。而到了十二世纪，不少欧洲国家的封建制度已走向衰弱。
如果上述断定为真，则以下哪项一定为真？
Ⅰ. 在欧洲历史上，封建主义这一概念存在不同定义。
Ⅱ. 如果一个国家通过法律确认贵族的封号和世袭地位，则这个国家一定存在严格意义上的贵族阶级。
Ⅲ. 封建国家中可能不存在严格意义上的贵族阶级。
A. 只有Ⅰ。 B. 只有Ⅱ。 C. 只有Ⅲ。
D. 只有Ⅰ和Ⅲ。 E. Ⅰ、Ⅱ和Ⅲ。

第三篇 论证逻辑

题 53 （1997—1—20）世界粮食年产量略微超过粮食需求量，可以提供世界人口所需要的最低限度的食物。那种预计粮食产量不足必将导致世界粮食饥荒的言论全是危言耸听。与其说饥荒是由于粮食产量引起的，毋宁说是由于分配不公造成的。

以下哪种情形是上面论述的作者所设想的？

A. 将来世界粮食需求量比现在的粮食需求量要小。
B. 一个好的分配制度也难以防止世界粮食饥荒的出现。
C. 世界粮食产量将持续增加，可以满足粮食需求。
D. 现存的粮食供应分配制度没有必要改进。
E. 世界粮食供不应求是大势所趋。

题 54 （2001—1—48）在各种动物中，只有人的发育过程包括了一段青春期，即由性器官逐步发育到完全成熟的一段相对较长的时期。至于各个人种的原始人类，当然我们现在只能通过化石才能确认和研究他们曾经存在，但是否也像人类一样有青春期这一点则难以得知，因为_____。

以下哪项作为上文的后续最为恰当？

A. 关于原始人类的化石，虽然越来越多地被发现，但对于我们完全地了解自己的祖先总是不够的。
B. 对动物的性器官由发育到成熟的测定，必须基于对同一个体在不同年龄段的测定。
C. 对于异种动物，甚至对于同种动物中的不同个体，性器官由发育到成熟所需的时间是不同的。
D. 已灭绝的原始人的完整骨架化石是极其稀少的。
E. 无法排除原始人类像其他动物一样，性器官无须逐渐发育而迅速成熟以完成繁衍。

题 55 （2002—1—49）张教授：智人是一种早期人种。最近在百万年前的智人遗址发现了烧焦的羚羊骨头碎片的化石。这说明人类在自己进化的早期就已经知道用火来烧肉了。

李研究员：但是在同样的地方也同时发现了被烧焦的智人骨头碎片的化石。

以下哪项最可能是李研究员所要说明的？

A. 百万年前森林大火的发生概率要远高于现代。
B. 百万年前的智人不可能掌握取火、用火的技能。
C. 上述被发现的智人骨头不是被人控制的火烧焦的。
D. 羚羊并不是智人所喜欢的食物。
E. 研究智人的正确依据，是考古学的发现，而不是后人的推测。

题 56 （1997—1—14）商场经理为减少营业员和方便顾客，把儿童小玩具从营业专柜移入超市，让顾客自选。

以下哪项如果为真，则经理的做法会导致销售量下跌？

A. 儿童小玩具品种多，占地并不多。
B. 儿童和家长是在营业员的演示下引起对小玩具的兴趣的。
C. 儿童小玩具能启发儿童的智力，一直畅销。
D. 儿童自己不容易看懂玩具的说明书。
E. 儿童玩具色彩艳丽，很有吸引力。

题 57 （2001—1—34）用蒸馏麦芽渣提取的酒精作为汽油的替代品进入市场，使得粮食市场和能源市场发生了前所未有的直接联系。到 1995 年，谷物作为酒精的价值已经超过了作为粮食的价值。西方国家已经或正在考虑用从谷物中提取的酒精来替代一部分进口石油。

如果上述断定为真，则对于那些已经用从谷物中提取的酒精来替代一部分进口石油的西方国家，以下哪项最可能是 1995 年后进口石油价格下跌的后果？

A. 一些谷物从能源市场转入粮食市场。

B. 一些谷物从粮食市场转入能源市场。
C. 谷物的价格面临下跌的压力。
D. 谷物的价格出现上浮。
E. 国产石油的销量大增。

◆ 题58 （1997—1—38）在一次商业谈判中，甲方总经理说："根据以往贵公司履行合同的情况，有的产品不具备合同规格的要求，我公司蒙受了损失，希望以后不再出现类似的情况。"乙方总经理说："在履行合同中出现有不符合要求的产品，按合同规定可退回或要求赔偿，贵公司当时既不退回产品，又不要求赔偿，这究竟是怎么回事？"

以下哪一项判断了乙方总经理问话的实质？

A. 甲方企图要乙方赔偿上次合同的损失，这是难以答应的。
B. 甲方说有的产品不符合要求，却没有证据。
C. 甲方可能是因为怕麻烦，没有追究乙方的违约行为。
D. 乙方虽有不符合要求的产品，但甲方照顾乙方面子，就没有提出。
E. 甲方为了在这次谈判中讨价还价，故意指责乙方以往有违约行为。

◆ 题59 （2001—1—49）麦角碱是一种可以在谷物种子的表层大量滋生的菌类，特别多见于黑麦。麦角碱中含有一种危害人体的有毒化学物质。黑麦是在中世纪引进欧洲的。由于黑麦可以在小麦难以生长的贫瘠和潮湿的土地上有较好的收成，因此，就成了那个时代贫穷农民的主要食物来源。

上述信息最能支持以下哪项断定？

A. 在中世纪以前，麦角碱从未在欧洲出现。
B. 在中世纪以前，欧洲贫瘠而潮湿的土地基本上没有得到耕作。
C. 在中世纪的欧洲，如果不食用黑麦，就可以避免受到麦角碱所含有毒物质的危害。
D. 在中世纪的欧洲，富裕农民比贫穷农民较多地意识到麦角碱所含有毒物质的危害。
E. 在中世纪的欧洲，富裕农民比贫穷农民较少受到麦角碱所含有毒物质的危害。

◆ 题60 （1999—10—45）小朱与小王在讨论有关用手习惯的问题。

小朱：在当今85岁到90岁的人中，你很难找到左撇子。
小王：在70年前，小孩用左手吃饭和写字就要挨打，所以被迫改用右手。

小王对小朱的回答能够加强下面哪个论断？

A. 天生的右撇子有生存优势，所以长寿。
B. 用手习惯是遗传优势与社会压力的共同产物。
C. 逼迫一个人改变用手习惯是可以办到的，也是无害的。
D. 在过去的不同时代，人们对用左手还是用右手存在着不同的社会态度。
E. 小时候养成的良好习惯可以受用终生，而小时候的不良习惯也会影响终生。

◆ 题61 （2007—10—53）大三学生陈明收到以下来信：由于本公司用于暑假学生实习支出的经费有限，我们不可能为所有申请者提供相应的工作岗位，因此许多高素质的申请者被拒绝。很遗憾地通知您，我们不能聘请您参加我们公司的学生暑假实习项目了。

从上述断定，最可能推出以下哪项？

A. 申请到公司暑假实习的学生数超过公司需要的数量。
B. 陈明被公司视为高素质的申请者。
C. 公司用于学生暑假工作的经费很少。
D. 公司在拒绝陈明的申请前曾犹豫不决。
E. 大部分申请公司暑假实习的学生是能够胜任工作的。

◆ 题 62 (2007—10—56) 对于东明市的居民来说，购买新房是一项高昂的消费，居民一般购买 45 万元左右的中低档房，少数富有的家庭购买 100 万元以上的高档房。每年购买房子的人群中 25 岁至 35 岁的人约占 50%，其中高于 65% 的购房者没有私家车。

如果上述断定为真，则以下哪项一定为真？

Ⅰ．每年东明市约有 50% 购房者的年龄要么小于 25 岁，要么大于 35 岁。
Ⅱ．每年东明市约有 35% 购房者拥有私家车。
Ⅲ．东明市的房产将严重滞销。

A. 只有Ⅰ。　　　　　　B. 只有Ⅱ。　　　　　　C. 只有Ⅰ和Ⅱ。
D. 只有Ⅰ和Ⅲ。　　　　E. Ⅰ、Ⅱ和Ⅲ。

◆ 题 63 (2008—10—40) 现在公历的某月某日与那天是星期几是随年份变化的。例如，你去年生日那天是星期日，但今年的生日就不是星期日了。如果约定：每年的 1 月 1 日是星期日，全年有 52 个完整的周，共 364 天；普通年的最后一天和闰年的最后两天都不属于任何一周。

根据上述约定，则以下哪项一定为真？

Ⅰ．如果某人结婚的那天是星期日，则他的结婚纪念日都是星期日。
Ⅱ．如果某人的第一个公休日是星期日，并且必须连续工作六天后才能休息一天，则他的每个公休日都是星期日。
Ⅲ．如果某人的第一个公休日是星期日，并且必须连续工作六天后才能休息一天，则他的每个公休日都不是星期日。

A. 只有Ⅰ。　　　　　　B. 只有Ⅱ。　　　　　　C. 只有Ⅲ。
D. 只有Ⅰ和Ⅱ。　　　　E. 只有Ⅰ和Ⅲ。

◆ 题 64 (2005—1—33) 人应对自己的正常行为负责，这种负责甚至包括因行为触犯法律而承受制裁。但是，人不应该对自己不可控制的行为负责。

以下哪项能从上述断定中推出？

Ⅰ．人的有些正常行为会导致触犯法律。
Ⅱ．人对自己的正常行为有控制力。
Ⅲ．不可控制的行为不可能触犯法律。

A. 只有Ⅰ。　　　　　　B. 只有Ⅱ。　　　　　　C. 只有Ⅲ。
D. 只有Ⅰ和Ⅱ。　　　　E. Ⅰ、Ⅱ和Ⅲ。

◆ 题 65 (1998—10—41) 旺堆山温泉中含有丰富的活性乳钙，这种活性乳钙被全国十分之九的医院用于治疗牛皮癣。

如果以上断定是真的，则以下哪项也一定是真的？

Ⅰ．全国有十分之九的医院使用旺堆山温泉治疗牛皮癣。
Ⅱ．全国至少有十分之一的医院不治疗牛皮癣。
Ⅲ．全国只有十分之一的医院不在旺堆山温泉设立牛皮癣治疗点。

A. 只有Ⅰ。　　　　　　B. 只有Ⅱ。　　　　　　C. 只有Ⅰ和Ⅱ。
D. Ⅰ、Ⅱ和Ⅲ。　　　　E. Ⅰ、Ⅱ和Ⅲ都不一定是真的。

◆ 题 66 (2001—1—66) 统计数据正确地揭示：整个 20 世纪，全球范围内火山爆发的次数逐年缓慢上升，只有在两次世界大战期间，火山爆发的次数明显下降。科学家同样正确地揭示：整个 20 世纪，全球火山的活动性处于一个几乎不变的水平上，这和 19 世纪的情况形成了鲜明的对比。

如果上述断定是真的，则以下哪项也一定是真的？

Ⅰ．如果 21 世纪不发生两次世界大战，全球范围内火山爆发的次数将无例外地呈逐年缓慢上升的趋势。
Ⅱ. 火山自身的活动性，并不是造成火山爆发的唯一原因。
Ⅲ. 19世纪全球火山爆发比20世纪要频繁。
A. 仅Ⅰ。 B. 仅Ⅱ。 C. 仅Ⅲ。
D. 仅Ⅰ和Ⅱ。 E. Ⅰ、Ⅱ和Ⅲ。

题67 （2002—1—21）有一种通过寄生方式来繁衍后代的黄蜂，它能够在适合自己后代寄生的各种昆虫的大小不同的虫卵中，注入恰好数量的自己的卵。如果它在宿主的卵中注入的卵过多，它的幼虫就会在互相竞争中因为得不到足够的空间和营养而死亡；如果它在宿主的卵中注入的卵过少，宿主卵中的多余营养部分就会腐败，这又会导致它的幼虫的死亡。
如果上述断定是真的，则以下哪项的有关断定也一定是真的？
Ⅰ. 上述黄蜂的寄生繁衍机制中，包括它准确区分宿主虫卵大小的能力。
Ⅱ. 在虫卵较大的昆虫聚集区出现的上述黄蜂比在虫卵较小的昆虫聚集区多。
Ⅲ. 黄蜂注入过多的虫卵比注入过少的虫卵更易引起寄生幼虫的死亡。
A. 仅Ⅰ。 B. 仅Ⅱ。 C. 仅Ⅲ。
D. 仅Ⅰ和Ⅱ。 E. Ⅰ、Ⅱ和Ⅲ。

题68 （1997—1—25）一篇经济管理杂志刊登的文章提出：在对外经济交往中不能一味好让不争。在必要的时候，我们也要用"反倾销"的武器来保护自己。
除哪项以外，下面都是对上述观点的进一步论述？
A. 一些国家频频对我国的某些产品实施"反倾销"，而我们却常常把市场拱手让人。
B. 某外国公司卖的某商品的价格远远低于专家推算的成本价。
C. "反倾销"是一把双刃剑，可能影响我国的商品出口。
D. 某外国公司计划用高额的代价取得在我国彩电市场上的绝对优势。
E. 我国要加速制定"反倾销"的有关法律、法规，并形成保护自身的群体意识。

题69 （1997—10—18）关于在广告中简化汉字和繁体汉字混用的问题，我们必须重申，发现一个就要纠正一个，并处以1 000元的罚款。若在广告中发现使用不当的汉字，罚款是简繁混用的十倍。发现使用"谐音成语"进行广告宣传的，广告立即停播，并罚款10万元。对已经造成恶劣影响的，罚款可超过十万元，但不高于广告费用的50%。
以下哪项是不能够从上文推理得出的？
A. 广告中使用不当的汉字，其危害比简繁混用要大得多。
B. 广告中使用不当的汉字，一经发现，罚款1万元。
C. 简繁汉字混用的问题不是今天才第一次反对的。
D. 故意使用"谐音成语"做广告的，缴纳罚款后准予播出。
E. 广告停播造成的损失由广告制造者自负，并不视同于罚款。

题70 （2008—1—49）某实验室一共有A、B、C三种类型的机器人，A型能识别颜色，B型能识别形状，C型既不能识别颜色也不能识别形状。实验室用红球、蓝球、红方块和蓝方块对1号和2号机器人进行实验，命令它们拿起红球，但1号拿起了红方块，2号拿起了蓝球。
根据上述实验，以下哪项断定一定为真？
A. 1号和2号都是C型。
B. 1号和2号中有且只有一个是C型。
C. 1号是A型且2号是B型。
D. 1号不是B型且2号不是A型。
E. 1号可能不是A、B、C三种类型的任何一种。

第三篇　论证逻辑

◆ 题 71　（2005—10—47）有一种识别个人签名的电脑软件，不但能准确辨别签名者的笔迹，而且能准确辨别其他一些特征，如下笔的力度、签名的速度等。一个最在行的伪造签名的人，即使能完全模仿签名者的笔迹，也不能同时完全模仿上述这些特征。

如果上述断定为真，则以下哪项最可能为真？

A. 一个伪造签名者，如果能完全模仿签名者下笔的力度，则一定不能完全模仿签名的速度。

B. 一个最在行的伪造签名者，如果不能完全模仿签名者下笔的力度，则一定能完全模仿签名的速度。

C. 对于配备上述软件的电脑来说，如果把使用者的个人签名作为密码，那么除使用者本人外，无人能进入。

D. 上述电脑软件将首先在银行系统得到应用。

E. 上述电脑软件不能辨别指纹。

◆ 题 72　（2004—10—30）随着心脏病成为人类的第一杀手，人体血液中的胆固醇含量越来越引起人们的重视。一个人血液中的胆固醇含量越高，患致命的心脏病的风险也就越大。至少有三个因素会影响人的血液中胆固醇的含量，它们是抽烟、饮酒和运动。

如果上述断定为真，则以下哪项一定为真？

Ⅰ. 某些生活方式的改变，会影响一个人患心脏病的风险。

Ⅱ. 如果一个人血液中的胆固醇含量不高，那么他患致命的心脏病的风险也不高。

Ⅲ. 血液中的胆固醇高含量是造成当今人类死亡的主要原因。

A. 只有Ⅰ。　　　　　　　B. 只有Ⅱ。　　　　　　　C. 只有Ⅱ和Ⅲ。

D. 只有Ⅰ和Ⅲ。　　　　　E. Ⅰ、Ⅱ和Ⅲ。

◆ 题 73　（2002—10—21）员工诚实的个人品质，对于一个企业来说至关重要。一种新型的商用测谎器，可以有效地帮助企业聘用诚实的员工。著名的QQQ公司在一次对300名应聘者面试时使用了测谎器，结果完全有理由让人相信它的有效功能。当被问及是否知道法国经济学家道尔时，有1/3的应聘者回答知道，当被问及是否知道比利时的卡达特公司时，有1/5的人回答知道。但事实上这个经济学家和公司都是不存在的，测试结果证明：该测谎器的准确率是100%。

如果上述断定为真，并且测谎器测试的结果是上述应聘者中撒谎的人数不多于160人，则以下哪项关于该项测试的断定一定为真？

Ⅰ. 应聘者只被问了上述两个问题。

Ⅱ. 没有一个应聘者在回答上述两个问题时都撒了谎。

Ⅲ. 测谎器测定的未撒谎的人数不多于200人。

A. 仅Ⅰ。　　　　　　　　B. 仅Ⅱ。　　　　　　　　C. 仅Ⅲ。

D. Ⅰ、Ⅱ和Ⅲ。　　　　　E. Ⅰ、Ⅱ和Ⅲ都不是。

◆ 题 74　（2011—10—31）某项研究以高中三年级理科生288人为对象，分两组进行测试。在数学考试前，一组学生需咀嚼10分钟口香糖，而另一组无需咀嚼口香糖。测试结果显示，总体上咀嚼口香糖的考生比没有咀嚼口香糖的考生其焦虑感低20%，特别是对于低焦虑状态的考生群体，咀嚼组比未咀嚼组的焦虑感低36%，而对中焦虑状态的考生，咀嚼口香糖比不咀嚼口香糖的焦虑感低16%。

从以上实验数据，最能得出以下哪项？

A. 咀嚼口香糖对于高焦虑状态的考生没有效果。

B. 对于高焦虑状态的考生群体，咀嚼组比未咀嚼组的焦虑感低8%。

C. 咀嚼口香糖能够缓解低、中程度焦虑状态考生的考试焦虑。

D. 咀嚼口香糖不能缓解考试焦虑。
E. 未咀嚼口香糖的一组，因为无事可做而焦虑。

题 75 （2010—10—35）一项研究发现：吸食毒品（例如摇头丸）的女孩比没有这种行为的女孩患忧郁症的可能性高出 2 至 3 倍；酗酒的男孩比不喝酒的男孩患忧郁症的可能性高出 5 倍。另外，忧郁会使没有不良行为的孩子减少犯错误的冲动，却会让有过上述不良行为的孩子行为更加出格。
如果上述判定为真，则以下哪项一定为真？
A. 行为出格的孩子容易忧郁，进而加重他们的出格行为。
B. 酗酒的男孩比食用摇头丸的女孩患忧郁症的可能性高。
C. 忧郁会让人失去生活的乐趣并导致行为出格。
D. 没有坏习惯的孩子大多是家庭和谐快乐的。
E. 患有忧郁症的孩子都伴随有不良的行为出格。

题 76 （2004—10—40）营养学研究发现，在其他条件不变的情况下，如果增加每天吃饭的次数，只要进食总量不显著增加，一个人的血脂水平将显著低于他常规就餐次数时的血脂水平。因此，多餐进食有利于降低血脂。然而，事实上大多数每日增加就餐次数的人都会吃更多的食物。
上述断定最能支持以下哪项？
A. 对于大多数人，增加每天吃饭的次数一般不能导致他的血脂水平显著下降。
B. 对于少数人，增加每天吃饭的次数是降低高血脂的最佳方式。
C. 对于大多数人，每天所吃的食物总量一般不受吃饭次数的影响。
D. 对于大多数人，血脂水平不会受每天所吃的食物量的影响。
E. 对于大多数人，血脂水平可受到就餐时间的影响。

题 77 （2006—10—52）山奇是一种有降血脂特效的野花，它的数量特别稀少，濒临灭绝。但是，山奇可以通过和雏菊的花粉自然杂交产生山奇–雏菊杂交种子。因此，在山奇尚存的地域内应当大量地人工培育雏菊，虽然这种杂交品种会失去父本或母本的一些重要特性，例如不再具有降血脂的特效，但这是避免山奇灭绝的几乎唯一方式。
如果上述论证成立，则最能说明以下哪项原则成立？
A. 为了保护一个濒临灭绝的物种，即使使用的方法会对另一个物种产生负面影响，也是应当的。
B. 保存一个物种本身就是目的，至于是否能保存该物种的所有特性则无关紧要。
C. 改变一个濒临灭绝的物种的类型，即使这种改变会使它失去一些重要的特性，也比一个物种的完全灭绝要好。
D. 在两个因生存条件而处在激烈竞争中的物种中，只保存其中的一个，也比两个同时灭绝要好。
E. 保存一个有价值的物种，即使这种保存要经过困难的过程，也比接受这个物种的一个没什么价值的替代品要好。

题 78 （2011—10—55）11 月 8 日上午，国防科技工业局首次公布了嫦娥二号卫星传回的嫦娥三号预选着陆区——月球虹湾地区的局部影像图。它是一张黑白照片，成像时间为 10 月 28 日 18 时，是卫星在距离月面大约 18.7 千米的地方拍摄获取的。摄像图的传回，标志着嫦娥二号任务所确定的六个工程目标已经全部实现，意味着"嫦娥二号"工程任务取得圆满成功。嫦娥二号的发射，最主要的任务是对月球虹湾地区进行高清晰度的拍摄，为今后发射嫦娥三号卫星并实施着陆做好前期准备。据悉，此次嫦娥二号携带的 CCD 相机分辨率比嫦娥一号携带的相机提高了很多。嫦娥二号在 100 千米圆轨道运行时分辨率优于 10 米，进入 100 千米×15 千米的椭圆轨道时，其分辨率达到 1 米，已超过了原先预定的 1.5 米的指标。据了解，将来嫦娥三号着陆器上也同样会有

CCD相机，届时它不光能拍照，还能根据图片自主避开着陆器在软着陆过程中不适于降落的地点，"临机决断"为着陆器选择适宜降落的平坦表面。

以下各项都可以从题干推出，除了：

A. 嫦娥二号携带的CCD相机分辨率比嫦娥一号携带的分辨率高。
B. 将来嫦娥三号携带的CCD相机比嫦娥二号携带的功能更强。
C. 嫦娥二号为今后要发射的嫦娥三号卫星着陆地点做了精确的选择。
D. 嫦娥三号着陆器在月球软着陆过程中应该选择平坦表面。
E. 嫦娥三号着陆器在着陆时有自我调节方向的功能。

题79 （2003—1—43）图示方法是几何学课程的一种常用方法。这种方法使得这门课比较容易学，因为学生们得到了对几何概念的直观理解，这有助于培养他们处理抽象运算符号的能力。对代数概念进行图解相信会有同样的教学效果，虽然对数学的深刻理解从本质上说是抽象的而非想象的。

上述议论最不可能支持以下哪项判定？

A. 通过图示获得直观，并不是数学理解的最后步骤。
B. 具有很强的处理抽象运算符号能力的人，不一定具有抽象的数学理解能力。
C. 几何学课程中的图示方法是一种有效的教学方法。
D. 培养处理抽象运算符号的能力是几何学课程的目标之一。
E. 存在着一种教学方法，可以有效地用于几何学，又用于代数。

题80 （1998—10—13）现在，一个出版商正在为大学教授定做教材提供选择，教授们可以在一本书上删掉他们不感兴趣的章节，增添他们自己选择的材料。

这种选择的广泛应用对下列哪项教育目标的完成贡献最小？

A. 提高一部分学生的特殊兴趣。
B. 提供高级的选修课程，这些选修课程可以对某一领域所选择的主题进行深入的研究。
C. 保证学生对某一专业课程有系统的理解。
D. 便于介绍某些领域的最新成果。
E. 通过提供生动、有趣的作业，加深学生对该门功课的理解。

题81 （2004—10—24）某大学对非英语专业的基础英语教学进行了改革。英语教师可以自行选择教材，可以删掉其中部分章节，同时也可以加入他们自己选择的材料。

上述改革最不利于实现下面哪项目标？

A. 满足某些学生对于英语教学的特殊需要。
B. 调动英语教师的教学积极性和创造力。
C. 提高学生运用英语的能力，包括口语和听力。
D. 提高学生参加全国统一英语考试的成绩。
E. 提高学生对英语学习的兴趣。

题82 （2002—10—30）烟斗和雪茄比香烟对健康的危害明显要小。吸香烟的人如果戒烟的话，则可以免除对健康的危害，但是如果改吸烟斗或雪茄的话，对健康的危害和以前差不多。

如果以上断定为真，则以下哪项断定最不可能为真？

A. 香烟对所有吸香烟者健康的危害基本相同。
B. 烟斗和雪茄对所有吸烟斗或雪茄者健康的危害基本相同。
C. 同时吸香烟、烟斗和雪茄所受到的健康危害，不大于只吸香烟。
D. 吸烟斗和雪茄的人戒烟后如果改吸香烟，则所受到的健康危害比以前大。
E. 烟斗比雪茄对健康的危害要大。

● 题83 （2004—1—47）去年春江市的汽车月销售量一直保持稳定。在这一年中，"宏达"车的月销售量较前年翻了一番，它在春江市的汽车市场上所占的销售份额也有相应的增长。今年一开始，尾气排放新标准开始在春江市实施。在该标准实施的前三个月中，虽然"宏达"车在春江市的月销售量仍然保持在去年年底达到的水平，但在春江市的汽车市场上所占的销售份额明显下降。

如果上述断定为真，则以下哪项不可能为真？

A. 在实施尾气排放新标准的前三个月中，除了"宏达"车以外，所有品牌的汽车各自在春江市的月销售量都明显下降。

B. 在实施尾气排放新标准之前的三个月中，除了"宏达"车以外，所有品牌的汽车销售量在春江市汽车市场所占的份额明显下降。

C. 如果汽车尾气排放新标准不实施，"宏达"车在春江市汽车市场上所占的销售份额比题干所断定的情况更低。

D. 如果汽车尾气排放新标准继续实施，春江市的汽车月销售总量将会出现下降。

E. 由于实施了汽车尾气排放新标准，在春江市销售的每辆"宏达"汽车的平均利润有所上升。

● 题84 （2011—10—36）某彩票销售站最近半年在出售一种不记名、不挂失的"刮刮看"彩票。该彩票左边有2个隐藏的两位数字，右边有6个隐藏的两位数字。顾客购买后就可以刮彩票。如果右边刮开的某个数字与左边的某个数字相同，在右边该数字下面刮出的字体更小的数字就是中奖的数额。根据福彩中心提供的信息，这种彩票可能中奖的数额有：60元、800元、6 000元、80 000元、60 000元、100 000元，每张彩票至多有一个中奖数字。张三下班后在某福彩销售站购买了一张彩票，刮开后发现右边的一个数字是15，与左边刮出的一个数字相同，再看下边的小字体数字是8 000元，高兴之极，销售彩票的李四立刻给了他8 000元，张三高兴地去餐厅与朋友大吃了一顿。事后矛盾爆发，两人打起了官司。

以下哪项陈述是最不可能发生的？

A. 张三当真认为自己中奖8 000元。
B. 李四当真认为张三中奖8 000元。
C. 张三认为自己真的中了彩票。
D. 李四认为张三真的中了彩票。
E. 张三没有仔细地刮开彩票。

● 题85 （2006—10—42）史密斯：传统的壁画是这样完成的，画家在潮湿的灰泥上作画，待灰泥干了后，这幅画就完成并保存了下来。可惜的是，目前罗马教堂中米开朗基罗的壁画上，有明显的在初始作品完成后添加的痕迹。因此，为了使作品能完全体现米开朗基罗本人的意图，应当在他的作品中去掉任何后来添加的东西。

张教授：但那个时代的画家普遍都有在他们的作品完成后再在上面添加点什么的习惯。

张教授的断定如果为真，最能支持以下哪项结论？

A. 在目前见到的米开朗基罗的壁画中，不可能准确区分哪些是初始的，哪些是后来添加的痕迹。

B. 去掉任何后来添加的痕迹所恢复的米开朗基罗壁画，很可能并不完全体现米开朗基罗本人的意图。

C. 在目前的米开朗基罗壁画中去掉任何后来添加的东西，不一定就能完全恢复该壁画的初始面貌。

D. 米开朗基罗壁画中后来添加的东西，除了画家本人外，不可能出其他人之手。

E. 米开朗基罗很少对自己完成的作品满意。

◆ 题 86 （2008—10—45）有人提出通过开采月球上的氦-3 来解决地球上的能源危机，在熔合反应堆中氦-3 可以用作燃料。这一提议是荒谬的。即使人类能够在月球上开采出氦-3，要建造上述熔合反应堆在技术上至少也是 50 年以后的事。地球今天面临的能源危机到那个时候再着手解决就太晚了。

以下哪项最为恰当地概括了题干所要表达的意思？

A. 如果地球今天面临的能源危机不能在 50 年内得到解决，那就太晚了。
B. 开采月球上的氦-3 不可能解决地球上近期的能源危机。
C. 开采和利用月球上的氦-3 只是一种理论假设，实际上做不到。
D. 人类解决能源危机的技术突破至少需要 50 年。
E. 人类的太空探索近年内不可能有效解决地球面临的问题。

◆ 题 87 （2008—10—50）纯种赛马是昂贵的商品。一种由遗传缺陷引起的疾病威胁着纯种赛马，使它们轻则丧失赛跑能力，重则瘫痪甚至死亡。因此，赛马饲养者认为，一旦发现有此种缺陷的赛马应停止饲养。这种看法是片面的。因为一般地说，此种疾病可以通过饮食和医疗加以控制。另外，有此种遗传缺陷的赛马往往特别美，这正是马术表演特别看重的。

以下哪项最为准确地概括了题干所要论证的结论？

A. 美观的外表对于赛马来说特别重要。
B. 有遗传缺陷的赛马不一定会丧失比赛能力。
C. 不应当绝对禁止饲养有遗传缺陷的赛马。
D. 一些有遗传缺陷的赛马的疾病未得到控制，是由于缺乏合理的饮食或必要的医疗。
E. 遗传疾病虽然是先天的，但其病变可以通过后天的人为措施加以控制。

◆ 题 88 （2006—10—45）统计显示，近年来在死亡病例中，与饮酒相关的比例逐年上升。有人认为，这是由于酗酒现象越来越严重。这种看法有漏洞，因为它忽视了这样一点：酗酒过去只是在道德上受到批评，现在则被普遍认为本身就是一种疾病。每次酗酒就是一次酒精中毒，就相当于患了一次肝炎。因此，_____。

以下哪项作为上文的结束语最为恰当？

A. 近年来在死亡病例中，与饮酒相关的比例事实上并没有逐年上升。
B. 以前被认为与饮酒无关的死亡病例中，现在有些会被认为与饮酒有关。
C. 酗酒只是损害行为者自身的健康，不应受到道德上的批评。
D. 酗酒现象并没有像估计的那么严重。
E. 酗酒现象的严重危害没有受到足够的重视。

◆ 题 89 （2005—10—37）一种流行的说法是，多吃巧克力会导致皮肤特别是脸上长粉刺。确实，许多长粉刺的人都证实，他们皮肤上的粉刺都是在吃了大量巧克力以后出现的。但是，这种说法很可能是把结果当成了原因。最近一些科学研究指出，荷尔蒙的改变加上精神压力会引起粉刺，有证据表明，喜欢吃巧克的人，在遇到精神压力时会吃更多的巧克力。

以下哪项最为恰当地概括了题干所要表达的意思？

A. 发生在前的现象和发生在后的现象之间不一定有因果关系。
B. 精神压力引起多吃巧克力；多吃巧克力引发粉刺。对于长粉刺来说，多吃巧克力是表面原因，精神压力是内在原因。
C. 多吃巧克力是内在原因。
D. 多吃巧克力不大可能引发粉刺，多吃巧克力和长粉刺二者很可能都是精神压力造成的结果。
E. 一个人巧克力吃得越多，越可能造成荷尔蒙的改变和精神压力的加重。

◆ 题90　（2010—10—33）某社会学家认为：每个企业都力图降低生产成本，以便增加企业的利润。但不是所有降低生产成本的努力都对企业有利，如有的企业减少对职工社会保险的购买，暂时可以降低生产成本，但从长远看是得不偿失，这会对职工的利益造成损害，减少职工的归属感，影响企业的生产效率。

以下哪项最能准确表示上述社会学家陈述的结论？
A. 如果一项措施能够提高企业的利润，但不能提高职工的福利，此项措施是不值得提倡的。
B. 企业采取降低成本的某些措施对企业的发展不一定总是有益的。
C. 只有当企业职工和企业家的利益一致时，企业采取的措施才是对企业发展有益的。
D. 企业降低生产成本的努力需要从企业整体利益的角度进行综合考虑。
E. 减少对职工社保的购买会损害职工的切身利益，对企业也没有好处。

◆ 题91　（2008—10—46）陈教授：中世纪初欧洲与东亚之间没有贸易往来，因为在现存的档案中找不到这方面的任何文字记录。

李研究员：您的论证与这样一个论证类似，传说中的喜马拉雅雪人是不存在的，因为从来没有人作证亲眼看到过这种雪人。这一论证的问题在于，有人看到雪人当然能证明雪人存在，但没人看到不能证明雪人不存在。

以下哪项最为准确地概括了李研究员所要表达的结论？
A. 断定中世纪初欧洲与东亚之间存在贸易往来，和断定存在喜马拉雅雪人一样，缺少科学根据。
B. 尽管缺少可靠的文学记录，但中世纪初欧洲与东亚之间非常可能存在贸易往来。
C. 不同内容的论证之间存在可比性。
D. 不能简单地根据缺乏某种证据证明中世纪初欧洲与东亚之间有贸易往来，就说这种贸易往来不存在。
E. 证明事物不存在要比证明它存在困难得多。

◆ 题92　（1998—10—31）环境学家关注保护濒临灭绝的动物的高昂费用，提出应通过评估各种濒临灭绝的动物对人类的价值，以决定保护哪些动物。此法实际不可行，因为预言一种动物未来的价值是不可能的。现在评价对人类做出间接但很重要贡献的动物的价值也是不可能的。

以下哪项是作者的主要论点？
A. 保护没有价值的濒临灭绝的动物比保护有潜在价值的动物更重要。
B. 尽管保护所有濒临灭绝的动物是必须的，但在经济上是不可行的。
C. 由于判断动物对人类价值高低的方法并不完善，在此基础上做出的决定也不可靠。
D. 保护对人类有直接价值的动物远比保护有间接价值的动物重要。
E. 要评估濒临灭绝的动物对人类是否重要是不可能的。

◆ 题93　（2008—1—37）水泥的原料是很便宜的，像石灰石和随处可见的泥土都可以用作水泥的原料。但水泥的价格会受石油价格的影响，因为在高温炉窑中把原料变为水泥要耗费大量的能源。

基于上述断定最可能得出以下哪项结论？
A. 石油是水泥所含的原料之一。
B. 石油是制水泥的一些高温炉窑的能源。
C. 水泥的价格随着油价的上升而下跌。
D. 水泥的价格越高，石灰石的价格也越高。
E. 石油价格是决定水泥产量的主要因素。

◆ 题94　（1998—10—25）和十年前相比，苏格兰人的年人均食物摄入量增加了大约80公斤。这部分地区因为和十年前相比，15~64岁之间年龄段的人口所占的比例有了显著提高。

从以上叙述能得出以下哪项结论？
  A. 目前苏格兰人口的半数以上处于 15~64 岁的年龄段。
  B. 十年来苏格兰人口有了很大增长。
  C. 15 岁以下儿童的平均食物摄入量要多于 65 岁以上的老人。
  D. 十年前苏格兰 15 岁以下儿童的数量要多于 64 岁以上的老人。
  E. 15~64 岁年龄段的人平均摄入的食物量要多于儿童或老人。

题 95 （2001—10—48）某公司在一次招聘中，对所有申请者进行了一次书面测试，其中包括这样一个问题：你是否是一个诚实的人？有 2/5 的申请者的回答是：我至少有一点不诚实。该公司在这次测试中，很可能低估了申请者中不诚实的人所占的比例，因为：_____。

以下哪项作为上文的后续最为恰当？
  A. 在这次测试中，有些非常诚实的申请者可能做了不诚实的回答。
  B. 在这次测试中，那些回答"我至少有一点不诚实"的申请者可能是非常不诚实的。
  C. 在这次测试中，那些回答自己是不诚实的申请者，他所做的这一回答可能是诚实的。
  D. 在这次测试中，有些不诚实的申请者可能宣称自己是诚实的。
  E. 在这次测试中，其余 3/5 的申请者中，可能很多人的回答是"我非常不诚实"。

题 96 （2002—1—59）W 病毒是一种严重危害谷物生长的病毒，每年会造成谷物的大量减产。W 病毒分为三种：W_1、W_2 和 W_3。科学家们发现，把一种从 W_1 中提取的基因，植入易受感染的谷物基因中，可以使该谷物产生对 W_1 的抗体，这样处理的谷物会在 W_2 和 W_3 中，同时产生对其中一种病毒的抗体，但严重减弱对另一种病毒的抵抗力。科学家证实，这种方法能大大减少谷物因病毒危害造成的损失。

从上述断定最可能得出以下哪项结论？
  A. 在三种 W 病毒中，不存在一种病毒，其对谷物的危害性，比其余两种病毒的危害性加在一起还大。
  B. 在 W_2 和 W_3 两种病毒中，不存在一种病毒，其对谷物的危害性，比其余两种病毒的危害性加在一起还大。
  C. W_1 对谷物的危害性，比 W_2 和 W_3 的危害性加在一起还大。
  D. W_2 和 W_3 对谷物具有相同的危害性。
  E. W_2 和 W_3 对谷物具有不同的危害性。

题 97 （2009—10—31）张珊有合法和非法概念，但没有道德上对与错的概念。她由于自己的某个行为受到起诉。尽管她承认自己的行为是违法的，但不知道这一行为事实上是不道德的。

上述断定能恰当地推出以下哪项结论？
  A. 张珊做了某种违法的事。
  B. 张珊做了某种不道德的事。
  C. 张珊是法律专业的毕业生。
  D. 非法的行为不可能合乎道德。
  E. 对于法律来说，道德上的无知不能成为借口。

题 98 （2004—10—28）人们已经认识到，除了人以外，一些高级生物不仅能适应环境，而且能改变环境以利于自己的生存。其实，这种特性很普遍。例如，一些低级浮游生物会产生一种气体，这种气体在大气层中转化为硫酸盐颗粒，这些颗粒使得水蒸气浓缩而形成云。事实上，海洋上空的云层的形成很大程度上依赖于这种颗粒。较厚的云层意味着较多的阳光被遮挡，意味着地球吸收较少的热量。因此，这些浮游生物使得地球变得凉爽，而这有利于它们的生存，当然也有利于人类。

以下哪项最为准确地概括了上述议论的主题？
A. 为了改变地球的温室效应，人类应当保护浮游生物。
B. 并非只有高级生物才能改变环境以利于自己的生存。
C. 一些浮游生物通过改变环境以利于自己的生存，同时也造福于人类。
D. 海洋上空云层形成的规模，很大程度上取决于海洋中浮游生物的数量。
E. 低等生物以对其他种类的生物无害的方式改变环境，而高等生物则往往相反。

题99 （2006—10—51）某国H省为农业大省，94%的面积为农村地区；H省也是城市人口最集中的大省，70%的人口为城市市民。就城市人口占全省人口的比例而言，H省是全国最高的。

上述断定最能支持以下哪项结论？
A. H省人口密度在全国所有省份中最高。
B. 全国没有其他省份比H省有如此少的地区用于城市居民居住。
C. 近年来，H省的城市人口增长率明显高于农村人口增长率。
D. H省农村人口占全省总人口的比例在全国是最低的。
E. H省大部分土地都不适合城市居民居住。

题100 （2006—1—29）在桂林漓江一些有地下河流的岩洞中，有许多露出河流水面的石笋。这些石笋是由水滴长年滴落在山石表面而逐渐积累的矿物质形成的。

如果上述断定为真，则最能支持以下哪项结论？
A. 过去漓江的江面比现在高。
B. 只有漓江的岩洞中才有地下河流。
C. 漓江的岩洞中大都有地下河流。
D. 上述岩洞内的地下河流是在石笋形成前出现的。
E. 上述岩洞内地下河流的水比过去深。

题101 （2007—1—26）在青崖山区，商品通过无线广播电台进行密集的广告宣传将会迅速获得最大程度的知名度。

上述断定最可能推出以下哪项结论？
A. 在青崖山区，无线广播电台是商品打开市场的最重要的途径。
B. 在青崖山区，高知名度的商品将拥有众多消费者。
C. 在青崖山区，无线广播电台的广告宣传可以使商品的信息传到每户人家。
D. 在青崖山区，某一商品为了迅速获得最大程度的知名度，除了通过无线广播电台进行密集的广告宣传外，不需要利用其他宣传工具做广告。
E. 在青崖山区，某一商品的知名度与其性能和质量的关系很大。

题102 （2007—1—32）神经化学物质的失衡可以引起人的行为失常，大到严重的神经疾病，小到常见的孤僻、抑郁甚至暴躁、嫉妒。神经化学的这些发现，使我们不但对精神疾病患者，而且对身边原本生厌的怪僻行为者，怀有同情和容忍。因为精神健康无非是指具有平衡的神经化学物质。

以下哪项最为准确地表达了上述论证所要表达的结论？
A. 神经化学物质失衡的人在人群中占少数。
B. 神经化学的上述发现将大大丰富神经病学的理论。
C. 理解神经化学物质与行为的关系将有助于培养对他人的同情心。
D. 神经化学物质的失衡可以引起精神疾病或其他行为失常。
E. 神经化学物质是否失衡是决定精神或行为是否正常的主要因素。

◆ 题 103　（2010—10—34）X 先生一直被誉为"19 世纪西方世界的文学大师"，但是，他从前辈文学巨匠得到的益处却被评论家们忽略了。此外，X 先生从未写出真正的不朽巨著，他最广为人知的作品无论在风格上还是表达上均有较大的缺陷。

从上述陈述可以得出以下哪项结论？

A．X 先生在文坛上成名后，没有承认曾受惠于他的前辈。
B．当代的评论家们开始重新评论 X 先生的作品。
C．X 先生的作品基本上是仿效前辈，缺乏创新。
D．作家在文学史上的地位来历是充满争议的。
E．X 先生对西方文学发展的贡献被过分夸大了。

◆ 题 104　（2003—1—39）20 世纪 60 年代初以来，新加坡的人均预期寿命不断上升，到 21 世纪已超过日本，成为世界之最。与此同时，和一切发达国家一样，由于饮食中的高脂肪含量，新加坡人的心血管疾病的发病率也逐年上升。

从上述判定，最可能推出以下哪项结论？

A．新加坡人的心血管疾病的发病率虽逐年上升，但这种疾病不是造成目前新加坡人死亡的主要杀手。
B．目前新加坡对于心血管疾病的治疗水平是全世界最高的。
C．20 世纪 60 年代初以来，造成新加坡人死亡的那些主要疾病，到 21 世纪，如果在该国的发病率没有实质性的降低，对这些疾病的医治水平一定会有实质性的提高。
D．目前新加坡人心血管疾病的发病率低于日本。
E．新加坡人比日本人更喜欢吃脂肪含量高的食物。

◆ 题 105　（2007—10—48）人一般都偏好醒目的颜色。在婴幼儿眼里，红、黄都是醒目的颜色，这与成人相同；但与许多成人不同的是，黑、蓝和白色是不醒目的。市场上红、黄色为主的儿童玩具，比同样价格的黑、蓝和白色为主的玩具销量要大。

以上信息最能支持以下哪项结论？

A．市场上黑、蓝和白色的成人服装比同样价格的红、黄色成人服装销量要大。
B．市场上红、黄色为主的儿童服装，比同样价格的黑、蓝和白色为主的儿童服装销量要大。
C．儿童玩具的销售状况至少在某种程度上反映了婴幼儿的喜好。
D．儿童玩具的制造商认真研究了婴幼儿对颜色的喜好。
E．颜色是婴幼儿选择玩具的唯一标准。

◆ 题 106　（2009—1—29）一项对西部山区小塘村的调查发现，小塘村约五分之三的儿童进入中学后出现中度以上的近视，而他们的父母及祖辈，没有机会到正规学校接受教育，很少出现近视。

以下哪项作为上述断定的结论最为恰当？

A．接受文化教育是造成近视的原因。
B．只有在儿童期接受正式教育才易于出现近视。
C．阅读和课堂作业带来的视觉压力必然造成儿童的近视。
D．文化教育的发展和近视现象的出现有密切关系。
E．小塘村约五分之二的儿童是文盲。

◆ 题 107　（1997—1—40）先天的遗传因素和后天的环境影响对人的发展起的作用到底哪个重要？双胞胎的研究对于回答这一问题有重要的作用。唯环境影响决定论者预言，如果把一对双胞胎儿完全分开抚养，同时把一对不相关的婴儿放在一起抚养，那么，待他们长大成人后，在性格等内在特征上，前二者之间决不会比后二者之间有更多的类似。实际的统计数据并不支持这种极端的观点，但也不支持另一种极端观点，即唯遗传因素决定论。

从以上论述最能推出以下哪个结论？

A. 为了确定上述两种极端观点哪一个正确，还需要进一步的研究工作。
B. 虽然不能说环境影响对于人的发展起唯一决定的作用，但实际上起着最重要的作用。
C. 环境影响和遗传因素对人的发展都起着重要的作用。
D. 试图通过改变一个人的环境来改变一个人是徒劳无益的。
E. 双胞胎研究是不能令人满意的，因为它得出了自相矛盾的结论。

◆题 108　（2005—10—30）母鼠对它所生的鼠崽立即显示出母性行为。而一只刚生产后的从未接触鼠崽的母鼠，在一个封闭的地方开始接触一只非己所生的鼠崽，七天后，这只母鼠显示出明显的母性行为。如果破坏这只母鼠的嗅觉，或者摘除鼠崽产生气味的腺体，上述七天的时间将大大缩短。

上述断定最能推出以下哪项结论？

A. 不同母鼠所生的鼠崽发出不同的气味。
B. 鼠崽的气味是母鼠母性行为的重要诱因。
C. 非己所生的鼠崽的气味是母鼠对其产生母性行为的障碍。
D. 公鼠对鼠崽的气味没有反应。
E. 母鼠的嗅觉是老鼠繁衍的障碍。

◆题 109　（2001—1—46）各品种的葡萄中都存在着一种化学物质，这种物质能有效地减少人血液中的胆固醇。这种物质也存在于各类红酒和葡萄汁中，但白酒中不存在。红酒和葡萄汁都是用完整的葡萄作原料制作的；白酒除了用粮食作原料外，也用水果作原料，但和红酒不同，白酒在以水果作原料时，必须除去其表皮。

以上信息最能支持以下哪项结论？

A. 用作制酒的葡萄的表皮都是红色的。
B. 经常喝白酒会增加血液中的胆固醇。
C. 食用葡萄本身比饮用由葡萄制作的红酒或葡萄汁更有利于减少血液中的胆固醇。
D. 能有效地减少血液中胆固醇的化学物质，只存在于葡萄之中，不存在于粮食作物之中。
E. 能有效地减少血液中胆固醇的化学物质，只存在于葡萄的表皮之中，而不存在于葡萄的其他部分中。

◆题 110　（2007—10—33）在 B 国，一部汽车的购价是 A 国同类型汽车的 1.6 倍。尽管需要附加运输费用和关税，在 A 国购买汽车运到 B 国后的费用仍比在 B 国国内购买同类型的汽车便宜。

如果上述断定为真，则最能加强以下哪项断定？

A. A 国的汽油价格是 B 国的 60%。
B. 从 A 国进口到 B 国的汽车数量是 B 国国内销售量的 1.6 倍。
C. B 国购买汽车的人是 A 国的 40%。
D. 从 A 国进口汽车到 B 国的运输费用高于在 A 国购买同类型汽车价钱的 60%。
E. 从 A 国进口汽车到 B 国的关税低于在 B 国购买同类型汽车价钱的 60%。

◆题 111　（2005—10—35）许多人认为，香烟广告是造成青少年吸烟流行的关键原因。但是，挪威自 1975 年以来一直禁止香烟广告，这个国家青少年吸烟的现象却至少和那些不禁止香烟广告的国家一样流行。

上述断定最能支持以下哪项结论?
A. 广告对于引起青少年吸烟并没有起什么作用。
B. 香烟广告不是影响青少年吸烟流行的唯一原因。
C. 如果不禁止香烟广告，挪威青少年吸烟的现象将比现在更流行。
D. 禁止香烟广告并没有减少对香烟的消费。
E. 广告对青少年的影响甚于成年人。

题112 （1997—10—11）一所大学的经济系最近做的一次调查表明，教师的加薪常伴随着全国范围内平均酒类消费量的增加。从1980年到1985年，教师工资平均上涨了12%，酒类销售量增加了11.5%。从1985年到1990年，教师工资平均上涨了14%，酒类销售量增加了13.4%。从1990年到1995年，酒类销售量增加了15%，而教师平均工资也上涨了15.5%。

以下哪项最为恰当地说明了文中引用的调查结果?
A. 当教师有了更多的可支配收入，他们喜欢把多余的钱花费在饮酒上。
B. 教师所得越多，花在买书上的钱就越多。
C. 由于教师增加了，人口也就增加了，酒类消费者也会因此而增加。
D. 在文中所涉及的时期里，乡镇酒厂增加了很多。
E. 从1980年至1995年，人民生活水平提高了，酒类消费量和教师工资也增加了。

题113 （2006—1—33）地球在其形成的早期是一个熔岩状态的快速旋转体，绝大部分的铁元素处于其核心部分。有一些熔岩从这个旋转体的表面甩出，后来冷凝形成了月球。

如果以上这种关于月球起源的理论正确，则最能支持以下哪项结论?
A. 月球是唯一围绕地球运行的星球。
B. 月球将早于地球解体。
C. 月球表面的凝固是在地球表面凝固之后。
D. 月球像地球一样具有固体的表层结构和熔岩状态的核心。
E. 月球的含铁比例小于地球核心部分的含铁比例。

题114 （2005—10—41）人们在设计调查问卷时通常仅注意问题的设计，而往往忽略语言设计可能出现的各种问题（如语境、语言的歧义等）。最新研究结果确认：这些语言设计方面的问题对调查的结果可以产生十分重要的影响。

假设被调查者都能如实回答问卷，则以下哪项结论最可能从上述断定中推出?
A. 问卷调查结果通常不能完全反映实际情况。
B. 问卷调查结果通常能完全反映实际情况。
C. 被调查者都不具备识别语境、语言歧义的能力。
D. 在设计调查问卷时，语言设计比问题设计更重要。
E. 在设计调查问卷时，语言设计比问题设计更困难。

题115 （2007—10—58）蚂蚁在从蚁穴回到食物源的途中，会留下一种称为信息素的化学物质。蚂蚁根据信息素的气味，来回于蚁穴和食物源之间，把食物运回蚁穴。当气温达到摄氏45度以上，这种信息素几乎都会不留痕迹地蒸发。撒哈拉沙漠下午的气温都在摄氏45度以上。

如果上述断定为真，则最能支持以下哪项结论?
A. 蚂蚁只在上午或晚上觅食。
B. 蚂蚁无法在撒哈拉沙漠存活。
C. 在撒哈拉沙漠存活的蚂蚁，如果不在上午或晚上觅食，那么一定不是依靠信息素气味的引导把食物运回蚁穴。

D. 如果蚂蚁不是依靠信息素的引导把食物运回蚁穴，那么一定依靠另一种物质，这种物质在气温达到摄氏 45 度以上时不会蒸发。

E. 蚂蚁具有耐高温的生存能力。

题116 （2007—10—39）某地区国道红川口曾经是交通事故的频发路段，自从 8 年前对此路段限速每小时 60 千米后，发生在此路段的交通伤亡人数大幅下降。然而，近年来此路段超速车辆增多，但发生在此路段的交通伤亡人数仍然下降。

上述断定最能支持以下哪项结论？

A. 车辆限速与此路段 8 年来交通伤亡人数大幅下降没有关系。
B. 8 年来在此路段行驶的车辆并未显著减少。
C. 8 年来对本地区进行广泛的交通安全教育十分有效。
D. 近年来汽油费用的上升限制了本地区许多家庭购买新车。
E. 此路段 8 年来交通伤亡人数下降不仅是车辆限速的结果。

题117 （2000—1—71）血液中的高浓度脂肪蛋白含量的增多，会阻止人体吸收过多的胆固醇，从而降低血液中的胆固醇。有些人通过有规律的体育锻炼和减肥，能明显地增加血液中高浓度脂肪蛋白的含量。

以下哪项作为结论从上述题干中推出最为恰当？

A. 有些人通过有规律的体育锻炼降低了血液中的胆固醇，则这些人一定是胖子。
B. 不经常进行体育锻炼的人，特别是胖子，随着年龄的增大，血液中出现高胆固醇的风险越来越大。
C. 体育锻炼和减肥是降低血液中高胆固醇的最有效的方法。
D. 有些人可以通过有规律的体育锻炼和减肥来降低血液中的胆固醇。
E. 标准体重的人只需要通过有规律的体育锻炼就能降低血液中的胆固醇。

题118 （2013—10—31）人类男女祖先"年龄"的秘密隐藏在 Y 染色体与线粒体中。Y 染色体只从父传子，而线粒体只从母传女。从这两种遗传物质向前追溯，可以发现所有男人都有共同的男性祖先"Y 染色体亚当"，所有女人都有共同的女性祖先"线粒体夏娃"。研究人员对来自亚非拉等代表 9 个不同人群的 69 名男性进行基因组测序并比较分析，结果发现，这个男性共同祖先"Y 染色体亚当"约形成于 15.6 万年至 12 万年前。对线粒体采用同样的技术分析，研究人员又推算出这个女性共同祖先"线粒体夏娃"形成于 14.8 万年至 9.9 万年前。

以下哪项最适宜作为上述论述的推论？

A. "Y 染色体亚当"和"线粒体夏娃"差不多形成于同一时期，"年龄"比较接近，"Y 染色体亚当"可能还要早点。
B. 在 15 万年前，地球上只有一个男人"亚当"。
C. 作为两个个体，"亚当"和"夏娃"应该从未相遇。
D. 男人和女人相伴而生，共同孕育了现代人类。
E. 如果说"亚当"与"夏娃"繁衍出当今的人类，确实有一定的道理。

题119 （2013—10—54）2012 年 11 月 17 日，由国防科技大学研制的"天河一号"超级计算机以峰值速度 4 700 万亿次、持续速度 2 568 万亿每秒浮点运算的速度，成为世界上运算速度最快的计算机。相隔不到 3 年，2013 年 6 月 17 日，在德国莱比锡举行的 2013 国际超级计算机大会上，国际 TOP500 组织公布了最新全球超级计算机 500 强排行榜榜单。国防科技大学研制的"天河二号"以峰值计算速度每秒 5.49 亿万次、持续计算速度每秒 3.39 亿万次的优异性能又位居榜首。相比以前排名世界第一的美国"泰坦"超级计算机，计算速度是后者的 2 倍。

以下哪项最适合作为以上论述的推论?

A. 世界上只有美国和中国可以制造超级计算机。
B. 中国只有国防科技大学成功研制出超级计算机。
C. 只有美国和中国的超级计算机的运算速度曾经排名世界第一。
D. 全世界现在共计有 500 台超级计算机。
E. 中国的"天河二号"计算速度明显领先于其他超级计算机。

◆题 120　(2001—10—34) 某公司一项对员工工作效率的调查测试显示,办公室中白领人员的平均工作效率和室内气温有直接关系。夏季,当气温高于 30℃时,无法达到完成最低工作指标的平均效率;而在此温度线之下,只要不低于 22℃,气温越低,平均效率越高;冬季,当气温低于 5℃时,无法达到完成最低工作指标的平均效率;而在此温度线之上,只要不高于 15℃,气温越高,平均效率越高。另外,调查测试显示,只要气温不低于 5℃,不高于 30℃,车间中蓝领工人的平均工作效率和车间中的气温没有直接关系。

依据上述断定,以下哪项结论最为恰当?

A. 在车间安装空调设备是一种浪费。
B. 在车间中,如果气温低于 5℃,则气温越低,工作效率越低。
C. 在春、秋两季,办公室白领人员的工作效率最高时的室内气温在 15℃~22℃之间。
D. 在夏季,办公室白领人员在室内气温 32℃时的平均工作效率,低于在气温 31℃时的平均工作效率。
E. 在冬季,当室内气温为 15℃时,办公室白领人员的平均工作效率最高。

◆题 121　(2007—1—53) 在西方经济发展的萧条期,消费需求的萎缩导致许多企业解雇职工甚至倒闭。在萧条期,被解雇的职工很难找到新的工作,这就增加了失业人数。萧条之后的复苏,是指消费需求的增加和社会投资能力的扩张,这种扩张要求增加劳动力。但是经历了萧条之后的企业主大都丧失了经商的自信,他们会尽可能地推迟雇用新的职工。

上述断定如果为真,最能支持以下哪项结论?

A. 经济复苏不一定能迅速减少失业人数。
B. 萧条之后的复苏至少需要两三年。
C. 萧条期的失业大军主要由倒闭企业的职工组成。
D. 萧条通常是由企业主丧失经商自信引起的。
E. 在西方经济发展中出现萧条是解雇职工造成的。

◆题 122　(2008—10—36) 核电站所发生的核泄漏严重事故的最初起因,没有一次是设备故障,都是人为失误所致。这种失误,和小到导致交通堵塞,大到导致仓库失火的人为失误没有实质性的区别。从长远的观点看,交通堵塞和仓库失火几乎是不可避免的。

上述断定最能支持以下哪项结论?

A. 核电站不可能因设备故障而导致事故。
B. 核电站的管理并不比指挥交通、管理仓库复杂。
C. 核电站如果持续运作,那么发生核泄漏严重事故几乎是不可避免的。
D. 人们试图通过严格的规章制度以杜绝安全事故的努力是没有意义的。
E. 为使人类免于核泄漏所引起的灾难,世界各地的核电站应当立即停止运行。

◆题 123　(2001—1—69) 1998 年度的统计显示,对中国人的健康威胁最大的三种慢性病,按其在总人口中的发病率排列,依次是乙型肝炎、关节炎和高血压。其中,关节炎和高血压的发病率随着年龄的增长而增加,而乙型肝炎在各个年龄段的发病率没有明显的不同。中国人口的平均年龄,在1998年至2010年之间，将呈明显上升态势而逐步进入老人社会。

依据题干提供的信息，以下哪项结论最为恰当？

A. 到2010年，发病率最高的慢性病将是关节炎。
B. 到2010年，发病率最高的慢性病将仍是乙型肝炎。
C. 在1998年至2010年之间，乙型肝炎患者的平均年龄将增大。
D. 到2010年，乙型肝炎患者的数量将少于1998年。
E. 到2010年，乙型肝炎的老年患者将多于非老年患者。

◆ 题124 （2002—1—23）左撇子的人比右撇子的人更容易患某些免疫失调症，例如过敏。然而，左撇子也有优于右撇子的地方，例如，左撇子更擅长于由右脑半球执行的工作。而人的数学推理的工作一般是由右脑半球执行的。

从上述断定能推出以下哪个结论？

Ⅰ. 患有过敏或其他免疫失调症的人中，左撇子比右撇子多。
Ⅱ. 在所有数学推理能力强的人当中左撇子的比例，高于所有推理能力弱的人中左撇子的比例。
Ⅲ. 在所有左撇子的人中，数学推理能力强的比例，高于数学推理能力弱的比例。

A. 仅Ⅰ。 B. 仅Ⅱ。 C. 仅Ⅲ。
D. 仅Ⅰ和Ⅲ。 E. Ⅰ、Ⅱ和Ⅲ。

◆ 题125 （2005—1—46）为了减少汽车追尾事故，有些国家的法律规定，汽车在白天行驶时也必须打开尾灯。一般地说，一个国家的地理位置离赤道越远，其白天的能见度越差；而白天的能见度越差，实施上述法律的效果越显著。事实上，目前世界上实施上述法律的国家都比中国离赤道远。

上述断定最能支持以下哪项相关结论？

A. 中国离赤道较近，没有必要制定和实施上述法律。
B. 在实施上述法律的国家中，能见度差是造成白天汽车追尾的最主要原因。
C. 一般地说，和目前已实施上述法律的国家相比，如果在中国实施上述法律，则其效果将较不显著。
D. 中国白天汽车追尾事故在交通事故中的比例，高于已实施上述法律的国家。
E. 如果离赤道的距离相同，则实施上述法律的国家每年发生的白天汽车追尾事故的数量，少于未实施上述法律的国家。

◆ 题126 （2010—10—52）心理学研究表明，当人们对某些事情怀消极态度时，如果通过画面将这些事情与他们喜欢的事情联系起来，人们对这些事情的态度可能会由消极变为积极。因此，广告设计者应该_____。

以下哪项最能合乎逻辑地完成上述陈述？

A. 在其广告里面使用很少的文字内容，呈现更多的画面元素。
B. 通过画面对宣传的产品进行夸张，设法让人们对其产生好感。
C. 把他们的广告在电视上发布而不是刊登在杂志上。
D. 通过画面将广告产品的优点与竞争对手产品的缺点进行对比。
E. 在广告中适当插入被大部分目标顾客喜欢的图片。

◆ 题127 （2003—10—60）环境学家认为，随着许多野生谷物的灭绝，粮食作物的遗传特性越来越单一化，这是人类面临的最严重的环境问题之一。人类必须采取措施，阻止野生谷物和那些不再种植的粮食作物的灭绝，否则，不同遗传特性的缺乏，很可能使我们的粮食作物在一夜之间遭到毁灭性破坏。例如，1980年，萎叶病横扫了整个美国南部，使得粮食作物减产大约20%，只有个别品种的谷物没有受到萎叶病的影响。

从上述信息能推出以下哪项结论？

A. 容易感染某种植物疾病，是一种通过遗传获得的特性。
B. 1980年在美国南部种植的粮食作物中，大约80%具有抵抗萎叶病的能力。
C. 目前种植的粮食作物的遗传特性都不利于它们抵抗植物疾病。
D. 已经灭绝的野生谷物，都具有抵抗萎叶病的能力。
E. 萎叶病只对植物中的谷物产生危害。

题128 （2007—10—41）K市是重要的高科技工业城市，H镇位于K市近郊，是正在筹建中的K市的卫星城市。为了发挥K市在发展高科技产业中的作用，H镇必须吸引足够的外来居民，其中包括大量高科技人才。吸引外来居民的关键措施是改建火车站，近年来K市的就业机会急剧增加，就业人口中选择在近郊城镇居住的人数也急剧增加。随着公路收费点的增设，坐火车进出K市远比自己开车便宜。因此，人们更愿意选择在坐火车便利的地方居住。

以下哪项最为恰当地表达了上述断定所要表达的结论？

A. H镇必须吸引足够的外来居民。
B. 改建火车站不但有利于K市高科技产业的发展，也有利于H镇的外来居民流入。
C. 在K市周边应当减少公路收费点，并适当减少收费额。
D. 选择在近郊城镇居住的人大都有私人汽车。
E. H镇的发展对于K市的高科技产业具有重要作用。

题129 （2007—1—34）小荧十分渴望成为徽雕艺术家，为此他去请教徽雕大师孔先生："您如果教我学习徽雕，我将需要多久才能成为一名徽雕艺术家呢？"孔先生回答道："大约十年。"小荧不满足于此，再问："如果我不分昼夜每天苦练，能否缩短时间？"孔先生道："那需用二十年。"

以下哪项较可能是孔先生的回答所提示的徽雕艺术家的重要素质？

A. 谦虚。　　　　　　　B. 勤奋。　　　　　　　C. 尊师。
D. 耐心。　　　　　　　E. 决心。

题130 （1997—10—6）有人说："不到小三峡，不算游三峡，不到小小三峡，白来小三峡。"

根据这句话，最有可能推出的结论是：

A. 游三峡，只要到小三峡就可以了。
B. 游三峡，只要到小小三峡就可以了。
C. 游三峡，最令人陶醉的是小小三峡。
D. 游三峡，应先游小小三峡。
E. 不游大、小三峡，也可领略三峡之美。

题131 （1998—1—50）过度工作和压力不可避免地导致失眠症。森达公司的所有管理人员都有压力。尽管医生已经提出警告，但大多数的管理人员每周工作仍然超过60小时，而其余的管理人员每周仅工作40小时。只有每周工作超过40小时的员工才能得到一定的奖金。

以上陈述最强地支持了下列哪项结论？

A. 大多数得到一定奖金的森达公司管理人员患有失眠症。
B. 森达公司员工的大部分奖金给了管理人员。
C. 森达公司管理人员比任何别的员工更易患失眠症。
D. 没有一位每周仅仅工作40小时的管理人员工作过度。
E. 森达公司的工作比其他公司的工作压力大。

◆ 题 132　（2002—1—43）清朝雍正年间，市面流通的铸币，其金属构成是铜六铅四，即六成为铜，四成为铅。不少商人出于利计，纷纷融币取铜，使得市面的铸币产生匮乏，不少地方出现以物易物。但朝廷征于市民的赋税，须以铸币缴纳，不得代以实物或银子。市民只得以银子向官吏购兑铸币用以纳税，不少官吏因此大发了一笔。这种情况，雍正之前的明、清两朝从未出现过。

从以上陈述可推出以下哪项结论？

Ⅰ．上述铸币中所含铜的价值要高于该铸币的面值。
Ⅱ．上述用银子购兑铸币的交易中，不少并不按朝廷规定的比价成交。
Ⅲ．雍正以前的明、清朝代，铸币的铜含量均在六成以下。

A．仅Ⅰ。　　　　　　　B．仅Ⅱ。　　　　　　　C．仅Ⅲ。
D．仅Ⅰ和Ⅱ。　　　　　E．Ⅰ、Ⅱ和Ⅲ。

◆ 题 133　（2002—1—44）随着人才竞争的日益激烈，市场上出现了一种"挖人公司"，其业务是为客户招募所需的人才，包括从其他的公司中"挖人"。"挖人公司"自然不得同时帮助其他公司从自己的雇主处挖人。一个"挖人公司"的成功率越高，雇用它的公司也就越多。

上述断定最能支持以下哪项结论？

A．一个"挖人公司"的成功率越高，能成为其"挖人"目标的公司就越少。
B．为了有利于"挖进"人才同时又确保自己的人才不被"挖走"，雇主的最佳策略是雇用只为自己服务的"挖人公司"。
C．为了有利于"挖进"人才同时又确保自己的人才不被"挖走"，雇主的最佳策略提高雇员的工资。
D．为了保护自己的人才不被挖走，一个公司不应雇用"挖人公司"从别的公司挖人。
E．"挖人公司"的运作是一种不正当的人才竞争方式。

◆ 题 134　（2000—10—40）农业中连续使用大剂量的杀虫剂会产生两种危害性很大的副作用：第一，它经常会杀死农田中害虫的天敌；第二，它经常会使害虫产生抗药性，因为没被杀虫剂杀死的昆虫最具有抗药性，而且它们得以存活下来继续繁衍后代。

从上文中，我们可以推出以下哪项措施是解决以上问题的最好方法？

A．只使用化学性稳定的杀虫剂。
B．培育更高产的农作物以抵消害虫造成的损失。
C．逐渐增加杀虫剂的使用量，使没被杀死的害虫尽可能地减少。
D．每年闲置一些耕地使害虫因没有充足的食物而死亡。
E．周期性地使用不同种类的杀虫剂。

◆ 题 135　（2000—10—18）青少年如果连续看书时间过长，眼睛近视几乎是不可避免的。菁华中学的学生个个努力学习。尽管大家都懂得要保护眼睛，但大多数学生每天看书时间超过10小时，这不可避免地导致连续看书时间过长，其余的学生每天看书也有8小时。班主任表扬的都是每天看书时间超过10小时的学生。

以上的叙述如果为真，最能得出以下哪项结论？

A．菁华中学的同学中没有一个同学的视力正常，大家都戴近视眼镜。
B．每天看书时间不满10小时的学生学习不太用功。
C．菁华中学的学生比其他学校的学生学习更刻苦。
D．菁华中学的同学中近视眼的比例大于其他学校。
E．得到班主任表扬的学生中大部分是近视眼。

◆题136 (1999—1—38) 群英和志城都是经营微型计算机的公司。它们是电子一条街上的两颗高科技新星。为了在微型计算机市场方面与几家国际大公司较量，群英公司和志城公司在加强管理、降低成本、提高质量和改善服务几方面实行了有效的措施，它们在1998年的微机销售量比1997年分别增加了15万台和12万台，令国际大公司也不敢小看它们。

根据以上事实，最能得出下面哪项结论？
A. 1998年群英公司与志城公司的销售量超过了国外公司在中国的微机销售量。
B. 1998年群英公司和志城公司用降价倾销的策略扩大了市场份额。
C. 1998年群英公司的销售量的增长率超过志城公司的增长率。
D. 在价格、质量相似的条件下，中国的许多消费者更喜欢买进口电脑。
E. 1998年群英公司的市场份额增长量超过了志城公司的市场份额增长量。

◆题137 (1997—1—22) 一国若丧失过量表土，就需进口更多的粮食，这就增加了其他国家土壤的压力；一国大气污染导致邻国受到酸雨的危害；二氧化碳排放过多，造成全球变暖、海平面上升，几乎可以危及所有的国家和地区。

下述哪项最能概括上文的主要观点？
A. 环境危机已影响到国与国之间的关系，可能引起国际争端。
B. 经济的快速发展必然导致环境污染的加剧，先污染、后治理是一条规律。
C. 在治理环境污染问题上，发达国家愿意承担更多的责任和义务。
D. 环境问题已成为区域性、国际性问题，解决环境问题是人类面临的共同任务。
E. 各国在环境污染治理方面要量力而行。

◆题138 (1997—10—33) 某记者报道中指出：速冻食品业方兴未艾。食品专家预测，未来十年内，世界速冻食品消费量将占全部食品消费量的60%。进入90年代以来，我国的肉类、水产品、蔬菜类年产量达1.4亿吨，如果其中60%加工成速冻食品，其市场规模无疑是十分巨大的。而1995年全国速冻食品仅为220万吨，离理想规模相去甚远。

根据以上资料，可以推理出的最有可能的结论是：
A. 该记者爱吃速冻食品。
B. 速冻食品大发展的良机已经过去。
C. 我国速冻食品消费量还不到全部食品消费量的5%。
D. 我国速冻食品消费量已占全部食品消费量的60%。
E. 双职工家庭经常购买速冻食品。

◆题139 (1997—10—36) 群众对领导的不满，不仅仅产生于领导的作为和业绩不佳，而且很大程度上是由于对领导的期望值与实际表现之间的差距。因此，如果竞选一个大企业的领导，竞选者在竞选演说中一味许愿是一种不聪明的做法。

从以上议论可以推出以下哪项结论？
Ⅰ. 只要群众的期望值足够低，领导即使胡作非为，群众也不会产生不满情绪。
Ⅱ. 只要领导的作为和业绩出色，群众就不会产生不满情绪。
Ⅲ. 由于群众的期望值高，尽管领导的工作成绩优秀，群众的不满情绪仍可能存在。
A. 仅Ⅰ。　　　　　　　B. 仅Ⅱ。　　　　　　　C. 仅Ⅲ。
D. 仅Ⅰ和Ⅲ。　　　　　E. 仅Ⅱ和Ⅲ。

◆题140 (2003—1—46) 最近台湾航空公司客机坠落事故急剧增加的主要原因是飞行员缺乏经验。台湾航空部门必须采取措施淘汰不合格的飞行员，聘用有经验的飞行员。毫无疑问，这样的飞行员是存在的。但问题在于，确定和评估飞行员的经验是不可行的。例如，一个在气候良好的澳大利亚飞行 1 000 小时的教官，和一个在充满暴风雪的加拿大东北部飞行 1 000 小时的夜班货机飞行员是无法相比的。

上述议论最能推出以下哪项结论？（假设台湾航空公司继续维持原有的经营规模）

A. 台湾航空公司客机坠落事故急剧增加的现象是不可改变的。
B. 台湾航空公司应当聘用加拿大飞行员，而不宜聘用澳大利亚飞行员。
C. 台湾航空公司应当解聘所有现职飞行员。
D. 飞行时间不应成为评估飞行员经验的标准。
E. 对台湾航空公司来说，没有一项措施能根本扭转台湾航空公司客机坠落事故急剧增加的趋势。

◆题 141 （2003—1—53）家用电炉有三个部件：加热器、恒温器和安全器。加热器只有两个设置：开和关。在正常工作的情况下，如果将加热器设置为开，则电炉运作加热功能；设置为关，则停止这一功能。当温度达到恒温器的温度旋钮所设定的读数时，加热器自动关闭。电炉中只有恒温器具有这一功能。只要温度一超出温度旋钮的最高读数，安全器就会自动关闭加热器。同样，电炉中只有安全器具有这一功能。当电炉启动时，三个部件同时工作，除非发生故障。

以上判定最能支持以下哪项结论？

A. 一个电炉，如果它的恒温器和安全器都出现了故障，则它的温度一定会超出温度旋钮的最高读数。
B. 一个电炉，如果其加热的温度超出了温度旋钮的设定读数但加热器并没有关闭，则安全器出现了故障。
C. 一个电炉，如果加热器自动关闭，则恒温器一定工作正常。
D. 一个电炉，如果其加热温度超出了温度旋钮的最高读数，则它的恒温器和安全器一定都出现了故障。
E. 一个电炉，如果其加热的温度超出了温度旋钮的最高读数，则它的恒温器和安全器不一定都出现了故障，但至少其中某一个出现了故障。

◆题 142 （2003—1—47）一个人从饮食中摄入的胆固醇和脂肪越多，他的血清胆固醇指标就越高。存在着一个界限，在这个界限内，二者成正比。超过了这个界限，即使摄入的胆固醇和脂肪急剧增加，血清胆固醇指标也只会缓慢地有所提高。这个界限，对于各个人种是一样的，大约是欧洲人均胆固醇和脂肪摄入量的 1/4。

上述判定最能支持以下哪项结论？

A. 中国的人均胆固醇和脂肪摄入量是欧洲的 1/2，但中国人的人均血清胆固醇指标不一定等于欧洲人的 1/2。
B. 上述界限可以通过减少胆固醇和脂肪摄入量得到降低。
C. 3/4 的欧洲人的血清胆固醇含量超出正常指标。
D. 如果把胆固醇和脂肪摄入量控制在上述界限内，就能确保血清胆固醇指标正常。
E. 血清胆固醇的含量只受饮食的影响，不受其他因素，例如运动，吸烟等生活方式的影响。

◆题 143 （2001—10—62）在试飞新设计的超轻型飞机时，经验丰富的老飞行员似乎比新手碰到了更多的麻烦。有经验的飞行员已经习惯了驾驶重型飞机，当他们驾驶超轻型飞机时，总是会忘记驾驶要则的提示而忽视风速的影响。

以下哪项作为题干蕴含的结论最为恰当？

A. 重型飞机比超轻型飞机在风中更易于驾驶。
B. 超轻型飞机的安全性不如重型飞机。
C. 风速对重型飞机的飞行不会产生影响。
D. 飞行员新手在驾驶重型飞机时不会忽视风速的影响。
E. 新飞行员比老飞行员对超轻型飞机更为熟悉。

◆题144 (2000—1—33) 在大型游乐公园里，现场表演是刻意用来引导人群流动的。午餐时间的表演是为了减轻公园餐馆的压力；傍晚时间的表演则有一个完全不同的目的：鼓励参观者留下来吃晚餐。表面上不同时间的表演有不同的目的，但这背后，却有一个统一的潜在目标，即_____。
以下哪一项作为本段短文的结束语最为恰当？
A. 尽可能地减少各游览点的排队人数。
B. 吸引更多的人来看现场表演，以增加利润。
C. 最大限度地避免由于游客出入公园而引起交通阻塞。
D. 在尽可能多的时间里最大限度地发挥餐馆的作用。
E. 尽可能地招徕顾客，希望他们再次来公园游览。

◆题145 (1998—10—17) 人类中的智力缺陷者，无论经过怎样的培训和教育，也无法达到智力正常者所能达到的智力水平；同时，新生婴儿如果没有外界的刺激，尤其是人类社会的环境刺激，也同样达不到人类的正常智力水平，甚至还会退化为智力缺陷者。
以下哪项作为上面这段叙述的结论最为恰当？
A. 人的素质是由遗传决定的。
B. 在环境刺激接近的条件下，人的素质直接取决于遗传的质量。
C. 人的素质主要受环境因素的制约。
D. 遗传和环境的共同作用决定了人的素质状况的优劣。
E. 社会环境和自然地理环境都会对人的智力产生长远的影响。

◆题146 (1998—1—31) 在美国纽约，有这样一种有趣的现象。每天晚上，总有几个时刻，城市的用水量突然增大。经过观察，这几个时刻都是热门电视节目间隔中插播大段广告的时间。而用水量的激增是人们同时去洗手间的缘故。
以下哪项作为从上述现象中推出的结论最为合理？
A. 电视节目广告要短小，零碎地插在电视节目中才会有效。
B. 电视台对于热门节目中插播的广告费用要提高，否则竞争就更为激烈。
C. 在热门的电视节目中插播广告不如在冷门些的节目中插播广告效果好。
D. 在热门的电视节目中插播广告，需要向自来水公司缴纳一定的费用，补偿用水激增对设备的损害。
E. 现代生活中，人们普遍不喜欢电视节目中大段广告的插入。

◆题147 (1999—1—46) 西方发达国家的大学教授几乎都是得到过博士学位的。目前，我国有些高等学校也坚持在招收新教员时有博士学位是必要条件，除非是本校的优秀硕士毕业生留校。
根据以上论述，最可能得出以下哪一结论？
A. 在我国，大多数大学教授已经获得了博士学位，少数正在读在职博士。
B. 在西方发达国家，得到博士学位的人都到大学任教。
C. 在我国，有些高等学校的新教师都有了博士学位。
D. 在我国的一些高校，得到博士学位的大学教师的比例在增加。
E. 大学教授中得到博士学位的比没得到博士学位的更受学生欢迎。

◆ 题148 （2001—1—53）赞扬一个历史学家对于具体历史事件阐述的准确性，就如同是在赞扬一个建筑师在完成一项宏伟建筑物时使用了合格的水泥、钢筋和砖瓦，而不是赞扬一个建筑材料供应商提供了合格的水泥、钢筋和砖瓦。

以下哪项最为恰当地概括了题干所要表达的意思？
　　A. 合格的建筑材料对于完成一项宏伟的建筑是不可缺少的。
　　B. 准确地把握具体的历史事件，对于科学地阐述历史发展的规律是不可缺少的。
　　C. 建筑材料供应商和建筑师不同，他的任务仅仅是提供合格的建筑材料。
　　D. 就如同一个建筑师一样，一个历史学家的成就，不可能脱离其他领域的研究成果。
　　E. 一个历史学家必须准确地阐述具体的历史事件，但这并不是他的主要任务。

◆ 题149 （2002—10—53）美国授予发明者的专利数量，由1971年的56 000项下降到1978年的45 000项。美国在研究和开发方面的投入在1964年达到顶峰——占GNP的3%，而在1978年这一数据只是2.2%，在这期间，研究和开发费用占GNP的比重一直在下降。同一时期，西德和日本却增加了它们GNP中研究和开发费用的比重，分别增长到3.2%和1.6%。

上述信息最能支持以下哪个结论？
　　A. 一个国家的GNP和发明数量之间有直接的关系。
　　B. 日本和西德在1978年比美国在研究和开发方面花费了更多的钱。
　　C. 一个国家花在研究和开发上的钱的数量，直接决定该国产生的专利数量。
　　D. 1964—1978年间，美国研究和开发费用占GNP的比重一直高于日本。
　　E. 西德和日本都将很快在专利数量方面超过美国。

◆ 题150 （2002—1—19）张小珍：在我国，90%的人所认识的人中都有失业者，这真是个令人震惊的事实。

王大为：我不认为您所说的现象有令人震惊之处。其实，就5%这样可接受的失业率来讲，每20个人中就有1个人失业。在这种情况下，如果一个人所认识的人超过50个，那么，其中就很可能有1个或更多的失业者。

根据王大为的断定能得出以下哪个结论？
　　A. 90%的人都认识失业者的事实并不表明失业率高到不可接受。
　　B. 超过5%的失业率是一个社会所不能接受的。
　　C. 如果我国失业率不低于5%，就不可能出现90%的人所认识的人中都包括失业者。
　　D. 在我国，90%的人所认识的人不超过50个。
　　E. 我国目前的失业率不可能高于5%。

◆ 题151 （2002—10—32）当在微波炉中加热时，不含食盐的食物，其内部可以达到很高的足以把所有引起食物中毒的细菌杀死的温度；但是含有食盐的食物的内部则达不到这样高的温度。

假设以下提及的微波炉性能都正常，则上述断定可推出以下所有的结论，除了：
　　A. 食盐可以有效地阻止微波加热食物的内部。
　　B. 当用微波炉烹调含盐食物时，其原有的杀菌功能大大减弱。
　　C. 经过微波炉加热的食物如果引起食物中毒，则其中一定含盐。
　　D. 如果不向将要放进微波炉中加热的食物中加盐，则由此引起食物中毒的危险就会减少。
　　E. 食用经微波炉充足加热的不含盐食品，肯定不会引起食物中毒。

◆ 题152 （2013—1—30）根据学习在动机形成和发展中所起的作用，人的动机可分为原始动机和习得动机两种。原始动机是与生俱来的动机，它们是以人的本能需要为基础的，习得动机是指后天获得的各种动机，即经过学习产生和发展起来的各种动机。

根据以上陈述，以下哪项最可能属于原始动机？

A. 尊敬老人，孝敬父母。　　B. 尊师重教，崇文尚武。
C. 不入虎穴，焉得虎子。　　D. 窈窕淑女，君子好逑。
E. 宁可食无肉，不可居无竹。

题 153　(2017—1—48)"自我陶醉人格"是以过分重视自己为主要特点的人格障碍。它有多种具体特征：过高估计自己的重要性，夸大自己的成就，对批评反应强烈；希望他人注意自己和羡慕自己；经常沉溺于幻想中，把自己看成特殊的人；人际关系不稳定，嫉妒他人，损人利己。

以下各种自我陈述中，除了哪项均能体现上述"自我陶醉人格"的特征？

A. 我是这个团队的灵魂，一旦我离开了这个团队，他们将一事无成。
B. 他有什么资格批评我？大家看看，他的能力连我的一半都不到。
C. 我的家庭条件不好，但不愿意被别人看不起，所以我借钱买了一部智能手机。
D. 这么重要的活动竟然没有邀请我参加，组织者的人品肯定有问题，不值得跟这样的人交往。
E. 我刚接手别人很多年没有做成的事情，我跟他们完全不在一个层次，相信很快就会将事情搞定。

题 154　(2012—1—41)概念 A 与概念 B 之间有交叉关系，当且仅当，(1) 存在对象 x，x 既属于 A 又属于 B；(2) 存在对象 y，y 属于 A 但不属于 B；(3) 存在对象 z，z 属于 B 但是不属于 A。

根据上述定义，以下哪项中加点的两个概念之间有交叉关系？

A. 国画按题材分主要有人物画、花鸟画、山水画等等；按技法分主要有工笔画和写意画等等。
B. 《盗梦空间》除了是最佳影片的有力争夺者外，它在技术类奖项的争夺中也将有所斩获。
C. 洛邑小学 30 岁的食堂总经理为了改善伙食，在食堂放了几个意见本，征求学生们的意见。
D. 在微波炉清洁剂中加入漂白剂，就会释放出氯气。
E. 高校教师包括教授、副教授、讲师和助教等。

题 155　(2012—1—35)比较文字学者张教授认为，在不同的民族语言中，字形与字义的关系有不同的表现。他提出，汉字是象征文字，其中大部分是形声字，这些字的字形与字义相互关联；而英语是拼音文字，其字形与字义往往关联度不大，需要某种抽象的理解。

以下哪项如果为真，最不符合张教授的观点？

A. 汉语中的"日""月"是象形字，从字形可以看出其所指的对象；而英语中的 sun 与 moon 则感觉不到这种形义结合。
B. 汉语中的"日"与"木"结合，可以组成"東""杲""杳"等不同的字，并可以猜测其语义；而英语中则不存在与此类似的 sun 与 wood 的结合。
C. 英语中，也有与汉语类似的象形文字，如，eye 是人的眼睛的象形，两个 e 代表眼睛，y 代表中间的鼻子；bed 是床的象形，b 和 d 代表床的两端。
D. 英语中的 sunlight 与汉语中的"阳光"相对应，而英语的 sun 与 light 和汉语中的"阳"与"光"相对应。
E. 汉语的"星期三"与英语中的 Wednesday 和德语中的 Mittwoch 意思相同。

题 156　(2018—1—27)盛夏时节的某一天，某市早报刊载了由该市专业气象台提供的全国部分城市当天的天气预报，择其内容列表如下：

天津	阴	上海	雷阵雨	昆明	小雨
呼和浩特	阵雨	哈尔滨	少云	乌鲁木齐	晴
西安	中雨	南昌	大雨	香港	多云
南京	雷阵雨	拉萨	阵雨	福州	阴

根据上述信息,以下哪项做出的论断最为准确?

A. 由于所列城市分处我国的东南西北中,所以上面所列的9类天气一定就是所有的天气类型。
B. 由于所列城市盛夏天气变化频繁,所以上面所列的9类天气一定就是所有的天气类型。
C. 由于所列城市并非我国的所有城市,所以上面所列的9类天气一定不是所有的天气类型。
D. 由于所列城市在同一天不一定展示所有的天气类型,所以上面所列的9类天气可能不是所有的天气类型。
E. 由于所列城市在同一天可能展示所有的天气类型,所以上面所列的9类天气一定是所有的天气类型。

◆ 题157 (2020—1—36) 下表显示了某城市过去一周的天气情况:

星期一	星期二	星期三	星期四	星期五	星期六	星期日
东南风 1~2级 小雨	南风 4~5级 晴	无风 小雪	北风 1~2级 阵雨	无风 晴	西风 3~4级 阴	东风 2~3级 中雨

以下哪项对该城市这一周天气情况的概括最为准确?

A. 每日或者刮风,或者下雨。
B. 每日或者刮风,或者晴天。
C. 每日或者无风,或者无雨。
D. 若有风且风力超过3级,则该日是晴天。
E. 若有风且风力不超过3级,则该日不是晴天。

◆ 题158 (2021—1—52) 除冰剂是冬季北方城市用于去除道路冰雪的常见产品。下表显示了五种除冰剂的各项特征:

除冰剂类型	融冰速度	破坏道路设施的可能风险	污染土壤的可能风险	污染水体的可能风险
I	快	高	高	高
II	中等	中	低	中
III	较慢	低	低	中
IV	快	中	中	低
V	较慢	低	低	低

以下哪项对上述五种除冰剂的特征概括最为准确?

A. 融冰速度较慢的除冰剂在污染土壤和污染水体方面的风险都低。

B. 没有一种融冰速度快的除冰剂在三个方面的风险都高。

C. 若某种除冰剂至少在两个方面风险低，则其融冰速度一定较慢。

D. 若某种除冰剂三方面风险都不高，则其融冰速度一定也不快。

E. 若某种除冰剂在破坏道路设施和污染土壤方面的风险都不高，则其融冰速度一定较慢。

◆题159 （2019—1—33）有一论证（相关语句用序号表示）如下：

①今天，我们仍然要提倡勤俭节约；②节约可以增加社会保障资源；③我国尚有不少地区的人民生活贫困，亟需更多社会保障资源，但也有一些人严重浪费；④节约可以减少资源消耗；⑤因为被浪费的任何粮食或者物品都是消耗一定的资源得来的。

如果用"甲→乙"表示甲支持（或证明）乙，则以下哪项对上述论证基本结构的表示最为准确？

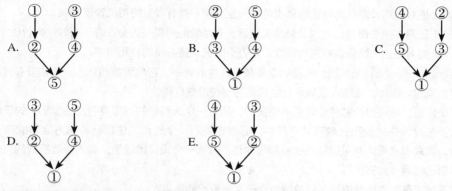

◆题160 （2014—1—51）孙先生的所有朋友都声称，他们知道某人每天至少抽两盒烟，而且持续了40年，但身体一直不错，不过可以确信的是，孙先生并不知道有这样的人，在他的朋友中也有像孙先生这样不知情的。

根据以上信息，最可能得出以下哪项？

A. 抽烟的多少和身体健康与否无直接关系。

B. 朋友之间的交流可能会夸张，但没有人想故意说谎。

C. 孙先生的每位朋友知道的烟民一定不是同一个人。

D. 孙先生的朋友中有人没有说真话。

E. 孙先生的大多数朋友没有说真话。

◆题161 （2011—1—28）一般将缅甸所产的经过风化或经河水搬运至河谷、河床中的翡翠大砾石，称为"老坑玉"。老坑玉的特点是"水头好"、质坚、透明度高，其上品透明如玻璃，故称"玻璃种"或"冰种"。同为老坑玉，其质量相对也有高低之分，有的透明度高一些，有的透明度稍差些，所以价值也有差别。在其他条件都相同的情况下，透明度高的老坑玉比透明度较低的单位价值高，但是开采的实践告诉人们，没有单位价值最高的老坑玉。

以上陈述如果为真，可以得出以下哪项结论？

A. 没有透明度最高的老坑玉。

B. 透明度高的老坑玉未必"水头好"。

C. "新坑玉"中也有质量很好的翡翠。

D. 老坑玉的单位价值还决定于其加工的质量。

E. 随着年代的增加，老坑玉的单位价值会越来越高。

题型 23 焦点题型

题 1 （2007—1—54）司机：有经验的司机完全有能力并习惯以每小时120千米的速度在高速公路上安全行驶。因此，高速公路上的最高时速不应由120千米改为现在的110千米，因为这既会不必要地降低高速公路的使用效率，也会使一些有经验的司机违反交规。

交警：每个司机都可以在法律规定的速度内行驶，只要他愿意。因此，把对最高时速的修改说成是某些违规行为的原因，是不能成立的。

以下哪项最为准确地概括了上述司机和交警争论的焦点？

A. 上述对高速公路最高时速的修改是否必要。
B. 有经验的司机是否有能力以每小时120千米的速度在高速公路上安全行驶。
C. 上述对高速公路最高时速的修改是否一定会使一些有经验的司机违反交规。
D. 上述对高速公路最高时速的修改实施后，有经验的司机是否会在合法的时速内行驶。
E. 上述对高速公路最高时速的修改，是否会降低高速公路的使用效率。

题 2 （2006—1—36）张教授：和谐的本质是多样性的统一。自然界是和谐的，例如没有两片树叶是完全相同的。因此，克隆人是破坏社会和谐的一种潜在危险。

李研究员：你设想的那种危险是不现实的。因为一个人和他的克隆复制品完全相同的仅仅是遗传基因。克隆人在成长和受教育的过程中，必然在外形、个性和人生目标等诸方面形成自己的不同特点。如果说克隆人有可能破坏社会和谐的话，我看一个现实危险是，有人可能把他的克隆复制品当作自己的活"器官银行"。

以下哪项最为恰当地概括了张教授与李研究员争论的焦点？

A. 克隆人是否会破坏社会的和谐？
B. 一个人和他的克隆复制品的遗传基因是否可能不同？
C. 一个人和他的克隆复制品是否完全相同？
D. 和谐的本质是否为多样性的统一？
E. 是否可能有人把他的克隆复制品当作自己的活"器官银行"？

题 3 （2000—10—34）小李：如果在视觉上不能辨别艺术复制品和真品之间的差异，那么复制品就应该和真品的价值一样。因为如果两件艺术品在视觉上无差异，那么它们就有相同的品质。要是他们有相同的品质，它们的价格就应该相等。

小王：你对艺术了解得太少啦！即使某人做了一件精致的复制品，并且在视觉上难以把这件复制品与真品区别开来，由于这件复制品和真品产生于不同的年代，不能算有同样的品质。现代人重塑的兵马俑再逼真，也不能与秦陵的兵马俑相提并论。

以下哪项是小李和小王的分歧之所在？

A. 到底能不能用视觉来区分复制品和真品？
B. 一件复制品是不是比真品的价值高？
C. 能不能把一件复制品误认为真品？
D. 一件复制品是不是和真品有同样的时代背景？
E. 首创性是否是一件艺术品所体现的宝贵品质？

题 4 （2008—1—38）郑女士：衡远市过去十年的GDP（国内生产总值）增长率比易阳市高，因此衡远市的经济前景比易阳市好。

胡先生：我不同意你的观点。衡远市GDP增长率虽然比易阳市高，但易阳市的GDP数值却更大。

以下哪项最为准确地概括了郑女士和胡先生争议的焦点?
A. 易阳市的 GDP 数值是否确实比衡远市大?
B. 衡远市的 GDP 增长率是否确实比易阳市高?
C. 一个城市的 GDP 数值大,是否经济前景一定好?
D. 一个城市的 GDP 增长率高,是否经济前景一定好?
E. 比较两个城市的经济前景,GDP 数值与 GDP 增长率哪个更重要?

题5 (2001—1—67) 吴大成教授:各国的国情和传统不同,但是对于谋杀和其他严重刑事犯罪实施死刑,至少是大多数人可以接受的。公开宣判和执行死刑可以有效地阻止恶性刑事案件的发生,它所带来的正面影响比可能存在的负面影响肯定要大得多,这是社会自我保护的一种必要机制。

史密斯教授:我不能接受您的见解。因为在我看来,对于十恶不赦的罪犯来说,终身监禁是比死刑更严厉的惩罚,而一般的民众往往以为只有死刑才是最严厉的。

以下哪项是对上述对话的最恰当评价?
A. 两人对各国的国情和传统有不同的理解。
B. 两人对什么是最严厉的刑事惩罚有不同的理解。
C. 两人对执行死刑的目的有不同的理解。
D. 两人对产生恶性刑事案件的原因有不同的理解。
E. 两人对是否大多数人都接受死刑有不同的理解。

题6 (2004—10—38) 贾女士:我支持日达公司雇员的投诉。他们受到了不公正的待遇。他们中大多数人的年薪还不到 10 000 元。

陈先生:如果说工资是主要原因的话,我很难认同你的态度。据我了解,日达公司雇员的平均年薪超过 15 000 元。

以下哪项最为恰当地概括了陈先生和贾女士意见分歧的焦点?
A. 日达公司雇员是否都参与了投诉?
B. 大多数日达公司雇员的年薪是否不到 10 000 元?
C. 日达公司雇员的工资待遇是否不公正?
D. 工资待遇是否为日达公司雇员投诉的主要原因?
E. 工资待遇不合理是否应当成为投诉的理由?

题7 (2005—10—25) 张教授:有的歌星的一次出场费是诺贝尔奖奖金的数十倍甚至更高,这是不合理的。一般地说,诺贝尔奖得主对人类社会和历史的贡献,要远高于这样那样的明星。

李研究员:你完全错了。歌星的酬金是一种商业回报,他的一次演出,可能为他的老板带来了上千万的利润。

张教授:按照你的逻辑,诺贝尔基金就不应该设立。因为,例如诺贝尔在生前不可能获益于杨振宁的理论发现。

以下哪项最为恰当地概括了张教授和李研究员争论的焦点?
A. 诺贝尔奖得主是否应当比歌星有更高的个人收入?
B. 商业回报是否可以成为一种正当的个人收入?
C. 是否存在判别个人收入的合理性的标准?
D. 什么是判别个人收入的合理性的标准?
E. 诺贝尔基金是否应当设立?

题8 (2004—1—48) 张先生:应该向吸烟者征税,用以缓解医疗保健事业的投入不足。因为正是吸烟导致了许多严重的疾病。要吸烟者承担一部分费用,来对付因他们不良习惯而造成的健康问题,是完全合理的。

李女士：照您这么说，如果您经常吃奶油蛋糕，或者肥猪肉，也应该纳税。因为如同吸烟一样，经常食用高脂肪、高胆固醇的食物同样会导致许多严重的疾病。但是没有人会认为这样做是合理的，并且人们的危害健康的不良习惯数不胜数，都对此征税，事实上无法操作。

以下哪项最为恰当地概括了张先生和李女士争论的焦点？

A. 张先生关于缓解医疗保健事业投入不足的建议是否合理？
B. 有不良习惯的人是否应当对由此种习惯造成的社会后果负责？
C. 食用高脂肪、高胆固醇的食物对健康造成的危害是否同吸烟一样？
D. 由增加个人负担来缓解社会公共事业的投入不足是否合理？
E. 通过征税的方式来纠正不良习惯是否合理？

题9　（2007—10—59）陈先生：有的学者认为，蜜蜂飞舞时发出的嗡嗡声是一种交流方式，例如蜜蜂在采花粉时发出的嗡嗡声，是在给同一蜂房的伙伴传递它们正在采花粉的位置的信息。但事实上，蜜蜂不必通过这样费劲的方式来传递这样的信息。它们从采花粉处飞回蜂房时留下的气味踪迹，足以引导同伴找到采花粉的地方。

贾女士：我不完全同意你的看法。许多动物在完成某种任务时都可以有多种方式。例如，有些蜂类可以根据太阳的位置，也可以根据地理特征来辨别方位，同样，对于蜜蜂来说，气味踪迹只是它们的一种交流方式，而不是唯一的交流方式。

以下哪项最为恰当地概括了陈先生和贾女士所争论的问题？

A. 关于动物行为方式的一般性理论，是否能只基于对某种动物的研究？
B. 蜜蜂飞舞时发出的嗡嗡声，是否可以有多种不同的解释？
C. 是否只有蜜蜂才有能力向同伴传递位置信息？
D. 蜜蜂在采花粉时发出的嗡嗡声，是否在给同一蜂房的伙伴传递所在位置的信息？
E. 气味踪迹是否为蜜蜂的主要交流方式？

题10　（2002—1—39）史密斯：根据《国际珍稀动物保护条例》的规定，杂种动物不属于该条例的保护对象。《国际珍稀动物保护条例》的保护对象中，包括赤狼。而最新的基因研究技术发现，一直被认为是纯种物种的赤狼实际上是山狗与灰狼的杂交种。由于赤狼明显需要保护，所以条例应当修改，使其也保护杂种动物。

张大中：您的观点不能成立。因为，如果赤狼确实是山狗与灰狼的杂交种的话，那么，即使现有的赤狼灭绝了，仍然可以通过山狗与灰狼的杂交来重新获得它。

以下哪项最为确切地概括了张大中与史密斯争论的焦点？

A. 赤狼是否为山狗与灰狼的杂交种。
B. 《国际珍稀动物保护条例》的保护对象中，是否应当包括赤狼。
C. 《国际珍稀动物保护条例》的保护对象中，是否应当包括杂种动物。
D. 山狗与灰狼是否都是纯种物种。
E. 目前赤狼是否有灭绝的危险。

题11　（2009—1—36）张教授：在南美洲发现的史前木质工具存在于13 000年以前。有的考古学家认为，这些工具是其祖先从西伯利亚迁徙到阿拉斯加的人群使用的，这一观点难以成立。因为要到达南美洲，这些人群必须在13 000年前经历长途跋涉，而在从阿拉斯加到南美洲之间，从未发现13 000年前的木质工具。

李研究员：您恐怕忽视了这些木质工具是在泥煤沼泽中发现的，北美很少有泥煤沼泽。木质工具在普通的泥土中几年内就会腐烂化解。

以下哪项最为准确地概括了张教授与李研究员所讨论的问题?
A. 上述史前木质工具是否是其祖先从西伯利亚迁徙到阿拉斯加的人群使用的?
B. 张教授的论据是否能推翻上述考古学家的结论?
C. 上述人群是否可能在13 000年前完成从阿拉斯加到南美洲的长途跋涉?
D. 上述木质工具是否只有在泥煤沼泽中才不会腐烂化解。
E. 上述史前木质工具存在于13 000年以前的断定是否有足够的根据?

题12 (2009—10—51) 总经理:快速而准确地处理订单是一项关键商务。为了增加利润,我们应当用电子方式而不是继续用人工方式处理客户订单,因为这样,订单可以直接到达公司相关业务部门。

董事长:如果用电子方式处理订单,则我们一定会赔钱。因为大多数客户喜欢通过与人打交道来处理订单。如果转用电子方式,我们的生意就会失去人情味,就难以吸引更多的客户。

以下哪项最为恰当地概括了上述争论的问题?
A. 转用电子方式处理订单是否不利于保持生意的人情味?
B. 用电子方式处理订单是否比人工方式更为快速和准确?
C. 转用电子方式处理订单是否有利于提高商业利润?
D. 快速而准确的运作方式是否一定能提高商业利润?
E. 客户喜欢用何种方式处理订单?

题13 (2010—10—46) 甲:从互联网上人们可以获得任何想要的信息和资料。因此,人们不需要听取专家的意见,只要通过互联网就可以很容易地学到他们需要的知识。

乙:过去的经验告诉我们,随着知识的增加,对专家的需求也相应地增加。因此,互联网反而会增加我们咨询专家的机会。

以下哪项是上述论证的焦点?
A. 互联网是否能有助于信息在整个社会的传播。
B. 互联网是否能增加人们学习知识时请教专家的可能性。
C. 互联网是否能使更多的人容易获得更多的资料。
D. 专家在未来是否将会更多地依靠互联网。
E. 互联网知识与专家的关系以及两者的重要性。

题14 (2005—1—44) 厂长:采用新的工艺流程可以大大减少炼铜车间所产生的二氧化碳,这一新流程的要点是用封闭式熔炉替代原来的开放式熔炉。但是,不仅购置和安装新的设备是一笔大的开支,而且运作新流程的成本也高于目前的流程。因此,从总体上说,采用新的工艺流程将大大增加生产成本而使本厂无利可图。

总工程师:我有不同意见。事实上,最新的封闭式熔炉的熔炼能力是现有的开放式熔炉无法相比的。

在以下哪个问题上,总工程师和厂长最可能有不同意见?
A. 采用新的工艺流程是否确实可以大大减少炼铜车间所产生的二氧化碳?
B. 运作新流程的成本是否一定高于目前的流程?
C. 采用新的工艺流程是否一定使本厂无利可图?
D. 最新的封闭式熔炉的熔炼能力是否确实明显优于现有的开放式熔炉?
E. 使用最新的封闭式熔炉是否明显增加了生产成本?

◆ 题 15　(2016—1—30) 赵明与王洪都是某高校辩论协会成员，在为今年华语辩论赛招募新队员的问题上，两人发生了争执。

赵明：我们一定要选拔喜爱辩论的人。因为一个人只有喜爱辩论，才能投入精力和时间研究辩论并参加辩论赛。

王洪：我们招募的不是辩论爱好者，而是能打硬仗的辩手。无论是谁，只要能在辩论赛中发挥应有的作用，他就是我们理想的人选。

以下哪项最可能是两人争论的焦点？

A. 招募的标准是对辩论的爱好还是辩论的能力。
B. 招募的标准是从现实出发还是从理想出发。
C. 招募的目的是集体荣誉还是满足个人爱好。
D. 招募的目的是培养新人还是赢得比赛。
E. 招募的目的是研究辩论规律还是培养实战能力。

◆ 题 16　(2017—1—35) 王研究员：我国政府提出的"大众创业、万众创新"激励着每一个创业者。对于创业者来说，最重要的是需要一种坚持精神。不管在创业中遇到什么困难，都要坚持下去。

李教授：对于创业者来说，最重要的是要敢于尝试新技术。因为有些新技术一些大公司不敢轻易尝试，这就为创业者带来了成功的契机。

根据以上信息，以下哪项最准确地指出了王研究员与李教授的分歧所在？

A. 最重要的是坚持把创业这件事做好，成为创业大众的一员；还是努力发明新技术，成为创新万众的一员。
B. 最重要的是需要一种坚持精神，不畏艰难；还是要敢于尝试新技术，把握事业成功的契机。
C. 最重要的是坚持创业，有毅力、有恒心把事业一直做下去；还是坚持创新，做出更多的科学发现和技术发明。
D. 最重要的是坚持创业，敢于成立小公司；还是尝试新技术，敢于挑战大公司。
E. 最重要的是敢于迎接各种创业难题的挑战，还是敢于尝试那些大公司不敢轻易尝试的新技术。

◆ 题 17　(2010—1—51) 陈先生：未经许可侵入别人的电脑，就好像开偷来的汽车撞伤了人，这些都是犯罪行为。但后者性质更严重，因为它既侵占了有形财产，又造成了人身伤害；而前者只是在虚拟世界中捣乱。

林女士：我不同意，例如非法侵入医院的电脑，有可能扰乱医疗数据，甚至危及病人的生命。因此，非法侵入电脑同样会造成人身伤害。

以下哪项最为准确地概括了两人争论的焦点？

A. 非法侵入别人电脑和开偷来的汽车伤人是否同样会危及人的生命？
B. 非法侵入别人电脑和开偷来的汽车伤人是否同样构成犯罪？
C. 非法侵入别人电脑和开偷来的汽车伤人是否是同样性质的犯罪？
D. 非法侵入别人电脑的犯罪性质是否和开偷来的汽车伤人一样严重？
E. 是否只有侵占有形财产才构成犯罪？